MANUEL

DE LA

MACHINE A VAPEUR

ET DES AUTRES MOTEURS

PARIS. — IMPRIMERIE ARNOUS DE RIVIÈRE, RUE RACINE, 26.

MANUEL

DE LA

MACHINE A VAPEUR

ET

DES AUTRES MOTEURS

PAR

WILLIAM JOHN MACQUORN RANKINE

TRADUIT ET ANNOTÉ

PAR

M. Gustave RICHARD

INGÉNIEUR CIVIL DES MINES

SUR LA HUITIÈME ÉDITION ANGLAISE
REVUE PAR M. E. F. BAMBER, C. E.

———◦———

PARIS

DUNOD, ÉDITEUR,

LIBRAIRE DES CORPS NATIONAUX DES PONTS ET CHAUSSÉES, DES MINES
ET DES TÉLÉGRAPHES,

49, Quai des Augustins, 49.

—

1878

A

MONSIEUR J. N. HATON DE LA GOUPILLIÈRE

INGÉNIEUR EN CHEF DES MINES
PROFESSEUR DE MÉCANIQUE A L'ÉCOLE DES MINES DE PARIS

HOMMAGE DE RESPECTUEUX DÉVOUEMENT

GUSTAVE RICHARD

AVERTISSEMENT DU TRADUCTEUR.

Le livre de Rankine qui fait l'objet de cette traduction, œuvre essentiellement originale et depuis longtemps classique en Angleterre, est presque inconnue chez nous. — Je crois que la principale raison de ce fait est l'extrème difficulté qu'offre toujours la lecture d'un ouvrage dont les déductions sont en grande partie basées sur des calculs en mesures étrangères; c'est ce qui m'a décidé à convertir les calculs et les tables numériques de cet ouvrage.

Les quelques notes ajoutées à la fin du volume ont pour but de compléter l'ouvrage anglais en signalant les principales nouveautés qui se sont produites dans les sujets qu'il traite, et spécialement dans le domaine des machines thermiques.

Je me suis efforcé de rester, en écrivant ces notes, dans l'esprit de l'auteur, à la fois pratique et théorique, m'attachant bien plus aux principes généraux et aux idées d'ensemble qu'aux faits isolés et simplement curieux. — J'ai dû, pour ne pas exagérer le format déjà considérable du livre, me resserrer beaucoup; bien des idées qui, dans leur cadre normal, auraient fourni de longs développements, n'ont pu qu'être à peine indiquées, mais on pourra souvent les approfondir en remontant aux documents originaux signalés et dont je ne saurais trop recommander la lecture à ceux qui s'intéressent aux progrès des moteurs thermiques en Angleterre.

G. R.

Paris, Juin 1878.

PRÉFACE

DE LA PREMIÈRE ÉDITION

———

Le but de ce livre est d'exposer les principes scientifiques de l'action des moteurs ou machines motrices et de montrer comment ils doivent être appliqués aux questions pratiques.

On a cru devoir faire précéder le traité d'une esquisse historique très-courte se rapportant principalement à la machine à vapeur, seul moteur dont l'histoire soit connue.

Le corps de l'ouvrage commence par une introduction traitant des principes et des éléments mécaniques communs à tous les moteurs, et des lois de la résistance des matériaux, en tant qu'elles s'appliquent à ces machines. Quelques passages de l'introduction sont extraits d'un précédent traité sur la mécanique appliquée, abrégés ou étendus suivant les besoins du sujet. Ces passages sont indiqués par les lettres A. M. avec renvoi au numéro correspondant de cet ouvrage (*).

La première partie, après cette introduction, traite de l'emploi de la puissance des moteurs animés.

La seconde partie traite des moteurs hydrauliques et à vent; elle comprend les machines à pressions d'eau, les roues hydrauliques, les turbines et les moulins à vent.

_____

(*) Le *Manual of applied Mechanics* de Rankine a été traduit chez Dunod, par M. Vialay.

La troisième partie est la plus considérable : elle traite des machines mues par l'action mécanique de la chaleur et spécialement de la machine à vapeur ; elle expose d'abord les phénomènes de la chaleur, en tant qu'ils affectent directement ou indirectement l'action mécanique des machines ; ensuite les lois de la combustion, les propriétés des combustibles et les principes de son économie ; troisièmement, les lois de l'action de la chaleur produisant un travail mécanique, ou les *Principes de la thermodynamiqae*, appliqués aux différentes machines dans lesquelles se produit cette action, et spécialement aux machines à vapeur de toute espèce ; quatrièmement, la nature et l'action des foyers et des chaudières ; enfin, la nature et l'action du mécanisme des machines à vapeur.

La quatrième partie expose les principes de l'action des machines électro-magnétiques, mais très-brièvement, en raison de leur faible importance comme moteurs et de leur peu d'économie. Le véritable emploi pratique des machines électro-magnétiques est, non pas à mouvoir des mécanismes, mais à transmettre des signaux.

Les principes de la thermodynamique ou de la science de l'action mécanique de la chaleur sont exposés dans la troisième partie avec plus d'étendue que ne l'impose la nécessité, parce que c'est le premier traité systématique qui ait paru sur cette science. Les sources d'informations précédentes à ce sujet sont des mémoires détachés dans les transactions des sociétés savantes et les journaux scientifiques (*).

Les exemples pratiques, choisis pour mettre en lumière l'application des principes de cette science ainsi que les

(*) Depuis, il a paru plusieurs traités de thermodynamique, entre autres : en Allemagne, ceux de Zeuner et Clausius ; en France, ceux de Hirn, Saint-Robert et Briot ; en Angleterre, ceux de Balfour Stewart et de Tait, ce dernier remarquable par un résumé clair des différentes méthodes suivies par les fondateurs de la science.

règles et les tables qui en sont déduites, proviennent en grande partie d'observations personnelles de l'auteur sur la marche des machines marines.

A la fin du livre et dans le corps de l'ouvrage se trouvent plusieurs tables facilitant les calculs des moteurs, et spécialement des machines à vapeur; plusieurs contiennent des résultats qui n'ont jamais été publiés auparavant.

L'auteur s'est efforcé, au mieux de ses souvenirs, de faire connaître dans le corps de l'ouvrage les sources de ses informations.

Pour un grand nombre de ces informations, pour les facilités d'examen et d'expériences sur les foyers, les chaudières et les machines, ainsi que pour les dessins de machines dont les réductions se trouvent dans son ouvrage, il doit ses meilleurs remercîments à beaucoup d'ingénieurs, de constructeurs de navires, de manufacturiers et d'hommes de science.

W. J. M. R.

Glasgow University, 22 septembre 1859.

TABLE DES MATIÈRES.

(Les articles dont les numéros sont précédés d'un astérisque sont l'objet d'une note.).

INTRODUCTION.

DES MACHINES EN GÉNÉRAL.

PREMIÈRE PARTIE.

PUISSANCE MUSCULAIRE.

CHAPITRE I. — PRINCIPES GÉNÉRAUX.

DEUXIÈME PARTIE.

DE LA PUISSANCE DE L'EAU ET DU VENT.

CHAPITRE I. — DES SOURCES DE PUISSANCE HYDRAULIQUE.

CHAPITRE II. — MOTEURS HYDRAULIQUES EN GÉNÉRAL.

CHAPITRE III. — DES BALANCES D'EAU.

CHAPITRE IV. — DES MACHINES A PRESSION D'EAU.

SECTION 1. — *Principes généraux.*

TROISIÈME PARTIE.

MACHINES A VAPEUR ET AUTRES MACHINES THERMIQUES.

CHAPITRE I. — DES RAPPORTS ENTRE LES PHÉNOMÈNES DE LA CHALEUR.

SECTION 2. — *Des quantités de chaleur.*

SECTION 3. — *Transfert de la chaleur.*

CHAPITRE II. — COMBUSTION ET COMBUSTIBLES.

CHAPITRE III. — Principes de thermodynamique.

Section 1. — Les deux lois de la thermodynamique.

Section 2. — Action expansive de la chaleur dans les fluides.

Section 3. — Rendement d'un fluide dans les machines thermiques en général.

CHAPITRE V.

SECTION 1. — *Du mécanisme des machines à vapeur en général.*

SECTION 2. — *Conduites de vapeur. Distributeurs. Changements de marche.*

SECTION 3. — *Cylindres et pistons.*

SECTION 4. — *Condenseurs et pompes.*

QUATRIÈME PARTIE.

MACHINES ÉLECTRO-MAGNÉTIQUES.

NOTES (*).

(*) Les numéros des notes correspondent à ceux des articles qui en sont le sujet.

TABLES DE CONVERSION DES MESURES ANGLAISES.

TABLES FONDAMENTALES.

FIN DE LA TABLE DES MATIÈRES.

ESQUISSE HISTORIQUE

SE RAPPORTANT PRINCIPALEMENT

A LA MACHINE A VAPEUR

On accuse à tort les nations de n'avoir, dans les temps les plus anciens, honoré que leurs conquérants et leurs tyrans, de n'avoir retenu que leurs noms, en négligeant et en oubliant leurs bienfaiteurs, les inventeurs des arts utiles. Au contraire, le manque de données positives sur ces bienfaiteurs de l'humanité provient d'un aveugle excès d'admiration qui fit diviniser leur mémoire par les nations antiques, de sorte que leur véritable histoire se perdit dans les fables de la mythologie.

A une époque moins reculée, mais encore ancienne, les perfectionnements des arts mécaniques furent négligés par les historiens et les biographes à cause du préjugé qui faisait considérer la pratique comme inférieure en dignité à la contemplation ; et, même pour des hommes comme Archytas et Archimède, qui joignaient aux connaissances scientifiques l'habileté de la pratique, les récits de leurs travaux parvenus jusqu'à nous ne donnent que des descriptions vagues et incomplètes de leurs inventions mécaniques, envisagées comme sans importance a côté de leurs spéculations philosophiques. Ce même préjugé, dominant avec plus de force encore pendant tout le moyen âge, et secondé par la croyance à la sorcellerie, fit qu'il ne reste presque pas de monuments des progrès de la mécanique jusque vers la fin du xv⁰ siècle environ.

Ces remarques s'appliquent, avec une justesse particulière, à l'histoire des machines appelées *motrices* qui utilisent la puissance et l'énergie des forces naturelles à l'accomplissement d'un travail au service de l'homme. On essayerait en vain de tracer l'histoire de l'application de la puissance musculaire ou de la force de l'eau et du vent au travail des machines. A l'exception de la machine à air chaud, de quelques autres machines thermiques et de la machine électromagnétique encore dans l'enfance, la *machine à vapeur* est le seul *moteur* dont l'histoire soit connue avec quelque certitude, et encore son origine se perd-elle dans l'antiquité.

On a publié sur l'histoire de la machine à vapeur de très-nombreux écrits. On la trouve au commencement de tous les grands traités sur la machine à vapeur, comme ceux de Farey, de Tredgold et de M. Bourne, ainsi que dans les articles de M. Scott-Russel sur ce sujet et sur la navigation à vapeur. Le recueil le plus complet des inventions diverses qui se rattachent à cette machine est le livre aujourd'hui très-rare de Stuart, *History of the steam engine*. On trouvera une histoire complète et exacte des progrès les plus importants de la machine à vapeur jusqu'à Watt, et des inventions même de Watt, dans les livres de M. Muirhead, intitulés *Mechanical inventions of James Watt* et *Life of James Watt;* œuvres qui se distinguent spécialement par l'abondance et la précision avec lesquelles y sont cités les documents originaux et les autorités. Il est impossible de suivre la même voie dans les limites de cet essai qui n'est qu'un résumé rapide des principaux événements de l'histoire de la machine à vapeur.

La description la plus ancienne d'un mécanisme dans lequel la chaleur accomplit un travail par la vapeur se trouve dans la *Pneumatique* d'Héron d'Alexandrie, qui vivait aux environs de l'an 130 avant Jésus-Christ. Cet auteur décrit une machine rotative ou turbine à vapeur, mue par la réaction de la vapeur s'échappant par des orifices aux extrémités de bras tournants, et aussi une machine dans laquelle la pression de la vapeur, ou de l'air chaud mélangé à la vapeur, élève de l'eau chassée d'un récipient. Un appareil semblable à ce dernier est décrit par Giovanni Battista della Porta dans sa *Pneumatique* publiée en 1601, avec cette addition que la condensation de la vapeur dans un vase fermé y est indiquée comme un moyen de produire le vide et par suite de faire monter de l'eau. Un ingénieur français, Salomon de Caus, dans son ouvrage intitulé : *les Raisons des forces mouvantes*, publié en 1615, décrit une machine pour lancer un jet d'eau à une grande hauteur par la pression de la vapeur produite dans le vase même d'où part le jet. En 1629, Branca décrit une machine dans laquelle une roue tourne par l'impulsion d'un jet de vapeur. Le marquis de Worcester, dans son ouvrage intitulé : *A century of the Names and scantlings of inventions*, publié en 1663, décrit une machine pour élever l'eau par la pression de la vapeur. Autant qu'on peut en comprendre la description, cette machine paraît différer de celle de de Caus, en ce qu'elle avait une chaudière séparée pour la génération de la vapeur qui chassait l'eau d'autres récipients; il résulte en outre du journal de Cosme, grand-duc de Toscane, que la machine du marquis de Worcester avait été construite et marchait à Vauxhall en 1656. Il est probable qu'à cette époque la possibilité d'élever l'eau à une grande hauteur par l'action de la vapeur à grande pression renfermée dans un vase était généralement connue des mécaniciens, et que la partie originale de cette machine fut la chaudière séparée, sans laquelle elle aurait été probablement inutile. Vers 1697, Savery inventa une machine dans laquelle l'eau n'était pas seulement, comme dans la machine du marquis de Worcester, chassée au dessus de son niveau par la pression de la vapeur d'une chaudière séparée, mais encore élevée d'un niveau inférieur jusqu'à la machine par la pression atmosphérique, après condensation de la vapeur dans le récipient au moyen d'une circulation d'eau froide à l'extérieur. Cette machine fut très-employée à l'épuisement des mines. Dans toutes les machines décrites jusqu'ici, la vapeur agit par sa quantité de mouvement seule ou par sa pression directe sur la surface de l'eau. La première invention de l'idée si importante de faire agir la vapeur au moyen d'un piston moteur paraît due à Denis Papin qui, vers 1690, construisit un modèle de cylindre vertical avec son piston. Au bas du cylindre se trouvait renfermée une petite quantité d'eau; en plaçant un foyer au-dessous, elle s'évaporait et soulevait le piston, en éloignant le foyer ou en retirant le cylindre du feu, la vapeur se condensait et le piston descendait, poussé par la pression atmosphérique. Papin proposa d'appliquer des machines construites d'après ce principe à la manœuvre des pompes et aussi, par l'intermédiaire d'un mécanisme de crémaillère et pignon avec roue à rochet, à la propulsion des navires par des roues à aubes ou d'autres propulseurs en rotation. Environ dix ans auparavant, il avait inventé la soupape de sûreté des chaudières En 1705, Newcomen, Savery et Cawley, combinant le cylindre et le piston avec la chaudière séparée et la condensation par surfaces, construisirent leur machine bien connue pour l'épuisement des mines; ils rendirent ensuite la condensation plus rapide et plus complète en injectant à l'intérieur du cylindre une pluie d'eau froide. Un mécanisme permettant à la machine d'ouvrir et d fermer elle-même ses robinets fut inventé par Humphy Potter et perfectionné par Beighton. La machine à haute pression fut inventée en 1725 par Leupold. Vers 1770, Smeaton perfectionna beaucoup les détails de la machine atmosphérique au point d'en faire, étant donné l'état général de la mécanique pratique à cette époque, une machine parfaite comme mécanisme et comme exécution.

La *fig.* 1 est une coupe verticale des principales parties de la machine de Sa-

Fig. I.

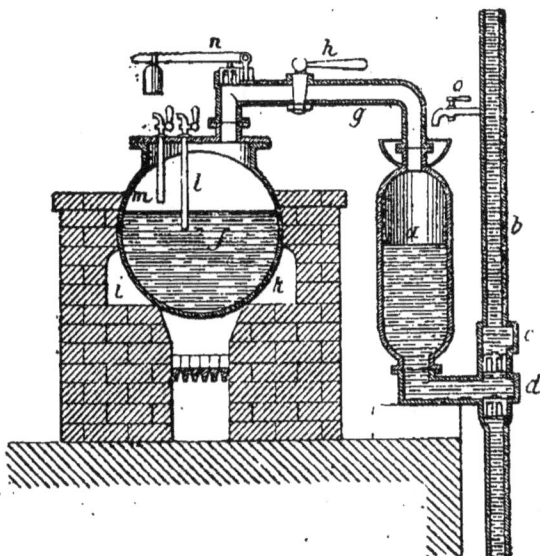

very : *a*, récipient dans lequel la vapeur presse sur la surface de l'eau; *b*, tuyau de refoulement; *c*, *d*, clapets ouvrant vers le haut; *f*, chaudière; *g*, tuyau de vapeur de la chaudière au récipient; *h*, robinet pour l'ouvrir et le fermer; *i*, *k*, carneaux; *l*, *m*, robinets de niveau d'eau; *n*, soupape de sûreté (on n'est pourtant pas certain que Savery l'ait employée); *o*, robinet de condensation amenant sur le récipient un courant d'eau froide. La machine marchait en ouvrant et fermant alternativement les robinets *h* et *o*. En ouvrant *h*, la vapeur de la chaudière forçait l'eau du récipient *a* par le tuyau *b*; en fermant *h* et ouvrant *o*, la vapeur se condensait et la pression atmosphérique refoulait l'eau par les clapets *d*, de façon à remplir de nouveau le récipient.

Deux perfectionnements apportés par Savery à sa machine ne sont pas représentés sur la figure : un second récipient semblable à *a* et parallèle se remplissait et se vidait alternativement avec lui, de façon à maintenir une circulation d'eau continue; une seconde chaudière auxiliaire, ou réchauffeuse, échauffait l'eau d'alimentation de la chaudière principale *f*, cette eau était ensuite refoulée dans *f* par la pression de la vapeur.

La *fig.* II représente la machine de Newcomen dans sa forme primitive : *a*, balancier ; *b*, chaudière ; *c*, muraille du balancier ; *d*, chaîne de la tige de pompe ; *e*, tige de pompe ; *f*, foyer ; *gg*, contre-poids ; *h*, cylindre ; *p*, tuyau de

Fig. II.

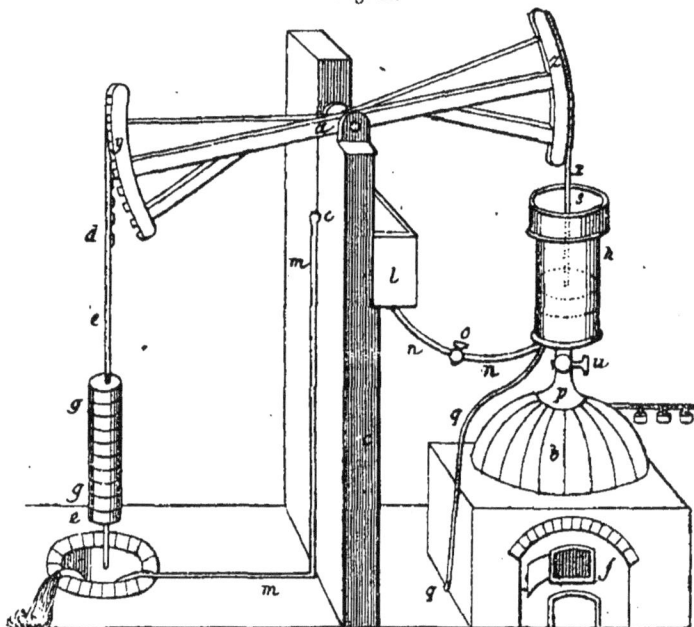

vapeur ; *u*, robinet de vapeur ; *l*, réservoir pour l'eau de condensation ; *m*, son tuyau d'alimentation venant de la pompe du puits ; *n*, tuyau pour l'eau de condensation ; *o*, robinet ; *q*, tuyau de décharge pour l'eau du cylindre conduisant à un point à 34 pieds au-dessous de lui (hauteur correspondante à une atmosphère d'eau) ; *s*, tige de piston ; *x*, chaîne de la tige du piston ; *y, z*, secteurs aux bouts du balancier.

Comme exemple d'une machine atmosphérique dans son état le plus parfait, on peut consulter la description et les dessins de la machine de « long Benton » dans les rapports de Smeaton.

La *fig.* III représente la machine à haute pression proposée par Leupold, avec une paire de cylindres alternativement actionnés par la vapeur admise et déchargée par un robinet à quatre voies.

Dans l'histoire des arts mécaniques, on peut distinguer deux méthodes de progrès : la méthode *empirique* et la méthode *scientifique*. La distinction en méthodes pratique et théorique est fausse ; au contraire, dans les arts mécaniques, tous les progrès réels, théoriques ou non, doivent être pratiques. La véritable distinction est que la méthode empirique est purement et simplement pratique, tandis que la méthode scientifique est à la fois pratique et théorique.

Le progrès *empirique* est celui qui s'est développé lentement et insensiblement depuis les temps les plus anciens jusqu'à nos jours, par l'amélioration graduelle des matériaux et du travail, l'augmentation successive dans la grandeur et la puissance des machines et par l'exercice du génie individuel en matière de détail. Ce mode de progrès, bien qu'essentiel au perfectionnement de l'art mécanique dans ses détails, est réduit à ne faire que des changements sans importance aux machines actuelles, et par conséquent limité dans la portée de ses effets.

Fig. III.

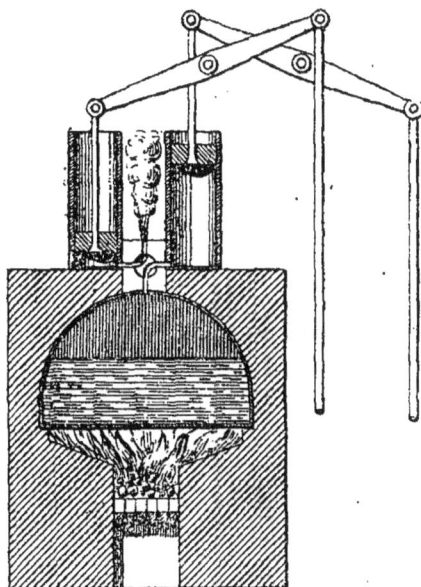

Le progrès *scientifique* dans les arts mécaniques marche, non pas d'une manière continue, mais par de grands efforts à des intervalles éloignés. Lorsque les résultats de l'expérience et de l'observation, sur les propriétés de la matière usitée dans les machines et sur les lois des actions qui s'y produisent, ont été réduits en une science, le perfectionnement de ces machines cesse d'être borné à des améliorations et à des agrandissements de détail dans des exemples actuels; mais on tire des principes de la science des règles pratiques permettant, non-seulement de donner à la machine le rendement maximum compatible avec le travail et les matériaux disponibles, mais encore de l'adapter à n'importe quelle combinaison de circonstances, si différentes qu'elles soient de celles qui se sont précédemment présentées. Lorsqu'un grand pas s'est ainsi accompli par le progrès scientifique, le progrès empirique revient de nouveau perfectionner ses résultats dans leurs détails.

Jusqu'à l'époque où Smeaton perfectionna la machine atmosphérique, les progrès de la machine à feu, comme on appelait alors la machine à vapeur, avaient été purement empiriques : en tout ce qui se rapporte à son principe, la machine à vapeur de cette époque était grossière, antiéconomique et inefficace. Alors vint l'époque où la science fit faire en quelques années plus de progrès que l'empirisme pur en dix-neuf siècles. En 1759, l'attention de James Watt fut attirée par Robison sur la machine à vapeur; quelques années après, il fit différentes expériences sur les propriétés de la vapeur. En 1763 et 1764, Watt, en réparant un modèle de la machine de Newcomen (*fig.* IV), appartenant à l'Université de Glasgow et conservé comme la plus précieuse de ses reliques, aperçut les différents défauts de cette machine et reconnut leurs causes par l'expérience. Il se mit à l'œuvre tout d'abord avec une méthode scientifique. Il étudia les lois de la pression des fluides élastiques et de la vaporisation par la chaleur, autant qu'on les connaissait à son époque; il établit, avec la précision

Fig. IV.

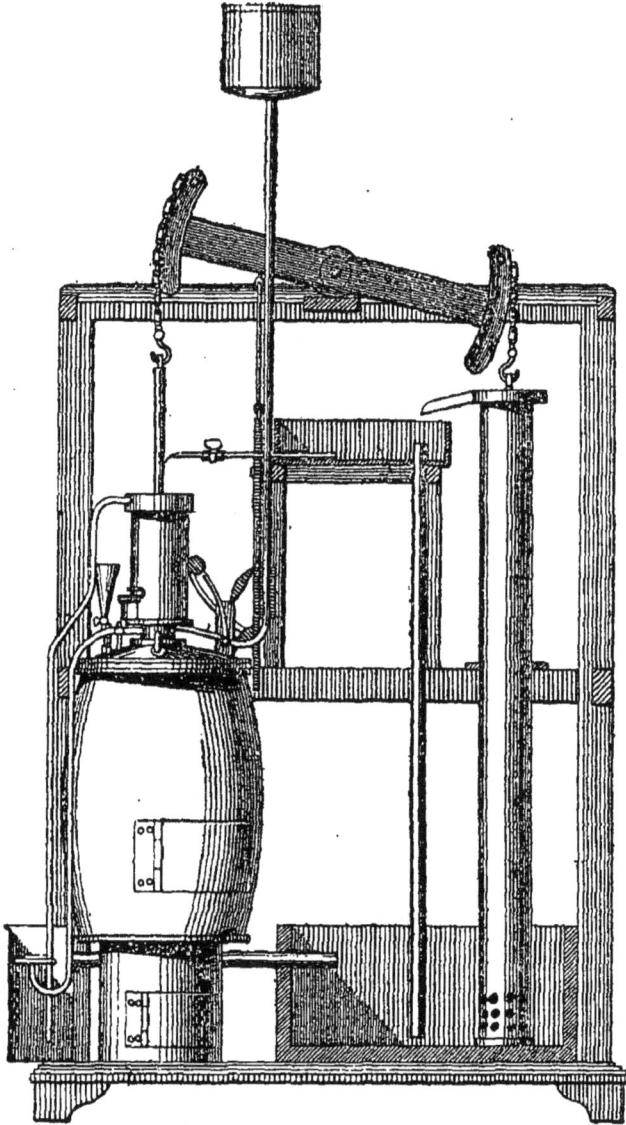

que lui permettaient les moyens de recherches à sa disposition, la dépense de combustible nécessaire à l'évaporation de l'eau, ainsi que les relations entre la pression, le volume et la température de la vapeur. Raisonnant alors en partant des données ainsi obtenues, il formula en un système les principes de l'économie et de l'efficacité des machines à vapeur, compris dans une invention qu'il décrit lui-même en ces termes, dans la spécification de son brevet de 1769 :

« Ma méthode pour diminuer la consommation de la vapeur et conséquemment du combustible dans les machines à feu repose sur les principes suivants :

« *Premièrement.* Le récipient dans lequel la vapeur exerce son travail, et que « l'on appelle *le cylindre* dans les machines à vapeur ordinaires, mais que j'ap-« pellerai *récipient de vapeur*, doit, pendant toute la durée du travail de la ma-« chine, être maintenu aussi chaud que la vapeur qui y pénètre, d'abord en « l'enfermant dans une case de bois ou d'autre matière non conductrice de la « chaleur; secondement, en l'enveloppant de vapeur ou d'autres corps chauds; « et troisièmement, en ne laissant ni eau ni aucun autre corps plus froid que « la vapeur y pénétrer ou le toucher pendant ce temps.

« *Deuxièmement.* Dans les machines qui marchent, en tout ou en partie, par « la condensation de la vapeur, cette condensation s'opère dans des récipients « séparés de ceux de la vapeur ou cylindres, bien que mis occasionellement en « rapport avec eux. Ces récipients, je les appelle *condenseurs*, et pendant la « marche de la machine, ces condenseurs doivent être maintenus au moins « aussi froids que l'air environnant, au moyen d'eau ou d'autres corps froids.

« *Troisièmement.* L'air et les fluides élastiques non condensés par le froid du « condenseur, et qui empêcheraient la marche de la machine, sont aspirés des « récipients de vapeur et du condenseur par des pompes mues par la machine « ou autrement.

« *Quatrièmement.* J'entends, en bien des cas, employer la détente de la « vapeur pour pousser les pistons ou n'importe quel organe qui les remplace, « de la même manière que la pression atmosphérique est employée aujourd'hui « dans les machines à feu. Dans les cas où l'on ne pourra pas se procurer assez « d'eau froide, les machines pourront n'être mues que par cette seule force « de la vapeur en la laissant s'échapper dans l'atmosphère après qu'elle aura « accompli son travail.

« *Enfin,* au lieu d'employer l'eau pour rendre les pistons et d'autres organes « de la machine étanches à l'air et à la vapeur, j'emploie les huiles, la cire, les « corps résineux, les graisses animales, le mercure et d'autres métaux à l'état « liquide. »

La dépense de la mise en exécution des inventions de Watt fut défrayée d'abord par le Dr John Roebuck, fondateur des Canon iron works. Quand il se retira de l'entreprise, sa place fut prise par Matthew Boulton, de Birmingham, dont la libéralité et l'énergie fournirent tout ce qui était nécessaire pour mettre en pratique le génie de Watt. Peu de brevets ont été plus contestés que celui de la grande invention de Watt, et l'heureuse issue des jugements qu'il dut subir a grandement servi à fixer l'interprétation des lois sur la matière. En 1769, Watt avait inventé l'interruption de l'admission de vapeur pour la faire travailler en détente, ainsi qu'il résulte d'une lettre à son ami le docteur Small. Il commença à l'appliquer en 1776, mais il ne la publia qu'en 1782, quand il breveta cette invention en même temps que celle de la machine à double effet. Il est certain qu'avant 1778, Watt avait inventé la machine à vapeur à double effet et l'application de la manivelle à la machine à vapeur; mais cette dernière invention ayant été volée et patentée par un autre, Watt imagina et breveta d'autres méthodes de transformation d'un mouvement alternatif en circulaire continu et s'en servit jusqu'à l'expiration du brevet sur la manivelle; après quoi son usage devint général. L'adaptation de la machine à vapeur à la production du mouvement de rotation fut le perfectionnement final qui amena son emploi comme moteur pour toute espèce de mécanisme. En 1784, Watt patenta et publia ses inventions, du parallélogramme, du compteur pour enregistrer les courses de la machine, du papillon, du gouverneur pour régler sa marche, de l'indicateur pour mesurer sa puissance, et aussi d'une locomotive qu'il ne mit pas en pratique. Les perfectionnements apportés à la machine à vapeur depuis Watt se rapportent surtout, soit au foyer de la chaudière, soit à des détails de mécanisme, à un emploi plus étendu du principe de la détente découvert par lui, enfin à l'application de la machine à vapeur aux transports sur terre et sur mer. La machine à double cylindre inventée par Hornblower, en 1781, fut ensuite munie par Woolf d'un condenseur de Watt.

L'histoire de l'application de la vapeur à la propulsion des navires a été amenée à un état presque complet par la compilation, sous la direction de M. Woodcroft, des abrégés des brevets et des documents anglais et étrangers qui s'y rattachent.

Il résulte de la correspondance entre Papin et Leibnitz que Papin était présent, en 1698, à un essai d'un navire mû par une machine construite par Savery, et dans lequel des roues à aubes recevaient leur mouvement d'une roue hydraulique dont la machine de Savery élevait l'eau, et aussi que Papin lui-même fit, en 1707, d'après un plan semblable, un navire ou un modèle de navire, avec lequel il descendait par la Fulda et le Weser pour se rendre en Angleterre, quand il lui fut enlevé et détruit par les bateliers.

En 1736, Jonathan Hulls patenta un navire à vapeur dans lequel les roues à aubes étaient mues par des encliquetages actionnés par des chaînes ou cordes attachées aux pistons des cylindres atmosphériques.

En 1752, Daniel Bernouilli inventa une forme de propulseur en hélice, qu'il proposa d'actionner par une machine à vapeur.

En 1781 et 1783, le marquis de Jouffroy exécuta et fit marcher sur le Rhône deux navires de dimensions considérables. Dans l'un, les roues à aubes étaient menées par des chaînes, et dans l'autre par des encliquetages. Ils réalisèrent, dit-on, de grandes vitesses.

Les premiers essais de navigation à vapeur, tentés en France par le marquis de Jouffroy, en 1781 et 1783; en Amérique, par Remey et Fitch, en 1783 et 1784, et en Écosse, par Miller de Dalswinton, Taylor et Symington, paraissent avoir

Fig. V.

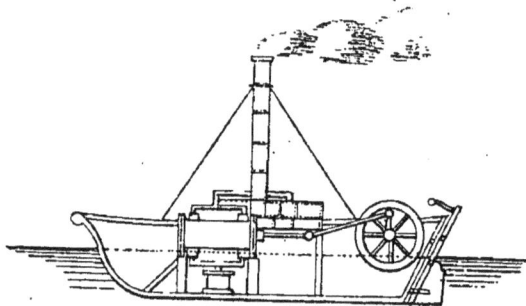

manqué, surtout à cause de l'imperfection des moyens employés pour la transmission du mouvement du piston au propulseur. En fait, l'invention de la machine rotative de Watt, dans laquelle cette transformation s'effectue doucement et sans choc, était un pas indispensable au succès de la navigation à vapeur. Symington, instruit par l'échec de sa machine sur le navire de Miller, profita lui-même de cette invention quand il construisit pour lord Dundas, en 1801, la *Charlotte Dundas*, que l'on utilisa, en 1802, avec un plein succès comme remorqueur sur le canal du Forth and Clyde, mais qui fut ensuite abandonnée parce qu'on craignait d'endommager les rives. La *Charlotte Dundas* (*fig.* V) avait une roue à aubes à l'avant mue directement à la machine par bielle et manivelle. La disposition de son mécanisme serait encore bonne aujourd'hui, et M. Woodcroft l'a justement appelé « le premier navire pratique. »

Fulton, après s'être instruit de ce qui avait été fait auparavant dans la navigation à vapeur, commença ses expériences avec un petit navire à roues, en 1803. En 1804, Stevens fit marcher un steamer entre New-York et Hoboken, avec une hélice mue par une machine de Watt.

!Fig. VI.

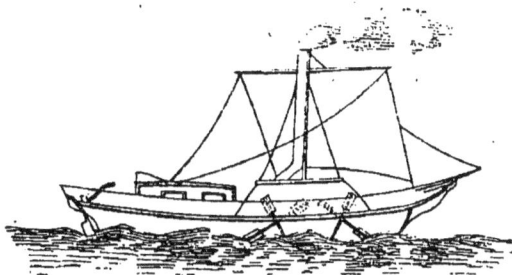

L'établissement de la navigation à vapeur comme un art rénumératif fut inauguré par Fulton, en Amérique, en 1807, sur l'East-River, et en Europe par Bell en 1802, sur la Clyde. Le navire de Fulton, *le Clermont*, était muni de roues à aubes mues par une machine de Boulton et Watt. Le navire de Bell, *la Comète*, avait deux paires de roues à aubes mues par une machine d'une disposition particulière (*fig.* VII). Depuis cette époque, le progrès dans la navigation à vapeur a consisté, non pas tant dans le développement de nouveaux principes, que dans le perfectionnement de l'exécution, de l'arrangement, et de l'économie du combustible, dans l'augmentation progressive de la taille, de la puissance et de la vitesse des navires, et dans l'étendue de leurs voyages. Le plus grand navire de notre époque est le *Great Eastern*, mesurant 208 mètres de long, 34 de large, avec un tirant d'eau de 7^m,30 environ, un déplacement de 20 000 mètres cubes, et des machines de plus de 8 000 chevaux indiqués, et pouvant porter un approvisionnement de combustible pour un voyage autour du monde ; ce qui est, d'après M. Scott Russell, la raison d'être de ses énormes dimensions. La plus grande vitesse atteinte par les steamers est d'environ 18 nœuds marins ou 21 milles de terre à l'heure (34 kilomètres).

L'application de la machine de vapeur à la locomotion sur terre fut, d'après Watt, suggérée par Robison en 1759. En 1784, Watt patenta une locomotive qu'il ne fit jamais exécuter. Vers la même époque, Murdoch, assistant de Watt, fit un modèle de locomotive très-pratique. En 1802, Trevithick et Vivian patentèrent une locomotive qui fut construite et mise en œuvre en 1804 et 1805. Elle marcha à 8 kilomètres à l'heure environ, avec des charges de 10 tonnes nettes. Cook, en 1808, imagina d'employer des machines fixes pour la traction des wagons sur chemins de fer au moyen de cordes.

Après que plusieurs inventeurs eurent exercé leur habileté à chercher en vain à donner à la locomotive une adhérence ferme sur la voie, au moyen de rails dentés, de jambes, de pieds et d'autres mécanismes, Blacket et Hedley firent, en 1813, la découverte importante que l'adhérence entre des roues et des rails unis suffirait, et que toutes ces complications étaient inutiles. Pour

Fig. VII.

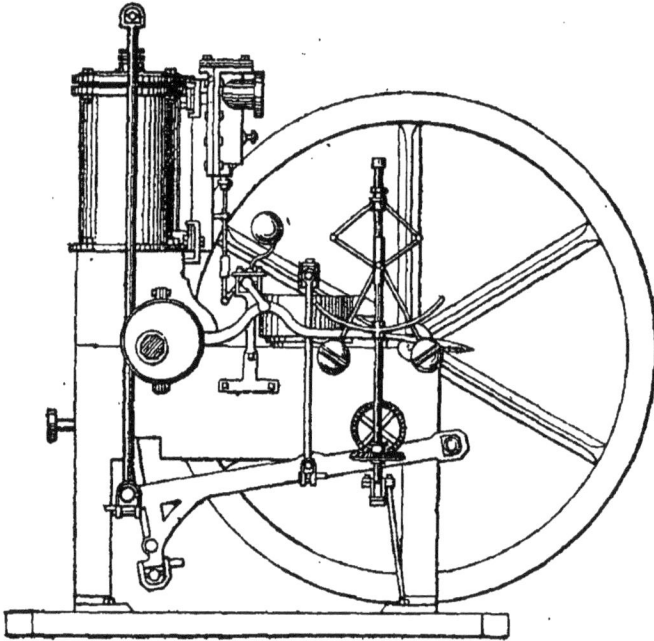

adapter la locomotive aux grandes et variables vitesses avec lesquelles elle doit entraîner les charges si différentes qu'elle conduit aujourd'hui, deux choses sont essentielles : que la dépense de combustible, source première de la puissance, s'ajuste au travail que doit fournir la machine et puisse, quand il le faut, dépasser de beaucoup la quantité brûlée par un foyer de même taille dans une machine fixe que la surface par laquelle la chaleur de la combustion se transmet à l'eau de la chaudière soit très-grande en comparaison de son volume. Le premier de ces buts est atteint par le souffleur inventé et utilisé par George Stephenson avant 1825; le second, par la chaudière tubulaire, inventée vers 1829 simultanément par Séguin, en France, et, en Angleterre, par Booth qui la suggéra à Stephenson. Le 6 octobre 1829, eut lieu ce fameux concours de locomotives où le prix offert par les directeurs du Liverpool and Manchester Railway fut gagné par la locomotive de Stephenson la *Fusée*, l'origine des puissantes et rapides locomotives de nos jours, dans laquelle sont combinés le souffleur et la chaudière tubulaire (*fig*. VIII). Depuis cette époque, divers ingénieurs ont varié et perfectionné les détails de la locomotive. Son poids varie aujourd'hui de 5 à 60 tonnes; sa charge de 50 à 500; sa vitesse de 16 à 96 kilomètres à l'heure.

La réduction des lois qui lient la chaleur à l'énergie mécanique en une théorie physique ou système raisonné des principes appelé la science de la *thermodynamique* est de date récente et peut, sous beaucoup d'aspects, être considérée comme encore un progrès. Les degrés qui, dans le raisonnement et

dans la connaissance expérimentale, ont peu à peu conduit à la formation de
cette science, sont difficiles à indiquer et plus difficiles encore à séparer de
l'histoire des deux hypothèses mécaniques que l'on a proposées pour déduire

Fig. VIII.

les lois de la chaleur de celle du mouvement et de la force; car une de ces hypothèses, celle qui attribue les phénomènes de la chaleur à la présence en plus
ou moins grande quantité d'un fluide appelé *calorique* a été le principal obstacle aux progrès d'une connaissance exacte des relations entre la chaleur et la
puissance motrice; l'autre hypothèse, au contraire, qui suppose que les phénomènes de la chaleur sont dus aux vibrations et aux révolutions des molécules, à
permis, dans certains cas, de prévoir des lois et de prédire des résultats numériques, confirmés ensuite par l'expérience, et, dans d'autres, de suggérer des
expériences qui ont amené la découverte de lois importantes.

Dans l'état actuel de nos connaissances, il est possible d'exprimer les lois
de la thermodynamique sous forme de principes indépendants, déduits par
induction des faits d'observation et d'expérience, sans aucune hypothèse d'actions moléculaires occultes, causes des phénomènes sensibles. On suivra cette
voie dans le corps de cet ouvrage, mais on ne peut pas, dans une brève notice
historique des progrès de la thermodynamique, séparer entièrement les progrès de l'hypothèse des actions moléculaires de celle de la théorie purement
inductive.

L'élément chaud d'Aristote ainsi que les autres στοιχεῖα paraissent, autant
qu'on peut en juger, avoir été compris par Aristote lui-même, non comme
des *substances,* mais comme des *états* dont les substances sont susceptibles.

Dans le sens *scolastique* du terme « *elementum ignis* », à savoir la substance
hypothétique, appelée ensuite « phlogistique » et « calorique », Galilée dis-
cute l'existence d'une réalité qui y corresponde et Bacon déclare que c'est un

de ces « *nomina nihilorum* » qu'il classe parmi les « *idola fori molestissima* ». L'hypothèse des actions moléculaires fut maintenue par Galilée, Bacon, Boyle, Daniel Bernouilli et Newton, et, à une époque récente, par Rumford, Davy, Leslie, Montgolfier, Séguin, Young et Grove. Rumford et Davy la confirmèrent par des expériences très-remarquables sur la production de la chaleur par le frottement, phénomène qui est la clef de toute la science thermodynamique; Davy et Séguin essayèrent de donner une forme définie à l'hypothèse mécanique; Young, dans ses lectures, posant la question avec la force et la clarté qui le distinguent, démontra que les faits d'expérience connus à son époque démentaient complètement l'hypothèse d'un calorique substantiel. Cette hypothèse continua pourtant à avoir cours et subsiste jusqu'à un certain point même aujourd'hui, fait qu'il faut probablement attribuer en grande partie à son emploi dans le langage usuel et à la tendance à prêter une existence réelle au sujet d'un nom. L'adoption de l'hypothèse des mouvements thermiques moléculaires, et, ce qui est plus important, l'abandon de l'hypothèse du calorique substantiel, ont été amenés en grande partie par la série de découvertes qui ont démontré que si la propagation de la lumière et de la chaleur par rayonnement n'est pas réellement la marche d'une vibration moléculaire, elle a du moins lieu suivant des lois analogues à celles que suit la propagation de ces mouvements et en complet désaccord avec celles de la diffusion de n'importe quelle substance imaginable.

La grande découverte de la chaleur latente par Blacke et son application par Watt au perfectionnement de la machine à vapeur firent faire un grand pas vers la formation d'une véritable théorie physique des relations, non-seulement entre la chaleur et la puissance motrice, mais entre la chaleur et toute espèce d'énergie physique.

Le terme *chaleur latente*, dégagé de toute hypothèse, signifie la quantité de ce mode (*condition*) de la matière que l'on appelle *chaleur* disparue à produire des effets physiques autres que la chaleur, comme la dilatation, la fusion, l'évaporation et les changements chimiques, et qu'on peut faire reparaître en renversant les effets de ces changements physiques, c'est-à-dire par compression, congélation, liquéfaction des vapeurs, ou par des changements chimiques inverses. Le progrès, auquel cette découverte aurait pu conduire dans la science thermodynamique, fut longtemps retardé par un principe faux, issu de l'hypothèse du calorique substantiel, comme il suit. Supposons qu'une substance passe d'un état à un autre moins dense, par exemple de l'état solide à l'état liquide, ou plus généralement de l'état A à l'état B, ce changement étant de telle nature que, d'après la découverte de Blacke, de la chaleur disparaisse et qu'il se produise un effet physique autre que la chaleur. Soient (AB) cette opération, H_1 la quantité de chaleur disparue. Laissons la substance revenir ensuite de l'état B à l'état A; appelons ce changement (BA), il fera reparaître une quantité de chaleur H_0. Si la série de changements intermédiaires pendant la transmission (BA) est exactement et point par point l'inverse de celle de la transformation (AB), tout ce qui a été fait pendant la première opération sera exactement défait pendant la seconde; il ne résulte de l'ensemble des opérations aucun effet physique permanent, la quantité de chaleur H_0 qui reparaît doit être nécessairement égale à la chaleur H_1 primitivement disparue. Ceci fut compris dès la découverte de la chaleur latente. Jusqu'ici, il n'y a pas d'erreur, mais une importante vérité. Mais on supposait, en outre, que la chaleur avait une existence substantielle et que par conséquent $H_1 = H_0$ dans toutes les circonstances, même quand les opérations (AB) et (BA) diffèrent dans leurs degrés intermédiaires.

Cette hypothèse mène au résultat paradoxal suivant qui montre sa fausseté. On sait que l'on peut faire différer l'opération (BA) de l'opération (AB) dans ses phases intermédiaires de façon qu'un effet mécanique permanent résulte de l'ensemble des opérations. Maintenant si, dans ces circonstances, on suppose $H_0 = H_1$, il suit qu'en employant l'effet mécanique de l'ensemble *à développer de la chaleur par frottement*, on peut *augmenter la somme de chaleur de l'univers* ou *créer du calorique*, conséquence opposée à l'hypothèse originelle de la substantialité du calorique et prouvant qu'elle est contradictoire.

Cette hypothèse erronée faussa malheureusement les raisonnements de Carnot (fils du grand Carnot), dans ses *Réflexions sur la puissance motrice du feu* (Paris, 1824), ouvrage qui, malgré ses erreurs, renferme la première découverte d'une loi importante, que *le rapport du travail maximum que peut accomplir une machine thermique, à la chaleur totale dépensée, est une fonction des deux limites de température entre lesquelles elle fonctionne, et non pas de la nature de la substance employée* (Thomson, *Account of Carnot theory. Edinb. Trans.*, 1849, t. XVI). L'erreur primitive empêcha Carnot de découvrir ce qu'est cette fonction de la température. .

Le phénomène du développement de la chaleur par le frottement d'un fluide offre des avantages particuliers comme moyen d'établir les relations entre la chaleur et la puissance mécanique, à cause de la simplicité de l'action qui s'y passe. A la fin de l'opération, le fluide est exactement dans le même état qu'au commencement, de sorte que l'évolution d'une certaine quantité de chaleur est le seul effet produit, et sa comparaison avec la puissance mécanique dépensée à agiter le fluide offre le moyen le plus simple, le plus direct et le plus exact possible d'établir la relation entre la chaleur et le travail mécanique. L'idée de soumetre ce phénomène à une observation expérimentale paraît avoir été mise en pratique, pour la première fois, indépendamment, par M. Meyer, en 1842, et par M. Joule, en 1843. Les premiers résultats numériques obtenus furent, comme on devait s'y attendre dans une nouvelle méthode expérimentale, assez inexacts; mais, par une longue persévérance, M. Joule augmenta l'exactitude de ses méthodes jusqu'à fixer par expérience le frottement de l'eau, de l'huile, du mercure, de l'air et d'autres substances, à $\frac{1}{300}$ près, et avec peut-être plus d'exactitude encore, l'*équivalent mécanique de l'unité de chaleur*, c'est-à-dire *le nombre de pieds-livres d'énergie mécanique qu'il faut dépenser pour élever la température d'une livre d'eau d'un degré*. Pour un degré Fahrenheit, cette quantité est 772 pieds-livres; pour un degré centigrade, elle est de $\frac{9}{5} \times 772 = 1389,6$ pieds-livres $= 423,55$ kilogrammètres par kilogramme d'eau.

Cette constante, la plus importante de la physique moléculaire, a été désignée par beaucoup d'auteurs sous le nom d'*équivalent de Joule*, pour perpétuer la mémoire de son inventeur avec le plus impérissable des monuments, une vérité. A la même époque, M. Joule démontra par l'expérience la loi, qui n'était auparavant qu'une théorie spéculative, que non-seulement la chaleur et la puissance motrice, mais toutes les autres espèces d'énergies physiques, comme l'action chimique, l'électricité et le magnétisme, sont convertibles et équivalentes, c'est-à-dire qu'une de ces espèces d'énergie peut, en se dépensant, donner naissance, en proportions définies, à toute autre espèce d'énergie. Cependant, en partie par une anticipation théorique de cette loi, en partie par l'influence de l'hypothèse des *mouvements moléculaires* appliqués à la chaleur, il s'élevait une théorie systématique des relations entre la chaleur et la puissance motrice. Helmoltz et Waterston contribuèrent beaucoup à ses progrès. Les recherches du comte de Pambour sur la théorie de la machine à vapeur, bien que ne comprenant à proprement parler aucune découverte de thermodynamique, aidèrent pourtant au progrès de cette science, en indiquant la marche à suivre pour appliquer les principes mécaniques à l'action des fluides élastiques par la détente.

L'*équation générale de la thermodynamique*, qui exprime les relations entre la chaleur et l'énergie mécanique dans toutes les circonstances, fut découverte, indépendamment et avec des méthodes différentes, en 1849, par M. Clausius et l'auteur de cet ouvrage, publiée par le premier dans les *Annales de Poggendorf*, et communiquée par le second à la Société royale d'Édimbourg, en février 1850. (*Edinb. Trans.*, 1850). Les conséquences de cette équation ont été depuis développées et appliquées à des questions scientifiques et pratiques dans une série de mémoires parus : aux *Annales de Poggendorf*, au *Philosophical Magazine* depuis 1850, à l'*Edinburgh Philosophical Journal* pour 1849 et 1855, aux *Transactions of the Royal Society of Edinburgh*, depuis 1850, t. XX, et aux *Philosophical Transactions* pour 1854 et 1859.

Le professeur William Thompson, adoptant la véritable théorie de la chaleur, en 1850, non-seulement résolut plusieurs problèmes nouveaux en thermodynamique et fit, en commun avec M. Joule, des expériences très-importantes ; mais, en étendant des principes analogues à l'électricité et au magnétisme, il créa ce qu'on peut, à juste titre, appeler une nouvelle science. Ses mémoires parurent dans les *Transactions of the Royal Society of Edinburgh* pour 1851 ; dans le *Philosophical Magazine*, depuis 1851 ; et dans les *Philosophical Transactions*, depuis 1854. Les données numériques, sans lesquelles ces recherches théoriques eussent été sans fruit, furent fournies par les expériences de Dulong, de Bravais, de Martins, de Moll, de Van Beck et d'autres, sur la vitesse du son, de M. Rudberg sur la détente des gaz, de M. Regnault, sur les propriétés des gaz et des vapeurs, entreprises aux frais du gouvernement français et publiées dans les *Comptes rendus et Mémoires de l'Académie des sciences* de 1847 à 1854 et par les expériences en commun de MM. Joule et Thompson sur les effets thermiques des courants de fluides élastiques, exécutées aux frais de la Société royale et publiées dans les *Philosophical Transactions* pour 1854. Parmi les dernières recherches expérimentales, il faut mentionner spécialement celles de Fairbairn et Tate sur la densité de la vapeur d'eau et celles de M. G. A. Hirn sur les vapeurs et la disparition de la chaleur dans les machines à vapeur.

HYPOTHÈSE DES TOURBILLONS MOLÉCULAIRES. Dans la thermodynamique, comme dans les autres branches de la physique moléculaire, les lois des phénomènes ont été, jusqu'à un certain point prédits, et leur recherche facilitée, par des hypothèses sur la structure et les mouvements moléculaires dont on suppose que ces phénomènes dérivent. L'hypothèse qui a rempli ce but en thermodynamique est celle des *tourbillons moléculaires* ou *théorie centrifuge de l'élasticité*. (Voir, à ce sujet, *Edinburgh Philosophical Journal*, 1849 ; *Edinburgh Transactions*, vol. XX ; *Philosophical Magazine*, spécialement en décembre 1851, novembre et décembre 1855).

SCIENCE DE L'ENERGIE. Bien que l'hypothèse précitée soit utile et intéressante comme moyen d'anticiper des lois et de réunir la science thermodynamique à la mécanique ordinaire, il faut pourtant se rappeler que la thermodynamique ne dépend aucunement, comme certitude, de cette hypothèse ni d'aucune autre. Elle est maintenant réduite en un système de principes ou de faits généraux exprimant rigoureusement les résultats des expériences quant aux relations entre la chaleur et la puissance motrice. A ce point de vue, les

lois de la thermodynamique peuvent être considérées comme un cas particulier des lois plus générales applicables à tous les états de la matière constituant l'*énergie* ou la faculté d'accomplir un travail, et qui forment la base de la
science de l'énergie, science qui comprend comme branches spéciales les théories
de tous les phénomènes physiques (*).

(*) *Proceedings of the Philosophical Society of Glasgow*, 1853; *Edinburgh Philosophical Journal*, 1855.

LES
MACHINES A VAPEUR

INTRODUCTION.

DES MACHINES EN GÉNÉRAL.

SECTION 1re. *Résistance et travail.*

1. L'action d'une machine est de produire un mouvement contre une résistance. Ainsi, dans une machine à soulever les corps solides comme une grue, ou les liquides comme une pompe, l'action de la machine est de produire un mouvement d'ascension du corps soulevé contre la résistance de la gravité, c'est-à-dire contre son poids : dans une machine propulsive, comme une locomotive, l'action est de produire le mouvement horizontal ou incliné d'une charge contre la résistance du frottement, ou du frottement et de la gravité à la fois. Dans une machine à façonner les matériaux, comme une raboteuse, son action est de produire un mouvement relatif de l'outil et de la pièce à façonner contre la résistance qu'elle offre à l'enlèvement d'une partie de sa surface, et de même pour les autres machines.

2. Travail (*A. M.*, 513). L'action d'une machine se mesure ou

1

s'exprime comme une quantité définie ; en multipliant le mouvement qu'elle produit par la résistance, ou la force directement opposée à ce mouvement, et qu'elle surmonte. Le produit de cette multiplication s'appelle *travail*.

En Angleterre, les chemins parcourus par les pièces de machines sont ordinairement exprimés en pieds ; les résistances surmontées en livres avoirdupois, et les travaux résultants, en *pieds-livres*. Ainsi, le travail effectué par le soulèvement d'une livre à une hauteur d'un pied est *un pied-livre*. Le travail effectué par le soulèvement d'un poids de 20 livres à une hauteur de 100 pieds, est

$$20 \times 100 = 2\,000 \text{ pieds-livres.}$$

En France, les distances sont exprimées en mètres ; les résistances surmontées, en kilogrammes, et les travaux résultants, en *kilogram-mètres*. Un kilogrammètre, étant le travail nécessaire pour élever à un mètre, un poids d'un kilogramme.

Voici quelques rapports entre ces unités de longueur de résistance et de travail avec leurs logarithmes :

		Logarithmes.
Un mètre.	3,2808693 pieds.	0,515989
Un pied.	0,30479721 mètre.	$\overline{1},484011$
Un kilogramme.	2,20462 livres avoirdupois.	0,343334
Une livre avoirdupois.	0,453593 kilogramme.	$\overline{1},656666$
Un kilogrammètre.	7,23308 pieds-livres.	0,859323
Un pied-livre.	0,138254 kilogrammètre.	$\overline{1},140677$

3. **Vitesse de travail** d'une machine. Signifie la quantité de travail qu'elle accomplit en un certain temps, comme une seconde, une heure (*A. M.*, 661). On peut l'exprimer en unités de travail, en kilogrammètres, par seconde, par minute, ou par heure, suivant le cas ; mais il existe une unité de puissance appropriée à ces expressions, appelée *force de cheval*; et qui est en Angleterre :

	550 pieds-livres	par seconde,
ou	33000 —	par minute,
	1980000 —	par heure.

Cette unité s'appelle aussi force de cheval *réelle* ou *actuelle*, pour la distinguer du cheval *nominal*, dont la signification sera donnée plus tard.

En France, le terme *force de cheval* ou *cheval-vapeur* signifie :

75 kilogrammètres par seconde =	542 1/2 pieds-livres.	
4500 — par minute =	32549 —	
270000 — par heure = 1952932	—	

Il est inférieur de 1/70° environ au cheval anglais.

4. Vitesse. Si l'on multiplie la *vitesse du mouvement* qu'une machine imprime au point d'application de la résistance par la grandeur de cette résistance, on obtient la vitesse du travail ou la puissance effective de la machine.

On exprime les vitesses, dans les machines, en mètres, par minute, ou par seconde. Pour certains calculs de dynamique dont on parlera plus bas, on prend pour unité la seconde : en évaluant le travail des machines dans la pratique, on emploie ordinairement la minute.

COMPARAISON DES DIFFÉRENTES MESURES DE VITESSES ANGLAISES.

	Milles par heure.		Pieds par seconde.		Pieds par minute.		Pieds par heure.
	1	=	1,46	=	88	=	5280
	0,6818	=	1	=	60	=	3600
	0,01136	=	0,016	=	1	=	60
	0,0001893	=	0,00027	=	0,016	=	1
1 mille marin ou nœud à l'heure.	1,1508	=	1,688	=	101,47	=	6076

Les unités de temps étant les mêmes chez tous les peuples civilisés, les rapports entre les unités de vitesse sont ceux de leurs mesures linéaires.

5. Travail en fonction du mouvement angulaire (*A. M.*, 593). Quand une résistance s'oppose au mouvement d'une machine tournant autour d'un axe fixe comme un tour, un arbre, une manivelle, le produit de cette résistance par le *bras de levier* (c'est-à-dire la distance perpendiculaire de la direction de la force à l'axe de rotation) est appelé le *moment* ou le *moment statique* de la résistance. Si cette résistance est exprimée en kilogrammes, et le bras de levier en mètres, le moment est exprimé en kilogrammètres statiques, tout différent du kilogrammètre dynamique ou de travail.

Soit, pour un corps en rotation et dont la résistance au mouvement est ainsi exprimée, T, l'angle dont il a tourné, exprimé en tours et fraction de tours :

$$2\pi = 6,2832,$$

le rapport de la circonférence au rayon. La distance, parcourue par la résistance, est alors

Le bras de levier $\times 2\pi \times T$,

c'est-à-dire est exprimée par le produit de la circonférence d'un cercle ayant le bras de levier pour rayon, par le nombre de tours et de fractions de tours accomplis par le corps.

La distance ainsi trouvée, multipliée par la résistance vaincue, donne le travail accompli, c'est-à-dire

Travail accompli = résistance $\times$ bras de levier $\times 2\pi \times T$,

mais le produit de la résistance par le bras de levier, c'est le *moment de résistance* : $2\pi \times T$, c'est le *déplacement angulaire* du corps tournant; par conséquent,

Travail accompli = moment de résistance $\times$ déplacement angulaire.

Le mode de calcul du travail, indiqué par cette dernière équation, est souvent plus commode que celui précédemment indiqué art. 2.

Le mouvement angulaire, $2\pi T$, d'un corps pendant un temps défini, — minute ou seconde, — est appelé *vitesse angulaire*, c'est-à-dire que *la vitesse angulaire est le produit des tours accomplis dans l'unité de temps, par le rapport* $(2\pi = 6,2832)$ *de la circonférence du cercle au rayon;* d'où il suit que

La vitesse du travail = moment de résistance $\times$ vitesse angulaire.

6. Travail en fonction de volume et de pression (A. M., 517). Si la résistance est une pression uniformément répartie sur une surface, comme lorsqu'un piston pousse un fluide devant lui, sa grandeur est égale à l'intensité de la pression, exprimée en unités de pression par unité de surface (par exemple en kilogrammes par centimètre ou par mètre carré) multipliée par l'aire de la surface sur laquelle la pression agit, si cette surface est perpendiculaire à la direction du mouvement, ou sinon par la projection de cette surface sur un plan perpendiculaire à la direction du mouvement. En pratique, quand on parle de la surface d'un piston, il faut entendre toujours la projection que l'on vient de désigner.

Quant on multiplie une surface plane par la distance qu'elle parcourt dans une direction perpendiculaire à elle-même si son mouvement est rectiligne, ou par la distance que parcourt son centre de gravité si son mouvement est curviligne, le produit est le *volume décrit* par le piston.

D'après cela, le travail accompli par un piston poussant un fluide devant lui peut s'exprimer ainsi :

Résistance × distance parcourue

= intens. de la pression × surf. du pist. × dist. parcourue

= intensité de la pression × volume décrit.

Pour calculer le travail en kilogrammètres, si la pression est exprimée en kilogrammes par centimètre carré, le volume doit l'être en centimètres cubes; si la pression est en kilogrammes par mètre carré, le volume doit l'être en mètres cubes.

La table suivante donne une comparaison des différentes unités dont on se sert pour exprimer les intensités de pression ($A.\,M.,\,86$) :

	Livre par pied carré.	Livre par pouce carré.
Une livre par pouce carré.	144	1
Une livre par pied carré.	1	$\frac{1}{144}$
Un pouce de mercure.	70,73	0,4912
Un pied d'eau.	62,425	0,4335
Une atmosphère ou 29 922 pouces ou 760^{mm} de mercure.	2116,30	14,7
Un pied d'air à 0°, pression atmosphérique. . .	0,080 728	0,000 560 6
Un kilogramme par mètre carré.	0,204 813	0,001 422 31
Un millimètre de mercure.	2,7847	0,1932
Un kilogramme par millimètre carré.	204 813	1 422,31

7. Expressions algébriques du travail ($A.\,M.$, 515, 517, 593). Pour exprimer les résultats précédents en symboles algébriques, soient :

s la distance en mètres parcourue en un temps donné par la résistance;

R la résistance en kilogrammes.

Si la résistance s'oppose à la rotation d'une pièce autour d'un axe, soient :

T le nombre de tours et fractions de tours pendant ce temps;

$i = 2\pi T = 6,2832\,T$ le déplacement angulaire;

l le bras de levier de la résistance ou la distance perpendiculaire de sa direction à l'axe de rotation;

de sorte que

$$s = il;$$
$$Rl = \text{moment de résistance.}$$

Supposons que cette résistance soit une pression exercée par un fluide sur un piston, appelons :

A la surface projetée de ce piston ;

p la pression en kilogrammes par unité de surface.

Les expressions suivantes donnent toutes le travail en kilogramm-mètres dans le même temps

$$Rs = iRl = pAs = ipAl.$$

Cette dernière expression s'applique à un piston tournant autour d'un axe, l désignant la distance de l'axe au centre de gravité du piston.

8. Travail contre une force oblique (*A. M.*, 511). La résistance, directement due à une force agissant contre le mouvement d'un corps dans une direction oblique à celle de ce mouvement, s'obtient en résolvant la force en ses deux composantes, une à angle droit, l'autre dans la direction même du mouvement, mais en sens contraire, et qui est la *résistance* cherchée. L'autre composante ou *force latérale* doit être équilibrée par une autre force latérale, à moins qu'elle ne change la direction du mouvement. Cette décomposition s'effectue comme il suit, au moyen de la règle bien connue du parallélogramme des forces.

Dans la *fig. 1*, soient A le point résistant; $\overline{AB}$ la direction de son mouvement; $\overline{AF}$, en grandeur et en direction, la force appliquée en A contre son mouvement $\overline{FR}$ perpendiculaire à $\overline{AB}$ représentera la force latérale; $\overline{AR}$ la résistance directe au mouvement.

Fig. 1.

Appelant :

F la force oblique ;

R la résistance ;

θ l'angle de ces deux forces ;

Q la force latérale,

on a

$$Q = F \sin \theta; \quad R = F \cos \theta.$$

9. Sommation des quantités de travail. Dans toute machine, les résistances sont surmontées, pendant un même intervalle de temps, par différentes pièces et à différents points de la même pièce mouvante. Le travail total accompli, pendant cet intervalle, se trouve, en ajoutant les produits de ces résistances par les distances respectives qu'elles parcourent simultanément. On désigne en langage algébrique le résultat de cette sommation par le symbole

$$\Sigma R s \qquad (1)$$

dans lequel le signe Σ indique l'addition d'une suite de quantités de la nature spécifiée par les lettres qu'il précède.

Lorsque la résistance doit être vaincue par des pièces en rotation, cette somme peut s'indiquer aussi

$$\Sigma i R l \qquad (2)$$

et de même pour les autres expressions du travail.

Voici quelques cas particuliers de sommations des travaux accomplis en différents points.

I. Dans une pièce en mouvement de *translation,* les vitesses de tous les points sont égales ; le travail total s'obtient en multipliant la somme des résistances par un facteur commun ; ce déplacemen opération que l'on exprime par

$$s\Sigma R. \qquad (3)$$

II. Pour une pièce tournante, les déplacements angulaires de tous les points, dans un même temps, sont égaux et le travail effectué se trouve, en multipliant la *somme des moments de résistance relativement à l'axe,* par le déplacement angulaire comme facteur commun, ce qui, en langage algébrique, s'exprime ainsi

$$i\Sigma R l_{\eta}; \qquad (4)$$

la somme $\Sigma R l$ est le *moment de résistance totale.*

III. Dans tout *train de mécanisme,* les *rapports* entre les mouvements accomplis, pendant le même temps, par les différentes pièces mobiles, peuvent se déterminer d'après le mode de connexion de ces pièces, indépendamment de la grandeur absolue de ces mouvements, à l'aide de la science appelée par Willis *Pure méchanisme*, ou cinématique. Elle permet d'effectuer un calcul que l'on appelle *réduction au point moteur*, c'est-à-dire de déterminer les résistances qui, agissant directement sur le point où la puissance motrice est appliquée à la machine, exigeraient, pour être surmontée, la même quantité de travail que les résistances actuelles pendant le même temps.

Supposons, par exemple, que l'on ait trouvé, par les principes de cinématique, qu'un certain point d'une machine, subissant une résistance R, se meut n fois plus vite que le point moteur. Le travail accompli par cette résistance sera le même que s'il y avait au point moteur une résistance nR. Faisant, pour chaque point résistant de la machine, un calcul analogue, puis ajoutant les résultats, la somme

$$\Sigma n\mathrm{R} \qquad\qquad (5)$$

est la *résistance équivalente au point moteur* et, si ce point moteur parcourt pendant un certain temps, l'espace s

$$s\Sigma n\mathrm{R} \qquad\qquad (6)$$

sera le travail accompli pendant ce temps.

Ce mode de calcul s'applique souvent aux machines à vapeur, en ramenant toutes les résistances à des résistances équivalentes directement opposées au mouvement du piston.

On peut appliquer une méthode semblable aux moments de résistance des pièces tournantes, de façon à les réduire à des *moments équivalents sur l'axe moteur*. Soit R une résistance, l son bras de levier dont la vitesse angulaire est n fois celle de l'axe moteur; le moment de résistance équivalent sur cet axe est $n\mathrm{R}l$ et si, après avoir fait un calcul semblable pour chaque pièce tournante, on ajoute es résultats ; la somme

$$\Sigma n\mathrm{R}l \qquad\qquad (7)$$

est le *moment de résistance équivalent* sur l'axe moteur et si, dans un intervalle de temps donné, l'axe moteur tourne d'un arc i, le travail accompli est

$$i\Sigma n\mathrm{R}l. \qquad\qquad (8)$$

IV. *Centre de gravité.* Le travail accompli, en soulevant un corps, est le produit du *poids du corps par la hauteur dont on a soulevé son centre de gravité.*

Si une machine soulève les centres de gravité de plusieurs corps à la fois, à des hauteurs égales ou différentes, le travail total ainsi accompli est la somme de plusieurs produits de poids par des hauteurs, mais on peut aussi le calculer *en multipliant la somme de tous les poids par la hauteur dont s'est élevé leur centre de gravité commun.*

10. **Représentation du travail par des surfaces.** Un travail étant le produit de deux quantités, — une force par un mouvement, — peut se représenter par la surface d'une figure qui est le produit de deux dimensions. Supposons que la base A d'un rectangle représente un mouvement d'un mètre et sa hauteur, une résistance d'*un kilogramme*, sa surface représentera un kilogrammètre.

Dans un plus grand rectangle, représentons par OS un mouve-

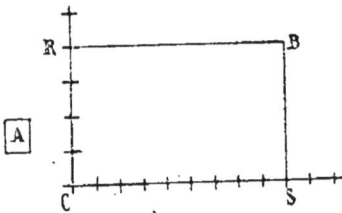

Fig. 2.

ment S à la même échelle que la base de l'unité de surface A et soit OR une certaine résistance R, à la même échelle que la hauteur de l'unité de surface A. Le nombre de fois que le rectangle OS, OR renfermera l'unité de surface A, exprimera en kilogrammètres le travail accompli en surmontant la résistance R pendant la distance S.

11. **Travail contre une résistance variable** (*A. M.*, 5,5).

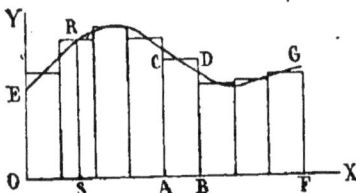

Fig. 3.

Dans la *fig.* 3, portons comme précédemment les distances sur OX, et représentons par des ordonnées parallèles à OY et perpendiculaires à OX les grandeurs des résistances variables à chaque instant. Par exemple, quand le point moteur s'est déplacé d'une quantité OS, la résistance est SR.

Si la résistance était constante, les sommets de ces ordonnées se trouveraient sur une parallèle à OX, comme RB, *fig.* 2; mais si elles varient continuellement avec le mouvement, ils se trouveront sur une droite inclinée sur OX, ou sur une courbe telle que ERG.

Les valeurs des résistances étant représentées par une courbe ERG, soit à déterminer le travail accompli en les surmontant pendant un trajet OF $= s$.

Imaginons les surfaces OEGF divisées en bandes par une série d'ordonnées parallèles telles que AC, BD et menons par leurs extrémités des lignes CD parallèles à OX, de façon à former un contour en gradins, composé de lignes parallèles à OX et OY et se rapprochant de la courbe continue EG.

Concevons maintenant que la résistance, au lieu de varier d'une manière continue, reste constante pendant chacune des divisions du mouvement par les ordonnées parallèles et change subitement aux extrémités de ces divisions. Elle sera représentée, pour chaque division, par la hauteur du rectangle correspondant, par exemple, par AC, pendant que le point moteur parcourt AB.

Le travail accompli pendant la division du mouvement AB est alors, dans l'hypothèse des variations discontinues de la résistance, représenté par le rectangle AB, AC, et le travail accompli, dans la même hypothèse, pendant tout le mouvement OF, est représenté par la somme de tous les rectangles analogues. Plus le mode de variation représenté par le contour en gradins de ces rectangles se rapproche, à mesure que le nombre des ordonnées parallèles augmente, de la loi réelle indiquée par la courbe continue EG, plus aussi la somme de ces rectangles se rapproche du travail accompli contre la résistance variant d'une manière continue, et cela d'autant plus qu'ils seront plus nombreux; de sorte qu'en multipliant et rapprochant suffisamment les ordonnées parallèles, on amènera cette somme à ne différer de la représentation exacte du travail que par une quantité plus petite que toute différence finie.

Mais la somme de ces rectangles est aussi une approximation de la surface OEGF, limitée par la ligne continue EG, d'autant plus que les ordonnées sont plus nombreuses; de sorte qu'en les multipliant et rapprochant suffisamment, on peut l'amener à n'en différer que d'une quantité infiniment petite.

Donc la surface OEGF, *limitée par la droite* OF, *qui représente le mouvement; par la ligne* EG, *dont les ordonnées représentent les valeurs de la résistance, et par les deux ordonnées* OE, FG, *représente exactement le travail accompli.*

La *résistance moyenne* pendant le mouvement est le quotient de l'aire OEGE par le mouvement FO.

Désignons par Δs une quelconque des divisions AB du mouvement : $s = \Sigma \Delta s$ est la somme de ces divisions, ou le mouvement total OF.

Soit R la valeur de la résistance pour la division AB ; c'est, dans la représentation approchée du travail, la hauteur AC du rectangle construit sur AB.

Alors

$$R \Delta s$$

est la surface de ce rectangle, et la somme de tous ces rectangles, représentant approximativement le travail, est désignée par

$$\Sigma R \Delta s. \qquad (1)$$

La limite, ou l'intégrale, vers laquelle tend cette somme de rectangles, à mesure que le nombre des divisions Δs augmente et que leur longueur diminue indéfiniment, étant la surface même OEGF, la réprésentation exacte du travail est indiquée par

$$\int R ds, \qquad (2)$$

et la résistance moyenne par

$$\frac{\int R ds}{s}. \qquad (3)$$

Comme exemple simple de ces principes, supposons qu'un ressort en spirale exerce une tension de 100^{k}, quand on l'allonge d'un décimètre, et que sa tension soit proportionnelle à l'allongement : cherchons le travail accompli par un allongement de 6 centimètres, à partir de sa position d'équilibre naturel.

Fig. 4.

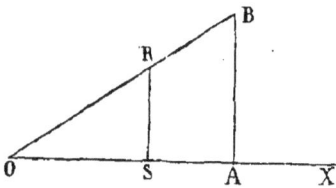

Pans la *fig. 4*, prenons à une échelle quelconque

$$OA = 0^{m},10,$$

puis

$$AB \perp OA = 100^{k};$$

joignons OB, puisque les tensions sont simplement proportionnelles aux allongements, l'ordonnée RsAB représentera la tension R, pour un allongement $OS = S$, et le triangle $OSR = \dfrac{Rs}{2}$, le travail accompli, pendant cet allongement. Dans le cas actuel

$$S = 0^m,06$$

$$R = \frac{0^m,06 \times 100}{0^m,10} = 60^k$$

et

$$\frac{Rs}{2} = 1,8 \text{ kilogrammètre};$$

la résistance moyenne pendant la l'allongement est

$$\frac{\frac{Rs}{2}}{S} = \frac{R}{2} = 30^k.$$

11 A. Calcul approché des intégrales (extrait de *A. M.*, n° 8). Ayant parlé précédemment d'un procédé de calcul appelé *intégration*, ce présent article a pour but de donner, à ceux qui n'ont pas fait de cette branche des mathématiques une étude spéciale, quelques notions à ce sujet.

La signification du symbole

$$\int y\,dx$$

est la suivante.

Dans la *fig.* 5, soit ABCD une surface plane, limitée par la ligne AB comptée sur l'axe des abscisses OX, par une courbe CD, et par deux ordonnées AC, BD, perpendiculaires à OX, ayant pour abscisse

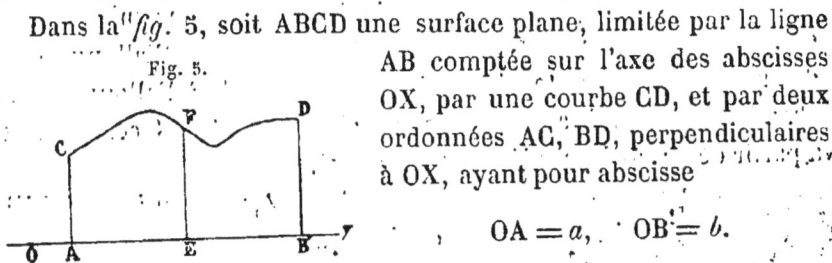
Fig. 5.

$$OA = a, \quad OB = b.$$

Soient EF = y, OE = x, les coordonnées d'un point de la courbe. L'intégrale désignée par le symbole

$$\int_a^b y\,dx$$

signifie la surface de la figure ACDB. Les abscisses a et b, qui sont les valeurs maxima et minima de x, et qui indiquent la longueur de la surface, sont appelées *limites de l'intégration*; mais quand l'étendue longitudinale de la surface est indiquée autrement, les symboles de ces limites sont quelquefois omis, comme dans le précédent article.

Quand la relation entre x et y est exprimée par une équation algébrique ordinaire, la valeur de l'intégrale entre deux limites données se trouve au moyen des formules données dans les traités de calcul intégral, ou au moyen de tables mathématiques.

Il se présente pourtant des cas où y ne peut pas s'exprimer ainsi en fonction de x; on doit employer alors des méthodes approximatives. Ces méthodes sont fondées sur la division des surfaces à mesurer en bandes par des ordonnées parallèles et équidistantes; le calcul approché des surfaces de ces bandes et leur addition. Plus cette division est minutieuse, plus le résultat s'approche de la réalité. L'approximation la plus simple est la suivante :

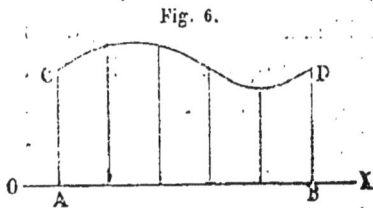
Fig. 6.

Diviser la surface ABCD en n bandes au moyen de $n+1$ ordonnées parallèles, espacées de Δx,

$$b - a = n\Delta x,$$

est la longueur de la figure.

Soient y' et y'' les ordonnées limitées d'une des bandes; sa surface est

$$\frac{y' + y''}{2} \Delta x \text{ à peu près.}$$

La somme de ces surfaces, en appelant y_a, y_b les ordonnées extrêmes et y_i les ordonnées intermédiaires, donne par conséquent pour valeur approchée de l'intégrale

$$\int_a^b y\,dx = \left(\frac{y_a}{2} + \frac{y_b}{2} + \Sigma y_i \right) \Delta x.$$

12. **Travail utile, travail perdu.** Le travail utile d'une machine est celui qu'elle exerce en accomplissant l'objet pour lequel elle est construite. Le travail perdu est celui qu'elle dépense en dehors de cet objet. Les résistances vaincues dans l'accomplissement de ces deux travaux sont appelés *résistances utiles* et *résistances nuisibles*.

La somme du travail utile et du travail perdu forme le travail brut ou total de la machine.

Dans une pompe à vapeur, par exemple, le travail utile, en un temps donné, est le produit du poids de l'eau par la hauteur à laquelle on l'a élevée; le travail perdu est celui du frottement de l'eau dans les tuyaux, des plongeurs, pistons, valves, mécanismes, etc. et de la résistance de la pompe à air et des autres parties de la machine.

Dans beaucoup de machines, il est très-difficile de tracer une ligne de démarcation précise entre le travail utile et le travail perdu. Dans le cas spécial de ce traité des *moteurs*, cette difficulté se présente rarement.

Les moteurs sont *des machines pour mouvoir d'autres machines*, de sorte que leur travail utile est celui dépensé à vaincre les résistances des machines qu'elles mettent en mouvement, et leur travail perdu celui qu'elles dépensent à vaincre leurs propres résistances.

Par exemple, le travail utile d'une machine à vapeur marine, dans un temps donné, est le produit de la résistance opposée par l'eau au mouvement du navire, par la distance qu'il parcourt. Le travail perdu est celui dépensé à vaincre la résistance de l'eau au mouvement du propulseur, le frottement du mécanisme et les autres résistances de la machine, ainsi qu'à élever la température de l'eau de condensation, des gaz qui s'échappent dans la cheminée et des corps environnants.

Dans certains cas, comme par exemple l'exercice de la puissance musculaire, on peut déterminer le travail utile, mais pas le travail perdu.

13. Frottement (extrait en partie de *A. M.*, 189, 190, 204, 669 à 685). La cause la plus fréquente de perte de travail dans les machines est le frottement. C'est la force qui agit entre deux corps à leurs surfaces de contact, de façon à empêcher leur glissement l'un sur l'autre, et qui dépend de la pression qui s'exerce entre ces surfaces. La loi suivante, sur le frottement des solides, a été vérifiée par l'expérience.

Le frottement de deux corps solides, pour un état donné de leurs surfaces, est simplement proportionnel à la force qui les presse l'un contre l'autre.

Cette loi cesse d'exister quand la pression devient assez intense pour écraser les surfaces de contact. A cette limite et aux environs, le frottement augmente plus rapidement que la pression, mais il ne faut jamais l'atteindre dans les pièces de machines. Pour plusieurs substances, spécialement celles dont la surface est fortement rayée par des pressions modérées, comme le bois, le frottement, entre deux surfaces depuis longtemps en contact au repos, est un peu plus élevé qu'entre les mêmes surfaces en glissement. Cet excès du frottement au repos sur le frottement au mouvement est instantanément détruit par une faible vibration, de sorte que le frottement de mouvement est le seul dont il faille tenir compte comme occasionnant des pertes de travail.

En général, les parties frottantes des machines ne doivent pas être laissées en repos assez longtemps pour augmenter d'une manière sensible le frottement au départ.

Le frottement, entre une paire de surfaces, s'obtient en multipliant la force qui les presse l'un sur l'autre par un facteur appelé *coefficient de frottement*, et dont la valeur spéciale dépend de la nature des matériaux, de la douceur et du graissage de leurs surfaces. Si R désigne le frottement entre deux surfaces, Q la pression perpendilaire à ces surfaces, et f le coefficient de frottement, on a

$$R = fQ. \qquad (1)$$

Le coefficient de frottement entre deux surfaces est la tangente de l'angle appelé *angle de frottement*. Cet angle est le plus grand que puisse faire une pression agissant sur les deux surfaces avec leur perpendiculaire, sans provoquer le glissement.

La table suivante donne les angles de frottement φ, les coefficients de frottement, $f = \mathrm{tang}\,\varphi$ et sa réciproque $\dfrac{1}{f}$ pour les matériaux de machines convenablement groupés d'après les tables du général Morin et d'autres. Les valeurs des constantes, données dans ces tables, se rapportent au frottement de mouvement (*).

NUMÉROS.	SURFACES.		φ	f	$\frac{1}{f}$
1	Bois sur bois,	sec.	14° à 26° 1/2	0,25 à 0,5	4 à 2
2	—	savonné.	11° 1/2 à 2°	0,2 à 0,4	5 à 25
3	Métaux sur chêne,	sec.	26° 1/2 à 31°	0,5 à 0,6	2 à 1,67
4	—	humide.	13° 1/2 à 14 1/2	0,24 à 0,26	4,17 à 3,85
5	—	savonné.	11° 1/2	0,2	5
6	Métaux sur orme,	sec.	11° 1/2 à 14°	0,2 à 0,25	5 à 4
7	Chanvre sur chêne,	sec.	28°	0,53	1,89
8	—	mouillé.	18° 1/2	0,33	3
9	Cuir sur chêne.		15° à 19° 1/2	0,27 à 0,38	3,7 à 2,86
10	Cuir sur métaux,	secs.	29° 1/2	0,56	1,79
11	—	mouillés.	20°	0,36	2,78
12	—	graissés.	13°	0,23	4,35
13	—	huilés.	8° 1/2	0,15	6,67
14	Métaux sur métaux,	secs.	8° 1/2 à 11° 1/2	0,15 à 0,2	6,67 à 5
15	—	mouillés.	16° 1/2	0,3	3,33
16	Surfaces polies,	graissage alternatif. .	4° à 4° 1/2	0,07 à 0,08	14,3 à 12,5
17	—	graissage continu. . .	3°	0,05	20
18	—	meilleurs résultats. .	1° 3/4 à 2°	0,03 à 0,036	33,3 à 27,6
19	Bronze sur gaïac,	constamment mouillé.	3° ?	0,05 ?	20 ?

14. Enduits. Les résultats, consignés dans la table précédente, se rapportent à des surfaces données graissées ou huilées à un degré tel que le frottement dépend principalement de la présence continuelle du corps gras et peu de la nature des surfaces solides ; il doit en être ainsi, presque toujours dans les machines. Les enduits doivent être épais pour les grandes pressions pour ne pas être expulsées, et limpides dans les faibles pressions pour que leur visquosité n'ajoute pas à la résistance. Ils se divisent en quatre classes comme il suit :

I. *L'eau*, qui agit comme enduit sur le bois et le cuir, mais pas pour une paire de surfaces métalliques, dont elle augmente au contraire le frottement.

R est le frottement,
Q la pression,
v la vitesse de glissement en mètres par seconde,
f, α, γ des coefficients.

Les valeurs de ces coefficients, déduites par M. Bochet de ses expériences du frottement des roues et des patins en fer sur des rails, sont :

f pour des surfaces sèches = 0,3 à 0,25, 0,2,
pour des surfaces humides = 0,14,
a roues glissant sur rails = 0,03,
patins glissant sur rails = 0,07.
γ indéterminé, mais trouvé très-faible.

II. *Huiles* fixes, animales ou végétales, suif, lard, huile de lard, de poisson, d'olive. Les huiles végétales siccatives, comme l'huile de lin, ne valent rien pour le graissage, elles durcissent en absorbant de l'oxygène. Les huiles animales sont en somme supérieures aux huiles végétales.

III. *Savons* composés d'huile d'alcali et d'eau. Pour des usages temporaires, comme pour graisser les bois de lançage des navires, un des meilleurs est le savon doux, formé d'huile de baleine et de potasse, employé avec ou sans suif. Pour un usage permanent, comme le graissage des essieux de wagons, le corps gras doit renfermer moins d'eau et plus d'huile ou de graisse que le savon mou, sous peine de sécher et durcir par l'évaporation de l'eau. La meilleure graisse, pour cet objet, ne renferme pas plus de 25 à 30 p. 100 d'eau; celle qui en renferme 40 à 50 p. 100 ne vaut rien.

IV. *Enduits bitumineux*, formés de substances huileuses ou grasses dissoutes dans les huiles minérales.

L'intensité de la pression, entre deux surfaces graissées, ne doit pas être assez forte pour chasser les matières grasses. La formule suivante concorde avec les résultats de la pratique :

$$p = \frac{3136}{197v + 6,10};$$

dans cette formule on a

v vitesse de glissement par seconde en mètres :

p pression en kil. par centimètre carré qu'il ne faut pas dépasser; on doit avoir toujours $p < 84$ kil.

Le travail accompli, dans un temps donné en surmontant le frottement de deux surfaces, est le produit de ce frottement par le glissement des deux surfaces.

Quand le mouvement relatif des deux surfaces est une rotation autour d'un axe, le travail accompli peut se calculer en multipliant le *déplacement angulaire* des surfaces par le *moment du frottement*, c'est-à-dire qu'il est le produit du frottement par son bras de levier, ou distance moyenne des surfaces frottantes à l'axe de rotation.

Pour un coussinet cylindrique, le bras de levier du frottement est simplement son rayon.

Pour un pivot plat, c'est les 2/3 du rayon du pivot.

Pour un cylindre creux de rayons r et r', c'est

$$\frac{2}{3}\frac{r^3 - r'^3}{r^2 - r'^2}. \tag{1}$$

Pour le *pivot antifriction de Schield*, dont la section longitudinale est une tractrice, le moment du frottement est le produit $f \times$ le rayon extérieur. Il est plus grand que le moment correspondant pour un pivot plat de même rayon, mais il a l'avantage d'user uniformément sa surface de façon à coïncider toujours exactement avec son enveloppe ; la pression est toujours uniformément distribuée et n'y devient jamais, comme dans les autres pivots, assez intense, en certains points, pour expulser les huiles et roder les surfaces.

Dans le *pivot sphérique*, l'extrémité de l'arbre et la surface d'appui présentent deux creux qui se font vis-à-vis et renferment deux hémisphères de bronze dur embrassant une balle d'acier qui est, soit une sphère, soit une lentille de rayon un peu moindre que celui des hémisphères de bronze. Le moment de friction est, à l'origine, presque inappréciable, à cause de l'extrême petitesse du rayon des cercles de contact de la balle d'acier avec les hémisphères ; mais, avec l'usure, le rayon et le moment augmentent.

Le roulement, sans glissement, de deux surfaces l'une sur l'autre subit une résistance que l'on appelle frottement de roulement ou, plus correctement, *résistance de roulement*. Elle forme *un couple* s'opposant à la rotation : son *moment* s'obtient en multipliant la pression normale entre les surfaces roulantes par un *bras* dont la longueur dépend de la nature des surfaces ; et le travail perdu par unité de temps est le produit de ce *moment* par la *vitesse angulaire relative* des surfaces l'une par rapport à l'autre. Voici en millimètres les valeurs de ces *bras*, d'après Coulomb et Tredgold :

Chêne sur chêne.	$1^{mm},83$	Coulomb.
Gaïac sur chêne.	$1 ,22$	
Fonte sur fonte.	$0 ,66$	Tredgold.

Le travail perdu, en frottement, engendre de la chaleur, dans le rapport de 1 calorie par chaque 425 kilogrammètres de travail perdu.

La chaleur perdue par le frottement, quand elle est modérée, est utile en adoucissant et liquifiant les enduits ; mais excessive, elle les décompose et va quelquefois jusqu'à amollir les métaux et les échauffer au point de mettre le feu aux matières combustibles environnantes.

On prévient le chauffage excessif par un graissage abondant et continu. L'élévation de la température, produite par le frottement d'un coussinet, est utilisée quelquefois pour apprécier la qualité des huiles. Quand la vitesse de frottement est d'environ $1^m,20$ à $1^m,50$ par seconde, on a trouvé, dans des expériences récentes avec de bons enduits savonneux et gras, une élévation de température de 22 à 28°; avec de bonne huile minérale, environ 17°.

14 A. Travail d'accélération (*A. M.*, 12, 521-33, 536, 547, 549, 554, 589, 591, 593, 595-7). Pour changer la vitesse d'un corps, il faut qu'un autre corps agisse sur lui, dans le sens du changement de vitesse, avec une force proportionnelle à la grandeur de ce changement et à la masse du corps, et en raison inverse du temps employé à produire ce changement. Si c'est une accélération ou augmentation de vitesse, le premier corps s'appellera *corps mû*, le second sera le *corps moteur*, et la force accélératrice agira sur le corps mû suivant la direction de son mouvement. Toute force étant une paire d'actions égales et opposées entre deux corps, la même force qui accélère le corps *mû* agira comme *résistance* sur le moteur.

Par exemple, au commencement de la course du piston d'une machine à vapeur, la vitesse du piston et de sa tige s'accélèrent, et cette accélération est produite par une partie de la pression de la vapeur sur le piston, à savoir l'excès de cette pression sur la résistance totale que doit vaincre le piston. Le piston et sa tige constituent le corps mû; la vapeur est le corps moteur; l'excès de pression, qui accélère le piston, agit comme *résistance* au mouvement de la vapeur et s'ajoute à celle qu'elle aurait à surmonter si le mouvement du piston était uniforme.

La résistance due à l'accélération se calcule de la manière suivante : on sait, par expérience, qu'un corps tombant à la surface de la terre s'accélère par son attraction, c'est-à-dire par son poids ou par une force égale à son poids. Sous cette action, *sa vitesse augmente de $9^m,8088$ environ par seconde*, car cette valeur varie avec la latitude et la hauteur du lieu; mais on peut la considérer comme constante dans les questions de l'art de l'ingénieur. On la désigne ordinairement par la lettre g, de sorte que si, à un instant donné, la vitesse d'un corps en mètres par seconde est v_1, — et qu'une force égale

son poids, — ou ce poids lui-même agit librement sur lui dans la
direction de son mouvement pendant t secondes, — sa vitesse au
bout de ce temps sera

$$v_2 = v_1 + gt. \tag{1}$$

Si l'accélération par seconde est différente de g, *la force nécessaire
pour la produire étant la résistance au corps moteur, provenant de cette
accélération du corps mû est, avec le poids de ces derniers, dans le même
rapport que son accélération actuelle avec l'accélération* g, *que lui im-
primera la pesanteur, agissant librement.*

En langage algébrique, appelons :

W   le poids du corps mû ;
v_1 sa vitessse à l'origine ;
v_2 sa vitesse après t secondes ;
f l'accélération ;

on a

$$f = \frac{v_2 - v_1}{t}. \tag{2}$$

La force R, nécessaire pour produire cette accélération, est donnée
par la proportion

$$\frac{g}{f} = \frac{W}{R},$$

d'où

$$R = \frac{fW}{g} = W\frac{(v_2 - v_1)}{gt}. \tag{3}$$

Le facteur $\dfrac{W}{g}$ s'appelle la *masse* du corps. Étant partout la même,
pour un même corps, on la considère comme représentant *la quantité de matière* de ce corps.

Le produit $\dfrac{Wv}{g}$ de la masse d'un corps par sa vitesse s'appelle son
momentum (quantité de mouvement), de sorte que la résistance due
à l'accélération d'un corps *est égale à l'accroissement du momentum
divisé par le temps mis à le produire.*

Le produit de la force accélératrice, égale et opposée à la résistance
due à l'accélération, par le temps pendant lequel elle agit, s'appelle
impulsion, et l'on peut énoncer le même principe en disant l'accroissement *du momentum est égal à l'impulsion qui le produit.*

Si l'accélération n'est pas constante, mais variable, la force R varie aussi. Dans ce cas, la valeur de l'accélération, à chaque instant, est représentée par $f = \dfrac{dv}{dt}$, et la valeur correspondante de la force est

$$R = f\frac{W}{g} = \frac{W}{g}\frac{dv}{dt}. \qquad (4)$$

Le *travail accompli* par l'accélération d'un corps est le produit de la résistance due à l'accélération, par l'espace que le corps mû parcourt avec cette accélération. Cette résistance est égale au produit de la masse du corps par l'augmentation de la vitesse, divisé par le temps pendant lequel elle se produit. La distance parcourue est le produit de la vitesse moyenne par ce même temps. D'après cela, le travail accompli est égal au produit de la masse du corps par l'augmentation de vitesse et par la vitesse moyenne, c'est-à-dire *au produit de la masse du corps par l'accroissement du demi-carré de sa vitesse.*

En symbole, pour le cas d'une accélération uniforme, en appelant S l'espace parcouru avec cette accélération, on a

$$S = \frac{v_2 + v_1}{2} \times t, \qquad (5)$$

qui, multiplié par l'équation (3), donne pour le travail d'accélération

$$Rs = \frac{W}{g}\frac{v_2 - v_1}{t} \times \frac{v_2 \times v_1}{2} \times t = \frac{W}{g}\frac{v_2^2 - v_1^2}{2}. \qquad (6)$$

Dans le cas d'une accélération variable, soient :
v la vitesse;
ds l'espace parcouru dans un temps dt, assez petit pour que l'augmentation de la vitesse dv soit infiniment petite, en comparaison de la vitesse moyenne. On a

$$ds = vdt, \qquad (7)$$

qui, multipliée par (4), donne, pour le travail d'accélération pendant l'intervalle de temps dt,

$$Rds = \frac{W}{g}\frac{dv}{dt} \times vdt = \frac{W}{g} \times vdv, \qquad (8)$$

et l'intégration de cette équation donne, pour le travail de l'accélération dans un temps fini,

$$\int \mathrm{R}ds = \frac{\mathrm{W}}{g} \int v dv = \frac{\mathrm{W}}{g} \frac{v_2^2 - v_1^2}{2}, \qquad (9)$$

résultat semblable à celui de l'équation (6).

De l'équation (9) il suit que : *le travail accompli, en produisant une accélération donnée, dépend des vitesses initiales et finales v_1 et v_2 et non pas des vitesses intermédiaires.*

Quand un corps tombe d'une hauteur h, sous l'action de la pesanteur seule, avec une vitesse initiale nulle et une vitesse finale v, le travail d'accélération produit par la terre sur ce corps est simplement Ph, ou le produit de son poids par la hauteur de chute. Comparant avec l'équation (6), on trouve

$$h = \frac{v^2}{2g}. \qquad (10)$$

Cette quantité est appelée *la hauteur* ou *la chute due à la vitesse v.* Les équations (6) et (9) démontrent que *le travail d'accélération, pendant un temps donné, est le même que celui nécessaire pour soulever le corps d'une hauteur égale à la différence des hauteurs dues aux vitesses finales et initiales.*

Le travail d'accélération dépensé par un moteur sur des corps qui ne font partie ni de lui-même, ni des machines qu'il met en mouvement est du travail perdu. Ainsi, quand une machine marine accélère l'eau que frappe le propulseur :

Le travail d'accélération accompli par les pièces mouvantes du moteur lui-même, ou du mécanisme qu'il conduit, n'est pas nécessairement perdu, comme on le verra ci-après.

15. Sommation du travail d'accélération. Moment d'inertie. Inertie réduite. Si plusieurs pièces de machine augmentent en même temps leurs vitesses, le travail accompli, dans leur accélaration, est la somme des travaux dus à l'accélération des pièces respectives : résultat exprimé en symboles par

$$\Sigma \left(\frac{\mathrm{W}}{g} \frac{v_2^2 - v_1^2}{2} \right). \qquad (1)$$

La recherche de cette somme est facilitée et abrégée, dans certains cas, par des méthodes spéciales.

I. *Rotation accélérée. Moment d'inertie.* Soit a la vitesse angulaire du corps autour d'un axe fixe, c'est-à-dire, comme on l'a expliqué au chapitre V, la vitesse d'un point du corps de rayon vecteur égale à l'unité.

La vitesse d'un point à la distance r de l'axe est alors

$$v = ar, \qquad (2)$$

et si, dans un intervalle de temps donné, sa vitesse angulaire s'accélère de a_1 en a_2, l'augmentation de vitesse du point en question est

$$v_2 - v_1 = r(a_2 - a_1). \qquad (3)$$

Soient w le poids et $\dfrac{w}{g}$ la masse de ce point; le travail de son accélération étant égal au produit de sa masse, par le demi-carré de sa vitesse, est égal aussi, *au produit de la masse par le carré de son rayon vecteur et par l'accroissement du demi-carré de sa vitesse angulaire*, c'est-à-dire en symboles

$$\frac{w}{g} \cdot \frac{v_2^2 - v_1^2}{2} = \frac{w}{g} r^2 \times \frac{a_2^2 - a_1^2}{2}. \qquad (4)$$

Pour trouver le travail d'accélération pour tout le corps, on doit le concevoir, comme divisé en particules, dont les vitesses à chaque instant et aussi les accélérations sont proportionnelles à leur distance de l'axe. Le travail d'accélération est alors la somme des travaux de chaque particule. Dans cette somme, le demi-carré de la vitesse angulaire est un facteur commun, ayant la même valeur pour chaque particule du corps. Il suffit donc de *multiplier la somme des produits du poids de chaque particule par le carré de son rayon vecteur, ou* $\Sigma p. r^2$; *par l'accroissement du demi-carré de la vitesse angulaire* $\left[\frac{1}{2}(a_2^2 - a_1^2)\right]$ *et de le diviser par l'accélération g due à la pesanteur.*

Le résultat

$$\Sigma\left(\frac{w}{g} \frac{v_2^2 - v_1^2}{2}\right) = \frac{a_2^2 - a_1^2}{2g} \times \Sigma wr^2, \qquad (5)$$

est le travail d'accélération cherchée. En fait, la somme Σwr^2 *est le poids d'un corps qui, concentré à l'unité de distance de l'axe de rotation, exigerait le même travail que le corps lui-même pour produire un ac-croissement donné de la vitesse angulaire.*

Le terme, *moment d'inertie*, s'applique tantôt à la somme Σwr^2, tantôt à la masse correspondante $\dfrac{\Sigma wr^2}{g}$. Au point de vue de la mécanique, la somme Σwr^2 est plus convenable comme étant, avec l'accélération angulaire, dans le même rapport que le poids avec l'accélération de la vitesse linéaire.

Le rayon de gyration ou rayon moyen d'un corps tournant est la longueur dont le carré est la moyenne du carré des distances de ses molécules à l'axe. Sa valeur est donnée par

$$\rho^2 = \frac{\Sigma wr^2}{\Sigma p}, \qquad (6)$$

de sorte que si l'on remplace Σw par le poids w du corps, le moment d'inertie est représenté par

$$I = w\rho^2. \qquad (7)$$

Les exemples suivants des rayons de gyration de différents corps tournant autour de leur axe de figure sont tirés d'une table plus étendue publiée *A. M.*, 578.

Figure du solide.	Carré du rayon de gyration.
Sphère de rayon r................................	$\dfrac{2r^2}{5}$
Enveloppe sphérique de rayon r extérieur, r' intérieur........	$\dfrac{2}{5}\dfrac{(r^5-r'^5)}{(r^3-r'^3)}$
Enveloppe sphérique infiniment mince de rayon r..........	$\dfrac{2r^2}{3}$
Cilyndre ou disque circulaire plat de rayon r............	$\dfrac{r^2}{2}$
Cylindre creux ou anneau, rayon extérieur r, intérieur r'.....	$\dfrac{r^2+r'^2}{2}$
Cylindre creux ou anneau infiniment mince, rayon r........	r^2

Le cafré du rayon de gyration d'un corps tournant autour d'un axe, qui ne traverse pas son centre de gravité, est égal au carré de son rayon de gyration autour d'un axe parallèle traversant son axe de gravité, augmenté du carré de la distance des deux axes.

II. *Inertie réduite au point moteur.* Si l'on sait, par les principes de cinématique, que la vitesse d'une pièce, de poids w, est toujours n fois la vitesse du point moteur, il est évident que, pour une accélération donnée du point moteur, le travail dépensé pour l'accélération de cette pièce est celui qu'aurait absorbé un poids n^2w, concentré au point moteur.

Or, un calcul semblable, pour toutes les pièces de la machine, donne une somme

$$\Sigma n^2w, \qquad (8)$$

qui est le poids qui, concentré au point moteur, exigerait, pour une accélération donnée, le même travail que la machine réelle, de sorte que si v_1, v_2 sont les vitesses initiales et finales du point moteur, le travail d'accélération de toutes la machine est

$$\frac{v_2^2 - v_1^2}{2g} \Sigma n^2w. \qquad (9)$$

Cette opération s'appelle *réduction de l'inertie au point moteur;* M. Moseley, qui l'introduisit le premier dans la théorie des machines, appelle l'expression 8 (*coefficient de régularité*) pour des raisons exposées plus bas.

Pour trouver l'inertie réduite d'une machine, il faut traiter chaque pièce tournante comme concentrée à une distance de l'axe de rotation égale à son rayon de gyration : ainsi si v_1 représente la vitesse du point moteur à un instant donné, a la vitesse angulaire correspondante de la pièce tournante en question, il faut faire

$$n^2 = \frac{a^2\rho^2}{v^2} \qquad (10)$$

dans le calcul exprimé par la formule 8.

16. **Résumé de plusieurs espèces de travaux.** Pour présenter d'un seul coup les expressions des différentes manières d'effectuer un travail exposées dans les précédents chapitres, supposons que, pendant un élément de temps dt, le point moteur d'une machine parcourt la distance élémentaire ds, que son centre de gravité s'élève de dh, et que les résistances R soient vaincues à des points dont les vitesses soient n fois celle du point moteur. Soit W le poids d'une pièce quelconque du mécanisme, n' le rapport de sa vitesse (ou, si elle tourne, le rapport de la vitesse de l'extrémité de son rayon de gyration), à la vitesse du point moteur. Soient aussi

$v = \dfrac{ds}{dt}$ la vitesse de ce point moteur, dv son accélération. Le *travail total accompli* pendant l'intervalle en question est

$$dh\Sigma w + ds\Sigma n\mathrm{R} + \dfrac{vdv}{g}\,\Sigma n^2\mathrm{W}. \qquad (1)$$

La *résistance totale moyenne, réduite au point moteur*, peut se calculer en divisant l'expression ci-dessus par le mouvement du point moteur $ds = vdt$; ce qui donne les résultats suivants :

$$\dfrac{dh}{ds}\,\Sigma w + \Sigma n\mathrm{R} + \dfrac{dv}{gdt}\,\Sigma n'^2\mathrm{W}. \qquad (2)$$

SECTION 2. *Des forces centripètes et centrifuges.*

17. Force centripète d'un corps (*A. M.*, 537). D'après la première loi du mouvement, un corps mobile, soumis à aucune force ou à l'action de forces en équilibre, se meut en ligne droite (*A. M.*, 510, 512).

D'après la deuxième loi du mouvement, un corps se mouvant suivant une courbe, doit être soumis continuellement à l'action d'une force perpendiculaire à son mouvement et dirigée vers la concavité de sa trajectoire, et son intensité est, avec le poids du corps, dans le même rapport que la hauteur due à la vitesse, avec la moitié du rayon de courbure de sa trajectoire.

Ce principe, exprimé symboliquement, s'écrit :

Moitié du rayon de la trajectoire. . . . . $= \dfrac{r}{2}$,

Hauteur due à la vitesse. . . . . $= \dfrac{v^2}{2g}$,

$$= \dfrac{\text{Poids du corps}}{\text{Force centrip.}} = \dfrac{\mathrm{W}}{g};$$

d'où

$$q = \dfrac{\mathrm{W}v^2}{gr}. \qquad (1)$$

Dans les cas des projectiles et des corps célestes, la force centripète est la composante de l'attraction mutuelle des deux masses perpendiculaires à leur mouvement relatif. Dans les machines, la force centripète provient de la rigidité des corps qui *guident* les masses tournantes et les obligent à suivre une courbe.

Deux corps s'attirant librement ont chacun un mouvement centripète, l'attraction de l'un guidant l'autre, et les déviations de leurs mouvements, par rapport à leur centre de gravité commun, sont en raison inverse de leurs masses.

Dans une machine, chaque corps tournant tend à pousser ou tirer le corps qui le guide loin du centre de sa courbe. Cette force est combattue par la solidité et la rigidité des guides et de la framure qui les fixe.

18. Force centrifuge (*A. M.*, 538). C'est la réaction d'un corps tournant sur son guide, égale et opposée à la force centripète que ce guide exerce sur le corps tournant.

En fait, comme on l'a déjà établi, toute force est une action entre deux corps. Les forces centripète et centrifuge ne sont que les noms différents d'une même force, suivant que l'on considère le corps tournant ou son guide.

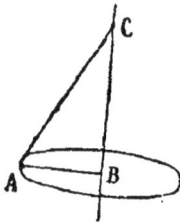

19. Pendule tournant. C'est une des applications pratiques des plus simples de la force centripète, décrite ici, à cause de son usage comme régulateur des machines motrices. Il consiste en une sphère A suspendue à un point C par une tige CA, très-légère relativement à la sphère, et tournant autour d'un axe vertical CB. La tension de la tige est la résultante du poids de la sphère A agissant verticalement et de la force centrifuge horizontale, d'où il suit que la tige prendra une inclinaison telle que

Fig. 7.

$$\frac{BC}{AB} = \frac{h}{r} = \frac{poids}{force\ centrifuge} = \frac{gr}{v^2}. \tag{1}$$

Si T est le nombre de tours par seconde,

$$v = 2\pi Tr;$$

d'où

$$h = \frac{gr^2}{v^2} = \frac{g}{4\pi^2 T^2}.$$

A la latitude de Londres,

$$h = \frac{9,7848 \text{ pouces}}{T^2} = \frac{248^{mm},547}{T^2}. \qquad (2)$$

20. Force centripète en fonction de la vitesse angulaire (*A. M.*, 540). Quand un corps tourne dans une circonférence autour d'un axe fixe, comme presque toutes les pièces tournantes des machines, le rayon de courbure de la trajectoire est constant et la vitesse v du corps est le produit de ce rayon par la vitesse angulaire, ou symboliquement, comme dans le cas de l'article 5,

$$v = ar = 2\pi T r.$$

Substituant ces valeurs de v dans l'équation (1) de l'article 17, il vient

$$Q = \frac{W a^2 r}{g} = \frac{W 4\pi^2 T^2 r}{g}. \qquad (1)$$

21. Force centrifuge résultante (*A. M.*, 603). La force centrifuge totale d'un corps de forme quelconque ou d'un système de corps liés entre eux tournant autour d'un axe est, en *grandeur* et en *direction*, la même que si toute la masse était concentrée au centre de gravité du système; c'est-à-dire que dans la formule de l'article 20 on doit considérer W comme représentant le poids de tout le corps ou du système et r comme la distance perpendiculaire de son centre de gravité à cet axe. La direction de cette force centrifuge résultante Q est toujours *parallèle* à r, mais ne coïncide pas toujours avec lui.

Quand l'axe de rotation *traverse* le centre de gravité du corps ou système de corps, la force centrifuge est *nulle*, c'est-à-dire que le corps tournant ne tend pas à déplacer son axe.

Les forces centrifuges, exercées par les pièces tournantes d'une machine sur les coussinets de leurs axes, doivent être prises en considération quand on détermine les pressions latérales qui causent le frottement, la résistance des axes et du bâti.

Comme ces forces centrifuges occasionnent des frottements, des déformations et parfois, à cause de leur changement perpétuel de direction, amènent des vibrations dangereuses ou nuisibles, il faut les réduire le plus possible. Pour cela, à moins de raisons spéciales, l'axe de rotation de toute pièce à rotation rapide doit traverser son centre de gravité, de façon à annuler la force centrifuge résultante.

22. Couple centrifuge. Axe permanent. Il ne suffit pas, pour annuler l'effet de la force centrifuge, qu'il n'y ait pas de tendance à *déplacer* l'axe comme un tout ; il faut aussi qu'il n'y ait pas de tendance à le *tourner* dans une position angulaire nouvelle.

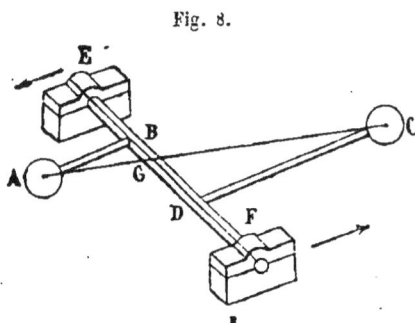

Fig. 8.

Pour montrer, par un exemple très-simple, comment cette dernière tendance peut exister sans la première, soient EF l'axe de rotation du système indiqué *fig.* 8, AB, DC, deux bras très-légers perpendiculaires à l'axe et dans un même plan avec lui portant deux poids AC tels que

$$A \times AB = C \times CD.$$

Joignant AC, le centre de gravité de A et de C se trouve en G sur l'axe. La force centrifuge résultante est par conséquent nulle.

En un mot, si a est la vitesse angulaire, la force centrifuge de A est

$$\frac{a^2 A \times AB}{g}.$$

La force centrifuge exercée sur l'axe par B est

$$\frac{a^2 B \times CD}{g}.$$

Ces forces égales et opposées ne tendent pas à déplacer le point G.

Il y a pourtant une tendance à tourner l'axe autour du point G égale au produit de la grandeur commune du *couple* des forces centrifuges par leur bras de levier ou la distance perpendiculaire BD de leurs lignes d'action. Le produit est le *moment du couple centrifuge*, il est représenté par

$$Q \times BD, \qquad\qquad (1)$$

Q étant la grandeur commune des forces centrifuges égales et opposées.

Ce couple engendre un couple de pressions égales et opposées sur les coussinets de l'axe EF dans la direction des flèches et de grandeur

$$Q\,\frac{BD}{EF}. \qquad (2)$$

Ces pressions changent continuellement de direction avec la rotation de A et de C; elles sont annulées par la force et la rigidité des coussinets et du bâti. Il faut, quand on le peut, les éviter en faisant coïncinder les points BGD. Dans ce cas, la ligne EF est un *axe permanent*.

Quand il y a plus de deux corps dans le système en rotation, le couple centrifuge se trouve comme il il suit.

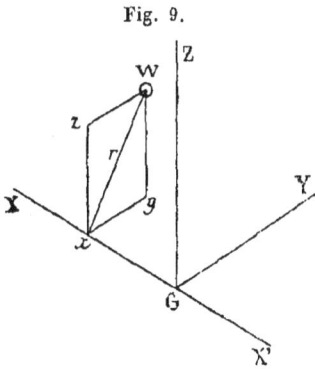

Fig. 9.

Soient :

XX' l'axe de rotation ;

G   le centre de gravité du corps ou du système tournant autour de cet axe ;

W   le poids d'un des corps du système dont le poids total est ΣW;

r la distance du centre de W à l'axe.

Alors $\dfrac{Wa^2r}{g}$ est la *force* centrifuge de W tirant l'axe dans la direction xW.

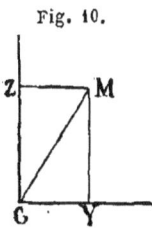

Fig. 10.

Prenons deux axes, GZ, GY rectangulaires, perpendiculaires à l'axe XX' et fixés relativement au corps en rotation, c'est-à-dire tournant avec lui.

De W, menons Wy perpendiculaire au plan de GX, GY et parallèle à GZ, et Wz perpendiculaire au plan GX GZ parallèle à GX ; prenons

$$xy = Wz = y, \qquad xz = Wy = z, \qquad Gx = x.$$

La force centrifuge que W exerce sur l'axe et qui est proportionnelle à r peut se résoudre en deux composantes parallèles et proportionnelles respectivement à y et à z ; à savoir :

$$\frac{Wa^2y}{g}$$

parallèle à GY,

$$\frac{\mathrm{W}a^2z}{g}$$

parallèle à GZ.

Ces deux composantes, appliquées à l'extrémité d'un bras de levier Gx = x, exercent un *moment* ou tendance à faire tourner XX' autour de G, exprimé comme il suit :

$$\frac{\mathrm{W}a^2yx}{g}$$

tendant à trouver GX autour de GZ vers GY,

$$\frac{\mathrm{W}a^2zx}{g}$$

tendant à tourner GX autour de GY vers GZ.

On trouvera de même les moments des forces centrifuges de toutes les autres parties du corps ou du système. On doit distinguer avec soin les moments qui tendent à tourner l'axe *vers* GX ou GY et ceux qui tendent à l'en *éloigner;* traitant les premiers comme positifs, les secondes comme négatifs.

Ajoutant alors les moments positifs et retranchant les moments négatifs pour toutes les parties du corps ou du système, on aura deux sommes

$$\frac{a^2}{g}\,\Sigma \mathrm{W}yx, \qquad \frac{a^2}{g}\,\Sigma \mathrm{W}zx, \qquad\qquad (3)$$

qui représentent les tendances totales des forces centrifuges à tourner les axes dans les plans GY, GZ respectivement.

Dans la *fig.* 10, représentons par GY le premier moment, par GZ perpendiculaire et GY le second. La diagonale GM du rectangle GZMY représentera le moment résultant de ce que l'on appelle le *couple centrifuge,* et la direction de cette ligne indiquera celle dans laquelle le couple tend à tourner l'axe GX autour de G. Sa valeur et son inclinaison sont données par

$$\left.\begin{array}{l} \mathrm{GM} = \sqrt{\mathrm{GY}^2 + \mathrm{GZ}^2} \\[2mm] \mathrm{tang.} < \mathrm{YGM} = \dfrac{\mathrm{GZ}}{\mathrm{GY}}\, ; \end{array}\right\} \qquad (4)$$

La condition à remplir pour la pièce de machine à rotation rapide, que l'axe de rotation soit un *axe permanent*, est satisfaite quand chacune des sommes de la formule 3 est nulle séparément. — Quand

$$\Sigma wyx = 0, \quad \Sigma wzx = 0. \tag{5}$$

La question de savoir si un axe de rotation est ou non permanent, se résout expérimentalement en faisant tourner rapidement la pièce sur un coussinet suspendu librement à des chaînes ou à des cordes. Si l'axe n'est pas permanent, il oscille; s'il est permanent, il reste immobile.

On appliquera dans la suite ces principes aux machines locomotives.

SECTION 3. *Effort, énergie, travail et rendement.*

23. **Effort**. C'est le nom d'une force agissant sur un corps dans la direction de son mouvement (*A. M.*, 511).

Si la force est appliquée au corps, dans une direction faisant un angle aigu avec celle du mouvement du corps, la composante de cette force oblique, suivant la direction du mouvement du corps,

Fig. 11.

est un effort. C'est-à-dire, dans la *fig.* 11, soient AB la direction du mouvement de A; AF la force appliquée à A obliquement suivant cette direction : de F menons FP perpendiculaire à AB; AP est l'*effort* dû à la force AF. La composante transversale FP est une *force latérale* comme la composante de la force oblique résistante dans l'article 8.

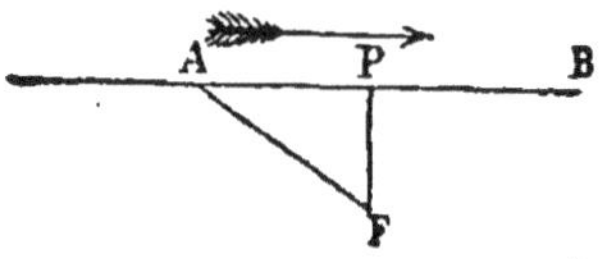

En langage algébrique, soient :

AF $= f =$ la force oblique totale,
PF $= Q =$ la forme latérale,
AP $= P,$

θ l'angle PAF.

Alors

$$\left.\begin{array}{l} P = f \cos \theta \\ Q = f \sin \theta. \end{array}\right\} \tag{1}$$

24. **Conditions du mouvement uniforme** (*A. M.*, 510, 512, 537). D'après la première loi du mouvement, pour qu'un corps se meuve uniformément, les forces qui lui sont appliquées doivent se

faire équilibre, de même pour une machine consistant en un nombre quelconque de pièces.

Quand la *direction* du mouvement d'un corps varie, mais non sa *vitesse*, la force latérale, nécessaire pour produire le changement de direction, dépend des principes établis dans la section (2); mais la condition d'équilibre subsiste encore pour les forces qui agissent suivant la direction du mouvement du corps, c'est-à-dire pour les *efforts* et les *résistances*, de sorte que, pour une machine ou pour un simple corps, la condition de vitesse uniforme est que les *efforts équilibrent les résistances*.

Dans une machine, cette condition doit être remplie pour chacune des pièces qui la composent.

On peut démontrer, par les principes de la statique (ou science des forces en équilibre), que, dans tout système ou machine, cette condition est remplie quand la *somme des produits des efforts par les vitesses de leurs points d'action respectifs est égale à la somme des produits des résistances par les vitesses des points où elles sont appliquées*.

Soient v la vitesse d'un *point moteur*, où est appliquée une force P; v' la vitesse d'un *point travaillant*, surmontant une résistance R.

La condition de vitesse uniforme pour la machine ou le système est

$$\Sigma P = \Sigma R v'. \qquad (1)$$

S'il n'y a qu'un seul point moteur, ou si les vitesses de tous les points moteurs sont semblables, soit P l'effort total; le produit Pv peut être substitué à la somme ΣPv; réduisant l'équation ci-dessus à

$$Pv = \Sigma R v'. \qquad (2)$$

Se reportant à l'article 9, supposons que la machine soit telle que les vitesses, comparées ou proportionnelles des différents points à un instant donné, sont connues, indépendamment de leurs vitesses absolues, d'après la construction de la machine, de sorte que, par exemple, la vitesse du point où la résistance R est vaincue soit avec la vitesse du point moteur dans le rapport

$$\frac{v'}{v} = n.$$

La condition de vitesse uniforme peut s'exprimer ainsi

$$P = \Sigma n R, \qquad (3)$$

3

c'est-à-dire l'*effort total est égal à la somme des résistances réduites au point moteur*.

25. Énergie. Énergie potentielle (*A. M.*, 512, 517, 393, 660). Énergie signifie capacité pour accomplir un travail. On l'exprime, comme le travail, par le produit d'une force par une longueur.

L'énergie d'un effort s'appelle parfois l'*énergie potentielle*, pour la distinguer d'une autre forme d'énergie dont on parlera plus tard : c'est le produit de l'*effort par la distance que peut parcourir son point d'application*. Ainsi, un poids de 100 kilogr., placé à 20 mètres du sol, ou du point fixe qu'on ne peut descendre, possède une énergie potentielle de $100 \times 20 = 2000$ kilogrammètres; ce qui signifie que dans sa descente, du plus haut au plus bas de sa course, le poids est *capable d'accomplir ce travail*.

Pour prendre un autre exemple, soit un réservoir renfermant 10 000 000 de litres d'eau ayant leur centre de gravité à 100 mètres du point où il peut descendre en surmontant une résistance. Le poids de cette eau est 10 000 000 kilogr., qui, multiplié par la hauteur dont il peut tomber, ou 100 mètres, donne 1 000 000 000 kilogrammètres pour l'énergie potentielle de l'eau.

26. Égalité de l'énergie dépensée et du travail accompli. Quant un effort conduit réellement son point d'application pendant une certaine distance, l'énergie égale au produit de l'effort par cette distance est dite *dépensée*, et l'énergie potentielle ou l'énergie qui reste capable d'être dépensée en est diminuée d'autant.

L'énergie dépensée à mouvoir une machine, à une vitesse uniforme, *est égale au travail accompli*.

En langage algébrique, soient t le temps pendant lequel s'exerce l'énergie, v la vitesse du point moteur auquel est appliqué un effort P, s la distance qu'il parcourt, v' la vitesse d'un point travaillant avec une résistance R, s' la distance qu'il parcourt. Alors

$$s = vt, \quad s' = v't,$$

et multipliant l'équation (1) de l'article 20 par le temps t, on obtient l'équation suivante :

$$\Sigma Pvt = \Sigma Rv't = \Sigma Ps = \Sigma Rs', \tag{1}$$

qui exprime l'égalité de l'énergie dépensée et du travail accompli pour des efforts et des résistances constantes.

Quand les efforts et la résistance varient, il suffit de se reporter à l'article 11 pour montrer que le même principe est exprimé comme il suit :

$$\Sigma\int P\,ds = \Sigma\int R\,ds. \qquad (2)$$

Le symbole $\int$ exprime l'opération de la recherche du travail accompli contre une résistance variable ou de l'énergie exercés par un effort variable suivant les cas. Le symbole Σ exprime l'opération d'addition de quantité d'énergie exercées, ou travaux accomplis suivant le cas par les différents points de la machine.

27. Différents facteurs d'énergie. Une quantité d'énergie, comme un travail, peut se calculer en multipliant, soit une force par une distance, soit un moment statique par un déplacement angulaire, soit l'intensité d'une pression par un volume. Ces procédés ont déjà été expliqués en détail aux articles 5 et 6.

28. Énergie dépensée à produire l'accélération (*A. M.*, 549). Est égale au travail d'accélération dont on a défini la valeur aux articles 14A et 15.

29. Effort d'accélération (*A. M.*, 554). C'est celui qui augmente la vitesse d'un corps de masse donnée, et qui est exercé par le corps moteur sur le corps mû. Il est égal et opposé à la résistance due à l'accélération que le corps mû exerce sur le corps moteur et dont la grandeur a été donnée dans les articles 14A et 15. Se rapportant aux équations 4 et 8 de l'article 14A, nous trouvons les deux expressions suivantes, dont la première donne l'effort d'accélération nécessaire pour produire une accélération *dv* dans un corps de poids W pendant le temps *dt* mis à la produire ; la seconde expression donne ce même effort d'accélération en fonction de l'espace $ds = v\,dt$ parcouru pour atteindre cette accélération.

$$F = \frac{W}{g}\frac{dv}{dt}. \qquad (1)$$
$$= \frac{W}{g}\frac{v\,dv}{ds} = \frac{W}{g}\frac{d(v^2)}{2\,ds}. \qquad (2)$$

Se rapportant ensuite à l'article 15, 1er cas, équations 5, 6 et 7, on voit que le travail d'accélération, correspondant à un accroissement *da* de la vitesse angulaire du corps tournant de moment d'inertie I, est

$$\frac{ida^2}{2g} = \frac{lada}{g}.$$

Soient dt le temps et $di = adt$ le *déplacement angulaire* pendant lequel se produit l'accélération, F l'effort d'accélération, l son *bras de levier* ou la distance de sa ligne d'action à l'axe, ; suivant qu'on se donne le temps dt ou l'angle di, on a les deux expressions suivantes du *couple d'accélération :*

$$Fl = \frac{i}{g}\frac{da}{dt}. \tag{3}$$

$$= \frac{i}{g}\frac{ada}{di} = \frac{i}{g}\frac{da^2}{2di}. \tag{4}$$

Enfin, se rapportant à l'article 15, cas 2, équation 9, on trouve que si, dans un train du mécanisme, W est le poids d'une des parties ;

$$\frac{v'}{v} = n$$

le rapport de sa vitesse à celle du point moteur ; l'effort d'accélération qu'il faut appliquer au point moteur, pour lui imprimer pendant le temps dt qu'il met à parcourir l'espace $ds = vdt$ une accélération dv, et au poids W une accélération ndv, est donné par l'une des deux formules :

$$F = \frac{\Sigma n^2 W}{g}\frac{dv}{dt}; \tag{5}$$

$$= \frac{\Sigma n^2 W \cdot vdv}{g}\frac{}{ds} = \frac{\Sigma nW}{g}\frac{d^2v}{2ds}. \tag{6}$$

30. Travail de ralentissement. Énergie emmagasinée et restituée (*A. M.*, 528, 549, 550). Pour causer un ralentissement donné, ou une diminution de vitesse d'un corps, dans un temps donné, ou pendant qu'il traverse une distance donnée, il faut opposer à son mouvement une résistance égale à l'effort qui serait nécessaire pour produire, dans le même temps ou la même distance, une accélération égale au ralentissement.

Un corps en mouvement, pendant son ralentissement, sera considéré comme *surmontant une résistance* et *accomplissant un travail* équivalant à l'énergie dépensée à produire une accélération de ce corps égale au ralentissement.

C'est pour cette raison que, comme on l'a déjà expliqué à l'article 12, le travail accompli en accélérant la vitesse de pièces en mouvement dans une machine n'est pas nécessairement perdu, car ces pièces, en retournant à leurs vitesses initiales, peuvent accomplir, en surmontant des résistances, un travail égal; de sorte que l'accomplissement de ce travail n'est que retardé, et non pas empêché. Par suite, l'énergie exercée pendant l'accélération est dite *emmagasinée*, et lorsqu'un travail égal est accompli par un ralentissement égal, cette énergie est dite *restituée*.

Les expressions algébriques des relations entre une résistance retardatrice et le ralentissement qu'elle produit en agissant pendant un temps ou un espace donné sur un corps, s'obtiennent des équations de l'article 29, en remplaçant par le symbole R de la résistance, celui f de l'effort, et par $-dv$, symbole du ralentissement, celui $+dv$, de l'accélération.

31. **Énergie actuelle** (*A. M.*, 547, 589) d'un corps en mouvement; c'est le travail qu'il peut accomplir, contre une résistance, avant d'être amené au repos. Elle est égale à l'énergie qu'il faut dépenser sur le corps pour l'amener du repos à sa vitesse actuelle. La valeur de cette quantité est *le produit du poids du corps par la hauteur dont il doit tomber pour acquérir sa vitesse*, c'est-à-dire

$$\frac{Wv^2}{2g}. \qquad (1)$$

L'énergie totale d'un système de corps se mouvant chacun avec sa vitesse particulière est dénotée par

$$\frac{\xi Wv^2}{2g}, \qquad (2)$$

et quand ces corps sont les pièces d'une machine dont les vitesses sont n fois celle du point moteur v, leur énergie totale actuelle est

$$\frac{v^2}{2g}\,\xi n^2 W, \qquad (3)$$

ou le produit de l'inertie réduite (coefficient de régularité de M. Moseley) par la hauteur due à la vitesse du point moteur.

L'énergie actuelle d'un corps tournant, de vitesse angulaire α, et de moment d'inertie $\Sigma W r^2 = I$ est

$$\frac{\alpha^2 I}{2g} \qquad (4)$$

c'est-à-dire le produit du moment d'inertie par la hauteur due à la vitesse α d'un *point à l'unité de distance de l'axe de rotation*.

Quand une quantité donnée d'énergie est alternativement emmaganisée et restituée par des augmentations et diminutions alternatives dans la vitesse de la machine, l'énergie de la machine varie périodiquement de la même quantité.

L'énergie actuelle, comme le mouvement, n'est que *relative*. C'est-à-dire qu'en calculant l'énergie actuelle d'un corps, ou sa puissance pour accomplir du travail sur d'autres corps, *en raison de son mouvement*, c'est *son mouvement relatiment à ces autres corps* qu'il faut prendre en considération.

Par exemple, pour déterminer le nombre de tours que fera une roue de locomotive, tournant avec une certaine vitesse, avant d'être arrêtée par le frottement de ses coussinets seuls, en la supposant enlevée des rails, l'énergie actuelle de cette roue doit être prise *relativement au châssis de la machine* auquel sont fixés les coussinets. C'est simplement l'énergie actuelle due à la rotation. Mais si la roue est supposée détachée de la machine, et que l'on demande *quelle est la hauteur où elle montera sur une pente parfaitement plane avant d'être arrêtée par l'attraction de la terre*, son énergie actuelle doit être prise alors *relativement à la terre*, c'est-à-dire qu'il faut ajouter à l'énergie de rotation déjà mentionnée, l'énergie due à la *translation* ou mouvement en avant de la roue et de son axe.

32. Force réciproquante (*A. M.*, 556). C'est une force agissant alternativement comme un effort et comme une résistance égale et opposée, suivant la direction du mouvement du corps. Ainsi, le poids d'un corps dont le centre de gravité s'élève et s'abaisse alternativement, ou l'élasticité d'un corps parfaitement élastique. Le mouvement d'un corps contre l'action d'une force réciproquante est employé à augmenter son énergie potentielle, et n'est pas perdu pour le corps, de sorte que le mouvement alternatif d'un corps suivant, puis contre une force réciproquante, *emmagasine* puis *restitue* de l'énergie aussi bien que par des alternatives d'accélération et de ralentissement.

Soit ΣW le poids de toutes les pièces mouvantes d'une machine, *h* la hauteur que parcourt son centre de gravité, alternativement soulevé puis abaissé. La quantité d'énergie

$$h \Sigma \mathrm{W}$$

est emmagasinée par la levée, puis restituée par l'abaissement du centre de gravité.

Ces principes se rencontrent dans l'action des plongeurs, dans les pompes à vapeur à simple effet. Leur poids agit comme résistance quand il est soulevé par la pression de la vapeur sur le piston, et comme effort quand les plongeurs, descendant, refoulent devant eux l'eau dont ils ont rempli la pompe par aspiration. Ainsi l'énergie exercée par la vapeur sur le piston, emmagasinée pendant la course de bas en haut des plongeurs, est restituée exactement pendant leur course inférieure, en accomplissant le travail de soulever l'eau et de vaincre le frottement.

33. Mouvement périodique (*A. M.*, 553). Si un corps en mouvement revient périodiquement à une même vitesse initiale, à la fin de chaque période, la variation totale de son énergie actuelle est nulle; l'énergie accumulée pendant la période d'accélération sera intégralement restituée pendant la période de ralentissement.

Si le corps retourne, pendant une période, à la même position relativement à d'autres corps qui exercent sur lui des forces réciproquantes, par exemple s'il retourne périodiquement à une même hauteur au-dessus du sol, toute l'énergie accumulée pendant une partie de la période par un mouvement contre la force réciproquante, doit être exactement restituée pendant une autre partie de la période.

Donc, *à la fin de chaque période, l'égalité de l'énergie et du travail, ainsi que l'équilibre de l'effort moyen et de la résistance moyenne, ont lieu entre l'effort moteur et la résistance moyenne, exactement comme si la vitesse était uniforme et les forces réciproquantes nulles*, et toutes les équations des articles 24 et 26 sont applicables au mouvement périodique, pourvu que, dans les équations de l'article 24, et dans l'équation 1, article 26, *f* R*v* soient les *valeurs moyennes* de l'effort des résistances et de la vitesse; *s* et *s'*, les espaces parcourus dans une ou plusieurs *périodes entières;* et que, dans l'équation 2, art. 26, l'intégration indiquée par $\int$ s'étende à une ou plusieurs *périodes entières*.

Ces principes sont appliqués dans la machine à vapeur. La vitesse de ses pièces mouvantes varie continuellement, et celle de quelques-unes, comme le piston, changent périodiquement de sens; mais à la fin de chaque période, *révolution* ou *double course;* chaque pièce retourne à sa vitesse et à sa position, de sorte que l'égalité d'énergie et de travail et l'égalité entre l'effort moyen et la résistance moyenne réduite au point moteur, c'est-à-dire l'égalité de la pression moyenne de la vapeur sur le piston et de la résistance moyenne totale réduite au piston, ont lieu pour un nombre quelconque de révolutions, exactement comme dans le cas d'une vitesse uniforme.

Il apparaît aussi deux manières essentiellement différentes de considérer une machine à mouvement périodique, et qui doivent être employées successivement pour obtenir une connaissance complète de son travail.

I. La première consiste à considérer l'action d'une machine pendant une ou plusieurs périodes entières, en vue de déterminer la relation entre les efforts moyens et les résistances moyennes, ainsi que le *rendement* ou rapport du travail *utile* à l'énergie *totale* dépensée. Le mouvement d'une machine est périodique ou uniforme.

II. La seconde considère l'action de la machine pendant des intervalles de temps moindres que la période, dans le but de déterminer la loi du changement périodique dans les mouvements des pièces qui composent la machine, ainsi que les forces périodiques ou réciproquantes qui produisent ces changements.

34. **Départ et arrêt** (*A. M.*, 691). Le départ d'une machine est sa mise en mouvement, à partir du repos et son accélération jusqu'à ce qu'elle atteigne sa vitesse moyenne. Cette opération exige, outre l'énergie nécessaire pour vaincre la résistance moyenne, une quantité d'énergie additionnelle égale à l'énergie actuelle de la machine se mouvant avec sa vitesse moyenne, trouvée d'après la méthode de l'article 31.

Pour *arrêter* une machine, on suspend simplement l'action du moteur. La machine continue à marcher jusqu'à l'accomplissement d'un travail résistant, égal à l'énergie actuelle due à la vitesse de la machine à l'époque où l'on a suspendu l'effort du moteur.

Pour diminuer le temps nécessaire à cette opération, la résistance peut être accrue par le frottement d'un *frein*. Les freins seront décrits plus tard.

35. Rendement d'une machine (*A. M.*, 660, 664). On l'a déjà défini : une fraction exprimant le rapport du travail utile au travail total accompli par la machine. La limite du rendement est *l'unité;* c'est celui d'une machine parfaite, ne perdant pas de travail.

L'objet du perfectionnement des machines est de rapprocher leur rendement, autant que possible, de l'unité.

Quant au travail utile et perdu, voir article 12. L'expression algébrique du rendement d'une machine, à mouvement uniforme ou périodique, s'obtient en introduisant une distinction entre le travail utile et le travail perdu, dans les équations de la conservation de l'énergie. Ainsi désignons par f l'effort moyen au point moteur, s l'espace parcouru par lui dans un temps comprenant un nombre entier de révolutions ou périodes, R_1 la résistance moyenne utile, s_1 l'espace qu'elle parcourt dans ce même intervalle, R_2 une des résistances nuisibles, s_2 le chemin qu'elle parcourt. On a

$$fs = R_1 s_1 + \Sigma R_2 s_2 \tag{1}$$

et le rendement de la machine est exprimé par

$$\frac{R_1 s_1}{fs} - \frac{R_1 s_1}{R_1 s_1 + \Sigma R_2 s_2}. \tag{2}$$

Souvent le travail perdu $R_2 s_2$ de la machine se compose d'une partie constante et d'une partie ayant avec le travail utile un rapport dépendant d'une manière fixe de la grandeur, des formes, des dispositions et des états des pièces du train, et dont dépend aussi la partie constante du travail perdu; dans ce cas, toute l'énergie dépensée et le rendement de la machine sont exprimés par les équations

$$\begin{aligned} fs &= (1+A)R_1 s_1 + B \\ \frac{R_1 s_1}{fs} &= \frac{1}{1 + A + \dfrac{B}{R_1 s_1}} \end{aligned} \right\} \tag{3}$$

La première est l'expression mathématique de ce que Moseley appelle le *module* d'une machine.

Le travail utile d'une pièce intermédiaire dans un train de mécanisme; consiste à mener la pièce qui la suit; il est moindre que l'énergie exercée sur elle, d'une quantité égale au travail perdu, en surmontant son frottement. Donc, le rendement d'une telle pièce intermédiaire est le rapport du travail accompli par elle en menant la pièce qui la suit, à l'énergie qu'elle exerce sur la pièce qui la précède, et il est évident que le rendement *d'une machine est le produit des rendements de la série de pièces mouvantes qui transmettent l'énergie du point moteur au point travaillant.*

Le même principe s'applique à un train de *machines successives*, l'une menant l'autre.

36. Puissance et effet. Force de cheval. La puissance d'une machine est l'énergie exercée par elle et son *effet* le travail, utile qu'elle accomplit dans un temps donné, seconde, minute, heure, jour, etc.

L'unité de puissance conventionnelle ou force de cheval est 75 kilogrammètres par seconde, ou 4 500 kilogrammètres par minute, 270 000 par heure. L'effet est égal au produit de la puissance par le rendement. La perte de puissance est la différence entre la puissance et l'effet. (Voir article 3.)

37. Équation générale. L'équation générale suivante présente, d'un seul coup, les principes de l'action des machines à mouvement uniforme ou périodique

$$\int f ds = \Sigma \int R ds' \pm h \Sigma W + \Sigma \frac{W(v_2^2 - v_1^2)}{2g},$$

où W est le poids d'une des pièces mouvantes de la machine ;

h quand il est positif, l'élévation ; quand il est négatif, l'abaissement du centre de gravité commun de toutes les pièces mouvantes pendant le temps considéré ;

v_1, v_2 les vitesses initiales et finales d'une partie quelconque de la machine pesant RW ;

g l'accélération, par seconde, due à la pesanteur $g = 9^m,8088$;

$\int R ds'$ le travail accompli ;

$\int W ds$ l'énergie dépensée.

Les second et troisième termes de droite sont positifs : *l'énergie accumulée ;* négatifs *l'énergie restituée.*

Le principe représenté par cette équation s'exprime ainsi :

L'énergie dépensée, ajoutée à l'énergie restituée, est égale à la somme de l'énergie accumulée et du travail accompli.

SECTION 4. *Des dynamomètres.*

38. Les dynamomètres sont des instruments pour mesurer et enregistrer l'énergie exercée et le travail accompli par les machines. On peut les classer comme il suit :

1° Instruments qui indiquent simplement la force exercée par un corps moteur, sur un corps mû ; laissant à observer séparément la distance que parcourt le point d'application de cette force. En voici des exemples.

a. On peut suspendre un corps, de façon que son poids équilibre la résistance à mesurer, comme dans les expériences de M. Scott Russell sur la résistance des bateaux des canaux (*Transaction of the Royal Society of Edinburgh*, vol. XIV).

b. On peut employer une colonne de liquide pour équilibrer, par son poids, l'effort nécessaire pour tirer un chariot ou un autre corps, comme dans le dynamomètre à mercure de John Milne, à Édimbourg.

c. On peut employer toute l'énergie d'un moteur à vaincre un frottement, mesuré par un poids, comme dans le frein de Prony décrit plus bas.

d. On peut interposer une balance à ressort entre un moteur et sa résistance, de façon à en indiquer à chaque instant la grandeur.

2° Instrument pouvant enregistrer d'un coup la *force*, le *mouvement* et le *travail* d'une machine, en traçant une ligne droite ou courbe, suivant le cas (comme celle de la *fig.* 3, art. 11), dont les abcisses représentent, à une échelle donnée, les distances parcourues ; les ordonnées, les résistances correspondantes ; et la surface le travail accompli.

Un dynamomètre de cette espèce consiste essentiellement en deux parties principales : un ressort, dont la flexion indique la force exercée par le corps moteur sur le corps mû, et une bande de papier, se mouvant à angle droit sur la direction de la flexion du ressort avec une vitesse ayant un rapport défini avec celle du point d'application de la résistance. On décrira dans la suite comme exemple d'instruments de cette classe :

a. Dynamomètre de traction de Morin ;

b. Dynamomètre de rotation de Morin ;

c. Indicateur de Watt et Mac Naught pour machines à vapeur.

3° Instruments enregistrant le travail, mais pas la résistance et le mouvement séparément.

39. Frein de Prony. Il mesure le travail utile d'un moteur, en faisant que ce travail soit dépensé totalement à vaincre le frotte-

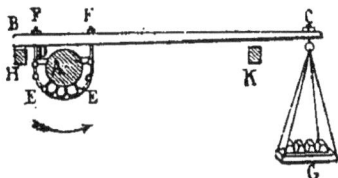

Fig. 12.

ment d'un frein. Sur la *fig.* 12, A est un arbre cylindrique mû par le moteur; le bloc D, attaché au levier B*c*, et ceux qui garnissent la chaîne EE, forment un frein qui embrasse l'arbre, et qui est serré par les vis FF jusqu'à ce que le .frottement devienne assez fort pour forcer l'arbre à tourner uniformément. L'extrémité *c* du levier porte un plateau G avec des poids juste suffisants pour équilibrer le frottement et maintenir le levier horizontal. Le levier doit être ainsi chargé en B que, lorsqu'il n'y a pas de poids dans le plateau, il soit en équilibre sur l'axe. Les taquets HK empêchent toute déviation trop considérable du levier de la position horizontale.

Le produit du poids sur le plateau, par sa distance horizontale du point de suspension *c* à l'axe, donne le moment du frottement que ce poids équilibre, et qui, multiplié par la vitesse angulaire de l'arbre, donne la *vitesse du travail utile* ou la *puissance effective* du moteur.

Comme tout ce travail est dépensé à vaincre le frottement entre l'arbre et le frein, la chaleur produite est en général considérable; il faut répandre de l'eau sur les surfaces frottantes pour absorber cette chaleur.

Le dynamomètre de frottement est simple et facile à fabriquer, mais il se prête mal à la mesure des efforts variables. En outre il exige l'interruption de la marche ordinaire du moteur dont il mesure le travail, conditions toujours gênantes et parfois impossibles à remplir.

40. Dynamomètre de traction de Morin. — La description de cet appareil et de plusieurs autres inventés par le général Morin, est abrégée de ses ouvrages intitulés : *Sur quelques appareils dynamométriques* et *Notions fondamentales de mécanique* (*fig.* 13), est un plan; 13*a*, une élévation du dynamomètre pour enregistrer sur un diagramme le travail d'une traction horizontale; *aa*, *bb* sont une paire de ressorts en acier transmettant la force de traction et la mesurant par leur flexion. Ils sont réunis aux extrémités par des liens d'acier *ff*. L'effort du moteur s'applique par *r* à la tige *d* fixée au milieu du ressort d'avant. La résistance égale et opposée du vé-

Fig. 13.

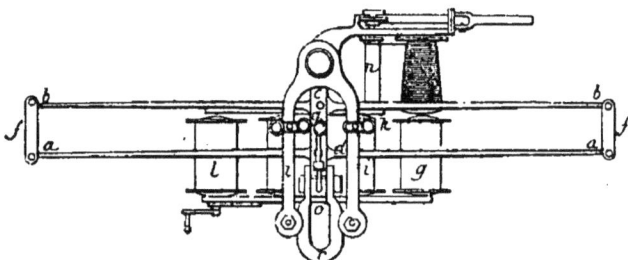

Fig. 13 *a*.

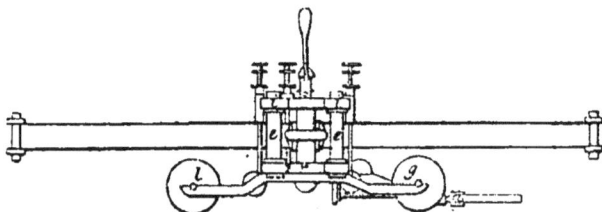

hicule est appliquée à la cheville *c* fixée au milieu du ressort d'ar- rière. Quand il n'y a pas d'effort de traction, les faces intérieures des lames sont droites et parallèles, puis elles se courbent et s'écar- tent proportionnellement à cet effort. Les brides de sûreté *ii* avec leurs boulons *ee* empêchent les ressorts de trop se déformer; les brides sont attachées à la cheville d'arrière et leurs boulons servent à arrêter le ressort d'avant pour que sa déformation ne dépasse pas une limite en rapport avec la conservation de sa force et de son élas- ticité.

Le bâti de l'appareil qui donne le mouvement à la bande de pa- pier est porté par la cheville d'arrière. Ses parties principales sont :

l tambour portant, enroulée sur lui, une feuille de papier qui se déroule dans la marche de l'expérience.

g tambour dérouleur auquel un bout du papier est collé, tirant à lui et enroulant le papier avec une vitesse proportionnelle à celle du véhicule. Fixée sur l'axe de ce tambour est une fusée avec une rainure en spirale dont le rayon augmente graduelle- ment suivant l'accroissement du rayon effectif du tambour *g* par l'enroulement du papier; la vitesse du papier reste ainsi uniforme.

n tambour mû par un mouvement d'horlogerie à une vitesse proportionnelle à celle des roues du véhicule et menant par une corde la fusée. Le mécanisme est ordinairement ainsi construit que le papier se meut à $\frac{1}{15}$ de la vitesse du véhicule.

Entre les tambours *l* et *g* des petits rouleaux supportent et raidissent le papier.

Une des brides de sûreté porte un crayon au repos par rapport au bâti de l'appareil enregistreur et qui trace une droite sur la bande du papier qui marche sous lui. Cette ligne est la *ligne de zéro* et correspond à OX (*fig.* 3).

Un bras fixé à la cheville d'avant porte un autre crayon ajusté avant l'expérience de façon telle que, sans traction, il trace la ligne de zéro. Pendant l'expérience il trace une ligne telle que ERG (*fig.* 3) dont les ordonnées, comptées à partir de la ligne zéro, sont les déflexions des ressorts proportionnelles à l'effort de traction aux points du trajet du véhicule.

Les surfaces des diagrammes tracés par ces appareils et représentant des travaux se mesurent, soit d'après les méthodes indiquées aux articles 11 et 11A, ou par un instrument appelé *Planimètre*, comme ceux de Ernst, Slag, Clerk-Maxwell, etc.

On emploie souvent un troisième crayon marquant sur le papier une série de points équidistants de façon à noter les changements de vitesse.

Quand un véhicule, comme une locomotive, en tire plusieurs autres, l'appareil peut être retourné l'arrière à l'avant et attaché au véhicule de tête. Dans ce cas le papier doit être mû, non par une roue motrice qui pourrait glisser, mais par une roue porteuse.

Quand l'appareil sert à enregistrer la force de traction et le travail accompli en tirant un navire, le papier est mû par une roue à ailette plongée dans l'eau : dans ce cas le rapport de la vitesse du navire à celle de la bande de papier doit être déterminé par expérience.

A cause des variations d'élasticité de l'acier, on ne peut calculer que grossièrement à l'avance le rapport des flexions des ressorts aux forces de traction; on doit le déterminer par expérience, c'est-à-dire en suspendant des poids connus aux ressorts et notant leurs flexions.

La meilleure forme de section longitudinale pour chaque ressort est celle qui donne la plus grande flexibilité pour une puissance donnée et consiste en deux paraboles ayant leurs sommets aux deux extrémités du ressort et se rencontrant au milieu par leur base, c'est-à-dire que l'épaisseur en un point donné de sa longueur doit être proportionnelle à la racine carrée de la distance de ce point à l'extrémité la plus proche du ressort. En langage algébrique soient :

  c la demi-longueur au ressort;

  h sa hauteur au milieu;

  x la distance d'un point à l'extrémité la plus voisine;

  h' l'épaisseur en ce point

$$h' = h\sqrt{\frac{x}{c}}. \qquad (1)$$

La largeur du ressort doit être constante et, d'après le général Morin, ne pas dépasser 35 à 50 millimètres. Soit b cette largeur.

La formule suivante donne la déflexion *probable* j d'une paire de ressorts sous une force de traction de P kilogrammes.

  c, b, h sont en millimètres; j aussi;

  E est *le module| d'élasticité* de l'acier en kilogramme par millimètre carré variant de 21 000 à 29 400. Les valeurs inférieures sont les plus communes; alors on a

$$j = 8\,\frac{Pc^3}{Ebh^3} \qquad (2)$$

La flexion ne doit pas dépasser environ $\frac{1}{10}$ de la longueur du ressort.

41. Dynamomètre de rotation de Morin. Représenté *fig.* 14, 14 a. Destiné à enregistrer le travail accompli par un moteur transmettant une rotation à une machine. A est une poulie fixe et c une poulie folle sur le même arbre. Une courroie transmet le mouvement du moteur à l'une ou l'autre de ces poulies suivant que l'on veut ou non faire tourner l'arbre du dynamomètre.

Une troisième poulie B sur le même arbre porte la courroie qui transmet le mouvement à la machine. Cette poulie est aussi folle sur son arbre jusqu'à un certain point, de façon à pouvoir osciller

suivant un petit arc suffisant pour permettre la flexion du ressort
d'acier qui transmet le mouvement de l'arbre à la poulie.

Fig. 14.   Fig. 14 a.

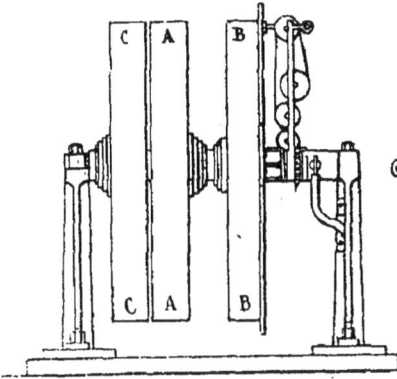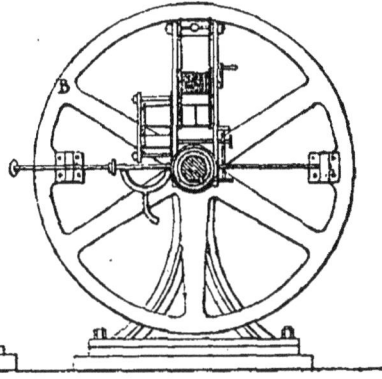

Une extrémité de ce ressort est fixée à l'arbre, de sorte qu'il se
projette comme un bras et tourne avec lui. L'autre extrémité mène
la poulie B par un point de sa circonférence en fléchissant proportionnellement à l'effort exercé par l'arbre sur la poulie.

Un bâti se projetant radialement sur l'arbre et tournant avec lui
porte un appareil semblable à celui du dynamomètre à traction
pour faire mouvoir une bande de papier radialement avec une
vitesse proportionnelle à celle de la rotation de l'arbre. Un crayon
porté par ce bâti trace une ligne de zéro sur la bande de papier; un
autre, à l'extrémité du ressort, y trace la courbe dont les ordonnées
représentent les forces comme dans le dynamomètre à traction. Le
mécanisme de mouvement du papier est mené par un anneau denté
entourant l'arbre et maintenu en repos au moyen d'un taquet pendant sa rotation. Quand on retire ce taquet, l'anneau denté se meut
avec l'arbre et cesse de mener le mécanisme. On peut aussi arrêter
en cas de nécessité le mouvement du papier.

42. Dynamomètre totaliseur de Morin. Il enregistre simplement le travail accompli par le véhicule ou la machine sans
enregistrer séparément la force et le travail. Le principe général de

Fig. 15.

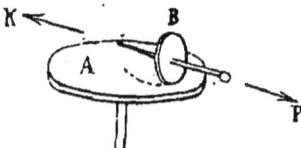

la méthode est indiqué *fig.* 15. A représente un plateau circulaire tournant
avec une vitesse angulaire proportionnelle à la vitesse du mouvement du
véhicule ou de la machine, et B une
petite roue menée par le frottement du

disque contre son pourtour et dont l'axe est parallèle à un rayon du disque. La roue B et le mécanisme qu'elle conduit sont portés par un bâti fixé à un des ressorts dynamométriques et ainsi ajusté que la distance du bord de B au centre de A soit égale à la flexion des ressorts et proportionnelle à l'effort.

La vitesse du bord de B étant à chaque instant le produit de sa distance au centre de A par la vitesse angulaire de A, est proportionnelle au produit de l'effort par la vitesse de la machine, c'est-à-dire à la *vitesse du travail*. Le mouvement de la roue B, dans un temps donné, est donc proportionnel au *travail accompli pendant ce temps*, et ce travail peut s'enregistrer sur un cadran au moyen d'un index mû par un mécanisme conduit par la roue B.

43. Indicateur. Application à la machine à vapeur. Cet instrument, inventé par Watt, a été perfectionné par différents inventeurs, spécialement par Mac Naught. Son but est de représenter par un diagramme l'intensité de la pression exercée par la vapeur sur une des faces du piston à chaque point de sa course, et de procurer ainsi les moyens de calculer suivant les principes des articles 6 et 11 : d'abord l'énergie exercée par la vapeur, menant le piston pendant la course en avant; ensuite le travail perdu par le piston chassant la vapeur du cylindre pendant la course en arrière, et enfin la différence de ces quantités qui est le travail *disponible* ou *effectif* exercé par la vapeur sur le piston, et qui, multiplié par le nombre de courses par minute et divisé par 4500 donne la force en *chevaux-vapeur indiqués*.

Fig. 16.

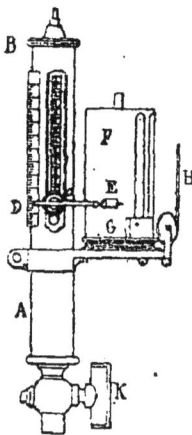

L'indicateur, dans sa forme actuelle, est représenté *fig.* 16. AB est un cylindre creux à sa partie inférieure; il renferme un piston, et peut se visser sur un tube placé à un endroit convenable du cylindre de la machine à vapeur. La communication entre ce cylindre et celui de l'indicateur se fait par le robinet K. Quand il est ouvert, l'intensité de la pression est à peu près la même dans les deux cylindres.

La partie supérieure B du cylindre renferme un ressort à boudin, dont un bout est attaché au piston ou à sa tige, et l'autre au haut du cylindre. Le piston de l'indicateur est poussé en dessous par la vapeur, et au-dessus par l'atmosphère. Quand la pres-

4

sion de la vapeur est égale à celle de l'atmosphère, le ressort reste
dans sa forme naturelle et le piston dans sa position initiale. Quand
cette pression dépasse celle de l'atmosphère, le piston monte et le
ressort se comprime; quand elle est plus faible, le piston s'abaisse
et le ressort s'étend. La compression ou l'extension du ressort indiquent la différence, positive ou négative, entre la pression de la
vapeur et celle de l'atmosphère.

Un petit bras C, se projetant de la tige du piston, porte d'un côté
une pointe D, qui indique la pression sur une échelle dont le zéro
correspond à la pression de l'atmosphère, et graduée de part et
d'autre en kilogrammes par centimètre carré. De l'autre côté du
bras, se trouve une pointe traçante E.

F, est un tambour qui tourne en avant et en arrière autour d'un
axe vertical, et que l'on recouvre d'un papier. Il est alternativement
tiré dans un sens par une corde H, qui s'enroule autour de la
poulie G, et ramené à sa position horizontale par un ressort qu'il
renferme. La corde H doit être réunie au mécanisme de la machine
à vapeur, de manière que la vitesse du tambour soit à chaque
instant dans un rapport constant avec celle du piston : le mouvement alternatif du papier représente alors en petit celui de ce piston.
Ceci fait, et avant d'ouvrir le robinet K, il faut placer le crayon en
contact avec le papier pendant plusieurs courses; il tracera sur le
papier une ligne qui deviendra une droite quand on l'étendra. Cette
ligne, dont la position indique la pression de l'atmosphère, est
appelée la *ligne atmosphérique*. Sur la *fig.* 17, elle est représentée
par AA.

On ouvre alors le robinet K, et le crayon, se mouvant avec les
variations de pression de la vapeur, trace sur le papier, à chaque
course complète ou double, un diagramme tel que BcDER.

On ouvre alors le robinet K, et le crayon oscillant, suivant la varia-

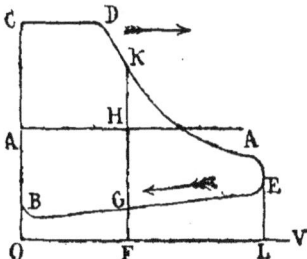

Fig. 17.

tion de pression de la vapeur, trace sur
la carte, durant chaque double course,
une courbe comme BCDEB. Les ordonnées menées à cette courbe d'un point
sur la ligne atmosphérique, comme HK
et HG, indiquent les différences entre la
pression de la vapeur et la pression atmosphérique du point correspondant de
la course du piston. Les ordonnées de la

partie BCDE représentent la pression de la vapeur durant la course avant quand elle pousse le piston, ceux de la partie EB représentent les pressions de la vapeur chassée hors du cylindre par le piston.

Pour calculer exactement le travail d'après un diagramme d'indication, on devrait constater la pression atmosphérique à l'époque de l'expérience au moyen du baromètre; en général, on ne le fait pas, et dans ce cas on prend la pression atmosphérique moyenne de 10 333 kilogr. par mètre carré, ou $1^k,0333$ par centimètre carré pris du niveau de la mer.

Soient $AO = HF$ les ordonnées représentant la pression atmosphérique; OFV est alors le signe du zéro *vrai* ou *absolu* du diagramme correspondant à une *pression nulle*, et les ordonnées comptées, à partir de cette ligne jusqu'à la courbe, sont les pressions absolues de la vapeur. Soient OB, LE les ordonnées extrêmes du diagramme, alors OL représente le *volume* décrit par le piston à chaque course simple ($= sA$, et s étant la course, A l'aire du piston).

La surface OBCDELO est l'énergie exercée par la vapeur sur le piston durant la course avant.

OBELO est le travail perdu en chassant la vapeur pendant la course arrière.

La surface BCDEB, différence des deux précédentes, représente la *travail effectif* de la vapeur sur le piston pendant la course complète.

Ces surfaces peuvent se mesurer par la méthode de l'art. 11 A.

La *pression motrice moyenne*, la *contre-pression moyenne* et la *pression moyenne effective* se trouvent en divisant ces surfaces respectivement par le volume sA, représenté par OL.

Ces pressions moyennes peuvent se calculer directement comme il suit sans mesurer la surface.

Divisons la longueur OL du diagramme en n parties égales (ordinairement 10), et menons les ordonnées aux deux extrémités et aux $n-1$ points de division, de sorte que les ordonnées soient mesurées à $n+1$ points équidistants sur OL.

Soient p_1 la première, p_n la dernière, p_1, p_2 les ordonnées intermédiaires de la courbe supérieure CDE, p'_0 la première, p'_n la dernière, p'_1, p'_2 les ordonnées intermédiaires de la courbe EGB. Soient p_m la pression motrice moyenne, p'_m la contre-pression moyenne, $p'_m - p'_m$

la pression moyenne effective. Alors on a

$$
\left.
\begin{aligned}
p_m &= \frac{1}{n}\left(\frac{p_0 + p_n}{2} + p_1 + p_2 + \cdots\right) \\
p'_m &= \frac{1}{n}\left(\frac{p'_0 + p'_n}{2} + p'_1 + p'_2 + \cdots\right) \\
p_m - p'_m &= \frac{1}{2}\left(\frac{p_0 + p_n}{2} + p_1 + p_2 + \cdots - \frac{p'_0 + p'_n}{2} - p'_1 - p'_2\right)
\end{aligned}
\right\} \quad (1)
$$

Il est évident que la pression moyenne effective peut se calculer immédiatement sans la puissance motrice, ni la contre-pression, ni la ligne de zéro, en mesurant simplement une série de hauteurs équidistantes du diagramme perpendiculaires O à AA, telles que GK, dont la moyenne représentera la pression effective moyenne. Soient b_0 la première, b_n la dernière, $b_1 b_2$ les hauteurs intermédiaires. Alors

$$
p_m - p'_m = \frac{1}{n}\left(\frac{b_0 + b_n}{2} + b_1 + b_2 + \cdots\right). \quad (2)
$$

L'énergie effective exercée par la vapeur sur le piston durant chaque double course, est le produit de la pression effective moyenne, par la surface et la course du piston, ou

$$
(p_m - p'_m)\, \mathrm{As}. \quad (3)
$$

Dans *une machine à double effet*, la vapeur agit alternativement sur chaque face du piston, et pour mesurer sa puissance il faut deux indicateurs, un à chaque extrémité du cylindre. On obtiendra ainsi deux diagrammes représentant l'action de la vapeur sur chaque face du piston. La pression moyenne effective se trouvera comme ci-dessus pour chaque diagramme séparément, et alors, si les deux faces du piston sont à peu près égales, la moyenne de ces résultats est *la pression moyenne effective générale* qui, multipliée par la surface du piston, la course et deux fois le nombre de tours ou de doubles courses par minute, donnera la puissance indiquée par minute. Ainsi, si p'' est la pression moyenne effective générale, la puissance indiquée par minute est

$$
p'' \mathrm{A2Ns}. \quad (4)
$$

Si les deux faces du piston sont toutes inégales (comme dans les machines à fourreau), il faut calculer la puissance indiquée pour chaque face séparément et les ajouter.

S'il y a deux ou plusieurs cylindres, il faut ajouter les puissances indiquées par leurs différents diagrammes.

Voici un exemple pour une machine à deux cylindres et à double effet.

LARGEURS DU DIAGRAMME EXPRIMÉES EN KILOGRAMMES PAR CENTIMÈTRE CARRÉ.

	1er CYLINDRE.		$n = 10$	2e CYLINDRE.	
	Haut.	Bas.		Haut.	Bas.
b_0.	1,35	1,8		0,8	0,62
b_{10}.	0,65	0,6		0,1	0,19
Somme.	2	2,4		0,9	0,80
Demi-somme. '	1	1,2		0,45	0,405
b_1.	4,15	4,85		0,5255	0,54
b_2.	4,505	4,80		0,425	0,45
b_3.	4,505	4,20		0,375	0,4
b_4.	3,20	3,20		0,35	0,355
b_5.	2,85	2,85		0,33	0,335
b_6.	2,65	2,30		0,31	0,30
b_7.	2,10	2,		0,30	0,28
b_8.	1,75	1,60		0,255	0,27
b_9.	1,10	1,10		0,225	0,25
Somme.	27,90	28,10		3,545	3,585
Somme $\times \frac{1}{10}$ = pression moyenne effective. .	2,79	2,81		0,3545	0,3585
Pression moyenne en haut et en bas.	2,80			0,3565	
$\times$ surface du piston en centimètres carrés. .	345			1380	
Effort moyen en kilogrammes.	9,66			491,97	
Course en mètres 2,50 $\times$ nombre de tours par minute = 52 ½.	262,5			262,5	
Force indiquée en kilogrammes par minute. 382717,125					
— en chevaux $\dfrac{382717,25}{4500}$ 82chev,80					

L'*inertie* des pièces mobiles de l'indicateur et l'élasticité du ressort causent des oscillations du piston. Pour diminuer, autant que possible, les erreurs ainsi produites dans les pressions indiquées et neutraliser leur effet sur la puissance totale indiquée, l'inertie doit être aussi réduite que possible et le ressort aussi raide que le comporte une échelle très-lisible de pression.

Le *frottement* des pièces mobiles de l'indicateur tend en somme à diminuer la puissance effective et la pression moyenne d'une quantité toujours incertaine.

Tout indicateur doit avoir la graduation de son échelle fréquemment vérifiée par comparaison avec un manomètre-étalon.

Les conclusions à tirer des figures de diagramme d'indicateur seront examinées dans la partie de ce traité consacrée à la machine à vapeur.

44. L'Indicateur. Autres applications. On peut s'en servir évidemment pour mesurer l'énergie exercée par tout fluide, liquide ou gazeux, sur un piston; ou le travail accompli par une pompe en élevant, refoulant, ou comprimant un fluide.

SECTION 5. *Des freins.*

45. Freins définis et classés. Les mécanismes compris sous le nom général de *freins* sont ceux qui ont pour but de s'opposer, par frottement entre liquides ou solides, au mouvement des machines pour l'arrêter ou pour le ralentir, ou pour employer l'énergie en excès pendant le mouvement uniforme. L'usage d'un frein entraîne une perte d'énergie, mauvaise en elle-même, et qu'il ne faut provoquer que si elle est nécessaire.

On peut classer les freins comme il suit :

1° *Freins à blocs*, dans lesquels un corps solide est pressé sur un autre contre lequel il frotte ;

2° *Freins flexibles*, qui embrassent la périphérie d'un tambour ou d'une poulie (comme dans le frein de Prony, art. 39);

3° *Freins à pompe*, qui résistent par le frottement contre les particules d'un fluide forcé au travers d'un passage étroit.

5° *Freins à ailettes*, dans lesquels la résistance est celle opposée par un fluide à une roue à ailettes qui y tourne.

46. Action des freins en général. Le travail consommé par un frein, en un temps donné, est le produit de la résistance qu'il cause par la distance qu'elle parcourt en un temps donné.

Pour *arrêter* une machine, un frein doit employer un travail égal à l'énergie totale actuelle de la machine, comme on l'a déjà établi à l'article 34. Pour *retarder* une machine, le frein doit absorber un travail égal à la différence des énergies actuelles de la machine à ses vitesses maxima et minima.

Pour disposer d'un excès d'énergie, le frein doit absorber un travail égal à cette énergie, c'est-à-dire la résistance du frein doit équilibrer l'excès de l'effort auquel est dû l'excès d'énergie; de sorte que si n est le rapport de la vitesse du frottement du frein à celle du point moteur, P l'excès *de l'effort* au point moteur et R la résistance du frein, on doit avoir

$$R = \frac{P}{n}. \qquad (1)$$

Il vaut évidemment mieux, quand cela est pratique, emmagasiner l'énergie en excès ou la prévenir que d'en disposer au moyen d'un frein.

Quand l'action d'un frein formé de matières solides est continue, il faut un courant d'eau sur les surfaces frottantes pour enlever la chaleur engendrée pour le frottement suivant la loi établie art. 13.

47. Freins à blocs. Quand il faut régler le mouvement d'une machine par la pression d'un bloc de matière solide sur la périphérie d'un tambour en rotation, il faut que le tambour soit plus dur que les blocs qui se remplacent plus facilement : par exemple le tambour est en fer, les blocs sont en bois. Les meilleurs bois, pour cet usage, sont ceux qui ont une grande résistance à l'écrasement, comme l'orme, le chêne, le hêtre. Le bois pris dans une framme en fer se remplace quand il est usé.

Quand le frein est poussé contre le tambour, la direction de la pression entre eux est obliquement opposée au mouvement du tambour, de façon à faire avec son rayon un angle égal à *l'angle de frottement* des surfaces frottantes (désigné par φ, art. 13). La composante de cette pression oblique, suivant une tangente à la circonférence du tambour, est le frottement R. **La composante perpendiculaire à la périphérie du tambour est la pression normale** Q nécessaire pour produire le frottement et donnée par l'équation

$$Q = \frac{R}{f}. \qquad (1)$$

f étant le coefficient de frottement et la valeur propre de R étant déterminée par les principes établis à l'art. 46.

Il est, en général, désirable que le frein puisse accomplir son objet en étant pressé sur le tambour par la force d'un seul homme pressant ou tirant sur une manivelle avec un pied ou une main.

Comme la pression nécessaire Q est généralement très-supérieure à la force que peut exercer un homme, il faut interposer entre le bloc et la manivelle un train de levier, des vis ou d'autres mécanismes convenables, de façon que, quand le bloc se meut vers le tambour, la manivelle se meuve sur une longueur autant de fois supérieure à celle que parcourt le bloc marchant droit au tambour que la pression normale est supérieure à celle que peut exercer un homme.

Bien qu'un homme puisse exercer à l'occasion avec une main une force de 50 à 70 kilog. pendant un temps très-court, il convient qu'il n'ait à exercer, pendant la manœuvre du frein, que des efforts qu'il puisse maintenir longtemps et fréquemment pendant le cours d'une journée sans fatigue, c'est-à-dire 10 à 12 kilog.

48. Frein des voitures. Ce sont généralement des freins à blocs appliqués aux roues elles-mêmes ou à des tambours tournant avec ces roues. Leur effet est d'arrêter ou de retarder la rotation des roues et de les faire glisser au lieu de rouler sur les routes ou chemins de fer. La résistance, causée par un frein au mouvement d'un véhicule, peut être moindre, mais pas plus grande que le frottement des roues, arrêtées ou retardées, sur la route ou sur les rails, sous le poids porté par ces roues. La distance qu'une voiture ou qu'un train franchira sur un palier, sous l'action du frein avant de s'arrêter, se trouve, en divisant l'énergie actuelle de la masse en mouvement avant l'application des freins, par la somme des résistances ordinaires et des résistances additionnelles causées par les freins; en d'autres termes, cette distance est d'autant de fois plus grande que la hauteur due à la vitesse, que le poids de la masse mouvante est de fois supérieur à la résistance totale.

Le *sabot* — ou *frein-glissière* — placé sous la roue d'une voiture cause une résistance égale à celle du frottement du sabot sur la route ou le rail, due au poids portant sur la roue.

49. Frein flexible (A. M., 678). Un frein flexible embrasse un arc plus ou moins grand de la circonférence d'un tambour ou d'une poulie dont il contrarie le mouvement. Dans plusieurs cas, c'est une courroie en fer d'un rayon forcément un peu plus grand que celui du tambour; de sorte que non tendue elle ne touche pas le tambour et lui laisse toute liberté, mais quand on tire une de ses extrémités, elle saisit le tambour et produit le frottement nécessaire. La surface du tambour est en fer ou en bois. Dans d'autres cas, le frein consiste en une chaîne ou série de barres de fer unies entre elles; ordi-

nairement garnies de blocs de bois sur le côté regardant le tambour.
Quand on tend les extrémités de la chaîne, les blocs saisissent le
tambour en frottant; quand la tension cesse, ces blocs sont ramenés
en arrière par des ressorts et le frottement cesse.

Les formules suivantes sont exactes pour une bande continue parfaitement flexible et approximatives pour des chaînes de blocs. Pour
leur démonstration, le lecteur est renvoyé aux traités de mécanique.

Dans la *fig.* 18, soient AB le tambour, C son axe tournant dans le
sens de la flèche, T_1, T_2 les tensions des deux extrémités de la bande qui embrasse l'arc AB. Appelons

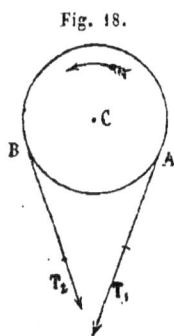

Fig. 18.

$$R = T_1 - T_2,$$

le frottement de la bande sur le tambour;

c le rapport de l'arc AB à la circonférence du
tambour;

f le coefficient de frottement.

Alors le rapport $\dfrac{T_1}{T_2}$ est *le nombre dont le logarithme*
vulgaire est 2,7288*fc*.

$$\frac{T_1}{T_2} = 10^{2,7288fc} = N. \tag{1}$$

Ce nombre une fois trouvé est employé dans les formules suivantes
donnant les tensions T_1, T_2 nécessaire pour produire une résistance R.

$$\text{Tension d'arrière maxima } T_1 = R\frac{N}{N-1}. \tag{2}$$

$$\text{Tension d'avant minima } T_2 = R\frac{1}{N-1}. \tag{3}$$

Les cas suivants se présentent dans le pratique :

1° Quand il faut produire *une grande résistance comparée à la force*
appliquée au frein, on fixe au bâti de la machine l'extrémité d'arrière
du frein où s'applique la tension T_1, l'extrémité d'avant se meut par
un levier ou tout autre mécanisme convenable. La tension T_2 que
donne ce mécanisme peut, en faisant N assez grand, être petite comparativement à R.

2° Quand on veut que la résistance soit toujours moindre qu'une
force donnée, l'avant du frein doit être fixé et l'arrière tiré avec une

force ne dépassant pas la force donnée. Cette force sera T_1 et l'équation 2 montre que, si grand que soit N, on aura toujours $R < T_1$, c'est le principe du frein appliqué par sir William Thomson à l'appareil à lancer les câbles sous-marins, de façon à borner leur tension aux limites de leurs résistances.

Dans le cas où l'on veut donner une grande valeur à N, le frein flexible doit s'enrouler en spirale autour du tambour, de façon à rendre l'arc de contact plus grand qu'une circonférence.

50. **Freins à pompe.** La résistance d'un fluide forcé par une pompe au travers d'un mince orifice peut être utilisée pour disposer de l'énergie superflue.

L'énergie dépensée à forcer un poids donné de liquide par un orifice se calcule en multipliant ce poids par la hauteur due à la plus grande vitesse que ses molécules acquièrent pendant ce refoulement, et par un facteur plus grand que l'unité, déterminé expérimentalement pour chaque orifice, et dont l'excès sur l'unité exprime le rapport de l'énergie dépensée à varier le frottement du fluide à celle dépensée à produire sa vitesse.

Voici quelques valeurs de ce facteur qui sera désigné par $1 + F$. Pour un orifice à paroi mince

$$1 + F = 1,054. \qquad (1)$$

Pour un tuyau droit, uniforme, de longueur l, et dont la *profondeur hydraulique moyenne*, c'est-à-dire le quotient de sa section par son périmètre est m,

$$1 + F = 1,505 + \frac{fl}{m}. \qquad (2)$$

Pour un tuyau cylindrique, $m = \frac{1}{4}$ du diamètre.

Le facteur f dans cette deuxième formule est le *coefficient de frottement* du fluide. Pour l'*eau dans des tubes de fer*, le diamètre d étant exprimé en mètres, sa valeur est, d'après Darcy,

$$f = 0,000507 + \frac{0,00001294}{d}, \qquad (3)$$

pour l'air

$$f = 0,0006 \text{ environ.} \qquad (4)$$

La vitesse maxima des particules fluides se trouve en divisant le volume du fluide déchargé par seconde par la section de sortie la plus contractée. Quand le canal de sortie est un tuyau cylindrique, on peut prendre dans le calcul la section droite, mais quand c'est un orifice en mince paroi, c'est la *veine contractée* qu'il faut considérer pour mesurer la vitesse maxima de sortie. La sortie de cette veine est environ 0,62 de celle de l'orifice. Ce chiffre est appelé *coefficient de contraction.*

Le calcul de l'énergie dépensée à forcer une quantité donnée d'un fluide, en un temps donné, par un orifice s'exprime en symboles, comme il suit.

Soient :

V le volume du fluide refoulé par l'orifice en mètres cubes par seconde ;

D la densité ou poids du mètre cube en *kilogrammes ;*

A la section de l'orifice en *mètres carrés ;*

c le coefficient de contraction ;

v la vitesse d'écoulement en *mètres par seconde ;*

R la résistance surmontée par le piston de la pompe en poussant l'eau, *en kilogrammes ;*

u la vitesse de ce piston en *mètres par seconde.*

Alors

$$v = \frac{V}{cA} \qquad (5)$$

et

$$Ru = DV(1 + F)\frac{v^2}{2g}. \qquad (6)$$

Le facteur $(1 + F)$ se calcule par les formules (1), (2), (3), (4).

Pour trouver l'intensité de la pression p dans la pompe, on doit observer, comme dans l'art. 6, que, si A' désigne la surface du piston

$$V = A'u, \qquad R = pA', \qquad (7)$$

conséquemment

$$p = \frac{R}{A'} = D(1 + F)\frac{v^2}{2g}, \qquad (8)$$

c'est-à-dire *que l'intensité de la pression est celle due au poids d'une colonne verticale du fluide d'une hauteur 1 + f fois plus grande que celle due à la vitesse de sortie.*

Pour tenir compte du frottement du piston, on ajoute ordinairement environ $\frac{1}{10}$ au résultat donné par l'équation (6).

On a parlé de la pompe et du piston comme uniques, et tel
peut être le cas pour une vitesse uniforme du piston. Quand un
piston est mené par une manivelle sur un arbre de rotation uniforme, sa vitesse varie, et pour appliquer un frein-pompe à cet
arbre, il faut, si l'on veut obtenir une vitesse d'écoulement à peu
près uniforme, employer trois pompes, menées par des manivelles à 120°, ou une paire de pompes à double effet avec manivelle
à 90° l'une de l'autre. Le résultat sera meilleur si les pompes forcent
le fluide dans un réservoir à air commun avant qu'il n'arrive à la
sortie résistante.

Cet orifice peut être muni d'une valve servant à varier la résistance.

On rencontre un frein à pompe très-simple dans l'appareil appelé
cataracte, servant à régler l'ouverture d'admission de la vapeur dans
la machine à simple effet. On le décrira en détail avec ces machines (*).

54. Freins ventilateurs ou à ailettes. Un ventilateur ou roue
à ailettes, tournant dans l'eau, l'huile, ou l'air, peut servir à disposer
d'un excès d'énergie, et sa résistance peut être variée, à un certain
degré, en faisant varier les angles des ailettes avec la direction de
leur mouvement, ou leur distance à l'axe de rotation.

Les freins ventilateurs sont appliqués à beaucoup de machines, et
sont généralement amenés, par expérience, à produire la résistance
voulue. C'est en réalité par l'espérance seule que l'on peut obtenir
un ajustement définitif exact; mais on peut s'éviter de la peine et
des dépenses en faisant, tout d'abord, un calcul approché des dimensions nécessaires.

Les formules suivantes sont les résultats d'expériences de Duchemin
et sont approuvées par Poncelet dans sa *Mécanique industrielle*.

Pour une ailette mince dont le plan traverse son axe de rotation,
soient :

A l'axe de cette ailette;

l la distance de son centre de gravité à l'axe de rotation;

(*) Les freins à pompe ont été appliqués aux chemins de fer par M. Laurance Hill, en
1855. M. John Thomson et l'auteur ont proposé de l'appliquer au dévidement des câbles
sous-marins. Mais on n'a pas encore essayé pratiquement cette proposition.

s la distance du centre de gravité de l'ailette au centre de gravité de la moitié la plus proche de l'axe de rotation ;

v la vitesse du centre de gravité de la vanne $= al$, a étant la vitesse angulaire ;

D la densité du fluide dans lequel elle se meut ;

Rl le moment de résistance ;

k un coefficient donné par la formule

$$k = 1,250 + 1,6244 \frac{\sqrt{A}}{l - s}. \qquad (1)$$

Alors on a

$$Rl = lkDA \frac{v^2}{2g}. \qquad (2)$$

Quand l'ailette est oblique à sa direction, soit i l'angle aigu que sa surface fait avec cette direction, il faut multiplier le résultat de l'équation (2) par

$$\frac{2 \sin^2 i}{1 + \sin^2 i}.$$

La résistance d'un ventilateur à plusieurs ailettes augmente presque en proportion du nombre des ailettes, aussi longtemps que leur écartement n'est, en aucun point, plus petit que leur longueur. Au delà de cette limite, la loi est incertaine.

SECTION 6. *Des volants.*

52. Fluctuations périodiques de la vitesse. Dans une machine (*A. M.*, 689), elles sont causées par les variations alternatives de l'énergie exercée, périodiquement inférieure et supérieure au travail accompli en surmontant les résistances, et de là des variations périodiques de l'énergie actuelle d'après la loi de l'article 30.

Pour déterminer les variations maxima de vitesse dans une machine à mouvement périodique, représentons par ABC (*fig.* 19) le mouvement du point moteur, et par les ordonnées de la courbe DGEIF les valeurs de l'effort moteur à chaque instant. Soit R la résistance totale réduite au point moteur, comme à l'article 9, et représentons ses valeurs à chaque instant par les ordonnées

Fig. 19.

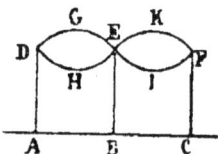

de la courbe DHEKF qui coupe la courbe des efforts en DEF. Alors l'intégrale

$$\int (P - R)ds,$$

prise pour une longueur quelconque du mouvement, donne l'excès ou le manque d'énergie, suivant qu'elle est positive ou négative. Pour la période entière ABC, cette intégrale est nulle: pour AB, elle indique un *excès d'énergie motrice*, représenté par la surface DGEH, et pour BC, un égal *excès de travail accompli*, représenté par la surface égale EKFI. Désignons ces quantités égales par ΔE. L'énergie actuelle de la machine atteint son maximum en B, ses minima en A et C; ΔE est la différence de ces valeurs.

Soient maintenant pour le point moteur :

v_0 la vitesse moyenne;

v_1, v_2 les vitesses maxima et minima;

$\Sigma n^2 W$ l'*inertie réduite* de la machine (art. 15).

On a

$$\frac{v_1^2 - v_2^2}{2g} \Sigma n^2 W = \Delta E, \qquad (1)$$

qui, divisé par l'énergie moyenne actuelle,

$$\frac{v_0^2}{2g} \Sigma n^2 W = E_0,$$

donne

$$\frac{v_1^2 - v_1^2}{v_0^2} = \frac{\Delta E}{E_0}. \qquad (2)$$

Remarquons que $v_0 = \dfrac{v_1 + v_2}{2}$, il vient

$$\frac{v_1 - v_2}{v_0} = \frac{\Delta E}{2E_0} = \frac{g \Delta E}{v_0^2 \Sigma n^2 W}. \qquad (3)$$

Ce rapport peut être appelé *coefficient de variation de vitesse* ou *d'irrégularité*.

Le rapport de la variation périodique d'énergie ΔE à l'énergie totale exercée pendant une période ou révolution $\int P ds$ a été déterminé par le général Morin pour des machines à vapeur dans diverses circonstances ; il varie de $\dfrac{1}{10}$ à $\dfrac{1}{4}$ pour des machines à simple effet.

Pour une paire de machines menant le même arbre avec manivelles à 90°, sa valeur est d'environ $\dfrac{1}{4}$, pour des machines à trois cylindres avec manivelles à 120°, $\dfrac{1}{12}$ de sa valeur pour une machine à un cylindre.

La table suivante du rapport $\dfrac{\Delta E}{\int P ds}$ pour différentes machines est extraite et réduite des ouvrages du général Morin.

Machines sans détente.

$\dfrac{\text{Longueur de bielle}}{\text{Longueur de manivelle}} =$	8	6	5	4
$\dfrac{\Delta E}{\int P ds} =$	0,105	0,118	0,125	0,132

Machines à détente et condensation.

Bielle $= 5$ fois la manivelle.

Fraction de la course où commence la détente $\Big\} =$	$\dfrac{1}{3}$	$\dfrac{1}{4}$	$\dfrac{1}{5}$	$\dfrac{1}{6}$	$\dfrac{1}{7}$	$\dfrac{1}{8}$
$\dfrac{\Delta E}{\int P ds} =$	0,163	0,173	0,178	0,180	0,189	0,191

Machines à détente sans condensation.

Détente commençant à	$\dfrac{1}{2}$	$\dfrac{1}{3}$	$\dfrac{1}{4}$	$\dfrac{1}{5}$
$\dfrac{\Delta E}{\int P ds}$	0,160	0,180	0,209	0,232

Pour les machines à détente à deux cylindres, la valeur du rapport $\dfrac{\Delta E}{\int P ds}$ doit être prise égale à celle pour un seul cylindre sans détente.

Pour des *outils à travail intermittent* comme poinçonneuses, raboteurs, cisailles, presses à coins, etc., ΔE est presque égal au travail total accompli dans chaque opération.

53. **Volants** (*A. M.*, 690). C'est une roue à jante lourde, dont le moment d'inertie, joint à celui de la machine, réduit le coefficient d'irrégularité à une valeur fixée, environ $\frac{1}{32}$ pour une machine ordinaire, $\frac{1}{50}$ à $\frac{1}{60}$ pour des machines à travaux délicats.

Soient $\frac{1}{m}$ cette valeur; ΔE, comme précédemment, la variation d'énergie, et supposons qu'il faille l'atteindre au moyen du moment d'inertie I du volant seul. Désignons par a_0, sa vitesse angulaire moyenne. L'équation (3), art. 52, équivaut aux suivants :

$$\frac{1}{m} = \frac{g\Delta E}{a_0^2 I} \qquad\qquad (1)$$

$$I = \frac{mg\Delta E}{a_0} \qquad\qquad (2)$$

dont la seconde donne le moment d'inertie cherché.

La fluctuation d'énergie résulte de variations dans l'effort exercé par le moteur ou dans la résistance, ou des deux à la fois. Quand il n'y a qu'un volant, il faut le placer autant que possible en liaison directe avec la partie du mécanisme qui donne lieu aux plus grandes variations. Mais quand ces variations naissent en plusieurs points, il vaut mieux mettre un volant en chacun de ces points.

Par exemple, prenons une machine à vapeur, menant un arbre traversant un atelier et muni de poulies motrices à différents intervalles. La machine à vapeur aura son propre volant, aussi près que possible de sa manivelle, adapté à la valeur de ΔE due aux variations de l'effort appliqué à la manivelle de part et d'autre de l'effort moyen, et que l'on peut calculer d'après la table du général Morin, art. 52; en outre chaque machine-outil aura aussi son volant, adapté à la valeur de ΔE égale à la variation totale de son travail.

Comme l'anneau du volant est ordinairement très-lourd en comparaison des bras, il suffit souvent, dans la pratique, de prendre le moment d'inertie comme simplement égal, ou produit du poids du volant par le carré de la moyenne de ses rayons intérieurs et extérieurs, calcul que l'on peut exprimer ainsi :

$$I = Wr^2, \qquad\qquad (3)$$

d'où pour le poids de l'anneau

$$W = \frac{mg\Delta E}{a_0^2 r^2} = \frac{mg\Delta E}{v'^2} \qquad (4)$$

v' étant la vitesse de l'anneau du volant.

Le rayon moyen ordinaire du volant dans les machines à vapeur est 3 à 5 fois la longueur de la manivelle.

Les valeurs ordinaires du produit mg, l'unité de temps étant la seconde, varient de 300 à 600 mètres.

Le volant d'une machine à vapeur sert souvent de poulie transmettant la puissance aux outils au moyen d'une courroie.

SECTION 7. *Régulateurs et modérateurs en général* (*A. M.*, 693).

54. Modérateur. Le régulateur d'un moteur est un mécanisme pouvant régler la quantité d'énergie qu'il reçoit en un temps donné. Ainsi : l'écluse ou vanne réglant l'orifice d'entrée de l'eau dans une roue hydraulique; l'appareil variant la surface exposée au vent sur les ailes de moulins : la valve d'étranglement qui ajuste l'ouverture du tuyau d'admission dans une machine à vapeur, et le registre qui contrôle l'entrée de l'air à son foyer. Dans les moteurs dont la puissance et la vitesse doivent varier à volonté, comme dans les locomotives et les machines d'extraction pour les mines, le modérateur se manœuvre à la main.

55. Régulateur-pendule. Dans les autres cas, le modérateur est actionné automatiquement par un appareil appelé *Régulateur*.

Dans les régulateurs les plus ordinaires, la partie principale de l'appareil est une paire de pendules égaux (voir art. 19) tournant autour d'un axe vertical mû par un mécanisme qui lui imprime une vitesse angulaire en rapport constant avec celle de la machine. Les tiges du pendule font avec l'axe vertical un angle tel que la hauteur du pendule (Bc, *fig.* 7, art. 19) corresponde au nombre de tours par seconde donné par l'équation (2) de cet article. Conséquemment, dans un régulateur donné, le cosinus de cet angle, $\frac{Bc}{cA}$, varie en raison inverse de la racine carrée de la vitesse. Le régulateur doit être ajusté de façon à être dans la position nécessaire pour fournir la puissance convenable quand les tiges du pendule ont l'inclinaison correspondante à la vitesse du régime de la machine; quand la vi-

tesse de la machine s'en écarte en moins ou en plus, le mouvement
des tiges ouvre ou ferme d'autant le modérateur, soit directement
au moyen de leviers et coulisses, comme dans le mécanisme de Watt,
soit en faisant engrener avec une roue d'angle en rotation l'une ou
l'autre des roues d'une paire de roues d'angle qui meuvent le modérateur dans des sens opposés, comme dans les régulateurs des
roues hydrauliques ; soit enfin au moyen d'un train épicycloïdal faisant mouvoir le modérateur dans un sens, avec une vitesse proportionnelle à la différence entre les vitesses variables de la marchine
et celle d'une roue se mouvant uniformément avec le régulateur,
comme dans le dispositif de M. Siemens.

56. Régulateur équilibré. Celui de M. Silver consiste en une
paire de pendules suspendus chacun par son centre de gravité à un
axe commun auquel une paire de ressorts tend à les maintenir parallèles. Quand il tourne, les pendules divergent jusqu'à ce que
leur *couple centrifuge* équilibre le moment statique des ressorts. Ce
régulateur est très-utile aux machines marines, parce que son action est indépendante de la direction de l'axe et de la pesanteur.

57. Régulateurs à ailettes. M. Hick, M. H. Smith et autres
ont inventé des régulateurs où la résistance de l'air ou d'un liquide
au mouvement d'un ventilateur mu par la machine règle l'ouverture
du modérateur.

Les détails des régulateurs et modérateurs varient tellement avec
l'espèce de moteur auquel ils sont appliqués, qu'on ne peut les décrire qu'avec un moteur.

SECTION 8. *Résumé des principes de résistance des pièces
de machines.*

58. Nature et division du sujet (*A. M.*, 244). La présente
section renferme nn très-bref résumé de l'application des principes
de la résistance des matériaux aux questions les plus simples de la
construction des machines. Les règles sont données sans démonstration, aussi brèves que possible, pour éviter la nécessité de recourir, dans les cas ordinaires, aux gros traités, et sont pour la plupart
extraites et abrégées d'un traité *on Applied mechanics*, 2ᵉ partie, chapitre III (*).

(*) Ce traité a été traduit par M. Vialay (Dunod, 1877).

La *charge* ou ensemble de forces extérieures appliquées à une pièce mobile ou fixe d'une machine, produit entre les parties de cette pièce une tension ou ensemble de forces qu'elles exercent en résistant à la déformation et au brisement de la pièce. Si la charge augmente indéfiniment, elle finit par produire soit la *fracture*, ou si la matière est très-ductile et molle, une déformation pratiquement équivalente à la rupture et rendant la pièce complétement inutile.

La *résistance-limite* d'un corps est la charge nécessaire pour produire la fracture d'une manière spécifiée. La *résistance d'épreuve* est la charge nécessaire pour produire la plus grande déformation, d'une nature déterminée, compatible avec la sécurité, c'est-à-dire avec la conservation intégrale de la solidité de la machine. La *charge pratique* sur chaque pièce de machine est prise moindre que la charge d'épreuve dans un certain rapport déterminé par l'expérience pratique, pour tenir compte des circonstances imprévues.

Chaque solide a autant d'espèces de résistances que de manières dont on peut le déformer ou le briser, comme le montre la classification suivante :

Déformation.	Rupture.
Extension.	Arrachement.
Compression.	Écrasement.
Distorsion.	Cisaillement.
Torsion.	Rupture par torsion.
Courbure.	Rupture transversale.

59. Facteur de sûreté. Un facteur de sûreté est le rapport de la charge juste suffisante pour vaincre instantanément la résistance d'une pièce à la plus grande charge pratique de la matière.

La table suivante donne des exemples des valeurs de ces coefficients qui se présentent dans les machines.

	Poids mort.	Charge roulante maxima.	Charge roulante moyenne.
Fer et acier..............	3	6	6 à 40
Bois...................	4 à 5	8 à 10	»
Maçonnerie.............	4	8	»

Le plus grand facteur de sûreté, 40, est pour les arbres d'usines qui transmettent des efforts très-variables.

Presque toutes les expériences faites jusqu'ici sur la résistance des matériaux donnent la *résistance extrême* seulement. En se servant de ces données pour construire des machines, le meilleur procédé est de multiplier la *charge pratique* donnée d'une pièce par un facteur convenable, de façon à trouver la *charge de fracture* et d'y égaler la charge limite.

60. Épreuve. L'épreuve par expérience de la résistance d'une pièce doit se conduire de deux manières différentes suivant le but :

1° S'il faut que la pièce soit *utilisée ensuite,* la charge doit être limitée de façon à ne pas affaiblir la force de la pièce; c'est-à-dire qu'elle ne doit pas dépasser la *charge d'épreuve,* environ $\frac{1}{3}$ à $\frac{1}{2}$ de la charge limite. Il faut avec soin éviter les vibrations et les chocs quand la charge approche de la charge d'épreuve.

2° Si la pièce doit être *sacrifiée* pour s'assurer de la résistance de la matière, il faut augmenter la charge par degrés jusqu'à rupture en ayant soin, surtout aux approches de la rupture, de n'augmenter la charge que par degrés insensibles, si l'on veut un résultat précis.

La *charge d'épreuve* est bien plus longue et plus difficile à déterminer que la charge-limite. Une méthode de détermination est d'imposer et retirer plusieurs fois une charge modérée en observant à chaque application de la charge la *déformation* de la pièce, par allongement, compression, distorsion ou torsion, suivant le cas. Si la déformation n'*augmente pas sensiblement* par des applications successives de la même charge, elle est dans les limites de la charge d'épreuve. Essayant ainsi des charges de plus en plus grandes, on arrive enfin à une charge dont l'application produit une déformation permanente de la pièce. Cette charge sera supérieure à la charge d'épreuve qui se tiendra entre les deux dernières charges des expériences.

On supposait autrefois que l'établissement d'une déformation permanente, après l'enlèvement de la charge, prouvait que l'on avait dépassé la charge d'épreuve; mais M. Hodkinson a démontré l'erreur de cette supposition en prouvant que, dans la plupart des matériaux, une charge, même très-faible, produit une déformation permanente.

La résistance de barres et de poutres au brisement transversal et des axes à la rupture par torsion peut se déterminer par une charge directe ou au moyen d'un levier.

L'épreuve de ténacité des tiges, chaînes et cordes et la résistance à l'écrasement des piliers exigent des machines plus puissantes et plus compliquées. L'appareil le plus ordinairement employé est la presse hydraulique. En calculant les efforts qu'elle produit, il ne faut pas se fier à la charge indiquée par la soupape de sûreté ou par un poids placé sur la manivelle de la pompe et donnant l'intensité de la pression qu'il faut vérifier au moyen d'un manomètre. Cette remarque s'applique aux épreuves des chaudières par pression hydraulique. Des expériences de MM. Hick et Lüthy, il résulte qu'en calculant l'effort exercé sur une barre au moyen d'une presse hydraulique, on peut tenir compte du frottement du cuir, en retranchant une force égale à la pression de l'eau sur une surface d'une longueur égale à la circonférence du cuir et d'un largeur d'environ 1 millimètre et demi.

La mesure de la tension et de la compression au moyen de la presse hydraulique n'est au plus qu'une approximation grossière. Elle peut suffire pour un besoin immédiat; mais, pour la détermination exacte des lois générales, bien que la charge puisse être appliquée à un bout de la pièce par une presse hydraulique, elle doit être mesurée de l'autre bout de la pièce par une combinaison de leviers, comme celle employée à l'arsenal de Wolwich, et décrite par M. Barlow.

61. Ténacité (*A. M.*, 263, 268, 269). La résistance-limite ou charge de rupture d'une barre exposée à une tension directe et uniforme est le produit de sa section droite par la *ténacité* de la matière.

Soient donc :

P la charge de rupture en kilogrammes;

s la section en millimètres carrés;

f la ténacité en kilogrammes par millimètre carré.

On a

$$P = fs, \quad s = \frac{P}{f}. \tag{1}$$

Voici les valeurs les plus usuelles de la ténacité des matériaux usités dans les machines en kilogrammes par millimètre carré :

Métaux.

Bonze. Métal à canon : cuivre 8, étain 1.	25ᵏ,40
Cuivre fondu.	13 ,30
— en feuilles.	21
— boulons.	25 ,40
— fil.	42
Fonte, qualités diverses.	9,38 à 20,30
— anglaise moyenne. . . . . environ.	11 ,55
Fer malléable, tôle de chaudière.	35 ,70

Fer maléable, barre, tiges, boulons. . . . .   42 à 49
— fil. . . . . , ... , ...   49 à 70
Acier.. . . . . , . . .   70 à 91

Bois.

Frêne. 11ᵏ,9
Pin. . . . .   7,40 à 9,80
Chêne.   7   à 13,86
Teack. . . . .   19 ,50

Divers

Câble de chanvre.. . . . .   3 ,92
Câbles en fer, par millimètre carré de fer.   63
—   par kilogramme au mètre. 9 000
Courroies en cuir, tension pratique.. . . . .   0ʰ,20

62. Chaudières cylindriques et tuyaux. Soient :

r le rayon d'un cylindre creux et mince, comme l'enveloppe d'une chaudière à haute pression ;

t l'épaisseur de la tôle ;

f la ténacité de la matière en kilogrammes par millimètre carré ;

p la pression en kilogrammes par millimètre carré, nécessaire pour crever la tôle. Elle doit être six fois la pression effective pratique ; pression effective signifiant l'excès de la pression interne sur la pression externe, qui est ordinairement la pression atmosphérique de 10 333 kilog. par mètre carré environ.

Alors

$$p = \frac{ft}{r}, \qquad (1)$$

et le rapport convenable de l'épaisseur au rayon est donné par la formule

$$\frac{t}{r} = \frac{p}{f}, \qquad (2)$$

La ténacité d'une bonne tôle de chaudière est d'environ 35ᵏ,70 par millimètre carré. Celle d'un joint à double rivure, par millimètre carré de fer laissé entre les trous de rivets, est la même ; celle d'un joint à simple rivure est un peu moindre, parce que la tension n'est pas uniformément répartie. Il convient, en pratique, d'établir la ténacité des joints rivés en kilogrammes par millimètre carré de la plaque entière. On l'a fait ainsi dans les tables suivantes, dont les résultats se rapportant aux joints rivés sont d'après les expériences de Fairbairn, et ceux pour les plaques soudées d'après M. Dunn. Les joints des chaudières en tôle sont à simple rivure; mais, d'après la manière dont les plaques alternent leurs joints, analogues aux juxtapositions de la maçonnerie, la ténacité de ces chaudières est considérée comme se rapprochant plus de celle d'un joint à double qu'à simple rivure.

Plaque de fer forgé, double rivure. Le diamètre de chaque trou
   étant les 3/10 de leur distance de centre à centre. . . . . 25^k par millim. car.
Tôles, simple rivure. . . . . 20^k
Tôles, simple rivure à joints croisés. . . . . 24^k
Corniches en fer, joints soudés. . . . . 21^k,50
Chaudière en fonte, cylindre et tuyaux (fonte anglaise moyenne). . 11^k,55

63. Tôles sphériques, telles que les extrémités des chaudières à calottes sphériques, les sommets des dômes de vapeur. Elles sont deux fois aussi fortes que les tôles cylindriques de même rayon et de même épaisseur.

Supposons une tôle en forme de segment sphérique, ayant autour de sa base un rebord circulaire par lequel elle est boulonnée à l'emboutissage d'une tôle cylindrique ou sphérique.

Soient :

r le rayon de la sphère en centimètres;

r' le rayon de la base circulaire du segment en centimètres;

p la pression-limite en kilogrammes par centimètre carré.

Le nombre et la dimension des boulons devront être tels que la charge nécessaire pour les arracher soit

$$3,1416 \ r'^2 p, \tag{1}$$

et l'emboutissage lui-même nécessitera pour s'écraser la poussée suivant une tangente

$$\frac{1}{2} pr' \sqrt{r^2 - r'^2}. \tag{2}$$

Si le segment est une hémisphère, $r' = r$, et la pression minima devient 0.

La résistance à l'écrasement sera considérée plus bas.

64. Gros cylindre creux à parois épaisses (*A. M.*, 273). La supposition que la tension dans un cylindre creux est uniformément répartie dans l'épaisseur des parois est approximativement

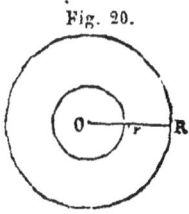
Fig. 20.

vraie, seulement quand l'épaisseur est faible relativement au rayon.

Soient R et r les rayons extérieur et intérieur d'un cylindre à parois épaisses, comme celui d'une presse hydraulique; f la ténacité de la matière; p sa pression-limite, on doit avoir

$$\frac{R^2 - r^2}{R^2 + r^2} = \frac{p}{f}, \qquad (1)$$

d'où

$$\frac{R}{r} = \sqrt{\frac{f+p}{f-p}}. \qquad (2)$$

Par cette formule, ayant r, f et p, on peut calculer R.

65. Sphères creuses à parois épaisses (*A. M.*, 275). Dans ce cas, avec les mêmes notations que dans l'article précédent, les formules suivantes donnent les rapports de la pression-limite à la ténacité, et du rayon extérieur au rayon intérieur,

$$\frac{p}{f} = \frac{2R^3 - 2r^3}{R^3 + 2r^3}, \qquad (1)$$

$$\frac{R}{r} = \sqrt[3]{\frac{2f+2p}{2f-2p}}. \qquad (2)$$

66. Entretoises des chaudières (A. M., 276). Les côtés des boîtes à feu des locomotives, les extrémités des

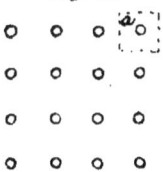
Fig. 21.

chaudières cylindriques et les parois des chaudières de forme irrégulière comme les chaudières marines sont souvent formés de tôles planes réunies par des tirants de renfort appelés boulons quand ils sont longs, entretoises quand ils sont courts. Par exemple, la *fig.* 21 représente une partie d'une paroi plane d'une boîte à feu de locomotive et montre l'arrangement des entretoises qui la réunissent à la paroi plane d'une face au travers de la tranche d'eau.

Chacune de ces entretoises (ou boulons) supporte la pression de a vapeur sur une surface de la plaque égale au carré qui l'entoure et dont le côté est égal à la distance des entretoises de centre à centre, comme a sur la *fig.* 21.

Soient a la section de l'entretoise, A la surface de plaque qu'elle soutient, p la pression-limite et f la ténacité de la matière de l'entretoise.

$$a = \frac{PA}{f}.$$

L'expérience a montré que la plaque, si sa matière est aussi forte que celle de l'entretoise, doit avoir une épaisseur égale à la *moitié du diamètre* de l'entretoise; si la plaque est d'une matière plus faible que l'entretoise il faut augmenter proportionnellement son épaisseur.

Les extrémités planes des chaudières sont quelquefois réunies à la partie cylindrique par des tôles triangulaires appelées *goussets;* ils sont placés dans des plans rayonnant autour de l'axe de la chaudière, une de leurs extrémités est fixée à la paroi plane et l'autre au corps cylindrique. Chaque gousset soutient la pression de la vapeur sur un secteur de la paroi plane. Considérant que la tension résultante d'un gousset doit être concentrée près des extrémités, il convient que la section soit trois et quatre fois supérieure à celui d'un tirant destiné à soutenir la pression sur une même surface.

Les meilleures données expérimentales sur la résistance des chaudières sont dues aux recherches de Fairbairn, consignées dans son ouvrage : *Useful Informations or Engineers.*

67. Foyers cylindriques. Lorsqu'un cylindre creux, à parois minces comme le foyer intérieur d'une chaudière, est pressé de l'extérieur, il cède par *écrasement* sous une pression dont l'intensité, d'après Fairbairn (*Philos. Trans.*, 1858), varie à très-peu près :

Inversement à la longueur;

Inversement au diamètre;

Inversement à une fonction de l'épaisseur qui est, à très-peu près, la puissance d'indice 2,19, mais qui, dans la pratique, peut être remplacée par le carré de l'épaisseur.

La formule suivante donne *approximativement la pression d'écrasement* p en kilogrammes par centimètre carré d'un tube de foyer en tôle de longueur l, diamètre d, épaisseur t, tout exprimé *en mêmes unités de mesures*

$$p = 677040 \, \frac{t^2}{ld}.$$

En mesures anglaises prenant p en livres par pouce carré

$$p = 9\,672\,000\,\frac{t^2}{ld}.$$

Si l'on exprime t et d en pouces, L en pieds, on a

$$p = 806\,000\,\frac{l^2}{\mathrm{L}d}.$$

La résistance des tubes dépend beaucoup de leurs formes parfaitement cylindriques. Fairbairn recommande de les faire, non pas avec joints à recouvrements comme les cylindres de chaudière, mais avec joints à bouts avec bandes de recouvrement.

Fairbairn ayant renforcé les tubes au moyen d'anneaux en fer à T ou en cornières rivés à égale distance, a trouvé que leur résistance est celle correspondante à la longueur du tube *d'un anneau à l'autre.* La sécurité exige que la pression d'écrasement d'un tube soit la même que celle de la tôle de sa chaudière. L'épaisseur de la tôle de chaudière ayant été calculée pour une pression de déchirement donnée au moyen de la formule (art. 62), on prendra cette épaisseur pour celle du foyer. Sa pression d'écrasement sera donnée par les formules de l'article précédent, l ou L étant la longueur de la chaudière, si cette pression est plus faible que la pression de déchirement de la chaudière; soit n le rapport

$$n = \frac{\text{pression de déchirement}}{\text{pression d'écrasement}},$$

si ce rapport est un nombre entier ou sinon, le nombre entier immédiatement supérieur à ce rapport. Il faudra river au tube un anneau de renfort, de façon à diviser sa longueur en n parties égales, ce qui rendra sa résistance, autant que possible, égale à celle de la chaudière.

68. Tubes elliptiques. Fairbairn a trouvé que la pression d'écrasement d'un tube de foyer à section elliptique s'obtient approximativement en substituant, dans les formules précédentes pour d, le diamètre du cercle osculateur de la partie la plus aplatie de l'ellipse, c'est-à-dire en appelant a, b les *moitiés* du grand et du petit axe de l'ellipse

$$d = \frac{2a^2}{b}.$$

**69. Résistance au cisaillement des clefs, axes, bou-
lons, rivets, etc.** (*A. M.*, 280). Dans les machines, il arrive
souvent que les principales pièces, plaques, bielles, barres, etc.,
soumises à des efforts directs, sont réunis aux joints par des rivets,
boulons, axes, vis, cales ou clefs, soumis à des efforts de cisaillement. Dans ce cas, il est très-important que les pièces assemblées
et celles qui les assemblent soient d'égale force.

Soient f la résistance par millimètre carré de la pièce principale
à l'allongement; S la section totale de la ou des pièces parallèles
qui doivent être rompues pour détruire l'assemblage; f' la résistance par millimètre carré de la matière formant la pièce d'assemblage au cisaillement; S′ sa section totale au point du joint qui
doit être cisaillé pour rompre l'assemblage. Les principales pièces
de l'ensemble doivent être dans le rapport donné par

$$fS = f'S' \quad \text{ou} \quad \frac{S'}{S} = \frac{f}{f'}. \qquad (1)$$

Pour des tôles rivées prenant pour f' la valeur donnée par
M. Doywe, on a

$$\frac{f}{f'} = 1, \text{ à peu près,} \quad \text{et} \quad S = S'.$$

Quand une pièce d'assemblage n'est pas serrée à force dans son
trou, pour tenir compte des inégalités de distribution de l'effort
cisaillant, on augmente sa section dans la proportion suivante :

Pièce d'assemblage, carrée. . . . . 1 $\frac{1}{2}$
　　　—　　　　　ronde. . . . . 1 $\frac{1}{3}$

Voici quelques resistances au cisaillement en kilogrammes par
millimètre carré :

Fonte. 10,40
Fer forgé. 35
Pin. . . . . 0,35 à 0,56
Chêne. 1,60

70. Résistance à l'écrasement direct (*A. M.*, 282-4, 286).
Les formules de cet article se rapportent à l'écrasement direct seulement et sont limitées, dans leur application, aux cas où les piliers,
blocs, barres, etc, soumis à la pression, sont assez courts relative-

ment à leur diamètre pour ne pas tendre à se rompre par flexion latérale. Ces cas comprennent :

Piliers en pierres ou briques, blocs de proportions ordinaires;

Piliers, tiges, supports, en fonte; dont la longueur ne dépasse pas cinq fois le diamètre;

Piliers, tiges, supports, en fer; dont la longueur ne dépasse pas dix fois le diamètre;

Piliers, tiges, supports, en bois sec; dont la longueur ne dépasse pas vingt fois le diamètre.

Soient :

P la *charge d'écrasement;*

S la section transversale en millimètres carrés;

f le résistance en kilogrammes par millimètre carré;

on a

$$S = \frac{P}{f}.$$

La résistance du bois vert à l'écrasement est environ $\frac{1}{2}$ de celle du bois sec.

MATÉRIAUX.	PRESSION D'ÉCRASEMENT	
	en livres par pouce carré.	en kilog. par millim. carré.
Brique rouge.	550 à 1100	0,385 à 0,770
— réfractaire.	1700	1,20
Granit.	5500 à 11000	3,85 à 7,70
Calcaire.	4000 à 4500	2,80 à 3,15
Pierre de taille.	2200 à 5500	1,55 à 3,85
Grosse maçonnerie.	4/10 de la pierre employée.	
Bronze.	10,300	7,21
Fonte.	82000 à 145000	57,40 à 102
Moyenne.	112000	78,50
Fer forgé.	36000 à 40000	25,20 à 28
Frêne (scié suivant le grain). . .	9000	6,30
Chêne, orme.	10000	7
Sapin.	5400 à 6200	3,79 à 4,35
Teack indien.	12000	8,40

71. Résistance des tiges et colonnes en fer à l'écrasement par flexion (*A. M.;* 327-335). Les colonnes ou supports, dont la longueur est beaucoup plus grande que leur diamètre (comme c'est presque toujours le cas pour celles en charpente et en fer), cèdent, non par écrasement direct, mais par rupture de flexion; étant écrasées d'un côté et arrachées de l'autre.

Soient :

P la charge d'écrasement d'une longue colonne en kilogrammes;

S sa section en millimètres carrés;

l sa longueur — en mêmes unités de me-

h son diamètre extérieur minimum — sure;

on a approximativement

$$P = \frac{fS}{1 + a\,\dfrac{l^2}{h^2}}. \tag{1}$$

Les valeurs suivantes de f et a sont calculées, d'après des expériences, sur des colonnes *fixées aux deux bouts* par des chapiteaux et des bases planes

	f kil. par millim. carré.	a
Fer forgé, colonnes rondes.	25^k,	$\dfrac{1}{2250}$
Fonte, colonnes creuses.	56^k,	$\dfrac{1}{800}$

Une colonne ou une tige arrondie aux deux bouts est aussi flexible qu'un pilier du même diamètre, fixé aux deux extrémités et d'une longueur double; d'où, pour cette colonne,

$$P = \frac{fs}{1 + 4a\,\dfrac{l^2}{h^2}}. \tag{2}$$

Dans le cas d'une colonne fixée à un bout et libre à l'autre, au multiplicateur 4, il faut substituer, dans cette formule, $\dfrac{16}{9}$.

Le rapport $\dfrac{l}{h}$ est ordinairement fixé d'avance à un degré d'approximation suffisant pour le calcul.

Les *bielles* des machines à double effet doivent être considérées comme des colonnes libres aux deux bouts; les *tiges de piston* comme fixées à un bout et libres à l'autre.

Les tiges de piston de machines à *simple effet* ne travaillent que par tension.

Dans les bâtis en fer des machines, les barres qui agissent comme piliers, pour avoir la rigidité nécessaire, ont des sections bien connues sous le nom de *cornières*, fers en U, en T, en double T, etc. Dans ces sections, la quantité h^2 de l'équation (1) doit être égale à 16 fois le carré du rayon de gyration minimum de la section.

Les poutres creuses en fer sont généralement rectangulaires, composées de quatre tiges planes rivées aux angles à des cornières. La *résistance-limite* d'une seule poutre creuse rectangulaire à l'écrasement par gonflement de ses parois ou par flexion, quand l'épaisseur des tôles n'est pas inférieure à $^1/_{30}$ du diamètre, est, d'après Fairbairn et Hodgkinson,

27 000 liv. par pouce carré de section de fer

ou   19 kilogr. par millimètre carré.

Pour plusieurs poutres accolées, la rigidité de chacune augmente; la charge-limite devient

33 000 à 36 000 liv. par pouce carré de section de fer,
23 à 25 kilogr. par millimètre carré.

Ce dernier coefficient s'applique aussi aux tubes cylindriques.

72. Résistance des piliers, poteaux et bielles en bois. Les formules suivantes sont, d'après les expériences de M. Hodgkinson sur la résistance-limite du *chêne* et du *sapin rouge* à l'écrasement par flexion,

$$P = A \frac{h^2}{l^2} S, \qquad (1)$$

S étant la section en millimètres carrés,

$\frac{h}{l}$ le rapport du moindre diamètre à la longueur,

A = 2 100 kilogr. par millimètre (3 000 000 liv. par pouce carré). Le *facteur de sûreté* est 10 pour la charge pratique.

Pour des poteaux carrés

$$P = A \frac{h^4}{l^2}. \qquad (2)$$

Si l'on calcule la charge par cette formule et par celle de l'écrasement direct, on a

$$P = fS; \qquad (3)$$

c'est la *moindre* valeur qu'il faut prendre.

Les *bielles* en bois pour machines à vapeur étant dans la condition des piliers libres aux deux bouts, ont la même résistance que des *piliers fixes* de longueur double.

73. Résistance à la rupture transversale. Les formules de cet article s'appliquent non-seulement aux poutres supportant des poids, mais aux leviers, croisillons, axes, coussinets, manivelles, et à toute pièce de machine ou de construction travaillant par flexion.

La tendance d'une force à courber ou briser une poutre s'appelle *moment fléchissant;* c'est le produit de la *grandeur* de la force par son bras de levier, c'est-à-dire par la distance de sa ligne d'action au plan où la poutre se rompra le plus vite.

Quand la charge est *répartie* sur une longueur finie de la poutre, c'est le bras de levier de sa *résultante* qu'il faut prendre.

Le plan où la rupture se fera le plus vite est :

Dans une poutre encastrée à un bout, libre à l'autre, le plan séparant la partie fixe de la partie libre;

Dans une poutre posée aux deux bouts et chargée en un point intermédiaire, ou posée en un point intermédiaire et chargée aux deux bouts, au point intermédiaire;

Dans une poutre portée aux deux bouts chargée uniformément, au milieu.

La grandeur d'une charge s'exprime en *kilogrammes*, son *bras de levier* en *millimètres;* son *moment fléchissant* est alors en *kilogrammes-millimètres*.

Dans les formules suivantes, on a :

W charge totale en kilogrammes;

c Pour une poutre encastrée à un bout libre à l'autre, la *longueur de la partie libre* en millimètres;

Pour une poutre chargée ou portée aux deux bouts, la *demi-portée*, ou longueur du milieu de la poutre aux points de charge ou d'appui;

M le *moment fléchissant* en kilogrammes-millimètres.

Poutres..

Fixées à un bout, chargées à l'autre. . . . . $\quad M = cW \quad$ (1)

Fixées à un bout, charge uniformément répartie. . $\quad M = \dfrac{cW}{2} \quad$ (2)

Supportées aux deux bouts, chargées en un point intermédiaire à une distance x du milieu. . . . $\quad M = \dfrac{(c^2 - x^2)W}{2c} \quad$ (3)

Supportées aux deux bouts, chargées au milieu $(x = 0)$. . . . . $\quad M = \dfrac{cW}{2} \quad$ (4)

Supportées aux deux bouts, charge uniformément répartie. . . . . $\quad M = \dfrac{cW}{4} \quad$ (5)

Si W est la *charge de rupture* de la pièce trouvée en multipliant la charge pratique par le facteur de sûreté, M est le *moment de rupture* auquel il faut égaler la *résistance de rupture* dans le plan où elle se fera le plus vite.

Cette résistance est donnée par la formule

$$M = nfbh^2, \qquad (6)$$

dans laquelle on a

b largeur extrême de la pièce en millimètres ;

h hauteur maxima en millimètres ;

f facteur dépendant de la machine appelé *module de rupture*, en kilogrammes par millimètre carré ;

n facteur dépendant de la forme de la section transversale ;

M ayant été calculé d'après la charge de rupture et son bras de levier, f et n étant connus, l'*équarrissage* ou section transversale de la poulie doit être tel que

$$bh^2 = \frac{M}{nf}.$$

Il est évident que l'on peut varier la longueur et la hauteur en conservant la même valeur pour bh^2, mais il y a des limites à cette variation fondées sur des considérations de rigidité et de stabilité, qui font que, dans la plupart des cas, il convient de faire varier h entre $\dfrac{1}{12}$ et $\dfrac{1}{16}$ de la portée, à moins de raisons spéciales.

La table suivante donne des valeurs du facteur n pour les sections transversales les plus usuelles.

Rectangle bh (comprenant le carré). $\dfrac{1}{6}$

Ellipse. Axe vertical h. Axe horizontal b. (Cercle $b = h$). . . . . $\dfrac{1}{10,2} = 0,0982$

Rectangle creux. $bh - b'h'$. Sections en I où b' est la largeur des semelles. . . . . $\dfrac{1}{6}\left(1 - \dfrac{b'h'^3}{bh^3}\right)$

Carré creux $h^2 - h'^2$. . . . . $\dfrac{1}{6}\left(1 - \dfrac{h'^4}{h^4}\right)$

Ellipse creuse. . . . . $\dfrac{1}{10,2}\left(1 - \dfrac{b'h'^3}{bh^3}\right)$

Cercle creux. . . . . $\dfrac{1}{10,2}\left(1 - \dfrac{h'^4}{h^4}\right)$.

MODULES DE RUPTURE f.

	En livres par pouce carré.	En kilog. par millim. carré.
Fer forgé. Poutres en tôle.	42000	29,4
— Axes, barres.	54000	37,8
Fonte.	$18750 + 23000\,\dfrac{H}{h}$	$13,125 + 16,10\,\dfrac{H}{h}$

ou H hauteur du métal massif,
h la hauteur maxima de la section.

Frêne.	12000 à 14000	7,40 à 9,8
Pin, sapin.	7000 à 12300	4,9 à 8,60
Mélèze.	5000 à 10000	3,5 à 7
Chêne anglais, russe et américain. .	10000 à 13600	7 à 9,50
Teack.	14800	10,36

Le module de rupture est 18 fois la charge nécessaire pour briser une barre de 1 millimètre carré de section (ou d'un pouce carré en unités anglaises) supportée à ses extrémités éloignées de 1 millimètre (ou de 1 pied) en la chargeant en son milieu.

La section de poutre en fonte proposée pour la première fois par M. Hodgkinson d'après sa découverte, que la résistance à l'écrasement direct est, pour la fonte, plus de six fois sa résistance à la flexion, consiste, comme dans la *fig.* 22, en deux semelles B, A réunies par une âme verticale. La section de la semelle inférieure soumise à la traction est environ six fois celle de la semelle supérieure travaillant par compression. Pour que la poutre au moulage ne craque pas par inégalité de refroidissement, l'âme verticale a son épaisseur, au bas presque égale à celle de la semelle inférieure, et en haut, à celle de la semelle supérieure.

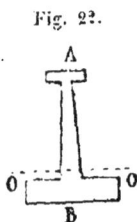

Fig. 22.

La tendance d'une poutre de ce genre à se briser par déchirement de la semelle inférieure est un peu plus grande que celle à se briser par écrasement de la semelle supérieure, et son module de rupture est égal ou à peu près à la ténacité directe de la fonte qui la compose. Soit pour les fontes anglaises moyennes $11^k,55$ par millimètre carré ou 165 000 livres par pouce carré.

La formule suivante pour le moment de rupture de ces poutres, bien qu'approximative, est en général assez près de la vérité pour la pratique. Soit B la section de la semelle inférieure en millimètres carrés, h' la hauteur en millimètres de centre à centre des semelles. Alors

$$M = 11,55 B h' ; \qquad (8)$$

en mesures anglaises, B en pouces carrés, h' en pouces,

$$M = 16 500 h' B.$$

74. Résistance à la torsion. Pour des valeurs égales du module de torsion désigné par f, la résistance d'un axe à la torsion est le double de sa résistance à la flexion.

Soit l la longueur en millimètres du levier (comme une manivelle) à l'extrémité duquel est appliquée une force tordante. Désignons par W la charge pratique en kilogrammes multipliée par un certain facteur de sûreté (ordinairement six); alors

$$Wl = m \qquad (1)$$

est le moment de torsion en *kilogrammes-millimètres*.

Les formules suivantes servent à calculer les dimensions des axes dont la résistance à la torsion doit être égale à un moment de torsion donné.

Pour un axe plein, de diamètre h,

$$M = \frac{f h^3}{5,1}, \quad h = \sqrt[3]{\frac{5,1 M}{f}}. \qquad (2)$$

Pour un axe creux de diamètres h_1 et h_0, $h_1 > h_0$,

$$\left. \begin{array}{c} M = \dfrac{f(h_1^4 - h_0^4)}{5,1 h_1} = \dfrac{f h_1^3}{5,1}\left(1 - \dfrac{h_0^4}{h_1^4}\right), \\[2mm] h_1 = \sqrt[3]{\dfrac{5,1 M}{f\left(1 - \dfrac{h_0^4}{h_1^4}\right)}}. \end{array} \right\} \qquad (3)$$

Cette dernière formule sert à calculer le diamètre d'un axe creux quand le rapport $\dfrac{h_0}{h_1}$ est donné.

Les valeurs du module de torsion F sont :

	En livres par pouce carré.	En kilog. par millim. carré.
Fonte.	27 700	19,4
Fer forgé.	50 000	35

En prenant *six* pour facteur de sûreté, si, dans les formules, on remplace le moment de torsion M par le moment pratique maximum, on doit donner à F les valeurs suivantes :

	En livres par pouce carré.	En kilog. par millim. carré.
Fonte.	4 500	3,5
Fer forgé.	8 000 à 9 000	5,6 à 6,3

75. Torsion et flexion combinées (*A. M.*, 325). Un des exemples les plus importants de ce cas est celui

Fig. 23.

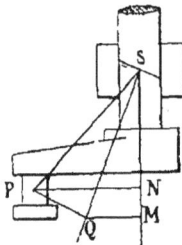

de la *fig.* 23 qui représente un arbre ayant une manivelle à une extrémité. Au centre du bouton P est appliquée la pression de la bielle ; au centre S du coussinet, une résistance égale et opposée du palier. Soit P la grandeur commune de ces deux forces ; elles forment un couple de moment

$$M = SP.$$

Tirons SQ, bissectrices de l'angle PSM.

Sur SQ, abaissons la perpendiculaire PQ ; et de Q, QM perpendiculaire à SM.

Calculons le diamètre de l'arbre pouvant résister au moment fléchissant de P appliqué en M ; il sera assez fort pour résister aux moments combinés de torsion et de flexion de P, appliqués au point marqué P.

En langage algébrique, avec un facteur de sûreté égal à G, soient

$$W = GP,$$
$$j = \text{angle PSM}.$$

On a

$$SM = PS \frac{1 + \cos j}{2},$$

et le diamètre h de l'arbre doit résister au moment de flexion

$$M' = WSM = WSP \frac{1 + \cos j}{2}, \qquad (1)$$

c'est-à-dire que

$$h = \sqrt[3]{\frac{10.2\text{M}'}{\text{F}}}. \qquad\qquad (2)$$

76. Dents des roues. La formule suivante de Tredgold donne l'épaisseur des dents en fonte des roues destinées à transmettre une pression P kil.

Si h est la hauteur de ces dents en millimètres,

$$h = 0{,}97\ \sqrt{\text{P}}.$$

En mesures anglaises, prenant

h en pouces,

P en livres,

$$h = \sqrt{\frac{\text{P}}{1\,500}}.$$

SECTION 9. *Classification des moteurs.*

77. Les moteurs se classent suivant les formes sous lesquelles se présente l'énergie qui les met en mouvement.

1° *Puissance musculaire*, appliquée par l'homme aux machines de toute espèce; et par les animaux, spécialement aux travaux de traction et de transport.

2° *Poids et mouvement des fluides*, agissant dans les machines à pression d'eau, roues et autres machines hydrauliques, et les moulins à vent.

3° *Chaleur*, obtenue par les combinaisons chimiques et appliquée à produire des changements dans le volume et la pression des fluides, de façon à mouvoir des machines, principalement des machines à vapeur.

4° *L'électricité*, obtenue généralement au moyen de combinaisons chimiques et appliquée à la production ou à l'altération de la force magnétique, de façon à conduire des machines.

La division, du reste, de cet ouvrage est fondée sur cette classification.

PREMIÈRE PARTIE.

CHAPITRE I.

PRINCIPES GÉNÉRAUX.

78. Nature du sujet. Bien qu'il ait été démontré, dans un mémoire du D' Joule et du défunt D' Scoresby (*Phil. Mag.*, 1846), que l'homme, agissant comme moteur, a un rendement supérieur à celui de toute autre machine inorganique, il est encore impossible, dans l'état actuel de nos connaissances, d'établir une théorie complète de ce rendement. On ne peut pas déterminer avec précision toute l'énergie développée par un animal, en un temps donné, de façon à la comparer à celle qu'il dépense dans le même temps à un travail. Tout ce que nous pensons faire, c'est de noter, par l'expérience et l'observation, les *énergies effectives*, exercées par différents animaux travaillant dans des circonstances différentes, et de les comparer entre elles.

Dans ce chapitre, on établira quelques principes s'appliquant à la puissance musculaire des hommes et des animaux. Le travail de l'homme sera examiné spécialement dans le second chapitre et celui des animaux dans le troisième.

79. Travail journalier d'un animal ; c'est le produit de trois quantités : la *résistance* vaincue, la *vitesse* avec laquelle on la surmonte et le *nombre d'unités de temps par jour* employées au travail. On sait que le travail journalier dépend de plusieurs circonstances, dont les principales sont :

1° L'espèce et la race ;

2° La santé, force, activité, et les dispositions de l'individu ;

3° L'abondance et la quantité de la nourriture et de l'air, le climat et autres circonstances extérieures affectant celles énoncées au § 2 ;

4° La charge ou résistance à vaincre;

5° La vitesse;

6° La partie du jour employée au travail;

7° La nature de la machine ou de l'outil employé. Cette cause affecte surtout l'homme à cause de la grande variété des machines et outils qu'il manie. Les animaux travaillent presque exclusivement en tirant ou portant des fardeaux, de sorte que cette septième cause influence peu leur travail;

8° La pratique et l'éducation des individus : cela s'applique surtout aux hommes, moins aux animaux.

80. **Influence de la charge, de la vitesse et de la durée sur le travail journalier.** On sait que, pour chaque individu, il y a une série de valeurs des trois facteurs du travail journalier qui le rendent maximum. Elles sont par suite préférables, et tout écart de ces valeurs produit une diminution du travail. On a fait plusieurs tentatives pour formuler, par une équation, la loi de cette diminution, mais elles n'ont réussi que superficiellement. L'équation qui concorde le mieux avec l'observation est celle de Maschek. Si l'on désigne par R_1, t_1, v_1, les valeurs de la résistance, de la durée et de la vitesse qui donnent un travail journalier maximum, par R, t, v, trois autres valeurs, on a

$$\frac{R}{R_1} + \frac{t}{t_1} + \frac{v}{v_1} = 3. \qquad (1)$$

D'après cette équation, le travail journalier R_1, v_1, t_1 est réalisé dans les circonstances suivantes :

$R_1 = \dfrac{1}{3}$ de la résistance maxima que l'individu peut supporter un instant;

$v_1 = \dfrac{1}{3}$ de la vitesse qu'il peut maintenir pendant un instant sans charge;

$t_1 = \dfrac{1}{3}$ de jour. Ce dernier principe est en général admis comme vrai, les autres sont douteux.

La formule ci-dessus concorde approximativement avec l'expérience pour des circonstances peu différentes de celles avec lesquelles le travail journalier est maximum.

81. Influence d'autres circonstances. Les circonstances numérotées 4, 5, 6, art. 79, ont été considérées en premier lieu parce que, pour elles seules, on a pu établir quelque chose comme un principe mathématique. L'effet de la circonstance 7 sera considéré aux chapitres suivants. L'influence des circonstances 1, 2, 3, 8 est du domaine de l'histoire naturelle et de la physiologie plus que de la mécanique. Quant aux circonstances 3, on peut dire que toutes choses égales d'ailleurs, l'individu qui peut respirer le plus d'air et digérera le plus de nourriture pourra travailler le plus ; et comme la digestion dépend en grande partie du bon accomplissement de phénomènes respiratoires ; le volume, la force et la santé des poumons, ainsi que l'abondance et la pureté de l'air sont d'une importance capitale pour la puissance musculaire.

On sait que, par une action réciproque, le travail des muscles active la respiration et la digestion.

82. Dans le **transport des fardeaux**, il est parfois impossible de déterminer la résistance surmontée par un animal et par suite de calculer la valeur absolue du travail accompli. Mais on peut, dans ce cas, calculer une quantité qui est avec le travail réel dans un rapport inconnu, à savoir : *le produit de la charge par la distance horizontale qu'on lui fait franchir.* Ce produit est appelé *transport.* On en donnera des exemples dans la suite.

CHAPITRE II.

TRAVAIL DE L'HOMME.

---

83. Travail de l'homme. Les résultats donnés dans les tables suivantes sont d'après l'autorité de Coulomb, Navier et Poncelet, excepté ceux marqués 16, qui sont d'après les expériences du lieutenant David Rankine :

I. TRAVAIL DE L'HOMME CONTRE DES RÉSISTANCES CONNUES.

NATURE DU TRAVAIL.	R^k	V^m par seconde.	T″ 3600 heures par jour.	RV Kgm par seconde.	RVT Kgm par jour.
1. Élevant son propre poids sur une échelle ou un escalier.	65	0,15	8	9,75	280800
2. Élevant des poids avec une corde et descendant la corde à vide.	18	0,20	6	3,60	77760
3. Élevant des poids à la main.	20	0,17	6	3,40	73440
4. Portant des poids sur un escalier, descente à vide.	65	0,04	6	2,60	56160
5. Pelletant de la terre à une hauteur moyenne de 1^m,60.	2,7	0,40	10	1,08	38880
6. Brouettant de la terre sur une pente de $\frac{1}{12}\cdot\frac{1}{2}$ vitesse horizontale de 0^m,27 par seconde, et revenant à vide.	60	0,022	10	1,32	47520
7. Poussant ou tirant horizontalement.	12	0,6	8	7,2	207360
8. Tournant une manivelle à treuil.	5,70 / 8 / 9	1,50 / 0,75 / 4,35	? / 8 / 2	8,55 / 6 / 39,15	172800
9. Manœuvrant une pompe.	6	0,75	10	4,50	162000
10. Martelant.	7	?	8 ?	?	60240

Explication.

R résistance ;

V vitesse effective = *distance parcourue par* R ÷ le temps, y compris la marche à vide ;

T″ temps ou durée du travail en secondes par jour ;

$\dfrac{T″}{3\,600}$ ce même temps en heures par jour ;

Rv travail effectif en kilogrammètres par secondes ;

Rvt travail journalier.

II. TRAVAIL D'UN HOMME TRANSPORTANT DES CHARGES HORIZONTALEMENT.

NATURE DU TRAVAIL.	K kilog.	V mètres par seconde.	$\dfrac{T″}{3600}$ heures par jour.	KV kilog. transportés à 1 mètre en une seconde.	KVT kilog. transportés à 1 mètre en un jour.
11. Transport horizontal de son propre poids.	65	1,50	10	97,5	3 510 000
12. Roulant L kilog. dans une brouette à deux roues. Retour à vide.	100	0,50	10	50	1 800 000
13. Id., brouette à une roue. .	60	0,50	10	30	1 080 000
14. Marchant chargé.	40	0,75	7	30	756 000
15. Transport en civière, retour à vide.	50	0,33	10	16,5	594 000
16. Marchant chargé pendant 30 secondes seulement. .	115	0	»	0	»
	57	3,50	»	199,50	»
	0	6,9	»	0	»

Notations.

K charge ;

V vitesse effective ;

T″ durée du travail en secondes par jour ;

$\dfrac{T″}{3\,600}$ durée du travail en heures par jour ;

Kv transport par seconde en kilogrammètres ;

KvT transport journalier.

84. Travail d'un homme élevant son propre poids. La moyenne de ce travail est donnée dans la ligne 1 de la table, art. 83 ; elle est plus grande que le travail d'un homme de toute autre manière. La méthode la plus simple d'utiliser ce travail est due à un Français, le capitaine Coignet, qui l'appliqua à soulever des brouettes de terre d'une excavation d'environ 6 mètres de profondeur. On construit une balance formée d'une corde passant sur une grande poulie, avec une cage guidée suspendue à chaque bout. Chaque brouette de terre amenée au pied de la balance est placée dans la cage descendue au niveau le plus bas. Dans la cage supérieure se place un homme avec une brouette vide. Son poids, en descendant, soulève au niveau supérieur la brouette vide; arrivé au bas, l'homme quitte la cage et remonte par une échelle au niveau supérieur. En montant l'échelle, il *emmaganise de l'énergie* en quantité égale au produit de son poids par la hauteur verticale d'ascension et qu'il restitue quand il descend dans une cage et soulève la charge dans l'autre. Une équipe spéciale est employée à cette opération seule : les brouettes sont avancées et retirées par d'autres hommes. Un homme a pour seule fonction de surveiller la machine et de régler la vitesse à la main ou par un frein.

La vitesse d'ascension verticale donnée dans la table étant la vitesse *effective* seulement, s'obtient en divisant la hauteur totale parcourue en un jour par le nombre total de secondes employées à monter et à descendre.

85. Soulèvement des poids au moyen de cordes. Les données de la ligne 2 des tables proviennent du travail de l'homme manœuvrant une sonnette à tiraude pour enfoncer des pieux. Dans cette machine, un poids très-lourd, guidé verticalement par des glissières, est attaché à une corde passant sur une poulie; l'autre bout de la corde se ramifie en cordons, saisis chacun par un homme, soulevant ainsi environ 20 kilog. Les hommes, tirant tous ensemble, soulèvent la masse de $0^m,90$ à $1^m,20$, puis ils la lâchent tout d'un coup sur la tête du pieu. Ce travail augmente quand on laisse reposer les hommes toutes les 3 ou 4 minutes.

86. Autres méthodes de travail. Il est à peine nécessaire de dire que dans aucune des lignes de la première table, excepté la première, le poids de l'homme n'est compris dans la charge qu'il meut.

Dans la ligne 6, la résistance $R = 60$ est le *poids net* de la terre dans la brouette; la vitesse moyenne, aller et retour, est $0^m,54$ par seconde; mais comme la vitesse effective ne doit se déduire que du chemin parcouru en charge, elle n'est que de $0^m,27$ par seconde;

comme la pente est de $\frac{1}{12}$, la vitesse verticale effective est de $\frac{0^m,27}{12} = 0^m,022$, ainsi qu'on la trouve dans la colonne V. On remarquera que le travail indiqué dans cette ligne est celui du *soulèvement vertical* de la terre seulement, et non pas le travail total de l'homme. Le transport horizontal de la terre exige aussi du travail, mais en quantité connue seulement par approximation, comme on le verra au chapitre suivant.

La ligne 7 montre qu'après l'élévation de son poids sur un escalier, le mode de travail humain le plus efficace est la poussée sur une barre de cabestan ou sur une rame.

Ensuite, comme efficacité du travail journalier, vient la manœuvre d'une manivelle (treuil, grue, sonnette à déclic et une grande variété de machines).

Les résultats de la ligne 9 relativement à la manœuvre d'une pompe s'appliquent aux cabestans manœuvrés par des leviers placés comme ceux des pompes. Ils s'appliquent, entre autres pompes, à celles des presses hydrauliques qui, bien que souvent manœuvrées par l'homme, dépendent de principes d'hydrodynamique qui obligent à renvoyer leur étude à la 2ᵉ partie de cet ouvrage.

Dans la ligne 10 relative à la manœuvre d'un marteau de 7 kilog., quelques données manquent et les résultats sont douteux.

87. Transport des fardeaux. Dans la seconde table, la seule ligne dans laquelle on tienne compte du poids de l'homme est celle marquée 11, où son poids est la seule charge transportée.

En comparant la ligne 13, dans la seconde table, avec la ligne 6 de la première, on voit que le travail de roulage d'une brouette à une roue, horizontalement pendant 10 à 12 mètres, est à peu près égal au travail de soulèvement de cette charge à 1 mètre en roulant sur une pente.

CHAPITRE III.

TRAVAIL DES CHEVAUX ET AUTRES ANIMAUX.

88. Tables du travail des chevaux. Les résultats des tables suivantes sont donnés d'après l'autorité de ·Navier et Poncelet, excepté la ligne marquée 1, qui est d'après les expériences de M. David Rankine et de l'auteur. La ligne 2 renferme la moyenne de plusieurs résultats d'expériences sur la traction des chevaux et peut être considérée comme la *moyenne* de leur travail habituel dans les circonstances les plus favorables de durée et de vitesse du travail.

I. TRAVAIL D'UN CHEVAL CONTRE DES RÉSISTANCES CONNUES.

NATURE DU TRAVAIL.	R	V	$\frac{1}{3000}$	RV	RVT
1. Au trot, et tirant un (minimum.	10				
wagon léger (bien (moyenne .	14	4,40	4	61,6	887 040
dressé). . . . . . (maximum.	23				
2. Tirant un chariot ou un bateau au pas (cheval de trait).	54	1,10	8	59,4	1 710 720
3. Conduisant un manége au pas.	45	0,9	8	40,5	1 116 400
4. Id., au trot.	30	2	4,5	60	972 400

II. TRAVAIL D'UN CHEVAL TRANSPORTANT DES FARDEAUX HORIZONTALEMENT.

NATURE DU TRAVAIL.	K	V	$\frac{1}{3600}$	RV	KVT
5. Au pas, avec un chariot toujours chargé	700	1,10	10	770	27 720 000
6. Id. au trot.	350	2,20	4,5	770	12 474 000
7. Au pas, avec un chariot. Retour à vide. $V = \frac{1}{2}$, vitesse moyenne.	700	0,60	10	420	15 120 000
8. Portant une charge, au pas. .	120	1,10	10	132	4 752 000
9. Id., au trot.	80	2,20	7	176	4 435 000

La table II se rapporte aux transports sur les routes ordinaires seulement et en mauvais état.

. Le travail moyen de traction d'un cheval donné par la ligne 2 est 0,785 de celui que Watt a assigné au cheval-vapeur (art. 3).

89. **Bœufs, mules, ânes.** Les autorités diffèrent considérablement quant aux travail de ces animaux. La comparaison suivante avec le travail des chevaux n'est qu'approchée :

Bœuf, chargé comme un cheval de trait moyen à son meilleur pas, fait les $\frac{2}{3}$ du travail d'un cheval de trait moyen :

Mule, charge $= \frac{1}{2}$ de celle d'un cheval de trait moyen, travail $= \frac{1}{2}$ (à son meilleur pas) de celui d'un cheval ;

Ane, charge $= \frac{1}{4}$, travail $= \frac{1}{4}$ au pas d'un cheval.

90. **Manége**. Dans cette machine, comme on le voit ligne 3, un cheval travaille moins avantageusement qu'en tirant une voiture sur une route droite. Pour obtenir le meilleur résultat, le diamètre du cercle que décrit le cheval ne doit pas être moindre que 6 mètres environ.

91. **Roues marchées pour chevaux et bœufs.** Consistent en une plate-forme circulaire tournant autour d'un axe incliné sur la verticale, et striée pour empêcher les pieds des animaux de glisser. Les animaux marchent continuellement sur la pente de la plate-forme, près de l'extrémité du diamètre horizontal, et forcent par leur poids la plate-forme à tourner contre une résistance.

DEUXIÈME PARTIE.

DE LA PUISSANCE DE L'EAU ET DU VENT.

CHAPITRE I.

DES SOURCES DE PUISSANCE HADRAULIQUE.

---

92. Nature des sources en général. La source première de
la puissance hydraulique est la chaleur solaire, qui évapore l'eau à
la surface des terres et des mers. La vapeur, se condensant dans les
régions supérieures et froides de l'atmosphère, tombe en pluie et
forme des cours d'eau qui, dans leur descente d'un niveau à un
autre, exercent une énergie égale au produit du poids de l'eau par la
différence de hauteur de ces niveaux. Dans l'état naturel des cours
d'eau, toute l'énergie due à la descente de ces eaux est employée à
user, à emporter les matériaux de leur lit, et à produire de la chaleur par frottement; mais, au moyen d'un aménagement convenable, on peut rendre une partie de cette énergie disponible, pour
vaincre des résistances de machines.

L'art de réunir et de distribuer utilement la pluie d'un district;
de construire des réservoirs pour en retenir une partie pendant les
saisons pluvieuses, et la répartir pendant les sécheresses, et d'adapter d'anciens lacs à cet usage; de conserver, de perfectionner les
cours d'eau naturels et de tracer des canaux artificiels, constitue
une grande branche de l'art de l'ingénieur et ne saurait être étudié
dans ce traité, dont l'objet en ce qui concerne l'hydraulique, est
d'examiner les principes et le mode d'action des machines qui utili-

sent la puissance de l'eau convenablement captée, c'est-à-dire sous forme de cours d'eau, déchargeant d'un niveau à un autre un certain volume par seconde. L'ensemble de ces dispositions constitue une *chute* ou emplacement d'usine hydraulique.

93. Puissance d'une chute d'eau. Rendement. La puissance brute d'une chute d'eau est le produit du *poids* de l'eau déchargé dans l'unité de temps (minute ou seconde) par la charge *totale*, c'est-à-dire la différence de niveau verticale des *surfaces libres* de l'eau aux deux extrémités de la chute. Ce résultat s'exprime comme il suit : appelant :

Q le volume d'eau, en mètres cubes, déchargé par seconde;

H la charge totale;

D le poids du mètre cube d'eau $= 1\,000$ kilog.

$$DQH \tag{1}$$

est la puissance brute en kilogrammètres par seconde, qui, divisée par 75, donne la puissance en chevaux.

Il y a toujours une certaine *perte de charge* provenant de pertes d'énergie mentionnées plus bas. Cette perte peut ordinairement se représenter par une fraction de l'énergie totale exercée. Soit R cette fraction, la puissance effective en kilogrammètres par seconde sera

$$(1 - R)DQH, \tag{2}$$

et le rendement

$$1 - R. \tag{3}$$

RH est la *perte de chute*,

$(1 - R)H$ la *chute effective.*

94. Jaugeage d'une source motrice. On doit mesurer deux quantités dans une chute d'eau : la hauteur H, et le débit Q. La hauteur se mesure par les procédés ordinaires du nivellement; le débit par des méthodes diverses, suivant les circonstances.

1° Pour les grands cours d'eau, on ne peut, en général, mesurer le débit que directement; c'est-à-dire en trouvant la section transversale de la rivière, mesurant au moyen d'instruments convenables les vitesses du courant aux différents points de cette section, prenant leur moyenne, et la multipliant par l'aire de cette section. L'instrument le plus convenable pour mesurer la vitesse se compose d'une roue à ailettes très-légère, dont l'axe porte une vis qui mène les rouages d'un compteur indiquant le nombre de ses tours par unité de temps. Le tout est attaché au bout d'un pieu, de façon à pouvoir se fixer à différentes profondeurs sous l'eau. La relation entre le nombre de tours du moulinet par minute et la vitesse correspondante du courant se détermine par expérience en faisant mouvoir l'instrument à des vitesses connues dans une eau tranquille, et notant les révolutions du moulinet dans un temps donné.

2° Quand, à cause du manque d'instrument, on ne peut mesurer la vitesse du cours d'eau en plusieurs points, il faut mesurer sa vitesse la plus rapide, qui a lieu vers le milieu du courant, en y observant la marche d'un corps flottant. Soit V cette vitesse maxima en mètres par seconde; d'après une formule empirique de Prony, la vitesse moyenne est

$$v = V \frac{2,37 + V}{3,15 + V}. \qquad (1)$$

3° Quand le cours d'eau est assez faible pour qu'on puisse facilement y placer un barrage transversal, il faut avoir soin qu'il soit parfaitement étanche partout, excepté au déversoir par où toute l'eau s'écoule. La situation doit être choisie favorable à la solidité et à l'étanchéité du barrage; et le canal du cours d'eau, immédiatement en aval du barrage, doit être droit, pour que le courant rapide qui se précipite du déversoir n'endommage pas les rives.

La sortie de l'eau doit se faire par une entaille dans la partie supérieure d'une planche verticale. Sur la *fig.* 24, A est une vue de face, B une section verticale d'un de ces déversoirs avec une entaille rectangulaire.

Fig. 24.

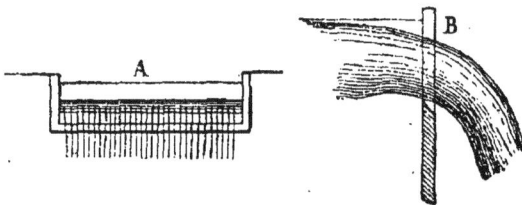

Les côtés et le bord inférieur de l'entaille doivent être biseautés en tranches minces avec un plan vertical tourné vers l'amont, comme l'indique la *fig.* B; pour mieux remplir cette condition, l'entaille peut être bordée par une tôle mince. L'objet de cette disposition est d'empêcher, autant que possible, le frottement et la cohésion entre l'eau et les bords de l'entaille de troubler les résultats.

Une échelle verticale divisée en millimètres, et ayant son zéro au bord inférieur de l'entaille, doit être placée en amont du déversoir, en un point où l'eau est à peu près tranquille ou très-lente. On doit noter de temps en temps la hauteur de la surface de l'eau sur cette échelle.

Soient :

h cette hauteur en mètres;

b la largeur de l'entaille, aussi en mètres.

Alors le débit en mètres cubes par seconde est donné par

$$Q = \frac{2}{3}\, cbh \sqrt{2gh}.$$

$2g$ étant $19^m,616$, et $\sqrt{2gh}$ la vitesse due à la hauteur h; c est une fraction appelée *coefficient de contraction*, exprimant le rapport de la section contractée d'écoulement à la surface du rectangle bh.

Cette formule peut aussi s'écrire

$$Q = 2,95\, cbh^{\frac{3}{2}}. \tag{2}$$

Il convient que la largeur de l'entaille soit au moins $\frac{1}{4}$ de celle du barrage; elle peut sans inconvénient, atteindre la largeur même du barrage.

Les valeurs du coefficient de contraction sont :

Pour $b = \frac{1}{4}$ de la largeur du barrage, $c = 0,595$

Pour $b =$ la largeur du barrage. . . . $= 0,667$

et pour les largeurs intermédiaires

$$c = 0.57 + \frac{b}{10B}, \tag{3}$$

B étant la largeur du barrage.

Quand la vitesse du courant au point où se trouve l'échelle verticale est trop grande pour être négligée, soient v_0 cette vitesse (appelée *vitesse d'approche*) et

$$h_0 = \frac{v_0^2}{2g}$$

sa hauteur due : alors, d'après le *Traité d'hydraulique* de M. Neville, le débit est la différence des débits dus à la hauteur $h + h_0$ et à la hauteur h, dans une eau tranquille; de sorte qu'il est donné par la formule

$$Q = 2,95\, cb\left[(h + h_0)^{\frac{3}{2}} - h_0^{\frac{3}{2}}\right]. \qquad (4)$$

Quand on ne peut pas mesurer directement v_0, on peut le calculer approximativement en prenant une valeur de Q d'après l'équation (2), et divisant par la section du canal à l'endroit où se trouve l'échelle.

TABLE DES VALEURS DE c ET DE $2,95\, c$.

$\dfrac{b}{B}$	1	0,9	0,8	0,7	0,6	0,5	0,4	0,3	0,25
c	0,667	0,66	0,65	0,64	0,63	0,62	0,61	0,60	0,595
$c \times 2,95$	1,97	1,95	1,92	1,89	1,86	1,83	1,30	1,77	1,75

4° Outre les variations du coefficient de contraction primitivement citées, et qui dépendent du rapport entre les largeurs du déversoir et de l'entaille, il y en a d'autres qui n'ont pas été réduites en lois générales, et qui dépendent des dimensions de l'entaille.

Pour éviter cette cause d'erreur, le professeur Thompsons de Belfast, a adopté une forme d'entaille dans laquelle la section du jet

Fig. 25.

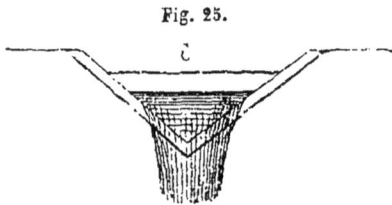

est toujours une figure semblable, c'est-à-dire un triangle avec le sommet en bas comme sur la *fig.* 25.

Soient h la distance en mètres du sommet du triangle à la surface de l'eau tranquille, b la base de l'entaille au *niveau de la surface de l'eau tranquille :* l'aire du triangle limité par cette ligne et la paroi de l'entaille est $\dfrac{bh}{2}$, et la théorie donne, pour le débit en mètres cubes par seconde,

$$Q = \frac{8}{15}\, c\, \frac{bh}{2}\, \sqrt{2gh}. \qquad (5)$$

Les expériences faites par M. Thompson pour l'Association britannique donnent pour le coefficient de contraction

$$\left.\begin{array}{ll} \text{avec} \quad b = 2h, & c = 0,595 \\ b = 4h, & c = 0,620 \end{array}\right\} \qquad (6)$$

. et par suite pour le débit

$$\text{avec}\quad b = 2h; \quad Q = 1,406\, h^{\frac{5}{2}},$$
$$b = 4h, \qquad = 2,93\, h^{\frac{5}{2}}.$$
$$\cdot\ (7)$$

5° Au lieu d'une entaille ouverte dans le haut d'un déversoir, on peut y percer un *orifice*, ou une *rangée d'orifices* au-dessous du niveau de l'eau. Dans ce cas, à cause des variations du coefficient de contraction qui se présentent suivant les rapports de la largeur, à la longueur de l'orifice et à la *charge* de l'eau au-dessus de l'orifice, il convient de choisir les formes et les proportions qui donnent les moindres variations. Dans ce but, il faut faire les orifices *carrés* ou *circulaires*, et leur dimension doit être telle que la surface de l'eau tranquille dans le réservoir ne soit pas à une hauteur de plus de 3 à 4 fois le diamètre de l'orifice. Ces conditions remplies, soient A la section d'un orifice, h la profondeur de son *centre* sous la surface supérieure de l'eau tranquille; le débit en mètres cubes par seconde est ·

$$Q = cA\sqrt{2gh}, \tag{9}$$

la valeur de c étant

> Pour les orifices circulaires. . .   0,618
> Pour les orifices carrés.   0,6

et la valeur de $c\sqrt{2g} = 4{,}43c$

> Pour les orifices circulaires. . .   2,73
> Pour les orifices carrés.   2,66

On ne commettra pas d'erreur sensible en employant ces coefficients, même quand la hauteur h descend jusqu'au double du diamètre de l'orifice.

6° Quand le profil de l'orifice coïncide en partie avec celui du canal qui lui amène l'eau, de sorte que l'eau se trouve en partie *guidée* en ligne droite vers l'orifice, on dit qu'il y a *contraction partielle*, et en calculant le débit, il faut au lieu de c employer un coefficient

$$c + 0{,}09n, \tag{10}$$

n étant la fraction du profil de l'orifice qui coïncide avec celui du canal. Cette formule est de M. Neville, et il a démontré qu'elle est sensiblement correcte quand n ne dépasse pas $\dfrac{3}{4}$.

CHAPITRE II.

MOTEURS HYDRAULIQUES EN GÉNÉRAL.

95. **Parties et dépendances du moteur hydraulique.**
Dans tout moteur hydraulique, on rencontre les parties suivantes ou
leur équivalent.

1° Le *Canal d'amenée* ou *bief d'amont* qui conduit l'eau à la machine et s'étend depuis l'origine de la chute jusqu'à l'endroit où l'eau
commence à agir sur la machine, c'est un conduit découvert ou
fermé ou une combinaison des deux. L'économie du travail exige
qu'il soit le plus grand possible ; l'économie de premier établissement, qu'il soit le plus petit possible ; le juste milieu est une affaire
de jugement de l'ingénieur dans chaque cas particulier. Ce canal
commence ordinairement comme un réservoir et se termine avec
des dimensions telles que son extrémité forme un second réservoir
de dispositions variables avec la nature des machines.

2° Le *canal de trop-plein* ou *de dérivation*, qui détourne dans les
canaux naturels l'eau en excès que l'on ne peut pas retenir dans un
réservoir. A son origine, on rencontre généralement un déversoir
barrant en partie un réservoir, et assez long pour suffire sans danger aux plus hautes eaux.

3° Le *régulateur*, écluse ou valve, déchargeant dans les canaux
naturels de la contrée l'eau en excès et que l'on ne peut pas retenir
dans un réservoir. Pour des raisons exposées plus bas, l'économie
de la puissance exige que le régulateur soit aussi près que possible
de la machine, et par conséquent à l'extrémité inférieure du canal
d'alimentation. Le régulateur est très-souvent manœuvré par un
gouverneur à pendule tournant (art. 55), dont on donnera plus bas
les détails.

4° La *machine* proprement dite ou le récepteur, auquel l'eau transmet son énergie.

5° Le *bief d'aval* par où l'eau s'échappe après avoir mû la machine et qui se termine au bas de la chute. On lui applique les mêmes principes d'économie et de construction qu'au bief d'amont.

96. **Classification des moteurs hydrauliques**. On les distingue en :

1° *Balances* ou *machines à caisses*, dans lesquelles l'eau versée dans des caisses suspendues les fait descendre verticalement, de façon à soulever des poids ou à vaincre d'autres résistances, comme dans les monte-charges hydrauliques ;

2° *Machines à pression d'eau*, dans lesquelles l'eau par sa pression pousse un piston ;

3° *Roues hydrauliques verticales*, tournant dans un plan vertical et mues par le poids et l'impulsion de l'eau (ce sont les moteurs hydrauliques les plus répandus) ;

4° *Roues hydrauliques horizontales* ou *turbines*, tournant dans un plan horizontal, mues par le poids et l'impulsion de l'eau ;

5° *Pompes à jets* ou *béliers hydrauliques*, où l'impulsion d'une masse d'eau en soulève une autre.

97. **Moteurs hydrauliques avec sources artificielles**. La douceur et la sûreté d'action, ainsi que plusieurs autres avantages des moteurs hydrauliques, conduisent quelquefois à employer des machines exactement semblables, mais avec une chute dont le débit est obtenu par des moyens artificiels, par exemple par une pompe à main, comme dans la presse hydraulique ou à vapeur, comme dans les treuils et grues hydrauliques et dans quelques machines de manufactures délicates.

Ces machines ne sont pas à proprement parler des *moteurs* tirant leur énergie des sources naturelles, mais plutôt des mécanismes transmettant et appliquant d'une manière continue l'énergie fournie par de véritables moteurs. L'identité de leur construction et de leur action fait qu'il convient de les examiner en même temps que les moteurs.

98. **Formes prises par l'énergie d'une chute** (*A. M.*, 619-621). Soit un courant uniforme et continu débitant Q mètres cubes et QD^k par seconde tombant d'une hauteur de H mètres. Cette chute peut par l'action directe de son poids produire un travail de

$$DQH \text{ Kgm par seconde.} \qquad (1)$$

Supposons maintenant que l'eau tombe jusqu'à un niveau de hauteur z au-dessus du point le plus bas correspondant à la chute H *sans vaincre de résistance;* en ce point, elle ne pourra plus produire *par son poids* qu'un travail de

$$\text{DQ}z \text{ Kgm par seconde};\qquad(2)$$

mais, si la source est un réservoir, où la vitesse de l'eau est insensible, le courant aura acquis par sa chute une vitesse de

$$v = \sqrt{2g(\text{H}-z)};\qquad(3)$$

de sorte que, avant d'être amené au repos, il peut accomplir, *par impulsion*, le travail additionnel dû à son *énergie actuelle* ou

$$\frac{\text{DQ}v^2}{2g} = \text{DQ(H}-z) \text{ Kgm par seconde,}\qquad(4)$$

qui, joint au travail de l'expression (2), reproduit le travail total disponible à l'origine ou DQH.

Supposons maintenant que l'eau descende jusqu'au niveau z dans un *tuyau fermé* assez grand pour que la vitesse y soit encore insensible; alors, comme dans l'exemple (2), le courant aura en ce point un travail disponible de DQz Kgm par seconde *par son poids*, mais sa *pression* sera devenue en kilogrammes par mètre carré

$$p = \text{D(H}-z),\qquad(5)$$

et, *par sa pression*, il pourra développer un travail de

$$p\text{Q} = \text{DQ(H}-z) \text{ Kgm par seconde,}\qquad(6)$$

qui, joint au travail de l'équation (2), reproduit encore le travail total disponible à l'origine ou DQH.

De là il suit que, si l'on pouvait faire descendre l'eau d'une hauteur H à un niveau quelconque au-dessus du fond de la chute, *sans résistance*, la puissance ou l'énergie du courant à ce niveau (égale à l'énergie initiale) serait, en appelant v sa vitesse, p sa pression en kilogrammes par mètre carré,

$$\text{Q}\left(p + \text{D}z + \frac{\text{D}v^2}{2g}\right) = \text{DQH,}\qquad(7)$$

ou, en désignant par $\dfrac{p}{D}$ la *hauteuer due à la pression* p,

$$DQ\left(z + \frac{v^2}{2g} + \frac{p}{D}\right) = DQH. \qquad (8)$$

Dans cette expression :

$DQ\left(z + \dfrac{p}{D}\right)$ est l'*énergie potentielle* ou capable de produire un
travail par le poids et la pression ;

$DQ\dfrac{v^2}{2g}$ est *l'énergie actuelle* ou capable de produire un
travail par impulsion. $\qquad\qquad\qquad (9)$

L'équation suivante

$$z + \frac{v^2}{2g} + \frac{p}{D} = H, \qquad (10)$$

montre que, à un niveau z où la vitesse du courant est v et sa pression p, il possède :

Une *charge actuelle* z ;

Une *charge virtuelle* composée de :

La hauteur due à la vitesse $\dfrac{v^2}{2g}$,

La hauteur due à la pression $\dfrac{p}{D}$,

formant ensemble la *charge totale* égale à la charge H, si le courant est descendu jnsqu'à z sans vaincre de résistance.

Dans cet article et dans le reste de cet ouvrage, on emploie, à moins de désignation contraire, le mot *pression* pour signifier la *pression de l'eau au-dessus de celle de l'atmosphère*.

99. Pertes de charge. C'est la forme sous laquelle on exprime le plus convenablement l'effet d'une perte d'énergie du courant pendant sa descente. On peut l'énoncer en une certaine fraction de la charge totale

$$h = k'H,$$

et alors

$$H - h = (1 - k')H \qquad (1)$$

sera la *charge disponible;*

$$DQ(H - h) = (1 - k')DQH, \qquad (2)$$

la *puissance disponible* ou l'énergie par seconde que l'eau exerce sur la machine, et

$$1 - k' = \frac{H - h}{H} \qquad (3)$$

sur le *rendement de la chute.*

Si, dans le fonctionnement de la machine, il se perd encore une autre fraction k'' de l'énergie exercée sur elle, de sorte que *l'effet utile* est

$$(1 - k'')(1 - k')DQH, \qquad (4)$$

alors $1 - k''$ est le *rendement du mécanisme* et

$$(1 - k'')(1 - k') = 1 - k \text{ (comme dans l'art. 93)} \qquad (5)$$

est le *rendement résultant* de la chute et de la machine.

Les causes de pertes de charge sont la vitesse du courant dans le bief d'aval et le frottement de l'eau.

1° *Courant dans le bief d'aval.* Si v' est la vitesse du courant dans ce canal, la perte de charge qu'elle cause est la hauteur $\frac{v'^2}{2g}$ due à cette vitesse; par suite, comme on l'a dit à l'article 95, le canal doit être aussi large que le permet l'économie de construction.

2° *Frottement aux passages et dans le courant en général.* Soit A la section du canal que traverse le courant,

$$v = \frac{Q}{A} \qquad (6)$$

est alors la vitesse moyenne du courant dans ce canal.

La perte de charge provenant du frottement est exprimée par la formule générale suivante

$$F \frac{v^2}{2g}, \qquad (7)$$

c'est-à-dire par le produit de la hauteur due à la vitesse par un *facteur de résistance* F, dont la valeur dépend surtout de la nature, de la forme et des dimensions du passage.

L'effet du frottement dans les canaux découverts est de produire une déclivité de la surface et une perte de chute actuelle; dans un tuyau fermé, il diminue la pression et la hauteur virtuelle qui lui est due.

On a donné à l'art. 50 quelques valeurs des facteurs F en décrivant les freins à pompe; on les répétera ici avec quelques détails et additions.

3° *Frottement d'un orifice en mince paroi*

$$F = 0{,}054. \qquad (8)$$

4° *Frottement des ajutages.* Embouchure droite cylindrique, perpendiculaire à la paroi du réservoir

$$F = 0{,}505. \qquad (9)$$

La même faisant un angle i avec une normale à la paroi du réservoir

$$F = 0{,}505 + 0{,}303 \sin i + 0{,}226 \sin^2 i. \qquad (10)$$

Pour un ajutage ayant la forme de la veine contractée, c'est-à-dire tel que son diamètre d au réservoir soit réduit à $0{,}7854d$ à une distance $\dfrac{d}{2}$ de la paroi, la résistance est insensible, $F = 0$.

5° *Frottement aux élargissements brusques.* Soit A la section d'un canal dans lequel une vanne, écluse ou tout autre objet, produit une contraction subite de section a suivie d'un élargissement brusque de section A comme avant.

Soit $v = \dfrac{Q}{A}$ la vitesse du courant en A.

La *section effective* de l'orifice a sera ca, c étant un *coefficient de contraction* donné par la formule

$$c = \frac{0{,}618}{\sqrt{1 - 0{,}618 \dfrac{a^2}{A^2}}}.$$

Appelons m le rapport $\dfrac{A}{ca}$,

$$m = \frac{A}{ca} = \sqrt{2{,}618 \frac{A^2}{a^2} - 1{,}618}; \qquad (11)$$

alors mv est la vitesse à la section le plus contractée. Toute l'énergie, due à la *différence* des vitesses mv et v, est perdue en frottements dans l'eau, d'où une perte de charge donnée par la formule

$$(m - 1)^2 \, \frac{v^2}{2g}; \qquad (12)$$

de sorte que dans ce cas,

$$\mathrm{F} = (m - 1)^2. \qquad (12\,\mathrm{A})$$

6° *Frottement dans les tuyaux et conduits.* Soient A la section du conduit, b son périmètre mouillé, l sa longueur; le frottement de l'eau sur ses parois est

$$\mathrm{F} = f\frac{lb}{\mathrm{A}}. \qquad (13)$$

Dans cette formule, f a la valeur suivante :

Tuyaux en fer ($d = $ diam. en mètres),

$$\left. \begin{aligned} f &= 0{,}0005 + \frac{0{,}000\,012\,94}{d} \\ &= 0{,}0005 \left(1 + \frac{1}{40d}\right) \end{aligned} \right\} \qquad (14)$$

Conduites ouvertes

$$f = 0{,}000\,741 + \frac{0{,}000\,745}{v}, \qquad (15)$$

Le rapport $\dfrac{\mathrm{A}}{b}$ s'appelle la *profondeur hydraulique moyenne* du conduit: pour des tuyaux cylindriques ou carrés, coulant à gueule-bée, c'est évidemment le $\dfrac{1}{4}$ du diamètre; sa valeur est la même pour un conduit demi-cylindrique découvert, et pour un canal découvert dont les côtés sont tangents à un demi-cercle de diamètre égal à deux fois la plus grande profondeur du canal.

Dans une conduite découverte, la perte de charge est

$$h = \frac{flb}{\mathrm{A}} \frac{v^2}{2g}; \qquad (16)$$

elle a lieu sous forme de chute réelle, produisant une déclivité à la surface de l'eau dans le rapport

$$\frac{h}{l} = \frac{fb}{A} \frac{v^2}{2g}. \tag{17}$$

Ces deux formules permettent de déterminer la chute et l'inclinaison de la déclivité dans les canaux découverts de dimensions données, et devant fournir un débit donné. Dans les tuyaux, la perte de charge a lieu dans la charge virtuelle due à la pression.

7° *Dans les courbes de tuyaux circulaires.* Soient:

d le diamètre du tuyau;

r le rayon de la courbe au centre du tuyau;

i l'angle des rayons extrêmes;

$\pi = 2$ droits.

Alors, d'après Wiesbach,

$$f = \frac{i}{\pi} \left[0,131 + 1,847 \left(\frac{d}{2r}\right)^{\frac{7}{2}} \right]. \tag{18}$$

8° *Dans les courbes de conduits rectangulaires.*

$$f = \frac{i}{\pi} \left[0,124 + 3,104 \left(\frac{d}{2r}\right)^{\frac{7}{2}} \right]. \tag{19}$$

9° *Pour des coudes ou courbes brusques dans les tuyaux.* Soit i l'angle des deux parties de coude,

$$f = 0,946 \sin^2\frac{i}{2} + 2,05 \sin^4\frac{i}{2}. \tag{20}$$

10° *Résumé des pertes de charge.* Soient v' la vitesse du courant dans le bief d'aval, f le facteur de résistance pour ce canal, v la vitesse, f ce facteur pour un autre point de la chute; la perte de charge totale est exprimée par

$$h = (1 + f') \frac{v'^2}{2g} + \Sigma f \frac{v^2}{2g}. \tag{21}$$

100. **Action de l'eau sur la machine.** On l'a déjà décrite aux art. 96 et 98, comme pouvant s'exercer de trois manières :

par son poids,

sa pression,

son impulsion.

Dans ces trois modes d'action, l'effort *immédiat* par lequel l'énergie de l'eau s'exerce sur le moteur est une *pression* entre une couche d'eau et une surface en mouvement, auget, piston, vanne, ou une autre masse fluide que l'eau pousse devant elle. La cause première de cet effort est le *poids* du courant descendant. La distinction énoncée provient de la nature du procédé par lequel l'eau cause la pression.

1° Quand on dit que l'eau agit par *son poids*, on la reçoit dans des augets, et la pression qui agit sur chaque auget est simplement le poids de l'eau qu'il contient, vertical et passant par le centre de gravité de cette masse d'eau.

Il peut y avoir perte d'énergie, dans ce cas, par écoulement de l'eau hors de l'auget pendant la descente, ou parce qu'elle y reste en partie pendant sa montée. Cette dernière cause est insensible dans les machines bien faites, et la première doit être réduite le plus possible.

2° Quand l'eau est dite agir *par pression*, la pression qui pousse le piston ou la vanne n'est pas seulement l'effet du poids de l'eau en contact avec lui, mais c'est l'effet du poids d'une masse d'eau plus ou moins éloignée, transmettant son action par une masse intermédiaire, en changeant sa vitesse et sa direction.

3° Quand l'eau est dite agir *par impulsion*, son poids, directement ou par une pression intermédiaire, agit librement, jusqu'à un certain point, de façon à produire un jet ou courant d'une certaine vitesse qui venant en contact avec une vanne ou aube, ou avec une autre masse fluide, perd en tout ou en partie sa vitesse. Cette eau exerce alors pendant ce temps, sur l'aube ou sur la masse fluide, une pression proportionnelle à la diminution par seconde de sa quantité de mouvement.

CHAPITRE III.

DES BALANCES D'EAU.

101. La balance d'eau (Water Bucket hoist) est la plus simple des machines actionnées directement par le poids de l'eau ; on s'en sert fréquemment pour élever des wagons de houille et des matériaux, sur une plate-forme ; elle se compose de :

1° Une forte construction en bois supportant, à son sommet, une ou plusieurs grandes poulies ;

2° Une chaîne passant sur ces poulies ;

3° Une cage pour les wagons suspendue à un bout de la chaîne et guidée verticalement. Les plates-formes inférieures et supérieures entre lesquelles se meut la cage, doivent être munies d'arrêts puissants pour fixer la cage si cela est nécessaire ;

4° Une caisse à eau, pendue à l'autre bout de la chaîne, se mouvant ordinairement entre des guides verticaux, et munie au fond d'une valve de décharge s'ouvrant de bas en haut. Cette valve peut être rendue automatique en prolongeant sa tige sous la caisse, de façon qu'en arrivant au bas de sa course elle touche terre et soulève la valve ; mais il vaut parfois mieux que la valve soit ouverte à la main. On se sert de caisses rectangulaires en bois ; mais comme légèreté et comme solidité, la meilleure matière est une tôle mince, et la meilleure forme un cylindre à fond hémisphérique ;

5° Un réservoir avec un conduit pour remplir la caisse quand elle est à son point le plus haut. La valve du conduit peut être rendue automatique en la manœuvrant par un levier à poids, soulevé par le bord de la caisse quand elle arrive au haut de sa montée, maintenu horizontal pendant qu'elle se remplit et lâché quand elle commence à descendre ;

6° Un drain ou canal de fuite pour emporter l'eau déchargée de la caisse au bas de sa course;

7° Un frein qui peut être appliqué à l'une des poulies.

Il convient, dans la plupart des cas, pour la sécurité, de renfermer la course de la cage et de la caisse dans une charpente en bois léger.

Le poids de la cage vide doit être un peu supérieur à celui de la caisse vide, ajouté au frottement de la machine à vide.

Le poids de la caisse pleine doit dépasser un peu celui de la cage chargée, aujouté au frottement de la machine en charge : le frottement s'élève à environ $\frac{1}{10}$ de la charge totale.

Pour que le poids de la chaîne soit toujours équilibré, on suspend deux bouts de chaîne traînant à terre, l'un au fond de la cage, l'autre au fond de la caisse.

La balance d'eau est une machine lourde, encombrante et lente dans ses opérations; mais à cause de sa grande simplicité, elle est facile à construire, à entretenir, à conduire, et très-durable. Son réservoir peut, dans certains cas, être alimenté par une source naturelle; dans d'autres cas, l'eau peut y être élevée par une pompe à vapeur. Cette dernière combinaison donne une grande économie de puissance quand il faut soulever vite des poids très-lourds à de longs intervalles. Pendant ces intervalles, quand la balance est en repos, la machine emmagasine de l'énergie en pompant l'eau dans le réservoir; le travail accompli par la balance en quelques heures par jour, peut être ainsi réparti en ce qui concerne l'énergie exercée par la machine à vapeur sur toutes la durée des 24 heures; une machine à vapeur, complétement incapable de soulever directement la charge qu'il faut manœuvrer peut ainsi accomplir ce travail très-aisément par l'intervention des réservoirs et de la balance comme accumulateurs et distributeurs d'énergie.

102. Perte de charge dans les balances d'eau. L'énergie actuelle avec laquelle l'eau coule du réservoir dans le drain, est complétement perdue en frottements dans l'eau. Donc, dans toute balance, outre la chute du drain, il y a une perte de charge égale à la hauteur de la surface de l'eau dans le réservoir, au-dessus de la surface supérieure de l'eau dans la caisse, ajoutée à la distance de cette dernière surface au-dessus de celle de l'eau dans le canal de fuite quand la caisse est au bas de sa course, c'est-à-dire d'au moins la profondeur de la caisse. En d'autres termes, tandis que la *charge totale* est la hauteur du niveau le plus élevé de l'eau dans le réservoir au-dessus du débouché du canal de fuite; la *charge disponible* se réduit à la course de la caisse.

103. **Balance d'eau à double effet.** Elle consiste en un balancier équilibré, portant à chaque bout une caisse à eau identique montant et descendant alternativement. Chaque caisse, en arrivant au sommet de sa course, se remplit d'eau par le conduit d'un réservoir dont la valve est manœuvrée par la machine. En arrivant au fond de course, elle se vide automatiquement au moyen d'une valve ouvrant dans le coursier. Ainsi, comme dans la balance simple, les caisses montent vides et descendent pleines; et l'énergie due à la descente de l'eau dans ces caisses est employée à manœuvrer des pompes ou autrement.

L'avantage principal de cette sorte de machine est sa construction facile dans les régions où l'on ne peut obtenir qu'une main-d'œuvre grossière.

CHAPITRE IV.

DES MACHINES A PRESSION D'EAU.

SECTION 1. *Principes généraux.*

104. Principales parties d'une machine à pression d'eau. Dans une machine à pression d'eau, les principales parties mentionnées à l'article 95 comme composant les moteurs hydrauliques en général, se présentent sous des formes spéciales à cette classe de machines.

Le bief d'aval ou canal d'amont devient le tuyau d'alimentation allant du réservoir au cylindre moteur. Ce tuyau joint au réservoir constitue la colonne de pression. Outre le régulateur il faut, au haut du tuyau d'alimentation, un robinet d'arrêt; puis au réservoir, une valve pour empêcher l'eau de pénétrer dans le tuyau d'alimentation en cas d'accident. Il faut aussi un grillage pour empêcher la sortie des corps solides du réservoir.

L'eau contient toujours de l'air en dissolution et presque toujours du sédiment, s'il y a des hauts et des bas dans le tuyau d'alimentation, parfois très-long, l'air se rassemble dans les hauts, et les dépôts dans les bas. Il faut un robinet à chaque coude supérieur pour laisser échapper l'air, et à chaque creux pour purger les dépôts.

2° Le trop-plein ne présente rien de particulier.

3° Le *régulateur* est une valve de l'espèce décrite plus bas et pouvant s'ajuster à tous les degrés d'ouverture.

4° La *machine proprement dite* consiste en un *piston* se mouvant dans un *cylindre* avec les *valves* pour admettre et décharger l'eau du cylindre. La machine est à simple ou à double effet suivant que l'eau agit sur une seule face du piston ou sur les deux faces alternativement.

Les valves sont manœuvrées, parfois à la main, et dans ce cas la valve d'admission peut agir comme régulateur, parfois par un mé-

8

canisme mû directement par le piston de la machine, et quelquefois
par une petite machine auxiliaire à pression d'eau.

Le piston est parfois remplacé par une masse d'air, et dans ce cas
il faut tenir compte des variations de volume de cet air.

5° Le *canal de fuite* est un *tuyau de décharge* dont la sortie extérieure se trouve au-dessus, au-dessous ou au niveau du cylindre.

105. Tuyau de succion ou d'aspiration. La pression de
l'eau à la sortie du tuyau de décharge est égale à la somme de celle
de l'atmosphère et de la pression due à la hauteur de l'eau, à l'extérieur du tuyau, au-dessus de l'orifice de sortie. Quand cet orifice est
au-dessous du niveau du piston, la pression, dans la partie supérieure du tuyau de décharge et dans le cylindre, pendant l'écoulement de l'eau, peut être moindre que la pression atmosphérique.
Dans ce cas, le tuyau de décharge s'appelle *tuyau d'aspiration*, et la
pression à sa partie supérieure est donnée en disant de *combien elle
est inférieure à la pression atmosphérique* en kilogrammes par mètre ou
par centimètre carrés, ou en mètres d'eau, et cette quantité s'énonce
conventionnellement en kilogrammes par centimètre ou par mètre
carrés, ou en hauteur *de vide*. Ainsi, si la pression atmosphérique
est 10 333 kilogrammes par mètre carré, équivalant à $10^m,333$ de
hauteur d'eau, et si la pression absolue dans le cylindre durant la
décharge est 2 000 kilogrammes par mètre carré, équivalant à une
hauteur de 2 mètres d'eau, cette pression s'énoncera 8 333 kilogrammes par mètre carré ou $8^m,333$ *de vide*. Ce mode d'expression a
été adopté à cause de la commodité qu'il y a de noter en pratique
les pressions en prenant pour zéro celle de l'atmosphère.

La pression absolue contre le piston, durant la décharge, est
égale à la somme de la pression atmosphérique et de la pression
nécessaire pour vaincre la résistance du tuyau de décharge, moins
la pression due à la hauteur de la surface supérieure de l'eau
sous le piston, au-dessus du fond de la chute. Il n'y a jamais dans
l'eau, du moins dans l'eau agitée, de pression négative ou tension appréciable en pratique; par conséquent, la hauteur de la
surface supérieure de l'eau sous le piston ne peut jamais dépasser
la charge due à la somme de la pression atmosphérique et de
celle nécessaire pour vaincre les frottements du tuyau de décharge. Si la hauteur du piston au-dessus du fond de la chute est
plus grande que cette charge, l'eau dans le cylindre, à l'ouverture
de la valve de décharge, ne restera pas en contact avec le piston

mais tombera tout à coup au niveau donné par ce principe, laissant entre elle et le piston ce que l'on appelle un *vide*, en réalité un espace rempli de vapeur raréfiée. La hauteur de cet espace est autant de charge perdue. Sa présence tend à faire fuir le piston, et sa formation périodique est accompagnée de chocs et de mouvements brusques de l'eau qui tendent à endommager et à user la machine : il faut donc l'éviter, et, dans ce but, la hauteur du piston au-dessus du fond de la chute ne doit jamais dépasser celle due à la moindre pression atmosphérique et aux résistances du tuyau de décharge. Mais l'eau, dans le tuyau de décharge, est quelquefois en repos et les résistances sont nulles ; de là la règle finale suivante : *la hauteur maxima du piston, au-dessus du fond de la chute, ne doit pas dépasser la hauteur d'eau équivalente à la pression atmosphérique minima de la contrée.*

106. **La pression atmosphérique minima** au niveau de la mer, est d'environ 70 centimètres de mercure ou 9 650 kilogrammes par mètre carré ou 9^m,65 d'eau.

La pression a une hauteur z mètres au-dessus du niveau de la mer est donnée assez exactement par la formule

$$\text{Log}\,\frac{p_0}{p_1} = \frac{z}{18338} \qquad (1)$$

dans laquelle on a

p_0 pression au niveau de la mer

p_1 —   à une hauteur de z mètres au-dessus.

En l'absence de tables de logarithmes, on peut se servir de la formule suivante due à Babinet et suffisamment exacte pour des hauteurs ne dépassant pas 900 mètres

$$\frac{p_1}{p_0} = \frac{15725 - z}{15725 + z}. \qquad (2)$$

Quant la hauteur dépasse 900 mètres, il faut la diviser en *étages* ne dépassant pas chacune 900 mètres, calculer le rapport des pressions aux extrémités de chaque étage, le produit de ces rapports donnera le rapport des pressions au sommet et au bas de la hauteur totale.

Pour les hauteur modérées, la règle suivante suffit. *Retranchez de la pression atmosphérique $\frac{1}{100}$ de sa valeur pour chaque 80 mètres d'élévation.*

107. **Dilatation de l'eau par la chaleur. Formule ap-**

prochée. Comparaison des unités de pression. Il est rarement nécessaire dans l'hydrodynamique de tenir compte de la dilatation de l'eau par la chaleur; mais dans le cas où il le faudrait, la formule suivante, bien qu'approximative seulement à un point de vue scientifique, est assez exacte pour la pratique et très-convenable à cause de l'aisance et de la rapidité avec laquelle on peut la calculer, surtout quand on a à sa disposition une table de réciproques, Soient:

D_0 la densité maxima de l'eau à T_0;

D_1 sa densité à la température T,

$$D_1 = \frac{2D_0}{\dfrac{T_0 + 273^0}{250} + \dfrac{250}{T_0 + 273^0}}$$

à 100 degrés, elle donne un résultat trop fort de $\dfrac{1}{300}$ environ ; à une température moins élevée, l'erreur est beaucoup plus faible.

COMPARAISON DES HAUTEURS D'EAU EN POIDS ET DES PRESSIONS EXPRIMÉES EN DIFFÉRENTES UNITÉS.

		Mesures anglaises.	Mesures françaises.
Un pied d'eau à 4°.	62,425	livres par pied carré.	304ᵏ,65 par m. car.
	0,4335	— par pouce carré.	0 ,0304 par cent. car.
	0,0295	atmosphères.	»
	0,8826	pouces de mercure à 0°.	22ᵐᵐ,43.
	773,3	pieds d'air à 0° et à 1 atmosphère.	235ᵐ70.
Un mètre d'eau à 4°.	204,83	livres par pied carré.	1 000 k. par m. carré.
	14,223	— par pouce carré.	0ᵏ,10 c. carré.
	0,097	atmosphères.	»
	2,90	pouces de mercure à 0°.	73ᵐᵐ,55.
	2537	pieds d'air à 0° et à 1 atmosphère.	773ᵐ,30.
Une livre par pied carré. . .	0,016	pieds d'eau.	3ᵐᵐ,23.
— par pouce carré. .	2,307	—	700 millimètres.
Un kilog. par mètre carré. . .	3,280	—	1 mètre.
— par centim. carré.			
Une atmosphère de 29922 pouces (0ᵐ,76 de mercure).	33,9	—	10ᵐ,33.
Un pouce de mercure à 0°. .	1,133	—	345 millimètres.
Un centim. de mercure à 0°.	33,30	—	13ᶜ,596.
Un pied d'air à 0° et 1 atm.	0,001 239	—	0ᵐᵐ,4.
Un mètre d'air, id.	0,004 05	—	1ᵐᵐ,2.
Un mètre d'eau de mer. . . .	1ᵐ,026	d'eau pure.	
Une livre par pied carré. . .	4ᵏ,88252	par mètre carré.	
Un kilog. par mètre carré. .	0ᵏ,204813	par pied carré.	
Une livre par pouce carré. .	0ᵏ,0703	par centimètre carré.	
Un kilog. par centim. carré.	14ᵏ,223	par pouce carré.	

107 A. Manomètres. Indicateurs du vide. Ces instruments
indicateurs des pressions d'un fluide renfermé dans un vase s'appellent manomètres, et plus particulièrement *indicateurs du vide*, suivant que cette pression est supérieure ou inférieure à la pression
atmosphérique. Souvent un même instrument remplit à la fois ces
deux fonctions. On en a déjà donné un exemple dans l'indicateur
(art. 43 et 44) qui peut s'appliquer aux machines à pression d'eau,
comme aux machines à vapeur. Voici quelques exemples d'indicateurs de pression.

I. *Manomètre à mercure.* C'est le plus exact pour les recherches
scientifiques. Il consiste, comme le baromètre à siphon, en un tube
en U renversé, dont la partie inférieure renferme du mercure, et
dont les branches verticales sont graduées en millimètres ou en
divisions correspondant à des pressions en kil. par centimètre carré
ou en atmosphères. Une branche communique avec le réservoir de
pression; l'autre s'ouvre à l'air libre. Le mercure s'abaisse dans la
branche où la pression est la plus élevée, et sa différence de niveau
dans les deux branches indique la différence entre la pression du
réservoir et la pression atmosphérique.

Si l'on veut déterminer la pression absolue dans le réservoir, il
faut noter la pression atmosphérique au moyen d'un baromètre
ordinaire.

Les manomètres à mercure indiquent parfois directement la
pression absolue dans le réservoir. Pour cela on les construit
comme un baromètre; la branche qui renferme la colonne de
mercure indicatrice est fermée par le haut, avec un vide produit en
faisant, comme à l'ordinaire, bouillir le mercure dans le tube.

Il est nécessaire à la précision des mesures que l'échelle des pressions soit exactement verticale.

Les rapports établis, art. 107, entre les hauteurs de mercure et
les pressions qu'elles indiquent ont lieu pour une température
de 0 degré. Pour une température de T_0, si h' est la hauteur
observée, la hauteur h de la colonne de mercure, réduite à 0 degré,
est

$$h = \frac{h'}{1 + 0,00018002\, T_0}. \qquad (1)$$

En unités anglaises :

$$h = \frac{h'}{1 + 0,000108\, (T^0 - 32^0)}. \qquad (1')$$

II. Le *manomètre à air comprimé* est formé d'un long tube de verre gradué vertical, fermé à la partie supérieure, ouvert en bas, renfermant de l'air et immergé avec un thermomètre dans un liquide transparent comme l'eau ou l'huile, renfermé dans un fort cylindre de verre communiquant avec le réservoir dont on veut mesurer la pression. La graduation indique le volume d'air renfermé dans le tube.

Soient v_0, ce volume a $0°$; p_0 la pression atmosphérique moyenne. v_1 le volume à T_0 sous une pression p_1, on a

$$p_1 = \frac{(T° + 273°)\,p_0 v_0}{273°\,v_1},\qquad (2)$$

en mesures anglaises

$$p_1 = \frac{(T_0 + 461°)\,p_0 v_0}{493°\,v_1}.\qquad (2')$$

III. Le *manomètre de Bourdon* est le plus utile connu pour la pratique. Sa construction ordinaire est représentée *fig.* 26. A est un robinet communiquant avec le récipient dont on veut mesurer la pression. BB est un tube métallique recourbé en communication avec A par une de ses extrémités et fermé à l'autre. Sa section transversale est représentée *fig.* 27; son grand axe est perpendiculaire au plan dans lequel il est courbé; quand la pression à l'intérieur du tube est plus grande qu'à l'extérieur, sa courbure diminue et inversement elle augmente quand la pression intérieure est la plus faible. Les

Fig. 26.

Fig. 27.

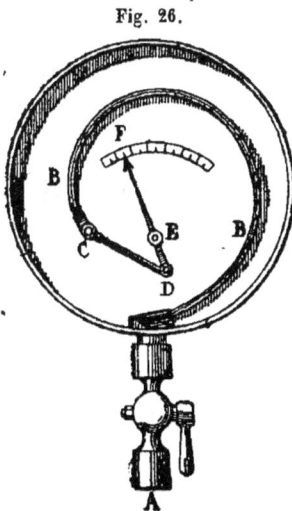

mouvements de l'extrémité fermée du tube sont transmis, soit au moyen de la bielle CD et du levier DE, soit au moyen d'engrenages, à l'aiguille EF qui parcourt un arc gradué. L'arc sur lequel se meut l'aiguille se gradue par comparaison avec un manomètre à air libre pour les basses pressions, à air comprimé pour les pressions élevées ou avec un manomètre de Bourdon préalablement taré avec soin.

Ces manomètres sont aussi sensibles que l'on veut et peuvent servir à mesurer des pressions inférieures à 1 atmosphère aussi bien que des pressions de plusieurs centaines de kilogrammes par centimètre carré. Le mécanisme est enfermé dans un cylindre en laiton, protégé par une glace épaisse, et peut se visser partout sur la machine.

108. Diamètre des tuyaux d'alimentation. Dans le projet d'une machine hydraulique, il est souvent nécessaire de fixer le diamètre du tuyau d'alimentation de façon à débiter un nombre donné de mètres cubes à l'heure avec une perte de charge ne dépassant pas une certaine limite.

Soit h cette perte de charge en mètres; elle doit correspondre à la plus grande vitesse d'écoulement, et par suite au débit maximum du tuyau. Soient:

Q   la quantité d'eau en mètres cubes nécessaire à la machine par seconde;

Q′   le débit maximum du tuyau par seconde.

Alors, si le piston se meut longtemps dans la même direction d'un mouvement continu (comme dans la grue hydraulique), si la machine est à double effet et si son piston se meut uniformément, ou si elle a une paire de cylindres à double effet avec pistons à mouvements alternés et uniformes : dans ces différents cas

$$Q' = Q \qquad (1)$$

à peu près.

Si la machine conduit un arbre à manivelle

$$Q' = 1.57Q \qquad (1\,\text{A})$$

à peu près.

Si la machine n'a qu'un seul cylindre à simple effet et si Q est mesuré *par seconde du temps total occupé par le piston à descendre aussi bien qu'à monter*, l'eau reste tranquille dans le tuyau d'alimentation pendant que le piston descend et dans ce cas

$$Q' = 2Q \qquad (2)$$

à peu près.

On a déjà établi (art. 99) la perte de charge dans un tube droit par la formule

$$h = \frac{fbl}{A} \cdot \frac{v^2}{19{,}616} \qquad (3)$$

l étant la longueur, b la circonférence, A la section, d le diamètre en mètres, et

$$f = 0,000\,507 + \frac{0,000\,012\,94}{d}. \qquad (4)$$

Dans un tuyau cylindrique de diamètre d, $\dfrac{A}{b} = \dfrac{d}{4}$, les équations (3) et (4) deviennent

$$h = \frac{4fl}{d}\,\frac{v^2}{19,616}, \qquad (5)$$

$$4f = 0,002\,028 + \frac{0,000\,05176}{d}, \qquad (6)$$

mais $A = 0,7854d^2$ ce qui donne pour la vitesse dans le tuyau

$$v = \frac{Q'}{A} = \frac{Q'}{0,7854d^2}, \qquad (7)$$

et pour hauteur due à cette vitesse,

$$\frac{v^2}{19\,616} = \frac{Q'^2}{15,40d^4}, \qquad (8)$$

et par conséquent

$$d \text{ en mètres} = \left(\frac{4flQ^2}{15,40h}\right)^{\frac{1}{5}}. \qquad (9)$$

Dans cette formule, le coefficient de frottement f dépend du diamètre d que l'on cherche. Il faut par conséquent prendre d'abord une valeur approchée pour $4f$. On prend ordinairement

$$4f = 0,0025,$$

ce qui donne, pour première approximation,

$$d = \left(0,000\,16\,\frac{lQ'^2}{h}\right)^{\frac{1}{5}} = 0,11\left(\frac{lQ'^2}{h}\right)^{\frac{1}{5}}. \qquad (10)$$

En mesures anglaises ($dlhQ'$ en pieds)

$$d = 0,2304\left(\frac{lQ'^2}{h}\right)^{\frac{1}{5}}. \qquad (11)$$

Cette valeur approchée, substituée dans l'équation (6), donnera une valeur correcte de $4f$ qui, employée dans l'équation (10), fournira une *seconde approximation* du diamètre presque toujours suffisante.

Pour prévoir les causes accidentelles d'accroissement de résistances, comme les incrustations, on ajoute ordinairement $\frac{1}{6}$ environ au diamètre donné par cette formule; mais, si grand que soit le diamètre, une addition de 25 millimètres suffit dans ce but. Le diamètre calculé en mètres s'inscrit ordinairement en millimètres dans les spécifications et dessins.

Le tuyau, dans cet article, est supposé, comme cela doit toujours être, muni à sa partie supérieure d'un ajutage ayant la forme de la veine contractée dont la résistance est insensible (art. 99).

La formule du frottement de l'eau dans les tuyaux est de Darcy, on la trouve dans son traité *du mouvement de l'eau dans les tuyaux.*

Quand il y a plusieurs causes différentes de pertes de charge, il faut procéder comme il suit :

Prendre un diamètre d' et, d'après lui, calculer au moyen de l'équation (7) la vitesse v' correspondante au débit Q'. D'après cette vitesse, calculer, au moyen des formules de l'art. 99, la perte de charge totale h' correspondante au diamètre d'; le diamètre réel cherché est alors donné par la formule

$$d = d' \left(\frac{h'}{h}\right)^{\frac{1}{5}}, \qquad (12)$$

et il faudra l'augmenter de $\frac{1}{6}$ s'il ne dépasse pas 15 centimètres; mais s'il les dépasse, il suffira de l'augmenter de 25 millimètres.

Si $\frac{h'}{h}$ diffère peu de l'unité, on a à peu près

$$d = d' \left[1 + \frac{1}{5}\left(\frac{h'}{h} - 1\right)\right]. \qquad (12\,\text{A})$$

109. Effet du régulateur. Soient A la section du tuyau; a la section ouverte par le régulateur en partie fermé; c le coefficient de contraction de cet orifice (art. 99). En comparant les équations 12 A et 13 de l'article 99, on voit que, pour des vitesses égales d'écoulement dans un même tuyau, la résistance augmente, par la fermeture partielle du régulateur, dans la proportion

$$\left. \begin{array}{l} \dfrac{\dfrac{fbl}{A}+\left(\dfrac{A}{ca}-1\right)^{2}}{\dfrac{fbl}{A}}=1+\dfrac{\left(\dfrac{A}{ca}-1\right)^{2}A}{fbl} \\[4ex] = \text{pour un tuyau cylindrique } 1+\dfrac{\left(\dfrac{A}{ca}-1\right)^{2}d}{4fl}. \end{array} \right\} \quad (1)$$

Représentons ce rapport par $1 + n$.

Cette augmentation de résistance peut agir, soit en augmentant la perte de charge, soit en diminuant le débit, ou des deux manières à la fois; mais, en tout cas, si Q_0 est le débit, h_0 la perte de charge pour le tuyau sans interruption, Q_1, h,...id. avec le régulateur en partie fermé, on a

$$\frac{1}{1+n}=\frac{\dfrac{h_0}{Q_0^2}}{\dfrac{h_1}{Q_1^2}}. \qquad (2)$$

Le même principe s'exprime de la manière suivante, en appelant u_0, u_1 les vitesses moyennes effectives du piston de la machine correspondantes aux débits Q_0, Q_1,

$$\frac{1}{1+n}=\frac{\dfrac{h_0}{u_0^2}}{\dfrac{h_1}{u_1^2}}. \qquad (3)$$

Il est préférable, pour l'économie de la puissance, que le régulateur produise son effet en diminuant la vitesse de la machine, qu'en augmentant la perte de charge; car le volume d'eau, dont le passage est empêché par une diminution de vitesse, peut être conservé dans des réservoirs pour s'en servir après; mais une augmentation dans la perte de charge donne lieu à une perte d'énergie irréparable.

110. Action de l'eau sur le piston. Dans une machine à simple effet, soient:

H_1 la hauteur du niveau supérieur de la chute au-dessus du niveau moyen de la face du piston que l'on considère;

h_1 la perte de charge par frottement de l'eau dans le tuyau d'alimentation (régulateur, lumières des tiroirs, cylindre, etc.);

Q le débit moyen en mètres cubes par seconde;

D le poids du mètre cube d'eau ;

A la surface du piston en mètres carrés ;

p_1 la pression moyenne de l'eau sur le piston pendant la course
motrice en kilogrammes par mètre carré ;

u la vitesse moyenne du piston en mètres par seconde ;

k'' le coefficient de frottement du piston et du mécanisme, de
sorte que $(1 - k'')p_1$ est la *charge utile*.

Alors

$$p_1 = D(H_1 - h_1), \qquad\qquad (1)$$

$$Ap_1 = AD(H_1 - h_1) = \text{l'effort total de l'eau sur le piston,} \quad (2)$$

$$u = \frac{2Q}{A} \qquad\qquad (3)$$

est l'énergie exercée par l'eau sur le piston, pendant la course motrice, à la vitesse de

$$uAp = 2DQ(H_1 - h_1) \text{ kilogrammètres par seconde,} \quad (4)$$

et le *travail utile accompli* par seconde

$$(1 - k'')uAp_1 = 2(1 - k'')DQ(H_1 - h_1). \qquad\qquad (5)$$

La valeur de k'', d'après des expériences de M. More et de l'auteur,
est environ $\frac{1}{10}$ pour les garnitures ordinaires.

Soient en outre :

H_2 la hauteur moyenne de la face du piston au-dessus du fond de
la chute (ne dépassant pas 10 mètres). Si le bas de la chute
est au-dessus du niveau moyen de la face du piston, H_2 est
négatif ;

h_2 la perte de charge dans le tuyau et les robinets de décharge ;

p_2 la pression moyenne sur le piston pendant la course arrière.

Alors,

$$p_2 = D(H_2 - h_2). \qquad\qquad (6)$$

$$Ap_2 = AD(H_2 - h_2). \qquad\qquad (7)$$

Si H_2 est $< h_2$ ou négatif, ces expressions deviennent négatives,
et représentent la *résistance* de l'eau *contre* le piston.

Pendant la course de retour, il s'exerce par seconde sur le piston
une énergie de

$$uAp_2 = 2DQ(H_2 - h_2) \text{ kilogrammètres.} \qquad (8)$$

Si cette expression est négative, elle représente un *travail perdu* en forçant l'eau hors du cylindre.

Finalement, prenant la moyenne des expressions (4) et (8), on trouve pour l'énergie totale exercée par l'eau sur le piston en une seconde

$$u A \frac{p_1 + p_2}{2} = DQ(H_1 + H_2 - h_1 - h_2) = DQ(H - h). \quad (9)$$

$H = H_1 + H_2$, étant la chute totale;

$h = h_1 + h_2$, étant la perte de charge totale.

Le travail utile par seconde est

$$(1 - k'')DQH(H - h), \qquad (10)$$

et le rendement combiné de la chute et de la machine

$$\frac{(1 - k'')(n - h)}{H}. \qquad (11)$$

Ce rendement varie de 0,67 à 0,8 environ.

SECTION 2. — *Des valves.*

111. Obturateurs ou valves en général. Considérées au point de vue des moyens employés pour les mettre en mouvement, elles peuvent se diviser en trois grandes classes : les valves, appelées parfois *clapets*, qui sont ouvertes et fermées par la poussée du fluide qui traverse leur ouverture et ont souvent pour fonction de ne permettre le passage de l'eau que dans une seule direction, les valves mues à la main et les valves mues par la machine. Quand un piston pousse un fluide, comme dans les pompes ordinaires, les valves sont, en général, mues par le fluide ; quand le fluide pousse le piston, il est, en général, nécessaire de mouvoir les valves à la main ou par un mécanisme. Dans les machines à pression d'eau qui travaillent par occasion et à des intervalles réguliers comme les grues et treuils hydrauliques, les valves sont ordinairement manœuvrées à la main ; dans celles qui travaillent par périodes et continuellement, elles sont mises en mouvement par un mécanisme lié à la machine.

Les soupapes de sûreté, qui permettent l'échappement du fluide quand sa pression tend à dépasser la limite de sécurité, appartiennent à la classe des valves mues par le fluide. Les valves modératrices sont actionnées à la main ou par un régulateur.

Le *siège* d'une valve est la surface fixe sur laquelle elle repose ou contre laquelle elle est pressée.

La *face* d'une valve est la portion de sa surface qui vient en contact avec le siège.

Quand une valve se présente dans le cours d'un tuyau ou d'un passage, sa chambre doit toujours être telle qu'elle laisse un libre passage au fluide quand elle est ouverte, de façon qu'il puisse passer avec aussi peu de contraction que possible ; et, si cela est nécessaire, il faut, dans ce but, faire la chambre d'un diamètre plus grand que le reste du conduit.

Les matériaux usités pour les valves et leur siège sont le fer, le bronze, le laiton, les bois durs, le caoutchouc et la gutta-percha.

Quand une valve et son siège sont tous deux en métal, ils doivent être de même métal ; sans cela il s'établirait une action galvanique qui amènerait la corrosion d'un des deux métaux.

Dans les pompes et machines à pression d'eau, les meilleures matières pour les siéges des valves métalliques sont du bois dur, comme l'orme ou le gaïac, avec les fibres en bout et toujours mouillées.

Le caoutchouc et la gutta-percha étant dissous ou ramollis par les huiles grasses ou bitumineuses, doivent être rejetés pour les valves accessibles à ces liquides.

112. **Soupape à bonnet. Soupape conique.** C'est un disque de métal, plat ou un peu bombé, dont la face, formée par son pourtour, est parfois un tronc de cône, parfois, ce qui vaut mieux, une zone sphérique. Son *siége* est le pourtour de l'orifice circulaire que ferme la soupape ; la soupape et son siége sont tournés et rodés de façon à s'accoupler exactement, de manière que l'eau n'y passe pas quand elle est fermée. L'épaisseur de la soupape est ordinairement $\frac{1}{2}$ à $\frac{1}{10}$ de son diamètre, et l'inclinaison moyenne de son périmètre est environ 45°.

Pour assurer le déplacement vertical de cette soupape et sa fermeture, on la munit parfois d'une *tige*, comme on le voit sur la *fig.* 28 ; c'est une barre ronde perpendiculaire au centre de la soupape et se mouvant au travers d'un anneau ou guide cylindrique.

Fig. 28.

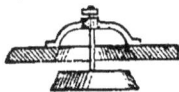

Un renflement au bas empêche la soupape de s'élever trop haut.

Quand il faut mouvoir la soupape à la main ou par mécanisme, la tige se continue au travers d'un stuffing-box et s'attache à un levier ou à une poignée pour en transmettre le mouvement à la soupape.

Quand le siége de la soupape se trouve au sommet d'un tuyau cylindrique, comme c'est le cas pour les soupapes de sûreté ordinaires, la tige est souvent remplacée par une *queue* qui sera décrite dans le prochain article.

113. La soupape de sûreté ordinaire servant pour les chaudières aussi bien que pour les machines à pression d'eau, est une soupape conique chargée d'un poids égal au plus grand excès de la pression sur chaque partie du récipient égale à la surface de la soupape, au-dessus de la pression atmosphérique, ne dépassant pas les limites prescrites par la sécurité comme usage habituel.

Parfois la soupape se prolonge par une tige guidée verticalement, et chargée directement de poids cylindriques reposant sur un épaulement de la tige.

Parfois la charge est appliquée au moyen d'un levier, comme dans la *fig.* 29 qui représente une section du siégc et de la soupape, ainsi

Fig. 29.

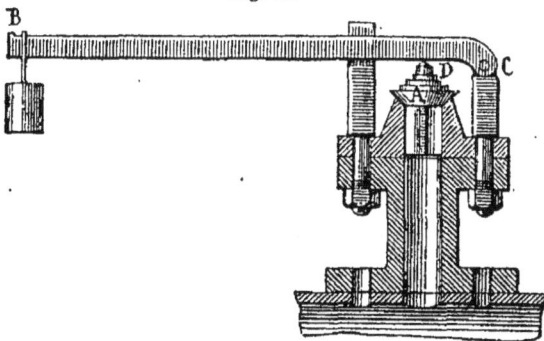

qu'une élévation du levier : A, est la soupape, D, un appui au centre du sommet, CB le levier ayant son point fixe en *c*, B le poids que l'on peut glisser en différents points du levier pour varier la charge.

L'intensité de la pression effective en kilogrammes par centimètre carré nécessaire pour soulever la soupape se trouve comme il suit. Soient B le poids appliqué au levier, L le poids du levier, GC la distance du centre de gravité du levier au point C, w le poids de la soupape, A sa surface en centimètres carrés. On a

$$p = \left(\frac{\dfrac{B \times Bc + L \times GC}{DC} + w}{A} \right)$$

La *fig.* 30 est une élévation de la soupape montrant la *queue* citée dans le présent article, qui la guide verti-calement, de façon qu'elle retombe d'aplomb sur son siége. La *fig.* 31 est une section de la queue formée de trois guides ou *ailettes* ra-diales à 120°. Leurs surfaces extérieures ou bords sont de minces portions d'une surface cylindrique verticale tournée pour remplir le tube cylindrique sur lequel la soupape doit se placer facilement, mais sans trop de jeu.

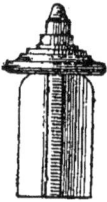

Fig. 30. Fig. 31.

Des modifications de la soupape de sûreté spéciales à la machine à vapeur seront décrites avec ce moteur.

114. Soupape à boulet. Elle a la forme d'une sphère parfaite-ment tournée. Quand elle est grande on la fait généralement creuse pour réduire son poids. Sa face est sa surface entière; son siége est une zone sphérique, comme dans le cas de quelques soupapes à bon-net dont on a déjà parlé. Comme la soupape à bou-let remplit son siége également dans toute ses po-sitions, il ne lui faut ni tige ni queue; mais sa chambre doit être assez grande et ainsi conformée qu'elle tombe toujours sur son siége. On peut at-teindre ce but au moyen de guides en fil de fer en-veloppant le boulet. Cette dernière disposition est préférable comme assurant mieux un libre passage de l'eau autour de la soupape ouverte.

Fig. 32.

115. Soupape conique divisée. La soupape conique fonc-tionnant sous de hautes pressions exige souvent un travail trop considérable pour les ouvriers, et se ferme assez violemment pour causer des chocs nuisibles à la machine. Pour éviter ces inconvé-nients, on s'est quelquefois servi d'une soupape formée de plusieurs anneaux concentriques. Le plus grand de ces anneaux peut être considéré comme une soupape conique ordinaire, à l'intérieur de laquelle une ouverture circulaire forme le siége d'une soupape plus petite et ainsi de suite. Cette disposition ouvre à l'écoulement un grand orifice avec une faible élévation de chaque division de la soupape, et par conséquent avec un faible travail pour l'ouvrier et un choc modéré quand elle se ferme.

116. La soupape à double siége inventée par Harvey et West est la meilleure disposition connue pour ouvrir et fermer un grand orifice d'écoulement avec facilité sous de hautes pressions. La *fig.* 33 représente une section de la soupape avec ses siéges et sa chambre. La *fig.* 34 est un plan de la soupape seule.

Fig. 33.

Fig. 34.

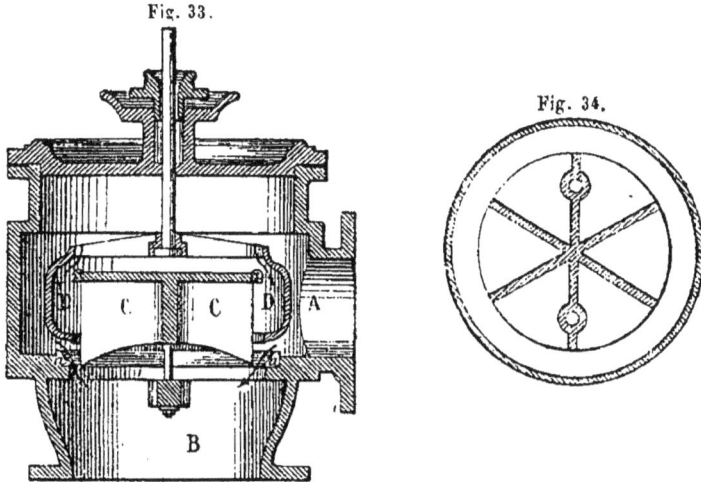

Cette soupape a pour but d'ouvrir ou de fermer la communication de A avec B.

Le tuyau A est vertical et son pourtour supérieur porte un des deux siéges de la soupape, en forme de tronc de cône et marqués a.

Une framure C formée de plans rayonnants fixes et reposant sur la partie supérieure du tuyau B porte un disque circulaire dont le bord forme le second siége conique.

La valve D a la forme d'un turban et porte deux faces coniques qui, à la fermeture, reposent et s'appliquent exactement sur les deux siéges a, a. Quand la soupape est soulevée, l'eau passe, en même temps, par l'ouverture annulaire, entre le bord inférieur de la soupape et le bord supérieur du tuyau B, et par l'ouverture semblable, entre le bord supérieur de la soupape et celui du disque circulaire.

L'ouverture maxima de la soupape a lieu quand son bord inférieur est à moitié chemin du disque et du bord du tuyau B. Elle est donnée par la formule suivante. Soient :

d_1 le diamètre du tuyau B ;

d_2 celui du disque;

h la hauteur du tuyau au disque, diminuée de l'épaisseur de la soupape;

A l'ouverture maxima de la soupape

$$A = 3,1416 \frac{d_1 + d_2}{2} h, \qquad (1)$$

et pour qu'elle soit au moins égale à la section $0,7854\, d_1^2$ du tube, on doit avoir

$$h = \text{au moins } \frac{d_1^2}{2(d_1 + d_2)} \qquad (2)$$

qui donne en prenant comme à l'ordinaire $d_1 = d_2$

$$h = \text{au moins } \frac{d_1}{4}; \qquad (2\,\text{A})$$

mais h est en général bien plus grand que la limite fixée par cette règle.

Si les deux siéges sont de même diamètre, la soupape est peu affectée par un excès de pression en A ou en B. Une force peu supérieure à son poids suffit à la soulever. On l'appelle une *soupape équilibrée*.

Si le diamètre du siége supérieur est plus grand, un excès de pression dans A tend à soulever la soupape, un excès dans B tend à la maintenir fermée. On emploie rarement cette disposition.

Dans chaque cas, la force provenant de la différence d'intensité des pressions tendant à ouvrir ou à fermer la soupape, est à peu près égale au produit de cette différence, par celle des sections du tuyau B et du disque circulaire.

La soupape équilibrée est la soupape à double siége, la plus usitée dans les machines à vapeur. Dans la machine à pression d'eau et les appareils hydrauliques en général, on fait ordinairement le siége inférieur un peu plus grand que le siége supérieur.

117. Clapet. Comme le montre la *fig.* 35, c'est une valve plane ouvrant et fermant en tournant autour d'une charnière. La charnière peut être constituée par la matière flexible du clapet quand il est en cuir ou en caoutchouc.

Fig. 35.

La face peut être en cuir, en caoutchouc ou en métal; dans ce dernier cas la face et le siége doivent être parfaitement dressés et planés.

Dans les machines hydrauliques, la matière la plus ordinairement employée pour les clapets est le cuir, qui doit, autant que possible, être maintenu toujours humide. Les grands clapets en cuir sont renforcés au milieu par une plaque de bois ou de métal.

Une paire de clapets, placés charnière à charnière, dos à dos (ordinairement formée d'une seule pièce fixée au milieu), constitue un clapet volant (*butterfly clack*). La chambre d'un clapet doit être d'un diamètre beaucoup plus grand que celui du clapet.

118. Clapet à grille. Il consiste en un disque rond de toile à voile imperméable ou de caoutchouc, reposant sur une grille plane horizontale ou sur une plaque percée de trous; il est fixé à son centre et libre sur ses bords. Pour empêcher le clapet de se soulever trop, il est, en général, muni d'une garde ou coupe légère en métal, en forme de calotte sphérique, grillagée ou perforée comme le siége auquel elle est boulonnée au centre en y fixant le clapet. Cette garde doit avoir en son centre un épaulement métallique, un peu moins épais que le clapet, et qui puisse porter directement sur le siége, de façon à éviter au clapet une pression du boulon qu'il ne pourrait pas supporter. Quand le clapet est soulevé par un courant d'en bas, il s'applique contre la garde. Quand le courant est renversé, l'eau, passant contre le clapet par les trous de la coupe l'applique sur son siége.

D'après M. Bourne, des clapets de cette espèce, en caoutchouc, peuvent avoir environ 15 centimètres de diamètre et 15 millimètres d'épaisseur. On les adapte aux grandes pompes en les multipliant suffisamment. On s'en sert beaucoup aujourd'hui dans les pompes à air des machines à vapeur, où ils n'ont à supporter que des pressions moindres qu'une atmosphère. Il est probable qu'ils ne pourraient pas supporter des pressions très-élevées.

119. Valve à disque et à pivot ou valve d'étranglement. C'est une plaque ou disque mince en métal qui, fermée, remplit juste l'ouverture du tuyau ou du passage, généralement d'une section circulaire, mais quelquefois rectangulaire. La valve tourne sur deux pivots placés aux extrémités d'un diamètre du disque, traversant son centre de gravité, de sorte que la pression du fluide s'équilibrant autour de l'axe de rotation, elle peut être tournée dans toutes les positions par une force équivalente à son frottement.

Quand la valve est tournée de façon à se trouver parallèle au courant, elle cause très-peu de résistance; quand elle lui est perpendiculaire, elle l'arrête, ou à peu près. On fait varier la section d'écoulement en tournant la valve suivant différents angles. Si la valve fermée est perpendiculaire à l'axe du tuyau, l'ouverture, pour une inclinaison donnée de la valve sur cet axe, est proportionnelle au *sinus coverse de l'inclinaison*. Si la valve fermée est oblique, l'ouverture, pour une section donnée, est proportionnelle à la *différence* du *sinus de cette inclinaison* et du *sinus de l'inclinaison de fermeture*.

La *face* de cette valve est son pourtour; son *siége* est cette partie de la surface intérieure du tuyau qu'elle touche quand elle est fermée. Ces surfaces doivent s'appliquer exactement, mais sans serrer au point d'empêcher une manœuvre facile.

Un des pivots de la valve traverse ordinairement un stuffing-box dans le tuyau, de façon qu'on puisse la manier de l'extérieur.

Il est difficile de rendre une valve parfaitement étanche a l'eau ou à la vapeur, en conservant une manœuvre aisée. Elles ne sont par conséquent pas aussi bonnes comme fermeture que comme régulateur. Elles sont, dans ce but, très-usitées en hydraulique et pour la machine à vapeur.

Leur forme sera indiquée dans les figures des machines auxquelles elles appartiennent.

120. Obturateurs par glissement. Vannes. Tiroirs. Le *siége* d'une vanne est une surface métallique plane, très-bien ajustée, dont une partie environne l'orifice ou la *lumière* que doit fermer la vanne, et dont l'épaisseur varie d'un quart à un vingtième de la largeur de cet orifice; l'autre partie s'étend à une distance de l'orifice égale au diamètre de la vanne, pour qu'elle ait, à pleine ouverture, encore toute sa face en contact avec son siége.

La vanne est assez grande pour couvrir son orifice et la partie du siége qui la borde latéralement. Sa face doit être un plan exact pour glisser doucement sur le siége; dans les grandes vannes, elle consiste en un rebord entourant la partie centrale qui ferme l'orifice et qui est plus ou moins concave, pour mieux résister à la pression qui agit sur elle quand elle est fermée.

Les très-grandes vannes, comme celles de distributions d'eau des villes importantes, sont renforcées à l'arrière par des nervures.

La vanne et son siége sont enfermés dans une boîte oblongue ou caisse assez longue pour que la vanne puisse s'y mouvoir, et formant en général un élargissement dans le cours du tuyau. La *tige* de la vanne, qui sert à la manœuvrer, traverse un stuffing-box; dans les

vannes de dimensions moyennes, cette tige est souvent terminée au
bas par une vis qui mord dans un écrou fixé au dos de la vanne, et
que l'on tourne au moyen d'un carré. La tige est alors munie de
deux épaulements qui l'empêchent de se déplacer longitudinalement.

La pression totale d'une vanne sur son siége est égale au produit
de la surface totale de la vanne par l'excès des pressions d'amont
sur la pression en aval.

Le produit presque toujours considérable de cette pression, par
le coefficient de frottement de la vanne sur son siége qui peut atteindre 0,2 (voir art. 13), donne la résistance de la vanne à s'ouvrir.
Dans le double but de vaincre cette résistance avec un effort modéré
et de prévenir les chocs qui proviendraient d'une fermeture brusque
au passage d'un courant rapide, il faut que la vanne se meuve lentement par rapport au point moteur qui la manœuvre. Dans les
vannes de dimensions moyennes, on y arrive ordinairement en les
manœuvrant au moyen d'une vis, comme on l'a décrit plus haut, ou
en actionnant la tige par crémaillère et pignon.

Les grandes vannes sont parfois manœuvrées en attachant leur
tige à un piston renfermé dans un cylindre muni de deux tubes
d'alimentation, un pour chaque bout, amenant l'eau du tuyau en
arrière de la vanne ; et d'une paire de tubes d'échappement, un à
chaque bout, et déchargeant l'eau dans le tuyau à l'avant. Les quatre
tubes sont munis de robinets et valves convenables manœuvrés à
la main ; on a ainsi une petite machine à pression d'eau au moyen
de laquelle on peut manœuvrer la vanne à volonté.

L'ouverture et la fermeture des vannes de très-grandes dimensions
sont parfois facilitées en les faisant en deux parties : une grande
vanne et une petite. La petite s'ouvre la première, et se ferme la
dernière ; elle est la seule à se mouvoir contre la résistance provenant de la différence de pression maxima sur les deux faces de la
vanne ; la grande vanne n'a à vaincre que la résistance provenant de
la pression correspondante à la *perte de charge* due à la contraction,
suivie de l'élargissement du courant traversant l'orifice de la petite
vanne. (Voir art. 99.)

On se sert quelquefois de *valves tournantes à glissement*, dans lesquelles la valve et son siége sont une paire de plaques circulaires
percées d'un ou de plusieurs orifices semblables. Le passage est ouvert en tournant la valve autour de son centre, de façon à placer ses

ouvertures sur celles du siége, et fermé en les plaçant vis-à-vis de ses parties solides.

On décrira, en même temps que les machines à vapeur, plusieurs variétés de valves à glissement qui leur sont spéciales.

121. Obturateur à piston. C'est un piston se mouvant dans un cylindre dont la surface est le siége de la valve. L'orifice est formé par un anneau ou une zone d'ouvertures percées dans le cylindre, communiquant avec un passage qui l'entoure ; en faisant mouvoir le piston de chaque côté de ces ouvertures, ce passage est mis en communication avec les extrémités opposées du cylindre. On décrira plus tard en détail quelques formes particulières de ces obturateurs.

122. Robinet. On appelle parfois ainsi toute valve manœuvrée à la main ; mais ce terme ne s'applique rigoureusement qu'à celles qui ont la forme d'un cône ou d'un tronc de cône tournant dans un siége de même figure.

Dans les robinets les plus ordinaires, le siége est un cône creux, d'une faible conicité, ayant son axe perpendiculaire à celui du tuyau auquel il sert d'obturateur. La valve est un cône remplissant exactement ce siége et percé d'un orifice identique à la section du tuyau, de sorte que, dans une position, il en forme simplement la continuation, tandis qu'il peut la fermer, en tout ou en partie, suivant l'angle dont on le tourne. Une vis et une rondelle à sa plus petite bàse, servent à le serrer sur son siége. On se sert parfois, pour les robinets, de la courbe de Shiele (art. 14).

Dans une espèce de robinets très-usités pour les prises d'eau d'incendie, un court tuyau vertical branché sur une conduite, se termine par un tronc de cône creux légèrement évasé vers le bas, et percé sur le côté d'un orifice conduisant à un tuyau latéral. Dans ce cône est la valve ; c'est un second cône, en tout semblable au premier, ouvert à la base, fermé en haut et muni d'un orifice identique. Ce cône intérieur est pressé de bas en haut dans le cône extérieur, par l'eau de la conduite qui tend ainsi à maintenir le robinet étanche. En tournant ce cône, on fait varier à volonté l'écoulement.

123. Tube flexible. Valves à diaphragme On a récemment introduit une espèce de valve formée par un tube en caoutchouc cylindrique que l'on peut fermer complétement en le pinçant, comme dans un écrou, au moyen d'une vis.

Dans une autre classe de valve, l'embouchure du tuyau cylindri-

que de décharge a devant elle un diaphragme circulaire fléxible en
caoutchouc, d'un diamètre plus grand que le tuyau, et fixé sur ses
bords à une distance telle qu'il laisse au fluide un passage suffisant
entre sa face et le tuyau. Derrière le diaphragme est un disque ou
bouchon rond légèrement convexe, qui, poussé par une vis, serre
le diaphragme contre l'embouchure du tuyau et la ferme hermétiquement.

SECTION 3. *Plongeurs, pistons et garnitures pour machines à pression d'eau.*

124. **Un plongeur** est un cylindre en métal fermé aux deux
bouts exactement tourné, qui, dans une pompe à simple effet ou
dans une machine à pression d'eau, agit comme piston et comme
tige de piston, par son mouvement alternatif dans un cylindre. Le
diamètre de ce cylindre est assez grand pour que le plongeur ne le
touche pas. Autour de l'ouverture circulaire que traverse le piston
se trouve un *cuir embouti* étanche qui sera décrit au prochain article.
La *fig.* 37, quelques pages plus haut, donne la section d'un plongeur
et de sa garniture.

Il faut prendre la surface ou section transversale du plongeur et
non celle du cylindre, en calculant l'effort exercé par la pression de
l'eau sur le plongeur.

Le poids du plongeur est souvent considérable, parfois même au
moyen d'une charge sur lui, pour que l'énergie puisse s'accumuler
par sa montée et se restituer pendant sa descente.

Pour donner un exemple de calcul du poids qu'il faut donner dans
ce but au plongeur, soit W le poids total du plongeur et de sa charge
dans une machine à simple effet qu'il faut ajuster de façon que les
résistances utiles vaincues pendant la montée et pendant la descente soient égales. Appelons R_0 cette résistance utile.

Soient R l'effort effectif de l'eau sur le plongeur pendant la montée,
P_2, s'il est positif, l'excès de la poussée de l'atmosphère sur la résistance de contre-pression de l'eau pendant la course descendante.
Si cette résistance dépasse la pression atmosphérique, P_2 devient
négatif et change de signe dans les équations suivantes. (Voir art. 110.)

Soient R_1 le frottement pendant la course ascendante, R_2 pendant
la descente (pour le frottement des garnitures, voir l'article suivant).

Alors, pendant la course ascendante,

$$R_0 = P_1 - R_1 - W, \qquad (1)$$

et pendant la descente,

$$R_0 = P_2 - R_2 + W. \qquad (2)$$

Soustrayant (1) de (2) et divisant par 2,

$$W = \frac{P_1 - R_1 - P_2 + R_2}{2}. \qquad (3)$$

125. Le cuir embouti que traverse le plongeur se voit en coupe sur une petite échelle (*fig*. 37), et sur une plus grande échelle (*fig*. 38). Sa forme est celle d'un U renversé; il se loge dans une cavité circulaire entourant le plongeur. Son canal creux est tourné vers l'intérieur du cylindre, et l'eau, tendant à élargir ce canal, presse ses bords contre le cylindre et contre le plongeur, formant ainsi une garniture étanche.

Le frottement d'un cuir embouti sur un plongeur est donné par la formule suivante. Soient a, le diamètre du piston en centimètres; p, la pression en kilogrammes par centimètre carré; R', le frottement en kilogrammes. Alors

$$R' = f, p, a.$$

D'après les expériences de M. Villiam Moore, $f =$ environ $1, 2 \times h$, h étant la hauteur de la surface frottante du cuir; et le frottement s'élève à environ $\frac{1}{10}$ de la charge pour les cas ordinaires; d'après M. John Hick, f varie de 0,05 à 0,03.

126. Pistons avec garnitures en cuir. Un piston diffère d'un plongeur en ce qu'il remplit exactement son cylindre et n'est pas plus épais qu'il ne le faut pour être parfaitement étanche. Il est fixé à une tige assez forte pour transmettre au mécanisme qu'il actionne les efforts qui agissent sur lui. (Voir art. 6 et 7.) L'eau agit sur une seule face du piston ou sur les deux, suivant que la machine est à simple ou à double effet.

Quand l'eau agit sur la face à laquelle est fixée la tige, le couvercle du cylindre porte en son centre un stuffing-box que la tige traverse et rendu étanche par un cuir embouti ou par une garniture de chanvre.

En calculant l'effort de l'eau sur cette face, il faut déduire *de la surface du piston la section de la tige ;* en d'autres termes, la surface effective du piston y est moindre que la surface totale, dans le rapport

$$\frac{1 - \dfrac{d'^2}{d^2}}{1}$$

d, d' étant les diamètres du piston et de sa tige.

Quand le piston doit être garni de cuir, son disque qui entre facilement dans le cylindre et auquel la tige est fortement fixée par une vis, un écrou ou une clef, est légèrement concave sur ses deux faces ; sur chacune de ces faces on place un anneau de cuir à bords relevés tout autour, appuyant sur le cylindre par une largeur de 25 à 40 millimètres environ. Les bords de ces cuirs sont dressés en sens opposés, celui du cuir supérieur vers le haut, celui du cuir inférieur vers le bas. Chacun de ces cuirs est maintenu par une rondelle ou couverte boulonnée ou vissée dans le corps du piston.

Le frottement de ces pistons, comme celui des plongeurs, est d'environ de $\frac{1}{10}$ de l'effort de l'eau.

Un piston, comme un plongeur, peut être chargé pour accumuler de l'énergie et d'après les mêmes principes.

127. Garniture en chanvre. Le corps d'un piston à garniture de chanvre est d'un diamètre de 50 à 100 millimètres plus petit que celui de son cylindre, et son épaisseur est d'environ $\frac{1}{6}$ du diamètre du cylindre. Vers le milieu de son épaisseur il se remplit légèrement. Autour de sa base se projette un rebord horizontal remplissant juste le cylindre. Au-dessus de cet anneau et sur le corps du piston est enroulée la garniture formée soit de chanvre, soit en étoupes, soit en corde lâche imprégnée de graisse. Au-dessus de la garniture un anneau identique au rebord inférieur la presse et la maintient serrée sur le cylindre. Cet anneau est maintenu et peut se serrer sur la garniture au moyen de vis.

Le stuffing-box d'une tige de piston est de même garni de chanvre, la garniture est pressée étanche autour d'elle au moyen du couvercle du stuffing-box par des vis ou des boulons.

SECTION 4. *Presse hydraulique. Treuils hydrauliques.*

128. La presse hydraulique est alimentée, comme on l'a dit précédemment, par une source artificielle, et n'est par conséquent pas un moteur, mais une pièce de mécanisme appliquant convenablement l'énergie des muscles ou de la vapeur qui fait mouvoir les pompes. On l'a décrite ici parce qu'elle renferme, sous une forme simple, plusieurs des mécanismes qui entrent généralement dans la composition des machines à pression d'eau.

La *fig.* 36 est une élévation d'une presse hydraulique à la main;

Fig. 36.

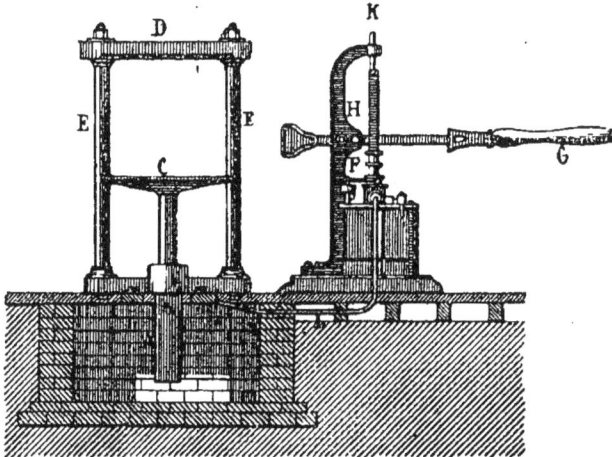

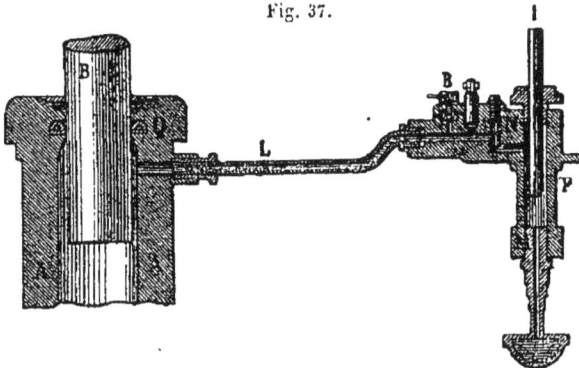

Fig. 37.

Fig. 38.

Fig. 39.

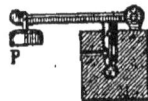

la *fig.* 37 une coupe verticale du cylindre et de la pompe, et la *fig.* 38 représente la garniture du plongeur. Ces figures ont déjà été mentionnées aux articles 124 et 125. La *fig.* 39 représente la soupape de sûreté, qui ne diffère de celle de l'article 113 que par sa petitesse telle que sa tige est aussi grosse que la soupape même.

A est le cylindre de la presse assez épais pour résister à la pression d'après l'article 64. Le fond doit être hémisphérique et non pas plat; B, plongeur; Q, cuir embouti (art. 124 et 125); C, plateau porté par la tête du plongeur; D, plateau supérieur de la presse; E, colonnes guidant le mouvement du plateau C, et assez fortes pour résister à la poussée du plongeur; F, cylindre de la pompe; I, son plongeur dont la tige est guidée en K; HH, deux axes permettant de faire varier le bras du levier G; L, tuyau d'alimentation du cylindre de la presse, par lequel la pompe y refoule son eau; il renferme une soupape N ouvrant vers le cylindre de la presse et empêchant le retour de l'eau dans la pompe; M, clapet d'aspiration s'ouvrant de bas en haut; O, soupape de sûreté; P, son poids; R, bouchon de décharge conique fermé à vis pendant l'ascension du plongeur et ouvert quand il s'abaisse, de façon à le laisser descendre par son poids. Le tuyau de décharge, menant de ce robinet au réservoir où la pompe puise son eau, est le *canal de fuite* de la machine.

Les formules suivantes donnent le rendement de la presse hydraulique ainsi que le calcul de la force et de l'énergie nécessaires pour la manœuvrer.

Soient R la résistance utile à vaincre par le plongeur en montant; v, sa vitesse d'ascension en mètres par seconde. Le travail utile par seconde est

$$R v. \tag{1}$$

Soit w le poids du plongeur, sa charge totale est alors $R + w$. A cela il faut ajouter, pour le frottement, une quantité estimée par la formule de l'article 134, de sorte que l'effort de l'eau sur le plongeur est à peu près

$$P = (R + w) \left(1 + \frac{fd}{A}\right). \tag{2}$$

A étant la surface, d le diamètre du plongeur, l'intensité de la pression effective de l'eau dans le cylindre de la pompe doit être

$$p = \frac{b}{A} = \frac{R + w}{A} \left(1 + \frac{fd}{A}\right) \tag{3}$$

en kilogrammes par mètre carré ou par centimètre carré, suivant que A est en mètres ou en centimètres carrés.

Soit a' la section du tuyau d'alimentation, alors $\dfrac{Av}{a'}$ est la vitesse d'écoulement de l'eau par ce tuyau, et $\dfrac{v^2 A^2}{2ga'^2}$ la hauteur due à cette vitesse.

Soit Σf la somme des différents facteurs de résistance due à la longueur et au diamètre de ce tuyau, aux courbes, coudes, contractions, élargissements et autres causes de résistance qui se présentent dans son cours, calculée d'après les principes de l'article 99. La charge due à la vitesse du courant dans ce tuyau est perdue à cause de l'élargissement subit à l'entrée du cylindre. La perte de charge due à ce tuyau est donc

$$h = (1 + \Sigma f)\frac{v^2 A^2}{2ga'^2}. \qquad (4)$$

Soit $p' = Dh$ la pression équivalente à cette perte de charge, alors

$$p + p' \qquad (5)$$

est la pression dans la pompe, et si a est la section de son plongeur,

$$a(p + p') \qquad (6)$$

est l'effort qu'il exerce sur l'eau avec une vitesse $\dfrac{A}{a}\,v$, de sorte que l'énergie exercée par seconde par le plongeur de la pompe sur l'eau est

$$vA(p + p'). \qquad (7)$$

A ce travail il faut ajouter celui du frottement de la pompe, comprenant celui du plongeur, du mécanisme et des soupapes, et que l'on peut estimer à $\dfrac{1}{5}$ de l'effort sur l'eau; ce qui donne, pour l'énergie totale dépensée par seconde,

$$\frac{6}{5}vA(p + p'). \qquad (8)$$

Comparant avec l'expression (1) du travail, il vient, pour le *rende-*

ment de la machine,

$$\frac{5}{6}\frac{R}{A\,(p+p)}. \tag{9}$$

Soit n le rapport des vitesses du levier de la pompe et de son plongeur,

$$n = \frac{A}{a}v \tag{10}$$

est la *vitesse effective* de la manette du levier de la pompe, en ne tenant compte que des refoulements ; et

$$\frac{6}{5}\frac{a\,(p+p')}{n} \tag{11}$$

est l'*effort* qu'il faut y exercer. L'effort qui aurait suffi, sans frottement ni perte de charge ni travail autre que le travail utile aurait été

$$\frac{aR}{nA}, \tag{12}$$

moindre que l'effort actuel, dans la même proportion que le rendement (9) est moindre que l'unité.

Quand les pompes sont manœuvrées à la machine, elles sont ordinairement groupées trois par trois avec leurs plongeurs actionnés par des manivelles à 120°. Soient s la course, a la section d'un plongeur, T le nombre de tours par seconde ; alors la quantité d'eau nécessaire par seconde étant vA, on doit avoir

$$3Tas = vA. \tag{13}$$

La presse hydraulique peut être mue par l'eau d'une source naturelle, auquel cas la perte d'énergie due aux frottements des pompes disparaît, et le rendement devient

$$\frac{R}{A\,(p+p')}. \tag{14}$$

Le débit et la charge totale nécessaires pour mouvoir la machine sont

$$Q = vA, \tag{15}$$

$$H = \frac{p+p'}{D}. \tag{16}$$

129. Treuils et grues hydrauliques. Le plus simple des treuils hydrauliques est une pompe dont le piston porte un croisillon d'où pendent des chaînes qui soulèvent les fardeaux. Tel était l'appareil dont on se servit pour soulever les poutres du pont Britannia.

Pour cette machine, R des équations précédentes représente le poids à soulever, W celui du plongeur du croisillon et des chaînes.

A cette classe d'appareils appartient le treuil de M. Miller, pour tirer les navires sur le plan incliné, du « Lanceur de Morton ». Dans cette machine, le cylindre de la pompe est placé au sommet du plan incliné et parallèlement à ce plan; la force de traction s'exerce sur la chaîne qui tire le navire, au moyen d'un plongeur à croisillon ou par un piston dont la tige passe au travers d'un stuffing-box au fond du cylindre. La surface effective A du piston est, dans ce cas, sa surface, moins la section de la tige. Soient :

i l'angle d'inclinaison du plan;

f un coefficient de frottement, environ $\dfrac{1}{20}$;

w_1 le poids du navire;

R_1 la résistance totale qu'il oppose au remorquage.
Alors

$$R_1 = w_1 (\sin i + f \cos i), \qquad (1)$$

et si v est la vitesse du navire, le travail utile par seconde est

$$R_1 v. \qquad (2)$$

Soit w_2 le poids du crochet, des chaînes du piston ou du plongeur et des pièces qui se meuvent avec lui ; la résistance

$$R_1 + R_2 = (w_1 + w_2)(\sin i + f \cos i) \qquad (3)$$

doit être substituée à $R + w_1$ dans les équations (2), (3) et (9) de l'article 128, pour les appliquer à cette machine.

130. Monte-charge à pression d'eau. Un monte-charge à pression d'eau destiné à monter et descendre une cage renfermant des wagons de minerai ou d'autres fardeaux consiste essentiellement en les parties suivantes :

1°, 2°, 3° Une charpente portant des poulies, une chaîne passant sur ces poulies et une cage pendue en un bout de la chaîne, comme dans la balance d'eau, article 101.

4° Un cylindre hydraulique, vertical ou à peu près, fixé fermement au bâti et muni d'un piston à garniture de cuir (art. 126), dont la tige traverse le stuffing-box du couvercle du cylindre. L'extrémité supérieure de la tige du piston porte une poulie de 76 centimètres à 1 mètre de diamètre environ, la chaîne passe sous cette poulie un de ses bouts et s'attache au sommet de la charpente; la vitesse du piston est ainsi la moïtié de celle de la cage, et sa course la moitié de la montée.

5° Le tuyau d'alimentation du cylindre muni tout près du cylindre de son régulateur formé d'un tiroir à vis mû à la main.

6° Le tuyau de décharge muni d'un modérateur semblable. Quant aux clapets de sûreté. (Voir art. 134 A.)

7° L'accumulateur d'où part le tuyau d'alimentation du cylindre; il ressemble à une presse hydraulique. Son but est de renfermer une réserve d'eau sous pression pour les occasions où le monte-charge dépense plus d'eau que ne peut en donner la source. L'accumulateur se remplit quand le travail cesse au monte-charge; son plongeur est chargé du poids nécessaire. Un seul accumulateur peut servir à plusieurs machines.

L'accumulateur peut être construit comme une presse hydraulique renversée, le plongeur restant fixe sur une ferme fondation, et il est traversé par les tuyaux d'alimentation et de décharge. Le cylindre est mobile avec son cuir embouti au bas, son fond en haut est chargé d'un poids suffisant.

8° Le tuyau d'alimentation de l'accumulateur.

9° La source, qui peut être un réservoir élevé ou le tuyau d'une distribution d'eau de débit et de pression convenables, mais qui est le plus souvent une série de pompes à vapeur disposées comme dans l'article 128.

Les formules suivantes s'appliquent à ces machines. Soient:

R_1 le poids utile à soulever;

s sa hauteur de parcours dans le temps t avec la vitesse

$$v_1 = \frac{s_1}{t};$$

le travail utile par seconde est alors

$$R_1 v_1; \tag{1}$$

on prend ordinairement $v_1 = 0^m,30$ par seconde.

Une approximation première du travail nécessaire s'obtient en prenant le rendement de la machine égal à $\frac{2}{3}$, de sorte que l'énergie dépensée par seconde sera

$$DQH = \frac{3}{2} R_1 v_1 \text{ à peu près.} \quad (2)$$

Le but de cette approximation première est de fixer le diamètre du cylindre. Si la source est un tuyau de distribution, la charge totale H est en général fixée : rarement elle dépasse 150 à 180 mètres. Ayant approximativement H, le débit de l'eau par seconde quand la cage monte est

$$Q = \frac{3}{2} \frac{R_1 v_1}{DH}, \quad (3)$$

et le débit par course du monte-charge ou le volume effectif du cylindre est

$$Qt = \frac{3}{2} \frac{R_1 s_1}{DH} = \frac{A_1 s_1}{2}, \quad (4)$$

A étant la surface effective du piston, c'est-à-dire l'excès de son aire sur la section de sa tige, et $\frac{s_1}{2}$ sa course, de sorte que

$$A_1 = \frac{2Qt}{s_1} = \frac{3R_1}{DH}. \quad (5)$$

Quand H ne dépasse pas 150 mètres, la tige du piston a une section égale à environ $\frac{1}{50}$ ou $\frac{1}{60}$ de celle du piston ou environ $\frac{1}{7}$ de son diamètre, de sorte que l'on aura dans ce cas,

$$\text{diamètre du piston} = \sqrt{\frac{50A_1}{49 \times 0,7854}} = 1,14\sqrt{A_1}. \quad (6)$$

Soit w_1 le poids de la cage,

$$R_1 + w_1 \quad (7)$$

est alors la *tension de la chaîne* qu'il faut multiplier par 6 pour avoir sa résistance-limite. Soit w_2 le poids de la chaîne et de sa poulie,

$$R_2 = \frac{R_1 + w_1}{10} + \frac{w_2}{20} \quad (8)$$

sera à très-peu près le *frottement du mécanisme.*

Puisque par la poulie, la vitesse du piston est moitié de celle de la chaîne, on aura pour la tension sur la tige du piston,

$$2\,(R_1 + R_2). \tag{9}$$

Ajoutant à cette tension un dixième environ de sa valeur pour le frottement du piston et de sa tige, on trouve pour l'*effort* pA et l'intensité de la pression p exercée par l'eau sur le piston

$$\left.\begin{aligned} pA &= \frac{22}{10}\,(R_1 + R_2), \\ p &= \frac{22}{10}\,\frac{R_1 + R_2}{A}. \end{aligned}\right\} \tag{10}$$

La perte de charge due à la résistance du tuyau d'alimentation et la pression correspondante se trouvent comme dans les équations (4) de l'article 28, en se rappelant les formules de l'article 99. Soit p' la pression ainsi trouvée,

$$p + p' \tag{11}$$

est *la pression de l'accumulateur quand il descend.*

Soient A_2 la surface de son piston, que l'on déterminera plus bas, d_2 son diamètre. Alors, ajoutant la pression du cuir embouti, on a

$$(p + p')\,(A_2 + fd_2) \tag{12}$$

pour *la charge totale sur le plongeur de l'accumulateur,* y compris son propre poids.

La pression dans l'accumulateur, quand son plongeur monte, est

$$\left(1 + \frac{fd^2}{A^2}\right)(p + p'); \tag{13}$$

et non-seulement son cylindre, mais aussi celui du monte-charge et son tuyau d'alimentation, doivent être assez forts pour résister à cette pression, avec un coefficient de sécurité égal à 6, et calculé d'après l'article 64.

Soit p'' la pression due à la résistance du tuyau d'alimentation menant de la source à l'accumulateur,

$$DH_1 = p_1 = \left(1 + \frac{fd_2}{A_2}\right)(p + p') + p'', \tag{14}$$

est la pression correspondante à la charge totale nécessaire à la source naturelle ou artificielle. Si la charge H_1 ainsi calculée est plus grande que la charge H supposée à l'origine, les tuyaux d'alimentation doivent être agrandis de façon à diminuer leur résistance jusqu'à ce que H_1 ne soit plus supérieur à H.

L'*énergie dépensée par seconde* de travail du monte-charge est alors

$$p_1 Q = DQH_1, \qquad (15)$$

et le *rendement de la chute d'eau*

$$\frac{R_1 v_1}{p_1 Q}. \qquad (16)$$

Si la source est artificielle, il faut ajouter à $p_1 Q$ le travail perdu dans les frottements des pompes et du mécanisme qui créent cette source, quand on estime l'énergie totale dépensée par seconde au travail du monte-charge et le rendement final de toute la machine.

Un seul accumulateur avec une seule source ou série de pompes peut alimenter un ou plusieurs monte-charges. Pour trouver le débit de la source ou des pompes à l'accumulateur, il faut ajouter à l'intervalle moyen de repos des monte-charges le temps suivant pendant lequel elles travaillent. Soient T le nombre de secondes ainsi trouvé pour la *période totale;* T_1 le nombre de ces secondes que met l'un des monte-charges à accomplir sa levée; et Q le débit qu'il exige par seconde de travail. Faisant la somme

$$\Sigma Q T_1 \qquad (17)$$

pour tous les appareils, on a la quantité d'eau nécessaire pour chaque période de T secondes; de sorte que la vitesse uniforme d'écoulement de la source dans l'accumulateur est

$$Q_1 = \frac{\Sigma Q T_1}{T}, \qquad (18)$$

donnant pour le travail moyen de la chute par seconde $DQ_1 H_1$.

Le volume absolument nécessaire de l'accumulateur est

$$s_2 A_2 = \Sigma Q T_1 - Q \Sigma T_1, \qquad (19)$$

s_2 étant la longueur de la course; mais il convient, en général, de faire

$$s_2 A_2 = \Sigma Q T_1. \qquad (19\text{A}$$

Dans la description précédente, la poulie est supposée disposée

10

telle que la vitesse du piston dans le cylindre du monte-charge soit moitié de celle de la cage ; mais on peut arriver entre ces vitesses à un rapport quelconque au moyen de poulies fixes et mobiles. Cette combinaison de chaînes et de poulies avec moteur hydraulique a été introduite pour la première fois par sir William Armstrong, qui l'applique non-seulement au monte-charge, mais aux grues et à plusieurs autres machines. (Voir *Transactions of the Inst. of Mechanical Engineers*, août 1858.)

SECTION 5. *Des machines à pression d'eau automotrices.*

131. Description générale. Quand on parle d'une machine à pression d'eau sans rien particulariser, il s'agit ordinairement d'une machine automotrice, c'est-à-dire différente d'une presse d'un treuil ou d'une grue, en ce qu'elle a, pour régulariser l'admission et l'échappement de l'eau, des valves de distribution menées directement ou indirectement par la machine même ; de sorte que, une fois mise en train, elle continue son mouvement périodique par elle-même jusqu'à ce qu'on l'arrête en fermant l'alimentateur ou en arrêtant, par désembrayage ou autrement, le mouvement du distributeur.

Les valves de distribution sont, en général, des valves à pistons (art. 121) mues par une petite machine auxiliaire à pression d'eau.

Puisque le frottement de l'eau dans les passages est proportionnel au carré de sa vitesse, et son travail, toutes choses égales d'ailleurs, au cube de cette vitesse, et que cette vitesse, à égalité de débit, est en raison inverse de la section d'écoulement, il convient, dans l'intérêt du rendement d'une machine devant accomplir un travail utile donné par seconde, que ses dimensions soient aussi grandes et ses mouvements aussi lents que possible, en considération du prix d'établissement dans chaque cas particulier.

Il est aussi favorable au rendement que la course du piston soit longue, car le renversement du mouvement est presque toujours accompagné d'un choc, et chacun de ses changements de sens se reproduit dans la distribution, ce qui cause une perte de travail.

Le meilleur usage auquel on puisse adopter une telle machine, c'est par conséquent à pomper de l'eau, car dans ce cas un mouvement lent et une longue course favorisent à la fois le rendement de la machine et de la pompe.

Néanmoins, dans des situations où l'on avait à bon marché l'eau en abondance et sous une grande pression, on a pu employer avec avantage la machine à pression d'eau avec de grandes vitesses, comme pour la conduite de pièces en rotation. Sir William Armstrong a inventé et exécuté plusieurs machines de ce genre.

Les principes mathématiques qui s'appliquent aux machines à pression d'eau ont été tous exposés dans le précédent chapitre.

Leur rendement final, d'après des expériences pratiques de différentes autorités, varie de 0,66 à 0,80. Ces variations proviennent probablement surtout de différences dans la résistance des passages traversés par l'eau et peut-être aussi, jusqu'à un certain point, d'erreurs dans la mesure de l'eau employée.

Il est naturellement plus prudent de compter, en estimant par approximation le projet d'une machine, sur le rendement le plus bas 0,66; mais on peut arriver à plus de précision par un calcul suivant la méthode exposée en détail aux art. 128 et 130; c'est-à-dire en commençant avec la résistance due au travail utile et une vitesse du piston donnée, puis calculant d'après elles toutes les résistances nuisibles et les travaux nécessaires pour les vaincre.

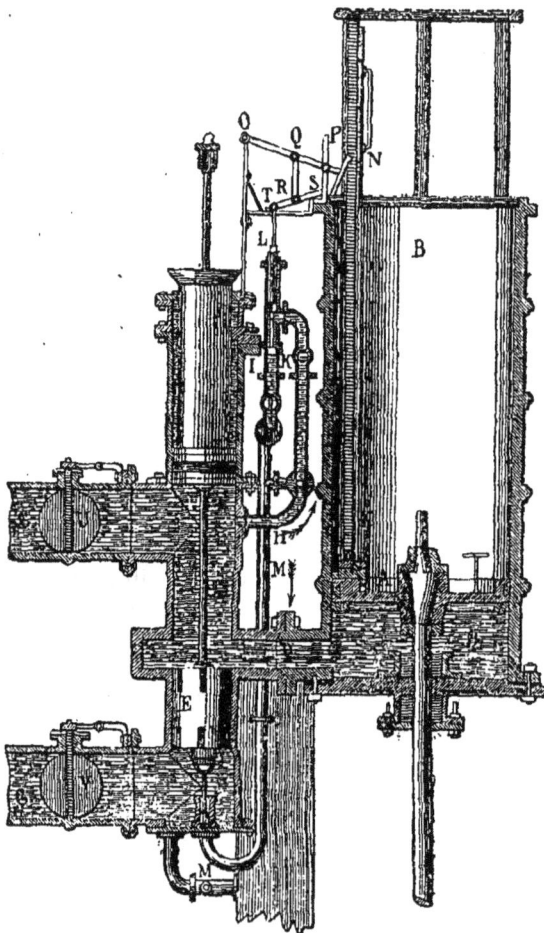

Fig. 40.

132. — Machine à pression d'eau à simple effet. — L'exemple choisi pour décrire cette espèce de machine est une pompe d'épuisement pour mines inventée par M. Junker et décrite par M. Delaunay. Elle est semblable, en beaucoup de points, à celle de M. Darlington.

La *fig.* 40 est un coupe verticale de la machine pendant l'*admission* de l'eau dans le cylindre.

La *fig.* 41 est une coupe verticale de la distribution pendant l'échappement de l'eau hors du cylindre. Les deux figures ont les mêmes lettres.

Fig. 41.

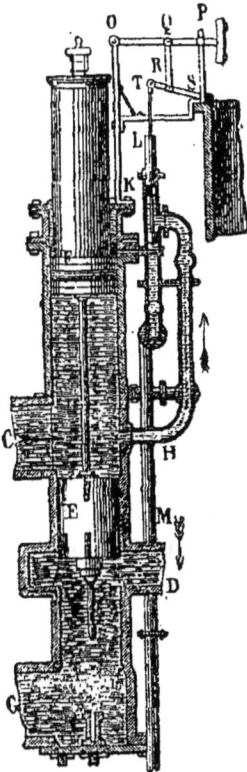

A est le piston moteur qui soulève le plongeur de la pompe au moyen d'une tige traversant le fond du cylindre moteur BB.

C est le tuyau d'admission, U son papillon.

D est l'ouverture de distribution réunissant le fond du cylindre à un passage annulaire entourant le cylindre de la valve, comme on l'a décrit à l'article 121.

E est la valve à piston.

G le tuyau d'échappement, V son papillon.

Quand E est au-dessous de D, comme dans la *fig.* 40, D communique avec C et l'eau est admise au cylindre pour soulever le piston. Quand E se trouve au-dessus de D, comme dans la *fig.* 41, D communique avec G et l'eau s'échappe du cylindre pendant que le piston descend. La valve-piston E est entaillée sur les bords, comme l'indique la figure, pour que l'ouverture et la fermeture de l'admission se fassent par degré, l'eau s'écoulant en partie par ses entailles un peu avant et après que le bord du piston arrive au bord de sa lumière.

Le cylindre de distribution est en deux parties de diamètres inégaux, la partie supérieure étant la plus grande. Dans la partie inférieure, la moins large, se trouve le piston E. Dans la partie supérieure, entièrement au-dessus du piston E, se trouve le *contre-piston* F plus grand que E et fixé à la même tige. La pression de l'eau tend à les soulever ensemble. La face supérieure de F est munie, s'il le faut, d'un *tronc* ou tige de piston creuse traversant un stuffing-box au sommet du cylindre de distribution. Son usage est de diminuer la surface effective de la face supérieure de F pour qu'elle soit juste assez grande pour que la pression de l'eau admise par la lumière I dans l'espace au-dessus de F puisse vaincre le frottement du piston et de ses accessoires, ainsi que l'excès de la pression au bas de F sur la pression en E.

H est le tuyau d'alimentation, M le tuyau d'échappement, pour la partie du cylindre de distribution au-dessus du contre-piston, qui, avec son cylindre, constitue une machine auxiliaire pour mouvoir la valve de la machine principale. K est la valve à piston de cette machine auxiliaire réglant l'admission et l'échappement de l'eau au travers de la lumière I, exactement comme la valve E règle l'admission et l'échappement de l'eau par la lumière D du cylindre principal. L est un plongeur de même diamètre que K fixé à la même tige, de façon que la pression de l'eau s'équilibre sur leurs surfaces.

La tige auxiliaire, qui réunit les pistons K et L, est reliée au moyen d'une combinaison de leviers OQRST, à un levier portant à son extrémité un axe P. N est une *tige à taquets* verticale portée par le piston A et d'où se projettent deux taquets X et Y pour mouvoir l'arc P.

La machine travaille dans les conditions suivantes :

Supposons, comme dans la *fig*. 41, le piston E du tiroir principal soulevé, l'eau s'échappe par DG, le piston descend. Quand il approche du fond de sa course, le taquet supérieur Y frappe le taquet supérieur de l'arc P et l'abaisse ainsi que le piston-valve auxiliaire K.

Ce mouvement admet l'eau du tuyau d'alimentation principal C par HI dans l'espace annulaire au-dessus du contre-piston F, de façon à l'abaisser avec le piston E dans la position indiquée *fig*. 40. Alors l'eau du tuyau d'alimentation principal passe par D dans le cylindre principal BB et soulève son piston. Quand il approche du haut de sa course, le taquet inférieur X frappe le taquet supérieur de l'arc P et le soulève ainsi que le piston-valve auxiliaire K.

Ce mouvement permet à l'eau de s'échapper de l'espace annulaire au-dessus du contre-pistion F par le chemin IM, de sorte que l'excès de pression de bas en haut sur la face inférieure de F soulève F et E dans la position indiquée *fig*. 41, arrête l'admission de l'eau au cylindre moteur et ouvre l'échappement par D et G. Le piston descend, complétant sa double course, et le cycle des opérations recommence. On peut résumer cette marche en disant que les deux machines font mouvoir respectivement leurs distributeurs.

La fréquence des courses de la machine dépend de la vitesse du mécanisme que l'on peut régler au moyen de robinets placés sur H et M tuyaux d'admission et d'échappement de la machine auxiliaire.

133. Machine à pression d'eau à double effet. Cette machine a un cylindre fermé aux deux bouts, avec stuffing-box sur ses deux couvercles pour le passage de la tige du piston. A chaque extrémité se trouve une lumière comme D, *fig.* 40 et 41, communiquant avec un cylindre dont les deux extrémités sont réunies au tuyau d'échappement. Le tuyau d'admission pénètre dans le cylindre de distribution au milieu de sa longueur; sur une tige sont fixés deux pistons-valves égaux, un pour chaque lumière, et qui montent ou descendent ensemble. Leur distance est telle que, lorsqu'ils sont soulevés et que le piston-valve supérieur laisse la lumière supérieure en communication avec l'admission, le piston-valve inférieur met la lumière inférieure en communication avec l'échappement par le bas du cylindre distributeur et inversement quand ils sont soulevés.

La tige des distributeurs est mue, soit directement par taquets, soit indirectement par une petite machine auxiliaire.

134. Machines à pression d'eau rotatives. Dans ces machines les cylindres sont à simple ou à double effet, et les tiges de piston font tourner un arbre par bielles et manivelles. Pour diminuer autant que possible les variations de l'effort sur l'arbre, on emploie ordinairement trois ou quatre cylindres agissant successivement; mais un cylindre unique suffirait si le volant avait une inertie convenable.

L'inertie du volant, pour une machine à pression d'eau, se calcule par la même règle que pour une machine à vapeur sans détente. (Voir art. 52, 53.)

Le nombre de course par minute est plus grand dans ces machines que dans les autres. Aussi, pour éviter les grandes résistances, les sections des tuyaux d'alimentation et d'échappement, ainsi que les lumières, doivent être plus grandes relativement à la surface du piston que dans les autres machines à pression d'eau. La meilleure règle est de faire autant que possible ces sections telles que la vitesse de l'eau n'y dépasse pas la vitesse maxima des pistons. Les meilleurs distributeurs sont les doubles pistons. Les moteurs de cette espèce sont très-utiles et très-convenables pour mouvoir de petites. machines dans les villes dotées d'une distribution d'eau abondante et à haute pression, ainsi que dans les mines où une machine à vapeur serait encombrante et dangereuse. Dans ce cas, elles peuvent être mises en mouvement par une partie de l'eau que pompe la machine d'épuisement principale.

Les mieux réussies en pratique sont les machines à pression d'eau rotatives de sir William Armstrong, dont on trouvera, ainsi que pour les grues et monte-charges hydrauliques, une description détaillée dans les *Transactions of Mechanical Engineers*, août 1858. Leur rendement varie approximativement de 0,66 à 0,77.

134 A. Clapet de sûreté. C'est un organe important des machines de sir William Armstrong. Son but est de prévenir les chocs qui autrement se font dans le cylindre quand, en fermant l'admission, on arrête brusquement le mouvement de l'eau. Un groupe de clapets de sûreté, pour un cylindre à simple effet, consiste en deux clapets, un s'ouvrant en haut dans un conduit menant du cylindre au tuyau d'admission, et l'autre s'ouvrant vers le bas dans un conduit menant du tuyau d'échappement à la lumière du cylindre. L'effet en est que la pression dans le cylindre ne peut s'élever au-dessus de celle du tuyau d'admission, ni descendre au-dessous de celle du tuyau d'échappement.

Pour un cylindre à double effet, il faut quatre clapets, deux pour chaque lumière.

Supplément à la deuxième partie, chapitre IV, section II.

134 B. Pour les grandes pompes, on emploie fréquemment des clapets multiples dont le siége a ordinairement la forme d'un cône avec son sommet en haut et une inclinaison de 45 à 75°. Les côtés sont formés d'une série de siéges droits circulaires disposés en gradins, percés chacun d'une couronne de trous et formant chacun les siéges d'un clapet ou d'une série de clapets, dont la course est limitée par le siége suivant qui le surplombe. Quand il n'y a qu'un clapet à chaque siége, c'est un anneau de métal ou de caoutchouc; quand il y en a plusieurs, ce sont des languettes de cuivre ou des

balles de caoutchouc.(Voir un mémoire de M. John Hosking, *Transactions of Mechaninal Engineers*, août 1858.)

SECTION 6. *Machines à pression d'eau avec pistons d'air*.

135. Machine de Hongrie. C'est le nom donné à une machine employée à l'épuisement des mines de Schemnitz en Hongrie,
dans laquelle l'office de piston est rempli par une masse d'air renfermée, transmettant la pression et le mouvement d'un courant
d'eau qui constitue la source motrice, à une autre masse d'eau, dont
l'élévation à une hauteur donnée
est le travail utile à accomplir. Son
principe est identique à celui d'un
appareil appelé *fontaine de Héron*
décrit dans la *Pneumatique* de Héron d'Alexandrie, physicien qui vivait au II° siècle avant J.-C.

Le débit de la chute doit excéder
celui de la machine, et sa charge
doit surpasser la hauteur à laquelle
elle élève son eau, de quantités
qui seront déterminées approximativement ci-après.

Les principaux organes de la
machine sont indiqués *fig.* 42 :

A Réservoir au fond du puits, réunissant les eaux à épuiser.

B réservoir étanche, assez fort pour
supporter les plus grandes
pressions de l'appareil, entièrement plongé dans l'eau du
puits. Il doit laisser entre
lui et le fond du puits un espace libre pour l'entrée de
l'eau; on peut l'appeler le
corps de pompe.

C soupape s'ouvrant du bas en haut.

D tuyau de refoulement, partant du

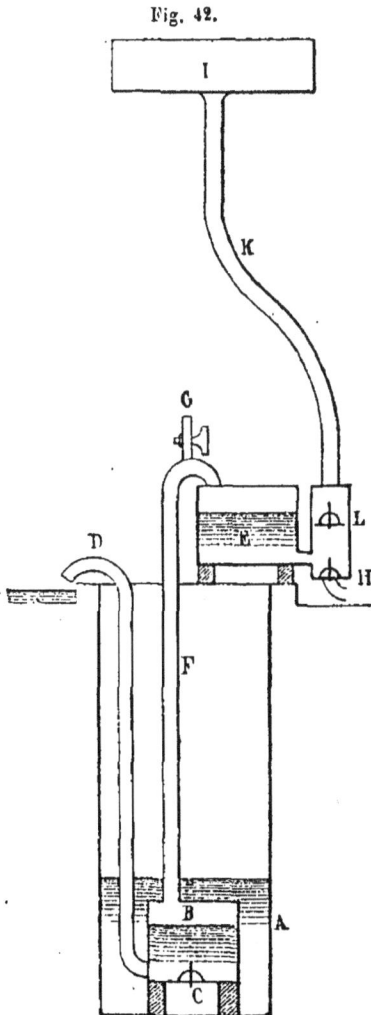

Fig. 42.

fond de B, allant au drain d'écoulement supérieur. Il convient, bien que ce ne soit pas nécessaire, d'avoir, au bas de D, une soupape s'ouvrant de bas en haut.

E réservoir étanche, au moins aussi solide que B, correspondant au *cylindre* d'une machine ordinaire à pression d'eau, placé près du sommet du puits en un point convenable pour la décharge de l'eau motrice après qu'elle a accompli son travail. On peut l'appeler le *réservoir moteur*.

F *tuyau d'air* réunissant le corps de pompe B au réservoir moteur E.

G *robinet purgeur d'air* au sommet de E.

H soupape de décharge au fond de E, pour écouler l'eau qui a accompli son travail dans le réservoir moteur.

I réservoir au haut de la chute.

K tuyau d'alimentation réunissant ce réservoir avec le fond du réservoir moteur E.

L soupape d'admission au bas du tuyau d'alimentation.

Les soupapes H et L peuvent se manœuvrer par des flotteurs dans le réservoir moteur, par une petite machine à pression d'eau, ou par une roue hydraulique mue par l'eau d'échappement. Le croquis indique des soupapes à tiges; mais une simple distribution à piston peut les remplacer toutes deux.

La machine est mise en mouvement en ouvrant le robinet d'air G, L étant fermé. L'eau du puits A ouvre G, remplit le corps de pompe B, et chasse l'air par G, de sorte que E et F restent seuls remplis d'air. Alors G se ferme et reste fermé pendant que la machine travaille; H se ferme, L s'ouvre, et le cycle recommence.

L'eau motrice de F descend par K et L dans E, et comprime l'air renfermé dans E et F. La pression, ainsi exercée sur l'air, se transmet à l'eau de B, et la force à s'élever dans le tuyau de décharge D, quant la pression est devenue égale à la somme de la charge en D, et de ses résistances; l'eau refoulée s'échappe de D dans le drain et continue à s'écouler jusqu'à ce que E soit rempli d'eau. Alors, au moyen du mécanisme de distribution, L se ferme, H s'ouvre, et l'eau dans E s'échappe en partie par son poids, en partie par la pression de l'air qui se détend. Aussitôt que l'air est retombé à sa pression initiale, l'eau du puits s'écoule de C dans B, refoulant l'air dans F et E; H se ferme; L s'ouvre, et le cycle d'opération recommence.

Dans l'examen suivant du rendement de cette machine, on négligera les variations de niveau dans les réservoirs B et E devant les hauteurs du refoulement et de la charge. Soient:

h_0 la hauteur d'eau équivalente à la pression atmosphérique
$= 10^m,33$;

h_1 la hauteur de l'orifice de sortie du tuyau D au-dessus de la surface de l'eau dans A. D le poids du mètre cube d'eau $= 1\,000$ kil.

Q_1 le débit à décharger en mètres cubes par seconde.

$$DQ_1 h \qquad (1)$$

est le travail utile par seconde.

Appelons h_2 la perte de charge totale due à la résistance du tuyau D, calculée d'après les principes de l'article 99. Alors

$$h_0 + h_1 + h_2 \qquad (2)$$

est la charge d'eau équivalente à la pression à laquelle l'air doit être comprimé dans E, F et B avant que l'eau ne s'échappe de D. Cette pression en atmosphères est

$$n = 1 + \frac{h_1 + h_0}{h_0}, \qquad (3)$$

et la pression que doivent supporter les réservoirs et le tuyau d'air est $n - 1$ atmosphères.

Le volume d'air qui doit passer par seconde de E dans B pendant le refoulement, est Q_1 mètres cubes à la pression de n atmosphères.

Quand l'air est comprimé ou dilaté si soudainement qu'il n'a pas le temps de perdre ou de gagner de la chaleur par communication avec les corps environnants, sa densité varie bien moins vite que sa pression; mais quand toute la chaleur engendrée par la compression, ou perdue par la dilatation, a le temps de s'équilibrer au moyen des corps environnants, la densité est à très-peu près proportionnelle à la pression. C'est probablement le cas ici, d'autant plus que l'air très-chargé d'humidité conduit bien la chaleur.

La pression initiale de l'air, avant sa compression par la descente de l'eau de I dans E, étant d'une atmosphère, le volume de la masse d'air qui descend par seconde à cette pression initiale est

$$Q = nQ_1, \qquad (4)$$

et c'est aussi le volume d'eau qui doit descendre de la chute par seconde.

Soient B, E les volumes du corps de pompe et du réservoir moteur, alternativement vides et pleins d'eau à chaque course, F le volume du tuyau d'air. On a évidemment

$$\frac{E + F}{B + F} = n. \qquad (5)$$

Appelons h_3 la perte de charge due aux résistances du tuyau d'alimentation, soupapes, etc. La *charge totale* nécessaire pour la chute est

$$DQH = nDQ_1(h_1 + h_2 + h_3) = \frac{h_0 + h_1 + h_2}{h_0} DQ_1(h_1 + h_2 + h_3), \quad (7)$$

et, comparant cette énergie au travail utile donné par la formule (1), on trouve pour le rendement de la machine

$$\frac{Q_1 H_1}{QH} = \frac{1}{n} \frac{h_1}{h_1 + h_2 + h_3} = \frac{h_0 h_1}{(h_0 + h_1 + h_2)(h_1 + h_2 + h_3)}. \quad (8)$$

La diminution du rendement représentée par le facteur $\frac{1}{n}$ dans l'expression ci-dessus et correspondante à une perte de charge de

$$\left(1 - \frac{1}{n}\right) H$$

provient de la perte de l'énergie dépensée à comprimer l'air et à agiter l'eau dans E et dans K pendant cette compression, avec une charge plus que suffisante pour produire l'entrée de l'eau avec la vitesse nécessaire.

L'énergie dépensée à comprimer l'air est restituée pendant la détente; mais, étant employée entièrement à forcer l'eau hors de la soupape de décharge H, elle est en somme perdue.

L'avantage principal de cette machine paraît être sa simplicité.

136. **Réservoir d'air.** C'est un réservoir étanche suffisamment solide, ordinairement cylindrique, terminé par une hémisphère. Sa partie supérieure contient de l'air emprisonné; la partie inférieure renferme de l'eau et communique avec le cylindre ou le tuyau d'alimentation d'une machine à pression d'eau ou toute autre capacité dans laquelle ont lieu des changements de vitesse d'une masse d'eau. La compression et la dilatation de l'air, laissant alternativement entrer et sortir du réservoir un certain volume de cette eau, font que les changements de vitesse ont lieu par degrés. Les machines

rotatives à pression d'eau étaient jadis munies d'un réservoir d'air en communication avec chaque extrémité des cylindres; mais on préfère aujourd'hui des clapets de sûreté (art. 134 A).

Supplément à la deuxième partie, chapitre I, article 94.

136 A. Les **compteurs d'eau** sont des instruments pour mesurer et noter l'écoulement de l'eau dans les tuyaux. On en trouvera des descriptions détaillées dans les *Transactions of the Institution of Mechanical Engineers pour* 1856.

Les compteurs, ordinairement en usage aujourd'hui, peuvent se diviser en deux classes : les compteurs à *piston* et à *roues*.

Comme exemple de compteurs à piston, on peut prendre celui de M. Kennedy qui est une petite machine à pression d'eau à double effet, mue par l'eau dont on mesure le débit. Les autres compteurs à piston, n'enregistrant que le nombre de courses du piston, occasionnaient des erreurs dans l'évaluation du débit; celui-ci est construit de telle sorte qu'au moyen d'un pignon mû par une crémaillère sur la tige du piston, il enregistre les *distances* parcourues par le piston, au moyen d'un train de roues avec cadran et aiguille.

Un exemple de compteurs à roues est celui de M. Siemens, formé d'une petite *turbine à réaction* ou « Barker's mill, » mue par le courant. Les révolutions sont enregistrées par un train de roues sur un cadran.

Un autre exemple de compteur à roues est celui de M. Gorman, formé d'une turbine à ailettes ou à tourbillon, mue par le courant et conduisant les aiguilles d'un cadran.

Ces trois compteurs fonctionnent bien en pratique et peuvent se placer dans le cours du tuyau sous toutes les pressions.

Les erreurs ordinaires d'un bon compteur sont de 1/2 à 1 p. 100; dans les cas extrêmes de variations de pression et de vitesse, il peut se présenter des erreurs de 2 1/2 p. 100.

La valeur des tours d'un compteur à roue se trouve par expérience en cherchant le nombre de tours accomplis pendant le remplissage d'un réservoir de capacité connue.

CHAPITRE V.

ROUES HYDRAULIQUES VERTICALES.

SECTION 1. *Principes généraux.* .

137. Réservoir et déversoir. Le bief d'aval ou canal d'alimentation d'une roue hydraulique verticale, commence soit à un grand réservoir formant un lac artificiel ou naturel receuillant les pluies d'un district, soit à un réservoir plus petit formé par l'élargissement du cours d'eau au moyen d'un barrage ou déversoir transversal. L'objet de ce barrage est non-seulement de retenir une réserve d'eau dans les crues pour l'employer aux sécheresses, mais de prolonger le niveau supérieur de la chute jusqu'à un point le plus rapproché possible de son niveau inférieur où le canal de fuite rejoint le canal naturel d'écoulement : on diminue ainsi la perte de charge due au frottement dans les conduites d'alimentation et de décharge.

Le barrage, sur tout ou sur une partie de sa longueur, agit comme un déversoir de trop-plein, déchargeant au-dessus de la crête le débit en excès du cours d'eau.

1° *Niveau du réservoir. Déversoir non noyé.* La formule 2, article 94, donne la hauteur du niveau du réservoir au-dessus de la crête du déversoir, avec cette différence que, tandis que pour des déversoirs en mince paroi, le coefficient d'écoulement c varie de 0,595 à 0,667, il est beaucoup plus faible pour un déversoir à crête plane ou légèrement arrondie. Sa valeur, en plusieurs circonstances, a été déterminée par les expériences de M. Blackwell. Pour les cas que l'on a présentement en vue, il suffit de prendre la valeur moyenne suivante.

Pour un déversoir de trop-plein

$$c = 0,5 \text{ à peu près.} \qquad (1)$$

Ceci donne pour l'écoulement au-dessus de la crête d'un déversoir en mètres cubes par seconde

$$Q = 2,953 \, cbh^{\frac{3}{2}} = 1,476 \, bh^{\frac{3}{2}}, \qquad (2)$$

et pour la hauteur h du niveau de l'eau dans le réservoir au-dessus de la crête du déversoir, en mètres,

$$h = \sqrt[3]{\frac{Q^2}{2.18 \, b^2}}, \qquad (3)$$

Q étant le débit maximum en mètres cubes par seconde, b la largueur en mètres du courant sur la crête.

2° *Déversoir noyé*, c'est-à-dire dont la crête est plus basse que le niveau d'aval. Soient h et h' les hauteurs de l'eau au-dessus de la crête du barrage dans le réservoir et dans le bief d'aval : le débit par seconde est

$$Q = \frac{2}{3} \, cb \, \sqrt{2g \, (h - h') \left(h + \frac{h'}{2}\right)}. \qquad (4)$$

Quand Q et h' sont donnés, la détermination exacte de h exige la résolution d'une équation du 3° degré ; mais la solution approchée suivante suffit en général.

Première approximation.

$$h = h' + \sqrt[3]{\frac{Q^2}{2,18 b^2}}. \qquad (5)$$

Elle donne toujours un résultat trop élevé.

Seconde approximation. On obtient une valeur h_2 plus approchée par là formule

$$h_2 = h_1 - h' \left(1 - \frac{5}{4} \frac{h'}{h_1 - h'}\right) \qquad (6)$$

et ainsi de suite en répétant le calcul.

138. Ressaut. C'est l'effet produit par l'élévation de l'eau dans le réservoir tout contre la crête du déversoir sur la surface de l'eau plus loin en amont

Pour un canal de pente et de largeur uniformes, la méthode suivante permet de déterminer approximativement la figure qu'une élévation donnée du niveau tout contre la crête du déversoir, fera prendre en amont à la surface du cours d'eau.

Soient :

i la pente du fond du cours d'eau qui est aussi celle de la surface non altérée par le ressaut ;

d_0 la profondeur naturelle du canal avant l'érection du barrage ;

d_1 sa profondeur tout près du barrage ;

d_2 sa profondeur en un point quelconque en amont du barrage.

Trouver la distance r, en amont du barrage, à laquelle on rencontrera la profondeur d^2.

Désignons par

$$\frac{\delta}{\delta_0} = r,$$

le rapport, en un point quelconque, de la profondeur naturelle à la profondeur altérée par le barrage, et par φ la fonction suivante de ce rapport

$$\left.\begin{array}{l} \varphi = \int \frac{dr}{r^3 - i} = \frac{1}{6} \log \mathrm{hyp}\left(1 + \frac{3r}{[r-1]^2}\right) \\ \qquad + \frac{1}{\sqrt{3}} \operatorname{arc\,tang} \frac{2r+1}{\sqrt{3}} \end{array}\right\} \qquad (1)$$

La formule suivante donne de φ une valeur suffisamment approchée,

$$\varphi = \frac{1}{2r^2} + \frac{1}{5r^5} + \frac{1}{8r^8}. \qquad (2)$$

Calculant les valeurs de φ_1, φ_2 correspondantes aux rapports

$$r_1 = \frac{\delta_1}{\delta_0}; \qquad r_2 = \frac{\delta_2}{\delta_0},$$

on a

$$x = \frac{\delta_1 - \delta_2}{i} + \left(\frac{1}{i} - 264\right)(\varphi_1 - \varphi_2)\delta_0. \qquad (3)$$

La table suivante donne quelques valeurs de φ.

r.	φ.		r.	φ.
1,0	∞		1,8	0,166
1,1	0,680		1,9	0,147
1,2	0,480		2,0	0,132
1.3	0,376		2,2	0,107
1,4	0,304		2,4	0,089
1,5	0,255		2,6	0,076
1,6	0,218		2,8	0,066
1.7	0,189		3,0	0,056

Le premier terme de droite, dans la formule (3), est la distance en amont du déversoir où l'on trouverait la profondeur δ^2, si la surface libre était de niveau. Le dernier terme est l'augmentation de cette distance due à la déclivité de cette surface vers le barrage. La constante, 264, est une approximation pour $\dfrac{2}{f}$, f étant le coefficient de frottement ; pour une déclivité naturelle de $\dfrac{1}{264}$, le second terme s'évanouit ; pour une déclivité plus grande, il devient négatif, indiquant que la surface s'élève vers le barrage ; mais, bien que cette élévation se présente réellement dans ce cas, sa valeur ne coïncide pas exactement avec celle que donne la formule, d'autant plus que cette formule renferme des hypothèses moins exactes pour des pentes rapides que pour de faibles déclivités naturelles. Il vaut mieux, pour des pentes plus grandes que $\dfrac{1}{264}$, calculer le ressaut exact simplement par les premiers termes de la formule.

139. Hausses mobiles. On les place dans le mur d'un déversoir pour décharger l'eau en excès avec une moindre élévation du niveau du réservoir et un moindre ressaut que si tout le trop-plein devait passer au-dessus du déversoir.

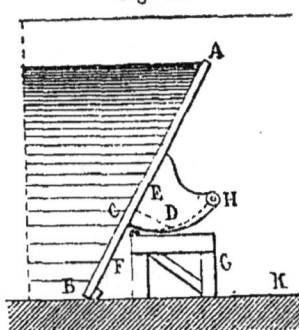

Fig. 43.

La hausse mobile automatique inventée par un ingénieur français, M. Chaubart, est représentée *fig.* 43 en coupe verticale. Elle fonctionne bien quand il faut maintenir le niveau d'un canal parfaitement constant.

AB est la hausse ou vanne représentée fermée : son bord supérieur A est au niveau convenable de l'eau.

La vanne porte sur une paire de sec-

teurs en fonte supportés par une plate-forme horizontale; E est un
de ces secteurs; FG sa plate-forme; chaque secteur a son contour
rainuré de façon à recevoir une chaîne fixée en F à la plate-forme,
en H au secteur. Cette paire de chaînes empêche l'eau de pousser la
vanne en avant.

Quand l'eau se trouve au niveau de A, la résultante de la pression
passe en C, aux deux tiers de AB, au-dessous de A. Par C, tiroirs CD,
perpendiculaires à AB, coupant *l'axe de la chaine* FH en D. Les secteurs et la plate-forme doivent être tels que, quand la vanne est
fermée, le point de contact de chaque secteur avec la plate-forme soit
virtuellement au-dessous de D; alors la résultante des résistances des
chaînes et de la plate-forme sera directement opposée à la pression
de l'eau et l'équilibrera.

Quand l'eau, s'élevant au-dessus de A, commence à déborder, le
centre de pression monte au-dessus de C, la pression et la résistance
ne sont plus directement opposées. La vanne roule sur ses secteurs
jusqu'à une nouvelle position d'équilibre; en quoi faisant, non-seulement l'eau déborde plus rapidement par-dessus A qui s'abaisse,
mais elle s'écoule en dessous par BK bien plus vite que par un simple
débordement.

140. Canal d'arrivée et vannes. Pour protéger le conduit
qui forme le canal d'arrivée contre un débordement, il convient,
entre lui et le canal naturel, d'interposer une muraille ou digue d'une
hauteur suffisante (60 à 90 centimètres) au-dessus du niveau le plus
élevé des eaux, et aussi à travers la partie supérieure du conduit où
il quitte le déversoir. Dans cette dernière situation une muraille est
préférable. Elle est interrompue par un passage admettant l'eau du
réservoir au canal et pouvant se régler au moyen d'une ou de plusieurs *vannes* guidées verticalement dans des glissières; elles sont en
bois ou en fer, mues par vis ou par pignons et crémaillères. Il convient de ne pas les faire plus larges que de $1^m,20$ à $1^m,50$. S'il faut une
plus grande largeur d'ouverture, il faut diviser le passage du réservoir au coursier au moyen de murailles ou de piliers en plusieurs
portions munies chacune d'une vanne.

La perte de chute d'eau à une vanne se trouve par les principes de
l'article 99, division V.

Le canal d'arrivée doit être aussi large que le permet l'économie
de premier établissement. Si l'on se donne son débit Q en mètres par
seconde, ainsi que sa forme et ses dimensions, on calculera sa pente

11

par les formules de l'art. 99, division VI, équations (13), (15), (16), (17).

Si l'on se donne le débit Q et la pente $i = \dfrac{h}{l}$, h étant la chute, la forme et les dimensions transversales du canal se fixent comme il suit.

La section de moindre résistance pour un canal découvert de section A est évidemment un demi-cercle ; son contour b étant le moindre périmètre qui puisse renfermer cette surface. Sa *profondeur hydraulique moyenne* est la *moitié de son rayon*, c'est-à-dire que, si r est ce rayon ainsi que la profondeur maxima de l'eau dans ce canal, et m sa profondeur moyenne,

$$m = \frac{A}{B} = \frac{r}{2}. \qquad (1)$$

M. Neville a montré que s'il est nécessaire que les parois du canal soient formées par des plans, la section de moindre résistance est formée par des droites tangentes à un demi-cercle de rayon égal à la profondeur maxima du canal. Dans cette section, la profondeur hydraulique moyenne est encore égale à la moitié du rayon du demi-cercle.

Par exemple soit à tracer la meilleure section d'un canal à fond plat et dont les côtés ont une pente donnée. Dans la *fig.* 44, soient CAD

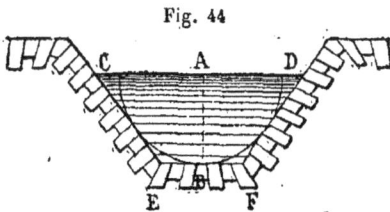

Fig. 44

la surface de l'eau, AB $= r$ sa profondeur maxima. Avec le rayon AB décrivons un demi-cercle, tirons-lui sa tangente EBF pour le fond du canal, et une paire de tangentes EC, FD à l'inclinaison donnée pour ses côtés. Le contour est $b =$ CEFD, la section A $= \dfrac{br}{2}$: chacun des côtés CE, FD est égal à la demi-largeur CA.

Si le canal doit être construit en briques, pierres ou béton, avec du ciment ou mortier hydraulique, on peut employer une forme donnée circulaire ou rectangulaire à fond plat et côtés verticaux, la largeur étant double de la profondeur, ou un *demi-hexagone* formé d'un fond plat de largeur égale à la moitié de celle de la surface de l'eau, et de deux parois inclinées à 60°. La seconde et la troisième figure tombent sous la règle de M. Neville, et la troisième est de moindre résistance parmi toutes celles qui ont un fond plat et deux côtés.

Si le canal doit être construit en argile et en grosses maçonneries, il faut prendre les figures de M. Neville avec une pente d'au moins 1,5 sur 1.

La section une fois choisie, il est évident que les surfaces semblables seront proportionnelles aux carrés de leurs profondeurs hydrauliques moyennes. On pourra écrire

$$A = nm^2, \qquad (2)$$

n étant un facteur qui dépendra de la figure. Pour un demi-cercle,

$$n = 2\pi = 6,2832 ; \qquad (3)$$

pour un demi-carré,

$$n = 8 ; \qquad (4)$$

pour un demi-hexagone,

$$n = 4\sqrt{3} = 6,928. \qquad (5)$$

Pour la figure de M. Neville, avec un fond plat et des côtés inclinés d'un angle θ sur l'horizon,

$$n = 4\left(\operatorname{cosec}\theta + \operatorname{tang}\frac{\theta}{2}\right). \qquad (6)$$

La vitesse d'écoulement est

$$v = \frac{Q}{nm^2}. \qquad (7)$$

Substituant dans l'équation (17), article 99, on trouve

$$i = \frac{f}{m} \times \frac{Q^2}{2gn^2m^4} = \frac{fQ^2}{2gn^2m^5}, \qquad (8)$$

d'où l'on tire, pour la *profondeur moyenne nécessaire*,

$$m = \left(\frac{fQ^2}{2gn^2i}\right)^{\frac{1}{5}}. \qquad (9)$$

La valeur de f est donnée dans l'article 99, équation (15), et renferme un petit terme variant en raison inverse de la vitesse : prenant comme valeur moyenne approchée

$$f = 0,007\,565, \tag{10}$$

on a

$$m = \left(\frac{Q^2}{2592n^2 i}\right)^{\frac{1}{5}}. \tag{11}$$

Ayant calculé la profondeur hydraulique moyenne, on en déduit toutes les autres dimensions du canal.

Le coursier d'arrivée doit avoir un déversoir avec vannes pour lui seul, près de la partie inférieure, pour empêcher l'eau de déborder, et s'il est très-long, il est convenable d'y placer plusieurs barrages à la suite.

140 A. **Tables des cinquièmes puissances.** La formule précédente est identique à l'équation (11), article 118, excepté que, dans le cas présent, le diamètre d du tuyau est remplacé par la profondeur hydraulique moyenne m_1 du canal et le facteur 0,23 par $(2592n^2)^{-\frac{1}{5}}$.

Considérant que pour des tuyaux et les canaux de section semblables, les cinquièmes puissances des dimensions transversales homologues sont proportionnelles aux carrés des débits, on voit qu'une table des carrés et des cinquièmes puissances, comme celle ci-dessous, sert à comparer les conduites de différentes dimensions. Supposons par exemple que, pour deux canaux semblables, de même pente, les débits soient dans un rapport donné; on cherche dans la colonne des cinquièmes puissances deux nombres autant que possible dans ce rapport; les nombres correspondants dans la colonne des carrés seront, à très-peu près, proportionnels aux sections transversales des deux canaux.

TABLE DES CINQUIÈMES PUISSANCES.

	CARRÉ.	CINQUIÈME PUISSANCE.		CARRÉ.	CINQUIÈME PUISSANCE.
10	1 00	1 00000	55	30 25	5032 84375
11	1 21	1 61051	56	31 36	5507 31776
12	1 44	2 48832	57	32 49	6016 92057
13	1 69	3 71293	58	33 64	6563 56768
14	1 96	5 37824	59	34 81	7149 24299
15	2 25	7 59375	60	36 00	7776 00000
16	2 56	10 48576	61	37 21	8445 96301
17	2 89	14 19857	62	38 44	9161 32832
18	3 24	18 89568	63	39 69	9924 36543
19	3 61	24 76099	64	40 96	10737 41824
20	4 00	32 00000	65	42 25	11602 90625
21	4 41	40 84101	66	43 56	12523 32576
22	4 84	51 53632	67	44 89	13501 25107
23	5 29	64 36343	68	46 24	14539 33568
24	5 76	79 62624	69	47 61	15640 31349
25	6 25	97 65625	70	49 00	16807 00000
26	6 76	118 81376	71	50 41	18042 29351
27	7 29	143 48907	72	51 84	19349 17632
28	7 84	172 10368	73	53 29	20730 71593
29	8 41	205 11149	74	54 76	22190 06624
30	9 00	243 00000	75	56 25	23730 46875
31	9 61	286 29151	76	57 76	25355 25376
32	10 24	335 54432	77	59 29	27067 84157
33	10 89	391 35393	78	60 84	28871 74368
34	11 56	454 35424	79	62 41	30770 56399
35	12 25	525 21875	80	64 00	32768 00000
36	12 96	604 66176	81	65 61	34867 84401
37	13 69	693 43957	82	67 24	37073 98439
38	14 44	792 35168	83	68 89	39390 40643
39	15 21	902 24199	84	70 56	41821 19424
40	16 00	1024 00000	85	72 25	44370 53125
41	16 81	1158 56201	86	73 96	47042 70176
42	17 64	1306 91232	87	75 69	49842 09207
43	18 49	1470 08443	88	77 44	52773 19168
44	19 36	1649 16224	89	79 21	55840 59449
45	20 25	1845 28125	90	81 00	59049 00000
46	21 16	2059 62976	91	82 81	6 403 24451
47	22 09	2293 45007	92	84 64	65908 15232
48	23 04	2548 03968	93	86 49	69568 83693
49	24 01	2824 75249	94	88 36	73390 40224
50	25 00	3125 00000	95	90 25	77378 09375
51	26 01	3450 25251	96	92 16	81537 26976
52	27 04	3802 04032	97	94 09	85873 40257
53	28 09	4181 95493	98	96 04	90392 07968
54	29 16	4591 65024	99	98 01	95099 00499

141. La vanne régulatrice doit être aussi près que possible de la roue. Elle délivre l'eau, soit au-dessus de son bord supérieur, comme un déversoir, soit entre son bord inférieur et le bas de l'ouverture dans laquelle elle glisse.

La décharge en dessus est préférable pour les roues sur lesquelles l'eau agit surtout par son poids. Le débit en mètres cubes par seconde, pour une dépression donnée du bord supérieur de la vanne sous le niveau de l'eau dans le canal d'arrivée, peut se calculer par les formules de l'article 94, division III.

La décharge par-dessous la vanne est préférable, pour les roues dans lesquelles l'eau agit surtout par impulsion. Dans ces deux cas, le coefficient d'écoulement pour une vanne verticale peut être pris en moyenne

$$C = 0,7, \qquad (1)$$

parce que la contraction est *partielle*. Mais la vanne est très-souvent inclinée, pour une inclinaison, d'à peu près 60°,

$$C = 0,74; \qquad (2)$$

pour une inclinaison de 45° ou moindre,

$$C = 0,8. \qquad (3)$$

La vanne régulatrice est mue par un mécanisme qui permet de l'ajuster avec une très-grande précision comme une vis, ou une crémaillère et son pignon.

142. Régulateurs des roues hydrauliques. Ils se ressemblent tous beaucoup en principe et ne diffèrent que par des détails. L'exemple simple choisi pour les faire connaître est celui de M. Hewes.

Les *fig.* 45 et 46 sont des élévations de cet appareil dans l'axe et perpendiculairement à un arbre que l'on décrira plus bas. La *fig.* 47 est une coupe horizontale sous le pendule conique représenté en élévation comme formant la partie supérieure de l'appareil, et porté par un axe vertical mû par la roue hydraulique.

Quant aux pendules coniques en général, voir articles 19, 55.

Les tiges du pendule actionnent un manchon qui tourne et monte avec elles, et d'où se projette une came A.

D'un arbre vertical D, se projette une fourche A, ayant une branche de chaque côté de l'axe du pendule; la branche de droite est au-dessus, celle de gauche au-dessous de la came A; quand le pendule tourne avec sa vitesse de régime, la came ne touche pas la fourche. La forme du manchon est telle qu'il ramène la fourche à sa position moyenne aussitôt qu'elle en a dévié.

Dans beaucoup de régulateurs pour roues hydrauliques, la fourche B est à quatre branches. Deux de ces branches sont à la hauteur
de la position moyenne de la came, et assez écartées pour qu'elle

Fig. 45.

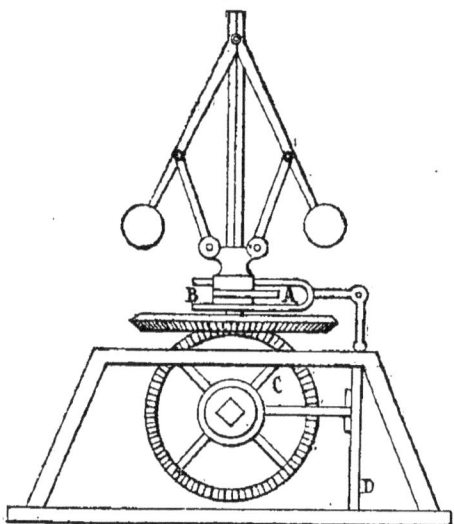

Fig. 46.

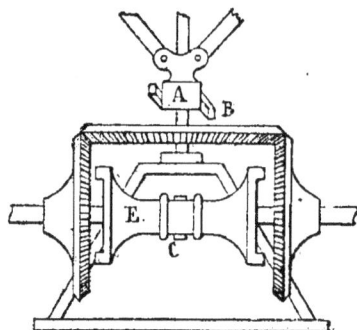

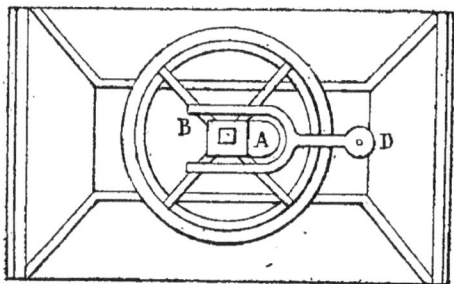

Fig. 47.

puisse tourner librement quand la fourche est dans sa position
moyenne ; l'autre paire de branches est plus près de l'axe, une au-
dessus, l'autre au-dessous de la position moyenne de la came,
comme celles de la fourche dans la figure.

L'axe du pendule porte une roue dentée engrenant avec deux
pignons fous sur un arbre en rapport avec la valve régulatrice. Ces
pignons tournent en sens contraires.

E est un double manchon d'embrayage qui, dans sa position
moyenne, laisse libres les deux pignons, mais qui, suivant qu'il est

poussé à droite ou à gauche, fait tourner, dans un sens ou dans l'autre, l'arbre de ces pignons.

C est une deuxième fourche se projetant de l'arbre D et réglant la position de l'embrayage.

Quand la roue tourne trop vite, le pendule soulève la came A, qui, frappant le bras supérieur de la fourche B, la pousse à droite, ainsi que C qui mène le manchon d'embrayage et cale l'un des pignons, de façon à fermer graduellement la vanne d'admission jusqu'à ce que, la roue ayant repris sa vitesse de régime, le pendule revienne à sa position primitive et abaisse la came, de sorte qu'elle ne touche plus la fourche. Le manchon débraye, et la vanne conserve sa position finale. Quand la roue va trop lentement, le pendule s'abaisse, ainsi que la came A qui frappe la branche inférieure de la fourche B, la pousse à gauche ainsi que C, en donnant à l'arbre de l'embrayage un mouvement tel qu'il ouvre graduellement la vanne d'admission, jusqu'à ce que la roue, ramenée à sa vitesse de régime, remonte le pendule à son point milieu, de sorte que sa came ne touche plus la fourche. Le manchon débraye, les deux pignons sont libres, et la vanne reste dans sa position finale.

143. Description générale des roues hydrauliques verticales. — On décrira, dans ce chapitre, différentes espèces de ces roues, les plus répandues avant les perfectionnements récents qui seront examinés avec plus de détails dans les sections suivantes.

On peut classer comme il suit les roues hydrauliques verticales. 1° *Roues en dessus* et roues *de côté*, dans lesquelles l'eau agit, en partie par son poids ou énergie potentielle, et en partie par son impulsion ou énergie artuelle. 2° *Roues en dessous*, dans lesquelles l'eau agit par son impulsion. Les principaux organes communs à toutes les roues hydrauliques sont les suivants : 1° l'*axe* ou arbre et ses paliers ou supports ; 2° les *parties rayonnantes*, sur lesquelles agit l'eau ; dans les roues en dessus ou de côté, ce sont des *augets* ou cellules ; dans les roues en dessous, ce sont des *palettes* ou vannes. 3° Les *bras* ou *rayons* et autres framures réunissant les augets ou palettes à l'axe. Le canal ou la chambre dans laquelle la roue fonctionne s'appelle *coursier* ou *puits de la roue*. Les roues sont protégées de la gelée et des autres causes de dégradation et d'arrêt par un abri.

1° *Roues en dessus et de côté*. L'eau agit sur ces roues au sommet ou au-dessous entièrement ou presque totalement par son poids.

La périphérie d'une roue en dessus est formée d'un tambour cylindrique et de deux *couronnes* ou anneaux minces verticaux liés à l'arbre par des *bras* et des *tirants*. L'espace entre ces couronnes est divisé en compartiments ou augets par des aubes courbes ou polygonales. L'eau tombe du réservoir en passant par la vanne régulatrice, parfois guidée par un bec dans les ouvertures entre les bords extrêmes des augets, et les remplit successivement. Autrefois les augets étaient complétement fermés au fond par le tambour; aujourd'hui on y perce des trous pour la circulation de l'air. Pendant la descente des augets, une partie de l'eau déborde et s'échappe, ce qui est une cause de perte d'énergie; à mesure que chaque auget arrive au point le plus bas de sa révolution, il décharge toute son eau dans le canal de fuite, et remonte à vide. Une roue de côté diffère d'une roue en dessus, principalement en ce que l'eau y arrive dans les augets un peu plus bas, et en ce qu'ils sont enfermés dans un canal ou coursier formé d'un arc de cylindre allant de la vanne régulatrice au canal de fuite, et suivant presque exactement la périphérie de la roue qu'il renferme. L'effet du coursier est de prévenir le débordement de l'eau au-dessus des bords des augets jusqu'à ce qu'ils soient arrivés au-dessus du canal de fuite. La vitesse ordinaire de la circonférence d'une roue en dessus ou de côté est de $0^m,90$ à $1^m,80$ par seconde, et leur rendement, quand elles sont bien construites et bien étudiées, varie de 0,70 à 0,80. Le diamètre d'une roue en dessus doit être un peu moindre que la hauteur de la chute d'eau. Celui d'une roue de côté doit être un peu plus grand; elles sont parfois en conséquence de dimensions énormes. Quelques-unes ont jusqu'à 21 mètres de diamètre. Les roues de cette classe sont les meilleures quand on dispose d'un grand débit avec une chute de hauteur moyenne.

2° *Roues en dessous et basses roues de côté.* Ces roues sont mues surtout par l'impulsion de l'eau déchargée par une ouverture au fond du réservoir, avec la vitesse due à la chute, contre des *aubes* ou vannes. Chacune de ces roues a une *vitesse de rendement maximum* qui donne à l'eau quittant la roue sa vitesse *minima*. Le rapport de cette vitesse à celle de l'eau à l'entrée dépend de la forme des aubes, mais ne s'écarte jamais beaucoup de 1/2.

Dans les vieilles roues en dessous, les aubes sont planes, et dans le prolongement du rayon, le rendement théorique maximum est $\frac{1}{2}$.

Le rendement pratique est beaucoup moindre et dépasse rarement
$\frac{1}{3}$. Une roue en dessous munie d'un *coursier* ou enveloppe s'étendant
comme précédemment de la vanne d'admission au commencement
du canal de fuite, devient une basse roue de côté dans laquelle l'eau
agit en partie par son poids, en partie par impulsion. Cette classe de
roue a été très-perfectionnée par Poncelet, qui courba les aubes de
façon que l'eau puisse y pénétrer sans choc et les quitter, pour
tomber dans le canal de fuite, sans vitesse horizontale. Le rendement
maximum théorique de ces roues est aussi grand que celui des roues
en dessus, mais leur rendement pratique ne dépasse pas 0,60. Elles
conviennent aux faibles chutes à grand débit.

La *fig.* 48 est une vue générale d'une vieille roue en dessus :
A, déversoirs ; C, rayons ; B, arbres et tourillons ; D, couronnes, dont
une dentée, pour transmettre le mouvement aux machines par un
pignon ; E, tambour ; F, augets ; G, canal de fuite où l'eau s'échappe
en sens contraire du mouvement de la partie voisine de la roue.

Fig. 48.

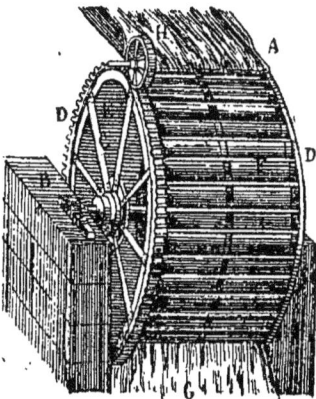

Fig. 49.   Fig. 50.   Fig. 51.

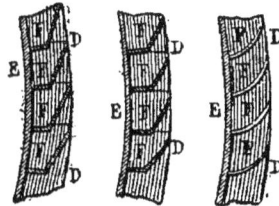

Les *fig.* 49, 50 et 51 sont des coupes verticales partielles de couronnes pour roues en dessus. Les *fig.* 49 et 50 représentent des
augets en bois et la *fig.* 51 des augets en fer. Dans chacune de ces
figures, D désigne la couronne, E le tambour, F les augets.

Anciennement, pour empêcher l'air d'obstruer l'entrée de l'eau
dans les augets, on perçait des trous dans le tambour, ou l'on faisait
la roue plus large que le déversoir, de façon à laisser l'air s'échapper
par les extrémités des augets, l'eau entrant au milieu. Le moyen
usité aujourd'hui sera décrit dans la suite.

La *fig.* 52 représente une vieille roue de côté en bois à aubes planes : A, réservoir; B, vanne manœuvrée par crémaillère et pignon; C, coursier; D, roue; E, canal de fuite dans lequel l'eau se

Fig. 52.

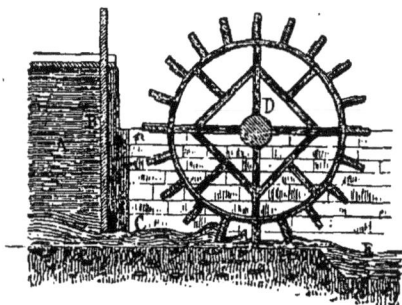

Fig. 53.

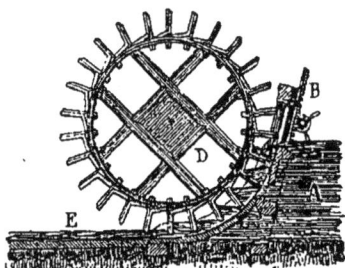

meut avec la roue. L'eau agit sur cette roue par impulsion et par son poids.

La *fig.* 53 est une roue en dessous de construction ancienne : A réservoir, B vannes, C coursier, D roue, E canal de fuite où l'eau se meut suivant la roue. L'eau agit sur cette roue entièrement par impulsion.

144. Choc de l'eau sur les vannes (extrait en partie de *A. M.*, 648, 649).

L'action de l'eau, par impulsion sur une surface solide, est la pression qu'elle exerce sur cette surface, en vertu du changement qu'elle fait subir à son mouvement, en direction et en vitesse.

La direction et l'intensité de la pression causée par un jet ou courant d'eau sur une surface solide, sont déterminées par les principes suivants, qui sont l'expression de la *seconde loi du mouvement* déjà citée dans les articles 14, 29 et 30 et appliquée à ce cas.

1° La direction de cette pression est opposée à celle du changement produit dans le mouvement du courant pendant son contact avec la surface.

2° Le rapport de la grandeur de cette pression au poids d'eau écoulé par seconde, est égal au rapport de la vitesse du changement de mouvement du courant, par seconde, à l'accélération $g = 9^m,808$ de la gravité.

Il reste à montrer comment on détermine la direction et la vitesse de ce changement de mouvement.

Dans ce qui suit, on néglige, comme insensible, l'effet du frotte-ment de l'eau sur la vanne.

Dans chacune des *fig.* 54, 55, 56, 57, A est le jet d'eau ou

Fig. 54.

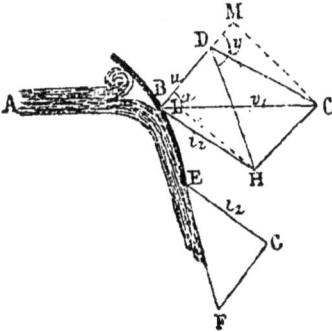

Fig. 55.

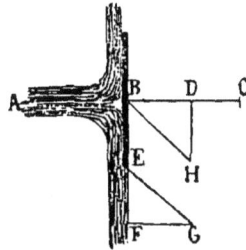

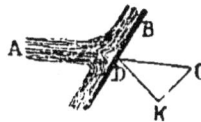

Fig. 56   Fig. 57.

courant. La *fig.* 54 représente le cas où la vanne guide le jet dans la direction FE : ce cas comprend la solution de tous les autres. Les *fig.* 55 et 57 représentent le cas d'une vanne plate ; le courant s'y étale dans toutes les directions ; dans la *fig.* 55, la vanne est perpen-diculaire ; dans la *fig.* 57, elle est oblique au courant. La *fig.* 56 re-présente une vanne en forme de coupe, tournant sa concavité vers le jet. Les lignes correspondantes des différentes figures ont les mêmes lettres.

Un jet de liquide A frappant une surface polie est réfléchi de façon à glisser sur elle et à s'échapper à son extrémité E, dans une direc-tion tangente de la surface. Puisque les particules du fluide glissent sur la surface, la seule force sensible qui s'exerce entre elles et la surface est perpendiculaire à la direction de leur mouvement. Cette force ne peut, par conséquent, ni accélérer ni retarder le mouve-ment de l'eau, relativement à la surface, mais seulement le dévier.

Si la surface possède un mouvement de translation de vitesse u, dans une direction quelconque, soient BD la grandeur et la direction de cette vitesse et BC la grandeur et la direction de la vitesse initiale du jet, relativement à la surface. Tirons EF = DC tangent à la surface en E où le jet s'en sépare : cette ligne représente, en grandeur et direction, la vitesse relative avec laquelle l'eau quitte la vanne. Tirons FC ‖ et=BD et joignons EG. Cette ligne représente la direction et la grandeur de la vitesse absolue avec laquelle l'eau quitte la vanne. C'est la résultante de EF et de FG.

1° *Problème général.* Tirons DH parallèle à la tangente EF et égale à DC. La base CH du triangle isocèle CDH représente la direction et la vitesse du *changement de mouvement* subi par le jet pendant son contact avec la vanne ; de sorte que, suivant le premier principe énoncé plus haut :

HC est la direction de la pression exercée par le jet contre la vanne, et, d'après le second de ces principes, la *grandeur* de cette pression est

$$DQ \frac{HC}{g}, \tag{1}$$

DQ étant le poids du volume d'eau écoulé par seconde.

Mais la grandeur de cette pression est moins importante que celle de ses composantes qui agit comme un *effort* relativement à la vanne, c'est-à-dire qui agit suivant la direction BD du mouvement de la vanne. Pour trouver cet effort, HC, dans l'équation (1), doit être remplacé par sa projection LM sur BD, HL et CM étant des perpendiculaires menées de BD aux deux extrémités de HC. Donc, si P désigne l'effort cherché

$$P = DQ \frac{LM}{g}, \tag{2}$$

et l'*énergie exercée* par le jet sur la vanne est

$$Pu = DQ \frac{LM \; BD}{g}. \tag{3}$$

Pour exprimer ces principes en langage algébrique, soient :

$v_1 =$ BC la vitesse initiale du jet ;
$u =$ BD la vitesse de la vanne ;
$\alpha = \widehat{DBC}$ l'angle de ces deux vitesses ;
$\gamma = \widehat{MDH} =$ supplément $\widehat{EFG}$ l'angle d'une tangente au dernier élément de la vanne avec sa vitesse.

On a

$$BM = v_1 \cos \alpha ; \ DM = v_1 \cos \alpha - u;$$
$$DH = DC = \sqrt{v_1^2 + u^2 - 2u_1 v_1 \cos \alpha}.$$
$$DL = - DH \cos \gamma \ \text{(les cosinus des angles obtus}$$
$$\text{étant négatifs.)};$$

d'où

$$LM = v_1 \cos \alpha - u - \cos \gamma \sqrt{(v_1^2 + u^2 - 2uv_1 \cos \alpha)} \qquad (4)$$

$$P = DQ \ \frac{1}{g} \ (v_1 \cos \alpha - u - \cos \gamma \sqrt{v_1^2 + u^2 - 2uv_1 \cos \alpha}) \qquad (5)$$

$$Pu = DQ \ \frac{1}{g} \ (uv_1 \cos \alpha - u^2 - u \cos \gamma \sqrt{v_1^2 + u^2 - 2uv_1 \cos \alpha}). \qquad (6)$$

Si la vitesse finale de l'eau $EG = BH$ est désignée par v_2, on a pour sa valeur

$$v_2 = \sqrt{(\overline{BD}^2 + DH^2 + 2BD \times DH \cos \gamma)}$$
$$= \sqrt{(v_1^2 - 2u(v_1 \cos \alpha - u) + 2u \cos \gamma \sqrt{v_1^2 + u^2 - 2uv_1 \cos \alpha}}. \qquad (7)$$

De là il suit que l'équation (6) est équivalente à l'équation

$$Pu = DQ \ \frac{v_1^2 - v_2^2}{2g} \qquad (8)$$

qui s'énonce : *L'énergie exercée par l'eau sur la vanne est égale à l'énergie actuelle perdue par l'eau*, conséquence de l'hypothèse que le frottement est insensible.

Le rendement de l'action d'un jet sur une vanne est le rapport de l'énergie exercée sur la vanne dans une seconde, à l'*énergie actuelle* de l'eau par seconde. Sa valeur est

$$1 - K = \frac{Pu}{DQ \ \dfrac{v_1^2}{g}} = 1 - \frac{v_2^2}{v_1^2} = 1 - \frac{\overline{BH}^2}{\overline{BC}^2}$$
$$= 2 \left[\frac{u}{v_1} \cos \alpha - \frac{u_2}{v_1^2} \cos \gamma \ \sqrt{\left(1 + \frac{u}{v_1^2} - 2 \frac{u}{v_1} \cos \alpha\right)} \right]. \qquad (9)$$

Il y a évidemment deux cas pour lesquels le rendement est nul : 1° quand la vanne est immobile $u = 0$; 2° quand la vitesse de la vanne est telle que $P = 0$, lorsque

$$\frac{u}{v_1} = \cos\alpha + \sin\alpha\,\text{cotang}\,\gamma. \tag{10}$$

Pour chaque paire d'angles α et γ, il y a une valeur intermédiaire de $\dfrac{u}{v_1}$ qui donne un rendement maximum. Sa détermination dans le cas général exige la résolution d'une équation du 4e degré et n'en vaut pas la peine. On la déterminera pour les cas seulement où cela est utile.

2° *Cas où* HC ∥ BD. Dans ce cas, la pression du jet est tout entière un effort parallèle à la direction du mouvement de la vanne. Pour qu'il en soit ainsi, les angles CDM, HDM $= \gamma$, des vitesses initiales et finales du jet relativement à la vanne avec la direction de son mouvement doivent être égaux, de sorte que

$$DL = DM = v_1\cos\alpha - u.$$

Les équations (4), (5), (6), (7) et (9) deviennent

$$LM = 2\,(v_1\cos\alpha - u) \tag{11}$$

$$P = \frac{2DQ\,(v_1\cos\alpha - u)}{g}, \tag{12}$$

$$v_2 = \sqrt{[v_1^2 - 4u\,(v_1\cos\alpha - u)]}, \tag{14}$$

$$1 - R = \frac{Pu}{DQ\dfrac{v_1^2}{2g}} = 1 - \frac{v_2^2}{v_1^2} = \frac{4u\,(v_1\cos\alpha - u)}{v_1^2}. \tag{15}$$

Le rendement est évidemment nul pour $u = 0$ ou $u = v_1\cos\alpha$; et la *vitesse de rendement maximum* est

$$u = \frac{v_1\cos\alpha}{2}, \tag{16}$$

pour laquelle l'effort, l'énergie exercée par seconde, et la vitesse finale de l'eau, ont les valeurs

$$P = \frac{DQ\,v_1\cos\alpha}{g}, \tag{17}$$

$$Pu = \frac{DQ\,v_1^2\cos^2\alpha}{2g}, \tag{18}$$

$$v_2 = v_1\sin\alpha, \tag{19}$$

et son *rendement maximum* est

$$1 - k = \cos^2 \alpha. \tag{20}$$

3° *Cas d'une vanne plate normale au jet et se mouvant dans la même direction (fig. 55).*

Dans ce cas, l'eau s'échappe des bords de la vanne dans toutes les directions : $\cos \alpha = 1$, $\cos \gamma = 0$. Les équations (5), (6), (7) et (9) deviennent

$$P = DQ \frac{v_1 - u}{g}, \tag{21}$$

$$Pu = DQ \frac{u(v_1 - u)}{g}, \tag{22}$$

$$v_2 = \sqrt{(v_1^2 - 2uv_1 + 2u^2)}, \tag{23}$$

$$1 - k = \frac{2u(v_1 - u)}{v_1^2}. \tag{24}$$

Le rendement maximum a lieu quand

$$u = \frac{v_1}{2}, \tag{25}$$

et, dans ce cas,

$$P = \frac{DQ v_1}{2g}, \tag{26}$$

$$Pu = \frac{DQ v_1^2}{4g}, \tag{27}$$

$$v_2 = \frac{v_1}{\sqrt{2}}, \tag{28}$$

$$1 - k = \frac{1}{2}; \tag{29}$$

de sorte que l'on perd au moins la moitié de l'énergie du jet.

4° *Cas d'une vanne en forme de coupe (fig. 56).* Supposons que le mouvement de la vanne soit dans la direction du jet, de sorte que $\cos \alpha = 1$; et, pour éviter les quantités négatives, soit $\beta = \gamma - 90°$ l'angle aigu que fait le dernier élément de la coupe avec son axe, de sorte que $- \cos \gamma = + \cos \beta$. Les équations (4), (5), (6), (7) et (9) deviennent

$$LM = (v_1 - u)(1 + \cos\beta), \qquad (30)$$

$$P = DQ\frac{v_1 - u}{g}(1 + \cos\beta), \qquad (31)$$

$$Pu = DQ\frac{u(v_1 - u)}{g}(1 + \cos\beta), \qquad (32)$$

$$v = \sqrt{v_1^2 - 2u(v_1 - u)(1 + \cos\beta)}, \qquad (33)$$

$$1 - k = \frac{2u(v_1 - u)(1 + \cos\beta)}{v_1^2}. \qquad (34)$$

La vitesse de rendement maximum est évidemment comme au 3° cas,

$$u = \frac{v_1}{2}, \qquad (35)$$

et alors

$$P = DQ\frac{v_1}{2g}(1 + \cos\beta), \qquad (36)$$

$$Pu = DQ\frac{v_1^2}{4g}(1 + \cos\beta), \qquad (37)$$

$$v_2 = v_1\sqrt{\left(1 - \frac{1 + \cos\beta}{2}\right)}, \qquad (38)$$

$$1 - k = \frac{1 + \cos\beta}{2}. \qquad (39)$$

La forme de rendement maximum de la vanne est un hémisphère pour lequel $\cos\beta = 1$; dans ce cas, et avec la vitesse de rendement maximum, on a

$$P = \frac{DQv_1^2}{g}, \qquad (40)$$

$$Pu = \frac{DQv_1^2}{2g}, \qquad (41)$$

$$v_2 = 0. \qquad (42)$$

$$1 - k = 1. \qquad (43)$$

Le *rendement est parfait.*

5° *Cas d'une vanne plate oblique au jet (fig. 57).*

Dans ce cas, la méthode de solution la plus facile est la suivante :

Soit $v' = DC$ la vitesse du jet *relativement à la vanne,* trouvée comme dans le cas général. Appelons θ l'angle CDK qu'elle fait avec une normale à la vanne.

12

Décomposons v' en deux composantes

$$\left.\begin{array}{l} DK = v'\cos\theta, \text{ normale à la vanne,} \\ KC = v'\sin\theta, \text{ suivant la vanne.} \end{array}\right\} \qquad (44)$$

Alors, d'après l'hypothèse d'un frottement insensible, KC n'est pas affecté en grandeur par la vanne, mais DK est entièrement détruit. Ainsi, DK, dans la *fig.* 57, correspond à HC (*fig.* 54) et représente le changement du mouvement par l'action de la vanne sur l'eau. D'où il suit que la pression exercée par l'eau sur la vanne lui est normale et est donnée en grandeur par

$$P' = DQ\,\frac{v'\cos\theta}{g}. \qquad (45)$$

Soit maintenant u la vitesse de la vanne dans une direction faisant un angle δ avec sa normale. L'effort de l'eau sur la vanne devient

$$P = P'\cos\delta = DQ\,\frac{v'\cos\theta\,\cos\delta}{g}, \qquad (46)$$

et l'énergie exercée

$$Pu = P'u\cos\delta = DQ\,\frac{v'u\cos\theta\,\cos\delta}{g}, \qquad (47)$$

qui, divisée par $DQ\dfrac{v_1^2}{2g}$, comme cans les cas précédents, donne le rendement.

On peut aussi arriver à ce résultat comme il suit :

Soit λ l'angle de la direction primitive du jet avec la normale à la vanne. Alors

$$v'\cos\theta = v_1\cos\lambda - u\cos\delta;$$

d'où
$$\tag{48}$$

$$P = DQ\,\frac{v_1\cos\lambda\,\cos\delta - u\cos^2\delta}{g}, \qquad (49)$$

$$Pu = DQ\,\frac{uv_1\cos\lambda\,\cos\delta - u^2\cos^2\delta}{g}, \qquad (50)$$

$$1 - k = 2\,\frac{u}{v_1}\cos\lambda\,\cos\delta - 2\,\frac{u^2}{v_1^2}\cos^2\delta. \qquad (51)$$

La vitesse de rendement maximum est

$$u = \frac{v_1 \cos \lambda}{2 \cos \delta},$$ (52)

et donne les résultats suivants :

$$P = DQ \frac{v_1 \cos \lambda \cos \delta}{2g},$$ (53)

$$Pu = DQ \frac{v_1^2 \cos^2 \lambda}{4g},$$ (54)

$$1 - k = \frac{\cos^2 \lambda}{2},$$ (55)

qui est indépendant de δ.

145. Meilleure forme d'une vanne pour recevoir un jet. — Dans toutes les roues hydrauliques, que l'eau y agisse par son poids ou surtout par son impulsion, il convient, pour réduire autant que possible la perte d'énergie par agitation de l'eau, que le jet, au premier contact avec la vanne ou l'auget, y glisse et ne *choque* pas

On atteint ce but de la manière suivante.

Dans la *fig.* 58, OBE est la vanne ou l'auget se mouvant suivant BD avec une vitesse $u = $ BD. A est un jet se mouvant suivant BC avec une vitesse $v_1 = $ BC et abordant la vanne auprès du point B. Joignant DC, cette ligne représentera la vitesse et la direction du mouvement de l'eau *relativement à la vanne*, et, quelle que soit la forme de cette vanne, sa surface devra être, aux environs du point B, parallèle à DC.

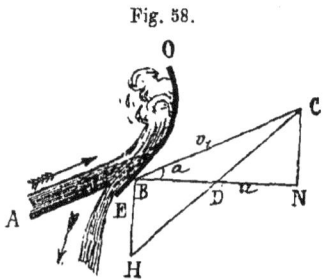

Fig. 58.

Aubes de Poncelet. Poncelet est l'inventeur de ce perfectionnement; il l'appliqua, aux aubes de ses roues en dessous, décrites plus bas.

Les conséquences suivantes de ce principe s'appliquent au 2e cas de l'article 144, dans lequel l'angle $\gamma = $ NDH, que fait le bord de la vanne où l'eau la quitte avec la direction de son mouvement, est le supplément de l'angle de cette direction avec la vitesse relative du jet à l'origine. Cette condition est remplie dans les roues de Poncelet, car l'eau, après être montée vers O à la hauteur verticale due à sa vitesse relative DC, retourne et s'échappe en E près de B ; de sorte que DH, égal et opposé à DC, représente la direction et la vitesse de son mouvement final relativement à l'aube, et BH la direction et la grandeur de ce mouvement relativement à la terre. On a démontré, dans cette même division de l'article 144 qui vient d'être citée, que la vitesse de rendement maximum est, en négligeant le frottement,

$$u = \frac{v_1 \cos \alpha}{2},$$

(où $\alpha = \widehat{CBN}$). De là, la construction suivante : De C, menons CN perpendiculaire à BN. Joignons D, milieu de BN, au point C. La surface de la vanne en BE, s'il n'y avait pas de frottement, devrait être parallèle à DC. Un des effets du frottement est de rendre la vitesse de rendement maximum un peu supérieure à $\frac{v_1 \cos \alpha}{2}$; et l'on doit en tenir compte dans la construction des aubes comme on l'expliquera dans l'article prochain.

146. Effet du frottement pendant l'impulsion. — Dans les deux précédents articles, le frottement pendant l'impulsion de l'eau sur la vanne a été considéré comme insensible. On ne sait rien de précis sur son mode d'action et la recherche suivante est en grande partie conjecturale ; mais ses résultats coïncident, en général, avec ceux de l'expérience.

Supposons que le frottement en question cause une perte d'énergie par seconde proportionnelle à la hauteur due à la vitesse de l'eau *relativement à la vanne* qui est

$$DC = \sqrt{[(v_1 \cos \alpha - u)^2 + v_1^2 \sin^2 \alpha]}.$$

La perte d'énergie par seconde en frottement est alors représentée par

$$DQf \frac{(v_1 \cos \alpha - u)^2 + v_1^2 \sin^2 \alpha}{2g}, \qquad (1)$$

f étant un coefficient inconnu.

Considérons le 2ᵉ cas de l'article 144, illustré *fig.* 58 : se reportant à l'équation (13) de cet article pour l'énergie exercée par seconde sur la vanne quand on néglige le frottement, il suit qu'après en avoir retranché l'energie perdue en frottements cette énergie devient

$$\mathrm{P}u = \mathrm{DQ}\left[\frac{2u(v_1\cos\alpha - u)}{g} - f\frac{(v_1\cos\alpha - u)^2 + v_1^2\sin^2\alpha}{2g}\right], \quad (2)$$

de sorte que le rendement se réduit à

$$1 - k = \frac{4u(v_1\cos\alpha - u)}{v_1^2} - \frac{f(v_1\cos\alpha - u)^2}{v_1^2} - f\sin^2\alpha. \quad (3)$$

De cette expression, on déduit aisément pour la *vitesse de rendement maximum*

$$u_1 = \frac{2 + f}{4 + f}\, v_1\cos\alpha; \qquad\qquad (4)$$

surpassant la vitesse de rendement maximum sans frottement dans le rapport

$$\frac{4 + 2f}{4 + f}.$$

Supposons qu'on ait trouvé par expérience la vitesse de rende-ment maximum u_1 pour une roue donnée; le coefficient f sera donnée par la formule

$$f = \frac{4u_1 - 2v_1\cos\alpha}{v_1\cos\alpha - u_1}; \qquad\qquad (5)$$

valeur qui, substituée dans l'équation (3), donne pour le rendement maximum

$$1 - k = \frac{2(\cos^2\alpha)(v_1\cos\alpha - u_1)}{v_1} - \frac{4u_1 - 2v_1\cos\alpha}{v_1\cos\alpha - u_1}\sin^2\alpha. \quad (6)$$

EXEMPLE NUMÉRIQUE. Prenant $\cos\alpha = 0{,}99$, $\sin\alpha = 0{,}125$ et sup-posant que l'expérience ait donné $u_1 = 0{,}6 v_1\cos\alpha$, au lieu de $\frac{1}{2}v_1\cos\alpha$ sans frottement

L'équation (5) donne $\qquad\qquad f = 1$
L'équation (6) $\qquad\qquad 1 - k = 0{,}78$

Ce résultat est vérifié approximativement en pratique, comme on le verra plus bas, et, dans ce cas, on voit qu'en construisant les aubes, d'après l'article 15, il faut prendre BD$= 0{,}6$BN. (Voir *fig.* 58.)

147. Action directe distinguée de la réaction. La pression qu'un jet exerce sur une vanne peut toujours se diviser en deux parties :

1° La pression provenant du changement de la composante directe, $v_1 \cos \alpha$, de la vitesse de l'eau en celle u de la vanne. Cette pression, que l'on peut appeler *pression due à l'impulsion directe*, a pour valeur, *toujours*

$$P_1 = DQ \frac{v_1 \cos \alpha - u}{g}, \qquad (1)$$

et n'est pas affectée par le frottement. L'énergie qu'elle exerce sur la vanne, par seconde, est toujours

$$P_1 u = DQ \frac{u(v_1 \cos \alpha - u)}{g}, \qquad (2)$$

étant, avec l'énergie totale de l'eau, dans le rapport

$$\frac{2u(v_1 \cos \alpha - u)}{v_1^2}, \qquad (3)$$

dont la valeur maximm

$$\frac{\cos^2 \alpha}{2}, \qquad (4)$$

correspond à la vitesse

$$u_1 = \frac{v_1 \cos \alpha}{2}. \qquad (5)$$

Pour une vanne plane, se mouvant normalement, comme dans la *fig.* 55, cette *action directe* est la seule qu'exerce l'impulsion de l'eau ; de même, quand l'eau pénétrant dans un auget n'en sort pas immédiatement, mais se meut avec lui.

2° Le terme *Réaction* s'applique à l'action additionnelle dépendant de la direction et de la vitesse avec laquelle l'eau quitte la vanne ; c'est elle qui est diminuée par le frottement de l'eau sur la vanne ou entre les molécules de cette eau.

Se reportant encore une fois au cas, si souvent cité, dans lequel l'eau quitte la vanne avec la même obliquité qu'à l'entrée (art. 144, cas 2), on voit, d'après les équations 12, 13 et 15, de cet article, que, pour un frottement insensible, la pression, l'énergie et l'efficacité dues à la réaction seraient simplement égales à celles de l'action directe ; l'effet de la réaction serait de doubler ces quantités. On voit en outre, d'après les équations 2 et 3 de l'article 146, que la pression, l'énergie et le rendement de la réaction avec frottement sont :

$$P_2 = DQ \left[\frac{v_1 \cos \alpha - u}{g} - f_1 \frac{(v_1 \cos \alpha - u)^2 + v_1 \sin^2 \alpha}{2gu} \right], \quad (6)$$

$$P_2 u = DQ \left[\frac{u(v_1 \cos \alpha - u)}{g} - f \frac{(v_1 \cos \alpha - u)^2 + v_1^2 \sin^2 \alpha}{2g} \right]. \quad (7)$$

Rendement dû à la réaction

$$= \frac{2u(v_1 \cos \alpha - u)}{v^2} - f \frac{(v_1 \cos \alpha - u)^2}{v_1^2} - f \sin^2 \alpha. \quad (8)$$

La valeur de f, dans le cas des aubes de Poncelet, pour lesquelles α est un petit angle, est à peu près $= 1$. On ne doit pas la considérer comme constante pour d'autres formes; il est probable, au contraire, que f dépend de l'angle α, diminuant quand il s'approche de 90°, et de la forme des aubes. Mais les données expérimentales manquent sur la loi de ces variations.

148. Rendement des roues hydrauliques en général. Ces roues se divisent, par rapport à leur rendement, en deux classes, savoir : *Roues à poids et impulsion*, comprenant les roues en dessus et de côté; *Roues à impulsion* ou en dessous.

1° *Roues à poids et impulsion.* Soient H la charge totale,

$$H_1 = (1 - k')H \quad (1)$$

la charge disponible sur la roue, en tenant compte des pertes de charge d'après les principes de l'article 99. Cette charge disponible se divise en deux parties :

$$H_1 = h + \frac{v_1^2}{2g}, \quad (2)$$

$\frac{v_1^2}{2g}$ étant la fraction de charge employée à donner à l'eau sa vitesse d'arrivée sur la roue, et h la hauteur pendant laquelle l'eau agit sur la roue par son poids.

Soit u la vitesse de la circonférence de la roue. L'énergie totale de la chute disponible, par seconde, se compose de celle due à l'action du poids DQh, et de celle due à l'action directe par impulsion,

$$\mathrm{DQ}\,\frac{u\,.\,(v_1\cos\alpha-u)}{g}\,.$$

Une certaine fraction k''' de cette énergie se perd en fuites et en résistances diverses qui ne peuvent s'évaluer qu'empiriquement, de sorte que la *puissance effective* de la roue est

$$\mathrm{R}_1 u=(1-k''')\mathrm{P}u=(1-k''')\mathrm{DQ}\left[h+\frac{u(v_1\cos\alpha-u)}{g}\right],\quad(3)$$

et sa charge effective, réduite à la circonférence,

$$\mathrm{R}_1=(1-k''')\mathrm{P}=(1-k''')\mathrm{DQ}\left(\frac{h}{u}\;\frac{v_1\cos\alpha-u}{g}\right).\quad(4)$$

La valeur de $1-k'''$, d'après des expériences nombreuses relatées par Poncelet et le général Morin, varie de 0,74 à 0,82; sa moyenne est

$$1-k'''=0,78 \text{ à peu près.}\quad(5)$$

Le *Rendement* de la roue est

$$1-k''=1-k'''\frac{h+\dfrac{u(v_1\cos\alpha-u)}{g}}{h+\dfrac{v_1^2}{2g}},\quad(6)$$

et varie de 0,66 à 0,8, à peu près.

La vitesse u à la circonférence de la roue est fixée par des considérations pratiques. Elle était limitée jadis à $0^m,90$ par seconde, aujourd'hui elle s'approche en général de $1^m,80$.

La vitesse d'arrivée v_1, correspondante au rendement maximum, pour une valeur donnée de u, est

$$v_1=\frac{2u}{\cos\alpha},\quad(7)$$

et le rendement maximum correspondant

$$1-k''=1-k'''\frac{h+\dfrac{v_1^2}{4g}}{h+\dfrac{v_1^2}{2g}}=1-k'''\frac{h_1+\dfrac{u^2}{g}}{h+\dfrac{2u^2}{g}}.\quad(8)$$

2° *Roues à impulsion.* Elles se divisent en roues avec ou sans réaction.

La vieille roue à aubes planes, *fig.* 53, est un exemple de roues sans réaction. Les formules applicables à ces roues se tirent des précédentes en y faisant $h = 0$; mais la valeur de $1 - k'''$ n'est que de 0,66 à 0,7, de sorte que leur rendement maximum varie de 0,33 à 0,35.

La roue en dessous perfectionnée, ou *roue de Poncelet*, est un exemple de roue à impulsion avec réaction. Le principe dont découle la forme de ses aubes est exposé à l'article 145, et les formules donnant sa charge, son travail par seconde et son rendement, ont été démontrées article 146, en supposant $k''' = 0$. Prenant, comme dans cet article, le coefficient de frottement $f = 1$, et multipliant par $1 - k'''$, pour tenir compte des fuites, etc., on trouve, pour la *charge*, le *travail* et le *rendement effectif*, les formules suivantes :

$$R_1 = DQ \frac{1 - k'''}{2gu} [(v_1 \cos \alpha - u)(5u - v_1 \cos \alpha) - v_1^2 \sin^2 \alpha]$$

$$= DQ \frac{1 - k'''}{2gu} (6uv_1 \cos \alpha - 5u^2 - v_1^2); \qquad (9)$$

$$R_1 u = DQ \frac{1 - k'''}{2g} (6uv_1 \cos \alpha - 5u^2 - v_1^2) \qquad (10)$$

$$1 - k'' = \frac{R_1 u}{DQ \frac{v_1^2}{2g}} = (1 - k''') \left(6 \frac{u}{v_1} \cos \alpha - 5 \frac{u^2}{v_1^2} - 1 \right). \qquad (11)$$

La valeur de $1 - k'''$, d'après les expériences de Poncelet et du général Morin, est à peu près la même que pour les roues en dessus ou de côté, c'est-à-dire qu'elle varie de 0,75 à 0,80 et est en moyenne

$$1 - k''' = 0,78. \qquad (12)$$

La vitesse de rendement maximum est, d'après l'article 146, environ

$$u_1 = 0,6v_1 \cos \alpha ; \qquad (13)$$

les équations (9), (10), (11) deviennent avec ces valeurs

$$R_1 = (1 - k''')DQ \frac{v_1(1,8 \cos^2 \alpha - 1)}{2g \, 0,6 \cos \alpha}; \qquad (14)$$

$$R_1 u_1 = (1 - k''')DQ \frac{v_1^2}{2g} (1,8 \cos^2 \alpha - 1); \qquad (15)$$

$$1 - k'' = \frac{R_1 u_1}{DQ \frac{v_1^2}{2g}} (1 - k''')(1,8 \cos^2 \alpha - 1). \qquad (16)$$

Prenant, comme dans l'exemple de l'article 146, $\cos^2\alpha = 0,99$ et $1 - k''' = 0,78$, on trouve pour le rendement maximum

$$0,78 \times 0,78 = 0,608. \qquad (17)$$

Avec $1 - k''' = 0,75$ . . . . . $0,75 \times 0,78 = 0,585$
        $\qquad = 0,80$ . . . . . $0,80 \times 0,78 = 0,620$

Quand une roue travaille noyée, c'est-à-dire quand le canal de fuite est débordé de façon que la partie inférieure de la roue baigne dans l'eau, $1 - k'''$ se réduit à 0,6 environ; de sorte que le *rendement d'une roue noyée est environ les trois quarts de celui de cette roue non noyée.*

149. Choix d'une classe de roue. Prenant le coefficient de rendement de la fraction de chute qui agit par son poids sur une roue à poids et impulsion, comme égal à 0,8; et celui de la fraction agissant par impulsion, comme égal à 0,4; et 0,6 pour celui des roues à impulsion, il est évident qu'une roue à poids et impulsion sera plus ou moins efficace que la roue à impulsion, suivant que la fraction de charge qui y agit par impulsion est supérieure ou inférieure à $\frac{1}{2}$. Dans une roue à poids et impulsion, la vitesse de la roue doit être environ $\frac{1}{2}$ de celle de l'eau à l'entrée, c'est-à-dire doit être due à environ $\frac{1}{4}$ de la fraction de chute qui agit par impulsion. Donc, la roue à poids et impulsion est plus ou moins efficace que la roue à impulsion suivant que la hauteur due à la vitesse de la circonférence de la roue est plus ou moins grande que $\frac{1}{8}$ de la chute totale.

Il convient que la vitesse à la circonférence de la roue ne dépasse pas $1^m,80$ par seconde; huit fois la hauteur due à cette vitesse, c'est environ $1^m,37$; donc, pour des chutes ne dépassant pas cette hauteur, la roue à impulsion est certainement préférable; et plus grande est la vitesse de la circonférence, plus grande est aussi la limite de hauteur de chute pour laquelle la roue à impulsion est supérieure.

Cette règle doit naturellement n'être suivie que quand il n'y a pas de bonne raison pour s'en écarter.

SECTION 2. *Roues en dessus et de côté.*

150. Distinction entre les roues en dessus et de côté. Pour qu'une roue soit une *roue de côté*, elle doit être pourvue d'un coursier ou réservoir circulaire, mentionné article 143, pour diminuer l'éclaboussement de l'eau hors des augets. C'est pourquoi, bien que le terme « roue en dessus » n'ait désigné, dans l'origine, que les roues dans lesquelles le canal d'arrivée amenait l'eau au-dessus du sommet de la roue, de façon à la verser tout en haut de la roue, il convient de l'étendre à toutes les roues à augets, recevant l'eau en un point élevé de leur circonférence et sans coursier.

La nécessité d'un coursier dépend de la forme et des dimensions des augets. Sa présence n'affecte pas les principes de l'action de la roue.

(*) **151. Description d'une roue de côté.** La description suivante d'une roue pouvant servir de type à toute la classe de roues de côté ou en dessus, est tirée d'un mémoire de M. Fairbairn.

La *fig.* 59 est une coupe en plan de la roue à une échelle de $\dfrac{1}{200}$

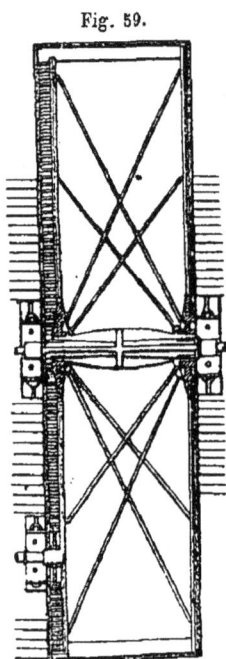

Fig. 59.

environ. La *fig.* 60 est une coupe verticale perpendiculaire à l'axe de la roue, à une échelle de $\dfrac{1}{330}$, et la *fig.* 61 une coupe verticale agrandie des augets et du tambour. Cette roue a 15 mètres de diamètre; la hauteur de chute maxima est 14^m,50.

Le tambour de la roue est *suspendu* à l'arbre par des bras ou tiges en fer de 37 à 50 millimètres de diamètre. Le poids de la roue, à l'exclusion de celui de l'eau dans les augets, *tire* sur l'arbre par ces bras inclinés ou verticaux. Les extrémités intérieures de ces bras sont insérés dans les rayons d'un moyeu en fonte et fixées au moyen de clefs ou de coins. Quelques-uns des bras, marqués *a*, sont perpendiculaires à l'arbre, et supportent la plus grande partie du poids; les autres bras, marqués *b*, sont en diagonale, et servent à donner de la raideur.

Le poids de l'eau, dans les augets, est supporté par le pignon qui transmet le mouvement aux machines; ce pignon est mû par un anneau denté intérieurement B. Dans notre exemple, le pas des dents est de 90 millimètres et leur largeur de 380 millimètres.

Ce perfectionnement, d'employer des tiges travaillant par tension au lieu de gros rayons, et de placer le pignon de façon à supporter le poids de l'eau, en ne laissant à l'arbre que celui de la roue, est attribué à M. Hewes. Il a grandement diminué le poids, le prix et le frottement des grandes roues hydrauliques.

A est la vanne régulatrice, qui est, comme on l'a décrit à l'article 141, un déversoir mobile, délivrant l'eau par-dessus son bord supérieur, et mû au moyen d'un mécanisme de crémaillère et pignon

Fig. 60.

contrôlé par un régulateur. La figure de la vanne est celle d'un arc de cylindre concentrique à la roue : c'est aussi la forme du débouché du canal d'arrivée. L'eau tombe à travers des guides disposés comme les lames d'une jalousie, et placés de façon que l'eau glisse dans les augets sans les choquer.

CF est le coursier qui empêche l'eau de sortir des augets : c'est un arc de cylindre concentrique à la roue.

Le jeu entre ce coursier et le cylindre limitant l'extrémité des aubes est aussi faible que possible, sans risques d'arriver au contact. En pratique, 10 millimètres environ suffisent.

Au point F, 50 centimètres en avant de la verticale de l'axe, le coursier se termine par une brusque chute dans le canal de fuite E. La hauteur de cette extrémité du coursier, au-dessus du fond du canal de fuite, est d'environ 0^m,60; elle permet aux augets de se vider rapidement avant de commencer à monter, et laisse l'eau s'écouler aisément sans une trop grande perte de charge.

Dans la *fig.* 61, le tambour de la roue est en tôle pleine; l'air s'écoule par un passage annulaire , communi-quant avec chaque auget par des trous qui lui per-mettent de sortir quand il se remplit d'eau et de rentrer quand il se vide. Cette construction convient aux roues sus-ceptibles d'être noyées par un engorgement du canal de fuite.

Fig. 61.

Fig. 62.

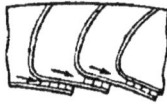

Dans la construction de la *fig.* 62, la tôle du tambour n'existe plus ; chaque auget a une ouverture de circulation d'air débouchant sous le suivant et s'ouvrant à l'intérieur de la roue.

Cette méthode de ventilation des augets est due à M. Fairbairn.

152. Diamètre de la roue. La meilleure vitesse à la circon-férence de la roue étant d'environ 1^m,80 par seconde, et celle de l'eau d'environ le double, ou 3^m,60, due à une hauteur d'à peu près 0^m,75, il s'ensuit que le sommet de la roue, si elle doit recevoir l'eau tout en haut, ne saurait être à plus de 0^m,75 sous le niveau supérieur du canal d'arrivée. Le bas de la roue doit juste affleurer le niveau de l'eau dans le canal de fuite. Donc le diamètre de la roue doit être *au moins égal* à

$$\text{La chute disponible} - 0^m,75, \qquad (1)$$

et ceci s'applique aux roues en dessous non ventilées.

Mais, pour que l'eau ne puisse pas s'échapper par les trous d'air dans les roues à augets ventilés, il convient qu'elle soit amenée sur la roue à 30° environ au-dessous du sommet, c'est-à-dire à une hauteur d'environ 0,933, ou $\dfrac{1}{1,072}$ du diamètre au-dessous de ce sommet. Donc, pour ces roues, leur diamètre doit être *au moins égal à*

$$1,072 \times (\text{chute disponible} - 0^m,75) \qquad [2]$$

Cette règle convient *quand les variations de niveau, dans le canal d'arrivée, ne dépassent pas environ* $0^m,30$.

Quand ces variations sont plus grandes, il convient, pour y ajuster facilement la vanne régulatrice, de recevoir l'eau en un point de la roue où sa circonférence s'approche plus de la verticale, c'est-à-dire à 60° ou 90° au-dessous du sommet; le diamètre doit être dans ce cas

$$\text{de } 1\ 1/2 \text{ à } 2 \times (\text{chute disponible} - 0^m,75) \qquad [3]$$

Ces règles ne sont pas données comme des prescriptions absolues, mais seulement pour guider l'ingénieur quand il ne se présente pas d'autres circonstances pour fixer le diamètre de la roue.

153. Pignon et anneau denté. La position du pignon doit être telle que le point de contact de son cercle principal avec celui de l'anneau soit dans le même plan vertical, parallèle à l'axe, que le centre de gravité de la masse d'eau contenue dans les augets.

La distance du centre de gravité d'un arc circulaire au centre de son cercle est donnée par la formule

$$d = \frac{\text{Rayon} \times \text{Corde}}{\text{Arc}}.$$

Il faut l'appliquer à un arc traversant les augets remplis, au milieu de l'intervalle entre la tôle du tambour et l'extrémité des augets. On aura ainsi, à très-peu près, la position du centre de gravité de l'eau descendante.

Il conviendrait d'avoir une paire d'anneaux dentés, un de chaque côté de la roue, menant une paire de pignons, pour décharger l'arbre de toute pression provenant du poids de l'eau; mais, en pratique, il est impossible d'obtenir un montage assez exact des deux anneaux et des deux pignons pour assurer une parfaite égalité de pression et une douceur de mouvement suffisante.

154. Force des tourillons. Les tourillons, qui terminent l'arbre de la roue, ont chacun à porter, quand la roue est au repos et sans charge, la moitié de son poids. Quand la roue est en charge et en mouvement, le tourillon le plus proche de l'anneau denté porte la moitié du poids de la roue, moins environ la moitié de celui de l'eau; l'autre tourillon porte la moitié du poids de la roue, plus la moitié environ du poids de l'eau.

Soit L la charge actuelle maxima sur un tourillon en kilogrammes; si sa longueur est environ son diamètre d, ou les $\frac{5}{6}$ de ce diamètre, on le trouve en millimètres par la formule

$$d = 1,25 \sqrt{\text{L}}.$$

155. Force des bras. Le poids supporté par les bras, verticaux ou inclinés, est, à très-peu près, proportionnel aux carrés des cosinus de leurs inclinaisons sur la verticale.

Soit i l'inclinaison d'un bras sur la verticale, à un instant donné, et

$$\Sigma \cos^2 i,$$

la somme des carrés des cosinus des inclinaisons des bras qui pointent vers le bas, à cet instant. Appelons w le poids total supporté. Alors

$$\text{T} = \frac{w}{\Sigma \cos^2 i} \qquad (1)$$

est la tension maxima d'un bras quand il passe dans la verticale de l'axe; et prenant 7 kilog. par millimètre carré pour travail du fer forgé à la traction,

$$\frac{\text{T}}{7} \qquad \cdot \; (2)$$

est la section qu'il faut donner à chaque bras en millimètres carrés.

Soit i' l'inclinaison minima de chacun des bras obliques sur la verticale; la section correspondante de chacun de ces bras est

$$\frac{\text{T} \cos^2 i'}{7}. \qquad (3)$$

(*) **156. Vitesse et dimensions des couronnes.** La vitesse minima à la circonféreece des roues est d'environ $1^m,80$ par seconde. On peut, dans un but particulier, s'écarter de cette vitesse, mais il convient de la maintenir entre $1^m,35$ et $2^m,40$. La *profondeur* des couronnes entre lesquelles sont fixés les augets varie de $0^m,30$ à $0^m,55$; elle est ordinairement de $0^m,37$. Désignons-la par b. C'est aussi la plus grande *largeur* d'un auget, mesurée dans la direction d'un rayon de la roue.

Soient *l* la *largeur* entre les couronnes : c'est aussi la *longueur* des augets; *r* le rayon de la roue; *u* la vitesse à la circonférence.

Pour éviter, autant que possible, la perte de l'eau par l'écoulement des augets, il convient que l'eau remplisse au moins les deux tiers de l'espace entre les couronnes sur l'arc chargé de la roue. La roue décharge alors la quantité d'eau suivante par seconde, toutes les dimensions étant en mètres,

$$Q = \frac{2}{3} \, ubl \left(1 - \frac{b}{2r} \right);\qquad (1)$$

d'où l'on déduit, pour la largeur de la roue ou la longueur de l'auget *l*; quand on se donne Q, *u*, *r* et *b*

$$l = \frac{3Q}{2ub \left(1 - \dfrac{b}{2r} \right)}.\qquad (2)$$

157. Figure et dimensions des augets. On a déjà décrit la forme générale des augets. On prend ordinairement pour distance entre leurs fonds, mesurée sur le tambour, la profondeur *b* des couronnes.

On peut prendre pour largeur de l'ouverture entre le bord d'un auget et le fond de l'auget au-dessus, $\frac{1}{5} \, b$ environ quand la roue reçoit l'eau au sommet. Plus le point d'admission de l'eau baisse, plus il faut élargir cette ouverture : en règle générale, quand l'inclinaison sur l'horizon de la circonférence de la roue au point d'admission de l'eau dépasse 24°, la largeur convenable est d'environ

$$\frac{b}{2} \times \text{sin de l'inclinaison.}$$

158. Guides-vannes et régulateur. Comme on l'a déjà indiqué *fig.* 63, l'eau arrive à la roue par une série de lames-guides.

Ces vannes sont écartées de 7 à 10 centimètres, et leur bord inférieur arrive à environ 1 centimètre de la roue; elles sont ordinairement en fonte, de 10 à 25 millimètres d'épaisseur.

Soient, sur la *fig.* 63, AB un auget, B sa lèvre; menons la tangente BDH à la circonférence de la roue, prenons BD = *v*, vitesse à sa circonférence, et $BH = 2u$; menons DL parallèle à une tangente à la lèvre de l'auget, HC perpendiculaire à BH, coupant DL en C, joignons BC.

BC représente alors la vitesse v_1 de rendement maximum, et l'orifice médian entre les guides doit être placé sous le niveau de l'eau dans le canal d'arrivée, à une profondeur égale à la hauteur due à cette vitesse ou

$$\frac{v_1^2}{2g}. \qquad \cdot(1)$$

L'angle HBC est celui que doivent faire les deux guides du milieu, avec les tangentes à la circonférence, aux points où ils la rencontrent, pour que l'eau puisse glisser sans choc dans l'auget. Le coefficient de contraction pour un orifice entre guides, est environ

$$c = 0,75; \qquad (2)$$

d'où approximativement, pour la section totale de cet orifice nécessaire à un débit Q,

$$A = \frac{4Q}{3v_1}. \qquad (3)$$

On y arrive par un nombre suffisant d'orifices en avant et en arrière de l'orifice médian.

On trouve, par la méthode suivante, les positions des guides pour un orifice.

Ayant mesuré la profondeur de la partie la plus étroite de chaque orifice sous le niveau du canal d'arrivée, on calcule la vitesse due à cette profondeur : de B menons BK, BL, etc. représentant ces vitesses; les angles HBK, HBL, etc. représenteront les inclinaisons convenables, sur les tangentes à la roue, des guides des orifices où les vitesses d'écoulement sont BK, BL, etc.

La formule (3) donne une section totale un peu trop grande; mais il vaut mieux se tromper en trop, car on peut graduer ces orifices au moyen du régulateur.

Fig. 63.

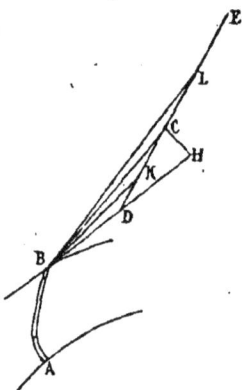

13

La charge sur le régulateur, nécessaire au débit Q, est donnée, en traitant le régulateur comme un déversoir avec un coefficient de contraction de 0,7, par l'expression suivante

$$h' = \left(\frac{Q}{2,07\,l}\right)^{\frac{2}{3}};\qquad(4)$$

et la profondeur du bord supérieur du guide le moins élevé au-dessous du niveau dans le canal doit être au moins égale à cette hauteur.

159. Coursier. Canal de fuite. Quand la largeur de l'ouverture de l'auget est environ $\frac{1}{4}$ à $\frac{1}{5}$ de la hauteur des couronnes, c'est-à-dire quand la roue reçoit l'eau à environ 30° au sommet, le coursier n'est pas nécessaire, mais il le devient pour une plus grande ouverture des augets.

Le canal de fuite, d'après Fairbairn, doit commencer à 0m,25 en avant de la verticale de l'axe, et doit avoir, à l'origine, une profondeur d'au moins 0m,45 à 0m,60.

160. Rendement. On le calcule par les formules de l'article 148, en prenant pour α l'angle HBC (*fig.* 63).

Comme une petite fraction seulement de l'énergie exercée par l'eau sur une roue en dessus ou de côté, est due à l'impulsion, la diminution du rendement, produite par de faibles écarts de la meilleure vitesse à la circonférence, n'est pas importante. Ainsi, bien que cette vitesse soit

$$u = \frac{v_1 \cos \alpha}{2},$$

elle peut varier de

$$0,3(v_1 \cos \alpha) \text{ à } 0,7 (v_1 \cos \alpha),$$

sans grande perte de travail.

Le rendement moyen des meilleures de ces roues est estimé à environ 0,75, ce qui donne en moyenne, pour l'énergie nécessaire à la chute disponible pour produire un travail d'un cheval,

$$\frac{75}{0,75} = 100 \text{ kgm. par seconde.}$$

(*) **161. Roues en dessus à grande vitesse** (*A. M.*, 634). Dans quelques cas, mais rarement, il est nécessaire de donner à la roue une vitesse telle, que la force centrifuge chasse une certaine quantité d'eau hors des augets pendant leur descente.

Dans la *fig.* 64 soient C l'axe de la roue, B un auget, *a* la vitesse angulaire

Fig. 64.

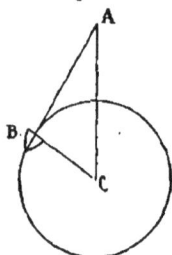

$$a = \frac{u}{r}, \qquad (1)$$

n, le nombre de tours par seconde, menons une verticale CA par l'axe et prenons

$$CA = \frac{gr^2}{u^2} = \frac{g}{a^2} = \frac{g}{4\pi^2 u^2}. \qquad (2)$$

La surface de l'eau, dans l'auget, sera normale à AB.

La hauteur AC est constante pour une valeur donnée de *n*; c'est en fait la hauteur d'un pendule conique tournant avec la roue (art. 19). Le point A est le même pour tous les augets tournant avec une vitesse angulaire donnée et pour tous les points de la surface de l'eau dans un même auget; de sorte que cette surface est un axe de cylindre décrit du point A, avec un axe parallèle à celui de la roue.

Traçant à l'échelle une coupe du centre des augets, on peut déterminer la perte d'eau en décrivant du point A les arcs représentant la surface de l'eau dans chaque auget. Si A tombe dans la circonférence de la roue, l'eau ne peut pas entrer dans les augets.

SECTION 3. *Roues en dessous.*

(*) 162. **Description d'une roue Poncelet**. La *fig.* 65 représente une de ces roues établies en Angleterre par Fairbairn; elle est parfaite, sauf que le fond du coursier est droit au lieu d'être courbé, comme on le décrira article 166.

A, réservoir; B, coursier; C, vanne régulatrice maintenue contre la poussée de l'eau par des bielles équilibrées par un contre-poids et mue par crémaillère et pignon; D, roue à deux couronnes, sans tambour et à aubes courbes; E, canal de fuite avec une chute à l'avant, comme pour les roues de côté.

163. **Diamètre de la roue**. Quand il n'est pas fixé par d'autres

considérations, on le prend généralement égal au double de la chute environ.

Fig. 65.

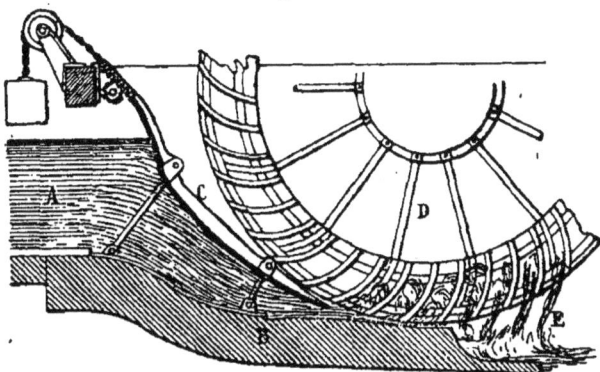

164. Profondeur des couronnes. Doit être suffisante pour empêcher l'eau de sortir par le bord supérieur des augets, car elle doit, pour produire tout son effet, redescendre sur l'aube et la quitter par le bas.

La meilleure vitesse de l'eau relativement aux aubes est d'environ 0,4 de la vitesse d'arrivée v_1; mais, en prévision du cas où cette vitesse pourrait atteindre $0,7v_1$, il convient de donner aux couronnes une profondeur égale à la hauteur due à cette vitesse, c'est-à-dire environ *la moitié de la hauteur du niveau de l'eau dans le réservoir au-dessus du débouché de la vanne.*

165. La vanne régulatrice est aussi près que possible de la roue et par conséquent inclinée. Le coefficient de contraction c de son orifice (art. 140) varie de 0,74 à 0,8, par conséquent sa hauteur est de $\frac{4}{3}$ à $\frac{5}{4}$ de celle du courant qui en sort.

La plus grande épaisseur de ce courant ne doit pas dépasser environ $\frac{1}{5}$ de la profondeur des couronnes, d'où il suit que la hauteur de l'orifice de la vanne, pour le *débit maximum*, doit être environ $\frac{1}{4}$ de celle des couronnes ou $\frac{1}{8}$ de la profondeur du centre de l'orifice sous le niveau de l'eau dans le réservoir.

Soient :

Q le débit maximum en mètres cubes par seconde;

h' la profondeur du milieu de l'orifice sous le niveau du réservoir;

d sa hauteur;

l sa longueur;

$$l = \frac{Q}{cdv_1} = \frac{Q}{cd\sqrt{2gh'}},$$

toutes les mesures étant en mètres.

(*) 166. **Le coursier** se construit comme il suit (*fig.* 66). On mène

Fig. 66.

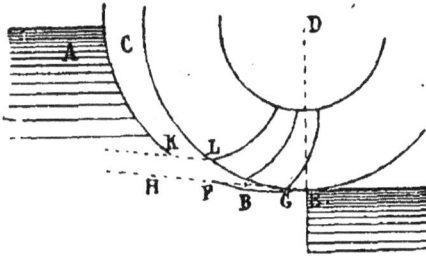

la tangente HFG à la roue avec une pente de $\frac{1}{10}$ pour conserver la vitesse d'arrivée v_1.

A la hauteur cd (art. 165) au-dessus de HFG, tirons KL, représentant le niveau supérieur de l'eau rencontrant la circonférence au point L. La section du coursier de G à F doit être un arc de cercle égal à GL et du même rayon, qui est celui de la roue.

De G à E, le coursier est construit de façon à échapper la roue d'environ 1 centimètre.

167. **La vitesse à la circonférence** de la roue qui donne le rendement maximum est (art. 140)

$$u_1 = 0,6\, v_1 \cos u_1. \tag{1}$$

α étant l'angle moyen du courant avec une tangente à la roue, on a à très-peu près

$$\alpha = \frac{1}{2} \text{ arc sin vers.} \frac{dc}{r}. \tag{2}$$

(*) 168. **Vannes ou aubes**. Quant à leur nombre, deux ou trois sur l'arc LG suffisent en général.

Leur forme, aux environs des bords, a été déterminée (art. 145, 146). On les courbe ordinairement en arc de cercle tangent aux rayons de la roue.

169. **Le rendement** (art. 148) est d'environ 0,6 quand la roue n'est pas noyée, 0,48 pour une roue noyée. L'énergie de la chute

disponible, à partir du réservoir, est en ce cas, par *cheval effectif*,

Pour une roue noyée, $\dfrac{75}{0,48} = 157$ kilogrammètres par seconde,

Pour une roue non noyée, $\dfrac{75}{0,6} = 125$ »

(*) 170. **Roues pendantes dans un cours d'eau**. Elles sont portées par des bateaux dans un courant plus ou moins rapide. Leurs vannes sont ordinairement planes et radiales, espacées d'une distance égale à leur longueur, suivant le rayon.

D'après des expériences de Poncelet, on a, pour le travail utile par seconde, v_1 étant la vitesse du courant, u celle du centre de la vanne, A sa surface en mètres carrés, D le poids du mètre cube d'eau,

$$Ru = \frac{0,8\,DAv_1\,(v_1 - u)\,u}{g}.$$

D'après cette formule, la vitesse du centre des vannes répondant au rendement maximum, est $\dfrac{1}{2}$ de celle du courant; et le rendement correspondant est 0,4, si Av_1 représente le volume d'eau agissant sur la roue par seconde.

CHAPITRE VI.

DES TURBINES.

SECTION 1. *Principes généraux.*

171. Description générale. Classification des turbines.
Une turbine est une roue hydraulique à axe vertical, recevant et déchargeant l'eau en diverses directions autour de sa circonférence. La roue consiste en un *tambour* ou passage annulaire renfermant un certain nombre de *vannes* convenablement disposées et courbées de façon que l'eau, après les avoir quittées, soit laissée en arrière avec aussi peu d'énergie que possible.

Les turbines ont l'avantage d'être petites en comparaison de leur puissance, et également efficaces pour les plus grandes et les plus faibles chutes.

L'eau arrive soit directement d'un réservoir, et dans ce cas la roue se trouve immédiatement au-dessous d'une ouverture au bas du réservoir; soit au moyen d'un tuyau d'admission avec enveloppe de la turbine. La première méthode convient aux chutes modérées, la seconde aux très-hautes chutes.

L'ouverture par laquelle l'eau arrive aux turbines est presque toujours munie de *lames-guides* pour y faire arriver l'eau dans la direction la meilleure pour le rendement.

Les turbines peuvent se diviser en trois classes suivant la direction du mouvement de l'eau avant d'atteindre les vannes-guides et en quittant la roue; à savoir :

1° *Turbines à courant parallèle* dans lesquelles l'eau arrive et sort en courants parallèles à l'axe;

2° *Turbines à courant centrifuge* dans lesquelles l'eau entre et sort en courants divergeants radialement autour de l'axe ;

3° *Turbines à courant centripète* dans lesquelles l'eau entre et sort en courants convergeant radialement vers l'axe.

Ces trois classes de turbines diffèrent par certains détails ; mais il y a des principes généraux qui s'appliquent à toutes ; et des équations générales qui s'appliquent à chacune d'elles, simplement, en assignant des valeurs convenables à certains de leurs symboles. Les diagrammes ci-dessous donnent l'arrangement général des principales parties de chacune de ces classes, les détails de leur construction étant réservés pour plus tard.

La *fig.* 67 représente une turbine à courant parallèle. A, est la

Fig. 67.

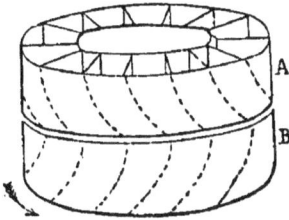

Fig. 68.

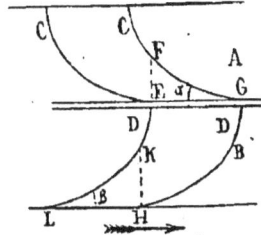

Fig. 69.

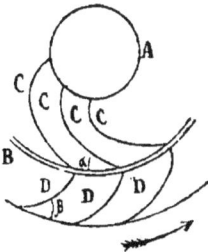

Fig. 70.

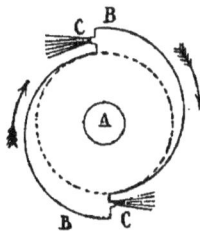

Fig. 71.

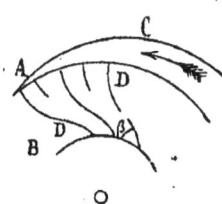

chambre d'admission ou passage annulaire, au fond du réservoir et renfermant les guides ; ces guides sont verticaux à leur extrémité supérieure ; la forme et la position de leur bord inférieur, comme on le voit en pointillé, sont disposés de façon à diriger l'eau en plusieurs petits courants ou filets obliquement sur toute la circonférence de la roue B. La roue B est semblable à la chambre d'admission, sauf que ses vannes, semblables aux guides, sont disposées avec la partie inférieure pointant en arrière.

La *fig.* 68 est une coupe des guides C et des vannes D.

La *fig.* 69 est une coupe horizontale partielle d'une turbine à courant centrifuge. A est la chambre d'admission; c'est un cylindre vertical avec un cercle d'orifices à sa partie inférieure. C sont les guides pour diriger l'eau obliquement en avant, au sortir de ces orifices; B est la roue entourant l'anneau d'orifices, et formée d'une série de vannes D, prises entre deux couronnes horizontales. Ces vannes sont radiales à leur bout intérieur et obliques vers l'arrière à leur bord extérieur.

La *fig.* 70 représente en plan une roue à *réaction*, espèce de turbine sans guides. L'eau arrive par un tube vertical A au centre d'un disque creux tournant muni de deux ou trois bras qui déchargent l'eau par des orifices dirigés en arrière. Dans la figure, le disque creux et les deux bras BB sont tels qu'ils laissent à l'eau le plus grand espace possible pour son écoulement du disque vers la circonférence, de façon à éviter le frottement et pour d'autres raisons que l'on verra plus tard. CC sont les orifices. Les circonférences des bras BB remplissent ici le rôle des guides.

La *fig.* 71 est une section horizontale d'une *turbine à courant centripète*. A est la chambre d'admission; C un des guides dirigeant l'eau obliquement en avant sur la roue; B occupe un espace central entouré par la chambre d'admission et décharge l'eau par des orifices centraux; cette roue est formée d'une paire de couronnes comprenant une série de vannes D radiales à leur bord extérieur, obliques vers l'arrière à leur bord intérieur.

En établissant la théorie du rendement des turbines, on les supposera construites, proportionnées et conduites, de la façon la plus favorable au rendement, suivant les règles qui vont être exposées; on tiendra compte ensuite de la perte de puissance causée par des écarts de ces règles, au moyen de coefficients empiriques.

172. Vitesse d'écoulement. C'est la composante de la vitesse de l'eau avec laquelle elle pénètre, traverse et quitte la turbine; elle est, parallèle à l'axe ou radiale, perpendiculaire à la direction du mouvement des vannes.

Soit A la section totale effective, en mètres carrés, des orifices d'écoulement dans la roue ou à travers les guides, mesurée sur une surface perpendiculaire à la direction du courant; c'est-à-dire, dans une turbine à courant parallèle, sur un plan perpendiculaire à l'axe; et, dans une turbine à courant radial, sur un cylindre décrit autour de l'axe.

Soit Q le débit en mètres cubes par seconde,

$$\frac{Q}{A} \qquad (1)$$

est la vitesse d'écoulement en mètres par seconde.

Pour éviter les pertes d'énergie dues aux changements brusques de vitesse, il convient que la vitesse d'écoulement soit constante, ou du moins ne change que graduellement, pendant que l'eau traverse la roue.

Dans les turbines à écoulement parallèle (*fig.* 67), cette vitesse serait constante avec des vannes infiniment minces pour un tambour cylindrique; mais, à cause de l'obliquité des vannes à leur partie inférieure, elles y occupent une plus grande section du passage qu'à la partie supérieure; de là la nécessité d'évaser un peu le tambour vers le bas, comme on le verra sur les figures détaillées.

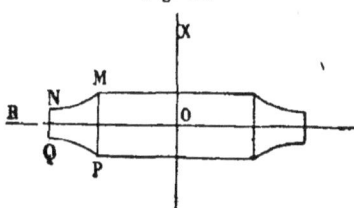

Dans les turbines à courant radial, l'uniformité de la vitesse d'écoulement s'obtient en donnant à la section verticale du tambour de la roue la forme indiquée *fig.* 72.

Fig. 72.

OX est l'axe, OB le rayon moyen de la roue. Les sections verticales MN, PQ des couronnes qui renferment les vannes doivent être des arcs d'une hyperbole équilatère ayant OX, OR pour asymptotes; en d'autres termes les hauteurs MP, MQ de la roue à ses circonférences intérieures et extérieures doivent être inversement proportionnelles à leurs rayons.

La perte de charge, qu'il faut retrancher de la charge h_1 dans la chambre d'admission, due à la vitesse d'écoulement sensiblement constante, est

$$\frac{Q^2}{2g A_1^2}, \qquad (2)$$

A_1 étant la section du courant au point où il *quitte* la roue.

173. Vitesse tangentielle. Soit v la vitesse tangentielle avec laquelle l'eau quitte les guides et arrive sur la roue. On l'obtient en divisant Q par la somme des ouvertures entre les guides, mesurée suivant les plans marqués EE, *fig.* 68. Le rapport de la vitesse d'écoulement à la vitesse tangentielle est évidemment

$$\frac{Q}{A} = v\,\frac{FE}{EC} = v\,\mathrm{tg}\,\alpha, \qquad (1)$$

$\alpha = \widehat{FCE}$ étant l'inclinaison des guides sur la direction de la vitesse tangentielle.

α varie de 22° à 35°; sa valeur moyenne est 30°.

Pour que l'eau travaille à tout son avantage, elle doit entrer dans la roue sans choc et la quitter sans vitesse tangentielle. Dans ce but, la vitesse tangentielle v, à l'entrée dans la roue, doit être égale à celle de sa première circonférence, et la vitesse tangentielle à la sortie w, égale et contraire à celle de sa deuxième circonférence.

Conséquemment le rapport de ces deux vitesses $\frac{w}{v}$ doit être celui des rayons des circonférences d'admission et d'échappement de la roue.

Soit n ce rapport; $w = nv$, on a :

Pour une turbine à courant parallèle, $\quad n = 1;$
$\qquad$ — $\qquad$ centrifuge, $\quad n > 1;$ $\quad$ (2)
$\qquad$ — $\qquad$ centripète, $\quad n < 1;$

et si le tambour est disposé pour une vitesse d'écoulement uniforme, l'angle $\beta = HLK$ (*fig.* 68) du bord inférieur des vannes avec une tangente à la roue, doit satisfaire à l'équation

$$\mathrm{tg}\,\beta = \frac{HK}{HL} = \frac{\mathrm{tg}\,\alpha}{n}, \qquad (3)$$

et comme $HL = nEC$, cette formule équivaut à la suivante

$$KH = EF. \qquad (4)$$

174. Rendement sans frottement. On suppose que l'eau suffit à remplir complétement les orifices et les conduits. On se rappelle le principe de *l'égalité entre l'impulsion et le momentum angulaire*, conséquence de la seconde loi du mouvement (*A. M.*, 560, 561, 562).

Soient un corps de poids W, se mouvant à une vitesse V relativement à un point C, et r la longueur d'une perpendiculaire abaissée du point C sur une tangente à la trajectoire de ce point.

Le momentum angulaire de w, par rapport à C, est

$$\frac{W \cdot Vr}{g}.$$

Désignons par M le moment d'un couple, c'est-à-dire le produit de ses deux forces égales et de sens contraire, par leur distance perpendiculaire commune ou bras de levier.

L'*impulsion angulaire* de ce couple est le produit de son moment par le temps pendant lequel il agit. Pour produire un changement donné dans le momentum angulaire d'un corps, il faut le soumettre à une impulsion angulaire égale; principe exprimé par l'équation

$$Mdt = \frac{W}{g} d(Vr). \qquad (1)$$

Pour appliquer ce principe à l'action de l'eau sur une turbine, il faut connaître son débit DQ par seconde; le moment du couple exercé par cette eau sur la roue sera mesuré simplement par le changement que subira son mouvement angulaire pendant son passage à travers la turbine.

Le produit de ce couple par la vitesse angulaire de la roue a est l'énergie exercée, par seconde, sur la turbine (art. 5).

1° *Calcul de l'énergie exercée par l'eau sur la roue.* Soit r le rayon de la roue où elle reçoit l'eau (pour des turbines à courant parallèle, r est le rayon moyen); nr est son rayon d'échappement; ar, nar sont ses deux vitesses à la circonférence.

La vitesse tangentielle de l'eau à l'entrée étant v, son *momentum angulaire initial* est *par seconde*

$$\frac{DQvr}{g},$$

et la vitesse tangentielle de sortie w étant déterminée par la condition

$$nar - w = n(ar - v),$$

on a, pour le *momentum angulaire final, par seconde,*

$$\frac{DQn^2(ar - v)r}{g};$$

la différence de ces quantités est le moment du couple exercé par l'eau sur la roue

$$M = DQ \frac{(1 + n^2)vr - n^2ar^2}{g};$$ (2)

et *l'énergie qu'elle exerce par seconde*

$$Ma = DQ \frac{(1 + n^2)avr - n^2a^2r^2}{g}.$$ (3)

Le multiplicateur de DQ, dans l'équation 3, est la *charge effective* sans frottement.

2° *Calcul de l'énergie dépensée.* La meilleure manière d'opérer ce calcul est de chercher les hauteurs dues aux différentes vitesses que l'eau prend dans la turbine.

La hauteur due à la *vitesse initiale d'écoulement nv* tg β est

$$\frac{n^2v^2 \operatorname{tg}^2 \beta}{2g};$$

celle due à la *vitesse initiale tangentielle* est

$$\frac{v^2}{2g};$$

celle due à la vitesse tangentielle relative avec laquelle l'eau quitte les vannes $w = nv$, est

$$\frac{n^2v^2}{2g}.$$

Enfin, pour équilibrer la force centrifuge, il faut une charge

$$\frac{a^2r^2(1 - n^2)}{2g},$$

qui est $\left\{ \begin{array}{l} \text{négative} \\ \text{nulle} \\ \text{positive} \end{array} \right\}$ pour une turbine $\left\{ \begin{array}{l} \text{centrifuge,} \\ \text{parallèle,} \\ \text{centripète.} \end{array} \right.$

Faisant la somme de ces quatre hauteurs, on trouve, pour la charge dans la chambre d'admission,

$$h_1 = \frac{1}{2g} [(1 + n^2 + n^2 \operatorname{tg}^2 \beta)v^2 + (1 - n^2)a^2r^2];$$ (4)

pour l'énergie dépensée par seconde sur la roue

$$DQh_1 \,, \tag{5}$$

et pour son *rendement* sans frottement,

$$\frac{Ma}{DQh_1} = \frac{2(1 + n^2)avr - 2n^2a^2r^2}{(1 + n^2 + n^2\,\mathrm{tg}^2\,\beta)v^2 + (1 - n^2)a^2r^2}. \tag{6}$$

Ces expressions s'appliquent à toutes les turbines munies de guides. Pour les turbines à courant parallèle, elles deviennent

$$h_1 = \frac{1}{2g}\,(2 + \mathrm{tg}^2\,\beta)v^2, \tag{7}$$

$$\frac{Ma}{DQh_1} = \frac{4avr - 2a^2r^2}{(2 + \mathrm{tg}^2\,\beta)\,v^2}. \tag{8}$$

Par l'équation 4, on peut exprimer v en fonction de h_1 et de ar, de façon à transformer comme il suit les équations 6 et 8 :

$$v = \frac{\sqrt{2gh_1 - (1 - n^2)a^2r^2}}{\sqrt{1 + n^2 + n^2\,\mathrm{tg}^2\,\beta}}\,; \tag{9}$$

posant

$$\frac{ar}{\sqrt{2gh_1}} = z$$

on a

$$\frac{Ma}{DQh_1} = \frac{2(1 + n^2)z\sqrt{1 - z^2 + n^2z^2}}{\sqrt{1 + n^2 + n^2\,\mathrm{tg}^2\,\beta}} - 2n^2z^2, \tag{10}$$

qui, pour $n = 1$, devient

$$\frac{Ma}{DQh_1} = \frac{4z}{\sqrt{2 + \mathrm{tg}^2\,\beta}} - 2z^2. \tag{11}$$

Le rendement de la roue à réaction est un cas spécial que l'on examinera article 176.

175. **Le rendement maximum sans frottement** a lieu, comme on l'a établi à l'article 173, quand

$$v = ar. \tag{1}$$

Substituant cette valeur de v dans l'équation 4 de l'article précédent, on a

$$h_1 = (2 + n^2 \operatorname{tg}^2 \beta) \frac{a^2 r^2}{2g},$$ (2)

et, conséquemment, on doit prendre pour vitesse à la circonférence d'admission

$$ar = \sqrt{\frac{2gh_1}{2 + n^2 \operatorname{tg}^2 \beta}},$$ (3)

de sorte que, dans les équations 10 et 11,

$$z = \frac{1}{\sqrt{2 + n^2 \operatorname{tg}^2 \beta}},$$

d'où enfin, pour le rendement correspondant à cette vitesse,

$$\frac{Ma}{DQh_1} = \frac{2}{2 + n^2 \operatorname{tg}^2 \beta} = 2z^2,$$ (4)

ce qui démontre que la seule énergie perdue est celle due à la vitesse finale d'écoulement $nv \operatorname{tg} \beta = nar \operatorname{tg} \beta$.

La table suivante donne quelques valeurs de la meilleure vitesse (z), en tant pour cent de la vitesse $\sqrt{2gh}$ due à la chute totale disponible, ainsi que les rendements maximum, sans frottements, correspondant à différentes valeurs de β et de n.

β pour $n = \sqrt{2}$.	β pour $n = 1$.	β pour $n = \frac{1}{2}$.	$n \operatorname{tg} \beta$.	z.	$\frac{Ma}{DQh_1} = 2z^2$.
14° $\frac{1}{2}$	20°	36°	0,364	0,685	0,93
18° $\frac{1}{4}$	25°	43°	0,466	0,672	0,90
22° $\frac{1}{4}$	30°	49°	0,577	0,655	0,86
26° $\frac{1}{2}$	35°	54° $\frac{1}{2}$	0,700	0,634	0,80

Le rapport $n = \sqrt{2}$ se rencontre fréquemment dans les turbines à courant centrifuge, comme celles de Fourneyron; $n = \frac{1}{2}$ dans celles à courant centripète, comme la roue de Thomson.

Dans les turbines à courant parallèle, comme celles de Fontaine, on a souvent $n = 1$, $\beta = 30°$. La théorie y donne, comme le montrent les tables, pour la meilleure vitesse de la roue à la circonférence moyenne des vannes,

$$ar = 0,655 \sqrt{2gh_1}. \qquad (5)$$

Les expériences du général Morin donnent

$$ar = 0,645 \sqrt{2gh_1};$$

accord aussi parfait que possible.

176. **La roue à réaction** est l'équivalent d'une turbine à courant centrifuge dans laquelle $\beta = 0$, $r = 0$, $z = 0$; on doit y remplacer nr par r', le rayon de l'axe au centre des orifices; nv par w, son premier symbole, et z par

$$z' = \frac{ar'}{\sqrt{2gh}}.$$

La vitesse d'écoulement de l'eau par les orifices est alors

$$w = \sqrt{2gh_1 + a^2r'^2} = \sqrt{1 + z'^2} = \sqrt{2gh}, \qquad (1)$$

et le rendement, sans frottement,

$$\frac{Ma}{DQh_1} = \frac{2z'}{z' + \sqrt{1 + z'^2}}. \qquad (2)$$

Cette expression tend vers la limite 1 de rendement parfait, à mesure que z' croît indéfiniment; de telle sorte que, sans frottement, le rendement d'une roue à réaction n'aurait pas de maximum, mais tendrait vers l'unité à mesure que la vitesse augmente sans limite.

177. **Rendement des turbines avec frottement**. *Turbine à courant parallèle*. Le fait établi, article 175, que la vitesse réelle du rendement maximum, pour ces turbines, est la même que celle calculée sans frottement, prouve que l'on peut tenir compte de la perte d'énergie qu'il cause au moyen d'un coefficient plus petit que l'unité.

D'après les expériences du général Morin et autres, ce facteur est à peu près le même que pour les meilleures roues en dessus ou de côté, c'est-à-dire que $(1 - k''')$ varie de 0,75 à 0,8 avec une valeur moyenne de 0,78.

Multipliant par ces valeurs les rendements de l'article 175, correspondant à $n = 1$, $\beta = 25°$ et 30°; on trouve les résultats suivants, d'accord avec l'expérience :

β	$2z^2$	0,75	0,78	0,80	
				$1 - k''$	
25°	0,90	0,675	0,702	0,72	rendement résultant.
30°	0,86	0,645	0,671	0,688	

2° *Turbines à courant centripète.* Dans ces turbines, la valeur de $(1 - k''')$ est à peu près la même que pour les turbines parallèles; ce qui, pour $\beta = 36°$, $n = \dfrac{1}{2}$, donne pour rendement moyen 0,73; conclusion vérifiée par la pratique.

3° *Turbines à courant centrifuge.* Elles marchent généralement noyées. La perte d'énergie due au frottement de l'eau est, d'après Poncelet et le général Morin, proportionnelle au débit par seconde et à la hauteur due à la vitesse de la circonférence extérieure de la roue; désignant cette vitesse par

$$nar = nz \sqrt{2gh_1},$$

il vient, pour la perte par seconde,

$$f\mathrm{DQ}.\frac{n^2a^2z^2}{2g} = f\mathrm{DQ}n^2z^2h_1; \qquad (1)$$

'c'est une fraction fn^2z^2 de l'énergie dépensée.

f est un coefficient de frottement dont la valeur est, d'après le général Morin, à peu près

$$f = 0,25.$$

Cette cause de perte, non-seulement diminue le rendement, mais diminue ainsi beaucoup la vitesse de rendement maximum.

Retranchant fn^2z^2 de l'équation (10), article 174, on trouve, pour le rendement actuel d'une turbine à courant centrifuge, avec une vitesse $ar = z\sqrt{zgh_1}$ de sa circonférence extérieure,

$$\frac{\mathrm{M}a}{\mathrm{D}\mathrm{Q}h_1} = \frac{2(n^2+1)z\sqrt{1+(n^2-1)z^2}}{\sqrt{1+n^2\sec^2\beta}} - (2+f)n^2z^2. \qquad (2)$$

14

Pour en trouver le maximum, soit

$$a_1 r = z_1 \sqrt{zgh_1}.$$

la vitesse de rendement maximum.

Posons

$$\sqrt{\left[(2+f)^2 n^4 - \frac{4(n^4-1)(n^2+1)}{1+n^2 \sec^2 \beta} \right]} = U,$$

on aura

$$z_1 = \sqrt{\left[\frac{(2+f)n^2 - U}{2(n^2-1)U} \right]}, \qquad (3)$$

et pour le rendement maximum

$$\frac{M_1 a_1}{DQh_1} = Uz^2 = \frac{(2+f)n^2 - U}{2(n^2-1)}. \qquad (4)$$

Comme application numérique, prenons une turbine Fourneyron pour laquelle

$$n^2 = 2,$$
$$f = 0,25,$$
$$n^2 \operatorname{tg}^2 \beta = \frac{1}{2},$$

on trouve

$$U = 3,16;$$

d'où

$$\left. \begin{array}{l} z_1 = \sqrt{0,215} = 0,464. \\[4pt] Uz_1^2 = 0,68, \end{array} \right\} \qquad (5)$$

Rendement

d'accord avec l'expérience.

3° *Roues à réaction*. Si l'on fait pour le frottement dans cette roue la même hypothèse que pour une turbine centrifuge, et si l'on désigne, comme à l'article 176, par z' le rapport de la *vitesse de l'orifice* à la vitesse due à la charge disponible, et par z'_1 la meilleure valeur de ce rapport, on a pour le rendement en général

$$\frac{Ma}{DQh_1} = \frac{2z'}{z' + \sqrt{1+z'^2}} - fz'^2, \qquad (1)$$

qui, pour un maximum, donne

$$z'_1 = \sqrt{\left[\frac{2+f-\sqrt{(2+f)^2-4}}{2\sqrt{(2+f)^2-4}}\right]}, \qquad (2)$$

$$\frac{M_1 a_1}{DQ h_1} = \frac{2+f-\sqrt{(2+f)^2-4}}{2}. \qquad (3)$$

D'après les expériences du professeur Wiesbach, le rendement maximum d'une bonne roue à réaction est

$$\frac{M_1 a_1}{DQ h_1} = 0,666, \qquad (4)$$

valeur qui, substituée dans l'équation (3), donne

$$f = 0,166, \qquad (5)$$

et pour le meilleur rapport de la vitesse des orifices à celle due à la chute disponible

$$z'_1 = 0,894. \qquad (6)$$

Ce résultat est confirmé par l'expérience qui montre que la meilleure vitesse des orifices doit être presque égale à celle due à la chute disponible, et donne pour rendement maximum, environ $\frac{2}{3}$.

178. Débit. Section des orifices. Dans l'article 174, l'équation (9) donne la composante tangentielle de la vitesse d'écoulement à travers les orifices des guides. De là on tire les expressions suivantes pour les vitesses totales d'écoulement, à travers les orifices des guides et des vannes de la roue respectivement. Q est le débit par seconde en mètres cubes, 0_1, 0_2 sont les *sections contractées* des guides et des vannes en mètres carrés,

$$\frac{Q}{0_1} = v \sec \alpha = \sec \alpha \sqrt{2gh_1} \frac{\sqrt{1+(n^2_1-1)z^2}}{\sqrt{1+n^2 \sec^2 \beta}}; \qquad (1)$$

$$\frac{Q}{0_2} = nv \sec \beta = \sec \beta \sqrt{2gh_1} \frac{\sqrt{1+(n^2-1)z^2}}{\sqrt{1+(n^2 \sec^2 \beta)}}. \qquad (2)$$

Pour les *roues à réaction*

$$\frac{Q}{0_2} = w = \sqrt{2gh_1}, \quad \sqrt{1+z'^2}. \qquad (2A)$$

Les formules

$$O_1 = \frac{Q}{v \sec \alpha}; \quad O_2 = \frac{Q}{nv \sec \beta} = \frac{Q}{w \sec \beta} \qquad (3)$$

déterminent les sections effectives d'entrée et de sortie nécessaires pour employer le mieux possible un débit donné avec une chute disponible fixée, la vitesse étant celle du rendement maximum calculée d'après les articles 175 et 177.

Le coefficient de contraction des orifices d'entrée et de sortie des turbines varie de 0,85 à 0,95. Sa valeur moyenne est 0,90, de sorte que les *orifices réels doivent être environ* $\frac{1}{9}$ *plus grands que ceux donnés par les équations.*

179. Effet du régulateur sur le rendement. L'écoulement de l'eau au travers d'une turbine est contrôlé par un régulateur dont on décrira plus bas plusieurs variétés.

Dans les turbines parallèles ou centrifuges, il consiste généralement en une série de vannes appliquées sur les orifices entre les guides.

Dans les meilleures roues à réaction connues sous les noms de Whitelaw et Stirrat, c'est un tiroir glissant sur les orifices au bout des bras.

Dans la turbine centripète de Thompson, il est formé par les guides eux-mêmes tournant autour d'un axe, de façon à modifier leur angle α avec la circonférence de la roue.

Les données et les rendements précédents se rapportent au cas où les passages sont libres ou à peu près. Leur fermeture partielle par des vannes occasionne des pertes d'énergie par changements brusques de section du courant.

Les valeurs moyennes des réductions de rendement occasionnées par la fermeture partielle des vannes d'admission sont données dans la table suivante :

Rapport de l'ouverture actuelle à l'ouverture entière $\frac{1}{3}, \frac{2}{3}, \frac{1}{2}.$

Rapport du rendement diminué au rendement maximum $\frac{1}{2}, \frac{2}{3}, \frac{5}{6}.$

Ces diminutions de rendement n'ont pas lieu quand on règle le débit en variant les orifices de décharge ou l'inclinaison des guides.

SECTION 2. *Description de diverses turbines.*

(ʼ) 180. **Turbine Fontaine**. La turbine à écoulement parallèle,
inventée par M. Fontaine Barois est illustrée par la *fig.* 73, qui est une
coupe verticale diamétrale, et par la *fig.* 74, qui est une coupe verti-

Fig. 73.

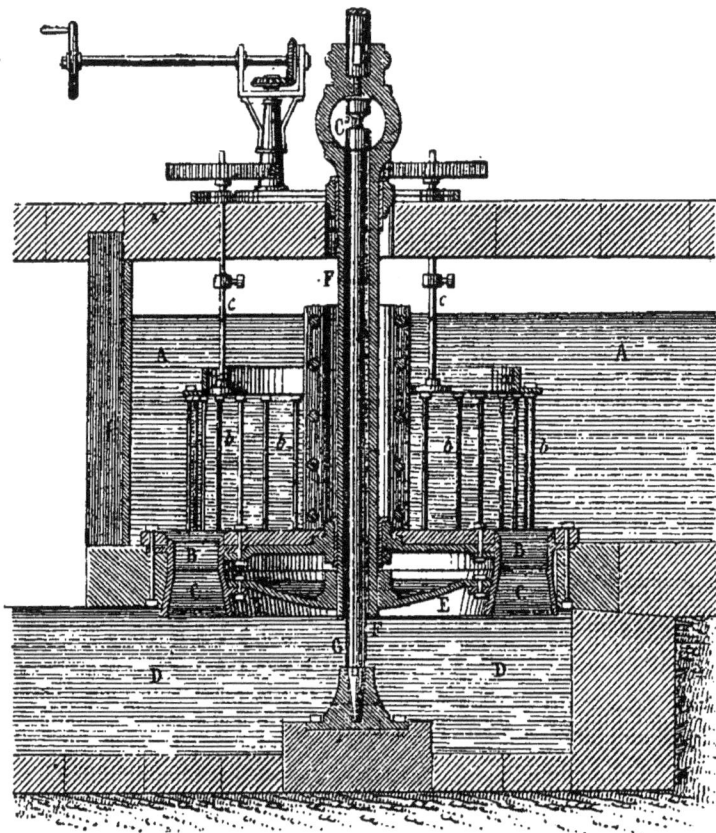

cale, par une surface cylindrique traversant les guides et les vannes
comme celle de la figure élémentaire 68.

A, réservoir au fond duquel est l'anneau en fonte B, qui renferme
les guides *c*, et les vannes *d*, autant de vannes que de guides ; chaque
guide est muni d'une vanne glissant sur son dos. Ces vannes sont
arrondies de façon à graduer la contraction et la déviation du courant. Chaque vanne est suspendue par une tige *b* à l'anneau *a*, sou-

levé ou abaissé par trois tiges *c*, de façon à ouvrir ou fermer toutes les issues à la fois.

Fig. 74.

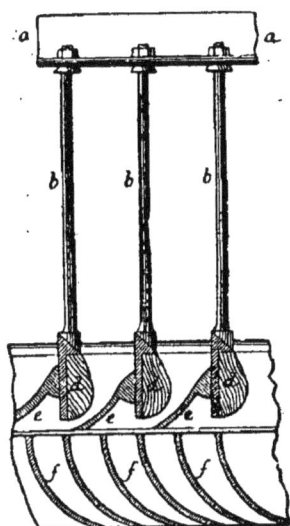

Fig. 74.

C, tambour ou passage annulaire de la roue renfermant les vannes *f*; E disque porteur du tambour. Ce disque, le tambour et les vannes peuvent être coulés d'une seule pièce.

FF, arbre vertical creux de la roue au haut duquel est le pivot porté par l'axe vertical G fixé au fond du canal de fuite et concentrique à l'arbre creux. Le but de cette disposition est de faciliter le graissage du pivot.

Les dimensions et proportions des turbines de cette classe varient suivant les circonstances; néanmoins on prend ordinairement dans la pratique, d'après le général Morin,

α, obliquité des guides. . . . . 22° à 25°

β, — des aubes. . . . . 20° à 30°

Largeur des canaux annulaire $= \dfrac{1}{10}$ à $\dfrac{1}{12}$ du diamètre moyen de la roue.

Profondeur minima des canaux entre les lames-guides et entre les aubes de 65 à 150 millim.

Hauteur du tambour de la roue $=$ deux fois la profondeur des canaux.

Pour le travail, le rendement, la meilleure vitesse et le débit, voir articles 172, 173, 174, 175, 177 et 178, division 1.

La vitesse peut s'écarter de $\dfrac{1}{4}$ de sa meilleure valeur sans diminuer beaucoup le rendement. Pour l'effet des vannes régulatrices, voir article 179.

Pour éviter la diminution du rendement par l'abaissement des vannes, on a proposé des *turbines doubles* formées d'une paire de roues concentriques en une seule pièce, alimentée par une paire semblables d'anneaux-guides concentriques. Chacune de ces séries de guides a ses vannes pendues à un anneau indépendant, de façon à pouvoir fermer à volonté l'une des deux roues. On peut ainsi varier la puissance de la turbine du simple au double, sans contraction excessive des orifices ni perte d'énergie.

(*) 181. **Turbine Jonval. Koechlin**. Inventée par M. Jonval et construite par M. Koechlin ; elle ressemble à une turbine Fontaine, dont la roue serait à l'intérieur d'un tuyau d'aspiration vertical (art. 105) dans lequel la pression est inférieure à la pression atmosphérique. Cela permet de placer la roue à toute hauteur inférieure à celle équivalente à la pression atmosphérique, au-dessus du niveau du canal de fuite, sans perdre, comme cela aurait lieu en l'absence du tuyau d'aspiration, une charge égale à la hauteur du bas de la roue au-dessus de ce niveau.

(*) 182. **La Turbine Fourneyron**, une des plus anciennes et

Fig. 75.

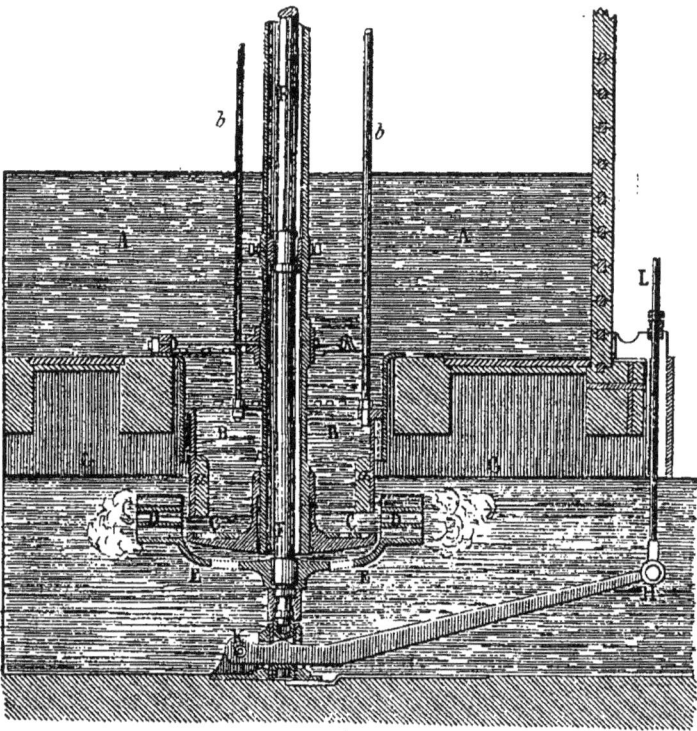

des mieux connues parmi les turbines à guides, est à *écoulement centrifuge*. Le rapport moyen du rayon extérieur au rayon intérieur de ces turbines est $n = \sqrt{2}$; la hauteur de la roue est égale ou un peu supérieure à la largeur des couronnes.

Un exemple de ces turbines est représenté par les *fig.* 75 et 76. La *fig.* 75 est une coupe verticale et la *fig.* 76 une coupe horizontale de la roue et du cylindre alimentaire, montrant l'arrangement des guides et des vannes.

Fig. 76.

A, réservoir; B, cylindre d'alimentation. Cette disposition est celle qui convient aux chutes de hauteur modérée; pour les très-hautes chutes, l'eau est amenée au cylindre d'alimentation par un tuyau dont on doit faire intervenir la résistance dans le calcul de la chute disponible.

Le cylindre B est formé de deux tubes concentriques : le tube supérieur est fixe, l'inférieur glisse à l'intérieur comme un tuyau de longue-vue, et s'élève et s'abaisse au moyen des tiges *b*. Le bord supérieur du tube mobile porte une garniture en cuir faisant joint avec le tube fixe; sa partie inférieure *a* agit comme vanne régulatrice. Elle porte à sa surface intérieure des blocs de bois arrondis, de façon à dévier l'eau vers les orifices d'écoulement.

Le fond du cylindre d'alimentation est formé par un disque fixe C suspendu au bas d'un tube vertical renfermant l'arbre. Ce disque porte les guides.

Les vannes de la roue sont figurées en D. Dans l'exemple choisi, les passages entre les vannes sont divisés en trois niveaux horizontaux par deux couronnes intermédiaires, dans le but de diminuer la perte quand les vannes rétrécissent la section d'écoulement.

E, disque de la roue; F, son arbre; G, canal de fuite.

Le pivot au bas de l'arbre reçoit son huile par un petit tube visible sur la figure au fond du canal de fuite et qui monte directement sous le pivot.

KH est un levier qui porte la crapaudine du pivot et est lui-même supporté par une articulation fixe en K et par une tige L, manœuvrée par une vis de façon à régler la hauteur de la roue.

(*) 183. **Autres turbines à courant centrifuge.** M. Redtenbacher a perfectionné la turbine Fourneyron en faisant varier la grandeur des orifices d'admission, en soulevant ou abaissant le disque porteur du guide au moyen d'une vis au haut du tube auquel il est fixé. On se dispense ainsi du tube intérieur glissant dans le tuyau d'admission fixe.

M. Callon a divisé ce tube régulateur en plusieurs segments que l'on peut abaisser séparément.

Pour empêcher la submersion de la turbine Fourneyron, M. Girard y a ajouté une cloche ou cylindre vertical fixé l'ouverture en bas, renfermant la roue, et plongeant dans le canal de fuite. On entretient dans cette cloche assez d'air pour y maintenir le niveau de l'eau au-dessous du fond de la roue au moyen d'une petite pompe foulante. C'est évidemment le niveau de l'eau dans le canal de fuite à l'*extérieur* de la cloche qu'il faut prendre en estimant la chute disponible.

L'effet de cet artifice est probablement de rendre la meilleure vitesse à la circonférence intérieure $a_1 r$ et le rendement maximum, les mêmes que pour les turbines à courant parallèles, à savoir :

$$a_1 r = z_1 \sqrt{2gh_1} = \sqrt{2gh_1} \, \frac{1}{\sqrt{2 + n^2 \, \mathrm{tg}^2 \, \beta}}; \qquad (1)$$

$$\frac{M_1 a_1}{DQh_1} = 2z_1^2 (1 - k''') = \frac{2(1 - k''')}{2 + n^2 \, \mathrm{tg}^2 \, \beta}; \qquad (2)$$

$1 - k'''$ varie de 0,75 à 0,80; sa moyenne est 0,78 environ.

184. Roues à réaction. Cette classe de roue, dont on a donné la théorie aux articles 176, 177 et 178, comprend toutes les turbines sans guides; il en existe une grande variété. La forme la plus ancienne, bien connue sous le nom de *barker's-mill*, décharge son eau par des orifices aux extrémités de tuyaux droits rayonnant d'un arbre creux. Le frottement de l'eau dans ces bras absorbait un grand travail. On essaya, dans la suite, des tubes courbés de différentes manières, mais il est évident que, dans un tube recourbé, le frottement est toujours plus grand que dans un tube droit de même diamètre. La meilleure forme se rapproche plus ou moins de celle indiquée *fig.* 71, c'est-à-dire d'un disque creux muni de projections conduisant l'eau à des ajutages ayant à peu près la forme de la veine contractée. Sur la figure, il n'y a que deux bras; mais trois sont préférables pour la régularité du mouvement, pourvu qu'ils soient exactement égaux et semblables.

La meilleure méthode pour régler le débit est celle de MM. Whitelaw et Stirrat au moyen de valves régulatrices sur les orifices d'échappement. Le rendement reste à peu près constant pous toutes les grandeurs de ces orifices.

La meilleure construction du joint étanche, entre le tuyau d'alimentation et le disque, est celle esquissée *fig.* 77. A est le tuyau d'admission; B la roue ou disque creux; D l'embouchure de la roue par où l'eau y pénètre. L'extrémité de cette embouchure est garnie d'un cuir embouti s'appliquant sur le tube E. Le bord extérieur de ce tube parfaitement dressé est appuyé par la pression de l'eau sur la surface parfaitement plane de la bride F du tuyau d'admission; on obtient ainsi un joint excellent avec très-peu de frottement.

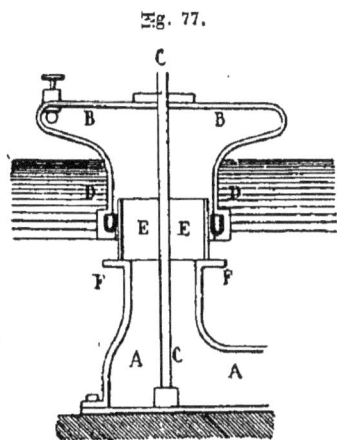

Fig. 77.

Parfois le cuir embouti se trouve au bout du tuyau d'admission, la bride F fait alors partie de l'embouchure du disque et presse sur le bord supérieur du tube E.

Pour réduire au minimum le frottement et l'usure du pivot et des autres supports, l'arbre vertical doit être chargé suffisamment pour équibrer la pression de l'eau sur la surface des orifices de l'embouchure du disque ou du tuyau d'alimentation si sa section est plus grande.

On emploie quelquefois un autre moyen d'équilibrer les pressions dû à M. Redtenbacher. Sa turbine à réaction est *verticale* et formée de deux roues identiques, aux extrémités d'un tuyau d'alimentation horizontal intermédiaire recevant l'eau en son milieu. Cette construction, applicable aux très-hautes chutes, a en outre l'avantage de pouvoir remplacer les pivots par des coussinets ou supports horizontaux d'un entretien plus facile.

185. Turbine ou roue à tourbillon de Thomson. Cette roue, inventée par le professeur James Thomson, de Queen's College Belfast, est le seul exemple d'une turbine à courant centripète, dont la théorie générale a été exposée dans la première section de ce chapitre.

La discussion suivante est en grande partie extraite d'un mémoire de l'inventeur, inséré au compte rendu de la réunion de l'Association britannique pour 1852.

Il existe une différence dans la construction de cette turbine pour les hautes et pour les faibles chutes, analogue à ce qui a lieu dans la turbine Fourneyron; pour les basses chutes, l'alimentation peut se faire par un réservoir ouvert à l'air libre, tandis que, pour une haute chute, elle a lieu généralement par une capacité fermée communiquant par un tuyau d'alimentation avec un réservoir élevé. La *fig.* 78

Fig. 78.

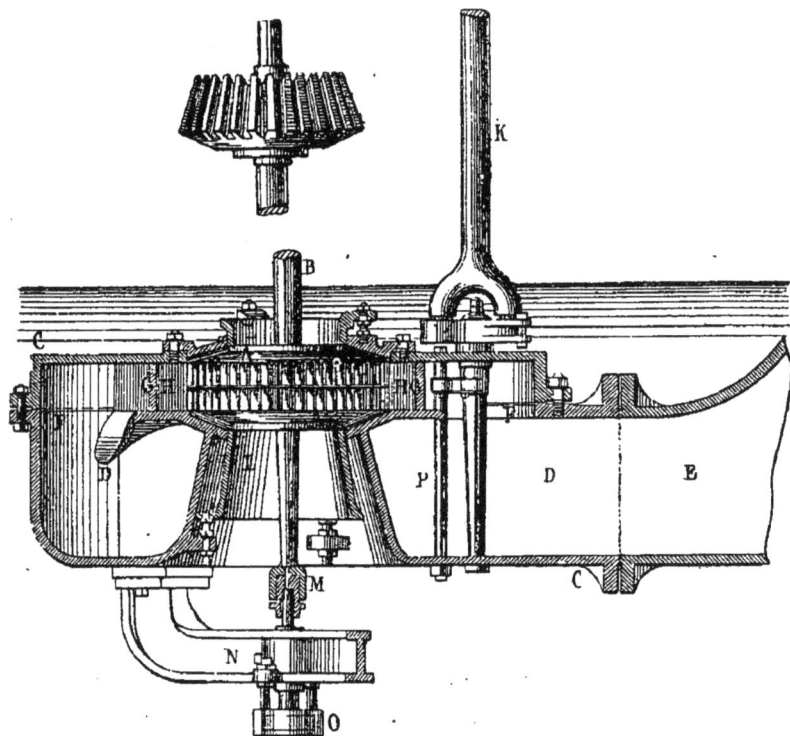

est une coupe verticale et la *fig.* 79 une coupe horizontale et plan d'une roue à tourbillon pour une chute d'environ 11 mètres. L'échelle est $\frac{1}{22}$. On a ajouté un diagramme des aubes à une plus grande échelle.

AA est la roue, B son arbre. La roue occupe une *chambre* au centre de la partie supérieure d'une forte enveloppe de fonte CC. La partie inférieure DD de cette enveloppe est la *chambre d'admission;* elle reçoit l'eau du tuyau d'alimentation E et la décharge par la grande ouverture F, dans la *chambre des guides*, tout autour de la chambre de la roue. Il y a quatre guides G. Leur forme, auprès de la roue, est presque celle d'un quart de cercle de même rayon que la roue, au delà elles sont droites ou courbées en sens contraire. Les quatre ouvertures H entre ces guides règlent leurs sections (0, art. 178), le débit par seconde, et, par conséquent, le travail de la roue. Pour varier ces ouvertures, les guides tournent, à leurs pointes, autour de gougeons figurés comme des-petits cercles (*fig.* 79); ils sont fraisés

Fig. 79.

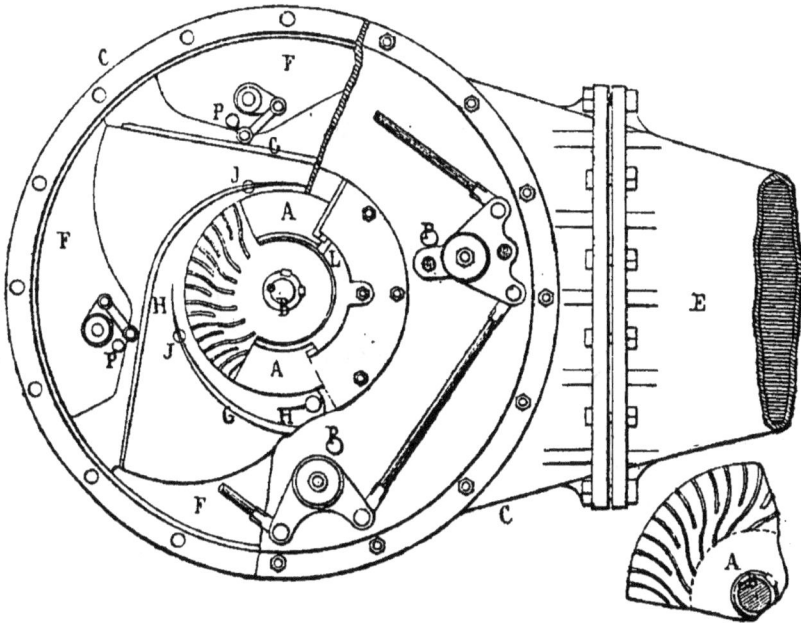

dans le fond de la chambre et n'empêchent pas l'écoulement de l'eau. Les guides sont réunis par un ensemble de leviers et de bielles à une tige K, dont la rotation les déplace tous en même temps, de façon à varier à volonté leur angle α avec la circonférence de la roue. (L'avantage de ce mode de règlement a été établi art. 79.)

L'eau, après avoir traversé les aubes de la roue, passe dans son ouverture centrale, autant que possible sans vitesse tangentielle. Elle s'échappe par le haut et le bas de cette ouverture. LL sont deux pièces, appelées *anneaux de joints*, fixées à cette ouverture et ajustées par des boulons, de façon à raser la roue sans la toucher, pour empêcher l'eau de passer entre elle et son enveloppe.

La partie inférieure de l'arbre passe à travers un stuffing-box étanche, dans la crapaudine M, remplie d'huile, et se termine par une coupe renversée garnie d'un disque concave en bronze portant sur le sommet convexe d'un axe fixe en acier. Cet axe est fixé sur le pont N et peut se déplacer verticalement à l'aide de la traverse O, au moyen de vis calantes. L'huile arrive dans la coupe par un petit tube serré dans une rainure de l'arbre B.

M. Thomson dit dans une note que le pivot dure longtemps sans huile, simplement en y admettant un libre accès de l'eau. Le bois de gaïac, fibres en bout et constamment mouillé, est excellent pour ces sortes de pivots.

Quatre tirants P réunissent les fonds de l'enveloppe contre la pression de l'eau.

La valeur du rapport n, des rayons intérieurs et extérieurs dans ces turbines est ordinairement $\frac{1}{2}$; celle de l'obliquité des pointes des vannes β, varie de 30 à 45°. Appliquant les formules des articles 175 et 177 à ces données et prenant $\frac{1}{5}$ pour la perte d'énergie par le frottement de sorte que $(1 - k''') = 0.8$, on arrive aux résultats suivants :

β	$z_1 = \dfrac{a_1 r}{\sqrt{2gh}}$	$2z_1^2$	$1.6 z_1^2$	
30°	0,693	0,96	0,77	⎞
36°	0,685	0,93	0,75	⎬ Rendement,　(1)
45°	0,667	0,89	0,71	⎠

d'accord avec ce fait que le rendement moyen de ces roues est, en pratique, environ 0,75.

La vitesse de l'eau, dans les ouvertures entre les guides, est

$$v_1 \sec \alpha = z_1 \sec \alpha \sqrt{2gh_1} ; \qquad (2)$$

la section effective de ces ouvertures, prenant $c = 0,9$, est à très-peu près :

$$O_1 = 0,9 \; 2\pi r b . \sin \alpha ; \qquad (3)$$

b étant la hauteur de la chambre de roue; de là, pour le débit :

$$Q = O_1 v_1 \sec \alpha = 0,9 \times 2\pi r b \; \mathrm{tg} \; \alpha. \qquad (4)$$

On peut calculer l'angle α, nécessaire à un débit Q, par seconde, au moyen de la formule

$$\text{tg}\,\alpha = \frac{10Q}{9 \times 2\pi r b}, \qquad (5)$$

en ayant soin de prendre r et b, tels que tg α, pendant le travail ordinaire, diffère aussi peu que possible de n tg β, c'est-à-dire, avec les proportions habituelles, de $\frac{1}{2}$ tg β. Les raisons en sont données article 173.

Les couronnes de la roue, dessinées sur la figure, se rapprochent de la forme indiquée article 172.

CHAPITRE VII.

MACHINES A IMPULSION DE FLUIDE SUR FLUIDE.

186. Explications préliminaires. Dans ces machines, le mouvement contre la résistance est produit dans une partie du fluide par l'impulsion directe d'une autre masse fluide, la masse poussée faisant ici l'office d'une aube plane ou vanne.

Ces machines peuvent se diviser en deux classes :

1° Celles où l'énergie d'une masse liquide, descendant d'une faible hauteur, soulève à une grande hauteur une petite masse de ce même liquide : ainsi le *bélier hydraulique;*

2° Celle dans laquelle un courant d'eau, se mouvant d'abord avec une certaine vitesse, entraîne et refoule devant lui un courant additionnel; les deux courants n'en forment à la fin qu'un seul de vitesse moindre que celle du courant moteur : ainsi la pompe à jet, la trompe, l'échappement des locomotives et l'injecteur.

(*) **187. Bélier hydraulique.** Cette machine, invention bien connue de Montgolfier, sert quand on dispose d'un grand volume d'eau à faible chute, pour élever à une hauteur plus grande que cette chute une partie de cette eau.

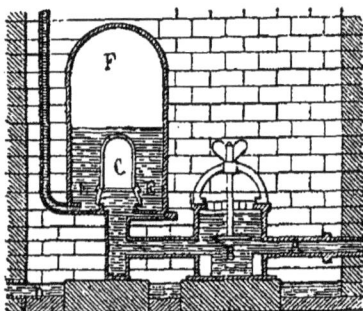

Fig. 80.

Pour l'alimenter il faut barrer le courant, de façon à former un bief comme pour une roue à eau. De la partie inférieure de ce bief débouche le tuyau d'admission A, *fig*. 80. Dans son cours, il rencontre la chambre B, munie d'un clapet conique s'ouvrant en bas et assez large pour laisser passer le courant sans contraction. D est le canal de fuite emportant l'eau qui s'échappe du trop-plein.

A l'extrémité du tuyau d'admission, se trouve un petit réservoir d'air pour amortir les chocs.

Les clapets E s'ouvrent du tuyau d'admission dans une chambre à air extérieure et plus grande F, du fond de laquelle s'élève le tuyau de décharge montant l'eau au niveau voulu.

Un petit clapet de sûreté ouvre une communication du réservoir d'air intérieur avec l'atmosphère. Quand la masse d'air y devient insuffisante, il se présente dans le travail de la machine des périodes où la pression y tombe au-dessous de l'atmosphère; le clapet de sûreté s'ouvre alors pour admettre la quantité d'air nécessaire pour remplacer celui qui se perd par diffusion dans l'eau.

Voici la marche du bélier hydraulique :

Supposons que le clapet d'échappement, fermé par la pression de l'eau, s'ouvre soudain à cause d'une diminution de cette pression. L'eau s'écoule du réservoir par le tuyau d'admission et ce clapet, avec une vitesse graduellement croissante, jusqu'à ce qu'elle atteigne son maximum, celle du mouvement uniforme que peut produire la charge du bief dans le tuyau d'admission et à sa sortie.

Le poids et la charge du clapet sont tels que l'impulsion du courant, à cette vitesse, le soulève et le ferme brusquement.

Le courant dans le tuyau d'admission est ainsi brusquement arrêté. L'eau, entre le réservoir et le clapet, tend à avancer encore par sa force vive; elle comprime l'eau entre la chambre du clapet et les réservoirs d'air, ainsi que l'air du petit réservoir. Au bout d'un temps inappréciable, la pression y surpasse celle du grand réservoir, c'est-à-dire la pression due à la hauteur du refoulement. Les clapets E s'ouvrent, l'eau passe dans le réservoir d'air contre cette pression supérieure et de là dans le tuyau de décharge, jusqu'à ce que l'énergie de la masse d'eau dans le tuyau d'admission se soit dépensée au point que sa pression ne puisse plus maintenir les clapets E ouverts ni la valve de trop-plein fermée. Alors E se ferme, le clapet d'échappement s'ouvre et l'opération recommence.

Ethelwein a donné comme résultat de ses expériences la formule suivante :

Soient Q le volume d'eau totale, en mètres cubes, fourni par seconde à la machine, q la fraction qui en est refoulée à une hauteur *h* au-dessus du bief d'alimentation. Q—*q* s'écoulent à un niveau H au-dessous de ce bief.

L la longueur du tuyau d'admission, D son diamètre en mètres.

$$\left. \begin{aligned} D &= 2,104\sqrt{Q} \\ L &= H + h + \frac{h}{H}0,60 \end{aligned} \right\} \qquad (1)$$

Réservoir d'air = volume du tuyau d'admission.

$$\text{Rendement} = \frac{qh}{(Q-q)H} = 1,12 - 02\sqrt{\frac{h}{H}}, \qquad (2)$$

quand $\frac{h}{H}$ ne dépasse pas 20, ou

$$\frac{1}{1 + \frac{h}{10H}}, \qquad (2\text{A})$$

quand $\frac{h}{H}$ ne dépasse pas 12.

187 A. Pompe à jet. Cette machine marche par la tendance d'un courant ou jet fluide à entraîner avec lui les molécules de fluide qui l'environnent. La nature générale de sa construction est représentée *fig.* 81. A est le tube à jet ou d'admission, admettant l'eau d'une source élevée; B, le tuyau d'aspiration puisant l'eau à un niveau inférieur ; C est la gorge contractée du passage un peu en avant du jet; D est le tube divergeant où le jet se mêle avec l'eau d'en bas qu'il entraîne, produisant derrière lui et dans le tube d'aspiration un vide suffisant pour la soulever.

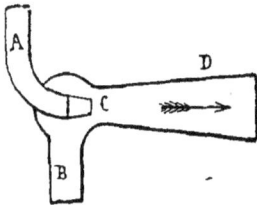
Fig. 81.

On connaît depuis longtemps des machines fonctionnant d'après ce principe, mais la pompe à jet, dans sa forme actuelle, fut inventée par le professeur James Thomson et décrite, pour la première fois, dans le *Rapport de l'Association britannique pour* 1852. Dans le rapport de cette association, pour 1853, M. Thomson publia les résultats de quelques expériences en petit sur le rendement de sa pompe. Le rendement maximum eut lieu pour une hauteur d'aspi-

15

ration égale aux $\frac{9}{10}$ environ de la charge du jet; le débit du tuyau d'aspiration était, dans ce cas, environ $\frac{1}{5}$ de celui du jet, ce qui donne pour le rendement

$$0,9 \times \frac{1}{5} = 0,18.$$

C'est un rendement très-bas, mais qui pourrait probablement s'élever en perfectionnant les proportions de la machine.

La trompe, dans laquelle une chute d'eau se précipitant dans un cylindre percé de trous entraîne avec elle un courant d'air qui s'échappe au bas par une tuyère, est une machine fondée sur le même principe; son rendement est, dit-on, environ 0,15.

L'échappement des locomotives, le plus important des perfectionnements de George Stephenson, est un exemple d'une action de même genre dont on parlera à sa place. De même le *ventilateur à jet de vapeur*, de M. Gurney, pour les mines.

L'injecteur Giffard pour l'alimentation des chaudières est en fait une pompe à jet dans laquelle l'eau est chassée par un jet de vapeur de la chaudière à alimenter. La règle ordinaire pour trouver la section convenable de la partie la plus étroite du cône est, en centimètres carrés,

$\omega =$ débit de l'alimentation en mètres cubes par heure $\div 3,5$

$$\sqrt{\text{pression de la vapeur en atmosphères.}}$$

En centimètres circulaires : divisez par 3 au lieu de 3,5.

CHAPITRE VIII.

MOULINS A VENT.

188. Description générale. — L'énergie du vent, dans un moteur, s'exerce sur une roue ou ventilateur, formée de quatre ou cinq bras garnis de voiles et rayonnant autour d'un arbre horizontal ou légèrement incliné, dont le bout est toujours tourné du côté du vent.

L'inclinaison de l'arbre sur l'horizon varie de 5° à 10°; son but est que les voiles tournent en dehors de la tour et des autres constructions attenantes au moulin.

Il y a deux méthodes pour faire que la roue ait toujours face contre le vent. Dans le *moulin à pivot* toute la machine, avec sa charpente et son enveloppe, tourne sur un pivot au sommet d'un gros poteau vertical et se déplace aux changements de vent au moyen d'un long levier horizontal. Dans le *moulin à tour* ou *moulin à capuchon*, la tour est fixe, munie au sommet d'un capuchon tournant; le capuchon porte l'arbre et se tourne au vent automatiquement ou à la main. Le reste du mécanisme repose sur une framure fixe.

L'obliquité de la voile ou l'angle qu'elle fait avec son plan de révolution s'appelle le *vent* du moulin.

La *fig.* 82 est l'élévation de la charpente ou du squelette d'une aile de moulin. C est le bout de l'arbre de $0^m,45$ à $0^m,60$ d'équarrissage s'il est en bois, de $0^m,15$ à $0^m,23$ de diamètre s'il est en fer. CAB est le bras ou *fouet* de l'aile de 9 à 12 mètres de long, de $0^m,10$ à $0^m,25$ d'équarrissage à l'encaissement, des $\frac{2}{3}$ environ de ces dimensions de l'autre extrémité. De AD à BE sont les *barres* de l'aile ou tiges de bois écartées de $0^m,37$ à $0^m,45$. AB. est le bord en avant de la voile et coïncide dans cet exemple avec l'arête du fouet; dans quelques moulins un petit bord de voile appelé *la directrice* fait saillie en avant du fouet.

La *fig.* 83 est une vue de côté de la *fig.* 82. OP, OQ sont les positions des barres aux deux bouts de l'aile. Ces deux figures montrent comment le *vent* diminue graduellement de la circonférence au centre pour des raisons exposées dans l'article suivant.

La directrice, quand il y en a, est ordinairement couverte de bois mince; le corps de l'aile, d'une toile à voile ou de lattes appelées *louvres* et pouvant s'ajuster à différents angles, comme ou le décrira plus bas.

189. Principes généraux. La réduction de l'art de construire les moulins à vent et des principes généraux est due, presque tout entière, à des expériences de Smeaton, communiquées à la Société royale en 1759, et publiées par Tredgold dans son *Traité d'hydraulique.*

Les principes généraux établis par Smeaton peuvent, jusqu'à un certain point, s'exprimer par une adaptation convenable des formules de l'article 144, cas V, équations (49) à (15), en soustrayant un terme pour représenter la perte d'énergie par le frottement de l'air sur les ailes, comme il suit.

Soient :

D, le poids du mètre cube d'air;

Fig. 82, 84.

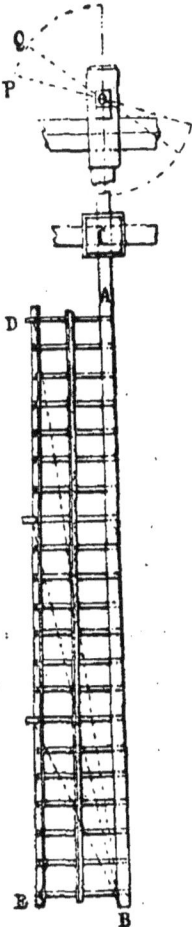

Fig. 83.

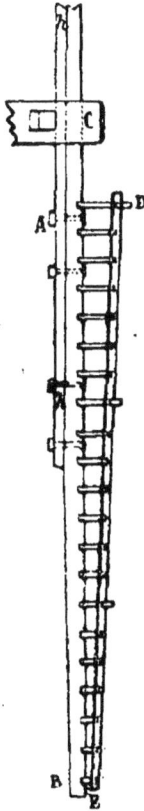

Q, le volume d'air en mètres cubes agissant par seconde sur l'aile ou sur une partie de l'aile ;

v, la vitesse du vent en mètres par seconde ;

s, la section du cylindre annulaire de vent que l'aile ou la portion d'aile en question décrit en un tour, on a

$$Q = cvs, \qquad (1)$$

c étant un coefficient empirique.

Comme il est difficile, sinon impossible, dans l'état actuel de nos connaissances, de distinguer, dans le travail d'un moulin, entre le facteur qui dépend de la quantité de vent qui agit sur lui, et celui qui exprime la diminution de rendement par frottement de l'arbre, il vaut mieux faire que c, dans l'équation ci-dessus, tienne compte de ce frottement. Ceci compris, il résulte des expériences de Smeaton que, pour un moulin à quatre ailes proportionné le mieux possible, si l'on prend pour s la section de tout le cylindre décrit par la roue

$$c = 0,75 \text{ à peu près.} \qquad (2)$$

On tiendra compte séparément du frottement de l'air.

Soit λ le *vent* de l'aile ; alors puisque le mouvement de chaque point de l'aile est normal à la direction du vent, il faut faire dans les formules de l'article 144 :

$$\delta = 90° - \lambda; \quad \cos \delta = \sin \lambda.$$

Considérons une bande mince de l'aile à une distance donnée de l'axe ; soit u sa vitesse.

La vitesse *totale* du vent, par rapport à cette bande, est $\sqrt{v^2 + u^2}$, et il est probable que la perte d'énergie par le frottement de l'air est proportionnelle au carré de cette vitesse, de sorte que l'on peut représenter cette perte, par *kilogramme d'air agissant*, au moyen de l'expression

$$f \frac{v^2 + u^2}{2g}, \qquad (3)$$

f étant un coefficient empirique.

D'après les données de Smeaton examinées plus bas, on a probablement pour les meilleures ailes

$$f = 0.016. \tag{3a}$$

Modifiant alors comme on l'a dit plus haut les symboles de l'équation (50), et retranchant la perte d'énergie par le frottement de l'air, on trouve pour le travail utile par seconde du vent sur les bandes de l'aile décrivant un cylindre d'air de section s :

$$\left. \begin{aligned} Ru &= c Dsv \, \frac{1}{2g} \, [2uv\cos\lambda\sin\lambda - u^2 (2\sin^2\lambda + f) - fv^2] \\ &= c Dsv \, \frac{1}{2g} \, [uv \sin 2\lambda - u^2 (1 - \cos 2\lambda + f) - fv^2)] \end{aligned} \right\} \tag{4}$$

Divisant par $\dfrac{Dsv^3}{2g}$, énergie totale du vent par seconde, on trouve pour son *rendement*

$$\frac{Ru}{\frac{Dsv^3}{2g}} = c \left[\frac{u}{v} \sin 2\lambda - \frac{u^2}{v^2} (1 - \cos 2\lambda + f) - f \right]. \tag{5}$$

Le rapport de la vitesse de rendement maximum, pour une valeur donnée de λ, à la vitesse du vent, est

$$\frac{u_1}{v} = \frac{\sin 2\lambda}{2(1 - \cos 2\lambda + f)}. \tag{6}$$

Le rendement correspondant de cette vitesse est

$$c \left[\frac{\sin^2 2\lambda}{4(1 - \cos 2\lambda + f)} - f) \right], \tag{7}$$

et le travail utile correspondant,

$$R_1 u_1 = c Ds \frac{v^3}{2g} \left[\frac{\sin^2 2\lambda}{4(1 - \cos 2\lambda + f)} - f) \right). \tag{8}$$

Voici quelques exemples des résultats de ces formules en prenant $f = 0,016$, $c = 0,75$:

λ	$\dfrac{u_1}{v}$	$Ds\dfrac{R_1 u_1}{\dfrac{v^3}{2g}}$	
7°	2,63	0,24 ⎫	
13°	1,86	0,29 ⎬	(9)
19°	1,41	0,31 ⎭	

On montrera plus bas entre quelles limites ces formules sont applicables.

190. Meilleures formes et proportions des ailes. Smeaton les a déterminées expérimentalement comme il suit :

Dans la *fig.* 85, A est l'arbre, AC le fouet d'une aile, BDEC la partie principale rectangulaire, BFC sa directrice triangulaire.

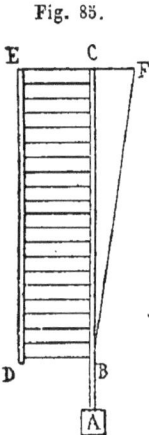

Fig. 85.

Les meilleures proportions sont les suivantes :

$$\left.\begin{aligned} AB &= \frac{1}{6}\,AC, \\[4pt] BC &= \frac{5}{6}\,AC, \\[4pt] BD = CE &= \frac{1}{5}\,AC, \\[4pt] CF &= \frac{2}{15}\,AC. \end{aligned}\right\} \quad (1)$$

Voici les meilleures valeurs de λ à différentes distance de l'arbre :

Distance en $\frac{1}{6}$ de AB	1 1ʳᵉ barre	2	3	4	5	6 sommet	(2)
Valeurs de λ	18°	19°	18°	16	12°$\frac{1}{2}$	7°	

191. La meilleure vitesse pour les *extrémités des ailes* obliquées comme ci-dessus est, d'après Smeaton, environ 2,6 fois la vitesse du vent, c'est-à-dire

$$\text{pour } \lambda = 7°, \quad u_1 = 2,6v. \qquad (1)$$

C'est de ce résultat d'expériences que l'on a déduit la valeur du coefficient de frottement dans l'article 189, $f = 0,016$.

Le résultat calculé dans cet article qui pour $\lambda = 19°$, $\dfrac{u_1}{v} = 1,41$, indique 19° pour l'angle d'obliquité convenant à un point au milieu environ de l'aile, est conforme à l'expérience.

L'application des formules de cet article à toutes les parties de l'aile lui donnait une surface légèrement convexe, mais Smeaton a trouvé qu'une surface légèrement concave (comme celle indiquée par la table II, art. 190) est plus efficace; sur quoi il semble que «quand le vent tombe sur une surface concave, c'est en somme un avantage, bien que chaque partie ne soit pas disposée pour le mieux».

Il paraît en outre que les formules ne doivent pas s'appliquer du milieu de l'aile jusqu'à l'arbre, mais qu'il vaut mieux conserver λ à peu près constant sur cette partie.

192. **Puissance et rendement.** La puissance effective d'un moulin à vent, d'après les expériences de Smeaton et comme l'indiquent les équations (4) et (8) de l'article 145, varie proportionnellement à la *surface active du vent s*, c'est-à-dire aux *carrés du rayon* pour des roues semblables.

La valeur 0,75, assignée au coefficient c dans l'article 189, est fondée sur le fait établi par Smeaton, que *la puissance effective d'un moulin avec ailes de la meilleure forme, avec un rayon d'environ 4^m,65 et une brise de 3^m,90 par seconde, est d'environ un cheval.* Dans le calcul fondé sur ce fait, l'angle moyen $\lambda = 13°$, $f = 0,016$: désignant alors par r le rayon AB et par

$$S = \pi r^2,$$

la section du cylindre de vent, l'équation (8), article 189, devient

$$R_1 u_1 = 0,29 \frac{D v^3}{2g} \pi r^2 \qquad (1)$$

donnant la puissance effective à la meilleure vitesse, quand la circonférence de la roue marche 2,6 fois plus vite que le vent.

La puissance effective, à une vitesse quelconque se trouve en faisant $\lambda = 13°$ dans l'équation (4)

$$R u = 0,75 \frac{D v}{2g} \pi r^2 (0,438 u v - 0,117 u^2 - 0,016 v^2). \qquad (2)$$

La valeur D du poids du mètre cube d'air se trouve exactement au moyen des tables II et III à la fin de ce volume. En prenant une moyenne de 1^k,25, ces formules deviennent

$$R_1 u_1 = 0,36 \frac{v^3}{2g} \pi r^2 ; \qquad (1\,\text{A})$$

$$Ru = 0,94 \frac{v}{2g} \pi^2 r^2 (0,438\,uv - 0,117 u^2 - 0,016 v^2). \quad (2\,\text{A})$$

De l'équation (1) il résulte qu'un moulin très-bien établi, avec les ailes ayant au sommet une vitesse 2,6 fois celle de la brise, a une puissance effective par seconde égale aux $\frac{29}{100}$ de l'énergie du cylindre de vent qui traverse sa roue.

193. **Moulin à tour. Capuchon automatique.** La *fig.* 86

Fig. 86.

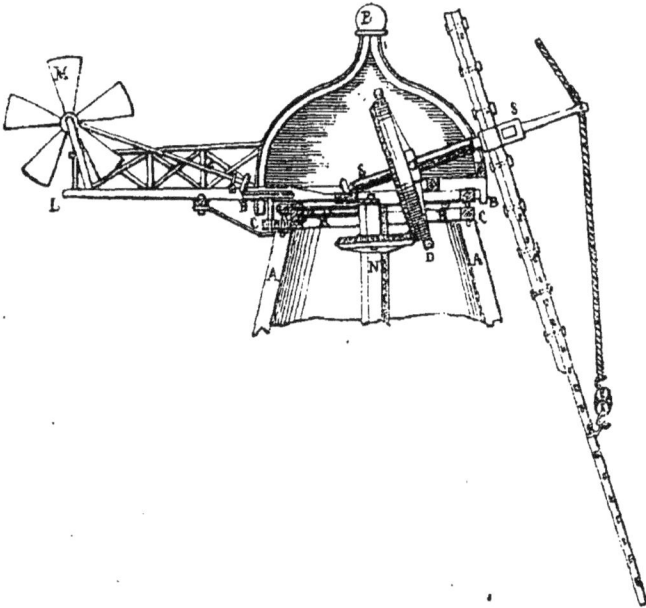

Fig. 87.

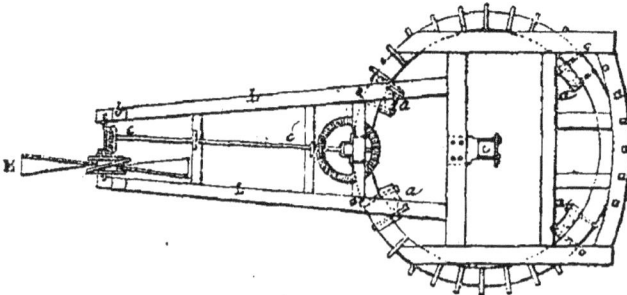

est une coupe verticale et la *fig.* 87 une coupe horizontale du sommet d'un moulin à tour et de son capuchon automatique.

AAA est la tour, BBB le capuchon dont le bord inférieur est un anneau en fer reposant sur un cercle de rouleaux roulant sur un autre anneau de fer au haut de la tour, et maintenu par un anneau intermédiaire R, traversé par leurs axes; *aaa* sont des blocs munis de rouleaux-guides horizontaux.

C est un anneau denté fixé au sommet de la tour.

S est l'arbre portant une roue dentée D menant un pignon sur l'arbre vertical N qui fait marcher le moulin.

A l'anneau du capuchon se projette le bâti LL portant le moulinet M qui, au moyen du train de roues *b* et *cc*, mène le pignon *f*, engrenant avec l'anneau *c* déjà mentionné. Quand les ailes font face au vent, le moulinet est tourné de profil vers le vent et reste au repos. Quand le vent change de direction, il fait tourner le moulinet et le pignon *f* qui fait marcher le capuchon jusqu'à ce que les ailes soient de nouveau en face du vent.

La roue motrice D, sur l'arbre, sert aussi souvent de *frein* en l'entourant d'un frein flexible (art. 49).

194. Règlement des ailes. Anciennement on couvrait les ailes d'une surface de toile à voile plus ou moins étendue suivant la force du vent.

On a depuis inventé plusieurs méthodes pour faire varier la surface exposée au vent pendant le mouvement des ailes, tels que des rouleaux pouvant enrouler plus ou moins de toiles, des lattes se recouvrant comme les lames d'un éventail ou tournant sur leur axe comme des lames de jalousie. Le moyen le plus récent est celui de M. William Cubbitt, illustré *fig.* 88 et 89. La *fig.* 88 est une vue de côté, la *fig.* 89 une vue de face. A est l'arbre traversé par une

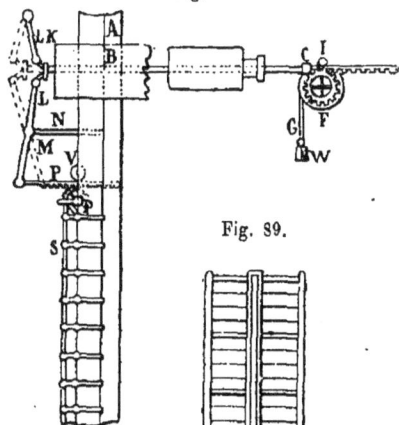

Fig. 88.

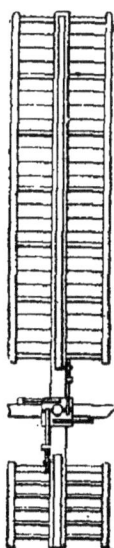

Fig. 89.

tige BC; C un joint permettant à cette tige de tourner avec
l'arbre sans entraîner la crémaillère qui la suit. Cette crémaillère engrène avec un pignon E muni d'un tambour F sollicité
par un poids W; I est le rouleau-guide de la crémaillère.

En K, la tige BC s'assemble aux leviers L tournant sur M et
manœuvrant, par une crémaillère P guidée en V et le pignon R,
toutes les lames de l'aile, liées à la tige S et basculant sur leur
axe de façon à former à plat une surface continue; quand elles se
redressent, le vent passe entre elles et son action diminue; elle
s'annule quand elles sont droites. Chaque aile porte un appareil
semblable.

Les axes des lames ne sont pas en leur milieu, de sorte que la
pression du vent tend à les ouvrir; elle est contrecarrée par l'action
du poids W qui tend à les ouvrir. L'obliquité des lames s'ajuste
aussi à la pression du vent, de sorte que son effort reste sensiblement constant pour toutes les variations de sa vitesse.

TROISIÈME PARTIE.

MACHINES A VAPEUR ET AUTRES MACHINES THERMIQUES.

---

195. Nature et division du sujet. On croit que George Stephenson remarqua le premier que la source originelle de la puissance des machines thermiques est le soleil, dont les rayons fournissent l'énergie qui rend les végétaux capables de décomposer l'acide carbonique et d'emmagasiner ainsi le carbone et les composés combustibles utilisés ensuite dans les foyers. La combinaison de ce combustible dans les foyers avec l'oxygène produit la chaleur qui, communiquée à certains fluides, comme l'eau, augmente leur pression et leur volume, changements que l'on utilise à faire mouvoir des mécanismes.

D'après une hypothèse de M. Waterston, modifiée et développée par le professeur sir William Thomson, la chaleur du soleil est produite par la chute d'une pluie de météorites, de sorte que la somme première de la puissance de la chaleur est la gravitation.

Dans ce traité, nous ne nous occupons que des opérations ayant pour but d'obtenir de l'énergie mécanique de la chaleur, en partant d'un combustible prêt à servir.

La présente partie de ce traité comprend deux divisions. La première traite des lois de relation entre les phénomènes, de combinaisons chimiques, de chaleur et d'énergie mécanique, dont dépendent le travail et le rendement des machines. La seconde division traite de la construction et de la mise en œuvre de ces machines.

La première de ces divisions principales se partage en trois subdivisions. La première traite des relations entre les phènomènes de la chaleur même. La seconde comprend la combustion ou production de chaleur par action chimique. La troisième traite des rapports entre la chaleur et l'énergie mécanique, dont les principes forment la science thermodynamique.

La seconde division principale comprend deux subdivisions. La première se rapporte à l'appareil par lequel la chaleur est tirée du combustible et communiqué aux fluides : dans la machine à vapeur, c'est la chaudière et son foyer. La seconde partie considère l'appareil par lequel le fluide chauffé accomplit le travail en menant un mécanisme ; c'est la *machine* proprement dite, distincte du foyer et de la chaudière.

CHAPITRE I.

DES RAPPORTS ENTRE LES PHÉNOMÈNES DE LA CHALEUR.

---

196. Définition et description de la chaleur. Le mot
chaleur a deux sens :

1° Une certaine classe de sensations ;

2° L'état des corps qui les rend aptes à produire ces sensations.

C'est avec cette seconde signification que l'on emploiera le mot
chaleur dans ce traité.

L'état de chaleur a d'autres propriétés que celles par lesquelles
on vient de le définir. Les principales sont les suivantes :

I. La chaleur est transmissible d'un corps à un autre, c'est-à-dire,
un corps chaud peut en échauffer un autre en se refroidissant, et les
tendances à effectuer ce transfert de chaleur peuvent se comparer
entre elles au moyen d'une échelle de grandeurs dont elles dépendent,
appelées *températures*.

II. L'échange de chaleur entre deux corps tend à les amener à
un état de *température uniforme*, auquel l'échange cesse d'avoir lieu.

III. Les quantités appelées températures sont accompagnées,
dans chaque corps, par certaines conditions quant au rapport
entre la densité et l'élasticité, la loi générale étant que plus un corps
est chaud, moindre est son *élasticité de figure* ou tendance à conserver une forme définie ; et plus grande est son *élasticité de volume* ou
tendance, si le corps est solide ou liquide, à conserver un volume
constant, et, s'il est gazeux, à se détendre indéfiniment.

IV. L'état de chaleur est un état d'*énergie*, c'est-à-dire de capacité
pour effectuer des changements. Un de ces changements a déjà été
défini sous le titre I, à savoir le changement dans les corps inégale-

ment chauds, tendant à les amener à une température uniforme, Parmi les autres, on remarque les modifications de densité, d'élasticité, d'électricité, de magnétisme, et les changements chimiques.

V. La chaleur, considérée comme une sorte d'énergie, peut se mesurer indirectement et s'exprimer en quantités au moyen d'un de ses effets directement mesurables.

VI. Quand on exprime ainsi la chaleur en quantités, on la trouve, comme les autres formes de l'énergie (l'énergie mécanique, par exemple) soumise à une loi de *conservation*, c'est-à-dire que si, dans un système de corps, aucune chaleur n'est ni dépensée ni produite par des changements autres que des changements de température, la quantité totale de chaleur du système ne peut pas être modifiée par les actions mutuelles de ses corps. Ce qu'un des corps perd, un autre le gagne; et, s'il y a des changements autres que ceux de température modifiant la quantité totale de chaleur du système, cette modification est compensée exactement par une variation dans quelques autres formes d'énergies.

Bien que le présent chapitre traite spécialement des relations entre les phénomènes de la chaleur, cependant il est impossible d'exprimer ces relations sans se reporter occasionnellement aux rapports entre le phénomène de la chaleur et d'autres classes de phénomènes, comme on l'a déjà fait dans la précédente description générale de la chaleur.

Le reste de ce chapitre se divise en trois sections.

La première se rapporte à la mesure des *températures* et aux phénomènes qui accompagnent une température donnée.

La seconde a rapport à la mesure et à la comparaison des *quantités de chaleur*, soit perdues par un corps et gagnées par un autre avec changements de températures, ou qui apparaissent et disparaissent avec d'autres changements.

La troisième traite de la rapidité du transfert de la chaleur dans plusieurs circonstances.

SECTION 1. *Températures et phénomènes qui en dépendent.*

197. **Températures égales.** Deux corps sont dits *à la même température* ou à des *températures égales*, quand il n'y a pas de tendance au transfert de la chaleur d'un corps à l'autre.

198. Températures fixes. Les températures fixes, ou tempé-
ratures-étalons, sont des températures identifiées au moyen de phénomènes qui leur sont particuliers.

La plus importante et la plus usuelle des températures fixes est
celle du *point de fusion de la glace* sous la pression atmosphérique
moyenne. Cette pression est spécifiée pour préciser, car les varations
du point de fusion de la glace avec la pression, bien que très-faibles,
sont néanmoins appréciables.

Immédiatement après, en importance et en utilité, vient le point
d'ébullition de l'eau pure sous la pression moyenne de l'atmosphère,

ou   14,7 liv. par pouce carré,
    2116,3 liv. par pied carré,
    29,922 pouces, ou 760 millimètres, d'une colonne verticale de
        mercure à la température de fusion de la glace,
ou 10 333ᵏ par mètre carré.

Il y a plusieurs autres phénomènes, outre la fusion de la glace et
l'ébullition de l'eau sous la pression atmosphérique, qui servent à
identifier des températures fixes; mais ces deux phénomènes sont
choisis à cause de la précision avec laquelle on peut les observer
pour fixer les températures de départ sur les *thermomètres* ou instruments pour mesurer les températures.

**199. Degrés de température. Thermomètre à gaz par-
fait.** Les deux points fixes de l'échelle des températures étant
trouvés, il faut ensuite exprimer toutes les autres températures au
moyen d'une échelle de degrés et fractions de degrés, graduée d'après
la grandeur d'une quantité directement mesurable et dépendant de
la température seule.

La quantité choisie dans ce but est le produit du volume par la
pression d'une masse donnée d'un gaz parfait.

Un *gaz parfait* est une substance dans une condition telle que la
pression exercée par un nombre quelconque de ses parties, à une
température donnée, sur les parois d'un vase qui les renferme, est
la somme des pressions que chacune d'elles exercerait si elle s'y
trouvait enfermée seule à la même température; en d'autres termes,
c'est une substance dans laquelle la tendance à se détendre, de
chaque masse, si petite qu'elle soit, diffusée dans un espace donné,
est une propriété indépendante des autres masses répandues dans
ce même espace. Un gaz absolument parfait ne se trouve pas dans

16

la nature; chaque gaz s'en rapproche d'autant plus qu'il est plus chaud et plus raréfié, et l'air est assez près de la condition d'un gaz parfait pour servir aux mesures thermométriques.

Soient v_0 le volume d'un poids donné d'un gaz parfait, sous la pression p_0, à la température de la glace fondante, $p_0 v_0$ le produit de ces facteurs, quantité dont les valeurs en kilogrammètres par kilogramme d'air est donnée dans les tables II et III à la fin de ce volume.

Soit $p_1 v_1$ le produit correspondant à la température de l'eau bouillante sous la pression atmosphérique.

Alors on sait, d'après les expériences de MM. Regnault et Rudberg, que ces produits ont entre eux la relation

$$\frac{p_1 v_1}{p_0 v_0} = 1,365. \tag{1}$$

Soient maintenant T_0, T_1 les températures de la glace fondante et de l'eau bouillante sous la pression atmosphérique, en degrés d'un thermomètre à gaz parfait dont les intervalles correspondent à des différences entre les valeurs du rapport $\frac{p_1 v_1}{p_0 v_0}$.

Soient T une troisième température, pv le produit correspondant. Alors, puisque l'intervalle $T_1 - T_0$ correspond à la différence $\frac{p_1 v_1 - p_0 v_0}{p_0 v_0} = 0,365$, il est clair que l'intervalle $T - T_0$, correspondant à la différence $\frac{pv - p_0 v_0}{p_0 v_0}$, doit avoir la valeur

$$T - T_0 = \frac{T_1 - T_0}{0,365} \times \frac{pv - p_0 v_0}{p_0 v_0}. \tag{2}$$

Cette équation exprime la relation entre les *intervalles de température* et les différences du produit pv.

200. Différentes échelles de température. Le nombre de degrés $T_1 - T_0$, dans lequel l'intervalle entre les deux températures fixes est divisé, et le nombre de degrés T_0, entre le zéro de l'échelle thermométrique et la température de glace fondante, sont arbitraires.

Sur l'*échelle Réaumur*, le zéro est la température de glace fondante;

et $T_1 - T_0 = 80°$; d'où

$$T_0 = 0°; \quad T_1 = 80°;$$

$$T - T_0 = \frac{80°}{0,365} \frac{pv - p_0 v_0}{p_0 v_0} = 219,2 \frac{pv - p_0 v_0}{p_0 v_0}. \quad (1)$$

Sur l'*échelle centigrade* usitée en France et sur presque tout le continent européen, le zéro est la température de la glace fondante et $T_1 - T_0 = 100°$; d'où

$$T_0 = 0°; \quad T_1 = 100°;$$

$$T - T_0 = \frac{100°}{0,365} = \frac{pv - p_0 v_0}{p_0 v_0} = 274° \frac{pv - p_0 v_0}{p_0 v_0}. \quad (2)$$

Sur l'*échelle Fahrenheit*, usitée en Angleterre et en Amérique, le zéro est un point arbitraire, à 32° sous la température de glace fondante; $T_1 - T_0 = 180°$; d'où

$$T_0 = 32°; \quad T_1 = 212°;$$

$$T - T_0 = \frac{180}{0,365} \frac{pv - p_0 v_0}{p_0 v_0} = 493,2 \frac{pv - p_0 v_0}{p_0 v_0} \quad (3)$$

Dans ce traité, on se sert de l'échelle centigrade partout où l'on n'en spécifie pas une autre.

Sur toutes les échelles thermométriques, les températures au-dessous du zéro sont affectées du signe —.

201. Zéro absolu. Température absolue. Il existe une température fixée par le raisonnement bien qu'on ne puisse jamais la réaliser, c'est la température correspondante à la disparition de l'élasticité gazeuse et à laquelle $pr = 0$.

Elle est appellée le *zéro absolu* du thermomètre à gaz parfait. En comptant la température à partir de ce zéro, les phénomènes qui dépendent de la température s'expriment beaucoup plus simplement; c'est par conséquent aussi le meilleur zéro pour les recherches scientifiques. Pour recueillir des observations, le zéro ordinaire est préférable à cause de l'éloignement du zéro absolu de toutes les températures observées jusqu'ici.

Les températures, comptées à partir du zéro absolu, sont appelées *températures absolues.* On les désignera dans ce traité par la lettre τ.

Soient τ_0 la température absolue de la glace fondante, τ_1 celle de l'eau bouillante à la pression atmosphèrique.

τ une troisième température absolue, on a

$$\tau_0 = \frac{\tau_1 - \tau_0}{0,365};\qquad (1)$$

$$\tau_1 = 1,365\tau_0;\qquad (2)$$

$$\tau = \tau_0\frac{pv}{p_0v_0}.\qquad (3)$$

Ces formules deviennent :
Pour l'*échelle Réaumur* :

$$\tau_0 = 219°,2;\quad \tau_1 = 299°,2;\quad \tau = 219°,2\,\frac{pv}{p_0v_0} = T + 219°,2;\ (4)$$

Pour l'*échelle centigrade* :

$$\tau_0 = 274°;\quad \tau_1 = 374°;\quad \tau = 274°\,\frac{pv}{p_0v_0} = T + 274°;\ (5)$$

Pour l'*échelle Fahrenheit* :

$$\tau_0 = 493°,2;\quad \tau_1 = 673°,2;\quad \tau = 493°,2\,\frac{p_0v_0}{p_1v_1} = T + 461°,2,\ (6)$$

et les positions du zéro absolu sur les échelles thermomètres ordinaires sont

$$\begin{array}{ll}
\text{Sur l'échelle Réaumur.....} & -219°,2 \\
\text{—\qquad centigrade. . . .} & -274 \\
\text{—\qquad Fahrenheit. . . .} & -461\ ,2
\end{array}\right\}\qquad (7)$$

La table III, à la fin du volume, donne une série des températures ordinaires aux échelles centigrades et Fahrenheit avec les températures absolues correspondantes, ainsi que les valeurs de $\frac{pv}{p_0v_0}$.

202. Dilatation et élasticité des gaz. La loi de détente et d'élasticité d'un gaz presque parfait est exprimée par la formule

$$\frac{pv}{p_0v_0} = \frac{\tau}{\tau_0}\qquad (1)$$

Les résultats de cette formule sont donnés dans la table III déjà mentionnée.

Le *coefficient de dilatation* d'un gaz parfait, étant l'accroissement de volume, sous pression constante et pour un degré d'élévation de température, de la masse du gaz occupant à 0° l'unité de volume, est l'inverse de la température absolue de la glace fondante, ou

$$-\frac{1}{493,2} = 0,002\,0276 \text{ par degré Fahrenheit};$$

$$\frac{1}{274} = 0,003\,65 \text{ par degré centigrade.}$$

C'est une limite théorique vers laquelle les coefficients de dilatation des gaz tendent à mesure qu'ils s'échauffent et diminuent de densité. Les coefficients réels excèdent cette limite de quantités dépendantes de la nature, de la densité et de la température du gaz.

L'hypothèse des tourbillons moléculaires, rappelée dans la préface historique de cet ouvrage, conclut à exprimer la loi de dilatation d'un gaz imparfait par une formule de la forme

$$\frac{pv}{p_0 v_0} = \frac{\tau}{\tau_0} - A_0 - \frac{A_1}{\tau} - \frac{A_2}{\tau_2}, \qquad (2)$$

A_0 A_1, etc., étant des fonctions empiriques de la densité $\frac{1}{v}$. Cette conclusion a été vérifiée par les expériences de M. Regnault (*Mémoires de l'Académie des sciences*, 1847; *Trans. Soc. Roy. Edin.*, 1850; *Phil. Mag.*, déc. 1851; *Proc. Roy. Soc. Edin.*, 1855; *Phil. Mag.*, mars 1858).

La formule pour l'acide carbonique est, en unités anglaises :

$$\frac{pv}{p_0 v_0} = \frac{\tau}{439,2} - \frac{3,42}{\tau}\frac{v_0}{v} \qquad (3)$$

dans laquelle

$$p_0 = 2\,116,4 \text{ livres par pied carré,}$$
$$v_0 = 8,157\,25 \text{ pieds cubes par livre,}$$
$$p_0 v_0 = 17\,264 \text{ pieds livres.}$$

Il est probable que dans l'avenir une formule de cette classe exprimera la loi qui lie la pression et la densité de la vapeur d'eau. Aujourd'hui les données expérimentales font défaut L'obstacle le plus sérieux est la difficulté d'observer exactement la quantité de liquide mêlé à sa vapeur; et les principales causes de cette difficulté sont : d'abord qu'une vapeur, près de son point de liquéfaction, retient en suspension une

partie de son liquide sous forme de nuage ou de buée; ensuite
que la nécessité d'employer des vases en verre pour voir si la vapeur reste sans nuages, introduit dans l'expérience une nouvelle cause
d'incertitude par l'attraction du verre sur l'eau, suffisante pour retenir à l'état liquide et en contact avec lui une pellicule d'eau à une
température qui, sans cela, la vaporiserait.

La densité idéale de la vapeur-gaz donnée dans la table 11, est
déduite de sa composition. Un mètre cube d'hydrogène et 1/2 mètre
cube d'oxygène se combinent pour former 1 mètre cube d'eau en
vapeur; d'où il suit que le poids du mètre cube de vapeur d'eau, à 0°
et à la pression atmosphérique, quantité qui ne sert qu'au calcul et
sans réalité puisque la vapeur d'eau n'existe pas à cette température
avec cette tension, se calcule comme il suit.

$$
\begin{array}{llll}
1 \text{ mètre cube} & \text{d'hydrogène.} \ldots\ldots\ldots & = 0^k,089\,578 \\
1/2 \quad id. & \text{d'oxygène.} \ldots\ldots\ldots & = 0\,,714\,901, \\
\hline
1 \quad id. & \text{de vapeur idéale.} \ldots & D^\circ = 0^k,804\,479
\end{array}
$$

De là on tire

$$
\left.
\begin{aligned}
v_0 &= \frac{1}{D_0} = 1^{m3},242 \\
p_0 v_0 &= 10\,333 \times 1\,242 = 12\,833^{km}
\end{aligned}
\right\} \quad (4)
$$

Si, d'après ces quantités hypothétiques, on calcule les quantités
correspondantes pour de la vapeur à 100° et à la pression atmosphérique, on trouve

$$
\left.
\begin{aligned}
v_1 &= 1^{m3},365 \quad v_0 = 1^{m3},695 \\
D_1 &= 0,589 \\
p_1 v_1 &= 1,365\,p_0 v_0 = 17,517^{km}
\end{aligned}
\right\} \quad (5)
$$

Les volumes et les densités de vapeur, données aux tables IV et VI,
sont calculés par une méthode expliquée plus bas. De 0° à 40°, elles
concordent avec l'hypothèse d'un gaz parfait, en prenant pour v_0 et
$p_0 v_0$ les valeurs suivantes, un peu plus faibles que celles déduites de
la composition chimique

$$
\left.
\begin{aligned}
v_0 \;(\text{idéal à } 0° \text{ et 1 atmosphère}) \; 1^{m3},229 \\
D_0 = 0,813 \\
p_0 v_0 = 12\,700^{km}
\end{aligned}
\right\} \quad (6)
$$

A 100°, la vapeur d'eau parfaitement gazeuse donne, d'après ces formules,

$$v_1 = 1^{m3},365 \quad v_0 = 1^{m3},677$$
$$D_1 = 0^k,596$$
$$p_1 v_1 = 1,365 \quad p_0 v_0 = 17\,335^{km} \tag{7}$$

Il est prouvé cependant, par l'expérience, que la densité réelle de la vapeur, à 1 atmosphère et au-dessus, surpasse celle calculée en supposant l'état de gaz parfait, d'autant plus que la pression augmente, bien que l'expérience n'ait pas déterminé la loi exacte de cet excès. Par la méthode indirecte que j'exposerai bientôt, on trouve cet excès pour toute température donnée, mais sa loi générale est inconnue.

Les tables donnent à 1 atmosphère et à 100°

$$v_1 = 1^{m3},65 \text{ par K}$$
$$D_1 = 0,607$$
$$p_1 v_1 = 17\,050^{km} \tag{8}$$

ne différant que de $\frac{1}{50}$ environ des résultats donnés par la formule (7). La différence proportionnelle augmente avec la pression.

Les données qui ont servi à calculer les densités et les volumes dans les tables sont les expériences de M. Regnault sur la chaleur transmise d'une chaudière à un condenseur en lui envoyant des poids connus de vapeur sous différentes pressions ; et il est certain que, quelle que soit la loi qui lie la densité, la température et la pression de la vapeur en d'autres circonstances, les densités et les volumes de cette table ne peuvent être en erreur d'une quantité appréciable en pratique, pour de la vapeur obtenue dans des circonstances semblables à celles des expériences de M. Regnault ; circonstances en tous points identiques à celle de la pratique ordinaire des machines.

La table IV des densités théoriques de la vapeur fut publiée en 1855. Les résultats des expériences de Fairbairn et Tate, publiés en 1859 s'accordent avec la théorie. (Voir *Phil. Trans.*, 1860 et *Trans. of the Royal Society of Edinburgh*, 1862).

Il convient souvent, dans la pratique, de calculer la densité des volumes de vapeur directement d'après la pression de saturation, sans introduire la température. (Voir art. 206.) La formule empirique suivante a été publiée dans les *Transactions philosophiques* de 1859, page 188, et peut s'appliquer à des pressions ne dépassant pas $8^k,40$ par c^2. Dans cette formule, p est la pression absolue de la vapeur, v son volume, p_1 la pression atmosphérique de $1^k,0333$, par c^2 et v_1 le volume de 1^k de vapeur à cette pression ou $1^{m3},117$.

$$\frac{v}{v_1} = \left(\frac{p_1}{p}\right)^{\frac{16}{17}}. \tag{9}$$

Dans la table V, les densités de la vapeur d'éther sont calculées comme pour un gaz parfait, d'après sa composition chimique, parce que, dans le seul cas où les données expérimentales permettent de la calculer autrement, les résultats des deux modes de calcul concordent exactement, comme on le verra plus bas.

Les quantités E, dans la table II, étant les dilatations de l'unité de volume de 0° à 100°, sont 100 fois les coefficients de dilatation par degré centigrade.

203. Dilatation des liquides. Thermomètre à mercure. Le coefficient de dilatation des liquides augmente ou diminue suivant que la température s'élève ou s'abaisse.

Pour l'eau, il existe une température à laquelle sa dilatation s'annule. Cette température, qui est aussi celle du maximum de densité, est, d'après les expériences les plus autorisées, d'environ

$$\left.\begin{array}{c} 4° \text{ centigrades} \\ \text{ou } 39°,1 \text{ Fahrenheit.} \end{array}\right\} \tag{1}$$

Entre cette température et le zéro, le volume augmente par le refroidissement.

Il se peut qu'un phénomène analogue ait lieu pour d'autres liquides, mais il n'a été observé que pour l'eau.

Cette température du maximum de densité de l'eau est celle à laquelle on peut observer le plus exactement son poids spécifique ; c'est pour cette raison qu'on la prend en France pour la température-étalon à laquelle le poids de l'unité de volume d'eau est égal à l'unité de poids absolu et spécifique. La température-étalon des mesures et des poids en Angleterre est de 62° Fahrenheit (16°,7 centigrades).

La formule empirique suivante de la dilatation de l'eau entre 32° et 77° Fahrenheit (0° et 25° centigr.), déduite des expériences de

Stampffer, Despretz et Kopp, est extraite du mémoire du professeur W. H. Miller sur les poids-étalons (*Philosophical Transactions*, 1856), et adaptée aux degrés Fahrenheit

$$\log \frac{v}{v_0} = \frac{10,1(T-39,1)^2 - 0,0369(T-39,1)^3}{10,000,000}. \qquad (2)$$

v_0 est le volume d'une masse quelconque d'eau à 39°,1 Fahrenheit. Pour un poids d'eau de 1 livre

$$v_0 = \frac{1}{62,425} = 0,0160192$$
$$\log v_0 = -2,2046414;$$

v est le volume de cette même masse à T° Fahrenheit.

En pratique, on peut se servir de la formule plus simple de l'article 107.

Les thermomètres à liquides sont beaucoup plus commodes que les thermomètres à air, ce qui rend leur emploi général, excepté pour des recherches scientifiques spéciales. On emploie presque toujours comme liquide le mercure.

Un thermomètre à mercure est formé d'une boule et d'une tige de verre. La tige doit être, autant que possible, de diamètre intérieur uniforme; les inégalités du calibre se reconnaissent en y passant un peu de mercure et notant les longueurs qu'il remplit dans différentes positions : il faut tenir compte de ces inégalités dans la graduation de l'échelle, qui doit être telle que chaque degré corresponde à une variation égale du volume du mercure. Le mercure une fois introduit en quantité suffisante dans le thermomètre, on l'y fait bouillir pour chasser l'air et l'humidité, puis on ferme hermétiquement la tige. Les points fixes se déterminent par l'immersion du thermomètre dans la glace fondante et dans de la vapeur d'eau bouillante à la pression de 76 centimètres de mercure. On divise l'intervalle entre ces points en 100 degrés pour le thermomètre centigrade, en 180 pour le Fahrenheit; on prolonge la graduation en divisions semblables au delà de ces points.

Le coefficient de dilatation du mercure augmente avec la température; d'où il suit qu'un thermomètre à mercure qui ne concorderait avec un thermomètre à air qu'aux points fixes 0° et 100, marquerait des températures trop basses entre ces limites et trop hautes au delà. Ainsi, d'après M. Regnault (*Mémoires de l'Académie*, 1847), quand le thermomètre à air marque 350° c. (662° F.), celui à mercure indique 362°,16 (683°,89 F.) avec une erreur en excès de

$$12°,16 \text{ c.} = (21°,89 \text{ F.}).$$

Les thermomètres à mercure marquent des intervalles de températures proportionnels à la dilatation apparente du mercure dans le verre, c'est-à-dire à la différence des dilatations du mercure et du verre.

Les variations du coefficient de dilatation du verre, très-différent d'un verre à l'autre, corrigent plus ou moins les erreurs provenant des inégales dilatations du mercure.

En pratique, dans l'étude des machines à vapeur, on peut considérer le thermomètre à mercure comme suivant d'assez près le thermomètre à air jusqu'à 260° centigrades (500 F.).

Pour des informations plus étendues sur la comparaison des deux thermomètres, voir (*Mémoires de l'Académie des sciences* pour 1847) les deux rapports de M. Regnault, intitulés « De la mesure des températures » et « De la dilatation absolue du mercure ».

On se sert du thermomètre à alcool pour mesurer les températures au-dessous du point de congélation du mercure. Il s'écarte davantage du thermomètre à air.

204. Dilatation des solides. — Les nombres que l'on donne ordinairement dans les tables de dilatation des solides sont les coefficients de dilatation linéaires ou d'une seule dimension des solides et sont le $\frac{1}{3}$ du coefficient de dilatation cubique ou de volume.

On se sert quelquefois de thermomètres solides marquant la température par la différence de dilatation de deux barres de coefficients différents. Quand ces thermomètres sont destinés à indiquer des températures supérieures au point d'ébullition du mercure (environ 355°), on les appelle *Pyromètres*. Leurs indications sont incertaines.

205. Point de fusion. On a déjà signalé comme température fixe celle du point de fusion de la glace. Ce point s'abaisse de 0°,0075 par chaque atmosphère de pression, fait prédit par le professeur James Thomson, et vérifié expérimentalement par sir William Thomson.

Dans la table suivante des points de fusion des principales substances, ceux marqués du signe ? ont été mesurés au pyromètre :

Mercure	— 39°		Soufre	109°
Glace	0°		Étain	230°
Alliage. Étain	3		Bismuth	256°
Plomb	5	98°	Plomb	334°
Bismuth	8		Zinc ?	360°
Alliage. Étain	4		Argent ?	692°
Plomb	1	119°	Bronze ?	1020
Bismuth	5		Cuivre ?	1396
Alliage. Étain	1		Or ?	1420
Bismuth	1	141°	Fonte ?	1913
Étain	3		Fer forgé, plus élevé, mais incertain.	
Plomb	2	167°		
Étain	2			
Bismuth	1	219°		

La glace, la fonte, le bismuth, l'antimoine, et, d'après M. Nasmyth, beaucoup d'autres corps augmentent de volume en se solidifiant et flottent dans leur liquide.

Pour la glace, cette augmentation de volume est très-considérable. Ainsi l'on a :

	Volume de 1 kilogr.	Poids du mètre cube.
Eau à 0°	$0^{m3},001$	1000^k
Glace à 0°	$0^{m3},001087$	920^k

(*) 206. **Pression de la vapeur. Évaporation. Ébullition.**
La température à laquelle bout un liquide sous une pression donnée est constante. Pour expliquer ce phénomène et ses lois, il faut d'abord décrire les états gazeux et liquide de la matière, et la manière dont les corps passent d'un état à l'autre.

I. Un corps est à l'état liquide quand chacune de ses parties tend à conserver un volume constant et résiste aux variations de volume sans opposer de résistance aux variations de forme. On sait que la plupart des substances, et l'on croit que presque toutes peuvent devenir liquides à certaines conditions. La propriété de ne pas résister aux changements de forme est commune aux liquides et aux gaz et constitue l'état fluide. Ce qui distingue un liquide d'un gaz, c'est sa résistance aux variations de volume. Un gaz tend au contraire à augmenter de volume indéfiniment. L'élévation de température augmente la résistance des liquides à la compression et diminue leur cohésion. On sait de la plupart des liquides, et on le suppose de tous, qu'à chaque température correspond pour un corps donné une pression extérieure minima nécessaire à son existence à l'état liquide. A cette pression toute addition de chaleur au liquide le fait bouillir en émettant des vapeurs de l'intérieur de sa masse. Il y a aussi des raisons pour croire que tous les liquides, en toute circonstance, émettent des vapeurs à leur surface et sont entourés par une atmosphère de leur propre vapeur.

II. *Vapeur.* C'est toute substance à l'état gazeux et à la densité maxima compatible avec cet état. Telle est la signification stricte et propre du mot *vapeur*. On s'en sert souvent dans un sens plus étendu identique avec celui du mot *gaz*, en parlant de substances dont l'état ordinaire est liquide ou solide. Il est certain que beaucoup de substances sont *volatiles*, c'est-à-dire qu'elles existent à l'état de vapeur à toutes les températures connues. Plusieurs vapeurs dont on ne peut démontrer l'existence par des procédés mécaniques ou chimiques, se révèlent à l'odorat : ainsi les vapeurs de plomb, de cuivre, de fer et d'étain. On ne sait pas encore si tous les corps sont volatiles à toutes températures; s'il y en a qui font exception, les lois énoncées ci-dessus ne leur sont pas applicables.

III. *Pression et densité des vapeurs.* Pour chaque substance volatile, il existe à chaque température une pression qui est à la fois la pression minima sous laquelle cette substance peut exister à l'état liquide ou solide, et la pression maxima qu'elle peut supporter en restant gazeuse à cette température. Cette pression est appelée *pression de saturation* ou *pression de la vapeur* de cette substance à la température donnée : elle est fonction de la température; et la densité de la vapeur est fonction à la fois de la pression et de la température. La relation entre la pression de vapeur et la température pour différentes substances a été l'objet de plusieurs séries d'expériences dont les plus récentes et les meilleures sont celles de M. Regnault sur la vapeur d'eau (*Mémoires de l'Académie des sciences*, 1847) et plusieurs autres vapeurs (*Comptes rendus*, 1850). Les meilleures données d'information quant aux pressions des vapeurs, sont les tables calculées par M. Regnault, d'après ces expériences; mais ces pressions peuvent aussi se calculer dans la plupart des cas avec une grande précision au moyen d'une formule qui, avec des constantes applicables aux vapeurs et déduites des expériences de M. Regnault, a été donnée pour la première fois dans l'*Edinburgh philosophical Journal*, juillet 1849, et plus tard, avec des constantes corrigées, dans *le Philosophical Magazine*, décembre 1854. La formule suivante donne la pression p de la vapeur à la température absolue $\tau = T + 461°2$ Fahrenheit au point d'ébullition

$$\log p = \mathrm{A} - \frac{\mathrm{B}}{\tau} = \frac{\mathrm{C}}{\tau^2}. \tag{1}$$

La formule suivante donne la température absolue du point d'é-bullition d'après la pression p :

$$\tau = \frac{1}{\sqrt{\left(\dfrac{\mathrm{A}-\log p}{\mathrm{C}} + \dfrac{\mathrm{B}^2}{4\mathrm{C}^2}\right) - \dfrac{\mathrm{B}}{2\mathrm{C}}}}. \tag{2}$$

Les valeurs des constantes pour des températures en degrés Fahrenheit et des pressions en livres par pieds carrés, sont les suivantes :

Liquide.	A	log B	log C	$\frac{B}{2C}$	$\frac{B^2}{4C^2}$
Eau.	8,2591	3,436 42	5,598 73	0,003 441	0,000 011 84
Alcool.	7,9707	3,312 33	5,753 23	0,001 812	0,000 032 82
Éther.	7,5732	3,314 92	5,217 06	0,006 264	0,000 039 24
Sulfure de carbone. . . .	7,3438	3,307 28	5,218 39	0,006 136	0,000 037 65
Mercure.	7,9691	3,722 84			

Pour exprimer des pressions en pouces de mercure à 32° F., retranchez de A.   1,8496

Id.   id.   en livres par pouce carré,   id.   2,1584

Pour l'échelle centigrade, retranchez de log. B. 0,25527

Id.   id.   de log. C. 0,51054

Multipliez $\frac{B}{2C}$ par 1,8

$\frac{B^2}{2C^2}$ par 3,24

D'après ces formules et avec ces constantes, on a calculé les pressions des tables IV et VI pour les vapeurs d'eau, et de la table V pour l'éther à la fin du volume.

Le résultat général de ces formules et tables est que la pression des vapeurs augmente avec la température plus vite que la température. Si une vapeur était un gaz parfait, sa densité D_2 à une température T_2 se déduirait de sa densité expérimentale D_1 à la température T_1 au moyen de la formule

$$\frac{D_2(T_2 + 273°)}{p_2} = \frac{D_1(T_1 + 273°)}{p_1}, \tag{1 A}$$

dans laquelle p_1, p_2 sont les pressions de la vapeur aux températures T_1, T_2, mais aucune vapeur n'est un gaz parfait. La densité augmente

avec la pression plus vite que ne l'indique cette formule. Cette formule est pourtant suffisamment exacte pour la pratique quand les
densités de la vapeur de dépassent pas certaines limites. C'est le cas
des vapeurs de presque tous les corps aux températures ordinaires
de l'atmosphère. La détermination expérimentale des densités des
vapeurs, à un certain degré grossier d'affirmation suffisant pour appliquer la formule (1 A), est assez aisée. On la déduit de la composition chimique de ces vapeurs à l'aide de deux lois bien établies :
la première, que les gaz parfaits se combinent en volume dans des
rapports simples; la seconde, que le volume d'un poids donné d'un
gaz parfait composé est toujours un multiple simple du volume que
ses constituants occuperaient séparément. Des exemples de l'application de ces lois sont donnés dans le cas de la vapeur d'eau (art. 202,
équations (4) et (5) et par quelques chiffres de la table II, marqués *. La détermination expérimentale des densités de vapeur à un
degré suffisamment précis pour montrer la grandeur exacte de leur
éloignement de l'état gazeux parfait n'a pas encore été accomplie.
Une méthode pour calculer théoriquement la valeur probable de ces
densités d'après la chaleur qui disparaît dans l'évaporation d'un
poids donné de la substance sera expliqué au chapitre III.

IV. *Atmosphère de vapeur, état sphéroïdal.* D'après ce qui vient
d'être dit, on voit que toute substance liquide ou gazeuse, dans un
état d'équilibre moléculaire, toutes les fois qu'elle n'est pas renfermée dans un autre liquide ou dans un autre gaz, est environnée par
une atmosphère de sa propre vapeur, dont la densité et la pression
dépendent de la température, pourvu que la substance soit volatile
à cette tempéoature. On a suggéré comme hypothèse que la densité
d'une couche très-mince de cette atmosphère, immédiatement en
contact avec la surface du liquide ou du solide, devait, à cause
de l'attraction du liquide ou du solide, avoir une densité beaucoup
plus grande que la densité à des distances considérables de la surface; et que l'élasticité d'une atmosphère ainsi constituée est peut-
être la cause de cette résistance à la mise en contact absolue que
présentent en général les surfaces des solides et des liquides (ex. :
gouttes de pluie roulant à la surface des rivières) et qui, à de hautes
températures, est si grande qu'elle produit ce que l'on appelle l'état
sphéroïdal des masses du liquide restant suspendu au-dessus des
surfaces chaudes sans support apparent. La seule substance à la
surface de la terre assez abondante pour remplir constamment toute

l'atmosphère de vapeur à un degré appréciable par des moyens mécaniques et chimiques, c'est l'eau.

V. *Mélanges de vapeur et de gaz.* On a déjà expliqué, à l'article 199, que la pression exercée sur les parois du vase qui les renferme est la somme des pressions que chaque partie des fluides exercerait si elle s'y trouvait seule enfermée à la même température, et bien que cette loi ne soit rigoureuse pour aucun gaz, elle est suffisamment exacte pour beaucoup d'entre eux. Ainsi, pour l'air, si 1ᵏ,29 d'air à 0° renfermé dans une capacité de 1 mètre cube y exerce une pression de 1 atmosphère ou de 10 333 kilog. par mètre carré, chaque addition de 1ᵏ,29 produira une augmentation de pression de 1 atmosphère à très-peu près. Il faut maintenant démontrer que la même loi s'applique aux mélanges de gaz différents. Par exemple, 1ᵏ,97 d'acide carbonique à 0°, enfermé dans une capacité de 1 mètre cube, y exerce une pression de 2 atmosphère; si l'on y ajoute 1ᵏ,29 d'air à 0°, le mélange y atteindra la pression de 2 atmosphères. Comme second exemple, 1ᵏ,29 d'air à 100°, renfermé dans une capacité de 1 mètre cube, y exerce une pression de

$$\frac{100 + 273}{0 + 273} = 1,365 \text{ atmosphères.}$$

0ᵏ,606 de vapeur d'eau y aurait une pression de 1 atmosphère à 100°, conséquemment un mélange de 1ᵏ,29 d'air et de 0ᵏ,606 de vapeur d'eau renfermé à 100° dans une capacité de 1 mètre cube, y aurait une pression de 2,365 atmosphères. C'est une coutume commune dans les livres élémentaires de physique, mais erronée, d'énoncer cette loi comme constituant une différence entre les gaz mélangés et les gaz homogènes; il est évident, au contraire, que pour les gaz mélangés et pour les gaz homogènes, la loi des pressions est absolument la même, à savoir que *la pression totale d'une masse de gaz est la somme des pressions de toutes ses parties.* C'est une des lois du mélange des gaz et des vapeurs. Une *seconde* loi est que *la pression d'une substance gazeuse étrangère en contact avec la surface d'un solide ou d'un liquide n'affecte pas la densité de la vapeur de ce liquide ou de ce solide*, à moins qu'il y ait (comme l'a démontré M. Regnault) tendance à une combinaison chimique entre les deux substances. Dans ce cas, la densité de la vapeur est légèrement augmentée. Par exemple, soit une masse d'eau liquide à 100°, surmontée d'un espace de 1 mètre cube; il est nécessaire au maintien de l'équilibre moléculaire à 100° que cet espace contienne 0ᵏ,606 de vapeur, qu'il soit complétement vide ou rempli d'air ou de tout autre gaz sans action chimique sur l'eau. Pour faire mieux encore comprendre la loi, soit 10° la température de l'eau, l'équilibre moléculaire exige que l'espace de 1 mètre cube au-dessus de l'eau soit rempli de 0ᵏ,00929 de vapeur d'eau, quelle que soit la quantité d'eau ou de tout autre gaz sans action chimique sur l'eau renfermée dans cet espace. Cette loi et la précédente du mélange des gaz et des vapeurs (découverte par Dalton et Gay-Lussac) permettent de résoudre les questions suivantes :

Problème. Étant donnée la presion totale P d'un mélange de gaz et de vapeur dans un espace saturé par la vapeur à la température T, trouver la pression du gaz et de la vapeur séparément.

Solution. Trouver par une table d'expériences ou d'après une formule la pression de la vapeur à la température T. Soit p cette pression ; la pression du gaz est $P - p$, et sa densité est moindre que la densité qu'il aurait sous la pression P s'il n'y avait pas eu de vapeur en présence, dans le rapport

$$\frac{P - p}{P}.$$

Exemple. Un espace renferme un mélange d'air et de vapeur, il est saturé de vapeur à 10°. La pression totale est 10 333 kilog. par mètre carré ; quelle est la pression de l'air séparément, et quel poids d'air est renfermé dans chaque mètre cube ?

Réponse. D'après les expériences de M. Regnault ou d'après la formule déjà citée, la pression de la vapeur saturée à 10° est 121 kilog. par mètre carré ; conséquemment la pression de l'air prise séparément est

$$10\,333 - 121 = 10{,}212 \text{ kilog.}$$

Le poids de l'air par mètre cube, s'il n'y avait pas de vapeur, serait, à 10°,

$$1{,}29 \, \frac{273}{273 + 10} = 1{,}24 \, ;$$

par conséquent le poids de l'air actuellement présent avec la vapeur dans un mètre cube est

$$1{,}24 \, \frac{10\,212}{10\,333} = 1{,}22.$$

Un *second problème* est : trouver la densité du mélange de gaz et de vapeur. On la résout en ajoutant à la densité du gaz déjà trouvée celle de la vapeur calculée comme on l'a indiqué plus haut. Ainsi, dans le dernier cas on arrive, en partant de la chaleur latente d'évaporation, à $0^k,00929$ pour le poids du mètre cube de vapeur saturée à $10°$. Conséquemment, le poids du mètre cube de mélange d'air et de vapeur est $1^k,22 + 0,009 = 1^k,229$. Quant à la quantité dont les densités des mélanges de gaz et de vapeur s'écartent des chiffres donnés par cette loi, quand les composants exercent entre eux des actions chimiques, je renvois le lecteur aux dernières recherches de M. Regnault déjà mentionnées (*Comptes rendus*, 1854).

VI. *Évaporation et condensation.* Quand on diminue la densité de l'atmosphère vaporeuse d'un liquide ou d'un solide, soit par l'augmentation de l'espace qui renferme la substance, soit en enlevant une partie de la vapeur par déplacement mécanique (comme par un courant d'air) ou par condensation, le liquide ou le solide s'évapore jusqu'à ce que l'équilibre soit rétabli par la formation de vapeur, à la densité correspondante à la température du milieu. La même chose a lieu quand l'équilibre moléculaire est troublé par communication de chaleur au solide ou au liquide. Quand la densité de la vapeur augmente par compression ou par l'addition d'une nouvelle quantité de vapeur provenant d'une autre source, une partie de la vapeur se condense jusqu'à ce que l'équilibre se rétablisse comme auparavant. Il en est de même quand l'équilibre est troublé par soustraction de chaleur. L'évaporation est accompagnée d'une disparition de chaleur appelée *chaleur latente d'évaporation*, et la condensation par une réapparition de la chaleur d'après la loi énoncée dans la section 2 de ce chapitre. Quand l'espace au-dessus du solide ou du liquide est vide de substances étrangères, la recomposition de l'équilibre est sensiblement instantanée. Quand cet espace renferme des substances gazeuses étrangères, la recomposition de l'équilibre est retardée plus ou moins, bien que les conditions de cet équilibre (ainsi qu'on l'a établi à la division V de cet article) ne soient pas changées ; c'est le retard mis à la diffusion de la vapeur d'eau par la présence de l'air qui empêche toutes les parties de l'atmosphère terrestre d'être toujours saturées d'humidité.

VII. *Ébullition.* Quand la communication de la chaleur à une masse liquide et la disparition de sa vapeur marchent de front d'une manière continue, de façon que la pression dans la masse du liquide ne dépasse pas celle de saturation correspondante à la température, l'évaporation a lieu non-seulement à la surface, mais aussi à l'intérieur du liquide; il émet des bulles de vapeur : c'est l'ébullition. L'établissement par expérience des températures ou *points d'ébullition* d'un liquide sous différentes pressions est la méthode la plus exacte pour déterminer la relation entre la température et la pression de saturation de sa vapeur. Réciproquement, quand cette relation est connue pour un liquide donné, et exprimée par des formules ou des tables, le point d'ébullition de ce liquide peut se déduire de la pression qu'il supporte. C'est sur ce principe qu'est fondée la méthode inventée par Wollaston et perfectionnée depuis par le docteur J. D. Forbes, pour déduire la pression de l'atmosphère, et par suite l'altitude du lieu de l'observation, du point d'ébullition de l'eau dans un vase ouvert, observée au moyen d'un thermomètre très-sensible. (Voir *Edinburgh Transactions*, vol. XV et XXI.)

Quand on se sert du terme *point d'ébullition d'un liquide*, sans rien spécifier, il signifie la température d'ébullition à la pression atmosphérique moyenne de 10 333 kilogrammes par mètre carré.

VIII. *Résistance à l'ébullition. Salure.* La présence dans un liquide d'une substance dissoute, comme le sel dans l'eau, retarde l'ébullition et élève la température à laquelle il bout sous une pression donnée; mais, à moins que la substance dissoute n'entre dans la composition de la *vapeur*, la relation entre la température et la pression de saturation de la vapeur reste invariable. Un retard à l'ébullition se produit par l'attraction des parois du vase sur le liquide qu'il renferme (ainsi, quand l'eau bout dans un vase en verre) et l'ébullition a lieu par sauts. Pour éviter les erreurs qui en dérivent dans la détermination du point d'ébullition, il convient de placer le thermomètre, non dans le liquide, mais dans sa vapeur, qui indique le vrai point d'ébullition, indépendamment des actions perturbatrices provenant de l'attraction des parois. Le point d'ébullition de l'eau saturée de sel marin à la pression atmosphérique est 108°, et celui de l'eau salée non saturée s'élève de 0°,66 environ par chaque $\frac{1}{32}$ de sel en poids contenu dans l'eau. L'eau de mer en renferme en moyenne $\frac{1}{32}$: dans les chaudières marines, la salure ne dépasse jamais $\frac{2}{32}$ ou $\frac{3}{32}$.

IX. *Vapeur nébuleuse* ou *vésiculaire.* C'est l'état des fluides appelé ainsi nuage, buée ou brouillard, dans lequel le liquide flotte dans l'air ou dans sa propre vapeur, sous la forme d'innombrables globules. L'état de nuage est celui par lequel passe un fluide quand sa vapeur se condense par mélange avec de l'eau froide. Par la chaleur, les globules des nuages s'évaporent et disparaissent; par le froid ils se réunissent en gouttes qui tombent à terre et adhèrent aux corps solides environants.

X. *Vapeur surchauffée :* c'est de la vapeur arrivée à une température plus élevée que le point d'ébullition correspondant à sa pression, de façon à se trouver dans la condition d'un gaz permanent. (Voir art. 295 à 299.)

Section 2. *Des quantités de chaleur.*

207. Comparaison des quantités de chaleur. La chaleur se mesure comme une quantité; ses grandeurs, dans les différents corps et sous différentes circonstances, se comparent au moyen de changements produits dans des phénomènes connus, par son transfert ou sa disparition. Parmi les changements utilisés dans ce but, on doit considérer en premier lieu les variations de température. La chaleur employée à produire une élévation de température est appelée *chaleur sensible.*

En utilisant ainsi les changements de température, on ne doit pas admettre qu'à des différences égales de température correspondent dans le même corps des quantités égales de chaleur. C'est le cas pour les gaz parfaits, mais ce fait n'est vérifié que par l'expérience. Dans les corps sous d'autres conditions, des différences égales de température ne correspondent pas à des variations égales de chaleur. Pour établir, au moyen d'expériences sur les changements de température dans un même corps, le rapport de deux quantités de chaleur; la seule méthode suffisante en elle-même, en l'absence de toute autre donnée expérimentale, c'est la comparaison des *poids* de ce corps subissant une variation de température *identique* par le transfert de ces quantités de chaleur. Par exemple, le double de la quantité de chaleur qui élèvera *un kilogramme* d'eau de 32° à 32° + 30° = 62°, n'est pas exactement la quantité de chaleur qui élèvera 1 kilog. d'eau de 32° à 32 + 60 = 92°, mais c'est exactement la quantité de chaleur qui élèvera la température de *deux kilo-grammes* d'eau de 32° à 62°.

Les expériences les plus ordinaires sur les quantités de chaleur sont celles où l'on mesure deux de ces quantités. Ainsi, l'on met en contact intime m kilog. d'une substance A, à une température T_1, et n kilog. d'une substance B, à une température T_3 ; on les protége contre toute variation de chaleur par transfert, ou si ce transfert à des corps étrangers est inévitable, on le mesure et l'on en tient compte. Après un temps suffisant, l'équilibre de température est établi ; les deux corps sont à une température T_2 intermédiaire entre T_1 et T_3.

De la chaleur s'est transportée de A en B ; les effets de ce transport sont les suivants :

1° Abaissement de la température des m kil. de A, de T_1 à T_2.

2° Élévation de la température des n kil. de B, de T_3, à T_2 ; d'où nous concluons que les quantités de chaleur correspondant à ces deux effets sont égales.

De cette expérience, on peut en outre tirer la proportion suivante :

$$\frac{\text{Quantité de chaleur correspondante à l'intervalle de température } T_1-T_2 \text{ dans A}}{\text{Quantité de chaleur correspondante à l'intervalle de température } T_2-T_3 \text{ dans B}} = \frac{n}{m}.$$

La même méthode, appliquée aux deux poids d'une même substance, permet de comparer les quantités de chaleur correspondant à des intervalles de température égaux à différents degrés de l'échelle thermométrique.

207 A. *Calorimètre.* C'est un instrument pour mesurer les quantités de chaleur. Il consiste essentiellement en un vase contenant un poids connu de liquide convenablement choisi (eau ou mercure), un thermomètre pour indiquer la température de ce liquide, un agitateur pour égaliser la température dans toute la masse de ce liquide.

Les expériences mentionnées à l'article 207 se font en immergeant ou mêlant dans le liquide un poids connu du corps expérimenté ; à une température connue, différente de celle du liquide, et notant la température commune du liquide et de la substance immergée quand l'équilibre de température est rétabli. On prend soin en même temps de reconnaître les pertes de chaleur et toutes les autres causes d'erreur, et d'en tenir compte.

Dans le calorimètre à mercure de MM. Fabre et Silbermann, il n'y a pas de thermomètre distinct. L'instrument n'est qu'un thermomètre avec une boule assez grande pour renfermer au centre une chambre contenant hermétiquement le corps expérimenté, de façon à être sûr que toute la chaleur qu'il perd se transmet au mercure ; ce calorimètre n'a pas d'agitateur.

Pour des exemples de construction et d'usage du calorimètre à eau, voir Regnault, *Mémoires de l'Académie*, 1847.

208. Unités de chaleur. Pour exprimer et comparer les quantités de chaleur, il faut adopter pour *unité de chaleur* ou *unité thermique* la quantité de chaleur correspondante à une variation définie de température dans un poids défini d'un corps particulier.

L'unité thermique employée en Angleterre est :

La quantité de chaleur correspondante à une variation de 1° Fahrenheit dans 1 livre d'eau pure et liquide à une température proche de celle de son maximum de densité (39°,1 Fahrenheit).

La raison pour spécifier une température proche de celle du maximum de densité de l'eau est que la quantité de chaleur correspondante à une variation de 1° dans un poids donné d'eau n'est pas exactement la même aux différentes températures, mais augmente avec la température suivant une loi indiquée au chapitre suivant.

Pour des températures ne dépassant pas 30°, cette quantité est sensiblement constante.

L'unité de chaleur française ou *calorie* est la quantité de chaleur correspondante à une variation de 1° *centigrade* dans la température de 1 *kilogramme* d'eau aux environs de la température du maximum de densité.

Le tableau suivant donne les rapports des unités anglaises et françaises de poids, de température et de chaleur, ainsi que les logarithmes de ces rapports :

	Rapports.	Logarithmes.
Livres avoirdupois dans un kilogramme.	2,20462	0,343340
Kilogramme dans une livre avoir du pois.	0,453593	1̄,656660
Degrés Fahrenheit en 1° centigrade.	1°,8	0,255272
Unités thermiques anglaises dans une calorie.	3,96832	0,598606
Calorie française dans une unité thermique anglaise.	0,251996	1̄,401393
Degré centigrade dans un degré Fahrenheit.	0,555	1̄,744727

Les autres unités servant à exprimer les quantités de chaleur seront expliquées plus tard.

209. Chaleur spécifique des liquides et des solides. La *chaleur spécifique* d'une substance est la quantité de chaleur exprimée en calories qu'il faut ajouter ou enlever à l'unité de poids kilogramme de cette substance pour élever ou abaisser sa température d'un degré, à une certaine température spécifique.

D'après la définition de l'unité thermique donnée dans l'article 208, la chaleur spécifique de l'eau liquide aux environs de sa température de densité maxima est *l'unité;* et la chaleur spécifique de toute autre substance ou de l'eau même à une température différente, est *le rapport du poids de l'eau* (aux environs de 4° centigrades) *dont la température s'abaisse de 1°, au poids de la substance considérée dont la température s'élève de 1°, par l'absorption de cette quantité de chaleur.* On constate l'égalité des quantités de chaleur cédées par l'eau et absorbées par le corps en question au moyen de la méthode expliquée à l'article 207.

La chaleur spécifique d'une substance est quelquefois appelée sa *capacité calorifique.*

Les chaleurs spécifiques des corps dont on aura besoin dans la suite de ce traité sont exprimées en unités thermiques ordinaires dans la colonne marquée C, table II, à la fin du volume.

Les chiffres de cette table, se rapportant aux liquides et aux solides, ne sont que des valeurs moyennes approchées, suffisantes pour la pratique aux températures usuelles. La chaleur spécifique des liquides et des solides varie, augmentant avec la température, et cela d'autant plus que la substance est plus dilatable.

Le seul corps pour lequel la loi exacte de ces variations soit connue, c'est l'eau; M. Regnault a fait sur sa chaleur spécifique des expériences précises publiées dans les *Mémoires de l'Académie des sciences* de 1847.

Les formules empiriques suivantes, publiées pour la première fois dans les *Transactions of the Royal Society of Edinburgh* pour 1871, représentent très-exactement les résultats de ces expériences.

Soit T la température de l'eau comptée à partir du zéro centigrade; la chaleur spécifique de l'eau à cette température est

$$c = 1 + 0{,}000\,001 (T - 4°)^2.$$

Le nombre de calories nécessaires pour élever 1 kilog. d'eau de T_1 à T_2 est

$$h = \int_{T_1}^{T_2} c\,dT = T_2 - T_1 + 0{,}00000033\,[(T_2 - 4)^3 - (T_1 - 4)^2],$$

et la chaleur spécifique moyenne entre deux températures T_1 et T_2 est

$$\frac{h}{T_1 - T_2} = 1 + 0,0000033[(T_2 - 4)^2 + (T_2 - 4)(T_1 - 4) + (T_1 - 4)^2].$$

Pour adopter ces formules à l'échelle Fahrenheit, on doit remplacer

0,000001	par	0,000000309
0,00000033	par	0,000000103
$T - 4°$	par	$T - 39°,1$

L'équivalent exact de 39°,1 Fahrenheit est 3°,94 centigrades, mais 4° est une approximation suffisante en pratique.

Dans les calculs se rapportant aux quantités de chaleur qu'il faut fournir aux masses composées de différentes matières pour y déterminer des variations données de température, il convient de remplacer le poids de chaque matière par un poids équivalent d'eau et de calculer alors comme si toute la masse était composée d'eau. On trouve le poids d'eau *équivalant* à chaque corps en multipliant son poids par sa chaleur spécifique.

Supposons, par exemple, un calorimètre contenant m kilog. d'eau et dont le vase et l'agitateur en cuivre pèsent q kilog. La partie solide de l'appareil accompagne l'eau dans ses changements de température; il faut tenir compte de la chaleur employée à produire ces changements. On y arrive en supposant qu'aux q kilog. de cuivre on substitue $0,0951 \times q$ kilog. d'eau ($0,0951$ étant la chaleur spécifique du cuivre); on calcule alors les résultats des expériences faites avec ce calorimètre comme s'il se composait seulement de

$$m + 0,0951 \times q \text{ kilog. d'eau.}$$

Voici les chaleurs spécifiques de quelques liquides et solides à joindre à celles données dans la table II à la fin du volume. Quelques-unes sont d'après l'autorité de M. Regnault, d'autres d'après Lavoisier, Laplace et Dalton. La chaleur spécifique de la glace est d'après M. Person :

Glace	0,504
Soufre	0,20259
Charbon de bois	0,2415
Houille et coke (moyenne)	0,201
Alumine (Corindon)	0,19762
Id. (Saphir)	0,21732
Silice	0,19132

La brique, composée de silice et d'alumine, a probablement une chaleur spécifique d'environ 0,2 :

Flint-glass.	0,19
Carbonate de chaux.	0,2085
Chaux vive.	0,2169
Calcaire magnésien.	0,21743

Les *pierres*, composées principalement de silice, d'alumine et de carbonates de chaux et de magnésie, ont des chaleurs spécifiques différant probablement peu de 0,2 ou 0,22 :

Huile d'olive.	0,3096

De quelques-unes de ces données, on peut tirer la conclusion pratique suivante : *la chaleur spécifique moyenne des matériaux non métalliques et des substances renfermées dans un foyer, briques, pierres ou combustible, n'excède pas généralement un cinquième de celle de l'eau.*

Il a été découvert par Dulong et Petit, et vérifié par Regnault, Newmann et Avogadro, que la plupart des corps connus peuvent se classer en groupes d'après les analogies de leur composition chimique, et que, pour les corps d'un quelconque de ces groupes, les chaleurs spécifiques sont, à peu d'exceptions près, en raison inverse de leurs équivalents chimiques ; en d'autres termes, *le produit de la chaleur spécifique par l'équivalent chimique est constant* pour la majorité des substances d'un groupe.

Pour la plupart des métaux, par exemple, ce produit constant est :

D'après l'échelle française des équivalents chimiques, 37,5 ;

D'après l'échelle anglaise, 6.

210. **Chaleur spécifique des gaz.** La chaleur spécifique exacte de l'air a été prévue par un calcul indirect en 1850, mais elle n'a été définie, ainsi que celles des autres gaz, par des expériences précises et directes, que par M. Regnault, qui en publia les résultats dans les *Comptes rendus de l'Académie des sciences* en 1853.

La chaleur spécifique d'un gaz à peu près parfait ne varie pas sensiblement avec la densité ou la température, de sorte que, pour un tel gaz, à des intervalles égaux de température, correspondent des quantités égales de chaleurs à tous les degrés de l'échelle thermométrique.

De là on a déduit comme probable que le zéro absolu du thermomètre à gaz parfait (art. 204) coïncide, à très-peu près, avec le *zéro absolu de chaleur* ou avec la température à laquelle les corps sont complétement privés de chaleur. Cette supposition est confirmée par des faits qui seront mentionnés au chapitre III de cette partie.

Laplace et Poisson ont montré que la chaleur spécifique d'un gaz varie suivant qu'il est maintenu à *volume constant* ou à *pression constante* pendant le changement de température, et que le rapport de ces deux chaleurs spécifiques est lié de la manière suivante à la vitesse du son dans le gaz.

Imaginons 1 kilogr. d'un gaz renfermé dans un vase de *volume invariable,* soit c_v la quantité de chaleur nécessaire pour élever sa température d'un degré.

Quand ce même poids du gaz est renfermé dans une capacité variable et soumis à une *pression constante*, et qu'on élève sa température d'un degré, non-seulement il s'*échauffe* au même point que précédemment, mais il *se dilate* de $\frac{1}{273}$ de son volume à 0°. La quantité de chaleur c_p, nécessaire, pour élever dans ces conditions sa température d'un degré et pour le dilater de cette fraction de son volume, est plus grande que celle nécessaire pour ne produire qu'une élévation de température d'un degré ou c_v.

Posons $\frac{c_p}{c_v} = \gamma$.

On démontre que si l'on fait varier la densité D du gaz, sans lui fournir ni lui soustraire de la chaleur, la pression varie proportionnellement à D^γ, c'est-à-dire que l'on a

$$p\,D^\gamma = \text{constante}. \qquad (1)$$

La vitesse du son dans un gaz est la vitesse d'un corps pesant tombant d'une hauteur moitié de celle qui, multipliée par une variation élémentaire de la densité de la substance, donne la variation élémentaire correspondante de la pression, c'est-à-dire que l'on a, en appelant u, la vitesse du son

$$u = \sqrt{\frac{g\,dp}{dD}}. \qquad (2)$$

D'après l'équation (1) pour un gaz,

$$\frac{dp}{dD} = \gamma\,\frac{p}{D} = \gamma pv = \gamma p_0 v_0 \frac{\tau}{\tau_0}; \qquad (3)$$

d'où

$$u = \sqrt{g\gamma p_0 v_0 \frac{\tau}{\tau_0}}; \ \gamma = \frac{u^2 \tau_0}{g p_0 v_0 \tau}, \qquad (4)$$

de sorte que l'on peut calculer γ, connaissant $p_0 v_0$ et la vitesse du son dans ce gaz à la température absolue τ.

La valeur de ce rapport pour l'air atmosphérique, déduite des expériences de MM. Bravais, Martins, Moll et Van Beek sur la vitesse du son est

$$\gamma = 1{,}408. \qquad (5)$$

Cette valeur s'accorde avec les expériences de Dulong sur la vitesse du son dans l'oxygène, l'hydrogène et l'acide carbonique. Pour les gaz plus denses et plus complexes, sa valeur paraît être plus faible. (Voir *Edinburgh Transactions*, vol. XX, p. 589.)

A cause des difficultés que présente l'expérimentation sur les chaleurs spécifiques du gaz à volume constant, leur chaleur spécique à pression constante a seule été directement mesurée au calorimètre. Des valeurs des deux chaleurs spécifiques sont données à la table II.

211. Chaleur latente. C'est une quantité de chaleur qui *a disparu*, employée à produire des changements autres que des variations de températures. En renversant exactement ces changements, la chaleur disparue reparaît.

Lorsqu'on dit qu'un corps possède ou *contient* tant de chaleur latente, on veut dire ceci que ce corps a changé de condition par absorption d'une quantité de chaleur qui n'a pas élevé sa température; qu'il a subi un changement qui n'est pas une variation de température, et qu'en ramenant le corps à sa condition primitive, mais, en renversant exactement toutes les périodes successives de la variation primitive, toute la chaleur primitivement dépensée pourra s'y manifester de nouveau d'une manière sensible et se communiquer aux corps environnants.

Les principes suivant lesquels se produisent ces apparitions et disparitions de chaleur, appartiennent aux chapitres II et III de cette partie. Actuellement on ne fera qu'exposer des faits tels qu'ils sont observés.

Les effets autres que l'élévation de température par la disparition de quantités de chaleur peuvent servir à mesurer et comparer ces quantités.

212. Chaleur latente de détente. On a déjà défini la chaleur qui disparaît à produire la dilatation d'un gaz sous pression constante. Par exemple, pour élever d'un degré la température d'un kilogramme d'air et pour augmenter en même temps son volume de $\frac{1}{273}$ de sa valeur à 0°, il faut une quantité de chaleur $c_p = 0^{cal},237$, tandis que la même élévation de température sans détente n'exige que $c_v = 0^{cal},168$; et il est évident que la différence $c_p - c_v = 0^{cal},069$ est la *chaleur qui a disparu en produisant la détente*, ou, en d'autres termes, la *chaleur latente de dilatation* de l'air pour une détente de $\frac{1}{273}$ de son volume à 0° sous cette pression.

Le fait déjà mentionné que l'accroissement de la chaleur spécifique des solides et des liquides avec la température est plus considérable dans les corps très-dilatables (et en particulier ce qui a lieu pour l'eau dont la moindre chaleur spécifique correspond à son maximum de densité) rendent ceci probable : que la *partie variable* de la chaleur spécifique des solides et des liquides est leur *chaleur latente de dilatation*, et que la *chaleur spécifique réelle* ou la chaleur qui ne produit que des changements de température est constante à toutes les températures et pour tous les corps.

213. Chaleur latente de fusion. Quand un corps passe de l'état solide à l'état liquide, sa température reste constante ou presque constante, à un certain *point de fusion* (art. 205), pendant toute la durée de la fusion. Pour opérer ce changement d'état, il faut communiquer à la substance une quantité de chaleur proportionnelle au poids du corps fondu. Cette chaleur n'élève pas la température, mais *disparaît* en faisant passer le corps fondu de l'état solide à l'état liquide; on appelle cette quantité de chaleur *chaleur latente de fusion*.

Quand un corps passe de l'état liquide à l'état solide, sa température reste constante ou à peu près pendant toute la durée de la solidification : il se produit dans le corps une quantité de chaleur égale à la chaleur de fusion, et, pour que la solidification puisse se produire, il faut que cette chaleur soit transmise de ce corps à un autre corps.

Voici quelques exemples en unités françaises par kilogramme :

Corps.	Points de fusion.	Chaleur latente de fusion.
Glace, d'après Péclet. . . . . . :	0°	74°,93
Id. d'après Person.	0°	79 ,17
Spermaceti.	13°,33	82 ,14
Cire d'abeilles.	60°	97 ,13
Phosphore.	80°	5 ,029
Soufre.	207°	9 ,37
Étain. . . . :	220°	227 ,77 ?

M. Person, dans un mémoire publié aux *Annales de chimie et de physique*, novembre 1849, donne la loi suivante comme résultant de ses expériences sur la chaleur latente de fusion des corps non métalliques.

Soient :

c la chaleur spécifique du corps à l'état solide ;

c' la chaleur spécifique du corps à l'état liquide fondu ;

T sa température de fusion en degrés centigrades.

La chaleur latente de fusion d'un kilogramme est en unités françaises

$$l = (c' - c)(T + 160). \qquad (1)$$

Ainsi, pour la glace, on a

$$c = 0{,}504,$$
$$c' = 1,$$
$$T = 0°.$$

l par le calcul. . . . . . . $= 0{,}496 \times 160 = 79{,}36$

l par l'expérience de M. Person. . . . . . . $= 79{,}17$

Différence.   0,19

M. Person donne en outre une formule générale pour la chaleur latente de fusion des métaux au sujet de laquelle il suffit de renvoyer le lecteur au mémoire original.

On se sert parfois de la fusion des solides pour mesurer les quantités de chaleur. Par exemple, un *calorimètre à glace* consiste essentiellement en un bloc de glace muni d'une cavité fermée par un bloc de glace; si l'on y renferme un corps jusqu'à ce que sa température tombe à 0°, la quantité de chaleur qu'il cède à la glace est indiquée par le poids de glace fondue, soit 79 calories par kilogramme.

L'abaissement du point de fusion par la pression, découvert par M. Thompson, sera décrit au chapitre III.

214. Chaleur latente d'évaporation. Quand un corps passe de l'état liquide ou solide à l'état gazeux, sa température, pendant toute la transformation, reste constante, à un certain *point d'ébullition* (art. 206) qui dépend de la pression de la vapeur produite; et, pour maintenir l'évaporation, il faut dépenser une certaine quantité de chaleur dont la grandeur par unité de poids évaporée dépend de la température. Cette chaleur n'élève pas la température du corps en évaporation, mais *disparaît* en lui faisant prendre l'état gazeux. On l'appelle *chaleur latente d'évaporation.*

Quand un corps passe de l'état gazeux à l'état solide ou liquide, sa température reste constante pendant la transformation au point d'ébullition correspondant à la pression de la vapeur. Il se produit dans le corps une quantité de chaleur égale à la chaleur latente d'évaporation à cette température, et pour que la condensation puisse continuer, il faut lui soustraire cette chaleur.

Les relations qui existent entre la chaleur latente d'évaporation, les pressions et les volumes de vapeur seront exposées au chapitre III.

Voici quelques exemples de chaleur latente d'évaporation en unités françaises pour un kilogramme du corps et à la pression atmosphérique de 10 333 kilogrammes.

Corps.	Point d'ébullition à la pression atmosphérique.	Chaleur latente d'évaporation.	Autorités.
Eau.	100°	536,5	Regnault.
Alcool.	78°	202	Andrews.
Éther.	35°	90,4	Id.
Sulfure de carbone cs². . . .	46°	86,6	Id.

M. Regnault a déterminé pour l'eau une série de points d'ébullition s'étendant depuis quelques degrés au-dessus de 0 jusqu'à 190° centigrades (*Mémoires de l'Académie des sciences*, 1847). La formule empirique suivante représente très-exactement les résultats des expériences :

$$l = 606,5 - 0,695\mathrm{T} - 0,000\,000\,33\,(\mathrm{T} - 4°)^3. \qquad (1)$$

Cette formule n'est pas exactement celle donnée par M. Regnault, mais légèrement modifiée pour des raisons exposées dans un mémoire sur la chaleur spécifique de l'eau liquide (*Transactions of the Royal Society of Edinburgh*, vol. XX.) En degrés Fahrenheit et avec des ùnités anglaises, elle devient

$$l = 1091,7 - 0,695\,(T - 32°) - 0,000\,000\,103\,(T - 39,1)^3. \quad (2)$$

On arrive à une approximation suffisante pour la pratique au moyen de la formule plus simple

$$l = 606,5 - 0,695T. \quad (3)$$

On ne connaît pas encore la chaleur latente d'évaporation des autres corps à des pressions différentes de la pression atmosphérique.

215. Chaleur totale de vaporisation ou **chaleur totale de la vapeur.** C'est le somme de deux quantités de chaleur, celle qui disparaît pendant l'évaporation de l'unité de poids du liquide à une température donnée, ou chaleur latente d'évaporation, et celle nécessaire, avant l'évaporation, pour élever la température du liquide jusqu'à la température d'évaporation. Cette dernière quantité de chaleur est appelée la *chaleur sensible.*

Soient T_2 la température du liquide à l'origine, T_1 la température d'évaporation, c, sa chaleur spécifique entre ces températures; l_1 sa chaleur latente d'évaporation à T_1. Alors la *chaleur totale d'évaporation* de T_2 à T_1 est

$$h_2 = c(T_1 - T_2) + l_1. \quad (1)$$

Dans les formules et tables se rapportant à la chaleur totale d'évaporation, on prend ordinairement pour T_2 la température de la glace fondante.

Les expériences de M. Regnault déjà mentionnées l'ont amené pour l'eau à la découverte d'une loi très-simple : *La chaleur totale de la vapeur, à partir de la température de fusion de la glace, augmente proportionnellement à la température.*

Cette loi s'exprime, en unités anglaises et degrés Fahrenheit, par la formule

$$h = 1091,7 + 0,305\,(T - 32°); \quad (2)$$

en unités françaises et degrés centigrades, par

$$h = 606,5 + 0,305T, \quad (2\text{A})$$

C'est en soustrayant de cette valeur la quantité de chaleur néces=

saire pour élever l'unité de poids du liquide du point de fusion de la glace à la température de vaporisation T, donnée par l'article 209, que l'on a obtenu les formules 1 et 2 de l'article 214.

Soit $c_{0,2}$ la chaleur spécifique moyenne de l'eau entre la température de la glace fondante et celle T_2 de l'*eau d'alimentation* d'une chaudière; on a, pour la chaleur totale dépensée par kilogramme d'eau évaporée de T_2 à T_1,

$$h_{2,1} = 605,5 + 0,305T_1 - c_{0,2}T_2. \qquad (3)$$

Le terme $c_{0,2}T_2$ est le nombre de calories gagnées par l'élévation de température T_2, de l'alimentation.

En prenant, avec une approximation suffisante pour la pratique, la chaleur spécifique de l'eau égale à l'unité, et négligeant les petites fractions, on a

$$h_{2,1} = 606,5 + 0,3T \qquad (4)$$
$$h_2 = 606,5 + 0,3T_1 - T_2. \qquad (5)$$

215 A. Mesure de la chaleur par l'évaporation. La chaleur produite par un poids donné de combustible (ce dont on aura des exemples au chapitre II) se mesure ordinairement par le poids d'eau qu'il évapore. Dans ces expériences, il est essentiel de mesurer la température d'évaporation et celle de l'eau d'alimentation, et de calculer la chaleur totale dépensée par kilogramme d'eau au moyen de la formule (5), suffisamment exacte. Cette chaleur totale, divisée par 536,5, chaleur latente d'évaporation de l'eau à 100°, donne un coefficient par lequel il faut multiplier le poids d'eau réellement évaporé par chaque kilogramme du combustible pour le convertir en *poids d'eau équivalant à* 100 *degrés évaporé à* 100°, c'est-à-dire *au poids d'eau qui aurait été évaporée par chaque kilogramme du combustible, si l'eau avait été prise et évaporée au point d'ébullition correspondant à la pression atmosphérique moyenne.*

Le poids d'eau ainsi calculé s'appelle *puissance d'évaporation* du combustible. Cela revient à prendre une unité thermique particulière, à savoir la chaleur latente d'évaporation d'un kilogramme d'eau à 100°, équivalente à 536,5 calories.

215 A. Exemple. Prenons pour température de l'eau d'alimentation 40°, et pour température d'évaporation 110°. La formule (5) donne pour la chaleur totale d'évaporation par kilogramme de vapeur

$$h_{2,1} = 606,5 + 0,3 \times 110° - 40° = 599,5 ;$$

ce qui donne, pour le coefficient par lequel il faudra multiplier le poids d'eau actuellement évaporé pour trouver l'évaporation équivalente de 100°

$$\frac{599,5}{536,5} = 1.117.$$

Ce soefficient ou facteur d'évaparation peut s'écrire sous la forme suivante :

$$1 + \frac{0,3\,(T_1 - 100°) + (100° - T_2)}{536,5}.$$

La table suivante donne les facteurs d'évaporation ainsi calculés pour différentes températures d'alimentation et d'évaporation.

TABLE DES FACTEURS D'ÉVAPORATION.

POINT d'ébullition T_1. Centig.	TEMPÉRATURE INITIALE DE L'EAU D'ALIMENTATION, T_2.										
	0°	10°	20°	30°	40°	50°	60°	70°	80°	90°	100°
100°	1,19	1,17	1,15	1,13	1,11	1,10	1,08	1,06	1,04	1,02	1,00
110	1,20	1,18	1,16	1,14	1,12	1,10	1,08	1,06	1,04	1,02	1,01
120	1,20	1,18	1,16	1,14	1,13	1,11	1,09	1,07	1,05	1,03	1,01
130	1,21	1,19	1,17	1,15	1,13	1,11	1,09	1,07	1,06	1,04	1,02
140	1,21	1,20	1,18	1,16	1,14	1,12	1,10	1,08	1,06	1,04	1,02
150	1,22	1,20	1,18	1,16	1,14	1,12	1,11	1,09	1,07	1,05	1,03
160	1,22	1,21	1,19	1,17	1,15	1,13	1,11	1,09	1,07	1,05	1,03
170	1,23	1,21	1,19	1,17	1,15	1,14	1,12	1,10	1,08	1,06	1,04
180	1,23	1,22	1,20	1,18	1,16	1,14	1,12	1,10	1,08	1,06	1,04
190	1,24	1,22	1,20	1,18	1,17	1,15	1,13	1,11	1,09	1,07	1,05
200	1,24	1,23	1,21	1,19	1,17	1,15	1,13	1,11	1,09	1,07	1,06
210	1,25	1,23	1,22	1,20	1.18	1,16	1,14	1,12	1,10	1,08	1,06
220	1,25	1,24	1,22	1,20	1,18	1,16	1,14	1,12	1,11	1,09	1,07

216. **Chaleur totale de gazéfication.** On démontrera au chapitre III que la chaleur totale nécessaire pour faire passer une substance d'un état de grande densité à T_0 à l'état de gaz parfait, à une température donnée T_1, sous pression constante, est donnée

par l'équation

$$h = a + c' (T_1 - T_0) \quad (^*),\qquad\qquad (1)$$

dans laquelle a est une constante, et c', la chaleur spécifique du gaz parfait sous pression constante. Pour la vapeur à l'état de gaz parfait ou vapeur-gaz, on a

$$\left.\begin{array}{l} p_0 v_0 = 206\,153^{\text{km}}, \\ a = 606,5, \\ c' = 0,475. \end{array}\right\} \qquad\qquad (2)$$

Par exemple, pour convertir 1 kilog. d'eau à 0° en vapeur-gaz à 100°, il faut

$$606,5 + 0,475 \times 100° = 654 \text{ calories.}$$

Le rapport de cette quantité de chaleur à celle nécessaire pour produire 1 kilog. de vapeur d'eau saturée à la même température est

$$\frac{654}{636} = 1\,028.$$

SECTION 3. *Transport de la chaleur*.

217. Transport de la chaleur en général. On a expliqué (art. 106 et 197) que l'égalité de température entre deux corps consiste dans l'absence de tendance à un transport de chaleur de l'un à l'autre, et que si leurs températures diffèrent, elles manifestent une tendance à s'égaliser par un transport de chaleur du corps le plus chaud sur le corps le plus froid. Cette tendance est d'autant plus forte que la différence des températures est plus grande.

La vitesse du transport de la chaleur à des températures inégales dépend :

1° De la tendance au transport de la chaleur augmentant comme une fonction des deux températures et de leur différence;

(*) L'équation (1) a été démontrée pour certains cas particuliers, en 1849, dans un mémoire publié aux *Transactions of the Royal Society of Edimburgh*, vol. XX, puis généralisée dans un mémoire lu à cette Société en 1855, mais encore inédit.

2° De l'étendue des surfaces que traverse la chaleur transportée dans les deux corps. En pratique, ces surfaces sont presque toujours égales, et, dans ce cas, la vitesse de transport est simplement proportionnelle à leur commune étendue;

3° De la nature des deux corps et de l'état de leurs surfaces;

4° De la nature et de l'épaisseur des corps interposés; la vitesse diminue avec cette épaisseur.

Le transport de la chaleur se fait de trois manières, par *radiation*, *conductibilité* et *convection*.

218. Radiation. La chaleur rayonne d'un corps à l'autre à toutes les distances d'après les mêmes lois et de la même manière que la lumière. Les phénomènes de la chaleur rayonnante et ses lois ont été étudiés par un grand nombre de savants; mais, en ce qui concerne les moteurs thermiques, il est inutile de donner de ces lois une description exacte et complète. Il suffit d'établir que les vitesses de transmission et d'absorption de la chaleur par rayonnement augmentent avec la noirceur et la rugosité des surfaces mises en jeu et diminuent avec leur poli.

219. Conductibilité. Entre en jeu dans l'échange de la chaleur entre deux corps qui se touchent; on la divise en conductibilité *interne* et *externe*, suivant que la transmission a lieu de molécule à molécule à l'intérieur d'un corps continu ou à travers la surface de contact de deux corps distincts.

La vitesse de la transmission interne ou externe étant proportionnelle à la section ou à la surface par laquelle s'écoule la chaleur, peut toujours s'exprimer *en nombre de calories par mètre carré et par heure.*

La vitesse de transmission interne dans un corps ainsi exprimée est proportionnelle :

1° A la rapidité avec laquelle la température varie le long d'une ligne perpendiculaire à la section que traverse la chaleur;

2° A un coeffficient appelé *conductibilité interne* du corps et qui dépend de sa nature. Elle augmente en général, mais très-peu, avec la température de la section de passage; la loi de cette augmentation est encore inconnue; on considère en général comme nulle l'influence de cette température.

Ces lois s'expriment mathématiquement comme il suit :

Soient dx la distance normale entre deux sections voisines de passage de la chaleur, dT leur différence de température, et k le coefficient de conductibité.

La vitesse de transmission de la chaleur à travers cette section est

$$q = k \frac{d\mathrm{T}}{dx}. \tag{1}$$

Lorsque k est à très-peu près constant, on déduit de cette équation que la vitesse de transmission à travers une couche plane d'épaisseur uniforme, est directement proportionnelle à la différence des températures sur les deux faces de la couche, et en raison inverse de son épaisseur, principe que l'on exprime par l'équation

$$q = k \frac{\mathrm{T}' - \mathrm{T}}{x}.$$

T' et T sont les températures de chaque côté de la couche, x son épaisseur.

Pour des raisons que l'on exposera plus tard, il convient, dans ce cas, de prendre, au lieu du coefficient de conductibilité, son inverse

$$\frac{1}{k} = \rho \tag{3}$$

que l'on peut appeler la *résistance thermique interne*. L'équation (2) s'écrit alors

$$q = \frac{\mathrm{T}' - \mathrm{T}}{\rho x}. \tag{4}$$

T' et T sont les températures des deux faces de la plaque.

Les valeurs suivantes du coefficient de résistance thermique supposent ρ exprimé en calories par mètre carré de surface et par heure, x en millimètres, et sont calculé d'après une table de conductibilité déduite par Péclet des expériences de Despretz :

Or, platine, argent.	0,047
Cuivre.	0,052
Fer.	0,124
Zinc.	0,129
Plomb.	0,264
Marbre.	0,2
Brique.	3,84

La résistance thermique totale d'une plaque formée de couches de

différentes substances se trouve en ajoutant les résistances des différentes couches. Ainsi, soient x l'épaisseur d'une couche, ρ le coefficient de résistance thermique de sa matière, Σ le symbole ordinaire
de la sommation, de sorte que Σx est l'épaisseur de la plaque; alors

$$\Sigma \rho x$$

est la résistance thermique totale de la plaque et

$$q = \frac{T' - T}{\Sigma \rho x} \qquad (5)$$

est la vitesse de transmission au travers de cette plaque par mètre
carré et par heure.

La vitesse de transmission par *conductibilité externe* au travers de
la surface séparant un solide d'un liquide est à peu près proportionnelle à la différence de leurs températures quand elle est faible. Soient
σ, σ' les coefficients de conductibilité des deux faces d'une plaque;
x l'épaisseur de la plaque en millimètres; ρ son coefficient de résistance thermique interne; la résistance thermique totale de la plaque
et de ses deux surfaces externes sera

$$\sigma' + \sigma + \rho x,$$

et la vitesse de transmission

$$q = \frac{T' - T}{\sigma' + \sigma + \rho x}. \qquad (6)$$

Dans cette formule T' et T sont les températures, non pas des deux
faces de la plaque, mais des liquides en contact avec elles.

La résistance interne d'une tôle de chaudière est négligeable devant la résistance thermique externe toujours très-considérable, de
sorte que sa nature et son épaisseur n'ont pas d'influence appréciable sur la vitesse de transmission de la chaleur.

La somme des résistances thermiques externes des deux faces
d'une plaque en contact, l'une avec un liquide, l'autre avec de l'air,
peut, d'après M. Péclet, être exprimée par une formule de la forme

$$\sigma + \sigma' = \frac{1}{A[1 + B(T' - T)]}, \qquad (7)$$

dont les constantes dépendent principalement de l'état des surfaces et ont les valeurs suivantes :

B Surfaces métalliques polies.   0,005
B Surfaces métalliques rugueuses et surfaces non
     métalliques.   0,007
A Métaux polis.   1
» Surfaces vitreuses ou vernies.   14,33
» Surfaces métalliques ternes.   16,9
» Noir de fumée.   28,25

Pour une plaque métallique en contact avec l'eau sur ses deux
faces, on a, d'après Péclet,

$$B = 0{,}105 ; \quad A = 94{,}7.$$

On montrera dans l'article suivant que les résultats d'expériences
sur la puissance d'évaporation des chaudières concordent très-exactement avec la formule empirique suivante pour la résistance thermique des tôles et des tubes de chaudières,

$$\sigma' + \sigma = \frac{a}{T' - T}, \tag{8}$$

qui donne, pour la vitesse de transmission par mètre carré de surface et par heure,

$$q = \frac{(T' - T)^2}{a}. \tag{9}$$

Cette formule n'est qu'une approximation, mais elle est très-simple
et l'on verra qu'elle est suffisamment exacte pour son objet.

La valeur de a varie de 1 313 à 1 766.

220. Convection ou diffusion. C'est la transmission de la
chaleur dans une masse fluide par le mouvement visible de ses
parties.

La convection proprement dite de la chaleur dans une masse
fluide calme, très-lente dans les liquide, est presque, sinon tout à
fait, inappréciable dans les gaz. Ce n'est que par une circulation
continuelle et par le mélange des différentes parties du liquide que
l'on arrive à maintenir l'uniformité de température et l'échange de
la chaleur du liquide au solide.

Dulong et Petit ont reconnu les lois du refroidissement par convection des bulles de thermomètres placés dans des capacités pleines
de gaz à différentes pressions ; mais les circonstances de ces expé-

riences diffèrent trop de celles que l'on rencontre dans les chaudières et les foyers pour appliquer ces lois à la solution de questions
concernant les machines thermiques.

La libre circulation de chacun des fluides en contact avec les faces
d'une plaque est une condition nécessaire à l'application correcte
des formules de transmission de la chaleur à travers cette plaque
données à l'article 219. Chacune de ces formules implique que la
circulation de ces fluides, par courants et tourbillons, empêche qu'il
y ait une grande différence de température entre les parties du
fluide en contact avec une face de la plaque et celles qui en sont
éloignées.

C'est pour provoquer cette circulation, de façon à assurer l'uniformité de température dans la masse fluide, que l'on emploie un agitateur dans l'eau du calorimètre (art. 207A). Dans un but analogue,
on garnit quelquefois les gros tubes des chaudières de *déflecteurs* ou
plaques en saillie, qui forcent les gaz chauds à prendre un cours
sinueux, de façon à produire des tourbillons qui mettent successivement en contact avec la surface de chauffe, autant que possible,
toutes les parties du gaz. Ces déflecteurs ont aussi pour objet de provoquer ce mélange intime de l'air et du gaz inflammable, si nécessaire à une combustion parfaite.

La plus parfaite convection de chaleur est celle qui se fait par la
vapeur trouble réunissant à la mobilité des gaz le pouvoir conducteur
relativement considérable d'un liquide ; ainsi, quand la vapeur
échauffe un corps en se condensant à sa surface. On trouvera quelques données à ce sujet à l'article 222.

Quand de la chaleur est transportée par convection d'un fluide à
un autre au travers d'une plaque de métal, les mouvements des deux
fluides doivent autant que possible être de *sens opposés*, de façon que
les parties les plus chaudes de l'un soient toujours en communication avec les plus froides de l'autre, et que la différence de température *minima* de deux parties des fluides en regard soit la plus
grande possible.

Ainsi, dans un condenseur à surface, la vapeur doit traverser les
tubes suivant une direction opposée au mouvement de l'eau froide,
de circulation ou de l'air qui les entoure.

Dans une chaudière, il convient à l'économie du combustible que
le mouvement de l'eau soit en sens contraire de celui de la flamme
et des gaz chauds du foyer.

Ainsi, quand il y a un réchauffeur d'alimentation formé d'un groupe de tubes que l'eau traverse avant d'entrer à la chaudière, on doit le placer près du pied de la cheminée, pour qu'il soit chauffé par les gaz qui quittent la chaudière en utilisant de la chaleur perdue. L'eau la plus froide, c'est-à-dire la plus basse de la chaudière, devrait, autant que possible et pratique, être en contact avec les parties les plus froides du foyer et des surfaces de chauffe. S'il y a un appareil pour *surchauffer* la vapeur, c'est-à-dire pour élever sa température au-dessus de celle correspondante à sa pression, sa place est dans la partie la plus chaude du foyer, comme, par exemple, dans les chaudières de MM. Parsons et Pilgrins.

(*) 221. **Efficacité des surfaces de chauffe**. Quand une plaque métallique, séparant deux masses fluides en mouvement, sert à transmettre de la chaleur de la masse chaude à la masse froide, le rapport de la quantité de chaleur ainsi transmise, à la chaleur totale que le fluide chaud devrait perdre pour atteindre la température du fluide froid, peut s'appeler l'*efficacité* ou le rendement de la surface de chauffe de cette plaque métallique.

Presque toujours, en pratique, la plaque de métal forme les foyers, tubes, et autres parties d'une chaudière exposées à la chaleur. Le fluide froid est l'eau introduite par degré à une basse température, chauflée, puis évaporée; le fluide chaud est le courant d'air et de gaz, qui, venant du foyer, s'écoule le long des surfaces de chauffe et finalement s'échappe par la cheminée.

Soient :

W   le poids des gaz émis par le foyer par heure ;

c' sa chaleur spérifique à pression constante ;

T — t l'excès de sa température sur celle de l'eau en contact dans la chaudière avec un élément de la surface de chauffe ds ;

q la vitesse de transmission par mètre carré et par heure due à la différence de température T — t.

Alors

$$qds$$

est la chaleur transmise à l'eau par l'élément ds de la surface de chauffe et

$$\frac{qds}{c'W} = -dT \qquad (1)$$

est l'abaissement de la température du gaz par son passage sur l'élément *ds*. Ce gaz arrive à l'élément suivant avec une température plus basse, et par conséquent la vitesse de transmission y est diminuée, et ainsi de suite; de sorte que chaque élément égal transmet successivement de moins en moins de chaleur, jusqu'à ce que l'air chaud, quittant enfin la surface de chauffe, s'échappe dans la cheminée avec une certaine température supérieure à celle de l'eau, et donc l'excès est perdu.

Soient T_1, T_2 les températures du gaz au commencement et à la fin de son contact avec la surface de chauffe; alors la chaleur totale dépensée par heure est

$$c'W(T_1 - t).$$

La chaleur perdue par heure est

$$c'W(T_2 - t);$$ (2)

l'efficacité de la surface de chauffe

$$\frac{T_1 - T_2}{T_1 - t};$$ (3)

et toutes ces quantités sont liées par l'équation (1) ou par l'une des équations suivantes qui en sont des intégrations différentes :

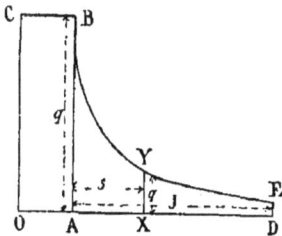
Fig. 90.

$$c'W(T_1 - T_2) = \int q\,ds,$$ (4)

$$\frac{S}{c'W} = \int_{T_2}^{T_1} \frac{dT}{q};$$ (5)

dans cette dernière équation, S est la surface de chauffe totale.

La *fig.* 90 est une représentation graphique de ces principes.

AD représente la surface de chauffe totale S ; AX une partie quelconque *s* de cette surface ;

$AB = q_1$ la vitesse de transmission pour la température initiale T_1. Prenons sur AD prolongé

$$AO = \frac{c'W(T_1 - t)}{q_1}.$$ (6)

Le rectangle OA×AB représentera la chaleur totale dépensée par heure.

Prenant pour les ordonnées $XY = q$, les valeurs des vitesses de transmission après que les gaz chauds ont passé sur une surface de chauffe $AX = s$; la surface ABYX représentera la chaleur transmise par heure au travers de la surface s; ABED celle transmise par la surface totale S; et si l'on prolonge indéfiniment la courbe BYE, la surface comprise entre elle et son asymptote AD se rapproche indéfiniment de celle du rectangle OA $\therefore$ AB.

Les résultats définitifs de ces principes dépendent des rapports entre q et T.

1er CAS. Prenant la formule de Péclet (art. 219, équation (7)) pour la résistance thermique des plaques, on trouve

$$q = A(T - t)(1 + B(T - t)), \qquad (7)$$

valeur qui, introduite dans l'équation (5), donne pour l'intégrale de cette équation

$$\frac{S}{c'W} = \frac{1}{A} \log \text{hyp.} \left(\frac{T_1 - t}{T_2 - t} \frac{1 + B(T_2 - t)}{1 + B(T_1 - t)} \right) \qquad (8)$$

et pour l'efficacité de la surface de chauffe

$$\frac{T_1 - T_2}{T_1 - t} = \frac{\left(e^{\frac{AS}{c'W}} - 1 \right)(1 + B(T_1 - t))}{e^{\frac{AS}{c'W}} + \left(e^{\frac{AS}{c'W}} - 1 \right) B(T_1 - t)} . \qquad (9)$$

Les valeurs des constantes A et B dans diverses circonstances sont données dans l'article 219.

Les valeurs de $e^{\frac{AS}{c'W}}$ se trouvent aisément au moyen d'une table de logarithmes hyperboliques; ce sont les nombres dont les logarithmes hyperboliques sont $\frac{AS}{c'W}$.

2e CAS. Cette formule est trop compliquée pour la pratique et les valeurs de A et de B sont incertaines dans les foyers aux températures élevées. L'hypothèse exprimée par les équations (8) et (9) de l'article 219, à savoir que la vitesse de transmission est presque proportionnelle aux carrés des différences de température, s'est montrée, comme on le verra plus tard, suffisamment conforme à l'expérience. Cette hypothèse donne pour l'intégrale de l'équation (5)

$$\frac{S}{c'W} = a \left(\frac{1}{T_2 - t} - \frac{1}{T_1 - t} \right), \qquad (10)$$

d'où l'on tire, pour l'efficacité de la surface de chauffe,

$$\frac{T_1 - T_2}{T_1 - t} = \frac{S(T_1 - t)}{S(T_1 - t) + ac'W}, \tag{11}$$

qui peut se mettre sous la forme suivante : appelant H la chaleur dépensée par heure pour élever la température du gaz chaud au-dessus de celle de l'eau, on a

$$T_1 - t = \frac{H}{c'W}, \tag{12}$$

qui, substituée dans (11), donne pour l'efficacité de la surface de chauffe

$$\frac{S}{S + \dfrac{\dfrac{S}{ac'^2W^2}}{H}}, \tag{13}$$

résultat représenté graphiquement en prenant dans la *fig.* 90

$$AO = \frac{ac'^2W^2}{H},$$

et pour BYE, une hyperbole du second degré avec OD, OC pour asymptotes.

Les valeurs à assigner aux constantes de l'équation (13) seront indiqués au chapitre II.

(*) 222. **Surfaces refroidissantes. Condenseurs à surfaces.** Les formules de l'article précédent, 1er cas, équations 8 et 9, sont applicables aux surfaces refroidissantes, comme il suit. Soient t la température d'une couche de liquide d'un côté de la plaque, S la surface froide totale. Supposons que l'on communique de la chaleur au liquide à la température t par un procédé quelconque, par exemple par la condensation de la vapeur, et qu'on en soustraie par un courant froid d'air ou d'eau en contact avec la plaque métallique. Appelons :

W le poids d'eau qui s'écoule par seconde;

c' sa chaleur spécifique;

T_1 sa température initiale $< t$;

T_2 sa température finale $< t$, mais $> T_1$.

Alors, dans toute les équations, il faut remplacer

$$T_1 - t \qquad \text{par} \qquad t - T_1;$$
$$t - T_2 \qquad \text{par} \qquad T_2 - t.$$

Un obstacle à l'usage de ces formules, c'est que les constantes A et B n'ont pas été établies pour la condensation par surfaces de la vapeur. On sait seulement que la *convection* de la chaleur par les vapeurs dans la condensation est plus rapide que par des corps dans d'autres états, et que dans certaines expériences particulières sur la condensation par surfaces de la vapeur d'eau, on a obtenu des résultats dont voici quelques exemples :

FLUIDE FROID.	SA TEMPÉRATURE initiale T_1.	MATIÈRE des plaques ou tubes.	VAPEUR condensée par mètre carré par heure.	AUTORITÉS.
Air.	15°	Fonte.	1,757	Péclet.
		Fer.	1,757	
		Verre.	1,708	
		Cuivre.	1,366	
		Étain.	1,025	
Eau.	20° à 25°	Cuivre.	105^k	
	2°	»	488^k	Joule.

Dans ces expériences, chaque kilogramme de vapeur condensé correspond à environ 555 calories.

La rapidité de la condensation dépend surtout de la vitesse de circulation du fluide refroidissant de l'autre côté de la plaque.

CHAPITRE II.

COMBUSTION ET COMBUSTIBLE.

---

223. Chaleur totale de combustion des éléments. Toute combinaison chimique est accompagnée d une production de chaleur; toute décomposition, d'une disparition de chaleur égale à la quantité produite par la combinaison des éléments séparés. Dans une action chimique multiple, où s'opèrent simultanément des combinaisons et des décompositions, la chaleur que l'on recueille est l'excès de la chaleur produite par les combinaisons sur celle qui disparaît dans les décompositions; parfois il faut en retrancher, en outre, la chaleur disparue dans la fusion ou l'évaporation de quelques-unes des substances en jeu avant ou pendant l'acte de leur combinaison.

La *combustion* n'est qu'une combinaison chimique rapide. La seule combinaison qui soit utilisée pour la production de la chaleur nécessaire aux machines est celle des diverses espèces de combustibles avec l'oxygène. Dans le sens ordinaire du mot, *combustible* signifie *un corps capable de se combiner avec l'oxygène de façon à engendrer rapidement de la chaleur*. On entend par *corps simples* ou *éléments*, les *substances que l'on n'a jamais décomposées*.

Les principaux éléments des combustibles sont le *carbone* et l'*hydrogène*. Le *soufre* est un autre élément combustible, mais il produit si peu de chaleur que sa présence n'a aucune valeur appréciable.

Les corps ne s'unissent chimiquement que dans certaines proportions : à chacun des corps de la chimie, on peut assigner un nombre appelé son équivalent chimique et doué des propriétés suivantes : 1° que les proportions en poids, suivant lesquelles ces corps s'unissent, peuvent toutes s'exprimer par leurs équivalents ou par des multiples simples de ces équivalents; 2° que l'équivalent d'un corps composé est égal à la somme des équivalents des corps simples qui le constituent.

Les équivalents chimiques sont quelquefois appelés *poids atomiques* ou *atomes*, d'après l'hypothèse qu'ils sont proportionnels aux poids des atomes, ou des *parties semblables les plus petites* en lesquelles on suppose que ces corps puissent se diviser par les forces connues. Le terme *atome* convient par sa concision; on peut s'en servir pour désigner l'équivalent chimique sans affirmer ni contredire l'hypothèse dont il dérive et qui, si probable qu'elle soit, est, comme les autres hypothèses moléculaires, incapable d'une preuve absolue.

On sait que pour les corps à l'état de gaz parfait, les équivalents sont à peu près exactement proportionnels à leurs densités à température et à pression constantes; ce sont des multiples ou sous-multiples simples de ces densités. En d'autres termes, les gaz parfaits, à une pression et à une température données, se combinent *en volume* suivant des rapports simples ou à très-peu près. Le volume du composé, si c'est un gaz parfait, est un multiple ou sous-multiple simple des volumes des composants, à la même température et à la même pression.

Ces principes ont été appliqués précédemment au sujet de la composition de la vapeur d'eau (art. 202).

Le tableau suivant donne, d'après la nomenclature anglaise, les équivalents des principaux constituants des combustibles et de l'air atmosphérique dont provient l'oxygène nécessaire à la combustion, ainsi que leurs symboles et leurs *équivalents chimiques en volume* à l'état de gaz parfait.

NOM.	SYMBOLE.	ÉQUIVALENT CHIMIQUE en poids.	ÉQUIVALENT CHIMIQUE en volume.
Oxygène.	O	16	1
Azote.	Az	14	1
Hydrogène.	H	1	1
Carbone.	C	12	?
Soufre.	S	32	?

Dans ces nombres on a négligé les fractions trop faibles pour influer sur les questions que traite cet ouvrage.

On indique en chimie la composition d'un corps en faisant suivre le symbole de chacun de ses éléments d'un nombre désignant le nombre de ses équivalents qui entrent dans un équivalent du composé.

La table suivante donne la composition des corps importants à connaitre dans ce traité parce qu'ils fournissent l'oxygène pour la combustion, entrent dans la composition des combustibles, ou se produisent pendant sa combustion.

NOMS.	SYMBOLE de composition chimique.	PROPORTIONS des éléments en poids.	ÉQUIVALENT chimique en poids.	PROPORTIONS des éléments en volume.	ÉQUIVALENT chimique en volume.
Air...........		Az 77 + O 23	100	Az 79 + O 21	100
Eau..........	H_2O	H 2 + O 16	18	H 2 + O	2
Ammoniaque.....	AzH_3	H 3 + Az 14	17	H 3 + Az	2
Oxyde de carbone..	CO	C 12 + O 16	28	C + O	2
Acide carbonique...	CO_2	C 12 + O 32	44	C + O 2	2
Gaz oléfiant.....	CH_2	C 12 + H 2	14	C + H 2	2
Gaz des marais ou grisou......	CH_4	C 12 + H 4	16	C + H 4	2
Acide sulfureux...	SO_2	S 32 + O 32	64	»	2
Hydrogène sulfuré..	SH_2	S 32 + H 2	34	»	2
Bisulfure de carbone.	S_2C	S 64 + C 12	76	»	2

Le gaz oléfiant et le gaz des marais sont les composés principaux du gaz de la houille.

Il existe un grand nombre d'autres composés d'hydrogène et de carbone connus sous le nom général d'*hydrocarbures*, et comprenant entre autres plusieurs composés fusibles ou volatils de la houille; mais il est inutile de donner leur composition en détail.

L'air n'étant pas une combinaison, mais un simple mélange d'oxygène et d'hydrogène, on y a donné leurs proportions p. 100. Dans la table ci-dessous, la quantité d'air nécessaire pour fournir 1 kilogramme d'oxygène est calculée comme si l'air était formé en poids, de deux parties d'oxygène pour une d'azote, ce qui est suffisamment exact pour la pratique. Le carbone n'ayant jamais été obtenu gazeux, on ignore son équivalent en volume.

La table suivante donne la chaleur totale de combustion avec l'oxygène d'un *kilogramme* des substances élémentaires désignées, en unités thermiques françaises et en kilogrammes d'eau évaporée à 100°. Elle donne ainsi le poids d'oxygène nécessaire pour brûler 1 kilogramme de l'élément combustible et le poids d'air qu'il faut pour fournir cet oxygène. Les quantités de chaleur sont, d'après les expériences de Favre et Silbermann (voir *Annales de chimie*, 1852-53, vol. XXXIV, XXXVI, XXXVII) :

COMBUSTIBLE.	KIL. D'OXYGÈNE par kil. de combustible.	KIL. D'AIR (environ).	CHALEUR totale en calories.	PUISSANCE d'évaporation à 100°.
Hydrogène.............	8	36	34462	64,2
Carbone imparfaitement brûlé en formant de l'oxyde de carbone.	1 1/3	6	2473	4,55
Carbone complétement brûlé en formant de l'acide carbonique.	2 2/3	12	8080	15

On remarquera que la combustion imparfaite du carbone, en produisant de l'oxyde de carbone, engendre moins que le tiers de la chaleur que donne la combustion complète.

224. Chaleur totale de combustion des composés. La table suivante, d'après les mêmes autorités, se rapporte aux composés les plus importants de la houille :

COMBUSTIBLE.	KIL. D'OXYGÈNE.	KIL. D'AIR (environ).	CHALEUR totale en calories.	PUISSANCE d'évaporation à 100°.
Gaz oléfiant, 1 kil.	3 3/7	15 3/7	11857	22,1
Divers hydrocarbures liquides, 1 kil.	»	»	de 12000 à 10500	de 22 1/2 à 20
Oxyde de carbone, poids produit par la combustion incomplète de 1 kil. de charbon, environ 2 kil. 1/3.	1 1/3	6	5607	10,45

Voici quelques explications nécessaires quant aux chiffres qui, dans cet article et dans le précédent, se rapportent à la combustion complète ou incomplète du carbone et de l'oxyde de carbone.

La combustion du carbone est toujours complète au commencement, c'est-à-dire qu'un kilogramme de carbone se combine à 2 k. $\frac{2}{3}$ d'oxygène pour faire 3 k. $\frac{2}{3}$ d'acide carbonique, bien que le carbone soit solide aussitôt avant la combustion, et passe pendant la combustion à l'état de gaz acide carbonique. L'opération s'arrête là, quand la couche n'est pas si épaisse et l'arrivée d'air si faible, que l'oxygène ne puisse atteindre directement toute les parties du combustible. La quantité de chaleur produite est de 8080 calories par kilogramme de carbone, comme on l'a dit plus haut.

Mais, dans d'autres cas, une partie du carbone solide n'est pas directement alimentée d'oxygène; échauffée d'abord, elle est ensuite dissoute, à l'état gazeux, par l'acide carbonique chaud provenant des autres parties du foyer. Les 3 k. $\frac{2}{3}$ d'acide carbonique, provenant de 1 kilog. de carbone, peuvent dissoudre un deuxième kilogramme de carbone en formant 4 k. $\frac{2}{3}$ d'*oxyde de carbone*, et le volume de ce gaz est le double de celui de l'acide carbonique qui lui donne naissance. Dans ce cas, la chaleur produite, au lieu d'être celle due à la combustion complète de 1 kilog. de carbone, ou 8080 calories, tombe à celle due à la combustion imparfaite de 2 kilog. de carbone, ou

$$2 \times 2473 = 4946 \text{ calories;}$$

ce qui donne une perte de 3134 calories disparues à volatiliser le deuxième kilogramme de carbone. Si l'opération s'arrête là, comme dans les foyers mal alimentés d'air, la perte de combustible est très-grande; mais si l'on mélange à une quantité d'air suffisante ces 4 k. $\frac{2}{3}$ d'oxyde de carbone renfermant 2 kilog. de carbone, ils brûlent avec une flamme bleue, se combinant à 2 k. $\frac{2}{3}$ d'oxygène pour former 7 k. $\frac{1}{3}$ d'acide carbonique, en produisant une chaleur égale au double de celle due à la combustion de 2 k. $\frac{1}{3}$ d'oxyde de carbone, c'est-à-dire à

$$5607 \times 2 = 11214 \text{ calories,}$$

qui, ajoutées à la chaleur produite par la combustion imparfaite des 2 kilog. de carbone, ou

$$2 \times 2473 = 4946$$

donne la chaleur due à la combustion parfaite de 2 kilog. de carbone, ou

$$2 \times 8080 = 16160 \text{ calories.}$$

En comparant la chaleur totale de combustion du gaz oléfiant à la somme des chaleurs de ses composants pris séparément, on obtient les résultats suivants :

$\frac{6}{7}$ kil. de carbone $= 8080 \times \frac{6}{7}$ 6926

$\frac{1}{7}$ kil. d'hydrogène $= 34467 \times \frac{1}{7}$ 4924

Chaleur totale de 1 kil. de gaz oléfiant calculée en ajoutant les quantités de chaleur produites par la combustion de ses constituants. 11850

D'après l'expérience directe. 11857

Différence.   7

Des comparaisons semblables, avec d'autres hydrocarbures, donnent des résultats analogues, d'où l'on conclut que la *chaleur totale de combustion d'un composé d'hydrogène et de carbone est à peu près la somme des quantités de chaleur que produirait la combustion de l'hydrogène et du carbone séparément.* (Le gaz des marais forme une exception.)

En calculant d'après cette règle la chaleur totale de combustion, il convient de remplacer l'hydrogène par le poids de carbone qui donnerait la même quantité de chaleur. On l'obtient en multipliant le poids de l'hydrogène par

$$\frac{34462}{8080} = 4,28.$$

Il résulte d'expériences de Dulong, Despretz et autres, qu'en calculant la chaleur totale de combustion de composés renfermant de l'oxygène et du carbone, il convient de suivre le principe suivant : *Quand l'hydrogène et l'oxygène existent dans un composé en proportion convenable pour former de l'eau* (c'est-à-dire, en poids, 1 d'hydrogène pour 8 d'oxygène), *ces corps n'ont pas d'effet sur la chaleur totale de combustion.*

De là il suit que si l'hydrogène s'y trouve en proportion plus grande qu'il n'est nécessaire pour former de l'eau, c'est seulement de cet *excès* d'hydrogène qu'il faudra tenir compte.

De ces principes, on tire l'équation générale suivante donnant la chaleur totale de combustion d'un composé de carbone, d'hydrogène et d'oxygène.

Soient C, H, O les poids de carbone, d'hydrogène et d'oxygène renfermés dans 1 kilog. du combustible ; le reste est formé d'azote, de cendres et d'impuretés.

Appelons h la chaleur totale de combustion de 1 kilog. des composés en calories, on a

$$h = 8080 \left[\left(C + 4,28 \left(H - \frac{O}{8} \right) \right] . \right. \qquad (1)$$

Soit E la puissance d'évaporation de 1 kilog. du composé en kilogrammes d'eau à 100°, on a

$$E = \frac{h}{536,5} = 15 \left[C + 4,28 \left(H - \frac{O}{8} \right) \right] . \qquad (2)$$

19

On a déjà dit que les valeurs adoptées dans ce traité pour la chaleur totale de combustion du carbone et de l'hydrogène étaient celles données par les expériences de Fabre et Silbermann.

Dans le cas de l'hydrogène, les résultats de ces expériences concordent avec celles de Dulong *(Comptes rendus*, vol. VII), la chaleur totale de combustion du kilog. d'hydrogène étant :

D'après Fabre et Silbermann,   34 462 calories.
D'après la moyenne des expériences de Dulong, 34 742   id.

Pour le carbone, l'accord entre les différents expérimentateurs est moins frappant, comme on le voit par les résultats suivants :

> Dulong (moyenne). 7 170
> Despretz. 7 793
> Favre et Silbermann. . . . . ; 8 080

On a adopté, dans ce traité, les résultats de MM. Fabre et Silbermann, à cause de la grande délicatesse et de la précision des instruments et des procédés dont ils ont fait usage, et parce que, parmi plusieurs chiffres différents donnés pour la chaleur totale de combustion, c'est le plus élevé qui se présente en somme comme ayant le plus de raisons pour être juste, car beaucoup d'erreurs proviennent des pertes de chaleur.

225. Composition des combustibles. Les corps qui entrent dans la composition des combustibles ordinaires peuvent se classer comme il suit :

1° Le *carbone* fixe ou libre, abandonné sous forme de coke ou de charbon de bois, après la distillation des produits volatils du combustible. Il brûle tout entier à l'état solide, ou en partie à l'état solide, en partie sous forme de gaz dissout dans l'acide carbonique primitivement formé, comme on l'a établi plus haut.

2° Les *hydrocarbures*, comme le gaz oléfiant, la poix, le goudron, le naphte, etc. : ils doivent tous passer à l'état gazeux avant de brûler.

Si ces produits sont mélangés, dès leur sortie du combustible, à une quantité d'eau suffisante, ils sont entièrement consumés avec une flamme bleue transparente, en produisant de l'acide carbonique et de la vapeur d'eau. Chauffés au rouge avant leur mélange avec l'air suffisant à leur combustion complète, ils laissent déposer du carbone en poudre fine et se transforment en gaz des marais et en hydrogène libre. La quantité de carbone déposée est d'autant plus grande que la température est plus élevée.

Si, avant de se mêler à l'oxygène, ce carbone se refroidit au-dessous de la température d'ignition, il forme, quand il flotte dans les gaz, de la *fumée*, et. en se déposant sur les corps solides, de la *suie*.

Mais, s'il est maintenu à la température d'ignition en présence d'une quantité d'oxygène suffisante, il brûle en flottant dans le gaz inflammable, avec une flamme *rouge*, *jaune* ou *blanche*. Plus la combustion est lente, plus cette flamme est étendue.

3° L'*oxygène* et l'*hydrogène*, en eau ou combinés aux autres constituants du combustible dans la proportion nécessaire pour former de l'eau. D'après un principe précédemment établi, il ne faut pas en tenir compte dans l'évaluation de la chaleur engendrée par le combustible, et, si la quantité d'eau présente est assez grande pour que sa chaleur totale d'évaporation en vaille la peine, il faut la retrancher de la chaleur totale de combustion du combustible.

La présence de l'eau ou de ses constituants dans un combustible provoque la formation de la fumée ou d'une flamme charbonneuse qui n'est qu'une fumée en feu produite par l'entraînement de particules de carbone.

4° L'*azote* libre ou combiné; cette substance est simplement inerte.

5° Le *sulfure de fer* qui existe dans la houille et peut y causer une combustion spontanée.

6° D'*autres composés minéraux* de diverses espèces, inertes et formant la *cendre* qui reste après une combustion complète, et le *mâchefer*, matière vitrifiée produite par la fusion des cendres et qui tend à encrasser la grille.

226. Espèces de combustibles. — Les combustibles ordinairement en usage peuvent se classer ainsi : charbon de bois, coke, houilles, tourbes et bois.

1° *Charbon de bois.* On l'obtient en évaporant les composés volatils du bois, soit au moyen de sa combustion partielle dans une meule recouverte de terre, soit en brûlant séparément un combustible dans un four où sont placées des cornues renfermant le bois à carboniser.

D'après Péclet, par la carbonisation en meules, 100 parties de bois en poids donnent 17 à 22 parties en poids de charbon; avec les cornues, on obtient 28 à 30 p. 100.

Ces résultats se rapportent à l'état ordinaire des bois employés à cet usage et qui renferment 25 p. 100 d'eau ; des 75 parties restantes, la moitié est du carbone, ce qui donne un charbon 37 ½ p. 100 du poids brut. On voit qu'en moyenne on perd, par la combustion en meules, à peu près la moitié du carbone contenu dans le bois, et par la carbonisation en cornues, à peu près ¼.

D'après Péclet, le bon charbon de bois renferme environ 0,07 p. 100 de cendres. Dans le charbon de tourbe, la proportion de cendres est très-variable, on peut l'estimer en moyenne à 0,18 p. 100.

Pour carboniser 100 parties de bois en poids dans une cornue, il faut en brûler au four 12 ½ parties. D'où il suit qu'avec ce procédé, la dépense de bois pour produire 28 à 30 parties de charbon est 112 ½ ; de sorte que ce charbon n'est que 25 à 27 p. 100 du poids total de bois dépensé, et la proportion de carbone perdue se trouve en moyenne de $\dfrac{11\frac{1}{2}}{37\frac{1}{2}} = 0,3$.

2° *Coke.* C'est la matière solide abandonnée après l'évaporation des composés volatils de la houille par une combustion incomplète dans un four à coke, ou par distillation dans les cornues à gaz.

Le coke provenant des fours est un meilleur combustible que celui du gaz. Il est d'un gris sombre à l'éclat faiblement métallique, poreux, cassant et dur.

La proportion de coke cédée par un poids donné de houille est très-variable ; elle varie de 0,9 à 0,35.

Le coke renferme 0,06 à 0,18 de son poids en cendres ; le reste est du carbone.

A cause de sa porosité, il attire facilement et retient l'humidité de l'atmosphère : il peut, lorsqu'il est sans abri, contenir jusqu'à 0,15 à 0,20 de son poids brut en eau.

3° *La houille.* Les différences extrêmes de composition chimique et de propriétés des différentes espèces de houille sont très-considérables, mais le nombre de ces espèces est très-grand et les distinctions de leurs différences sont faibles.

La proportion de carbone libre dans la houille varie de 30 à 93 p. 100, celle des différents hydrocarbures de 5 à 58 p. 100, celle de l'eau ou de l'oxygène et de l'hydrogène en proportions pour faire de l'eau varie de presque rien à 27 p. 100, celle des cendres est de 1 ½ à 26 p. 100.

Les nombreuses variétés de la houille peuvent se classer dans les principales divisions suivantes :

1° Anthracite ;

2° Houille sèche bitumineuse ;

3° Houille grasse collante ;

4° Houille à longue flamme ou (Cannel coal) ;

5° Lignite ou houille brune.

1° *L'Anthracite* est presque du carbone pur. Sa couleur est entre celle du noir de jeai et le noir gris du graphite, son éclat est métallique.

Son poids spécifique varie de 1,4 à 1,6.

Il brûle sans fumée et sans flamme quand il est sec. La présence de l'eau y produit de petites flammes jaunes expliquées à l'article 225.

Sa combustion exige une haute température et en général un tirage artificiel. Chauffé brusquement, il éclate en menus fragments qui se perdent à travers la grille. Dans le foyer où l'on en fait usage, il faut par conséquent ne l'échauffer que graduellement avant de l'enflammer.

2° *Houille sèche bitumineuse.* Elle renferme en moyenne 70 à 80 p. 100 de carbone libre, environ 5 p. 100 d'hydrogène et 4 p. 100 d'oxygène, de sorte qu'il reste $4\frac{1}{2}$ p. 100 d'hydrogène pouvant engendrer de la chaleur. Cet hydrogène est en partie combiné avec du carbone. Cette houille brûle avec une flamme modérée, peu ou point de fumée. Son poids spécifique est environ 1,3.

3° *Houille grasse bitumineuse.* Elle renferme en moyenne 50 à 60 p. 100 de carbone libre et des quantités d'oxygène et d'hydrogène à peu près égales s'élevant à 10 ou 12 p. 100 de son poids ; sous l'action de la chaleur, elle se ramollit, et ses parties collent ensemble ; elle produit plus de flammes que la houille bitumineuse sèche et plus de fumée, à moins qu'on ne la prévienne par des dispositions spéciales. Son poids spécifique moyen est environ 1,25.

4° *Houille à longue flamme.* Elle diffère de la variété précédente surtout en ce qu'elle renferme plus d'oxygène ; plusieurs se ramollissent et collent au feu. Elle exige l'emploi de dispositions spéciales pour éviter la fumée.

5° *Houille brune ou lignite.* On la trouve dans des formations plus récentes que les autres houilles. Son apparence et ses propriétés sont intermédiaires entre celles de la houille et de la tourbe. Elle renferme en moyenne 27 à 50 p. 100 de carbone libre, 5 p. 100 d'hydrogène et 20 p. 100 d'oxygène. Poids spécifique 1,20 à 1,25.

Au sujet des différentes espèces de houilles, Péclet remarque que la houille bitumineuse collante passe aux houilles sèches et à l'anthracite en perdant son oxygène et son hydrogène ; aux houilles à longues flammes et aux lignites par l'augmentation de son oxygène.

Des poids spécifiques ci-dessus, il résulte qu'un mètre cube de houille compacte pèse de 1200 à 1600 kilog. ; mais la houille en morceaux, pour l'usage ordinaire des foyers, occupe avec les vides 1,3 à 1,4 fois le volume qu'occuperait la même masse continue ; de sorte que le poids moyen des houilles, y compris les espaces vides entre les morceaux, est d'environ 800 kilog. Rarement ce poids atteint 900 à 1000 kilog.

4° tourbe. Séchée à l'air, elle renferme 25 à 30 p. 100 d'eau dont il faut tenir compte en évaluant sa chaleur de combustion. Après l'évaporation de cette eau, les analyses de M. Regnault donnent, pour la tourbe parfaitement sèche :

Carbone. . . , ... , ...	58
Hydrogène.	6
Oxygène.	31
Cendres.	5
	100

Dans plusieurs autres échantillons de tourbe la proportion de cendres est plus grande ; elle s'élève jusqu'à 7 et 11 p. 100.

Le poids spécifique de la tourbe à l'état ordinaire est de 0,4 à 0,5. Elle peut atteindre par la compression mécanique une densité beaucoup plus forte.

15° Le *bois* récemment coupé renferme une proportion d'eau très-variable avec les espèces et d'un échantillon à l'autre. Elle varie de 30 à 50 p. 100 ; sa moyenne est 40 p. 100. Après huit mois un an de séchage à l'air libre, la proportion d'eau s'abaisse à 20 ou 25 p. 100. On peut atteindre ce degré de sécheresse ou, s'il le faut, une sécheresse presque parfaite, par une exposition de plusieurs jours, dans un four, avec de l'air à 115° environ. Quand on chauffe ce four à la houille ou au coke, il en faut environ 1 kilog. pour chasser 3 kilog. d'eau ; d'après des expériences en grand de M. J. R. Napier, en le chauffant avec du bois desséché à l'air, il en faudrait probablement 2 kilog. à 2 kilog. et demi.

Le poids spécifique des différentes espèces de bois varie de 0,3 à 1,2.

Le bois *parfaitement sec* renferme environ 50 p. 100 de carbone; le reste est presque entièrement de l'oxygène et de l'hydrogène en proportion pour faire de l'eau. La famille des conifères renferme un peu de térébenthine qui est un hydrocarbure. La proportion de cendres dans les bois varie de 1 à 5 p. 100. La chaleur totale de combustion de toutes les espèces de bois est, à très-peu de chose près, celle due à 50 p. 100 du carbone.

227. La chaleur totale de combustion des combustibles se déduit de sa composition chimique d'après les principes exposés aux articles 223, 224 et 225. La table suivante donne les résultats de ces calculs fondés principalement sur les analyses de M. Regnault, du docteur Plagfair et du professeur Richardson. Les nombreuses variétés de combustibles dont on possède les analyses ont été classées en groupes, et l'on a calculé la composition chimique *moyenne* de chaque groupe. C'est ainsi que l'on a obtenu la proportion de carbone, d'hydrogène et d'oxygène donnée dans les colonnes intitulées respectivement C, H et O.

La colonne C′ donne le poids de carbone pur dont la chaleur totale de combustion serait la même que celle du combustible, d'après la formule

$$C' = C + 4,28 \left(H - \frac{O}{8} \right),$$

E = 1,5 C′ est la puissance d'évaporation théorique en kilogrammes d'eau fournis et évaporés à 100° par kilogramme du combustible.

h = 8080 C′ donne la chaleur totale de combustion en kilogrammes d'eau élevés d'un degré centigrade; chaque sorte de combustible est supposée *parfaitement desséchée*, à moins qu'on ne dise le contraire.

Quant aux échantillons de houille dont l'analyse est donnée dans la table, il convient d'observer qu'ils étaient tous de bonne qualité. On n'a jamais eu l'habitude de faire analyser des charbons inférieurs. On peut estimer la chaleur totale de la plus mauvaise houille d'une mine à environ les deux tiers de celle de ses meilleurs produits; la différence provient surtout de la présence de matières terreuses.

TABLE DE LA CHALEUR TOTALE DE COMBUSTION DES PRINCIPAUX COMBUSTIBLES

(Voir *Journal of the United Service Institution*, vol. XI, 1867.)

COMBUSTIBLE.	C	H	O	C'	E	h
Charbon de bois. . . . .'. . .	0,93	»	»	0,93	14,0	7515
— de tourbe.	»	»	»	0,80	12,0	6464
Coke bon.	0,94	»	»	0,94	14,0	7595
— moyen.	0,88	»	»	0,88	13,2	7110
— mauvais.	0,82	»	»	0,82	12,3	6625
Houille anthracite.	0,915	0,035	0,026	1,05	15,75	8484
— sèche bitumineuse.	0,90	0,04	0,02	1,06	15,9	8565
— —	0,87	0,04	0,03	1,025	15,4	8282
— — . . . . .·.	0,80	0,054	0,016	1,02	15,3	8240
— —	0,77	0,05	0,6	0,95	14,25	7676
— collante.	0,88	0,052	0,054	1,075	16,0	8686
— —	0,81	0,052	0,04	1,01	15,15	8161
— Cannel.	0,84	0,056	0,08	1,04	15,6	8403
— sèche longue flamme.	0,77	0,052	0,15	0,91	13,65	7353
— lignite	0,70	0,05	0,20	0,81	12,15	6545
Tourbe sèche.	0,58	0,06	0,31	0,66	10,0	5333
— avec 25 p. 100 d'eau.	»	»	»	»	7,25	3885
Bois sec.	0,50	»	»	0,50	7,5	4040
— avec 20 p. 100 d'eau.	»	»	»	»	5,8	3108
Huiles minérales, de.	0,84	0,16	0	1,52	22,7	12282
à.	0,85	0,15	0	1,49	22,5	12040

228. Radiation des combustibles. Le rapport de la quantité
de chaleur rayonnée par un combustible incandescent, à sa chaleur
totale de combustion, a été déterminé par Péclet pour quelques
combustibles, avec les résultats suivants :

Bois. 0,29

Charbon de bois et tourbe. 0,50

Péclet pense que pour la houille et le coke cette radiation est plus
considérable, bien qu'il ne l'ait pas vérifiée par expérience.

La conclusion pratique à tirer de ce fait est qu'il faut, dans le
foyer d'une machine à vapeur, arrêter dans toutes les directions et
avec soin la chaleur rayonnante du combustible, de façon qu'elle
puisse se communiquer directement ou indirectement au corps à
échauffer. On y arrive de différentes manières. Un des moyens les
plus simples est d'enfermer complétement le foyer dans un tube ou
dans une boîte à feu à l'intérieur de la chaudière. Un autre est d'entourer les parties du foyer dont le rayonnement n'est pas directement intercepté par la chaudière d'une maçonnerie de briques

assez épaisse pour empêcher toute perte appréciable de chaleur par conductibilité. On augmente considérablement la résistance à la conduction en disposant deux ou trois épaisseurs de briques successives ayant entre elles des espaces d'air complétement fermés pour qu'il n'y puisse pas circuler. Deux cours de briques ainsi disposées, celui du côté du foyer avec une épaisseur de $0^m,23$, l'autre avec une épaisseur de $0^m,12$ et une couche d'air de $0^m,08$ entre deux suffisent parfaitement en pratique. La grande résistance de cette enveloppe à la conduction fait que la surface vers le foyer, soumise directement à la radiation du feu, s'élève à la chaleur blanche ou à peu près, et presque toute la chaleur qu'elle reçoit se trouve, grâce à cette haute température et à leur rapide circulation à sa surface, emportée par les gaz du foyer et rendue disponible pour le chauffage de la chaudière.

La chaleur rayonnée vers le bas à travers la grille est interceptée par les parois et le fond du cendrier et renvoyée au foyer par l'air qui traverse le cendrier.

Pour empêcher la perte par rayonnement et conduction à travers la porte du foyer, le meilleur moyen est celui imaginé par M. Williams et d'autres, et qui consiste à la former de séries de plaques de fonte séparées par un espace d'air. Les plaques sont ordinairement percées de petits trous pour admettre l'air suffisant à brûler les composés gazeux du combustible, et il faut avoir soin de ne pas placer deux de ces trous vis-à-vis l'un de l'autre, de façon que la chaleur rayonnée au travers les trous de la plaque intérieure soit arrêtée par la plaque extérieure. La majeure partie de la chaleur ainsi reçue par les plaques est renvoyée au foyer par le courant d'air qui y entre. Pour intercepter la chaleur et la restituer plus complétement à l'air qui y entre, on interpose parfois une série de toiles métalliques entre les surfaces intérieures et extérieures d'une porte de foyer perforée.

L'appareil le plus complet pour intercepter la chaleur rayonnée à la porte du foyer est celui de M. Prideaux composé de trois grillages, formés chacun de plaques de tôle placées de champ, laissant entre elles d'étroits passages pour l'entrée de l'air. La chaleur rayonnante est complétement absorbée en plaçant deux de ces grillages avec les obliquités de leurs plaques dirigées en sens contraire, et un troisième parallèle aux parois de la porte du foyer.

229. Air nécessaire pour la combustion et la dilution.

Le nombre de kilogrammes d'air exigé pour fournir l'oxygène nécessaire à la combustion d'un kilogramme de combustible dont la composition chimique est connue, peut se calculer à l'aide des données de l'article 223.

Pour exprimer symboliquement ce poids, désignons-le par A et conservons aux lettres C, O, H leur signification habituelle, on aura

$$A = 12C + 36\left(H - \frac{O}{8}\right). \qquad (1)$$

Voici quelques résultats :

COMBUSTIBLE.	C	H	O	A
Charbon de bois..........	0,93	»	»	11,16
— de tourbe.........	0,80	»	».	9,6
Coke bonne qualité.........	0,94	»	»	11,28
Houille anthracite..........	0,915	0,035	0,026	12,13
— sèche bitumineuse.....	0,87	0,05	0,04	12,06
— collante...........	0,85	0,05	0,06	11,73
»	0,75	0,05	0,05	10,58
— cannel-coal.........	0,84	0,06	0,08	11,88
— sèche longue flamme....	0,77	0,05	0,15	10,32
— lignite............	0,70	0,05	0,20	9,30
Tourbe sèche............	0,58	0,06	0,31	7,68
Bois sec..............	0,50	»	»	6,00
Huiles minérales..........	0,85	0,15	»	15,65

Il est inutile en pratique de calculer exactement l'air nécessaire à la combustion, et l'on ne commet qu'une erreur négligeable en prenant, pour la quantité nécessaire à la combustion de 1 kilog. de *houille* ou de *coke* quelconques, 12 *kilog. d'air par kilogramme de combustible*.

Outre l'air nécessaire pour fournir l'oxygène indispensable à la combustion complète, il faut, en outre, fournir une quantité d'air additionnelle nécessaire à la *dilution* des produits gazeux de la combustion qui autrement empêcheraient l'accès libre de l'air au combustible.

Plus l'air est divisé, plus vite il traverse le combustible et moindre doit être la quantité d'air nécessaire pour la dilution.

De diverses expériences, spécialement celles faites pour le gouvernement américain par M. Johnson, il résulte que, dans les foyers ordinaires des chaudières où le tirage est produit par une cheminée, le poids d'air nécessaire pour la dilution est égal à celui que nécessite la combustion ; de sorte que si A′ est le poids total d'air qu'il faut fournir au foyer par kilogramme du combustible.

$$A' = 2A = 24 \text{ kilog. environ.} \tag{2}$$

Mais dans les foyers où le tirage est produit au moyen d'un jet, comme dans les locomotives, ou par un ventilateur, la quantité d'air nécessaire pour la dilution, bien qu'on ne l'ait pas exactement mesurée, est certainement beaucoup moindre, et il y a des raisons pour croire qu'on peut l'estimer à environ *la moitié* de l'air néces à la combustion, de sorte que dans ce cas

$$A' = \frac{3}{2} A = 18 \text{ kilog. environ.} \tag{3}$$

Cette estimation est grossière, mais c'est encore l'approximation la plus exacte que l'on puisse se procurer aujourd'hui. Il est probable que la quantité d'air nécessaire à la dilution varie considérablement dans les diverses dispositions des foyers et pour différentes sortes de combustibles, et il se peut qu'en injectant l'air dans le foyer en jets suffisamment minces et avec assez de force, on puisse rendre nulle la quantité d'air nécessaire à la dilution, de sorte que l'on aurait $A' = A$.

Une insuffisance d'air cause une combustion incomplète qui, avec une houille bitumieuse, se reconnaît à la production de la fumée, et avec le coke ou l'anthracite, par l'échappement d'oxyde de carbone dans la cheminée ; le gaz est transparent et invisible, mais sa présence se constate par la flamme bleue ou pourpre qu'il produit en brûlant au contact de l'air libre.

Une abondance d'air excessive cause une perte de chaleur proportionnelle au poids d'air en excès et à l'excès de sa température sur celle de l'atmosphère au sortir de la cheminée.

(*) 230. **Distribution du combustible et de l'air.** Quand on brûle du charbon de bois du coke et des houilles renfermant peu d'hydrocarbures, il entre une quantité d'air suffisante à la combustion par le cendrier, à travers la grille, pourvu que le tirage soit assez actif, et que l'on prenne soin de distribuer la charge de houille fraiche également sur les grilles et en petites quantités à la fois, de façon que l'épaisseur de combustible en feu ne dépasse jamais 25 à 30 centimètres.

Pour assurer la combustion complète des houilles bitumineuses, il faut recourir à d'autres moyens. Celui employé par Watt consiste en un auvant ou plaque horizontale ou inclinée à l'entrée du foyer, sans trous, et sur laquelle on place les charges fraîches jusqu'à ce que leurs hydrocarbures soient volatilisés par la chaleur rayonnante du foyer. La couche de combustible enflammé sur la grille étant mince, aux approches du chargement, il passe par le cendrier plus d'air qu'il n'en faut pour sa combustion; le surplus sert à brûler le gaz inflammable à mesure qu'il passe au-dessus de la grille. Quand la houille sur l'auvent a été réduite en coke, on la pousse en avant, et on la répand sur le feu. Le succès dépend entièrement du soin et de l'habileté du chauffeur. Cette méthode, non-seulement provoque une combustion complète, mais encore empêche l'encrassement des grilles par les houilles grasses.

Dans les foyers à anthracite, l'auvent remplit un autre but; à savoir, d'échauffer graduellement le combustible, qui, sans cela, se brise en minces fragments et se perd en partie à travers la grille.

Dans les foyers doubles, à feux alternés, introduits par Fairbairn, le gaz distillé du combustible frais dans un des foyers est brûlé par l'excès de l'air qui passe au travers du coke, porté au rouge dans l'autre foyer.

Une autre méthode, pour assurer la combustion complète des composés volatils de la houille, inventée sous différentes formes par MM. C. W. Williams, Prideaux, Clark et autres, consiste à admettre l'air *au dessus* du combustible pour brûler les gaz, et *au-dessous* pour brûler le coke.

M. Williams admet une quantité d'air constante, à travers des perforations dans une double porte à deux battants. Dans les dernières installations pratiques, la section totale de ces ouvertures est environ $\frac{1}{36}$ de la surface de grille brûlant 120 kilogrammes par mètre carré et par heure; c'est-à-dire que, quand la surface de grille est en mètres carrés $\frac{1}{120}$ du nombre de kilogrammes brûlés par heure, la section totale des ouvertures est $\frac{1}{4\,300}$ environ de ce nombre, en mètres carrés.

M. Prideaux se sert, pour l'admission de l'air, d'un appareil automatique semblable à une jalousie, s'ouvrant quand on charge, et se fermant graduellement à mesure que le gaz du combustible frais se consume. Son but est de laisser pénétrer une grande quantité d'air quand il le faut, et d'en empêcher l'excès dans la suite. M. D. K. Clark, au moyen d'un jet de vapeur, injecte l'air par une série de trous, immédiatement au-dessus du combustible.

D'après une méthode qui paraît originaire d'Amérique, un ventilateur injecte de l'air à travers deux rangées de tuyaux, une s'ouvrant sur le cendrier fermé à l'avant, et l'autre dans le foyer, immédiatement au-dessus du combustible.

M. Gorman ouvre et ferme alternativement l'avant du cendrier et les trous d'air à l'avant du foyer, de façon que la combustion des gaz du combustible frais, puis celle du coke abandonné après leur expulsion, aient lieu alternativement.

L. D. Marsh introduit tout l'air nécessaire pour brûler les gaz et le coke par des jets plongeant d'en haut sur le combustible.

La combustion incomplète est souvent provoquée par le refroidissement subit de la flamme par son contact avec la chaudière avant la fin de la combustion. On l'évite, dans certains foyers, en complétant la combustion dans des passages ou chambres en briques réfractaires. Par exemple, dans les foyers de MM. Charles Tennant et Cᵉ, la combustion est complétée dans un four à réverbère en briques, avant que les gaz chauds n'atteignent la chaudière. Les parois et la voûte de ce four sont formées de deux épaisseurs de briques avec espace d'air entre deux, comme on l'a expliqué à l'article 228.

Dans un grand nombre de foyers, on a combiné les principes de ces différentes inventions. Ainsi on se sert de foyers doubles avec trous d'air à l'avant et des chambres de combustion en briques réfractaires. On rencontre ce système dans plusieurs foyers de locomotives à la houille. Dans certains foyers, comme celui de Jucke, le combustible se charge uniformément par mécanisme.

Dans l'appareil connu sous le nom de *système Beaufumé*, une combustion partielle s'effectue dans un foyer entouré d'une chambre d'eau, et recevant d'un ventilateur juste assez d'air pour former de l'oxyde de carbone avec tout le carbone libre, et volatiliser la totalité des hydrocarbures; de sorte que tout le combustible est gazéifié, sauf les cendres. Le mélange d'oxyde de carbone et des gaz hydrocarburés ainsi produit, est amené dans une chambre de combustion, où il est complétement brûlé par l'introduction de jets d'air d'un volume suffisant.

Si l'on mélange de la fumée avec de l'acide carbonique au rouge, les particules de carbone solide se dissolvent dans le gaz en formant de l'oxyde de carbone. C'est ainsi qu'agissent les appareils qui détruisent la fumée en la maintenant à une haute température sans une alimentation d'air suffisante. Le résultat est une perte, au lieu d'un gain de combustible.

Les détails de construction des différents foyers seront examinés plus tard.

231. Température du feu. On entend par là la température des produits de la combustion et de l'air qui s'y trouve mêlé, à l'instant où la combustion est complète. On peut calculer l'élévation de cette température au-dessus de celle de l'air qui alimente le foyer, en divisant la chaleur totale de combustion du kilogramme de combustible par le poids et par la chaleur spécifique moyenne des produits de la combustion et de l'air employé pour leur dilution sous pression constante.

Les chaleurs spécifiques sous pression constante de ces corps sont :

Acide carbonique. 0,217
Vapeur d'eau. 0,475
Azote (probable). 0,245
Air. 0,228
Cendres (environ). 0,200

Partant de ces données, on obtient les résultats suivants pour les deux cas extrêmes du *carbone pur* et du *gaz oléfiant*, brûlés respectivement dans l'air.

	Carbone.	Gaz oléfiant.
Chaleur totale de combustion par kilog.	8 080	11 857
Poids des produits de la combustion dans l'air, non dilués. . .	13^k	16^k,43
Leur chaleur spécifique moyenne.	0,237	0,257
Chaleur spécifique × poids.	3,08	4,22
Élévation de température sans dilution.	2 620°	1 800°

Dilués avec $\frac{1}{2}$ volume d'air pour la combustion.

Poids par kilogr. de combustible.	19	24,2
Chaleur spécifique moyenne.	0,237	0,25
Chaleur spécifique × poids.	4,51	6,06
Élévation de température.	1790°	1790°

Dilués avec leur volume d'air pour la combustion.

Poids par kilog. de combustible.	25	31,86
Chaleur spécifique moyenne.	0,238	0,248
Chaleur spécifique × poids.	5,94	7,9
Élévation de température.	1360°	1527°

On voit, d'après ces calculs, que la chaleur spécifique moyenne des produits de la combustion dans les foyers diffère très-peu de celle de l'air quand ils ne sont pas dilués, et encore moins quand ils sont dilués dans l'air.

Ces calculs sont faits d'après les mêmes principes que ceux de M. Prideaux dans son *Traité sur l'économie du combustible*, section VI; mais les données diffèrent, surtout les chaleurs spécifiques; ce qui amène de légères différences dans les résultats numériques.

232. Rapidité de combustion. Le poids de combustible que l'on peut brûler dans un temps donné sur un foyer dépend du *tirage* ou de la quantité d'air qui le traverse par unité de temps. On peut le calculer en divisant ce poids d'air par son rapport au poids du combustible qu'il peut brûler complétement, d'après les principes de l'article 229.

La rapidité de combustion de la houille dans un foyer se mesure ordinairement en kilogrammes par heure et par mètre carré de grille. En voici des exemples :

I. *Tirage par cheminée.*

kilogr. par m. car. de grille.

1. Combustion minima, chaudière de Cornouaille. 20
2. — ordinaire — 49
3. — — chaudière de terre. . . . . 60 à 78
4. — — marine. . . . . 78 à 117
5. — complète la plus rapide. Houille sèche, l'air arrivant par la grille seulement. . . . . } 98 à 112
6. Combustion complète la plus rapide. Houille grasse, l'air arrivant au-dessus du combustible par des orifices de section, égale à $\frac{1}{36}$ de la grille. } 117 à 132

II: *Avec tirage par jet ou par ventilation.*

7. Locomotives . . . . 196 à 600

(*) **233. Tirage des foyers.** Le tirage d'un foyer, ou la quantité de gaz mélangés qu'il décharge par unité de temps, peut s'évaluer en poids ou en volume, ou par la vitesse du courant en un point particulier, ou enfin par la pression nécessaire pour produire ce courant.

Quand la totalité ou une partie de l'oxygène d'un poids donné d'air à une température donnée s'unit au carbone pour former de l'acide carbonique, le volume du mélange est le même que celui de l'air avant la combinaison, et la densité est augmentée dans le rapport de la somme du poids de l'air et du carbone au poids de l'air.

Quand la totalité ou une partie de l'oxygène d'un poids donné d'air s'unit à l'hydrogène pour former de la vapeur d'eau, le volume du mélange est plus grand que celui de l'air avant la combinaison, d'une quantité égale à environ la moitié du volume de l'hydrogène combiné.

Mais la quantité d'hydrogène dans les combustibles ordinaires est en général une si faible fraction de leur poids, que l'on peut, en pratique, considérer sans erreur sensible le volume de gaz déchargé par un foyer à une température donnée comme égal au volume, à la même température, de l'air qui l'alimente.

Les variations de densité produites par les écarts entre la pression des gaz dans le foyer et la pression atmosphérique moyenne peuvent aussi être négligées en pratique; leur *volume à* 0° peut être pris approximativement égal à $0^{m3},775$ par kilogramme d'air fourni au foyer, ou si le débit de l'air est

		Volume à 0° par kilog. de combustible.
12 kilog. par kilog. de combustible. . . . . , ...		$9^{m3},30$
18 —	—	14 ,00
24 —	—	18 ,60

Le volume à une température T est

$$ V = V_0 \frac{T + 273}{273} = V_0 \frac{\tau}{\tau_0}; \qquad (1) $$

d'où les résultats suivants :

Température.	Kilogrammes d'air par kilogramme de combustible.		
	12	18	24
	Volume de gaz par kilog. de combustible en m. cub.		
2 557	96		
1 805	70	106	
1 370	56	84	112
1 000	43	65	86
800	36	55	72
600	30	44	60
400	23	34	46
300	19	29	38
200	16	24	32
100	13	19	26
40	10,7	16	21,5
20	10	15	20
0	9,30	14	18,65

Soient :

w le poids de combustible brûlé *par seconde;*

V_0 le volume d'air à 0° fourni par kilog. de combustible, en mètres cubes;

τ_1 la température absolue du gaz déchargé par la cheminée;

A la section de la cheminée.

La vitesse du courant en mètres par seconde sera

$$u = \frac{w V_0 \tau_1}{A \tau_0},\qquad (2)$$

et la densité du courant en kilog. par mètres cubes est à très-peu près

$$D = \frac{\tau_0}{\tau_1}\left(1,29 + \frac{1}{V_0}\right),\qquad (3)$$

c'est-à-dire de

$$1,35 \text{ à } 1,37 \times \frac{\tau_0}{\tau_1}.$$

Soient :

l la longueur totale de la cheminée et des carnaux qui y mènent, en mètres;

m sa profondeur hydraulique moyenne, c'est-à-dire le quotient de sa section par son périmètre (art. 99) égal pour une cheminée ronde ou carrée ou $\frac{1}{4}$ de son diamètre;

f un coefficient de frottement dont la valeur pour un courant de gaz se mouvant sur de la suie est, d'après Péclet, égale à 0,012;

G un facteur de résistance pour le passage de l'air à travers la grille et la couche de combustible qui la recouvre, et dont la valeur, d'après les expériences de Péclet, est égale à 0,012 pour des foyers brûlant 100 à 112 kilog. de houille par mètre carré de grille.

Alors, d'après une formule de Péclet, confirmée par l'expérience pratique, la charge nécessaire pour produire le tirage en question, est donnée par

$$h = \frac{u^2}{2g}\left(1 + G\frac{fl}{m}\right);\qquad (4)$$

20

ce qui donne, avec les valeurs appliquées par Péclet aux constantes,

$$h = \frac{u^2}{2g} \left(13 + \frac{0,012l}{m} \right). \qquad (4\,\text{A})$$

On peut, en faisant usage de cette formule, traiter une cheminée conique ou pyramidale comme si elle était cylindrique ou prismatique, avec une section uniforme égale à l'ouverture au sommet.

La même formule permet de calculer la vitesse u, quand on connaît la charge h, et alors, par l'équation

$$w = u \frac{A}{V_0} \frac{\tau_0}{\tau_1}, \qquad (5)$$

on peut calculer le poids du combustible que le foyer peut brûler par heure.

La charge h est exprimée en *mètres d'une colonne de gaz chaud dans la cheminée*. On peut la convertir en pression équivalente en kilogrammes par mètre carré, et la multipliant comme il suit, par la densité de ce gaz donnée à l'équation (3)

$$p = h\mathrm{D} = h \frac{\tau_0}{\tau_1} \left(1,29 + \frac{1}{V_0} \right), \qquad (6)$$

et cette pression peut elle-même être convertie en d'autres unités en la multipliant par un facteur convenable, comme ceux de l'article 107.

On emploie souvent comme unité de charge le *centimètre d'eau* en se servant de siphons d'eau gradués en centimètres pour indiquer la différence des pressions intérieures et extérieures d'un carneau. Pour cette unité, le multiplicateur est 0,10, c'est-à-dire que l'on a

$$\text{Charge en cent. d'eau} = 0,10p = 0,10h \frac{\tau_0}{\tau_1} \left(1,29 + \frac{1}{V_0} \right). \quad (7)$$

La charge peut être produite de trois manières :

1° Par le tirage de la cheminée ;

2° Par un injecteur ;

3° Par un ventilateur ou d'autres machines soufflantes.

1° La charge produite par le tirage d'une cheminée est équivalente à l'excès du poids d'une colonne verticale de l'air froid extérieur à la cheminée et de même hauteur, sur celui d'une colonne verticale de même base formée par les gaz chauds de la cheminée. Quand on l'exprime en *mètres de gaz chaud*, on l'obtient en calculant le poids d'une colonne d'air froid, aussi haute que la cheminée au-dessus de la grille et de 1 mètre carré de base, divisant par le poids du mètre cube de gaz chaud pour avoir la hauteur d'une colonne équivalente de ce gaz, et retranchant la première colonne de la seconde.

Soient :

H la hauteur de la cheminée en mètres ;

τ_2 la température absolue de l'air extérieur $= T_2 + 273°$.

On aura

$$h = \frac{H \frac{\tau_0}{\tau_2} 1{,}29}{\frac{\tau_0}{\tau_1}\left(1{,}29 + \frac{1}{V_0}\right)} - H = H\left(0{,}96 \frac{\tau_1}{\tau_2} - 1\right), \qquad (8)$$

$$H = \frac{h}{\left(0{,}96 \frac{\tau_1}{\tau_2} - 1\right)}. \qquad (9)$$

L'équation (9) permet de calculer la hauteur d'une cheminée nécessaire pour produire un tirage donné.

Pour une température extérieure donnée, il existe une température à l'intérieur de la cheminée pour laquelle le tirage est maximum, c'est-à-dire pour laquelle le *poids* du gaz chaud débité par seconde est maximum. On trouve cette température comme il suit.

La vitesse du gaz dans la cheminée est proportionnelle à $\sqrt{h}$ et par conséquent à $\sqrt{(0{,}96\tau_1 - \tau_2)}$.

La densité du gaz est proportionnelle à $\frac{1}{\tau_1}$.

Le poids déchargé par seconde est proportionnel au produit de la vitesse par la densité, ou à $\frac{\sqrt{(0{,}96\tau_1 - \tau_2)}}{\tau_1}$, expression qui atteint son maximum pour

$$\tau_1 = \frac{2\tau_2}{0{,}96} = 2\frac{1}{12}\tau_2 ; \qquad (10)$$

donc, *le meilleur tirage par cheminée a lieu quand la température absolue du gaz dans la cheminée est avec celle de l'air extérieur dans le rapport de* $\frac{25}{12}$; quand cette condition est remplie, on a évidemment

$$h = H, \qquad (11)$$

c'est-à-dire que *la charge de tirage parfait, exprimée en colonne de gaz chauds, est égale à la hauteur de la cheminée; et il est évident aussi que la densité des gaz chauds est alors la moitié de celle de l'air extérieur.*

Supposons par exemple que la température de l'air extérieur soit 10°, sa température absolue est alors 283°. La température dans la cheminée qui donnera le meilleur tirage est

$$2.\frac{1}{12} \times 283 = 590°$$

correspondant sur l'échelle ordinaire à 317°, un peu inférieure à la température du plomb fondu. On peut donc formuler la *règle pratique suivante que, pour assurer le meilleur tirage à travers une cheminée donnée, la température de l'air chaud dans la cheminée doit être à peu près suffisante pour fondre le plomb.*

Comme la proportion d'air convenable pour le tirage est d'environ 24 kilogrammes par kilogramme de combustible, le volume, à cette température, des gaz chauds déchargés par la cheminée, est d'environ 40 mètres cubes par kilogramme de houille ou $1^{m3},70$ par kilogramme du gaz chaud lui-même.

Quand la température dans la cheminée dépasse cette limite, il faut la réduire, non pas en admettant de l'air froid pour diluer le gaz chaud, mais en employant l'excès de chaleur à un objet utile, comme à échauffer ou à évaporer de l'eau.

Aussi longtemps que le tirage suffit à brûler la quantité de combustible nécessaire au foyer, on peut souvent abaisser avec avantage la température beaucoup *au-dessous* du point correspondant au tirage maximum, pourvu que la chaleur enlevée au gaz chaud soit utilement employée, mais il n'est jamais avantageux d'élever la température *au-dessus* de ce point.

2° La charge produite par un *injecteur* équivaut à la fraction de la pression atmosphérique équilibrée par le choc du jet de vapeur contre la colonne de gaz dans la cheminée. On étudiera, dans un autre chapitre, sa valeur et son effet.

3° Le travail que doit accomplir un ventilateur ou toute autre machine soufflante, en un temps donné, en injectant de l'air dans

un foyer pour y produire une charge donnée, se trouve en multipliant la *pression* équivalente à cette charge, en kilogrammes par
mètre carré (p, équation (6)), par le nombre de mètres cubes d'air
injectés à la température de sortie du ventilateur. Soit τ_3 cette
température absolue (égale ou $> \tau_2$); le *travail utile* de la machine
soufflante est

$$p\,\frac{w V_0 \tau_3}{\tau_0} = w V_0\,\frac{\tau_3}{\tau_1}\,h\left(1{,}29 + \frac{1}{V_0}\right). \qquad (12)$$

La puissance *brute* ou totale, nécessaire pour faire marcher le ventilateur, surpasse le travail utile dans une proportion variable avec
chaque machine et très-incertaine. Dans quelques expériences récentes, la puissance indiquée exercée par deux machines à vapeur,
menant des ventilateurs au moyen de longues transmissions par
arbres et courroies, fut, autant qu'on a pu s'en assurer, dans chaque
cas, égale au *double* environ du travail utile.

(*) 234. **Chaleur de combustion disponible. Rendement
d'un foyer.** La chaleur de combustion *disponible* par kilogramme
de combustible est la fraction de la chaleur totale de combustion
communiquée au corps que l'on veut échauffer, par exemple à
l'eau d'une chaudière à vapeur; et le rendement d'un foyer, pour
une espèce de combustible donnée, est le rapport de la chaleur disponible à sa chaleur totale de combustion dans ce foyer.

Le mot *foyer* doit s'étendre non-seulement à la chambre où
s'opère la combustion, mais à tout l'appareil transférant la chaleur
au corps à échauffer, y compris le cendrier, les trous d'air, la
chambre à flammes, les tubes, toute la surface de chauffe et la cheminée.

Une même espèce de foyer peut être plus efficace avec un combustible qu'avec un autre, et aussi plus ou moins efficace avec la
même espèce de combustible, suivant la manière dont on conduit
la combustion.

La chaleur de combustion disponible est moindre que la chaleur
totale pour différentes causes dont voici les principales :

1° *Perte de combustible non brûlé à l'état solide.* Elle provient en
général de la friabilité du combustible jointe au manque de soin du
chauffeur, qui fait que le combustible se réduit en petits fragments
qui tombent dans le cendrier, à travers la grille.

Un grand nombre de houilles excellentes, notamment les houilles sèches pour chaudières, sont friables. On évite leur perte à l'état solide par les moyens suivants. (1) On les répand également et avec précaution à la pelle sur le feu, de façon qu'il ne faille plus les déranger ensuite. (2) Le feu ne doit pas être tisonné au-dessus ; on doit décrasser les grilles par-dessous au moyen d'un ringard ou d'un crochet. (3) Il faut cribler les cendres de temps en temps et rejeter au feu les menus charbons que l'on y trouve.

Il est impossible d'évaluer jusqu'où peut s'élever cette perte, mais, d'après quelques expériences, elle peut, avec un chauffeur soigneux, varier en moyenne de 0 à 2 1/2 p. 100.

2° La perte de combustible non brûlé en gaz et en fumée, ainsi que les moyens de l'éviter par une alimentation d'air abondante et bien distribuée, ont été examinés dans les articles précédents.

La plus grande valeur de cette perte, quand l'absence de toute disposition pour introduire l'air nécessaire à la combustion du gaz se joint à la négligence du feu, peut s'estimer en prenant la différence entre la chaleur totale de combustion du combustible et celle du coke ou du carbone fixe qu'il renferme.

Quand le feu est bien conduit, mais avec une alimentation d'air insuffisante, on peut évaluer la perte en considérant l'hydrogène comme inerte, c'est-à-dire en prenant la différence entre la chaleur du carbone et de l'hydrogène en excès sur la quantité nécessaire pour former de l'eau, et la chaleur du carbone *total* du combustible. Cette méthode de calcul suppose que tous les hydrocarbures sont décomposés par la chaleur en carbone et en hydrogène, que le carbone est complétement brut, et que l'hydrogène s'en va intact. Cette hypothèse paraît représenter avec une certaine exactitude ce qui se passe dans un bon foyer ordinaire de chaudière, sans dispositions spéciales pour distribuer l'air parmi les gaz inflammables; car l'expérience montre que, pour ces foyers, la valeur des combustibles est à peu près proportionnelle à leur teneur en carbone.

Il suit de là qu'il y a *deux degrés* de pertes par combustion imparfaite des gaz et de la fumée provenant d'*un kilogramme* de houille bitumieuse, et qui, réduites en poids équivalents de carbone, peuvent s'exprimer comme il suit :

Perte réduite
en carbone.

(1) Air insuffisant, bon feu, perte de l'excès d'hydrogène. . . . . . $\left.\right\} \quad 4,28\left(H - \dfrac{O}{8}\right);$

(2) Air très-insuffisant, mauvaise conduite du feu; perte de tous les hydrocarbures. Si on leur suppose la composition du gaz des marais CH_2, pour chaque kilogramme d'hydrogène perdu, on perd aussi 3 kilog. de carbone, donnant pour la perte totale en carbone. . . . . $\left.\right\} \quad 7,28\left(H - \dfrac{O}{8}\right);$

Si le carbone et l'hydrogène sont combinés comme dans le gaz oléfiant C_2H_2, pour chaque kilogramme d'hydrogène on perdra 6 kilog. de carbone, donnant pour la perte totale réduite en carbone. . . . . $\left.\right\} \quad 10,28\left(H - \dfrac{O}{8}\right).$

Pour les produits intermédiaires, les pertes sont entre ces deux quantités.

3° *Pertes par radiation extérieure et conductibilité.* La perte par rayonnement direct, en brûlant de la houille sur un feu ouvert, peut s'évaluer approximativement d'après les principes de l'article 228, en supposant d'abord que la chaleur directement rayonnée du combustible soit la moitié de la chaleur de combustion, puis concevant ensuite la masse totale en combustion divisée en éléments égaux et rayonnant une égale quantité de chaleur; enfin on cherchera quelle est la fraction de la surface d'une sphère décrite autour d'un de ces éléments soustendue par l'ouverture que traverse la chaleur rayonnante; on multipliera par cette surface la quantité de chaleur rayonnée par cet élément, et l'on fera la somme des produits ainsi obtenus pour les différentes parties de la masse en combustion. La perte par conductibilité à travers les parois solides du foyer peut s'évaluer d'après leur surface, leur composition, leur épaisseur, leur résistance thermique et la différence des températures à l'intérieur et à l'extérieur du foyer à l'aide des principes de l'article 219.

Dans les foyers bien conçus et bien exécutés, ces pertes sont presque inappréciables. Les moyens d'arriver à ce résultat ont été exposés à l'article 228.

IV. *Perte de chaleur dans les gaz chauds qui s'échappent par la cheminée.* Considérant que la température du feu, dans un foyer à tirage de cheminée, avec 20 kilog. d'air par kilogramme de combustible, est d'environ 1/300° au-dessus de la température de l'air extérieur, et que la température des gaz chauds dans la cheminée, pour produire le tirage maximum, doit être de 600° environ au-dessus de celle de l'air extérieur, on voit que, dans aucune circonstance, on ne doit nécessairement dépenser plus du quart de la chaleur totale de combustion à produire un tirage par cheminée. En faisant la section de la cheminée suffisamment grande par rapport à la surface de la grille, on peut arriver à produire, avec une dépense bien moindre, un tirage suffisant pour la rapidité de combustion du foyer.

Se rapportant à l'équation 13, 2° cas, de cet article; soient E la puissance théorique d'évaporation, E′ la puissance d'évaporation disponible de 1 kilog. de combustible dans le foyer d'une chaudière de surface de chauffe S : alors

$$\frac{E'}{E} = B \frac{S}{S + \dfrac{ac'^2 W^2}{H}}. \qquad (1)$$

B est un coefficient fractionnaire destiné à tenir compte des différentes pertes de chaleur, et dont on trouvera la valeur par expérience.

Or $c'^2 W^2$ est à peu près proportionnel à $F^2 V_0^2$; F étant le nombre de kilogrammes brûlés en un temps donné, et V_0, comme dans l'article précédent, le volume d'air à 0° par kilogramme de combustible; de même $H \infty F \times$ une constante.

On peut donc s'attendre à ce que le rendement d'un foyer soit exprimé avec une exactitude approchée par la formule suivante :

$$\frac{E'}{E} = \frac{BS}{S + AF}, \qquad (2)$$

dans laquelle A est une constante empirique et probablement proportionnelle, à très-peu près, au carré du poids d'air fourni par kilogramme de combustible.

Dans la pratique, il est commode de rapporter les différentes dimensions et quantités d'un foyer au *mètre carré de grille;* S représentera donc le nombre de mètres carrés de surface de chauffe, et F le nombre de kilogrammes de combustible brûlés par heure, tous deux par *mètre carré de surface de grille.*

Les valeurs suivantes des constantes A et B sont celles qui concordent le mieux avec l'expérience, autant que l'on ait comparé jusqu'ici la marche pratique des chaudières avec la formule.

	B	A
Chaudières classe I. La convection a lieu de la meilleure manière possible (voir art. 920), soit en introduisant l'eau au point le plus froid de la chaudière et la faisant voyager vers la partie la plus chaude, comme dans la chaudière de lord Dundonald, ou en échauffant l'eau d'alimentation dans une série de tubes placés dans la cheminée; le tirage est produit par une cheminée.	1	0,102
Chaudières classe II. Convection ordinaire, tirage libre.	$\frac{11}{14}$	0,102
Chaudières classe III. Convection excellente, tirage forcé.	1	0,061
Chaudières classe IV. Convection ordinaire, tirage forcé.	$\frac{13}{20}$	0,061

Quand le tirage est produit au moyen d'un injecteur ou d'une machine soufflante, il n'est pas *nécessaire* que la température de l'air dans la chaudière soit supérieure à celle de l'atmosphère; aussi ces foyers sont-ils susceptibles d'un meilleur rendement que ceux à tirage libre.

En outre, comme on l'a dit précédemment, il faut, avec un vent forcé, moins d'air pour la dilution: de là une plus haute température du feu, une transmission plus rapide à travers les surfaces de chauffe et conséquemmont une plus grande économie qu'avec un tirage libre.

La quantité de chaleur perdue par les gaz chauds déchargés dans la cheminée dépend principalement du *rendement de la surface de chauffe* que l'on a déjà considéré dans l'article 221.

Voici quelques exemples de rendements calculés par la formule (2):

$\dfrac{S}{F}$	$\dfrac{E'}{E}$ Pour les classes de chaudières			
	I.	II.	III.	IV.
0,0205	0,16	0,15	0,25	0,22
0,0512	0,33	0,31	0,45	0,43
0,1025	0,50	0,46	0,62	0,59
0,1537	0,60	0,55	0,71	0,68
0,205	0,66	0,61	0,77	0,73
0,2562	0,71	0,65	0,81	0,77
0,3075	0,75	0,69	0,83	0,79
0,410	0,80	0,73	0,87	0,83
0,512	0,83	0,76	0,89	0,85
0,615	0,86	0,79	0,91	0,86
1,230	0,92	0,84	0,95	0,90
1,845	0,95	0,87	0,97	0,92

Cas particuliers :

I. Houille du Nord.

$$E = 15,5; \quad S = 48; \quad F = 122;$$

chaudière avec réchauffeur d'alimentation, tirage libre, classe I.

$$E' = 15,5 \times 0,8 = 12,4.$$

Ceci concorde rigoureusement avec des expériences faites à New-castle sur des houilles fraîches par le comité de Newcastle et l'Amirauté.

II. Même houille, même chaudière, sans réchauffeur.

$$S = 35; \quad F = 132;$$

Chaudière classe 2.

$$E' = 15,5 \times 0,66 = 10,23,$$

concordant à peu près avec les expériences faites par l'Amirauté à Newcastle, et qui ont donné $E' = 10,54$.

III. Même houille.

$$S = 25; \quad F = 122.$$

Chaudière classe 2.

$$E' = 15,5 \times 0,61 = 9,5.$$

Ce résultat s'applique à plusieurs types répandus de chaudières marines.

IV. Locomotive classe 4.

$$\text{Coke } E = 14,1,$$
$$S = 60; \quad F = 273.$$
$$E' = 14,1 \times 0,74 = 10,43 \text{ à } 100°.$$

Évaporation équivalente de 20° à 165°,

$$\frac{10,43}{1,2} = 8,69.$$

Les proportions ci-dessus de S et de F sont calculées d'après une formule de M. D. K. Clark, comme capables d'assurer une puissance d'évaporation de 9 kilog. entre 20° et 165°. La différence n'est que de $\frac{1}{30}$.

V. Locomotive classe 4 (moyenne des expériences de M. D. K. Clark, n°⁸ 38, 39, 40, 41 et 42).

$$E = 14,1; \quad S = 83; \quad F = 320;$$
$$E' = 14,1 \times 0,77 = 10,86 \text{ à } 100°.$$

Évaporation équivalente de 20 à 165°,

$$\frac{10,86}{1,2} = 9,05$$

Résultat moyen des expériences. .   8,72

Différence. . . . , . . .   0,33

VI. Locomotive classe 4 (moyenne des expériences de M. D. K. Clark, n° 48, 49, 50, 51 et 53).

$$E = 14,1; \quad S = 66,4; \quad F = 274;$$
$$E' = 14,1 \times 0,76 = 10,72 \text{ à } 100°.$$

Évaporation équivalente de 20 à 165°,

$$\frac{10,72}{1,2} = 8,93.$$

Résultat moyen des expériences. .   875

Différence.   0,18

VII. Locomotive classe 4. (Expérience n° 10 de M. D. K. Clark; moyenne de 10 essais.)

$$E = 14,1; \quad S = 57; \quad F = 215;$$
$$E' = 14,1 \times 0,77 = 10,86 \text{ à } 100°.$$

Évaporation équivalente de 20 à 165°,

$$\frac{10,86}{1,2} = 9,05.$$

Résultats des expériences.   9

Différence.   0,05

VIII. Locomotive classe IV. (Expériences n° 61 de M. D. K. Clark; moyenne de huit essais.)

$$E = 14,1; \quad S = 60; \quad F = 415;$$
$$E' = 14,1 \times 0,66 = 9,3 \text{ à } 100°.$$

Évaporation équivalente de 20 à 165°,

$$\frac{9,3}{1,2} = 7,75$$

Résultats des expériences. . . .   7,2

Différence.   0,55

Le seul principe suivi en choisissant les expériences dans la table de M. Clark a été de donner la préférence aux cas où l'on a pu obtenir une moyenne de résultats semblables et semblablement obtenus en nombre suffisant.

La conclusion générale à tirer des comparaisons précédentes est que la formule s'accorde exactement avec les résultats de l'expérience, jusqu'à une consommation de 290 kilog. environ par mètre carré de grille, et qu'au delà elle donne encore des résultats assez approximatifs, mais un peu trop élevés. Il est probable cependant que, pour une grande consommation, la combustion n'est plus aussi parfaite, et qu'il se perd par conséquent un peu plus de chaleur.

Exemple IX. Chaudière classe 2 :

$$E = 15\frac{1}{2}; \quad S = 60; \quad F = 31; \quad .$$

$$E' = 15\frac{1}{2} \times 0,87 = 13,48$$

Résultat d'expériences (de l'auteur). . .   13,56

Différence. . . . .   ˙0,08

Exemple X. Chaudière de lord Dundonald considérée comme appartenant à la classe 1, parce que l'eau d'alimentation s'introduit au point où les gaz du foyer sont les plus froids :

E = environ 16 (pour du charbon de Llangennech trié à la main);

$$S = 33,5; \quad F = 49,63;$$
$$E' = 16 \times 0,87 = 13,92.$$

Résultat moyen de deux expériences avec l'eau d'alimentation à 10° :

$$12,14 \times \text{facteur d'évaporation } 1,17 = 14,20;$$
Différence. . . . .   0,28.

CHAPITRE III.

PRINCIPES DE THERMODYNAMIQUE.

———

SECTION 1. *Les deux lois de la thermodynamique.*

235. **Définition de la thermodynamique.** L'observation montre que la chaleur, en dilatant les corps, est une source d'énergie mécanique, et que l'énergie mécanique dépensée, à comprimer les corps ou en frottements, est une source de chaleur. On a déjà signalé incidemment de pareils phénomènes, dans l'article 13, sur le frottement; dans l'article 195, où l'on mentionne les relations entre la chaleur et l'énergie mécanique; dans l'article 196, sur les propriétés IV, V et VI de la chaleur, et dans les articles 214 à 216 sur le chaleur latente qui disparaît en produisant des changements mécaniques, et peut se reproduire en renversant ces changements.

La réduction des lois de ces phénomènes à une théorie physique ou ensemble de principes liés entre eux forme ce que l'on appelle la *science thermodynamique.*

(*) 236. **Première loi de la thermodynamique.** *La chaleur et l'énergie mécanique sont mutuellement convertibles, et la chaleur exige pour se produire, et produit par sa disparition 425 kilogrammètres d'énergie mécanique par calorie.*

On peut considérer cette loi comme un cas particulier d'application de deux lois plus générales, à savoir : 1° toutes les formes de l'énergie sont convertibles; 2° l'énergie totale d'un corps ou d'un système est inaltérable par les actions mutuelles de ses parties.

La quantité définie plus haut, 425 kilogrammètres par calorie, s'appelle ordinairement *équivalent de Joule*, et se désigne par la lettre *J*, en honneur de M. Joule, qui le premier en détermina la valeur *exacte*. Sa première détermination approchée fut publiée en 1843, peu après celle de Mayer. La meilleure série de ses expériences, dont on a déduit la valeur acceptée de 425 kilogrammètres, se trouve exposée dans les *Philosophical Transactions* de 1850.

Dans ces expériences, on compara la chaleur produite par le frottement des particules d'un *liquide* à l'énergie mécanique dépensée à produire ce frottement. L'avantage de cette méthode que le liquide et toutes les parties de l'appareil se trouvent à la fin des expériences exactement dans le même état qu'au commencement, de sorte que l'on est certain qu'il ne s'est produit pendant l'expérience, au dépens de l'énergie mécanique, aucun effet permanent autre qu'une quantité de chaleur exactement mesurée, et que par conséquent cette chaleur est l'équivalent exact de l'énergie dépensée.

Dans tous les autres cas de production de chaleur par dépense d'énergie mécanique, ou d'énergie mécanique par dépense de chaleur, il se produit toujours quelque changement autre que celui principalement en vue, et cela empêche l'équivalence exacte des quantités de chaleur et d'énergie.

La valeur suivante donnera l'équivalent de Joule en mesure anglaise et française :

Une calorie anglaise, ou une livre d'eau élevée de 1° Fahr. . .	772	pieds-livres.
Un degré cent. en une livre d'eau.	1489,6	pieds-livres.
Une calorie française (*).	423,55	kilogrammètres.

La production de la chaleur par le frottement se distingue de celle par les autres moyens mécaniques, comme la compression des gaz, en ce qu'elle est *irréversible*, c'est-à-dire qu'il est impossible de transformer de la chaleur en énergie mécanique en *renversant l'action du frottement.*

237. Expression dynamique des quantités de chaleur. Toutes les quantités de chaleur, comme la *chaleur spécifique* d'un corps, ou la *chaleur latente* correspondant à un changement d'état, ou toute autre des quantités des chapitres I et II, peuvent s'exprimer *dynamiquement*, c'est-à-dire en unités de travail, en les multipliant par l'équivalent de Joule. On trouvera dans la table, à la fin du volume, plusieurs exemples de ce mode d'expression, de beaucoup

---

(*) Dans la traduction, on a pris **425** comme généralement adopté sur le continent.

le plus commode en thermodynamique. En voici deux exemples complémentaires :

kilogrammètres.

Chaleur latente d'évaporation d'un kilogr. d'eau depuis et à 100°. . . 228012

Chaleur totale de combustion d'un kilogr. de carbone. 3434000

238. Représentation graphique de la première loi.

Dans la *fig.* 91, représentons par les abscisses OX les volumes succes-

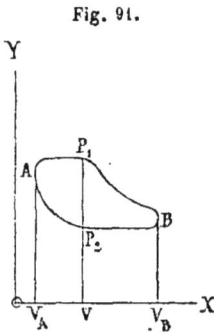
Fig. 91.

sifs d'une masse élastique, par les dilatations et contractions successives de laquelle la chaleur accomplit un travail. Soient OV_A, OV_B les volumes extrêmes, OV un volume quelconque de cette masse. Désignons-les par v_a, v_b, v; $v_b - v_a$ peut être considéré comme représentant l'espace décrit par un piston dans une course simple.

Portons en ordonnées parallèles à OY les pressions correspondant aux différents volumes. Pendant l'accroissement de volume de v_a à v_b, la pression moyenne doit être, pour accomplir un travail moteur, plus grande que pendant la diminution de v_b à v_a, de sorte que $vP_1 = p_1, vP_2 = p_2$ seront les pressions correspondant à un même volume v, pendant la dilatation et la contraction de la substance.

Ainsi, comme dans l'article 53, *fig.* 17, la surface curviligne, ou le *diagramme d'indicateur* AP_1BP_2A représente l'énergie exercée par la substance élastique sur le piston pendant une double course ou cycle des variations de volume du corps élastique. L'expression algébrique de cette surface est

$$\int_{v_a}^{v_b}(p_1 - p_2)dv.$$

Elle représente, en vertu de la première loi de thermodynamique, en unités de travail, l'*équivalent mécanique de la chaleur qui disparaît* pendant une double course du piston, c'est-à-dire que si l'on désigne par h_1 le nombre de calories *reçues* par le corps élastique pendant une partie du cycle (par exemple la chaleur fournie à l'eau d'une chaudière pour former de la vapeur), par h_2 le nombre de calories *rejetées* par la même substance pendant l'autre partie du cycle (par exemple la chaleur abandonnée par la vapeur au condenseur, ou à l'air dans une machine sans condensation), et par $H_1 - H_2$ ces mêmes quantités de chaleur en kilogrammètres, on aura d'après la première loi

$$J(h_2 - h_1) = H_1 - H_2 = \int (p_1 - p_2) dv. \qquad (1)$$

239. Lignes thermiques. On appelle ligne *isothermique* T d'une substance la ligne tracée sur un diagramme d'énergie dont les ordonnées représentent les pressions correspondantes aux volumes figurés par les abscisses quand cette substance reste à une température constante T (*fig.* 92). Si les coordonnées v_a, p_a du point A, v_b, p_b du point B, représentent les volumes et les pressions d'une substance à la même température T, A et B sont sur une même ligne isothermique TT.

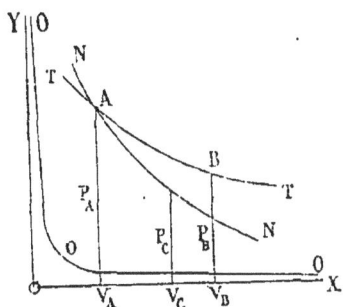

Fig. 92.

Si on laisse le corps se dilater de $v_a p_a$ à $v_c p_c$ sans recevoir ni perdre de la chaleur, la pression p_c sera moindre que si la température avait été maintenue constante, et le point c sera sur une courbe NN passant par A, et que l'on appelle *courbe de non-transmission* ou *adiabatique*.

On doit comprendre que dans cette opération l'énergie mécanique exercée pendant la détente et représentée par l'aire $ACV_c V_a$ se communique en totalité à un corps extérieur tel qu'un piston, car toute partie de cette énergie qui se dépenserait en agitation des molécules du corps élastique engendrerait de la chaleur de frottement.

La courbe OOO, dont les ordonnées représentent les pressions correspondant à la détente d'un corps absolument privé de chaleur est la *courbe de froid absolu*, à la fois isothermique et adiabatique.

Autant qu'on le sait aujourd'hui, la courbe de froid absolu est, pour toutes les substances dont on l'a déterminée, asymptote à leurs lignes adiabatiques et isothermiques qui se rapprochent et s'en approchent indéfiniment, à mesure que le volume croît sans limite, et elle coïncide sensiblement avec OX, c'est-à-dire qu'un corps complétement privé de chaleur n'exerce pas de pression expansive.

La propriété suivante des lignes adiabatiques, jointe à la première loi de thermodynamique, est le fondement d'un grand nombre de propositions utiles. (Elle fut démontrée pour la première fois dans les *Philosophical Transactions,* pour 1854.)

Théorème. *L'équivalent mécanique de la chaleur absorbée ou dépensée par un corps passant d'un état de pression et de volume à un autre par une série d'états intermédiaires représentés par une courbe d'énergie, est égal à la surface comprise entre cette courbe et deux adiabatiques, partant de ses extrémités et prolongées indéfiniment dans la direction représentant un accroissement de volume.*

Fig. 93.

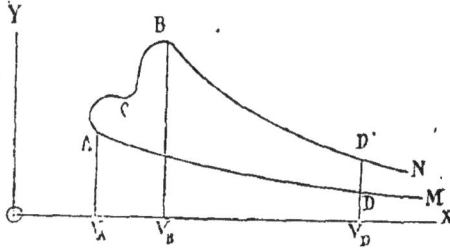

Démonstration (*fig.* 93). Représentons par les coordonnées de A et B les volumes correspondant aux deux états extrêmes du corps, et par ceux de la courbe quelconque ABC, les volumes des états intermédiaires; des points A et B, menons les adiabatiques AM, AN, indéfiniment prolongées vers les X. La surface en question est celle comprise entre la courbe ACB et ces deux adiabatiques indéfiniment prolongées. Les aires au-dessus de AM représentent la chaleur absorbée et celles au-dessous la chaleur restituée par le corps.

Pour fixer les idées, supposons d'abord que l'aire MACBN soit au-dessus de AM. Détendons le corps au point B, suivant l'adiabatique BN jusqu'en D'; maintenons ensuite le volume V_D constant, en enlevant de la chaleur jusqu'à ce que la pression tombe en D, sur l'adiabatique AM; enfin, comprimons le corps suivant cette courbe jusqu'à ce qu'il revienne à son état primitif en A. La surface ACBD'DA, qui représente l'énergie totale exercée par le corps sur un piston pendant un cycle d'opérations, représente aussi la chaleur disparue, c'est-à-dire l'excès de la chaleur absorbée pendant le trajet AB sur la chaleur dégagée pendant DD', car s'il en était autrement, le cycle d'opérations ferait varier la somme d'énergie de l'univers, ce qui est impossible.

Plus l'ordonnée V_DDD' s'éloigne sur OX, plus la chaleur émise pendant le trajet DD' diminue, plus le surface ACBD'DA s'approche de la chaleur ACB, à laquelle le diagramme indéfiniment prolongé MACBN est par conséquent égal.

Il est aisé de voir comment cette démonstration s'applique, *mutatis*

21

mutandis, au cas où la surface serait au-dessous de AM. Il est évident ainsi que, quand elle s'étend partie au-dessus, partie au-dessous de cette courbe, la différence entre ces deux parties représente la différence entre la chaleur absorbée et dépensée pendant l'opération.

Corollaire. *La différence entre la chaleur totale absorbée et l'énergie expansive totale exercée pendant l'opération représentée par la courbe ACB sur un diagramme d'énergie ne dépend que des états extrêmes (initial et final) du corps, et non pas des états intermédiaires.*

Démonstration. Sur la *fig.* 93, menons les ordonnées AV_A, BV_B, parallèles à OX. La surface $V_A ACBV_B$ représente l'énergie exercée sur un piston pendant l'opération ACB; et il est évident que la différence entre cette surface et le diagramme indéfini MACBN représentant la chaleur reçue par le corps ne dépend que de la position des points A et B qui définissent l'état initial et final du corps en volume et pression, mais aucunement de la forme de la courbe ACB qui représente les états intermédiaires.

Pour exprimer ce résultat en symboles, il faut considérer que l'excès de chaleur ou d'énergie *actuelle reçue* par le corps, sur le travail de détente, ou énergie *potentielle dépensée* par lui et exercée sur un corps externe, comme un piston, en passant de A en B, est égale à l'énergie totale *emmagasinée* dans le corps pendant l'opération, et qui consiste en deux parties.

1° L'énergie actuelle ou augmentation de la chaleur sensible du corps en passant de l'état A à l'état B et qui peut se représenter par

$$\Delta Q = Q_B - Q_A.$$

2° L'énergie potentielle, ou puissance emmagasinée en produisant des changements moléculaires pendant ce trajet, et qui, d'après le théorème précédent, peut se représenter, comme l'énergie actuelle, par la différence entre une fonction du volume et de la pression correspondant à A, et une fonction analogue correspondant à B, c'est-à-dire par une expression de la forme

$$\Delta S = S_B - S_A. \tag{1}$$

Soient

$$H_{AB} = \text{aire } MACBN$$

la chaleur reçue par le corps pendant le trajet ACB, et

$$\int_{v_a}^{v_b} p\, dv = \text{aire } V_A ACBV_B$$

le travail ou énergie potentielle exercé sur le piston.

Le théorème de cet article s'exprime alors comme il suit :

$$H_{AD} - \int_{v_b}^{v_a} p\,dv = Q_B - Q_A + S_A - S_B = \Delta Q + \Delta S. \quad (2)$$

C'est une forme de l'équation générale de travail de détente de la chaleur dans laquelle il reste à déterminer le *potentiel de l'action moléculaire* S.

(*) 240. **Chaleur totale actuelle**. Supposons un corps amené par une dépense d'énergie en frottements, d'un état d'absence absolue de chaleur à un autre quelconque. Si, de l'énergie totale ainsi dépensée, on retranche d'abord le travail mécanique externe accompli par ce corps changeant de volume sous l'action de la chaleur, puis le travail mécanique interne dû aux actions mécaniques mutuelles entre les molécules du corps même produites par son échauffement, le reste représentera l'énergie employée à *élever la température* du corps et qui reviendrait sous forme d'énergie mécanique ordinaire, si l'on pouvait réduire le corps à l'état de nulle chaleur. Ce reste s'appelle la *chaleur actuelle totale* du corps; c'est l'énergie totale ou puissance pour accomplir du travail que la substance possède en *vertu de sa chaleur*. Elle n'est pas directement mesurable, mais on peut la calculer en partant de quantités connues, comme on l'expliquera plus bas. Quand une substance homogène est uniformément chaude, chacune de ses parties est également chaude en vertu d'un état qui lui est propre, indépendamment des forces exercées entre elle et les autres parties. Ces faits sont d'expérience et mènent à la conclusion suivante : que, si l'on considère la chaleur actuelle totale d'un corps homogène et uniformément chaud comme une somme de quantités égales, toutes ces quantités sont semblablement circonstanciées. De là découle la seconde loi de la thermodynamique.

241. **Seconde loi de la thermodynamique**. *Si l'on conçoit la chaleur actuelle totale d'un corps homogène et uniformément chaud divisée en un nombre quelconque de parties égales, les effets de ces parties en produisant du travail sont égales.*

On peut considérer cette loi comme un cas particulier d'une loi générale applicable à toute espèce d'*énergie actuelle*, c'est-à-dire de puissance pouvant accomplir un travail et constituée par un certain état de chaque particule d'un corps, si petite qu'elle soit, indépendamment de la présence des autres particules (ainsi l'énergie du mouvement). L'expression algébrique de la seconde loi est la sui-

vante : supposons que l'unité de poids d'un corps homogène, possédant la chaleur actuelle Q, subisse un changement infiniment petit
de façon à accomplir le travail infinitésimal dU. Il s'agit de trouver
combien de ce travail est accompli par la disparition de la chaleur.
Concevons Q divisé en parties infinitésimales égales à δQ. Chacune
d'elles accomplira un travail

$$\delta Q \frac{d}{dQ} dU,$$

et le travail dû à la disparition de Q sera

$$Q \frac{d}{dQ} dU, \tag{1}$$

quantité connue si l'on connaît Q et la variation de dU par rapport
à Q.

(*) 242. **Température absolue. Chaleur spécifique réelle
ou apparente.** La température est une fonction qui dépend de
la tendance des corps à se communiquer la chaleur. Deux corps ont
des températures égales quand leurs tendances à se communiquer
leur chaleur sont égales. Tous les corps absolument privés de chaleur sont à la même température. Appelons cette température le
zéro absolu de chaleur, et graduons l'échelle des températures de
telle façon que, pour un corps homogène, chaque degré corresponde
à un égal accroissement de chaleur. Ce mode de graduation conduit
nécessairement à la même échelle de température pour tous les
corps. Soient en effet deux corps A et B, à températures, égales et
possédant les quantités de chaleur Q_A, Q_B. Si l'on divise chacune de
ces quantités de chaleur en n parties égales, la tendance de A à
échauffer B, due à $\frac{1}{n} Q_A$, sera, d'après la propriété de la chaleur actuelle mentionnée plus haut, égale à la tendance de B à échauffer A
en vertu de $\frac{1}{n}$ quelconque de Q_B; d'où il suit que, aussi longtemps
que les quantités de chaleur de ces deux corps seront dans le rapport
$\frac{Q_A}{Q_B}$, leurs températures seront égales, indépendamment des *grandeurs
absolues* de ces quantités. La quantité de chaleur actuelle exprimée
en kilogrammètres, correspondant, pour une substance donnée, à un
accroissement d'*un degré de température absolue*, est la *chaleur spéci-*

fique dynamique réelle de cette substance ; c'est une quantité constante à toutes les températures. La quantité totale d'énergie mécanique nécessaire pour élever d'un degré l'unité de poids d'un corps
comprend généralement, outre la chaleur spécifique réelle, le travail dépensé à vaincre les forces moléculaires et les pressions extérieures. C'est la *chaleur spécifique dynamique apparente*, constante ou
variable. L'équivalent de Joule est la chaleur spécifique dynamique
apparente de l'eau liquide aux environs de son maximum de densité, et c'est aussi probablement, à très-peu près, la chaleur spécifique réelle de ce corps. La chaleur spécifique réelle de chaque corps
est constante à toutes les densités, tant que la substance reste dans
le même état solide, liquide ou gazeux ; mais un changement d'état
amène souvent une variation considérable dans la chaleur spécifique
réelle. De la proportionnalité mutuelle de la chaleur actuelle et de la
température absolue découle l'expression suivante de la *seconde loi
de la thermodynamique, en fonction de la température absolue.*

243. *Si l'on divise en un nombre quelconque de parties égales la température absolue d'un corps uniformément chaud, l'effet de chacune de ces
parties dans l'accomplissement d'un travail est égal.*

Cette loi s'exprime algébriquement comme il suit. Du rapport
entre la température absolue τ et la chaleur actuelle Q, on tire

$$\tau \frac{d}{d\tau} = Q \frac{d}{dQ},$$

conséquemment, l'expression (I) du travail accompli par la disparition de la chaleur se transforme en

$$\tau \frac{d}{d\tau} dU. \qquad (1)$$

Cette expression s'applique non-seulement aux corps homogènes,
mais aussi aux agrégats hétérogènes.

Quand les expressions (1) des articles 241 et 243 sont négatives,
elles représentent la chaleur qui apparaît par la dépense d'un travail
mécanique altérant la condition du corps.

La première et la seconde loi renferment virtuellement toute la
théorie thermodynamique.

244. Représentation graphique de la seconde loi. *Dans
la fig.* 94, *soient* A₁A₂M. B₁B₂N *deux courbes adiabatiques in-*

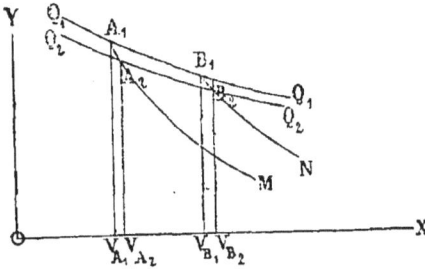

définiment prolongées dans le sens des X *et coupée aux points* A_1B_1, A_2B_2 *par deux isothermiques* $Q_1A_1B_1$, $Q_2A_2B_2$, *correspondant aux températures absolues* τ_1, τ_2, *différentes de la quantité* $\tau_1 - \tau_2 = \Delta\tau$.

Le quadrilatère $A_1B_1B_2A_2$ *est alors à la surface indéfiniment prolongée* MA_1B_1N *comme la différence* $\Delta\tau$ *est à la température absolue* τ,

Fig. 94.

$$\frac{\text{aire } A_1B_1B_2A_2}{\text{aire } MA_1B_1N} = \frac{\Delta\tau}{\tau}. \tag{1}$$

Démonstration. Menons les ordonnées $A_1V_{A_1}$, $A_2V_{A_2}$, $B_1V_{B_1}$, $B_2V_{B_2}$. Supposons d'abord que $\Delta\tau$ soit une partie aliquote de $\tau = \dfrac{\tau}{n}$, n étant un nombre entier que l'on peut augmenter sans limite.

La surface indéfiniment prolongée MA_1B_1N représente une quantité de chaleur convertie en travail mécanique pendant la détente de V_{A_1} à V_{B_2} à cause de la constance de la température absolue τ_1. *Mutatis mutandis*, la même chose peut se dire de l'aire MA_2B_2N (en augmentant indéfiniment le nombre n, on peut faire de la détente de V_{A_2} à V_{B_2} un phénomène autant qu'il nous plaira identique à la détente de V_{A_1} à V_{B_1}). Le quadrilatère $A_1B_1B_2A_2$ représente la diminution dans la conversion de chaleur en énergie mécanique résultant de l'enlèvement d'une quelconque des n parties égales à $\Delta\tau$, dans lesquelles on a supposé diviser le température absolue, il représente par conséquent l'effet d'une de ces parties en conversion de chaleur en travail mécanique. Et comme toutes ces parties $\Delta\tau$ sont égales et semblablement circonstanciées, l'effet de toute la température τ_1, en conversion mécanique de chaleur, sera simplement la somme des effets de toutes ces parties, et sera, avec l'une d'elles, dans le même rapport que cette partie avec la température absolue totale. Ainsi, en vertu de la loi générale énoncée plus haut, le théorème est prouvé quand $\Delta\tau$ est une partie aliquote de τ_2, mais $\Delta\tau$ en est une partie aliquote ou une somme de parties aliquotes, ou peut s'en rapprocher indéfiniment, de sorte que le théorème est universellement vrai (Q. E. D.).

Une expression algébrique de ce théorème est la suivante : si la température absolue τ_1, à un volume donné, varie d'une quantité infinitésimale $\delta\tau$, la pression variera d'un infiniment petit $\frac{dp}{d\tau}\delta\tau$. La surface sera $A_1B_1B_2A_2$ représentée par

$$\delta\tau\int_{v_a}^{v_b}\frac{dp}{d\tau}\,dv,$$

et conséquemment celle de toute la figure MA_1B_1N ou la chaleur latente de détente de V_{A_1} à V_{B_2} à τ_1 par

$$Jh_1 = H_1 = \tau_1\int_{v_a}^{v_b}\frac{dp}{d\tau}\,dv;\qquad (2)$$

résultat identique en substance avec celui exprimé par l'équation (1) (art. 243) en y remplaçant dU par pdv.

La démontration de ce théorème est un exemple d'application spéciale de la loi suivante :

Loi générale de la transformation de l'énergie.

L'effet, en transformation d'énergie, de la présence dans un corps d'une quantité d'énergie actuelle, est égal à la somme des effets de toutes ses parties (loi énoncée dans un mémoire lu à la Société philosophique de Glasgow le 5 janvier 1853).

(*) 245. **Chaleur potentielle et fonction thermodynamique.** La seconde loi de thermodynamique peut encore s'exprimer comme il suit : *Le travail accompli par la disparition de chaleur pendant un changement infiniment petit dans l'état d'un corps, est égale au produit de la température absolue par la variation d'une certaine fonction qui est la vitesse de variation, avec la température, du travail effectif accompli,* c'est-à-dire que posant

$$\frac{d\mathrm{U}}{d\tau} = \mathrm{F},$$

le travail accompli par la disparition de la chaleur est

$$\tau d\mathrm{F}.\qquad (1)$$

Cette fonction F a été appelée la *chaleur potentielle* du corps pour le genre de travail considéré.

Supposons mantenant que le corps accomplisse du travail et subisse en même temps une variation $d\tau$ dans sa température absolue, soit k sa chaleur spécifique dynamique réelle. La chaleur totale qu'il doit recevoir d'une source externe de chaleur pour produire ces deux effets simultanément est

$$J dh = dH = k d\tau + \tau dF = \tau d\varphi, \qquad (2)$$

dans laquelle

$$\varphi = k \log \text{hyp.} \tau + \frac{dU}{d\tau}. \qquad (3)$$

φ s'appelle la *fonction thermodynamique* du corps pour l'espèce de travail en question; dans quelques auteurs on la retrouve sous le nom de *facteur de chaleur*. L'équation (12) est l'*équation générale de la thermodynamique* que nous appliquerons dans la suite en déterminant, dans chaque cas, la fonction thermodynamique.

En déterminant cette fonction, il faut observer que la fonction U, représentant le travail accompli par le changement considéré, doit être envisagée d'abord comme si la température restait constante; on trouve ensuite sa loi de variation avec la température absolue.

La propriété des *courbes adiabatiques* s'exprime par $dH = 0$, d'où il est évident que pour cette courbe $d\varphi = 0$; c'est-à-dire que, pour une courbe adiabatique donnée, la fonction thermodynamique a une valeur constante particulière à cette courbe.

Dans la *fig.* 94 (art, 244), l'aire indéfiniment étendue entre les *isothermiques* φ_1, φ_2 et les deux adiabatiques A_1M, B_1N est le produit de la température absolue propre à la courbe isothermique par la différence des fonctions thermodynamiques des adiabatiques.

SECTION 2. *Action expansive de la chaleur dans les fluides.*

(*) 246. **Application des lois générales aux fluides.** Dans la représentation graphique des lois générales de thermodynamique, les exemples cités aux articles 238, 239 et 244 ont été choisis parmi les changements de volume et de pression des fluides par la chaleur. Il faut néanmoins avoir présent à l'esprit que ces lois générales s'appliquent aux relations entre la chaleur et l'énergie de toute espèce de force élastique, aussi bien qu'à la simple pression expansive exercée par les fluides. Dans l'expression générale du travail accompli contre une résistance extérieure

$$dU = pdv,$$

, *dv* peut, au lieu d'une variation élémentaire du volume d'un corps, représenter un élément du mouvement de ses molécules, quand il revient à sa figure primitive après déformation, et *p*, la force avec laquelle il tend à reprendre cette forme ; dans ce cas, on pourra encore représenter *v* par les abscisses *p*, par les ordonnées d'un diagramme d'énergie, et *pdv* [par une surface élémentaire de ce diagramme.

Comme toutes les machines thermiques connues travaillent par variations de pression et de volume des fluides seulement, il n'est pas nécessaire, dans ce traité, de parler autrement qu'en termes généraux de l'applcation spéciale des lois de thermodynamique à l'élasticité des solides.

Dans la présente section, on considérera les plus importantes de leurs applications à l'élasticité des fluides.

Soient *v* le volume en mètres cubes occupé par une masse de fluide, liquide ou gaz, renfermé dans un espace de capacité variable (comme un cylindre à piston); *p* la pression ou effort de détente que le fluide exerce à l'intérieur de cet espace en kilogrammes par mètre carré; alors *pdv* (art. 6, 43, etc.) sera le travail externe en kilogrammètres accompli par le fluide pour une détente infiniment petite *dv*, et $\int pdv$ le travail externe pendant une détente finie. La relation entre *p* et *v* dépend des circonstances particulières du cas. Pour trouver la fonction thermodynamique relative à la détente d'un fluide, il faut exprimer la pression *p* en fonction du volume *v* et de la température absolue τ, et l'intégrale générale

$$U = \int pdv,$$

en supposant τ constant ; la fonction thermodynamique sera alors

$$\varphi = k \log \mathrm{hyp}.\,\tau + \int \frac{dp}{d\tau}\,dv. \tag{1}$$

Le second terme de cette expression est représenté graphiquement, comme dans la *fig.* 94, par la limite du quotient de la surface de la bande $A_1 B_1 A_2 B_2$, par la différence des températures absolues correspondantes aux extrémités inférieures et supérieures de cette bande.

, Appliquant la fonction thermodynamique à la détermination en kilogrammètres de la chaleur totale dH qu'il faut communiquer à un kilogramme du fluide pour produire simultanément les variations infinitésimales $d\tau$ et dv de sa température et de son volume, on trouve

$$dH = \tau\left(\frac{d\varphi}{d\tau}\,d\tau + \frac{d\varphi}{dv}\,dv\right) = \left(k + \tau\int_{\infty}^{v}\frac{d^2p}{d\tau^2}\,dv\right)d\tau + \tau\frac{dp}{d\tau}\,dv; \quad (2)$$

c'ést l'équation générale de la détente d'un fluide par la chaleur.

En analysant cette expression, on trouve qu'elle renferme les parties suivantes :

1° La variation de la chaleur actuelle de l'unité de poids du fluide $kd\tau$;

2° La chaleur qui disparaît en travail moléculaire dépendant du changement de température et non du changement de volume,

$$\tau\int_{\infty}^{v}\frac{d^2p}{d\tau^2}\,dvd\tau.$$

La limite inférieure de cette intégrale correspond à l'état d'infinie raréfaction, c'est-à-dire de gaz parfait, dans lequel les actions moléculaires sont nulles. Soit $D = \frac{1}{v}$ la densité ou poids de l'unité de volume du fluide, on peut écrire l'intégrale sous la forme plus commode

$$\int_{\infty}^{v}\frac{d^2p}{d\tau^2}\,dv = -\int_{0}^{D}\frac{\frac{d^2p}{d\tau^2}}{D^2}\,dD. \quad (3)$$

3° La chaleur latente d'expansion, c'est-à-dire celle qui disparaît en travail, partie par la dilatation forcée de l'enveloppe du fluide, partie par les actions moléculaires mutuelles qui dépendent de l'expansion,

$$\tau\frac{dp}{d\tau}\,dv.$$

La chaleur, en unités de travail, nécessaire pour produire un changement fixe de volume et de température dans l'unité de poids du fluide se trouve en intégrant l'équation (2). Mais cette expression n'est pas une différentielle exacte d'une fonction de la température et du volume, et par conséquent son intégrale ne dépend pas seulement des valeurs finales de la température et du volume, mais aussi du mode de variation intermédiaire de ses quantités. La représentation graphique de cette intégrale est la surface indéfiniment prolongée MACBN, *fig.* 93.

247. Énergie intrinsèque d'un fluide. On peut analyser autrement l'expression 2 de l'article 146 comme il suit :

1° La variation de chaleur actuelle, comme précédemment k$d\tau$.

2° Le *travail externe* accompli pdv représenté par une bande verticale élémentaire de la surface $V_A ACBV_B$, *fig.* 93.

3° Le *travail interne*, accompli en surmontant les forces moléculaires, ou

$$\tau \int_{\infty}^{v} \frac{d^2 p}{d\tau^2} \, dv d\tau + \left(\tau \, \frac{dp}{d\tau} - p \right) dv.$$

Cette quantité est la différentielle exacte d'une fonction de la température et de la pression

$$- \int_{v}^{\infty} \left(\tau \, \frac{dp}{d\tau} - p \right) dv = - S. \tag{1}$$

Une valeur donnée de S exprime le travail nécessaire pour vaincre les forces moléculaires dans la détente de l'unité de poids d'un fluide, depuis un état donné jusqu'à celui de gaz parfait ; et l'excès de la chaleur actuelle du fluide sur cette quantité, ou

$$k\tau - S, \tag{1 A}$$

est l'énergie *intrinsèque* du fluide, ou l'énergie qu'il peut exercer sur un piston, en passant d'un état donné de volume et de pression, à l'état de nulle chaleur et d'expansion indéfinie. Dans la *fig.* 93, les valeurs de l'énergie intrinsèque du fluide aux états A et B sont représentées respectivement par les aires indéfiniment prolongées $XV_A AM$, $XV_B BN$. La quantité ci-dessus désignée par S est la même que celle représentée par cette lettre dans l'article 239. Désignons par les suffixes a, b les états du liquide au commencement et à la fin d'une série de variations de volume et de température, et par $H_{a, b}$, la chaleur externe en kilogrammètres nécessaire pour accomplir ces changements : alors

$$H_{ab} - \int_{v_a}^{v_b} pdv = (k\tau - S)_b - (k\tau - S)_a, \tag{2}$$

c'est-à-dire que, l'*excès de la chateur absorbée sur le travail externe accompli est égal à l'accroissement de l'énergie intrinsèque;* de sorte que cet *excès* ne dépend que des états initial et final, comme on l'a déjà démontré article 239.

248. Expression de la fonction thermodynamique en fonction de la température et de la pression. Le volume de l'unité de poids d'un fluide v, sa pression de détente (force élastique) p, et sa température absolue τ, forment un système de trois quantités dont deux définissent la troisième. Dans les articles précédents on a pris pour variables indépendantes le *volume* et la température, en fonction desquelles on exprimait la pression. Il est souvent avantageux de prendre pour variables indépendantes la *pression* et la température en fonction desquelles on exprime le volume. L'expression suivante de la fonction thermodynamique en fonction de cette paire de variables indépendantes est tirée d'un mémoire inédit présenté à la Société royale d'Édimbourg (Comptes rendus de 1855, p. 287). Soient τ_0 la température absolue de la glace fondante ; $p_0 v_0$ le produit de la pression par le volume de l'unité de poids, à cette température, d'un fluide à l'état de gaz parfait (on en trouve des exemples à la table II de la fin du volume) : alors

$$\varphi = \left(k + \frac{p_0 v_0}{\tau_0}\right) \log \text{hyp}\, \tau - \int_0^p \frac{dv}{d\tau}\, dp. \qquad (1)$$

A l'aide de cette équation et du théorème bien connu

$$\int_{v_a}^{v_b} p\,dv = \int_{p_b}^{p_a} v\,dp + p_b v_b - p_a v_a, \qquad (2)$$

on peut transformer aisément toutes les équations des sections précédentes.

La représentation graphique de la quantité exprimée par le second terme de l'équation (1) se figure comme il suit. Représentons par les abscisses OX les volumes de 1 kilog. du corps, et par les ordonnées parallèles à OY les pressions correspondantes. On demande de trouver le deuxième terme de la fonction thermody-

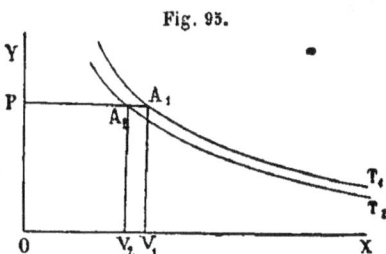

Fig. 95.

namique correspondant à l'état $OV_1 = v$, $OP = V_1 A_1 = p$ de la substance à la température absolue τ. Soit AT_1 l'isothermique de τ, alors la surface indéfinie $XOPA_1T$ représente

$$\int_0^p v\,dp.$$

Soit A_2T_2 l'isothermique correspondant à $\tau - \Delta\tau$ et coupant $AP \parallel OX$ en A_2; le symbole

$$\int_0^p \frac{dv}{d\tau}\,dp$$

1eprésente la limite vers laquelle tend le quotient

$$\frac{\text{aire } T_2A_2A_1T_1}{\Delta\tau}$$

quand $\Delta\tau$ diminue indéfiniment.

En prenant la forme de la fonction thermodynamique exposée dans cet article, l'équation générale de la détente d'un fluide par la chaleur devient

$$J\,dh = dH = \tau\,d\varphi = \left(\mathsf{k} + \frac{p_0 v_0}{\tau_0} - \tau \int_0^p \frac{d^2v}{d\tau^2}\,dp\right)d\tau - \tau\frac{dv}{d\tau}\,dp; \quad (3)$$

cette forme convient aux cas où la pression et son mode de variation sont les données principales du problème.

On démontrera dans un article suivant que la partie constante

$$\mathsf{k} + \frac{p_0 v_0}{\tau_0}$$

du coefficient $d\tau$ est la *chaleur dynamique spécifique du fluide à l'état de gaz parfait sous pression constante*.

249. **Principales applications des lois de la détente par la chaleur.** La relation entre la température, la pression et le volume du kilogramme d'un corps étant connue par expérience, les principes des articles précédents permettent de calculer la quantité de chaleur absorbée ou rejetée par ce corps en diverses circonstances; et réciproquement, connaissant en certains cas par expérience la chaleur absorbée ou rejetée par un corps, on peut, par les mêmes principes, en déduire la relation entre la température et la densité du corps. Les principaux sujets auxquels sont applicables

les principes de l'action expansive de la chaleur sont les suivants :

Chaleur spécifique réelle et apparente.

Échauffement ou refroidissement du gaz ou des vapeurs par compression ou expansion.

Vitesse du son dans les gaz.

Libre dilatation du gaz.

Écoulement du gaz par des orifices ou des tuyaux.

Chaleur latente et chaleur totale d'évaporation des fluides.

Chaleur latente de fusion.

Rendement des machines thermodynamiques. Ce dernier sujet est le principal de cet ouvrage; mais, pour le rendre intelligible, il faut exposer d'abord sommairement les principes des sujets énoncés plus haut.

(*) 250. **Chaleur spécifique réelle et apparente.** On a expliqué ces termes dans un article précédent. L'expression symbolique de la chaleur spécifique apparente d'une substance donnée, en kilogrammètres par unité de poids, est la suivante :

$$Jc = K = \frac{dH}{d\tau} = \tau\, \frac{d\varphi}{d\tau} = k + \frac{\tau d\, \dfrac{dU}{d\tau}}{d\tau}, \qquad (1)$$

dans laquelle k est la chaleur spécique réelle, ou celle qui échauffe actuellement le corps : c'est une quantité constante. Le second terme représente la chaleur qui disparaît en travail interne ou externe pour chaque élévation de température d'un degré. Les coefficients $\dfrac{d\varphi}{d\tau}$ et $\dfrac{d\, \dfrac{dU}{d\tau}}{d\tau}$ représentent respectivement les différentielles de la fonction thermodynamique et de la chaleur potentielle par rapport à la température, dans le cas particulier. Pour les liquides et les solides, il est impossible de régler artificiellement le mode de variation de la fonction thermodynamique avec la température à un degré appréciable en pratique. Pour les corps à ces états, la chaleur spécifique apparente augmente avec l'accroissement de température, lentement, mais avec une rapidité qui paraît, comme l'indique la théorie, liée à la loi de dilatation. Pour les gaz, le mode de variation de la fonction thermodynamique avec la température peut se régler artificiellement d'une manière arbitraire de façon à faire varier indéfiniment la chaleur spécifique apparente par une infinité de procédés. On restreint habituellement l'application du terme « chaleur spécifique » en parlant des gaz à deux cas particuliers, celui où le volume est maintenu constant pendant la variation de température, et celui où la pression est maintenue constante, comme on l'a expliqué précédemmeut (art. 210). La chaleur spécifique à *volume constant* s'exprime comme il suit en kilogrammètres par degré, d'après l'expression donnée pour la fonction thermodynamique à l'article 246, équation (1),

$$Jc_v = K_v = k + \tau \int_\infty^v \frac{d^2p}{d\tau^2} \, dv. \qquad (2)$$

pour un gaz théoriquement parfait

$$K_v = k. \qquad (2\,\text{A})$$

La chaleur spécifique, *sous pression constante*, déduite de l'expression donnée pour la fonction thermodynamique à l'article 248, équation (1), est la suivante :

$$Jc_p = K_p = k + \frac{p_0 v_0}{\tau_0} - \tau \int_0^p \frac{d^2v}{d\tau^2} \, dp. \qquad (3)$$

Pour un gaz parfait

$$K_p = k = \frac{p_0 v_0}{\tau_0}, \qquad (3\,\text{A})$$

la chaleur spécifique de pression constante est simplement égale à celle à volume constant, augmentée du travail accompli par l'unité de poids du gaz pour une expansion correspondant à une élévation de température d'un degré, quantité constante pour un gaz parfait dans toutes les circonstances. Les expressions $\frac{d^2p}{d\tau^2}$, $\frac{d^2v}{d\tau^2}$, représentant la quantité dont les lois de l'élasticité d'un gaz réel s'écartent de celle d'un gaz parfait, sont si faibles que leur influence sur la chaleur spécifique apparente, bien que *calculable*, tombe en dessous de la limite probable des erreurs d'observation dans les expériences directes faites jusqu'ici sur les gaz les plus répandus, comme l'air et l'acide carbonique. C'est pourquoi, tout en se rapportant aux mémoires détaillés déjà cités dans les *Transactions de la Société royale d'Édimbourg*, vol, XX, pour le calcul des effets de ces déviations, il suffira, en pratique, de considérer la chaleur spécifique des gaz comme représentée par les formules (2 A) et (3 A). Les chaleurs spécifiques des gaz, exprimées comme d'habitude par rapport à celle de l'eau, se trouvent en divisant les quantités de ces formules par l'équivalent de Joule, J, et s'expriment ainsi

$$c_v = \frac{K_v}{J}, \quad c_p = \frac{K_p}{J}. \tag{4}$$

On trouve dans la table II, à la fin du volume, des exemples de chaleurs spécifiques exprimées de ces deux manières. Avant les expériences de M. Regnault sur une grande variété de gaz et de vapeurs, publiées dans les *Comptes rendus* pour 1853, on ne possédait pas de détermination expérimentale certaine de la chaleur spécifique des gaz et des vapeurs, excepté la détermination approximative de celle de l'air par M. Joule, en 1852, car les résultats sur lesquels on s'appuyait auparavant ont été démontrés inexacts. Dans un des mémoires cités au précédent article (*Edinburgh Transactions*, 1850), on a cependant calculé, d'après les données suivantes, la chaleur dynamique spécifique de l'air.

$p_0 v_0$, d'après M. Regnault, $= 7990$ kilogrammètres.

$$\tau_0 = 273°,$$

$$K_p - K_v = \frac{p_0 v_0}{\tau_0} = 29,272 \text{ kilogrammètres par degré centigrade,}$$

c'est l'énergie exercée par 1 kilogramme d'air, se dilatant sous pression constante de la quantité correspondant à une élévation de température de 1°. L'équivalent mécanique de la chaleur latente d'expansion de l'air en ces circonstances est, comme on l'a dit, à l'article 212,

$$\frac{29,272}{425} = 0^{cal},069.$$

$\gamma = \dfrac{K_p}{K_v}$, déduit de la vitesse du son dans l'air, est pris dans le mémoire déjà cité, comme égal à 1,4 : 1,408 est une valeur plus exacte. Conséquemment

$$K_v = \frac{p_0 v_0}{\tau_0} \frac{1}{\gamma - 1} = \frac{29,272}{0,408} = 71,72 \text{ km. par degré centigrade,}$$

$$K_p = \frac{p_0 v_0}{\tau_0} \frac{\gamma}{\gamma - 1} = 29,272 \times \frac{1,408}{0,408} = 71,72 + 29,272 = 101 \text{ km.}$$

par degré centigrade. On en déduit le rapport suivant de la chaleur spécifique de l'air sous pression constante à celle de l'eau

$$c_p = \frac{K_p}{J} = \frac{101}{425} = 0,2377.$$

c_p, d'après les expériences de M. Regnault, publiées
en 1853 = ... 0,2379

Différence. . . . . 0,0002 (*)

251. Échauffement et refroidissement des gaz et des vapeurs par la compression et la détente.
Si un corps, entièrement ou en partie à l'état de vapeur, est renfermé dans un récipient complétement non conducteur de la chaleur, la compression ou la détente de ce corps par la variation de volume du récipient, produisent ou absorbent de la chaleur, d'après une loi exprimée par la condition que la *fonction thermodynamique est constante*.

Les équations suivantes expriment cette condition de deux manières différentes déduites des expressions des articles 246 et 248 respectivement

$$k \log \text{hyp } \tau + \int_{\infty}^{v} \frac{d\rho}{d\tau}\, dv = \text{constante}, \qquad (1)$$

$$\left(k + \frac{p_0 v_0}{\tau_0}\right) \text{hyp log } \tau - \int_{0}^{p} \frac{d\rho}{d\tau}\, dp = \text{constante}, \qquad (2)$$

et chacune d'elles est l'équation d'une *courbe adiabatique*.

Pour un gaz parfait, on tire

$$\frac{d\rho}{d\tau} = \frac{p_0 r_0}{\tau_0 v} \quad \text{et} \quad \frac{dv}{d\tau} = \frac{p_0 v_0}{\tau_0 p}, \qquad (3)$$

(*) Dans le calcul publié en 1850 on a pris $\gamma = 1,4$, d'où $c_p = 0,24$; mais le calcul précédent étant fondé sur une valeur plus exacte de γ, est évidemment préférable comme confirmation de la théorie mécanique de la chaleur. La valeur approchée trouvée par M. Joule en 1852 est 0,23. D'après la théorie dynamique de la chaleur, la chaleur spécifique apparente d'un gaz sous pression constante est *sensiblement la même à toutes les pressions et températures* pour un gaz presque parfait. D'après l'hypothèse du *calorique matériel*, cette chaleur spécifique *diminue quand la pression augmente*, suivant une loi publiée dans un grand nombre de traités de physique, même des plus récents, et dans plusieurs avec autant d'assurance que si c'était un fait d'expérience. Les expériences de M. Regnault, qui ont déterminé la chaleur spécifique de l'air à pression constante et à diverses températures de — 30° à 230°, et à différentes pressions de 1 à 10 atmosphères, et l'ont démontrée constante dans tous les cas, constituent l'*experimentum crucis*, décisif contre cet « idolon fori », l'hypothèse du calorique. Elles démontrent aussi ce fait que l'échelle du thermomètre à air coïncide sensiblement avec celle des températures absolues.

d'où si p_1, v_1, τ_1; p_2, v_2, τ_2, correspondent à deux états consécutifs d'un gaz parfait ou à peu près ; on a

$$\log \frac{\tau_2}{\tau_1} = (\gamma - 1) \log \frac{v_1}{v_2} = \frac{\gamma - 1}{\gamma} \log \frac{p_2}{p_1}$$

ou

$$\frac{\tau_2}{\tau_1} = \left(\frac{v_1}{v_2}\right)^{\gamma - 1} = \left(\frac{p_2}{p_1}\right)^{\frac{\gamma - 1}{\gamma}}. \tag{4}$$

Ces équations donnent pour la loi de détente d'un gaz parfait, sans gain ni perte de chaleur, la relation suivante entre la pression et le volume

$$p \frac{1}{v^\gamma} = \text{constante}; \tag{5}$$

c'est la forme d'équation la plus simple pour la détente adiabatique d'un gaz parfait ou à peu près. La valeur des exposants dans les équations (4) et (5) sont pour l'air

$$\gamma = 1,408,$$
$$\gamma - 1 = 0,408,$$
$$\frac{1}{\gamma - 1} = 2,451,$$
$$\frac{\gamma}{\gamma - 1} = 3,451,$$
$$\frac{1}{\gamma} = 0,71.$$
$$\frac{\gamma - 1}{\gamma} = 0,29.$$

Pour la *vapeur d'eau* à l'état de gaz parfait, prenant, comme à l'article 202, équation (4), $p_0 v_0 = 12,833$, et d'après les expériences de M. Regnault, $K_p = 425 \times 0,48 = 204$, on trouve

$$\gamma = 1,3 \quad \gamma - 1 = 0,3,$$
$$\frac{1}{\gamma - 1} = 3\tfrac{1}{3}, \quad \frac{\gamma}{\gamma - 1} = 4\tfrac{1}{3},$$
$$\frac{1}{\gamma} = 0,77, \quad \frac{\gamma - 1}{\gamma} = 0,23.$$

Dans les expériences de MM. Hirn et Cazin, la valeur de $\dfrac{\gamma}{\gamma - 1}$ varie de 4,23 à 4,47 (*Annales de chimie*, vol. X). Ces valeurs ne sont pas aussi certaines que les valeurs correspondantes pour l'air. De l'équation (1), on déduit facilement la loi suivante de variation de la pression avec le volume d'un fluide, parfaitement gazeux ou non, enfermé dans un récipient non conducteur. — *Le rapport de la variation de pression à celle du volume, dans un récipient non conducteur, surpasse cette même quantité, à température constante, dans le rapport de la chaleur spécifique apparente du fluide à pression constante, à cette chaleur à volume constant,* ce qu'on exprime symboliquement par

$$\frac{dp}{dv} = -\gamma \frac{\frac{dp}{d\tau}}{\frac{dv}{d\tau}}. \tag{6}$$

Pour un gaz parfait, elle devient

$$\frac{dp}{dv} = -\gamma \frac{p}{v},$$

comme le montre aussi l'équation (5).

Le récipient de l'air par détente a été appliqué en pratique par le Dʳ Gorrie, le professeur Piazzi Smyth, M. Kirk et d'autres inventeurs.

(*) 252. **Vitesse du son dans les gaz.** On sait que la vitesse du son dans un gaz est égale à celle d'un corps pesant tombant d'une hauteur égale à la moitié de celle qui représente le rapport de la variation de la pression du fluide à la variation de sa densité pendant un changement soudain de cette dernière. C'est-à-dire que, si a est la vitesse du son en mètres par seconde, g l'accélération de la pesanteur ($g = 9{,}808$), D le poids du mètre cube du gaz $\frac{1}{v}$, et p sa pression en kilogrammes par mètre carré (*)

$$a = \sqrt{g \frac{dp}{dD}}. \tag{1}$$

Pendant la transmission d'une onde sonore, les variations de pression sont si rapides que les molécules du gaz ne peuvent ni gagner ni perdre de chaleur et que les variations de volume et de pression ont

---

(*) On suppose le son d'intensité moyenne de sorte que sa vitesse n'éprouve pas d'accélération sensible par les causes indiquées par M. Earnshan, *Proc. royal Soc.*, 1859.

lieu comme dans un récipient non conducteur ([**]). Conséquemment, si h représente la vitesse de variation de la pression avec la densité à température constante, il suit du principe de l'équation (6), article 251, que $\dfrac{dp}{d\mathrm{D}} = \gamma h$ et

$$a = \sqrt{g\gamma h}. \tag{2}$$

Cette équation a été démontrée depuis longtemps par Laplace et Poisson pour les gaz parfaits dans lesquels

$$h = pv = \frac{p_0 v_0}{\tau_0}\,\tau, \tag{3}$$

mais elle est vraie, comme nous l'avons vu, pour toute espèce de fluide

Appliquant cette formule à l'air considéré comme un gaz sensiblement parfait avec les données suivantes :

$$k = 1,408, \quad p_0 v_0 = 7790, \quad \tau = \tau_0.$$

On trouve pour la vitesse du son dans un air sec à 0°. . . 332^m
Cette vitesse est, par expérience :
D'après MM. Bravais et Martins. . . . . 333^m
D'après MM. Moll et Van Beek. . . . . $332^m,5$

Les expériences sur la vitesse du son servent à déterminer le rapport γ des chaleurs spécifiques des gaz à pression constante et à volume constant. Pour l'oxygène, l'hydrogène et l'oxyde de carbone, il est sensiblement le même que pour l'air; pour l'acide carbonique, il est beaucoup plus faible (*Edinburgh Transactions*, vol. XX).

(*) 253. **Détente libre des gaz et des vapeurs.** Quand un gaz se détend, non pas en augmentant le volume de son enveloppe et accomplissant ainsi du travail externe, mais en se chassant lui-même d'un espace où il se trouve à une pression p_1, dans un espace à une pression inférieure p_2, une portion de l'énergie représentée par

$$\int_{p_2}^{p_1} v\,dp$$

est employée tout entière à agiter les molécules du gaz et, quand cette agitation a complétement cessé par le frottement mutuel de ces molécules, il s'est développé une quantité de chaleur équivalente qui neutralise le refroidissement précédent, en partie si le gaz est imparfait, complétement s'il est parfait. L'équation qui représente ce résultat est la suivante :

$$\int_{\rho_2}^{\rho_1} \tau . d\varphi = \int_{p_2}^{p_1} v . dp.$$

. Si dans cette équation on exprime la fonction thermo-dynamique en pression et en température comme dans l'article 248, et si l'on substitue K_p à sa valeur d'après l'article 250, équation (3), il vient

$$\int_{\tau_2}^{\tau_1} K_p d\tau = \int_{p_2}^{p_1} \left(\tau \frac{dv}{d\tau} - v \right) dp. \qquad (2)$$

Cette quantité représente l'excès de la chaleur disparue pendant la détente sur celle reproduite par le frottement; pour un gaz parfait elle est nulle. Ce phénomène a été utilisé pour la première fois par M. Joule et le professeur William Thomson pour déterminer expérimentalement la relation entre l'échelle des températures absolues et celle du thermomètre à air que l'on ne connaissait auparavant en grande partie que par des conjectures et des hypothèses. Dans ces expériences, la variation de température est très-faible, on peut en conséquence écrire par approximation

$$K_1 \Delta T = \left(\tau \frac{d}{d\tau} - 1 \right) \int_{p_2}^{p_1} v dp, \qquad (3)$$

dans cette équation

$$\tau = \frac{\tau_1 + \tau_2}{2}$$

$$\Delta T = \tau_1 - \tau_2$$

$\Delta \tau$ est le refroidissement final. Soient T la température en degrés ordinaires mesurés par le thermomètre à air, k la chaleur spécifique dynamique du gaz à pression constante, rapportée à cette échelle et obtenue en multipliant par l'équivalent de Joule la chaleur spécifique donnée par les expériences de M. Regnault. Considérons la température absolue τ comme une fonction de T

$$\tau = f(T)$$

dont il faut rechercher la forme. L'équation (3) peut s'écrire

$$\mathrm{K \Delta T} = \left(\frac{f(\mathrm{T})}{f'(\mathrm{T})} \frac{d}{d\mathrm{T}} - 1 \right) \int_{p_2}^{p_1} v dp. \qquad (4)$$

Chaque expérience sur le refroidissement par détente libre donne une valeur de ΔT correspondant à une paire de pressions p_1, p_2. Les relations entre p, v et T sont données par des formules fondées sur les expériences de M. Regnault sur l'élasticité des gaz, et dont on a donné un exemple, article 202, équations (2) et (3). Conséquemment, chaque expérience permettra de calculer la valeur de $\dfrac{f'(\mathrm{T})}{f(\mathrm{T})} = \dfrac{d . \log_e \mathrm{T}}{d\mathrm{T}}$ pour une température particulière T du thermomètre à air. Cette fonction, multipliée par l'équivalent de Joule, s'appelle fonction de Carnot. C'est une fonction dont l'existence fut signalée pour la première fois par Carnot qui ne put en découvrir la forme pour des raisons exposées dans la préface historique. Ces expériences sur la libre détente des gaz (l'air et l'acide carbonique) indiquent que le zéro absolu de chaleur ne diffère pas sensiblement du zéro absolu de tension gazeuse, et que l'échelle de température absolue coïncide presque exactement avec celle du thermomètre à gaz parfait (*Phil. Trans.*, 1854). Ce fait une fois établi, les expériences sur la détente libre deviennent un moyen facile et sûr de vérifier les relations entre les pressions, les températures et les densités des différents fluides élastiques. Des expériences sur la libre détente de la vapeur ont été exécutées par M. C. W. Siemens; elles montrent, comme la théorie l'indique, que la vapeur, après libre détente, est *surchauffée*, ou portée à une température supérieure à la température de saturation correspondant à sa pression.

(*) 254. **Écoulement des gaz.** Les principes de l'écoulement d'un gaz parfait par un orifice, déduits des lois de la thermo-dynamique, ont été examinés par Thomson et Joule en 1856 (voir *Proceedings Roy. Soc.*, mai 1850) et par le professeur Julius Wiesbach (*Civilingenieur*, 1856). Leur démonstration est donnée dans *A Manual of applied Mechanics*, articles 637, 637 A. Pour l'objet de ce traité, il suffit d'en donner les résultats.

Soient p_1, $\dfrac{1}{v_1}$, τ_1, p_2, $\dfrac{1}{v_2}$, τ_2, les pressions, densités et températures absolues d'un gaz à l'intérieur et à l'extérieur d'un récipient;

O, la section de l'orifice d'échappement;

k, le *coefficient de contraction* ou *d'écoulement*, de sorte que l'orifice *effectif* d'écoulement est kO ;

V, la vitesse maxima des molécules de gaz s'échappant sans frottement ;

W, le poids du gaz qui s'échappe par seconde ; on a :

$$V = \sqrt{\left(\frac{2g\gamma}{\gamma-1} \; \frac{p_0 v_0 \tau_1}{\tau_0}\right)\left[1-\left(\frac{p_2}{p_1}\right)^{\frac{\gamma-1}{\gamma}}\right]} \qquad (1)$$

$$W = \frac{kOV}{v_{2}} = kOV \frac{\tau_0 p_1}{p_0 v_0 \tau_1}\left(\frac{p_2}{p_1}\right)^{\frac{1}{\gamma}} \qquad (2)$$

La valeur du coefficient de contraction k pour l'air, d'après les expériences du professeur Wiesbach, est égale aux quantités suivantes avec différentes sections d'orifice :

Ajutage conique suivant la veine contractée, avec des préssions effectives de 0,23 à 1,1 atmosphère.	0,97 à [0,99
Orifice circulaire en paroi mince.	0,55 à 0,79
Ajutages courts cylindriques.	0,73 à 0,84
— arrondis à l'embouchure intérieure.	0,92 à 0,93
— coniques convergents avec un angle de convergence d'environ 7°,9	0,90 à 0,99

Pour des valeurs de γ, etc., voir article 251.

Les principes de l'écoulement des liquides peuvent s'appliquer sans erreur sensible à l'écoulement des gaz sous de faibles différences de pression, comme dans le cas du tirage des cheminées, article 233.

(*) 255. **Chaleur latente d'évaporation**. On sait par expérience que la pression sous laquelle un liquide bout à une température donnée est fonction de cette température. C'est la moindre pression sous laquelle il puisse exister à l'état liquide, et la plus grande sous laquelle il puisse exister à l'état gazeux à cette température. (Voir art. 206, division III, et les tables IV, V, V I à la fin du volume.) Soient v' le volume d'un kilogramme du liquide à la température τ, et sous la pression d'ébullition p, v son volume en vapeur saturée à ces mêmes pressions et températures. Appliquant à ce cas l'équation (2) de l'article 246, on trouve que, à cause de la constance de la température, le premier terme est nul, et à cause de la constance de la pression, que le facteur $\tau \frac{dp}{d\tau}$ du second terme est invariable ; de sorte que l'intégrale est.

$$H = \tau \frac{dp}{d\tau} (v - v'). \qquad (1)$$

C'est la valeur en kilogrammètres de la chaleur disparue en évaporant un kilogramme du liquide à la température τ. Supposons maintenant que le poids du liquide évaporé soit $\dfrac{1}{v - v'}$, c'est-à-dire tel que son accroissement de volume par l'évaporation soit de 1^{m3}, on aura

$$L = \frac{H}{v' - v} = \tau \frac{dp}{d\tau} \qquad (2)$$

pour la *chaleur latente d'évaporation en kilogrammètres par* m^3 *de vapeur*. Cette loi nous permet de calculer la quantité de chaleur dépensée à pousser un piston à travers un volume donné au moyen d'une vapeur donnée à *pleine pression* et à toute température, simplement d'après la relation entre la température et la pression d'ébullition, sans connaître la densité de la vapeur. La vitesse de variation de la pression d'ébullition avec la température, $\dfrac{dp}{d\tau}$, peut se calculer, ou par une table de ces pressions, comme celle de M. Regnault, dans les *Mémoires et Comptes rendus* de l'Académie des sciences, ou d'après les formules suivantes déduites de celles de l'article 206, division III :

$$L = \tau \frac{dp}{d\tau} = p \left(\frac{B}{\tau} + \frac{2c}{\tau^2} \right) \log \text{hyp. } 10$$

$$\log \text{hyp. } 10 = 2,3026.$$

Pour les valeurs de B et C, correspondant à certains liquides, voir la table à l'article 206. p est en kilogrammes par mètre carré.

Cette formule a servi à calculer les nombres des colonnes L, dans les tables IV et V à la fin du volume.

· 256. **Calcul de la densité des vapeurs par la chaleur latente**. Ainsi qu'on l'a dit aux articles 202 et 206, division III, les densités des vapeurs ne sont qu'imparfaitement connues par l'expérience directe. La densité d'une vapeur saturée à une température donnée, peut se calculer indirectement de la manière suivante. Soient L, comme ci-dessus, la chaleur latente par mètre cube ; H, la chaleur latente par kilogramme du liquide, d'après l'expérience (celle de l'eau d'après les expériences de M. Regnault, et celle d'autres liquides d'après le Dr Androw). Alors

$$v - v' = \frac{H}{L}, \qquad (1)$$

est l'accroissement de volume du kilogramme du liquide par évaporation; on en tire immédiatement la densité de sa vapeur. Les
densités ainsi calculées des vapeurs d'éther et de sulfure de carbone, à
leur point d'ébullition sous la pression atmosphérique moyenne,
10333 kilog. par mètre carré, concordent presque exactement avec
celles calculées d'après la composition chimique de ces vapeurs
considérées comme gaz parfaits. Les densités des vapeurs d'eau et
d'alcool, calculées d'après leur chaleur totale d'évaporation, sont
plus grandes que celles correspondantes à l'état de gaz parfait.
Pour la vapeur à basses pressions, la différence est insignifiante,
mais elle augmente rapidement avec la pression (*Proc. Roy.
Society Edin.*, 1856).

Exemple : $p = 10\,333$ (1 atmosphère).

	Éther.	Sulfure de carbone.	Eau.
Point d'ébullition.	35°	46°	100°
Pois du mètre cube de vapeur calculé par la chaleur latente.	2,964	2.926	0,606
Id. par la composition chimique comme gaz parfait .	2,969	2,928	0,589
Différence.	0,005	0,002	0,015

Les quantités de la colonne D, dans la table IV, sont les valeurs de
$\dfrac{1}{v - v'}$, calculées d'après cette méthode. Elles sont presque égales à $\dfrac{1}{v}$;
la différence, quoique calculable, n'a pas d'importance en pratique.
Dans la table VI, les valeurs de v sont données à la colonne V. (Voir
la remarque sur ces tables à l'article 203).

(*) 257. **Chaleur totale d'évaporation.** La chaleur totale
d'évaporation de l'unité de poids d'un fluide d'une température à une
autre est la quantité de chaleur nécessaire pour élever cette unité
de poids de la première température à la seconde, puis l'évaporer
ensuite à cette température. On prend ordinairement, pour première température, un point fixe, comme la fusion de la glace. On
peut déduire de l'équation (3), article 428, que la chaleur totale
d'évaporation du kilog. d'un liquide dont la vapeur est un gaz
presque parfait très-volumineux par rapport à son liquide est, *de
τ_0 à τ_1,* sensiblement égale à

$$H_0 + K_p(\tau_1 - \tau_0). \qquad (1)$$

Dans cette expression, H_0 est la chaleur latente d'évaporation, en kilogrammètres, du liquide à la température τ_0, et K_p est la chaleur spécifique dynamique de son gaz sous pression constante. Cette équation est démontrée par une méthode différente dans les *Edinburgh Transactions* pour 1850, vol. XX. La démonstration d'un principe qui la renferme sera donnée dans l'article suivant. La vapeur d'eau n'est pas un gaz parfait, et sa chaleur totale d'évaporation, d'après l'expérience, s'exprime en kilogrammètres par le produit de l'équation (2), article 215, par l'équivalent de Joule, comme il suit :

$$H_0 + a(\tau_1 - \tau_0), \qquad (2)$$

dans lequel a est une constante moindre que la chaleur spécifique sous pression constante. D'après les expériences de M. Regnault, si τ_0 est la température absolue de la glace fondante,

$$\left.\begin{array}{l} H_0 = 257075 \\ a = 71,67 \end{array}\right\} \text{ kilogrammètres par degré centigrade.}$$

C'est au moyen de l'équation (2) que l'on a calculé les quantités de la colonne H, dans la table VI, à la fin du volume.

La forme de l'équation (2) a été découverte comme hypothèse par le défunt sir John Lubbock en 1840.

258. Chaleur totale de gazéification. La loi de la chaleur totale de gazéification a déjà été énoncée à l'article 215 B. On peut la démontrer au moyen de la forme de la fonction thermo-dynamique donnée à l'article 248, ou par une méthode décrite.

Première méthode. Soient $K_p = K + \dfrac{p_0 v_0}{\tau_0}$ la chaleur spécifique dynamique d'un corps à l'état de gaz parfait sous une pression constante;

T_0, une température si basse que la vapeur saturée du corps y soit un gaz sensiblement parfait (pour l'eau $T_0 = 0°$);

p_1, la pression constante du corps;

T_1, une température assez élevée pour que le corps Y soit un gaz sensiblement parfait à la pression p_1.

Amenons le corps, par communication de chaleur, de l'état liquide ou solide à T_0, à l'état de gaz parfait à T_1 sous la pression constante p_1.

Le volume à l'état solide ou liquide est supposé négligeable devant celui à l'état gazeux.

La fonction thermo-dynamique donnée à l'article 248, en fonction

de la température absolue et de la pression comme variables indépendantes est

$$\varphi = K_p \log hyp. \tau - \int_0^p \frac{dv}{d\tau}\, dp. \qquad (1)$$

La chaleur absorbée par le corps pendant une variation infinitésimale de la température $d\tau$ et de la pression dp, est

$$dH = \tau d\varphi = \tau \left(\frac{d\varphi}{d\tau}\, d\tau + \frac{d\varphi}{d\tau}\, dp \right); \qquad (2)$$

la pression étant constante, $dp = 0$ et l'intégration donne

$$H_1 = \int_{\varphi_0}^{\varphi_1} \tau d\varphi = \int_{\tau_0}^{\tau_1} \tau \frac{d\varphi}{d\tau}\, d\tau = K_p(\tau_1 - \tau_0) - \int_{\tau_0}^{\tau_1}\int_0^p \frac{d^2v}{d\tau^2}\, dp d\tau. \quad (3)$$

Mais puisque le corps, à la limite supérieure de température τ_1 est
un gaz sensiblement parfait, le coefficient $\frac{d^2v}{d\tau^2}$ à cette température
est sensiblement nul. Donc la valeur du second terme de la for-
mule ne varie pas sensiblement avec la température τ_1; elle, est
sensiblement la même que si $\tau_1 = \tau_0$. Dans ce cas, on a

$$H_1 = H_0,$$

H_0 étant la *chaleur latente d'évaporation* en kilogrammètres de 1 kilogramme du corps à la température τ_0, de sorte qu'on peut remplacer l'équation (3) par la suivante :

$$Jh_1 = H_1 = H_0 + K_p (\tau_1 - \tau_0) = Jh_0 + Jc_p(T_1 - T_0), \quad (4)$$

qui est la loi précédemment énoncée quand on l'applique aux
quantités de chaleur exprimées en kilogrammètres.

Seconde méthode. Dans la *fig. 96*, prenons pour abscisses les
volumes en mètres cubes de 1 kilogramme du corps en question à l'état de gaz par-
fait, en négligeant vis-à-vis d'eux son volume à l'état solide ou liquide, et pour ordonnées parallèles à OY ses pressions en kilogrammes par mètre carré. Soit T_1, T_1 la courbe isother-

Fig. 96.

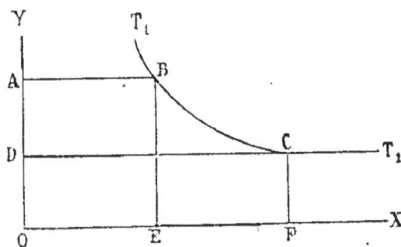

mique de la vapeur à la température absolue τ_1; à cause de son état de gaz parfait, c' est une hyperbole équilatère. Les rectangles de ses coordonnées $AB \times BE$, $DC \times CF$ sont égaux pour tous les points; son équation est

$$pv = p'v' = p_0 v_0 \frac{\tau_1}{\tau_0} = \text{constante},$$

ou

$$p = BE, \quad v = AB, \quad p' = CF, \quad v' = DC.$$

Soient H, H′ les valeurs de la chaleur totale de gazéification sous les pressions p, p' respectivement, pour les mêmes limites de température τ_0, τ_1.

Alors, *premièrement, la chaleur totale de gazéification est indépendante de la pression*, c'est-à-dire $H = H'$.

On le prouve comme il suit. Faisons subir au corps les opérations suivantes :

1° Gazéification de τ_0 à τ_1 sous la pression p, dans ce cas :

La chaleur absorbée est . . . . H

L'énergie exercée par le fluide sur un piston. pv;

2° Détente de la température constante τ_1 du volume v au volume v'. Dans ce cas, comme le corps est parfaitement gazeux, la chaleur absorbée et l'énergie exercée sur un piston sont *chacunes* représentées par

$$EBCF = ABCD = \int_v^{v'} p\,dv = \int_{p'}^{p} v\,dp\,;$$

3° Condensation et refroidissement de τ_1 à τ_0 sous la pression constante p',

La chaleur dégagée est. . . . . H′;

L'énergie exercée *par le piston sur le fluide* est. . $p'v'$.

La chaleur qui *disparaît* pendant le cycle d'opération est

$$H + \int p\,dv = H'.$$

L'énergie résultante ou effective exercée par le gaz sur le piston est

$$\text{surface } ABCD = \int v\,dp = \int p\,dv,$$

et, d'après la première loi de thermo-dynamique, ces quantités sont égales. Donc

$$H - H' = 0, \quad H' = H. \qquad Q. E. D.$$

Secondement. Soient H_0 la chaleur latente d'évaporation à la température T_0, à laquelle la vapeur saturée est un gaz sensiblement parfait; H_0, la chaleur totale de gazéification à une température supérieure T_1, sous pression constante. Supposons d'abord le gaz produit par l'évaporation à T_0, puis élevé sous pression constante à T_1; la dépense de chaleur en kilogrammètres par kilogramme de gaz sera indépendante de la pression et sera

$$H_1 - H_0 = K_p (T_1 - T_0),$$

comme on l'a prouvé précédemment. $\qquad$ Q. E. D.

Prenant $T_0 = 0$, on a, pour la vapeur d'eau à l'état de gaz parfait ou de *vapeur-gaz*

$$H_0 = 257075 K_m,$$
$$K_p = 0,48 \times 425 = 204 K_m \text{ par degré centig.}$$
$$H = 257075 + 204 \, (T).$$

Par cette formule on a calculé les nombres de la colonne H dans la *table de l'élasticité et de la chaleur totale du kilogramme de vapeur-gaz*, qui sera donnée dans un article subséquent.

258A. Chaleur latente de fusion. Quand la congélation et la fusion sont accompagnées d'un changement de volume, la chaleur latente de fusion est soumise à une loi analogue à celle donnée dans l'article 255, pour la chaleur latente d'évaporation. Soient v le volume de l'unité de poids du corps à l'état liquide, v' ce volume à l'état solide, τ la température absolue de fusion, et $\frac{dp}{d\tau}$ la réciproque de la vitesse suivant laquelle la température varie avec la pression extérieure de fusion. La chaleur latente de fusion est alors, en kilogrammètres,

$$H = \tau \frac{dp}{d\tau} (v - v'). \qquad (1)$$

Quand on a par expérience la chaleur latente de fusion et le changement de volume $v' - v$, pour une substance donnée, on peut calculer, au moyen de la formule suivante, le changement de la température de fusion par la pression,

$$\frac{d\tau}{dp} = \frac{\tau\,(v - v')}{H}. \tag{2}$$

Quand le volume du corps solide excède celui de son liquide (comme pour l'eau, l'antimoine, la fonte, et d'après M. Nasmyth, un grand nombre d'autres substances), $\frac{d\tau}{dp}$ est négatif, c'est-à-dire que la température du [point de fusion s'abaisse par la pression, principe indiqué pour la première fois par M. James Thomson, comme une conséquence de la théorie de Carnot (*Edinburgh Transactions*, vol. XXI). Pour l'eau, les données sont les suivantes :

$$v = 0^{\text{m}\cdot},001,$$
$$v' = 0\ ,00109,$$
$$\tau = 273^{\circ},$$
$$H = 79,020 \times 425 = 33590;$$

d'où

$$-\frac{d\tau}{dp} = 0^{\circ},000\,000\,707$$

d'abaissement de la température du point de fusion pour une augmentation de 1 kilog. par mètre carré dans la pression. Pour une atmosphère, ce point s'abaisse de

$$10\,333 \times -\frac{d\tau}{dp} = 0^{\circ},00\,732\ ,$$

résultat vérifié expérimentalement par le professeur William Thomson.

SECTION 3. *Rendement des fluides dans les machines thermiques en général.*

259. **Analyse du rendement d'une machine thermique.** Si l'on multiplie par l'équivalent de Joule 425 le nombre de calories produites par la combustion de 1 kilog. de combustible, le produit est *la chaleur totale de combustion* de ce combustible en kilogrammètres. Pour les différentes espèces de combustibles on voit, d'après

les données de l'article 227, que ce chiffre varie de 1 525 000 à 3 660 000 kilogrammètres. Toute cette chaleur est dépensée, dans une machine donnée, à produire les effets suivants, dout la somme est égale à la chaleur ainsi dépensée.

1° *Chaleur perdue du foyer*, variant de 0,1 à 0,6 de la chaleur totale, suivant la construction du foyer et l'habileté avec laquelle on règle la combustion. (Voir article 234.)

2° *La chaleur nécessairement rejetée par la machine.* C'est l'excès de la chaleur totale communiquée au fluide par chaque kilogramme du combustible sur la partie de cette chaleur qui disparaît d'une façon permanente en énergie mécanique.

3° *La chaleur perdue par la machine* par conductibilité ou par défaut aux conditions de rendement maximum.

4° *Le travail inutile de la machine*, employé à vaincre les frottements et autres résistances nuisibles.

5° *Le travail utile.* Le rendement d'une machine s'améliore en diminuant, autant que possible, les quatre premiers effets de façon à augmenter le cinquième.

Il suit de là que le rendement d'une machine thermique est le produit de trois facteurs : 1° le *rendement du foyer*, ou rapport de la chaleur transmise au fluide à la chaleur totale de combustion ; 2° le *rendement du fluide*, ou fraction de la chaleur reçue par lui qui se transforme en énergie mécanique ; 3° le *rendement du mécanisme*, ou la fraction de cette énergie disponible pour mouvoir des mécanismes.

Le premier de ces facteurs, le rendement du foyer, a été considéré au chapitre II et spécialement à l'article 234 ; le second, le rendement du fluide, est l'objet spécial de cette section ; le troisième sera examiné dans une section suivante.

260. Action du mécanisme cylindre et piston. Puissance indiquée. La partie de la machine thermique dans laquelle le fluide moteur accomplit son travail consiste essentiellement en un espace fermé, pouvant alternativement s'augmenter ou diminuer par le mouvement d'une de ses parois. L'espace fermé est, dans presque toutes les machines usitées, de forme cylindrique, et s'appelle le cylindre, même dans les machines où, par exception, il prend une autre forme. Sa paroi mobile s'appelle le *piston :* c'est ordinairement un disque plat s'ajustant au cylindre, dans lequel il se meut alternativement en ligne droite. Dans quelques machines exceptionnelles,

le piston a d'autres formes; mais son action consiste toujours à augmenter et à diminuer alternativement le volume d'un espace fermé.

La vapeur ou tout autre fluide moteur, pendant qu'elle pénètre et
se détend dans le cylindre, pousse le piston devant elle en exerçant
sur lui une énergie égale au produit du volume qu'il engendre, par
l'intensité de la pression du fluide. Cette opération constitue la
course-avant.

Pendant le *retour*, ou course arrière, le piston pousse le fluide
devant lui, il le chasse du cylindre, le comprime, ou en chasse une
partie et comprime le reste; en agissant ainsi, le piston exerce sur
le fluide une énergie égale au produit du volume décrit par le piston,
par la pression moyenne du fluide, qui s'appelle alors *contre-pression.*

L'excès de l'énergie exercée par le fluide sur le piston, pendant sa
course avant, sur l'énergie qu'il subit pendant la course arrière, est
l'*énergie effective* du fluide sur le piston pendant une *course double*
ou *révolution;* elle est égale au *travail accompli* par le piston, en
surmontant des résistances autres que la contre-pression du fluide.
La grandeur de ce travail en un temps défini, seconde, minute ou
heure, est le *travail indiqué* de la machine.

On a expliqué à l'article 43 la méthode de calcul de ce travail
d'après un diagramme.

Il faut se rappeler, dans ces calculs (ainsi qu'on l'a expliqué dans
l'article 6), que les espaces parcourus par le piston et les intensités
des pressions doivent être mesurées en unités telles, que le produit
d'un volume par l'intensité d'une pression donne une quantité de
travail en kilogrammètres. Ainsi, pour des mesures françaises, on a

Unités de pression.	*Unités de volume.*
1 kil. par mètre carré.	1 mètre cube.
1 kil. par centimètre carré.	$\dfrac{1}{10\,000}$ mètres cubes $= \dfrac{1}{10}$ litres.
1 kil. par millimètre carré.	$\dfrac{1}{1\,000\,000}$ mètres cubes $= \dfrac{1}{1\,000}$ litres.

Pour des mesures anglaises; travail en *pieds-livres :*

Unités de pression.	*Unités de volume.*
1 livre par pied carré.	1 pied cube.
1 livre par pouce carré.	Un prisme de 1 pied de long et 1 de pouce
	de côté $= \dfrac{1}{144} = 0{,}00694$ pieds cubes.

La méthode de calcul de la puissance dans une machine à double effet, en cherchant séparément l'énergie effective exercée sur les deux parois du piston et faisant leur somme, a été suffisamment exposée et détaillée à l'article 43.

261. Machines à double cylindre. Combinaison des diagrammes. Dans une machine à double cylindre, la vapeur accomplit son travail dans deux cylindres, un grand et un petit, qui communiquent entre eux à certaines périodes. Dans quelques cas, les fonctions des deux cylindres sont accomplies par les extrémités d'un seul. Les détails de ces machines seront exposés dans un chapitre suivant. L'objet du présent article est d'expliquer comment les diagrammes d'indicateur obtenus dans une machine à double cylindre doivent être combinés de façon à produire le diagramme que l'on aurait obtenu si la vapeur avait accompli le même travail en passant par les mêmes variations de volume et de pression, mais dans un seul cylindre. Pour fixer les idées, on parlera comme s'il s'agissait de la *vapeur d'eau*, bien que ces principes s'appliquent à tous les fluides.

Fig. 97.

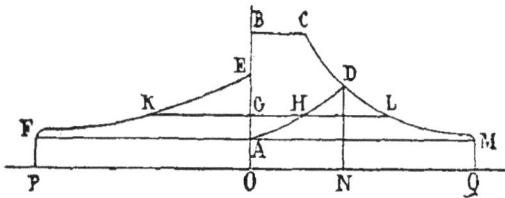

La vapeur est admise d'abord dans le petit cylindre, jusqu'à ce qu'elle en remplisse un certain volume BC (*fig.* 97). La pression absolue est représentée par la hauteur de BC au-dessus de la ligne du zéro POQ. L'admission de la vapeur est alors coupée, et elle se détend dans le petit cylindre, avec une pression graduellement décroissante, suivant les ordonnées de la courbe CD. DN étant perpendiculaire à OQ, ON représente le volume parcouru par le piston du petit cylindre pendant sa course avant. A la fin de cette course, une communication s'ouvre du petit au grand cylindre, dont la course avant s'opère en même temps que la course arrière du petit piston. Pendant cette opération, la vapeur est poussée devant le petit piston et pousse le grand, sur lequel elle accomplit un travail plus considérable, parce qu'il décrit un plus grand volume. Cet excès d'énergie s'ajoute au travail exercé précédemment dans la course avant du petit cylindre. Cette partie de l'action de la vapeur est représentée par les courbes DA, EF : les ordonnées de DA représentant les contre-pressions exercées par la va-

pcur dans le petit cylindre, et celles de EF la pression motrice correspondante dans le grand cylindre. OR représente la valeur du grand
cylindre à la même échelle que ON, celui du petit.

L'opération suivante ferme la communication des deux cylindres,
ouvre l'échappement du grand et l'admission au petit. Le grand
piston accomplit alors sa course arrière, chassant la vapeur, avec
une contre-pression représentée par les ordonnées de FA ; en même
temps de la vapeur nouvelle s'introduit dans le petit cylindre et s'y
détend comme précédemment, dans une nouvelle course avant du
petit piston.

Ainsi se produisent les deux diagrammes d'indicateurs BCDAB
pour le petit cylindre, EFAE pour le grand, et la somme de leurs
surfaces représente l'énergie exercée sur le piston par la quantité de
vapeur qui se détend pendant une course simple. Lorsqu'on prend
ces deux diagrammes à l'indicateur, simplement pour calculer la
puissance de la machine, on peut les tracer à des échelles égales ou
différentes, calculer séparément les travaux qu'ils représentent, et
faire leur somme. On en a donné un exemple détaillé, article 43.

Mais si les diagrammes ont pour but des recherches sur les relations thermo-dynamiques entre le travail accompli et la chaleur dépensée, ou sur d'autres études scientifiques, il vaut mieux les combiner en un seul diagramme, comme il suit.

Tirons une droite quelconque KGH parallèle à POQ et coupant
les deux diagrammes ; prolongeons cette ligne et prenons

$$HL = KG.$$

Alors GL = CH + KG représente le volume total occupé par la
vapeur, partie dans le petit, partie dans le grand cylindre, quand la
pression absolue est OG, et L est un point dans le diagramme indicateur qui aurait été tracé si la vapeur avait exercé toute son action
dans le grand cylindre seul.

En menant un nombre suffisant de parallèles telles que KL et en J
portant les longueurs correspondantes, on peut trouver un nombre
quelconque de points tels que L, de façon à compléter le *diagramme
composé* BCDLMAB dont la longueur OQ = OP représente le volume
décrit par le grand piston ; ce diagramme peut être considéré comme
produit par la vapeur agissant dans le grand cylindre seul.

On remarquera, en principe général, que *l'énergie exercée par une
masse donnée d'un fluide pendant une série de changements de volumes*

et de pressions ne dépend que de ces variations et non pas du nombre et de la disposition des cylindres dans lesquels ces variations s'opèrent.

262. Fluide agissant comme un coussin. Pour déterminer géométriquement le rendement d'une machine thermique, il est nécessaire de connaître son véritable diagramme d'indicateur, c'est-à-dire la courbe dont les coordonnées représentent les valeurs successives des volumes et des pressions que prend le *fluide moteur de la machine* pendant une révolution complète. Ce véritable diagramme ne coïncide pas nécessairement avec le diagramme décrit par la machine sur la carte de l'indicateur, et dont les abscisses représentent non-seulement les volumes de cette portion du fluide qui accomplit réellement le travail, en transformant d'une façon permanente la chaleur en énergie mécanique par ses contractions et dilatations successives pendant qu'il reçoit ou rejette la chaleur, mais aussi les volumes de la partie du fluide qui agit simplement comme un *coussin* transmettant la pression au piston, et subit, pendant chaque révolution, une série de variations de pression et de volume, dans un sens puis dans un autre, de façon à revenir à son état primitif sans transformation permanente de chaleur en énergie mécanique.

Dans la *fig.* 98, soit *abcd* le diagramme indicateur apparent. Parallèlement à OX, tirons H*a* et L*c*, touchant ce diagramme en *a* et *b*. Ces lignes seront celles des pressions maxima et minima. Soient HE, LG, les volumes occupés par le coussin aux pressions maxima et minima. Traçons la courbe EG telle que ses coordonnées représentent les variations de pression et de volume subies par le coussin pendant un tour de la machine. Soit KF*db* une ligne d'égale pression coupant cette courbe et le diagramme apparent, de sorte que K*b*, K*d* représentent les volumes du fluide élastique total à la pression OK, et KF le volume du coussin à la même pression. Prenons sur cette ligne

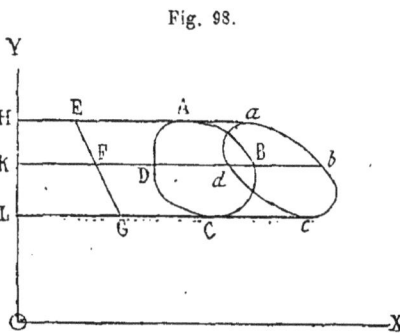
Fig. 98.

$$bB = dB = KF.$$

Il est alors évident que B et D seront deux points du véritable diagramme indicateur. On peut en trouver ainsi un nombre de points aussi grand qu'on veut.

L'aire du véritable diagramme ABCD est évidemment égale à celle du diagramme apparent *abcd*.

263. Formules donnant l'énergie exercée par un fluide sur le piston. Sur la *fig.* 99, soient ABCDEA le diagramme indicateur d'une machine thermique, OV la ligne de *pression nulle*, OP celle du *volume zéro*.

Fig. 99.

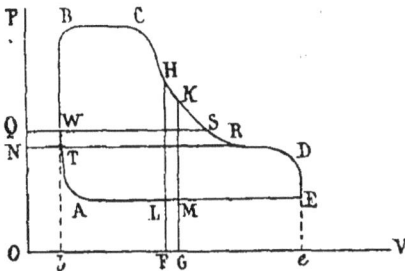

La surface de ce diagramme représentant l'énergie effective exercée par une certaine quantité du fluide, peut se calculer et s'exprimer par deux méthodes différentes.

Première méthode. Soient B*b*, E*e*, deux tangentes au diagramme, parallèles à OP, de sorte que

$$Oe = v_2, \quad Ob = v'_1$$

sont les volumes maxima et minima occupés par le fluide en question.

Représentons par $FG = \Delta v$ un changement très-petit du volume du fluide. Tirons FLH, GMK perpendiculaires à OV et soient

$$p = \frac{FH + GK}{2}; \quad p' = \frac{FL + GM}{2}$$

les intensités moyennes des pressions du fluide pendant qu'il subit la variation de volume $FG = \Delta v$ à la course *avant* et à la course *arrière*, de sorte que

$$p - p'$$

est la pression effective correspondante à FG.

Alors

$$(p - p') \Delta v = \text{surface LHKM à peu près,}$$

et, en divisant le diagramme en un nombre suffisant de bandes telles que LHKM et faisant leurs sommes, on arrive à une approximation de sa surface totale

$$U = \Sigma (p - p') \Delta v$$

qui est la valeur déjà donnée à l'article 43.

La valeur exacte de cette surface est la limite vers laquelle tend cette somme à mesure que les bandes de division du diagramme deviennent plus étroites et plus nombreuses. Cette limite ou *intégrale* est représentée par le symbole

$$U = \int_{v'_1}^{v_2} (p - p')dv. \qquad (1)$$

Deuxième méthode. Soient p_1 la pression maxima, p_3 la pression minima du fluide pendant son action.

Représentons par $NQ = \Delta p$ une variation très-petite de la pression du fluide. Tirons NTR, QWS perpendiculaires à OP, et soient

$$v = \frac{MR + QS}{2}, \quad v' = \frac{NT + QW}{2},$$

les volumes moyens des fluides pendant la variation de pression Δp à la course *avant* et à la course *arrière* respectivement.

Alors

$$(v - v')\Delta p = \text{surface WSRT à peu près,}$$

et, en divisant le diagramme en un nombre suffisant de bandes telles que WSRT, et faisant leur somme, on arrive à une approximation de la surface totale

$$U = \Sigma(v' - v)\Delta p.$$

La valeur exacte de cette surface est la limite vers laquelle tend cette somme à mesure que les bandes de division du diagramme deviennent plus étroites et plus nombreuses. Cette limite ou *intégrale* est représentée par le symbole

$$U = \int_{p_3}^{p_1} (v' - v)\Delta p. \qquad (2)$$

La première méthode est préférable pour la mesure du travail indiqué sur le diagramme des machines actuelles. La seconde convient à quelques recherches théoriques.

Il est toujours très-commode de considérer le poids du fluide auquel se rapportent les équations (1) et (2) comme étant égal à 1 kilogramme, de sorte qu'elles donnent *l'énergie exercée par 1 kilogramme de fluide*, et les valeurs de v sont simplement les différents volumes occupés par ce kilogramme aux diverses périodes de la révolution de la machine.

Pour exprimer l'énergie exercée *par unité de volume décrit par le piston* (ou, dans une machine à double cylindre, par le grand piston), il faut observer que l'espace ainsi décrit, par kilogramme de fluide dépensé, est la différence entre ses volumes maxima et minima, c'est-à-dire

$$v_2 - v'_1,$$

de sorte que *l'énergie exercée par unité de volume décrit*

$$= \frac{U}{v_2 - v'_1} = \frac{\int (p - p')dv}{v_2 - v'_1} = \frac{\int (v' - v)dp}{v_2 - v'_1}. \tag{3}$$

Si l'unité de volume est le *mètre cube*, cette formule donne la *pression moyenne effective en kilogrammes par mètre carré;* si l'unité de volume est un prisme de 1 mètre de long et de $0^m,01$ de côté, la formule donne la *pression en kilogrammes par centimètre carré*.

L'énergie exercée en un temps donné (minute ou heure), c'est-à-dire la *puissance indiquée*, est donnée par l'expression

$$wU, \tag{4}$$

dans laquelle w est le poids du fluide employé pendant ce temps, ou, comme à l'article 43, équation (4), par l'expression

$$\frac{NAsU}{v_2 - v'_1} \tag{5}$$

dans laquelle A est la surface du piston, s sa course (celle du grand piston dans les machines à double cylindre), de sorte que As est le volume décrit par course et N le nombre de courses par unité du temps. Ce nombre, dans une machine à double effet, doit être doublé, comme on l'a expliqué à l'article 43, à moins que l'on n'ajoute les quantités d'énergie exercée sur les deux faces du piston calculées séparément.

Puisque l'on a

$$w = \frac{NAs}{v_2 - v'_1}, \tag{6}$$

le poids de fluide employé par seconde est

$$\frac{w}{N} = \frac{As}{v_2 - v'_1}. \tag{7}$$

Si le diagramme de la *fig.* 99 représente l'énergie exercée par *un kilogramme* du fluide, les abscisses parallèles à OV représentent simplement le volume de ce kilogramme.

Si le diagramme représente l'énergie exercée par *unité de volume décrit*, la ligne *be* représente cette unité, et les abscisses OV les valeurs de

$$\frac{v}{v_2 - v'_1} \qquad (8)$$

Si le diagramme représente l'énergie exercée pendant *une course*, la ligne *be* représente le volume As, et les abscisses parallèles OV les valeurs de

$$\frac{v \text{As}}{v_2 - v'_1}. \qquad (9)$$

La quantité désignée par le « *poids du fluide employé* » signifie, dans tous les cas, le poids du fluide employé *une fois*, et si une même masse du fluide agit toujours, on doit la considérer comme équivalente au produit de son poids par le *nombre de fois qu'elle agit*.

264. Équation de l'énergie et du travail. Le principe de l'égalité de l'énergie et du travail (art. 26, 33), appliqué à l'action d'un fluide dans une machine thermique, prend la forme suivante :

Quand la machine se meut d'un mouvement périodique uniforme (c'est-à-dire quand chaque course occupe un même intervalle de temps, et quand la vitesse de chaque partie de la machine est la même, après un même nombre de courses complètes), *l'énergie exercée par le fluide sur le piston, pendant un nombre donné de courses doubles, est égale au travail accompli par le piston contre les résistances, pendant cette même période.*

La méthode la plus convenable pour exprimer ce principe par une formule est la suivante :

Supposons, comme dans les articles 9 et 24, toutes les résistances, utiles et nuisibles, *réduites au piston comme point moteur*. Par exemple, supposons que, pendant que le piston parcourt une course de longueur *s*, une pièce quelconque de la machine parcoure un chemin *s'* contre une résistance R'. La résistance équivalente appliquée directement au piston est alors

$$\frac{s'}{s} \text{R}',$$

èt la résistance totale réduite au piston, obtenue en ajoutant toutes ces quantités, est

$$R = \Sigma \frac{s'}{s} R'. \qquad (1)$$

Si, comme dans l'article précédent, on réprésente par N le nombre de courses par unité. de temps, par minute, le travail accompli par le piston pendant ce temps sera

$$N sR = N\Sigma s'R'; \qquad (2)$$

en égalant ce travail à l'énergie exercée par le fluide sur le piston pendant ce même temps, donnée dans l'article 263, formules (4) et (5), on a l'*équation de l'énergie et du travail*

$$NsR = wU = \frac{NAsU}{v_2 - v'_1}. \qquad (3)$$

On peut exprimer ce principe sous une autre forme en divisant les deux membres par NAs, d'où

$$\frac{R}{A} = \frac{U}{v_2 - v'_1}. \qquad (4)$$

Le premier membre de cette équation est la résistance totale par unité de surface du piston ; le second est la pression moyenne effectuée du fluide, de sorte que ce principe peut s'exprimer comme il suit :

Dans une machine thermique à mouvement uniforme périodique, la pression moyenne effective du fluide est égale à la résistance totale par unité de surface du piston.

La méthode convenable pour appliquer ce principe aux machines à vapeur a été indiquée pour la première fois par le comte de Pambour, dans son *Traité des Locomotives* et dans sa *Théorie des Machines à vapeur*. On peut la résumer comme il suit, laissant les détails pour plus tard.

La résistance est en général déterminée par la nature du travail accompli par la machine, de sorte que, dans presque tous les cas, R est connu, indépendamment de l'action du fluide.

La résistance étant fixée détermine la pression moyenne effective d'après l'équation (4). En d'autres termes, l'action du fluide *s'ajuste d'elle-même*, de façon que la pression moyenne équilibre la résistance.

On peut envisager en général comme il suit l'établissement de cet équilibre. Si la pression moyenne effective est d'abord snpérieure à la résistance, le mouvement de la machine s'accélère, le nombre de courses par minute augmente, la dépense de chaleur par course diminue, et par suite la pression moyenne, jusqu'à ce que l'équilibre soit établi. Si la pression moyenne effective est, à l'origine, inférieure aux résistances, le mouvement se ralentit jusqu'à ce que l'équilibre se rétablisse par une marche précisément inverse de la précédente.

La pression moyenne effective étant ainsi déterminée, les quantités U, $v_2 - v'_1$ et les valeurs de p et v aux différents points de la course peuvent s'en déduire par des principes exposés plus bas, et qui dépendent de la nature du fluide et de la manière dont son action est réglée par la machine. Il résulte alors de l'équation (6) (art. 263) que le nombre de courses en un temps donné se trouve par la formule

$$N = \frac{w(v_2 - v'_1)}{As}. \qquad (5)$$

(*) 265. **Rendement d'un fluide dans une machine thermique élémentaire**. Une machine thermique élémentaire est celle dans laquelle la réception de la chaleur par le fluide a lieu à une température constante τ_1 et son rejet à une autre température constante τ_2. Conséquemment, dans cette machine, les variations entre ces températures-limites ne peuvent être que des compressions et des dilatations du fluide.

Dans la *fig.* 100, soient AB, CD deux isothermiques correspondant aux températures τ_1, τ_2; ADM, BCN deux adiabatiques indéfinis correspondant aux fonctions thermiques φ_a, φ_b;

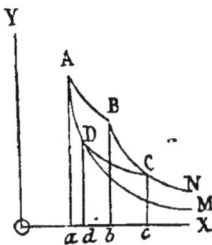
Fig. 100.

ABCD sera le diagramme d'une machine thermique élémentaire recevant la chaleur à la température τ_1, et la rejetant à la température τ_2. L'action de cette machine pendant une course se compose de quatre opérations représentées par les quatre côtés de la figure ABCD, comme il suit :

AB détente du fluide à la température limite supérieure τ_1;

BC détente adiabatique de τ_1 à τ_2;

CD compression à la limite inférieure de température τ_2;

DA compression adiabatique de τ_2 à τ_1.

La chaleur reçue du foyer par le fluide, à chaque course, pendant l'opération AB, est $\tau_1(\varphi_b - \varphi_a) = H_1$; elle est représentée par la surface indéfiniment prolongée MABN. La chaleur rejetée à chaque course pendant l'opération CD et absorbée par un corps froid (comme l'eau froide du condenseur dans une machine à vapeur) est $\tau_2(\varphi_b - \varphi_a) = H_2$; elle est représentée par la surface indéfiniment prolongée MDCN. La chaleur définitivement transformée en énergie mécanique, à chaque course, est représentée par la surface ABCD

$$H_1 - H_2 = (\tau_1 - \tau_2)(\varphi_b - \varphi_a). \qquad (1)$$

Conséquemment le *rendement de la machine* est

$$\frac{H_1 - H_2}{H_1} = \frac{\tau_1 - \tau_2}{\tau_1} = \frac{T_1 - T_2}{T_1 + 273°}. \qquad (2)$$

Cette dernière équation exprime la *loi du rendement d'une machine thermique élémentaire*, à savoir que *la chaleur transformée en énergie mécanique est à la chaleur totale reçue par le fluide comme l'abaissement de température est à la température absolue de réception de la chaleur*.

(*) 266. **Rendement d'un fluide dans les machines thermiques en général**. Représentons par la courbe fermée A*ab*B*cd*A le diagramme d'une machine thermique. Soient AM, BN

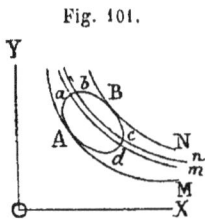

Fig. 101.

deux adiabatiques tangentes à ce contour et indéfiniment prolongée vers OX. Pendant l'opération représentée par A*a*B*b*, le fluide reçoit de la chaleur, il en perd pendant le trajet B*cd*A. Formons dans le diagramme une bande infiniment mince au moyen de deux adiabatiques *bcn*, *adm* correspondant aux fonctions thermo-dynamiques φ et $\varphi + d\varphi$. Soient τ_1, τ_2 les températures correspondant aux éléments *ab*, *cd* respectivement. Traitant la bande *abcd* comme le diagramme d'une machine élémentaire, on trouve, en kilogrammètres :

Chaleur reçue pendant le trajet *ab* = la surface indéfinie *mabn* = $dH_1 = \tau_1 d\varphi$;

Chaleur rejetée pendant le trajet *cd* = la surface indéfinie *mdcn* = $dH_2 = \tau_2 d\varphi$;

Chaleur transformée en énergie mécanique = surface $abcd$ = $dH_1 - dH_2 = (\tau_1 - \tau_2)d\varphi$.

D'où

Chaleur totale reçue par le fluide

$$= \text{surface } MAabBN = H_1 = \int_{\varphi_A}^{\varphi_B} \tau_1 d\varphi; \qquad (1)$$

Chaleur totale rejetée

$$= \text{surface } MAdcBM = H_2 = \int_{\varphi_A}^{\varphi_B} \tau_2 d\varphi; \qquad (2)$$

Chaleur transformée en énergie mécanique

$$= U = \text{surface } AabBcdA = H_1 - H_2$$
$$= \int (p - p')dv = \int (v - v')dp = \int_{\varphi_A}^{\varphi_B} (\tau_1 - \tau_2)d\varphi; \qquad (3)$$

Rendement de la machine

$$= \frac{U}{H_1} = \frac{H_1 - H_2}{H_1} \cdot \frac{\int_{\varphi_A}^{\varphi_B} (\tau_1 - \tau_2)d\varphi}{\int_{\varphi_A}^{\varphi_B} \tau_1 d\varphi}. \qquad (4)$$

267. Machine thermique de rendement maximum.
Entre des limites données de températures, le rendement d'une machine thermique est maximum quand toute la réception de la chaleur se fait à la limite la plus haute et tout le rejet à la plus basse, c'est-à-dire quand c'est une *machine élémentaire*, et le rendement du fluide dans une telle machine est indépendant de la nature du fluide *employé*.

268. Économiseur de chaleur ou régénérateur. Pour remplir exactement la condition ci-dessus du rendement maximum entre deux limites de température données, l'élévation de température de fluide doit s'accomplir entièrement sans compression, et l'abaissement sans dilatations, opérations en général impossibles, à cause de l'énorme volume qu'elles imposeraient aux cylindres.

Cette difficulté est presque entièrement évitée par la méthode suivante qui permet d'élever et d'abaisser alternativement la température du fluide avec une faible dépense de chaleur. Elle fut inventée en 1816 par le révérend Dr Robert Stirling; perfectionnée ensuite et modifiée par M. James Stirling, le capitaine Ericsson, M. Siemens et d'autres.

Le fluide dont il faut abaisser la température passe à travers les interstices d'un appareil appelé *économiseur* ou *régénérateur*, formé d'un grand nombre de feuilles de métal, ou d'un autre corps conducteur, ou par des tamis de toiles mécaniques exposant une grande surface sous un faible volume. L'économiseur s'échauffe en refroidissant le fluide. Quand il faut relever la température du fluide, on lui fait retraverser l'économiseur en sens contraire; il lui reprend en partie la chaleur qu'il a précédemment cédée.

Il est impossible d'accomplir cette opération absolument sans perte de chaleur. Dans quelques expériences de M. Siemens, sur l'air, la perte de chaleur, par course, fut d'à peu près $\frac{1}{20}$ de la chaleur alternativement cédée et enlevée à l'air. Dans la machine à air chaud du navire Ericsson, cette perte était d'environ $\frac{1}{10}$.

(*) 269. **Lignes isodiabatiques**. Une des conditions de la marche économique du régénérateur, c'est que la quantité de chaleur cédée par le fluide pendant son refroidissement soit égale à celle qu'il absorbe pendant son échauffement; on la réalise de la manière suivante :

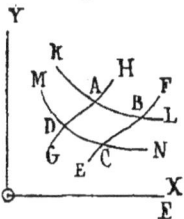
Fig. 102.

Soient EF une courbe arbitraire représentant les variations de volume et de pression du fluide pendant son refroidissement; GH la courbe correspondante pour l'échauffement; KL, MN, deux isothermiques coupant ces courbes et A, D, B, C — φ_A, φ_D, φ_C, φ_D les fonctions thermo-dynamique répondant à ces points. Alors si, pour toute paire d'isothermiques, on a

$$\varphi_B - \varphi_A = \varphi_C - \varphi_D,$$

les lignes EF, CH satisfont à la condition exigée; on dit qu'elles sont *isodiabatiques* l'une par rapport à l'autre.

SECTION 4. *Rendement des machines à air.*

(*) 270. **Lignes thermiques de l'air**. La facilité avec laquelle l'air s'obtient en toute quantité, et l'impossibilité d'explosion à des

températures élevées, ont conduit beaucoup d'inventeurs à la cón-
struction de machines dans lesquelles il est le fluide moteur.

. Très-peu pourtant de ces machines ont jusqu'ici subi l'épreuve de
la pratique, surtout à cause de la difficulté d'obtenir une convection
suffisamment rapide de la chaleur à travers la masse d'air employée,
et de la nécessité d'avoir recours à des cylindres beaucoup plus volumineux que pour une machine à vapeur de même force et avec
une pression même maxima.

On étudiera ici le rendement des machines à air avant celui des
machines à vapeur, à cause de la plus grande simplicité de leurs
principes mathématiques.

Dans ces recherches, on peut sans inconvénient considérer l'air
comme un gaz parfait.

Les *isothermiques* pour un gaz parfait sont des hyperboles équila-
tères dont les asymptotes sont les axes OX, OY. Leur équation est

$$pv = p_0 v_0 \frac{\tau}{\tau_0}. \qquad (1)$$

Pour l'air

$$\frac{p_0 v_0}{\tau_0} = 29,272 \text{ kilogrammètres par degré centigrade.}$$

Les *adiabatiques* sont encore des hyperboles ayant pour asymptotes
les axes OX, OY. Leur équation est

$$pv^\gamma = e^{\frac{\varphi}{k}} = \text{constant.} \qquad (2)$$
$$\gamma \text{ pour l'air} = 1,408.$$

(Voir l'article 251.)

Pour chaque *paire d'isodiabatiques* d'un gaz parfait, si v et v' sont
les abscisses de leurs intersections avec une même isothermique, le
rapport $\frac{v}{v'}$ est constant pour toutes les isothermiques, ainsi que le
rapport $\frac{p}{p'}$. Il suit de là que toutes les droites de volume constant
parallèles à OY sont mutuellement isodiabatiques (ce qui revient à
dire que la chaleur spécifique à volume constant est invariable), ainsi
que les droites de pression constante parallales à OX, ce qui revient
à dire que la chaleur spécifique à pression constante est invariable.
(Voir art. 250.)

271. Fonction thermo-dynamique de l'air. Lorsqu'on applique aux gaz parfaits les deux formes de la fonction thermo-dynamique donnée aux articles 246 et 248,

$$\varphi = k \log \text{hyp} \, \tau + \int \frac{dp}{d\tau} \, dv ;$$

$$\varphi = \left(k + \frac{p_0 v_0}{\tau_0} \right) \log \text{hyp} \, \tau - \int \frac{dv}{d\tau} \, dp ;$$

on doit observer (comme on l'a déjà fait remarquer à l'art. 251) que pour une substance en cet état,

$$\frac{dp}{d\tau} = \frac{p}{\tau} = \frac{p_0 v_0}{\tau_0} \frac{1}{v} ;$$

$$\frac{dv}{d\tau} = \frac{v}{\tau} = \frac{p_0 v_0}{\tau_0} \frac{1}{p} ,$$

et aussi que, d'après l'article 250,

$$k = K_v = \frac{p_0 v_0}{(\gamma - 1)\tau_0} ; \quad k + \frac{p_0 v_0}{\tau_0} = K_p = \frac{\gamma p_0 v_0}{(\gamma - 1)\tau_0} .$$

Ces valeurs, introduites sous le signe d'intégration, donnent les résultats suivants :

$$\varphi = \frac{p_0 v_0}{\tau_0} \left(\frac{\log \text{hyp} \, \tau}{\gamma - 1} + \log \text{hyp.} \, v \right) + \text{constante} ; \qquad (1)$$

$$\varphi = \frac{p_0 v_0}{\tau_0} \left(\frac{\gamma \log \text{hyp} \, \tau}{\gamma - 1} + \log \text{hyp.} \, p \right) + \text{constante}. \qquad (2)$$

Dans ces formules, la valeur assignée à la constante arbitraire n'a pas d'importance, parce que dans les problèmes on n'a à considérer que les différences entre les fonctions thermo-dynamiques, de sorte que ces constantes disparaissent.

Il convient de répéter ici les valeurs des coefficients de l'air qui entrent dans ces formules, et qui ont été données à l'article 251 :

$$\left. \begin{array}{l} \dfrac{1}{\gamma - 1} = 2,451 ; \quad \dfrac{\gamma}{\gamma - 1} = 3,451 ; \\[2mm] \dfrac{p_0 v_0}{\tau_0} = 29^{k},272 \text{ par degré centigrade.} \end{array} \right\} \qquad (3)$$

En se servant des formules (1) et (2), avec des tables de logarithmes vulgaires au lieu de logarithmes hyperboliques, il faut se rappeler que

$$\log \text{hyp } n = \log \text{vulgaire } n \times \log \text{hyp } 10 ;$$
$$\log \text{hyp } 10 = 2,3026 ;$$
$$\frac{p_0 v_0}{\tau_0} \times \log \text{hyp } 10 = 29,272 \times 2,3026 = 67^{\text{kgm}} 4017$$
$$\text{par degré centigrade.}$$

(4)

272. Machine à air parfaite, sans régénérateur. On peut considérer la *fig.* 100 (art. 265) comme le diagramme de l'énergie exercée par 1 kilog. d'air, pendant une course, dans une machine de cette classe.

Soient τ_1, τ_2 les températures absolues de réception et de réjection de la chaleur.

AB est une portion d'hyperbole isothermique à τ_1 ; son équation est

$$pv = \frac{p_0 v_0}{\tau_0} \tau_1 = 29,272\, \tau_1.$$ (1)

CD est une portion d'hyperbole, l'isothermique à τ_2 ; son équation est

$$pv = \frac{p_0 v_0}{\tau_0} \tau_2 = 29,272\, \tau_2.$$ (2)

BC, DA sont des portions d'adiabatiques dont les équations sont de la forme donnée à l'artice 270, équation (2).

Soient

$$p_a, \ p_b, \ p_c, \ p_d,$$
$$v_a, \ v_b, \ v_c, \ v_d,$$

les pressions en kilogrammes par mètre carré, et les volumes en mètres cubes, du kilogramme d'air aux quatre angles A, B, C, D du diagramme. Les *rapports* de ces quantités sont régis par les formules suivantes :

$$\frac{p_a}{p_b} = \frac{v_b}{v_a} = \frac{p_d}{p_c} = \frac{v_e}{v_d} = r.$$ (3)

$$\frac{p_a}{p_d} = \frac{p_b}{p_c} = \left(\frac{\tau_1}{\tau_2}\right)^{\frac{\gamma}{\gamma-1}} = \left(\frac{\tau_1}{\tau_2}\right)^{3,451}.$$ (4)

$$\frac{v_d}{v_a} = \frac{v_c}{v_b} = \left(\frac{\tau_1}{\tau_2}\right)^{\frac{1}{\gamma-1}} = \left(\frac{\tau_1}{\tau_2}\right)^{2,451}.$$ (5)

Dans l'équation (3), r est le *degré de détente et de compression de l'air à une température constante;* il est arbitraire et fixé par des considérations pratiques.

Si une même masse d'air confinée dans la machine agit et réagit sans cesse sur le piston, les valeurs absolues des pressions et des volumes dont les rapports sont donnés par les équations (3), (4) et (5) sont aussi arbitraires; mais si cet air est en partie ou en totalité déchargé à chaque course, et remplacé par une certaine masse d'air de l'atmosphère, la pression minima p_o, le volume maximum v_o du logramme d'air, et la température de réjection de chaleur $\tau_2 = \dfrac{p_o v_o}{29,272}$ sont déterminés comme étant ceux de l'air extérieur. Si la température τ_1 de réception de la chaleur est déterminée, la pression et le volume p_b, v_b sont donnés par les formules

$$p_b = p_a \left(\frac{\tau_1}{\tau_2}\right)^{3,451} ; \quad v_b = v_c \left(\frac{\tau_2}{\tau_1}\right)^{2,451} ; \tag{6}$$

il ne reste plus d'arbitraire que le rapport r de détente ou de compression à température constante, qui, une fois fixé d'après des considérations pratiques, détermine les autres limites de pression et de volume

$$p_a = rp_b; \quad p_d = rp_e; \quad v_a = \frac{v_b}{r}; \quad v_d = \frac{v_c}{r}. \tag{7}$$

Soient φ_a, $\varphi_{b'}$, les fonctions thermo-dynamiques propres aux courbes AD, BC respectivement : alors, d'après l'article 271, équations 1, 3 et 4, la différence de ces fonctions est

$$\left.\begin{array}{l} \varphi_b - \varphi_a = \dfrac{p_0 v_0}{\tau_0} (\log \text{hyp. } v_b - \log \text{hyp. } v_a) \\[2mm] = 29,972 \log \text{hyp. } r = 67,4017 \log \text{ord. } r \end{array}\right\} \tag{8}$$

c'est une fonction *du rapport de détente à température constante.*

Introduisant ces valeurs dans les équations générales de l'article 265, on arrive aux résultats suivants :

Chaleur totale en kilogrammètres d'énergie, par kilogramme dépensée d'air et par course :

$$H_1 = \tau_1 (\varphi_b - \varphi_a) = 29,272\,\tau_1 \log \text{hyp. } r = 67,4017\,\tau_1 \log r. \tag{9}$$

Chaleur rejetée et soustraite par le réfrigérant :

$$H_2 = \tau_2 (\varphi_b - \varphi_a) = 29,272\,\tau_2 \log \text{hyp. } r = 67,4017\,\tau_2 \log r. \tag{10}$$

Énergie mécanique exercée sur le piston :

$$U = H_1 - H_2 = (\tau_1 - \tau_2)(\varphi_b - \varphi_a) = 29{,}272 (\tau_1 - \tau_2) \log hyp. r$$
$$= 67{,}4017 (\tau_1 - \tau_2) \log r. \qquad (11)$$

Rendement du fluide (comme dans le cas général) :

$$\frac{H_1}{U} = \frac{\tau_1 - \tau_2}{\tau_1}. \qquad (12)$$

S'il était possible d'accomplir tout le cycle d'opérations sur l'air dans un seul cylindre, *l'espace décrit* par le piston par kilogramme d'air et par course serait la différence entre les volumes maxima du kilogramme d'air, c'est-à-dire

$$v_c - v_a = v_c \left[1 + \frac{1}{r} \left(\frac{\tau_2}{\tau_1} \right)^{2,151} \right]; \qquad (13)$$

et la pression moyenne effective

$$\frac{U}{v_c - v_a} = \frac{p_c \left(\dfrac{\tau_1}{\tau_2} - 1 \right) \log hyp. r}{1 - \dfrac{1}{r} \left(\dfrac{\tau_2}{\tau_1} \right)^{2,451}}. \qquad (14)$$

Il peut y avoir, d'un autre côté, une *pompe de compression* aussi bien qu'un *cylindre moteur*. L'air arrive dans la pompe à la pression et au volume p_c, v_c; on le comprime à la température constante τ_2, jusqu'à l'état p_d, v_d, puis, avec élévation de température, jusqu'à v_a, p_a; on le transmet alors au cylindre moteur, où il se détend à la température constante τ_1, jusqu'à p_b, v_b, puis, avec abaissement de température, jusqu'à p_c, v_c; après quoi il s'échappe. Dans ce cas la pompe de compression et le cylindre moteur doivent être de même volume, et leurs pistons doivent décrire chacun le volume maximum

$$v_c \qquad (15)$$

par kilogramme d'air par course; ce qui donne pour pression moyenne effective

$$\frac{U}{v_c} = p_c \left(\frac{\tau_1}{\tau_2} - 1 \right) \log hyp. r. \qquad (16)$$

Lorsque la machine s'approvisionne d'air dans l'atmosphère extérieure, p_c est la pression atmosphérique.

24

Il est souvent avantageux d'exprimer la dépense de chaleur en kilogrammètres par mètre cube décrit par le piston, c'est-à-dire d'exprimer la pression en kilogrammes par mètre carré, qui, agissant
sur le piston, y exercerait une énergie équivalente à la chaleur dépensée. Cette dépense est égale à

$$\frac{H_1}{v_e - v_a}, \quad \text{ou} \quad \frac{H_1}{v_e}, \tag{17}$$

suivant le cas.

Exemple numérique :

DONNÉES.

Rapport de détente

$$r = 2$$

$p_c = 10\,333$ kilog. par mètre carré.

Température ordinaire.. . . . . . $\tau_1 = 343°$ $\tau_2 = 66°$;

Température absolue. . . . . . $\tau_1 = 616°$ $\tau_2 = 399°$.

RÉSULTATS.

$$\left(\frac{\tau_1}{\tau_2}\right)^{3,451} = 7,87 \quad \left(\frac{\tau_2}{\tau_1}\right)^{2,451} = 0,231 = \frac{1}{4,33},$$

$$v_c = \frac{29,272\,\tau_2}{p_c} = 0^{m3},96 \text{ par kilogramme}$$

d'après l'équation (8).

Fonction thermo-dynamique $= \varphi_b - \varphi_a = 67\,4017 \times 0,30103 = 20,29$
d'après la formule (6),

$$p_b = 81\,320, \quad v_b = 0^{m3},2217$$

d'après la formule (7),

$$p_a = 2p_b = 162\,640, \quad v_a = \frac{v_b}{2} = 0,1109,$$

$$p_d = 2p_c = 20\,666, \quad v_d = \frac{v_e}{2} = 0,48.$$

D'après les équations (9), (10), (11),

kilogrammètres.

$H_1 =$ chaleur dépensée par kilog. d'air par course. . . $616° \times 20,29 = 12\,499$

$H_2 =$ chaleur rejetée. . . . . $339° \times 20,29 = \underline{6\,878}$

$U =$ énergie exercée sur le piston. . . . . $277° \times 20,29 = 5\,620$

D'après l'équation (12),

$$\text{rendement du fluide } \frac{\overset{.}{\text{U}}}{\text{H}_1} = \frac{277°}{116°} = 0,45.$$

Pour un cylindre agissant comme pompe de compression et cylindre moteur, on a, d'après les formules (13), (14),
Espace décrit par kilogramme d'air par course,

$$v_e - v_a = 0^{m3},849;$$

Chaleur dépensée par mètre cube décrit,

$$\frac{12\,499}{0,849} = 14\,728 \text{ kilogrammes par mètre carré;}$$

Pression moyenne effective,

$$\frac{5620}{0,849} = 6\,227 \text{ kilogrammes par mètre carré.}$$

Pour un cylindre moteur et une pompe de compression séparés, on a, d'après les formules (15) et (16),
Espace décrit par chaque piston, par kilogramme d'air par course,

$$v_e = 0^{m3},96;$$

Chaleur dépensée par mètre cube décrit,

$$\frac{12\,499}{0,96} = 1300 \text{ kilogrammes par mètre carré;}$$

Pression moyenne effective,

$$\frac{5620}{0,96} = 5\,845 \text{ kilogrammes par mètre carré.}$$

Ce dernier résultat fait ressortir une des difficultés pratiques des machines à air dans lesquelles les changements de température sont dus à des variations de volume, à savoir, la faiblesse de la pression moyenne effective par rapport à la pression maxima, et par conséquent le grand volume et la grande résistance nécessaires aux cylindres. Dans notre exemple, la pression maxima effective est

$$162\,640 - 10\,333 = 152\,307 \text{ kilog. par mètre carré.}$$

Le cylindre et les autres organes de la machine doivent être con-
struits de façon à résister à cette énorme pression, égale à environ
26 fois la pression moyenne effective.

Pour faire ressortir encore mieux le volume nécessaire à la machine, quand on la suppose munie d'une pompe de compression
séparée, on remarquera que le volume que devrait décrire le piston
dans sa course motrice, pour donner le *travail d'un cheval*, serait
par minute

$$\frac{4500^{km}}{5845} = 0^{m3},766.$$

273. Machine à air parfaite avec régénérateur. La
fig. 102 (art. 209) peut être prise comme représentant le cas général
du diagramme d'une machine de cette classe. AB, DC sont des portions d'hyperboles isothermiques; AD, BC sont des portions d'isodiabatiques de forme quelconque, mais liées entre elles par la condition exposée à l'article 270.

La construction du régénérateur ou économiseur de chaleur a
déjà été exposée à l'article 270.

Les opérations subies par la masse d'air motrice sont représentées sur le diagramme comme il suit :

CD représente la compression de l'air à la limite inférieure de
température absolue τ_2; la chaleur produite par cette compression
est absorbée par le réfrigérant.

DA représente la série de variations de volume et de pression
subies par l'air en traversant le grillage ou tamis du régénérateur
qui, précédemment échauffé, lui cède de la chaleur en l'élevant à la
limite supérieure de température τ_1.

AB représente la détente de l'air à la température absolue τ_1.

BC représente la série des variations de volumes et de pressions
subies par l'air en repassant à travers le régénérateur auquel il cède
assez de chaleur pour abaisser sa température absolue à la limite
inférieure τ_2. Cette chaleur reste emmagasinée dans le régénérateur jusqu'à ce qu'elle soit employée à échauffer l'air dans la course
suivante.

En emmagasinant, puis restituant ainsi une certaine quantité de
chaleur, on arrive à abaisser puis à élever alternativement la température de l'air, sans emprunter au foyer d'autre chaleur que celle
nécessaire pour réparer la perte au régénérateur. Cette perte varie,

d'après l'expérience, de $\frac{1}{10}$ à $\frac{1}{20}$ de la chaleur totale nécessaire pour échauffer l'air à chaque course et dont la valeur, en kilogram-mètres, est par kilogramme d'air

$$7,825(\tau_1 - \tau_2) \pm \int pdv; \qquad (1)$$

$\int pdv$ est la surface comprise entre une isodiabatique (comme AD) et les ordonnées abaissées de ses extrémités perpendiculairement à OX. Cette surface doit être $\left\{ \begin{array}{c} \text{ajoutée} \\ \text{ou soustraite} \end{array} \right\}$ suivant que $\left\{ \begin{array}{c} \text{A} \\ \text{ou D} \end{array} \right\}$ est le point le plus éloigné de OY.

Pour une adiabatique l'expression (1) s'annule.

Dans les machines à air usitées en pratique, le *poids du régénérateur était d'environ quarante fois celui de l'air qui le traversait à chaque course.*

Les formules, donnant les rapports entre les pressions, les volumes et les températures, la dépense de chaleur pour la détente de l'air, l'energie exercée par kilogramme d'air par course et le rendement, sont les mêmes que celles du précédent article, excepté que le rapport

$$\frac{p_a}{p_d} = \frac{p_b}{p_c} = \frac{\tau_1}{\tau_2} \frac{v_d}{v_a} = \frac{\tau_1}{\tau_2} \frac{v_c}{v_b}, \qquad (2)$$

qui, dans une machine sans régénérateur, est fixé par l'équation (4) de l'article 272, devient arbitraire dans une machine à régénérateur. D'où il suit que toutes les équations de l'article 272 demeurent dans ce cas, excepté (4) et ses conséquences (5), (6), (13) et (14), remplacées simplement par les relations données dans la formule (2) du présent article.

Le volume décrit par le piston par kilogramme d'air à chaque course ne peut pas être moindre que la différence entre les volumes maxima et minima de l'air, et peut la surpasser d'une quantité variable avec la construction et le mode de travail de la machine.

On examinera dans les articles suivants plusieurs cas particuliers de construction et de mode de travail. La *fig.* 103 représente les diagrammes d'énergie des deux cas les plus importants.

Sur cette figure ABA'B' est l'isothermique de la limite supérieure de température; D'C'DC celle de la limite inférieure. AD, BC sont une paire d'adiabatiques, de sorte que ABCD est le diagramme du

Fig. 103.

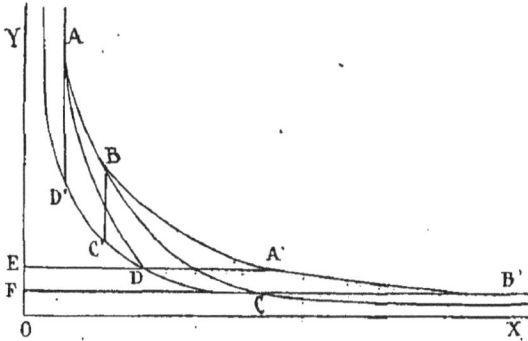

cas considéré à l'article 272. DA', CB' sont une paire de droites correspondant chacune à une pression constante, de sorte que A'B'CD est le diagramme d'une machine dans laquelle les changements de température ont lieu à pressions constantes. AD', BC' sont une paire de droites correspondant chacune à un volume constant, de sorte que ABC'D' est le diagramme d'une machine dans laquelle les changements de température ont lieu à volumes constants.

(*) 274. **Changements de température à pression constante. Machine d'Ericsson.** Dans le but d'illustrer la construction de machines dont les diagrammes se rapprochent plus ou moins de l'aire A'B'CD, *fig.* 103, on a donné un croquis des principaux organes de la machine à air du capitaine Ericsson (type de 1852) sur la *fig.* 104, qui est une coupe verticale d'une machine de terre de cette espèce et à simple effet.

Fig. 104.

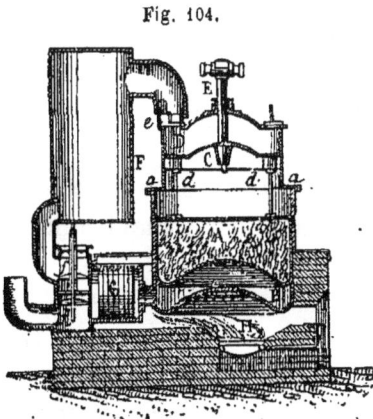

B est le cylindre moteur placé au-dessus du foyer H. Ce cylindre est en deux parties : la supérieure, parfaitement alésée, dans laquelle agit le piston, et l'inférieure, moins soignée et d'un diamètre un peu plus grand. C'est dans cette partie du cylindre que l'air reçoit la chaleur du foyer.

A est le piston de ce cylindre, il est aussi formé de deux parties.

La partie supérieure, ajustée avec précision, est munie d'une garniture métallique étanche avec le haut du cylindre; le bas est de même forme, mais de moindre volume que la partie inférieure du cylindre, de façon à le remplir à peu près, mais sans le toucher. Le piston est creux et rempli de poussière de briques ou de fragments réfractaires ou d'un autre mauvais conducteur. Le but de cette disposition est d'empêcher la transmission de la chaleur vers le haut du cylindre et spécialement à la garniture, de façon que les surfaces frottantes restent froides. Le couvercle du cylindre B est percé de trous a, laissant pénétrer l'air au-dessus du piston.

D est la pompe de compression; son cylindre est au-dessus du cylindre moteur. C est son piston, relié par trois ou quatre tiges d au piston A. L'espace sous le piston A communique librement avec l'atmosphère par les trous a. E est la tige du piston supérieur qui actionne le mécanisme; elle traverse un stuffing-box dans le couvercle de la pompe de compression.

L'air est comprimé dans la partie supérieure de la pompe de compression. Il y pénètre par le clapet d'admission c et se refoule, après compression, dans le réservoir d'air F par le clapet de refoulement e.

G est le régénérateur; c'est une caisse renfermant un grand nombre de tamis en toiles métalliques traversées par l'air entrant ou sortant du cylindre moteur.

b est la valve d'admission, c la valve d'échappement. Elles sont manœuvrés par le mécanisme de la machine. Lorsque b est ouvert, l'air passe du réservoir F, à travers le régénérateur, dans le cylindre, et soulève le piston A. A un certain point de sa course, b se ferme et coupe l'admission de l'air; le reste de la course du piston A s'accomplit par la détente de l'air. Pendant la course arrière, la valve d'échappement f reste ouverte, l'air est poussé dans l'atmosphère à travers le régénérateur et le tuyau d'échappement g.

Le rapport des volumes de la pompe de compression et du cylindre moteur doit être celui des températures absolues d'admission et de réjection de la chaleur,

$$\frac{\text{pompe de compresssion}}{\text{cylindre moteur}} = \frac{\tau_2}{\tau_1}. \tag{1}$$

Puisque leurs courses sont les mêmes, le rapport est celui des surfaces de leurs pistons.

En se reportant à la *fig.* 103 de l'article précédent, on peut considérer le diagramme A'B'CD comme représentant l'action d'un kilogramme d'air pendant une course de cette machine, quand les
conditions du rendement maximum y sont remplies. Prolongeons A'D en E et B'C jusqu'en F. EFDC sera le diagramme
de la pompe de compression; EA'B'F celui du cylindre moteur.
FC représente l'admission de l'air de l'atmosphère dans la pompe
de compression à la pression atmosphérique p_c; CD sa compression
dans cette pompe à la température absolue constante τ_2 jusqu'à ce
que sa pression atteigne p_d, la chaleur produite par cette compression est dissipée par conduction ou absorbée par un réfrigérant. A cause de l'élévation de température nécessaire pour que
cette chaleur se dissipe à mesure qu'elle se produit, τ_2 est toujours
supérieur à la température de l'atmosphère, mais d'une quantité
indéterminée.

DE représente l'expulsion de l'air de la pompe de compression
dans le réservoir.

EA' l'admission de l'air au cylindre moteur lorsque, par son passage à travers le régénérateur, sa température absolue s'élève à τ_1 et
que son volume passe de v_d à v_c.

Pour que l'opération représentée par DE et EA' puisse s'accomplir sans une chute sensible de la pression, la machine doit
être *triple* ou mieux *quadruple* (comme celle essayée à bord du
navire *Ericsson*). Elle est formée, dans ce cas, par quatre cylindres,
munis chacun de sa pompe de compression, couplés sur le même
arbre, ayant le même réservoir d'air et accomplissant leurs courses
à des intervalles d'un quart de tour. Cette disposition a, en outre,
l'avantage de donner un mouvement régulier.

A'B' représente la détente de l'air dans le cylindre moteur après
que son admission y est interrompue, à la température absolue
constante τ_1, jusqu'à ce qu'il revienne à la pression atmosphérique.
La chaleur nécessaire à la détente est fournie par le foyer à travers
le fond du cylindre.

B'F représente l'expulsion finale de l'air retraversant le régénérateur en sens inverse, et transmettant à ses tamis une quantité de
chaleur employée dans la course suivante à réchauffer la masse
d'air correspondante.

Voici les formules appropriées à cette classe de machines.

DONNÉES.

τ_1, température à laquelle l'air reçoit la chaleur du foyer et se détend ;

τ_2, température à laquelle l'air se comprime et cède sa chaleur ;

p_c, pression atmosphérique si la machine s'alimente et se décharge directement dans l'atmosphère, comme dans le cas décrit plus haut ;

r, rapport de détente à température constante.

Pressions,
$$\left. \begin{array}{l} p_b = p_c, \\ p_d = p_a = r p_c. \end{array} \right\} \qquad (2)$$

Volumes,
$$\left. \begin{array}{l} v_c = \dfrac{29,272\,\tau_2}{p_c}, \\[2mm] v_b = \dfrac{\tau_1}{\tau_2} v_c = \dfrac{29,272\,\tau_1}{p_c}, \\[2mm] v_d = \dfrac{v_c}{r}, \quad v_a = \dfrac{v_b}{r} = \dfrac{\tau_1}{\tau_2} v_d. \end{array} \right\} \qquad (3)$$

Fonction thermo-dynamique. Article 272.

$$\varphi_b - \varphi_a = 29,272 \log \text{hyp. } r = 67.4017 \log r. \qquad (4)$$

Dépense de chaleur à détendre l'air.

$$H_1 = 67,4017\,\tau_2 \log r. \qquad (5)$$

Chaleur rejetée pendant la compression de l'air.

$$H_2 = 67,4017\,\tau_1 \log r. \qquad (6)$$

Énergie mécanique. Comme dans l'article 272,

$$U = 67,4017\,(\tau_1 - \tau_2) \log r. \qquad (7)$$

Rendement, sans perte de chaleur, comme dans l'article 272,

$$\frac{U}{H_1} = \frac{\tau_1 - \tau_2}{\tau_1}. \qquad (8)$$

Chaleur absorbé et rendue par le régénérateur.

$$K_p(\tau_1 - \tau_2) = 101,15\,(\tau_1 - \tau_2) \text{ kilogramètre.} \qquad (9)$$

Si, d'après les expériences de M. Siemens, on perd $\dfrac{1}{20}$ de cette chaleur, le rendement sera réduit à

$$\frac{U}{H_1 + 5,05(\tau_1 - \tau_2)}. \qquad (10)$$

D'après les expériences du professeur Norton à bord du navire *Ericsson*, cette perte était d'environ $\frac{1}{10}$. Dans ce cas le rendement devient :

$$\frac{U}{H_1 + 10,115 (\tau_1 - \tau_2)}. \qquad (10\,\text{A})$$

Volume décrit par le piston A, par kilogramme d'air dépensé dans une course,

$$= v_b. \qquad (11)$$

Pression moyenne effective par unité de surface de A,

$$\frac{U}{v_b} = p_c \frac{\tau_1 - \tau_2}{\tau_1} \log \text{hyp.} \ r = 2,3026 \, p_c \frac{\tau_1 - \tau_2}{\tau_1} \log r. \quad (12)$$

Chaleur dépensée par mètre cube décrit par le piston, non compris les pertes,

$$\frac{H_1}{v_b} = p_c \log \text{hyp.} \ r = 2,3026 \, p_c \log r. \qquad (13)$$

La même, en y ajoutant la perte supposée au régénérateur :

$$\frac{H_1 + mK_p(\tau_1 - \tau_2)}{v_b}$$

$$= p_c \left(2,3026 \log r + 3,451 \, m \frac{\tau_1 - \tau_2}{\tau_1} \right), \qquad (14)$$

m est la fraction perdue de la chaleur totale absorbée par le régénérateur; elle varie de $\frac{1}{20}$ à $\frac{1}{10}$.

Dans l'exemple numérique suivant, le rapport du cylindre moteur à la pompe de compression $\frac{v_b}{v_a}$ et le rapport de détente $\frac{v_b}{v_a} = r$, sont ceux de la machine de l'*Ericsson*, mais les températures de réception et de rejection de la chaleur, ainsi que la pression atmosphérique, ne sont que probables. La perte de chaleur par le régénérateur est supposée égale à $\frac{1}{10}$.

DONNÉES.

$$T_2 = 50° \qquad \tau_2 = 323°$$
$$T_1 = 212° \qquad \tau_1 = 485°$$
$$p_c = 10\,333$$

$$r = 1,54; \quad \frac{\tau_1}{\tau_2} = 1,5$$

RÉSULTATS.

Pressions.

$$p_b = 10\,333; \qquad p_d = p_a = 15\,912.$$

Volumes.

$$v_c = 0^{m3},905; \qquad v_b\,(\text{maximum}) = 1,357;$$
$$v_d = 0,587 \qquad v_a = 0,880.$$

Fonction thermo-dynamique.

$$\varphi_b - \varphi_a = 69,40 \times 0,1875 = 13.$$

kilogrammètres.

Chaleur latente de détente. . . . . $H_1 = 486° \times 13 = 6\,318$

Chaleur perdue au régénérateur. . . . . . $\dfrac{101.15 \times 162°}{10} = 1\,638$

Chaleur totale dépensée par kilog. d'air par course. 7 956

Chaleur rejetée,

$$H_2 = 323° \times 13 = 4\,200.$$

Énergie mécanique par kilogramme d'air par course,

$$U = 162° \times 13 = 2\,106.$$

Rendement du fluide, sans perte de chaleur,

$$= \frac{1}{3}.$$

Rendement du fluide, en estimant la perte comme ci-dessus,

$$\frac{2\,106}{7\,956} = 0,263.$$

Pression moyenne effective,

$$\frac{2\,106}{1,357} = 1\,550 \text{ kilog. par mètre carré.}$$

La machine à air de l'Ericsson avait 4 cylindres moteurs de $4^m,26$ de diamètre, donnant pour la surface des 4 pistons

$$4 \times 14,25 = 57^{m^2}.$$

La course étant de $1^m,82$, la machine faisant 9 tours par minute, d'où, d'après le calcul précédent de la pression moyenne effective, pour le travail exercé par l'air sur les pistons,

$$1\,550 \times 57 \times 9 = 1\,447\,173 \text{ kilogrammètres par minute}$$
$$= 321 \text{ chevaux indiqués.}$$

D'après le rapport du professeur Norton, la puissance indiquée était de. . . . . 309 chevaux
Différence. 12

Volume décrit par les pistons moteurs par cheval indiqué,

$$\frac{934^{m^3}}{321} = 2^{m^3},90 \text{ par minute;}$$

idem par les pistons compresseurs, 2 mètres cubes.

Ces résultats montrent le volume excessif de ces machines comparées à leur puissance; c'est le principal obstacle à leur emploi à la mer.

D'après le professeur Norton, le poids de combustible brûlé (anthracite) par cheval indiqué et par heure était

$$0^k,848;$$

ce qui donne, pour le *travail* d'un kilogramme d'anthracite,

$$\frac{273\,900}{0,848} = 323\,000.$$

On peut évaluer la puissance d'évaporation du kilogramme de cette anthracite à 14 kilogrammes d'eau évaporée à 100°, ce qui donne, pour l'équivalent mécanique de la chaleur totale de combustion, environ

$$3\,180\,000 \text{ kilogrammètres,}$$

d'où, pour le *rendement résultant* du foyer,

$$\frac{323\,000}{3\,180\,000} = 0,1\,014.$$

Le rendement probable du fluide a déjà été calculé égal à 0,263, d'où, pour le rendement probable du foyer,

$$\frac{0,1014}{0,263} = 0,4 \text{ environ}$$

égal au plus bas rendement des foyers de chaudières à vapeur.

La surface de chauffe consistait simplement dans les fonds des cylindres et comptait en nombres ronds 65 mètres carrés. La consommation de combustible par heure était de 254 kilogrammes. Employant ces données dans l'équation (2) (art. 254) et faisant $B = \frac{11}{12} A = 0,102$ (ou prenant, dans la table de l'article 234, le rendement correspondant à $\frac{S}{F} = 0,256$), on trouve, pour le rendement d'un *foyer de chaudière à vapeur* ayant la même surface de chauffe et brûlant le combustible à la même vitesse

$$0,71.$$

La différence entre ce rendement et 0,4 doit être attribuée à la grande infériorité de l'air pour la *convection de la chaleur*.

Il résulte de ces calculs que, malgré le rendement inférieur du foyer, le rendement de l'air était assez considérable pour donner à l'ensemble un rendement supérieur à celui de presque toutes les machines à vapeur à l'époque de ces expériences.

On pourrait obvier en partie, et peut-être l'a-t-on déjà tenté, à la difficulté provenant des grandes dimensions de la machine, en faisant en sorte qu'elle prenne et rejette son air par la valve d'échappement f, dans un second réservoir contenant de l'air à une pression moindre que celle du réservoir F. Dans ce cas, $p_c = p_b$ désigneraient la pression de ce réservoir dépassant d'une quantité arbitraire celle de l'atmosphère, $p_d = p_a = r p_c$ serait, comme précédemment, la pression du réservoir F; la pression moyenne effective serait augmentée, et l'espace décrit par le piston par cheval et par minute serait diminué, ainsi que le volume de la machine, dans le rapport de p_c à la pression atmosphérique.

La machine ainsi modifiée devrait être munie d'une petite pompe de compensation pour aspirer de l'atmosphère et refouler dans le second réservoir l'air nécessaire pour réparer les pertes par les fuites.

Il faudrait en outre un réfrigérant formé de tubes à circulation d'eau froide ou autrement, pour enlever à l'air passant du régénérateur au second réservoir, la chaleur qu'il aurait laissé s'échapper à cause de l'imperfection inévitable de son action, et qui constitue en fait la perte due au régénérateur mentionnée plus haut.

Il serait aussi nécessaire d'entourer la pompe de compression D d'un courant d'eau froide pour absorber la chaleur produite par la compression de l'air, parce que, à cause de la diminution du volume du cylindre de compression, l'absorption de cette chaleur par son contact avec l'air ne serait plus assez rapide.

On pourrait employer plusieurs moyens pour augmenter la surface de chauffe exposée au foyer par le cylindre moteur, sans augmenter outre mesure le volume de la machine. On décrira l'un de ces moyens à la fin de l'article suivant.

(*) 275. **Température variant à volume constant. Machine de Stirling. Réchauffeur de Napier et Rankine.** Dans la *fig.* 103, article 273, ABC'D' représente le diagramme d'une machine à air parfaite de cette espèce. AB représente la dilatation de l'air à la température absolue constante τ_1 ; B'C', son refroidissement par le passage à travers le régénérateur au volume constant $v_b = v_c$; C'D', la compression de l'air à la température absolue constante τ_2 ;

D'A, l'échauffement de l'air au volume constant $v_d = v_a = \dfrac{v_c}{r}$.

Cette méthode de règlement des opérations subies par l'air convient pour une machine dans laquelle une même masse d'air est maintenue constamment dans un espace fermé de volume variable :

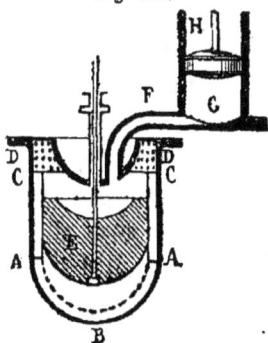

Fig. 105.

elle est favorable à la réduction de l'espace occupé par la machine, car elle permet d'y employer l'air à toute pression ne compromettant pas la sécurité. Pour exposer la construction d'un appareil faisant subir à l'air ce cycle d'opérations, on a dessiné sur la *fig.* 105 une coupe verticale de la partie principale de la machine inventée par le D' Robert Stirling et perfectionnée par M. James Stirling. DCABACD est le récepteur d'air ou récipient, alternativement échauffant puis refroidissant. G est le cylindre avec son piston H. Le récepteur et le cylindre communiquent librement par le tuyau F, toujours ouvert pendant que la machine travaille.

Dans le récepteur, s'en trouve un second de même forme depuis B jusqu'à CC. Son fond hémisphérique est percé de petits trous, et il laisse entre lui et le récepteur extérieur un espace vide. Depuis AA jusqu'à CC, l'espace annulaire entre les deux récepteurs est garni de lames de fer ou de verre, minces et verticales, laissant entre elles d'étroits passages et formant le régénérateur. L'intérieur du second récepteur est alésé depuis AA jusqu'à CC; il s'y meut un plongeur E, exactement ajusté de façon à le remplir le mieux possible avec un faible frottement.

L'espace, de CC à DD, entre le récepteur extérieur et son couvercle et au-dessus du bord du récepteur intérieur, renferme le réfrigérant, formé par un serpentin de cuivre en tubes minces à circulation d'eau froide entretenue par une pompe qui n'est pas représentée.

Une pompe de compression non figurée force, dans le tube F, la quantité d'air nécessaire pour parer aux fuites.

Le fond hémisphérique ABA du récepteur forme la surface de chauffe exposée au foyer.

L'effet du mouvement alternatif du plongeur E est de transporter une certaine masse d'air, que l'on peut appeler l'*air moteur*, alternativement en bas, puis en haut du récepteur, en le faisant passer à travers le régénérateur entre AA et CC. Les trous percés dans le fond hémisphérique du récepteur interne occasionnent une diffusion et une circulation rapide de l'air quand il passe au bas du récepteur, et facilitent ainsi la convection à cet air de la chaleur nécessaire à sa détente représentée par AB (*fig.* 103) et par laquelle il soulève le piston H. La descente du plongeur force l'air à retourner par le régénérateur au haut du récepteur, en abandonnant à ses lames la majeure partie de la chaleur correspondant à sa chute de température $\tau_1 - \tau_2$; le surplus, ou la perte de chaleur due à l'imperfection du régénérateur, est absorbé par le réfrigérant, ainsi que la chaleur produite par la compression de l'air à la descente du piston H. La chaleur emmagasinée dans le régénérateur sert à échauffer l'air renvoyé par l'ascension du plongeur E au bas du récepteur.

Le mécanisme moteur du plongeur E est tel que sa montée s'opère quand H commence sa course motrice, et sa descente quand H commence sa course arrière.

Le diagramme représente une machine à simple effet. Dans une machine à double effet, l'autre extrémité du cylindre G communique avec un récepteur semblable à celui de la figure, et dont le plongeur se meut en sens inverse du précédent.

Outre l'air moteur, il entre évidemment en jeu une masse d'eau qui ne traverse pas le régénérateur, mais elle ne fait qu'entrer ou sortir par le tuyau F dans le cylindre G. Cette masse reste toujours à peu près à la température absolue constante τ_2; elle ne transforme pas de chaleur en énergie mécanique, mais ne sert qu'à transmettre la pression et le mouvement de l'air moteur au piston. Le piston et le cylindre étant toujours froids peuvent être graissés par les lubrifiants ordinaires, sans risque de les décomposer, et la garniture de la tige du piston peut être en cuir. (Pour une description détaillée de cette machine, voir *Proceedings of the Institution of Civil Engineers*, 1854.)

La théorie générale de l'action d'une masse d'un fluide élastique employée comme *coussin*, dans une machine thermique, entre le fluide moteur et le piston, a déjà été exposée à l'article 262. La *fig.* 106 montre l'application de cette théorie au cas présent.

Soit ABCD le diagramme réel d'un kilogramme de l'air moteur,

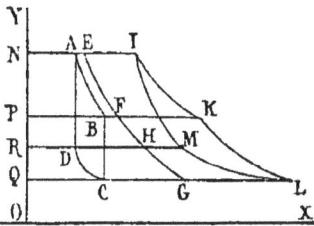

Fig. 106.

de sorte que $PB = QC = v_b = v_c$ représente son volume maximum en mètres cubes par kilogramme. Ajoutons l'espace égal au volume de l'air renfermé dans le jeu sous le piston H, entre les tubes du réfrigérant et les lames de la moitié supérieure du régénérateur, et dans le tuyau F. La somme de ces deux volumes sera le volume total occupé par l'air quand le piston H est au fond de sa course arrière et au commencement de sa course avant. Par A, menons NI parallèle à OX et égal à ce volume total; AI représentera le volume du coussin d'air à sa pression maxima. Prenons NE = AI et traçons l'isothermique EFGH; c'est une hyperbole dont les rectangles ON × NE, OB × PF, etc., sont constants. Sur des parallèles à OX, portons BK = PF, DM = RH, CL = QG; KLM et le point I formeront les coins du *diagramme actuel* du cylindre. On peut en trouver ainsi autant de points intermédiaires qu'on voudra. *Le volume décrit par le piston par kilogramme d'air employé par course* est représenté par

$$QL - NI.$$

Le rapport du poids du coussin d'air au poids de l'air moteur étant celui du volume de ces masses d'air à la même température est

$$\frac{QG}{QG}.$$

On donnera l'expression algébrique de ce principe après la formule relative au rendement du fluide moteur.

Le diagramme d'indicateur décrit par la machine à air de Stirling était une courbe ovale se rapprochant de la figure IKLM avec des angles arrondis. On doit attribuer ce fait en partie à ce que les opérations réelles du fluide moteur ne sont représentées qu'approximativement par la figure ABCD (l'échauffement et le refroidissement n'ont pas lieu exactement à volume constant, ni la détente ou la compression à températures constantes) et en partie à l'inertie du piston et des autres pièces mobiles de l'indicateur.

Voici les formules appropriées à cette classe de machines :

DONNÉES.

τ_1 température absolue de réception de la chaleur et de détente de l'air moteur.

τ_2 température absolue de compression de l'air moteur et de rejet de la chaleur.

p_a pression maxima.

r rapport de détente.

q rapport du volume des espaces nuisibles au volume maximum de l'air moteur.

Sur la *fig.* 106,

$$\frac{NI}{GC} = 1 + q.$$

RÉSULTATS.

Par kilogramme d'air moteur et par course

$$\textit{Pressions} \qquad p_b = \frac{p_a}{r};$$
$$p_c = \frac{p_a}{r}\frac{\tau_2}{\tau_1}; \qquad p_d = p_0 \frac{\tau_2}{\tau_1}. \qquad (1)$$

Volume du kilogramme d'air moteur

$$v_a = v_d = \frac{29\,272\,\tau_1}{p_a}; \quad v_b - v_c = rv_a. \tag{2}$$

Fonction thermo-dynamique

$$\varphi_b - \varphi_a = 29\,272 \log \text{hyp.}\, r = 67{,}40 \log r. \tag{3}$$

Dépense de chaleur pour la détente de l'air

$$\text{H}_1 = 67{,}40 \log r. \tag{4}$$

Perte de chaleur au régénérateur

$$m\text{K}_v(\tau_1 - \tau_2). \tag{5}$$

$$\left(m = \frac{1}{10} \text{ à } \frac{1}{20}? \, \text{K}_v = 71{,}82 \right).$$

Chaleur rejetée pendant la compression de l'air

$$\text{H}_2 = 67{,}40\tau_2 \log r. \tag{6}$$

Énergie mécanique

$$\text{U} = 67{,}40(\tau_1 - \tau_2) \log r. \tag{7}$$

Rendement pour $m = 0{,}10$ à peu près

$$\frac{\text{U}}{\text{H}_1 + 7{,}18(\tau_1 - \tau_2)}. \tag{8}$$

Les formules suivantes se rapportent aux volumes du coussin d'air et de l'air total, moteur et coussin, *par kilogramme d'air moteur;* les petites lettres indices de v se rapportent aux points marqués par les capitales correspondantes sur la *fig.* 106.

Volume total minimum

$$v_i = (1 + q)v_c. \tag{9}$$

Volume du coussin d'air

$$\left.\begin{aligned} v_e &= v_i - v_a = v_a[(1 + q)r - 1]; \\ v_f &= rv_e; \\ v_h &= \frac{v_g}{r} = r\frac{\tau_1}{\tau_2}v_e = \frac{\tau_1}{\tau_2}v_e[(1 + q)r - 1]. \end{aligned}\right\} \tag{10}$$

Volumes totaux

$$v_k = v_b + v_f; \quad v_m = v_d + v_h;$$
$$\left. v_l = v_c + v_g = v_c\left[(1+q)r\frac{\tau_1}{\tau_2} - \frac{\tau_1}{\tau_2} + 1\right]. \right\} \quad (11)$$

Rapport du coussin d'air à l'air moteur

$$\frac{v_g}{v_c} = \frac{\tau_1}{\tau_2}[(1+q)r - 1]. \quad (12)$$

Volume décrit par le piston par kilogramme d'air par course

$$v_l - v_i = v_c\left[(r-1)\frac{\tau_1}{\tau_2} + q\left(r\frac{\tau_1}{\tau_2} - 1\right)\right]. \quad (13)$$

Pression moyenne effective

$$\frac{U}{v_l - v_i}. \quad (14)$$

Les quantités prises comme *données* dans les formules précédentes sont celles dont on disposerait probablement pour un
projet de machine. Dans le cas d'une machine existante et dans
certains projets, le rapport de détente *r* est inconnu; on possède à
sa place le rapport de l'espace décrit par le piston à celui décrit par
le plongeur, ou

$$\frac{v_l - v_i}{v_c}.$$

Dans ce cas, la formule suivante, tirée de l'équation (13), sert à
déterminer le degré de détente

$$r = \frac{1}{1+q}\left[\frac{\tau_2}{\tau_1}\left(\frac{v_l - v_i}{v_c} + q\right) + 1\right], \quad (15)$$

que l'on substituera dans les expressions précédentes.

Dans l'exemple numérique suivant, les données sont prises à un
mémoire de M. James Stirling sur une machine à air qui marcha
quelques années à la fonderie de Dundee (*Proceedings of the Institution of Civil Engineers* pour 1845).

DONNÉES.

$$T_1 = 343°, \qquad \tau_1 = 616°;$$
$$T_2 = 65°,5, \qquad \tau_2 = 338°,5.$$
$$p_a = 168653 \text{ kilog. par mètre carré.}$$
$$q = \text{à peu près } 0,05.$$
$$\frac{v_l - v_i}{v_c} = \frac{1}{2}.$$

RÉSULTATS.

$$r = \frac{1}{1,05}(0,55[0,5+0,05]+1] = 1,24.$$
$$p_b = 136000; \quad p_c = 74800; \quad p_d = 92759.$$
$$v_b = v_d = 0^{m3},106; \quad v_b = v_c = 0^{m3},131.$$
$$\varphi_b = \varphi_a \, 67,40 \times 0,09517 = 6,414.$$

Chaleur latente de détente. . . . . . . $H_1 = 6,414 \times 616 = 3951$
Chaleur perdue du régénérateur. . . . . . $7,18 \times 278 = 1996$

Chaleur totale dépensée par kilogramme d'air et par

course. 5947

Chaleur rejetée. . . . . $H_2 = 6,414 \times 338,5 = 2170$
Energie mécanique par kilogramme d'air et par course,
$$U = 6,414 \times 278° = 1782$$

Rendement du fluide $\dfrac{1782}{5947} = 0,3.$

Volume engendré par le piston par kilogramme d'air et par course,

$$v_l - v_i = 0^{m3},\frac{131}{2} 0^{m3},066.$$

Pression moyenne effective

$$\frac{U}{v_l - v_i} = \frac{1783}{0,066} = 2^k,70 \text{ par centimètre carré.}$$

La marche était à double effet avec un cylindre de $0^m,406$ de diamètre et de $1^m,22$ de course faisant 28 tours par minute; d'où

Surface du piston $= 1295$ centimètres carrés.

Énergie exercée par l'air sur le piston en une minute, d'après le calcul,

$$2^k,70 \times 1\,295 \times 122 \times 28 = \begin{array}{r}\text{kilogramèt.}\\ 238\,880\end{array}$$

Le travail par minute mesuré au freins était. 207 000

Travail dépensé en frottement de la machine sans charge

$= \dfrac{1}{9}$ du travail utile. . . . . = 23 000

Énergie exercée par l'air sur le piston par minute, d'après

les expériences. 230 000

Différence entre le travail donné par la théorie et celui

de l'expérience, négligeable en pratique, ...   8 880

Le travail dépensé en frottement est estimé à $\dfrac{1}{10}$ de l'énergie totale exercée par l'air, parce qu'on a trouvé qu'avec les récepteurs
chargés d'air à une densité égale à environ $\dfrac{1}{10}$ de la densité en marche ordinaire, la puissance de la machine suffisait juste à la mouvoir sans charge.

Voici une comparaison entre la théorie et l'expérience, au point
de vue de la quantité de chaleur absorbée par le réfrigérant.

D'après le théorie, le rendement du fluide est 0,3, c'est-à-dire que
les $\dfrac{3}{10}$ de la chaleur totale reçue par le fluide sont convertis en
énergie mécanique; il en reste $\dfrac{7}{10}$ à absorber par le réfrigérant. Le
rapport de la chaleur absorbée par le réfrigérant à celle convertie en
énergie mécanique est donc $\dfrac{7}{3}$. L'énergie mécanique exercée par minute était 238 880 kilog., la chaleur absorbée par minute au réfrigérant était

$$238\,880 \times \dfrac{7}{3} = \begin{array}{r}\text{kilogramèt.}\\ 557\,389\end{array}$$

D'après M. Stirling, il passait par minute au réfrigérant 113 litres d'eau, dont la température s'élevait
à 9 ou 10°, soit 9°,5, ce qui donne, 425 étant la chaleur dynamique spécifique de l'eau, pour la chaleur
absorbée par minute au réfrigérant, $113 \times 9,5 \times 425 = 456\,237$

Différence. 101 152

envion $\dfrac{1}{6}$ de la quantité théorique.

Cette différence peut s'expliquer en partie par le fait que la portion de chaleur enlevée à l'air moteur doit avoir été transmise à l'air extérieur à travers le couvercle et la partie supérieure des parois du récepteur, sans affecter l'eau dans les tubes du réfrigérant. Il est possible aussi que la perte de chaleur, par l'action imparfaite du régénérateur, ait été prise trop grande dans les calculs théoriques.

L'énergie exercée par le fluide en une heure était

$$230\,000 \times 60 = 13\,800\,000 \text{ kilog.}$$

Le poids de combustible brûlé en douze heures était 452 kilog. ou 37^k,9 par heure, ce qui donne, pour le *travail dû* à 1 kilogr. de houille,

$$\frac{13\,800\,000}{37,9} = 364\,116 \text{ kilog.}$$

M. Stirling estime la puissance d'évaporation de la houille employée à environ $\frac{3}{4}$ de celle du charbon Newcastle. Prenant donc pour cette puissance

$$2\,740\,000 \text{ kilog.,}$$

on trouve, comme *rendement résultant* du foyer et du fluide,

$$\frac{364\,116}{2\,740\,000} = 0,133.$$

Le rendement du fluide étant 0,3, on trouve pour le *rendement du foyer*

$$\frac{0,133}{0,3} = 0,44.$$

La surface de chauffe était d'environ 6^{m3},96. Dans un foyer de chaudière à vapeur brûlant la même quantité de houille, le rendement aurait été

$$0,61.$$

On voit que dans la machine de Stirling le rendement du foyer se rapprochait plus de celui d'un foyer de machine à vapeur que dans la machine d'Ericsson, à cause probablement de la plus grande densité de l'air et de la circulation plus rapide sur le fond du récepteur.

Dans le but d'augmenter le rendement des machines à air en augmentant leur surface de chauffe, sans accroître démésurément leur volume, M. J. Napier et l'auteur de cet ouvrage ont proposé l'appareil de chauffe suivant (*fig*. 107). La figure représente le fond d'un récepteur à air cylindrique duquel descendent dans la flamme du foyer un certain nombre de tubes fermés au bas ouverts en haut. P est le bas du plongeur correspondant au plongeur E de la *fig*. 105. Sur la *fig*. 107, le régénérateur occupe un cylindre concentrique au centre de ce plongeur, mais il pourrait se trouver, si on le jugeait convenable, dans un espace annulaire tout autour du plongeur, comme dans la *fig*. 105.

Fig. 107.

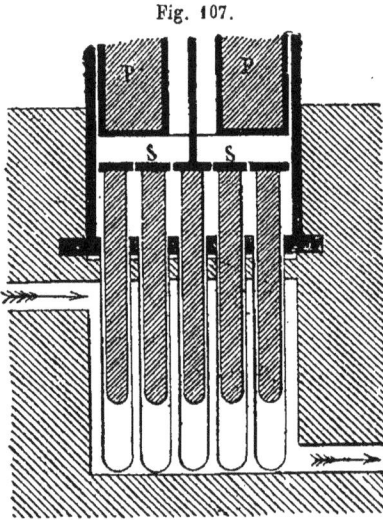

S est un second plongeur, au bas du premier, formé d'une plaque perforée d'où descendent des tiges cylindriques épousant presque exactement la forme des tubes. Quand ce plongeur s'abaisse, les tiges remplissent presque exactement les tubes, et la chaleur transmise par le foyer s'accumule dans le métal des tubes et des tiges. Quand il s'élève, une partie de l'air descend dans les tubes et se chauffe par leur contact et celui des tiges ; l'autre reste dans la partie cylindrique du récepteur et s'y échauffe par contact avec la partie supérieure des tiges. Cet appareil chauffait l'air rapidement ; mais on n'a pas encore fixé son rendement par une expérience exacte.

(*) 276. **Chaleur reçue et rejetée à pression constante. Machine de Joule**. Dans un mémoire de M. Joule, avec un supplément par le professeur William Thomson, paru au *Philosophycal Transactions* pour 1851, on proposa une machine à air sans régénérateur ni réfrigérant. L'air y reçoit et rejette la chaleur, non pas à température, mais à pression constante.

Cette machine serait composée de trois parties : une pompe de compression, un réchauffeur formé d'une série de tubes traversant le foyer, et un cylindre moteur ; la pompe de compression et le cylindre moteur seraient entourés de matières non conductrices.

La pompe de compression puise son air dans l'atmosphère et la refoule dans l'une des extrémités du réchauffeur, à une température supérieure à celle de l'atmosphère d'une quantité correspondante à la compression. Dans le réchauffeur, la température de l'air s'élève encore, et son volume augmente par la chaleur du foyer. Dans l'autre extrémité du réchauffeur, l'air passe, par une valve d'admission, dans le cylindre moteur, et pousse le piston pendant une certaine partie de sa course. Ensuite cette valve se ferme, et le piston accomplit le reste de sa course par la détente de l'air jusqu'à la pression atmosphérique. Pendant cette détente, la température de l'air s'abaisse. L'air se dégage alors dans l'atmosphère à une température supérieure à la sienne, entraînant avec lui la chaleur correspondante à cet excès de température.

Dans la *fig.* 108, soit ABCDA le diagramme d'énergie de cette

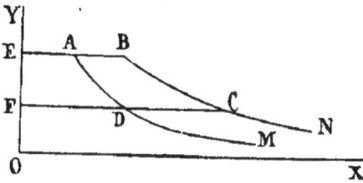

Fig. 108.

machine, obtenu en retranchant du diagramme EBDFE du cylindre moteur, le diagramme EADFE de la pompe de compression.

La droite FE représente le volume v_d du kilogramme d'air extrait de l'atmosphère, à la pression atmosphérique p_d, et à la température absolue τ_d.

DA est une portion d'adiabatique représentant la compression de l'air jusqu'à ce qu'il atteigne l'état p_a, v_a, τ_a.

La droite EA représente le volume v_a de l'air comprimé et refoulé dans le réchauffeur.

La droite EB représente le volume v_b, de cet air après qu'il a traversé le réchauffeur, quand il pénètre dans le cylindre moteur à la pression constante p_a, et à la température absolue supérieure τ_b.

BC est une portion d'adiabatique coupant la droite FD en C; elle représente la détente de l'air jusqu'au volume v_e, correspondant à la pression atmosphérique $p_e = p_d$ et à une température τ_e.

CF représente le volume v_c de l'air quand il est définitivement chassé dans l'atmosphère.

La chaleur reçue par chaque kilogramme d'air est réprésentée par la surface comprise entre AB et les adiabatiques indéfiniment prolongées ADM, CDN.

La chaleur rejetée par chaque kilogramme d'air expulsé dans l'atmosphère, est représentée par l'aire comprise entre DC et les courbes DM, CN.

L'énergie exercée par chaque kilogramme d'air est représentée par l'aire ABCD.

Le volume décrit par le piston du cylindre moteur par kilogramme d'air est $FC = v_c$, le volume décrit par le piston de la pompe de compression est $FD = v_d$.

Les formules suivantes conviennent à ce genre de machines.

DONNÉES.

Pression et température absolue de l'atmosphère, p_d, τ_d.
Rapport de compression et de détente .
Température absolue supérieure τ_b.

RÉSULTATS.

Pour kilogramme d'air.

Température absolue

$$\tau_a = \tau_d r^{\gamma-1} = \tau_d r^{0,408} \quad \tau_c = \frac{\tau_b}{r^{0,408}}. \tag{1}$$

Pressions

$$p_a = p_b = p_d r^{\gamma} = p_d r^{1,408}, \quad p_c = p_d. \tag{2}$$

Volumes

$$v_d = \frac{29272\,\tau_d}{p_d},$$
$$v_a = \frac{v_d}{r}, \quad v_b = v_a \frac{\tau_b}{\tau_a} = v_d \frac{\tau_b}{\tau_d r^{1,408}},$$
$$v_c = r v_b = v_d \frac{\tau_b}{\tau_d r^{0,408}}, \tag{3}$$

Chaleur reçue

$$H_1 = 101,15\,(\tau_b - \tau_d) = 101,15\,(\tau_b - \tau_d r^{0,408}). \tag{4}$$

Chaleur rejetée

$$H_2 = 101,15\,(\tau_c - \tau_d) = 101,15\left(\frac{\tau_b}{r^{0,408}} - \tau_d\right) = \frac{H}{r^{0,408}}. \tag{5}$$

Énergie exercée

$$U = H_1 - H_2 = 101,15 \left[\tau_b \left(1 - \frac{1}{r^{0,408}} \right) - \tau_d \left(r^{0,408} - 1 \right) \right] \left. \right\} \quad (6)$$
$$= H_1 \left(1 - \frac{1}{r^{0,408}} \right).$$

Rendement des fluides

$$\frac{U}{H_1} = \frac{\tau_a - \tau_d}{\tau_a} = \frac{\tau_b - \tau_c}{\tau_b} = 1 - \frac{1}{r^{0,408}}. \quad (7)$$

Pression moyenne effective

$$\frac{U}{v_c} = 3,451\, p_d \left(r^{0,408} - 1 \right) \left(1 - \frac{\tau_d}{\tau_b} r^{0,408} \right). \quad (8)$$

L'exemple numérique suivant est hypothétique, car on n'a pas encore exécuté d'expériences sur des machines de cette espèce.

DONNÉES.

$$p_d = 10\,333, \quad T_d = 10°, \quad \tau_d = 283°;$$
$$r = 2;$$
$$T_b = 294°, \quad \tau_b = 567°.$$

RÉSULTATS.

$$r^{0,408} = 1,327, \quad \frac{1}{r^{0,408}} = 0,7537, \quad \frac{\tau_d}{\tau_b} = \frac{1}{2};$$
$$\tau_a = 376°, T_a = 103°, \quad \tau_c = 427°, \quad T_c = 154°;$$
$$p_a = p_b = 2,654 \times 10\,333 = 27\,424, \quad p_c = p_d = 10\,333;$$
$$v_d = 0^{m3},796, \quad v_a = 0,401, \quad v_b = 0,604, \quad v_c = 1\,208;$$
$$H_1 = 101,15 \times 191° = 19\,319;$$
$$H_2 = 101,15 \times 144° = 14\,565$$
$$U = 101,15 \times 47 = 4\,754$$

Rendement du fluide $\dfrac{4\,754}{19\,319} = 0,246$

Pression moyenne effective $\dfrac{4\,754}{1\,208} = 3^k,96$ par centimètre carré.

Si l'on faisait travailler une machine de cette classe à une haute température, il serait nécessaire de refroidir la garniture du piston, par exemple, en le prolongeant au-dessous des segments et le remplissant, comme dans la machine d'Ericsson, d'une grande masse de matière non conductrice.

(*) 277. **Machines à gaz de foyer**. Cayley, Gordon. Avenier de la Grée. Une grande partie de la perte de chaleur du foyer serait évitée si l'on pouvait pratiquement faire agir sur le piston les produits gazeux même de la combustion à une température élevée. Sir George Cayley construisit et fit marcher une machine expérimentale de cette espèce. Elle se compose essentiellement des mêmes parties que la machine décrite dans le précédent article, mais le foyer n'y fait qu'un avec le réchauffeur : la pompe de compression puise l'air de l'atmosphère, et le refoule dans un foyer étanche et bien solide où son oxygène se combine au combustible ; le gaz provenant de la combustion passe ensuite dans le cylindre moteur, pousse le piston pendant une partie de sa course à pleine pression, et pendant le reste par sa détente, jusqu'à ce qu'il tombe à la pression atmosphérique et s'échappe. Le foyer est alimenté par une double valve ainsi construite que le combustible ne puisse, en la traversant, laisser échapper que très-peu d'air comprimé.

Le diagramme théorique de cette machine et les formules qui s'y rapportent sont exactement semblables à celles de l'article 276, excepté que le gaz du foyer est un peu plus dense que l'air. On peut tenir compte de cette différence en convenant que toutes les formules, au lieu de se rapporter au kilogramme du gaz, se rapportent à la quantité de gaz produite par l'admission d'un kilogramme d'air au foyer.

Le cylindre, le piston et le tiroir de cette machine se détruisaient si rapidement par l'intensité de la chaleur et la poussière du foyer, qu'on renonça à sa mise en pratique.

M. Alexandre Gordon a inventé une machine formée sur un principe presque identique.

Le Dr Avenier de la Grée a proposé une sorte de machine à gaz de foyer dans laqeelle, autant qu'on fpeut en juger par une simple description sans expériences, les difficultés provenant de la poussière et de la chaleur seront très-probablement vaincues : la seule objection, commune à toutes les machines à air puisant une cylindrée d'air à l'atmosphère pour chaque course, est le grand volume du cylindre en raison de leur puissance.

277 A. **Machine à gaz détonant**. Dans la machine à gaz de

Lenoir, on introduit au cylindre un mélange en proportion convenable d'air et de gaz d'éclairage, on ferme l'admission puis on fait
détoner le mélange par une étincelle électrique. L'explosion augmente subitement la pression, le mélange gazeux se détend, poussant le piston devant lui jusqu'à la fin de sa course avant; il est
chassé dans l'atmosphère pendant sa course arrière. Le cylindre
est garanti de l'échauffement par une enveloppe à circulation d'eau.
La meilleure composition du mélange est 8 volumes d'air pour 3 de
gaz. La pression absolue immédiatement après l'explosion, $p = 5$ atmosphères environ ou 5 665 kilog. par mètre carré. Soit p_0 la
pression atmosphérique, la chaleur disponible de l'explosion est
alors par mètre cube du mélange, $H_1 = 2,5\,(p_1 - p_0) = 103\,333$ kilogrammètres environ (c'est environ les $\dfrac{3}{8}$ de la chaleur totale d'explosion).

Soient :

r, le rapport de détente ;

p_2, la pression finale absolue ;

W, le travail indiqué par mètre cube du mélange détonant ;

p_e, la pression moyenne effective.

On a :

$$p_2 = p_1 r^{\frac{7}{4}} \text{ environ,}$$
$$W = 2,5(p_1 - p_2) - 3,5(r - 1)p_2 + (r - 1)(p_2 - p_0);$$
$$p_e = \frac{W}{r}.$$

Rapport de détente donnant le rendement maximum ;

$$r_1 = \left(\frac{p_1}{p_0}\right)^{\frac{5}{7}} = 3,16 \text{ environ ;}$$

dans ce cas,
$$p_2 = p_0,$$
$$W_1 = 2,5(p_1 - p_0) - 3,5(r - 1)p_0.$$

Les formules précédentes ne tiennent pas compte des pertes par
l'augmentation de la contre-pression et la soustraction de chaleur
au gaz pendant sa détente par l'enveloppe d'eau. Ces pertes, la
dernière surtout, sont assez élevées pour quadrupler environ la
dépense de gaz par cheval indiqué et par heure; elle est, d'après
Tresca, d'environ 4 mètres cubes.

Dans la machine à gaz de Hugon, une petite quantité d'eau est injectée dans le cylindre sous forme de pluie fine à chaque course arrière, ce qui diminue à la fois la contre-pression et la quantité d'eau nécessaire à l'enveloppe extérieure. La dépense de gaz par cheval et par heure y serait, d'après des expériences de M. Tresca, d'environ 2^{m3},40, ou 2 fois 1/2 la quantité donnée par les formules précédentes. Le mélange explosif est enflammé par sa mise en contact avec une flamme de gaz.

Dans la machine à gaz d'Otto et Langen, le cylindre vertical, très-long, renferme un piston dont la tige est reliée au volant par un mécanisme de crémaillère et pignon à embrayage n'agissant que par la descente du piston. Le mélange explosif admis sous le piston est enflammé par son contact avec une flamme de gaz. Le piston, sans liaison directe avec l'arbre de couche, est lancé avec une grande vitesse jusqu'à ce qu'il soit amené au repos par la pesanteur et par la pression atmosphérique. Le gaz brûlé se refroidit par la détente assez rapidement pour ne céder que très-peu de chaleur au cylindre et tombe à la fin de la détente à une pression très-inférieure à celle de l'atmosphère. Une enveloppe d'eau au bas seulement du cylindre suffit à empêcher son échauffement. La course descendante s'opère par l'excès de la pression atmosphérique et du poids du piston sur la contre-pression qui, pendant une grande partie de la course, est d'environ $\frac{1}{4}$ d'atmosphère et, vers la fin, d'une atmosphère par compression; le gaz est alors renvoyé dans l'atmosphère. Le mélange explosif consiste en 1 volume de gaz d'éclairage et 9 volumes d'air. La pression, immédiatement après l'explosion, est de 4 à 6 atmosphères; la dépense de gaz par cheval indiquée et par heure est d'environ 1^{m3}. (Voir *Verhandlungen des Vereins fur Gewerbfleiss in Preussen*, 1868.)

SECTION 5. *Rendement du fluide dans les machines à vapeur.*

278. Diagramme théorique des machines à vapeur en général. Le caractère général des diagrammes qui indiquent l'énergie exercée par la vapeur dans les cylindres des machines est celui des *fig.* 17 de l'article 43 et 99 de l'article 263.

Les courbes réellement décrites sur les indicateurs de ces ma-

chines différent entre elles quant au mode de variation de la pression et du volume de la vapeur pendant qu'elle agit sur le piston,
tellement qu'il est impossible de les exprimer par un système général
de formules mathématiques ; et cela spécialement parce que, dans
l'état présent de nos connaissances, il est impossible de distinguer
exactement les irrégularités du diagramme provenant des variations
de la pression de la vapeur, de celles qui proviennent du frottement
et de l'inertie des pièces mouvantes de l'indicateur. On examinera
de plus près quelques-unes de ces irrégularités.

Pour qu'il soit possible de calculer, en partant de principes théoriques, la puissance et le rendement du fluide dans les machines à
vapeur, on *remplace* le diagramme réel par un diagramme fictif plus
simple et qui s'en rapproche. (Voir *fig.* 109.) Dans cette figure, AB
représente le volume d'une certaine masse de vapeur admise dans
le cylindre en faisant décrire ce volume au piston. La *première hypothèse* simplifiant le diagramme est que la pression de la vapeur reste
constante pendant cette admission, de sorte que AB est une droite
parallèle à OX ; la pression constante est représentée par OA = GB.

La courbe BC représente la détente de la vapeur après la fermeture
de son admission. Dans les diagrammes réels, cette courbe présente .
une grande variété de formes qui dépendent de la transmission de
la chaleur à la vapeur, de sa soustraction, et d'autres causes. On y
remarque presque toujours des ondulations, produites probablement en partie par les vibrations dues à l'inertie du piston de l'indicateur. La *seconde hypothèse* consiste à assigner à la courbe BC
l'une ou l'autre des deux formes définies suivantes, selon les cas.

1° Si le cylindre est à nu ou simplement renfermé dans une enveloppe non conductrice, feutre ou bois, la vapeur est supposée se
détendre sans gain ni perte de chaleur, de sorte que BC est une
adiabatique dont on étudiera les figures à l'article 281.

2° S'il se trouve entre l'enveloppe non conductrice et le cylindre
une espace annulaire ou chemise de vapeur alimenté par la chaudière, on suppose que la chaleur communiquée par cette chemise à
la vapeur qui se détend dans le cylindre est juste suffisante pour y
empêcher toute liquéfaction : BC est alors la courbe d'une vapeur
restant saturée.

Ces deux hypothèses se rapportent à des machines dans lesquelles
la vapeur n'est pas *surchauffée*, c'est-à-dire portée à une température
supérieure au point d'ébullition correspondant à sa pression. On

examinera l'action de la vapeur surchauffée dans la section suivante :

La troisième hypothèse est que la vapeur s'échappe ou quitte le cylindre pendant la course arrière à pression constante, de sorte que la partie inférieure EF du diagramme est une parallèle à OX; la *contre-pression* constante est représentée par OF = HE, égale ou inférieure à la pression HC à la fin de la détente.

Fig. 109.

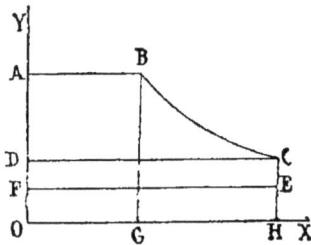

Il serait possible de rendre la contre-pression supérieure à la pression finale de détente; mais ce fait ne se présente jamais dans une machine bien établie et bien conduite. La troisième hypothèse suppose aussi que la chute de presions, s'il y en a, à l'extrémité de la course, a lieu subitement suivant CE.

La valeur supposée pour la contre-pression constante doit naturellement être prise égale à la valeur *moyenne* de la contre-pression réelle variable, avec le plus d'exactitude possible. On examinera dans un article spécial la valeur de cette moyenne dans les différents cas.

La quatrième hypothèse consiste à négliger le volume de l'eau liquide vis-à-vis de celui de la vapeur, de sorte que la limite FDA du diagramme coïncide avec l'axe YO, au lieu d'être une courbe dont les ordonnées seraient les volumes de l'eau comprimée dans la pompe alimentaire et correspondant (mais en très-petit) aux ordonnées de la courbe DA des *fig.* 104 et 108, articles 274 et 277.

. On obtient ainsi un diagramme de calcul, analogue à ABCEFDA, dont le côté BC seul est une courbe. L'expérience prouve que dans un diagramme de ce genre, où l'on néglige les variations secondaires de la *pression, bien que les pressions correspondant à des positions particulières du piston* diffèrent parfois considérablement des pressions actuelles, ces différences, en sens contraire les unes des autres, se *neutralisent mutuellement,* de telle façon que l'accord entre le calcul et l'expérience est très-sensible quant à l'*énergie exercée* et à la *pression moyenne effective,* qui sont les quantités les plus importantes en pratique.

Pour le présent, on supposera la quantité de vapeur agissant comme un *coussin* (art. 262), infiniment petite; ou que l'on a calculé et déduit ses volumes successifs de façon à en dégager le dia-

gramme de la *fig.* 109. On examinera plus bas les effets de cette vapeur.

279. Expression de l'énergie. On emploiera la notation suivante dans les formules se rapportant au rendement de la vapeur :

Quantités.	Symboles.	Représentés sur le diagramme par
Pressions absolues de la vapeur :		
Pendant l'admission.	p_1	$OA = GB$
Pendant la détente.	p	ordonnées de BC
A la fin de la détente.	p_2	$HC = OD$
Pendant la course arrière.	p_3	$HE = OF$
Températures absolues :		
Vapeur. Admission. . . . . , ...	τ_1	
— Détente.	τ	
— A la fin de la détente.	τ_2	
Eau d'alimentation à l'entrée dans la chaudière.	τ_4	
Températures ordinaires.	T_1, etc.	
Volumes du kilogramme de vapeur :		
Admission. . . . . ˙.	v_1	
Détente.	v	
Fin de la détente.	v_2	
Poids du mètre cube de vapeur :		
A l'admission.	D_1	
Volumes occupés par la masse de vapeur ou de vapeur et d'eau en considération :		
A la fin de l'admission.	u_1	$AB = OC$
Pendant la détente.	u	abscisses de BC
A la fin de la détente. . . . . `·.`	$u_2 = r u_1$	$DC = OH$
Rapport de détente.	$r = \dfrac{u_2}{u_1}$	
Énergie exercée par 1 kilogramme de vapeur.	U	
Énergie exercée par la masse de vapeur considérée. . . .	$\dfrac{u_1}{v_1} U$	surface ABCEFA
Pression moyenne effective.	$p_e = \dfrac{U}{v_2} = p_m - p_3$	$\dfrac{\text{surface ABCEFA}}{\text{OH}}$

$\dfrac{1}{r}$, la réciproque du rapport de détente, s'appelle l'*admission* et
quelquefois la coupure « *cut off* »; c'est la fraction de la course au
bout de laquelle on coupe la vapeur.

La raison de l'emploi d'un symbole u_1, distinct de v_1, pour désigner le volume de la masse de vapeur à l'admission, c'est qu'il est
plus avantageux de considérer, dans certains cas, l'action d'un *kilogramme* de la vapeur (alors $u_1 = v_1$), et, dans d'autres, celle du
mètre cube de vapeur à l'admission (alors $u_1 = 1$), ou plus exactement, l'action de la quantité de vapeur qui occupe à l'admission

1 mètre cube de plus que le volume de son liquide; mais on néglige la différence entre les deux masses de vapeur ainsi définies.

. Les relations entre $\tau = T + 273°$, p, v et D, sont données par les formules de l'article 206, équations (1) et (2), de l'article 256, équation (1), et par les tables IV et VI; quant à l'interpolation des quantités données par ces tables, voir l'article 279 A.

Il y a deux manières d'exprimer et de calculer l'énergie représentée par l'aire du diagramme. La première méthode qui correspond à celle exprimée, pour les diagrammes en général, par l'équation (2) (art. 263), est celle qui s'adapte le mieux aux calculs exacts, et au raisonnement des principes; la seconde, qui correspond à l'équation (1) du même article, convient mieux à la méthode de calcul approximative rapide et suffisante en pratique.

Première méthode.

A l'aire ABCD. . . . . $= \int_{p_3}^{p_1} u\,dp$

Ajoutons le rectangle DF $\times$ CD. . . . $= u_2(p_2 - p_3)$

L'aire ABCEFA $= \dfrac{u_1}{u}$ V. . . . . $= \int_{p_3}^{p_1} u\,dp + u_2(p_2 - p_3)$ (1)

L'intégrale de cette expression est, comme on le démontrera bientôt, calculable à l'aide de certaines fonctions des températures absolues τ_1, τ_2.

Deuxième méthode.

Au rectangle OA $\times$ AB. . . . . $= \quad p_1 u_1$

Ajoutons l'aire GBGH. . . . . $= + \int_{p_1}^{p_2} p\,du$

Et soustrayons le rectangle OF $\times$ FE. $= - p_3 u_2$

L'aire ABCEFA $= \dfrac{u_1}{v_1}$ U. . . . . . . $= p_1 u_1 + \int_{u_1}^{u_2} p\,du - p_3 u_2'$ (2)

D'après cette forme d'expression, la pression moyenne effective a pour valeur

$$p_c = \frac{U}{v_2} = \frac{u_1 U}{v_1 u_2} = \frac{p_1 u_1 + \int_{u_1}^{u_2} p\,du}{u_2} - p_3 = p_m - p_3; \quad (3)$$

p_m étant la *pression moyenne absolue* ou *moyenne pression d'avant* re-

présentée sur le diagramme par l'ordonnée moyenne de la
courbe ABC.

La commodité de cette seconde méthode résulte du fait que,
entre les limites de pression et de volume qui se présentent ordinairement en pratique, la courbe BC se rapproche de l'*hyperbole*, c'est-
à-dire d'une courbe dont les ordonnées sont inversement proportionnelles à une certaine puissance des abscisses, et dont l'équation
est de la forme

$$p \cdot u^{-i} = \text{const.} ; \qquad (4)$$

l'indice i varie suivant les circonstances et doit se rechercher par
l'expérience. Quand $i = 1$, la courbe est une hyperbole ordinaire, et
la surface OABCH a pour valeur

$$p_1 u_1 + \int_{u_1}^{u_2} p\,du = p_1 u_1 + \frac{p_1 u_1 - p_2 u_2}{i - 1}$$
$$= p_1 u_1 \left(\frac{i}{i-1} - \frac{1}{i-1}\, r^{-i+1} \right) = p_m r u_1, \qquad (6)$$

d'où l'on tire, pour la *moyenne pression totale*,

$$p_m = p_1 \frac{r^{-1} - r^{-i}}{i - 1}. \qquad (7)$$

Des formules de ce genre, ainsi que les tables calculées avec
elles, comme les tables VI et VIII à la fin du volume, facilitent beaucoup les calculs approchés de la pratique, d'autant plus qu'elles ne
comprennent pas les températures.

**279 A. Interpolation des quantités données par les
tables.** Lorsqu'en se servant des tables IV ou VI pour la vapeur
d'eau, ou de la table V pour l'éther, on a besoin d'une quantité
intermédiaire entre celles données dans les tables, on peut la trouver, avec suffisamment d'exactitude, par la méthode des différences
premières. C'est pour faciliter cette interpolation qu'on a donné,
avec leurs différences successives Δ, le logarithme des pressions, des
densités et des volumes, parce que les différences des logarithmes
varient beaucoup moins vite que celles de leurs nombres.

Soit, par exemple, à chercher par la table VI le volume V′, correspondant à la pression P′ comprise entre deux pressions de la
table. Soient P la pression *immédiatement inférieure* à P′ donnée par

la table, V le volume correspondant. On aura approximativement

$$\log V' = \log V - (\log P' - \log P) \frac{-\Delta \log V}{\Delta \log P}, \qquad (1)$$

et de même pour les autres quantités. Le signe — placé devant $\Delta \log V$ indique que V diminue quand P augmente.

Par exemple, soit à trouver le volume de 1 kilog. de vapeur d'eau à la pression absolue de 2 atmosphères ou 20 666 kilog. par mètre carré = P'. La pression immédiatement inférieure dans la table est 20 262 ; on a

$$\log P' = 4{,}3162, \quad \log P = 4{,}3064, \quad \log V = -1{,}9424 ;$$
$$\Delta \log P = 0{,}0678 - \Delta \log V = 0{,}0637 ;$$

d'où

$$\log V' = -\bar{1}{,}9425 - 0{,}0088 \frac{637}{678} = -\bar{1}{,}9342,$$

et

$$V' = 0^{m3}{,}859 \text{ par kilog.}$$

280. Contre-pression. Si la vapeur travaillant dans le cylindre d'une machine n'était pas mélangée d'air et pouvait s'échapper sans résistance et dans un temps très-court à la fin de sa course motrice, la contre-pression serait simplement égale, dans les machines sans condensation, à la pression atmosphérique actuelle, et dans les machines à condensation, à la pression correspondante à la température du condenseur. On peut appeler cette pression *pression de condensation*.

La contre-pression moyenne dépasse pourtant toujours, et parfois de beaucoup, la pression de condensation ; une des causes agissant dans le condenseur seulement, en est dans la présence de l'air mélangé à la vapeur, qui fait que la pression dans le condenseur, et par conséquent la contre-pression, est toujours supérieure à la pression de condensation de la vapeur. Ainsi, la température ordinaire d'un condenseur en bonne marche est d'environ 40°, correspondant pour la vapeur à une pression de 70 grammes par centimètre carré, tandis que la pression absolue dans les meilleurs condenseurs est rarement inférieure à 140 grammes ou au *double* de la pression de condensation.

Mais la principale cause d'augmentation de la contre-pression est la résistance à l'échappement de la vapeur des cylindres qui, dans les machines à condensation, élève la contre-pression de 70 à 210 grammes par centimètre carré, au-dessus de la pression du condenseur. Il n'existe pas encore de théorie satisfaisante permettant de calculer cette résistance, pour une machine donnée, au moyen d'une formule générale.

On ne peut, par conséquent, dans un projet de machine à condensation, estimer que grossièrement la contre-pression d'après des expériences particulières. En voici quelques résultats :

	Contre-pression moyenne en kilog. par m. car.
Rapport de détente 1 1/2 à 3.	3 500
— 4 à 7.	3 150 à 2 450
— 8 à 15.	2 450 à 2 100

On manque de données expérimentales précises à ce sujet parce qu'on néglige souvent d'observer la pression atmosphérique au moment où l'on trace les diagrammes. La conséquence de cette omission est que les diagrammes n'indiquent que la pression *effective* et non pas la pression *absolue* de la vapeur, que l'on estime assez grossièrement en admettant une pression atmosphérique probable.

Il est certain que si l'on avait des données expérimentales suffisantes, on trouverait que la contre-pression est variable avec la vitesse de la machine, augmentant avec cette vitesse, avec la densité de la vapeur à l'origine de l'échappement et avec la contraction du conduit par où la vapeur s'échappe du cylindre.

Pour les locomotives sans condensation, M. D. K. Clark a réuni, classé et, jusqu'à un certain point, réduit à un système de lois, dans son traité *On Railway Machinery*, un grand nombre de données expérimentales sur la contre-pression. Cet auteur trouve que l'*excès* de la contre-pression sur la pression atmosphérique varie à peu près :

Proportionnellement au carré de la vitesse et à la pression de la vapeur au commencement de l'échappement;

Inversement au carré de la section du tuyau d'échappement par lequel la vapeur est lancée dans la cheminée en produisant le tirage.

M. Clark a trouvé, en outre, que cet excès est d'autant moindre qu'on détend davantage ou que la *durée* de l'échappement est plus grande, et qu'il augmente avec la proportion d'eau dans la vapeur : dans certains cylindres non protégés, il s'est trouvé jusqu'à 1,72 fois plus grande que dans des cylindres convenablement protégés contre le rayonnement.

Comme exemple des résultats spécifiques obtenus par M. Clark, on peut citer le suivant. Avec un échappement anticipé de 16 p. 100, c'est-à-dire avec un échappement commençant lorsque le piston a parcouru 0,84 p. 100 de sa course avant, avec une admission jusqu'à demi-course, c'est-à-dire avec un rapport de détente égal à deux environ, et avec une vitesse de piston de 3 mètres par seconde, l'excès de la contre-pression sur la pression atmosphérique, dans des cylindres protégés, était égal à environ 0,163 fois l'excès de la pression de la vapeur sur la pression atmosphérique à l'ouverture de l'échappement.

Il est probable qu'on peut appliquer avec sécurité les résultats généraux obtenus par M. Clark à toutes les machines à condensation ou non, dans les limites suivantes :

Dans une même machine, avec même vitesse, l'excès de la contre-pression moyenne sur la pression de condensation est proportionnel, à très-peu près, à la densité de la vapeur à la fin de la détente.

Dans une même machine, avec la même densité de vapeur à la fin de la course avant, cet excès de la contre-pression est presque proportionnel au carré des vitesses du piston.

281. Fonction thermo-dynamique et courbe adiabatique pour un mélange de vapeur et d'eau. Lorsqu'on néglige, comme dans la recherche suivante, le volume du kilogramme d'eau comme infiniment petit par rapport à celui de sa vapeur, la valeur de la fonction thermo-dynamique est donnée simplement par le premier terme de l'expression de l'article 246, équation (1), c'est-à-dire

$$\text{J log hyp. } \tau,$$

J désignant, comme à l'ordinaire, l'équivalent de Joule ou la chaleur spécifique dynamique de l'eau. Supposons qu'on élève le kilogramme d'eau à une température absolue τ et qu'on l'évapore ensuite en totalité ou en partie. Soit u le volume de la vapeur produite ; pour une évaporation totale, $u = v$ volume du kilogramme de vapeur saturée au point d'ébullition donné ; pour une évaporation partielle, on a $u < v$. Alors, d'après l'équation (1) de l'article 255, il est évident que pour compléter la fonction thermo-dynamique pour l'ensemble de l'eau et de la vapeur, il faut ajouter à l'expression déjà trouvée pour l'eau à l'état liquide, la quantité suivante

$$u \frac{dp}{d\tau};$$

ce qui donne, pour la fontion thermo-dynamique complète d'un kilogramme d'eau et de vapeur,

$$\varphi = \text{J log hyp.}\,\tau + u \frac{dp}{d\tau}. \tag{1}$$

La même expréssion s'applique à tout autre fluide en y remplaçant J par Jc, chaleur spécifique dynamique de ce fluide à l'état liquide.

L'équation d'une adiabatique est

$$\varphi = \text{constante.}$$

Ceci nous permet de trouver l'équation de la courbe BC du diagramme, *fig.* 109, article 278, quand c'est une adiabatique, c'est-à-dire quand la vapeur se détend sans variation de chaleur. Suivant la notation de l'article 299, on a dans le cas présent, pour le point B de la courbe,

$$u_1 = v_1,$$

et pour tout autre point

$$\text{J log hyp.}\,\tau + u \frac{dp}{d\tau} = \text{J log hyp.}\,\tau_1 + v_1 \frac{dp_1}{d\tau_1}, \tag{2}$$

d'où l'on tire facilement pour le volume du kilogramme d'eau et de vapeur à la pression p l'expression

$$u = \frac{1}{\dfrac{dp}{d\tau}}\left(\text{J log hyp.}\,\frac{\tau_1}{\tau} + v_1 \frac{dp_1}{d\tau_1}\right). \tag{3}$$

Si l'on emploie pour le calcul les logarithmes *vulgaires* au lieu des logarithmes *hyperboliques*, il faut remplacer J = 425 par

J log hyp. 10 = 425 × 2,3026 = 978,6 = 978 en pratique.

D'après l'article 255, équation (3),

$$\frac{dp}{d\tau} = p\left(\frac{\text{B}}{\tau^2} + \frac{2\text{C}}{\tau^3}\right) \text{log hyp. 10.} \tag{4}$$

Cette formule, jointe à l'équation (1) de l'article 206, permet de calculer $\dfrac{dp}{d\tau}$ au moyen des constantes de l'article 206.

L'usage de l'équation (3) pour le calcul des valeurs de u est grandement facilité par les tables IV et V qui donnent les valeurs L de la chaleur latente par mètre cube de l'eau et de l'éther; car, d'après l'équation (2), article 255, on a, en négligeant le volume du liquide,

$$\frac{dp}{d\tau} = \frac{L}{\tau};$$

de sorte que l'équation (3) du présent article devient·

$$u = \frac{\tau}{L}\left(J \log \text{hyp.} \frac{\tau_1}{\tau} + \frac{v_1 L_1}{\tau_1}\right). \tag{5}$$

Une modification commode des équations (3) et (5) est la suivante :

Soit $D_1 = \dfrac{1}{v_1}$ le poids de vapeur considéré, de sorte que son volume initial $u_1 = 1$ mètre cube. On peut remplacer u par $r = \dfrac{u}{v_1}$, *rapport de détente de la vapeur;* on trouve ainsi pour ce rapport

$$\left. \begin{aligned} r &= \frac{1}{\dfrac{dp}{d\tau}}\left(JD_1 \log \text{hyp.} \frac{\tau_1}{\tau} + \frac{dp_1}{d\tau_1}\right) \\[2mm] &= \frac{\tau}{L}\left(JD_1 \log \text{hyp.} \frac{\tau_1}{\tau} = \frac{L_1}{\tau_1}\right). \end{aligned} \right\} \tag{6}$$

(*) 282. **Équation approximative de la courbe adiabatique**. Des résultats numériques de calculs des coordonnées des adiabatiques de la vapeur d'eau, on a déduit par tâtonnement la relation suivante entre les volumes et les pressions dans ce cas, à savoir que la pression est à peu près proportionnelle à la réciproque de la puissance $\dfrac{10}{9}$ du volume de la vapeur, c'est-à-dire que ·l'on a en symboles

$$pu^{-\frac{10}{9}} = \text{constante.} \tag{1}$$

Cette formule appartient à la classe de celles que l'on a déjà rencontrées à l'article 279, 2ᵉ méthode; les coefficients ont pour valeur

$$i = \frac{10}{9}; \quad i - 1 = \frac{1}{9}; \quad \frac{1}{i-1} = 9; \quad \frac{i}{i-1} = 10. \quad (2)$$

L'équation (1) et celles qu'on en déduit se manient facilement à l'aide des tables de logarithmes. En l'absence d'une table de logarithmes, on trouve la racine neuvième d'un nombre en extrayant la racine cubique de sa racine cubique au moyen d'une table de cubes ou par l'arithmétique ordinaire.

(*) 283. **Liquéfaction de la vapeur travaillant par détente**. Le volume d'un kilogramme de vapeur saturée, négligeant le volume du liquide, est, d'après l'équation (1), article 256,

$$v = \frac{H'}{L} = \frac{H'}{\tau \frac{dp}{d\tau}}. \quad (1)$$

H' étant la chaleur latente d'évaporation du kilogramme. Le calcul montre que le volume u, donné par l'équation (3) ou l'équation (5) de l'article 282, est $< v$, dans tous les cas qui se présentent en pratique, d'où il suit que lorsque la vapeur d'eau travaille par sa détente, comme en poussant un piston, sans perte ni gain de chaleur, une partie de cette vapeur se liquéfie.

Pour trouver dans quelles conditions et dans quelles proportions a lieu cette liquéfaction par le travail de la détente, on a, pour le rapport de la vapeur condensée à la masse totale du mélange de vapeur et d'eau,

$$\frac{v - u}{v} = 1 - \frac{\tau}{H'}\left(J \log \text{hyp.} \frac{\tau_1}{\tau} + v_1 \frac{dp_1}{d\tau_1} \right). \quad (2)$$

La valeur de H' en kilogrammètres par kilogramme de vapeur est à peu près pour l'eau

$$H' = 338400 - 295\tau. \quad (3)$$

Pour un autre liquide, il faut remplacer J par Jc, a et b par leurs valeurs particulières supposées connues.

On démontre, par un calcul qu'il est inutile de détailler ici, que l'expression (2) est toujours positive tant que

$$\tau \text{ est } < \frac{a}{Jc} = \text{ pour l'eau } 780° = 256° + 524°.$$

Le principe de la liquéfaction des vapeurs travaillant par détente a été découvert simultanément et indépendamment par le professeur Clausius et par l'auteur de ce livre, en 1849. Son exactitude fut ensuite contestée au nom de l'expérience qui démontre que la vapeur qui se détend après laminage, c'est-à-dire par son échappement à travers un orifice étroit, est surchauffée ou portée à une température supérieure à celle de la saturation à la pression correspondante. Peu de temps après, le professeur William Thomson démontra que ces expériences ne prouvent rien contre la conclusion en question, en faisant ressortir la différence entre la *libre détente* d'un fluide élastique, dans laquelle toute l'énergie due à la détente est dépensée à agiter les molécules du fluide et se retrouve en chaleur, et la détente de ce même fluide *sous une pression égale à sa propre élasticité* (tension) et dans laquelle l'énergie développée est communiquée tout entière aux corps extérieurs, au piston d'une machine par exemple.

284. Rendement de la vapeur dans un cylindre non conducteur. Dans le présent article on suppose le cylindre suffisamment protégé contre toute perte appréciable de chaleur par conductibilité; la vapeur s'y détend sans perte ni gain de chaleur. BC, sur la *fig.* 109, article 278, est une *adiabatique.*

La surface ABCD comprise entre cette courbe et les droites AB, CD, correspondant aux pressions p_1, p_2, au commencement et à la fin de la détente, a la valeur suivante, lorsque la masse de vapeur considérée est celle *du kilogramme :*

$$\text{ABCD} = \int_{p_2}^{p_1} u\,dp = \int_{p_2}^{p_1} dp\, \frac{1}{\dfrac{dp}{d\tau}} \left(\text{J log hyp.}\, \frac{\tau_1}{\tau} + v_1 \frac{dp_1}{d\tau_1} \right)$$

$$= \text{J} \left[\tau_1 - \tau_2 \left(1 + \text{log hyp.}\, \frac{\tau_1}{\tau_2} \right) \right] + (\tau_1 - \tau_2) v_1 \frac{dp_1}{d\tau_1}. \quad (1)$$

Pour les fluides autres que l'eau, on doit remplacer J par Jc.

La chaleur latente de vaporisation du kilogramme de vapeur d'eau à τ_1 étant à peu près

$$v_1 \tau_1 \frac{dp_1}{d\tau_1} = \text{H}' = a - b\tau_1 = 338{,}400 - 295\tau_1,$$

l'équation (1) peut s'écrire :

$$J\left[\tau_1 - \tau_2\left(1 + \log \text{ hyp. } \frac{\tau_1}{\tau_2}\right)\right] + \frac{(\tau_1 - \tau_2)}{\tau_1}H'. \quad (1\,\text{A}^*)$$

Il est souvent plus commode de considérer l'action, non pas du kilogramme, mais du mètre cube de vapeur à la pression p_1 d'admission. Dans ce cas, on a

$$AB = u_1 = 1^{m3},$$
$$AC = u_2 = r, \text{ rapport de détente,}$$

et la surface ACCD s'obtient en multipliant l'expression (1) par $D_1 = \frac{1}{v_1}$, poids du mètre cube de vapeur saturée à la pression d'admission. Remarquant en outre que

$$\frac{dp_1}{d\tau_1} = \frac{L_1}{\tau_1},$$

on trouve, *par mètre cube de vapeur admise,*

$$ABCD = JD_1\left[\tau_1 - \tau_2\left(1 + \log \text{ hyp. } \frac{\tau_1}{\tau_2}\right)\right] + \frac{\tau_1 - \tau_2}{\tau_1}L_1. \quad (2)$$

D_1 et L_1 sont donnés par la table IV.

De cette équation (2), et des propriétés de la courbe adiabatique exprimée à l'article 281, on déduit les formules suivantes, se rapportant la plupart à l'action *du mètre cube de vapeur admise :* les pressions sont *en kilogrammes par mètre carré.*

DONNÉES.

p_1, pression absolue d'admission ;

p_2, pression absolue à la fin de la détente ;

p_3, contre-pression moyenne absolue ;

$\tau_4 = T_4 + 273°$, température absolue de l'eau d'alimentation ;

(*) En se servant des équations (1), (1 A) et de celles qui en sont les conséquences, on peut prendre avec avantage les approximations

$$\log \text{ hyp. } \frac{\tau_1}{\tau_2} = \frac{2(\tau_1 - \tau_2)}{\tau_1 + \tau_2}$$

$$\tau_1 - \tau_2\left(1 + \log \text{ hyp. } \frac{\tau_1}{\tau_2}\right) = \frac{(\tau_1 - \tau_2)^2}{\tau_1 + \tau_2}.$$

T_5, température ordinaire de condensation ;
T_6, température ordinaire de l'atmosphère.

RÉSULTATS.

Températures correspondant aux différentes pressions; on les trouve par l'équation (2), article 206, ou dans la table IV.

Rapport de détente,

$$\frac{DC}{AB} = r = \frac{\tau_2}{L_2}\left(425\, D_1 \log \text{hyp.} \frac{\tau_1}{\tau_2} + \frac{L_1}{\tau_1}\right). \qquad (3)$$

Énergie par mètre cube de vapeur admise,

$$UD_1 = JD_1\left[\tau_1 - \tau_2\left(1 + \log \text{hyp.} \frac{\tau_1}{\tau_2}\right)\right] + \frac{\tau_1 - \tau_2}{\tau_1}L_1 + r\,(p_2 - p_3). \qquad (4)$$

Pression moyenne effective par mètre cube décrite par le piston,

$$p_e = p_m - p_3 = \frac{UD_1}{2}. \qquad (5)$$

Chaleur dépensée par mètre cube de vapeur admise,

$$H_1 D_1 = JD_1(\tau_1 - \tau_4) + L_1. \qquad (6)$$

Chaleur dépensée par mètre cube décrit par le piston, ou pression équivalente à la chaleur dépensée,

$$\frac{H_1 D_1}{r} \qquad (7)$$

Rendement de la vapeur,

$$\frac{U}{H_1}. \qquad (8)$$

Eau d'alimentation par mètre cube de vapeur admise,

$$D_1. \qquad (9)$$

Eau d'alimentation par mètre cube décrit par le piston,

$$\frac{D_1}{r}. \qquad (10)$$

Chaleur rejetée par mètre cube de vapeur admise,

$$H_2 D_1 = (H_1 - U)D_1. \qquad (11)$$

Chaleur rejetée par mètre cube décrit par le piston,

$$\frac{H_2 D_1}{r} = \frac{(H_1 - U)D_1}{r}. \qquad (12)$$

Kilogrammes d'eau qu'il faut ajouter au condenseur pour absorber cette chaleur,

$$\frac{H_2 D_1}{rJ(T_5 - T_6)}. \qquad (13)$$

Mètres cubes décrits par le piston par minute et par cheval indiqué,

$$\frac{4,500}{p_m - p_3} = \frac{4,500}{UD_1}. \qquad (14)$$

Chaleur disponible. dépensée par cheval indiqué et par heure,

$$270\,000\,\frac{H_1}{U}. \qquad (15)$$

Voici un exemple numérique :

DONNÉES.

Pressions.	Kil. par m².
Initiale p_1	23 687
Finale p_2	7 140
Contre-pression p_3	3 515

Températures.	Ordinaires T.	Absolues τ.
Alimentation (4)	35°	308°
Condensation (5)	40	313
Atmosphère (6)	15	288

RÉSULTATS.

Quantités trouvées par la table IV.

	T°.	τ°.	L.	Dᵏ.
Correspondant à p_1	125°	398°	291 433	1ᵏ,3256
— à p_2	90	363	98 966	0 ,4296

Rapport de détente,

$$r = \frac{363°}{98\,966}\left(425 \times 1^k,3256 \times \log hyp. \frac{398°}{363°} + \frac{291\,433}{398}\right) = 2,75.$$

Énergie par mètre cube de vapeur admise,

$$UD_1 = 425 \times 1^k,3256\left[398° - 363°\left(1 + \log hyp. \frac{398°}{363°}\right)\right]$$
$$+ \frac{63°}{398°} \times 291\,433 + 2,75 \times 3\,825$$
$$= 2\,084 + 25\,602 + 996 = 37\,654 \text{ kilogrammètres.}$$

Pression moyenne effective,

$$\frac{UD_1}{r} = \frac{37\,654}{2,75} = 13\,630^k \text{ par m}^2.$$

Chaleur dépensée par mètre cube de vapeur,

$$H_1 D_1 = 425 \times 1,3256\,(398 - 308) + 291\,433$$
$$= 50\,709 + 291\,433 = 342\,140 \text{ kilogrammètres.}$$

Chaleur dépensée par mètre cube décrit par le piston, ou pression équivalente à la chaleur dépensée,

$$\frac{H_1 D_1}{r} = \frac{342\,140}{2,75} = 124\,200^k \text{ par m}^2.$$

Rendement de la vapeur,

$$\frac{U}{H_1} = \frac{37\,654}{342\,140} = \frac{13\,630}{124\,200} = 0,109.$$

Eau d'alimentation par mètre cube décrit par le piston,

$$\frac{D_1}{r} = \frac{1,3256}{2,75} = 0^k,48 \text{ environ.}$$

Chaleur rejetée par mètre cube de vapeur admise,

$$H_2 D_1 = 342\,140 - 37\,654 = 304\,486 \text{ kilogrammètres.}$$

Eau d'injection nécessaire pour condenser la vapeur par mètre cube décrit par le piston,

$$\frac{110\,570}{425\,(40° - 15°)} = 10^k,4 \text{ environ.}$$

Mètres cubes décrits par le piston par minute et par cheval indiqué,

$$\frac{450^{\prime}}{13\,630} = 0^{m3},33 = 19^{m3},8 \text{ par heure.}$$

Chaleur disponible dépensée par cheval indiqué et par heure,

$$\frac{270\,000}{\text{Rendement} = 0,109} = 2\,470\,000 \text{ kilogrammètres.}$$

Pour montrer comment cette dépense de chaleur disponible est liée à la consommation du combustible, supposons que la chaleur de combustion totale soit

3 000 000 de kilogrammètres,

équivalente à une puissance d'évaporation de 13 kilog. environ.

Soit 0,54 le rendement du foyer, ce qui donne pour chaleur dispo nible par la combustion du kilogramme

1 620 000 kilogrammètres.

La machine en question consommera par cheval et par heure

$$\frac{2\,477\,000}{1\,620\,000} = 1^{k},53.$$

Voici quelques conséquences des calculs précédents.
Eau d'alimentation par cheval indiqué et par heure,

$$0,48 \times 19,8 = 9^{k},5.$$

Eau d'injection par cheval indiqué et par heure,

$$10^{k},4 \times 19,8 = 206^{k} \;(^{*})$$

285. Formules approximatives pour les cylindres non conducteurs. Les formules du précédent article, donnant la pression moyenne effective et le travail d'un poids donné de vapeur, sont incommodes à cause de la longueur des calculs qu'elles entraî-

---

(*) Les équations fondamentales de cet article ont été publiées pour la première fois dans un mémoire envoyé à la *Société royale* en 1853 et paru dans les *Philosophical Transactions* pour 1854. Ces mêmes formules furent découvertes indépendamment par le professeur Clausius vers 1854, et publiées par lui dans les *Annales de Poggendorf* pour 1856.

nent et aussi parce que, tont en permettant de calculer directement le rapport de détente en partant comme données des pressions initiales et finales, elles ne peuvent s'employer que par une méthode de tâtonnements pénibles et douteux, quand on se donne la détente et la pression initiale, sans connaître la pression finale.

Il est par conséquent utile d'avoir, pour la pratique, un ensemble de formules permettant de calculer avec moins de peine les quantités à connaître dans les cas ordinaires lorsqu'on se donne le rapport de détente. Lorsque la pression initiale ne dépasse pas 12 atmosphères et ne descend pas au-dessous de la pression atmosphérique, on déduit une série d'équations suffisamment exactes pour tous les cas ordinaires, de ce fait déjà signalé à l'article 282, que la ligne adiabatique de la vapeur d'eau saturée peut se représenter par l'équation

$$pu^{-\frac{10}{9}} = \text{constante.}$$

Les formules ainsi obtenues sont les suivantes ;

DONNÉES.

p_1, pression absolue d'admission ;

r, rapport de détente ;

p_3, contre-pression moyenne absolue ;

τ_4, températaure absolue de l'eau d'alimentation

$$\tau_4 = T^4 + 273° ;$$

T_5, température de condensation ;

T_6, température de l'atmosphère.

RÉSULTATS.

Pression finale,

$$p_2 = p_1 r^{-\frac{10}{9}}. \tag{1}$$

Pression moyenne absolue,

$$p_m = p_1 \left(10r^{-1} - 9r^{-\frac{10}{9}} \right). \tag{2}$$

Pression moyenne effective,

$$p_e = p_m - p_3 = p_1 \left(10r^{-1} - 9r^{-\frac{10}{9}} \right) - p_3. \tag{3}$$

Ces trois formules s'appliquent à des pressions exprimées en n'importe quelles unités.

Énergie par mètre cube de vapeur admise,

$$rp_c = r(p_m - p_3) = p_1\left(10 - 9r^{-\frac{1}{9}}\right) - rp_3;\qquad(4)$$

la pression est en kilogrammes par mètre carré.

Pour faciliter l'usage de ces formules, les valeurs de

$$\frac{p_m}{p_1} = 10r^{-1} - 9r^{-\frac{10}{9}},$$

et

$$\frac{rp_m}{p_1} = 10 - 9r^{-\frac{1}{9}},$$

ainsi que leurs réciproques, sont données dans la table VII à la fin du volume, pour des valeurs de l'admission $\frac{1}{r}$ croissant d'abord par différence de 0,025 puis de 0,05. Les valeurs intermédiaires se calculent facilement par interpolation.

Lorsqu'on se sert des formules du présent article pour calculer l'énergie exercée et la pression moyenne effective, la dépense de chaleur, l'alimentation et l'injection, peuvent se calculer aisément par les formules de l'article précédent. Dans les cas où l'on n'a pas besoin d'une grande précision, on peut employer la formule approximative suivante pour calculer sans peine la dépense de chaleur.

Chaleur dépensée en kilogrammètres par mètre cube de vapeur admise.

$$H_1 D_1 = 13\tfrac{1}{3}p_1 + 19\,530,\qquad(5)$$

p_1 étant en kilogrammètres par mètre carré.

Chaleur dépensée par mètre cube décrit par le piston, **ou** *pression équivalente à la chaleur dépensée*

$$\frac{H_1 D_1}{r} = \frac{13\tfrac{1}{3}p_1 + 19\,530 \text{ kilogrammes par mètre carré}}{r}.\qquad(6)$$

Dans l'exemple numérique suivant, on applique les formules approchées au cas précédemment calculé (art. 284) au moyen des formules exactes.

DONNÉES.

Pression initiale. . . . . $p_1 = 2^k,36$ par cent. carré

Rapport de détente. . . . $r = 2,75$

$$\text{Admission } \frac{1}{r} = 0,363.$$

Contre-pression moyenne,

$$p_3 = 0^k,35 \text{ par centimètre carré.}$$

RÉSULTATS.

Calcul de $\dfrac{p_m}{p_1}$ d'après la table VII,

$\dfrac{1}{r}$	$\Delta\,\dfrac{1}{r}$	$\dfrac{p_m}{p_1}$	$\Delta\,\dfrac{p_m}{p_1}$
0,35		0,697	
	0,05		$0,051 = \Delta\,\dfrac{1}{r} \times 1,02$ environ.
0,4		0,748	

Donc, pour $\dfrac{1}{r} = 0,363 = 0,4 - 0,037,$

$$\frac{p_m}{p_1} = 0,748 - 0,037 \times 1,02 = 0,710 \text{ environ.}$$

Pression moyenne absolue,

$$p_m = 2,36 \times 0,710 = 1^k,67 \text{ par centimètre carré.}$$

Pression moyenne effective,

$$p_e = p_m - p_3 = 1,67 - 0,35 = 1^k,32 \text{ par cent. carré.}$$
Par la formule exacte. . . $= 1\ ,36$

Différence. . . . $= 0^k,04$

Pression équivalente à la chaleur dépensée,

$$\frac{13\tfrac{1}{3} \times 2^k,36 + 1^k,95}{2,75} \dots = 12^k,12 \text{ par cent. carré.}$$

.Par la formule exacte. . . $= 12\ ,04$

Différence. . . . $+\ 0^k,08$

Rendement de la vapeur,

$$\frac{1,32}{12,12} \cdot \ldots \ldots \ldots \ldots = 0;110$$

Par la formule exacte. . . $= 0,109$

Différence. . . . $\underline{+\,0,001}$

Les erreurs provenant de l'usage des formules approchées sont donc, dans la plupart des cas, sans importance (*).

(*) **286. Usage de l'enveloppe de vapeur et de l'enveloppe d'air chaud.** La conclusion théorique démontrée à l'article 283, que la vapeur accomplissant un travail par sa détente, sans recevoir de chaleur d'une source extérieure, doit se liquifier en partie, est confirmée par l'expérience des machines : on s'est assuré en effet que la plus grande partie de l'eau qui s'accumule dans les cylindres sans enveloppe, et que l'on supposait autrefois entraînée par le primage de la chaudière, provient de la condensation d'une portion de la vapeur pendant sa détente ; et aussi que le principal effet de la *chemise* ou enveloppe de vapeur alimentée par la chaudière et entourant le cylindre est d'y prévenir cette condensation de la vapeur. L'enveloppe de vapeur est une des inventions de Watt.

Cette condensation ne constitue pas tout d'abord et directement une perte de chaleur ou d'énergie, car elle est accompagnée d'un travail effectif correspondant. C'est ensuite et indirectement qu'elle diminue le rendement de la machine ; la vapeur qui se condense dans le cylindre, probablement sous forme de brouillard ou de pluie fine, agit comme un distributeur de chaleur et un égaliseur de température ; empruntant de la chaleur à la vapeur chaude et dense de l'admission pour la restituer à la vapeur froide et raréfiée de l'échappement, elle abaisse ainsi la pression initiale et relève la pression finale de la vapeur, mais pas autant qu'elle abaisse la première : de là une perte d'énergie impossible à définir théoriquement. D'accord avec ce raisonnement, la pratique a démontré que, dans tous les cas, l'enveloppe de vapeur est avantageuse quand la vapeur se détend à plus de trois ou quatre fois son volume primitif. La condensation qui, sans elle, aurait lieu dans le cylindre même,

---

(*) Ces formules approchées ont été publiées pour la première fois dans *A manual of applied Mechanics*, 1858, art. 656.

s'opère dans l'enveloppe, où la présence de l'eau n'a pas d'effet. Cette eau retourne à la chaudière.

Dans les machines à double cylindre ou Compound, où la détente commencée dans un petit cylindre s'achève dans un cylindre plus grand, la pratique ordinaire est d'envelopper les deux cylindres ; mais dans quelques machines où le petit cylindre seul était enveloppé, la condensation s'est trouvée prévenue, ce qui prouve que la vapeur, pendant son passage du petit au grand cylindre, reçoit assez de chaleur directement du petit cylindre, ou indirectement par conduction au grand cylindre avec lequel il est en contact immédiat, pour empêcher qu'il ne s'y produise aucune condensation appréciable.

Il convient qu'une petite quantité de vapeur, sans effet appréciable sur le rendement de la machine, se condense pour lubrifier la garniture du piston. C'est ce qui se passe en général dans les machines à enveloppe de vapeur, probablement à cause de l'attraction entre les particules d'eau et le métal.

Une enveloppe d'*air chaud* peut produire les mêmes effets qu'une enveloppe de vapeur. On la réalise au moyen d'un carneau environnant le cylindre, ou en le renfermant dans la boîte à fumée, comme dans un grand nombre de locomotives. Les avantages de cette construction sont clairement démontrés dans l'ouvrage de M. D. K. Clark, *on Railway Machinery ;* avec cette disposition pourtant, on n'a plus la même sécurité contre la surchauffe des garnitures (*).

(*) 287. **Rendement de la vapeur sèche saturée.** Dans cette recherche on supposera que la vapeur du cylindre reçoit, pendant sa détente, juste assez de chaleur de celle de l'enveloppe pour empêcher, mais sans qu'il y ait surchauffe, toute espèce de condensation appréciable. Cette hypothèse est fondée sur le fait que la vapeur sèche conduit mal la chaleur en comparaison de l'eau ou de la vapeur humide, de sorte que, dès que de la vapeur humide a reçu assez de chaleur pour se dessécher ou à peu près, elle n'en absorbera plus que très-lentement.

Cette supposition est justifiée par le fait que ses conséquences sont confirmées par l'expérience.

(*) Les articles 286, 287, 288 et 289 sont en grande partie extraits et abrégés d'un mémoire lu devant la *Société royale* en janvier 1859.

Le symbole v désigne le volume du kilogramme de vapeur *en mètres cubes*, et p la pression *en kilogrammes par mètre carré*.

Sur la *fig.* 110, soit BCK la courbe des volumes et des pressions de la vapeur sèche saturée.

Fig. 110.

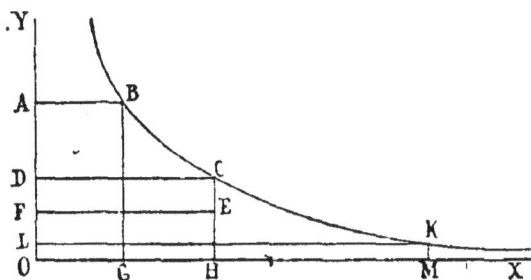

Représentons par

$OA = p_1$) le volume et la pression d'admission à la température
$AB = v_1$) absolue d'admission τ_1 ;

$OD = p_2$) le volume et la pression à la fin de la détente; soit τ_2 la
$DC = v_2$) température absolue correspondante.

On a

$$\frac{v_2}{v_1} = r = rapport\ de\ détente,$$

$$\frac{v_1}{v_2} = \frac{1}{r} = admission.$$

$OF = p_3$ pression d'échappement;

τ_4 température absolue de l'eau d'alimentation.

L'énergie exercée par un kilogramme de la vapeur est représentée par l'aire du diagramme composée de

$$aire\ ABCD = \int_{p_2}^{p_1} v dp,$$

$$aire\ EFDC = v_2(p_2 - p_3).$$

La dépense de chaleur par kilogramme de vapeur se compose des quantités suivantes :

Chaleur sensible $J(\tau_1 - \tau_4)$;

Chalente latente d'évaporation à τ_1 ;

Chaleur latente de détente empruntée par la vapeur de la chaudière à celle de l'enveloppe.

Le travail du kilogramme de vapeur saturée surpasse celui du kilogramme de vapeur se détendant entre les mêmes pressions, sans perte ni gain de chaleur extérieure, d'une quantité représentée par l'excès de l'aire ABCEFA sur l'aire correspondante pour un cylindre sans enveloppe; tandis que la dépense de chaleur est plus grande d'une quantité égale à celle que la vapeur du cylindre reçoit pendant la courbe de détente BC.

La chaleur latente d'évaporation du kilogramme de vapeur d'eau à la température absolue τ est donnée avec suffisamment d'exactitude pour notre cas par la formule

$$H' = a - b\tau, \tag{1}$$

dans laquelle

$a = 338\,400$ kilogrammètres;

$b = 295$ kilogrammètres par degré centigrade.

Pour trouver l'aire ABCDA, correspondante à une valeur p de la pression, il faut exprimer v en fonction de H', chaleur latente d'évaporation correspondante; ce qui donne, d'après l'article 256,

$$v = \frac{a - b\tau}{\tau \dfrac{dp}{d\tau}}. \tag{1 A}$$

Multipliant par $\dfrac{dp}{d\tau} d\tau$ et intégrant entre les températures initiales et finales τ_1, τ_2 de la vapeur pendant la détente, on trouve pour l'aire ABCDA

$$\int_{p_2}^{p_1} v\,dp = \int_{\tau_2}^{\tau_1}\left(\frac{a}{\tau} - b\right)d\tau = a \log \text{hyp.} \frac{\tau_1}{\tau_2} - b(\tau_1 - \tau_2); \tag{2}$$

ajoutant à cette surface le rectangle DCEF, on obtient pour l'énergie exercée sur le piston par kilogramme de vapeur

$$\left.\begin{aligned}
U' &= \int_{p_2}^{p_1} v\,dp = v_2(p_2 - p_3)\\
&= a \log \text{hyp.} \frac{\tau_1}{\tau_2} - b(\tau_1 - \tau_2) + v_2(p_2 - p_3);
\end{aligned}\right\} \tag{3}$$

dans cette expression

$a = 338\,400$ kilogrammètres;

$b = 295$ kilogrammètres par degré centigrade.

La *pression moyenne effective* ou travail par unité de volume décrit par le piston est

$$\frac{U'}{v_2}.\qquad(4)$$

La chaleur dépensée par kilogramme de vapeur peut se calculer par une marche différente comme il suit :

Chaleur sensible employée à élever la température du kilogramme d'eau d'alimentation à la température finale de détente

$$J(\tau_2 - \tau_4);$$

Chaleur latente d'évaporation à τ_2

$$H'_2 = a - b\tau_2;$$

Chaleur·transformée en énergie mécanique entre les températures τ_1 et τ_2 .

$$ABCDA = \int_{p_2}^{p_1} v\,dp,$$

comme dans l'équation (2).

Additionnant, on trouve, pour la dépense totale de chaleur en kilogrammètres d'énergie par kilogramme de vapeur,

$$\left.\begin{aligned}
\mathfrak{h} &= J(\tau_2 - \tau_4) + a - b\tau_2 + \int_{p_2}^{p_1} v\,dp \\
&= J(\tau_2 - \tau_4) + a\left(1 + \log \text{hyp.} \frac{\tau_1}{\tau_2}\right) - b\tau_1.
\end{aligned}\right\}\qquad(5)$$

($J = 425$ kilogrammètres par degré centigrade.)

La chaleur dépensée par unité de volume décrit par le piston est

$$\frac{\mathfrak{h}}{v_2}.\qquad(6)$$

Le *rendement* de la vapeur est le rapport

$$\frac{U'}{\mathfrak{h}}\qquad(7)$$

de l'énergie exercée par la vapeur sur le piston à la chaleur dépensée sur la vapeur. Ce rapport étant déterminé permet de calculer la chaleur disponible du kilogramme de combustible au moyen du travail indiqué par kilogramme consumé ou *vice versâ* en partant de l'équation

$$\frac{\text{chaleur disponible}}{\text{travail indiqué}} = \frac{\mathfrak{h}}{U'}. \qquad (8)$$

Dans l'usage pratique des équations (3), (4), (5), (6) et (7),· les données ordinaires sont :

La pression initiale p_1,
Le rapport de détente r,
La contre-pression p_3,

et la température absolue de l'eau d'alimentation

$$\tau_4 = T_4 + 273°.$$

De p_1, au moyen des formules connues ou de la table VI, on déduit τ_1 et v_1; puis de

$$rv_1 = v_2;$$

au moyen des mêmes formules et de la même table, on obtient τ_2 et p_2, complétant les données nécessaires pour l'usage des équations (3) et (5)

Soient

$$OL = p_0,$$
$$LK = v_0,$$

le volume et la pression de la vapeur à une température de comparaison, à celle de la glace fondante par exemple ($\tau_0 = 273°$), et

$$U = \int_{p_0}^{p} v\,dp = a \log \text{hyp.} \frac{\tau}{\tau_0} - b(\tau - \tau_0) \qquad (9)$$

la surface comprise entre LK et l'ordonnée de BCK correspondante à la température absolue τ.

Alors, à l'aide des valeurs de la fonction U, données ou interpolées par la table VI, les équations (3) et (5) peuvent se mettre sous la forme

$$U' = U_1 - U_2 + v_2(p_2 - p_3), \qquad (10)$$
$$\mathfrak{h} = U_1 - U_2 + J(\tau_2 - \tau_4) + a - b\tau_2, \qquad (11)$$
$$= U_1 - U_2 + H_2 - h_4; \qquad (12)$$

dans la dernière expression, H_2 est la chaleur totale d'évaporation de τ_0 à τ_1, h_4 la chaleur économisée par la température T_4 de l'eau. Ces deux quantités sont données ou interpolées dans les colonnes H et h de la table VI.

La série des formules suivantes donne d'un coup d'œil toutes les expressions applicables aux machines à vapeur saturée sensiblement sèche.

DONNÉES.

p_1, r, p_3, p_4, comme précédemment.

RÉSULTATS.

v_1 *volume* du kilogramme de vapeur *à l'admission*, à chercher dans la colonne 5 de la table VI.

Volume à la fin de la détente,

$$v_2 = v_1 r. \qquad (13)$$

Pressions et températures finales p_2, T_2, dans les colonns p et T de la table VI.

U' *énergie exercée*, et $\mathfrak{h}$ *chaleur dépensée*, par kilogramme de vapeur, à chercher dans la table VI au moyen des équations (10) et (12) ou, sans la table, par les équations (3) et (5).

Pression moyenne effective,

$$p_e = p_m - p_3 = \frac{U'}{rv_1}. \qquad (14)$$

Pression équivalente à la dépense de chaleur disponible,

$$p_h = \frac{\mathfrak{h}}{rv_1}. \qquad (15)$$

Rendement de la vapeur,

$$\frac{p_e}{p_h} = \frac{p_m - p_3}{p_h} = \frac{U'}{\mathfrak{h}}. \qquad (16)$$

Eau d'alimentation par mètre cube décrit par le piston,

$$\frac{1}{rv_1} = \frac{D_1}{r}. \qquad (17)$$

Chaleur rejetée par kilogramme de vapeur,

$$\mathfrak{h} - U' = H_2 - h_4 - v_2(p_2 - p_3).\qquad(18)$$

Chaleur rejetée par mètre cube décrit par le piston,

$$\frac{\mathfrak{h} - U'}{rv_1} = p_h - p_e.\qquad(19)$$

Eau d'injection nécessaire par kilogramme de vapeur,

(T_5 température de condensation,
T_6 température de l'atmosphère.)

$$\frac{\mathfrak{h} - U'}{425(T_5 - T_6)}.\qquad(20)$$

Eau d'injection nécessaire par mètre cube décrit par le piston,

$$\frac{p_h - p_e}{425(T_5 - T_6)}.\qquad(21)$$

Mètres cubes décrits par le piston par minute et par cheval indiqué,

$$\frac{4500}{p_e}.\qquad(22)$$

Chaleur disponible par heure en kilogrammètres et par cheval indiqué,

$$\frac{270000}{\text{rendement}} = \frac{270000 p_h}{p_e}.\qquad(23)$$

En appliquant ces formules à une machine en fonctionnement et dont on connaît la vitesse, soient :

A la surface du piston ;

s la course simple ou *double* suivant que la machine est à simple ou à double effet ;

N le nombre de tours par minute ;

R la résistance totale réduite au piston ; alors, d'après la formule (3), article 264, *l'énergie exercée par minute* est

$$NsR = NsAp_e,\qquad(24)$$

et la *puissance indiquée en chevaux*

$$\frac{NsAp_e}{7500}.\qquad(25)$$

La chaleur disponible dépensée par minute est

$$\text{NsA}p_h.\tag{26}$$

288. **Formules approximatives pour la vapeur saturée sèche.** Les formules du précédent article exigent des calculs pénibles; il convient d'avoir pour la résolution des problèmes de la pratique des formules approximatives plus simples. Celles que l'on va exposer ont été obtenues par une méthode d'essais. On a vérifié leur accord avec les résultats des formules exactes et de l'expérience pour des pressions initiales variant de $2^k,10$ à $8^k,40$ par centimètre carré, et pour des rapports de détente variant de 4 à 16. On peut donc les appliquer avec confiance aux machines fonctionnant entre ces limites et même un peu au delà; mais, pour des pressions de beaucoup supérieures à $8^k,40$, et des rapports de détente dépassant beaucoup 16, il convient, pour le moment, de s'en tenir aux formules exactes.

Le fondement de la formule approximative est dans ce fait que, pour des pressions ne dépassant pas $8^k,40$, l'équation de la courbe BCK (*fig.* 100) est à très-peu près

$$pv^{-\frac{17}{16}} = \text{constante.}\tag{1}$$

Cette équation est très-facile à calculer, parce qu'on obtient avec une grande rapidité et une exactitude suffisante la $\sqrt[16]{}$ d'un nombre au moyen d'une table des carrés, ou même sans aucune table avec un peu de travail.

Soit toujours r le rapport de détente. On a

Pression finale $p_2 = p_1 r^{-\frac{17}{16}}.$ (2)

Énergie exercée sur le piston par kilogramme de vapeur = aire ABCF

$$= \text{U}' = \int_{p_2}^{p_1} v\,dp + (p_2-p_3)v_2 = v_2\left[p_1\left(17r^{-1}-16r^{-\frac{17}{16}}\right)-p_3\right]\tag{3}$$

Pression moyenne absolue $\dfrac{\text{U}'}{v_2} + p_3$ (4)

$$= p_m = p_1\left(17r^{-1}-16r^{-\frac{17}{16}}\right)\tag{5}$$

Pression moyenne effective ou énergie exercée par mètre cube,

$$p_e = p_m - p_3 = \frac{U'}{v_2} = p_1\left(17r^{-1} - 16r^{-\frac{17}{16}}\right) - p_3. \qquad (6)$$

Il est évident que si l'on se donne la pression d'échappement p_3 et deux des trois quantités suivantes, la pression initiale p_1, — la pression moyenne effective $p_m - p_3$, — le rapport de détente r, la quatrième quantité peut se calculer directement, si elle est une des deux pressions p_1, ou $p_m - p_3$, et par approximation, si c'est r.

La formule approximative suivante pour la dépense de chaleur par kilogramme de vapeur est sensiblement d'accord avec la formule exacte entre les limites indiquées, et pour une température de l'eau d'alimentation comprise entre 40° et 50°

$$\mathfrak{h} = 15\tfrac{1}{2}\, p_1 v_1 = \frac{15\tfrac{1}{2}\, p_1 v_2}{r}, \qquad (7)$$

ce qui donne pour la *chaleur dépensée par mètre cube* ou la *pression par mètre carré de piston équivalente à la dépense de chaleur*

$$p_h = \frac{\mathfrak{h}}{v_2} = \frac{15\tfrac{1}{2}\, p_1}{r}. \qquad (8)$$

Rendement

$$\frac{p_e}{p_h} = \frac{p_m - p_3}{p_h} = \frac{U'}{\mathfrak{h}} = \frac{17 - 16r^{-\frac{1}{16}}}{15\tfrac{1}{2}} - \frac{rp_3}{15\tfrac{1}{2}\, p_1} \qquad (9)$$

Ce rendement permet de calculer la chaleur utilisable d'un combustible dont on connaît le travail et *réciproquement*, comme pour la formule exacte.

Pour faciliter l'usage de ces formules approximatives, la table VIII, à la fin du volume, donne les rapports

$$\frac{p_m}{p_1} = 17r^{-1} - 16r^{-\frac{17}{16}},$$

$$\frac{rp_m}{p_1} = 17 - 16r^{-\frac{1}{19}},$$

ainsi que leurs réciproques pour une série de valeurs de $\frac{1}{r}$.

On peut obtenir une approximation de ce rapport $\frac{p_m}{p_1}$ par le tracé

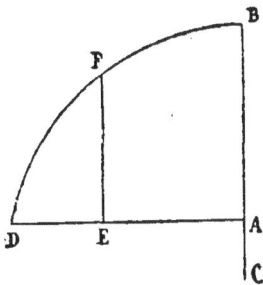

géométrique suivant. Sur une droite CAB on prend $AB = 4AC$ et l'on mène AD perpendiculaire à AC. Du point C on décrit un arc coupant AD en D. Sur DA on prend E, tel que $\dfrac{DA}{DE} = r$. Si l'on mène EF parallèle à AB jusqu'à sa rencontre en F avec l'eau de cercle, on aura

Fig. D.

$$\frac{EF}{AB} = \frac{p_m}{p_1} \text{ à peu près.}$$

288 A. Exemples de l'action de la vapeur saturée sèche. Les exemples suivants ont pour but d'indiquer l'usage des formules des articles 287 et 288 et de comparer leurs résultats à ceux de l'expérience.

En comparant les résultats des formules pour la détente de la vapeur avec ceux de l'indicateur, il ne faut pas s'attendre à une coïncidence exacte de sa courbe avec celle du calcul à cause des grands écarts qui s'y produisent, alternativement en plus et en moins, par le frottement de l'indicateur, les vibrations élastiques de son ressort et les pulsations des particules mêmes de la vapeur. Dans le cours d'une révolution, ces déviations se neutralisent, de sorte que les *pressions moyennes effectives* doivent concorder si la théorie est juste. On peut considérer environ $0^k,035$ par centimètre carré comme une limite ordinaire des erreurs d'un bon diagramme d'indicateur.

Premier exemple. (Compound à deux cylindres de 744 chevaux indiqués par les formules exactes calculées) (*).

DONNÉES.

	Bas des cylindres.	Haut des cylindres.
Pression d'admission p_1 par centimètre carré.	$2^k,36$	$2^k,41$
Contre-pression p_3	$0.,28$	$0,28$
Rapport de détente r.	$4\frac{1}{8}$	$6\frac{1}{4}$
Température de l'eau d'alimentation $T_4 = 40°$.		

(*) Ces machines ont été construites par Randolph, Elder and C° pour le steamer « *Admiral* », construit par James R. Napier.

RÉSULTATS CALCULÉS.

	Bas.	Haut.
Volume final du kilog. de vapeur $v_2 = rv_1$ . .	3,1434	4,6420
Pression finale p_2	0^k,51	0^k,34
Travail du kilog. de vapeur U'.	33413	35708
Pression moyenne effective, $\dfrac{U'}{v_2} = p_m - p_3$. .	1^k,057	0^k,760
Moyenne des deux résultats.		0,912
Pression moyenne effective d'après une série de diagrammes.		0,917
Différence.		0^k,005

dans la limite des erreurs d'observation.

	Bas.	Haut.
Chaleur dépensée par kilogramme de vapeur en kilogrammètres $\mathfrak{h}$.	27663	28233
Pression en kilogramme par centimètre carré équivalente à la chaleur $= p_h$. . .	8^k,75	6^k,05
Moyenne.		4,68
Rendement, $\dfrac{p_m - p_3}{p_h}$.	0,121	0,127
Rendement moyen, $\dfrac{0,912}{4,68} =$		0,123

Eau d'alimentation par mètre cube décrit par les pistons,

	Bas.	Haut.
$\dfrac{D_1}{r}$	0^k,32	0^k,214
Moyenne.		0,267
Chaleur rejetée par kilog. de vapeur en kilogrammètres.	243218	246544
Par mètre cube décrit par les pistons. . . .	77250	53020
Moyenne.		65135
Eau d'injection nécessaire par mètre cube décrit par les pistons $T_5 - T_6$ étant supposé $= 70$.		6^k,14

Chaleur disponible dépensée par heure et par cheval indiqué,

$$\frac{270000}{\text{rendement}} = \frac{270000}{0,123} = 2195000 \text{ kilogrammètres.}$$

La consommation de houille était $1^k,36$ par cheval indiqué et par heure; d'où, pour la chaleur utilisable du kilogramme,

$$\frac{2\,195\,000}{1,36} = 1\,613\,325 \text{ kilogrammètres,}$$

ce qui, pour une puissance d'évaporation de 3 millions de kilogrammètres, donne comme *rendement du foyer et de la chaudière*,

$$0,537.$$

Deuxième exemple. La même machine calculée par les formules approximatives.

DONNÉES.

Pression moyenne d'admission $p_1 = $ . . . . $2^k,38$

Contre-pression moyenne p_3, ... 0 ,28

Admission moyenne $\dfrac{1}{r} = \dfrac{0,24 + 0,16}{2} = $ 0,2

RÉSULTATS.

Pression moyenne totale $2,38 \times 0,505 = $ . . . . $1^k,202$

Pression effective $p_m - p_3$ { calculée. . . . . 0 ,922

{ observée. . . . . 9 ,917

Différence. . . . . 0 ,005

Pression équivalente à la chaleur dépensée,

$$p_h = 7^k,38.$$

Rendement,

$$\frac{p_c}{p_h} = \frac{p_m - p_3}{p_h} = 0,125.$$

(*) 289. **Règles pour la vapeur à peu près sèche.** Les règles des articles 287 et 288 ne s'appliquent qu'à un seul mode de détente de la vapeur. Les cinq premières règles du présent article sont applicables à tous les modes de détente, pourvu seulement que le cylindre soit assez chaud pour y empêcher toute accumutation d'eau considérable, de sorte que la vapeur y puisse être considérée comme à peu près sèche : les six dernières de ces règles donnent des résultats suffisamment exacts pour la plupart des projets de machines dans la pratique.

Sur la *fig.* 110A, soit AFGBHKA, le diagramme indicateur d'une machine à vapeur,

Fig. 110 A.

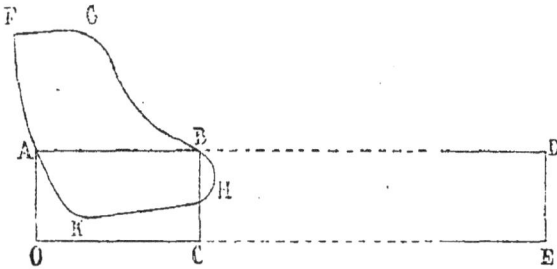

F, le point d'admission; G, celui de détente; B, celui de l'échappement anticipé; H, la fin de la course avant; K, le point où commence la compression. Prenons pour ligne de nulle pression l'horizontale passant par C; les hauteurs des ordonnées au-dessus de cette ligne représentent les pressions observées. BC, par exemple, est celle correspondante au commencement de l'échappement.

Par B, menons BA parallèle à la ligne OC, et au besoin reculons le point A, pour tenir compte de l'espace nuisible, de façon que AB représente le volume total de la vapeur renfermée dans le cylindre et les lumières à l'instant de l'échappement. De A, menons AO perpendiculaire à la ligne du zéro; les horizontales du diagramme menées à partir de OAF représentent les volumes occupés par la vapeur dans le cylindre.

Alors si l'on calcule, dans une série de cas particuliers, par l'équation (5) de l'article 287, une quantité que nous appellerons la *chaleur d'échappement*, composée de la chaleur totale, sensible et latente, du volume de vapeur AB à la pression absolue BC, et de la chaleur que cette vapeur emporterait avec elle du cylindre et des lumières, si elle se détendait sans liquéfaction jusqu'à la contre-pression, on trouve que cette chaleur d'échappement est donnée avec une approximation d'environ 1 p. 100 par la règle suivante :

1° Multiplions le produit de la pression absolue et du volume de la vapeur à l'échappement, par 16, pour une machine à condensation, et par 15, pour une machine sans condensation. Le résultat

sera à peu de chose près l'équivalent mécanique de la chaleur d'é-
chappement.

Pour représenter graphiquement cette règle, dans la *fig.* 110 A,
prolongeons AB jusqu'en D, en faisant AD = 16AB pour une machine à condensation, = 15AB pour une machine sans condensation.
Complétons le rectangle ADEO; sa surface (16 ou 15 AB × BC) représentera la chaleur d'échappement en unités de travail.

La surface ABHK du diagramme au-dessous de la pression d'é-
chappement représente une partie de la chaleur économisée par la
conversion d'une partie de cette chaleur en travail mécanique, et
la surface AFCB, au-dessus de la pression d'échappement, représente une dépense additionnelle de chaleur entièrement convertie
en travail mécanique. D'où les règles suivantes :

2° Chaleur totale dépensée sur la vapeur = ADEO + aire AFGB.

3° Chaleur convertie en travail mécanique = aire AFGDBHK.

4° Chaleur rejetée avec la vapeur d'échappement = aire ADEO
— aire ABHK.

5° Rendement de la vapeur

$$= \frac{\text{aire AFGBHK}}{\text{aire ADEO} + \text{aire AFGB}}.$$

En appliquant ces principes au projet d'une machine, on fera les
mêmes hypothèses que dans l'article 278 : BA sera considéré comme
représentant le volume total du cylindre ; KAF, FG, BH et HK seront
supposées des lignes droites. On peut aussi, sans erreur appréciable,
considérer la courbe de détente CB comme une hyperbole ordinaire.
Pour engendrer une telle courbe, la vapeur doit renfermer un peu
d'eau liquide à l'admission ou immédiatement après, et cette eau
doit s'évaporer pendant la détente, par la chaleur qu'elle reçoit du
cylindre enveloppé ou surchauffé.

Les règles approximatives suivantes peuvent alors s'appliquer :
6° pour calculer la *pression absolue d'échappement;* diviser la pression
initiale absolue par le rapport de détente

$$p_2 = \frac{p_1}{r}. \tag{1}$$

7° La *pression moyenne absolue* est donnée par l'expression

$$\frac{p_m}{p_1} = \frac{1 + \log \text{hyp.} \, r}{r}; \tag{2}$$

pour des valeurs de r et $\frac{1}{r}$, voir la table XI, article 299.

8° *Pression moyenne effective,*

$$p_c = p_m - p_3, \qquad (3)$$

p_3 étant la contre-pression moyenne estimée comme dans l'article 382.

9° *Pression moyenne équivalente à la dépense de chaleur dispo-. Cₒₕ. 65 nible p_h.*

A la pression moyenne absolue, ajouter quinze fois la pression d'échappement dans les machines à condensation, quatorze fois dans les machines sans condensation, c'est-à-dire que,
pour les machines à condensation,

$$p_h = p_m + 15\,p_2; \qquad (4)$$

pour les machines sans condensation,

$$p_h = p_m + 14\,p_2. \qquad (4\,\text{A.})$$

10° *Rendement de la vapeur,*

$$\frac{p_e}{p_h} = \frac{p_m - p_3}{p_h}. \qquad (5)$$

11° *L'équivalent mécanique de la chaleur rejetée* s'obtient en multipliant le volume décrit par le piston par

$$15\,p_2 + p_3 \text{ pour les machines à condensation,} \qquad (6)$$
$$14\,p_2 + p_3 \text{ pour les machines sans condensation.} \quad (6\,\text{A.})$$

Exemple.

DONNÉES.

Machine à condensation.
Rapport de détente, 5.
Pression initiale absolue, $p_1 = 2^k,38$ par centimètre carré.
Contre-pression moyenne, $p_3 = 0^k,28.$

28

RÉSULTATS.

1. Pression d'échappement,

$$p_2 = \frac{p_1}{5} = 0^k,476, \tag{1}$$

$$\frac{p_m}{p_1} = \frac{1 + \log \text{hyp.} 5}{\lfloor 5} = \frac{2,609}{5} = 0,522; \tag{2}$$

d'où, pour la pression moyenne absolue,

$$p_m = 2,38 \times 0,522 = 1^k 24.$$

Pression moyenne effective,

$$p_m - p_3 = 0^k,96. \tag{3}$$

Pression équivalente à la chaleur disponible dépensée,

$$p_h = 1,24 + 15 \times 0,476 = 8^k,38. \tag{4}$$

Rendement de la vapeur,

$$\frac{0,96}{8,38} = 0,115. \tag{5}$$

Équivalent mécanique de la chaleur rejetée = volume décrit par le piston $\times$ $7^k,42$ par centimètre carré (*).

(*) Les règles de cet article ont paru pour la première fois dans l'*Engineer* du 5 janvier 1866 avec des exemples plus détaillés.

Contre-pression $p_3 = 1^k,26$ par centimètre carré.
Chaleur disponible de combustion du kilogramme de houille estimée à 1 647 000 kilogrammètres, équivalente à une puissance d'évaporation de $7^k,24$.

EXEMPLES.	RAPPORTS D'ADMISSION $\frac{1}{r}$.						
	0,2	0,3	0,4	0,5	0,6	0,8	1,0
1. $p_1 = 4,2$:							
$p_m - p_3$	»	»	1,92	2,27	2,52	2,84	2,94
p_h	»	»	26,00	32,55	39,00	52,00	65,11
Rendement de la vapeur	»	»	0,074	0,070	0,064	0,055	0,045
Kilogrammes de houille par cheval et par heure	»	»	2,22	2,36	2,58	3,03	3,70
2. $p_1 = 5,6$:							
$p_m - p_3$	»	2,36	2,97	3,44	3,78	4,3	4,35
p_h	»	26,00	24,8	43,6	52,00	69,6	87,00
Rendement de la vapeur	»	0,091	0,086	0,080	0,073	0,061	0,050
Kilogrammes de houille par cheval et par heure	»	1,83	1,92	2,06	2,27	2,72	3,30
3. $p_1 = 7$:							
$p_m - p_3$	2,28	3,27	4,03	4,62	5,04	5,57	5,74
p_h	21,8	32,55	43,6	54,25	65,11	87,00	109,00
Rendement de la vapeur	0,105	0,100	0,093	0,085	0,077	0,064	0,053
Kilogrammes de houille par cheval et par heure	1,58	1,66	1,76	1,95	2,15	2,59	3,12
4. $p_1 = 8,4$:							
$p_m = p_3$	2,98	4,19	5,58	5,8	6,3	6,94	7,14
p_h	26,00	39,00	52,00	65,11	78,00	104,00	130,22
Rendement de la vapeur	0,115	0,107	0,098	0,089	0,081	0,067	0,055
Kilogrammes de houille par cheval et par heure	1,44	1,56	1,68	1,86	2,04	2,48	3,02
5. $p_1 = 11,20$:							
$p_m - p_3$	4,39	6,69	7,21	8,15	8,82	9,67	9,94
p_h	24,8	54,5	69,6	87,00	104,00	139,2	174,00
Rendement de la vapeur	0,127	0,115	0,104	0,094	0,085	0,070	0,057
Kilogrammes de houille par cheval et par heure	1,31	1,44	1,57	1,76	1,95	2,36	2,90

TABLE D'EXEMPLES DE MACHINES A CONDENSATION ET A VAPEUR SATURÉE SÈCHE, D'APRÈS LES FORMULES APPROXIMATIVES.

re-pression $p_3 = 0^k,28$ par centimètre carré.
cur de combustion du kilogramme de houille estimée à 1 647 000 kilogrammètres, équivalente à une puissance d'évaporation de $7^k,24$.

EXEMPLES.	RAPPORTS DE DÉTENTE $\frac{1}{r}$.							
	0,1	0,2	0,3	0,4	0,5	0,6	0,8	1,0
$p_1 = 1,4$:								
$p_m - p_3$	»	»	0,616	0,777	0,896	0,98	1,08	1,12
p_h	»	»	6,50	8,70	10,9	13,00	17,4	43,6
Rendement de la vapeur	»	»	0,095	0,090	0,083	0,075	0,0625	0,052
Kilogrammes de houille par cheval et par heure	»	»	1,76	1,83	2,00	2,22	2,64	3,19
$p_1 = 2,8$:								
$p_m - p_3$	»	1,13	1,54	1,83	2,07	2,24	2,45	2,52
p_h	»	8,70	13,00	17,4	21,7	26,00	34,8	43,6
Rendement de la vapeur	»	0,131	0,118	0,106	0,095	0,086	0,071	0,058
Kilogrammes de houille par cheval et par heure	»	1,27	1,40	1,57	1,75	1,90	2,35	2,85
$p_1 = 4,2$:								
$p_m - p_3$	1,04	1,84	2,44	2,9	3,25	3,5	3,87	3,92
p_h	6,5	13,00	19,5	26,00	32,55	29,00	52,00	65,11
Rendement de la vapeur	0,159	0,140	0,125	0,111	0,100	0,090	0,073	0,060
Kilogrammes de houille par cheval et par heure	1,043	1,19	1,33	1,50	1,66	1,85	2,27	2,77
$p_1 = 5,6$:								
$p_m - p_3$	1,48	2,55	3,35	3,95	4,42	4,76	5,19	5,32
p_h	8,70	17,4	26,00	34,8	43,6	52,00	69,6	87,00
Rendement de la vapeur	0,170	0,147	0,128	0,114	0,102	0,091	0,074	0,061
Kilogrammes de houille par cheval et par heure	1,07	1,13	1,25	1,45	1,64	1,83	2,23	2,72
$p_1 = 7$:								
$p_m - p_3$	1,92	3,25	4,26	5,00	5,6	6,00	6,55	6,72
p_h	10,9	21,8	32,55	43,6	54,25	65,11	87,00	109,00
Rendement de la vapeur	0,117	0,150	0,131	0,115	0,103	0,092	0,075	0,062
Kilogrammes de houille par cheval et par heure	0,938	1,106	1,26	1,45	1,59	1,80	2,20	2,67

289 A. Machines condensant à haute pression. On peut
appeler ainsi des machines telles que les locomotives de M. Beattie,
dans lesquelles la vapeur quittant le cylindre à une pression égale
ou un peu supérieure à celle de l'atmosphère, est condensée en partie
pour échauffer l'eau d'alimentation ; le reste sert à activer le tirage :
on y arrive en faisant plonger un tuyau branché sur celui de
l'échappement, dans un réservoir fermé où l'eau d'alimentation
tombe en pluie fine. Du fond de ce réservoir, l'eau prise par la
pompe alimentaire est refoulée dans la chaudière à une température d'environ 95°.

En appliquant les formules exactes à ce cas, il faudra donc
faire $T_4 = 95°$ environ = la température de l'eau d'alimentation.

Les résultats que l'on obtient par les formules approchées sont
en général suffisamment exacts.

L'expression approximative donnée plus haut pour la dépense de
chaleur par unité de volume décrit par le piston, à savoir, $\dfrac{15\frac{1}{2}p_4}{r}$,
a été obtenu dans l'hypothèse que la température de l'eau d'alimentation était d'environ 40°. En se reportant à l'article 215 A et à
sa table ; soient f le facteur d'évaporation pour le point d'ébullition
de l'eau dans la chaudière et une température d'alimentation de 40°,
f' le facteur correspondant au même point d'ébullition, avec une
température d'alimentation de 95° ; la dépense de chaleur sera réduite à très-peu près dans le rapport $\dfrac{f'}{f}$, ce qui donne pour la formule approchée de la dépense de chaleur par unité de volume décrit par le piston,

$$\frac{H_4}{rv_4} = \frac{f'}{f}\,\frac{15\frac{1}{2}p_4}{r}. \tag{1}$$

Par exemple, pour une température d'ébullition de 160° correspondante à une pression de 6^k,30 environ par centimètre carré,
on a

$$f' = 1,04, \quad f = 1,15,$$

et

$$\frac{H_4}{rv_4} = \frac{14p_4}{r} \text{ environ.} \tag{2}$$

Le tuyau qui joint l'échappement au condenseur est muni d'un
robinet par lequel on peut régler son ouverture jusqu'à ce qu'il

laisse passer la plus grande quantité de vapeur compatible avec
une condensation complète. D'après les expériences de M. Beattie,
décrites par M. Patrick Stirling, il faut employer ainsi environ le
quart de la vapeur d'échappement; les $\frac{3}{4}$ qui restent suffisent à
créer un tirage suffisant par injection dans la cheminée.

(*) 290. **Chute de pression de la chaudière au cylindre.
Laminage de la vapeur.** Cette chute de pression est due aux
causes suivantes :

1° Résistance du tuyau d'admission, de la chaudière à la boîte du
tiroir.

2° Résistance du régulateur ou papillon fermant en partie le
tuyau d'admission, comme pour les machines à pression d'eau,
fig. 40, article 132.

3° Résistance des lumières ou conduits d'admission de la vapeur
de la boîte du tiroir au cylindre, en partie fermés à certaines] périodes, ce qui augmente encore leur résistance.

4° Perte d'énergie actuelle quand la vapeur, passant des lumières
au cylindre, perd son mouvement rapide pour suivre la marche
comparativement lente du piston.

Il est impossible, dans l'état actuel de nos connaissances sur les
propriétés de la vapeur, de calculer séparément les pertes de pression dues à ces quatre causes, et, quand même on le pourrait, la
complication des formules serait hors de proportion avec leur utilité pratique. Tout ce qu'on peut faire actuellement, c'est d'appliquer la théorie de l'écoulement des gaz, exposée à l'article 254, à la
recherche de la forme probable d'une formule approximative pour
la perte totale de pression, et de chercher à déterminer, dans cette
formule, un coefficient constant, d'après des expériences sur des
machines réelles.

La meilleure collection d'expériences à ce sujet se trouve dans le
Railway Machinery de M. D. K. Clark. Les données sont empruntées
aux expériences de MM. Gouin et Lechatelier, et en partie à celles
de M. Clark lui-même, qui les a jusqu'à un certain point réduites à
des lois générales.

Entre autres résultats généraux, M. Clark trouve que l'effet de
la résistance du tuyau d'admission est inappréciable, quand sa
section n'est pas inférieure au $\frac{1}{10}$ de la surface du piston pour de

la vapeur à l'état de sécheresse ordinaire, et à $\frac{1}{13}$ pour de la vapeur très-sèche, la vitesse du piston ne dépassant pas 3 mètres par seconde. De là il suit que le tuyau d'admission doit être aussi proportionné que, en supposant à la vapeur la même densité que dans la chaudière, sa vitesse n'y dépasse pas environ 30 mètres par seconde; sa résistance est alors négligeable. Ce résultat est confirmé par l'efficacité de la règle pratique que, pour des vitesses de piston de 2 à 2ᵐ,20 par seconde, la section du tuyau d'admission doit être au moins égale à $\frac{1}{25}$ de la surface du piston.

La résistance du régulateur dans une machine convenablement proportionnée est inappréciable quand il est tout grand ouvert, et quand il est en partie fermé, la recherche des relations mathématiques entre la résistance et l'ouverture n'a pas d'importance en pratique, parce qu'on trouve facilement par un essai l'ouverture du régulateur nécessaire pour produire une réduction quelconque de la pression dans une machine donnée.

Il reste à considérer la résistance des conduits du cylindre et la perte de charge à l'entrée dans le cylindre.

Dans l'article 254, équation (1), on a donné une expression pour la vitesse d'un gaz se précipitant par un orifice d'un milieu à une pression p_1 dans un milieu à une pression inférieure p_2. Pour empêcher toute confusion et adapter cette équation aux notations de la présente section, remplaçons-y :

p_1 par p_b la pression dans la chaudière et la boîte du tiroir;

p_2 par p_1 pression initiale dans le cylindre;

u, vitesse maxima de l'écoulement, par V.

Élevant au carré les deux membres de l'équation, divisant par $2g$, et remplaçant $\frac{\gamma}{\gamma-1}\frac{p_0 v_0}{\tau_0}$ par son équivalent K_p, on trouve pour *la charge due à la vitesse maxima* V

$$\frac{V^2}{2g} = K_p \tau_1 \left[1 - \left(\frac{p_1}{p_b}\right)^{\frac{\gamma-1}{\gamma}} \right],$$

qui, pour la vapeur d'eau considérée comme un gaz parfait, devient

$$\frac{V^2}{2g} = 204\tau_1 \left[1 - \left(\frac{p_1}{p_b}\right)^{0,233} \right]. \qquad (1)$$

Par analogie avec l'écoulement des liquides et de l'air, il est probable que quand, tout en produisant un courant de vapeur d'une certaine vitesse, la différence de pression doit en même temps vaincre le frottement des conduits, il faut multiplier le membre de gauche de cette équation par $1 + F$, F étant un *facteur de résistance* (comme à l'art. 99).

V^2 étant le *carré moyen* de la vitesse d'entrée de la vapeur dans le cylindre, peut être traité comme un produit de trois facteurs, à savoir :

Le carré de la vitesse moyenne du piston V'^2;

Le carré du rapport de la surface du piston à la section des lumières $= \dfrac{A^2}{a^2}$.

Un facteur dépendant de la forme et du mouvement du distributeur.

Désignons, pour simplifier, par B le produit de ce dernier facteur par $1 + F$. La formule pour la perte de charge subie par la vapeur devient alors

$$\frac{BV'^2A^2}{2ga^2} = 204\tau_1\left[1 - \left(\frac{p_1}{p_b}\right)^{0,233}\right]; \qquad (2)$$

ce qui donne, pour calculer la chute de pression, la formule suivante

$$\frac{p_1}{p_b} = \left(1 - \frac{BV'^2A^2}{2g \times 204\tau_1 a^2}\right)^{4,29}. \qquad (3)$$

Le coefficient B doit se déterminer empiriquement : comme base pour cette détermination, dans le cas de la vapeur sèche, on peut prendre une des conclusions générales auxquelles est arrivé M. Clark, à savoir que, pour $\dfrac{A}{a} = 15$ et $V' = 0^m,30$ par seconde, on

a $\dfrac{p_1}{p_b} = 0,84$ environ; la pression dans la boîte du tiroir p_b étant en moyenne $6^k,30$, la température absolue était

$$\tau_1 = 160° + 273° = 433°.$$

Ces données conduisent à $B = 22,4$, d'où

$$\frac{B}{2g \times 204} = \frac{32,4}{4000} = \frac{1}{124} = 0,00806,$$

et pour l'équation (3)

$$\frac{p_1}{p_b} = \left(1 - \frac{V'^2 A^2}{124\tau_1 a^2}\right)^{4,29}. \tag{4}$$

Dans tous les cas où la différence $p_1 - p_b$ est faible, la formule suivante donne une approximation convenable :

$$\frac{p_1}{p_b} = 1 - \frac{V'^2 A^2}{30\tau_1 a^2}. \tag{5}$$

Dans l'exemple suivant, on ne pourrait pas appliquer la formule approximative; ses données se rencontrent parfois dans les machines de Cornouailles à simple effet.

$$V' = 0^m,62 \text{ par seconde}, \frac{A}{a} = 120; \quad \tau_1 = 406°;$$

d'où

$$\frac{p_1}{p_b} = 0,8336^{4,29} = 0,458,$$

de sorte que pour

$$p_b = 3^k,67, \quad p_1 = 1^k,68.$$

Dans l'exemple suivant, on peut, au contraire, appliquer la formule. Ses données se rencontrent très-souvent dans les machines à détente à double effet,

$$V' = 1^m,22 \text{ par seconde}, \frac{A}{a} = 25, \quad \tau_1 = 130° + 273° = 403°;$$

d'où, par l'équation (5),

$$\frac{p_1}{p_b} = 1 - \frac{932}{12\,090} = 1 - 0,0764 = 0,9236,$$

de sorte que pour $p_b = 2^k,75$, $p_1 = 2^k.55$, la perte de pression est de $0^k,2$ par mètre carré.

Il résulte en outre des expériences de M. Clark, que la perte de pression de la vapeur humide à travers les lumières surpasse celle de la vapeur sèche dans un rapport qui ne peut se préciser par le calcul, mais qui varie de $1\frac{1}{4}$ à $2\frac{1}{2}$, et atteint quelquefois 3.

La *perte de chute* qui se présente pendant le passage de la chaudière au cylindre ne représente pas entièrement une perte d'énergie, car étant dépensée à vaincre un frottement, elle engendre de la chaleur; de sorte que la vapeur dont la pression s'est abaissée par le *laminage* est surchauffée, c'est-à-dire portée à une température supérieure à celle du point d'ébullition correspondant à sa pression, bien qu'elle soit inférieure à celle de la chaudière. Mais, même en supposant qu'il n'y ait aucune perte d'énergie directe par le laminage, il s'en produit une indirecte par l'abaissement de la pression d'admission qui affaiblit le rendement de deux manières : en abaissant l'excès de la pression motrice sur la contre-pression, et en diminuant le travail que la vapeur peut accomplir par sa détente.

Il vaut donc mieux, quand la résistance diminue, abaisser la pression moyenne effective en prolongeant la détente qu'en contractant l'ouverture du régulateur, et diminuant ainsi la pression initiale. La première méthode augmente, la seconde diminue l'économie d'une machine.

M. Isherwood (*Journal of Franklin Institute*, mars 1875), donne les constantes suivantes par mètre carré de surface rayonnante extérieure de tubes protégés comme on l'indique, pleins de vapeur d'eau à une pression absolue de $1^k,55$, pour une différence de température de 1° et par heure.

	Vapeur condensée en kilogrammes.	Calories rayonnées.
Tuyau non protégé, nu.	0,026	6,32
Enveloppé de paille.	0,008	2,12
— dans un tube de poterie avec un esspace d'air.	0,010	2,43
— de déchets de coton épais de 25 millimètres. .	0,013	3,25
— de vieux feutre.	0,014	3,25
— de plâtras en terre argileuse et poils.	0,015	3,47
Le même peint en blanc.	0,013	3,20

(*) 291. **Effets des causes perturbatrices sur les diagrammes.** On a déjà considéré incidemment quelques déviations du diagramme idéal de la machine à vapeur dans les précédents articles de cette section; dans le présent article, on classera et l'on examinera en détail les plus importantes et les plus ordinaires parmi ces déviations.

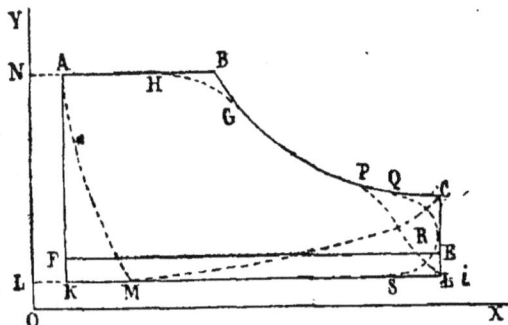

Fig. 111.

Leurs causes peuvent se classer ainsi :

Causes qui affectent la puissance de la machine, aussi bien que la figure du diagramme,

1° Laminage à la fin de l'admission ;

2° Espace nuisible ;

3° Compression ;

4° Échappement anticipé ;

5° Conduction de la chaleur ;

6° Eau liquide dans le cylindre.

Causes qui affectent la figure du diagramme seulement :

7° Ondulations ;

8° Frottement de l'indicateur ;

9° Position de l'indicateur.

1° *Laminage à la fin de l'admission.* Le distributeur coupe l'admission au cylindre, non pas tout d'un coup, mais graduellement, surtout quand c'est un tiroir. En conséquence, la chute de pression de la vapeur passant de la boîte à tiroir au cylindre, augmente graduellement, et la pression de la vapeur commence à décroître avant la fermeture complète du distributeur. Le haut du diagramme tracé pendant l'admission de la vapeur, au lieu d'être une droite AB (*fig.* 111) parallèle à OX, est une courbe convexe vers le haut, comme AHG.

Le point de la courbe où le distributeur *se ferme complétement* se marque ordinairement sur le diagramme par un *point d'inflexion* G, où la courbe convexe vers le haut, HG, produite par le laminage touche la courbe d'expansion GC, convexe vers le bas. La vapeur commence à se détendre un peu avant la fermeture complète du distributeur, et l'énergie exercée est à peu près la même que s'il se fermait instantanément en un point un peu plus avant dans la course, et que l'on peut appeler le point *virtuel* de détente ou d'*admission effective.*

2° L'*espace nuisible* comprend, non-seulement l'espace nuisible proprement dit entre le fond du cylindre et le piston au bout de sa course, mais aussi le volume des lumières, c'est en général le volume *minimum* total compris entre le piston et le distributeur. Il est évident que ce volume, ainsi que celui que décrit le piston, doit être rempli par la vapeur.

L'espace nuisible s'exprime, pour faciliter le calcul, sous la forme d'une fraction du volume décrit par le piston pendant une simple course. Soient A la surface du piston, s sa course,

$$c = \frac{\text{espace nuisible}}{As} \qquad (1)$$

est la fraction en question, et

$$\text{espace nuisible} = Asc. \qquad (2)$$

La longueur du cylindre équivalente à l'espace nuisible est

$$cs = \frac{\text{espace nuisible}}{A}. \qquad (3)$$

La fraction c varie de $\frac{1}{8}$ à $\frac{1}{40}$ et quelquefois moins dans quelques machines; elle est plus grande dans les petites. La longueur du cylindre équivalente varie moins; elle est ordinairement de 25 à 50 millimètres.

L'espace nuisible modifie le rapport de détente de la manière suivante.

Sur la *fig.* 111, soient EF = As l'espace total décrit par le piston dans une course. LK = NA = cAs, l'espace nuisible; B étant le point de fermeture à l'admission, AB est le volume *apparent* de la vapeur à la fin de l'admission.

$$\frac{AB}{EF} = \frac{1}{r'}, \qquad \frac{EF}{AB} = r',$$

sont les rapports apparents d'admission et de détente; mais le volume réel de la vapeur dans le cylindre à la fermeture est NB, et elle se détend jusqu'en NL, ce qui donne, pour les rapports *vrais* d'admission et de détente,

$$\frac{1}{r} = \frac{NB}{LI} = \frac{\frac{1}{r'} + c}{1 + c}; \quad r = \frac{LI}{NB} = \frac{1 + c}{\frac{1}{r'} + c} = \frac{r' + cr'}{1 + cr'}. \quad (4)$$

Si la vapeur s'échappe complétement du cylindre à chaque course arrière, l'espace nuisible produit les effets suivants sur la dépense de vapeur et de chaleur. Le volume *apparent* de la vapeur admise par course étant AB, et le volume *vrai* NB, la dépense de vapeur et par suite de chaleur, est augmentée par l'espace nuisible dans le rapport

$$\frac{\text{NB}}{\text{AB}} = 1 + cr'. \tag{5}$$

Dans cette même hypothèse du complet échappement, la pression moyenne absolue est diminuée à peu près, mais un peu moins, que dans le rapport exprimé par la formule suivante où p'_m désigne la pression moyenne absolue actuelle et p_m ce qu'elle serait avec la détente vraie r, s'il n'y avait pas d'espace nuisible

$$p'_m = p_m - c(p_1 - p_m). \tag{6}$$

La diminution de la pression moyenne n'est *pas tout à fait* aussi considérable, parce que l'énergie avec laquelle la vapeur se précipite dans l'espace nuisible se dépense en partie en impulsion sur le piston, en partie en frottement des molécules de la vapeur qui se surchauffe, et remplit avec une moindre masse un espace donné à une pression donnée; mais il est inutile de considérer ce phénomène dans les calculs.

Le rendement de la vapeur est diminué à peu près dans le rapport suivant

$$\frac{p'_m - p_3}{(1 + cr')(p_m - p_3)}. \tag{7}$$

3° La compression est due à la fermeture du distributeur avant la fin de l'échappement, par exemple au point M du diagramme. Une certaine masse de vapeur ainsi confinée dans le cylindre est comprimée par le piston pendant sa course arrière suivant une courbe MA. Sur la figure cette courbe se termine en A et correspond au *meilleur réglage* de la compression, qui a lieu quand la masse de vapeur comprimée est *juste suffisante pour remplir l'espace nuisible à la pression initiale* p_1.

La formule approximative de ce réglage est

$$\frac{\text{KM}}{\text{KI}} = cr' \left(\frac{p_3}{p_1}\right)^{\frac{9}{10}}. \tag{8}$$

L'effet de ce réglage est d'économiser toute la dépense additionnelle de chaleur dénotée par cr' dans l'équation (5) et la perte d'énergie par kilogramme de vapeur exprimée par la formule (6), de sorte que *le rendement de la vapeur* n'est pas diminué. La *pression moyenne effective* reste pourtant amoindrie dans le rapport

$$\frac{r}{r'},$$

ainsi que *la pression équivalente à la chaleur dépensée;* de sorte que si p_e et p_h représentent ces quantités calculées comme dans les précédents articles, en supposant qu'il n'y ait pas d'espace nuisible, elles deviennent respectivement

$$p'_e = p_e \frac{r}{r'}, \qquad p'_h = p_h \frac{'r}{r'}. \qquad (9)$$

L'espace décrit par le piston par minute et par cheval indiqué s'augmente au contraire dans le rapport

$$\frac{r'}{r}$$

et devient $\qquad \dfrac{4500}{p_e} \times \dfrac{r'}{r}$ en mètres cubes $\qquad (10)$

quand les pressions sont exprimées en kilogrammes par mètre carré.

Dans le cas de réglage considéré, la fraction $\dfrac{cr'}{1+cr'}$ d'une cylindrée, espace nuisible compris, agit comme un coussin, suivant les principes exposés à l'article 262 pour les machines thermiques en général, tandis que la fraction $\dfrac{1}{1+cr'}$ accomplit un travail effectif.

4° L'*Échappement anticipé* est dû à l'ouverture du distributeur avant la fin de la course pour diminuer la contre-pression. Dans une machine sans échappement anticipé, où le distributeur s'ouvre exactement à la fin de la course avant, le diagramme de la course arrière est ordinairement une courbe se rapprochant plus ou moins de la ligne pointillée CMK; la partie inférieure du diagramme fictif de calcul est une droite EF dont l'ordonnée p_3 est égale à l'ordonnée moyenne de cette courbe. LKI est une droite dont l'ordonnée OL représente la pression du condenseur, ou de l'atmosphère dans les machines sans condensation. En avançant suffisamment l'échappement, par exemple jusqu'au point P, la chute de pression arrive tout entière à la fin de la course-avant, de sorte que la contre-pression coïncide sensiblement avec KI; l'extrémité du diagramme prend alors une forme ordinairement concave vers le haut comme la courbe PI. On économise un travail représenté par KF × KI; le travail perdu est représenté par PGIP; il y aura en somme gain ou perte de travail, suivant que l'une des surfaces l'emporte sur l'autre. La plus grande économie de travail a lieu quand l'échappement commence à un point Q, tel que la moitié environ de la chute de pression s'accomplisse à la fin de la course avant, et l'autre moitié à la fin de la course arrière, ainsi que l'indique la courbe QRS.

5° *Conduction de la chaleur par le métal du cylindre*, ou

6° *Par l'eau liquide renfermée dans le cylindre.* Elle a pour effet d'abaisser la pression au commencement de la course, et de l'élever à la fin, de la façon précédemment expliquée article 286, l'abaissement étant en somme plus considérable que l'élévation. La nature générale du changement ainsi produit dans le diagramme est indiquée par la courbe GHICF (*fig.* 112). Le mauvais effet de l'eau est augmenté par le surcroît de résistance qu'elle oppose à l'écoulement de la vapeur (art. 280). On y remédie en chauffant l'extérieur du cylindre comme on l'a indiqué à l'article 290. Dans quelques expériences la quantité de vapeur perdue par l'évaporation et la condensation alternative de la vapeur dans le cylindre s'est montrée supérieure à celle employée en travail utile.

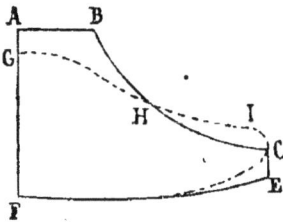

Fig. 112.

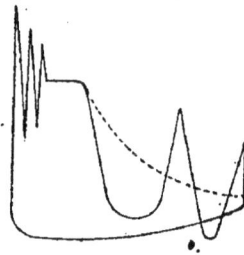

Fig. 113.

7° *Les ondulations*, telles que celles esquissées sur la *fig.* 113, sont dues à l'inertie du piston de l'indicateur et à l'élasticité de son ressort. Pour diminuer leur étendue, le ressort doit être dur et le mécanisme de l'indicateur léger. Quand elles sont grandes, il est très-difficile de déterminer par leur tracé la pression moyenne effective. Dans cette recherche, on peut tracer un diagramme sans ondulation en faisant passer, comme sur la figure en pointillé, une courbe *par les milieux des hauts et des bas*, ce qui est préférable au tracé d'une courbe renfermant la même surface que le diagramme ondulé.

8° *Le frottement* de l'indicateur, s'opposant au mouvement du piston, tend à tracer la pression motrice plus faible et la contre-pression plus forte qu'en réalité, indiquant ainsi une puissance moindre que celle qu'exerce réellement la vapeur, mais on ne sait pas de combien. D'après quelques expériences de M. Hirn (*Bulletin de Mulhouse*, vol. XXVII et XXVIII), la diminution du diagramme d'énergie par suite du frottement de l'indicateur est sensiblement égale au travail employé à vaincre les frottements de la machine, de sorte que l'indicateur montre, non pas le travail total de la vapeur sur le piston, mais, à très-peu près, le *travail utile* de la machine. On peut suspecter l'application générale de ce principe, et d'autres expériences, spécialement sur les navires à hélices, sont en contradiction avec lui.

9° *Position de l'indicateur.* Des expériences de MM. Randolph Elder et C⁰ ont prouvé, ce qui pouvait d'ailleurs être prévu d'après les lois du mouvement des fluides, que lorsqu'un courant rapide de vapeur souffle à *angle droit* du tube de l'indicateur, la pression qu'il indique est moindre que la pression vraie. Il faut donc fixer les indicateurs, autant que possible, dans une position telle qu'ils ne soient pas exposés à cette cause d'erreur.

(*) 292. **Résistance de la machine. Rendement du mécanisme.** L'énergie perdue par la résistance de la machine comprend celle dépensée à vaincre le frottement du mécanisme, à faire marcher la pompe à air et la pompe à eau froide des machines à condensation, et en général à vaincre toutes les résistances provenant de la machine même, excepté la contre-pression de la vapeur.

On ne connaît encore que vaguement l'importance du travail ainsi perdu. La formule approximative proposée à l'origine par le comte de Pambour est de la forme suivante.

Soit R le *travail utile* de la machine réduit, d'après le principe des vitesses virtuelles, au piston comme point moteur (art. 264). Les résistances nuisibles, réduites ainsi au piston, se composent probablement d'une partie constante qui est la résistance de la machine marchant à vide, et d'une partie croissant proportionnellement au travail utile, de sorte que la *résistance totale*, réduite au piston, peut s'exprimer par une formule de la forme

$$R = (1 + f)\, R_1 + R_0 ; \qquad\qquad (1)$$

R_0 étant la résistance à vide, f un coefficient pour la partie variable.

Soit A la surface du piston ; la résistance totale *par unité de sur-face du piston*, qui est égale à la pression moyenne effective, peut s'exprimer ainsi :

$$p_e = p_m - p_3 = \frac{R}{A} = (1 + f)\frac{R_1}{A} + \frac{R_0}{A}. \qquad\qquad (2)$$

Le *rendement du mécanisme* est donné par la formule

$$\frac{R_1}{R} = \frac{R_1}{A(p_m - p_3)} = \frac{1}{1 + f + \dfrac{R_0}{R_1}} \qquad\qquad (3)$$

qui, multipliée par le *rendement de la vapeur* et par le *rendement du foyer*, donne le *rendement résultant* de tout l'appareil à vapeur.

On sait par expérience que la résistance à vide varie de $0^k,035$ à $0^k,105$ par centimètre carré du piston, y compris la résistance de la pompe à air ; sa moyenne est $0^k,07$. On peut donc poser par approximation

$$\frac{R_0}{A} = 0^k,07 \text{ par centimètre carré.} \qquad\qquad (4)$$

La valeur de f, dans une machine bien construite, est estimée par le comte de Pambour à $\frac{1}{7} = 0,143$, et ce chiffre est confirmé par l'expérience dans les cas où il n'y a pas de causes spéciales de frottement. On peut donc écrire alors pour la résistance en kilogrammes

$$R = 1\tfrac{1}{7} R_1 + 0,07\,A \text{ en centimètres carrés,} \qquad\qquad (5)$$

et pour le rendement du mécanisme

$$\frac{R_1}{R} = \frac{R_1}{A(p_m - p_3)} = \frac{1}{1,143 + \dfrac{0,07A}{R_1}}. \qquad\qquad (6)$$

Dans la plupart des cas de la pratique, on obtient un résultat presque concordant avec celui de la formule précédente, en supposant la résistance nuisible totale proportionnelle à la charge utile, c'est-à-dire en posant

$$R = (1 + f)R_1. \tag{7}$$

Dans les machines marines, on perd en outre du travail à imprimer à l'eau des mouvements latéraux et d'avant en arrière, ce qui porte la valeur de $1 + f$ entre 1,6 et 1,67 dans les cas ordinaires. (Voir *Useful Rules and Tables*, p. 274).

293. Action de la vapeur contre une résistance connue. Problème de Pambour. La nature du problème considéré, en ce qui concerne l'action de la vapeur saturée, a déjà été examinée à l'article 264. Ce problème fut résolu pour la première fois par le comte de Pambour; dans son ouvrage, c'était le *poids de vapeur* produit par la chaudière dans l'unité de temps qu'on se donnait comme une quantité constante, ici ce sera la *chaleur disponible du foyer* par unité de temps. Le problème consiste : étant donnés, cette chaleur, la *résistance utile à vaincre par la machine, la contre-pression*, et le *rapport de détente*, trouver *la vitesse moyenne du piston*.

Soit R la résistance utile réduite au piston. La résistance totale est alors (art. 292)

$$R = (1 + f)R_1 + R_0. \tag{1}$$

Divisant par la surface du piston, pour une machine simple, ou des gros pistons pour une Compound; le quotient

$$\frac{R}{A} \tag{2}$$

est la pression moyenne effective.

Soient r' le rapport de détente apparent; c l'espace nuisible; alors, comme à l'article 291, division II, on a, pour le rapport de détente vrai,

$$r = \frac{r' + cr'}{1 + cr'}. \tag{3}$$

Supposons la compression réglée de façon à prévenir toute diminution appréciable du rendement par l'espace nuisible; on aura (art. 291, division III), pour la *pression moyenne effective du diagramme fictif* non affecté par l'espace nuisible,

et

$$\left. \begin{aligned} p_e &= \frac{r'}{r}\frac{R}{A} \\ p_m &= p_e + p_3. \end{aligned} \right\} \tag{4}$$

Du rapport de détente vrai r on déduira, par les formules approchées de l'article 285, ou par la table VII, pour un cylindre sans enveloppe; et, par les formules de l'article 288, ou la table VII, pour un cylindre enveloppé, le rapport

$$\frac{p_1}{p_m}.$$

La *pression initiale de la vapeur* sera

$$p_1 = \frac{p_1}{p_m} (p_c + p_s), \qquad (5)$$

et la vitesse de cette machine s'ajustera de façon à maintenir cette pression.

De la pression initiale, par les formules exactes de l'article 284 ou 287, ou par les formules approchées de l'article 285 ou 288, suivant le cas, on déduira la *pression équivalente à la dépense de chaleur*

$$p_h = \frac{H_1}{rv_1} = \frac{p_1}{\text{rendement de la vapeur}}. \qquad (6)$$

Soient W le nombre de kilogrammes de houille brûlés par minute; h la chaleur disponible de combustion d'un kilogramme de houille en kilogrammètres; le volume effectif décrit par le piston par minute sera

$$NAs = \frac{r'hW}{rp_h}; \qquad (7)$$

s étant la course; A la surface du piston; N le nombre de tours par minute ou le double de ce nombre, suivant que la machine est à simple ou à double effet. Ce volume, divisé par A, donne la *distance* effectivement parcourue par le piston par minute (ne comptant pas la course arrière dans une machine à simple effet), à savoir :

$$Ns = \frac{r'hW}{rp_hA}; \qquad (8)$$

c'est la solution du problème.

La puissance indiquée est, en kilogrammètres par minute,

$$\frac{r}{r'} NAsp_e = NsR, \qquad (9)$$

et *la puissance effective,*

$$\frac{\mathrm{N A} s \left(\dfrac{r p_e}{r'} - \dfrac{\mathrm{R}_0}{\mathrm{A}}\right)}{1 + f} = \mathrm{N} s \mathrm{R}_1 ; \qquad (10)$$

ces quantités, divisées par 4500, se réduisent en *chevaux-vapeur.*

Lorsque l'effet de l'espace nuisible est inappréciable, comme c'est souvent le cas en pratique, les formules précédentes se simplifient en y faisant $c = 0$. C'est le cas de la machine à double effet de l'exemple suivant, déjà examinée dans l'exemple I (art. 288 A).

DONNÉES.

Résistance à la circonférence des roues faisant un tour par double course, 5 950 kilogrammes ;

Circonférence, $19^m,60$;

Course, $s = 1^m,30$;

Surface des pistons, $A = 59\,300$ centimètres carrés, $\quad f = \dfrac{1}{7}$

$\dfrac{\mathrm{R}_0}{\mathrm{A}} = 0^k,07$ par centimètre carré ;

Contre-pression, $p_3 = 0^k,28$;

Charbon brûlé par minute, $\mathrm{W} = 16^k,7$;

Chaleur disponible de combustion d'un kilog., $h = 1\,647\,000$ kilogrammètres.

RÉSULTATS.

$$\frac{circonférence\ des\ roues}{double\ course} = \frac{19,6}{2^m,6},$$

d'où

$$\mathrm{R}_1 = 5\,950 \times \frac{19.6}{2,6} = 44\,804 \text{ kilog.}$$

$$\frac{\mathrm{R}_1}{\mathrm{A}} = \frac{44\,804}{59\,300} = 0^k,75 \text{ par centimètre carré.}$$

$$p_m - p_3 = 1\tfrac{1}{7} \times 0,75 = 0,913.$$

$$p_m = 0,93 + 0,28 = 1^k,21.$$

$$\frac{p_1}{p_m} = \left(\text{par la table VIII pour } \frac{1}{r} = 02\right) = 1,98.$$

pression initiale $\quad p_1 = 1,21 \times 1,98 = 2^k,39.$

Par la formule approchée $p_h = \dfrac{15\frac{1}{2} \times 2{,}39}{5} = 7^k{,}4.$

$$Ap_h = 7{,}4 \times 59\,300 = 43\,882.$$
$$h\mathrm{W} = 1\,647\,000 \times 16{,}7 = 27\,505\,000 \text{ kilogrammètres.}$$

Vitesse moyenne des pistons,

$$\frac{h\mathrm{W}}{Ap_h} = \frac{27\,505\,000}{43\,885} = 62^m{,}67 \text{ par minute ;}$$

vitesse réelle constatée, $62^m{,}20.$

Chevaux indiqués, d'après la vitesse calculée,

$$\frac{62{,}47 \times 0{,}93 \times 59\,300}{4\,500} = 768$$

Puissance observée. . . . . $= 752$

Puissance effective, d'après la vitesse calculée,

$$\frac{62{,}67 \times 44\,804}{4\,500} = 624$$

Puissance effective, d'après la vitesse observée,

$$\frac{62{,}2 \times 44\,804}{4\,500} = 619$$

294. Manières habituelles d'exprimer les pressions.
Elles sont les mêmes que celles précédemment exposées à l'article 105, au sujet des pressions d'eau : la pression s'énonce et se lit sur les manomètres, en kilogrammes par centimètre carré, au-dessus ou au-dessous de la pression atmosphérique. Une pression inférieure à celle de l'atmosphère est considérée comme négative, on l'appelle *un vide*. Les pressions ainsi énoncées se ramènent aux pressions réelles ou absolues en leur ajoutant la pression atmosphérique, ou en les en retranchant si elles sont négatives. Dans une expérience sur la machine à vapeur destinée à servir de base pour le calcul exact de son rendement, il faut prendre de temps en temps la hauteur du baromètre. Au cas contraire, on admet pour la pression atmosphérique 10 333 kilomètres au niveau de la mer. (Voir art. 106.)

Pour exemple supposons que cette pression soit réellement 10 333 kilomètres par mètre carré ou $1^k{,}03$ par centimètre carré, et que les indications des manomètres soient : ·

Pression à la chaudière.	$1^k{,}61$
— initiale au cylindre.	1 ,33
Vide moyen au cylindre.	0 ,749
— au condenseur.	0 ,889

Les pressions réelles absolues seront :

Pression de la chaudière.	$p_b = 1,62$ $+ 1,03$ $= 2^k,64$
— initiale au cylindre.	$p_1 = 1,33$ $+ 1,03$ $= 2\ ,36$
Contre-pression moyenne.	$p_2 = 1,033 - 0,749 = 0\ ,284$
Pression au condenseur.	$1,033 - 0,889 = 0\ ,144$

Le vide du condenseur, souvent mesuré par un manomètre à air libre, s'énonce parfois en *centimètres de mercure* que l'on réduit facilement en kilogrammes par centimètre carré (art. 107).

Section 6. *Vapeur surchauffée.*

295. But de la surchauffe. Moyens de l'obtenir. Les principaux avantages qu'on se propose d'obtenir en échauffant la vapeur à une température au-dessus du point d'ébullition correspondant à sa pression sont les suivants :

1° Augmenter le rendement de la machine en élevant la température du fluide qui reçoit la chaleur, d'après les principes de l'article 265 ; et cela, sans une pression dangereuse.

2° Diminuer la densité de la vapeur employée à vaincre une résistance donnée, de façon à abaisser la contre-pression, d'après un des principes de l'article 280 ; en langage ordinaire, pour augmenter le vide.

3° Prévenir la condensation de la vapeur pendant sa détente sans l'aide d'une enveloppe.

Ces trois effets tendent à économiser du combustible en augmentant le rendement du fluide.

Les principales méthodes de surchauffe sont les suivantes :

1° Le *laminage* qui, comme on l'a expliqué à l'article 290, occasionne une surchauffe quand la pression au cylindre est très-inférieure à celle de la chaudière, mais rarement à un degré dont on puisse calculer les effets.

Ce genre de surchauffe se présente en général plutôt comme un accident, et n'assure pas tous les avantages précédemment attribués à la surchauffe. Car, bien que la vapeur dans le cylindre soit à une température supérieure au point d'ébullition correspondant à sa pression, la vapeur dans la chaudière est à une température encore plus élevée, et à la pression de saturation correspondant à cette température.

2° *Surchauffe par l'enveloppe.* Elle a lieu quand l'enveloppe donne à la vapeur qui se détend dans le cylindre plus de chaleur qu'il n'en faut pour y empêcher toute condensation. Il ne paraît pas que ce genre de surchauffe produise un effet susceptible de calcul. Son étendue est limitée comme dans la méthode (1), par la température dans la chaudière.

3° *Surchauffe dans le réservoir de vapeur,* ou partie supérieure de la chaudière, au moyen de carneaux qui le traversent ou qui l'environnent. Par cette méthode, on peut élever, mais de très-peu, la température de la vapeur au-dessus du point d'ébullition correspondant, à sa pression. On l'emploie dans les chaudières marines, et parfois on arrive à prévenir ainsi la condensation dans le cylindre sans enveloppes.

4° *Surchauffe dans des tubes ou conduits* traversés par la vapeur de la chaudière aux cylindres. On peut ainsi élever autant qu'on le veut la température de la vapeur. Il est difficile, ou sinon impossible de dire quel fut le premier inventeur de cette méthode. M. Frost en fut en tous cas l'un des premiers promoteurs. On l'employait depuis bien longtemps sur le steamer américain " l'Arctic ", avec de grands avantages; elle a été appliquée depuis par beaucoup de constructeurs, surtout sur les machines marines, avec les formes d'appareils les plus variées; on en décrira quelques-unes au chapitre IV.

5° *Surchauffe par mélange.* Une partie seulement de la vapeur traverse les tubes à surchauffer et se mêle ensuite au reste de la vapeur dans l'appareil de distribution, de façon à élever la température de la masse à un point intermédiaire entre la température d'ébullition correspondante à sa pression et celle des tubes de surchauffe. Le mélange ainsi formé est appelé par l'honorable John Wethered, son inventeur, " *vapeur combinée* ".

6° *Surchauffe dans le cylindre* au moyen d'un carneau ou d'un foyer, comme dans la machine à vapeur de M. Siemens.

(*) 296. **Limites de la théorie de la vapeur-gaz.** Les recherches, les règles et les tables suivantes sont limitées au cas où la vapeur surchauffée l'est assez pour pouvoir être considérée, sans erreur appréciable dans la pratique, comme un gaz parfait. La vapeur en cet état s'appelle *vapeur-gaz.*

Les expériences de Hirn, Sainte-Claire-Deville, Troost, Siemens et autres ont prouvé que la vapeur arrive à l'état de gaz presque parfait au moyen d'une très-faible surchauffe; on peut en conclure que les formules des relations entre la chaleur et le travail, exactes pour les gaz parfaits, peuvent s'appliquer, sans erreur matérielle, à la vapeur vraiment surchauffée, en conservant ainsi l'avantage pratique d'une grande simplicité.

Le produit de la pression de la vapeur-gaz en kilogrammes par mètre carré, p, par le volume de son kilogramme en mètres cubes, v, à une température absolue,

$$\tau = T + 273°$$

est donné par la formule

$$pv = 12\,853\,\frac{\tau}{\tau_0} = 12\,853\,\frac{T + 273°}{273°} = 47,04\tau. \qquad (1)$$

Les résultats de cette formule pour chaque 10 degrés centigrades sont inscrits dans la colonne pv de la table IX à la fin de cette section.

La formule empirique suivante lie l'élasticité pv de la vapeur-gaz à la pression p' et au volume v' de la vapeur saturée à la même température

$$pv = p'v' + 1\,737\,\frac{p_1}{p'},$$

p_0 étant la pression atmosphérique (d'après *Shipbuilding theorical and practical*, p. 260).

Dans la colonne H de la table IX se trouvent les valeurs, pour les mêmes températures, des chaleurs totales de gazéification, en kilogrammètres, nécessaires pour transformer un kilogramme d'eau liquide à 0° en gaz parfait à une température donnée et à la pression correspondante à l'état gazeux à cette température. On suppose que la vapeur à 0° est un gaz parfait, de sorte que la chaleur totale de gazéification à cette température H_0 est simplement la chaleur latente d'évaporation, ou

$$H_0 = 257\,468 \text{ kilogrammètres,}$$

et alors, d'après les principes exposés à l'article 258, on a, pour la chaleur totale de gazéification du kilogramme de vapeur-gaz à la température T,

$$H = H_0 + K_p(T) = 257\,468 + 204T, \qquad (2)$$

ou encore

$$H = 201\,776 + 204\tau = 201\,776 + 4\tfrac{1}{3}pv. \qquad (2\,\text{A})$$

La colonne h donne la quantité de chaleur en kilogrammètres, nécessaire pour élever le kilogramme du liquide de 0° à T°, en tenant compte de l'accroissement de la chaleur spécifique avec la température, mais, dans la pratique, il est presque toujours suffisamment exact de prendre la formule

$$h = 425\tau. \qquad (3)$$

297. Rendement de la vapeur-gaz se détendant sans gain ni perte de chaleur. Sur la *fig.* 114, soient AB $= v_1$ le volume du kilogramme de vapeur-gaz à l'admission au cylindre, $p_1 = $ OA sa pression. Supposons qu'il se détende suivant une *adiabatique* BC, soient DC $= v_2 = rv_1$ le volume, OD $= p_2$ la pression à la fin de la détente que l'on ne suppose pas prolongée au point d'amener une condensation appréciable de la vapeur.

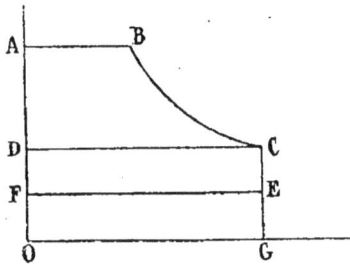

Fig. 114.

Soit OF $= p_3$ la contre-pression moyenne; on peut estimer comme il suit sa valeur probable. Soit :

$$p' + p''$$

la contre-pression ordinaire d'une machine à vapeur sèche marchant avec la même détente et à la même vitesse, p' étant la pression de condensation, p'' la pression additionnelle ; τ_1 la température absolue du point d'ébullition correspondant à la pression p_1, et τ'_1 la température absolue actuelle de la vapeur à l'admission. La vapeur-gaz employée est moins dense que la vapeur saturée à la même pression, dans le rapport $\frac{\tau_1}{\tau'_1}$ (assez exactement pour ce cas), de sorte que, suivant un principe de l'article 280, la contre-pression probable de la machine à vapeur surchauffée sera

$$p_3 = p' + \frac{\tau_1}{\tau'_1} p''. \qquad (1)$$

Dans la majorité des cas de la pratique, on peut poser $p' = 0^k,07,$

$p'' = 0^k,21$ par centimètre carré, de sorte que

$$p_3 = 0,07 + 0,21 \frac{\tau_1}{\tau'_1} \text{ kilogrammes par centimètre carré.} \quad (1\text{ A})$$

L'équation de la courbe BC peut être supposée analogue à celle de la courbe correspondante pour l'air, ou

$$pv^{-\gamma} = \text{constante}, \tag{2}$$

dans laquelle γ et les autres indices ou coefficients qui en dépendent ont les valeurs données à l'article 231,

$$\left. \begin{array}{ll} \gamma = 1,3\,; & \gamma - 1 = 0,3\,; \\[2mm] \dfrac{1}{\gamma-1} = 3\tfrac{1}{3}\,; & \dfrac{\gamma}{\gamma-1} = 4\tfrac{1}{3}\,; \\[2mm] \dfrac{1}{\gamma} = 0,77\,; & \dfrac{\gamma-1}{\gamma} = 0,23. \end{array} \right\} \tag{3}$$

De là, par une méthode de calcul semblable à celle de l'article 279, 2ᵉ méthode, on trouve, pour l'énergie exercée sur le piston par un kilogramme de vapeur-gaz,

$$\text{Aire ABCEFA} = U = (p_m - p_3)rv_1 = p_1 v_1 (4\tfrac{1}{3} - 3\tfrac{1}{3}r^{-03}) - p_3 rv_1. \tag{4}$$

Pour faciliter l'usage de cette équation, on a donné dans la table X, à la fin de cette section, une série de valeurs des rapports suivants et de leurs réciproques :

$$r\frac{p_m}{p_1} = 4\tfrac{1}{3} - 3\tfrac{1}{3}r^{-03}. \tag{5}$$

$$\frac{p_m}{p_1} = 4\tfrac{1}{3}r^{-1} - 3\tfrac{1}{3}r^{-1,3}. \tag{5\,A}$$

Les nombres intermédiaires peuvent s'y interpoler comme pour les tables VII et VIII. Dans le calcul approché de la puissance probable et du rendement d'une machine à vapeur surchauffée d'après cette théorie provisoire, on emploiera la série des formules suivantes :

DONNÉES.

Pression initiale, p_1 ;
Température absolue initiale, $\tau'_1 = T'_1 + 273^\circ$;
Rapport de détente, r ;

Contre-pression moyenne, p_3 connue par l'expérience ou estimée par la formule (1 A); le point d'ébullition absolu τ_1 étant trouvé dans les tables ou par la formule usuelle;

Température absolue de l'eau d'alimentation, $\tau_4 = T_4 + 273$;

Température de condensation, T_5;

Température de l'atmosphère, T_6.

RÉSULTATS.

$p_1 v_1$ l'énergie totale exercée sur le piston pendant l'admission, se trouve en partant de T'_1 par l'équation (1) (art. 296), ou par la table IX.

Volume initial et final du kilogramme de vapeur,

$$v_1 = \frac{p_1 v_1}{p_1}, \qquad v_2 = r v_1. \tag{6}$$

$r \dfrac{p_m}{p_1}$ et $\dfrac{p_m}{p_1}$ d'après les équations (5), (5 A), ou la table X.

Énergie exercée par un kilogramme de vapeur; par l'équation (4), ou par la formule

$$U = \frac{r p_m}{p_1} p_1 v_1 = r p_3 v_1. \tag{7}$$

Pression moyenne effective,

$$p_e = p_m - p_3 = \frac{U}{r v_1} = \frac{p_m}{p_1} p_1 - p_3. \tag{8}$$

Chaleur dépensée par kilogramme de vapeur en kilogrammètres,

$$\mathfrak{h} = 257\,468 + 204 T'_1 - 425 T_4, \tag{9}$$

ou

$$\mathfrak{h} = H_1 - h_4. \tag{9 A}$$

H_1 et h_4 se trouvent par la table IX.

Pression équivalente à la chaleur dépensée,

$$p_h = \frac{\mathfrak{h}}{r v_1}. \tag{10}$$

Rendement de la vapeur,

$$\frac{p_e}{p_h} = \frac{p_m - p_3}{p_h} = \frac{U}{\mathfrak{h}}. \tag{11}$$

Eau d'alimentation par mètre cube décrit par le piston,

$$\frac{1}{rv_1}. \tag{12}$$

Chaleur rejetée par kilogramme de vapeur,

$$\mathfrak{h} - \mathrm{U}. \tag{13}$$

Chaleur rejetée par mètre cube décrit par le piston,

$$\frac{\mathfrak{h} - \mathrm{U}}{rv_1}. \tag{14}$$

Eau de condensation

$$\frac{chaleur\ rejet\acute{e}e}{425\,(\mathrm{T}_5 - \mathrm{T}_6)}. \tag{15}$$

Chaleur disponible dépensée par cheval indiqué et par heure

$$270\,000\,\frac{\mathfrak{h}}{\mathrm{U}}. \tag{16}$$

Dans l'exemple hypothétique suivant, les machines sont supposées les mêmes que celles de l'exemple I, article 288 A; la principale question à résoudre par le calcul est de savoir quelle serait l'économie probable du rendement et du combustible, avec une même pression de $2^k,38$ par centimètre carré à l'admission et une même détente à 0,20 de la course, mais avec une vapeur surchauffée, admise à une température de 220° au lieu de 125° environ.

DONNÉES.

$$v_1 = 23\,800 \text{ kilog. par mètre carré};$$
$$\tau_1' = 220 + 273 = 493°;$$
$$r = 5;$$
$$p_3 = 700 + 2100\,\frac{398}{493} = 2400;$$
$$\mathrm{T}_4 = 40°.$$

RÉSULTATS.

$$\text{table IX} = 23\,419 \text{ kilogrammètres,}$$
$$v_1 = \frac{23\,419}{23\,800} = 0^{m3},984,$$
$$v_2 = rv_1 = 5 \times 0,984 = 4^{m3},920.$$

Par la table X,

$$\frac{rp_m}{p_1} = 2{,}28, \qquad \frac{p_m}{p_1} = 0{,}456.$$

Énergie par kilogramme de vapeur,

$$U = 2{,}28 \times 23\,419 - 2400 \times 4{,}92$$
$$= 53\,395 - 11\,808 = 41\,587 \text{ kilogrammètres.}$$

Pression moyenne effective,

$$p_m - p_3 = 0{,}456 \times 23\,800 - 2400 = 8453 \text{ kilog. par mètre carré.}$$

Chaleur dépensée par kilogramme de vapeur,

$$\mathfrak{h} = 302\,260 - 16\,960 = 285\,300.$$

Pression équivalente de la chaleur dépensée,

$$p_h = \frac{285\,300}{4{,}92} = 57\,896 \text{ kilog. par mètre carré.}$$

Rendement de la vapeur,

$$\frac{41\,587}{285\,300} = \frac{8453}{57896} = 0{,}145,$$

supérieur au rendement avec vapeur saturée sèche dans le rapport (art. 289, exemple I).

$$\frac{0{,}145}{0{,}128} = 1{,}18.$$

La chaleur disponible dépensée par cheval indiqué et par heure serait

$$\frac{270\,000}{0{,}145} = 1\,860\,000 \text{ kilogrammètres,}$$

et, en supposant comme dans l'exemple précédent, la chaleur disponible de combustion égale à

$$1\,647\,000 \text{ kilogrammètres,}$$

on a, pour la dépense de combustible, par cheval et par heure,

$$\frac{1\,862\,000}{1\,647\,000} = 1^k,13,$$

qui, retranchée de la consommation réelle $1^k,36$, donne une économie de $0^k,23$ ou 15 p. 100 environ.

C'est moins que l'économie actuellement constatée par l'expérience de la surchauffe. La raison en est probablement que dans ce
calcul on n'a pas tenu compte de l'augmentation du *rendement du*
foyer, par la chaleur perdue qu'absorbe l'appareil de surchauffe.

Pour estimer l'effet probable de cette économie, supposons, ce
qui semble s'être plusieurs fois réalisé, que *toute* la surchauffe soit
due à de la chaleur qui se serait autrement perdue.

kilogrammètres.

Alors la chaleur nécessaire pour produire 1 kilog. de
vapeur saturée à $2^k,38$, en partant d'eau à 40° étant.   245 200

et la chaleur nécessaire pour produire 1 kilog. de
vapeur surchauffée à 220°, en partant d'eau à 40°.   285 300

la différence. 40 100

doit être considérée comme de la chaleur économisée par la surchauffe, de sorte que le rendement du foyer est augmenté dans le
rapport

$$\frac{40\,100}{245\,200} = 1,11 \text{ à peu près.}$$

La chaleur disponible de combustion, au lieu de 1 647 000, devient

$$1\,647\,000 \times 1,11 = 1\,827\,000 \text{ kilogrammètres,}$$

donnant pour consommation probable par cheval indiqué et par
heure,

$$\frac{1\,862\,000}{1\,827\,000} = 1^k,02;$$

qui, retranchée de $1^k,36$

donne $0^k,34$ d'économie,

ou environ 23 p. 100; ce qui concorde à très-peu près avec les
résultats généraux de la pratique.

**298. Rendement de la vapeur-gaz à température
constante.** Si la température de la vapeur-gaz est maintenue
constante pendant la détente, au moyen, par exemple, d'un carneau
autour du cylindre; la courbe BC, qui représente son action, devient

sensiblement un hyperbole ordinaire

$$pv = \text{constante.}$$

Dans ce cas, les principales formules sont les suivantes :
Énergie exercée par kilog. de vapeur,

$$= \text{aire ABCEFA,}$$
$$= \mathrm{U}\,(p_m - p_3)\,rv_1 = p_1 v_1\,(1 + \log\text{hyp.}\,r) - p_3 rv_1, \quad (1)$$
$$\frac{rp_m}{p_1} = 1 + \log\text{hyp.}\,r, \quad (2)$$
$$\frac{p_m}{p_1} = \frac{1 + \log\text{hyp.}\,r}{r}. \quad (2\,\text{A.})$$

On trouvera à la table XI, à la fin de cette section, une série de ces valeurs et de leurs réciproques.

La chaleur dépensée par kilogranme de vapeur se compose de la *chaleur totale de gazéification* de T_4, température de l'eau d'alimentation, à $\mathrm{T'}_1$, température de la vapeur-gaz calculée aux articles 296 et 297 et donnée dans la table IX ; et de la *chaleur latente de détente* que la vapeur reçoit pour maintenir sa température constante dans le cylindre, qui a pour expression

$$p_1 v_1 \log\text{hyp.}\,r = 47{,}04 \tau'_1 \log\text{hyp.}\,r = p_1 v_1 \left(r\frac{p_m}{p_1} - 1 \right); \quad (3)$$

d'où, désignant par $\mathfrak{h}$ la *dépense totale de chaleur par kilogramme de vapeur,*

$$\left.\begin{aligned}
\mathfrak{h} &= \mathrm{H}_1 - h_4 + p_1 v_1 \left(r\frac{p_m}{p_1} - 1 \right), \\
&= 257\,468 + 204\,\mathrm{T'}_1 - 425\,\mathrm{T}_4 + 47{,}04 \log\text{hyp.}\,r\,(\mathrm{T'}_1 + 273°) \\
&= 201\,176 + p_1 v_1 \left(3\tfrac{1}{3} r\frac{p_m}{p_1} \right) - 425\,\mathrm{T}_4.
\end{aligned}\right\} \quad (4)$$

Comme exemple de détente isothermique de la vapeur-gaz, prenons les mêmes données que dans l'article 297, c'est-à-dire

$$p_1 = 23\,800 \text{ kilog. par mètre carré,}$$
$$\tau'_1 = 493° = 220° + 273°,$$
$$r = 5,$$
$$p_3 = 2400,$$
$$\mathrm{T}_4 = 40°.$$

RÉSULTATS.

$$p_1v_1 = 23\,419, \quad v_1 = 0^{m3},984, \quad rv_1 = 4,920.$$

Par la table IX, $\quad r\dfrac{p_m}{p_1} = 2,61, \quad \dfrac{p_m}{p_1} = 0,522.$

Énergie par kilogramme de vapeur,

$$U = 2,61 \times 23\,409 - 2490 \times 4,92 = 61\,124 - 11\,808 = 49\,316.$$

Pression moyenne effective,

$$p_m - p_3 = 0,522 \times 23\,800 - 2400 = 10\,024 \text{ kil. par mètre carré.}$$

Chaleur dépensée par kilogramme de vapeur,

$$\mathfrak{h} = 302\,260 - 16\,960 + 23\,419 \times 1.61 = 285\,300 + 37\,705 = 323\,005.$$

Pression équivalente à cette chaleur,

$$p_h = \frac{323\,005}{4,92} = 65\,570 \text{ kilog. par mètre carré.}$$

Rendement de la vapeur,

$$\frac{49\,316]}{323\,005} = \frac{10\,024}{65\,570} = 0,152,$$

supérieur au rendement de la vapeur saturée sèche, à très-peu près dans le rapport

$$\frac{0,152}{0,123} = 1,236.$$

La chaleur disponible dépensée par cheval indiqué et par heure serait dans ce cas

$$\frac{270\,000}{0\,152} = 1\,776\,300 \text{ kilogrammètres.}$$

Si l'on suppose le rendement du foyer, comme dans la seconde méthode de l'exemple de l'article 297, tel que la chaleur disponible par kilogramme de houille soit

$$1\,827\,000 \text{ kilogrammètres,}$$

la consommation probable par cheval indiqué et par heure sera,

$$\frac{1\,776\,300}{1\,827\,000} = 0^k,96,$$

qui, retranchée de la consommation actuelle avec la vapeur saturée
sèche. . . . . $0^k,37$
donne une économie de. . . $0^k,41$ 27 p. 100 environ.

**299. Rendement de la vapeur-gaz avec régénérateurs,
machines de Siemens.** La machine à régénérateur de vapeur
de M. C. W. Siemens fonctionne à très-peu près comme celle du
précédent article. La vapeur surchauffée s'y détend à une température maintenue à peu près constante en plaçant le cylindre au-dessus
du foyer, mais dans son trajet sous le plongeur de ce cylindre, elle
traverse un régénérateur semblable à celui de la machine à air de
Stirling (art. 275), dont l'effet est que toute ou presque toute la
chaleur employée à élever la température de la vapeur au-dessus du
point d'ébullition correspondant à sa pression s'emprunte à chaque
course au régénérateur, dans lequel elle a été primitivement emmagasinée par la vapeur quittant le fond échauffé du cylindre.

On peut appliquer, en ce cas, toutes les formules de l'article 298,
en prenant simplement pour H_1 la *chaleur totale d'évaporation du
kilogramme de vapeur au point d'ébullition* τ_1 correspondant à la
pression et donnée à la table VI à la fin du volume, au lieu de la
chaleur totale de gazéification, à la température de travail τ'_1. Supposons, par exemple, que les données soient les mêmes que dans
le précédent article. La chaleur totale d'évaporation de la vapeur
à $2^k,38$ par centimètre carré, l'eau d'alimentation étant à 40°, est,
d'après la table VI,

$$H_1 - h_4 = 245\,200 \text{ kilogrammèt.}$$

La chaleur totale de détente, article 298,

$$p_1 v_1 \left(r\frac{p_m}{p_1} - 1 \right) = 37\,705$$

La chaleur dépensée par kilog. de vapeur $= 282\,905$ kilogrammèt.

L'énergie exercée par kilogramme de vapeur étant, d'après

30

l'article 298,

$$U = 49\,316 \text{ kilogrammètres,}$$

le rendement de la vapeur est

$$\frac{U}{\mathfrak{h}} = \frac{49\,316}{282\,905} = 0,166;$$

d'où, pour la chaleur disponible dépensée par cheval indiqué et par heure

$$\frac{270\,000}{0,166} = 1\,626\,500 \text{ kilogrammètres.}$$

Prenant, comme dans l'article 298, pour la chaleur de combustion disponible du kilogramme de houille 1 827 000 kilogrammètres, on a, pour la consommation par cheval et par heure,

$$\frac{1\,626\,500}{1\,827\,000} = 0^{k},89.$$

On peut grandement augmenter le rendement de cette machine en la faisant fonctionner à une haute température, car tandis que l'énergie exercée par la vapeur croît proportionnellement à la température absolue, c'est seulement la chaleur latente de détente qui croît dans la même proportion, la chaleur d'évaporation restant constante, si la pression ne varie pas. D'après quelques expériences de M. Siemens, la consommation s'est abaissée jusqu'à $0^{k},68$ par cheval indiqué et par heure.

On pourrait probablement appliquer avec avantage, à cette machine, l'appareil chauffeur décrit à l'article 275.

IX.

TABLE DE L'ÉLASTICITÉ ET DE LA CHALEUR TOTALE DU KILOGRAMME DE VAPEUR-GAZ.

T	pv	H	h
0	12853	257468	0
10	13320	259504	4236
20	13790	261540	8572
30	14257	263576	12708
40	14725	265612	16944
50	15193	267648	21180
60	15660	269684	25416
70	16130	271720	29652
80	16597	273756	33889
90	17065	275792	38124
100	17533	277828	42390
110	18000	279864	
120	18470	281900	
130	18937	283936	
140	19405	285972	
150	19873	288008	
160	20341	290044	
170	20810	292080	
180	21277	294116	
190	21745	296152	
200	22213	298188	
210	22680	300220	
220	23150	302260	
230	23617	304296	
240	24085	306332	
250	24553	308368	
260	25021	310405	
270	25490	312440	
280	25957	314476	
290	26425	316512	
300	26894	318550	

NOTATIONS.

T température en degrés centigrades.

pv produit de la pression en kilogrammes par mètre carré et du volume en mètres cubes du kilogramme de vapeur à l'état de gaz parfait ou de vapeur-gaz.

H Chaleur totale, en kilogrammètres d'énergie, nécessaire pour convertir un kilogramme d'eau à 0° en vapeur-gaz à T^0 sous pression constante.

h chaleur, en kilogrammètres d'énergie, nécessaire pour élever la température du kilogramme d'eau de 0° à T°.

X.

TABLE DES RAPPORTS APPROCHÉS POUR LA VAPEUR-GAZ TRAVAILLANT PAR DÉTENTE
DANS UN CYLINDRE NON CONDUCTEUR.

r	$\dfrac{1}{r}$	$\dfrac{rp_m}{p_1}$	$\dfrac{p_1}{rp_m}$	$\dfrac{p_1}{p_m}$	$\dfrac{p_m}{p_1}$
20	0,05	2,97	0,336	6,72	0,149
$13\frac{1}{8}$	0,075	2,00	0,357	4,76	0,210
10	0,1	2,66	0,376	3,76	0,266
8	0,125	2,55	0,393	3,14	0,318
$6\frac{2}{3}$	0,15	2,45	0,409	2,73	0,367
5	0,2	2,28	0,439	2,20	0,456
4	0,25	2,13	0,469	1,87	0,534
$3\frac{1}{3}$	0,3	2,01	0,497	1,66	0,603
$2\frac{6}{7}$	0,35	1,90	0,526	1,50	0,665
$2\frac{1}{2}$	0,4	1,80	0,555	1,39	0,720
$2\frac{2}{9}$	0,45	1,71	0,585	1,30	0,770
2	0,5	1,63	0,615	1,23	0,813
$1\frac{9}{11}$	0,55	1,55	0,646	1,17	0,851
$1\frac{2}{3}$	0,6	1,47	0,679	1,13	0,884
$1\frac{7}{13}$	0,65	1,40	0,712	1,10	0,913
$1\frac{3}{7}$	0,7	1,34	0,747	1,07	0,937
$1\frac{1}{3}$	0,75	1,28	0,784	1,04	0,957
$1\frac{1}{4}$	0,8	1,22	0,822	1,03	0,973
$1\frac{3}{17}$	0,85	1,16	0,863	1,015	0,185
$1\frac{1}{9}$	0,9	1,10	0,906	1,01	0,993

NOTATIONS.

r rapport de détente.

$\dfrac{1}{r}$ admission réelle.

p_1 pression absolue d'admission.

p_m pression moyenne absolue.

$\dfrac{rp_m}{p_1}$ rapport du travail moyen total de la vapeur sur le piston au
travail total pendant l'admission.

$\dfrac{p_1}{rp_m}$ rapport du travail total pendant l'admission au travail total
sur le piston.

XI.

TABLE DES RAPPORTS APPROCHÉS POUR UN GAZ PARFAIT TRAVAILLANT PAR DÉTENTE
A UNE TEMPÉRATURE CONSTANTE, ET POUR LA VAPEUR PRESQUE SÈCHE.

r	$\dfrac{1}{r}$	$\dfrac{rp_m}{p_1}$	$\dfrac{p_1}{rp_m}$	$\dfrac{p_1}{p_m}$	$\dfrac{p_m}{p_1}$
20	0,05	4,00	0,250	·5,00	0,200
13 $\frac{1}{3}$	0,075	3,59	0,279	3,72	0,209
10	0,1	3,30	0,303	3,03	0,330
8	0,125	3,08	0,325	2,60	0,385
6 $\frac{2}{3}$	0,15.	2,90	0,345	2,30	0,435
5	0,2	2,61	0,383	1,92	0,522
4	0,25	2,39	0,419	1,68	0,596
3 $\frac{1}{3}$	0,3	2,20	0,454	1;51	0,661 ¨
2 $\frac{6}{7}$	0,35	2,05	0,488	1,39	0,717
2 $\frac{1}{2}$	0,4	1,91	0,523	1,31	0,765
2 $\frac{2}{9}$.	0,45	1,80	0,556	1,24	0,809
2	0,5	1,69	0,591	1,18	0,846
1 $\frac{9}{11}$	0,55	1,60	0,626	1,14	0,878
1 $\frac{2}{3}$	0,6	1,51	0,662	1,10	0,906
1 $\frac{7}{13}$	0,65	1,43	0,699	1,07	0,929
1 $\frac{3}{7}$	0,7	1,36	0,737	1,05	0,950
1 $\frac{1}{3}$	0,75	1,29	0,777	1,04	0,965
·1 $\frac{1}{4}$	0,8	1,22	0,818	1,02	0,978
1 $\frac{3}{17}$	0,85	1,16	0,860	1,01	0,989
1 $\frac{1}{9}$	·0,9	1,11	0,905	1,01	0,995

NOTATIONS.

r rapport de détente.

$\dfrac{1}{r}$ admission vraie.

p_1 pression absolue d'admission.

p_m pression moyenne absolue.

$\dfrac{rp_m}{p_1}$ rapport du travail total du gaz sur le piston au travail total pendant l'admission.

$\dfrac{p_1}{rp_m}$ rapport du travail total pendant l'admission au travail total sur le piston.

SECTION 7. *Machines à deux vapeurs.*

(*) 300. **Description générale de la machine à deux vapeurs.** Cette machine, [inventée par M. Prosper-Vincent du Trem-
bley, est mue par [l'action combinée de deux fluides différents,
d'inégales volatilités et fonctionnant dans deux cylindres séparés.
Le moins volatil est évaporé dans une chaudière et agit à la manière
ordinaire sur le piston de son cylindre. A l'échappement, il descend
à travers une série de petits tubes verticaux renfermés dans une
capacité cylindrique et cède sa chaleur au fluide plus volatil qui
monte autour des tubes et arrive au haut de leur cylindre à l'état
de vapeur. Cette vapeur pousse le piston d'un deuxième cylindre
dont la course arrière la chasse dans un second condenseur à surfaces, formé aussi d'un grand nombre de petits tubes verticaux
entourés d'un courant d'eau froide et qu'elle traverse de haut en
bas; elle s'y condense et le liquide ainsi produit est refoulé dans
l'appareil évaporateur qui le fait travailler de nouveau dans une
circulation perpétuelle.

Le liquide le moins volatil est toujours de l'eau; le plus volatil
est ordinairement de l'éther.

On trouvera des détails complets sur le fonctionnement et la
construction de ces machines dans l'ouvrage de M. du Tremblay,
intitulé *Manuel du conducteur des machines à vapeurs combinées ou
machines binaires* (Lyon, 1850-54), ainsi que dans un rapport de
M. George Rennie, en 1852; dans un rapport lithographié de
M. E. Gouin sur l'essai du navire le *Brésil*, en 1855; enfin dans un
mémoire de M. James W. Jamieson à l'institution des ingénieurs
civils de Londres, en février 1859.

301. **Théorie de la machine à vapeur d'eau et d'éther.**
Sur la *fig.* 115, soient ABCEFA le diagramme du cylindre à vapeur
et KLMPQK celui du cylindre à éther.

Fig. 115.

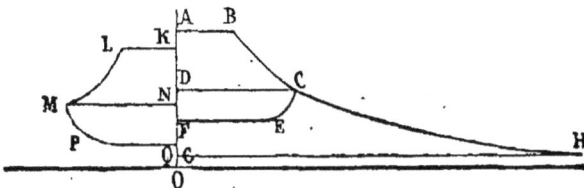

$p_1 =$ OA la pression à l'admission de la vapeur d'eau.

$v_1 =$ AB son volume par kilogramme.

$rv_1 =$ DC son volume après la détente.

H_1 la chaleur disponible dépensée en kilogrammètres par kilogramme de vapeur.

U = l'aire ABCEFA, l'énergie exercée par un kilogramme de vapeur sur le piston.

La *chaleur rejetée* par kilogramme de vapeur d'eau et cédée par les tubes à l'éther est donnée par la formule

$$H_2 = H_1 - U. \tag{1}$$

On a donné précédemment plusieurs exemples du calcul de cette quantité.

Pour trouver le *volume* de vapeur d'éther qui sera engendré par cette chaleur, il faut d'abord calculer la dépense de chaleur *par mètre cube de vapeur d'éther* produite à la pression sous laquelle l'éther est évaporé $p'_1 =$ OK, que l'on suppose donnée, et qui correspond à un point d'ébullition nécessairement inférieur à la température à laquelle la vapeur d'eau est condensée. Cette dépense de chaleur est

$$L' + Jc'D'(T' - T'''). \tag{2}$$

Dans cette expression $L' = \tau' \dfrac{dp'}{d\tau'}$ est la chaleur latente d'évaporation du mètre cube de vapeur d'éther à la pression donnée calculée par une formule de l'espèce indiquée dans l'article 266 ou par la table V; $Jc' = 220$ kilogrammètres par degré centigrade, est la chaleur spécifique de l'éther liquide; D' le poids du mètre cube de vapeur d'éther trouvé par les formules de l'article 256 ou par la table V; T' la température à laquelle l'éther est evaporé; T''' celle de sa condensation et à laquelle il retourne à l'appareil évaporatoire.

Le volume initial de l'éther évaporé par kilogramme de vapeur condensée, et représenté par KL sur le diagramme, est donné par l'équation

$$u' = KL = \frac{H^2}{L' + Jc'D'(T' - T''')}, \tag{3}$$

Soient $p'' =$ ON la pression finale projetée pour l'éther à la fin de sa détente, p''' sa contre-pression moyenne, environ $0^k,35$ par centimètre carré. D'après les données p', p'', p''', T''', au moyen des formules des articles 281 et 284, en substituant les constantes de la vapeur d'éther à celles de la vapeur d'eau, et en se servant de la table V au lieu de la table IV, on peut calculer :

Le rapport de détente r', et par suite le volume $MN = r'u'$ de l'éther évaporé par kilogramme de vapeur d'eau condensée;

L'énergie exercée par cet éther et représentée par l'aire

$$KLMQK = U'.$$

Le rapport

$$\frac{MN}{DC} = \frac{r'u'}{rv_1} \qquad (4)$$

est celui du volume du cylindre à éther au volume du cylindre à vapeur. En pratique, ils sont d'égal volume, ou celui de l'éther est un peu plus grand.

La chaleur, par kilogramme de vapeur, qu'il faut enlever au moyen de l'eau froide circulant dans le condenseur à éther est donnée par la formule

$$H_1 - U - U'. \qquad (5)$$

Les pressions moyennes effectives dans les cylindres à vapeur d'eau et d'éther sont respectivement

$$\frac{U}{rv_1}, \quad \frac{U'}{r'u'}. \qquad (6)$$

La même quantité d'énergie additionnelle obtenue par l'addition de la machine à éther à la machine à vapeur peut s'obtenir en continuant la détente de la vapeur suffisamment loin, comme l'indique la courbe CHG, pourvu qu'on assure une contre-pression assez basse; mais on arriverait aussi le plus souvent à un cylindre si volumineux qu'il coûterait plus cher que la machine binaire.

302. Exemples de résultats d'expériences. Les quantités suivantes sont des moyennes calculées d'après une longue série de résultats d'expériences donnés dans le rapport déjà mentionné de M. Gouin sur la marche de la machine à vapeur d'eau et d'éther du Brésil.

	PRESSION EN KILOG. PAR CENTIM. CARRÉ.		
	Chaudière ou évaporateur.	Contre-pression.	Pression moyenne effective.
Vapeur d'eau.	3.02	0,53	0,80
— d'éther.	2,18	0,37	0,50
Pression moyenne effective totale réduite à la surface d'un seul piston, les deux cylindres étant identiques.			1,30

On voit ainsi que la proportion des puissances indiquées des cylindres à vapeur d'eau et à vapeur d'éther était

$$\frac{0,81}{1,30} = 0,62; \quad \frac{0,50}{1,30} = 0,38 \text{ (éther)}.$$

Le gain de puissance obtenu par l'addition du cylindre à éther ne fut pas aussi considérable que celui qu'indique le calcul, parce que si le cylindre à vapeur d'eau eût été seul en jeu, la contre-pression aurait été probablement diminuée de $0^k,20$ par centimètre carré ; elle aurait été de $0^k,30$ au lieu de $0^k,50$ par centimètre carré, ce qui aurait porté la pression moyenne effective dans le cylindre de $0^k,80$ à 1^k, et le rapport de la puissance de la vapeur d'eau seule à celle de la machine binaire aurait été

$$\frac{1^k}{1,30} = 0,77, \text{ laissant } 1 - 0,77 = 0,23$$

de la puissance de la machine binaire comme gain réel dû à l'éther.

La consommation de houille, d'après le rapport de M. Gouin, était de $1^k,27$ à $1^k,10$ par cheval indiqué et par heure, suivant que l'on tenait compte ou non de certaines expériences faites dans des circonstances particulièrement adverses.

La machine binaire n'est pas plus économique qu'une machine à vapeur construite en vue d'économiser le combustible ; mais l'addition d'un cylindre à éther permet de transformer une mauvaise machine à vapeur en une machine binaire économique.

CHAPITRE IV.

FOYERS ET CHAUDIÈRES.

SECTION 1. *Foyers et chaudières en général.*

303. Arrangement général du foyer et de la chaudière. L'ensemble général des dispositifs composant un appareil générateur, chaudière et foyer, peut se diviser en trois classes principales comme il suit :

1° Les *chaudières à foyer extérieur.* Le foyer ou chambre à feu est tout à l'extérieur et en partie au contact de la chambre à eau ou chaudière, de sorte que la chaudière forme une des limites du foyer, généralement la limite supérieure. Les autres parois du foyer sont ordinairement en briques réfractaires dont l'épaisseur nécessaire pour empêcher la radiation a été donnée à l'article 228. Exemples : la vieille chaudière à wagon ou à tombeau, la chaudière cylindrique à feu nu sans tube intérieur et quelques chaudières comme celles de Gurney, Perkins et Craddock, dans lesquelles l'eau et la vapeur sont renfermées dans des tubes entourés par la flamme.

2° *Chaudières à foyer intérieur.* Le foyer y est enfermé dans la chaudière. Exemples : les chaudières les plus employées à terre et renfermant un ou plusieurs foyers à l'intérieur de tubes horizontaux qui les traversent, la majorité des chaudières marines, et toutes les locomotives.

3° *Foyer détaché* ou *four.* C'est une chambre en briques, où la combustion s'achève avant que les gaz chauds n'atteignent la chaudière, déjà mentionnée à l'article 230.

304. Les principales parties et annexes d'un foyer sont les suivantes :

1° Le *foyer proprement dit* ou *boîte à feu* où les constituants solides du combustible, ainsi que le tout ou une partie des produits gazeux sont brûlés.

2° La *grille* formant la partie du fond du foyer proprement dit composée de barreaux avec espaces intermédiaires pour supporter le combustible et admettre l'air.

3° Le *cœur* ou la sole est une aire en briques réfractaires sur laquelle on opère la combustion dans quelques foyers.

4° La *plaque morte* ou *plaque du seuil* est la partie du fond du foyer proprement dit, sans barres et sans vides.

5° L'*embouchure* ou passage par lequel s'introduit le combustible et quelquefois de l'air; elle est bordée par une plaque morte; beaucoup de foyers n'ont qu'une porte sans embouchure.

6° La *porte* qui ferme l'embouchure, avec ou sans ouverture pour y admettre de l'air; elle est parfois remplacée par un amas de scories fermant son ouverture.

7° L'*avant du foyer* au-dessus et de chaque côté de la porte.

8° Le *cendrier*, espace sous le foyer dans lequel tombent les cendres et par lequel, dans la plupart des foyers, on introduit la plus grande partie de l'air.

9° La *porte du cendrier*, servant dans quelques foyers à régler l'admission de l'air par le cendrier.

10° Le *pont*, cloison verticale ordinairement à l'arrière du foyer au-dessus de laquelle la flamme passe en se rendant aux carneaux ou à la cheminée, telle est la signification du mot *pont* employé sans commentaires; mais on l'applique aussi à toute séparation verticale peu élevée laissant au-dessus d'elle un passage pour la flamme ou les gaz chauds. Les ponts sont ordinairement en briques réfractaires, mais parfois en tôle et creux, de façon à contenir de l'eau formant une partie de la chambre à eau de la chaudière; on les appelle alors *ponts d'eau*. La partie supérieure d'un pont d'eau doit être courbée avec la concavité vers le bas, de façon à laisser aux bulles de vapeur un dégagement facile; parfois il descend du ciel du foyer la flamme passant en dessous, on l'appelle alors un *pont suspendu*. **Un pont d'eau** avec passage de flammes au-dessus et au-dessous s'appelle *pont médian*.

11° La *chambre de combustion*, immédiatement derrière le pont et dans laquelle la combustion des gaz inflammables qui le franchissent est censée se compléter. Elle est souvent munie d'une *sole de combustion* en briques réfractaires, et parfois garnie elle-même de briques réfractaires, pour empêcher le refroidissement et l'extinction de la flamme; on y dispose quelquefois dans le même but des tuiles réfractaires en forme de fer à cheval en coupe pour y faire circuler les gaz.

12° Les *entrées d'air*, de construction variée et dans diverses positions, destinées, avec ou sans valves, à admettre l'air nécessaire à la combustion et poussé par la pression atmosphérique ou par une machine soufflante.

13° Les *carnaux* traversés par les gaz chauds se rendant à la cheminée. Ils sont parfois extérieurs, c'est-à-dire en contact avec l'extérieur de la chaudière et bornés par des briques réfractaires, et parfois intérieurs ou renfermés dans la chaudière même dont ils font partie intégrante. Les carneaux de petit diamètre s'appellent *tubes*.

14° *Déflecteurs* ou *diffuseurs*. Ce sont des cloisons disposées de façon à perfectionner la diffusion de la chaleur en provoquant la circulation complète des gaz chauds sur les surfaces de chauffe de la chaudière. On peut considérer comme tels les ponts, ainsi que les plaques en hélice pour tubes de chaudières récemment introduites par MM. Duncan et Gwynne.

15° La *cheminée* (art. 233) au pied de laquelle se trouve parfois une chambre appelée la *boîte à fumée* (*uptake*), dans laquelle se terminent les différents carnaux ou tubes.

16° La *machine soufflante*, produisant un tirage en forçant l'air dans le foyer au moyen d'un ventilateur, ou en l'aspirant par un jet de vapeur dans la cheminée (art. 223).

17° Les *registres* ou valves placées dans la cheminée, les carneaux, les tubes ou les entrées d'air, pour régler le tirage et la combustion.

Aucun foyer ne possède *toutes* ces parties et annexes, mais plusieurs ne font que se remplacer mutuellement; d'autres ne sont employés que dans une espèce particulière de foyer (art. 477).

(*) 305. **Les principales parties et annexes de la chaudière** sont les suivantes :

1° Le *corps* ou enveloppe extérieure de la chaudière, ordinairement en fer, rarement en cuivre. Ses formes ordinaires sont la sphère, le cylindre, le plan, et les combinaisons de ces trois surfaces; la plus employée aujourd'hui est celle d'un cylindre terminé par des calottes sphériques. Dans quelques chaudières particulières, le corps est un cylindre vertical ou un ensemble de tubes verticaux réunis

par des tubes horizontaux (chaudière de Craddock), ou un ensemble
de tubes ou cellules carrées (chaudière Rowan), ou enfin un simple
tube en spirale comme dans la chaudière de Perkins. Les tubes qui
renferment ainsi de l'eau, sont appelés *tubes d'eau*, pour les distinguer
de ceux traversés par les gaz du foyer. Dans la plupart des locomotives, une partie du corps est une boîte rectangulaire renfermant
une autre boîte rectangulaire qui est la boîte à feu. Les formes des
chaudières marines sont généralement irrégulières pour s'adapter
au navire; elles se rapprochent plus ou moins de rectangles arrondis aux coins et voûtés aux sommets.

2° Le *réservoir de vapeur* ou *dôme*, partie du corps ordinairement
au-dessus du reste de la chaudière, de façon à ménager un espace
où la vapeur puisse, avant d'arriver à la machine, déposer l'eau
qu'elle tiendrait en suspension. Il est ordinairement cylindrique, à
fond hémisphérique ou en segments, mais il prend des formes très-
variées, surtout dans les chaudières marines. Il est avantageux que le
réservoir de vapeur soit traversé ou entouré par un carneau pour y
surchauffer légèrement la vapeur (art. 295).

3° Le *foyer* ou la *boîte à feu*, dans les chaudières à foyer intérieur,
est une chambre renfermée dans la chaudière, de façon à se trouver
complétement entourée d'eau. Dans les chaudières de terre, il est
ordinairement cylindrique et à l'extrémité d'un tube horizontal;
dans les locomotives, c'est parfois un cylindre vertical, mais le plus
souvent une capacité rectangulaire; dans les chaudières marines, sa
forme s'approche de celle d'un parallélipipède arrondi aux coins.

Plusieurs des parties, mentionnées au précédent article comme
appartenant au foyer, deviennent, quand il est intérieur, parties inté-
grantes de la chaudière; par exemple, le cendrier d'une chaudière
cylindrique horizontale à foyer intérieur est simplement l'espace
sous la grille, compris entre elle et le bas du tube cylindrique qui
renferme le foyer. On a décrit précédemment les ponts d'eau.

Le pont principal, à l'arrière d'un foyer intérieur, est généralement
en briques réfractaires; parfois, pour éviter le refroidissement de la
flamme par contact avec les parois baignées d'eau, avant la fin de
la combustion, on garnit l'intérieur du foyer d'une voûte en briques
réfractaires; parfois aussi l'on joint au foyer une chambre de combustion intérieure protégée de la même manière.

Une chaudière peut renfermer un, deux ou plusieurs foyers intérieurs.

4° Les *carneaux* ou *tubes intérieurs*, déjà mentionnés au 13° de l'article 304.

5° La *plaque à tubes* qui fait parfois partie de l'enveloppe de la chaudière, et forme quelquefois un des côtés de la boîte à feu, de la chambre de combustion, ou du carneau ; elle est percée de trous où sont fixés les extrémités des tubes. Chaque série de tubes exige deux plaques, une à chaque bout.

6° Le *trou d'homme* est une ouverture circulaire ou ovale percée dans un endroit convenable de la chaudière, assez large pour admettre un homme à l'intérieur, pour la réparer et la nettoyer. Cette ouverture est souvent munie d'un cylindre avec bride, sur laquelle on boulonne le couvercle. Les boulons doivent pouvoir supporter avec sécurité la pression de la vapeur sur le couvercle. Quelquefois le couvercle s'ouvre vers le bas et se trouve alors maintenu fermé par la pression de la vapeur ; mais, pour l'empêcher d'être délogé de son siége, on l'y maintient par des boulons à écrous serrant sur des étriers au-dessus de l'ouverture. Le couvercle doit s'ajuster exactement sur son siége.

7° *Trous de vidange*. Ce sont des orifices aux points les plus bas de la chaudière, ouverts de temps en temps pour chasser les dépôts.

8° L'*appareil d'alimentation* par lequel l'eau s'introduit dans la chaudière pour remplacer celle qui s'en va sous forme de vapeur ou autrement, c'est ordinairement une pompe manœuvrée par la machine. Dans les machines marines et locomotives, l'alimentation est réglée par un robinet sous la main du mécanicien ; l'excès d'eau fournie par la pompe s'échappe par une soupape chargée à une pression supérieure à celle de la chaudière, mais dans les machines fixes, elle est réglée par un appareil automoteur à flotteurs se déplaçant avec le niveau de la chaudière. On examinera plus loin les dimensions à donner à cette pompe.

Dans le cas où l'on emploie un *flotteur* à l'intérieur de la chaudière, il doit se mouvoir dans une chambre ne communiquant avec le reste de la chaudière que par des petits trous percés en haut et en bas. L'eau, dans cette chambre, conserve le niveau moyen de la chaudière sans participer aux agitations produites dans les autres parties par le dégagement de la vapeur. (Pour les *injecteurs*, voir art. 477.)

9° Le *purgeur*, dans les chaudières à eau douce, consiste en un large robinet au fond de la chaudière ; on l'ouvre de temps en temps

pour nettoyer la chaudière en la débarrassant complétement de
boue et de sédiment. Dans beaucoup de chaudières marines alimentées d'eau salée, ce robinet sert à vider de temps en temps la salure,
pour' éviter ainsi l'accumulation du sel dans l'appareil. On se sert
parfois d'un second appareil purgeur placé de façon à enlever de
temps en temps l'écume qui s'assemble à la surface de l'eau : on
l'appelle l'*écumeur* ou *purgeur de surface*.

M. Mandslay a remplacé dans les chaudières marines le purgeur
ordinaire par une *pompe de salure* enlevant à chaque course une
quantité donnée d'eau au fond de la chaudière.

La salure chaude, pompée ou non, doit traverser une rangée de
tubes environnés par l'eau d'alimentation qui se rend à la chaudière, en marchant dans un sens opposé. Au moyen de ce *réfrigérant*, la plus grande partie de la chaleur, qui sans cela serait perdue
avec l'eau de purge, se transmet à l'eau d'alimentation.

10° Le *collecteur de sédiment*, usité dans quelques chaudières marines, est une capacité tronconique renversée placée dans la chaudière avec son ouverture un peu au-dessus du niveau de l'eau. Il
communique avec le reste de la chaudière par des fentes triangulaires disposées à sa partie supérieure. Dans une chaudière l'ébullition, en général continuelle, [maintient pendant un certain temps
les cristaux de sels et les autres matières solides à la surface de l'eau.
A l'intérieur du cône, l'eau, comparativement calme, y laisse se
déposer des impuretés au fond, d'où on les purge de temps en temps
en agitant s'il le faut.

11° Le *tuyau de vapeur* allant de la chaudière à la machine. (Pour
ses dimensions et ses résistances, voir art. 290.) Outre le pavillon
ou valve d'étranglement qui contrôle l'arrivée de la vapeur à la machine, le tuyau de vapeur doit être muni d'un robinet de fermeture
ou d'arrêt parfaitement étanche; c'est ordinairement une valve conique manœuvrée par une vis, maintenue fermée quand la chaudière ne sert pas.

12° *Soupape de sûreté* pour laisser s'échapper la vapeur quand sa
pression tend à s'élever trop. On les a décrites en partie à l'art. 113
et on y reviendra plus en détail dans la suite; chaque chaudière en
a deux, dont une à la main du mécanicien.

13° La *soupape du vide* (reniflard) est une soupape de sûreté
s'ouvrant de haut en bas pour admettre de l'air dans la chaudière

et éviter son écrasement si la vapeur tombe au-dessous de la pression atmosphérique.

14° Le *bouchon fusible* est une pièce de métal ou d'alliage placée en un endroit de la chaudière directement exposé au feu, et suffisamment fusible pour fondre à une température inférieure à celle correspondante à une pression dangereuse de la vapeur. (Pour les points de pression des différents métaux et alliages, voir art. 205.) On a peu de confiance aujourd'hui dans cet appareil, qui s'est montré complétement en défaut dans plusieurs explosions

15° Le *manomètre* indique la pression de la vapeur au-dessus de celle de l'atmosphère. (Voir art. 107 A.) Le plus employé est celui de Bourdon.

16° Le *niveau d'eau* indique au mécanicien le niveau de l'eau dans la chaudière, et surtout s'il est assez élevé pour couvrir toutes les parties de la chaudière directement exposées au feu. Anciennement il était formé par trois robinets placés à des niveaux différents, un au niveau réglementaire, l'autre un peu au-dessus, le troisième au-dessous, et qu'il suffisait d'ouvrir. L'appareil le plus répandu aujourd'hui est un tube de verre épais, communiquant avec la chaudière au-dessus et au-dessous du niveau de l'eau par des robinets qu'on ferme en cas d'accident au tube. Chaque chaudière doit avoir les deux espèces d'indicateurs de niveau, tube et robinets, pour que, si le tube arrive à se briser ou à se boucher, les robinets puissent y suppléer. On emploie aussi, mais moins, un flotteur muni d'un index.

Dans l'évaporateur à éther de la machine binaire de M. du Tremblay, un indicateur en verre aurait été dangereux. On employait un flotteur en fer dont la position était indiquée à l'extérieur par une aiguille magnétique.

17° *Sifflet*. On peut s'en servir comme sur les locomotives, uniquement pour faire des signaux; mais il peut aussi être manœuvré par un manomètre ou par un flotteur, de façon à avertir de tout danger provenant d'un excès de pression ou d'un abaissement de niveau.

18° Le *registre* est parfois aussi manœuvré par un indicateur de pression, de façon à régler le tirage et à éviter toute augmentation considérable de pression. On y arrive dans la chaudière fixe de Watt à basse pression, au moyen d'un manomètre à eau à air libre; à la surface de cette eau se meut un flotteur qui manœuvre le registre.

19° Les *armatures* sont des barres, tiges, boulons ou goussets déjà mentionnés à l'article 66, et sur lesquels on reviendra.

20° L'*enveloppe* de la surface extérieure de la chaudière, destinée à éviter les pertes de chaleur, est formée quefquefois d'une couche de gros feutre recouverte de bois mince, et parfois entourée de briques. Le haut des chaudières de terre assises sur des maçonneries est parfois enterré sous une couche de scories; mais cette méthode est mauvaise, parce que l'humidité qui s'accumule dans ces scories tend à corroder les tôles.

Ayant ainsi énuméré et décrit en termes généraux les principales parties et annexes des machines et des chaudières, on traitera d'une manière plus détaillée, dans la suite, celles pour lesquelles cela sera nécessaire.

(*) 306. **La grille**. Son étendue est réglée par le poids du combustible qu'on y brûle par heure, et par la vitesse de la combustion par mètre carré et par heure (art. 232). Aux différentes vitesses de la pratique données dans cet article, on peut ajouter la suivante qui se présente entre les n° 1 et 2 de cette liste.

1 A. Combustion par mètre carré de grille et par heure dans le foyer des chaudières de Craddock :

$$29 \text{ à } 49 \text{ kilog.}$$

Ainsi qu'on l'a précédemment expliqué au chapitre II, l'économie du combustible dépend beaucoup de l'ajustement de la combustion par mètre carré de grille et par heure au tirage de la cheminée. Une certaine vitesse de combustion, à déterminer par expérience, est la meilleure pour assurer dans un foyer donné une parfaite combustion: elle fixe la surface de grille; une surface plus petite donne une combustion imparfaite; trop grande, elle laisse passer trop d'air et perd de la chaleur à l'échauffer. Le mieux, en pratique, est de faire la surface de grille d'abord un peu trop grande, quitte à la réduire ensuite par des briques réfractaires jusqu'à ce que l'on atteigne la surface minima compatible avec une parfaite combustion de la quantité de houille nécessaire.

Quand on admet de l'air par-dessus, pour brûler les gaz, il faut une surface de grille moindre qu'avec une arrivée d'air par-dessous seulement. Comme exemple, voir la table de l'article 232, n° 5 et 6.

La *longueur* de la grille ne doit pas dépasser 1ᵐ,80, pour que le chauffeur puisse facilement y étendre le charbon jusqu'au fond;

31

elle peut avoir toute dimension plus faible, compatible avec la chaudière, leur *largeur* varie de 0ᵐ,40 à 1ᵐ,20 ; la meilleur largeur est de 0ᵐ,45 à 0ᵐ,60 environ. Les grilles des chaudières fixes ou marines sont ordinairement longues et étroites ; celles des locomotives sont à peu près carrées et quelquefois rondes.

Pour faciliter l'égale répartition du combustible on fait ordinairement *pencher vers le pont* les grilles longues, avec une pente de $\frac{1}{6}$ environ. La hauteur de leur surface au-dessus du cendrier doit être d'au moins 0ᵐ,75 à l'avant.

Dans les locomotives, la grille est ordinairement horizontale ; le cendrier est remplacé par un bac en fer d'environ 0ᵐ,25 de profondeur, ouvert en avant pour engouffrer l'air avec la marche de la machine. On peut l'enlever à volonté.

Les grilles sont formées de *barreaux* supportés par des *traverses*. Les barreaux ont 0ᵐ,60 à 0ᵐ,90 de long, 15 à 20ᵐᵐ de large en haut, et vont en s'amincissant jusqu'au bas, où leur épaisseur est réduite de moitié pour laisser l'air entrer et les escarbilles tomber plus librement. Leur hauteur est d'environ 80ᵐᵐ en moyenne. La largeur de l'espace libre entre deux barreaux est environ la moitié ou les deux tiers de l'épaisseur maxima de la barre. Les barreaux portent de chaque côté des renflements d'une épaisseur égale à leur écartement. Quand ils posent sur les traverses avec leur renflement en contact, l'écartement est convenable. Les barreaux sont souvent coulés deux à deux, de sorte que deux barres convenablement écartées ne font qu'une seule pièce. On gagne ainsi du temps au renouvellement des grilles.

Foyers pour huiles minérales. Pour adapter le foyer d'une chaudière à vapeur à la combustion des huiles minérales, on le garnit de briques réfractaires sur une épaisseur de 10 à 12 centimètres pour protéger la chaudière et maintenir une température assez élevée pour une combustion complète. L'huile coule d'un réservoir fermé, avec un débit réglé, dans des canaux qui la conduisent au foyer. Il y a plusieurs moyens d'y introduire l'huile et l'air nécessaires à la combustion ; mais, en tous cas, il est essentiel que l'huile soit finement divisée. Dans quelques foyers, elle coule par sa pesanteur et tombe en pluie par de petits trous en avant du foyer, et au-dessous desquels l'air arrive par une grille en briques réfractaires. Dans d'autres, l'huile y est soufflée en pluie au moyen d'un jet de vapeur surchauffée, et l'air entre par des orifices autour de l'injecteur. (Système Aydon.)

307. Grilles mobiles. On a mentionné, à l'article 230, certaines dispositions pour alimenter les foyers graduellement et d'une manière uniforme au moyen de mécanismes, dans le but d'assurer une combustion parfaite. Quelques-unes de ces inventions comprennent l'emploi de grilles mobiles. La *grille tournante* est circulaire, horizontale, et tourne lentement autour d'un axe central. Le combustible y tombe graduellement par une ouverture fixe couvrant l'une après l'autre chacune de ses parties. La *grille de Juckes* est formée d'une chaîne sans fin de barreaux très-courts portés par des roulettes et marchant de l'entrée du foyer jusqu'au pont, puis retournant par le cendrier. La partie supérieure de la chaîne est portée sur des petites roues aux extrémités des barreaux et roulant sur rails. Parfois les barreaux reçoivent par des cames un mouvement bref alternatif latéral et de bas en haut pour les décrasser.

308. Hauteur des foyers. La hauteur nette du *ciel* du sommet du foyer au-dessus de la grille est rarement inférieure à environ $0^m,45$, et souvent beaucoup plus grande. Dans les foyers de locomotives, elle est en moyenne de $1^m,20$.

La hauteur de $0^m,45$ convient aux ciels en briques réfractaires comme dans les foyers détachés de M. C. T. Dunlop. Quand ce ciel fait partie de la surface de chauffe directe de la chaudière, il faut, autant que possible, en augmenter la hauteur, car la température des tôles, très-inférieure à celle de la flamme, tend à arrêter la combustion du gaz de la houille. En règle générale, un *haut foyer favorise une combustion complète.*

La hauteur du foyer est limitée en pratique, parfois par la nécessité d'avoir au-dessus de lui des tubes ou des carneaux, et toujours par celle d'avoir au-dessus du ciel une épaisseur d'eau suffisante : $0^m,30$ à $0^m,40$ pour les chaudières marines, $0^m,12$ à $0^m,15$ pour les locomotives, $0^m,25$ à $0^m,30$ pour les chaudières de terre.

309. Foyers au bois. D'après Péclet, le meilleur foyer au bois pour les chaudières consiste en une *sole* de briques réfractaires alimentée à l'avant par une *trémie* en fonte occupant toute la largeur de la sole. Le bois, coupé en bûches un peu moins longues que la largeur de la sole et placées transversalement dans la trémie, descend graduellement par son poids aidé ou non par le pied du chauffeur. Il s'enflamme bûche par bûche en atteignant la sole et brûle

complétement. La sole a une pente douce en avant vers la trémie.
L'air nécessaire à la combustion passe tout entier par la trémie au
milieu des bûches en combustion. Les cendres sont entraînées par
le tirage.

310. **Seuil. Trémie. Porte du foyer. Avant du foyer.**
Porte du cendrier. L'usage du seuil a déjà été mentionné à
l'article 230. Dans quelques foyers de Watt, il était presque aussi
grand que la grille, mais une longueur d'environ 0^m,50 s'est montrée
suffisante dans plusieurs exemples pratiques. Quand le seuil forme
le fond d'une trémie à l'entrée du foyer, il convient de lui donner
une pente de $\frac{1}{6}$ environ vers la grille. Cette pente a pour effet de diriger les courants d'air qui pénètrent dans la trémie, vers le bas,
sur la surface du combustible, de façon à provoquer une combustion rapide du gaz de la houille et d'empêcher ce courant de frapper
le ciel du foyer qu'il refroidirait et oxyderait rapidement par son
contact. Dans certains foyers, on fait le haut et les parois de la
trémie assez épais pour qu'on puisse les traverser par une série de
trous longitudinaux de 13 millimètres environ de diamètre. Ces trous
laissent passer de petits courants d'air qui brûlent les gaz, mais dont
l'effet principal est à la fois de refroidir la trémie et d'emporter à
l'arrière du foyer la chaleur qui serait autrement perdue par conduction à travers le métal de la trémie.

Dans certains foyers, le seuil est double, un courant d'air passe
entre ses deux plaques.

Pour les appareils destinés à empêcher les pertes de chaleur par
la porte et l'avant du foyer et à admettre par là l'air nécessaire à la
combustion ainsi qu'à régler l'admission de cet air et de celui qui
pénètre par le cendrier, voir articles 228 et 230. A ce que l'on a établi
dans ces articles, on peut ajouter qu'on s'est servi récemment,
dans ce but, de portes formées d'une série de toiles métalliques et,
dit-on, avec succès. Dans les chaudières fixes de la fabrique de produits chimiques de S. Rollox, on s'est servi avec avantage, au lieu
de portes, d'un amas de menus ou de sciure de bois bouchant l'ouverture du foyer. Les menus sont placés de façon à intercepter la
chaleur rayonnante et à admettre à travers leurs interstices assez d'air
pour emporter au foyer la partie sensible de cette chaleur et brûler
le gaz distillé du combustible nouveau. Quand le chauffeur considère que le tas est suffisamment carbonisé, il le pousse, le répand

uniformément sur la grille, et le remplace par un tas de combustible nouveau.

311. Entrées d'air. Machine soufflante. Cheminée. Les moyens de produire un courant d'air à travers un foyer, les principes, ainsi que les effets de leurs actions, ont été déjà considérés, à l'exception du jet de vapeur, aux articles 230, 231, 232, 233, 234. On peut ajouter qu'il faut prendre soin de ne pas diriger les courants d'air frais contre les tôles de la chaudière parce qu'ils produiraient ainsi une oxydation rapide.

Le jet de vapeur sera étudié avec plus de détails parmi plusieurs sujets spéciaux à la locomotive.

(*) **312. Résistance et construction des chaudières.** Les principes dont dépend cette résistance ont été précédemment établis aux articles 59 à 69 et 73.

Les seules figures des corps de chaudière pouvant résister d'elles-mêmes à une pression intérieure sont la sphère et le cylindre (art. 62 et 63).

Les surfaces planes ou s'écartant des deux formes précédentes doivent être soutenues (art. 66). Le pas ordinaire ou distance entre les entretoises est, pour les boîtes à feu de locomotives, ue $0^m,12$ à $0^m,13$; de $0^m,30$ à $0^m,45$ pour les chaudières marines ou fixes. D'après M. Bourne, les armatures des chaudières marines sont souvent trop faibles et le fer des tirants ne devrait jamais travailler à une tension de 2 kilogramme par millimètre carré à cause de leur affaiblissement par corrosion. Cela revient à prendre pour la pression de travail un *coefficient de sécurité* égal à 20.

Si l'on ne peut pas armer suffisamment une surface au moyen de tirants, on peut la renforcer au moyen de boulons la réunissant à des poutres transversales bien appuyées à leurs extrémités. C'est ainsi que le ciel des foyers de locomotive est suspendu par des boulons à une série de poutres transversales parallèles espacées de $0^m,10$ à $0^m,13$ d'axe en axe et qui portent sur l'avant et l'arrière du foyer.

L'expérience a démontré qu'une épaisseur de 10 millim. environ est la plus favorable à une bonne rivure et à l'étanchéité des joints pour les tôles de chaudière; on s'écarte rarement beaucoup de cette épaisseur. Si une chaudière cylindrique doit supporter une très-grande pression, ce n'est pas en augmentant l'épaisseur de ses tôles, mais en diminuant son diamètre qu'il faut arriver à la résis-

tance nécessaire. Les chaudières les plus fortes sont celles composées entièrement de tubes et de petits cylindres remplis par l'eau
et la vapeur.

Les expériences de M. Fairbairn ont démontré, comme ont l'a dit
à l'article 66, que les entretoises des foyers de locomotives doivent
avoir un diamètre égal au double de l'épaisseur des plaques si elles
sont en fer; 20 millim. pour une tôle de 10. Suivant les principes
posés par M. Bourne, le facteur de sûreté pour les entretoises des
chaudières marines serait environ le triple de celui des entretoises
de locomotives, ce qui conduit pour des tôles de 10 à des entretoises de 30 millim.

Les fonds plats des chaudières cylindriques ont environ une fois
et demie l'épaisseur du corps et sont réunis par des tirants lon=
gitudinaux, ou attachés au cylindre par des goussets (art. 66). Les
plaques tabulaires sont armées de même, et il est plus sûr de se
fier entièrement aux tirants que de laisser les tubes travailler en
aucune manière par tension.

Les tubes pour le passage de la flamme et des gaz chauds sont
en laiton ou en fer. Leur diamètre varie de 40 à 50 millim. pour les
locomotives, de 50 à 100 millim. pour les chaudières marines. On
les fixe étanches dans les trous des plaques tubulaires, soit au
moyen de viroles forcées dans leurs extrémités, soit en rabattant les
bords de ces extrémités dans des fraisures creusées tout autour des
trous dans les plaques.

Les principes de la résistance des tubes cylindriques intérieurs
ont été exposés (art. 67).

Les fonds plats des chaudières cylindriques sont très-souvent
réunis au corps cylindrique et aux gros tubes par des anneaux-cor-
nières, mais ces anneaux peuvent se déchirer à l'angle; on préfère
établir le joint par emboutissage des tôles du corps cylindrique et
des tubes. Un fond plat terminant un corps cylindrique ou au
sommet d'un dôme, et muni seulement d'un anneau cornière sans
armatures, est toujours un danger aux grandes pressions, même
quand il est d'un faible diamètre, car l'anneau, tout en pouvant
résister longtemps avec une sécurité apparente, est presque sûr de
céder enfin par la rupture de son angle.

Les corps cylindriques des chaudières fixes et locomotives sont
ordinairement à simple rivure; ceux des chaudières marines sont à
double rivure, c'est-à-dire qu'à chaque joint les rivets forment une

ligne en zigzag. Les joints horizontaux simples à recouvrement
doivent présenter leur bord en saillie en haut du côté de l'eau pour
ne pas empêcher le dégagement de la vapeur dans son ascension.
Les joints des tubes horizontaux doivent aussi avoir leurs recouvrements placés de façon à ne pas gêner le courant gazeux.

Les parties de la chaudière exposées à des efforts plus puissants
et plus irréguliers ou à une chaleur plus intense que le reste
doivent être en tôles de première qualité, comme celles de Bow-
ling ou de Lowmoor : ainsi la boîte à feu, les plaques à tubes, et les
tôles courbes aux extrémités des chaudières cylindriques.

313. **Surfaces de chauffe. Dimensions et parcours des
carneaux et des tubes**. On a déjà donné (art. 234, division IV)
quelques exemples des rapports entre la surface de grille et la surface de chauffe, et de la consommation du combustible par heure.
On a exposé dans cet article et aux articles 219, 220 et 221, les principes dont dépend le rendement de cette surface de chauffe. L'objet
des tubes est d'obtenir une grande surface de chauffe sous un faible
volume, et ce fut l'essentiel du perfectionnement introduit par
Booth et Stephenson dans la construction des chaudières locomotives. La construction qui assure la plus grande surface de chauffe
par kilogramme de combustible est celle dans laquelle la chaudière
consiste principalement en une sorte de cage de tubes à eau verticaux environnant le foyer, comme dans la chaudière de M. Craddock, qui présente 12 à 20 mètres carrés de surface de chauffe par
kilogramme de houille brûlé par heure. Le rendement y est en
conséquence plus élevé que dans n'importe quelle chaudière en
pratique aujourd'hui (art. 234, exemple IX).

On peut obtenir le même résultat au moyen de tubes à eau rectangulaires renfermant chacun quatre tubes à gaz, comme dans les
chaudières de Rowan.

La *section des tubes* ne doit pas être trop grande, parce que cela
rendrait la chaudière trop volumineuse, ni trop petite, ce qui cau-
serait trop de résistance au tirage. L'expérience a montré qu'une
section de $\frac{1}{5}$ à $\frac{1}{7}$ de la surface de grille suffit en pratique. Quand
il y a un pont contractant l'entrée des tubes, cela s'applique à la
section contractée. Dans les chaudières multitubulaires, la section à
considérer est la *section de tout l'ensemble des tubes* mesurée *à l'intérieur des viroles* aux extrémités.

Le parcours du courant de gaz chauds à travers les tubes et les carneaux s'opère généralement de bas eu haut, même quand beaucoup de ces passages sont horizontaux. Péclet démontra le premier ce fait aujourd'hui reconnu par tous, que l'on améliore beaucoup la transmission de la chaleur et, par suite, l'économie du combustible en faisant marcher les gaz de *haut en bas*, parce que les couches les plus chaudes du gaz se trouvant alors aux points les plus élevés, se répandent sur les couches inférieures froides et plus denses et se mêlent ainsi plus uniformément à travers les conduits que si le courant marchait de bas en haut. Ce principe a été appliqué à la chaudière du comte Dundonald (art. 234, exemple X, et art. 334).

314. Surface de chauffe totale et effective. La surface inférieure, horizontale ou à peu près, des tubes et foyers intérieurs est, à cause de la difficulté qu'elle offre au dégagement de la vapeur, bien moins efficace que les surfaces latérales et supérieures. Les ingénieurs ont en conséquence l'habitude de distinguer entre la surface de chauffe *totale* d'une chaudière et la surface *effective* dont on exclut le bas des gros tubes intérieurs, et environ $\frac{1}{4}$ de la surface de chaque tube horizontal. La surface de chauffe effective est en moyenne les $\frac{3}{4}$ ou les $\frac{5}{6}$ de la surface totale.

Dans tous les calculs de l'article 234, c'est la *surface de chauffe totale* qui est considérée.

315. Volumes occupés par l'eau et la vapeur. Les autorités diffèrent sur les rapports de ces volumes, au niveau de régime, dans les chaudières adoptées par la pratique des plus habiles ingénieurs. D'après M. Bourne, le volume total de la chaudière peut se diviser en

$$\frac{3}{4} \text{ pour l'eau,} \quad \frac{1}{4} \text{ pour la vapeur.}$$

D'après M. Robert Armstrong, on doit avoir

$$\frac{1}{2} \text{ pour l'eau,} \quad \frac{1}{2} \text{ pour la vapeur;}$$

avec moins de vapeur, on court le risque, d'après cet auteur, d'avoir une partie de l'eau entraînée à l'état liquide de la chaudière au cylindre par *primage*.

Les chaudières cylindriques sont ordinairement remplies d'eau aux trois quarts environ.

La pratique, en ce qui concerne la capacité absolue des chaudières, est très-variable. D'après M. Robert Armstrong, elle doit être *par mètre cube évaporé par heure*

Vapeur.	13^{m3},5
Eau.	13 ,5
Volume total.	27^{m3},0

Le nombre de mètres cubes d'eau à évaporer par cheval indiqué et par heure est donné par la formule

$$\frac{270\,000}{62\frac{1}{2}\,U}, \tag{1}$$

U étant le travail de la machine par kilogramme de vapeur donné par les méthodes du chapitre III, sections 5 et 6.

Une méthode utile pour comparer les volumes des différentes chaudières consiste à diviser leur volume en mètres cubes, par la surface de chauffe en mètres carrés. On obtient ainsi une sorte de profondeur moyenne en mètres analogue au rayon hydraulique moyen d'un tuyau. Les trois premiers exemples suivants sont, d'après l'autorité de Fairbairn, « *Useful Information for Engineers* » :

	Profondeur moyenne en millimèt.
Chaudière cylindrique à feu nu, carneaux extérieurs en dessous et de chaque côté.	1^{m},05
Chaudière cylindrique à carnaux extérieurs. 1 foyer intérieur.	0 ,50
— 2 foyers intérieurs. . . .	0 ,30
Chaudières fixes, d'après les règles de M. Robert Armstrong.	0 ,90
Chaudières marines tubulaires, environ.	0 ,15
Locomotives et chaudières à tubes d'eau, environ.	0 ,03

Les chaudières à grand et à petit volume ont chacune leurs avantages : celles de grand volume ont une évaporation calme, les dépôts s'y font vite, on les réunit facilement, la vapeur y est sèche. En faveur des petits volumes on a la rapidité de mise en pression, la perte de chaleur par rayonnement y est faible, on économise, avec le volume, du poids, ce qui est important surtout pour les navires, la résistance à égalité de matière est plus grande, une explosion est moins désastreuse.

Les chaudières à très-petit volume comparativement à leur surface de chauffe, spécialement les chaudières composées de petits tubes à eau, doivent, autant que possible, et c'est même parfois une nécessité absolue, marcher à l'eau distillée pour éviter le primage, l'engorgement des tubes par des dépôts de sel ou de sédiment et la surchauffe du fer qui s'ensuivrait avec des eaux impures, salines ou boueuses. Il faut employer dans ce but la *condensation par surfaces* déjà examinée à l'article 222, et qui le sera plus en détail dans la suite.

(*) 316. **Appareils d'alimentation et de vidange. Petit cheval. Pompes de salure.** Les pompes d'alimentation sont manœuvrées par la machine même quand elle est en marche, à la main ou par une machine auxiliaire appelée *Donkey* ou *petit cheval*, quand la machine est au repos. Pour toutes les grandes chaudières il faut un Donkey, non-seulement pour alimenter, mais pour manœuvrer la mise en train, le changement de marche et différents accessoires. (Pour les *injecteurs*, voir art. 477.)

Pour parer aux pertes d'eau et de vapeur par les fuites, le primage, la purge, les soupapes etc., la pompe alimentaire d'une machine fixe doit pouvoir refouler *deux à deux fois et demie la quantité d'eau strictement nécessaire* et donnée suivant les cas par

Article 284, équation (10);
»·   287,   »   (17);
»   297,   »   (12).

Dans les machines marines, il faut agrandir encore la pompe à cause de la purge de saturation. L'eau ordinaire renferme environ $\frac{1}{32}$ de son poids de sel. La salure, dans la chaudière, ne doit jamais dépasser le *triple* de cette proportion. Il faut, pour cela, que *le volume d'eau rejetée soit égal à la moitié de l'alimentation*. Mais il vaut mieux s'arranger pour que la salure ne dépasse jamais le *double* de celle de l'eau naturelle, et pour cela le volume de salure rejeté à la mer doit être égal à celui de l'eau d'alimentation. Le résultat en est que les pompes alimentaires des machines marines doivent pouvoir *refouler un volume d'eau égal à trois ou quatre fois l'alimentation théorique*. Les pompes sont toujours en double, en cas d'accident à l'une d'elles.

Quant à l'effet de la salure sur le point d'ébullition, voir article 206, chapitre III.

La salure est déchargée à une température de 80 à 85° supérieure à celle de l'alimentation dans la bâche du condenseur. Pour que l'appareil tubulaire décrit au n° 9 de l'article 305 puisse produire le plus d'économie possible en transmettant cette chaleur à l'eau d'alimentation, il résulte, par application des formules (6) et (7) de l'article 219, que la surface de ses tubes doit être d'environ 200 *centimètres carrés par kilogramme de salure déchargée par heure*, ou 22 *mètres carrés par mètre cube de salure déchargée par heure.*

Une pareille surface serait souvent gênante et difficile à obtenir en pratique.

(*) 317. **Soupapes de sûreté** (art. 113). Une au moins des soupapes de sûreté d'une chaudière doit être chargée directement et non pas par l'intermédiaire d'un levier.

Dans les machines fixes, la charge, directe ou non, est ordinairement obtenue au moyen de poids ; on s'en sert aussi à la mer ; sur les locomotives, les trépidations perpétuelles exigent le remplacement du poids par des ressorts à spirales agissant sur un levier et placés comme pour l'indicateur dans des étuis en laiton (*fig.* 16). Une extrémité du ressort est fixée à la chaudière, l'autre au levier par une tige dont on peut graduer la longueur au moyen d'un écrou. La tension du ressort est indiquée à chaque instant par un indice sur une échelle graduée. Cette manière de charger les soupapes est maintenant très-fréquente à bord des navires. On peut aussi charger une soupape directement par un ressort.

La soupape de M. Nasmyth est une sphère, sa charge lui est suspendue par une tige *à l'intérieur de la chaudière.* Fairbairn chargeait ses soupapes par poids et leviers à l'intérieur de la chaudière. Les *réchauffeurs d'alimentation* devraient être munis de soupapes de sûreté et de manomètres.

Les règles suivies en pratique pour la dimension de l'orifice des soupapes de sûreté sont très-variées. Celle de M. Bourne équivaut à la suivante :

$$a = A \frac{V}{P} 0,07. \qquad (1)$$

a, section de la soupape ;

A, section du piston ;

V, vitesse de piston en *mètres par minute* ;

P, pression effective dans la chaudière en kilog. par centimètre carré.

Une autre règle, d'après la consommation de combustible, est la suivante :

$$a = \text{en cent. carré, } 0,5 \text{ à } 0,6 \times \text{nombre de kil. de charbon brûlé par heure.} \qquad (2)$$

Cette règle s'applique aux chaudières dans lesquelles le poids d'eau évaporé par kilog. de houille est d'environ 6 kilog. On peut, en conséquence, la remplacer par la suivante :

$$a = 0,08 \text{ à } 0,10 \times \text{nombre de kilog. d'eau évaporée par heure.} \quad (3)$$

Une autre règle est

$$a = 4 \text{ centim. carr.} \times \text{force nominale en chevaux.} \quad (4)$$

On peut encore prendre

$$A = 16 \times \frac{s}{P}.$$

s surface de chauffe en mètres carrés ;

Cette règle est basée sur des expériences avec des soupapes d'une levée h ne dépassant pas $\dfrac{d}{20}$ (d diamètre).

Ayant $\dfrac{h}{d}$ et A, trouver l'aire A' du siége circulaire

$$A' = A \times \frac{1}{4} \frac{d - h}{h}.$$

Règles spéciales pour une pression de $0^k,7$ au-dessus de l'atmosphère

$$h \leqq \frac{d}{20},$$

$$A'^{c^2} = \frac{s^{c^2}}{2000},$$

pour assurer la même levée proportionnelle à des pressions plus élevées, la surface A' doit être en raison inverse des pressions absolues ; pour des pressions moins élevées, la section doit varier en raison inverse de la racine carrée des pressions effectives au-dessus de l'atmosphère.

Le *Board of Trade* accorde 70 centimètres carrés par mètre carré de grille.

L'extrait suivant est, d'après un rapport présenté à l'*Institution of Engineers and Shipbuilders* d'Écosse :

1° La pratique actuelle de construire les soupapes de sûreté de dimensions uniformes pour toutes les pressions est incorrecte.

2°. Les soupapes doivent être à face plane d'une largeur ne dépassant pas 2 millim.

3° Le présent système de charge des soupapes marines au moyen de poids directement appliqués est fautif et s'adapte mal à la navigation : une grande quantité de vapeur se perd à cause des variations de cette charge par la grosse mer, l'inclinaison du navire, l'inertie des poids qui ne suivent pas immédiatement les mouvements verticaux du navire et l'impossibilité de maintenir en bon état des soupapes ainsi chargées.

4° Chaque chaudière marine doit porter deux soupapes dont une à la main.

5° Les dimensions de chacune de ces soupapes de construction ordinaire doivent être calculées comme il suit

$$A = 1{,}26 \frac{G}{P} = 0{,}0422 \frac{s}{P}.$$

A section de la soupape
G surface de grille $\Big\}$ en centimètres carrés.
s surface de chauffe

P pression absolue en kilogrammes par centimètre carré.

6° Le comité conseille qu'une seule des deux soupapes, celle à la main, soit ainsi calculée; l'autre doit être construite de façon à pouvoir se soulever d'une hauteur égale au quart de son diamètre sans augmentation de pression. De telles soupapes sont maintenant en usage; une seule suffit pour soulager la chaudière si on la calcule d'après la règle suivante :

$$A = 0{,}3 \frac{G}{P} + \text{section des ailettes,}$$

$$= 0{,}01 \frac{s}{P} + \text{section des ailettes.}$$

Cette soupape sera chargée à $0^k,07$ par centimètre carré environ en moins que la soupape à la main.

7° Si la surface de chauffe dépasse trente fois celle de la grille, on déterminera la section de la soupape par la surface de chauffe.

8° Les chaudières se dégradant à l'usage, il faut y réduire graduellement la pression. Le comité recommande de faire les soupapes assez grandes pour suffire aux plus basses pressions qu'on puisse supposer pour les vieilles chaudières.

9° Les soupapes doivent être chargées à ressorts autant que possible directement; avec des leviers, le frottement aux articulations introduit une résistance additionnelle et par conséquent une augmentation de pression à la levée et une perte de vapeur par la diminution de la pression à la fermeture de la soupape.

318. **Chaudières en acier.** Les perfectionnements récents dans la fabrication de l'acier en ont assez diminué le prix pour le rendre commercialement apte à l'usage des chaudières. Sa ténacité est en moyenne 1,6 fois celle du fer, ce qui permet d'en fabriquer des chaudières beaucoup plus légères. Sur le steamer en acier Windsor Castle, construit par MM. Caird et Cᵉ, la chaudière est en tôle d'acier avec rivets en acier. Elle marche à une pression de $4^k,20$ environ, avec une épaisseur de 8 millimètres environ ou un peu plus que les $\frac{5}{8}$ de l'épaisseur nécessaire pour la même chaudière construite en fer.

(*) 319. **Épreuves des chaudières.** Avant de se servir d'une chaudière, il faut s'assurer de sa résistance au moyen d'eau forcée par une pompe. La pression d'épreuve, d'après les principes des articles 59 et 60, doit être *au moins le double de la pression en marche et pas moindre que la moitié de la pression d'explosion*, ou puisque cette dernière doit être six fois la pression du travail, ne pas dépasser en moyenne 2 *fois* $^1/_2$ cette dernière pression.

Toutes les fois qu'il s'agit de la résistance et de l'épreuve des chaudières, on entend par *pression l'excès de la pression dans la chaudière sur celle de l'atmosphère*, comme dans l'article 294.

(*) 320. **Explosions.** On peut, autant qu'on les comprend aujourd'hui, les prévenir comme il suit d'après leurs causes :

1° Faiblesse de construction. On l'évite en tenant compte des lois de la résistance des matériaux, dans le projet et la construction, et en éprouvant convenablement la chaudière avant sa mise en vapeur;

2° Faiblesse produite par une corrosion graduelle, prévenue par une inspection soignée et fréquente, surtout des parties directement exposées au feu;

3° Fermeture ou obstruction accidentelle ou préméditée des soupapes de sûreté, prévenue en construisant les soupapes qui ne peuvent pas se fermer par accident, et en en plaçant au moins une par chaudière hors de la portée du mécanicien;

4° Production soudaine de vapeur à une pression supérieure à celle que peut supporter la chaudière, et en quantité plus grande que n'en peuvent décharger les soupapes. Il y a de grandes diffé-

rences d'opinion sur quelques points de détail de la production
de ce phénomène, mais il n'y a pas de doute sur ses causes premières qui sont : d'abord la surchauffe d'un partie des tôles de la
chaudière, le plus souvent du ciel du foyer immédiatement au-
dessus du feu, produisant une accumulation de chaleur; et secondement, le contact soudain de ces plaques surchauffées avec l'eau,
de sorte que la chaleur emmagasinée est tout à coup dépensée à
produire une grande quantité de vapeur à haute pression. Quelques
ingénieurs pensent qu'aucune partie de la chaudière ne peut ainsi
se surchauffer que si le niveau de l'eau s'abaisse au point de la
découvrir; d'autres maintiennent, avec M. Boutigny, que quand
une surface métallique est portée à une certaine température élévée,
l'eau ne reste pas en contact avec elle, elle en est repoussée par une
action à distance ou par une mince couche de vapeur très-dense. La
plaque peut alors accumuler de la chaleur à l'infini et s'échauffer
jusqu'à ce que l'agitation ou l'arrivée d'eau froide, provoquant avec
elle un contact intime, amène une explosion. Toutes les autorités
s'accordent néanmoins à dire que l'on peut éviter les explosions de
cette nature par les moyens suivants :

1° En évitant de forcer les feux, ce qui fait produire à la chaudière
plus de vapeur que n'en doit fournir sa chauffe; 2° par une alimentation régulière et constante, réglée par un appareil automateur
ou par une surveillance attentive du niveau d'eau; 3° si les plaques
ont commencé à se surchauffer, en évitant d'introduire tout à coup
de l'eau d'alimentation, qui produirait inévitablement une explosion,
en abattant aussitôt les feux et en vidant la vapeur et l'eau.

(*) 324. **Dépôts à l'intérieur.** Les chaudières sont susceptibles de
s'incruster à l'intérieur par un dépôt dur des sels minéraux contenus
dans l'eau. Ce dépôt, mauvais conducteur de la chaleur, diminue la
puissance d'évaporation, la durée et la sécurité de la chaudière. Le
dépôt de carbonate de chaux peut s'éviter au moyen d'une dissolution de sel ammoniac formant, par double décomposition, du
carbonate d'ammoniaque et du chlorure de calcium, tous deux so-
lubles dans l'eau, et le premier volatil. On évite les dépôts de sulfate
de chaux par une addition de carbonate de soude formant du sulfate
de soude soluble et du carbonate de chaux qui précipite en grains
non adhérents. Les moyens les plus sûrs de prévenir les incrustations intérieures sont : ou un système de vidanges à intervalles réguliers, quand l'eau devient trop impure (art. 316) ou l'usage d'une

eau assez pure pour ne pas déposer, provenant d'une source naturelle ou d'une condensation par surfaces.

On a trouvé un dépôt particulier de nature onctueuse encombrant
les chaudières de machines à condenseur à surface dans les endroits
où l'eau séjourne toujours. Ce dépôt est formé par la graisse et
l'huile des cylindres en partie altérés et décomposés. On peut
l'éviter en n'introduisant que peu ou point de graisse dans les cylindres, ce qui s'obtient en pratique en lubrifiant avec de l'eau la
surface de contact de la garniture des pistons. Pour qu'une petite
quantité d'eau puisse rester dans le cylindre à l'état liquide, il ne
faut pas chauffer la vapeur, par une enveloppe ou autrement, au
point d'y empêcher toute condensation (art. 286).

322. **Une croûte externe** de matière calcaire est souvent déposée
par la flamme et la fumée dans les foyers et dans les tubes, et peut
sérieusement diminuer l'efficacité du combustible si on la laisse
s'accumuler. On l'enlève par des gratteurs et des brosses en fils métalliques. L'accumulation de ce dépôt fournit l'explication probable
de ce fait que, sur plusieurs steamers, la consommation par cheval
indiqué et par heure augmente graduellement jusqu'à doubler, et
quelquefois plus. L'exemple suivant est pris à un navire très-important.

	Houille par cheval indiqué et par heure.
A l'essai.	1ᵏ,6
1 jour de voyage	1 ,65
5 jours —	2 ,10
11 —	2 0,5
26 —	2 ,40
30 —	2 ,63
32 —	2 ,10
35 —	2 ,75

L'accroissement, bien que pas absolument continu et même renversé à certains jours, est pourtant assez marqué pour démontrer
une chute progressive du rendement du foyer et de la chaudière.

323. **Puissance des chaudières en chevaux nominaux.**
Les chaudières, spécialement celles des machines fixes, sont souvent
cotées à tant de *chevaux ;* c'est en fait une manière conventionnelle
de désigner les *dimensions* de la chaudière d'après une règle arbitraire. Les règles employées pour estimer la puissance nominale des
chaudières sont nombreuses, souvent vagues et indéfinies. M. Robert
Armstrong a pourtant proposé la règle suivante, parfaitement dé-

finie, comme fondée sur la meilleure pratique usuelle :

$$n = 3,6 \sqrt{G \times S}.$$

n puissance en chevaux nominaux;
G surface de grille
S surface de chauffe effective $\Big\}$ en mètres carrés.

La puissance nominale est en général beaucoup moindre que la puissance indiquée de la machine avec laquelle elle n'a pas de rapport fixe.

SECTION 2. *Exemples de chaudières et de foyers.*

Fig. 116.

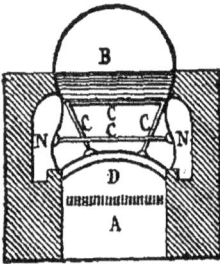

324. Chaudières à tombeau (wagon boilers). Les *fig.* 116 et 117 représentent cette forme introduite par Watt, et qui n'est possible que pour les basses pressions. Il en existe encore aujourd'hui un certain nombre, mais leur fabrication étant presque abandonnée, elles ne tarderont pas à disparaître.

Fig. 117.

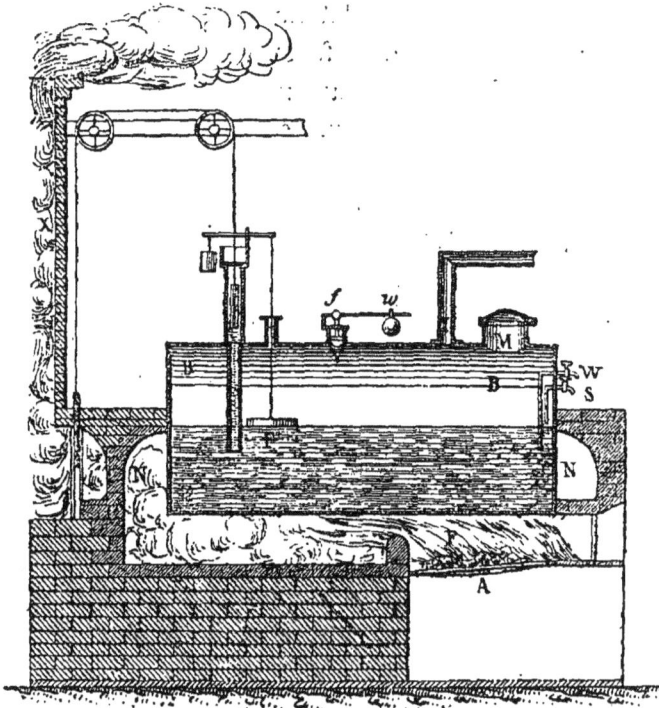

325. Chaudières à bouts hémisphériques. Dans la coupe

Fig. 118.

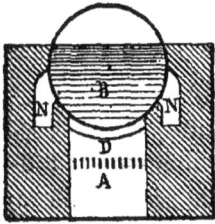

transversale, *fig.* 118, A est la grille occupant sous l'avant de la chaudière une longueur de 1^m,80 au plus; B chaudière; D pont concave au sommet parallèlement au fond de la chaudière; NN carneaux dans lesquels les gaz chauds marchent par *tirage en dessous*, comme dans l'article 324.

Cette chaudière consiste simplement en un corps cylindrique à bouts hémisphériques. Sa forme est favorable à la résistance et à la sécurité avec les hautes pressions; mais elle exige une grande longueur pour avoir une surface. de chauffe suffisante.

Cette chaudière, ainsi que celle à tombeau, est souvent munie d'un tube intérieur qui augmente le rapport de sa surface de chauffe à son volume.

Un défaut sérieux des chaudières cylindriques avec foyer en dessous, est que le fond de la chaudière où se réunissent les dépôts est exposé à la chaleur la plus intense et par conséquent sujet à brûler, à moins que l'eau ne soit exceptionnellement pure. On les construit quelquefois sans carneaux latéraux, les gaz chauds s'échappant tout droit sous la chaudière, du foyer à la cheminée. Cette disposition exige plus de longueur qu'aucune autre.

(*) 326. **Chaudières-cornues.** C'est le nom donné par MM. Dunn et Hattersley à une chaudière qu'ils ont introduite pour conserver la résistance de la chaudière cylindrique à bouts sphériques, sans ses inconvénients au point de vue de l'encombrement, de l'économie de combustible et de la durée. Elle est formée d'un grand nombre de petites chaudières cylindriques à bouts sphériques placées côte à côte, parallèles et horizontales, au-dessus du foyer et des carneaux. Elles renferment de l'eau jusqu'aux 3/4 environ de leur diamètre et servent de bouilleurs; elles communiquent toutes vers le haut avec une grande capacité cylindrique qui sert de chambre de vapeur, et au bas avec une autre qui réunit les dépôts.

(*) 327. **Chaudière cylindrique à bouilleurs.** On l'appelle en Angleterre chaudière française, parce qu'elle est très-employée en France. La *fig.* 119 est une coupe longitudinale de l'appareil; la *fig.* 120 une coupe transversale.

A, corps cylindrique principal de la chaudière, avec bouts hémisphériques. BB, bouilleurs horizontaux cylindriques de diamètre plus petit, à bouts hémisphériques à l'arrière, et fermés à l'avant par

Fig. 119.

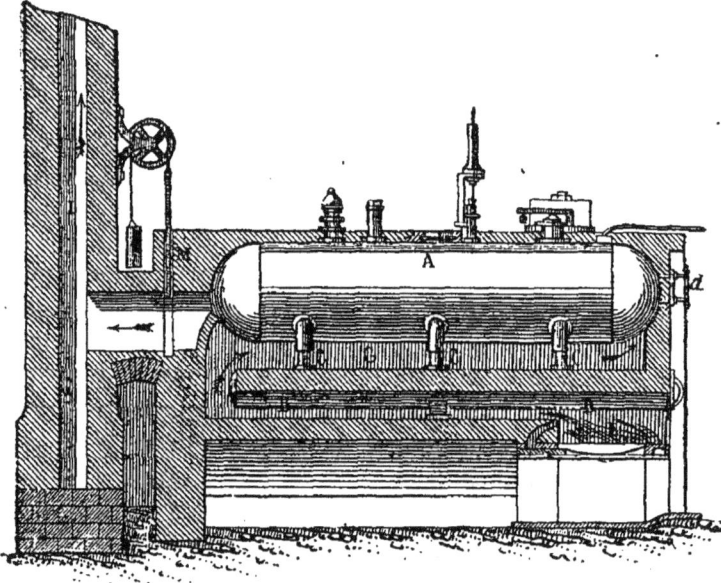

des regards servant à retirer les dépôts ; ccc, ccc, deux rangées de tubes verticaux réunissant la chaudière aux bouilleurs ; D, séparation horizontale en briques, au niveau de la moitié supérieure des bouilleurs ; F (fig. 120), passage de la flamme au-dessus du pont. L'espace au-dessus de la cloison horizontale D est divisé par deux cloisons verticales, entre les tubes de jonction, en trois compartiments H, G, H. L cheminée ; M registre ; d niveau d'eau en verre, à l'avant. Au haut de la chaudière, on voit le trou d'homme, les soupapes de sûreté et autres accessoires. Sur la fig. 119, on voit, à l'arrière du foyer, un des passages courbes rangés de façon à admettre des jets d'air au-dessus du combustible par des trous à l'avant du pont. En avant du foyer, on voit la plaque de sole.

Fig. 120.

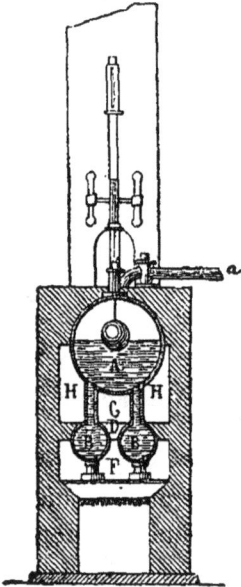

La flamme et les gaz chauds passent à l'arrière par F, puis en avant par G ; enfin, par un « tirage divisé » à l'arrière, vers la cheminée, en traversant les carneaux H, H.

Cette chaudière est considérée comme à la fois sûre et économique. En France, les bouilleurs et les tubes qui les réunissent au corps cylindrique sont quelquefois en fonte ; en Angleterre, la fonte est considérée comme dangereuse pour les chaudières.

328. La **chaudière du Cornouailles**, dans sa forme la plus simple, consiste en un corps cylindrique B (*fig.* 121), traversé par un tube cylindrique dont le diamètre est environ les 0,6 du sien. A l'avant de ce tube est le foyer intérieur, dont la grille est en A et le pont en D. Les carneaux extérieurs peuvent être disposés pour un tirage divisé ou pour un tirage en dessous. La figure indique la disposition pour un tirage divisé. Le courant des gaz du foyer, après avoir passé, vers l'arrière, au-dessus du pont et le long du tube intérieur, se divise en deux cours vers l'avant, le long des carneaux latéraux E, E; ces deux courants se réunissent à l'avant et se rendent à la cheminée par le carneau du fond F. Dans cette forme de chaudière, les gaz du foyer ont une course descendante dont les avantages ont été signalés aux articles 220 et 313 ; le fond de la chaudière, où l'eau d'alimentation se mêle à celle de la chaudière, et où les dépôts tendent à s'amasser, en est la partie la plus froide et la partie la plus chaude. Le ciel du foyer est près de la surface de dégagement de la vapeur.

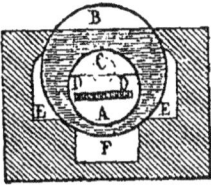
Fig. 121.

Le ciel du foyer, ainsi qu'une partie du tube au delà du pont, est souvent garni d'une voûte en briques réfractaires qui empêche la flamme de se refroidir et de s'éteindre au contact des tôles de la chaudière avant la combustion complète du gaz de la houille.

La partie du tube au delà du pont est quelquefois un peu plus étroite que celle qui renferme le foyer.

Les chaudières de cette classe cèdent souvent par écrasement des tubes intérieurs. Les principes de leur résistance, découverts par M. Fairbairn, ont été exposés à l'article 67.

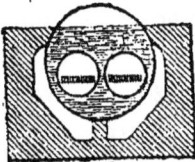
Fig. 122.

(*) 329. **Chaudière cylindrique à deux foyers.** La *fig.* 122 en donne une coupe transversale. Elle consiste en un corps cylindrique, renfermant deux tubes à foyers intérieurs dont le diamètre est environ les $\frac{4}{10}$ de celui de la chaudière, et semblable à celui de la chaudière de Cornouailles. Ces foyers sont alimentés alternativement, pour provoquer une combustion complète, comme on l'a établi article 230.

Dans une disposition de ces chaudières, les deux tubes marchent parallèlement d'un bout à l'autre. On empêche ainsi le mélange des gaz des deux foyers jusqu'à ce qu'ils aient été considérablement refroidis, et, pour remédier à ce défaut, on a introduit, dans quelques chaudières, un faisceau de tubes transversaux auprès des ponts, de façon à établir aussitôt une communication entre les gaz des deux foyers.

Dans une autre disposition, les deux tubes se réunissent en un seul, un peu au delà des ponts, de sorte que l'ensemble du système tubulaire présente l'aspect d'une fourche. La chambre de combustion, où les tubes s'unissent, est renforcée contre l'écrasement au moyen de tubes à eau verticaux qui la traversent et qui agissent comme des colonnes creuses pour en maintenir écartées les parois inférieures et supérieures.

(*) 330. **Chaudière cylindrique tubulaire à deux foyers.** Cette chaudière, introduite par M. Fairbairn, est une chaudière à tube fourchu, et dont le tube unique est tubulé. La coupe transversale des deux foyers est comme la *fig.* 122. La *fig.* 123 est une coupe horizontale de la chaudière : AA, grilles; BB, seuils; DD, ponts; E, chambre de combustion; FF, plaque tubulaire d'avant; G, tubes; HH, plaque tubulaire d'arrière et fond de la chaudière. Avec les proportions ordinaires de cet appareil, la longueur des tubes est environ la moitié de celle de la chaudière. Les carneaux extérieurs sont comme ceux de la chaudière précédente.

Fig. 123.

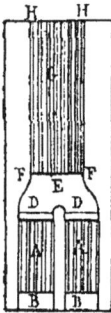

331. **Chaudières marines à galeries.** Comme on l'a dit à l'article 305, elles sont en forme de parallélipipèdes à coins plus ou moins arrondis, et voûtés vers le haut. Chaque chaudière renferme ordinairement plusieurs foyers aussi rectangulaires et voûtés en haut. Ces foyers sont rangés au bas de la chaudière. Les ponts sont parfois des chambres à eau, mais plus souvent en briques réfractaires. Le reste de l'appareil, jusqu'à 0ᵐ,25 à 0ᵐ,30 du niveau ordinaire de l'eau, renferme un grand nombre de carneaux ou galeries d'une section presque rectangulaire à coins arrondis. De

chacun des foyers part une de ces galeries qui, après avoir suivi
dans la chaudière un tracé sinueux au gré du constructeur, se
réunit aux autres dans une galerie commune,, ou boîte à fumée ·
(uptake) qui mène à la cheminée. La chambre de vapeur, ordinairement rectangulaire ou cylindrique, est parfois munie d'un dôme
hémisphérique enveloppant la boîte à fumée et la partie inférieure
de la cheminée de façon à sécher et, dans certains cas, à surchauffer
la vapeur.

La variété des formes et des dispositions des galeries dans les
chaudières marines défie toute classification. Une des formes les
plus remarquables est la galerie en spirale enroulée autour d'un
axe vertical traversant les chambres d'eau et de vapeur. Cette dernière s'élève très-haut pour sécher et surchauffer réellement la
vapeur; c'est une invention de John Elder. Les cheminées des
chaudières marines peuvent souvent s'allonger et se raccourcir
comme une longue-vue, de façon à pouvoir s'abaisser quand le
navire marche à la voile.

332. Chaudières marines tubulaires. La disposition géné-

Fig. 124.

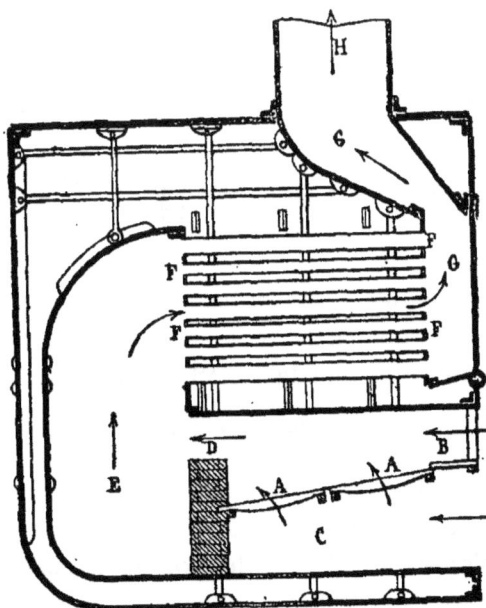

rale de ces chaudières est indiquée par la *fig*. 124, qui est une coupe
longitudinale montrant un foyer, les tubes, la communication avec

la boîte à fumée et la chaudière. On peut disposer un certain
nombre de ces foyers parallèlement, suivant l'importance de la
chaudière. AA, grille; B, plaque de sole; C, cendrier; D, pont;
E, chambre de combustion; F, tubes et leurs plaques; G, boîte à
fumée avec porte à l'avant pour le nettoyage et l'entretien; H, cheminée. La figure indique en partie l'entretoisement de la chaudière.

Les boîtes à fumée sont munies de portes pour le nettoyage et la
réparation des tubes.

Les tubes sont légèrement inclinés vers l'arrière; la hauteur de
leur dernière rangée au-dessus des tubes du foyer doit laisser un
espace suffisant pour leur nettoyage.

Le diamètre le plus usité pour les tubes est, comme on l'a dit à
l'article 305, environ 76^{mm}, il est quelquefois plus faible et descend
jusqu'à 37^{mm} à l'intérieur.

(*) 333. **Chaudière à foyer détaché**. Déjà mentionnée aux
articles 228, 230, 303, 304, 449, 450 et 458. La *fig.* 125 est une coupe

Fig. 125.

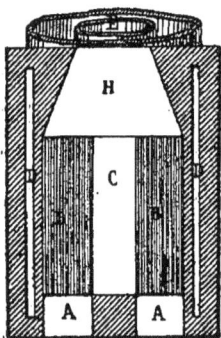

Fig. 126.

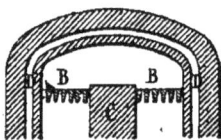

Fig. 127.

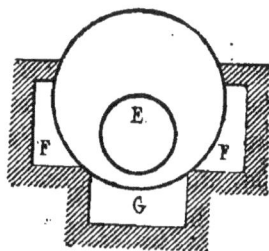

horizontale d'un double foyer de cette espèce employé à Saint-
Rollox, elle montre une partie de la chaudière; la *fig.* 126 est une
coupe transversale du foyer; la *fig.* 127 une coupe transversale de
la chaudière et des carneaux. Ces trois figures sont à l'échelle de $\frac{1}{100}$.

AA, seuil; BB, grilles; C, séparation en briques entre les deux
foyers; DD, espaces d'air dans la maçonnerie des parois et du ciel
du foyer pour s'opposer à la conduction de la chaleur; H, chambre de combustion s'amincissant de façon à rejoindre le tube intérieur E de la chaudière; FF, carnaux latéraux; G, conduite du fond.

Les *fig.* 128 et 129 sont une coupe longitudinale et une élévation
de l'embouchure et du seuil montrant l'amas de scories agissant

comme porte de foyer (art. 310), ainsi que les trous d'air dans l'épaisseur de sa maçonnerie. Ces figures sont au $\frac{1}{50}$.

Fig. 128.   Fig. 129.

 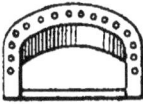

Dans quelques chaudières, le tube intérieur, au lieu de traverser la chaudière d'un bout à l'autre, est en forme de T à l'arrière ; les deux branches conduisant aux deux carnaux latéraux FF. Dans d'autres, la moitié de la longueur est prise par un tube unique cylindrique et l'autre moitié par un ensemble de tubes comme dans la *fig.* 123. Cette espèce de tubes a été introduite par M. John Tennent.

334. **Chaudières diverses.** On a déjà mentionné incidemment et décrit en termes généraux un certain nombre de chaudières présentant une grande variété de formes et de dispositions. Ainsi la chaudière de M. Craddock (art. 303, 305, 313, 315). Quant à cette chaudière, on peut ajouter que les tubes à eau verticaux sont en partie légèrement courbés pour aider à la dilatation sans fatiguer la chaudière.

La chaudière de lord Dundonald, mentionnée à l'article 234, exemple X, est formée d'une enveloppe comme celles des machines marines à galeries, mais un peu plus longue et plus basse. Dans cette enveloppe se trouvent le foyer, la chambre de combustion et la boîte à fumée, le tout presque au même niveau. La flamme passe du *haut* du foyer au *haut* de la chambre de combustion, traversée par un grand nombre de tubes à eau verticaux ; du bas de cette chambre, les gaz chauds passent dans la boîte à fumée, au contact de laquelle est une chambre de vapeur communiquant par le haut avec le haut de la chaudière. Au passage de communication se trouve un ventilateur centrifuge disposé de façon à renvoyer dans la chaudière l'eau entraînée par la vapeur.

Parmi les chaudières tubulaires verticales, il faut mentionner celle de M. Napier assez usitée en pratique. L'enveloppe est cylindrique verticale, à sommet hémisphérique. A l'intérieur est une chambre de combustion cylindrique renfermant un grand nombre de tubes à eau verticaux communiquant, par le haut, avec la chambre de vapeur au haut de la chaudière, et au bas, avec un disque plat creux au-dessus du foyer, et réuni par des tubes horizontaux à la chambre d'eau environnante.

La *chaudière locomotive* sera décrite au chapitre suivant.

CHAPITRE V.

—

SECTION. 1. *Du mécanisme des machines à vapeur en général.*

335. Classification des machines. On peut diviser les ma-chines à vapeur en deux grandes classes, suivant qu'elles sont ou non pourvues d'un appareil condensant la vapeur à une pression moindre que celle de l'atmosphère, c'est-à-dire d'un condenseur à basse pression et de ses annexes ; ces deux classes sont :

Les machines à condensation ;

Les machines sans condensation.

Les différences entre ces deux classes de machines, en ce qui concerne le rendement de la vapeur, ont été considérées aux arti-cles 280 et 289, L'espèce de locomotive mentionnée à l'article 412, et qui condense un partie de sa vapeur perdue à la pression atmo-sphérique, appartient plutôt à la seconde qu'à la première division.

Les machines de la seconde classe sont en somme moins écono-miques de combustible que celles de la première ; mais elles sont moins volumineuses, et très-usitées quand les considérations de simplicité et de compacité passent avant celle de l'économie du combustible.

Une *seconde* méthode de classification est basée sur le mode d'action de la vapeur sur le piston, comme il suit :

1° *Machines à simple effet.* La vapeur ne travaille que sur une seule face du piston.

2° *Machines à double effet.* La vapeur agit alternativement sur chaque face du piston.

3° *Machines rotatives.* La vapeur pousse toujours dans le même sens un piston tournant.

La manière dont la différence entre les machines à simple et à double effet affecte le calcul de leur puissance a déjà été expliquée aux articles 43, 260 et 263.

Une *troisième* méthode de classification divise les machines en

1° *Non rotatives*, c'est-à-dire ne produisant pas un mouvement de rotation continu. Ainsi, les marteaux-pilons, les estampeurs.

2° *Machine rotatives* imprimant à un arbre un mouvement de rotation continue. Ce sont aujourd'hui de beaucoup les plus répandues.

Un *quatrième* mode de classification range les machines d'après leur objet, comme il suit :

1° *Machines fixes.* Pompes à feu, machines de manufactures, etc.

2° *Locomobiles :* transportables, mais fixes pendant le travail.

3° *Machines marines* pour la propulsion des navires.

4° *Locomotives :* pour la traction des véhicules à terre.

Les machines fixes appartiennent à tous les types des précédentes classifications. Les locomobiles sont en général sans condensation, pour gagner du volume et s'adapter aux endroits où l'eau n'est pas assez abondante, à double effet et à rotation. Les machines marines sont en général à double effet condensantes et à rotation. Les locomotives sont à double effet.

(*) 336. **Puissance en chevaux nominaux.** C'est une méthode conventionnelle d'indiquer les *dimensions* d'une machine à vapeur, commode pour les fabricants et les acheteurs, mais qui n'a aucun rapport avec la puissance en chevaux *indiqués* ou *effectifs*.

Le mode de calcul de la puissance nominale introduit parmi les ingénieurs civils, par la pratique de MM. Boulton et Watt, est le suivant.

Supposant pour la vitesse du piston 128 pieds par minute (0^m,65 par seconde) et pour la pression effective moyenne sur le piston 7 livres par pouce carré (= 0^k,50 par centimètre carré), on a, pour la puissance indiquée en chevaux nominaux :

A étant la surface du piston en pouces ou en mètres carrés,

d son diamètre ⎱ en pieds ou en mètres
s sa course ⎰
en mesures anglaises,

$$N = \frac{\sqrt[3]{s} \times A}{47} = \frac{\sqrt[3]{s} \times d^2}{60}.$$

en mesures françaises,

$$N = 16 \sqrt[3]{s} \times d^2.$$

La puissance indiquée est de $1\frac{1}{2}$ à 5 fois supérieure à la puissance normale ainsi trouvée.

Dans la *règle de l'Amirauté*, on prend la *vitesse réelle du piston* V (en pieds par minute ou en mètres par seconde), et la *même pression effective que précédemment;* elle donne, en mesures anglaises,

$$N = \frac{V \times A \times 7}{33\,000} = \frac{V \times d^2}{6000};$$

en mesures françaises,

$$N = V \times A \times 6,66 = 8,48\,Vd^2.$$

La puissance indiquée varie de *une à trois fois* la puissance nominale ainsi trouvée; en moyenne, elle est égale au *double*.

Ces deux règles ne peuvent s'appliquer qu'aux machines à basse pression. Pour les hautes pressions, on prend d'habitude la règle proposée par M. Bourne, et qui consiste à supposer pour la pression moyenne effective 21 livres par pouce carré (1 500 kilog. par mètre carré) au lieu de 7 livres, les autres quantités restant les mêmes.

(*) **337. Énumération des principales parties d'une machine.**

1° La chaudière et le cylindre sont réunis par le *tuyau d'admission*, muni d'une *valve d'arrêt*, déjà mentionnée à l'article 305, division XII, et d'une *valve d'étranglement* ou *régulateur*, réglant l'ouverture d'admission de la vapeur au cylindre, manœuvrée tantôt à la main, tantôt par un *gouverneur* (art. 55, 56).

2° Le tuyau d'admission renferme aussi quelquefois la *valve de détente*, coupant l'admission de la vapeur au cylindre au point voulu de la course du piston, dont le reste s'accomplit par la détente de la vapeur précédemment admise.

3° Le *cylindre* peut être ou simple ou à double effet. Dans les machines à simple effet, le *piston* est poussé dans une direction par la pression de la vapeur, et ramené en sens contraire par l'action d'un *contre-poids*. Dans les machines à double effet, il est poussé dans les deux sens par la pression de la vapeur, admise et déchargée alternativement aux deux bouts du cylindre.

4° L'admission et l'échappement de la vapeur ont lieu par des ouvertures aux extrémités du cylindre appelées *lumières*, débouchant dans des *conduits* ouverts et fermés par les valves d'*admission* et d'*échappement*. Souvent, les valves d'admission et d'échappement sont combinées en une seule appelée *tiroir*. Ces valves sont renfermées dans une *boîte de distribution*.

5° Dans les machines *sans condenseur*, la vapeur qui s'échappe du cylindre se perd dans l'atmosphère par le *tuyau d'échappement*. Dans les locomotives et quelques autres machines, le tuyau d'échappement, placé au centre de la cheminée, active l'appel de l'air à travers le foyer par ses impulsions successives et règle l'activité du foyer sur celle de la machine.

6° Les *couvercles des cylindres* portent un ou plusieurs *stuffing-box* pour le passage des tiges de piston. Cette tige est quelquefois creuse et s'appelle alors *fourreau*. Ils portent aussi des *robinets graisseurs* pour lubrifier le piston.

7° Dans beaucoup de grandes machines, les extrémités des cylindres sont munies de *soupapes de sûreté* à ressort, dont le but principal est de laisser s'échapper l'eau qui se condense dans les cylindres ou qui s'y trouve entraînée par la vapeur avec le *primage*.

8° Pour prévenir la condensation dans les cylindres, on les environne souvent d'une *enveloppe* ou *chemise* pleine de vapeur de la chaudière ou d'air chaud d'un carneau (art. 286).

9° La chemise est elle-même enveloppée d'une *garniture* ou *manteau* de feutre et de bois.

10° Les machines à *double cylindre* ont deux cylindres; la vapeur arrive de la chaudière dans un premier cylindre, puis remplit le second par sa détente.

11° Le *condenseur* ordinaire est une capacité étanche à l'air et à la vapeur, dans laquelle la vapeur échappée du cylindre est liquéfiée par une pluie d'eau froide qui jaillit constamment de l'arrosoir d'une *valve d'injection*.

12° Dans les machines de terre, l'eau d'injection provient d'un réservoir appelé *puits froid*, environnant le condenseur et alimenté par la *pompe à eau froide ;* dans les machines marines, elle provient directement de la mer.

13° Dans les *condenseurs à surfaces*, la vapeur est liquéfiée par son passage à travers des tubes ou d'autres conduits étroits entourés par des courants d'eau froide ou d'air.

14° Le condenseur est muni de *robinets de vidange* communiquant avec les cylindres et ordinairement fermés, et d'un *renifflard* ouvrant vers l'atmosphère. Par ces valves, on peut injecter de la vapeur pour chasser l'air du cylindre et du condenseur avant la mise en train.

15° Le condenseur porte aussi un indicateur du vide, montrant de combien sa pression est inférieure à celle de l'atmosphère (art. 107a).

16° L'eau, la petite quantité de vapeur non condensée, et l'air qui peut y être mélangé, sont aspirés hors du condenseur par la *pompe à air* et déchargés dans la *bâche à eau chaude*, d'où la pompe alimentaire tire son eau (art. 316). L'excès de cette eau est déchargé, par les machines de terre, dans un réservoir où elle se refroidit pour revenir au puits froid, et, par les machines, marines à la mer.

17° Presque toutes les machines ont leur tige de piston guidée en ligne droite par un mécanisme appelé *guidage parallèle*, et formé, soit simplement de guides ou glissières droites, soit d'une combinaison de leviers et de tiges inventée par Watt, et plus ou moins modifiée depuis.

18° Les machines sans mouvement parallèle sont : premièrement, les *machines à fourneau* (y compris la machine à manivelle en Z de M. Hunt), où le stuffing-box sert de guide ; deuxièmement, les *machines oscillantes*, où la tête de la tige du piston est directement réunie à la manivelle, le cylindre oscillant sur des tourillons ; troisièmement, les *machines à disques*, dans lesquelles les fonctions du cylindre sont remplies par une capacité en forme de zone sphérique, et celles du piston par un disque doué d'un mouvement de nutation dans cette zone ; et quatrièmement, les *machines rotatives*, où le piston tourne autour d'un axe. Les machines oscillantes et à fourneau sont fréquentes à bord des navires. La machine à manivelle en Z n'a pu encore être employée sur une grande échelle. Les machines à disques fonctionnent bien, dit-on, mais sont très-rares. Les machines rotatives, souvent essayées sous des formes très-variées, ont rarement donné de bons résultats.

19° Dans les pompes à vapeur à simple effet, les tiges des pompes sont attachées au piston, directement ou par un *balancier*.

20° Dans les machines à double effet, la puissance est communiquée à un *arbre* tournant mû par *bielle* et *manivelle*, avec ou sans l'intervention d'un *balancier*. (Dans les machines oscillantes, la tige du piston et la bielle ne font qu'un.)

21° Dans les machines fixes, l'arbre porte un volant dont l'inertie distribue et égalise les irrégularités de l'action de la puissance. Cette fonction est remplie dans les machines marines par l'inertie des roues ou de l'hélice, et dans les locomotives par celle des roues motrices et de la machine même.

22° Les pompes alimentaires et autres annexées à la machine sont mues par elle. De même, le *mécanisme de distribution* de la machine. On appelle *mécanisme de renversement* ou *de changement de marche*, un mécanisme qui permet au mécanicien de changer la marche de la machine, et dont les dispositions sont très-variées.

338. Machines accouplées. La plupart des machines marines et locomotives, ainsi que beaucoup de machines, ont, pour égaliser l'action de la puissance, une *paire* de manivelles à angle droit mues par une *paire* de pistons dans une *paire* de cylindres avec leurs annexes, et sont en fait des *paires de machines*. Dans quelques cas, les machines sont ainsi accouplées en séries de *trois*, menant des manivelles faisant entre elles des angles égaux. Quant à l'effet de ces combinaisons sur l'uniformité du mouvement, voir l'article 52.

339. Illustration des différentes parties d'une machine. La plupart des organes énumérés à l'article 387 sont illustrés dans la *fig.* 130 qui représente une coupe longitudinale d'une machine rotative à balancier, à double effet et à condensation. On a choisi ce type de machine parce que la disposition de ses organes est telle qu'il est facile de les faire voir tous à la fois.

Le tourillon du balancier repose sur la colonne D, et ses deux extrémités sont au-dessus du cylindre A et de l'arbre L.

A cylindre avec chemise de vapeur et sans enveloppe, ce qui est un défaut dans la machine figurée ;

B piston avec trois anneaux de garniture métallique, sur la figure, on suppose qu'il se meut vers le bas, poussé par la vapeur au-dessus ;

C tige au piston ;

D une des colonnes du bâti ;

a tuyau de vapeur avec papillon ;

b chambre du tiroir ;

c « *tiroir en* D » réglant la *distribution* de la vapeur alternativement admise et déchargée au-dessus puis au-dessous du piston ;

d tuyau d'échappement menant au condenseur E ;

g robinet d'injection admettant une pluie d'eau venant du puits ou réservoir à eau froide dans le condenseur ;

H pompe à air dont le piston est supposé descendre sur la figure ;

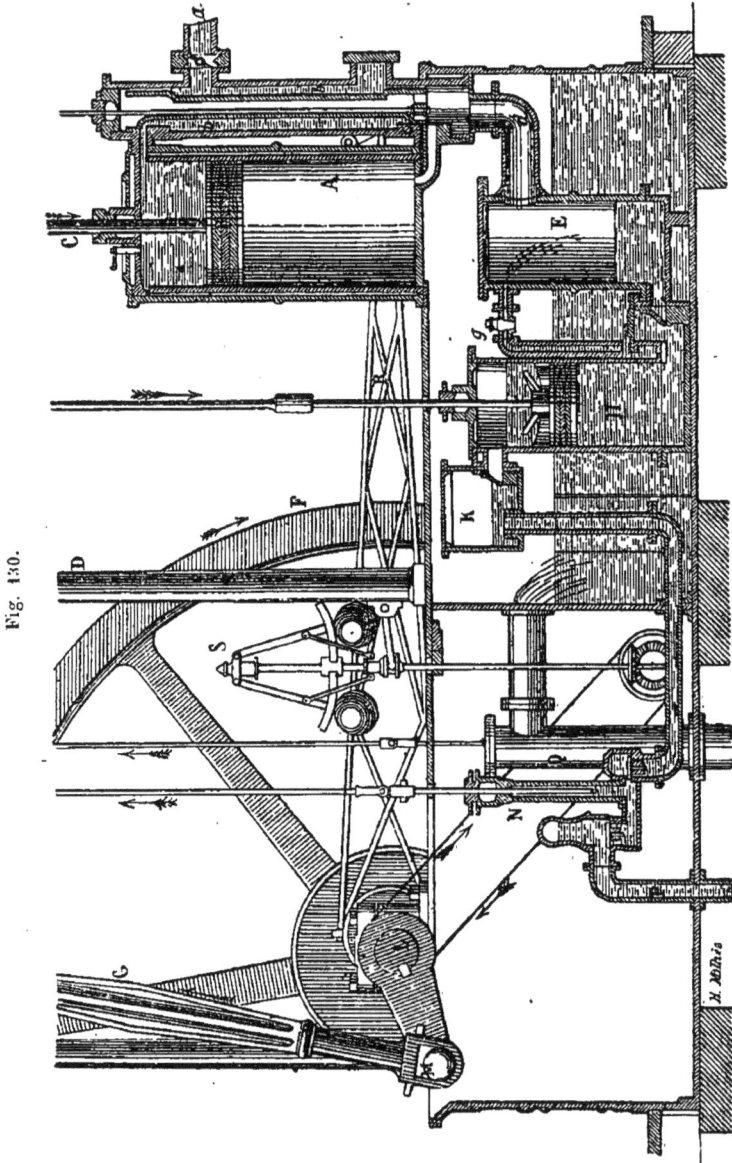

Fig. 130.

K bâche à eau chaude ;

G bielle en train de monter ;

L arbre, LM manivelle, M bouton de manivelle tournant à droite comme les aiguilles d'une montre ;

N pompe alimentaire aspirant à la bâche à eau chaude K ; sur le dessin, le tuyau d'aspiration traverse la bâche à eau froide ; c'est une disposition vicieuse tendant à échauffer l'eau de condensation et à refroidir celle de l'alimentation ;

P tuyau d'alimentation de la chaudière ;

Q pompe à eau froide ;

R tige d'excentrique recevant un mouvement de va-et-vient d'un excentrique calé sur l'arbre L et le communique au tiroir *c* ;

S régulateur à pendule tournant (art. 55) ; il agit sur un petit levier dont l'axe tourne sur un support fixé à la colonne D. La transmission du mouvement de ce levier au papillon n'est pas indiquée ; c'est une affaire de cas particuliers.

SECTION 2. *Conduites de vapeur. — Distributeurs.*
Changements de marche.

340. Conduites de vapeur. Le principe qui doit régler la section du tuyau d'admission et de tous les conduits que la vapeur traverse pour arriver au cylindre est que sa vitesse, pendant l'admission, ne doit pas, en lui supposant la même densité que dans la chaudière, dépasser 30 mètres par seconde (art. 290).

Pour faciliter un échappement rapide pendant la course arrière, le tuyau d'échappement doit avoir une section au moins double de celle du tuyau d'admission.

Pour simplifier la construction, on fait presque toujours entrer et sortir la vapeur par la même lumière. M. Joule a montré que cette pratique tend à perdre de la chaleur, surtout avec de grandes détentes, parce que la vapeur froide détendue refroidit pendant son échappement le métal des lumières qui se réchauffe ensuite aux dépens de la cylindrée suivante de vapeur chaude, toute la chaleur ainsi transmise de la vapeur qui entre à celle qui sort, est perdue. M. Joule recommande en conséquence l'emploi de *lumières séparées* pour *l'admission* et pour *l'échappement.*

341. Valve d'étranglement. Quand elle est manœuvrée comme d'ordinaire par un régulateur, c'est d'habitude une valve à disque et pivot (art. 119 et U. V, *fig.* 40, art. 132).

Quand elle est manœuvrée à la main, elle est soit une valve à disque et pivot, un tiroir ordinaire mû par une vis ou un obturateur tournant (art. 120), ou enfin une valve conique à vis (art. 121). Cette dernière espèce de valve est très-usitée aujourd'hui dans les locomotives.

342. **Soupapes coniques et à double siége**. Dans les premières machines de Watt, on employait, pour régler la distribution de la vapeur, des soupapes coniques à tiges verticales (art. 112). Aujourd'hui, on emploie les soupapes à double siége toutes les fois qu'il n'y a pas de tiroir (art. 116).

Dans les machines à simple effet, il y a trois soupapes à double siége :

1° La *soupape d'admission*, ouverte au commencement de la course avant pour admettre la vapeur motrice, et fermée au moment jugé convenable pour commencer la détente ;

2° La *soupape d'équilibre*, fermée pendant la course avant, ouverte pendant la course arrière, la vapeur la traversant alors pour aller d'un fond à l'autre du cylindre ;

3° La *soupape d'échappement*, fermée pendant la course arrière, ouverte pendant la course avant, pour laisser la vapeur en avant du piston s'échapper au condenseur.

Dans une machine à double effet, il y a quatre soupapes, une paire à chaque bout du cylindre, et formée de :

1° Une *soupape d'admission*, ouverte au commencement de chaque course avant, fermée pour la détente ;

2° Une *soupape d'échappement*, fermée pendant la course avant, ouverte pendant la course arrière pour laisser la vapeur s'échapper au condenseur.

343. **Tige à taquets**. Les soupapes coniques et à double siége dans les machines à simple effet, et aussi dans quelques machines à double effet, sont mises en mouvement par une tige à taquets verticale suspendue au balancier près du cylindre de la machine, et qui se meut avec le piston. A ses côtés se projettent un certain nombre de barres ou taquets, dont on peut régler à la main les positions, au moyen de vis ; ces taquets, en heurtant des leviers à certains instants de chaque course, produisent le mouvement nécessaire des soupapes.

Dans les machines à simple effet, les soupapes d'admission et d'échappement ne sont pas ouvertes directement par la tige à taquets, mais par un mécanisme appelé la *cataracte*, sorte de frein à pompe (art. 50). Son organe essentiel est un piston chargé se mouvant dans un cylindre vertical rempli d'huile. A la fin de la course

avant de la machine, un taquet soulève le piston de la cataracte et
le laisse retomber avec une vitesse réglée par l'ouverture de circulation du liquide. Vers la fin de sa descente, il agit sur deux déclics
qui lâchent deux poids dont la chute ouvre les soupapes d'admission et de détente. On peut ainsi, en variant l'ouverture de la cataracte, graduer le nombre de courses par minute.

Le mécanisme de distribution par soupape dans les machines à
simple effet varie beaucoup quant aux détails. On en donnera plus
bas un exemple.

344. Tiroirs. A cause de la simplicité de leur action et de la
douceur de leur mouvement, ils sont presque universellement
adoptés en Europe pour la distribution de la vapeur dans les machines à double effet.

Leur siége est ordinairement formé par une surface parfaitement
plane, percée d'ouvertures oblongues ou *lumières;* il y en a au
moins deux : une pour chaque extrémité du cylindre. Le siége des
tiroirs en coquille est muni d'un troisième orifice, ou lumière
d'échappement, placé entre les deux autres. Dans quelques dispositions spéciales, ces orifices sont encore plus nombreux.

Le long tiroir ou tiroir en D, représenté en *c*, *fig.* 130, et par les
fig. 131, 132 et 133, peut être considéré comme une sorte de valve

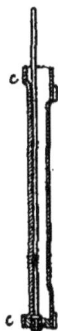 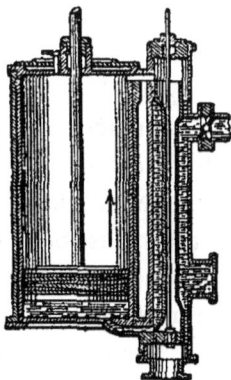 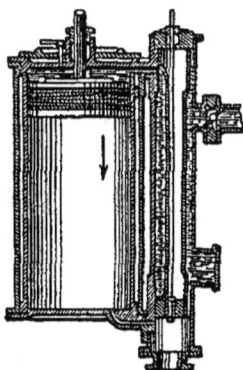

Fig. 131.   Fig. 132.   Fig. 133.

à *piston creux*, car le dos demi-cylindrique de ce tiroir se meut
étanche dans sa boîte de même forme, au moyen de demi-anneaux
de garnitures métalliques à ses deux extrémités.

La *fig.* 131 est une coupe verticale du tiroir isolé de sa boîte et
du cylindre ; *c*, *c* sont les deux parties de sa face plane ; sur son dos,

vers ses extrémités, on voit les coupes des garnitures métalliques. La tige traverse le tiroir et s'attache à un croisillon au bas ; ce croisillon est mince et plat dans sa largeur verticale, de façon à réduire le moins possible le passage à travers le tiroir. Les *fig.* 132 et 133 sont des coupes verticales du cylindre du tiroir et de sa boîte: La vapeur arrive par le papillon au milieu de la boîte et tout autour du tiroir. Les deux extrémités de la boîte du tiroir communiquent avec le condenseur, l'extrémité inférieure directement, le haut par l'intérieur du tiroir.

Sur la *fig.* 133, le tiroir est dans sa position *la plus haute :* le milieu de sa boîte communique avec le *haut* du cylindre, admettant la vapeur pour pousser le piston de *haut en bas ;* le *fond* du cylindre communique avec le condenseur par le bas de la boîte.

Sur la *fig.* 132, le tiroir est dans sa position *la plus basse :* le milieu de sa boîte communique avec le *fond* du cylindre, admettant la vapeur pour pousser le piston de *bas en haut :* le *haut* du cylindre communique avec le condenseur par l'intérieur du tiroir.

Le *tiroir en coquille* est représenté *fig.* 134 à 138.

La *fig.* 134 est une coupe longitudinale du tiroir et de son siége.

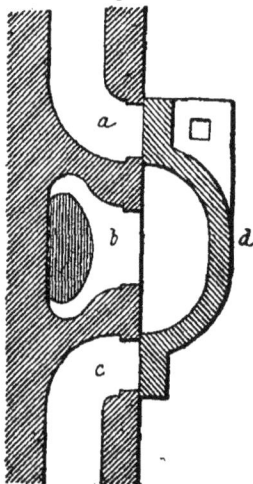

Fig. 134.

Le cylindre est supposé vertical : *d*, tiroir ; *a*, lumière supérieure du cylindre ; *c*, lumière inférieure ; *b*, lumière d'échappement.

La *fig.* 135 est un plan de la face du tiroir ; la *fig.* 136 un plan de sa glace. La vapeur est admise de la chaudière dans la boîte du tiroir autour de lui. Sur la *fig.* 134, le tiroir est dans sa position moyenne, les deux lumières du cylindre sont fermées. Sur la *fig.* 138, le tiroir est assez descendu pour ouvrir la lumière supérieure, admettant la vapeur sur la face supérieure du piston ; en même temps, la lumière inférieure est mise en rapport, par l'intérieur du tiroir, avec le condenseur, de façon à y laisser s'échapper la vapeur du dessous de la face inférieure du piston, à mesure qu'il descend. Sur la *fig.* 137, le tiroir est monté assez au-dessus de sa position moyenne pour ouvrir la lumière inférieure à l'admission de la vapeur sous le piston ; en même temps, la lumière supérieure est en communication, par l'in-

térieur du tiroir, avec l'échappement, de façon à laisser la vapeur
s'échapper de dessus le piston à mesure qu'il s'élève.

Ce tiroir est pressé sur son siége et maintenu étanche par l'excès
de la pression de la vapeur dans la boîte de distribution sur celle
de la vapeur à l'intérieur du tiroir en communication avec le condenseur ou l'atmosphère.

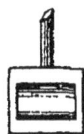

Fig. 135.

Fig. 136.

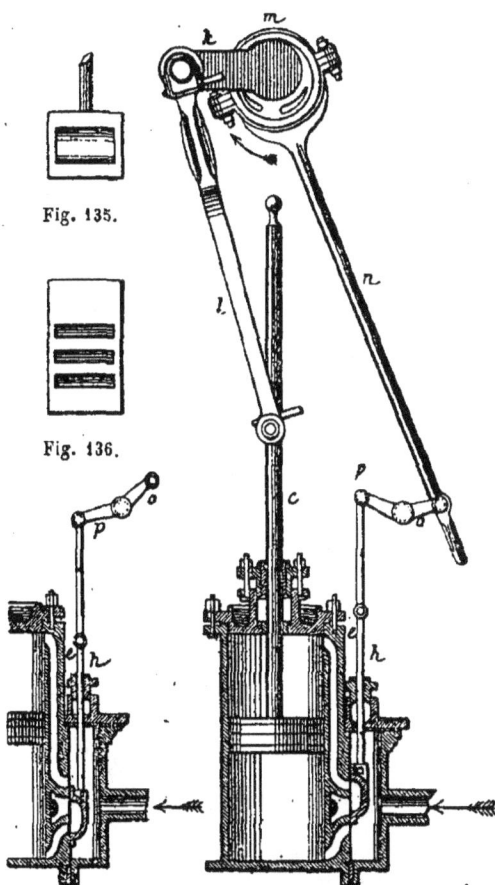

Fig. 138.   Fig. 137.

Dans les grandes machines, cet excès de pression devient très-
considérable et fait perdre en frottements beaucoup de travail. Pour
y remédier, on emploie un *tiroir équilibré* dont le dos parallèle au
couvercle de la boîte à tiroir porte un anneau de bronze pressé sur
ce couvercle par des ressorts, de façon à former une garniture
étanche. La pression du tiroir sur son siége est alors le produit de
a pression de la vapeur par l'excès de l'aire de sa face sur l'aire que

renferme l'anneau, et peut être rendue aussi faible qu'on le veut en agrandissant cet anneau.

345. **Excentrique**. Il est évident que, pour produire la distribution de la vapeur au moyen d'un tiroir, il faut lui communiquer un mouvement alternatif, de façon à l'amener aux extrémités de son parcours, c'est-à-dire aux points les plus éloignés de sa position moyenne, à des périodes intermédiaires entre celles où le piston atteint les fonds de ses courses. L'excentrique *c*, *fig.* 139, employé pour transmettre ce mouvement, est un disque circulaire porté par l'arbre, mais dont le centre ne coïncide pas avec le sien. Il est équivalent à une manivelle de longueur égale au *rayon d'excentricité*, c'est-à-dire à la distance des centres de l'excentrique et de l'arbre : il transmet par l'anneau *b*, à la *tige d'excentrique a*, un mouvement alternatif d'amplitude égale au double du rayon d'excentricité. La tige d'excentrique est jointe à celle du tiroir directement ou par une combinaison cinématique convenable. Une de ces combinaisons est indiquée *fig.* 137 et 138 article 394, où *c* est la tige du piston ; *l*, la bielle ; *h*, la manivelle ; *m*, l'excentrique ; *n*, sa tige ; *o*, *p*, leviers ; *p*, *c*, bielle ; *h*, tige du tiroir.

L'entaille au-dessus de la lettre *a* est la *prise* de la tige d'excentrique, par laquelle elle saisit un bouton à l'extrémité du levier qui lui est articulé (*o*, *fig.* 137, 138). On débraye cette prise au

Fig. 139.

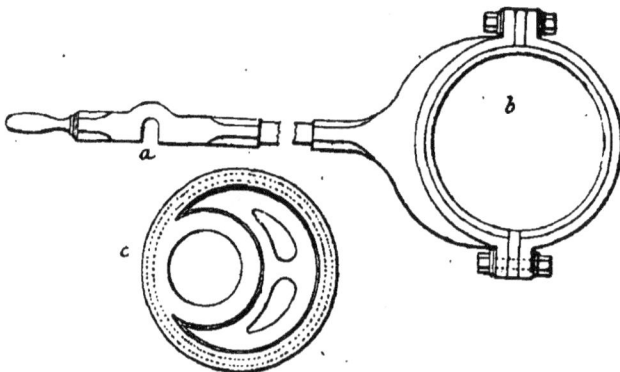

moyen d'une poignée à l'extrémité de la tige ; de façon à mettre en marche ou à arrêter à volonté la distribution. Dans beaucoup de machines cette prise est remplacée par un mécanisme décrit plus bas et appelé *coulisse*.

346. Renversement par excentrique fou. Pour renverser la rotation de l'arbre d'une machine à vapeur, il faut que le piston soit amené au repos, puis que son mouvement soit changé de sens avant la fin de sa course; il faut que l'excentrique prenne par rapport à la manivelle la position nécessaire pour la conduite du tiroir correspondante à ce mouvement. Cette position de *marche arrière* est à un peu moins qu'une demi-circonférence de la position de marche-avant, mesurée *dans le sens de la rotation normale en avant*. Pour amener l'excentrique en marche-arrière; il suffit par conséquent de le maintenir immobile pendant que l'arbre accomplit presque son premier demi-tour arrière, et de le laisser ensuite suivre la rotation de l'arbre.

Dans beaucoup de machines fixes et marines, on y arrive en ayant l'excentrique fou sur l'arbre et équilibré, de façon que son centre de gravité soit dans l'axe; deux épaulements l'empêchent de tourner complétement autour de l'arbre et le maintiennent l'un dans la position de marche avant, l'autre en marche arrière. Il faut avoir soin que le mouvement de l'exentrique autour de l'arbre soit *en avant*, pour passer de marche-avant à marche arrière, et en *arrière* pour passer de marche arrière à marche avant.

Pour renverser la machine au moyen d'un excentrique à tocs, il faut débrayer son amorce et déplacer le tiroir à la main, puis embrayer l'amorce quand l'arbre a fait une partie de sa révolution arrière.

Dans le dispositif de renversement employé par Randolph, Elder and Cᵉ, l'excentrique, au lieu de rester immobile jusqu'au renversement de la machine, devance au contraire la rotation de son arbre pendant la marche avant, jusqu'à ce qu'il atteigne la position de marche arrière et détermine ainsi le renversement.

247. Avance et recouvrement. Détente par tiroir. L'avance du *centre du tiroir* est la distance dont il a dépassé le milieu de sa course au moment où le piston arrive au fond de course avant ou arrière.

L'avance *à l'admission* du tiroir est la quantité dont la lumière d'admission est ouverte à ce même instant.

L'avance du centre du tiroir peut s'exprimer de trois manières différentes :

1° En mesures absolues, en millimètres, par exemple;,

2° Par le *rapport* de sa longueur à celle de la demi-course du tiroir, c'est le *rapport d'avance ;*

3° Par l'angle dont le rayon de l'excentrique dépasse la position qu'il occuperait par rapport à la manivelle si le tiroir se trouvait au milieu de sa course quand le piston est au bout de la sienne, c'est *l'angle d'avance.*

Quand un excentrique fou n'a pas d'avance, ses positions de marche avant et arrière sont distantes d'une demi-circonférence. Quand il a une avance, l'angle entre ces deux positions est égal à une demi-circonférence, moins deux fois l'angle d'avance.

Si la tige de l'excentrique est assez longue, comparativement à son rayon, pour que l'effet de ses obliquités variables sur les positions des points qu'elle réunit puisse être négligé en pratique, la règle suivante est sensiblement exacte

$$\textit{Rapport d'avance du centre} = \textit{sinus de l'angle d'avance,} \quad (1)$$

et, dans les autres cas, cette même équation donne au moins une valeur approchée.

L'angle d'avance peut s'énoncer en degrés ou en fraction de tour.

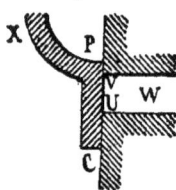

Le *recouvrement* du tiroir est la longueur dont ses bords dépassent les lumières qu'ils recouvrent quand le tiroir est au milieu de sa course. La *fig.* 140 est une coupe d'un tiroir dans sa position moyenne. U est la *face d'admission*, V la *face d'échappement* de la lumière, C *l'arête d'admission*, P *l'arête d'échappement* du tiroir, UV est le *recouvrement extérieur* et VP le *recouvrement intérieur.*

Fig. 140.

L'avance à l'admission = l'avance du centre — le recouvrement, (1A)

et c'est ce qu'on appelle ordinairement l'avance.

Le recouvrement, comme l'avance, s'exprime de trois manières :

1° En unités métriques ;

2° Par le *rapport* de sa longueur à celle de la demi-course du tiroir ; c'est le *rapport de recouvrement ;*

3° Par l'angle dont doit tourner l'excentrique pour amener le tiroir de sa position moyenne à une position telle que le bord du recouvrement considéré touche l'arête de sa lumière ; cet angle est *l'angle de recouvrement.*

Quand l'obliquité de la tige d'excentrique est négligeable, on a sensiblement

Rapport de recouvrement = sinus de l'angle de recouvrement. (2)

L'avance et le recouvrement permettent d'admettre la vapeur et de la couper, pour l'admission et l'échappement, aux points que l'on veut de la course du piston, de façon à produire une détente donnée, ainsi que la compression d'un volume déterminé de vapeur à la fin de la course arrière.

Quand on peut *négliger les obliquités de la bielle motrice*, comme celles de la tige d'excentrique, on peut déterminer dans tous les cas l'avance et le recouvrement convenables par les méthodes suivantes :

Première méthode, par construction graphique. Autour du centre

Fig. 141.

O, décrivons un cercle DEFI et menons les diamètres à angle droit DF, EI. Considérons DF comme représentant la course du piston et EI (à une échelle différente) celle du tiroir ; prenons comme positif le mouvement du piston de D vers F.

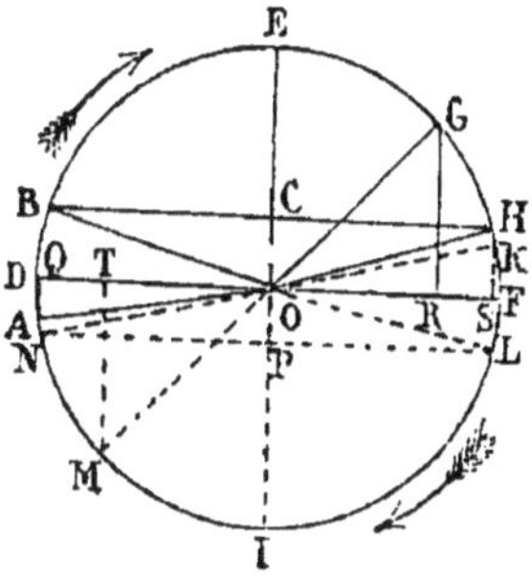

On préfère souvent admettre la vapeur un peu avant la fin de la course arrière.

Soit Q ce point de la course arrière où commence l'*admission*. Quand l'admission commence à l'origine de la course avant, le point Q coïncide avec D.

Soit R le point de la course avant où commence la *détente*.

Soit T le point de la course arrière où commence la *compression* à la fin de l'échappement. Quant aux principes qui déterminent ce point, voir article 291, division III. Ceci posé, la solution comprend les deux parties suivantes :

1° *Trouver l'angle d'avance et le recouvrement extérieur.*

Tirons QA, RG, perpendiculaires à DF et coupant le cercle en AG ; à partir de E, portons les arcs $EB = EH = \dfrac{AG}{2}$; joignons BH, qui sera parallèle à DF.

Alors

$$\text{Angle d'avance} = \widehat{AOB} = \widehat{GOH}. \qquad (3)$$

$$\frac{\text{Recouvrement extérieur}}{\text{demi-course}} = \frac{OC}{OE}. \qquad (4)$$

2° *Trouver le recouvrement intérieur et l'échappement anticipé.*

Tirons DM, perpendiculaire à DF, et portons arc MN = arc AB ; tirons NL, parallèle à DF, coupant OI en P ; on a

$$\frac{\text{Recouvrement intérieur}}{\text{demi-course}} = \frac{\text{OP}}{\text{OE}}. \qquad (5)$$

De L portons arc LK = arc AB et de K, abaissons KS, perpendiculaire à DF ; le point S sera le commencement de l'*échappement anticipé* pendant la course avant du piston. Quant aux effets de cet échappement, voir article **291**, division ɪᴠ.

Deuxième méthode. Par le calcul trigonométrique.

DONNÉES.

$$\frac{\text{Avance à l'admission}}{\text{Course du piston}} = \frac{\text{DQ}}{\text{DF}} = \frac{1}{q}$$

$$\text{Rapport de détente } \frac{\text{DR}}{\text{DF}} = \frac{1}{r'};$$

$$\text{Rapport de compression } \frac{\text{DT}}{\text{DF}} = \frac{1}{r''};$$

Demi-course du tiroir OE.

RÉSULTATS.

Soient :

a l'angle d'avance ;

b' l'angle de recouvrement extérieur ;

b'' l'angle de recouvrement intérieur.

On a

$$\begin{aligned} a - b' &= \cos^{-1}\left(1 - \frac{2}{q}\right); \\ a + b' &= \cos^{-1}\left(\frac{2}{r'} - 1\right); \\ a + b'' &= \cos^{-1}\left(1 - \frac{2}{r''}\right); \end{aligned} \qquad (6)$$

en remarquant qu'un *cosinus négatif* correspond à un *angle obtus*. D'où

$$a = \frac{(a+b') + (a-b')}{2}; \quad b' = \frac{(a+b') - (a-b')}{2}; \\ a'' = (a+b'') - a; \qquad (7)$$

et aussi

$$\text{Recouvrement extérieur } OC = OE \sin b' ; \left.\begin{array}{c} \\ \\ \end{array}\right\} \quad (8)$$
$$\text{Recouvrement intérieur } OP = OE \sin b'' ; \left.\begin{array}{c} \\ \\ \end{array}\right\}$$

fraction de la course où commence l'échappement anticipé

$$\frac{DS}{DF} = \frac{1 + \cos(a - b'')}{2}. \qquad (9)$$

Quand il faut tenir compte de l'obliquité de la bielle motrice ou de la tige d'excentrique, on commence par chercher, à l'aide d'une de ces méthodes approchées, l'angle d'avance. On trace ensuite exactement, sur une épure à échelle suffisamment grande, la manivelle dans différentes positions angulaires équidistantes. L'avance étant connue, on pourra tracer les différentes positions correspondantes du rayon de l'excentrique. Portons sur les axes de la tige du piston et de la tige d'excentrique, les positions correspondantes du piston et du tiroir relatives à une série de positions de la manivelle et de l'excentrique : le nombre des positions ainsi tracées est ordinairement douze ou vingt-quatre, elles sont numérotées sur l'épure.

On trace alors, à la même échelle, le diagramme suivant (*fig.* 142).

Fig. 142.

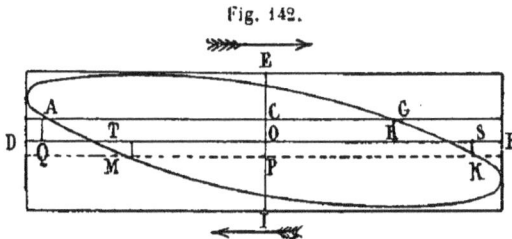

Par le point milieu O des deux axes rectangulaires DF, EI, on mène DO = OF = demi-course du piston ; OE = OI = demi-course du tiroir. Sur DF, qui représente la course du piston, on porte les points correspondants aux diverses positions du piston dans l'épure précédente, et de ces points, on élève des perpendiculaires à EI, dans un sens ou dans l'autre, suivant les cas, représentant les distances successives du tiroir à sa position moyenne, telles que les donne cette même épure. Par les extrémités de ces ordonnées, on fait passer une courbe MAGK, qui est un ovale se rapprochant plus ou moins d'une ellipse inscrite dans le rectangle dont les axes sont DF, EI.

On marque alors les points donnés de détente R, de compression T, et l'on mène les ordonnées RG, TM jusqu'à la courbe, ce qui donne

$$\text{Recouvrement extérieur} = \text{RG};$$
$$\text{Recouvrement intérieur} = \text{TM}. \qquad \left.\right\} \quad (10)$$

Les parallèles GA, MK à DF, coupant la courbe en A et K, et les ordonnées AQ, KS, abaissées de ce point sur DF, donnent en Q le commencement de l'admission, en S, celui de l'échappement anticipé. (Voir Clark, *On Railway Machinery;* Zeuner, *Distributions par tiroirs;* Rankine, *Rules and tables*, p. 298; Rankine, *On Shipbuilding*, p. 281.)

On fait quelquefois, dans les cylindres verticaux des machines marines, le recouvrement extérieur plus grand pour le haut que pour le bas du cylindre. La vapeur se trouve ainsi moins détendue, et agit avec une plus grande pression moyenne effective pendant la course ascendante. Le but est d'égaliser l'énergie exercée sur la manivelle pendant les courses ascendantes et descendantes, et pour l'atteindre d'une façon parfaite, il faut que le produit de la différence des pressions moyennes· par la surface du piston soit égal au double du poids du piston de sa tige et de la bielle qui aide à la course descendante et s'oppose à la' montée.

348. **La coulisse** fut employée pour la première fois sur les locomotives par Robert Stephenson pour renverser la distribution de la vapeur et la varier à volonté. Sa disposition générale est représentée sur la *fig.* 143. On la figurera dans la suite sur les locomotives et les machines marines.

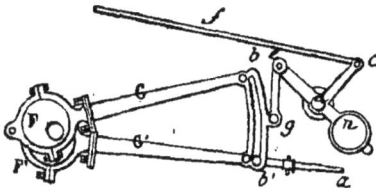

Fig. 143.

F' est l'excentrique de *marche avant*, F celui de *marche arrière*. Cette paire d'excentrique est fixée sur l'arbre, dans la position convenable pour la distribution pendant que la machine marche en avant ou en arrière respectivement. L'angle entre les deux rayons d'excentricité est le *supplément du double de l'angle d'avance*. G' est la tige de l'excentrique d'avant, G celle de l'excentrique d'arrière. Les extrémités de ces tiges sont réunies par une pièce *bb'* appelée la coulisse, munie d'une rainure dans laquelle un coulisseau placé au bout de la tige du tiroir *a* peut occuper toutes les positions; *eg* est la tige de suspension de la coulisse. Souvent le centre *e* est fixe et la tige du tiroir articulée de façon que son extrémité puisse parcourir la coulisse dont la forme est alors celle d'un arc de cercle décrit de l'articulation de la tige. Dans d'autres cas, comme sur la figure, le centre *e* peut se déplacer de façon à mouvoir la coulisse, la tige du tiroir restant fixe. La coulisse est alors un arc de rayon égal à la longueur de la tige d'excentrique. Dans le dispositif d'Allan, la moitié du déplacement est produite par le mouvement de la coulisse dans une direction, et l'autre moitié par le mouvement en sens contraire de la tige du tiroir. La distribution par coulisse est très-variée dans ses détails par les ingénieurs de locomotives et de machines marines.

Sur la figure, la coulisse, suspendue par la bielle *eg* à un des bras du levier *edn*, est équilibrée par un contre-poids sur le bras opposé ; *de* est un bras transversal réuni par une tige *cf* au *levier de renversement* de la machine qui peut marcher au moyen d'une vis.

Sur la figure, c'est l'excentrique d'avant qui seul fait mouvoir le tiroir ; la distribution est *à pleine marche avant*. La vapeur est coupée en un point dépendant du recouvrement, de l'avance, et de l'excentrique d'avant ; la course du tiroir est le double de son excentricité.

Quand la coulisse est déplacée de façon à prendre la tige d'excentrique par son extrémité opposée *b*, le mouvement du tiroir est dû à l'excentrique d'arrière seulement ; la machine est *en pleine marche arrière*. La vapeur est coupée en un point dépendant du recouvrement, de l'avance, et de la course, comme précédemment.

Pour toute position intermédiaire de la coulisse, le mouvement du tiroir dérive des deux excentriques à la fois, suivant une loi que l'on peut énoncer approximativement comme il suit. Soient, à un instant donné, v' et v'' les vitesses du tiroir aux pleines manches avant ou arrière. Donnons des signes contraires aux vitesses en sens opposés. Appelons l' et l'' les distances du coulisseau aux extrémités des marches avant et arrière de la coulisse. La vitesse du tiroir à cet instant sera

$$v = \frac{l''v' + l'v''}{l' + l''}. \qquad (1)$$

Pour déterminer exactement les mouvements du tiroir correspondant à différentes positions de la coulisse et du coulisseau, il faut tracer une épure du mécanisme à une assez grande échelle, comme dans la méthode décrite au précédent article. (Voir les autorités déjà citées et en outre Rankine, *On Machinery*, page 253.)

On arrive à une *approximation* utile du mouvement du tiroir correspondant à une position donnée du coulisseau, au moyen du tracé graphique suivant. Soient O le centre de l'arbre moteur, OF l'excentricité de marche avant, OB celle de marche arrière, et LO une parallèle à FB. En pleine marche avant, la *demi-course* est OF, et *l'angle d'avance* LOF. La distribution dépend de ces données et du recouvrement. Faisant passer par les points F et B un arc de cercle de rayon

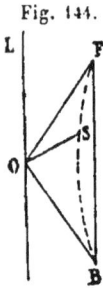

Fig. 144.

$$\frac{FB \times \text{longueur de la tige d'excentrique}}{2 \times \text{longueur de la coulisse}},$$

convexe ou *concave* vers O, suivant que les tiges sont *croisées* ou *non croisées*, quand les deux excentriques sont tournées vers la coulisse. Prenons sur l'arc un point S, le divisant dans le même rapport que le coulisseau divise la coulisse, OS sera l'*excentricité fictive* correspondante au mouvement actuel du tiroir, c'est-à-dire qu'il se mouvra à peu près comme s'il était conduit par un excentrique de rayon OS, et d'avance angulaire LOS. Cette construction a été publiée pour la première fois par M. Mac Farlane Gray, dans sa *Geometry of the Slide-Valve*. Le Dr Zeuner, dans son *Traité des distributions par tiroirs* (*), a donné une construction analogue mais avec un arc de parabole au lieu d'un arc de cercle (**).

349. Détente par cames. On emploie souvent, surtout dans les grandes machines marines, une valve de détente séparée formée par une soupape à double siége dont la tige est attachée à un levier. L'autre bras du levier porte à son extrémité un galet actionné par une came mue par la machine, de façon à soulever la soupape deux fois à chaque tour, à la maintenir ouverte pendant toute l'admission, puis à la laisser retomber. Une série de cames arrangées de façon à produire différents degrés de détente sont fixées côte à côte sur l'arbre ; on produit la détente voulue en transportant le galet de la soupape sur la came correspondante. Parfois la détente est modifiée par l'action d'une seule came déplacée longitudinalement sur une hélice de l'arbre par l'action du régulateur.

(*) Traduit chez Dunod par MM. Debize et Mérijot.
(**) Pour de nombreux exemples pratiques de distribution par coulisse, voir *N. P. Burgh, On Linck Motion*, Londres (Spon.).

350. Tiroir de détente. On se sert parfois, pour les grandes détentes, d'un tiroir séparé mû par une excentrique *sans avance*, de sorte que ce tiroir de détente est toujours au milieu de sa course quant le piston est au bout de la sienne. La *fig.* 145 est une

Fig. 145.

coupe longitudinale d'un de ces tiroirs : AA sont de longues ouvertures pratiquées au dos de la boîte du tiroir ordinaire qui sert de table au tiroir de détente ; BB sont des ouvertures correspondantes dans la plaque qui constitue le tiroir de détente. On aurait pu n'avoir que deux ouvertures correspondantes A, B ; mais on préfère les multiplier pour augmenter la section du passage de la vapeur ; d'où le nom de *tiroir à grille*. Quant le tiroir est au milieu de sa course et le piston au bout de la sienne, les ouvertures B sont juste avant les ouvertures A, qui sont alors *complétement démasquées*. Dès que le tiroir s'est écarté de sa position moyenne, dans un sens ou dans l'autre, d'une longueur d'ouverture, elles sont toutes fermées, et la détente commence.

Le tiroir est construit de façon à ne couper la vapeur que très-tôt. Le point de détente étant donné, on trouve, comme il suit, le *rapport de la largeur des ouvertures à la demi-course du tiroir*.

Première méthode. Par construction graphique (*fig.* 146).

Du point O, comme centre avec un rayon OD, représentant la

Fig. 146.

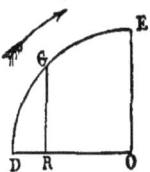

demi-course du piston, on décrit un quart de cercle. Soit OG la position de la manivelle motrice au commencement de la détente. Abaissant GR perpendiculaire sur OD, on a

$$\frac{\text{Largeur des ouvertures}}{\text{Demi-course du tiroir}} = \frac{RG}{OE}. \qquad (1)$$

Deuxième méthode. Par le calcul.

Soit $\dfrac{DR}{2OD} = \dfrac{1}{r'}$ le rapport actuel de détente, on a, en négligeant l'obliquité de la bielle motrice,

$$\frac{\text{Largeur des ouvertures}}{\text{Demi-course du tiroir}} = \sqrt{\left[1 - \left(1 - \frac{2}{r'}\right)^2\right]}. \qquad (2)$$

Une particularité de ce tiroir est qu'il *rouvre* ses lumières en un point de la course du piston aussi éloigné du fond du cylindre que R l'est du commencement de sa course ; on ne peut, par conséquent, l'employer qu'en combinaison avec un tiroir ordinaire coupant la vapeur avant la réouverture des lumières du tiroir de détente. Par exemple, pour un tiroir de détente coupant la vapeur aux $\frac{2}{10}$ de la course, il faut un tiroir ordinaire la coupant aux $\frac{8}{10}$ ou avant.

On peut faire varier la détente en graduant la course du tiroir de détente. Dans quelques machines, le siége du tiroir de détente est formé par le dos du tiroir ordinaire, qui, au lieu d'introduire la vapeur au delà des bords, est muni d'*ouvertures* semblables à celles d'un tiroir à grille ; le tiroir de détente est mû par un excentrique séparé, de façon à fermer ces ouvertures aux instants convenables.

Le tiroir ordinaire est souvent fait *en grille* dans les très-grandes machines, c'est-à-dire que le cylindre est muni à chaque bout de deux lumières, et le tiroir est disposé de façon à réunir en même temps les deux lumières d'une extrémité avec la prise de vapeur ou l'échappement.

351. Soupapes à double siége manœuvrées par des excentriques. Dans les machines des steamers américains, on emploie beaucoup de soupapes à double siége mus par des excentriques. Il y a ordinairement des excentriques séparés pour les soupapes d'admission et d'échappement. Chaque excentrique, au moyen de sa tige et d'un levier, fait osciller un arbre porteur de cames qui soulèvent et abaissent les soupapes au moment voulu, au moyen de barres et de leviers. Chaque came est dessinée de façon à donner un mouvement très-doux à la soupape quand elle est presque en contact avec son siége, et un mouvement rapide pendant le reste de sa course, de manière que les lumières s'ouvrent et se ferment vivement, mais sans choc (*).

SECTION 3. *Cylindres et pistons.*

352. Cylindres ordinaires. Ils sont coulés avec la fonte la plus homogène qu'on puisse obtenir. L'épaisseur nécessaire pour la simple résistance à la rupture par pression intérieure peut se calculer par les principes énoncés à l'article 62, en prenant *six* pour facteur de sûreté. Mais, pour que le cylindre ait la rigidité nécessaire pour conserver très-exactement sa forme, il faut le faire plus épais

---

(*) Pour les distributions nouvelles, notamment les coulisses, voir *A. Rigg a practical treatise on the Steam Engine,* Londres. Spon. 1878.

que ne l'exige la simple résistance. Le facteur de sûreté ordinaire varie de 30 à 40 pour les cylindres des machines à vapeur.

Le fond du cylindre est ou coulé avec lui ou boulonné. Le couvercle est toujours boulonné. Il faut avoir soin de donner aux boulons la force nécessaire pour résister à la pression. Les fonds et les couvercles des gros cylindres ont souvent la forme d'un segment sphérique de grand rayon, et dans ce cas, les deux faces du piston ont la même forme, pour diminuer l'espace nuisible.

On a déjà pleinement examiné l'effet de l'enveloppe : elle doit entourer, non-seulement le corps du cylindre, mais au moins une extrémité, et autant que possible les deux fonds. Enveloppé ou non, le cylindre doit toujours être protégé (art. 337, division ix).

(*) 353. **Machines à double cylindre (Compound)**. Il faut y proportionner les cylindres de telle façon que la vapeur accomplisse la moitié de son travail dans le petit cylindre et l'autre moitié dans le grand. Dans beaucoup de machines actuelles, le petit cylindre n'accomplit que les $\frac{2}{3}$ du travail. Voici quelques dispositions de ces machines :

1° La disposition la plus ancienne est celle de Woolf, dans laquelle les deux cylindres, côte à côte, attaquent l'extrémité d'un balancier ; leurs pistons marchent ensemble dans le même sens. La vapeur passe des extrémités du petit cylindre aux extrémités opposées du grand.

2° Dans les machines de Mac Naught, les cylindres sont aux deux bouts du balancier ; les pistons se meuvent en sens contraire, et la vapeur passe aux extrémités du petit cylindre aux mêmes extrémités du grand.

3° Dans les machines marines de John Elder, les cylindres sont côte à côte en contact intime, inclinés à 45°, leurs pistons marchent en sens contraire et attaquent des manivelles à 180°, pour réduire la pression de l'arbre sur ses coussinets, et la perte de travail qui s'ensuit au minimum possible avec deux cylindres. Une seconde paire de cylindres semblables, inclinés en sens inverse du même angle, agissent sur la même paire de manivelles.

4° Dans les machines de M. Craddock, les cylindres sont côte à côte ; leurs pistons se meuvent en sens contraires pendant presque toute la course et conduisent une paire de manivelles *presque opposées*. Pour faciliter le passage des points morts avec une seule paire de cylindres, on fait la course du petit cylindre un peu en avance, sur celle du grand ; la vapeur, après s'y être détendue, n'est pas admise directement dans le grand cylindre ; avant d'y arriver elle subit une compression dans le petit cylindre. La détente finale est exactement la même que si les courses des cylindres étaient simultanées ; et de même pour le rendement, pourvu qu'il ne se perde pas de chaleur par conductibilité pendant la compression temporaire de la vapeur. M. Craddock propose de porter l'avance du petit cylindre jusqu'à $\frac{1}{4}$ de tour dans certains cas. Mais il résulte de l'expérience qu'une avance moindre, $\frac{1}{6}$ à $\frac{1}{12}$ de tour, suffit pour faire passer aisément les points morts. Il ne convient pas de dépasser l'avance nécessaire à ce point de vue, à cause du changement qui se produit dans l'action de la vapeur par le renversement de la machine.

354. Le **double cylindre concentrique** de M. David Rowan consiste en un petit cylindre dans lequel la vapeur commence sa détente, pour la continuer dans un grand cylindre qui le renferme et lui est concentrique. C'est l'équivalent des deux cylindres de la machine précédente. Le piston du petit cylindre n'a rien de particulier ; celui du grand est un anneau avec garnitures sur ses deux circonférences. La tige du piston intérieur et les deux tiges de l'anneau s'attachent au même croisillon, de sorte que les pistons vont ensemble. La vapeur passe des extrémités du petit cylindre aux extrémités opposées du gros ; elle est surchauffée, de façon à prévenir toute condensation dans les cylindres.

355. **Machines à triple cylindre**. Elles ne diffèrent de celles à double cylindre qu'en ce que la détente s'y continue dans une paire de gros cylindres de chaque côté du petit.

Dans les machines à triple cylindre de John Elder, le petit cylindre attaque une manivelle et les deux autres une paire de manivelles opposées à la manivelle centrale. Si le travail est également réparti, une moitié au petit cylindre et l'autre à la paire de gros cylindres, les pressions s'équilibrent exactement autour de l'arbre, et le frottement des coussinets n'est dû qu'au poids qu'ils supportent.

Dans les machines à triple cylindre de M. J. M. Rowan, les tiges des petits pistons et des deux pistons latéraux s'attachent toutes au même croisillon, de sorte que les trois pistons vont ensemble. Cette

34

disposition est compacte et convient aux machines oscillantes auxquelles elle est appliquée.

356. Machine à double cylindre bout à bout. Dans cette
machine de M. Sims, la vapeur commence son action à une extrémité
du petit cylindre et la termine à l'extrémité opposée du grand ; les
deux cylindres sont placés bout à bout, et leurs pistons attachés à
une même tige. L'espace entre les deux pistons communique avec
le condenseur qui y entretient toujours un vide partiel.

357. Machine à double piston. Dans cette machine, la vapeur commence son action à une des extrémités d'un cylindre et la
complète à l'extrémité opposée. La première extrémité a son volume
réduit, de façon à être l'équivalent d'un petit cylindre, en y faisant
de la tige du piston un gros plongeur traversant son stuffing-box et
commandant la pompe à air.

358. Machines oscillantes. Les cylindres sont montés, en
général au milieu de leur longueur, sur des *tourillons* autour desquels ils oscillent en décrivant de petits arcs pour permettre à la tige
du piston de suivre la manivelle qu'elle attaque directement sans
l'intervention d'une bielle. Cette construction est très-avantageuse
au point de vue de l'économie de volume et de poids.

Les tourillons sont creux, et réunis, l'un au tuyau de vapeur venant de la chaudière, l'autre au tuyau d'échappement allant au condenseur. La boîte à tiroir oscille avec le cylindre. Les dispositions
permettant d'adapter les mécanismes de distribution à ces machines
sont très-variées. Une des plus simples consiste à faire agir l'excentrique sur une tige terminée par une coulisse en arc de cercle décrite
du centre des tourillons quand le tiroir est au milieu de la course.
Cette coulisse guide un coulisseau dans lequel glisse l'extrémité d'un
levier calé sur un arbre fixé au cylindre et qui commande le tiroir
par un deuxième levier.

359. Cylindres secteurs. Sur quelques steamers américains,
le cylindre est remplacé par un secteur cylindrique dans lequel un
piston rectangulaire oscille comme une porte sur ses gonds. La
charnière est remplacée par un arbre fixé au piston et qui attaque
la manivelle par une bielle liée à une manivelle fixée à une de ses
extrémités.

360. Machines rotatives. Le cylindre ordinaire y est remplacé
par une zone sphérique ou tout autre solide de révolution traversé
suivant son axe par un arbre qui porte un piston tournant de forme

convenable. Une cloison divise en deux parties l'espace entre le piston et le cylindre ; elle est disposée de façon à ne pas empêcher le mouvement du piston ; en général elle se retire pour le laisser passer. La vapeur est admise derrière le piston, détendue périodiquement s'il le faut, et déchargée de l'espace en avant du piston ainsi poussé d'une manière continue. Le nombre de machines rotatives patentées en Angleterre seul dépasse certainement 200 et peut-être de beaucoup ; très-peu ont été mises en pratique, et encore à une petite échelle ; elles n'ont d'avantage que leur faible volume, plus que compensé par leur usure et leur frottement plus considérables. Les mieux réussies paraissent être celles du comte de Dundonald et de M. David Napier.

361. **Machine à disque.** Cette machine, inventée par M. Bishop,

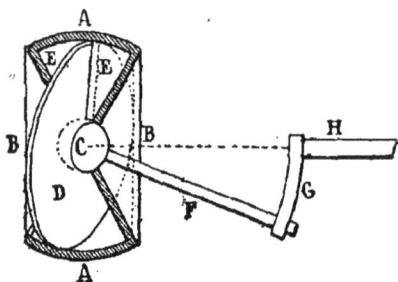

Fig. 147.

a été employée avec succès par M. Rennie, pour faire mouvoir des hélices. La *fig.* 147 en montre les parties essentielles sans aucun détail. Le cylindre est en coupe, le piston en élévation. Le cylindre est limité, latéralement par une zone sphérique AA, et aux extrémités par une paire de cônes BB, dont les sommets coïncident avec le centre C de la sphère. Le piston est un disque circulaire plat D, dont le contours se meut étanche sur les parois de la zone sphérique ; EE est une cloison fixée au cylindre et en forme de secteur de cercle ; elle pénètre dans une entaille radiale du disque. Le disque est fixé à une boule C, à laquelle est attaché un bras F, perpendiculaire au plan du disque, et dont l'extrémité est assujettie dans un œil au bout de la manivelle G, portée par l'arbre H, dont la direction coïncide avec l'axe de la zone sphérique et des deux cônes. Le disque D, et la cloison EE, divisent à chaque instant le cylindre en quatre volumes dont deux s'agrandissent, et deux s'amoindrissent constamment, par la rotation de la manivelle G : la vapeur est admise dans les deux premiers volumes et s'échappe des deux autres au moyen de lumières près de la cloison EE ; on peut au besoin la détendre par une valve séparée. Le disque prend ainsi une sorte de mouvement de *nutation* et fait tourner la manivelle. L'angle HCF, de l'arbre et de la tige F, est la moitié de l'angle au sommet des cônes BB.

Soient :

θ, l'angle HCF :

. r, le rayon intérieur de la zone sphérique;

r', celui de la boule C.

Le volume décrit par le disque à chaque révolution est :

$$8,3776 \, (r^3 - r'^3) \sin \theta, \qquad (1)$$

égal au double du cylindre, et aussi au produit de la surface du disque $3,1416 \, (r^2 - r'^2)$, par la distance moyenne que parcourt l'ensemble de ses parties dans des directions perpendiculaires à leurs éléments pendant un tour, ou $\dfrac{8}{3} \dfrac{r^3 - r'^3}{r^2 - r'^2} \sin \theta$.

Le volume donné par la formule (1), correspond à celui que l'on trouve dans le calcul des machines à double effet en multipliant la surface du piston par le double de la course (*).

362. Pistons et garnitures. Les pistons ordinaires ont à très-

Fig. 148.

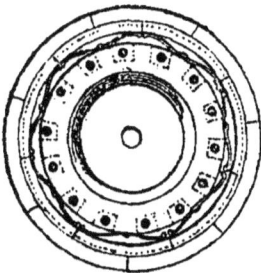

peu près la forme et les proportions de ceux des machines à pression d'eau décrits article 127; mais, au lieu d'une garniture de chanvre, ils ont toujours une garniture métallique en fonte ou en bronze. La *fig.* 148 représente une des dispositions de garnitures métalliques les plus compliquées. Les anneaux sont souvent au nombre de deux ou de trois, et formés chacun de deux cercles concentriques dont les segments sont à joints brisés et pressés vers l'extérieur par des ressorts. On emploie souvent des dispositions bien plus simples, spécialement celles où l'anneau d'une seule pièce et rompu au milieu, serre par sa propre élasticité, qui tend à le dilater parce qu'on le fabrique d'un diamètre à l'origine un peu plus grand que celui du cylindre. La fente au point de division est souvent remplie par une pièce mortaisée dans les bouts de l'anneau, et parfois par un coin pressé vers le cylindre par un ressort. Le piston de M. Ramsbottom, pour les locomotives, a sa surface cylindrique tournée de façon à lui laisser un jeu dans le cylindre : autour de cette surface, sont taillées trois

---

(*) Pour une analyse cinématique de nombreux types de machines rotatives et à disques, voir *Rouleaux cinématiques*. Paris, *Savy*, 1877.

rainures cylindriques de section carrée et parallèles, dans chacune desquelles on place une garniture simple formée d'une tige de laiton *carrée*, de 8^{mm} de côté environ. Chacun de ces anneaux fendu au milieu presse sur le cylindre en vertu de sa propre élasticité. Les fentes sont placées au bas, où le corps de piston touche le cylindre. Les variétés de garnitures métalliques sont très-nombreuses, mais ne diffèrent souvent que par des détails.

Le chanvre est souvent utilisé comme matière élastique derrière la garniture métallique, pour la maintenir pressée contre le cylindre.

On se sert aussi pour garniture dans les stuffing-box, d'anneaux métalliques ou de pièces de laiton en feuilles appuyées sur du chanvre.

363. Tiges de piston et fourreaux. Dans la plupart des machines, chaque piston n'a qu'une tige, ajustée dans un trou conique au centre du piston, et fixée par une clef ou un écrou : elle traverse un stuffing-box au centre du couvercle du cylindre.

Dans quelques machines marines, le piston a trois et même quatre tiges, traversant autant de stuffing-box. Cet arrangement constitue une des parties d'un système particulier de connexion du piston avec la manivelle.

Le *fourreau* est une tige de piston creuse permettant de réunir la bielle directement au piston, de façon à économiser de la place dans les machines marines. Son diamètre intérieur doit être assez grand pour laisser à la bielle son libre jeu.

Pour la résistance des tiges de piston (voir art. 71), en la calculant, il faut considérer la pression maxima de la vapeur. Le facteur de sûreté usuel est 6 ou 7 ; dans certains cas, il s'abaisse jusqu'à 5 ou monte jusqu'à 10.

(*) **364. Vitesse du piston.** On l'exprime en mètres par seconde. Dans les machines à double effet, on considère le chemin parcouru dans les deux courses ; dans une machine à simple effet, celui de la course avant seulement.

L'opinion prévalait autrefois que c'était un avantage de prendre pour la vitesse réelle du piston celle supposée en calculant la puissance nominale par la règle de l'article 336, et, bien qu'on ait démontré la fausseté de cette opinion, les vitesses ordinaires des pistons des machines fixes et des machines marines à roues y satisfont en général. Elles varient de 0^m,60 à 1^m,50. Mais, dans les machines à hélice et dans les locomotives, elles dépassent, avec avantage même, 4^m,50 par seconde. Les ingénieurs américains sont arrivés, avec leurs longues courses, à de grandes vitesses, même pour les machines à roues.

Le travail du piston, par unité de temps, étant le produit de la pression par sa vitesse, il s'ensuit qu'une grande vitesse de piston diminuera les efforts sur les pièces de machine, les coussinets, le bâti, et par suite le frottement, circonstances favorables à la légèreté, à l'économie de prix et de combustible.

La vitesse du piston étant proportionnelle à la longueur de la course et au nombre de tours, on peut l'augmenter de deux manières : par une grande longueur de course, ou par une grande vitesse de rotation. La grande course est préférable, à moins de circonstances spéciales, parce qu'une grande vitesse de rotation exige un renversement rapide du mouvement du piston et des masses qu'il entraîne et dont l'inertie produit des efforts qui neutralisent en partie les bénéfices provenant de la réduction de l'effort moyen sur la tige du piston.

La limite au delà de laquelle on ne peut plus augmenter avec avantage la vitesse du piston n'est pas encore connue. Il doit pourtant en exister une, à cause de l'accroissement de résistance au passage de la vapeur à travers les conduits avec sa vitesse d'écoulement (art. 290 et 340).

SECTION 4. *Condenseurs et pompes.*

(*) 365. **Condenseur de Watt.** C'est le plus généralement employé. Il consiste en un récipient assez fort pour supporter à l'extérieur la pression atmosphérique, et dans lequel la vapeur de l'échappement est condensée par une pluie d'eau froide.

Le volume des condenseurs, dans les machines de Watt, était $\frac{1}{8}$ de celui du cylindre ; aujourd'hui, il varie de $\frac{1}{4}$ à $\frac{1}{2}$, et même plus.

La section de la valve d'injection par laquelle l'eau froide arrive au condenseur est ordinairement fixée par l'une des règles suivantes :

15 centimètres carrés par mètre cube d'eau évaporée par heure à la chaudière

$$\frac{1}{250}$$ de la surface du piston.

Au chapitre III, section 5, de cette partie, on a donné des règles pour calculer le volume net d'eau d'injection nécessaire pour condenser la vapeur dans différentes espèces de machines pour chaque mètre cube décrit par le piston. La vitesse avec laquelle l'eau d'injection se précipite au condenseur, à la veine contractée, est d'environ 13^m,50 par seconde. Prenant 0,62 pour le coefficient de contraction, la vitesse d'écoulement, réduite à l'orifice d'écoulement lui-même, est de 8^m,37. La formule suivante donne par conséquent le rapport de l'orifice d'injection à la surface du piston nécessaire pour fournir la quantité d'eau *théorique*.

$$\frac{\textit{Section de l'orifice}}{\text{Surface du piston}} = \text{Eau injectée par mètre cube décrit par le piston}$$

$\times$ la vitesse du piston en mètre par seconde $\div$ 8^m,37.

En pratique, il convient que, pour parer aux circonstances, le robinet d'injection puisse débiter au besoin environ le *double* de cette quantité d'eau théorique ; donc il faut prendre 4^m,17 au lieu de 8^m,37 pour diviseur dans la formule précédente. On arrive ainsi à des résultats presque concordants avec ceux des règles pratiques précitées.

Dans les machines marines, il y a parfois un robinet d'injection conduisant de la cale du navire au condenseur, et qui ne s'ouvre que quand l'eau arrive en quantité trop grande pour les pompes de cale ordinaire. Dans ce cas, on ferme le robinet d'injection ordinaire.

366. **La pompe à eau froide** qui alimente la bâche à eau froide des condenseurs des machines fixes doit pouvoir fournir le double de la quantité d'eau d'injection calculée.

(*) 367. **La pompe à air** (*art.* 337, *division* XVI), quand elle est à simple effet, a un volume égal à $\frac{1}{5}$ ou $\frac{1}{6}$ de celui du cylindre ; quand elle est à double effet, on peut évidemment diminuer ce volume de moitié. Les soupapes par lesquelles elle tire du condenseur l'eau, la vapeur et l'air, sont appelées *clapets de pied ;* celles par lesquelles elle renvoie ces fluides dans la bâche chaude, *clapets de refoulement.* Les pompes à simple effet ont des clapets à caisse s'ouvrant de bas en haut dans le piston. On emploie comme soupapes des clapets de différentes formes, et aussi des disques plats en caoutchouc très-répandus aujourd'hui (art. 118). Le rapport de la section des ouvertures des clapets à la surface du piston de la pompe varie de $\frac{1}{3}$ à l'unité: il augmente avec la vitesse du piston, de façon que la vitesse des fluides n'y dépasse jamais 3 mètres à 3^m,60 par seconde.

L'eau, dans la bâche chaude, en excès sur la quantité nécessaire pour l'alimentation de la chaudière est déchargée, dans les machines marines — à la mer — et dans les machines fixes, si l'on a l'espace suffisant, dans un réservoir peu profond où elle se refroidit pour servir de nouveau à la condensation.

La *résistance de la pompe à air* est équivalente à une contre-pression de la vapeur sur le piston variant de 0^k,035 à 0^k,052 par centimètre carré dans les bonnes machines.

(') 368. **Les condenseurs à surface** ont l'avantage de conserver la pureté de l'eau en renvoyant à la chaudière toujours la même eau, sans mélange d'eau de condensation de l'extérieur (art. 321), et d'économiser le travail dépensé à pomper cette eau hors du condenseur ordinaire. La condensation par surfaces paraît avoir été employée à l'origine par Watt, puis abandonnée par lui en faveur de l'injection, à cause de difficultés pratiques. On a depuis essayé à différentes époques, et avec plus ou moins de succès, une grande variété de condenseurs à surface. Plusieurs steamers ont adopté celui de Samuel Hall.

Un condenseur à surfaces consiste généralement en un grand nombre de tubes verticaux de 13 millimètres environ de diamètre, unis à leurs extrémités par une paire de disques creux, deux séries de tubes rayonnants, ou tout autre dispositif convenable. Ces tubes sont enfermés dans une capacité où circule de l'eau froide en quantité suffisante. La vapeur d'échappement arrive dans les tubes par le haut, se condense en descendant, et tombe en eau au fond de l'appareil d'où elle est pompée à la chaudière par la pompe alimentaire.

Quand l'eau de condensation est rare ou impure, on peut trouver avantage à condenser la vapeur par le contact de l'extérieur des tubes avec de l'air froid. La principale difficulté est de produire une circulation de l'air assez rapide sur les tubes. Dans ce but, M. Craddock fait tourner tout l'appareil rapidement autour d'un axe vertical.

On a déjà donné à l'article 222 quelques résultats d'expériences sur l'efficacité des surfaces métalliques refroidissantes pour condenser

la vapeur. Le plus élevé de ces résultats, récemment obtenu par
M. Joule, est dû à ce qu'il enveloppa chaque tube de condensation
par un second tube, et fit circuler l'eau froide, dans l'espace annulaire ainsi produit, en sens contraire de la vapeur à condenser. A ces
données, on peut ajouter le résultat de plusieurs expériences récentes
sur des machines marines dans lesquelles, avec des tubes de condenseur en laiton de 13 millimètres de diamètre, il se condensait,
d'après les diagrammes de l'indicateur, environ 15 à 20 kilogrammes
de vapeur par mètre carré de surface de tube entourée d'eau, le vide
au condenseur étant $0^k,90$ par centimètre carré, et par suite la pression absolue de l'air et de la vapeur non condensée, de $0^k,10$ environ.

Dans les machines marines à condenseur à surfaces, la perte de
l'eau est compensée au moyen d'un appareil distillatoire.

SECTION 5. *Mécanisme de transmission.*

369. **Machine à balancier et à action directe**. Par *mécanisme de transmission*, on entend la série de pièces par lesquelles
le mouvement est transmis de la tige du piston à la pièce, arbre

Fig. 149.

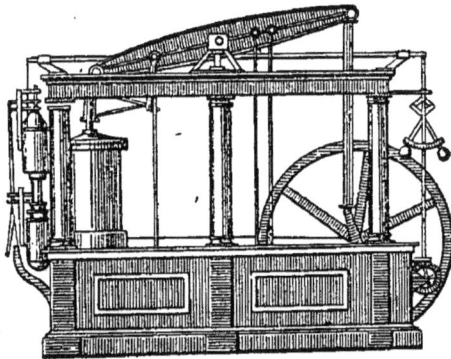

tournant ou tige réciproquante, par laquelle le travail utile est
accompli. Sous ce rapport, les machines à vapeur peuvent se diviser
en deux classes :

1° *Machines à balancier* (*fig.* 109). La tige du piston est attachée par
une bielle à un bout d'un balancier oscillant, dont l'autre extrémité
fait mouvoir par une bielle la manivelle ou la tige des pompes, suivant que la machine est ou non à rotation continue.

2° *Machines à action directe.* Dans ces machines, la tige des
pompes ou la manivelle, suivant les cas, est attachée à la tige du

piston, directement ou par l'intermédiaire d'une bielle seulement.

370. Forces agissant sur le balancier et le cylindre.
Dans une machine à balancier, les vitesses des deux extrémités du
balancier, à un instant donné, sont entre elles comme les longueurs
des deux bras du balancier. Les poussées et les tractions alternatives exercées par la tige du piston et par la bielle aux deux extrémités du balancier, étant en raison inverse de la vitesse de leurs
points d'application, sont en raison inverse des longueurs des bras
correspondants du balancier.

Les tourillons du balancier ont à porter, au repos, les poids du
balancier et des pièces qui y pendent, en marche, la somme pendant la course descendante, et pendant la course ascendante la
différence, de ce poids et des efforts exercés par la tige du piston et
la bielle.

Le cylindre est alternativement pressé et soulevé par une force
égale et opposée à la pression de la vapeur sur le piston. On doit
établir en conséquence sa fixation sur le bâti.

371. Effort sur la manivelle. Volant. La force exercée par
la bielle sur la manivelle peut se décomposer en deux composantes
rectangulaires comme à l'article 23 : une *force latérale* agissant suivant la manivelle vers son axe de rotation ou en sens contraire, ne
produisant que des pressions sur ses coussinets, et un *effort* perpendiculaire à la manivelle dans le sens de sa rotation, surmontant les
résistances et accomplissant le travail.

Pour trouver le rapport de cet effort à celui qu'exerce la vapeur
sur la tige du piston, il suffit de connaître à chaque instant le rapport des vitesses du bouton de manivelle et du piston, car les *efforts
sont en raison inverse des vitesses.*

On y arrive par les méthodes suivantes :

1er Cas. Machine à balancier. Soient C_1 l'axe du balancier, C_2 celui
de la manivelle, T_1 T_2 la bielle, T_2 étant
le bouton de la manivelle, v_1 la vitesse
de T_1 connue à tout instant par celle du
piston (art. 370), v_2 celle de T_2.

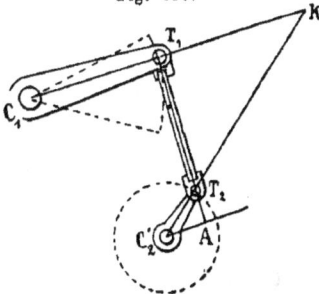

Fig. 150.

Prolongeant $C_1 T_1$, $C_2 T_2$ jusqu'à leur
rencontre en K, on aura

$$\frac{v_1}{v_2} = \frac{KT_1}{KT_2}. \qquad (1)$$

Si K est trop loin, un triangle de' côtés parallèles à $C_1 T_1$, $C_2 T_2$, $T_1 T_2$, donnera par le rapport de ses deux premiers côtés, celui des vitesses $\dfrac{v_1}{v_2}$. Ainsi $C_2 A$ parallèle à $C_1 T_1$, coupant $T_1 T_2$ en·A, donnera

$$\frac{v_1}{v_2} = \frac{C_2 A}{C_2 T_2}.\qquad (2)$$

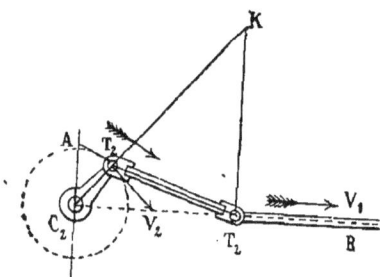

2e Cas. Machines à connexion directe (*fig.* 151). Soient C_2 l'axe de la manivelle $T_1 R$ la tige du piston, $C_2 T_2$ la manivelle, $T_1 T_2$ la bielle; tirons $T_1 K$ perpendiculaire de $T_1 R$ jusqu'à sa rencontre en K avec $C_2 T_2$ prolongé; K est l'axe instantané de la bielle et le reste de la solution est le même que dans le premier cas. Les formules (1) et (2) donnent le rapport des vitesses du piston et du bouton de manivelle qui est l'inverse de celui des efforts en ces deux points ou

Fig. 151

$$\frac{C_2 T_2}{C_2 A} = \frac{\text{effort sur le piston}}{\text{effort sur le bouton de manivelle}}.\qquad (3)$$

On obtient ainsi les données nécessaires pour déterminer les fluctuations périodiques de l'énergie exercée sur l'arbre moteur par les méthodes de l'article 52, et par suite, d'après l'article 53, le moment d'inertie nécessaire au volant pour limiter entre certains écarts ces variations alternatives dans un sens ou dans l'autre.

Les machines marines et locomotives n'ont pas besoin de volants, car, dans les premières, l'inertie des roues ou de l'hélice, et dans la seconde celle de la machine même, suffit à empêcher les variations excessives de vitesse.

372. **Points morts**. A chaque révolution la direction de la manivelle coïncide deux fois avec la ligne de connexion ou ligne joignant les centres des axes de la bielle. On dit alors que la manivelle est *aux points morts*, ces points coïncident avec la fin de la course du piston quand sa vitesse s'annule ainsi que son effort sur le bouton de manivelle. C'est pour diminuer l'irrégularité causée par l'existence de ces points, et spécialement pour faciliter la mise

en marche, qu'on associe les machines en groupes de deux ou trois cylindres (art. 338, 353). On diminue ainsi les fluctuations périodiques d'énergie décrites à l'article 52.

373. Guides pour la tige du piston. Ce sont des surfaces parfaitement dressées, planes ou cylindriques, mais mieux planes, sur lesquelles un bloc fixé à la tige du piston glisse en s'opposant à tout écart de la tige du piston de la ligne droite, sous l'influence des actions de la bielle dans ses positions inclinées. La précision avec laquelle on peut dresser aujourd'hui les surfaces planes polies a beaucoup répandu l'usage de ces guides.

374. Mouvements parallèles. Ce sont des combinaisons de tiges accouplées de façon à guider exactement ou à peu près en ligne droite la tige du piston, afin d'éviter le frottement qu'entraine l'emploi des guides. On sait que le premier mouvement parallèle est une invention de Watt. On en décrira quatre variétés.

1° *Mouvement parallèle exact de Scott Russell, fig.* 152. Les lettres sont les mêmes pour les parties identiques du mécanisme ; on indique leurs différentes positions par des numéros. Le levier CT tourne autour du centre fixe C, entraînant avec lui la tige PTQ, dans laquelle $PT = TQ = CT$, et dont le point Q glisse maintenu sur la droite CQ. Le point P se meut sur la droite $P_1 C P_3 \perp CQ$. Un mécanisme sem-

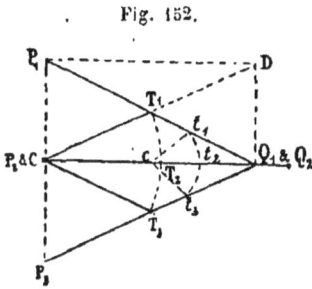
Fig. 152.

blable existe de chaque côté de la tête du piston fixée dans un croisillon aux points P.

2° *Mouvement parallèle approché dérivant du précédent.* On l'obtient en guidant le levier PQ entièrement au moyen de leviers oscillants sans glissières. Pour trouver la longueur et la position de l'axe d'un de ces leviers *ct*, on prend un point quelconque *t* sur PQ, puis on trace sur l'épure les positions extrêmes t_1, t_2, t_3 de ce point, correspondantes aux positions extrêmes et moyenne de PQ. L'axe de *ct* sera sur le centre du cercle passant par ces trois points, et si PQ est guidé par deux leviers ainsi établis, les positions extrêmes et moyenne de P seront sur une droite dont ses autres positions s'écarteront très-peu.

3° *Mouvement parallèle approché de Watt.* Sur la *fig.* 153, *ct* indique une paire de leviers réunis par une bielle T*t*, *ct* oscillant autour des axes C, *c* entre les positions 1 et 3. Les positions moyennes des leviers CT_2, ct_2 sont parallèles, ils font trouver sur Tt un point P tel que ses positions moyenne et extrêmes p_2, p_1, P_3 soient perpendicu-

Fig. 153.

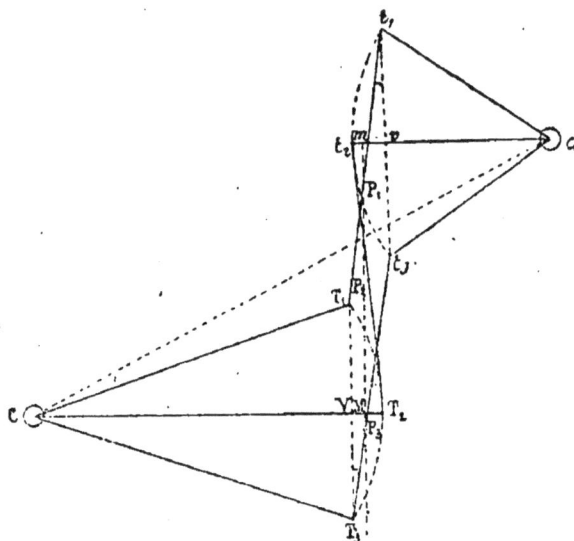

laires à CT_2, ct_2 et que la trajectoire du point P, entre ces limites, s'écarte le moins possible de cette droite.

Les axes Cc doivent être placés de telle façon que les milieux M et m des sinus verses VT_2, vt_2 des arcs dont les cordes égales $T_1T_3 = t_1t_3$ représentent la course, soient sur la ligne Mm de cette course.

On trouve les positions du point P_1 au moyen des proportions

$$T t : PT : P t :: CM + Cm : cm : CM. \qquad (1)$$

Les positions du point P_1, intermédiaires entre la moyenne et les extrêmes, sont suffisamment en ligne droite pour la pratique. Quand on se donne les axes Cc, la longueur de la course $P_1P_2P_3 = S$, et la distance perpendiculaire Mm entre les positions moyennes des deux leviers, les équations suivantes servent à calculer les longueurs de ces leviers et des bielles.

Sinus verses, $\qquad TV = \dfrac{S^2}{8CM}; \quad tv = \dfrac{S^2}{8cm};$

Leviers $\qquad\quad CT = CM + \dfrac{TV}{2}; \quad ct = cm + \dfrac{tv}{2};$ $\Bigg\}$ (2)

Bielle, $\qquad\quad Tt = \sqrt{\left[Mm^2 + \dfrac{(TV + tv)^2}{4} \right]}.$

4° *Modification du mouvement parallèle de Watt.* Il dérive du précédent en plaçant le point guidé P dans le prolongement de la bielle T*t* au delà de ses articulations, au lieu d'entre elles, comme sur la *fig.* 154. Dans ce cas, les centres des deux leviers sont du même côté de la bielle au lieu d'être de part et d'autre, le levier le plus court étant le plus éloigné du point guidé P. Les équations (1) et (2) sont modifiées comme il suit :

$$\text{T}t : \text{PT} : \text{P}t :: \text{CM} - cm : cm : \text{CM}. \tag{3}$$

Sinus verses, $\text{TV} = \dfrac{\text{S}^2}{8\text{CM}}; \quad tv = \dfrac{\text{S}^2}{8cm};$

Leviers, $\text{CT} = \text{CM} + \dfrac{\text{TV}}{2}; \quad ct = cm + \dfrac{tv}{2};$ $\left.\begin{array}{c}\\ \\ \\ \\ \\ \\ \end{array}\right\}$ (4)

Bielle, $\text{T}t = \sqrt{\left[\overline{\text{M}m}^2 + \dfrac{(tv - \text{TV})^2}{4}\right]}.$

Ce parallélogramme se rencontre dans quelques machines marines, dans une position inverse de celle de la figure, le point P étant le plus haut et *t* le plus bas de la bielle.

Lorsqu'on applique le parallélogramme de Watt (3°) aux machines

Fig. 154.   Fig. 155.

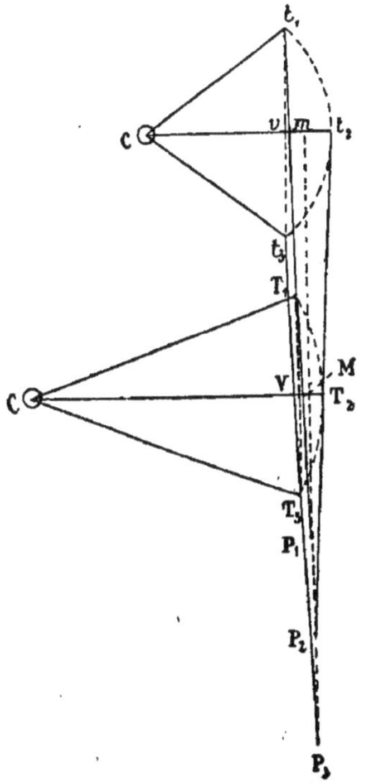

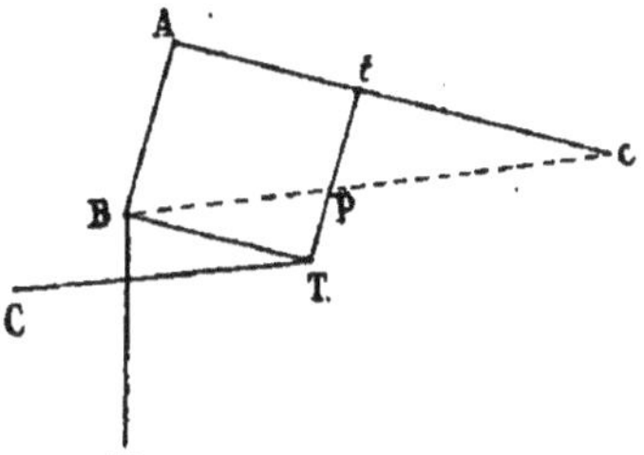

à balancier, on préfère guider directement par le point P la tige de la pompe à air, et non pas celle du piston. La tête du piston est liée à ce point par un *parallélogramme* de barres indiquées sur la *fig.* 155. *c* est l'axe du balancier *c*A, CT un levier appelé le *rayon* ou *la bride*, T*t*, la *tige d'arrière*. CT, *ct* et T*t* forment la combinaison déjà décrite (3°), *fig.* 153, et le point P devient sensiblement une droite. La longueur totale du bras du balancier *c*A est fixée par la proportion

$$\frac{Pt}{Tt} = \frac{Ct}{CA} \tag{6}$$

c'est-à-dire que tA est à très-peu près une troisième proportionnelle entre CT et ct. Menons AB $\parallel$ Tt coupé par cPB, l'équation (6) donnera AB $=$ Tt. AB est la bielle principale, B la tête du piston, BT $=$ et $\parallel$ tA est la barre parallèle réunissant les bielles principales et d'arrière, P se meut sensiblement en ligne droite, $\dfrac{c\text{B}}{c\text{P}}$ est un rapport constant; donc B se meut sur une droite parallèle à la trajectoire de P. (Pour des méthodes de construction graphique des mouvements parallèles, voir Rankine, *On Machinery*, p. 274 à 280; *On Shipbuilding*, p. 284 et 285; *Rules and Tables*, p. 236.)

375. **Machines à balanciers latéraux.** Cette variété de ma-

Fig. 156.

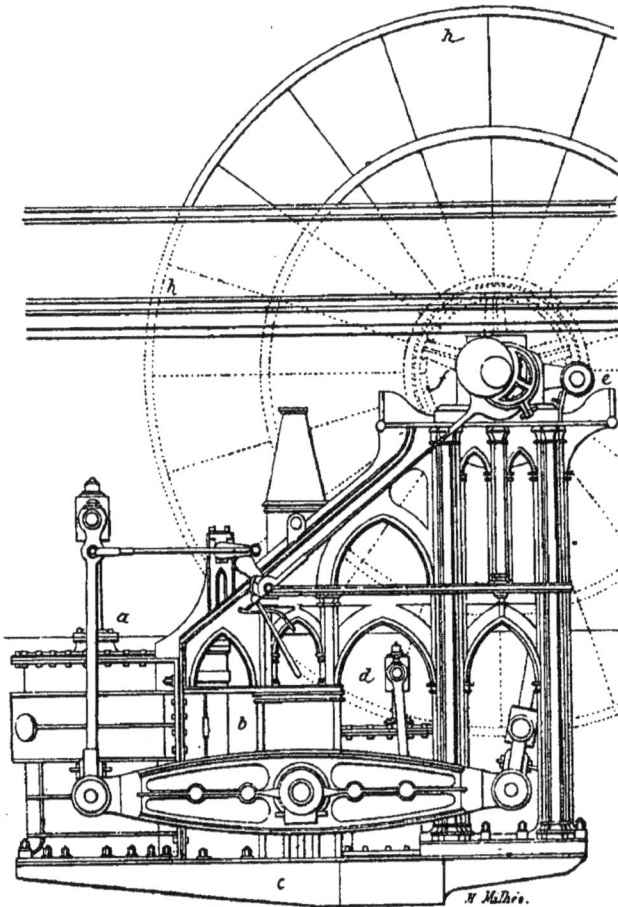

chines à balanciers est très-usitée à bord des navires à roues. Les *fig.* 156 et 157 représentent la disposition générale d'une paire de ces machines conduisant des manivelles à angle droit. La *fig.* 156 est une élévation longitudinale à bâbord et la *fig.* 157 une vue à

Fig. 157.

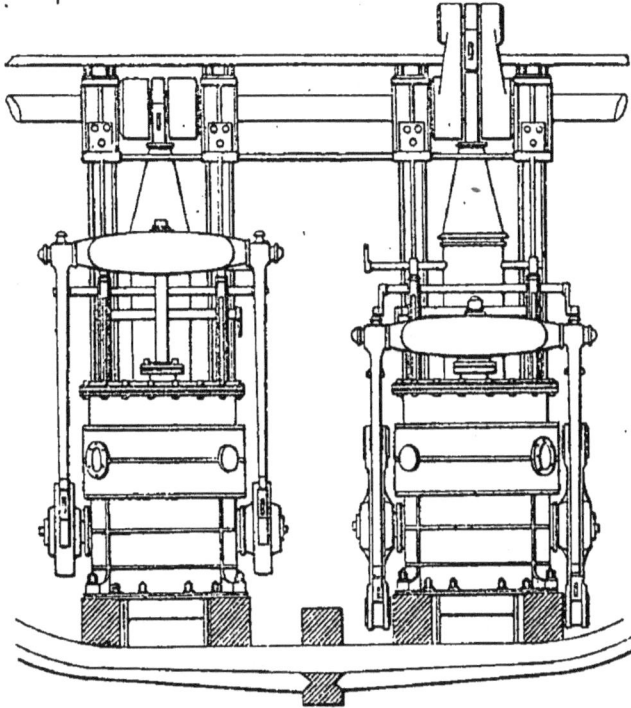

l'avant des deux cylindres. Chaque machine est munie d'une paire de *balanciers latéraux* au-dessous de l'arbre et des couvercles du cylindre; ils sont fixés aux extémités opposées d'un arbre qui leur sert de tourillons. La tige du piston porte un *croisillon* en forme de T, d'où pendent deux *bielles latérales* réunies aux balanciers. Les extrémités de ces bielles sont réunies à une *traverse* fixée au bout de la bielle et qui lui donne l'aspect de la lettre ᒷ renversée. Sur la *fig.* 156, *a* est le cylindre, *b* un des balanciers, *c* une des plaques d'appui portant la machine et son bâti, *d* la tige de la pompe à air avec sa traverse et ses bielles latérales, *e* la manivelle, *hh* une roue à aubes, *f* un excentrique avec contre-poids.

376. Les variétés des machines marines à action directe sont si nombreuses qu'il faudrait un traité spécial pour les décrire. Les buts qu'on y poursuit sont, pour les navires à roues,

·une longue course, malgré la hauteur limitée, et, dans les navires à hélice, la compacité et la simplicité, spécialement pour les navires de guerre où toute la machine doit être placée sous la ligne d'eau. Quelques-unes de ces machines ont été suffisamment décrites en parlant des cylindres, articles 353, 354, 355, 358. La *fig.* 158 est

Fig. 158.

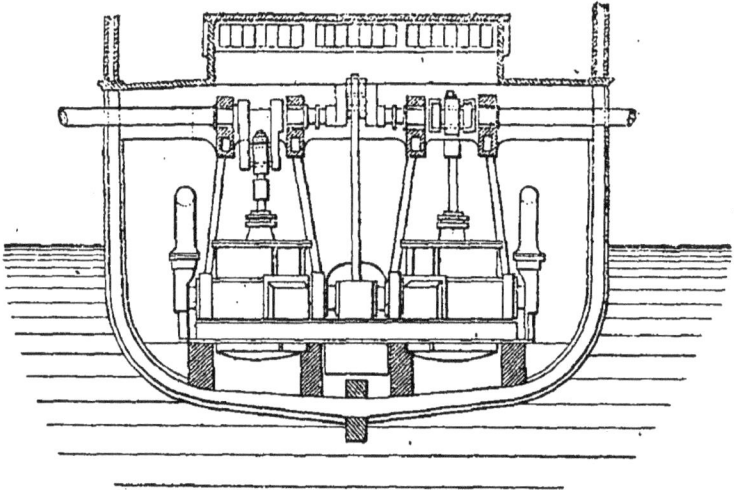

une coupe transversale et la *fig.* 159 une vue de côté d'une paire de machines oscillantes semblables à celles mentionnées art. 358. La pompe à air est mue par une manivelle au milieu de l'arbre.. Les *fig.* 160 et 161 représentent une paire de machines à clocher dans laquelle, de chaque cylindre, il sort une paire de longues tiges de piston de chaque côté de l'arbre et de ses coudes; ces tiges portent une traverse d'où pendent les bielles. Sur la *fig.* 161, on voit la pompe à air mue par un levier et des bielles. Les *fig.* 162 et 163 représentent une paire de machines à deux cylindres de M. Maudsley, dans laquelle il y a quatre cylindres, deux par machine. La *fig.* 163 représente les deux cylindres semblables et égaux d'une des machines disposés côte à côte; leurs pis-

Fig. 159.

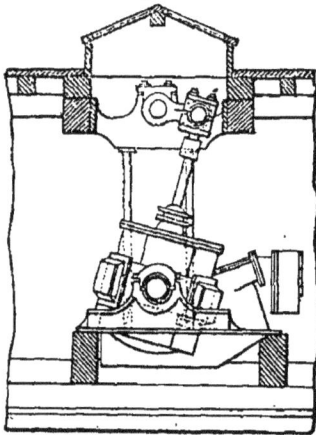

35

tons se meuvent ensemble; ils agissent en tout comme deux parties d'un même cylindre. Leurs deux tiges de piston sont fixées au
croisillon d'une paire de pièces en forme de T, dont le bas est
guidé par des glissières verticales entre les cylindres et fait mouvoir la bielle. La pompe à air est mue par un levier et des bielles.

Fig. 160.

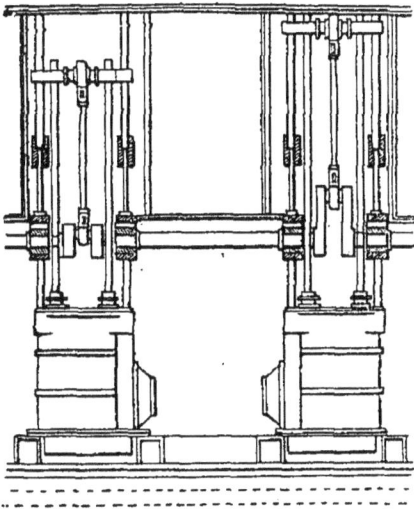

Fig. 161.

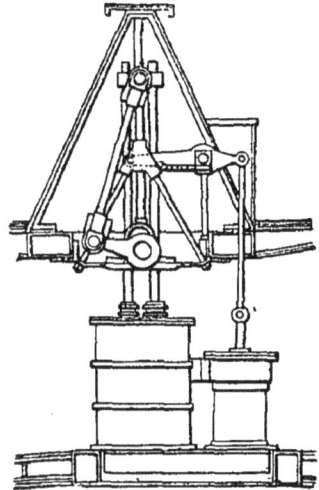

Fig. 162.

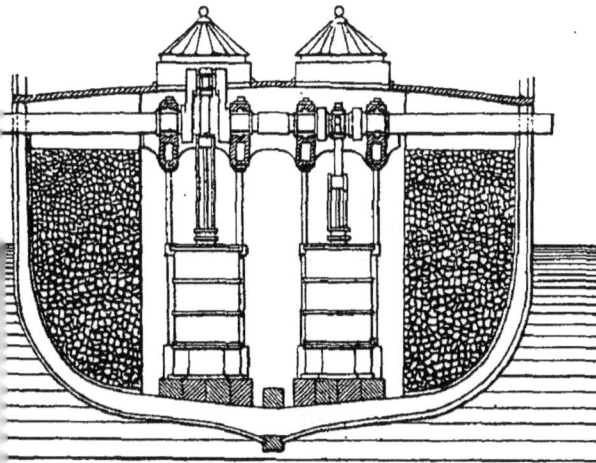

Fig. 163.

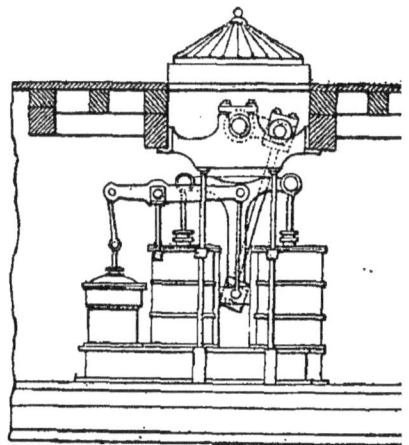

377. Accouplement des arbres de machines marines.
Dans les machines à roues l'arbre est formé de trois pièces à supports indépendants. La pièce du milieu, appelée *l'arbre intermé-*

diaire ou *moteur*, est en rapport permanent avec la tige du piston, par bielle et manivelle. Les pièces latérales ou *arbres des roues* portent à leurs extrémités des manivelles qui peuvent à volonté se détacher d'avec les boutons des manivelles de l'arbre moteur. Les détails de ces dispositions sont très-variés.

Dans les machines à hélices, on peut embrayer au moyen de dispositifs variés les *arbres de la machine* et *de l'hélice*.

378. Solidité du mécanisme et du bâti. Les principes dont dépend la solidité du mécanisme ont été exposés dans la section 8 de l'introduction; on a en outre montré leur application aux principales pièces qui se présentent dans les machines à vapeur, telles que tiges de piston, bielles, croisillons, tourillons, manivelles, axes, coins, clefs, etc.

Il faut avoir soin, dans ces calculs, de considérer toutes les variations que les actions entre les pièces du mécanisme subissent en grandeur ou en direction, et de tenir compte des conditions où ces forces agissent le plus défavorablement. Il faut avoir soin aussi de considérer non-seulement les efforts et les résistances seules, mais les forces totales directes ou latérales appliquées aux pièces (art. 8 et 23). Par exemple, ce n'est pas seulement l'effort dans le sens de son mouvement, mais la poussée ou la traction totale exercée le long de la bielle qu'il faut considérer en déterminant la résistance à donner à la manivelle.

Le bâti qui supporte les pièces mobiles exerce sur elles la résistance nécessaire pour les empêcher d'être délogées de leurs guides et doit être assez fort pour supporter avec sécurité tous efforts et les réactions mutuelles de ces pièces.

Par exemple, dans une machine à balancier, les principales pièces du bâti sont la base et les colonnes qui supportent et retiennent alternativement le balancier; à un bout de la base, on fixe le cylindre avec des boulons pouvant résister à une traction verticale égale au plus grand effort sur le piston; à l'autre extrémité s'attache avec la même solidité le palier de l'arbre. Les supports ou tourillons doivent pouvoir résister aux efforts qui les sollicitent d'après l'article 370. La base elle-même doit avoir une résistance transversale capable de détruire avec sécurité la tendance à la briser des forces qui agissent à ses extrémités en produisant un *moment de flexion* (art. 75 et 78) à chaque instant égal et contraire à celui du balancier.

Les mêmes principes s'appliquent à la machine à balanciers latéraux, sauf que les colonnes y portent les paliers de l'arbre.

Dans une machine à action directe, les principales pièces du bâti
sont les piliers ou tiges maintenant les positions relatives de l'arbre
et du cylindre; elles sont alternativement tirées et comprimées.

379. **Équilibre du mécanisme.** Les pièces mobiles d'une
machine doivent être, autant que possible, équilibrées, c'est-à-dire
que tout axe d'une pièce tournante ou oscillante doit, autant que
possible, traverser le centre de gravité commun des pièces qui supportent ses coussinets, et être un axe permanent des pièces qui
tournent avec lui. Les raisons de cette disposition, et les principes
qui permettent d'y arriver, sont exposés aux articles 2 et 22. Elles
sont d'une importance spéciale pour l'arbre des manivelles.

Le poids et le couple centrifuge d'une masse tournant autour
d'un axe, comme une manivelle ou un excentrique, peuvent facilement s'équilibrer par un contre-poids tournant aussi avec l'arbre.
Dans le cas d'une masse qui ne suit qu'en partie le mouvement de l'arbre, comme un piston, on ne peut pas en équilibrer
le poids et l'inertie exactement dans toutes les positions de la machine, on peut se rapprocher le plus possible de cet état parfait, au
jugement de l'ingénieur.

On a montré, à l'article 347, comment, dans les machines verticales, on équilibre à peu près le poids du piston par un règlement
convenable de la pression dans le cylindre. Dans ce cas, il vaut
probablement mieux, afin d'éviter les variations horizontales, équilibrer par la pression de la vapeur seule le poids du piston et de la
moitié de la bielle; celui de l'autre moitié et la manivelle étant équilibré par des contre-poids sur l'arbre. Dans la machine à cylindre
horizontal, il vaut mieux traiter le poids total du piston de sa tige
et de la bielle comme concentré au bouton de manivelle et tournant
avec lui, et déterminer, en conséquence, les contre-poids à fixer sur
l'arbre. C'est cette méthode, ou à peu près, que MM. Bourne and C°
appliquent avec succès à leurs machines horizontales à hélice à un
seul cylindre.

SECTION 6. *Exemples de machines d'épuisement et de machines marines.*

380. Machines de Cornouailles. Les *fig.* 164 et 165 représentent une machine à balancier à simple effet non rotative, connue sous le nom de *machines de Cornouailles*, employée pour l'épuisement des mines et les distributions d'eau dans les villes.

Fig. 164.

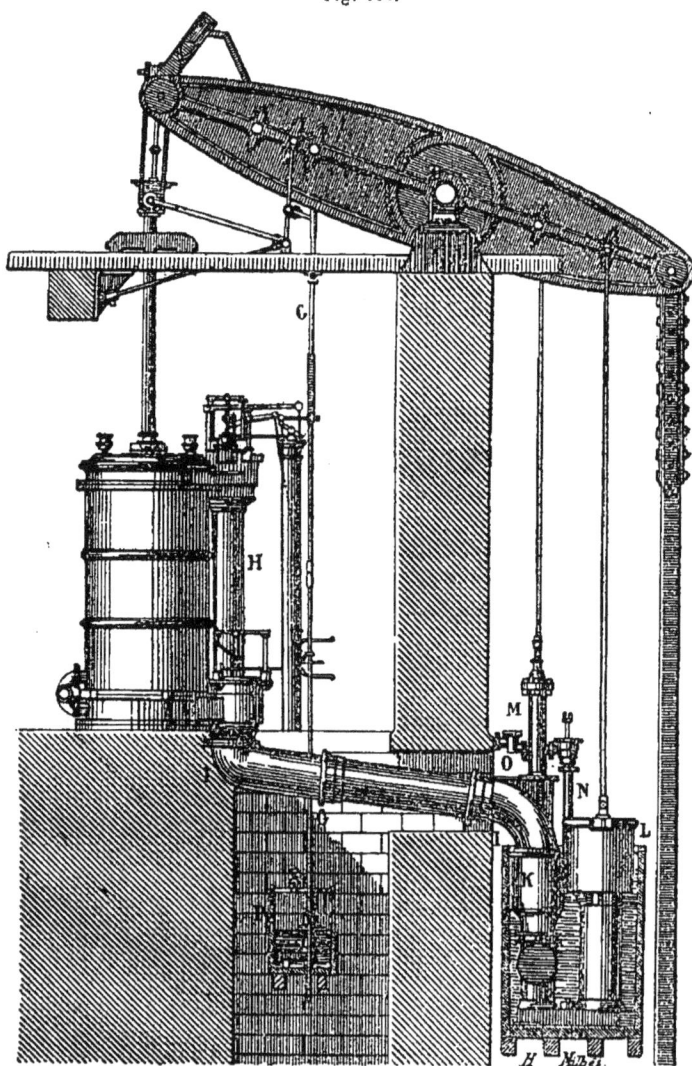

La *fig*. 164 est une élévation générale, la *fig*. 165 un plan à une échelle double. Pour la disposition générale de la distribution, voir articles 342 et 343.

Fig. 165.

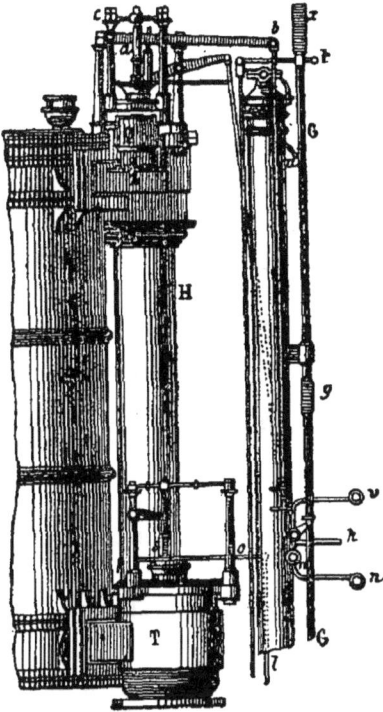

G tige à taquets;

H tuyau d'équilibre qui réunit le haut et le bas des cylindres quand la soupape d'équilibre est ouverte;

I tuyau d'échappement;

K condenseur;

L pompe à air;

M pompe ailmentaire;

P *cataracte* (art. 343);

Q soupape d'étranglement; *a*, sa tige; *bc*, son levier; *dd*, tige et manivelle pour régler son ouverture;

Z passage par lequel elle communique avec la boîte à vapeur R;

S soupape d'échappement;

e pompe de la cataracte; sa tige est mue par l'arbre oscillant *ff* qui porte un levier *g*, abaissé par G, quand le piston de la machine est à fond de course, de façon à soulever le piston de la pompe aussitôt que la tige G commence son ascension et abandonne le levier *g*, l'arbre *ff* est ramené à sa position primitive par un poids *i*, plus ou moins vite suivant le réglage de la cataracte.

Fig. 166.

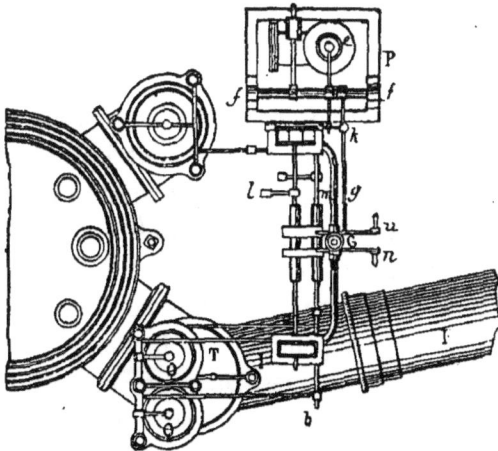

Pendant ce tempe la tige G arrivée au bas de sa course a fermé la soupape d'échappement au moyen du taquet *y*, et ouvert la soupape d'équilibre; le piston a remonté, et la tige G, au haut de sa course, a fermé la soupape d'équilibre, de sorte que la machine est prête à fournir une nouvelle course aussitôt que les soupapes d'échappement et d'équilibre seront ouvertes.

Le poids i continue à faire descendre le piston de la cataracte en soulevant le levier g. Ce levier porte une petite tige verticale cachée derrière la tige G, et qui porte un taquet qui soulève à la fin le levier k. De ce levier k, se projette un embrayage que saisit une dent sur l'arbre m, et l'empêche de tourner sous l'action du levier à poids l, fixé sur cet arbre. Quand le levier k se soulève, cet arbre est mis en liberté, l descend; la manivelle n monte, pousse vers la droite la tige op qui, par le coude pqr, ouvre la soupape d'échappement s.

La tige verticale qui appuie sur g continue à monter, soulève le levier t, un peu au-dessus de k, et lâche un poids dont la chute ouvre la soupape d'admission. La vapeur commence alors la course descendante.

A un point de cette course fixé par la position du taquet x sur G, la manivelle u est pressée de façon à fermer l'admission; le reste de la course s'opère par détente.

A la fin de la course descendante, le cycle d'opérations recommence.

L'ascension du piston, pendant que la soupape d'équilibre est fermée, a lieu par un faible excès du poids des tiges de pompes sur la charge qu'elles refoulent. L'énergie exercée sur le piston pendant sa descente est emmagasinée par la montée des tiges, ainsi qu'on l'a expliqué article 32. Les cylindres des machines de Cornouailles sont à chemises de vapeur au haut, au bas et tout autour, et enveloppés de feutre et de bois.

Dans les machines à *action directe* non rotatives, la course supérieure est la course effective; la vapeur admise sous le piston s'y détend, passe par la soupape d'équilibre du bas au haut du cylindre, et s'échappe ensuite au condenseur. La disposition du mécanisme ressemble à celle de la machine à colonne d'eau, article 132, sauf qu'en général, la tige du piston traverse un stuffing-box au haut du cylindre, et porte un croisillon d'où pendent des bielles articulées au bas du croisillon de la tige des pompes. Dans une autre disposition, une paire de cylindres semblables et égaux, placés côte à côte, attaquent les extrémités d'un même croisillon du milieu duquel pend la tige des pompes.

381. Machines d'épuisement à double effet. Elles sont aujourd'hui très-répandues. Le piston des pompes à double effet est directement lié à celui de la machine. Ces machines sont rotatives et munies d'un volant pour régulariser leur marche. Le cylindre et a pompe sont souvent horizontaux.

382. Exemple d'une machine marine à hélice du type renversé. Les *fig.* 167 et 168 représentent la paire de machines

Fig. 167.

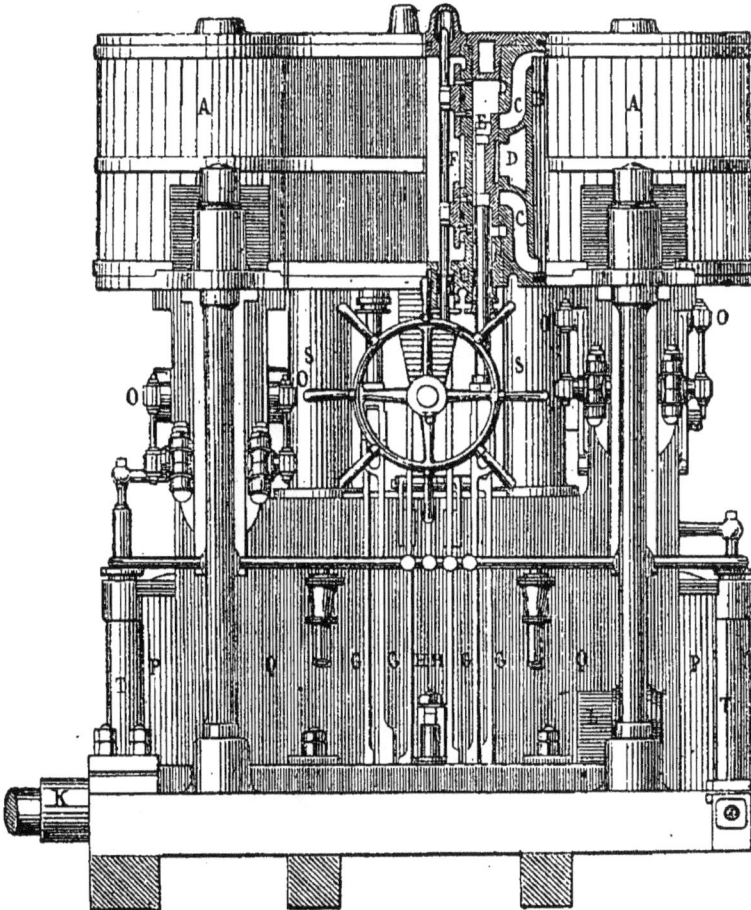

de l'*Indian Queen*, par M. Neilson et C°. On a choisi ces machines parce qu'elles sont un exemple d'une disposition excellente et très-efficace pour navires marchands à hélice, et qu'elles ne présentent en même temps rien d'anormal dans leur arrangement. La *fig.* 167 est une élévation à l'avant et une coupe verticale d'une partie du

cylindre d'avant et de la boîte du tiroir. La *fig.* 168 est une élévation latérale en regardant vers l'avant du navire. L'échelle est de $\frac{1}{36}$.

Chaque cylindre a un tiroir ordinaire mû par une coulisse (art. 348),
et un tiroir de détente à grille, mû par un excentrique séparé
(art. 350). Les cylindres sont à chemises de vapeur, enveloppées de
bois et de feutre.

Fig. 168.

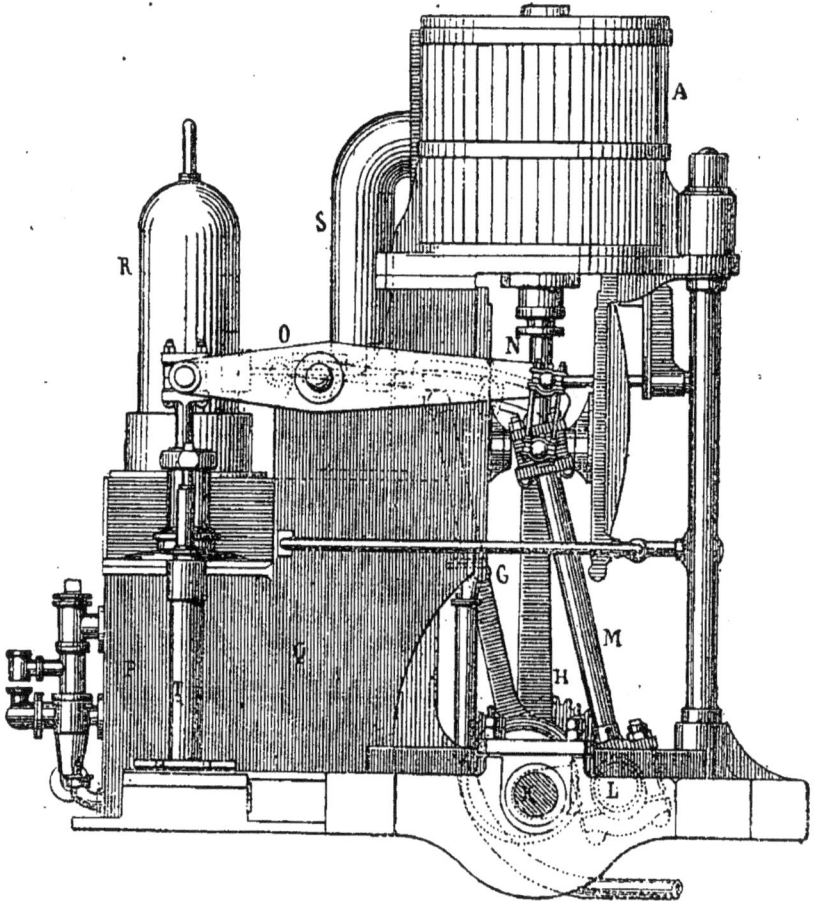

A, A cylindres; B partie du piston de la machine d'avant; C, C
lumières des cylindres; D échappement; E tiroir ordinaire; F
tiroir de détente à grille.

G, G, G, G tiges des excentriques des deux coulisses pour les
tiroirs ordinaires. On ne voit qu'une de ces tiges sur la *fig.* 168.
H, H tiges des tiroirs de détente; K l'arbre.

L, *fig.* 167, manivelle d'avant.

L, *fig.* 168, manivelle d'arrière.

M, *fig.* 168, bielle d'arrière.

N, *fig.* 168, tige de piston d'arrière.

Sur la *fig.* 167, le piston et les tiges sont cachés par les colonnes du bâti et les guides. O leviers mus par des bielles attachées aux têtes de piston et faisant mouvoir les pompes; P, P pompes à air; Q condensateur; R bâche à eau chaude surmontée d'un réservoir d'air.

S, S tuyaux d'échappement des cylindres.

T, T pompes alimentaires, mues par des bielles attachées aux traverses des pistons des pompes à air.

U roue pour tourner la vis qui déplace la coulisse quand la machine est au repos ou quand on la renverse, les tiges d'excentriques restant immobiles latéralement.

Cette paire de machines, faisant 75 tours par minute avec une détente de 5, développe 320 chevaux indiqués et brûle 1ᵏ,35 par cheval indiqué et par heure; les rendements de la vapeur, du foyer et de la chaudière, ainsi que la détente, sont presque les mêmes que dans les machines citées article 289, exemple I.

Section 7. *Machines locomotives.*

383. Renvois aux précédents articles. Les dispositions générales que la locomotive partage avec les autres machines à vapeur, ainsi que les particularités qui la distinguent, ont été souvent mentionnées dans les précédents articles de cet ouvrage et notamment aux suivants :

Article 229. Arrivée de l'aire au foyer.

— 230. Distribution de l'air. Appareils fumivores.

— 232. Vitesse de combustion.

— 234. Spécialement les exemples 4, 5, 6, 7, 8. Rendement du foyer. Puissance d'évaporation du combustible.

— 280. Contre-pression.

— 286. Enveloppe des cylindres.

— 289ᴀ. Condensation à haute pression.

— 290. Résistance du régulateur.

— 303, 304, 305. Foyer et chaudière.

— 306. Grille et cendrier.

Article 308. Hauteur du foyer.
—   312. Entretoises de la boîte à feu.
—   315. Volume de la chaudière.
—   317. Soupapes de sûreté.
—   341. Papillon.
—   347. Détente par coulisse.

384. Adhérence des roues. La puissance de traction d'une locomotive est limitée, non-seulement par les dimensions du cylindre et des roues motrices et la pression effective de la vapeur, mais ausi par l'*adhérence* des roues motrices sur les rails, c'est-à-dire par le frottement de glissement entre leurs surfaces. Si la résistance de la charge à remorquer dépasse ce frottement, les roues tournent sans avancer.

L'adhésion est égale au produit du poids de la machine qui est supporté par les roues motrices par un coefficient de frottement qui dépend de l'état des surfaces des roues et des rails. Il varie de 0,15 à 0,2 pour des roues et des rails à surfaces nettes et sèches. Il s'abaisse jusqu'à 0,07 ou 0,05 pour des surfaces humides et glissantes ou à l'état graisseux. On peut prendre, pour sa valeur moyenne, environ 0,1.

La proportion du poids de la machine porté par ses roues motrices dépend du nombre et de la disposition des roues, du nombre des roues motrices, et de la répartition de la charge. Le nombre des paires de roues varie de deux à cinq; ordinairement trois. Une seule paire de ces roues, plusieurs, et quelquefois toutes, sont mues par la machine. Le poids que portent les roues motrices varie du $\frac{1}{3}$ à la totalité du poids de la machine; $\frac{1}{2}$ est la proportion probablement la plus répandue pour les machines à six roues, dont une seule paire, celle du milieu, est motrice, disposition la plus commune pour les expresses; $\frac{2}{3}$ dans les machines à six et à huit roues, dont deux paires motrices accouplées, type de marchandises. Les machines à roues toutes couplées ne servent qu'à des trains lourds et lents. Leur poids total est adhérent.

Les locomotives pèsent de 5 à 40 tonnes dans les cas extrêmes; ordinairement de 20 à 25 tonnes. Quand l'eau et la houille sont portées par un tender, le poids de la machine même est seul disponible pour l'adhérence, à moins que, comme on l'a fait pour des pentes très-rapides, les essieux du tender ne soient accouplés à ceux de la machine par des chaînes sans fin et des poulies. Les machines-tender portent elles-mêmes leurs provisions d'eau et de charbon, le charbon sur la plate-forme derrière le foyer, et l'eau dans un réservoir au-dessus du corps de la chaudière. L'adhérence y diminue avec la consommation du combustible et de l'eau. Elle est maxima au point de départ.

(*) 385. **Résistance des machines et des trains**. La principale autorité sur la résistance des machines et des trains est encore aujourd'hui celle de la série des expériences de M. Gooch sur la voie large (g. w. Rg). Les formules empiriques suivantes représentent avec assez d'exactitude les résultats de ces expériences.

Soient E le poids de la machine et du tender en tonnes;

T, celui du train en tonnes;

V, la vitesse en kilomètres à l'heure;

i, l'inclinaison de la voie en fractions, les rampes considérées comme positives, les pentes comme négatives.

Résistance du train en kilog.

$$= [2{,}72 + 0{,}085\,(\mathrm{V} - 16) \pm 1000\,i]\,\mathrm{T}. \tag{1}$$

Résistance de la machine et du tender en kilog.

$$= [5{,}45 + 0{,}17\,(\mathrm{V} - 26) \pm 1000\,i]\,\mathrm{E}. \tag{2}$$

Résistance totale en kilog.

$$= 2{,}72 + 0{,}085\,(\mathrm{V} - 26)\,(\mathrm{T} + 2\mathrm{E}) \pm 1000\,i\,(\mathrm{T} + \mathrm{E}). \tag{3}$$

A des vitesses moindres que 16 kilom. à l'heure, il faut omettre le terme en V — 16. La résistance est sensiblement constante au-dessous de cette vitesse.

M. Clark préfère à ces formules les suivantes, où la résistance est considérée comme formée d'une partie constante et d'une partie croissant avec le carré de la vitesse, comme il suit :

Résistance en kilog. par tonne de la machine et du train; voie et véhicules en bonne condition, temps calme

$$2^{k}{,}72 + \frac{\mathrm{V}^2}{620} \pm 1000\,i, \tag{4}$$

Voie et véhicules en mauvais état, vent latéral,

$$4^k,08 + \frac{V^2}{620} \pm 1000\,i. \tag{5}$$

La résistance en courbe surpasse celle en alignement droit, d'après des expériences de différents auteurs, de

$$\frac{0^k,45 \text{ à } 1 \text{ kilog. par tonne}}{\text{rayon de la courbe en kilom.}} \tag{6}$$

Pour tenir compte de la résistance du mécanisme de la machine, M. Clark ajoute $\frac{1}{3}$ de la résistance calculée comme ci-dessus.

La pression moyenne effective de la vapeur sur le piston nécessaire pour vaincre une résistance totale donnée de machine et de train, est donnée par la formule suivante, où A est la surface totale des deux pistons, et $p_m - p_s$ la pression moyenne effective

$$A(p_m - p_s) = \frac{\text{Résistance totale} \times \text{circonférence de la roue motrice}}{2 \times \text{longueur de course du piston}}$$

$$= R \times 1,5708 \frac{D}{l}.$$

Contre-vapeur. On dit que la vapeur agit à contre-vapeur quand, la machine étant lancée en avant, la distribution est renversée marche arrière, de façon à mettre les cylindres en communication avec l'échappement pendant la course avant, et avec la chaudière pendant la course arrière; ils agissent alors comme des pompes, forçant la vapeur dans la chaudière contre sa pression. La vapeur agit comme un frein d'arrêt ou de ralentissement sur les pentes.

Auparavant, les cylindres à contre-vapeur aspiraient l'air de la boîte à fumée et le refoulaient dans la chaudière; la température et la poussière de ce gaz y causaient de graves avaries. Pour y remédier, M. le Châtelier fit arriver à chaque course dans le tuyau d'échappement une quantité d'eau et de vapeur de la chaudière suffisante pour former un faible échappement dans la cheminée et empêcher ainsi aux cylindres l'entrée de l'air et de la poussière. L'eau et la vapeur arrivent de la chaudière au tuyau d'échappement par des tubes de 13 à 15 millimètres de diamètre, munis des robinets et valves nécessaires aux réglages du débit. L'eau, pendant la marche avant du piston, se détend en vapeur à la pression atmosphérique, remplissant le cylindre et s'échappant en partie par la chaudière; pendant la course arrière, cette vapeur est comprimée jusqu'à la pression de la chaudière et y est renvoyée. (Voir le *mémoire sur la marche à contre-vapeur des machines locomotives*, par M. le Châtelier. Paris, 1869.)

386. **L'équilibre des machines locomotives** contre les forces et les couples centrifuges est de la plus grande importance pour prévenir les oscillations dangereuses. Le principe d'après lequel on y arrive est de concevoir la masse des pistons, de leurs tiges, des bielles et d'un poids de même moment statique que la manivelle, concentrées aux boutons de manivelles, et de placer entre les bras des roues motrices, des contre-poids disposés en grandeur et en positions, d'après les principes des articles 21 et 22.

Ces principes conduisent aux formules suivantes :

DONNÉES.

W, poids total supposé concentré à un bouton de manivelle;

c, longueur de la manivelle mesurée de l'axe de la roue à l'axe du bouton;

a, distance du centre du bouton au milieu de l'axe, mesurée suivant l'axe;

b, distance du centre d'une roue au milieu de l'axe;

r, rayon vecteur de chaque contre-poids ou distance de son centre de gravité à l'axe.

INCONNUES.

i, angle de ce rayon vecteur avec un plan traversant l'axe en bissectant l'angle des deux manivelles et dans un sens opposé à leurs deux directions. Les manivelles étant à angle droit font un angle de 135° avec ce plan.

w, contre-poids.

RÉSULTATS.

$$i = \text{arc tg} \frac{a}{b}, \qquad (1)$$

$$w = W \frac{c}{r} \sqrt{\frac{a^2 + b^2}{2b^2}} = \frac{\sqrt{2}\,Wc}{2r\cos i}. \qquad (2)$$

En pratique, ces formules servent à donner une première approximation pour la valeur et la position du contre-poids dont la détermination finale se fait par l'expérience. La machine étant suspendue par des chaînes aux quatre coins du bâti, on la met en mouvement ; un crayon attaché à un coin du bâti trace sur un papier la courbe des oscillations, généralement un ovale. On ajuste les contre-poids de façon à réduire son orbite le plus possible. Avec une disposition convenable, cet orbite ne dépasse pas 2 millimètres (*).

387. L'injection de vapeur dans la cheminée a pour effet de proportionner le tirage, et par suite la consommation du combustible, au travail accompli par la machine, suivant sa charge et sa vitesse. C'est peut-être, sous ce rapport, la plus importante des caractéristiques de la locomotive. Son effet sur la contre-pression dans le cylindre a déjà été examiné à l'article 280.

L'effet de l'injection sur le tirage dépend du diamètre et de la position du souffleur, du diamètre de la cheminée, et des dimensions de la boîte à feu des tubes et du foyer. M. D. K. Clark a étudié l'influence de ces circonstances, d'après ses propres expériences et celles dè MM. Ramsbottom, Polonceau et autres : il a montré que le vide dans la boîte à fumée est environ 0,7 de la pression d'échappement ; que le vide dans le foyer est environ $\frac{1}{3}$ à $\frac{1}{2}$ de celui de la boîte à fumée ; que l'évaporation est proportionnelle à la racine carrée du vide dans la boîte à fumée ; que les meilleures proportions de la cheminée et de ses annexes sont celles qui produisent un tirage donné avec le plus grand diamètre des souffleurs, car la contre-pression produite par la résistance de cet orifice est d'autant plus faible qu'il est plus grand ; que ces mêmes proportions restent les meilleures, quelles que soient la détente et la vitesse ; enfin, que ces proportions sont à peu près les suivantes :

Section des tubes avec viroles, $\frac{1}{5}$ de la grille.

Id.   de la cheminée. $\frac{1}{16}$ id.

Id.   du tuyau du souffleur (qui doit déboucher un peu au-dessous de la gorge ou de la cheminée), $\left.\begin{array}{c} \\ \\ \\ \\ \end{array}\right\} \frac{1}{66}$ id.

(*) Pour une étude complète et très-claire de cette question, voir Couche, *Voie et Matériel roulant,* tome II. Paris, Dunod.

Volume de la boîte à fumée $= 0^c,9 \times$ surface de grille en mètres carrés.

Longueur de la cheminée $= 4$ fois son diamètre.

La section du souffleur doit diminuer avec celle des tubes ; ainsi :

pour une section de tubes avec viroles $= \dfrac{1}{10}$ grille ;

la section du tuyau souffleur , $. = \dfrac{1}{90}$ id.

388. Exemples de machines locomotives. Les exemples ci-dessous proviennent de deux locomotives construites par MM. Neilson and C° ; on les a choisies, comme les machines à hélice de l'article 382, parce qu'elles sont d'excellents spécimens de cette classe de machines, et ne présentent rien d'inusité dans leurs proportions et leur arrangement.

La *fig.* 169 est une élévation, d'après une photographie, d'une

Fig. 169.

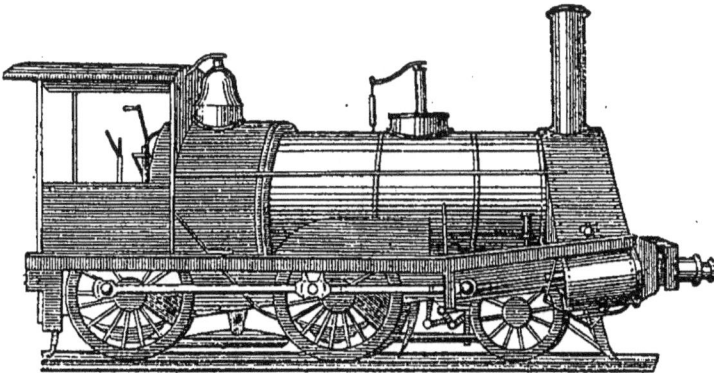

machine à deux paires de roues couplées ; son échelle est au $\dfrac{1}{96}$ environ.

La *fig.* 170 est une coupe longitudinale d'une machine de la même classe, mais avec des roues motrices un peu plus grandes ; elle est destinée à une ligne moins accidentée et à plus grandes vitesses.

L'échelle est au $\dfrac{1}{48}$. On a omis les détails de la distribution.

La *fig.* 171 montre à gauche une section par la moitié de la boîte à feu et à droite une demi-coupe par sa boîte à fumée.

La *fig.* 172 est une élévation de la distribution d'un cylindre, avec le couvercle de la boîte à tiroir enlevé pour montrer le tiroir et ses lumières.

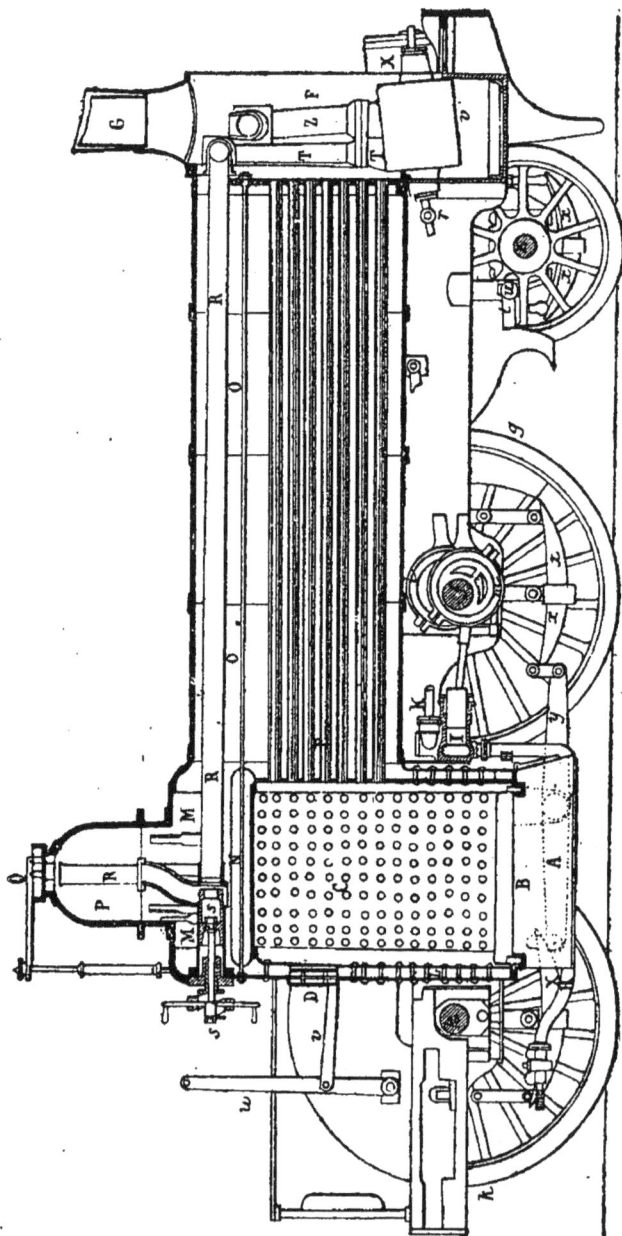

Fig. 170.

La *fig.* 173 est un plan de la distribution d'un cylindre et un^e coupe longitudinale du cylindre et de sa boîte à tiroir.

L'échelle des *fig.* 171, 172 et 173 est $\frac{1}{24}$.

A cendrier; B grille; C boîte à feu. Sur la *fig.* 170, les têtes des entretoises sont irrégulièrement disposées, elles doivent l'être en rangées horizontales et verticales. D porte du foyer.

E tubes allant du foyer à la boîte à fumée; G extrémité inférieure de la cheminée.

I une des deux pompes alimentaires mues par une bielle des excentriques; H tuyau d'alimentation du tender; K tuyau de refoulement à la chaudière.

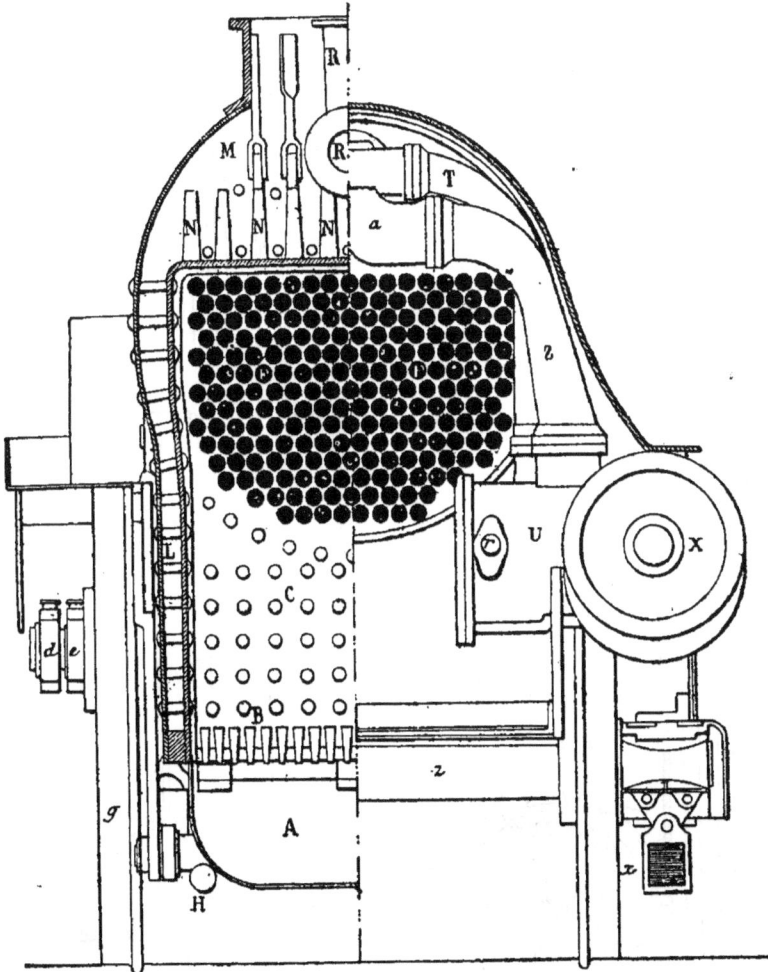

Fig. 171.

L muraille d'eau autour du foyer; M espace d'eau et de vapeur au-dessus.

N poutres longitudinales étayant le ciel du foyer comme on l'a expliqué article 312. Le ciel est, en outre, supporté par des tirants pendus aux parois du dôme.

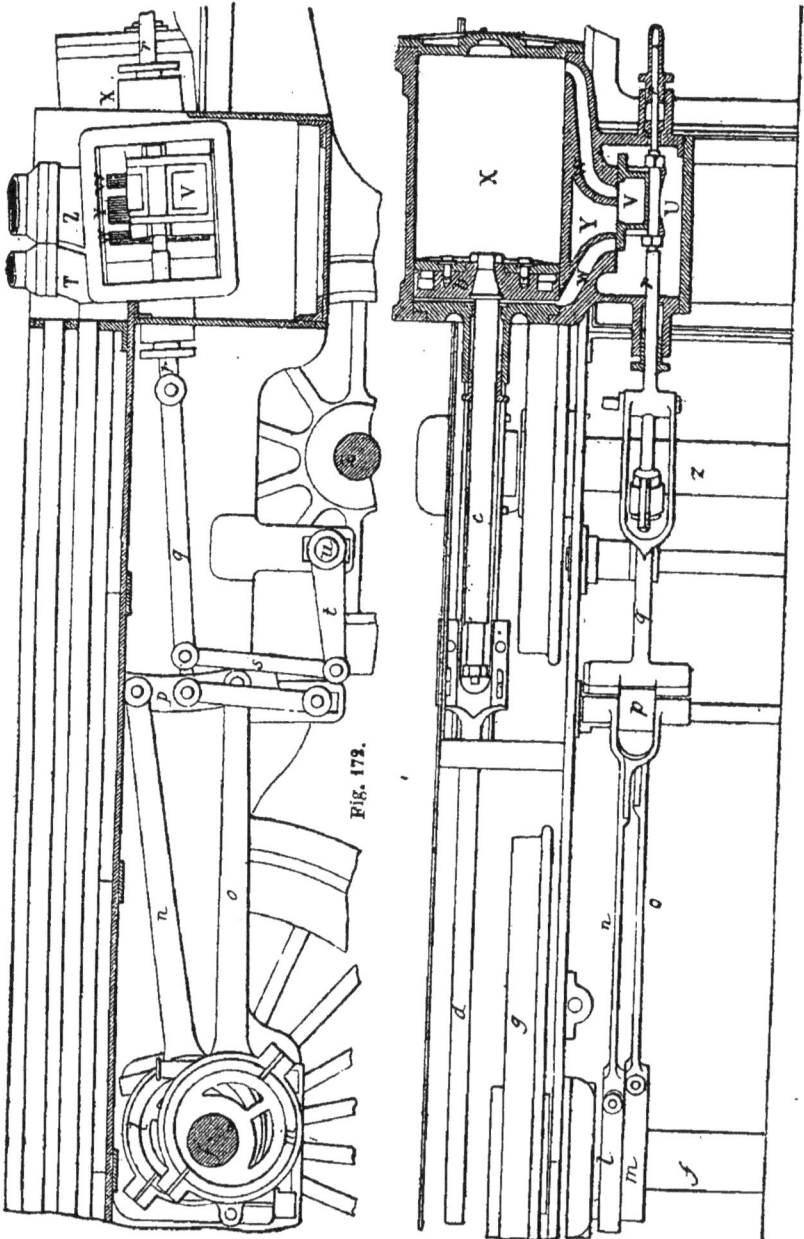

Fig. 172.

Fig. 173.

O espace au-dessus des tubes dans la chaudière; P, dôme de vapeur au sommet de la boîte à feu au-dessus du foyer. Dans la machine représentée, la boîte à feu est d'un diamètre plus grand que le corps cylindrique; dans beaucoup de machines (celles de Kitson et Cⁱᵉ notamment) elle est du même rayon.

Q une des soupapes de sûreté. L'autre soupape, omise sur la *fig.* 170, est visible sur la *fig.* 169 au milieu du corps cylindrique.

R, R, R tuyau de vapeur l'amenant du dôme le long du haut du corps cylindrique.

S, S régulateur, soupape conique manœuvrée par une vis; T branchement du tuyau de vapeur; U boîte du tiroir; V tiroir; W, W lumières du cylindre; X cylindre; Y échappement; Z tuyau d'échappement. Les deux tuyaux d'échappement se réunissent au souffleur *a*.

b piston; *c* tige de piston; *d* bielle attaquant une manivelle de l'arbre d'avant *f*; *e* bielle d'accouplement réunissant les manivelles des arbres d'avant *f* et d'arrière *h*; *g* roue motrice d'avant; *k* roue motrice d'arrière.

l excentrique de marche avant; *m* excentrique de marche arrière (cylindre de gauche); *o* tige de l'excentrique d'arrière; *n* tige de l'excentrique d'avant. Ces tiges sont jointes aux deux bouts de la coulisse *p*, supportée au centre par une bielle presque verticale oscillant autour d'un axe fixe; *r* tige du tiroir; *q* bielle transmettant à *r* le mouvement du coulisseau de la bielle *p*. Le rayon de l'arc central de la coulisse est la bielle *q*. Le coulisseau et la tige *q* sont déplacés de façon à renverser ou à varier la distribution (art. 348) au moyen de la bielle *s* et du levier *t*. Une paire de ces leviers, agissant sur les deux distributions à la fois, se projette sur l'arbre *u*. A l'extrémité gauche de cet arbre est un levier vertical réuni par une longue tige *v* (vue en partie *fig.* 170), à la manivelle de renversement *w*, au moyen de laquelle le mécanicien contrôle la distribution.

Sur la figure, le renversement se fait par un simple levier, mais, sur beaucoup de machines on agit sur la tige *v* au moyen d'une vis, ce qui est plus sûr et plus facile.

x, *x*, *x* ressorts; *y* balancier pour répartir la charge également entre les deux paires de roues motrices, malgré les irrégularités des rails; *r* roue et axe porteurs.

389. Locomotives routières. Inventées par sir James Anderson, M. Scott Russell et autres. Longtemps oubliées, elles ont reparu sous forme de *traction engines*. Ces machines sont adaptées à la traction de voitures lourdement chargées, à des faibles vitesses de 6 à 8 kilomètres à l'heure. Pour assurer aux roues motrices une adhérence suffisante sans danger pour les routes, on leur donne une jante très-large, jusqu'à 0^m,30, garnie parfois de semelles transversales ou obliques. La locomotive de M. R. W. Thompson a ses roues garnies de bandages en caoutchouc de 0^m,30 environ de large sur 0^m,13 d'épaisseur; elle fonctionne bien sur toutes les routes dures ou molles, unies ou rudes. (Voir *The Engineer*, 4 septembre 1868, page 191.)

390. **Machine à vapeur à réaction**. On la trouve décrit sous une forme primitive dans les *Pneumatiques* de Héron d'Alexandrie. Elle a été depuis perfectionnée et employée en petit par M. Ruthven. Son principe et son mode d'action sont analogues à ceux de la roue à réaction (art. 171 et 176).

391. **La machine à vapeur à ailettes**, inventée par M. William Gorman, est analogue, en principe et par son mode d'action, à la turbine centripète (art. 171, 173 et 174). Une machine de cette espèce a marché à Glasgow City Saw Mills, avec un rendement égal, dit-on, à celui d'une machine ordinaire sans condensation.

QUATRIÈME PARTIE.

MACHINES ÉLECTRO-MAGNÉTIQUES.

---

392. Remarques préliminaires. Bien que les principes du développement de l'énergie mécanique de l'action chimique par l'intermédiaire des forces électriques et magnétiques eussent pu former le sujet d'un volumineux traité très-intéressant au point de vue scientifique, l'expérience que l'on possède aujourd'hui du travail réel des machines électro-magnétiques n'est pas encore suffisante pour fournir les données nécessaires pour qu'un tel traité ait une valeur pratique. On ne présentera donc dans cet ouvrage qu'un bref aperçu de ces principes, mis en lumière par la description de trois espèces de machines, dont deux choisies à cause de leur simplicité et de leur efficacité probable, bien qu'elles n'aient servi que comme appareils de physique, et la troisième, parce qu'elle a fonctionné quelques années en pratique.

Les données expérimentales auxquelles on va se reporter, sont dues en majorité aux recherches des Drs Joule et Andrews. La théorie du sujet a été exposée pour la première fois exactement par les professeurs Helmoltz et William Thompson, dans des mémoires publiés respectivement aux *Annales de Poggendorf,* dans les *Philosophical Transactions* et au *Philosophical Magazine*, spécialement dans le *Philosophical Magazine* de décembre 1851. La substance de la théorie qui va suivre est en grande partie extraite d'un mémoire de l'auteur « sur la loi générale de transformation de l'énergie. » (*Phil. Mag.*, 1853.)

393. Énergie actuelle et potentielle. L'*énergie* a été définie à l'article 25; on y a expliqué la distinction entre l'énergie actuelle et l'énergie potentielle, en tant qu'il s'agit d'énergie mécanique ou

d'énergie de mouvement et de forces tendant à produire le mouvement (art. 25 et 31). On a, de plus, expliqué aux articles 196, 235,
236, comment la chaleur est une forme de l'énergie. Pour comprendre l'application de certaines lois générales se rapportant à
l'énergie, à l'électricité et au magnétisme, il faut étendre comme il
suit les définitions de l'énergie actuelle et potentielle, de façon à les
généraliser complétement.

Une faculté d'accomplir un travail s'appelle *énergie actuelle*, quand
elle consiste en un état d'activité sensible du corps; ainsi, le mouvement, la chaleur, l'électricité en courants; et *énergie potentielle*,
quand elle consiste en une tendance d'une certaine grandeur à produire un changement d'une certaine grandeur; ainsi l'énergie potentielle mécanique (poids ou pression pouvant agir à travers un
certain |espace) l'affinité chimique, la tension électrique ou magné-
tique.

La *loi générale de transformation de l'énergie* a déjà été établie à
l'article 244. Les principes qui vont suivre en sont des applications
à l'énergie actuelle de l'électricité de courant et à l'énergie potentielle de la tension magnéto-électrique.

394. L'énergie de l'action chimique est la source de la
puissance des machines électro-magnétiques comme des machines
thermiques. L'affinité chimique, ou la tendance de deux corps à se
combiner chimiquement, est une sorte d'énergie potentielle qui,
lorsque les corps se combinent, se transforme en énergie actuelle,
sous forme de chaleur, de courant électrique ou de tous les deux
à la fois. On a donné aux articles 223, 224 des exemples de l'énergie
développée sous forme de chaleur par la combinaison de différentes
substances avec l'oxygène dans le phénomène de la « combustion ».
Ces quantités d'énergie peuvent s'exprimer en kilogrammètres, en
les multipliant par l'équivalent mécanique d'une calorie.

Il est parfois difficile, sinon impossible, d'obtenir toute l'énergie
produite dans une combinaison chimique d'un seul coup sous forme
de chaleur. Dans ce cas, elle se présente d'abord sous forme de
courant électrique que l'on réduit ensuite en chaleur.

Les données suivantes sont d'une importance capitale dans la
théorie des machines électro-magnétiques :

1° Énergie produite par la dissolution d'un kilogramme de zinc
dans une batterie de Daniell; le liquide des piles étant une dissolution de sulfate de cuivre.

Chaleur produite par la combinaison du zinc avec l'oxygène et l'acide sulfurique, et la dissolution du composé dans l'eau. . . . . 1 669 calories.

A déduire :

Chaleur employée à séparer le cuivre à l'état solide de la solution aqueuse du sulfate de cuivre. . . . . 881 —

788 calories.

$788 \times 425 = 334\,900$ kilogrammètres par kilogramme de zinc.

C'est moins que *le dixième* de l'énergie développée par la combustion d'un kilogramme de carbone.

2° Énergie développée par la dissolution d'un kilogramme de zinc dans une batterie de Smee, le liquides des piles étant de l'acide sulfurique étendu.

Chaleur produite par lacombinaison du zinc avec l'oxygène et l'acide sulfurique, et la dissolution du composé dans l'eau. . . . . 1 669 calories.

A déduire :

Chaleur employée à séparer l'hydrogène de l'acide sulfurique étendu. . 1 169 —

500 calories.

$500 \times 425 = 212\,500$ kilogrammètres par kilogramme de zinc.

C'est environ le $\dfrac{1}{16}$ de l'énergie développée par la combustion d'un kilogramme de carbone.

395. **Prix de revient comparatif du travail des machines électro-magnétiques et des machines thermiques.** Il est certain que le *rendement* des machines électro-magnétiques se rapproche beaucoup plus de la perfection ou de *l'unité*, mais on ne peut pas encore aujourd'hui l'estimer exactement. On peut considérer comme favorable à ces machines un rendement maximum égal à *quatre fois* celui des meilleures machines thermiques connues. Partant de là, on déduit des calculs précédents l'estimation suivante pour le *travail accompli par kilogramme de zinc consumé :*

1° Avec une dissolution de sulfate de cuivre, $\dfrac{4}{10}$ du travail par kilogramme de carbone brûlé dans une machine thermique ;

2° Avec une dissolution d'acide sulfurique étendu, $\dfrac{4}{16} = \dfrac{1}{4}$ du travail par kilogramme de carbone brûlé dans une machine thermique.

Donc, avant que les machines électro-magnétiques soient aussi économiques que les machines thermiques, quant au prix du travail, il faut que leur dépense par kilogramme de zinc consumé tombe aux $\frac{4}{10}$ ou au $\frac{1}{4}$ de la dépense des machines thermiques par kilogramme de carbone ou de houille équivalente.

Le prix actuel du zinc en feuilles est de 50 à 60 fois celui du carbone (septembre 1859).

De ces faits et de ces calculs, il est évident que les machines électro-magnétiques ne seront jamais d'un usage général que dans les cas où la puissance nécessaire est assez petite pour que le prix soit négligeable et où la position du moteur est telle qu'il soit très-désirable de pouvoir se passer de foyer (*).

396. **Un circuit électro-chimique** consiste en une batterie dont les deux extrémités sont réunies par un conducteur; cette disposition peut se représenter symboliquement comme il suit :

$$\text{C L Z \quad C L Z \quad C L Z \quad C L Z}$$

Chaque batterie est représentée par le symbole CLZ ; Z étant la plaque de zinc à dissoudre. L, le liquide dissolvant qui renferme le corps à combiner au zinc; C, une lame de cuivre, d'argent ou de tout autre métal ayant moins d'affinité que le zinc pour le dissolvant, et qui n'agit que comme conducteur. L'accolade ⌣ représente le fil qui réunit les deux extrémités de la batterie. L'action chimique du dissolvant sur le zinc place tout le circuit dans un état particulier défini en disant qu'il y *circule un courant d'électricité positive* dans chaque pile de Z à C par L, et dans le conducteur ⌣ de C à Z ; non pas que l'existence du fluide ou des fluides électriques ait été démontrée, mais parce que l'usage des termes qui s'appliquent ordinairement aux mouvements des fluides est très-commode dans la description des phénomènes électriques. Les extrémités du con-

---

(*) Sauf aussi le cas où, la pile ne servant que d'amorce, on aurait à transmettre à de grandes distances la puissance d'un moteur naturel agissant sur une machine dynamo-électrique à induction accumulée. Wilde, Ladd, Siemens, etc.

ducteur où il joint la batterie s'appellent *électrodes;* l'électrode positive est en C, la négative en Z.

La force d'un courant électrique est une quantité proportionnelle au poids d'une substance-type qu'il peut décomposer dans l'unité de temps. Elle s'exprime en unités de telle nature qu'un courant de l'unité de force décompose

$1^{milligr},30$ d'eau par seconde,
$4^{gr},68$ — par heure.

La force du courant produit par une batterie est proportionnelle au poids de zinc dissous par unité de temps dans une seule pile. La production d'un courant de l'unité de force exige dans chaque pile la consommation de

ou

$4^{milligr},68$ de zinc par seconde,
$16^{gr},85$ — par heure.

Soit γ la force d'un courant;
z le nombre de kilogrammes de zinc consumé par heure;

$$\gamma = \frac{z}{0^{k},016\,85}. \qquad (1)$$

La force *électromotrice* d'une batterie est une quantité qui, multipliée par la force du courant, donne pour produit l'énergie mise en jeu par la batterie dans un temps donné, une heure par exemple. Elle est proportionnelle au nombre des piles.

Soient donc M, la force électromotrice d'une pile; n, le nombre des piles; E, l'énergie développée par kilogramme de zinc consumé (art. 394). Alors,

$$Mn\gamma = Enz; \qquad (2)$$

de sorte que,

M $= 0^{k},016\,85$, E $=$ pour une batterie de Daniel $5\,640$ kilogrrmmètres.
$=$ pour une batterie de Smee $3\,580$ kilogrammètres.

Pour ces valeurs de M, il faut se rappeler que l'unité de force est *le kilogramme* et l'unité de temps *l'heure.* Dans les mémoires du professeur Thompson, l'unité de force est $\frac{1}{32}$ de grain $= 2$ milligrammes, et l'unité de temps la seconde.

La chaleur produite par un courant donné dans un même circuit est proportionnelle au carré de la force du courant; elle est représentée par

$$R\gamma^2. \tag{4}$$

R est une quantité appelée la *résistance* du circuit; c'est la chaleur développée dans l'unité de temps par le courant d'unité de force.

La résistance d'un circuit est la somme des résistances de ses différentes parties comprenant les lames et les liquides des piles, ainsi que le conducteur qui complète le circuit. Les résistances des conducteurs de même substance sont proportionnelles à leurs longueurs et en raison inverse de leurs sections, ou proportionnelles aux carrés de leurs longueurs et en raison inverse de leurs poids. Soient l, la longueur en mètres d'un conducteur liquide ou solide; w son poids en kilogrammes. On a

$$R = \Sigma \rho \frac{l^2}{w}, \tag{5}$$

ρ étant un coefficient dépendant de la matière du conducteur et appelé la *résistance spécifique* de cette matière. Le professeur Thompson a donné des valeurs de ρ dans lesquelles l'unité de force est 2 milligrammes, l'unité de masse celle de $0^{gr},0648$, et l'unité de temps la seconde : pour réduire ces valeurs à des unités de 1 kilogramme et d'une heure, il faut les multiplier par

$$\frac{3\,600}{2\,000 \times 15432^2} = 0,000\,000\,000\,476.$$

Les exemples suivants de cette réduction s'appliquent à une temrature de 10°.

Fil de cuivre. . . . $\rho = 53$ à $37,$
Mercure. . . . . . $\rho = 3015.$

Quand le circuit ne produit aucune décomposition chimique en dehors des piles, aucune induction magnétique, aucun travail externe, mécanique ou autre, toute l'énergie chimique développée dans les piles se transforme en chaleur dans les différentes portions du circuit. Ce fait s'exprime par les équations suivantes :

$$Enz = Mn\gamma = R\gamma^2, \tag{6}$$

dont une des conséquences est la suivante :

$$\gamma = \frac{Mn}{R},\qquad (7)$$

ou que *la force du courant est directement proportionnelle à la force électromotrice et en raison inverse de la résistance du circuit.* C'est la célèbre *loi d'Ohm.*

L'équation suivante fait connaître la rapidité de l'action chimique dans un courant donné

$$nz = \frac{Mn\gamma'}{E} = \frac{M^2n^2}{ER}.\qquad (8)$$

397. Rendement des machines électro-magnétiques. Les équations 1, 2, 3, 4 et 5 de l'article 396 sont applicables à tous les circuits électro-chimiques, quels qu'ils soient. Les équations 6, 7 et 8 ne s'appliquent qu'à une batterie dans laquelle toute l'énergie est dépensée à produire de la chaleur dans la matière du circuit.

Un courant électrique peut faire mouvoir des mécanismes contre une résistance et accomplir ainsi du travail de trois manières :

1° Par l'attraction et la répulsion mutuelle des courants et des portions de courants. Des courants de même sens s'attirent, des courants de sens contraires se repoussent. On n'a employé cette méthode que pour des appareils de physique ;

2° Par les attractions et répulsions entre les courants et les aimants permanents. Un aimant placé avec son pôle sud vers le spectateur, attire les courants dirigés suivant une révolution à droite autour de son axe, et repoussant ceux qui tournent à gauche ;

3° Par attractions et répulsions entre des aimants permanents et temporaires. Un conducteur enroulé autour d'un barreau de fer doux et traversé par un courant magnétise ce barreau dans le sens qui lui fait attirer le courant, d'après le principe du § 2. Quand le courant cesse, le magnétisme cesse. Quand la direction du courant est renversée, celle du magnétisme l'est aussi. Les pôles opposés des aimants s'attirent, les pôles de même nom se repoussent, de sorte que, en renversant périodiquement le magnétisme temporaire d'une barre de fer doux, on peut lui faire prendre un mouvement de va-et-vient vis-à-vis d'un aimant permanent ;

4° Par les attractions mutuelles d'aimants temporaires.

Le rendement de la machine est dans tous les cas soumis à deux principes généraux :

1° *L'accomplissement d'un travail externe par un circuit électrique produit une résistance opposée à la force électromotrice et dont la grandeur est égale au quotient du travail externe accompli pendant l'unité de temps, par la force du courant.*

Soit U, le travail externe accompli par heure; il donne lieu à une résistance qui [fait que la force du courant est moindre que quand la batterie marche à vide. Soient γ, la force de ce courant donnée par l'équation 6 de l'article 396; γ', sa force quand il accomplit par heure le travail U. La résistance est alors

$$\frac{U}{\gamma'},$$

et la force du courant γ' est la même que si la force électromotrice était $Mn - \dfrac{U}{\gamma}$ au lieu de Mn; c'est-à-dire que

$$\gamma' = \frac{Mn}{R} - \frac{U}{\gamma'R}. \qquad (1)$$

Ce principe peut se déduire comme une conséquence de la loi de conservation de l'énergie; car, en multipliant l'équation (1) par $\gamma'R$, et transposant, on trouve :

$$U = Mn\gamma' - R\gamma'^2 \qquad (2)$$

qui exprime que le *travail utile de la machine est l'excès de l'énergie totale développée dans la batterie*, $Mn\gamma'$, *sur l'énergie perdue en chaleur* $R\gamma'^2$.

2° Le second principe est que *les attractions et répulsions produites par un circuit et une disposition donnée d'appareils sont proportionnelles aux carrés de la force du courant* (loi de Joule), de sorte que l'on a :

$$U = A\gamma'^2,$$

A étant un facteur dépendant de l'appareil. L'équation (2) devient alors :

$$A\gamma'^2 = Mn\gamma' - R\gamma'^2. \qquad (4)$$

Divisant par γ' et transposant :

$$\gamma' = \frac{Mn}{A + R}, \qquad (5)$$

on en tire les expressions suivantes :

Pour la rapidité de l'action chimique :

$$nz = \frac{Mn\gamma'}{E} = \frac{E(A+R)}{M^2 n^2}. \qquad (6)$$

Pour le travail utile :

$$U = \frac{Am^2 n^2}{(A+R)^2}. \qquad (7)$$

Pour le *rendement de la machine,*

$$\frac{U}{Mn\gamma'} = \frac{A\gamma'}{Mn} = \frac{A+R}{A} = \frac{\gamma - \gamma'}{\gamma}. \qquad (8)$$

De là il suit que le rendement de la machine se rapproche de l'unité à mesure que le facteur A augmente, mais en même temps la quantité *absolue* du travail accompli diminue sans limites.

398. Machine à disque tournant. Cette machine, la plus simple des machines électro-magnétiques, mais employée jusqu'ici que comme appareil de physique, est le résultat d'une découverte d'Arago. Sur la *fig.* 174, N et S sont les pôles nord et sud d'un aimant permanent, disposés de façon à presque toucher les deux faces d'un disque de cuivre D, près de sa circonférence. Ce disque tourne sur un axe A porté par des coussinets isolés. Le bas de sa circonférence,

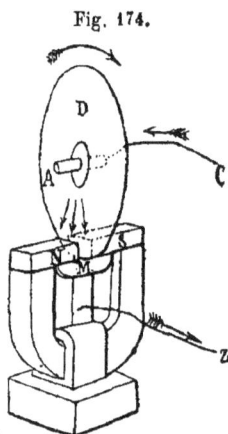

Fig. 174.

Fig. 175.

entre les pôles de l'aimant, baigne dans une coupe de mercure M. C, Z sont les conducteurs réunissant respectivement l'axe du disque et le mercure aux *électrodes* d'une batterie. Par la disposition indiquée sur la figure, le courant passe de l'électrode positive à l'axe du disque, du disque au mercure, et du mercure à l'électrode négative. L'action des pôles de l'aimant sur le disque est indiquée *fig.* 175. S est l'aimant vu au pôle sud; la flèche en cercle indique le sens du courant auquel il est équivalent. AB, AE sont deux rayons du courant du disque allant du centre au mercure. D'après le principe que des courants de même sens s'attirent et que des courants de sens contraires se repoussent, l'aimant attire AB et repousse AE, de façon à entretenir une rotation continue du disque dans le sens BE. On peut renverser le sens de cette rotation en renversant celui du courant, c'est-à-dire en réunissant A à Z et M à C.

399. Machine à barre tournante. Cette machine, inventée par M. Webster, est indiquée sur la *fig.* 176. NS, NS sont deux ai-mants permanents demi-circulaires fixés à un bâti de laiton ou de tout autre corps dia-magnétique, et présentant entre leurs pôles deux solutions de continuité identiques. M est une coupe de mercure portée sur une colonne isolée; elle est divisée en deux parties égales par une cloison diamétrale non conductrice dans le plan de l'aimant permanant, comme l'indique la *fig.* 177.

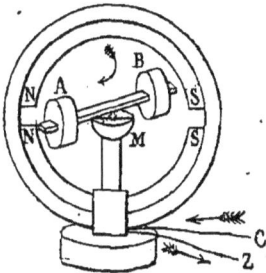

Fig. 176.

Au centre de la coupe est un pivot sur le-quel tourne la barre horizontale de fer doux AB, dont les deux bras sont entourés par les deux parties d'une longue hélice de fil conduc-

Fig. 177.

teur. Les deux extrémités de cette hélice plongent dans les deux moitiés de la coupe de mercure, qui sont joints aux électrodes d'une batterie par les fils CZ. Les extrémités de la barre de fer doux pas-sent entre les pôles de l'aimant, tout près, mais sans les toucher. Pour produire une rotation dans le sens de la flèche, l'hélice autour de AB est ainsi disposée, que quand A se meut de SS vers NN, et B de NN vers SS, A est le pôle sud et B le nord.

Alors $\frac{A}{B}$ est $\left\{ \begin{array}{l} \text{repoussé} \\ \text{attiré} \end{array} \right\}$ par SS, et $\left\{ \begin{array}{l} \text{repoussé} \\ \text{attiré} \end{array} \right\}$ par NN. A l'instant

où les extrémités de la barre passent les pôles des aimants, les bouts des hélices passent au-dessus de la cloison diamétrale dans les hémisphères opposées du mercure; le courant de l'hélice est renversé, ainsi que le magnétisme de AB, et ses actions sur l'aimant permanent, d'où une rotation continue. Pour renverser la rotation, on n'a qu'à changer les communications des électrodes avec les hémisphères de mercure.

400. La machine à plongeurs, inventée par M. Bourbouze, est représentée aux *fig.* 178, 179 et 180. On s'en sert beaucoup au-jourd'hui en France pour des petites forces là où il serait gênant d'avoir une machine à vapeur avec sa chaudière et son foyer. Elle a quelque analogie de disposition avec une machine à vapeur à quatre cylindres à tiroir à balancier et à excentrique.

Fig. 178.

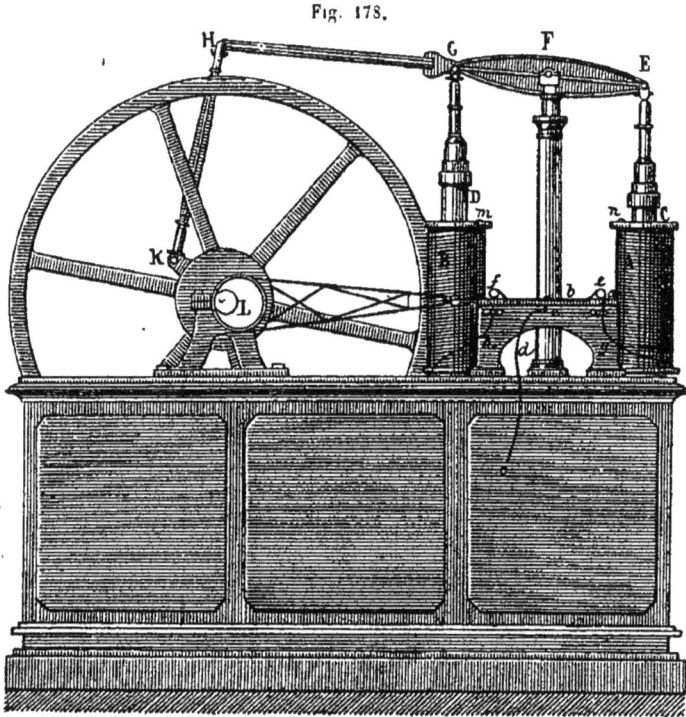

Fig. 179.

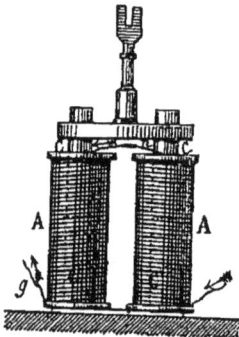

Fig. 180.

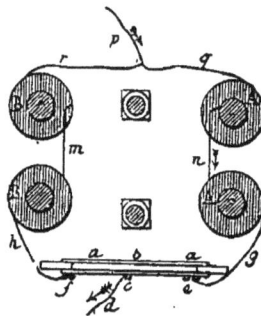

La *fig.* 178 est une élévation, la *fig.* 179 une vue en bout de deux cylindres, la *fig.* 180 est un plan des quatre cylindres.

AA, BB sont quatre cylindres creux en fer doux, enveloppés d'hélices en fils conducteurs. CC, DD sont deux aimants en fer à

3:

cheval, chacun d'eux formant une paire de plongeurs cylindriques se mouvant presque au contact dans les cylindres. H, G, F, G est le balancier d'où pendent les plongeurs magnétiques, F son centre, HK la bielle, L l'arbre et son excentrique ; il porte un volant.

aba est un tiroir mû par l'excentrique, *aa* est en ivoire, *b* en métal ; *cdo*, fil conducteur de *b*, à l'électrode négative ; *p*, fil conducteur de l'électrode positive ; *qn*, conducteurs de *p*, à l'hélice autour de AA ; *rm*, conducteurs de *p* à l'hélice BB ; *g*, conducteur allant de l'extrémité opposée de l'hélice A au ressort *c*, qui appuie sur le tiroir *aba* ; *h* conducteur de l'hélice B, au ressort *f*, qui appuie sur le tiroir *aba*. Le mouvement de l'excentrique rétablit le courant alternativement dans les hélices AA et BB, et magnétise alternativement leurs parois de cylindres ; d'où des attractions alternatives des deux paires de plongeurs CC, DD, et une rotation continue de l'arbre (*).

(*) Au sujet des nouveaux appareils dynamo-électriques, voir Fontaine, *les Éclairages électriques*, et *Institution of Civil Engineers*, Londres, 22 janvier 1878 ; *Recent Improvements in Dynamo-electric Apparatus*, by Dr Heggs, Proccedings, vol. LII.

NOTES^(*)

———

NOTE 13. **Frottement**. On peut considérer le frottement au départ comme une sorte d'arrachement des surfaces plus ou moins engrenées l'une dans l'autre.

Le frottement en mouvement peut être envisagé comme résultant de deux actions ; un *arrachement* des surfaces produisant l'usure, et un *mouvement vibratoire calorique* mis en jeu par les variations des distances des molécules qui viennent successivement en contact (*Callon, Cours de machines*, tome Ier, page 365). Le travail dynamique correspondant à ce mouvement vibratoire est entièrement employé à produire de la chaleur de frottement. Le travail d'usure est toujours relativement très-faible. D'après M. Hirn, à travail total égal, l'usure diminue le dégagement de chaleur.

Lois de Hirn. A la suite de nombreuses expériences, décrites dans le *Bulletin de la Société industrielle de Mulhouse pour* 1865, n°s 128 et 129, M. Hirn est arrivé aux conclusions suivantes :

Il faut distinguer deux espèces de frottements entre deux surfaces pressées l'une sur l'autre :

1° Le frottement *immédiat*, qui a lieu entre ces surfaces non séparées par une couche de matière lubrifiante. Il suit la loi donnée dans le texte.

2° Le frottement *médiat*, qui a lieu entre les surfaces séparées par une couche de matière lubrifiante ; il est (à température constante) proportionnel aux racines carrées des surfaces et des pressions, et à la vitesse. Les autres circonstances restant les mêmes, quant la température varie, sa valeur, à une température t, est donnée, pour les huiles, par l'expression

$$f = \frac{f_0}{1,05^{-t}},$$

f_0 étant sa valeur à 0°.

Un enduit ne donne un frottement régulier et minimum qu'après avoir été trituré pendant un certain temps entre les surfaces frottantes. Le meilleur enduit est le plus fluide qui puisse se maintenir sans danger d'expulsion entre les surfaces frottantes, dans les conditions données de température de pression et de vitesse. C'est ainsi que, dans certaines

———

^(*) Les numéros des notes sont ceux des articles de la traduction qui en sont le sujet.

expériences, l'eau a donné des résultats supérieurs à ceux des meilleures huiles. L'air, entre des surfaces parfaitement polies, donne un frottement presque nul (*Hirn*); mais il serait impossible, en pratique, de le maintenir entre les surfaces.

Expériences de Napier. De ces expériences, publiées dans un mémoire présenté à la *Société Philosophique de Glasgow*, le 16 décembre 1874, il résulterait que le frottement *immédiat* varie aussi avec la vitesse, augmentant avec elle jusqu'à un certain maximum, puis diminuant ensuite. Avec les huiles minérales, le frottement *médiat* diminue avec la vitesse; le contraire a lieu pour les huiles animales et végétales. Avec la graisse, tantôt il augmente d'abord avec la vitesse, puis il diminue, et *vice versa*. M. Napier a toujours obtenu un coefficient de frottement très-faible en laissant couler un peu d'eau sur l'huile. D'après M. Napier lui-même, ces expériences ne sauraient être définitives. (Voir *the Engineer*, 1875, t. I, page 151.) (*)

TABLEAU DES VALEURS DES COEFFICIENTS DE FROTTEMENT DES AXES EN MOUVEMENT SUR LEURS COUSSINETS, D'APRÈS LE GÉNÉRAL MORIN.

AXES.	COUSSI- NETS.	NATURE DES ENDUITS.	RAPPORT DU FROTTEMENT A LA PRESSION.	
			Graissage ordinaire.	Graissage continu.
Fonte.	Fonte.	Huile d'olive, saindoux, suif ou cambouis mou.	0,07 à 0,08	0,054
»	»	Les mêmes enduits et les surfaces mouillées d'eau.	0,08	»
»	»	Asphalte.	0,054	»
»	»	Surfaces onctueuses, avec on sans eau.	0,14	»
»	Bronze.	Huile d'olive, saindoux, suif ou camboui mou.	0,07 à 0,08	»
»	»	Surfaces onctueuses, avec ou sans eau.	0,16	»
»	Gaïac.	Sans enduit.	0,18	»
»	»	Huile ou saindoux, surfaces onctueuses.	0,10	0,09
»	»	Saindoux et plombagine.	0,14	»
Fer.	Fonte.	Huile d'olive, suif, saindoux ou cambouis mou.	0,07 à 0,08	0,054
»	Bronze.	» » »	»	»
»	»	Cambouis ferme	0,09	»
»	»	Surfaces onctueuses mouillées d'eau.	0,19	»
»	»	Surfaces très-peu onctueuses, commençant à se roder.	0,25	»
»	Gaïac.	Huile ou saindoux.	0,11	»
»	»	Surfaces onctueuses.	0,19	»
Bronze.	Bronze.	Huile.	0,10	»
»	»	Saindoux.	0,09	»
»	Fonte.	Huile ou suif.	»	0,045 à 0,052
Gaïac.	Fonte.	Saindoux.	0,12	»
»	»	Surfaces onctueuses.	0,15	»
»	Gaïac.	Saindoux.	»	0,07

(*) Pour ce frottement au départ et dans les mouvements très-lents, voir *Edinburgh and Leith Engineers Society*. (*Proceedings*) 10 avril 1878. Expériences de MM. Flemin Jenkins et J. A. Ewing.

NOTE 14. **Résistance au roulement.** Voici quelques valeurs de son bras de levier, d'après le *Traité du mécanisme* de M. Haton de la Goupillière.

	Bras de levier Δ en millim.
Rouleau de fonte sur gaïac uni.	1
Roue en fonte sur fer en saillie { graissage continu. . .	1
{ ordinaire.	1,2
Roue en fonte sur fer à plat.	3,5
» bois en saillie	2,3
Roue jante en fer sur chêne brut.	10,2
» empierrement parfait.	15
» » ordinaire.	41,14

D'après Dupuit, la valeur de Δ serait donnée par la formule

$$\Delta = c\sqrt{r},$$

r étant le rayon du rouleau ou de la roue; il donne à c la valeur suivante :

Fer sur bois humide.	0,0010
» sur fer.	0,0007
Bois sur bois.	0,0011
Roue sur chaussée ou empierrement.	0,03

NOTE 12 A. **Mesure du poids et de la masse.** Si l'on prend pour unité de force le poids du kilogramme, la masse de ce kilogramme sera $\frac{1}{g}$, et l'unité de masse sera g fois la masse du kilogramme. Ce système est le meilleur pour l'étude des machines. Mais, si l'on prend pour unité de masse celle du kilogramme, l'unité de force est la force qui, en une seconde, imprime à l'unité de masse une vitesse de 1 mètre par seconde. Cette unité est *absolue*. L'unité de poids est alors exprimée par g. Ce système est employé dans plusieurs ouvrages de science, notamment dans la *Physique* de Thomson et Tait.

NOTE 39. **Frein dynamométrique.** En général, on ne dispose pas les freins directement sur l'arbre, mais sur un manchon en fonte de diamètre plus grand, centré sur l'arbre. Poncelet a donné, pour les diamètres de ce manchon, la table suivante :

Diamètre en centimètres.	Nombre de tours par minute.	Travail que l'on peut mesurer.
16 à 20	20 à 30	6 à 8 chevaux.
30 à 40	15 à 30	15 à 25
60 à 80	15 à 30	40 à 70

Si, faisant varier la vitesse de la machine en serrant les freins sans changer la distribution de la vapeur, on trace une courbe ayant pour abscisses le nombre de tours, et pour ordonnées les travaux correspondants par unité de temps, les tangentes à cette courbe, parallèles à l'axe des abscisses, donneront les vitesses de rendement maximum et minimum de la machine, pour cette distribution.

M. Kretz a proposé une disposition qui possède, entre autres, l'avantage d'une sensibilité indépendante du poids de l'appareil. (Voir Kretz, *Mémoire sur le frein dynamométrique*. 1873. Gauthier-Villars.)

Poncelet a proposé une disposition très-remarquable, par laquelle le frein règle de lui-même la pression de ses bois, de façon à maintenir son levier automatiquement horizontal. (Voir *Mécanique industrielle*, t. III, p. 319.)

On obtient un résultat satisfaisant au moyen d'une installation provisoire très-simple imaginée par MM. Easton et Anderson. La bande du frein est tendue d'un côté de sa poulie par un poids, de l'autre par un ressort gradué. Le frottement dû à la différence du poids et de la tension du ressort agit à la circonférence de la poulie tournant vers le ressort. Si ce frottement augmente, le poids est entraîné un instant, la tension du ressort diminue, le frottement aussi, puis l'équilibre se rétablit, et *vice versa*.

DYNAMOMÈTRES.

NOTE 40. **Travail de halage des bateaux**. On peut aussi faire mouvoir la feuille de papier par un mouvement d'horlogerie. La courbe tracée par le ressort donne alors, non pas le travail, mais l'impulsion $\int f dt$ de la force ; divisant sa surface S par le temps t mis à franchir un intervalle l entre deux points fixes, on a

$$\text{Effort moyen} = f' = \frac{\int f dt}{t} = \frac{S}{t},$$

$$\text{Travail} = f l = \frac{S}{t} l.$$

NOTE 41. **Dynamomètre de torsion ou pandynamomètre de Hirn**. Dans cet appareil, c'est la torsion de l'arbre moteur qui enregistre automatiquement la valeur du couple qui le fait tourner, ainsi que le travail accompli par ce couple. Deux pignons calés à une certaine distance l'un de l'autre sur l'arbre engrènent avec deux roues mitrées égales, folles sur un même axe, et en prise avec une troisième roue mitrée aux extrémitées d'un diamètre. L'axe de cette roue indique par sa déviation la moitié de l'angle dont l'arbre moteur se tord entre ses deux pignons, et conduit le crayon de l'appareil enregistreur (*Annales des mines*, 1867, t. X).

On ne peut déterminer que par expérience le rapport exact du déplacement du crayon à la grandeur du couple de torsion, mais les formules suivantes en donnent une valeur approchée.

Soient :

m, le moment de torsion ;

x, la longueur de l'arbre entre ses deux pignons ;

h, son diamètre ;

c, le coefficient d'élasticité transversale de l'arbre ;

θ, l'angle de torsion en arcs.

On a

$$\frac{m}{\theta} = \frac{\pi}{32} \frac{ch^4}{x} = 0{,}098 \frac{ch^4}{x}. \qquad (1)$$

Appelons :

n, le rapport des vitesses angulaires contraires des deux roues mitrées à celle de l'arbre ;

y, la longueur du bras porteur du pinceau, depuis sa pointe jusqu'à l'axe de l'arbre.

Le déplacement angulaire du pinceau sera

$$\frac{n\theta}{2},$$

et son déplacement linéaire z,

$$z = \frac{n\theta y}{2};$$

d'où les formules suivantes :

$$\frac{m}{z} = \frac{2n}{ny\theta} = \frac{\pi}{16} \frac{ch^4}{nxy} = 0{,}196 \frac{ch^4}{nxy}. \qquad (2)$$

Si l'arbre est creux et de diamètre intérieur h', il faut, dans ces formules, remplacer h^4 par $h^4 - h'^4$.

Voici quelques valeurs de c.

Dimensions en.	Pouces	Millimètres.
Forces en.	Livres	Kilogrammes
Fonte, environ.	2,850 000	2,000
Fer, de	8,500 000	6,000
à	10,000 000	7,000
Acier, de	10,000 000	7,000
à	12,000 000	8,400

(Rankine, *Machinery and Millwork*.)

Dynamomètre de Taurines destiné spécialement à mesurer le travail des machines marines à hélice.

On relie l'arbre de la machine à celui de l'hélice par quatre bras à angle droit, reliés aux extrémités par deux ressorts courbés, plus minces en leur milieu, et se redressant plus ou moins quand ils entraînent par tension l'arbre de l'hélice. Les milieux opposés de ces ressorts sont liés à deux lames d'acier courbées et qui se rapprochent proportionnellement à l'effort moteur. Ces lames tournent autour d'un cylindre à papier fixé dans le prolongement des arbres et portant un crayon qui trace la ligne du travail.

Dynamomètre de Froude. M. Froude a récemment proposé de remplacer le frein de Prony par un appareil fondé sur le frottement et surtout l'inertie des liquides en mouvement (*Preceedindgs* de l'*Intitute of Mechanical Engineers*, session de Glasgow, 1877).

DYNAMOMÈTRES TOTALISEURS.

NOTE 42. **Totaliseur Thomson** (*fig.* 1). Inventé par le professeur J. Thomson. La petite roulette est remplacée par une sphère *c*,

Fig. 1.

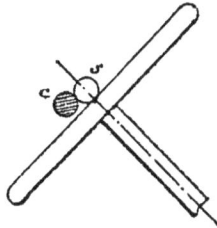

transmettant le mouvement au cylindre *s* du compteur. Le rapport des vitesses est indépendant de l'usure de la sphère.

INDICATEURS.

NOTE 43. **Réduction de l'erreur due à l'inertie du ressort et du piston. Indicateur Marcel Deprez.** Annule les effets de l'inertie en traçant le diagramme, non pas d'une course, mais du *régime* de la machine, au moyen d'une série de points obtenus comme il suit. La tige du piston indicateur porte un renflement mobile, mais très-peu, entre les bras d'une fourche qui bande le ressort à une pression déterminée pour chaque course. Le piston se déplace en marquant un trait incliné sur le diagramme précisément au point de la course où la vapeur atteint cette pression. Opérant ainsi pour un nombre suffisant de pressions et joignant les points, on a un diagramme donnant le régime de la machine pendant le nombre des courses correspondantes, sans influence de l'inertie de l'indicateur, si rapide que soit l'action du fluide.

Indicateur Thomson (*fig.* 2). Réduit les pièces mouvantes,

Fig. 2.

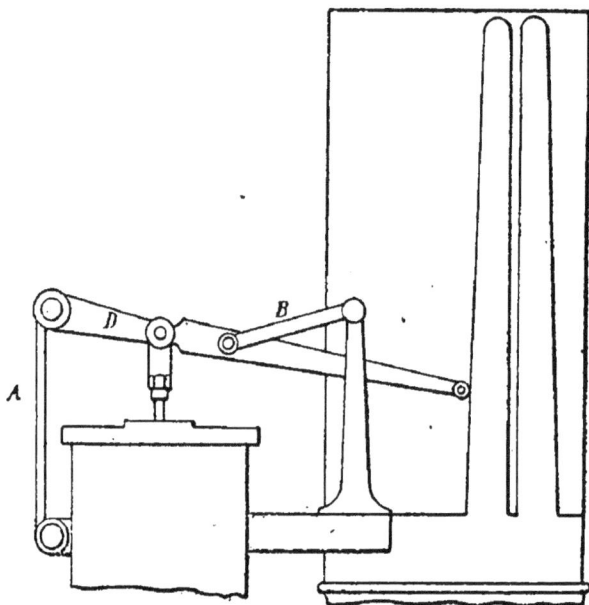

autres que le piston et sa tige à un système ADB formant parallélogramme et extrêmement léger (de même l'indicateur Richard).

Indicateur totaliseur. MM. Ashton et Storey ont construit un indicateur totaliseur très-simple. C'est, en principe, un totaliseur à roulette, comme celui du général Morin ; la roulette est sur la tige du piston d'un indicateur ordinaire et fait mouvoir un compteur donnant la force en chevaux par minute, etc. (*Mechanics Magazine*, 1869, p. 101, 2ᵉ semestre).

Indicateur continu. M. Clair a inventé un dispositif très-ingénieux pour rendre le mouvement du papier continu, évitant ainsi la superposition des tracés. (Voir le *Traité de mécanisme* de M. Haton de la Goupillère.)

NOTE 49. **Frein différentiel de Napier** (*fig.* 3). De l'inégalité des bras *ca'*, *cb'*, il résulte que le frein représenté par la *fig.* 3 se serre

Fig. 3.

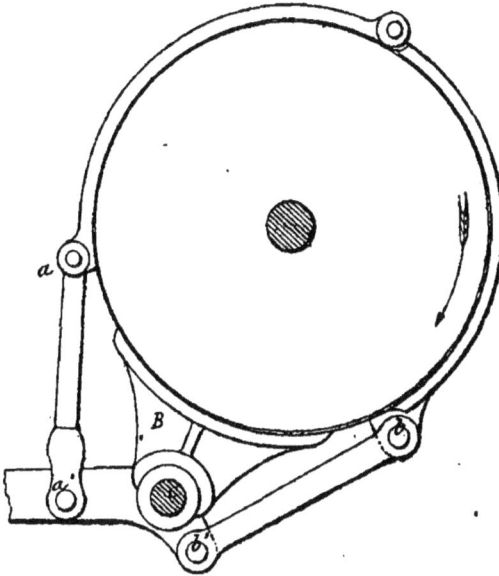

de lui-même sur le tambour pour une rotation dans le sens de la flèche, et se relâche pour une rotation en sens contraire. L'axe *c* entre dans son œillet avec un jeu tel que le coude du levier prend son point d'appui sur le bloc B, diminuant, pour un frottement donné, la tension des bandes et la fatigue de l'axe.

NOTE 50. Ont été proposés en France pour les chemins de fer par M. Lebleu (frein électrique), puis appliqués par M. Agudio à son locomoteur. Ils remplacent avantageusement le frein à bande, notamment dans les monte-charges pour hauts fourneaux. On les emploie aussi pour graduer la vitesse du piston des changements de marche à vapeur pour les machines marines et les locomotives. (Ex. dispositif de Stirling, au G. W. Ry.)

RÉGULATEURS.

Note 55. Si les tiges des pendules sont suspendues, comme l'indiquent les *fig.* 4 et 5, à des points c, c, en dehors de l'axe,

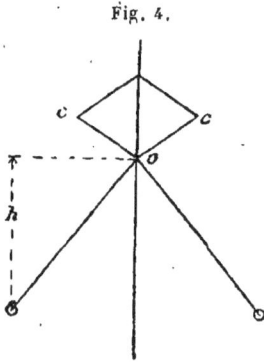

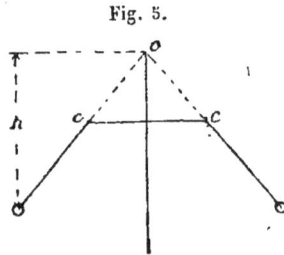

Fig. 4.

Fig. 5.

l'altitude

$$h = \frac{0^m,248}{T^2}$$

doit se compter depuis le point o de rencontre des tiges avec l'axe, jusqu'au centre des boules.

Si l'on veut tenir compte du poids des tiges; soient :

B, le poids; b, le rayon d'une boule ;

t, le poids d'une tige ;

r, la distance du point o au centre de la sphère ;

h', l'altitude h corrigée,

on aura

$$h' = \frac{h\left[1 + \dfrac{t(r-b)}{2Br}\right]}{1 + \dfrac{t(r-b)^2}{3Br^2}}, \qquad (2)$$

et le nombre de tours par seconde correspondra à très-peu près à cette hauteur corrigée.

Le régulateur-pendule ordinaire n'est pas *isochrone*, car lorsque, pour adapter l'ouverture du pavillon à différentes charges, ses tiges tournent en faisant des angles variables avec leur axe, l'altitude h prend des valeurs variables correspondantes à différentes vitesses.

Soient $\frac{1}{m}$ la fraction maxima de la vitesse moyenne dont s'écarte la machine ;

h, l'altitude correspondante à la vitesse de régime;

k, la variation maxima de cette hauteur entre la fermeture et l'ouverture complète du papillon.

On a

$$\frac{h}{k} = \frac{1}{\left(1 + \frac{1}{2m}\right)^2 - \left(1 - \frac{1}{2m}\right)^2} = \frac{m}{2}.$$

Régulateurs à poids. Si l'on suspend aux sphères d'un régulateur de poids A, au moyen de deux tiges égales aux siennes, un poids B ayant son centre de gravité sur l'axe et pouvant y glisser, la force centrifuge sera celle due à A seulement, et l'effet de la pesanteur, celui dû au poids A + 2B; car le poids B parcourt, pour un déplacement vertical des sphères, une hauteur double. Donc l'altitude *h'* correspondante à une vitesse donnée de ce régulateur est

$$h' = h\left(1 + 2\frac{B}{A}\right).$$

h étant celle du régulateur ordinaire. Une variation *absolue* donnée de l'altitude correspond à une variation de vitesse moindre que pour un régulateur ordinaire, dans le rapport

$$\frac{A}{A + 2B}.$$

On dit alors que le régulateur à poids est plus *sensible* que l'autre dans ce même rapport. C'est le principe du régulateur de Porter.

Les bielles de suspension du poids B peuvent s'attacher, non-seulement aux sphères, mais en tout point de leurs tiges, mais en formant toujours un losange avec les portions des tiges auxquelles elles sont fixées. Si *q* est la fraction de la longueur de ces tiges formant losange, il faudra, dans les équations précédentes, remplacer 2B par 2*q*B.

2B dans un cas, 2*q*B dans l'autre, sont les poids qui, appliqués en A, seraient *statiquement équivalents* au poids B tel qu'il est placé.

Régulateur parabolique. Soient O*z* (*fig.* 6) l'axe du régulateur, S le centre d'une des sphères. Si le point S est astreint à suivre un arc de parabole S, S', ayant son sommet en S', SO étant une normale de cette parabole, l'altitude OS" = *h* du point O au-dessus de S est constante et égale ou double de la distance focale de la parabole; d'où il suit que le régulateur est complétement *isochrone* (ou mieux *astatique*), c'est-à-dire, que les sphères ne peuvent rester en équilibre qu'à la vitesse de rotation correspondante à une altitude égale au double de la distance focale de la parabole : tout écart de vitesse fait qu'elles oscillent continuellement jusqu'à ce que le régulateur ait ramené la vitesse de régime. La force avec laquelle les sphères agissent *verticalement*, pour un écart

Δn, du nombre de tours n correspondant à la vitesse du régime, est à

très-peu près,

Fig. 6.

$$\frac{2\mathrm{A}\Delta n}{n}.$$

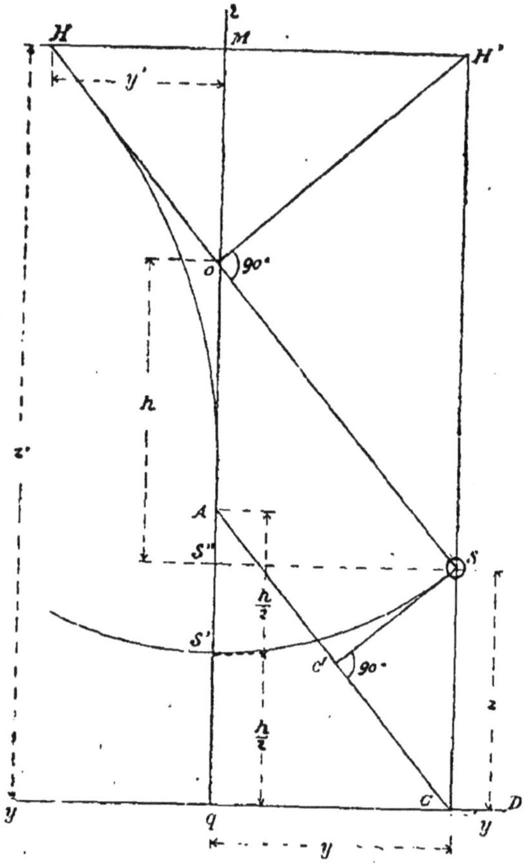

Les sphères peuvent être guidées de deux manières :

1" En les suspendant par un faible ressort à une joue AH, en forme de développante de parabole. Pour trouver une série de points de la parabole et de sa développante; soient h la hauteur donnée du pendule, S' le sommet de la parabole; portons sur Oz une longueur S'A $=$ S'$q = \dfrac{h}{2}$;

A sera le foyer, qD la directrice, de la parabole : menant AC parallèle à une position OS de la tige, le point de rencontre S de CS parallèle à Oz, et de C'S perpendiculaire au milieu de AC, est le point correspondant de la parabole. SC' est la tangente, SO, parallèle à Ac, est la normale de ce point. Du point O menons OH' $\perp$ OS jusqu'à sa rencontre en H' avec CS prolongé, puis H'H parallèle à qD, jusqu'à sa rencontre avec oS; H est le point correspondant de la développante.

En notations algébriques, on a

$$z = \frac{1}{2}\left(h + \frac{y^2}{h}\right),$$

$$z' = 3z, \quad -y' = \frac{y^3}{h^2}.$$

2° Une seconde méthode consiste à guider les sphères en les supportant par une paire de bras convenablement courbés sur lesquels elles glissent ou roulent. Au haut des sphères se trouve une barre horizontale qui communique au manchon leur déplacement vertical.

3° *Régulateur parabolique approximatif.* Dans le régulateur de Farcot, la tige SH, dans sa position moyenne, est suspendue à une charnière à l'extrémité d'un bras MH. Cette disposition donne à peu près l'iso-chronisme. On trouve, comme précédemment, les coordonnées du point H (Rankine, *On Machinery*).

(Voir Ledieu, *Nouvelles machines marines*. Régulateur isochrone de M. Yvon Villarceau, et Résal, *Mécanique générale*, t. III, pour celui de M. Tchébitcheff.)

Régulateur parabolique à poids. Quand les sphères d'un régulateur parabolique sont guidées d'après la deuxième méthode indi-quée ci-dessus et supportent une barre par laquelle elles transmettent leurs déplacements verticaux, on peut les charger au moyen de cette barre. Soient B le poids des boules, A leur charge additionnelle. La hau-teur correspondante à une vitesse donnée est

$$h' = h\frac{A + B}{B},$$

h étant l'altitude du même régulateur non chargé; et le rapport des vitesses correspondantes à une même hauteur est

$$\frac{\omega'}{\omega} = \frac{\sqrt{A + B}}{\sqrt{B}} = \sqrt{\frac{h'}{h}}.$$

On peut, en graduant la charge, faire varier à volonté la vitesse du ré-gulateur.

Régulateur isochrone de Foucault. Dans ce dispositif (*fig.* 7), les tiges des sphères, de longueur l, sont reliées à l'axe, à la partie inférieure, par deux tringles de longueur $\frac{l}{2}$ fixées en o. Le manchon se trouve en m, à la partie supérieure. Les sphères se déplacent par suite dans le plan horizontal passant par o; le travail de la pesan-teur est nul sur elles. Elles sont réunies à l'axe par des ressorts à boudins.

Fig. 7.

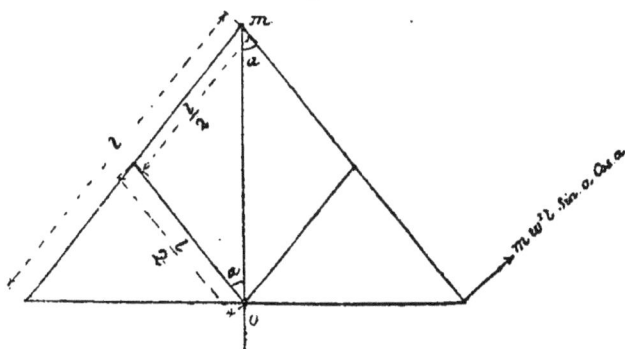

Soient :
m, la masse d'une boule ;

E, l'élasticité du ressort;

ω, la vitesse angulaire;

a, l'angle d'ouverture correspondant;

a', l'angle au repos.

On a, pour une variation élémentaire da,

$$m\omega^2 l \sin a \cos a\, da = \mathrm{E} l\,(\sin a - \sin a')\cos a\, da; \quad \text{d'où,} \quad \text{pour } a'=0,$$

$$\omega = \sqrt{\frac{\mathrm{E}}{m}},$$

valeur indépendante de la position du manchon; mais, comme on ne peut jamais avoir $a'=0$, l'isochronisme n'est qu'approximatif.

(Voir Callon, *Cours de machines*, t. II, n° 700, la description du régulateur marin de Farcot.)

Régulateurs à boules conjuguées. *Régulateur isochrone de Busf ou régulateur cosinus.* Dans ce régulateur (*fig.* 8), le moment de la force centrifuge des boules m_c, par rapport à leur point de suspension c, est proportionnel au cosinus de l'angle a que fait avec l'axe de rotation une droite allant du centre de gravité de l'ensemble des boules au point c.

La figure représente, en principe, la moitié de l'appareil symétrique par rapport à l'axe de rotation. Il se compose, de chaque côté, de deux boules AB, dont les tiges, attachées à l'extrémité c d'un bras de rayon r, font entre elles un angle invariable. Elles commandent le manchon au moyen d'un coulisseau p' fixé au bout d'un bras de longueur l' faisant un angle β avec la ligne joignant le point c du centre de gravité P des deux boules.

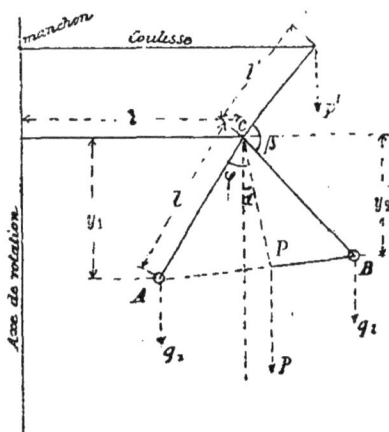

Fig. 8.

Pour une vitesse angulaire ω, on a en général, en appelant x_1, x_2,..... les distances des boules A et B de poids q_1, q_2, ..., à la verticale du point c, $y_1 y_2$..... leurs distances au bras r

$$m_c = \frac{\omega^2}{2g}\,[q(r+x_1)y_1 + q_2(r+x_2)y_2 + ...],$$

$$= \frac{\omega^2}{g}\,[r\Sigma(qy) + \Sigma(qxy)],$$

$$= \frac{\omega^2}{g}\,[r\Sigma(ql\cos\varphi) + \Sigma(ql^2\sin\varphi\cos\varphi)].$$

Il s'agit de disposer les boules de façon que, pour toutes les valeurs de φ, on ait

$$\Sigma q l^2 \sin\varphi \cos\varphi = 0 ;$$

d'où

$$m_c = \frac{\omega^2}{g}\, r\Sigma q l \cos\varphi.$$

Or on a, en trigonométrie,

$$\sin\varphi \cos\varphi = \frac{\sin 2\varphi}{2} ;$$

d'où

$$\Sigma(q l^2 \sin\varphi \cos\varphi) = \Sigma\left(q\,\frac{l^2}{2}\sin 2\varphi \right) = 0.$$

Cette quantité doit rester nulle quand φ devient $\varphi + \theta$, d'où

$$\Sigma\left[q\,\frac{l^2}{2}\sin(2\varphi + \theta) \right] = \Sigma\left(q\,\frac{l^2}{2}\sin 2\varphi \right)\cos 2\theta + \Sigma\left(q\,\frac{l^2}{2}\cos 2\varphi \right)\sin 2\theta = 0,$$

ce qui exige que l'on ait séparément

$$\Sigma\left(q\,\frac{l^2}{2}\cos 2\varphi \right) = 0.\ \Sigma q l^2 (\cos^2\varphi - \sin^2\varphi) = 0$$
$$\Sigma\left(q\,\frac{l^2}{r}\sin 2\varphi \right) = 0,$$

ou

$$\Sigma(q y^2) - \Sigma(q x^2) = 0,\quad \Sigma(q x y) = 0.$$

Ayant un pendule A, pour lequel

$$\Sigma q x y = C,\quad \Sigma(q y^2) - \Sigma(q x^2) = D,$$

on pourra toujours lui ajouter un autre pendule B, pour lequel

$$\Sigma(q x y) = -C,\quad \Sigma(q y^2) - \Sigma(q x^2) = -D;$$

Supposons cette condition remplie :
appelons

   p', le poids agissant sur le coulisseau;
   P, celui de l'ensemble des boules;
   L, la longueur $cP = l\cos\varphi$.
on aura pour l'équilibre

$$P\,\frac{\omega^2}{h}\, rL\cos a - p'l'\sin(a + \beta) - PL\sin a = 0$$

ou

$$P\,\frac{\omega^2}{g}\, rL\cos a - p'l'(\sin a\cos\beta - \sin\beta\cos a) - PL\sin a = 0.$$

Choisissant β tel que

$$\cos\beta = -\frac{PL}{p'l'},$$

on trouve

$$\frac{P\omega^2}{g}\, r\mathrm{L}.\cos a = p'l'\sin\beta\cos a\,;$$

d'où

$$\omega^2 = \frac{p'l'\sin\beta g}{\mathrm{Q}r\mathrm{L}},$$

valeur indépendante de l'angle a : le régulateur est par conséquent astatique.

(Voir Résal, *Mécanique gévérale*, t. III ; la description du régulateur à boules conjuguées de M. Roland.)

Régulateur isochrone de Rankine (*Machinery and milwork*). Ce régulateur est formé, comme l'indique la figure 9 de quatre, sphères équilibrées autour d'un axe de rotation au point C. La force centrifuge tend à rendre ces bras horizontaux contre l'action variable à volonté du poids K transmise aux douilles BB.

Fig. 9.

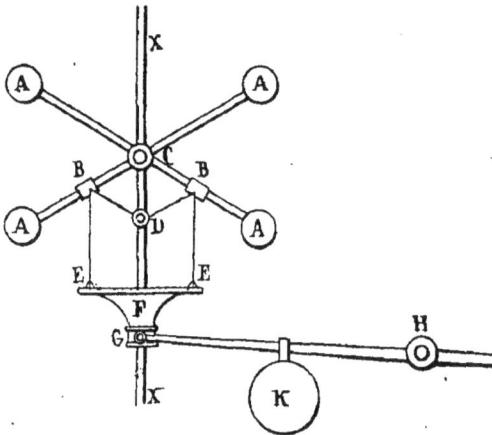

On a, par construction, BD = BC, de sorte que le point B se meut sur une circonférence ayant D pour centre.

Soient :

B, le poids des boules ;

b, la longueur de leurs tiges ;

$c = \mathrm{CD} = \mathrm{BD}$;

θ, l'angle d'écart ;

n, le nombre de tours par seconde ;

D, la charge aux points B.

On a, pour l'équilibre autour de A

$$\mathrm{B}\times\frac{4\pi^2 n^2}{g}\,b\sin\theta\times b\cos\theta = 2\mathrm{D}\times c\sin 2\theta$$

ou

$$\frac{\mathrm{B}b^2\sin\theta\cos\theta}{h} = 4\mathrm{D}\times c\sin\theta\cos\theta\,;$$

d'où

$$\frac{\mathrm{B}b^2}{h}=4\mathrm{D}\times c,\quad h=\frac{\mathrm{B}b^2}{4\mathrm{D}\times c}.$$

M. Edmond Hunt a démontré que ce régulateur est en réalité parabolique, le centre de gravité des boules et de la charge se mouvant sur une parabole dont la distance focale est égale à $\frac{h}{2}$.

(Voir Spineux, *Distribution de la vapeur*, p. 272. Régulateur Jacobi.)

38

Fluctuations des régulateurs isochrones. Quand un régulateur isochrone est rapide dans son action et ne rencontre que peu de résistance de frottement, il se peut que la force vive de ses pièces en mouvement les emporte au delà de la position nécessaire pour imposer la vitesse de régime; de là une variation trop grande de la vitesse, suivie d'une variation en sens contraire dans la position des boules emportées de nouveau par leur inertie, et ainsi de suite; d'où une oscillation périodique de la machine. On peut éviter ces oscillations au moyen d'un piston se mouvant dans un cylindre à huile ou à air, dont la résistance, absorbant la force vive du régulateur, ralentit son action sans la fausser.

Régulateurs différentiels (Rankine, *On Machinery*). La régularisation se fait par la différence de vitesse entre une roue menée par la machine et une roue réglée par un pendule tournant. Comme exemple, on peut citer la disposition de Siemens (*fig.* 10). A est un

Fig. 10.

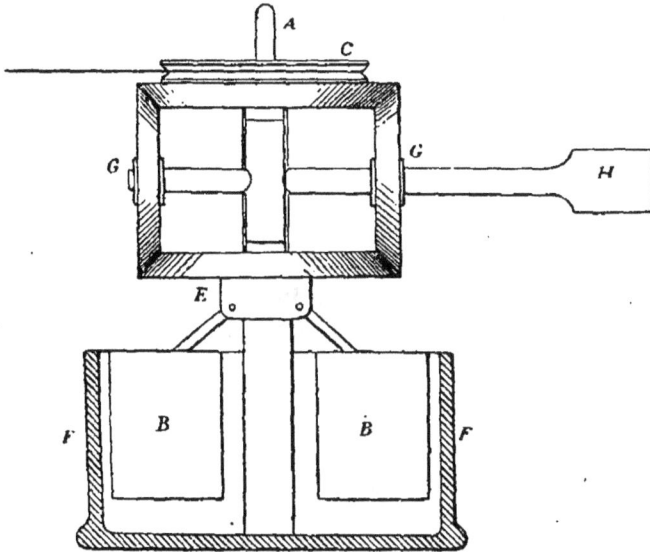

axe fixe vertical autour duquel tout l'ensemble peut tourner. La poulie C est mue par la machine, elle fait tourner la roue dentée immédiatement au-dessous d'elle. Cette roue engrène par ses deux pignons GG, fous sur l'axe GH, avec la roue E, qui fait tourner les deux masses pesantes BB. Ces masses sont en forme de segments annulaires; dès que la vitesse de régime est dépassée, elles s'écartent, viennent frotter contre le cylindre F, et forcent ainsi l'axe GH à tourner autour de A avec une vitesse angulaire égale à la demi-différence des vitesses angulaires de C et de E; H commande la valve régulatrice.

On a parfois produit la différence de vitesse au moyen d'un mouvement d'horlogerie, comme dans les régulateurs de Béniest de Gand, et de Maynard et Baylie, en Angleterre, appelés *régulateurs chronomètres*.

Régulateurs à pompe. Dans les régulateurs à pompe, le moteur force à chaque course une certaine quantité d'huile dans un cylindre muni d'un plongeur de presse hydraulique. L'huile s'échappe de ce cylindre par une ouverture réglée. Quand la vitesse augmente, cette ouverture ne suffit plus et laisse échapper l'huile refoulée par le piston, le plongeur monte; il descend quand la vitesse diminue. Son mouvement commande la vanne régulatrice.

L'un des meilleurs régulateurs de ce genre est celui de Cody. Leur inconvénient est dans l'emploi même d'un liquide; l'eau se corrompt, l'huile se gâte. On a remplacé avantageusement ces liquides par de l'air, notamment dans le régulateur pour machines marines de Rankine. Un piston refoule de l'air dans un cylindre percé au fond de deux ouvertures, une à l'air libre, l'autre en rapport avec un piston mouvant le tiroir d'un cylindre à vapeur qui règle la distribution. Au lieu de refouler l'air, on peut au contraire l'aspirer, en laissant l'air extérieur agir sur un piston dans le cylindre duquel il pénètre par une ouverture réglée. (Voir Résal, *Mécanique générale*, tome III, page 214. Régulateur Larivière.)

Régulateur Dunlop. L'air comprimé peut servir à transmettre instantanément au papillon l'effet de variations de résistances à des points très-éloignés de la machine. Ainsi, sur les navires, l'appareil de Dunlop, qui consiste en un réservoir d'air placé près de l'hélice et ouvrant sur la mer, l'air ainsi comprimé ou détendu, suivant l'enfoncement du navire, agit sur la valve régulatrice de la machine et prévient les emportements.

Régulateur Poncelet. Le principe de l'appareil est facile à saisir sans figure. L'arbre moteur commande l'arbre des outils par un pignon qui lui est relié au moyen de ressorts, de sorte qu'à chaque variation de la résistance, ce pignon se déplace sur son arbre d'un angle proportionnel à la flexion des ressorts. Ce déplacement se transmet par un secteur denté au manchon du régulateur faisant écrou sur l'arbre.

On peut placer ce régulateur sur un arbre en rapport avec une résistance variant avec la vitesse de la machine, comme par exemple un volant à ailettes tournant dans un liquide. On obtiendrait ainsi un *régulateur compacte et extrêmement puissant* (Poncelet, *Mécanique industrielle*, 1er vol, p. 110).

M. Mac Georges a disposé d'après ce principe un régulateur de machines marines très-ingénieux.

RÉSISTANCE DES CHAUDIÈRES.

NOTE 62. **Tôles de fer puddlé.** Leurs principaux défauts de fabrication sont la *lamination* ou disposition des mises en lames ou feuilles minces mal soudées et séparées par des couches de scorie, et les *soufflures*. Ces défauts ne se révèlent souvent qu'au feu, surtout pour les soufflures à l'intérieur des tôles. Les épreuves du frappage au son et au sable, souvent efficaces, ne sont jamais absolument certaines; encore moins l'épreuve à la résistance par l'essai d'un échantillon pris au bord d'une plaque.

Il est très-difficile de juger de la nature du fer par la cassure. En général, une cassure vive produite par un choc violent donnera, avec toute espèce de fer, une section cristalline ou granulaire sans fibres; l'inverse aura lieu pour une cassure lente, avec laquelle on aura presque à coup sûr un arrachement fibreux.

Un essai de résistance n'a de signification complète que si l'on donne, avec la traction exercée, la section primitive et la section de rupture, ou encore, l'allongement et la longueur primitive. L'allongement, sans la longueur primitive, ne signifie rien : il suffit, en effet, d'opérer sur un échantillon court, pour avoir un allongement proportionnel très-considérable. (Voir Couche, *Matériel roulant*, tome III, p. 82.)

On peut considérer comme bonne une tôle de chaudière qui donne, avec un allongement de 7 à 10 p. 100, une résistance de 33 à 35 kilog. par millimètre carré suivant les fibres (10 p. 100 en moins en largeur; longueur de l'essai 0^m,75 au moins).

L'emboutissage, ou la courbure suivant un angle plus ou moins vif, à chaud ou à froid, donne souvent de bonnes indications. D'après M. Wilson, une bonne tôle doit se courber sans ruptures aux angles suivants, à froid, avec un martelage modéré autour d'un mandrin de 25 millim. de diamètre.

Épaisseur en millim.	Suivant les fibres.	Contre les fibres.
25	15°	7° (*On Steam Boilers*, p. 37.)
22	20°	10°
19	30°	15°
16	40°	20°
11	55°	25°
10	70°	35°
8	80°	45°
6	90°	55°

On sait que par une contraction brusque, comme celle déterminée en plongeant dans l'eau une tôle portée au rouge, le fer devient aigre. On explique ainsi l'aigreur qu'acquièrent souvent de très-bonnes tôles exposées alternativement au feu et à des courants d'air vifs, comme celles des tubes de foyers dans les chaudières de Cornouailles.

D'après un grand nombre d'expériences faites par M. Kirkaldy, l'influence du sens du laminage sur la rupture est très-considérable; la charge est inférieure d'environ 10 p. 100 transversalement au laminage. La contraction de la section de rupture des tôles de chaudières varie de 21 à 7 p. 100 dans le sens du laminage, de 13 à 4 p. 100 en sens contraire. Le tableau suivant, emprunté au docteur Percy, montre comment se comportent à cet égard les tôles des principales usines anglaises.

	RÉSISTANCE A LA RUPTURE en kilog. par millimètre carré		CONTRACTION de la surface, p. 100	
	dans le sens des fibres.	perpendiculaire aux fibres.	dans le sens des fibres.	perpendiculaire aux fibres.
Lowmoor, Farnley, Bowling.	38ᵏ,7	35ᵏ,6	20,9	12,8
Lanarkshire, Govan.	38 ,4	34 ,8	18,1	8,5
— Extra, B. Best.	35 ,7	»	13	»
Staffordshire, Crown. B. Best Best.	36 ,7	34ᵏ,3	13	7,8
— — Best.	32 ,1	31 ,3	9,4	6,6
Shropshire, Crown, Best.	36 ,8	30 ,2	15	5,3
Durham, Best, Best.	36	31 ,6	13	7,4

A défaut d'essais, les *Surveyors* du *Board of Trade* prennent pour résistance des tôles de chaudières les nombres suivants en kilogrammes par millimètre carré :

	Tôles percées.	Tôles poinçonnées.
Dans le sens du laminage.	33ᵏ,6	28ᵏ,0
Transversalement.	30 ,6	25 ,2

Les fers aux bois sont excellents à cause surtout de leur douceur et de leur ductilité. D'après Stevens (*Journal of Franklin Institute*, 1872), les tôles au bois américaines de Sligo ont donné :

Résistance moyenne par millimètre carré.	37ᵏ,9
— maxima.	40 ,0
— minima.	36 ,4

Les températures que l'on rencontre dans les chaudières à vapeur n'ont pas d'action nuisible sur la ténacité des tôles, comme on le voit d'après l'expérience suivante de Fairbairn :

Températures.	Ténacité en kil. par millim. carré.
1°,10	44ᵏ,5
15°,50	44ᵏ,2
45°,5	50
100°	56
121° à 132°	58
154° à 163°	59
213° à 224°	59
Chaleur rouge.	24 ,6

au contraire, la résistance augmente.

Il n'en est pas de même pour le cuivre d'après les résultats dus à l'institut de Franklin :

Le danger de surchauffe est ainsi bien plus rapide avec le cuivre qu'avec le fer.

DIMINUTION DE LA TÉNACITÉ DU CUIVRE EN PLAQUES POUR CHAUDIÈRES, D'APRÈS LES EXPÉRIENCES DE L'INSTITUT DE FRANKLIN. TÉNACITÉ A 0° = 23 K. PAR MILLIM. CARRÉ.

D'après *Wilson, Steam boilers*, p. 31.

TEMPÉRATURE.	DIMINUTION de la ténacité.	TEMPÉRATURE.	DIMINUTION de la ténacité.
32	0,0175	349	0,3425
82	0,0540	410	0,4398
132	0,0926	435	0,4944
182	0,1513	472	0,5581
235	0,2046	527	0,6691
236	0,2133	534	0,6741
273	0,2446	643	0,8861
277	0,2558	703	1

Tôles d'acier pour chaudières. L'emploi des tôles d'acier pour chaudières se généralise de plus en plus avec l'augmentation des pressions (elles atteignent 14 atmosphères pour les locomotives) et les nombreux perfectionnements de la fabrication.

Le meilleur acier est toujours l'acier fondu au creuset; il donne, avec des fontes moins pures, des tôles plus douces et plus résistantes que le convertisseur; leur homogénéité est presque parfaite, surtout si on les lamine dans les deux sens alternativement en long et en travers. Leur prix élevé est le seul obstacle à leur emploi général; elles seraient excellentes surtout pour les foyers; on peut les travailler avec la plus grande facilité, ce qui n'a pas lieu en général pour l'acier Bessemer. On peut compter sur une résistance moyenne de 55 à 70 kilog. par millimètre carré avec un allongement de 15 p. 100; mais on désigne souvent sous le nom d'*aciers fondus* des matières qui n'ont rien de commun avec l'acier du creuset. En Europe, le Nord-Est suisse l'emploie à l'exclusion des aciers Bessemer et Martin, sous la direction de M. May; le cahier des charges exige une traction de rupture de 60 kilog. avec un allongement de 16 p. 100.

L'acier Bessemer est de beaucoup le plus employé. La qualité fondamentale qu'il faut exiger pour les tôles de chaudières est la douceur; elles ne doivent pas se tremper. Le degré de carburation n'est pas la seule chose à considérer dans la composition chimique d'un acier; en outre, son traitement *physique*, au sortir du convertisseur, influe aussi grandement sur ses qualités. Néanmoins, on peut dire qu'en général un acier Bessemer avec moins de 3/8 p. 100 de carbone ne se trempera pas; avec plus de 5/8 p. 100 il ne pourra plus se souder; avec plus de 2 p. 100, on ne pourra pas le forger. Un bon acier pour tôles de chaudières présentera à peu près les caractères suivants : teneur en carbone 0,0025 à 0,0035; résistance à la rupture 45 à 55 kilog. par millimètre carré; allongement 20 à 25 p. 100. Il est dangereux de s'attacher à des charges de rupture plus élevées; d'ailleurs, la seule garantie sérieuse est l'essai, à l'usine même, de chaque tôle livrée.

L'emploi de l'acier Bessemer s'est répandu, surtout en Angleterre et en Amérique, pour les locomotives et les appareils de terre, pas encore pour les grandes chaudières marines, mais on y arrivera bientôt (*). M. Webb, au London and North Western, fait toutes ses nouvelles locomotives en acier Bessemer qu'il fabrique lui-même aux ateliers de la Compagnie, à Crewe. Cet acier a toujours donné les meilleurs résultats.
· L'emploi de l'acier pour les foyers s'est peu répandu, même en Angleterre. M. Adamson emploie l'acier Bessemer pour les tubes de ses chaudières à foyers intérieurs, mais « avant d'accepter chaque tôle, on en coupe un échantillon que l'on essaye..... L'application des tôles d'acier Bessemer aux foyers m'a donné les meilleurs résultats. Il n'y a pas de soufflures, les tôles durent très-longtemps. Quand l'eau manque, les tubes s'aplatissent, mais sans déchirures » (*Iron and Steel Institute*, 1875). En Amérique, l'acier doux au creuset est très-usité, au Pensylvanian notamment. Les tôles du foyer ont les épaisseurs suivantes : ciel, 6 millimètres; plaques tubulaires, 11 millimètres. Elles doivent, à l'épreuve, se doubler au marteau après trempage au rouge dans l'eau froide. On n'a pas pu descendre au-dessous de 6 millimètres à cause des filets des entretoises. D'après un rapport à l'*Institution* des *Masters Mechanics* en 1876, l'acier au réverbère (Martin) serait préféré sur la plupart des chemins américains. D'après ce rapport, en Amérique, la question serait résolue, pour les foyers de locomotives, en faveur de l'acier au creuset ou au réverbère, et indécise, au contraire, pour les corps cylindriques. C'est l'inverse en Europe.

On peut dire, qu'en général, l'acier ne supporte pas le feu avec autant de sécurité que le fer. Son travail à l'emboutissage en est rendu plus difficile; il faut le terminer en une ou deux chaudes, en opérant graduellement sur toute la pièce à la fois, ce qui exige souvent l'emploi de machines spéciales (Haswell, Piedbeuf, etc.). L'acier Bessemer souffre plus que le fer des actions mécaniques, notamment au poinçonnage. D'après M. Webb, on lui rend sa force primitive par un recuit, mais au rouge sombre seulement. L'emploi d'un outil agissant graduellement, tel que le poinçon hélicoïdal de Kennedy, diminue beaucoup l'action nuisible du poinçonnage (expériences de Webb, *Iron and Steel. Institute*, avril 1878).

Un bon acier Bessemer pouvant supporter 50 à 55 kilog. par millimètre, avec un allongement de 16 à 25 p. 100, permettra de diminuer d'un tiers environ l'épaisseur des tôles des chaudières en fer puddlé. Son échauffement, à cause de la plus facile transmission de la chaleur, sera diminué, mais sans augmenter sensiblement la puissance d'évaporation

---

(*) Voir *Institution of Naval Architects,* avril 1878, *The Use of Steel in marine Boilers,* by M. Parker; *Institution of Mechanical Engineers,* avril 1878, *On Experiments relative to Steel Boilers,* by W. Boyd.

par mètre carré de surface de chauffe moyenne. D'après M. Wilson, les pouvoirs conducteurs du fer et de l'acier seraient entre eux comme 218 et 244.

En général, on n'a pas profité, en Europe, de cet accroissement de résistance, pour diminuer l'épaisseur des tôles de chaudières aux locomotives.

Voici, d'après M. Wilson (*A Treatise on Steam. Boilers*, p. 52), les épreuves que Cammell fait subir à ses plaques d'acier pour chaudières.

Essai de forge (à chaud). Toutes les tôles, jusqu'à 25 millimètres d'épaisseur, doivent se courber à chaud d'un angle de 180°, suivant les fibres et dans une direction transversale.

Essai de forge (à froid). Elles doivent se courber sans déchirures comme il suit :

TOLES BESSEMER. RÉSISTANCE SUIVANT LES FIBRES : $51^k,5$ PAR MILLIM. CARRÉ.

Épaisseur en millim.	Avec le grain.	Contre le grain.	Épaisseur en millim.	Avec le grain.	Contre le grain.
25	45°	25°	11	90°	70°
22	50	30	10	110	80
19	60	40	8	120	90
16	70	50	6	120	100
13	80	60			

TOLES D'ACIER AU CREUSET. RÉSISTANCE SUIVANT LES FIBRES : 58 KIL. PAR MILLIM. CARRÉ.

Épaisseur en millim.	Avec le grain.	Contre le grain.	Épaisseur en millim.	Avec le grain.	Contre le grain.
25	50°	30°	11	130°	100°
22	60	35°	10	150	110
19	75	50	8	180	120
16	90	70	6	180	120
13	110	90			

Voir aussi Callon, *Cours de machines*, t. III, supplément, par M. Boutan. (Dunod.)

NOTE 66. **Entretoises.** En prenant $f = 300$ kilog. par centimètre carré, et désignant par c la distance de centre à centre des entretoises, la formule devient

$$a = \frac{pc^2}{300} = 0{,}0033pc^2,$$

$$c = \sqrt{\frac{300a}{p}} = 17{,}5\sqrt{\frac{a}{p}}.$$

Si l'on veut tenir compte de la résistance de la tôle, on peut la supposer divisée en bandes de largeur c uniformément chargées et appuyées aux centres des entretoises, d'où (d étant l'épaisseur)

$$c = \sqrt{\frac{2d^2}{p}} \times R.$$

On peut, pour une tôle de fer, prendre

$$R = 600 \text{ kilog. par centimètre carré.}$$

NOTE 67. **Tôles ondulées**. On a souvent, mais sans grand avantage, proposé leur emploi pour les tubes des chaudières de Cornouailles. (Voir *The Engineer*, 29 mars 1878, les expériences de M. Fox.) Récemment, MM. Haswell, en Autriche ; May, en Suisse ; Krauss, en Bavière, les ont adoptées avec succès pour les foyers de locomotives, soit avec des ondulations simples, soit capitonnées comme un matelas. On a pu ainsi réduire de moitié le nombre des entretoises et alléger beaucoup l'armature du ciel (*Couche*, tome III, p. 63). Cette forme a aussi l'avantage de mieux résister aux déchirures par dilatation ; c'est même uniquement dans ce but qu'on l'emploie, en partie seulement, vers le bas des tôles latérales des foyers, sur plusieurs chemins d'Amérique.

A consulter : *Proceedings of the Institution of Civil Engineers*, London, vol. 46, 1876. *On the Resistance of Boiler Flues to Collapse by W. C. Unwin.*

MOTEURS ANIMÉS.

NOTE 78. Ouvrages à consulter sur le travail des moteurs animés :
Marey, *la Machine animale* (Germer-Baillière).
S. Haughton, F. R. S. *Principles of Animal Mechanics*, Londres. Longman.
Poncelet, *Introduction à la mécanique industrielle.*
Hirn, *Exposition de la théorie mécanique de la chaleur.* (Gauthiers-Villars.)
Hervé Mangon, *Génie rural*, t. III. (Dunod, 1875.)
Th. Box, *A practical Treatise on Mill-Gearing.* (Spon, 1877.)

NOTE 83. **Travail de l'homme**. M. Hirn a démontré, par des expériences directes et prolongées, que, dans l'homme au repos, la quantité de calorique développée, en un temps donné, est *à peu près proportionnelle* à la quantité d'oxygène absorbée pendant ce même temps. Chaque gramme d'oxygène enlevé par les poumons à l'air aspiré produit environ $5^{cal},22$. A l'état de mouvement, l'homme absorbe un excès d'oxygène à peu près proportionnel au travail qu'il accomplit. La chaleur due à l'absorption de cet excès d'oxygène ne se manifeste pas à l'état sensible. Ainsi, dans une expérience, on a trouvé :

Travail produit en une heure. . . . . 27448^{kgm}
Oxygène absorbé. . . . . 131^g,74
· Calories que cet oxygène aurait engendré à l'état de repos
131,74 × 5,22 = ... , ... 647^c,68
Calories mesurées. 251
                                                           ─────────
        Différence. . . . . ; . . . . 436^c,68

Ces 436^{cal},68 ont été employées en travail externe et en phénomènes internes de tous genres qui n'existaient pas à l'état de repos. (Voir Hirn, *Exposition analytique et expérimentale*, t. Ier.)

TRAVAIL DE L'HOMME AU MOYEN DE MACHINES.

NATURE DU TRAVAIL.	R	V	$\frac{T}{3000}$	RV	RVT
Agissant sur une roue à chevilles :					
1° Au niveau de l'axe de la roue. . .	60	0,15	8	9	250200
2° Vers le bas de la roue ou à 24°. .	12	0,70	8	8,4	241920
Roues pénitentiaires (thread mills). . .	»	»	»	»	273000(max.)
Un homme exercé tirant et poussant alternativement dans un sens vertical.	5	1,10	8	5,5	158400
Manége des maraîchers.	»	»	8	»	200000
Baquetage de l'eau à bras.	»	»	8	»	46000
Puits ordinaire avec corde et poulie. .	»	»	8	»	75000
Puits très-profond, avec treuil à volant ou à manivelle.	»	»	8	»	170000
Sceaux à bascule.	»	»	8	»	60000

Travail pendant la marche. — D'après S. Haugton, le travail mécanique de la marche libre est donné par la formule

$$\tau = 0,0484\, pl.$$

τ travail en kilogrammètres,
p poids de l'homme en kilogrammes,
l distance parcourue en mètres.
D'après M. Hervé Mangon, le travail de la marche avec un poids p' serait

$$\tau = 0,05\,(p + p')l.$$

Lois de Haughton sur le travail des muscles.
Le travail des muscles pendant leur contraction est proportionnel à leur poids.
Pour un même muscle, le travail produit par une contraction est constant, ainsi que le produit du travail *continu* de ce muscle (jusqu'à la fatigue), par la durée de ce travail.

Chez l'homme, le kilogramme de muscle employé à un travail régulier et prolongé produit environ 0,65 kilogrammètre par seconde.

NOTE 88. **Travail journalier du cheval.** Ce travail diminue beaucoup aussi quand la vitesse augmente. D'après M. Fourier, il serait maximum pour une vitesse de $0^m,90$ environ par seconde, soit 3200 mètres à l'heure; en prenant ce travail pour unité, les travaux journaliers à différentes vitesses seraient représentés par les chiffres suivants :

Vitesse en mètres par heure.	Travail *utile* journalier.	Vitesse en mètres par heure.	Travail *utile* journalier.
2 000	0,69	10 000	0,68
3 200	1	12 000	0,51
4 000	0,99	14 000	0,33
6 000	0,94	16 000	0,18
8 000	0,83	18 000	0,07

(Hervé Mangon, *Génie rural*, t. III, p. 175.)

NOTE 90. **Manéges.** Pour un attelage par paire de bœufs, la piste du manége doit avoir un diamètre plus considérable, 14 mètres environ.

Les bras des manéges doivent être suffisamment flexibles pour amortir les chocs dus aux coups de collier; et l'arbre qui transmet sa puissance, muni d'un embrayage, afin d'éviter tout accident aux outils par un arrêt subit ou par le recul des animaux.

Le rendement des manéges essayés au concours de la Société royale d'agriculture d'Angleterre, en 1870, à Oxford, a varié de 0,79 à 0,70.

On trouvera une description et une discussion approfondie d'un grand nombre de ces appareils dans le *Traité de génie rural* de M. Hervé Mangon.

HYDRAULIQUE.

NOTE 94. **Jaugeage des cours d'eau.** I. Poncelet a donné la table suivante facilitant l'emploi de la formule (1) :

Valeurs de V.	Valeurs de $\frac{v}{V}$.	Valeurs de V.	Valeurs de $\frac{v}{V}$.
0,0	0,752	2,5	0,862
0,5	0,786	3	0,873
1	0,812	3,5	0,883
1,5	0,832	4	0,891
2	0,848		

Dans les cas ordinaires où V né dépasse pas $0^m,20$ à $1^m,50$, on peut prendre, d'après Prony :

$$v = 0,8\,V.$$

Pour les grands cours d'eau, cette formule donne des résultats trop forts ; pour la Seine, par exemple, on a :

$$v = 0,60\,V.$$

Pour le *moulinet de Woltmann*, décrit dans le texte, M. Baumgarten a donné la formule suivante :

$$v = 0,3595 \cdot n \sqrt{n^2 A + B},$$

dans laquelle on a :

v vitesse du courant;

n nombre de tours par minute;

A B constantes particulières à chaque instrument, déterminées en le faisant mouvoir dans une eau tranquille.

II. Cas où le déversoir est très-petit par rapport aux dimensions transversales du réservoir : le coefficient c suit, d'après Poncelet et Lesbros, la loi suivante :

Valeurs de h.	Valeurs de c.	Valeurs de h.	Valeurs de c.
0,01	0,424	0,08	0,397
0,02	0,417	0,10	0,395
0,03	0,412	0,15	0,393
0,04	0,407	0,20	0,390
0,06	0,401	0,22	0,386

On peut, pour ce cas, dans la pratique, employer la formule

$$Q = 0,405\,b \cdot h \sqrt{2gh}.$$

NOTE 98. **Charge dynamique.** C'est la valeur

$$\frac{p}{D} - z = h.$$

Dans le mouvement uniforme, la somme de la hauteur due à la vitesse et de la charge dynamique est constante

$$\frac{V^2}{2g} + h = \text{constante}.$$

NOTE 99. **Perte de charge dans les coudes.** Formule de d'Aubuisson :

$$H - h = \frac{v^2}{2g} \sin^2 i,$$

H, h hauteurs *piézométriques* avant et aussitôt après le coude;
i angle du coude, de 20° à 90°.

Pour un embranchement à angle droit, d'après Bélanger,

$$H - h = \frac{v^2}{g}.$$

D'après Navier, on a :
perte de charge due à un coude

$$H - h = \frac{v^2}{2g}(0,0039 + 0,1862)\frac{a}{r^2},$$

a, étant le développement de l'arc formé par l'axe du coude de rayon r.

Pour $d =$	0ᵐ,05	0ᵐ,10	0ᵐ,15	0ᵐ,20	0ᵐ,25	0ᵐ,80
on a $r =$	0ᵐ,45	0ᵐ,50	0ᵐ,75	1ᵐ,00	1ᵐ,50	2ᵐ,00

NOTE 104. **Ventouses.** On peut atteindre ce but au moyen d'un appareil appelé *ventouse* et qui consiste essentiellement en une soupape placée au coude supérieur du tuyau, et munie d'un flotteur. Quand l'air s'y accumule, le flotteur baisse, ouvre la soupape et laisse échapper l'air.

NOTE 106. **Mesure des hauteurs par le baromètre.** La formule (1), due à Halley, s'énonce par la loi suivante : « Les densités de l'air diminuent en progression géométrique, lorsque les hauteurs croissent en progression arithmétique. »

Pour de faibles hauteurs, la colonne barométrique baisse d'environ 1 millim. par 10 mètres de hauteur.

NOTE 107. **Manomètres métalliques à indications continues.** Il est facile de les disposer de façon à marquer des indications continues sur un papier mû par un mouvement d'horlogerie. (Exemple, le *manomètre de M. Edson*, pour la marine américaine, *Engineering*, 1873, 1ᵉʳ vol., p. 91.)

Il convient que les manomètres puissent indiquer des pressions très-supérieures aux pressions normales des chaudières qui les emploient et, dès qu'une certaine limite est dépassée, faire partir un signal avertissant du danger. (Voir les rapports au sujet de l'explosion du *Thunderer*, en 1876.)

NOTE 108. **Diamètres des tuyaux.** M. *Darcy* emploie les formules suivantes, pour des conduites en fer plus ou moins rugueuses après un certain usage,

$$h = 6,4846 \frac{f}{d^5} Q^2 = aQ^2,$$

d'où

$$\frac{h}{Q} = a \qquad Q = \sqrt{\frac{h}{a}}.$$

M. de Saint-Venant emploie la formule

$$\frac{hd}{4} = 0,00029557\, v^{\frac{12}{7}}.$$

Prony, d'après Dubuat Bossut et Couplet,

$$\frac{hd}{4} = 0,000\,0173\,.\,v + 0,000\,348\,.\,v^2.$$

Ethelvein a donné, comme suffisante dans la pratique, la formule

$$v = 26,44 \sqrt{\frac{d\mathrm{H}}{l + 54\,d}},$$

l étant la longueur du tuyau en mètres.

La formule de Darcy, pour l'écoulement de l'eau dans un tuyau fermé, est

$$\frac{d\,.\,j}{2} = f\,.\,v^2,$$

j étant la pente par mètre.

Pour un tuyau en état moyen de service, il faut doubler la valeur de f et prendre

$$d\,.\,j = 4fv^2;$$

d'où, en remarquant que l'on a

$$Q^2 = \frac{\pi^2 d^4}{16v^2},$$

on tire

$$\frac{j}{q^2} = 6,4816\,\frac{f}{d^5}.$$

Avec ces données, Darcy a construit une table complète (*Claudel*, p. 182).

NOTE 112. **Soupapes coniques.** D'après Reuleaux, en appelant D le diamètre du siége, celui de la chambre doit être environ 1,6 D, et l'orifice d'écoulement doit se trouver au-dessus du siége à une hauteur au moins égale à D, pour que le courant de retour ne maintienne pas la soupape ouverte.

La levée de la soupape doit être égale au moins à $\dfrac{D}{4}$; l'épaisseur du siége, à

$$e = 4 + \sqrt{D}, \text{ en millim.}$$

Quand la soupape est guidée par des ailettes, on peut les contourner en hélices, de façon à renouveler à chaque coup la surface de contact.

Une disposition très-simple de soupape à soulèvement est celle adoptée dans les pompes de Tangye : le siége est en caoutchouc vulcanisé, la partie supérieure étant conservée souple, pour adoucir le choc des soupapes.

NOTE 116. **Soupape à boulet.** Il convient que l'orifice de refoulement soit au-dessus de la sphère au repos, à une hauteur au moins égale au diamètre D du siège. Le diamètre de la chambre est au moins 2D.

On a parfois, comme dans la machine soufflante d'Inglis, remplacé le boulet par un cylindre creux.

NOTE 117. **Clapets.** Quand on emploie des clapets entièrement métalliques, il est prudent d'amortir les chocs en appuyant sur le clapet au moyen d'un ressort, et en faisant son siége en bois dur bouilli dans l'huile, avec ses fibres perpendiculaires à la face du clapet. Le clapet doit, en l'absence de ressort, être muni au dos d'une pièce de bois frappant sur un heurtoir qui limite sa course.

D'après Reuleaux, D, étant le diamètre intérieur du siége en millimètres, on doit prendre :

Pour épaisseur du siége. . . . . . $e = 4 + \sqrt{D}$ en millim.
Pour diamètre de la chambre. . . $D' = 1,5\,D$

L'angle d'ouverture des clapets varie de 30° à 40°.

NOTE 125. **Frottement du cuir embouti.** D'après Hick, ce frottement serait au contraire indépendant de la hauteur h, et donné par la formule

$$f = p\,\frac{\pi}{4}\,d = 0,725\,d.$$

NOTE 126. **Frottement du piston.** Le travail absorbé par course de longueur l, par un piston de diamètre d, supportant une pression motrice de p kil. par unité de surface est, en, désignant par h la hauteur de sa garniture,

$$f = \pi dhlpf = hf\tau_u.$$

La valeur du coefficient de frottement f est

Pour un cuir embouti dans un cylindre en bois de chêne. 0,29
  —   mouillé, non graissé, dans un cylindre en fonte. . 0,36
  —   graissé et mouillé. 0,23
Garniture en cuir enduite de plombagine. 0,20

D'après Ethelwein, pour les stuffing-box et les pistons à garniture de chanvre ou de rondelles en cuir superposées, ce travail serait donné par la formule

$$\tau = ndl\, \frac{p}{1000}.$$

Les mesures étant en mètres et en mètres carrés, les valeurs de n sont

Pour un cylindre en laiton poli. 7
  — en fonte simplement forée. 13
  — en bois lisse. 25
  — en bois brut ou dégradé par l'usage. 50

NOTE 128. **Presses hydrauliques.** Dans le but d'obtenir de très-hautes pressions, M. Desgoffe commence la compression au moyen d'une pompe, comme dans les presses ordinaires, et la termine en faisant pénétrer dans l'eau du cylindre, soit une vis, soit une corde qui s'y enroule sur un axe. De là le nom de *sterhydraulique* donné à ces presses.

On a le plus grand intérêt à faire les cylindres des presses hydrauliques avec des parois aussi minces que possible; on y arrive en les coulant avec beaucoup de soins le fond en bas, et avec de la fonte pure provenant de plusieurs fusions. Il n'est pas prudent de dépasser en pratique une tension de 6 kilogrammes par millimètre carré, pour des cylindres en excellente fonte.

Il y a en outre avantage, au point de vue de l'économie de la matière, à augmenter le diamètre du piston pour un effort P donné, plutôt que d'exagérer la pression p. En effet, la formule (1), article 64, donne

$$\frac{R-r}{r} = \frac{e}{r} = \sqrt{\frac{f+p}{f-p}} - 1, \qquad (1)$$

d'où, pour la section s du cylindre,

$$S = \pi(2r + e)e = \pi r^2\, \frac{2p}{f-p}, \qquad (2)$$

en remplaçant e par sa valeur tirée de (1).

 Appelons :

r' le rayon du piston ;

n le rapport $\dfrac{r}{r'}$ que l'on peut considérer comme constant ;

R la résistance totale à vaincre, il vient

$$S = n^2 \frac{2R}{f-p},$$ (3)

qui montre que, pour des valeurs données de f et de R, S diminue avec p.

La partie la plus dangereuse du cylindre est le raccordement du fond. On le remplace avec avantage par une plaque de fer ou de fonte.

Le piston de la presse hydraulique est souvent accompagné d'un piston de rappel plus petit, marchant à contre-pression pendant que le gros plongeur travaille, et destiné à le ramener dès que la pression est terminée.

A consulter :

Institution of Mechanical Engineers.

Novembre 1877. *On Improved Hydraulic Presses*, by R. Wilson.

Mars 1878. *American direct acting Steam and Hydraulic Presses*, by R. H. Tweddel.

Avril 1878. *Construction of vessels to resist high internal pressures*, by W. Siemens.

NOTE 131. **Machines à pression d'eau.** Ouvrages à consulter :

Proceedings of the Institution of Mechanical Engineers, 1869. *Hydraulic Machinery for Warehousing*, by Percy Westmacott.

Journal of the Iron and Steel Institute, 1874. *On Valves suitable for working Hydraulic Machinery*, by R. Luthy.

Proceedings of the Institution of Civil Engineers. London, vol. L, 1877. *The history of the modern developpement of Water-pressure Machinery*, by W. G. Armstrong.

Annales des mines, tomes VI et VII, 1876. *Transmission au moyen de l'eau sous pression*, par M. Achard.

NOTE 138. **Hauteur du ressaut.** D'après Poncelet et Bélanger, on a, pour un canal rectangulaire,

$$h' - h = \frac{v^2}{4g} - h + \sqrt{\frac{v^2}{2g}\left(\frac{v^2}{8g} + h\right)}.$$

Fig. 11.

ROUES HYDRAULIQUES.

NOTE 151. **Roues de côté** (type *fig.* 48). Les pertes d'énergie que l'on rencontre dans ces roues sont les suivantes, en conservant les notations habituelles :

1° Perte due à la vanne

$$0{,}075\ DQ\ \frac{v_1^2}{2g};$$

2° Perte due au choc de l'eau sur les aubes

$$DQv_2^2 = DQ\,(v_1^2 + u^2 - 2uv_1 \cos a),$$

minima pour

$$u = v_1 \cos a,$$

ce qui donne pour la perte

$$DQ\ \frac{v_1^2 \sin^2 a}{2g} = DQ\ \frac{1}{4}\ \frac{v_1^2}{2g}$$

quand $\sin a = \frac{1}{2}$; $a = 30°$ (sa valeur habituelle). La forme des aubes doit être autant que possible courbe, leur premier élément étant dirigé suivant le rayon de la roue. Pour les aubes polygonales en bois, M. Bélanger recommande le tracé suivant : trois côtés, le premier suivant le rayon, le dernier à peu près tangent à la circonférence, et celui du milieu faisant avec les autres des angles de 135° environ. Le point d'admission de l'eau doit se trouver à environ 0^m,50 au-dessous de l'axe de la roue.

3° Perte due au frottement du coursier

$$0{,}4\ u^2\ \pounds\,(b + 2h),$$

$\pounds$ développement du coursier,
b longueur de la lame d'eau à la sortie de la roue,
h hauteur   —   —

Le bas du coursier ne doit pas être placé au niveau du canal de fuite, mais un peu au-dessus, de façon à utiliser la charge

$$h = \frac{u^2}{2g}$$

due à la vitesse de l'eau quittant la roue. On peut placer ce point à une profondeur égale a la hauteur h' du ressaut correspondant (note 138)

$$h' = \frac{h}{2} + h\ \sqrt{\frac{5}{4}} = \frac{h}{2} + 1{,}118\,h = 1{,}6\,h\ \text{ environ.}$$

Les aubes doivent plonger dans le canal de fuite de toute l'épaisseur de la lame d'eau admise entre elles; et le fond du coursier doit se prolonger jusqu'à 3 ou 4 mètres en amont de l'axe de la roue par un plan incliné au 1/12 environ.

L'épaisseur de la lame d'eau au-dessus du déversoir ne doit pas en général dépasser 0^m,30.

L'écartement des aubes doit surpasser de 1/3 à 1/2 cette épaisseur. Leur hauteur suivant le rayon doit être telle que la capacité entre deux aubes consécutives soit à peu près égale à deux fois le volume d'eau qui s'y introduit.

La vitesse, la plus convenable à la circonférence, est de 1^m,30 environ par seconde; le diamètre varie de 4 à 7 mètres au plus.

Le rendement, pour des roues *lentes* et des chutes de 2 mètres à 2^m,50, varie de 0,8 à 0,7.

NOTE 151. **Roues Sagebien.** C'est le type par excellence des roues de côté extrêmement lentes.

Les vannes sont droites, inclinées à 45° environ sur le niveau du canal d'arrivée, sauf près de l'extrémité extérieure, où elles rebroussent suivant le rayon de la roue. Elles sont emboîtées dans le coursier avec un jeu très-faible de 3 millimètres environ, et marchent avec une vitesse à la circonférence égale à celle de l'eau à l'arrivée. Le niveau de l'eau reste à peu près constant sur la première vanne plongeante; le courant y paraît immobile.

Quand la vitesse est suffisamment lente, 0^m,60 environ par seconde, l'eau arrive sans choc, et les aubes sortent du bief d'aval sans entraîner d'eau. Grâce à leur inclinaison, elles déposent l'eau graduellement et comme par couches lancées dans la direction du courant avec des vitesses peu différentes de la sienne. Cette roue marche toujours noyée.

Le rendement de ces roues est très-élevé, 0,80 au moins, avec une vitesse de 0^m,60 à 0^m,70. Elles peuvent utiliser de faibles chutes à très-grands volumes d'eau, sans exiger une grande largeur. Leur débit atteint environ 1 500 litres par mètre de largeur et par seconde.

Leur inconvénient principal est de ne pouvoir, avec une vitesse donnée, recevoir qu'un volume d'eau constant, circonstance qui permet de les utiliser comme compteurs, mais qui en rend l'emploi difficile contre des résistances variables. Quand la résistance diminue, la vitesse augmente ainsi que le débit, et *vice versa;* c'est le contraire qu'il faudrait. De plus, ces roues sont très-grandes et très-lourdes à cause de la grande masse d'eau qu'elles doivent porter. Leur extrême lenteur exige des transmissions multiples qui, dans bien des cas, diminueraient beaucoup leur rendement et leur simplicité.

Roues Straubb. Elles se distinguent des roues Sagebien par la forme de leurs aubes courbées de façon à quitter normalement le canal de fuite. La forme de la partie des aubes immergée dans l'eau est une développante d'un cercle concentrique à la roue, et tangent au niveau moyen du canal de fuite. Cette roue marche plus vite que la roue Sagebien.

Roue à admission intérieure de côté. MM. Millot et Straubb ont inventé la roue représentée par la *fig.* 12, caractérisée par ce fait que l'eau y pénètre par la circonférence intérieure.

Fig. 12.

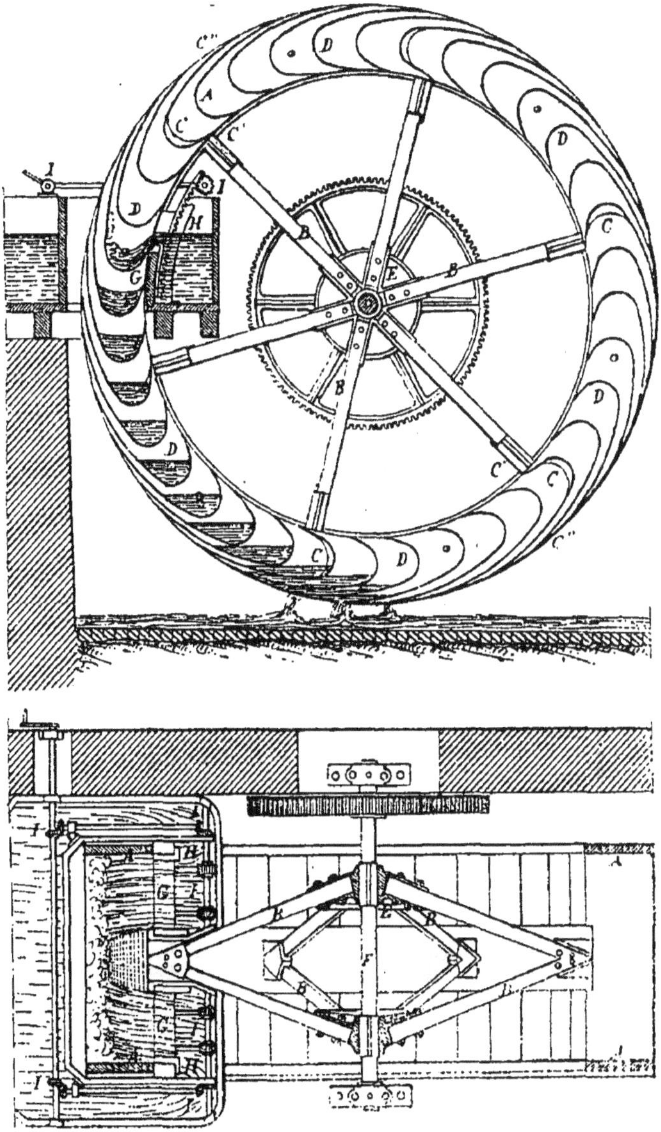

Les aubes, à l'entrée, doivent avoir leur premier élément tangent à la vitesse relative v_2 de l'eau ; à sa sortie, leur dernier élément doit être, autant que possible, tangent à la circonférence de la roue ; la vitesse de sortie de l'eau v' doit différer aussi peu que possible de u, de façon à réduire la perte de charge

$$\frac{u^2 - v'^2}{2g}$$

qui résulte de cette différence. De même pour la vitesse d'arrivée v_1, de façon à réduire la perte par frottements et tourbillonnements représentée par

$$v_2^2 = u^2 + v_1^2 - 2v_1 u \cos a = (v_1 - v)^2 \text{ pour } \cos a = 1.$$

Le grand avantage de cette roue est d'avoir des conditions d'entrée indépendantes de celles de sortie, de sorte que l'aube peut avoir chacune de ses extrémités satisfaisant aux conditions d'une bonne admission et d'une sortie sans perte de charge notable ni déversement; et cela avec de grandes variations dans le niveau de l'eau au canal d'arrivée, tandis que les roues à augets ordinaires ne conservent leur rendement que pour des limites de travail très-restreintes.

Son inconvénient est sa lourdeur et son prix élevé, provenant de la multiplicité des aubes nécessaires pour réduire $(v_1 - u)^2$ à un minimum.

On peut compter sur un rendement de 80 p. 100 environ.

NOTE 156. **Déversement des augets. Roues lentes.** Par

Fig. 13.

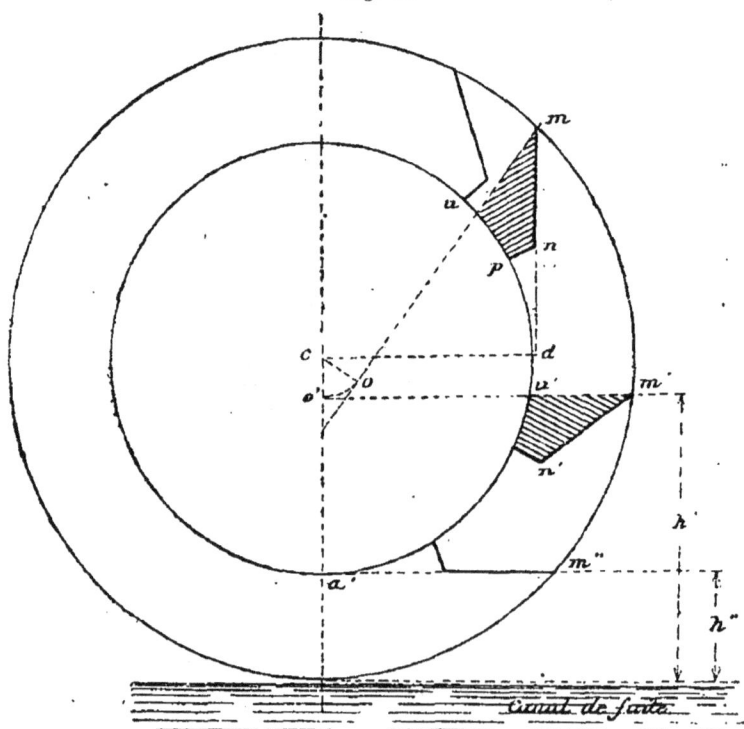

le bord m d'un quelconque des augets de largeur l, menons mo, telle que

$$\text{Surface } mnpu \times l = q_1,$$

q_1 étant le volume de l'eau dans l'auget avant le déversement.

Traçons le cercle coo' tangent à om. Le déversement commence en m', $o'u'm'$ étant horizontal.

Par c, menons cd perpendiculaire sur le prolongement de mn; prenons $ca' = cd$: le déversement finit en m'', $a'm''$ étant horizontal.

Le travail perdu par ce déversement est

$$\int_0^{q_1} dqh = \int_{h''}^{h_1} qdh.$$

On peut intégrer par la formule de Simpson, en divisant h' en n parties égales (n étant un nombre pair) et calculant les volumes $q_1 . q_2 ... q_{n+1}$ correspondant.

$$\int qdh = \frac{h'}{3n}[q_1 + 2(q_3 + q_5 + ...) + 4(q_2 + q_4 + ...) + q_{n+1}]$$

pour $n = 4$, suffisant en pratique

$$\int qdh = \frac{h'}{12}[q_1 + 2q_3 + 4(q_2 + q_4) + q_5].$$

Dans la pratique, on peut se contenter souvent de l'approximation

$$\int_0^{q_1} dqh = q_1 \frac{h' + h''}{2}.$$

NOTE 161. **Roues à augets à grande vitesse**. Conditions pour que la force centrifuge n'empêche pas l'eau d'atteindre le fond de l'auget.

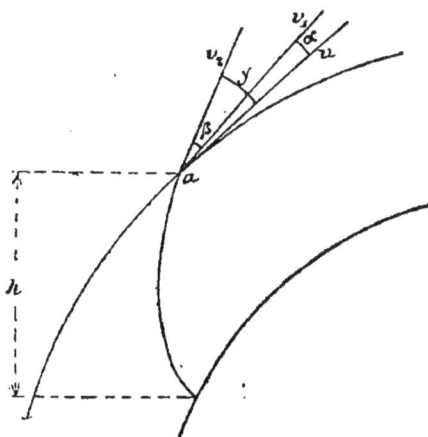
Fig. 14.

On se donne :
v_1 vitesse d'arrivée de l'eau;
u vitesse de la circonférence de la roue;
β angle de v_1, avec la vitesse v_2 de l'eau relative à l'auget qui doit être tangente à son premier élément;
$\gamma = \beta + \alpha$;
r, r' rayons extrêmes de la couronne;
h hauteur de l'auget.

On a, pendant un temps très-court, pour la perte de force vive d'une masse d'eau dm perdant toute sa vitesse v^2.

$$dmv^2 = dm(v_1 \cos \beta - u \cos \gamma)^2,$$

pour le travail de la force centrifuge pendant que l'eau descend de h,

$$dm \frac{\omega^2(r^2 - r'^2)}{2},$$

et pour celui de la pesanteur,

$$dmgh,$$

équivalant à un accroissement de force vive $dm \times 2gh$. Il faut, pour que l'eau puisse atteindre le fond de l'auget, que l'on ait

$$\omega^2(r^2 - r'^2) < (v_1 \cos \beta - u \cos \gamma)^2 - 2gh.$$

ROUES PONCELET.

NOTE 166. **Fond du coursier**. Un filet d'eau arrivant sur l'aube en A, avec une vitesse absolue v_1, la normale à sa surface en ce point fera avec AC un angle

$$\beta = \text{angle } uv_1.$$

Fig. 15.

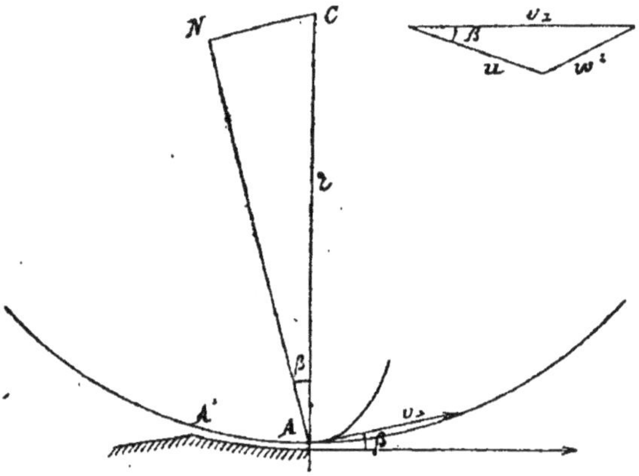

Cette normale est tangente au cercle décrit avec

$$CN = r \sin \beta \quad \text{pour rayon}.$$

Comme les filets sont parallèles au fond du coursier, il convient de lui donner une forme telle que toutes ses normales soient tangentes au cercle CN, c'est-à-dire la forme d'une développante de ce cercle. Le point A', où il se termine, est tel que sa normale passe par l'intersection du filet d'eau supérieur avec la circonférence de la roue; à partir de ce point, il se raccorde, par un cercle de grand rayon, avec le fond du canal d'arrivée.

Ce tracé a l'inconvénient de relever le seuil de la vanne; M. le général

Fig. 16.

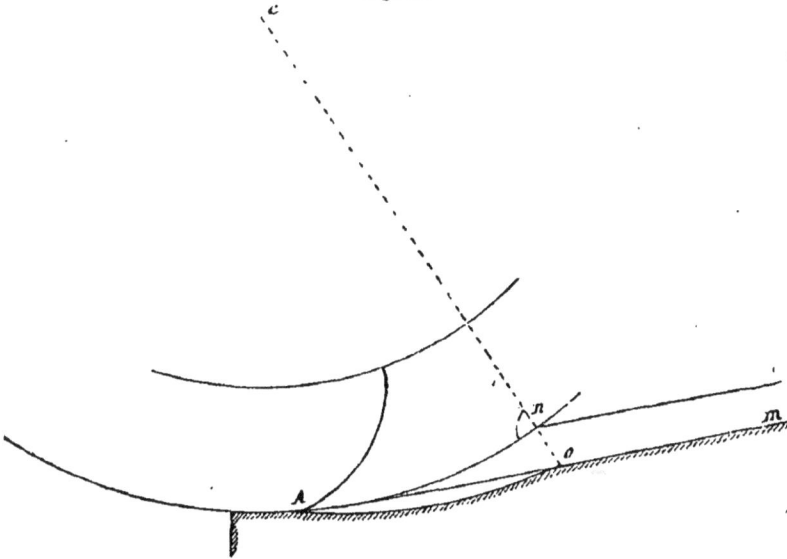

Morin a proposé de le remplacer par le tracé suivant : Par A on mène Am incliné de $\frac{1}{10}$ environ sur la tangente; par le point n, où le filet supérieur rencontre la circonférence de la roue, on mène un rayon cn, prolongé jusqu'en o; de o et A, le coursier a la forme d'une spirale, c'est-à-dire qu'il se rapproche de la circonférence de la roue de quantités égales pour des angles égaux décrits de son centre.

Les différents filets, décrivant des spirales semblables, pénètrent dans l'aube sous des angles peu differents, et par conséquent sans chocs apparents, si le premier élément de l'aube est dirigé suivant la vitesse moyenne du courant.

———

NOTE 168. **Tracé des aubes.** Elles doivent être en arc de cylindre, faisant un angle ordinairement de 30° avec la circonférence extérieure de la roue, et un angle droit avec la circonférence intérieure.

Soient r, r' les rayons de la couronne (*fig.* 17).

Par un point n, on mène $no = r'$ faisant un angle de (30°) avec la circonférence extérieure, avec $om = r$, on décrit un arc coupant la circonférence intérieure en m.

nc', mc' perpendiculaires à om, et à cm donnent, par leur intersection c', le centre de l'aube mn.

En effet, dans les triangles égaux, cmn, omn, on a $\overset{\frown}{omm} = \overset{\frown}{cmn}$: par

Fig. 17.

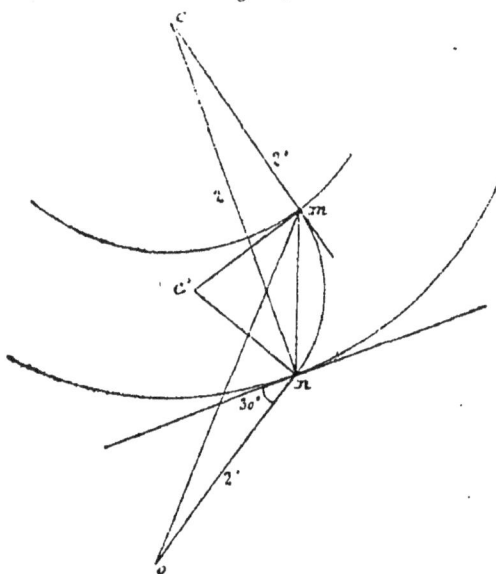

suite, dans le triangle $c'mn$,

$$\widehat{c'nm} = \widehat{c'mn} = \widehat{omn} - 90^\circ;$$

donc

$$c'm = c'n, \text{ etc.}$$

NOTE 170. **Roues pendantes**. Faisant dans cette formule $u = 0,4\ v_1$, il vient à peu près

$$R_u = 20Av_1^3.$$

La hauteur des aubes, suivant le rayon de la roue, doit être, d'après l'expérience, environ $\frac{1}{4}$ à $\frac{1}{5}$ de ce rayon.

D'après Navier, il convient d'incliner les aubes de façon qu'elles forment avec le rayon, du côté de l'amont, un angle de 30° quand la roue plonge de $\frac{1}{4}$ à $\frac{1}{5}$ de son rayon, et de 15° quand elle plonge de $\frac{1}{3}$ de ce rayon, profondeur maxima.

D'après Morosi, il y a avantage à garnir les aubes de couronnes ou simplement de rebords vers l'amont, ayant 0m,10 environ de saillie à leurs extrémités.

La profondeur d'immersion des aubes ne doit pas en général dépasser 0m,05, mais, quand le courant est profond, comme sur le Rhône, elle atteint parfois 0m,50 à 0m,80, parce que, dans ce cas, la vitesse maxima du courant se trouve en un point assez éloigné sous la surface de niveau.

La largeur de ces roues varie ordinairement de 2m,50 à 5 mètres, leur diamètre, de 4 à 5 mètres. On augmente leur travail en les plaçant entre deux bateaux formant canal.

NOTE 180. **Turbine Fontaine.** Le terme $a^2 r^2 (1 - n^2)$ (art. 174), dû à la force centrifuge, est nul pour cette turbine. Le débit y est par conséquent indépendant de la vitesse angulaire. Dans la turbine Fourneyron, ce débit augmente avec la vitesse angulaire, ce qui oblige à une action très-prompte du régulateur pour éviter que la turbine ne s'emporte lorsque le travail vient à diminuer. L'inverse a lieu pour la turbine centripète de Thompson, qui peut ainsi, dans une certaine mesure, se régler d'elle-même.

NOTE 181. **Turbine à siphon de Girard et Callon.** C'est une turbine à courant parallèle dans laquelle l'eau est amenée du bief d'amont par un siphon que l'on amorce au moyen d'une petite pompe à air. L'avantage de ce système est de faciliter beaucoup l'établissement de la turbine quand elle doit débiter de grands volumes d'eau sous une faible charge. (Comme exemple, voir Oppermann, *Portefeuille des machines* pour 1872, description de la *turbine des eaux de Genève*.) On y remarquera aussi l'application du graissage hydraulique de Girard à la crapaudine supportant l'axe de la turbine.)

Turbine Jonval. On peut, dans ce système, diminuer la pression de l'arbre sur la crapaudine en le munissant, auprès de sa sortie de l'enveloppe, d'une calotte hémisphérique ayant sa concavité vers le haut et tournant dans une autre calotte renversée vers le bas et fixée au couvercle. La boîte ainsi formée communique avec le bief d'aval par un tuyau d'aspiration qui y forme un vide partiel. Cette disposition a rendu de bons services, notamment aux turbines de Bellegarde.

Roue-hélice de Girard. C'est une turbine à courant parallèle et sans directrices. Son axe est horizontal et parallèle au courant. Les aubes sont des lames contournées en hélicoïdes, de façon que la vitesse de l'eau relative à leur dernier élément soit aussi faible que possible. La hauteur des aubes suivant le rayon augmente de l'amont vers l'aval, de façon à laisser la section d'écoulement sensiblement constante. On évite ainsi l'engorgement sans directrices.

NOTE 182. **Turbine Fourneyron. Tracé des aubes.** Par les points de division A, B, etc., on mène des droites AC, BD, faisant avec les tangentes aux points de division l'angle β : sur BK, perpendiculaire à BD, on prend

$$BG = d \sin \beta,$$

d étant la distance d'axe en axe des aubes comptée sur la circonférence extérieure de la turbine; puis, d'un centre H, pris par tâtonnements sur BK, on trace un arc GI normal au cercle intérieur de la turbine et tangent à la circonférence décrite avec BG. On raccorde ensuite cette courbe avec AC.

Fig. 18.

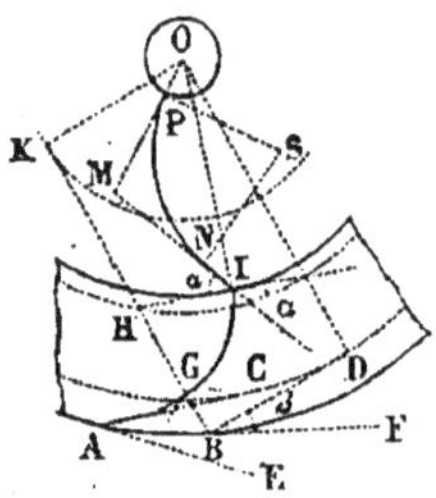

Pour tracer les directrices, on mène IM faisant l'angle α avec la circonférence intérieure, et l'on construit sur OI le triangle isocèle OMN. On trace la circonférence OP du tube de l'arbre; sur IM, on prend IN = à son rayon, puis on trace l'arc NP, en prenant pour centre le point de rencontre des perpendiculaires PS, NS, à OM et à MN.

Le tracé des aubes suivantes est facilité par la remarque que toutes les droites BK sont tangentes à la circonférence de rayon OK, et toutes les droites AC à la circonférence de rayon OD. Tous les points H sont sur une même circonférence décrite du point O.

Rayon du cercle intérieur. D'après M. Fourneyron, il convient de prendre la surface du cercle intérieur de la roue égale au moins à quatre fois la somme des sections des canaux à l'entrée de l'eau sur la roue; ce qui donne pour son rayon

$$r = 8c \sin a h,$$

h étant la hauteur de la roue.

La vitesse de l'eau dans le cylindre de la turbine ne doit pas être supérieure au quart de celle due à la chute, ni dépasser $3^m,50$ à 4 mètres environ.

NOTE 183. **Turbine hydropneumatique de Girard et Callon.** L'application du principe a une limite facile à fixer : si l'on appelle h la différence de niveau des deux biefs ou hauteur de chute disponible, h' la hauteur de la roue, la vitesse de sortie est sensiblement celle due à la hauteur $h - h'$, au lieu d'être celle due à la hauteur h pour cette même turbine noyée.

On voit que l'hydropneumatisation, tout en augmentant le rendement, diminue le débit, et par suite la puissance de la turbine; pour $h' = h$ cette puissance est nulle. C'est la limite extrême. Il faudra donc, dans le calcul, tenir compte de cette diminution dans la vitesse d'écoulement, pour élargir les orifices, de façon à conserver à la roue son débit. En outre, on voit que le principe cesse d'être applicable quand la hauteur h' devient une fraction trop considérable de h.

Turbines mixtes. On trouve un exemple remarquable de turbines *mixtes* dans la turbine *Leffel*, usitée surtout aux États-Unis. La roue est double; la partie supérieure est construite comme la roue de Thompson, la partie inférieure, de même diamètre, comme celle d'une turbine Fontaine. Ces deux systèmes sont séparés par une couronne. L'eau sortant des guides s'y divise en deux courants, l'un parallèle à l'axe de rotation agissant sur les aubes inférieures, l'autre, centripète, sur les vannes supérieures. Cette turbine est d'une construction très-simple, et s'équilibre facilement autour de son axe de rotation. Son rendement s'élève à 80 p. 100 environ. La turbine de *Swain*, construite d'après le même principe, mais dont les deux parties ne sont pas séparées par une couronne, a donné jusqu'à 83 p. 100 (*Journal of the Franklin Institute*, 1875).

Turbines à hautes chutes. Quand la hauteur de chute dépasse 3 à 4 mètres, il convient, au point de vue de l'économie et de la simplicité de la construction, de faire arriver l'eau motrice dans une bâche qui entoure la turbine. C'est surtout pour les très-hautes chutes à faible volume d'eau qu'il convient d'employer les roues-turbines à admission partielle, c'est-à-dire ne recevant l'eau motrice que sur un ou deux points de leur circonférence. On peut donner à ces appareils des diamètres assez grands pour éviter les vitesses de rotation énormes auxquelles conduirait alors l'emploi d'une turbine ordinaire. Ces roues peuvent être à axe horizontal aussi bien que vertical. (Voir, pour la description des roues de *Girard*, *l'Atlas du cours de machines de M. Callon*.)

Quand il s'agit d'utiliser une chute élevée de très-faible débit, et ne pouvant par conséquent donner qu'un faible travail, on emploie avec avantage de petites turbines dont le mérite est avant tout une extrême simplicité et une commodité d'installation indispensable. Ces petites turbines marchent à très-grande vitesse, jusqu'à 3 000 tours par minute, et presque sans entretien ; le rendement est ici une question secondaire. (Voir Hervé Mangon, *Génie rural*.)

Note 187. **Bélier hydraulique**. M. *Bollé*, en France, et M. *Fife*, en Angleterre, ont apporté de grands perfectionnements à la construction de ces appareils. Dans le bélier de M. Bollé, le reniflard destiné à maintenir la provision d'air est remplacé par une pompe à air à piston d'eau greffée sur la conduite de refoulement, et qui n'a besoin d'aucune surveillance. Le clapet d'échappement est circulaire, et sur son siége se trouve une rainure correspondante à une saillie circulaire de la face qui s'y engage à la fermeture, mais en refoulant l'eau qui se trouve dans la rainure. Cette ingénieuse combinaison diminue considérablement les chocs. Pour les grands appareils, le poids de ce clapet est équilibré au moyen d'un levier à poids variables ; ces appareils ont donné jusqu'à 65 p. 100 de rendement dans des conditions moyennes (*Annales du Conservatoire des arts et métiers*, 1864).

Dans le bélier de M. Fife, l'eau motrice est séparée de l'eau refoulée par un diaphragme flexible en caoutchouc : on peut ainsi se servir d'une eau impure pour élever de l'eau pure ou tout autre liquide (*The Engineer*, 1876, 1er semestre, p. 160).

THERMODYNAMIQUE.

NOTE 206. **Loi de Dulong et Petit.** Cette loi est ordinairement énoncée comme dans le texte et n'est qu'approximative; en outre, elle ne présente à l'esprit aucune raison d'être, car la chaleur spécifique donnée par les tables des physiciens varie avec les travaux internes et externes des corps expérimentés. M. Hirn (*Exposition analytique*, t. II, p. 149) a fait remarquer que l'énoncé exact et rationnel de cette loi est le suivant :

Le produit de la chaleur spécifique absolue (art. 242) *d'un corps simple ou composé par son équivalent chimique est constant* (= 15).

Avec l'hydrogène, gaz presque parfait, on trouve, par l'expérience, pour ce produit, le nombre 15,089, en prenant 1 pour équivalent de l'oxygène. M. Hirn a déduit de cette loi ainsi modifiée des conséquences extrêmement remarquables.

CHAUDIÈRES ET FOYERS.

NOTE 221. **Conductibilité.** D'après M. Wilson (*On Steam Boilers*, 280), la résistance thermique des incrustations ordinaires est telle, qu'au bout de quelques jours de marche, le cuivre, le laiton et le fer donnent les mêmes résultats comme évaporation pratique, et que l'épaisseur des tôles, dans les limites habituelles de 10 à 15 millimètres, n'a pas d'influence notable sur la puissance d'évaporation. On peut d'ailleurs reconnaître que, même sans la présence de ces dépôts, la puissance de vaporisation d'une chaudière peut être, entre certaines limites, pratiquement indépendante de l'épaisseur des tôles ; car si les premiers mètres de la surface de chauffe à partir du foyer sont plus efficaces dans la chaudière mince, les derniers mètres le seront d'autant moins, parce que les gaz y arrivent plus froids. (Voir *Annales du génie civil*, septembre 1874; un mémoire de M. P. Havrez sur l'*Évaporation décroissant en progression géométrique*.)

NOTE 222. **Condensation par surface.** (*Expériences de M. B. G. Nichol.*) Ces expériences furent exécutées vers la fin de 1875, dans un but avant tout pratique, sur un élément de condenseur à surface formé d'un tube de fer de $1^m,65$ de long sur 950 millimètres de diamètre extérieur, parfaitement enveloppé contre le rayonnement, et traversé par un tube de laiton de 20 millimètres de diamètre qui recevait l'eau de circulation. L'appareil pouvait se placer à volonté horizontal ou vertical.

Les résultats principaux de ces expériences sont renfermés dans le tableau ci-dessous : on en trouvera une description et une discussion approfondie dans l'*Engineering* du 10 décembre 1875. Les chiffres de ce

	POSITION DU TUBE.					
	Verticale.			Horizontale.		
Numéro de l'expérience.....	1	2	3	1	2	3
Durée.............	20ᵐ	»	»	»	»	»
Vapeur :						
Pression de la vapeur....	12ᵏ,4	12ᵏ,4	13ᵏ	11ᵏ,7	11ᵏ,7	12ᵏ,3
Température de la vapeur..	124°	124°	124°,5	123°	123°	123°,5
Eau de condensation :						
Température.........	94°	94°	91°	94°,5	93°,3	93°,3
Poids par mètre carré de surface condensante et par heure...........	256ᵏ	382ᵏ	412ᵏ	301ᵏ	466ᵏ	592ᵏ
Comparaison........	1	1,49	1,61	1	1,54	1,79
Eau de circulation :						
Température initiale.....	14°,5	14°,5	14°,5	14°,3	14°,5	14°,5
Température finale......	60°	34°	29°,5	74°	38°,3	34°,5
Différence..........	45°,5	19°,5	15°	59°,7	23°,8	20°
Vitesse de circulation, en mètre, par seconde.......	0ᵐ,41	1ᵐ,50	2ᵐ	0ᵐ,39	1ᵐ,55	2ᵐ,10
Poids par mètre carré de surface condensante et par heure.	3216ᵏ	11080ᵏ	15538ᵏ	3089ᵏ	12225ᵏ	16544ᵏ
Comparaison.........	1	3,45	4,83	1	3,96	5,35
Poids par kilog. de vapeur condensée............	12ᵏ,6	29ᵏ	37ᵏ,7	9ᵏ,3	24ᵏ	27ᵏ,9
Comparaison........	1	2,3	3	1	2,58	3
Différence des températures de la vapeur et de l'eau de condensation à sa sortie....	64°	90°	94°	49°	84°	89°
Calories transmises par différence d'un degré par mètre carré de surface condensante et par heure......	2294ᶜ	2406ᶜ	2465ᶜ	3765ᶜ	3460ᶜ	3787ᶜ
Comparaison.........	1	1,05	1,08	1	0,92	1,005
Calories transmises par mètre carré et par heure......	146000ᶜ	218400ᶜ	232445ᶜ	184000ᶜ	292000ᶜ	335387ᶜ

tableau s'écartent notablement de ceux que fournit la pratique des condenseurs à surface : une des causes principales en est dans l'impossibilité d'y maintenir les surfaces condensantes suffisamment nettes; ses indications sont néanmoins très-précieuses, elles font ressortir, entre autres, les faits généraux suivants :

1° La grande supériorité de la disposition horizontale, qui tient probablement à ce que l'eau de condensation ne s'y dépose pas sur les tubes de circulation qui restent ainsi toujours en contact direct avec la vapeur.

La *condensation par mètre carré de surface condensante et par heure* est presque *proportionnelle à la racine cubique du poids d'eau de circulation;* ou encore, le poids d'eau de circulation, par kilogramme de vapeur condensée, est proportionnel au carré de la condensation par unité de surface et par heure.

3° Il est probable que l'augmentation rapide de la condensation avec la quantité d'eau de circulation est due, moins à l'augmentation de sa masse qu'à celle de sa vitesse, qui produit une grande agitation dans toutes ses parties; mais on n'a pas fait sur ce point d'expériences directes.

4° Enfin, il faut bien comprendre que ces résultats n'ont quelque exactitude que pour des appareils placés dans des conditions analogues de longueur de tubes et de propreté.

NOTE 230. **Distribution du combustible.** Dans un grand foyer, il est plus économique de chauffer par côtés, c'est-à-dire en maintenant un feu brillant alternativement à droite et à gauche sur la grille. Cette méthode donne une combustion et une évaporation moins rapides que la méthode ordinaire; mais le charbon est plus complétement brûlé.

NOTE 230. **Appareils fumivores**. En général ces appareils n'ont pas donné d'économie de combustible appréciable sur un bon foyer entretenu par un bon chauffeur; souvent, au contraire, ils ont amené une perte à cause de l'excès d'air qu'ils introduisent au foyer.

Les appareils mécaniques, tels que ceux de Juckes, Duméry, etc., sont d'un emploi trop délicat et assujettissants. Parmi les autres dispositifs destinées à empêcher la production de la fumée : 1° par une admission d'air au-dessus du combustible; 2° par un mélange complet de cet air avec les gaz de la combustion à une température élevée, un de ceux qui ont le plus de succès en France est celui de M. *Tenbrink*, très-usité sur les locomotives où la fumée est interdite par l'administration des travaux publics.

En général, on peut dire que toutes les fois qu'un appareil fumivore n'est pas imposé par des considérations d'ordre public, il vaut mieux s'attacher à bien conduire un foyer simple, construit suivant les proportions indiquées par l'expérience, sans trop s'inquiéter de la fumée, qui ne s'y produira d'ailleurs que très-peu. La pratique a démontré qu'avec la plupart des charbons, une combustion un peu fumeuse est la plus économique. (Voir *Bulletin de la Société industrielle de Mulhouse*, rapport de MM. Dubied et Burnat.)

NOTE 233. **Tirage.** A consulter : *Journal of Franklin Institute*, avril 1876. — *On steam boilers and chimneys*, by R. Briggs. — Wilson, *Boiler and Factory Chimneys*, 1877, chez Lockwood.

NOTE 234. VAPORISATION DES CHAUDIÈRES,

D'APRÈS LE MÉMOIRE DE M. D. KINNEAR CLARCK, C. E. (*Proceedings of Civil Engineers*, London, vol. XLVI, 1876).

Expériences de M. D. K. Clark, 1852. En 1852, M. Clarck déduisit d'un grand nombre d'expériences et d'observations personnelles et autres, sur les locomotives brûlant du coke, que, en admettant pour le combustible un rendement constant (évaporation constante par kilogramme de coke), la puissance d'évaporation d'une chaudière locomotive, ou la quantité d'eau qu'elle peut évaporer par heure *décroît*, proportionnellement à l'augmentation de la surface de grille G; c'est-à-dire que : 1° plus la grille est grande, moindre est l'évaporation, à égalité de puissance du combustible, même en conservant constante la surface de chauffe S; 2° la puissance d'évaporation *augmente* proportionnellement au carré S² de la surface de chauffe, à égalité de surface de grille et de puissance du combustible; 3° la surface de chauffe nécessaire, S, *augmente* proportionnellement à la racine carrée de la puissance d'évaporation; ainsi, à égalité de rendement, pour quadrupler l'évaporation, il suffit de doubler la surface de chauffe; 4° la surface de chauffe nécessaire, S, *augmente*, à rendement égal, proportionnellement à la racine carrée de la surface de grille, $\sqrt{G}$; ainsi, en quadruplant la grille, il faut, pour conserver la même puissance d'évaporation, à égalité de combustible, doubler la surface de chauffe.

Soient :

W le poids d'eau évaporée par heure;

c le poids de coke brûlé par heure, le rapport $\dfrac{W}{c}$ restant constant;

S la surface de chauffe;

G la surface de grille.

On a

$$W = m \frac{S^2}{G}. \qquad (1)$$

Exprimant :

W, en kilogrammes ou en pieds cubes (*),

S et G, en mètres ou en pieds carrés,

la valeur de m, déduite de quarante expériences, a donné, avec une vaporisation de 9 kil. par kilogramme de coke,

En mesures françaises.	En mesures anglaises.
$W^{kil.} = 0,677 \dfrac{S^2}{G};$	$W^{pieds\ cubes} 0,00222 \dfrac{S^2}{G}. \qquad (2)$

(*) 1 pied cube = 28^{litres},315. 1 mètre carré = 10$^{pieds\ carrés}$,764.

Réduisant au mètre carré de grille, W et c étant les poids d'eau et de coke par mètre carré dont le rapport $\dfrac{W}{c}$ reste constant, il vient, après avoir divisé les formules précédentes par G,

$$W = m\left(\frac{S}{G}\right)^2,$$

$W^{kil.}$ par mètre carré de grille $= 0{,}677\left(\frac{S}{G}\right)^2.$

Ces formules indiquent que $\dfrac{W}{c}$, ou la puissance du combustible, restant constant, l'évaporation de la chaudière par mètre carré de grille augmente proportionnellement au carré du rapport $\dfrac{S}{G}$ de la surface de chauffe à la surface de grille.

Le tableau suivant, extrait du *Railway Machinery*, page 158, montre avec quelle précision l'évaporation suit cette loi, pour une production de 9 kil. de vapeur par kilogramme de coke, aux températures et aux pressions usuelles.

TABLEAU 1. SURFACE DE CHAUFFE ET CONSOMMATION D'EAU DANS LES CHAUDIÈRES LOCOMOTIVES.

GROUPES DE LOCOMOTIVES.	RAPPORT $\dfrac{S}{G} = r.$	VAPORISATION		NOMBRE d'expériences.
		par m. carré de grille et par heure W.	par kilgr. de coke $\dfrac{W}{c}$.	
Odon, Sirius, Pallas, E and G, Ry.	52	2340^k	9^k	13
C. R. Express.	66	3040	9 ,1	17
Snake. London and S. W. Ry. . . .	72	4560	8 ,9	2
Sphynx. A. Hercules.	90	6840	8 ,92	8

Il fut ainsi démontré que, pratiquement, on n'a jamais, au point de vue d'une évaporation économique, trop de surface de chauffe, mais souvent trop peu. Au contraire, on peut avoir, à ce même point de vue, trop de surface de grille, et jamais trop peu, tant que la combustion par mètre carré de grille ne dépasse pas les limites imposées par les conditions physiques.

Déductions expérimentales de M. Paul Havrez, en 1874. L'accroissement de la puissance d'évaporation, dans des chaudières semblables, proportionnellement au carré du rapport $\dfrac{S}{G}$, a été confirmée par M. Paul Havrez, qui a déduit de la pratique des locomo-

tives la loi suivante : *Les poids d'eau évaporés par des longueurs consécutives égales d'un tube à feu décroissent en progression géométrique,
quand la distance au foyer augmente en progression arithmétique* (*).

Le point, ajoute-t-il, où la loi commence à s'appliquer, est celui où le
combustible cesse de chauffer par son rayonnement, et où la chaleur ne
se propage plus que par conductibilité. Une des expériences dont
M. Havrez examina les résultats fut exécutée par M. Pétiet, du chemin de
fer du Nord français, qui répéta l'expérience de MM. Wood et Dewrance
et essaya la puissance évaporative des différentes parties d'une chaudière de locomotive, à tubes de 3ᵐ,72, divisée en cinq compartiments.
Le premier compartiment comprenait le foyer et 8 centimètres de
tubes; les quatre autres avaient 0ᵐ,92 de long. Avec du coke et des
briquettes, les résultats moyens furent les suivants (**) :

	FOYER.	TUBES.			
		1ʳᵉ section.	2ᵉ sect.	3ᵉ sect.	4ᵉ sect.
Surfaces.	Foyer. . . . 5ᵐ²,60 Tubes. . . . 1 ,54	16ᵐ²,66	16ᵐ²,66	16ᵐ²,66	15ᵐ²,66
	7 ,14				
Évaporation par mètre	Coke. . . . 125ᵏ	35ᵏ,7	22ᵏ,2	12ᵏ,7	8ᵏ,4
carré et par heure. .	Briquettes. 170	46 ,6	22 ,5	14 ,3	9 ,6

On reconnaît ici la loi des progressions de M. Havrez : qu'elle soit
exacte ou seulement approchée, la diminution rapide de l'évaporation
corrobore les résultats d'expériences antérieurs.

Si l'on prend pour ordonnées les évaporations successives, et pour
abscisses les longueurs correspondantes de la chauffe, l'aire de la figure
comprise entre la courbe ainsi tracée et l'axe des abscisses représente
l'évaporation totale. Cette surface, très-grande à l'origine, s'amincit graduellement vers les extrémités, et l'on comprend aisément qu'en pratique, pour des chaudières de longueurs évaporatives différentes, elle
augmente proportionnellement aux carrés S^2 des surfaces de chauffe totales, à températures égales des gaz de la combustion à la sortie des
chaudières.

**Relations générales entre les surfaces de grille et
de chauffe, l'eau et le charbon.** Chacun sait que, dans une
chaudière donnée, où les surfaces de chauffe et de grille sont constantes
ainsi que le rapport $\frac{S}{G}$, plus la combustion est active, plus l'évaporation
est considérable; mais la production de vapeur augmente moins vite
que la dépense de combustible. En d'autres termes, l'évaporation par
kilogramme de houille diminue, et c'est la loi de cette diminution qui

---

(*) *Évaporation décroissant en progression géométrique. Annales du génie civil*,
août et septembre 1874.

(**) Voir M. Couche, *Voie et matériel roulant*, t. III, p. 35. Expériences de M. Geoffroy.

reste à déterminer. On la trouve dans ce fait, généralisé à la suite d'expériences sur des chaudières fixes, marines, locomobiles et locomotives, que l'évaporation par mètre carré de grille peut s'exprimer par la somme d'une quantité constante A et d'un multiple Bc du poids de combustible brûlé par mètre carré de grille, d'où la formule générale

$$W = A + Bc. \tag{5}$$

Le sens de cette équation est que, bien que l'évaporation par mètre carré de grille ne soit pas proportionnelle à la dépense de combustible, elle augmente pourtant proportionnellement à l'accroissement de cette dépense.

Pour relier cette formule (5), où le rapport $\dfrac{S}{G}$ est constant, à la formule (4), où la puissance d'évaporation du combustible est supposée invariable, il suffit, pour le moment, de remarquer que la quantité Bc est constante pour tous les rapports $\dfrac{S}{G}$, et que A varie comme le carré de ce rapport. Désignant ce rapport par r

$$\frac{S}{G} = r,$$

on a

$$A = ar^2,$$

a étant une constante spécifique à chaque type de chaudière, d'où

$$W = ar^2 + Bc. \tag{6}$$

Quand on se donne l'évaporation $W^{kil.}$ et la dépense de combustible $c^{kil.}$ par mètre carré de grille et par heure, la valeur correspondante de r est donnée par

$$r = \sqrt{\frac{W - Bc}{a}}. \tag{7}$$

Ayant W et r, on trouve c par la formule

$$c = \frac{W - ar^2}{B}. \tag{8}$$

Ayant le rendement $E = \dfrac{W}{c}$ du combustible, ou l'évaporation par kilogramme brûlé, ainsi que le rapport r, la valeur du c ou la dépense de combustible par mètre carré de grille et par heure correspondante est donnée par

$$c = \frac{ar^2}{E - B}. \tag{9}$$

Ayant $E = \dfrac{W}{c}$ et c, on trouve r par la formule

$$r = \sqrt{\frac{c(E - B)}{a}}. \tag{10}$$

**Puissance d'évaporation des houilles de Newcastle,
avec une chaudière marine expérimentale, à Newcastle
upon Tyne,** d'après les comptes rendus de MM. Longridge, Armstrong et Richardson à la *Steam Collieries Association of Newcastle on Tyne*, 1857. Les expériences furent exécutées avec des houilles pour chaudières du district de Hartley (Northumberland). Les principales données de la chaudière marine essayée étaient les suivantes :

$$\begin{aligned}
&\text{Hauteur.} \dotfill 3^m,05\\
&\text{Longueur.} \dotfill 3^m,12\\
&\text{Largeur.} \dotfill 3^m,05
\end{aligned}$$

2 *foyers.* Largeur, $0^m,91$; hauteur, 1 mètre, avec seuils distants de $0^m,40$ à 0,53 du ciel.

135 *tubes* au-dessus des foyers, en 9 rangées de 15. Diamètre intérieur, 76 millim. Longueur, $1^m,67$.

Grilles. On employa successivement deux longueurs de grilles, $1^m,45$ et $0^m,97$, avec barreaux de 13 millim. laissant entre eux des vides de 16 à 20 millim.

Portes des foyers, garnies de fentes de 13 millim. sur $0^m,35$.

Cheminée de $0^m,76$ de diamètre, ayant à sa base un réchauffeur renfermant 76 tubes verticaux de $0^m,10$ de diamètre, entourés par l'eau d'alimentation.

Surfaces de grilles. Grandes grilles, $G = 2^{m2},65$; petites grilles, $G' = 1^{m2},79$.

Surfaces de chauffe. Chaudière (extérieure), $S = 69^{m2},58$; réchauffeur, $29^{m2},72$.

Rapport. $\dfrac{S}{G} = 26^{m2},28$; $\dfrac{S}{G'} = 38^{m2},91$.

On adopta, comme représentant la pratique, deux systèmes de chauffage : 1° feu ordinaire étalé par charges graduelles avec admissions d'air à travers la grille ; 2° feu épais (*coking fire*) par charges de 50 kilogrammes à la fois, sur le seuil d'abord, puis poussées en masse sur la grille, admission d'air par les portes et par les grilles. On essaya quatre systèmes de foyers ; celui de M. Willams fut reconnu le meilleur. Dans ce système, l'air arrive au-dessus du feu, à l'avant du foyer, par des portes en fonte creuses, garnies à l'extérieur d'ouvertures variables, et percées à la face, vers le foyer, d'un grand nombre de trous de 10 à 13 millimètres offrant une section totale de 516 centimètres carrés, soit les 0,037 de la surface des grilles. M. Willams adopta pour son foyer l'alimentation alternative.

Les résultats généraux de ces expériences sont consignés dans le tableau n° 2 ci-dessous.

TABLEAU 2. — ÉVAPORATION PAR LES CHARBONS DE NEWCASTLE (DE HARTLEY-NORTHUMBERLAND), AVEC UNE CHAUDIÈRE EXPÉRIMENTALE MARINE A NEWCASTLE UPON TYNE, 1857.

D'après le rapport de MM. Longridge, Armstrong et Richardson, à la *Steam Collieries Association of Newcastle upon Tyne*.

NUMÉROS D'ORDRE.	NATURE DU FOYER.	SURFACE de grille G.	CHARBON brûlé par heure.	CHARBON par mètre carré de grille et par heure c.	ÉVAPORA-TION à partir de 15° par heure.	ÉVAPORA-TION par m. carré de grille et par heure W.	ÉVAPORA-TION à partir de 100° par kil. de houille $\frac{W}{c}$	REMARQUES SUR LA FUMÉE, ETC.
	1	2	3	4	5	6	7	8
1	Grille ordinaire. Chauffage ordinaire.	$2^{m2},65$	273^k	103^k	$2^{m3},118$	798^k	$8^k,94$	Admission d'air par la grille. Beaucoup de fumée, souvent très-épaisse.
2	-- — excellent	»	248	93	2 ,240	845	11 ,13	Admission d'air par la grille et les portes. Pas de fumée.
3	— — ordinaire.	1 ,79	183	102	1 ,585	885	10	Admission d'air par la grille seule. $6^{m3},24$ d'air par kil. de houille. Température de la boîte à fumée 230°. Beaucoup de fumée.
4	— — excellent.	»	152	85	1 ,635	912	12 ,53	Admission d'air par la grille et les portes, $4^{m3},37$ d'air par la grille et $5^{m3},49$ par les portes, par kil. de houille. Température de la boîte à fumée, 250°. Pas de fumée.
5	Foyer de C. W. Willams	2 ,04	170	83	1 ,745	855	11 ,7	Pas de fumée.
6	— —	»	270	132	2 ,450	1200	10 ,8	»
7	— —	1 ,67	223	133	2 ,180	1300	11 ,37	»
8	— —	1 ,44	263	183	2 ,415	1495	10 ,63	Pas de fumée. Température à la base de la cheminée, 320°..

REMARQUES. — 1. Quand la température atteignait 320° dans la boîte à fumée, elle s'abaissait de 25° environ en traversant le réchauffeur.

2. Dans un autre cas, avec l'appareil Williams, sans admission d'air sur la grille par les portes, et avec beaucoup de fumée, la température dans la boîte à fumée atteignait 320°. Avec une fente ouverte à la porte, elle s'éleva à 330°; avec deux, à 335°; avec trois, à 337°; avec cinq, elle retomba à 326°.

TABLEAU 3. — Évaporation par les houilles de Newcastle et du pays de Galles avec la chaudière marine du tableau 2, munie de l'appareil fumivore de M. C. W. Williams, 1858.

(D'après le rapport de MM. Miller et Taplin à l'Amirauté.)

NUMÉROS D'ORDRE.	CHARBON.	SURFACE de grille G	CHARBON brûlé par heure.	CHARBON par heure et par mèt. carré de grille c	ÉVAPORATION			REMARQUES SUR LA FUMÉE, ETC.
					par heure à partir de 15°.	par heure et par mèt. carré de grille.	par kil. de charbon à partir de 100° $\frac{W}{c}$	
1		2	3	4	5	6	7	8

Newcastle.

		mèt. car.	kilog.	kilog.	kilog.	kilog.	kilog.	
10	West Hartley pris à la mine. . . .	3,90	305	78,1	2546	653	9,65	Grilles longues. Entrées d'air complètement ouvertes; pas de fumée.
11	Id. id.	»	335	85,9	2652	680	9,14	
12	Id. id.	»	345	88,5	2685	686	8,96	
13	Id. id.	3,06	304	99,4	2436	796	9,25	Feu très-chargé par intervalles pour l'essai de l'appareil; pas de fumée. Combustion maxima 190 kil. par mètre carré.
14	Id. id.	2,04	220	107,8	2171	1064	11,41	
15	Id. id.	»	229	112,4	2110	1034	10,62	Pas de fumée.
16	Id. id.	»	257	126	2491	1226	11,17	
17	Id. id.	»	259	127	2322	1138	10,33	
18	Id. id.	»	284	139	2601	1275	10,58	Entrées d'air au-dessus du feu fermées; fumée noire épaisse.
19	Id. id.	»	294	144	2452	1202	9,63	
20	Id. id. (menu)	»	172	84,5	1567	769	10,47	Pas de fumée. Charbon menu.
21	Id. id.	1,67	186	91,2	1473	882	11,17	Combustion lente. Registre ne laissant que 0^{m,2},45 de passage à la cheminée. Barreaux de 10^{mm}; vides de 13^{mm}. Grille élevée de 0^m,13. Pas de fumée.
22	West Hartley pris à la mine. . .	»	248	121,5	1926	1153	10,96	Pas de fumée.
23	Buddle-West Hartley pris à la mine.	2,04	274	134	2358	1156	9,95	
24	Id. pris à Woolwick.	»	233.2	114,3	2024	997	10,08	Ces essais furent faits pour comparer le rendement du charbon pris à la mine, et après un transport en navire. On doute que le charbon pris au magasin fût réellement du Buddle. Houille bitumineuse très-fumeuse; pas de fumée.
25	Id. id.	»	233.2	114,3	2191	1074	10,85	
26	Id. id.	»	238.7	117	2085	1022	10,07	
27	Charbon domestique de Lambton-Galles pris à la mine.	»	163	79,5	1687	827	12,01	

Charbon de Newcastle. Pas d'échauffement de l'eau d'alimentation.

28	West Hartley.	2,04	267	131	2383	1168	10,27	Pas de fumée.
29	Id.	»	269	131,7	2322	1138	9,98	Id.
30	Id.	»	355	174	2703	1325	9,46	Pas de fumée. Tirage forcé par un jet de vapeur.
31	Id.	»	314	154	2226	1092	8,19	Entrées d'air fermées au-dessus du feu; fumée noire épaisse.

Charbon Galles du Sud, avec réchauffeurs. Entrées d'air fermées au-dessus de la grille.

32	Blaengwarn Merthyr.	2,04	183	89,5	1967	964	12,44	Pas de fumée, excepté très-peu, à la mise en feu.
33	Powell's Duffryn.	»	206	101	2244	1100	12,58	Id. id.
34	Welsh.	»	208	102	2062	1011	11,44	Id. id.
35	De l'arsenal de Woolwich.	»	218	107	2185	1071	11,57	Id. id.
36	Welsh.	»	222	109	2501	1226	12,95	Id. id.
37	Powell's Duffryn (menu).	»	91,2	44,7	859	421	10,87	Pas de fumée, excepté très-peu, à la mise en feu. Charbon réduit en menu par l'emmagasinage ou l'exposition à l'air.
38	Id. id.	1,67	199	119	1890	1132	11,10	Pas de fumée; très-peu à la mise en feu.

Charbon des Galles, sans échauffement de l'eau d'alimentation.

39	Blaengwarn Mertyr de Woolwich. .	2,04	231	113	2083	1021	10,11	Pas de fumée, très-peu à la mise en feu.

Essais de charbons de Newcastle et du pays de Galles, pour le service de l'amirauté, par MM. Miller et Taplin (1858). MM. Miller et Taplin, représentants de l'amirauté, exécutèrent, en 1858, à Newcastle, une série d'expériences avec la même chaudière marine qui avait servi aux essais de MM. Longridge et Richardson. Le but de ces expériences était de déterminer la puissance d'évaporation des houilles de Newcastle et du pays de Galles et les mérites de l'appareil fumivore de M. C. W. Williams.

Les barreaux de grille, épais de 30 millim., laissaient entre eux des vides de 16 millim. L'eau d'alimentation traversait presque toujours un réchauffeur. On se servit toujours de l'appareil de M. Williams pour brûler sans fumée la houille de Hartley; on le fermait pour essayer ce charbon en allure fumeuse, et pour l'essai des houilles du pays de Galles.

Pendant les essais des houilles de Hartley, on maintint sur les grilles une épaisseur de 30 à 35 centimètres, avec un tisonnage à feu court, en alimentant le foyer par charges à l'avant, alternativement d'un côté puis de l'autre de la grille, et poussant auparavant vers le pont le combustible incandescent.

Pendant les essais des charbons du pays de Galles, on maintint sur la grille une épaisseur de 20 à 25 centimètres, en répandant les charges fraîches partout où il le fallait sur les grilles, sans jamais toucher au feu avec les outils. Les cendres tombant au travers de la grille étaient raclées et constamment repassées au feu.

On a analysé et résumé les résultats de ces expériences dans le tableau n° 3, en y groupant ceux obtenus avec les houilles de Hartley. On y a ajouté les résultats obtenus avec les charbons pour usages domestiques très-bitumineux et très-fumeux, connus sous le nom de *Lamblon's Wallsend housecoal*. On y a également groupé les essais des charbons du Pays de Galles. On fit, avec chaque houille, des essais distincts, après avoir séparé la chaudière de son réchauffeur d'alimentation.

Déductions tirées des résultats d'expériences sur les charbons de Newcastle avec une chaudière marine. Prenant, pour les comparer entre eux, les résultats donnés par cette chaudière (ayant une surface de grille $G = 2^{m2},04$, une surface de chauffe $S = 69^{m2},58$, un rapport fondamental $r = \frac{S}{G} = 34,05$) quand on augmente graduellement la combustion par mètre carré de grille, on trouve, pour la formule générale (5),

$$W = 122 + 9,71c, \qquad (11)$$
$$A = 122 = ar^2;$$

d'où

$$B = 9,71, \quad a = \frac{122}{34,05^2} = 0,105$$

et

$$W = 0,105r^2 + 9,71c; \qquad (12)$$

formule applicable aux charbons de Newcastle pour tous les rapports fondamentaux $r = \dfrac{S}{G}$.

Les résultats des expériences sur les charbons de Newcastle, mais avec des rapports fondamentaux différents, peuvent se ramener, pour la comparaison, à ceux obtenus avec une grille de $2^{m2},04$; en réduisant W et c, proportionnellement aux carrés r^2 des rapports fondamentaux correspondants, le rapport $\dfrac{W}{c}$ restant constant.

Il est facile de vérifier, à l'aide des chiffres des tableaux 2 et 3, que les résultats calculés au moyen des formules (11) et (12,) ne s'écartent de ceux obtenus par l'expérience que de quantités négligeables en pratique. (Voir les tableaux 4, 5 et 6 du mémoire de M. Clarck.)

Évaporation par le charbon du Lancashire sud avec trois chaudières fixes expérimentées à Wigan (1866-68), d'après le *Report on the Boiler and Smoke-prevention Trials conducted at Wigan, to the South-Lancashire and Cheshire Coal Association; by M. Lavington E. Flectcher* (1869).

On choisit, pour les essais, le Hendley yard coal du puits de Trafford, un des meilleurs charbons du district. Les trois chaudières essayées présentaient les principales particularités suivantes :

1° Une chaudière de Lancashire :

Type ordinaire à deux foyers. . . { Diamètre. . . . . $2^m,13$
                               { Longueur. . . . . 8 ,55

Foyers. . . . . { Diamètre. . . . . 0 ,80
                               { Tôles de. . . . . 10^{mm}

2° Une chaudière Galloway à tubes d'eau :

Longueur. . . . . $7^m,62$
Diamètre. . . . . 2 ,00

à 2 foyers, diamètre $0^m,80$, s'ouvrant sur un tube ovale de $1^m,50$ de long sur $0^m,78$ de haut, renfermant 24 tubes à eau coniques.

3° Une chaudière Lancashire, en tout semblable à la première, mais avec tôles de 8 millimètres en acier.

Ces trois chaudières étaient placées côte à côte, et munies de deux registres ; la flamme passait par les tubes de foyer à l'arrière des chaudières, revenait à l'avant par-dessous, puis s'en allait à la cheminée le long des tôles de côté.

La cheminée avait 32 mètres de haut, et une section minima, au sommet, de $1^{m2},95$.

Surface de grille totale dans { Grille de $1^m,83$ de long. . . . $G = 2^{m2},93$
chaque chaudière. . . . . {   — de 1 ,22   — . . . . $G' = 1$,95

		Lancashire.	Galloway.
Surface de chauffe. . . {	des tubes de foyers.	$43^{m2},15$	$40^{m2},05$
	latérale.	28 ,15	26 ,75
	totale S.	$\overline{71^{m2},30}$	$\overline{66\ ,80}$
Rapports fondamentaux {	$\dfrac{S}{G}$	24 ,4	22 ,8
	$\dfrac{S}{G'}$	36 ,5	34 ,3

Longueur parcourue par les produits de la combustion de-
puis le centre de la grille. 24ᵐ,40   23ᵐ,50
Distance du centre de la grille à la cheminée. . . . . . 35 ,70   31 ,00
Hauteur de la cheminée au-dessus des grilles. 29ᵐ,50

On adopta un feu de 0ᵐ,30 d'épaisseur sur la grille, avec du tout-ve-
nant, marche en masses, et une faible admission d'air au-dessus des
grilles pendant une minute environ après le chargement. L'évaporation
se fit à la pression atmosphérique.

Les résultats fournis par l'essai de ces chaudières sont spécialement
utiles, parce qu'elles représentent les types usuels de la pratique anglaise; ils sont consignés dans le tableau n° 4 ci-dessous. Les résultats
indiqués dans les deux premières lignes se rapportent à la marche en
tirage direct, après avoir bouché les carneaux latéraux, de façon que
la flamme se rendît directement à la cheminée en sortant des tubes.

En ramenant ces résultats au rapport constant $r = \dfrac{S}{G} = 30$, on arrive
à la formule suivante :

$$W = 97,6 + 9,56c, \qquad (13)$$

qui donne, pour un rapport quelconque r,

$$W = 0,107r^2 + 9,56c. \qquad (14)$$

C'est la formule (13) qui a servi à calculer les chiffres de la colonne 7
du tableau, d'après les résultats d'expérience.

TABLEAU 4. — Chaudières fixes de Wigan. Rapports entre l'eau et le charbon.

CHAUDIÈRE (sans réchauffeur).	SURFACE de grille G.	RAPPORT fonda-mental $\frac{S}{G} = r$.	CHARBON par mètre carré de grille et par heure c.		ÉVAPORATION W par mètre carré de grille et par heure pour $r = 30$		
			Dépense vraie.	Dépense ramenée à $r = 30$.	réduit comme la dépense c.	d'après la colonne 5 formule (13).	Différence par la formule en tant p. 100.
1	2	3	4	5	6	7	8
	m. car.		kil.	kil.	kil.	kil.	
Galloway, tubes seuls. . .	2,93	13,70	90,6	435	3697	4255	+ 15,0
Lancashire, tubes seuls. .	»	14,74	97,6	402	3313	3945	+ 19,0
Galloway, complète. . . .	»	22,8	99,3	154	1576	1576	0,0
Lancashire et Galloway. .	»	23,5	56,3	111	1124	1650	+ 3,4
Lancashire.	»	24,4	84,2	127	1325	1313	— 1,0
Id.	»	»	90,8	137	1416	1410	— 0,5
Id.	»	»	92,7	140	1430	1445	+ 0,8
Id. avec tubes d'eau.	»	25,4	81,6	114	1225	1186	— 3,3
Galloway.	1,95	34,3	106,4	81	878	878	0,0
Lancashire et Galloway. .	»	35,5	112,2	80	875	864	— 1,2
Lancashire.	»	36,5	105,0	71	772	776	+ 0,5
Id.	»	»	110,8	75	806	814	+ 0,9

Évaporation par les charbons du Lancashire sud, de Newcastle et du pays dé Galles, avec une chaudière marine expérimentée à Wigan. La chaudière, ancien type rectangulaire à deux foyers, a donné les résultats suivants :

$$r = 50,$$
$$W = 122 + 10,75c, \qquad (15)$$
$$= 0,0488r^2 + 10,75c. \qquad (16)$$

(Pour les détails, voir le mémoire de D. K. Clarck.)

Vaporisation comparée des chaudières fixes françaises. L'étude des résultats obtenus par la Société industrielle de Mulhouse sur trois types de chaudières fixes très-usités dans l'industrie a fourni les formules et le tableau 5 ci-dessous. (Voir, pour les détails, *Bulletin de la Société industrielle de Mulhouse*, juin 1875.)

Types de chaudières :

$$\text{Fairbairn} \ldots\ldots\quad W = 0,0558r^2 + 7,7c, \qquad (17)$$
$$\text{Lancashire.} \ldots\ldots\quad W = 0,0550r^2 + 8c, \qquad (18)$$
$$\text{à bouilleurs.} \ldots\quad W = 0,0550r^2 + 8c, \qquad (19)$$

pour toutes ces chaudières,

$$W = 0,0542r^2 + 7,32c. \qquad (20)$$

La même formule s'applique aux chaudières à bouilleurs et du Lancashire, ce qui justifie l'assertion de leur équivalence par les expérimentateurs.

TABLEAU 5. — Chaudières fixes françaises. Calcul des évaporations pour un rapport fondamental $r = 30$. Houille de Ronchamp.

CHAUDIÈRES.	SURFACE de grille G mèt carré.	RAPPORT fonda-mental $r = \frac{S}{G}$.	CHARBON c par mèt. carré de grille et par heure		VAPORISATION W KIL. par mètre carré de grille et par heure $r = 30$		
			réel.	réduit au rapport $r = 30$.	réduit au rapport $r = 30$.	déduite de la colonne 4 par les formules (17), (18) et (19).	Différence par les formules en tant p. 100.
1	**2**	**3**	**3**	**4**	**5**	**6**	**7**
Fairbairn...	1,905	49,5	52,3	19,2	170	200	+17
Id. ...	»	»	90,5	33,2	306	310	+ 0,9
Lancashire...	»	29,8	50,9	51,5	384	452	— 1,7
Id. ...	»	»	93,5	94,8	812	790	— 1,9
Id. ...	»	»	95,2	96,5	815	803	— 1,4
A bouilleurs...	1,869	30,3	55,5	54,4	467	475	+ 1,7
Id. ...	»	»	97,0	95,1	808	793	— 1,9
Id. ...	»	»	100,5	98,4	814	817	+ 0,6

La vaporisation, comparativement faible du premier essai est due probablement au grand excès d'air admis au foyer ; pas moins de $17^{m3},3$ par kilog. de houille.

Vaporisation des chaudières locomotives (*). M. Clark, dans ses grands ouvrages *On Railway Machinery*, *On Railway Locomotives*, et dans son mémoire *On Locomotives Engine Boilers* à la Societé des ingénieurs civils de Londres (vol. XII, 1852-53), a réuni en tableaux et discuté les résultats donnés par un grand nombre de machines locomotives appartenant à presque toutes les variétés en service sur les chemins anglais. Les surfaces de grilles G y varient de $0^{m2},56$ à $2^{m2},25$, les surfaces de chauffe S, de $3^{m2},70$ à 187 mètres carrés, et les rapports fondamentaux $r = \dfrac{S}{G}$, de 40 à 100. A peu d'exceptions près, on brûlait du coke.

Bien que conduites dans les circonstances les plus variées, ces expériences confirment, presque toutes, les lois énoncées précédemment sur la vaporisation des chaudières.

Avec du coke de bonne qualité et des tubes suffisamment espacées pour permettre à l'eau de circuler librement autour d'eux, on peut admettre que la vaporisation est donnée, avec assez d'exactitude pour la pratique, par les formules

$$W = 488 + 7,94c, \tag{21}$$

correspondant à $r = \dfrac{S}{G} = 75$, et, pour un rapport quelconque

$$W = 0,0869r^2 + 7,94c. \tag{22}$$

En mesures anglaises

$$W = 0,0178r^2 + 7,94c.$$

Avec des houilles de bonne qualité (Griff. Stavely, Hartley, houilles à coke de Newcastle), les machines du South Eastern et du South Western Ry, ont donné :

	S. E. Ry.	S. W. Ry.	
Pour $r = 75$	$W^x = 245 + 9,6c,$	$W = 245 + 9,82c,$	(23)
Pour un rapport quelconque	$W = 0,044r^2 + 9,6c,$	$W = 0,043r^2 + 9,82c.$	(24)

(Voir *On the Improvement of Railway Locomotive stock and the Reduction of the working Expenses*, by D. K Clark. *Proecedings of civil Engineers*, vol. XVI, p. 3, et aussi *On Railway Locomotives*, p. 33, 35.)

Vaporisation des chaudières locomobiles, 1872. Les résultats des essais admirablement conduits par la *Royal Agricultural Society of England*, en 1872, sur les chaudières locomobiles des princi-

---

(*) Voir *The Evaporative Power of Locomotive Boilers* by J. A. Longridge. Inst. Civil Engineers London, 12 février 1878. *Proceedings*, vol. LII.

paux constructeurs anglais ont été complétement détaillés par les juges MM. F. J. Bramwell et Mcnelaus, dans leur rapport suivi de tableaux préparés par MM. Easton et Anderson, ingénieurs conseils de la Société. C'est à ce rapport que l'on a pris les données du tableau n° 7 ci-dessous.

On brûlait du charbon de Llangennech laissant en moyenne 6 p. 100 de scories.

Les chaudières étaient du type tubulaire usuel. Celle de Davey Paxman avait dix tubes de circulation d'eau en fer, recourbés, de 0^m,06 de diamètre, et allant des parois au ciel du foyer.

Ces chaudières ont été classées au tableau n° 7 dans l'ordre de leurs rapports fondamentaux $r = \dfrac{S}{G}$. La vaporisation et la dépense de combustible, ramenées au rapport $r = 50$, ont donné pour ce cas

$$W = 97,6 + 8,6c, \qquad (25)$$

et pour un rapport quelconque

$$W = 0,039r^2 + 8,6c. \qquad (26)$$

Les quantités d'eau calculées colonne 7, d'après la formule (25), se rapprochent beaucoup de celles de la colonne 6, excepté pour les chaudières 12, 1 et 8, où elles les dépassent considérablement. Cela tient à ce que, dans ces cas, la grande réduction de la surface de grille troublait les proportions entre les éléments du foyer, surtout pour la chaudière 8, où la grille avait été réduite au tiers de sa surface normale. Les rapports fondamentaux $\dfrac{S}{G}$ s'y élevaient à 10,2, 94,5 et 89. Les chaudières 1 et 12 avaient les tubes les plus étroits et les plus nombreux. La force de l'évidence indique qu'il vaut mieux, pour la circulation de l'eau, la combustion du charbon et la transmission de la chaleur, diminuer le nombre et augmenter le diamètre des tubes.

L'allure de la chaudière n° 3 présente aussi un caractère exceptionnel. Son rapport fondamental est 33. L'évaporation calculée y est le double de l'évaporation réduite actuelle. On s'en rend compte par des causes, principalement la mauvaise conduite de son foyer, signalées par le jury, dont l'avis est précisément que cette chaudière ne donna que la moitié de sa vaporisation normale (Rapport, p. 17).

Pour calculer la vaporisation normale des chaudières locomobiles, sans diminution des grilles, à partir de 100°, et dépensant 10 kilogrammes de charbon par kilogramme de vapeur, on peut employer la formule (9)

$$c = \frac{ar^2}{E - B}, \qquad (27)$$

dans laquelle on fera

$$E = 10$$
$$B = 8,6$$
$$a = 0,039$$

d'où

$$c = \frac{0,039r^2}{1,4} = 0,028r^2, \qquad (28)$$

multipliant cette valeur de c par G, on a la dépense de combustible totale par heure, qui, multipliée par 10, donne la vaporisation.

Remarquant que toutes les locomobiles du tableau n° 6 étaient tarées à 8 chevaux nominaux, on arrive ainsi à poser, comme caractérisant le type moyen pratique d'une locomobile de 8 chevaux nominaux, les chiffres ronds suivants :

Puissance en chevaux nominaux.   8
Grille G. . . . . 0^{m2},510
Chauffe S.   20,50
Rapport fondamental $\frac{S}{G} = r$.   40

Houille par heure. . . . { par cheval. . . . . 2^k,800
                            par mètre carré de grille. . . 44^k
                            totale. . . . . 22^k,5

Vaporisation par heure. { par cheval. . . . . 28^k (1 cub. foot)
                           par mètre carré de grille. . . 440^k
                           totale. . . . . 225^k

TABLEAU 6. — CHAUDIÈRES DE LOCOMOBILES. PROPORTIONS ET PUISSANCE D'ÉVAPORATION. 1872.
D'après le *Report of the Judges, Royal Agricultural Society's Show,* Cardiff.
Charbon de Llangennech, pays de Galles.

NUMÉROS D'ORDRE.	CONSTRUCTEURS.	SURFACES de grille		SURFACE de chauffe (tubes à l'extérieur) S.	RAPPORT fonda-mental $\frac{S}{G} = r$.	CHARBON par mèt. carré de grille et par heure c.	VAPORI-SATION par mèt. carré de grille et par heure à partir de 100° W.	VAPORI-SATION par kilogram. de charbon $\frac{W}{e}$.
		normale.	réduite pour l'essai G.					
		1	2	3	4	5	6	7
		m. car.	m. car.	m. car.		kil.	kil.	kil.
1	Marshall, Sons and C°.	0,409	0,279	26,37	94,5	77,6	786	10,23
2	Clayton et Shuttleworth.	0,493	0,300	20,44	69	62,5 / 61,0	737 / 722	11,83 / 11,81
3	Hayes.	0,475	0,475	15,89	33	72,3	325	4,59
4	Davey, Paxman and C°.	0,348	0,348	14,69	45	50,3	557	11,02
5	Tuxford and Sons. . .	0,570	0,570	17,95	»	»	»	»
6	Brown and May. . . .	0,300	0,300	14,85	50	46,5	508	10,89
7	Parker and Sons. . . .	0,437	0,437	14,76	34	63,5	581	9,33
8	Reading iron Works. .	0,670	0,220	19,60	89	99,6	1045	10,49
9	Lewin.	0,400	0,150	14,12	r	»	»	»
10	E. R. and F. Turner. .	0,325	0,325	17,47	54	101,0	996	9,93
11	Barrows and Stewart. .	0,465	0,465	12,00	26	66,4	586	8,97
12	Ashby, Jeffry and Luke.	0,510	0,186	19,03	102	152,0	1557	9,27

TABLEAU 7. — Chaudières locomobiles ramenées au rapport fondamental $r = 50$.

NUMÉROS des chaudières.	SURFACE de grille réduite pour l'espace G	RAPPORT fondamental $\frac{S}{G} = r$	CHARBON c par mèt. carré de grille et par heure		VAPORISATION W par mèt. carré de grille et par heure pour $r=50$		
			à l'essai.	ramené à $r=50$ par la loi du carré.	ramenée comme le charbon à $r = 50$.	calculée par la formule (25).	Différence par la formule.
1	1	2	3	4	5	6	7
	mèt. car.		kilog.	kilog.	kil.	kil.	kil.
12	0,186	102	152	36,5	338	412	+ 21,6
1	0,279	94,5	77,6	21,4	220	283	+ 28,5
8	0,220	89	99,6	28	294	338	+ 15,2
2	0,300	69	62,5	33	388	381	— 2,1
»	»	»	61	32	377	373	— 1,4
10	0,325	54	101	86	860	845	— 2
6	0,300	50	46,5	46,5	508	489	— 1,7
4	0,348	45	50,3	62	673	634	— 7,6
7	0,437	34	63,5	137	1283	1280	— 0,2
3	0,475	33	72,3	166	762	1522	+100
11	0,465	26	66,4	246	2200	2210	+ 00,3

Formules générales pour la pratique. Considérant que les types marins essayés à Newcastle et à Wigam ont donné des résultats à peu près identique, ainsi que les locomotives du South Eastern et du South Weastern Railways, on peut prendre pour coefficients des formules de ces types leur moyenne arithmétique, ce qui donne en général, pour les chaudières marines,

$$W = 0,0781 r^2 + 10,25c, \qquad (29)$$

et pour les lococomotives,

$$W = 0,044 r^2 + 9,7c. \qquad (30)$$

Réunissant ces formules au précédentes, on obtient le tableau suivant :

Chaudières
- fixes . . . . , ... $W = 0,107\ r^2 + 9,56\ c$ (31)
- marines . . . . $W = 0,0781\ r^2 + 10,25\ c$ (32)
- locomobiles . . . . $W = 0,039\ r^2 + 8,6\ c$ (33)
- locomotives { charbon . . . . . $W = 0,044\ r^2 + 9,7\ c$ (34)
- { coke . . . . $W = 0,0869 r^2 + 7,94\ c$ (35)

Limites de l'application des formules 31 à 35. Au-dessous d'une dépense minima de combustible par mètre carré de grille, ces formules cessent d'être applicables. Cette limite varie avec le type de chaudière et son rapport fondamental r; elle s'impose par ce fait que la puissance maxima de vaporisation d'un combustible donné est une quantité fixe, et se trouve naturellement atteinte, pour un rapport donné r, quand la rapidité de la combustion est telle que la chaudière absorbe toute la chaleur disponible au profit de sa vaporisation. Avec une bonne houille, la puissance d'évaporation maxima peut s'évaluer à 12^k,50 par kilogramme de charbon, et avec le coke à 12 kilogrammes environ, à partir de 100°.

Avec une chaudière fixe chauffée au charbon, la dépense minima par mètre carré de grille sera atteinte quand on aura [formule (31)]

$$W = 12,5c,$$

ou

$$0,107r^2 = (12,5 - 9,56)c = 2,94c$$

et

$$c = \frac{0,107}{2,94}\, r^2 = 0,0365r^2.$$

On trouve ainsi pour les valeurs de c au delà desquelles les formules (31) à (35) cessent de s'appliquer :

$$
\text{Chaudières}\begin{cases}
\text{fixes} \ldots\ldots\ldots\ldots\ldots\ldots\ldots & c = 0,0365\,r^2 \\
\text{marines} \ldots\ldots\ldots\ldots\ldots\ldots & c = 0,0352\,r^2 \\
\text{locomobiles} \ldots\ldots\ldots\ldots\ldots & c = 0,0098\,r^2 \\
\text{locomotives}\begin{cases} \text{charbon} \ldots\ldots\ldots & c = 0,0159\,r^2 \\ \text{coke} \ldots\ldots\ldots\ldots & c = 0,0210\,r^2 \end{cases}
\end{cases}
$$

Pour des valeurs de c inférieures à ces limites, les valeurs de W sont simplement, avec la houille 12k,5 et avec le coke 12 kilogrammes par kilogramme de combustible.

Le tableau n° 8 donne les valeurs-limites de c correspondantes à différentes valeurs du rapport fondamental r.

TABLEAU 8

CHAUDIÈRES.	RAPPORTS FONDAMENTAUX $r = \dfrac{S}{G}$.						
	.5	10	15	20	30	40	50
	Dépense minima de combustible par mètre carré de grille et par heure.						
	kil.	kil.	kil.	kil.	kil.	kil.	kil.
Fixes.	1,00	3,5	8,3	14,7	33,2	59,0	92,3
Marines.	0,83	3,5	7,8	13,7	31,0	55,0	85,5
Locomobiles.	0,25	1,0	2,0	3,9	8,8	15,7	24,5
Locomotives { charbon. . . .	0,5	1,5	2,9	6,4	14,5	25,5	39,5
{ coke.	0,5	2,0	4,9	8,8	19,6	34,2	54,0

CHAUDIÈRES.	RAPPORTS FONDAMENTAUX r.					
	60	70	75	80	90	100
	Dépense minima de combustible par mètre carré de grille et par heure.					
	kil.	kil.	kil.	kil.	kil.	kil.
Locomotives { charbon. . . .	57	77	100	103	129	159
{ coke.	78	103	122	137	176	215

TABLEAU 9. — Vaporisation des chaudières a différentes vitesses de combustion et avec différents rapports fondamentaux.

TYPE DE CHAUDIÈRE et nature du combustible.	ÉVAPORATION par heure à partir de 100°.	RAPPORT FONDAMENTAL $r = \dfrac{S}{G} = 30$. DÉPENSE DE COMBUSTIBLE EN KILOGRAMMES par mètre carré de grille et par heure.						
		25	50	75	100	150	200	250
		Vaporisation en kilogrammes.						
Fixe, au charbon. Formule 31.	Par m. carré de grille. Par kilog. de houille.	310* 12,5	580 11.56	810 10,89	1050 10,56	1530 10,23	2010 10,06	2490 9,96
Marine, au charbon. Formule 32.	Par m. carré de grille. Par kilog. de houille	310 12,5	585 11,69	840 11,25	1095 10,95	1610 10,69	2120 10,61	2635 10,54
Locomobile, au charbon. Formule 33.	Par m. carré de grille. Par kilog. de houille.	250 10	465 9,3	680 9,01	895 8,95	1325 8,83	1755 8,77	2185 8,74
Locomotive, au charbon. Formule 34.	Par m. carré de grille. Par kilog. de houille.	285 11,4	525 10,5	770 10,26	1010 10,10	1495 9,97	1980 9,90	2465 9,86
Locomotive, au coke. Formule 35.	Par m. carré de grille. Par kilog. de coke. .	280 11,14	475 9,54	675 9,02	875 8,75	1270 8,47	1670 8,35	2065 8,03
		RAPPORT FONDAMENTAL $r = \dfrac{S}{G} = 50$.						
Fixe, au charbon. Formule 31.	Par m. carré de grille. Par kilog. de houille.	310* 12,5	625* 12,5	835* 12,5	1235 12,33	1710 11,41	2190 10,95	2670 10,67
Marine, au charbon. Formule 32.	Par m. carré de grille. Par kilog. de houille.	310* 12,5	625* 12,5	835* 12,5	1225 12,25	1740 11,58	2250 11,25	2760 11,05
Locomobile, au charbon. Formule 33.	Par m. carré de grille. Par kilog. de houille.	310* 12,5	530 10.6	745 9,93	950 9,6	1390 9,27	1820 9,10	2250 ·9,00
Locomotive, au charbon. Formule 34.	Par m. carré de grille. Par kilog. de houille.	310* 12,5	610 11,95	840 11,20	1085 10,85	1570 10,45	2055 10,26	2540 10,15
Locomotive, au coke. Formule 35.	Par m. carré de grille. Par kilog. de coke.	300* 12	610* 12	820 10,91	1015 10,16	1415 9,42	1810 9,05	2210 8,83
		RAPPORT FONDAMENTAL $r = \dfrac{S}{G} = 75$. DÉPENSE DE COMBUSTIBLE EN KILOGRAMMES par mètre carré de grille et par heure.						
		150	200	250	300	375	450	500
Locomotive, au charbon. Formule 34.	Par m. carré de grille. Par kilog. de houille.	1710 11,39	2195 10,97	2680 10,71	3165 10,65	3890 10,37	4635 10,26	5100 10,20
Locomotive, au coke. Formule 35.	Par m. carré de grille. Par kilog. de coke. . .	1690 11,27	2090 10,44	2485 9,94	2880 9,61	3475 9,26	4075 9,05	4470 8,94

* Les vaporisations ainsi désignées échappent aux formules pour les raisons données dans le texte.

La seule limite d'application des formules 30 à 35, du côté des valeurs croissantes de *c*, est celle qu'impose la résistance du combutible au tirage; elle est de 500 à 530 kilogrammes par mètre carré de grille et par heure pour la houille ou le coke ordinaires : avec une combustion plus active, le combustible est en partie dispersé et entraîné sans brûler par la force du tirage, bien que l'on ait vu le coke supporter le tirage d'une locomotive avec une vitesse de combustion de 635 kilogrammes par mètre carré de grille et par heure.

Application des formules à la vaporisation des chaudières. Le tableau n° 9 (p. 641) renferme les vaporisations et la dépense de combustible des principaux types de chaudières pour les rapports fondamentaux et les vitesses de combustion de la pratiqué.

On voit que, pour les rapports fondamentaux *r*, 30 et 50, on peut ranger les chaudières comme il suit par rapport à l'évaporation.

Rapport $r = 30$.	Rapport $r = 50$.
Marines.	Marines.
Fixes.	Fixes.
Locomotives (charbon).	Locomotives (charbon).
Locomobiles.	Locomotives (coke)
Locomotives (coke).	Locomobiles.

Les chaudières locomobiles, nettement inférieures aux locomotives à charbon, s'amélioreraient beaucoup si on les construisait avec des proportions semblables. (Voir *A Mannual of Rules Tables and Data for Mechanical Engineers*, boy D. K. Clarck, 1876.)

THERMODYNAMIQUE.

Note 236. **Première loi de la thermodynamique**. Il importe de faire remarquer ici que cette loi n'a de démonstration certaine que *par l'expérience :* que l'idée de l'équivalence entre la chaleur et le travail, si répandue aujourd'hui qu'elle nous paraît toute naturelle, non-seulement n'est pas évidente *à priori*, mais n'a pu être rigoureusement affirmée que par des expériences multiples et précises. La thermodynamique est bien une science d'expérience, établie sur des faits irréfutables dont on peut tirer toutes ses équations sans aucune hypothèse *sur la nature du calorique,* cnmme on peut établir celles de la mécanique sans aucune hypothèse sur la nature intime de la force. M. Hirn a longuement développé ces considérations importantes dans la troisième édition de son grand ouvrage.

Note 239. **Travail interne. Théorème de la** *fig.* 93. On peut remarquer, à un |point de vue général, que la surface AV$_A$MX représente l'énergie équivalente au refroidissement adiabatique du corps, depuis l'état $P_A V_A$ jusqu'au zéro absolu, c'est-à-dire l'énergie *interne* du corps à l'état $P_A V_A$; et de même pour la surface $BV_B NX$.

Désignant par U_A, U_B les énergies internes en A et B, on a évidemment, d'après le théorème du présent article,

$$H_{A,B} = U_B - U_A + \text{travail externe } ABV_A V_B.$$

Or, si l'on mène par A une courbe *isodynamique*, c'est-à-dire telle que, pour tous ses points, on ait

$$U = \text{constante} = U_A,$$

jusqu'à son intersection en D'' avec l'adiabatique du point B, on aura

$$H_{B,D''} = 0 = U_A - U_{-B} + \text{surface } BD'' V_{D''} V_B;$$

d'où

$$H_{A,B} = \text{surface } BD'' V_{D''} V_B = U_B - U_A,$$

et

$$H_{A,B} = BD'' V_{D''} V_B + ABV_A V_B.$$

Ce mode de représentation graphique de H_{AB} a été indiqué pour la pre-mière fois par M A. Cazin dans sa *Théorie élémentaire des machines à air chaud* (*Annales du Conservatoire des arts et métiers*, 1865). La con-sidération du travail interne permet de simplifier et de rendre extrême-ment frappant l'exposé élémentaire de la plupart des propriétés ther-modynamiques des gaz et des vapeurs. (Voir : J. H. Cotterill, *The Steam Engine as a heat machine*, Londres, 1878 [Spon].)

NOTE 240. **Équation fondamentale.** On désigne ordinairement par L le *travail externe* accompli par un corps en changeant de volume, par W le travail accompli par le déplacement de ses molécules, enfin par J le travail appelé par Rankine *chaleur actuelle totale ;* de sorte que, pour un corps en repos de masse, on peut poser l'équation géné-rale

$$dQ = A(dW + dJ + dL),$$

dQ étant la variation élémentaire de la chaleur du corps

$$A = \frac{1}{425} = 0,00235.$$

Posant avec M. Clausius

$$dJ + dL = dH,$$

cette équation devient

$$dQ = A(dW + dH).$$

M. Clausius appelle dH le *travail de disgrégation*, et *travail intérieur* la quantité dJ.

Cette équation s'emploie souvent sous la forme

$$dQ = A(dL + dU);$$

la quantité

$$dU = dJ + dW$$

est appelée par Zeuner *travail interne*, par Kirchoff *fonction d'activité*, et par sir William Thomson l'*énergie mécanique du corps à un état donné.*

NOTE 242. **Chaleur spécifique absolue. Températures.**
M. Hirn a défini la température, *l'intensité de la force calorifique* dans un corps ou dans l'espace (*Exposition*, t. I, p. 180, et t. II, p. 139). Cette température est par conséquent proportionnelle à la *quantité* de force calorifique ou de chaleur présente.

« A des *quantités égales* de chaleur ajoutées ou retranchées à un corps, doivent par conséquent répondre des *accroissements* (positifs ou négatifs) *égaux* de température, *pourvu que la chaleur soit employée tout entière et exclusivement à modifier la température.* »

Par conséquent aussi, *la capacité calorifique réelle* des corps est une constante indépendante de leur température et de leur état.

Cette conséquence de la définition très-nette que M. Hirn donne de la température peut se démontrer par d'autres considérations théoriques; elle est en outre vérifiée par l'expérience sur l'air, l'oxygène et l'hydrogène, gaz dont le travail interne est très-faible. On peut donc considérer la définition de M. Hirn comme rationnelle. Elle présente une idée très-claire d'une notion souvent vague au point de vue scientifique.

NOTE 245. **Équation** (3). *k* étant une quantité constante, on peut énoncer l'équation (3) comme il suit :

« *Le travail total que peut rendre un corps est proportionnel à la température absolue à laquelle s'opère ce travail.* »

C'est en ces termes que M. Hirn a défini la seconde proposition de la thermodynamique (1er vol., p. 212).

Pour des développements élémentaires plus étendus sur la *fonction thermodynamique*, consulter *C. Shann, Treatise on Heat, in relation to Steam and the Steam Engine* (Macmillan, London, 1877).

NOTE 246. **Équation** (2). L'équation (2) peut s'écrire, avec les notations de Rankine,

$$dH^{\text{kilogrammètres}} = K_v dt + H_1 dv, \qquad \text{(Art. 250, Eq. 2)}$$

ou, avec les notations ordinaires des auteurs français,

$$dQ^{\text{calories}} = c_v dt + l dv.$$

l étant la chaleur de dilatation (h_i). Elle peut s'énoncer presque directement en partant de la première loi de la thermodynamique.

L'expression de la chaleur de dilatation

$$h_i = \frac{1}{J} \tau \frac{dp}{d\tau} dv,$$

se déduit presque immédiatement du théorème de Carnot, note 265. (Voir Moutier, *Thermodynamique*, p. 69.)

NOTE 250. **Équation** $pv = R\tau$. La quantité $K_p - K_v$ se désigne ordinairement par la lettre R, d'où l'équation

$$pv = R\tau,$$

générale pour les gaz parfaits.

La valeur

$$R = \frac{pv}{\tau}$$

peut s'écrire

$$R = \frac{p}{D} \times \frac{1}{\tau} = \frac{H}{\tau},$$

D étant le poids du mètre cube du gaz à la pression de p^k par mètre carré et à la température absolue τ;

H est la hauteur d'une colonne de ce gaz équivalente à cette pression p.

Ainsi, pour l'air, prenant

$$p_0 = 10\,333^k$$
$$\tau_0 = 273°,$$

on a

$$D_0 = 1^k,293,$$

d'où

$$H = \frac{10\,333}{1,293} = 7991^m$$

et

$$R = \frac{7991}{273} = 29,272.$$

Les valeurs de R sont, pour les principaux gaz :

Air.	29,272
Azote.	30,134
Oxygène.	26,475
Hydrogène.	422,612

M. Zeuner a fait remarquer que la valeur de R pour l'hydrogène, le plus parfait des gaz, se rapproche beaucoup de la valeur 425 kilogrammètres de l'équivalent mécanique, de sorte que l'équivalent mécanique de la chaleur latente de détente de l'hydrogène serait égal à celui de la chaleur spécifique de l'eau à 4°. En outre, si l'on prenait les densités des gaz par rapport à l'hydrogène, la valeur de R, pour un gaz de densité ε, serait

$$R = \frac{425}{\varepsilon},$$

et l'on aurait

$$\frac{R}{J} = \frac{1}{\varepsilon}.$$

L'emploi de ces notations, suffisamment exactes pour la pratique, simpliefirait beaucoup les formules relatives aux gaz.

NOTE. **Valeur de γ pour la vapeur d'eau surchauffée.** La valeur $\gamma = 1{,}30$ coïncide avec celle trouvée par M. Moutier, au moyen de la formule

$$\gamma = -\frac{v}{p}\frac{k_p}{k_p \dfrac{dv}{dp} + \tau \left(\dfrac{dv}{dt}\right)^2},$$

en prenant

$$p = 10\,333^k$$
$$v = 2^{mc}{,}08 \quad (\text{à } 200°)$$
$$\frac{dv}{dt} = 0{,}00\,449$$
$$\frac{dv}{dp} = -\,0{,}000\,201$$
$$\tau = 473° \quad (t = 200°).$$

Les valeurs de $\dfrac{dv}{dt}$, $\dfrac{dv}{dp}$ sont d'après une discussion des données expérimentales de M. Hirn. (Voir Moutier, *Thermodynamique*, p. 79 à 86.) La valeur 1,30, ainsi trouvée, s'applique *exactement* à une détente élémentaire de la vapeur surchauffée à 200°, à la pression atmosphérique.

NOTE 253. Voir *Annales de chimie et de physique*, tome VII, 1876, un mémoire de M. Moutier sur la *détente adiabatique d'un gaz sans travail externe*.

NOTE 254. **Écoulement des gaz parfaits.** Soient :

$$p_1 v_1 t_1 \text{ l'état initial,}$$
$$p_2 v_2 t_2 \text{ l'état final,}$$

de l'unité de poids d'un gaz s'écoulant d'une enceinte à la pression p_1 et à la température t_1 dans une enceinte à p_2, t_2.

On aura, pour l'équation générale du phénomène,

$$p_1 v_1 - p_2 v_2 + \int_{v_2}^{v_1} p\,dv = \frac{u^2}{2g};$$

u étant la vitesse d'écoulement du gaz. On peut considérer deux cas théoriques principaux.

1° *Écoulement isothermique.* Le gaz ne change pas de température pendant toute la durée du phénomène,

$$p_1 v_1 = p_2 v_2,$$

$$\int_{v_2}^{v_1} p\,dv = p_1 v_1 \log \frac{p_2}{p_1},$$

d'où

$$u^2 = 2g p_1 v_1 \log \frac{p_2}{p_1} = 2gh \log \frac{p_2}{p_1},$$

en appelant $h = p_1 v_1 = \dfrac{p_1}{D_1} =$ la hauteur génératrice de la charge p_1.

Par approximation, remplaçant

$$\log \frac{p_2}{p_1} \quad \text{par} \quad \frac{p_2 - p_1}{p_1},$$

il vient

$$u^2 = 2g \frac{p_2 - p_1}{D_1} = 2gh'.$$

h' étant la hauteur de gaz due à la charge $p_2 - p_1$: cette valeur est un peu trop grande.

Débit maximum en poids. Il est proportionnel à

$$u D_1 = \frac{u}{v_1} = u \frac{p_1}{p_2} v_2 = \sqrt{2g \frac{1}{p_2} p_1^2 \log \frac{p_1}{p_2}};$$

égalant à 0 la dérivée par rapport à p_1 de

$$p_1^2 \log \frac{p_2}{p_x},$$

on trouve

$$\log \frac{p_1}{p_2} = \frac{1}{2}, \quad \text{d'où} \quad \frac{p_1}{p_2} = e^{\frac{1}{2}} = 1,649.$$

De l'équation

$$u = \sqrt{2gh'},$$

identique à l'équation fondamentale de l'écoulement des liquides, on tire les conséquences suivantes.

Toutes choses égales, pour une même différence de pression (*charge manométrique*), les volumes de liquide et de gaz débités sont en raison inverse de la racine carrée des densités.

Pour débiter un même poids, les charges manométriques doivent être en raison inverse des densités ; et en raison directe, pour débiter un même volume du gaz et du liquide.

Exemples d'écoulement isothermique de l'air :

Pressions en colonnes de mercure.	$\dfrac{p_1}{p_2}$	Vitesse en mètres par seconde.	
1 millim.	$1 + \dfrac{1}{760}$	14	Grands vents.
1 cent.	$1 + \dfrac{1}{76}$	45	Petits hauts-fourneaux.
5	$1 + \dfrac{5}{76}$	101	
10	$1 + \dfrac{10}{76}$	142	Grands hauts-fourneaux.
15	$1 + \dfrac{15}{76}$	165	
20	$1 + \dfrac{20}{76}$	192	
38	$1 + \dfrac{1}{2}$	249	

Écoulement adiabatique. La masse totale du gaz ne subit aucune variation de chaleur pendant toute la durée du phénomène : dans l'équation générale,

$$p_1 v_1 - p_2 v_2 + \int p dv = \frac{u^2}{2g},$$

on a

$$\int p dv = \frac{1}{\gamma - 1} (p_1 v_1 - p_2 v_2),$$

d'où

$$u^2 = 2g(p_1 v_1 - p_2 v_2) \frac{\gamma}{\gamma - 1},$$

$$= 2g \frac{\gamma}{\gamma - 1} \left(\frac{\tau_1 - \tau_2}{\tau_1} \right) p_1 v_1,$$

à cause de

$$\frac{p_2 v_2}{p_1 v_1} = \frac{\tau_2}{\tau_1}.$$

Le débit en poids est proportionnel à

$$u D_2 = \frac{u}{v_2} = \frac{u}{v_1} \frac{\tau_2}{\tau_1} = \sqrt{\left[2g \frac{\gamma}{\gamma - 1} \frac{p_1}{v_1} \left(\frac{\tau_2}{\tau_1} \right)^2 \left(\frac{\tau_1 - \tau_2}{\tau_1} \right) \right]},$$

$$= \sqrt{\left[2g \frac{\gamma}{\gamma - 1} \frac{p_1}{v_1} \frac{1}{\tau_1^3} \left(\tau_2^2 (\tau_1 - \tau_2) \right) \right]}.$$

Son maximum a lieu avec celui de

$$\tau_2^2 (\tau_1 - \tau_2),$$

ou, annulant la dérivée,

$$2\tau_2 (\tau_1 - \tau_2) - \tau_2^2 = 0,$$

pour

$$\tau_2 = \frac{2}{3}\tau_1\,;$$

ce qui donne, comme correspondant au débit maximum,

$$\frac{\tau_1}{\tau_2} = \frac{3}{2},$$

$$\frac{v_2}{v_1} = \left(\frac{\tau_1}{\tau_2}\right)^{\frac{1}{\gamma-1}} = \left(\frac{3}{2}\right)^{\frac{1}{\gamma-1}} = 2,7,$$

$$\frac{p_1}{p_2} = \left(\frac{\tau_1}{\tau_2}\right)^{\frac{\gamma}{\gamma-1}} = \left(\frac{3}{2}\right)^{\frac{\gamma}{\gamma-1}} = 4,05.$$

Écoulement d'un gaz chauffé pendant son parcours. C'est le cas des souffleries des hauts-fourneaux.

Prenant toujours l'unité de poids du gaz :

1° La machine refoule ce gaz dans un réservoir à l'état $p_1 v_1 t_1$ avec un travail,

$$p_1 v_1.$$

2° Il passe dans un appareil à air chaud, où il s'échauffe de t_1 à t_2, sous la pression constante p_1, accomplissant un travail,

$$p_1 v_1 \frac{t_2 - t_1}{\tau_1}.$$

Son volume est devenu

$$v_2^2 = v_1 \frac{\tau_2}{\tau_1}.$$

3° Il quitte l'appareil à air chaud et se détend à la tuyère de p_1 à p_2, à la température constante τ_2, accomplissant un travail,

$$p_2 v_2 \log \frac{p_1}{p_2}.$$

4° Il quitte la tuyère avec une vitesse u et une force vive,

$$\frac{u^2}{2g}\,;$$

avec un travail de refoulement $p_2 v_2$. Écrivant l'équation du travail, il vient :

$$p_1 v_1 - p_2 v_2 + p_1 v_1 \frac{t_2 - t_1}{\tau_2} + p_2 v_2 \log \frac{p_1}{p_2} = \frac{u^2}{2g},$$

d'où, remplaçant $p_1 v_1$ par $p_2 v_2 \frac{\tau_1}{\tau_2}$,

$$p_2 v_2 \left[\left(\frac{\tau_1}{\tau_2} - 1\right) + \log \frac{p_1}{p_2} + \frac{t_2 - t_1}{\tau_2}\right] = \frac{u^2}{2g},$$

$$u^2 = 2g p_2 v_2 \log \frac{p_1}{p_2}.$$

On tire de là les conséquences suivantes.

Pour des machines identiques, refoulant le même poids d'air avec la même pression p_1 au réservoir, les vitesses à la sortie, u, seront en raison inverse des racines carrées des densitées $\frac{1}{v_2}$ et $\frac{1}{v_1}$, ou des températures absolues τ_1, τ_2. Les diamètres des tuyères devront être proportionnels aux $\sqrt[4]{}$ de ces températures, si l'on veut que les gaz aient à la sortie la même vitesse, la même force vive, et que les machines aient à dépenser le même travail. (Voir Callon, *Cours de machines. Pneumatique.*)

Note 255. **Chaleur d'évaporation**. L'expression

$$H = \tau \frac{dp}{d\tau}(v - v')$$

peut ainsi se déduire directement du théorème de Carnot (note 265) (Moutier, *Thermodynamique*, p. 98). Les auteurs français désignent ordinairement par L la *chaleur d'évaporation en calories* $\frac{H}{J}$, et $v - v'$ par la lettre u; d'où

$$L = \frac{H}{J} = AH = A\tau u \frac{dp}{dt}.$$

D'après M. Regnault, pour la vapeur saturée,

$$\log p = a - ba^t,$$

a, b, a étant des constantes; d'où

$$\frac{dp}{dt} = - bpa^t \log a \times \log 10.$$

Avec les logarithmes vulgaires

$$\frac{dp}{dt} = - 5{,}30 bpa^t \log a,$$
$$\log b = 0{,}6821547$$
$$\log a = \overline{1}{,}9972311$$

Note 257. **Chaleur totale d'évaporation**. Les auteurs français désignent ordinairement par λ la chaleur (en calories) nécessaire pour échauffer de 0° à $t°$, puis évaporer à $t°$ un kilogramme de liquide, de sorte que

$$\lambda = q + L.$$

q étant la chaleur nécessaire pour échauffer de 0° à $t°$ un kilogramme du liquide en présence de sa vapeur.

Pour la vapeur d'eau, d'après M. Regnault,

$$\lambda = 606,5 + 0,305t.$$

NOTE 265. **Cycle de Carnot**. Le cycle d'une machine thermique élémentaire formé par deux isothermiques et deux adiabatiques est connu sous le nom de *cycle de Carnot*.

La quantité

$$\frac{\tau_1 - \tau_2}{\tau_1} = \frac{H_1 - H_2}{H_1} \qquad (1)$$

s'appelle aussi *coefficient économique* de la machine.

Cette égalité peut s'écrire

$$\frac{H_1}{H_2} = \frac{\tau_1}{\tau_2}$$

ou

$$\frac{H_1}{\tau_1} - \frac{H_2}{\tau_2} = 0,$$

ou enfin, généralisant, pour un cycle fermé réversible (art. 266)

$$\int \frac{dH}{\tau} = 0, \qquad (2)$$

en prenant négativement les quantités de chaleur cédées.

Pour tout cycle non réversible, on a

$$\int \frac{dH}{\tau} < 0.$$

Le théorème fondamental, connu sous le nom de *Théorème de Carnot*, s'énonce ainsi : *Quand deux corps fonctionnent suivant des cycles de Carnot, entre les mêmes limites de température, à une même quantité de chaleur dépensée* $H_1 - H_2$ *correspond une même quantité de travail produit, quelle que soit la nature des corps.*

Ce corollaire de l'équation (1) peut se démontrer directement en remarquant que deux corps accouplés et accomplissant successivement, mais en sens inverse, un cycle de Carnot, entre les mêmes limites de température, et en déplaçant, — l'un absorbant, l'autre restituant, — la même quantité de chaleur, laissent, après leur évolution, le système dans un état identique à l'état initial, et, par conséquent, auraient, — en admettant qu'ils aient produit des travaux différents, — donné naissance à une variation définitive de travail sans variation définitive de chaleur.

Il est aisé de voir que ce théorème correspond à la seconde loi de Rankine (art. 241 ; voir aussi art 239, corollaire).

On voit, en outre, qu'il faudrait, pour que le rendement du cycle de Carnot fût égal à l'unité, que la température de la source froide fût égale à — 273°; en d'autres termes, si l'on disposait d'un réfrigérant au zéro absolu, le travail obtenu serait le plus grand possible. On peut par suite définir le zéro absolu, la température au-dessous de laquelle aucun corps ne pourrait accomplir du travail, ou encore, la température au-dessous de laquelle aucun corps ne saurait s'abaisser par une restitution de travail; c'est-à-dire, qu'au zéro absolu, tous les corps seraient absolument incompressibles.

NOTE 266. **Température maxima que ne doit pas dé-passer le fluide moteur des machines thermiques** (d'après Callon, *Cours de machines*).

Soient :

Q le nombre de calories dégagées par kilogramme de combustible brûlé sur la grille ;

P le poids des produits de la combustion ;

c_p leur chaleur spécifique à pression constante ;

t_1 leur température à l'entrée dans la cheminée, c'est la température la plus élevée du fluide moteur, vapeur ou air chaud ;

t_2 la température du réfrigérant.

On a, en supposant que la machine fonctionne suivant le cycle de Carnot,

$$Rendement \ R = Q - Pc_p t_1 \frac{t_1 - t_2}{\tau_1}.$$

$Q - Pc_p t_1 = Q'$ étant la chaleur cédée au fluide moteur par kilogramme de combustible.

R est maximum pour

$$t_1 = \sqrt{\tau_2 \left(273° + \frac{Q}{Pc_p}\right)} - 273°.$$

Prenant :

Q = 6500 calories (houille moyenne) ;

P = 23^k,4 (18 mètres cubes d'air à 1^k,3) ;

c_p = 0,237 ;

t_2 = 40° (condenseur des machines à vapeur),

on trouve

$$t_1 = 388° ;$$

pour

$$t_2 = 10°,$$
$$t_1 = 355°.$$

Au delà de ces températures, on perdrait plus par l'excès de chaleur emportée à la cheminée qu'on ne gagnerait par l'augmentation du coefficient économique

$$\frac{t_1 - t_2}{\tau_2}.$$

Le rendement théorique serait :

pour $\theta = 10°$,

$$R = 52,6 \text{ p. } 100;$$

pour $\theta = 40°$,

$$R = 54,9 \text{ p. } 100.$$

Le travail obtenu par kilogramme de houille brûlé serait

$$Q' \times R \times 425 = 0,54 \times 425 \times 4262,$$
$$= 978129 \text{ kilogrammètres,}$$

correspondant à $\dfrac{978129}{270000} = 3^{\text{chevaux}},6$ par kilogramme et par heure,

équivalent à une dépense de

$$0^k,28 \text{ par cheval et par heure.}$$

Ce résultat n'est qu'un *maximum* théorique qu'on ne pourrait pas dépasser, mais qu'on n'atteindra probablement jamais, pour la vapeur d'eau du moins.

NOTE 269. **Lignes isodiabatiques.** Le *coefficient économique* d'un cycle formé par deux isothermiques et deux isodiabatiques est inférieur à celui d'un cycle de Carnot, entre les mêmes limites de températures. Il est, en appelant H_3 la chaleur correspondante à l'une des isodiabatiques,

$$\frac{H_1 + H_3 - H_2 - H_3}{H_1 + H_3} - \frac{H_1 - H_2}{H_1 + H_3},$$

au lieu de

$$\frac{H_1 - H_2}{H_1},$$

pour le cycle de Carnot. Cette remarque est due à M. Bourget (Moutier, *Thermodynamique*, p. 154).

NOTE 270. **Valeur de R** (note 250) **pour l'air humide.** La présence de la vapeur d'eau tend à augmenter le coefficient de dilatation α du mélange. M. Callon a proposé pour la pratique les valeurs suivantes applicables à l'air atmosphérique à l'état hygrométrique ordinaire :

$$\alpha = \quad 0,004 \text{ au lieu de} \quad 0,00367$$
$$\frac{1}{\alpha} = 250 \qquad \text{id.} \qquad 273$$
$$R = \quad 31,964 \qquad \text{id.} \qquad 29,271$$

Expression approchée du travail de l'air se dilatant suivant une isothermique (loi de Mariotte).

L'expression exacte,

$$p_1 v_1 \log \frac{p_1}{p_2},$$

peut s'écrire, pour des valeurs $\frac{p_1}{p_2}$ peu différentes de l'unité,

$$p_1 v_1 \log \frac{p_1}{p_2} = v_1(p_2 - p_1).$$

On a, en effet,

$$\frac{p_2}{p_1} = 1 + \frac{p_2 - p_1}{p_1} = 1 + x,$$

et

$$\log(1 + x) = x - \frac{x^2}{2} + \frac{x^3}{3} - \dots,$$
$$= x \text{ pour de faibles valeurs de } p_2 - p_1.$$

NOTE 274. **Deuxième machine d'Ericson sans régénérateur.** Cette machine est essentiellement formée d'un cylindre renfermant deux pistons, ouvert à une de ses extrémités, fermé à l'autre, et qui reçoit la chaleur du foyer.

Le piston le plus proche du foyer est imperméable à la chaleur et s'appelle *piston alimentaire*, l'autre est le *piston moteur;* tous deux sont munis de clapets s'ouvrant vers le fond du cylindre; près de ce fond se trouve un robinet laissant échapper l'air chaud en temps convenable.

Les deux pistons, alimentaire et moteur, peuvent se rapprocher ou s'écarter à l'aide d'une combinaison cinématique extrêmement ingénieuse.

Voici la marche de la machine.

Supposons les deux pistons près de l'extrémité ouverte du cylindre : le robinet d'échappement est ouvert, les deux pistons reculent vers le fond du cylindre, mais le piston alimentaire va beaucoup plus vite que le piston moteur, l'air chaud s'en va et de l'air froid pénètre entre les deux pistons par les clapets du piston moteur; c'est la période *d'aspiration*, la machine ne travaille pas.

Un peu avant que la manivelle motrice soit au milieu de sa course, le piston alimentaire est au bout de la sienne et commence à reculer, le robinet d'échappement se ferme, le piston moteur recule aussi, mais moins vite que le piston alimentaire, de sorte que l'air pris entre eux se comprime jusqu'à ce qu'il ouvre les clapets du piston alimentaire et passe en partie derrière lui dans l'espace chaud. La manivelle motrice est alors au milieu de sa course.

Pendant la seconde moitié de cette course, les deux pistons continuent à se rapprocher en marchant vers l'extrémité ouverte du cylindre; l'air, continuellement chassé de l'espace froid entre les deux pistons dans l'espace chaud derrière le piston alimentaire, augmente de pression. La machine accomplit un travail jusqu'à ce que les pistons soient revenus à leur position primitive à l'extrémité ouverte du cylindre ; alors le robinet d'échappement s'ouvre et le cycle recommence.

M. Zeuner (*Théorie mécanique*, p. 194) a donné une explicalion très-simple du travail de cette machine.

Les résultats économiques de ce moteur sont inférieurs à ceux des premiers types à régénérateur. Des expériences faites au Conservatoire des arts et métiers sur une machine de 2 chevaux environ, ont donné une consommation de 4 à 6 kilog. par cheval mesuré au frein sur le volant, et de 3 à 5 kilog. par cheval indiqué sur le piston. On doit attribuer la grandeur de ces chiffres à l'absence de régénérateurs et aussi à la faible force de la machine. Ce type, assez répandu en Amérique, mais pour de petites forces seulement, n'a sur le premier qu'un avantage, celui de tenir à peu près moitié moins de place, 4 mètres cubes, au lieu de 7 environ par cheval indiqué.

***

NOTE 275. **Machine de Stirling**. L'isothermique EG (*fig.* 106) ne paraît pas avoir une raison d'être bien claire, car, pendant les opérations BC ct AD, le piston moteur reste immobile, de sorte que le volume *total* de l'air ne change pas.

Si l'on donne à r sa signification habituelle

$$r = \frac{\text{volume maximum}}{\text{volume minimum}} = \frac{v_e}{v_e - v_p},$$

v_p étant le volume décrit par le piston moteur, on trouve

$$r = 1,4 \quad \text{au lieu de} \quad 1,24.$$

On attribue souvent à la machine de Stirling un cycle analogue à celui de la machine de Joule, et formé de deux adiabatiques et de deux lignes d'égal volume, en concluant à l'inutilité théorique du régénérateur (voir note 276) indispensable au contraire pour les raisons données dans le texte.

L'appareil de chauffe indiqué (*fig.* 107) a été utilisé aussi dans l'ingénieuse machine à air chaud proposée par M. Lemoine. (Voir Pochet, *Mécanique industrielle*, p. 176.)

***

NOTE 276. **Machine de Joule**. L'expression (6) du travail exercé peut s'écrire

$$U = 101,15 [\tau_b - \tau_a - (\tau_c - \tau_d)].$$

En remarquant que le cycle est réversible, on a, d'après le théorème de Carnot (note 265),

$$\int \frac{dH}{\tau} = 0,$$

d'où

$$\frac{\tau_b}{\tau_a} = \frac{\tau_c}{\tau_d}$$

et

$$U = 101,15 \left[\tau_b + \tau_c - \left(\tau_a + \frac{\tau_b \tau_d}{\tau_a} \right) \right].$$

Pour que U soit *maximum* entre les deux limites τ_a, τ_d, il faut choisir τ_b, τ_c, de façon à rendre *minima* la somme

$$\tau_a + \frac{\tau_b \tau_d}{\tau_a}.$$

Le produit

$$\tau_a \times \frac{\tau_b \tau_d}{\tau_a} = \tau_b \tau_d,$$

étant constant, il faut pour cela que l'on ait

$$\tau_a = \frac{\tau_b \tau_d}{\tau_a},$$

d'où

$$\tau_a = \sqrt{\tau_b \tau_d},$$

et par suite

$$\tau_c = \frac{\tau_b \tau_d}{\tau_a} = \tau_a.$$

Ainsi, pour que, entre des limites données de températures, le kilogramme d'air accomplisse le plus grand travail possible, il faut que sa température à la fin de la course du piston soit égale à celle à la fin de sa compression en A, d'où, à ce point de vue, l'inutilité d'un régénérateur aidant à échauffer l'air suivant EA au moyen de l'air sortant en C.

Le rendement de la machine est dans ce cas

$$\frac{U}{H_1} = 1 - \sqrt{\frac{\tau_d}{\tau_b}}.$$

On applique souvent ce cycle à la machine d'Ericson, en concluant à l'inutilité de·son régénérateur au point de vue du travail maximum qui est celui de l'industrie. Le régénérateur joue au contraire dans la machine d'Ericson le rôle très-économique nettement indiqué dans le texte, et il n'est pas question de cet organe dans la description de la machine de Joule. Comme, en pratique, on a toujours forcément $\tau_c > \tau_a$, le régénérateur serait encore ici presque indispensable.

NOTE 277. **Machine à gaz de foyer.** Parmi les principales il faut citer, en France, celle de M. *Belou;* en Amérique, celle de M. *Shaw* à régénérateur tubulaire, et les petits moteurs de *Howard* sans régénérateurs.

Ces machines ne sont pas entrées dans la pratique à cause de la difficulté extrême d'entretien des cylindres et de l'impossibilité de maintenir propres les toiles ou les tubes du régénérateur. Sans ces difficultés, elles seraient les plus économiques des machines à air chaud. Ainsi, une machine *Belou* de 30 chevaux expérimentée par M. Tresca n'a pas dépassé $1^k,5$ de houille par cheval et par heure sur l'arbre du volant.

Machines à gaz et vapeur combinés. Ces machines sont formées essentiellement d'un foyer fermé placé à l'intérieur d'une chaudière à vapeur. La combustion s'y opère sous pression, et les gaz qui en résultent, injectés *en totalité* dans la chaudière par une pompe foulante, y perdent leur excès de chaleur en formant de la vapeur. C'est le mélange de ces gaz et de la vapeur ainsi produite qui agit au cylindre moteur. Un pareil système exclut presque forcément la condensation qui exigerait une pompe à air très-encombrante et ne fonctionnerait probablement pas bien à cause de la masse du gaz mélangée à la vapeur.

On n'a pas encore essayé sérieusement ce système. Je n'en connais que deux applications citées dans le *Traité des chaudières* de Burg et qui n'ont probablement jamais été mises en pratique.

M. J. A. *Henderson* a donné une théorie thermodynamique très-simple de ces appareils publiée par le *Journal of Franklin Institute* à la fin de 1873. Le tableau suivant (p. 658), emprunté à ce travail, donne les résultats de son application aux cas probables de la pratique. On peut le considérer comme indiquant avec une précision suffisante les chiffres de rendements auxquels on n'arrivera certainement jamais en employant les données du tableau. D'après ces chiffres, et considérant que les difficultés d'entretien d'un pareil système seraient très-grandes, on peut conclure que, dans l'état actuel de la construction, on n'arriverait probablement, en suivant cette voie, qu'à des déceptions.

Aero-Steam Engines. Il ne faut pas confondre le système précédent avec celui de M. *Warsop* qui consiste à injecter *très-peu* d'air dans la chaudière, après l'avoir échauffé par sa compression surtout, et aussi par son passage dans un serpentin en contact avec les produits perdus de la combustion. Cet appareil, appliqué surtout aux locomotives, n'a pas donné d'économie appréciable. (Voir Couche, *Matériel roulant*, tome III, p. 200, et aussi : *London Association of Foremen Engineers*, novembre 1869; *On Warsop Aero-Steam Engine*, par J. Humes; *Institution of mechanical Engineers*, novembre 1870; un mémoire de R. Eaton, *Times*, 3 février 1870, résultats d'expériences; *British Association* pour 1873, section G, mémoire de R. Eaton.) On a fort peu d'applications de l'aéro-vapeur aux machines fixes (voir *Mechanic's Magazines*, 10 juin 1870 et 18 novembre 1871); il semble presque abandonné aujourd'hui.

MACHINES A GAZ ET VAPEUR COMBINÉS.

		1	2	3	4	5	6
	DONNÉES.						
P	Puissance effective du mélange à l'admission.	$2^k,28$	4,2	7	7	7	4,2
t_1	Température du mélange à l'admission. . . .	232°	232	232	315	232	315
H	Chaleur totale de combustion du kilogramme de houille en kilogrammètres.	3,050000	»	»	»	»	»
N	Kilogrammes d'air par kilogr. de houille. . .	18	18	18	18	54	54
t_a	Température de l'atmosphère.	10°	»	»	»	»	»
t_f	Température de l'eau d'alimentation.	39°	»	»	»	»	»
	RÉSULTATS PAR KILOGRAMME D'AIR ADMIS.						
t_b	Température de l'air après sa compression dans la pompe $\left[\tau_b = \tau_a \left(\frac{p_1}{p_a} \right)^{\frac{\gamma-1}{\gamma}} \right]$. . . .	124	181	259	259	259	181
r_c	Compression de l'air dans la pompe $r_c = \frac{p_1^{\frac{1}{\gamma}}}{p_a}$.	2,29	3,17	4,30	4,30	4,30	3,17
t_h	Température due à la combustion : $t_h = \frac{H}{425 (N + 1) 0,238}$	1573	1573	1573	1573	532	532
t_c	Température en quittant le foyer $t_c = t_b + t_h$.	1697	1754	1832	1832	791	713
q_h	Rapport $\frac{t_c - t_1}{t_1 - t_b}$	13,77	30,10	−175,7	20,44	−61,34	3,09
w_c	Poids des produits de la combustion $= \frac{1 + N}{N}$	1,056	1,056	1,056	1,056	1,02	1,02
q_w	$= \frac{w_s}{w_c}$	0,519	0,540	0,561	0,502	0,196	0,137
w_s	Poids de vapeur par k. d'air $= \frac{0,238 w_o (t_o - t_1)}{h}$.	0,547	0,570	0,592	0,530	0,200	0,140
w_1	Poids du mélange $= w_o + w_s$	1,603	1,626	1,648	1,586	1,219	1,159
v_c	Volume des produits de la combustion à la température de mélange t_c.	$0^{m3},44$	0,28	0,16	0,21	0,16	0,33
v_s	Volume de la vapeur à la même température.	0,38	0,24	0,17	0,26	0,059	0,073
q_v	$= \frac{v_s}{v_c}$	0,87	0,91	0,94	0,85	0,33	0,22
v_1	Volume du mélange $v_1 = v_c + v_s$	0,82	0,52	0,33	0,47	0,75	0,40
γ_m	$= \frac{C_m^p}{C_m^v} = \frac{0,238 + 0,48 \, q_w}{0,169 + 0,37 \, q_w}$	1,349	1,348	1,347	1,349	1,375	1,38
t_2	Température d'échappement : $\log \tau_2 = \log \tau_1 + \frac{\gamma_m - 1}{\gamma_m} . \log \left(\frac{p_1}{p_a} \right)$	100	59	24	72	15	102
r	Détente au cylindre moteur $= \frac{1}{\gamma_m} \log \frac{p_1}{p_a}$. . .	2,38	3,33	4,59	4,58	4,45	3,2
v_2	Volume du cylindre moteur $v_2 = r v_1$.	1,97	1,79	1,62	1,79	1,09	1,3
v_a	Volume de la pompe $v_a = R . \frac{\tau_a}{p_a}$	$0^m,8$	0,8	0,8	0,8	0,8	0,6
q_c	$= \frac{v_a}{v_2}$	0,405	0,447	0,490	0,444	0,741	0,6
q_m	$= \frac{p_m}{p_1} = \frac{\gamma}{2} \frac{\frac{p_a}{p_1}}{\gamma_m - 1}$	0,734	0,596	0,476	0,476	0,482	0,6

	1	**2**	**3**	**4**	**5**	**6**
RÉSULTATS PAR KILOGRAMME D'AIR ADMIS (*suite*).						
p_m Pression moyenne absolue $p_m = q_m p_1$	24 420	31 290	39 086	38 370	38 850	31 550
$q_n = \dfrac{p_n}{p_1} = \dfrac{\frac{\gamma_a}{r_c} - \frac{p_a}{p_1}}{\gamma_a - 1}$	0,732	0,606	0,488	0,488	0,488	0,600
p_n Pression moyenne absolue dans la pompe $p_n = q_n p_1$	24 395	31 800	39 330	39 330	39 330	31 810
U_m Travail du grand cylindre $U_m = (p_m - p_a) v_2$.	27 935	37 600	45 800	50 700	30 860	27 600
U_n Travail résistant de la pompe $U_n = (p_n - p_a) v_a$.	11 250	17 235	23 270	23 270	23 270	14 860
U_c Travail utile $U_c = U_m - U_n$	16 685	20 365	22 530	27 430	7 590	12 740
H_1 Chaleur dépensée à ce travail, $H_1 = \dfrac{H}{N}$	170 000	170 000	170 000	170 000	56 463	56 463
H_2 Chaleur rejetée $H_2 = H_1 - U_c$	163 315	149 635	147 470	14 570	48 873	43 723
Rendement $E = \dfrac{U_c}{H_1}$	0,098	0,120	0,133	0,162	0,135	0,183
Houille par cheval effectif et par heure. . . .	$0^k,91$	0,73	0,68	0,55	0,68	0,50

NOTE 282. **Construction par points des courbes** $pu^{-\frac{10}{9}}$, $pu^{-\frac{17}{16}}$.

1° *Par calcul numérique.* Prenant pour unité l'ordonnée qui représente la pression initiale, on a, pour les ordonnées successives de la courbe comptées à partir de l'origine comme zéro et espacées de distances égales au volume de l'admission, les valeurs suivantes :

Numéro des ordonnées.	$pu^{-\frac{10}{9}}$.	$pu^{-\frac{17}{16}}$.	Numéro des ordonnées.	$pu^{-\frac{10}{9}}$.	$pu^{-\frac{17}{16}}$.
0	1	1	6	0,136	0,149
1	1	1	7	0,115	0,126
1,5	0,637	0,650	8	0,092	0,110
2	0,569	0,479	9	0,087	0,097
2,5	0,361	0,378	10	0,077	0,086
3	0,295	0,311	11	0,069	0,078
4	0,214	0,229	12	0,063	0,071
5	0,167	0,181			

2° *Par un procédé graphique.* Il est plus simple de construire une fois pour toutes un diagramme sur lequel on lira immédiatement ces grandeurs.

Pour tracer un tel diagramme, il suffit de joindre les points homologues de deux parallèles *om*, *o'm'*, divisés proportionnellement aux ordonnées d'une des courbes du tableau.

Pour s'en servir, il suffit, ayant la longueur *al* de l'ordonnée représentant la pression initiale, de la faire glisser sur oo' parallèlement à om, jusqu'à ce que son extrémité supérieure coupe mm' en a; alors $lb - lc - ld...$ seront les valeurs des ordonnées correspondantes aux abscisses 1,5, 2, 2,5, etc. de la courbe du diagramme. Le tracé de la figure correspond à la courbe $pv^{-\frac{10}{9}}$.

Fig. 19.

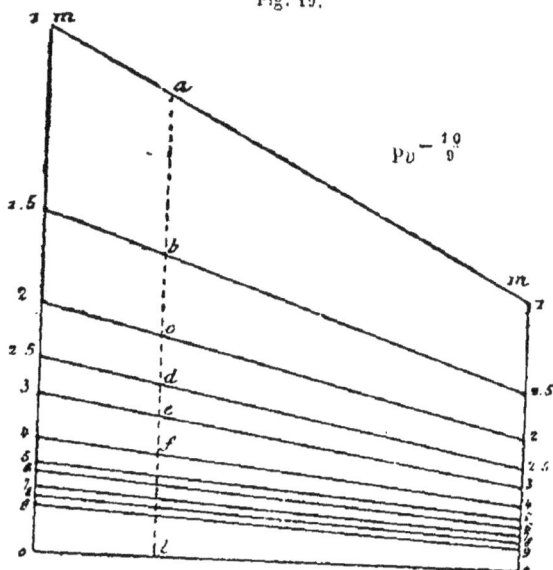

M. Wilkinson a récemment imaginé une règle métallique portative très-simple qui facilite beaucoup la construction de ces courbes (*Engineering* du 14 juillet 1876, p. 40).

NOTE 283. **Température d'inversion**. On appelle ainsi cette température τ_1, pour laquelle l'expression (2) s'annule et devient négative; on peut la déterminer comme il suit :

Soit m un poids de vapeur sèche saturée à t^o, en contact avec son liquide. Supposons que, la température s'augmentant de dt, il s'évapore une masse de liquide dm; la chaleur absorbée par cette température sera, en employant les notations françaises,

$$dq = \lambda dm + m\gamma_1\, dt,$$

λ étant la chaleur de vaporisation.

γ_1 est la *chaleur spécifique de la vapeur saturée à la température t*; c'est-à-dire la chaleur qu'il faut pour pour élever d'un degré la température d'un kilogramme de vapeur saturée à t^o, sous une pression variable telle qu'elle reste constamment saturée.

Si la transformation élémentaire se fait adiabatiquement,

$$\lambda dm + m\gamma_1.dt = 0.$$

Or, M. Clausius a démontré que

$$\gamma_1 \doteq c + \frac{d\lambda}{dt} - \frac{\lambda}{\tau},$$

c étant la chaleur spécifique du liquide à t°; et les valeurs de γ_1 ainsi trouvées sont négatives, aux températures ordinaires, pour la vapeur d'eau.

De là il suit que, pour une détente adiabatique, la vapeur accomplissant un travail, dt est négatif, $\gamma_1 dt$ positif, et que, par suite, dm doit être négatif; il y a condensation : l'inverse a lieu pour une compression.

Ces phénomènes changent évidemment de sens avec le signe de γ_1 dès que la température t est telle que

$$\gamma_1 = c + \frac{d\lambda}{dt} - \frac{\lambda}{\tau} = 0.$$

On trouve ainsi

Température d'inversion t.

Benzine.	118°	} Vérifiées par l'expérience (Cazin).
Chloroforme.	123°,5	
Chlorure de carbone. . . .	127°	
Éther.	—118°	

La température — 115° d'inversion de l'éther rend compte de ce fait, qu'aux températures ordinaires, sa vapeur se comporte en sens inverse de celle de l'eau. On remarque que la confirmation expérimentale de ces inductions théorique démontre à la fois l'exactitude de la seconde loi de la thermodynamique et l'existence d'un zéro absolu aux environs de — 273°.

Formule (3). **Détente adiabatique élémentaire**. Si l'on différentie, par rapport à τ, la formule (5) de l'article 281, en y remplaçant L par sa valeurs tirée des expériences de Regnault,

$$L = rJ = J \times (606,5 - 0,695t),$$

on trouve

$$\frac{du}{dt} = \frac{r_1}{r_2 \tau_1}(796u_1 - \tau_1).$$

Pour

$$u_1 < \frac{\tau_1}{796}$$

il y aura, à l'origine de la détente, évaporation, jusqu'à ce que la température soit devenue

$$t = 796u_1 - 273^\circ;$$

après quoi la vapeur se condensera.

Pour

$$u_1 = \frac{\tau_1}{796},$$

il n'y a ni production ni condensation de vapeur sur l'élément correspondant de l'adiabatique. Ce *point d'équilibre* est celui où l'adiabatique coupe la courbe dite de *quatités de vapeur constantes* (*Zeuner*) correspondante à $\tau_1 u_1$.

M. Pochet a tracé, dans sa *Mécanique industrielle*, un tableau graphique très-complet des valeurs de u pour la détente adiabatique. Il en a conclu que, entre $t_0 = 50°$ et $t_1 = 170°$, avec $\dfrac{v-u}{v} < 0,30$, on peut prendre

$$u_1 = 0,5\,\frac{u_0 - 0,5}{147 - t_0}\,(147 + t_1),$$

avec une appréciation suffisante pour la pratique.

NOTE. 286. **Chemise de vapeur**. Son rôle n'est pas d'empêcher la condensation de la vapeur saturée par le travail de détente. Le refroidissement dû à ce travail s'opère dans toute la masse de la vapeur où la chaleur de l'enveloppe ne pénètre pas. M. Moutier a de plus démontré (*Thermodynamique*, p. 139) qu'il y aurait diminution de rendement avec une machine à vapeur dont l'enveloppe fonctionnerait ainsi : pour une détente complète entre 150° et 50°, ce rendement s'abaisserait de 0,218 à 0,177, malgré l'augmentation de travail dû à l'enveloppe.

Le rôle véritable de l'enveloppe, nettement caractérisé par M. Combes dès 1845, consiste à prévenir et à réparer les effets dus à l'influence des parois. Dans une machine simple, elle évapore pendant la détente l'eau de condensation qui se précipite sur les parois du cylindre pendant l'admission ; cette évaporation n'est jamais complète, mais elle n'en diminue pas moins beaucoup la perte R_c au condenseur (note 291). L'important est que l'enveloppe évapore le plus possible de cette eau pendant la détente ; or, il suffit souvent d'ajouter à cette eau très-peu de chaleur pour qu'elle atteigne le point de vaporisation correspondant à la pression actuelle de détente. Sans cette faible addition, elle reste liquide et ne s'évapore qu'à l'échappement. On comprend ainsi que l'enveloppe puisse, avec une très-faible dépense de chaleur, augmenter considérablement le travail de la détente. Cette explication rationnelle et complète du rôle de l'enveloppe dans les machines simples a été découverte et confirmée expérimentalement par M. Hirn (*Exposition analytique*, tome II, p. 45).

Dans les machines Compound, le rôle de l'enveloppe s'accomplit différemment ; voici comment s'exprime M. Hirn : « Dans la machine à cy-« lindre unique, tout en diminuant R_c et en augmentant le travail de « détente, la vapeur de l'enveloppe ne cède en définitive que peu de « chaleur à celle du cylindre pendant la détente, et la plus grande « partie de la chaleur utilement cédée par les parois est celle même « que la vapeur abandonne au métal pendant l'admission. Dans la ma-« chine à deux cylindres, au contraire, c'est la chaleur cédée par la « vapeur de l'enveloppe qui surtout accroît la chaleur de détente $A f_d$. « Devant des différences aussi frappantes, dérivant de détails de con-

« struction en apparence presque insignifiants, nous sommes amenés à
« reconnaître que telle machine à un cylindre et sans enveloppe peut
« fort bien, par suite de quelque détail de construction, mieux uti-
« liser que telle autre la chaleur donnée aux parois pendant l'admission.
« Il n'est pas impossible, il est même fort probable que le rapport entre
« Af_d et R_c dépend, par exemple, du rapport qui existe entre le dia-
« mètre du cylindre et la course du piston; ou aussi, du rapport du
« volume total du cylindre au volume offert pendant l'admission. Cela
« posé, il est évident que l'enveloppe donnera des résultats utiles d'au-
« tant plus faibles que la machine rendra déjà mieux par elle-même, et
« qu'au contraire, l'enveloppe donnera des résultats d'autant plus beaux
« que Af_d sera d'abord plus petit par rapport à R_c; en un mot, les ré-
« sultats donnés par l'enveloppe peuvent et doivent varier dans des
« limites assez étendues, osciller, par exemple, entre 10 et 25 p. 100. »
(Tome II, p. 81.)

Ces considérations, jointes aux difficultés des expériences industrielles, expliquent jusqu'à un certain point les divergences d'opinions
relatives à l'utilité de l'enveloppe (*).

Le fait que, dans les machines simples, l'enveloppe accomplit un rôle
très-utile, avec une très-faible dépense de vapeur cédant sa chaleur en
temps opportun, donne à penser que les enveloppes de gaz chauds
pourraient bien être en réalité plus efficaces que ne le ferait supposer la
faible puissance calorique de ces gaz comparée à celle de la vapeur
d'eau. C'est ainsi que l'on a raison, dans les locomotives, du moment
qu'on accepte, pour d'autres motifs plus contestables, des cylindres intérieurs, de les envelopper dans les gaz perdus de la boîte à fumée.

Quant à la position de l'enveloppe dans les machines Compound,
l'expérience donne tort à l'opinion exprimée par le texte anglais. D'a-
près les expériences de M. Hirn et celles de MM. Emery et Loring sur les
machines américaines, confirmées par le raisonnement et aussi par la
pratique de presque tous les constructeurs, c'est autour du réservoir
intermédiaire et du grand cylindre qu'il faut, avant tout, faire arriver la
vapeur de la chaudière.

Des considérations précédentes, il résulte qu'il y a grande importance
à envelopper aussi les fonds du cylindre, ainsi qu'une partie du Stuffing-
box pour réchauffer la tige du piston.

Il convient que la vapeur arrive au cylindre directement de la chaudière sans avoir, comme on le fait souvent, traversé l'enveloppe et s'y
être chargée d'eau.

Il peut enfin se faire que la vapeur de l'enveloppe, surtout si elle passe
ensuite aux cylindres, entraîne avec celle des impuretés qui, s'incrustant
sur ses parois, en diminuent la conductibilité; c'est à ce fait qu'il convient d'attribuer plusieurs insuccès de l'enveloppe, notamment dans les
machines marines. Sauf ce cas particulier, on peut dire que l'enveloppe

---

(*) A consulter *The Abuse of the Steam Jacket practically considered*, by *L. Fletcher*,
Londres (Spon), 1878.

est en général économique, d'autant plus que la détente est plus prolongée, et qu'elle ne sèche jamais la vapeur assez pour augmenter notablement les frottements du piston.

NOTE 287. **Coefficients de Mae-Farlane Gray et Ch. Smith**. Ces coefficients indiquent le quotient du travail total maximum de la vapeur, pour un degré de détente donnée, par son travail pendant l'admission.

En supposant que la vapeur se détende suivant la loi de Mariotte, ce quotient est

$$M = 1 + \log r.$$

Si l'on suppose que la vapeur suive la loi de Rankine (art. 279),

$$pu^{-i} = \text{const.},$$

cette expression devient (Eq. 6)

$$\frac{i}{i-1} - \frac{i}{i-1}\, r^{-i+1} = p_m \frac{r}{p_1},$$

ou, remplaçant i par $-\dfrac{10}{9}$,

$$G = 10 + \frac{9}{r^{\frac{1}{9}}} = p_m \frac{r}{p_1}.$$

Ce coefficient, que l'on tire immédiatement de la loi de Rankine, est désigné par la lettre G, en l'honneur de l'éminent ingénieur Mac-Farlane Gray qui en proposa le premier l'emploi (*The Artisan*, 1860).

Le célèbre constructeur de machines marines, John Elder, et après lui M. Smith, ont proposé le coefficient suivant

$$S = \frac{p_m}{p_2} = \frac{p_m}{p_1 r^{-\frac{10}{9}}}$$

$$= G r^{\frac{1}{9}} = 10 r^{\frac{1}{9}} - 9.$$

Si l'on remarque que $\dfrac{p_1}{r}$ est la pression absolue que la vapeur aurait à la fin de la course si elle se détendait suivant la loi de Mariotte, tandis que p_2 est sa pression après cette même détente accomplie adiabatiquement et en exécutant un travail, on peut caractériser la différence des coefficients théoriques de Gray et de Smith en disant que le premier

$$G = \frac{p_m}{\frac{p_1}{r}},$$

est le quotient du travail total par $(p_m l)$ par la quantité de vapeur totale $\left(\dfrac{p_1}{r} l\right)$ admise au cylindre de course l; tandis que celui de M. Smith

$$S = \frac{p_m}{p_2},$$

est le quotient de ce même travail par la masse de vapeur $(p_2 l)$ envoyée au condenseur. Il est aisé de voir que, théoriquement, le coefficient de Gray est préférable, comme proportionnel au travail spécifique de la vapeur.

Dans la pratique, il est à peu près indifférent de se servir de l'une ou de l'autre de ces deux méthodes; celle de M. Smith est souvent la plus facile à appliquer aux diagrammes d'indicateur. On obtient la pression p_2 en prolongeant la courbe de détente interrompue par la fermeture de l'échappement jusqu'à la fin du diagramme; la pression ainsi obtenue est généralement supérieure à celle déduite de la loi de Rankine, à cause de l'évaporation, à la fin de la détente, de l'eau déposée sur les parois du cylindre et de la compression. La condensation de la vapeur dans le cylindre pendant l'admission et une partie de la détente, suivie d'une réévaporation vers la fin de cette même détente, fait que si l'on veut connaître avec exactitude la quantité maxima de vapeur qui entre en jeu dans une cylindrée, il faut prendre p_2 aussi près que possible du fond de la course. L'influence de la compression, dont la vapeur ne s'échappe pas au condenseur, augmente cette pression finale p_2 et par conséquent tend à abaisser le coefficient de Smith. Avec des machines à enveloppes de vapeur et sans grande compression, où la vapeur suit plus exactement la loi de Rankine, ce coefficient devient au contraire trop fort, ainsi qu'on le verra au tableau ci-dessous.

Pour l'application de sa méthode aux machines Compound, M. Gray a donné la règle empirique suivante : « Pour avoir la pression finale « $\dfrac{p_1}{r}$, il faut multiplier le rapport $\dfrac{V}{v}$ des cylindres par le double de la « longueur du diagramme en pouces $2l$, porter ce produit II comme « une pression en livres par pouce carré au-dessus de la ligne 0, tracer « par son extrémité supérieure une horizontale, et mesurer sur cette ligne « les longueurs l', l'' qu'elle trace dans les deux diagrammes entre leurs « courbes de détente et de compression : la somme de ces longueurs « $l' + l''$ donne $\dfrac{p_1}{r}$ en livres par pouce carré. »

Avec les diagrammes en unités françaises, il faut prendre

$$H = \frac{V}{v} l \times 0,00555,$$

$$\frac{p_1}{r} = (l' + l'')0,00277;$$

l, l', l'' étant en millimètres;

$\dfrac{p_1}{r}$ en kilogrammes par centimètre carré.

Ce tracé suppose les diagrammes juxtaposés avec la même échelle de pression et la même longueur de base pour les cylindres d'admission et de détente.

La signification réelle pratique de ces coefficients a été parfaitement définie comme il suit par M. Gray : « Ce ne sont que des approximations « premières, que des coefficients limites toujours trop grands. Ils nous « apprennent que la vapeur n'a pas accompli plus qu'un certain travail, « et non pas qu'elle l'a vraiment accompli; ils se rapprochent d'autant « plus de coefficients exacts pratiques, que nous les réduisons davantage « d'une façon rationnelle, en prenant pour diviseur le plus grand pro- « duit du volume par la pression qu'on puisse trouver dans toute la « course. »

Le tableau suivant facilite beaucoup l'usage de ces coefficients. (Voir *The Artisan*, 1860, et *Engineering*, 1869, 2ᵉ semestre, p. 375 et 409.)

RAPPORT de détente. r	$r^{\frac{1}{9}}$	$r^{\frac{10}{9}}$	COEFFICIENTS THÉORIQUES MAXIMUM.		
			Formule de Mac-Farlane Gray. $G = 10 - \dfrac{9}{r^{\frac{1}{9}}}$	Formule de Smith. $S = 10 r^{\frac{1}{9}} - 9$	Loi de Mariotte. $M = 1 + \log \text{hyp. } r$
1,5	1,046	1,569	1,396	1,46	1,405
2	1,08	2,160	1,666	1,80	1,693
2,5	1,107	2,768	1,870	2,07	1,916
3	1,130	3,39	2,034	2,30	2,099
4	1,167	4,666	2,283	2,67	2,386
5	1,196	5,979	2,473	2,96	2,609
6	1,220·	7,322	2,624	3,20	2,792
7	1,242	8,690	2,750	3,42	2,946
8	1,260	10,080	2,857	3,60	3,079
9	1,277	11,493	2,949	3,77	3,197
10	1,288	12,885	3,031	3,88	3,303
11	1,305	14,360	3,104	4,05	3,398
12	1,318	15,816	3,171	4,18	3,485

Constante ou **coefficient thermique** de MM. *Farey* et *Donkin.* C'est la quantité de chaleur emportée au condenseur par cheval indiqué et par minute, par la vapeur qui sort du cylindre.

Appelons :

t_1 la température de l'eau d'alimentation;

t_2 la température de l'eau d'injection au condenseur;

t_3 celle de l'eau au sortir de la pompe à air;

w_2, w_3 les poids, par minute, de l'eau d'injection et de l'eau qui sort de la pompe à air;

$\dfrac{w_3}{n}$ le poids de vapeur condensée par minute;

w_4 le poids de la vapeur condensée par minute aux enveloppes;

t_4 sa température.

On aura, pour la quantité de chaleur q_2 sortie de la machine par minute,

$$q_2 = w_3 \left(\frac{n-1}{n}\right)(t_3 - t_2) + \frac{w_3}{n}(t_3 - t_1) + w_4(t_4 - t_1).$$

+ pertes par rayonnement.

La *constante de Donkin* est

$$c = \frac{q_2}{i},$$

i étant la puissance en chevaux indiqués. En voici quelques valeurs moyennes:

Compound. . . . . . $\begin{cases} \text{à enveloppes.} \ldots\ldots\ldots\ldots\ldots\ldots & c = 80 \text{ à } 85 \\ \text{sans enveloppes.}\ldots\ldots\ldots\ldots\ldots\ldots & 105 \end{cases}$

Non Compound. . . $\begin{cases} \text{avec enveloppes, sans laminage.}\ldots\ldots\ldots & 110 \\ \text{avec enveloppes, laminage considérable, pas de ti-} \\ \quad\text{roir de détente.}\ldots\ldots\ldots\ldots\ldots\ldots & 165 \\ \text{sans enveloppes, laminage.}\ldots\ldots\ldots\ldots & 220 \end{cases}$

La chaleur q_1 entrée par minute dans la machine est à très-peu près, w_1 étant la vaporisation totale par minute,

$$q_1 = w_1\big[(606{,}5 + 0{,}305 t_1) x_1 + t_0 + (1 - x_1)(t_1 - t_0)\big]$$

pour de la vapeur saturée à t_1^0, renfermant $1 - x_1$ kilog. d'eau et provenant d'eau alimentaire à t_0 venant de la machine, ou

$$w_1 (606{,}5 + 0{,}5 t'_1 - 0{,}195 t_1)$$

pour une vapeur surchauffée de t_1 à t'_1.

La chaleur convertie en travail par cheval indiqué par minute est

$$q_3 = \frac{4500}{425} = 10^{\text{cal}}{,}57.$$

Le quotient

$$\frac{q_1 - q_2}{i q_3} = R = 0{,}95 \frac{q_1 - q_2}{i}$$

donne un coefficient que je considère comme le plus apte à spécifier le rendement industriel d'une machine à vapeur au point de vue thermodynamique.

On appelle, en Angleterre, **piston-constant**, constante du piston, le produit

$$\frac{v \times s}{33\,000} = F.$$

v, étant la vitesse du piston en pieds par minute;
s, sa surface en pouces carrés.
Pour avoir l'unité française correspondante

$$\frac{v' \cdot s'}{75} = F',$$

(*v'* en mètres par seconde, *s'* en centimètres carrés), il faut multiplier le chiffre anglais par 14,22. F' est la puissance en chevaux développée par une pression de 1ᵏ par centimètre carré sur le piston. Elle est très-commode pour comparer les machines.

Duty ou **Service** d'une machine. Les ingénieurs anglais appellent ainsi son travail en pieds-livres par livre de charbon brûlé. Pour de bonnes machines, le *duty* varie de 200 000 à 700 000 pieds-livres, soit de 60 000 à 210 000 kilogrammètres par kilogramme de houille.

NOTE 287. **Économie des hautes pressions**. Le tableau suivant, dressé par le professeur Reynolds d'après les formules de Rankine, donne des indications théoriques très-utiles sur les effets de la haute pression aux différents points de vue qui intéressent la pratique et pour lesquels la théorie peut être utilisée avec une approximation suffisante.

1° *Économie du combustible.* Dans les machines de la première classe, il n'y a guère économie à dépasser une dizaine de kilogrammes par centimètre carré. Avec les machines de la deuxième classe, les locomotives par exemple, de 4ᵏ,2 à 8 kil., on gagne 39 p. 100; de 8 à 16 kil., 29 p. 100; de 16 à 21 kil., 15 p. 100. Jusque aujourd'hui, des considérations d'entretien et de construction, surtout pour les chaudières, empêchent de dépasser en pratique 15 kil. (pression atteinte sur les locomotives du *Metropolitan*). On considère ordinairement 10 kil. comme une pression extrême pour les appareils à demeure d'une certaine importance. Dans les machines de la troisième classe, qui sont les plus répandues, de 2 à 8 kil. on gagne environ 40 p. 100, puis l'économie s'abaisse, n'étant que de 20 p. 100 quand on passe de 8 à 20 kil.

2° *Réduction du volume des cylindres.* Les machines à haute pression et à grande détente présentent, à ce point de vue, une infériorité très-grande sur les machines de la première classe, mais elle est largement compensée par leur économie. Dans les machines des deux autres classes, ce volume diminue avec la pression. Les machines Compound ont un volume toujours supérieur, mais d'autant moins que les pressions s'élèvent d'avantage. La considération de ce volume n'a d'ailleurs de grande importance que dans des cas particuliers, d'autant plus que l'encombrement, dans les machines de la troisième classe surtout, où l'on emploie le plus le système Compound, n'est pas proportionnel au volume du cylindre.

3° *Fatigue des organes.* Elle est caractérisée par la poussée initiale sur le piston par cheval indiqué. Cette fatigue augmente avec la pression dans les machines des deuxième et troisième classes Compound ou simples; c'est à ce point de vue, qui est aussi celui de la régularité, que les machines Compound ont le plus d'avantages. Leur supériorité croît très-vite avec la pression initiale : ainsi, à 4 kil., elle est de 42 p. 100 environ, et avec 16 kil., elle s'élève à 60 p. 100.

	PAS DE CONDENSATION. Pas de détente. Contre-pression, 1 atmosphère. PREMIÈRE CLASSE.				DÉTENTE JUSQU'A 0k,35 au-dessous de l'atmosphère. Contre-pression, 1 atmosphère. DEUXIÈME CLASSE.					DÉTENTE JUSQU'A 0k,7 au-dessous de l'atmosphère. Contre-pression, 0k,35. TROISIÈME CLASSE.			
Pression absolue.	4k,2	8k	15k,7	21k,3	4k,2	8k	15k,7	21k,3	20k,3	4k,2	8k	15k,7	21k,3
Détente r.	»	»	»	»	3	5,75	12,5	15	5,75	12	23	45	61
Charbon, par cheval et par heure.	2k,20	1k,75	1k,66	1k,56	1k,27	0k,77	0k,55	0k,49	0k,73	0k,54	0k,44	0k,37	0k,33
Volume des cylindres, par cheval et par minute.	0m3,15	0m3,07	0m3,03	0m3,02	0m3,24	0m3,16	0m3,12	0m3,11	0m3,60	0m3,44	0m3,36	0m3,31	0m3,29
Id. pour les Compound. . . .	»	»	»	»	0m3,30	0m3,23	0m3,16	0m3,14	0m3,85	0m3,56	0m3,43	0m3,36	0m3,32
Poussée sur le piston, pour un cylindre.	29k	29k	29k	29k	48k,5	72k	115k,6	138k	69k,4	112k,5	177k	316k	398k
— pour deux cylindres. . . .	14,5	14,5	14,5	14,5	24,2	36	57,8	69	34,7	56,3	88,5	158	199
— pour les Compound. . . .	»	»	»	»	27,6	30	34,5	36,3	28,5	32,2	37,5	47	51

La chaudière est supposée évaporer, de 0° à 100°, 10 kilogrammes d'eau par kilogramme de charbon.

La vapeur est supposée maintenue sèche dans les cylindres.

La vitesse du piston est supposée de 2m,53 par seconde.

Les cylindres des Compound sont supposés tels que chacun d'eux accomplisse la moitié du travail total.

Ces chiffres ne sont pas des données pratiques absolues; il est, par exemple, certain qu'au delà de 10 à 12 kil., on rencontre des difficultés d'entretien qui modifient du tout au tout les considérations qu'on tirerait de ce tableau. Sans en tenir compte, il faut considérer ses chiffres comme des limites dont on approchera d'aütant plus que l'art du mécanicien perfectionnera davantage la machine à vapeur. (Voir *Proceedings of the Manchester Association of Foremen Engineers*, 1873.)

D'après M. A. Holt, l'introduction, dans les machines marines, des hautes pressions, du condenseur à surfaces et du système Compound, a permis d'obtenir aujourd'hui 8 chevaux avec la quantité de combustible qui n'en donnail auparavant que 5. La grande expérience de M. Holt permet de considérer cette approximation comme suffisamment exacte. On a donc gagné trois chevaux. Sur ces trois chevaux, d'après M. Gray, un au moins est dû à la simple introduction du condenseur à surfaces, qui permet de faire un travail de 6 chevaux au lieu de 5, avec des pressions absolues de 3 kil. environ aux chaudières. Aujourd'hui, avec des pressions de 6 kil., on fait 8 chevaux; c'est 2 chevaux de gagnés en doublant la pression. Or, à mesure que la pression augmente, les difficultés pratiques de tout genre, dont les chiffres précédents résultent, ne font que croître. On peut donc se croire autorisé à dire qu'on ne dépassera probablement pas, en augmentant ces pressions, les résultats qu'on prédit en généralisant la loi des chiffres précédents, à savoir, que « *les pressions croissant en progression géométrique de raison* 2, *le nombre de chevaux gagnés croîtra suivant une progression arithmétique de même raison* ». Avec 12 kil. on fera 10 chevaux; pour en faire 16, c'est-à-dire doubler le rendement du combustible, il faudrait marcher à 96 kil., pression qui ne sera probablement jamais atteinte.

Ce résultat, tout à fait en dehors des prévisions théoriques, cesse de paraître aussi paradoxal si l'on considère que l'économie des hautes pressions résulte surtout de la différence qu'elles permettent de réaliser entre les pressions initiales et finales au cylindre. Considérant le quotient de la pression initiale par la contre-pression comme la caractéristique économique de la machine, voici la comparaison qu'on peut établir entre l'économie d'une machine marine, par exemple, et celle d'une locomotive. Une machine marine, avec une contre-pression de $0^k,20$ et une pression initiale absolue de 6 kil., marche avec une pression initiale égale à 30 fois sa pression finale; une locomotive, pour se trouver dans des conditions analogues d'économie, devrait marcher à 30 kil. environ; elles n'ont pas encore dépassé 15 kil. Ces approximations suffisent pour montrer combien les comparaisons que l'on pourrait faire entre ces deux espèces de machines doivent être prüdentes. Il serait, par exemple, inexact de conclure, en partant des avantages que les augmentations de pression amènent chaque jour dans le service des locomotives, à des avantages de même importance dans celui des machines marines. (Voir *Institution of naval Architects*, 1876; *On Water-tube Boilers by J. F. Flannery*. Discussion, observations de M. Mac-Farlane Gray.) Il n'y aurait rien d'exagéré à dire que dans la marine, et en gé-

néral pour les machines à grande puissance et à condensation, on n'est
peut-être pas loin d'avoir atteint une limite de pression que les frais
croissants d'entretien des appareils, machines autant que chaudières,
ne permettront jamais de dépasser beaucoup (*).

Des considérations précédentes, il résulte qu'en pratique, les hautes
pressions et les grandes détentes, même avec le système Compound, sont
loin de donner, comme économie de combustible, les résultats théoriques obtenus dans l'hypothèse d'une détente adiabatique et surtout dans
celle du cycle parfait. En outre, la question de l'entretien des appareils,
moteurs et chaudières, devient de plus en plus grave à mesure que les
pressions s'élèvent. On peut dire que c'est de sa solution que dépend
l'avenir des hautes pressions. Pour le moment, les machines qui travaillent le plus longtemps et avec la plus grande économie ne dépassent
guère des pressions initiales de 5 à 6 atmosphères et des détentes de 8
environ. Les hautes pressions et les grandes détentes gagnent chaque
jour du terrain, surtout par l'adoption du système Compound, mais sans
dépasser guère ces limites, à moins de cas particuliers. On arrivera certainement à l'emploi général de pressions plus élevées, mais on n'y
arrivera que lentement, par le progrès continu dans la construction
des appareils, des chaudières surtout, et dans la qualité des matériaux.
Quant à l'étendue des progrès accomplis dès aujourd'hui et à la marche
à suivre pour les développer encore, voici comment s'exprime M. Hirn
(*Exposition analytique*, 2ᵉ vol., p. 119) : « Dans l'état actuel des choses, par
l'emploi simultané de la vapeur surchauffée à environ 230° et d'enveloppes de vapeur remplies de vapeur saturée, par de bonnes dispositions
tions des tiroirs d'admission, de détente et d'échappement, etc., on arrive
à réduire au minimum le rapport $\dfrac{R_c}{A f_d}$ (note 291). Le résultat obtenu
ainsi, avec des pressions de 5 à 6 atmosphères, est une dépense de vapeur d'environ 8 kil. par heure et par cheval ; et avec des générateurs
très-bien établis on arrive à produire couramment cette quantité de vapeur surchauffée en brûlant 1 kil. de houille de bonne qualité, ne laissant pas au delà de 10 p. 100 de scories. Ce poids de vapeur représente
environ 5000 calories, et, comme un travail de 75 kilogrammètres par
seconde répond, en une heure ou en 3600 secondes, à $75 \times 3600 = 27000$
kilogrammètres, on a

$$\frac{27000}{5000} = 54 \text{ kilogrammètres}$$

pour le travail fourni par une calorie. Tel est le résultat le plus élevé
qu'on ait pu obtenir jusqu'ici ; il résulte d'expériences prolongées pendant des semaines entières. Nul doute que cette valeur pourra être dépassée notablement un jour. J'ai indiqué, comme l'un des moyens de

---

(*) A consulter : *Institution of Civil Engineers*. London, 13 novembre 1877 ; *The Progress of Steam Shipping during the last quarter of Century*, by M. A. Holt (*Proccedings*, vol. LI).

l'accroître, l'emploi de pressions beaucoup plus grandes que celles qu'on a osé aborder jusqu'ici. Non-seulement on accroîtra ainsi la valeur du rapport disponible $J\frac{\tau_1 - \tau_2}{\tau_1}$, mais on sera à même ou de travailler à de plus fortes détentes ou de diminuer les dimensions du cylindre du moteur et, par conséquent, le frottement du piston. En faisant travailler la vapeur saturée à 10 atmosphères, par exemple, dans un premier cylindre où, après avoir agi en pleine pression, elle se détendrait à 4 ou même 3 atmosphères, en la faisant ensuite passer dans l'appareil de surchauffe pour la laisser agir en pleine pression, puis avec détente dans un second cylindre muni d'une enveloppe de vapeur saturée, on arriverait très-probablement, d'une part, à réduire le rapport $\frac{R_0}{Af_d}$ à une très-faible fraction, et, d'autre part, à utiliser beaucoup mieux les températures disponibles, 180° de la vapeur saturée, et 230° de la vapeur surchauffée. »

Machines Perkins à très-hautes pressions. A la suite de recherches persévérantes, M. Perkins est arrivé à construire des machines de dimensions et de forces moyennes, marchant couramment à des pressions initiales de 15 à 27 atmosphères, avec de la vapeur saturée.

Les deux particularités caractéristiques du système sont, au générateur, l'emploi d'une chaudière *tubulée* marchant toujours avec la même eau pure et distillée, et, dans la machine, l'emploi de garnitures métalliques d'une composition particulière permettant de marcher sans introduire aux cylindres ni huiles ni graisses d'aucune sorte.

La chaudière décrite par M. Perkins au meeting de l'*Institution of Mechanical Engineers*, à Londres, en juin 1877(*), se compose d'un certain nombre de sections verticales formées chacune de douze tubes horizontaux réunis aux deux bouts par des branchements verticaux. La boîte à feu est formée de cadres en tubes à eau écartés de 0m,30 et réunis par un grand nombre de tubes verticaux de 0m,10 de diamètre intérieur. Chaque section de la chaudière communique, au bas avec le cadre supérieur de la boîte à feu, en haut avec le réservoir de vapeur. Chaque tube est éprouvé séparément à 280 atmosphères; la chaudière toute montée est essayée à une pression hydraulique de 140 atmosphères maintenue pendant 10 heures sans apparence de fuites. Tout l'appareil est enveloppé d'une couverture de noir animal prise entre deux feuilles de tôle.

La machine, du type Compound à marteau, est à trois cylindres que désignerai par A, B, C.

Le cylindre A, de haute pression, est à simple effet; la vapeur, après avoir agi sur la face supérieure de son piston, passe sous la face inférieure du piston B, de moyenne pression, dont le cylindre est aussi à simple effet; de là elle se rend dans l'espace entre les pistons A et B, dont le volume est plus grand que la cylindrée active de B, et qui joue le

(*) Voir aussi *Institution of Civil Engineers*, London, 7 mai 1878; *The Construction of Steam Boilers adapted for very High Pressures*, by *J. F. Flannery*.

rôle de réservoir intermédiaire ; elle est ensuite distribuée au cylindre C
à double effet et à basse pression, d'où elle passe au condenseur. Les
volumes relatifs de ces cylindres et les détentes qu'y subit la vapeur sont
donnés par le tableau suivant :

Cylindres.	Volumes.	Détentes.
A	1	2
B	4	8
C	16	32

La pression initiale est de $17^k,5$ par centimètre carré. Par suite des
dispositions décrites plus haut, on évite l'introduction d'un stuffing-box
difficile à entretenir entre le cylindre à haute pression A et celui de
moyenne pression B. Tous les cylindres ont une enveloppe de vapeur
formée par un serpentin en fer, autour duquel on a coulé leur fonte ; ils
sont en outre renfermés dans une boîte non conductrice, comme la
chaudière.

Les garnitures des pistons et des stuffing-box, ainsi que les faces des
tiroirs, sont en un alliage de

5 d'étain,
pour 15 de cuivre.

Ces garnitures n'exigent aucun graissage, n'usent presque pas les
cylindres auxquels elles donnent un poli magnifique, et durent très-
longtemps (100 jours de travail continu à 27 atmosphères) ; elles ont été
adoptées par Thorneycroft pour les machines de ses bateaux-torpilles,
marchant à 430 tours par minute.

Le condenseur à surfaces présente une disposition particulière. La
vapeur arrive autour des tubes traversés de bas en haut par l'eau de
circulation qui y pénètre, jusqu'à leur extrémité supérieure, par de
petits tuyaux concentriques fixés à une plaque de séparation. Ce condenseur, parfaitement étanche, reçoit aussi la vapeur des soupapes de
sûreté qui d'ailleurs peuvent, grâce à la grande résistance de la chaudière, être chargées à 7 atmosphères au-dessus de la pression nécessaire à la machine. C'est l'eau provenant de la vapeur condensée qui
sert indéfiniment à l'alimentation des chaudières. Les fuites sont ré-
parées par de l'eau distillée dans un appareil auxiliaire. Ces pertes sont
très-faibles ; ainsi, un appareil de 1 400 litres, alimentant à 17 atmosphères
une machine de 350 chevaux indiqués, a pu marcher treize jours sans
arrêt, sans aucune addition d'eau, et sans variation finale du niveau de
la chaudière.

Les meilleurs Compound de la marine ne dépensent guère moins que
1 kilog. de houille par cheval indiqué et par heure. Leur coefficient
économique est de 0,25 environ ; celui d'une machine Perkins travaillant
à 17 atmosphères, avec une détente de 30 et une température de 40° au
condenseur, est de 0,53. Il est donc permis de croire que l'on ne s'abais-
sera guère à une consommation inférieure à $0^k,50$ par cheval et par
heure, à moins de perfectionnements imprévus dans la chaudière même.

C'est grâce à l'emploi du système Compound que M. Perkins a pu marcher économiquement à des pressions d'une vingtaine d'atmosphères avec des machines de puissance moyenne. Sans parler des variations énormes de pressions qui rendraient impossible l'emploi d'une détente de 30 volumes dans un cylindre unique, il est facile de voir que l'influence des parois y serait beaucoup plus considérable, ainsi qu'il résulte du tableau suivant :

CYLIN-DRES.	DÉ-TENTE r.	VOLUMES com-parés.	SURFACES comparées. S.	PRESSION d'admis-sion p_1.	PRESSION d'échap-pement p_2.	TEMPÉ-RATURE t_1.	TEMPÉ-RATURE t_2.	COEFFI-CIENT de parois $(t_1 - t_2)S$
A	2	1	1	18^k	9^k	206°	174°	32
B	8	4	2	9	2,25	174	123	64
C	32	16	4	2,25	0,56	123	81	168
								264

La machine à un seul cylindre de volume égal à C aurait eu pour coefficient de parois

$$4 \times (206 - 81) = 500,$$

augmenté dans le rapport de

$$\frac{500}{264} = 1,89.$$

Ce qui reste acquis au système Perkins, quel que soit son avenir, c'est l'excellence de ses garnitures métalliques et l'innocuité complète de l'eau pure *distillée*, au point de vue de la conservation de la chaudière.

Limites pratiques de la détente. La pression motrice à la fin de la course doit au moins équilibrer les résistances passives de la machine.

Il est prudent de compter, dans un projet, ces résistances comme équivalentes à 0^k,30 par centimètre carré du piston, ce qui, avec une contre-pression de 0^k,15 environ, donne 0^k,45 à 0^k,50 pour la pression finale au-dessous de laquelle il ne faut pas compter s'abaisser.

Indépendamment de cette condition, l'expérience a démontré qu'avec les pressions de 4 à 7 atmosphères en usage aujour'hui, on ne gagne rien à dépasser des détentes de six à huit fois le volume de vapeur *total* à la fin de l'admission : on peut aller jusqu'à 12, dans les grandes Compound parfaitement établies. Au delà de ces indications, il faut remarquer que ces chiffres, plutôt faibles pour de la vapeur saturée un peu humide, sont trop élevés pour de la vapeur surchauffée.

Machine à vapeur à cycle parfait. On a proposé de rapprocher le cycle de la machine à vapeur de celui d'une machine parfaite en supprimant la chute de pression au condenseur, comme il suit.

Le condenseur, à surfaces, serait tel que la pression de la vapeur, pendant le recul du piston, y resterait égale à la pression à la fin de la détente. Cette vapeur, ainsi que l'eau condensée, serait extraite à chaque coup de piston par un système de pompes alimentaires qui ramèneraient le mélange à l'état liquide par compression, et le refoulerait dans la chaudière dont il aurait précisément la température.

, Cette idée, récemment mise en pratique avec le concours de l'Amirauté sur des machines marines anglaises (système *Marchant*), n'a eu, comme on aurait dû s'y attendre, qu'un succès douteux.

M. Hirn a d'ailleurs démontré, par un exemple numérique, qu'en employant les *détentes pratiques* qu'il ne faut pas songer à dépasser aujourd'hui, cet artifice ne pouvait donner que des résultats négatifs. (*Exposition*, tome II, p. 127.)

NOTE 289. **Courbes réelles de détente dans un cylindre de machine à vapeur. Calcul de la puissance d'une machine par la loi de Mariotte**. Des causes perturbatrices nombreuses, notamment les imperfections inévitables de la distribution et la conductibilité des parois, font que la vapeur ne suit pas, dans sa détente au cylindre d'une machine, la courbe adiabatique.

Il est impossible de prévoir exactement la courbe de détente d'une machine en projet. D'après M. Ledieu (*les Nouvelles machines marines*, tome I, p. 76), cette courbe serait toujours de la forme $pv^\alpha =$ constante, α variant d'un type de machine à l'autre, d'un cylindre à l'autre dans les Compound, et changeant même quelquefois de valeur dans un même cylindre à différents points de la course. D'après l'étude d'un grand nombre de diagrammes, α varierait, dans les machines marines, de 1,2 à 0,5.

, Pour trouver la valeur de α correspondante à la courbe de détente d'un diagramme tracé, on prend la moyenne d'une série de valeurs données par l'équation

$$\log \alpha = \frac{\log p_2 - \log p_1}{\log v_1 - \log v^2} = \frac{\log p_3 - \log p_2}{\log v_2 - \log v_3} = \frac{\log p_{n+1} - \log p_n}{\log v_n - \log v_{n+1}},$$

correspondantes à des valeurs $v_n p_n$ mesurées sur le diagramme.

Il est certain aussi que très-souvent, sur les diagrammes d'indicateur, α se rapproche beaucoup de 1, c'est-à-dire que la vapeur qui reste au cylindre à la fin de l'admission *y* donne le même travail qu'un gaz se détendant de p_1 à p_2 suivant la loi de Mariotte. On sait, d'autre part, combien on aurait tort de calculer d'après ces diagrammes la dépense réelle de vapeur.

Il suit de là que, pour le praticien faisant le projet d'une machine qui doit toujours être trop forte, la loi de Mariotte donne des indications très-suffisantes. La facilité du calcul des formules qui en découlent justifie son emploi dans ce sens. Je crois utile de rappeler ici ces formules usuelles.

Soient :

t_m le travail effectif de la machine ;

$p_1\ p_3$ les pressions d'admission et de contre-pression en kilogrammes par mètre carré ;

r le rapport de détente ;

k un coefficient de réduction déterminé par la pratique ;

on a, *par kilogramme de vapeur détendue* :

1° *Machines sans détente, sans condensation,*

$$t_m = k\,p_1 v_1 \left(1 - \frac{10\,333}{p_1}\right);$$

2° *Machines à condensation sans détente,*

$$t_m = k\,p_1 v_1 \left(1 - \frac{p_3}{p_1}\right);$$

3° *Machines à détente sans condensation,*

$$t_m = k\,p_1 v_1 \left(1 + 2{,}3026 \log r - \frac{10\,333}{p_1}\right);$$

4° *Machines à détente et à condensation,*

$$t_m = k\,p_1 v_1 \left(1 + 2{,}3026 \log r - \frac{p_3 r}{10\,333}\right).$$

Les valeurs de k sont données dans le tableau suivant dû à M. Résal (*Mécanique générale*, tome IV, p. 335) :

Genre de machines.	Sans détente. Sans condensation.	Sans détente. Condensation.	Détente. Sans condensation.	Détente et condensation.
Valeurs de k.	k	k	k	k
4 à 8	0,61	0,60	0,45	0,41
Force en 10 à 20	0,70	0,67	0,58	0,52
chevaux. 30 à 50	0,79	0,73	0,70	0,63
60 à 100	0,85	0,78	0,81	0,74

On trouve des tables de calculs tout faits dans la plupart des grands traités et notamment dans l'*Aide-Mémoire* de M. Claudel.

Il ne faut pas oublier, en se servant de la loi de Mariotte pour le calcul des machines, qu'elle n'est qu'une approximation grossière, mais facile à obtenir. Elle ne peut rien donner pour l'étude détaillée et scientifique d'une machine construite ; il faut, dans ce cas, avoir recours aux équations de la thermodynamique, *exactes dans leurs conditions théoriques* et qui seules peuvent montrer de *combien* et *pourquoi* les conditions de la vapeur, dans la machine, s'écartent de leurs hypothèses nettement définies (voir les expériences de Hirn), et par conséquent indiquer sûrement la marche à suivre dans une amélioration méthodique du moteur.

NOTE 290. **Chute de pression de la vapeur en passant de la chaudière au cylindre.** Il est impossible de la calculer exactement à cause de l'influence des parois et des coudes inévitables. Le mieux est de s'en référer à des exemples pratiques.

Avec les valves tout ouvertes et des tuyaux d'arrivée bien conditionnés de 10 à 15 mètres de long, ayant les proportions recommandées dans le texte, il faut compter, pour la quantité

$$\frac{p - p_1}{p},$$

(p, étant la pression de la chaudière, et p_1, celle au cylindre à l'admission) avec

$$p = 2 \text{ à } 4 \text{ kilog. } \frac{p - p_1}{p} = 0{,}56$$
$$= 5 \text{ à } 7 \text{ kilog.} \ldots \ldots 0{,}25.$$

Ces données ne sont que des limites, l'influence des parois est telle, qu'on a vu certaines machines à grandes détentes bien distribuées, dépenser, par course, plus de vapeur que si elles avaient marché à pleine pression (Mallet, *les Machines Compound*, p. 71).

Il est impossible de fixer *à priori* exactement le degré de détente le plus avantageux pour une machine donnée; le mieux est de se tenir au projet dans les limites indiquées dans le texte. Comme une bonne machine de quelque importance est toujours munie d'un dispositif de détente variable, souvent actionné par un régulateur, le mécanicien arrivera toujours, au bout d'un certain temps, à la régler au degré de détente le plus économique.

A consulter : *the Engineer*, 1868, 1er semestre, page 463. — *On the Drying of steam by Wire-drawing and its Liquefaction by Compression*, par Rankine; et *J. H. Cotterill, the Steam Engine considered as a Heat machine*, le chapitre intitulé *Clearance and Wire drawing* (Londres [Spon.], 1878).

NOTE 291. **Influence des parois du cylindre**. M. Hirn a fait remarquer (*Exposition analytique*, tome III, p. 25) que l'on pouvait toujours présenter cette influence sous une forme frappante, en considérant la masse inconnue de ces parois qui concourt aux variations de la vapeur, comme une masse d'eau μ s'abaissant de t_1, température d'admission, à t_2, température à la fin de la course.

Si l'on appelle

m,   le poids de vapeur et d'eau dépensée par course ;

m_1, $\}$ les poids de vapeur saturée sèche présents à l'admission et à la fin
m_2, $\}$ de la course ;

r_1, $\}$ les chaleurs d'évaporation du kilogramme de vapeur correspon-
r_2, $\}$ dantes $\left(\dfrac{H}{425}\right)$;

c, la chaleur spécifique de l'eau,

on a

$$(m + \mu) = \frac{\dfrac{m_2 r_2}{\tau_2} - \dfrac{m_1 r_1}{\tau_1}}{c \log \text{hyp.} \dfrac{\tau_1}{\tau_2}}.$$

Les diagrammes d'indicateurs et les tables de Zeuner donnent tous les termes de cette équation, sauf μ.

m est donné par la dépense de la chaudière ;

$\left.\begin{array}{c} \tau_1, \\ \tau_2, \end{array}\right\}$ par les pressions correspondantes ;

$\left.\begin{array}{c} r_1, \\ r_0, \end{array}\right\}$ par les tables de Zeuner ou de Rankine $\left(\dfrac{H}{425}, \text{tab. VI}\right)$;

$\left.\begin{array}{c} m_0, \\ m_1, \end{array}\right\}$ par une table des densités de vapeur.

La chaleur empruntée par la vapeur aux parois *pendant la détente* est alors

$$Q_d = \mu \times c \times (t_1 - t_2).$$

On peut prendre, avec une approximation suffisante, $c = 1$.

La condensation de la vapeur, à chaque course, pendant l'admission, donne la chaleur totale Q_a qu'elle cède aux parois. La différence $Q_a - Q_d$ est la portion de cette chaleur qui n'est pas utilisée par la vapeur pendant la détente et qui se perd au condenseur ; M. Hirn l'a désignée par le symbole R_c.

Il faut remarquer que cette méthode de calcul, qui consiste « à consi-
« dérer la partie active des parois comme faisant en quelque sorte partie
« de la vapeur et de l'eau présentes et comme ayant constamment la
« même température qu'elles », ne saurait s'appliquer à la vapeur d'une machine Compound où la masse m ne se trouve pas dans le même état thermique pendant toute la durée de la détente.

L'influence des parois est en réalité très-considérable, on le savait depuis longtemps (*). On avait constaté sur une foule de diagrammes le fait que la courbe de détente s'élève presque toujours, pour les grandes

---

(*) Combes, *Exploitation des mines*, tome III, p. 557.

détentes surtout, bien au-dessus de la loi de Mariotte (*Expériences de Bauschinger, Couche*, tome III, p. 756; Mallet, *les Nouvelles machines marines*, page 71).

Dans le second volume de son *Exposition analytique et expérimentale de la théorie mécanique de la chaleur*, M. Hirn a non-seulement expliqué complétement l'action des parois, mais *chiffré* son importance, par une analyse complète et rigoureuse de plusieurs machines simples, Compound, et à vapeur surchauffées. Les conclusions auxquelles il est arrivé sont les suivantes.

Avec une machine simple, la vapeur trouvant, à l'admission, des parois refroidies par la détente et le rayonnement du condenseur, s'y condense brusquement, jusqu'à ce que ces parois aient atteint la température de la chaudière ou à peu près. Cette condensation se fait complétement, malgré la faible durée du contact, en vertu du principe du condenseur de Watt (tome II, p. 35); l'eau ruisselle sur le fond du cylindre. Pendant la détente, une partie de cette eau entre en ébullition et produit une vapeur qui aide à la détente. Cette vaporisation refroidit les parois précédemment échauffées. Pendant cette même détente, il se produit, dans toute la masse de la vapeur, un *trouble* dû au refroidissement par le travail, et qui tend à diminuer la masse de vapeur en activité. En outre, vers le milieu de la course, les parois sont probablement un peu plus froides que la vapeur, et tendent ainsi à diminuer sa masse active qui oscillera pendant toute la détente, suivant que ces deux causes de condensation seront plus ou moins actives que l'évaporation sur les parois antérieures. A l'échappement, la pression tombant brusquement et en vertu du principe de Watt, le reste de l'eau d'admission qui ne s'est pas évaporée pendant la détente se vaporise aux dépens de la chaleur des parois qu'elle entraîne au condenseur (R_c).

Dans une machine Compound, le rôle des parois est tout différent. Au petit cylindre, où la détente n'est jamais considérable et dont les parois ne *voient* pas le condenseur, la température du métal est toujours très-élevée, de sorte que la vapeur, en se détendant pendant son passage au grand cylindre, *prend de la chaleur aux parois du petit;* elle en cède, au contraire, *aux parois du grand cylindre.* Cette différence influe du tout au tout sur le rôle de l'enveloppe dans les machines simples et Compound.

Pour la vapeur surchauffée, voir note 296.

Quant à la grandeur de ces effets, elle varie tellement d'un type à l'autre, et même avec les détails de construction d'un même type, qu'il est impossible de donner des chiffres généraux; en tout cas, l'importance du rôle des parois est assez sérieuse pour que l'on risque de commettre, en la négligeant :

1° Une erreur de 30 à 60 p. 100 dans l'évaluation *à priori* de la dépense de vapeur ;

2° Une erreur considérable sur la grandeur du travail fourni par la détente, puisqu'on supposerait que l'expansion a lieu sans addition de chaleur ;

3° Enfin une erreur encore plus considérable sur l'emploi même de la chaleur disponible, puisqu'on ne tiendrait nul compte de la chaleur cédée à la vapeur au moment de la condensation (*Hirn*, tome II, p. 33).

On aurait donc tort, en faisant le projet d'une machine, aussi bien que dans l'étude d'une machine déjà construite, d'admettre que la vapeur s'y détend sans variation de chaleur. Sous ce rapport, le praticien est suffisamment près de la vérité en calculant la force de sa machine par la loi de Mariotte, qui mène à des calculs plus simples, et à l'aide de coefficients reconnus par la pratique, de façon à dépasser toujours la puissance indiquée au projet. Mais il n'en est pas moins vrai que les équations de la thermodynamique, importantes parce qu'elles sont l'expression de vérités scientifiques, le sont aussi pour le praticien, comme seules capables de fournir une assise fondamentale raisonnée de ses connaissance mécaniques. Comme le dit M. Hirn (t. II, p. 78) : « L'analyse expérimentale de la machine à vapeur, « appuyée sur les équations fondamentales de la thermodynamique, « met à nu les phénomènes *intimes* qui se passent dans ce moteur « et fournit en même temps, par contre-coup, une admirable vérifi- « cation de ces équations jusque dans les plus minimes détails : là où « les équations semblent échouer ; elles sont simplement inapplicables en « vertu de raisons qu'il est facile de reconnaître et qui reposent sur les « principes mêmes de la thermodynamique. » Plus haut (page 16), après avoir constaté que la théorie *à posteriori* peut seule mener à des résultats exacts pour une machine déterminée, il ajoute : « A peine ai-je besoin « de dire que que si je m'exprime ainsi, ce n'est en aucune façon pour « critiquer, dans le sens ordinaire du mot, ce qui a été produit jusqu'ici « comme théories des moteurs caloriques. Les travaux des Clausius, de « Rankine, de Combes, sur ce sujet, sont et resteront des œuvres mémo- « rables dans l'histoire de la science. »

NOTE 291. **Compression**. Il est facile de voir, en traçant un diagramme théorique, que la règle indiquée par la formule (8) n'est exacte que dans le cas où la détente se prolonge au cylindre jusqu'à la contre-pression p_3, cas qui ne se présente presque jamais en pratique.

Pour chaque machine, il y a une compression correspondante à un rendement maximum pour une détente donnée. On peut la déterminer par des formules ou même par des constructions graphiques, en suppo-sant qu'elle s'opère, ainsi que la détente, suivant la loi de Mariotte. (Voir *On Clearance and Compression in Steam Cylinders, by J. Mac-Farlane Gray, Institution of Naval architects*, 1874, *Engineering*, 1875, t. I, p. 41, et *J. H. Cotterill, The Steam Engine*, etc., Londres [*Spon*], 1878.)

La compression agit économiquement, surtout en aidant au travail de la vapeur d'admission par la chaleur qu'elle cède aux faces du cylindre et du piston refroidies par le condenseur. Elle a pour but aussi, principalement dans les machines à grandes vitesses, d'amoindrir par son élasticité la fatigue des articulations.

Ces considérations suffisent pour montrer combien la question est complexe ; on ne peut guère la résoudre que par des expériences suivies. En général, la compression doit être d'autant plus élevée que l'espace nuisible est plus considérable, et que l'on détend *plus* moins. On a d'ailleurs toujours tout intérêt à réduire autant que possible les espaces nuisibles.

———

NOTE 292. **Résistance des machines.** Si l'on se donne la force N en chevaux disponibles sur l'arbre, et le nombre n' de tours du volant, on a, en appelant t_m le travail moteur théorique sur le piston, calculé d'après la pression initiale, le vide du condenseur, la détente et la contre-pression,

$$t_m = \frac{1+\alpha}{\beta\gamma} \times 30 \times 75 \times \frac{N}{n'}.$$

Dans cette formule

α est le coefficient de réduction dû au frottement de l'arbre de couche ;
  il est de la forme

$$\alpha = C \times f \frac{kr'}{n'^2 \rho^3};$$

C étant une constante ;
k le coefficient de régularité de la machine ;
r' le rayon de l'arbre ;
ρ celui du volant ;
β est le coefficient dû aux résistances des organes d'alimentation, de condensation et de transmission du cylindre à la manivelle ; il varie beaucoup avec l'entretien ;
γ tient compte des causes qui font que le diagramme théorique est toujours plus grand que celui qu'on relève à l'indicateur (art. 291).

D'après M. Callon (*Cours de machines*, t. II, p. 481), ces coefficients varient, pour des machines *en bon entretien*, dans les limites suivantes :

d'où

$$\alpha = 0,10, \quad \beta = 0,80, \quad \gamma = 0,75 ;$$

$$\frac{1+\alpha}{\beta\gamma} = 1,83, \quad \frac{\beta\gamma}{1+\alpha} = 0,545,$$

d'où

$$\alpha = 0,02, \quad \beta = 0,90, \quad \gamma = 0,80 ;$$

$$\frac{1+\alpha}{\beta\gamma} = 1,42, \quad \frac{\beta\gamma}{1+\alpha} = 0,71.$$

———

NOTE 293. **Économie due à la surchauffe.** D'après M. Hirn (*Exposition analytique*, t. II, p. 83). « L'action de la surchauffe consiste, « en un sens, comme celle de l'enveloppe, à diminuer la perte R_e (cha-

« leur que la vapeur emporte au condenseur [note 291]), et à accroître
« le travail de détente AF_d; mais le but est atteint d'une façon encore plus
« favorable, en ce sens que non-seulement la vapeur apporte en elle-
« même aux parois la chaleur nécessaire pour l'accroissement de AF_d,
« mais que la quantité condensée pendant l'admission et à évaporer
« ensuite de nouveau, se trouve considérablement diminuée.

« De ce seul énoncé, il découle évidemment que l'avantage obtenu par
« l'application de la surchauffe ne peut être énoncé en un chiffre absolu
« et unique; il dépend, en thèse générale, du rapport qui existe déjà
« entre AF_d et R_e avant l'emploi de vapeur surchauffée. Il est nécessaire-
« ment plus faible avec une machine pourvue d'une enveloppe et bien
« conditionnée d'ailleurs, qu'avec une machine dont le cylindre est pro-
« tégé seulement par un manteau isolant donnant R_e, très-grand par
« rapport à AF_d. C'est là, en effet, ce que j'ai vérifié de point en point. »

Opérant sur une machine de 150 chevaux, à cylindre unique sans
enveloppe, avec de la vapeur surchauffée à 100° environ au-dessus de
son point de saturation, une pression initiale de $4^k,24$, et finale de $0^k,93$
par centimètre carré, M. Hirn a constaté, toutes choses égales d'ailleurs,
pour R_e une diminution de 62 p. 100 de sa valeur avec vapeur saturée;
cette perte tombait de 16,3 à 8 p. 100 de la chaleur totale disponible
dans les deux cas. L'économie de combustible s'élevait à 21 p. 100
environ. Avec cette machine, les fonds de cylindres étaient toujours à
une température de 6 à 7 p. 100 inférieure au point *de saturation* de la
vapeur surchauffée admise; il s'opérait à l'admission une condensation
de 6 1/2 p. 100 du poids de la vapeur admise; cette condensation fait
que la vapeur, *si surchauffée qu'elle soit*, se réduit à l'entrée du cylindre
en vapeur saturée (t. II, p, 236).

Les résultats auxquels est arrivé M. Hirn offrent des garanties d'exactitude telles qu'on peut les considérer comme certains; mais il y aurait
erreur à généraliser leur chiffres, en oubliant les circonstances particulières où ils se sont produits. M. Hirn cite lui-même à ce sujet des
faits très-intéressants (t. II, p. 84).

L'influence des parois peut seule rendre compte de l'économie que
donne, dans certains cas, la vapeur véritablement surchauffée. Théoriquement, cette économie est presque nulle (*Combes, Exposé des principes*, p. 209), d'autant plus que dans l'appareil de surchauffe, au moment où la vapeur est surchauffée à pression constante, le cycle parfait
est rompu, puisque la plus grande partie de la chaleur ajoutée ne sert
qu'à modifier la température du corps et non à donner immédiatement
un travail proportionnel (*Hirn*, t. II, p. 118).

Le principal reproche que l'on fait à la surchauffe est de déterminer
des grippements aux pistons et surtout aux tiroirs, à cause de la sécheresse de sa vapeur. Cette objection est surtout importante pour les
grandes machines de la marine.

Quant à l'économie de combustible, beaucoup d'ingénieurs la nient;
cela tient surtout à ce que les appareils surchauffeurs ne sont souvent

que des sécheurs de vapeur, même peu efficaces. Il est extrêmement difficile de sécher une vapeur, on n'y arrive jamais en employant la vapeur même de la chaudière (exemple, la Compound d'*Adamson, Iron and Steel Institute*, 1873), et très-rarement au moyen des gaz perdus du foyer (Mallet, *les Nouvelles machines marines*, p. 74). Il faut ajouter qu'avec les hautes pressions en usage aujourd'hui, la température-limite, 220° environ, qu'il ne faut pas dépasser sous peine de brûler les garnitures, ne laisse plus qu'une marge très-faible à l'application de la surchauffe, surtout aux locomotives (Couche, t. III, p. 794).

NOTE 296. **Surchauffe spontanée.** M. Clausius a démontré, par la thermodynamique, que lorsqu'une vapeur saturée sèche passe brusquement d'un réservoir à un autre à pression constante inférieure à celle du premier, elle se surchauffe toujours. M. Hirn a vérfiié ce résultat, pour la vapeur d'eau, par l'expérience (*Exposition analytique*, t. I, p. 385).

Loi de Hirn. Dans la dernière édition de son grand ouvrage, M. Hirn l'a énoncé, comme il suit :

« Lorsqu'une vapeur, saturée ou surchauffée, sans rendre de travail « externe et sans recevoir ou perdre de chaleur, passe d'un état v_0, p_0 à « un état v_1, p_1, il y a toujours égalité entre les produits des pressions par « les volumes correspondants, diminués d'un certain volume ψ, pourvu « que cette vapeur obéisse dans toutes ses parties infinitésimales à la « même loi d'expansion » (*Exposition analytique*, t. I, p. 393).

On a

$$p_0(v_0 - \psi) = p_1(v_1 - \psi),$$

v_1 est un volume de vapeur toujours surchauffée, ψ est ce que M. Hirn appelle le volume *interatomique*.

Pour la vapeur d'eau saturée sèche, ou surchauffée, ψ est négligeable ; on a donc avec une grande approximation

$$p_0 v_0 = p_1 v_1$$

pour sa détente *isodynamique* dans un récipient imperméable à la chaleur.

NOTE 300. **Machines à deux vapeurs**. L'idée de M. du Tremblay a été reprise en Amérique en 1872 par M. Ellis, mais en employant comme liquide volatil le sulfure de carbone. Cette tentative n'a pas eu de succès ; il est inutile d'insister sur les inconvénients d'un pareil agent, plus désagréable et beaucoup plus dangereux que l'éther.

CHAUDIÈRES ET FOYERS.

NOTE 304. **Cendrier**. On place souvent sous la grille un cendrier mobile en fer ou en fonte rempli d'eau. Cette eau éteint les escarbilles incomplétement brûlées et permet de les utiliser; en même temps elle protége la grille, et sa vapeur active le feu. En outre, elle permet, en faisant miroir, de voir le feu sans ouvrir la porte du foyer.

Pont. La hauteur du pont la plus convenable est dans chaque cas une affaire d'expérience. En la diminuant, on retarde le contact de la flamme avec la tôle; de là, dans certains cas, une augmentation de rendement et la disparition en grande partie de la fumée due au refroidissement brusque de la flamme avant la fin de la combustion. On ménage en même temps la chaudière. Comme règle approximative, on peut donner a la section du passage au pont environ un sixième de la surface de grille.

NOTE 305. **Dômes**. Beaucoup d'ingénieurs contestent leur utilité en donnant les deux raisons principales suivantes :

1° Ils ne diminuent pas l'entraînement d'eau ou *primage,* dû surtout à un abaissement local de la pression aux environs de la prise de vapeur. Les dômes ne sont pas assez hauts pour que l'eau, ainsi soulevée par la vapeur, retombe dans la chaudière; comme preuve, on les trouve souvent tapissés d'un ciment produit par les impuretés qui y sont entraînées en même temps que l'eau. Il semble plus logique de disséminer la prise de vapeur dans presque toute la chambre de vapeur au moyen d'un tuyau percé, analogue à celui connu sous le nom de tube de Crampton. L'abaissement de pression produit par chaque cylindrée n'est alors que très-faible.

2° Le volume des dômes est toujours trop faible pour compter comme un accroissement notable de la chambre de vapeur.

Bouchon fusible. Les principales causes de la non-efficacité de cet appareil sont :

1° L'incertitude de l'alliage;

2° Les dépôts : un dépôt calcaire de 2 à 3 millim. supporte parfaitement une pression de 5 à 6 atmosphères sur une ouverture de 12 à 15 millim.;

3° Souvent l'irruption de la vapeur par l'ouverture du bouchon fondu active au lieu d'éteindre un feu déjà très-vif.

Alimentation. Chaque chaudière doit avoir un clapet de refoulement indépendant de celui de la pompe, surtout si une même pompe alimente plusieurs chaudières. Ce clapet doit être de préférence à ailettes contournées en hélice, pour qu'il ne frappe pas toujours son siége

sion de la chaudière vienne agir normalement sur son chapeau et non pas latéralement.

On donne aux clapets de refoulement une levée de 5 à 6 millim. au plus, pour ne pas les fatiguer par des chocs trop violents. La vitesse moyenne de l'eau ne doit pas y dépasser 3 mètres par seconde.

Point d'arrivée et distribution de l'eau d'alimentation. On fait ordinairement déboucher le tuyau de la pompe alimentaire au fond de la chaudière. Il vaut mieux le faire aboutir à 5 ou 6 centim. au-dessous du niveau moyen, parce que l'eau se mêle mieux ainsi dans la circulation générale, et parce qu'il n'y a pas de danger de surchauffe, la chaudière se vidant par accident au clapet de refoulement auxiliaire.

Il faut, autant que possible, alimenter graduellement à mesure de l'évaporation, et distribuer l'eau au moyen d'une poche d'alimentation, d'où elle déborde dans la chaudière après avoir déposé ses principales impuretés.

Indicateurs de pression. Il ne faut jamais le placer sur le tuyau de vapeur ni en aucun point où la vapeur est en mouvement. L'indicateur doit, en outre, pouvoir indiquer des pressions très-supérieures à la pression moyenne de régime, ou tout au moins ne pas pouvoir être *forcé* ou déformé d'une façon permanente par un excès de pression accidentelle sans en avertir. (Voir l'enquête sur l'explosion du *Thunderer*, 1876.)

NOTE 306. **Grille.** On fait, en général, les grilles trop longues; pour l'économie du combustible, il vaut mieux faire la grille courte et large; sa longueur ne doit être, en somme, que suffisante pour pouvoir produire la vapeur nécessaire sans toucher au feu trop souvent. Quant à l'étendue de sa surface, on peut dire, qu'en général, il y a, au point de vue de l'économie du combustible, avantage à la faire aussi petite que le permettent la vitesse d'évaporation qu'on veut obtenir ainsi que la nature de la houille et le tirage.

Parmi les modifications heureuses apportées à la disposition ordinaire des barreaux de grilles, on peut citer les suivantes :

Les grilles Corbin dont les barreaux sont en fer et ont une hauteur de 0m,30. L'air en les traversant s'échauffe et les refroidit;

Les grilles à circulation d'eau, employées spécialement pour les foyers à anthracite et formées de simples tubes en fer étiré ou de systèmes en fonte plus ou moins compliqués (grilles Inglis);

Diverses dispositions pour décrasser le foyer en secouant les grilles. Les plus simple consistent, soit à couder deux barreaux vers leurs extrémités manœuvrés au moyen d'un levier (locomotives américaines), soit à les terminer toutes par des carrés de clef.

Il est bon de munir les grilles d'un jette-feu permettant au chauffeur d'abattre immédiatement son feu en cas de danger; cet appareil est sur-au même endroit; il doit avoir sa chambre assez haute pour que la près-

tout nécessaire pour les chaudières à faible volume et à grande vaporisation, comme les locomotives. Il consiste ordinairement en une petite
grille séparée, en avant du cendrier, et pouvant basculer au moyen d'une
tringle sous la main du chauffeur.

NOTE 312. **Résistance des chaudières**. D'après le décret du
25 janvier 1865, l'épaisseur e, et la pression effective p en kilogrammes
par centimètre carré, c'est-à-dire le timbre de la chaudière, sont données
par les formules suivantes :

$$e = 1,8 \frac{p}{1,0333} + 3,$$

$$p = (e - 3) \frac{1,0333}{1,8D}.$$

D diamètre de la chaudière en mètres, e épaisseur des tôles en millimètres.

NOTE 316. **L'injecteur**. Cet appareil a été étudié au point de vue
de sa théorie thermodynamique par M. Zeuner (*Théorie mécanique*,
p. 385), ainsi que par MM. Résal et Minary (*Annales des mines*, 1862;
Résal, *Mécanique générale*, tome IV, p. 176).

Le jeu de l'appareil s'explique par ce fait que le mélange d'eau et de
vapeur qui pénètre dans la chaudière est beaucoup moins volumineux
que la vapeur motrice qui en sort en subissant un travail plus considérable que celui du refoulement du mélange (Callon, *Cours de machines*,
tome I, p. 299). La différence de ces deux travaux augmente rapidement
avec la pression, ce qui explique la stabilité de l'injecteur aux hautes
pressions.

La théorie de M. Zeuner établit que la chaleur employée à l'alimentation par un injecteur dépend de la *masse* et de la *température* de cette
eau ainsi que de la hauteur d'aspiration, mais qu'elle est indépendante
de la quantité de vapeur que l'injecteur absorbe, de la température du
mélange, et des dimensions de l'appareil.

La marche de l'injecteur dépendant de la condensation qui produit la
gerbe, il faut que l'eau d'alimentation soit d'autant plus froide que la
pression est plus élevée. En pratique, on ne dépasse pas 40°.

L'injecteur entraîne toujours de l'air; d'après MM. Résal et Minary, la
proportion d'air serait d'environ 1 litre par kilogramme d'eau alimentaire. Cette masse d'air est la principale objection à l'emploi de l'injecteur dans la marine.

Le rendement de l'injecteur peut s'élever, d'après M. Giffard, jusqu'à
0,88 ; il est supérieur aux pompes comme simplicité et comme rendement,
si l'on tient compte des rendements de la machine qui les fait mouvoir
et de la chaudière. Sur des locomotives, au chemin de l'Est, on aurait

constaté une supériorité de 13 p. 100 dans l'évaporation d'une chaudière alimentée au Giffard, puis avec·des pompes (Couche, *Matériel roulant*, tome III, p. 182).

Il faut éviter, autant que possible, la présence d'un gaz dans la vapeur motrice de l'injecteur. La contre-vapeur peut empêcher son fonctionnement dans les locomotives.

NOTE 317. **Soupapes de sûreté.** D'après le décret du 25 janvier 1865, le diamètre des soupapes de sûreté est donné par la formule

$$d = 2{,}643 \sqrt{\frac{s}{p + 0{,}607}}.$$

d diamètre de la soupape en centimètres;
s surface de chauffe en mètres carrés, y compris les parties des parois situées dans les conduits de la flamme et de la fumée;
p pression effective en kilogrammes par centimètre carré.
(Voir Claudel, *Aide-Mémoire*, p. 622; à consulter *Nautical Magazine*, juillet 1872, *On Safety Valves and Steam in Motion, by Mac Farlane-Grey*), et *Report on Safety valves presented to the Institution of Engineers and Shipbuilders in Scotland*. Décembre 1874.)

Écoulement de la vapeur d'eau. Si l'on appelle, dans une vapeur humide :

x_1 la proportion de vapeur que renferme le mélange avant l'écoulement;
τ_1 sa température absolue;
$r_1 = 607 - 0{,}708 t$ sa chaleur de vaporisation;
c sa chaleur spécifique à peu près constante, $c = 1{,}02$;
x_2, r_2, τ_2 les mêmes quantités correspondant à son état dans le réservoir à température constante t_2, où il s'écoule;
w sa vitesse d'écoulement en mètres par seconde,
on peut considérer comme suffisamment exactes les formules suivantes, A étant l'équivalent calorique du kilogrammètre $\frac{1}{425}$:

$$A \frac{w^2}{2g}\left(\frac{x_1 r_1}{\tau_1} + c\right)(\tau_1 - \tau_2) - c\tau_2 \log \text{nép.} \frac{\tau_1}{\tau_2}$$

et

$$x_2 = \frac{\tau_2}{r_2}\left(c \log \text{nép.} \frac{\tau_1}{\tau_2} + x_1 \frac{r_1}{\tau_1}\right).$$

Le poids du mélange qui traverse par seconde l'orifice d'écoulement de f mètres carrés est

$$P = f \frac{w}{u_2 x_2},$$

u_2 étant le volume spécifique de la vapeur à $t°_2$.

Le diamètre de l'orifice nécessaire pour écouler par seconde P kil. du mélange est donné par le tableau suivant, emprunté, ainsi que les formules ci-dessus, à la *Thermodynamique* de M. Zeuner. Dans ce tableau, on suppose que la vapeur sèche et saturée ($x_1 = 1$) s'écoule d'une chaudière dans l'atmosphère, sans qu'on fasse varier la chaleur de la chaudière.

La vapeur qui s'échappe d'une chaudière dans l'atmosphère se *surchauffe* à une faible distance de l'orifice d'écoulement, par suite de la transformation de sa force vive en chaleur pendant sa diffusion dans l'atmosphère. M. Hirn a vérifié expérimentalement cette conséquence de la théorie mécanique (*Exposition analytique*, t. I, p. 387). M. Zeuner en a donné une théorie très-claire dans son ouvrage sur l'échappement des locomotives.

ÉCOULEMENT DE LA VAPEUR D'EAU SÈCHE ET SATURÉE DANS L'ATMOSPHÈRE, D'APRÈS M. ZEUNER.

PRESSIONS dans la chaudière en atmosph.	$\dfrac{Aw_2}{2g}$	VITESSES d'écoulement en mètres . w.	QUANTITÉ spécifique de vapeur x dans la section de l'orifice.	VOLUME spécifique v dans la section de l'orifice.	POIDS EN KILOGRAMMES DU FLUIDE écoulé par seconde. f est la section de l'orifice en mètres carrés.			DIAMÈTRE de l'orifice en centimètres d.
					Mélange P.	Vapeur V.	Eau E.	
2	27,894	481,71	0,9597	1,5839	304,12 f	291,86 f	12,26 f	6,472 $\sqrt{P}$
3	44,228	606,57	0,9369	1,5463	392,27	367,52	24,75	6,699
4	55,827	681,48	0,9210	1,5201	448,32	412,90	35,42	5,334
5	64,820	734,32	0,9091	1,5005	489,38	444,90	44,48	5,102
6	72,179	774,89	0,8993	1,4843	522,05	469,48	52,57	4,939
7	78,397	807,57	0,8913	1,4711	548,95	489,28	59,67	4,816
8	83,792	834,90	0,8844	1,4597	571,96	505,84	66,12	4,716
9	88,561	858,33	0,8784	1,4498	592,03	520,04	71,99	4,637
10	92,824	878,74	0,8730	1,4409	609,85	532,40	77,45	4,569
11	96,677	896,80	0,8683	1,4332	625,86	543,44	82,42	4,509
12	100,203	913,00	0,8640	1,4261	640,21	553,14	87,07	4,460
13	103,452	927,69	0,8601	1,4196	653,48	562,06	91,42	4,416
14	106,456	941,66	0,8565	1,4137	655,67	570,15	95,52	4,362

M. Résal a donné, pour l'écoulement de la vapeur d'une chaudière dans l'atmosphère, la formule empirique suivante :

$$P' = 60 \sqrt{\frac{p_1 d_1}{2,37 \log (p_1 + 1) + 0,0904}},$$

P' étant le poids écoulé par seconde à travers un orifice de 1 centimètre carré ; p_1 est la pression dans la chaudière en kilogrammes par centimètre carré ; d_1 la densité de la vapeur à $t_1 p_1$, *par rapport à l'eau*, donnée approximativement par la formule

$$d_1 = 0,001 \frac{0,7827}{1 + 0,00367 t_1} p_1.$$

M. Zeuner a également appliqué ses formules à l'écoulement de l'eau chaude d'une chaudière (dans ce, cas $x_1 = 0$). Elles montrent que l'eau est toujours mélangée de vapeur, et d'autant plus que la pression est plus élevée; mais la présence de cette vapeur obstruant l'orifice, fait que le poids du mélange qui s'en écoule par seconde est à peu près constant, et d'environ $0^k,11$ par centimètre carré d'orifice, jusqu'à 14 atmosphères (Zeuner, *Thermodynamique*, p. 414). Ce résultat est absolument contraire à celui qu'on obtiendrait en calculant l'écoulement au moyen de la formule de Toricelli, qui ne tient pas compte de la transformation en travail externe de la chaleur de l'eau passant de $p_1 t_1$ à $p_2 t_2$; il est conforme à l'expérience de la pratique.

NOTE 319. **Épreuve des chaudières.** La chaudière, pendant l'épreuve par l'eau, n'éprouve pas les mêmes efforts qu'en marche, notamment les efforts causés par les inégalités de dilatations, souvent plus considérables que ceux de la vapeur; en outre les fuites sont plus faciles à froid qu'à chaud.

On doit, autant que possible, constater pendant l'épreuve la grandeur des déformations que subit la chaudière. Quand la construction s'y oppose, surtout lorsqu'il s'agit de vieux appareils, il est plus prudent de ne pas dépasser à l'épreuve une fois et demie la pression de marche, pour être sûr de ne pas occasionner une déformation cachée qui pourrait s'accroître dans la suite et devenir très-dangereuse.

NOTE 320. **Accroissement de la tension dans une chaudière fermée.** Le temps θ que met la masse m de l'eau d'une chaudière à passer de la température t_1 à la température t_2 est donné par la formule

$$\theta = \frac{m(t_2 - t_1)}{Q}.$$

Q étant le nombre de calories qui pénètrent dans la chaudière par unité de temps.

La vitesse avec laquelle la pression croît pendant une introduction continue de la chaleur est

$$v = \frac{dp}{d\theta} = \frac{Q}{m}\frac{dp}{dt}.$$

Ces formules sont d'une exactitude suffisante pour la pratique. Les valeurs de $\frac{dp}{dt}$ en kilogrammes par mètre carré sont les suivantes, pour les cas les plus usuels de la pratique :

Pression p en atmosphères.	$\frac{dp}{dt}$	Pression p en atmosphères.	$\frac{dp}{dt}$
1	370	8	1990
2	654	9	2183
3	909	10	2371
4	1147	11	2554
5	1371	12	2733
6	1585	13	2908
7	1792	14	3079

(Zeuner, *Thermodynamique*, p. 307.)

Fairbairn, à la suite d'expériences sur des locomotives, a proposé pour leurs chaudières les formules

$$\theta^{\text{minute}} = 0{,}405(t_2 - t_1),$$

$$v = 2{,}466 \frac{dp}{dt} \text{ kil. par mètre carré et par minute.}$$

Explosions. Il ne faut jamais ouvrir ni fermer brusquement une prise de vapeur considérable, sous peine de détourner à l'intérieur de la chaudière des mouvements brusques de l'eau et de la vapeur pouvant occasionner des accroissements subits de pression très-élevés, qui fatiguent inutilement l'appareil et peuvent même amener des explosions.

On cite quelques rares explosions dues à la détonation brusque de gaz inflammables accumulés dans les foyers et les carneaux.

NOTE 321. **Incrustations.** Une incrustation mince, ne dépassant pas 1^{mm}, n'empêche pas beaucoup la transmission de la chaleur et protége les tôles contre l'action corrosive des eaux ; mais elle a le défaut, si elle est très-adhérente, de cacher les avaries intérieures de la chaudière qui ne s'indiquent alors que par des signes incertains. Le nettoyage et l'examen complet des tôles à l'intérieur d'une chaudière a tant d'importance, au point de vue de sa durée et de la sécurité, qu'il faut, dans le choix d'un appareil, faire intervenir la considération de la nature des eaux d'alimentation. Si ces eaux sont très-déposantes, il faut choisir, comme type de chaudière, un appareil avant tout facile à examiner et à nettoyer dans toutes ses parties.

Les dépôts se font ordinairement en plus grande abondance aux endroits les plus froids de la chaudière, où la circulation est moins active, et non pas au-dessus du foyer où l'ébullition est la plus agitée. Le contraire a pourtant lieu pour la plupart des ciels de foyer des locomotives souvent encombrées de dépôts, à cause de la disposition enchevêtrée des poutres d'armature. Les chaudières à feu nu extérieur ont aussi quelquefois les tôles frappées directement par les flammes chargées de dépôts provenant principalement de la chute des incrustations voisines.

Il ne faut jamais vider les chaudières quand les tôles sont encore très-chaudes, car les dépôts, ordinairement en poudre ou peu adhérents, se prennent alors en une sorte de ciment tenace qu'il faut enlever au ciseau.

Le dépôt pulvérulent gras mentionné par Rankine est un des plus dangereux au point de vue de la surchauffe; sa nature poreuse en fait un très-mauvais conducteur de la chaleur, et sa légèreté fait qu'il se mêle à l'eau pour former un liquide épais, ne bouillant plus qu'avec peine, par sursauts, et laissant longtemps sa vapeur en contact avec les tôles.

La purge des dépôts ne doit pas se faire dans les appareils de terre comme celle de la salure dans les chaudières marines, parce que les dépôts ne sont pas en général uniformément répartis dans la masse de l'eau, mais accumulés au bas. Le mieux serait d'ouvrir le robinet de vidange toutes les heures pendant un temps très-court, 10 à 12 secondes, au lieu de 1 ou 2 minutes toutes les 2 ou 3 heures. On perd ainsi moins d'eau et l'on a moins d'incrustations. L'emploi d'un *écumeur* (304) s'est montré souvent très-utile, mais il faut avoir soin de ne jamais le laisser s'encombrer lui-même de dépôts, et le meilleur moyen, c'est de s'en servir en même temps comme tuyau d'alimentation.

Le carbonate de soude doit être introduit, non pas en masses au remplissage de la chaudière, mais graduellement, par la pompe alimentaire ou l'injecteur. Ce réactif a en outre l'avantage de neutraliser les acides libres et corrosifs de l'eau et de faire disparaître les corps gras; dans le cas d'une eau grasse, il est bon, avec la soude, d'employer un écumeur, parce que l'eau mousse beaucoup.

On a souvent essayé, avec plus ou moins de succès, l'emploi de substances destinées à empêcher la formation de dépôts adhérents par une action mécanique, soit en enveloppant le précipité d'une matière gélatineuse (ainsi la pomme de terre, l'amidon, la glycérine, le suif qu'il ne faut jamais employer), soit en se diffusant au milieu du précipité et en empêchant sa cohésion par leur interposition, ainsi l'argile et quelques matières colorantes. Ces derniers corps agissent d'une manière peu certaine et ont généralement l'inconvénient de charger la vapeur d'impuretés nuisibles aux organes de la machine. Un moyen qui a souvent de bons résultats, surtout avec des eaux chargées de sulfate de chaux, consiste à peindre les tôles directement atteintes par la flamme, d'une mince couche de goudron ou d'un savon gras mélangé d'un peu de mine de plomb. Quant à la méthode qui consiste à se débarrasser des dépôts adhérents au moyen d'une série de contractions et de dilatations brusques de la chaudière, produites en y faisant arriver après vidange de l'eau froide puis de la vapeur, elle est évidemment aussi destructive pour la chaudière que pour les dépôts.

On a proposé, pour éviter les incrustations, divers moyens ayant pour base des actions électriques. Ces moyens se sont toujours montrés impuissants. Une plaque de zinc ayant une surface égale au quinzième environ de la surface mouillée dans la chaudière et suspendue ou soudée à son intérieur, a quelquefois donné de bons résultats, surtout contre la corrosion dans les machines marines. On peut attribuer ce résultat aussi bien à une action purement chimique qu'à une influence voltaïque (*).

Parmi les moyens mécaniques proposés pour empêcher la formation de dépôts adhérents, le plus logique et le plus efficace est une circulation rapide de l'eau dans la chaudière. Les dispositions adoptées dans ce but varient suivant les types des chaudières, elles se réduisent toutes à la création, par la chaleur du foyer, d'une différence de densité permanente entre des volumes d'eau constamment en communication. L'appareil où la circulation est la plus rapide est celui de Field, c'est un type extrême. Dans une chaudière à bouilleurs, il suffit de faire les cuissards d'avant plus courts que ceux de l'arrière pour qu'il se forme un courant circulaire, d'arrière en avant par les bouilleurs, et d'avant en arrière dans le corps cylindrique. Les Anglais attachent généralement une très-grande importance à la circulation. M. Duméry a inventé un appareil mécanique qu'il désigne sous le nom de *déjecteur anticalaire* et dont le principe est le suivant : un tuyau prend l'eau dans la chaudière, à peu de distance de son niveau, et le conduit dans une boîte fermée en communication par un deuxième tuyau avec le bas de la chaudière ; cette boîte renferme, à sa partie supérieure, une cloison verticale contournée en hélice au centre de laquelle débouche le premier tuyau amenant l'eau impure qui dépose ses impuretés en suivant cette cloison, avant d'arriver au deuxième tuyau qui débouche à son extrémité ; au bas du récipient, se trouve un robinet pour purger de temps en temps l'appareil. La circulation se fait du premier tuyau au second, parce que la colonne d'eau qui se trouve dans le premier tuyau exposé à l'air est plus dense que la colonne correspondante dans la chaudière (Résal, *Mécanique générale*, t. IV, p. 146). Cet appareil peu répandu a pourtant donné d'excellents résultats.

En somme, le meilleur remède contre les incrustations est dans l'emploi d'une eau la plus pure possible. Avec de l'eau distillée, une chaudière ne s'oxyde presque pas et n'a pas de dépôts (exemple : les appareils de Perkins). L'eau de pluie renferme toujours de l'acide carbonique ; elle peut même, dans certains centres industriels, recueillir des acides, principalement les acides sulfureux et chlorhydrique, qui la rendent dangereuse pour l'alimentation. Dans certains cas, on est obligé d'avoir recours, pour l'eau des chaudières, à une purification préalable, principalement par le carbonate de soude et un lait de chaux en proportions juste nécessaires. On filtre ensuite pour enlever les précipités trop lents à se déposer. (Voir Couche, t. III, p. 194.) (**)

(*) Voir *Annales de physique et de chimie*, septembre 1875, le mémoire de M. *E. Lesueur*, sur la désincrustation par le zinc.

(**) A consulter *British Association*, section G, meeting de Glasgow, 1876, *On Boiler Inscrustation and Corrosion*, by *J. F. Rowan*.

Oxydation des chaudières. Cette oxydation, très-coûteuse et souvent dangereuse, est provoquée principalement par des eaux, acides chargées de sulfate de fer ou d'alumine. On peut essayer de la prévenir en traitant l'eau par un lait de chaux ou du carbonate de soude, ou encore, en y suspendant une lame de zinc: mais le seul remède efficace paraît être l'emploi d'un condenseur à surface sans acides gras, en ne traitant par les réactifs que les eaux nécessaires pour réparer les fuites (Perkins, note) (*).

Les phénomènes d'oxydation dus surtout à l'acidité de l'eau se manifestent principalement aux environs de la ligne d'eau et avec une certaine régularité. Mais il en est d'autres qui ne se manifestent que très-irrigulièrement, sous forme de piqûres et d'érosions plus ou moins étendues et nombreuses. Leur développement est en général plus rapide après que la chaudière est restée longtemps en repos. Les causes principales de ces piqûres paraissent être, outre l'acidité de l'eau, la non-homogénéité du métal, des commencements de criques dus à des efforts de dilatation, le décapage continuel de certaines parties de la chaudière soumises à de petites déformations souvent répétées. L'acier fondu bien préparé (comme au Bessemer de Crewe) résiste à ces érosion mieux que le fer qui dure au contraire bien plus longtempe que l'acier ordinaire. Les sillons qui se manifestent souvent aux rivures sont dus à l'action chimique de l'eau, aidée par des flexions (que l'on évite en employant les rivures à couvre-joints) et surtout par un matage brutal, principalement à l'intérieur de la chaudière. Un matage trop refoulé écarte les tôles et les entaille, déterminant ainsi l'origine d'une érosion (*Wilson*, p. 6). C'est surtout dans les chaudières locomotives que ces phénomènes d'érosion se manifestent avec le plus d'intensité, à cause des hautes pressions, des fatigues spéciales auxquelles ces chaudières sont soumises et de leurs chômages fréquents. Il n'y a de remède contre ces attaques qu'un soin extrème dans le choix des tôles aussi homogènes que possible, et des détails de construction dirigées de façon à éviter les fâcheux effets des dilatations plus ou moins contriées par le montage du système. (Voir *Couche*, t. III, p. 711.)

Corrosion extérieure. Elle se présente comme la corrosion intérieure sous forme de rouille uniformément répartie ou de sillons.

Les principales causes en sont les suivantes :

1° Les fuites qui provoquent surtout des sillons;

2° L'humidité des maçonneries provenant des briques, du sol, ou de l'eau qu'elles empêchent de s'écouler et maintiennent en contact avec les tôles. La chaudière doit, autant que possible, reposer sur des pièces en fonte, et non sur de la maçonnerie, surtout si le sol est humide;

3° Les produits acides de la combustion et l'accumulation des suies

---

(*) A consulter *Reports of the Government Committee appointed to inquire into the causes of the deterioration of boilers in the Navy*, etc., juin-novembre 1874, mars 1875, août 1877 (*A blue-book,* mai 1878).

qu'on évite en disposant les carneaux de façon à pouvoir facilement les visiter et les nettoyer.

NOTE 327. **Chaudières à bouilleurs.** Dans ces chaudières, très-usitées en France, on peut prendre en moyenne, par cheval, une surface de chauffe de :

> 2 mètres carrés pour les très-petites machines,
> $1^{m2},50$ pour les machines de 10 à 20 chevaux,
> $1^{m2},40$ —   20 à 40   —
> $1^{m2},20$ —   30 à 50   —

(Voir : Claudel, *Formulaire*, p. 616, et *Bulletin de la Société industrielle de Mulhouse*, juin 1875, Essai comparatif de deux chaudières à foyers intérieurs et d'une chaudière à bouilleurs.)

Comparaison avec les chaudières cylindriques à feu nu.
Soient :

$$d \text{ le diamètre} \atop l \text{ la longueur} \Big\} \text{ du corps cylindre,}$$

$$d' \text{ le diamètre} \atop l' \text{ la longueur} \Big\} \text{ des } n \text{ bouilleurs.}$$

On a

Corps cylindrique. Chauffe $= \dfrac{\pi}{2} dl = S$,

$$\text{Poids} = nk\pi d^2 l = W,$$
$$\text{Bouilleurs } s' = n\pi d'l,$$
$$w' = nk\pi d'^2 l,$$

d'où

$$\frac{W + w'}{W} = 1 + n \left(\frac{d'}{d}\right)^2 = R,$$

$$\frac{S + s'}{S} = 1 + 2n\frac{d'}{d} = R'.$$

Ainsi, pour

$$n = 2,$$
$$d = 2d',$$

on trouve

$$R = \frac{3}{2},$$
$$R' = 3.$$

Le poids augmente de 50 p. 100 en triplant la chauffe par l'addition de deux bouilleurs (Callon, 784).

NOTE 329. A consulter : *Proceedings of the Institution of Mechanical Engineers*, 1879; *Lancashire Boiler, its Construction Equipment and Setting*, by Lavington, E. Fletcher.

NOTE 330. **Chaudières tubulaires.** Leur principal avantage, qui les rend indispensables sur les navires et les chemins de fer, est leur grande puissance sous un faible volume. Leur inconvénient principal est une difficulté d'entretien qui peut devenir extrème avec des eaux très-incrustantes. MM. Weyer et Loreau ont adopté une disposition de plaques tubulaires qui permet d'enlever d'un seul coup tout l'appareil des tubes qu'on peut alors facilement nettoyer au grand jour.

NOTE 333. **Chaudières à foyers détachés.** Parmi les variétés de ce genre, il faut classer les chaudières alimentées par du charbon en poudre, ou par un gaz combustible formé dans un appareil spécial et brûlé ensuite sous le générateur.

Charbon en poudre. *Tentatives de MM. Whelpley, Storer et Stevenson.* On a songé depuis longtemps à employer les charbons menus plus ou moins mélangés de poussiers qui se rencontrent toujours dans les mines. La solution de cette question a donné naissance à l'importante industrie des agglomérés. L'étude de la combustion directe du charbon en poudre, par les métallurgistes surtout, est venue, dans ces dernier temps, appeler l'attention des ingénieurs sur un mode de combustion très-digne d'un examen attentif. Il paraît aujourd'hui démontré que le charbon réduit en poussière fine et *flotté* jusqu'au foyer par un courant d'air que l'on peut régler à volonté, et auquel il offre une très-grande surface de contact, se trouve dans d'excellentes conditions pour donner une combustion complète et très-vive, avec le moins d'air possible. On trouvera dans les recueils spéciaux de métallurgie et notamment dans le journal de l'*Iron and Steel Institute*, des comptes rendus détaillés des travaux de M. Crampton, promoteur savant et ingénieux de l'emploi du charbon en poudre dans les appareils de métallurgie. Bien que s'adressant spécialement aux ingénieurs métallurgistes, ces travaux renferment un grand nombre de données générales très-utiles au mécanicien qui voudrait appliquer ce mode de combustion.

Les essais dans ce sens n'ont été jusqu'ici que peu nombreux, parce que l'on n'avait en vue, pour l'adoption de ce système, que le cas particulier où l'on ne disposerait que de combustibles pulvérulents. On ne considérait l'application du système que comme un pis-aller. Aujourd'hui, les inventeurs qui s'en occupent ont la prétention de l'imposer en principe pour toute espèce de houille, si bonne qu'elle soit. L'expérience d'essais récents montre que cette généralisation n'a rien d'absurde.

Ce sont les Américains *Whelpley* et *Storer* qui, sous l'influence de conditions spéciales, firent les premiers une étude systématique et suivie du chauffage des chaudières au moyen du charbon réduit en poudre. La caractéristique de leur système est la ténuité excessive à laquelle ils réduisent le charbon. L'appareil pulvérisateur, très-simple, est formé de deux ventilateurs accolés et séparés par un diaphragme percé au centre;

le premier ventilateur reçoit et pulvérise le charbon, le second aspire et refoule la poudre. La pulvérisation est poussée à l'extrême; la poussière d'air et de grains de charbons de $0^{mm},10$ environ de diamètre sort en un jet d'un brun rougeâtre caractéristique. Avec un appareil de $0^m,45$ de diamètre, on peut pulvériser par heure 100 kilogrammes d'anthracite et 150 kilogrammes de houille grasse, en dépensant un travail de 3 chevaux. Avec un diamètre de $1^m,05$ exigeant 5 chevaux, on peut pulvériser 500 kilogrammes d'anthracite et 1 000 kilogrammes de houille grasse. La vitesse des ailettes à leur circonférence doit être d'environ 50 mètres par seconde. Le ventilateur ne refoule que la quantité d'air juste suffisante pour entraîner la poussière de charbon; l'air en excès nécessaire à la combustion est envoyé au foyer fermé de la chaudière par un appareil spécial. Des essais exécutés en 1876 par le gouvernement des États-Unis, sous la haute direction de M. Isherwood, dans le but de comparer l'économie de ce procédé avec la combustion à tirage forcé sur des grilles ordinaires, ont donné des résultats en général défavorables à l'emploi du charbon en poudre. Sans doute, la pulvérisation poussée à l'extrême a l'inconvénient d'exiger un travail mécanique hors de proportion avec la promptitude de combustion qu'elle procure, mais le grand obstacle au succès est bien plus, ici comme pour les générateurs de gaz, dans le refroidissement trop rapide du courant gazeux au contact des surfaces de chauffe de la chaudière. Refroidis avant d'avoir été brûlés, par ce contact et à cause de l'intensité du tirage nécessairement forcé pour entraîner la poussière du charbon, les gaz du foyer sortent dans la cheminée en emportant avec eux une trop grande partie de leurs principes combustibles. (Voir *Annual Report of the chief of the United States' Bureau of Steam Engineers for* 1876; *Journal of Franklin Institute* 1871, et l'*Engineering and Mining Journal*, vol. II, p. 13 à 135.)

C'est ce refroidissement que M. *G. K. Stevenson*, de Valparaiso, s'est efforcé de prévenir au moyen de l'appareil suivant qu'il a récemment essayé à Londres avec succès. Le charbon écrasé en poudre grossière, et non pas impalpable comme dans l'appareil précédent, est envoyé, par un ventilateur à réglage précis, dans un tuyau où il se mêle à l'air au moyen de lames en hélice disposées sur son parcours, et qui rappellent le mélangeur de Crampton. Le mélange d'air et de charbon variable à volonté arrivait, dans le tube de la chaudière de Cornouailles qui servit aux essais, à l'intérieur d'un moufle en briques réfractaires percé de nombreuses ouvertures latérales, et situé au foyer, à la place des grilles. Ce moufle ne tardait pas à rougir, et sa chaleur suffisait à entretenir la combustion rapide du courant d'air et de charbon.

Malgré l'état rudimentaire de son installation, M. Stevenson parvint à réaliser aux essais une économie de près de 20 p. 100, avec une combustion fumivore ne dépensant que 12 kilog. d'air par kilogramme de houille demi-grasse (*The Engineer*, 1877, t. I, p. 335). Cet appareil donnerait certainement des résultats encore meilleurs avec un moufle plus grand et de l'air préalablement chauffée par les produits perdus de la combustion.

Gazogènes. Dans ce même ordre d'idées, on peut avoir recours aux forces chimiques, employer une partie de la puissance calorifique du combustible, non pas à pulvériser, mais à gazéifier ses éléments, au moyen d'appareils bien connus dans les arts chimiques sous le nom de *générateurs de gaz* (Siemens, Ponsart, Boétius, etc). Le principal obstacle à l'application de ce principe aux chaudières de l'industrie est encore le refroidissement trop rapide des gaz combustibles au contact des surfaces de chauffe, et c'est par un artifice analogue à celui de M. Stephenson que MM. Muller et Fichet ont réussi à résoudre complétement la question. Dans l'appareil essayé avec succès à Ivry par ces ingénieurs, les gaz combustibles, engendrés dans un générateur remarquable par la simplicité de son installation, venaient se brûler complétement dans une chambre en briques réfractaires, où ils se mêlaient en lames minces à de l'air préalablement échauffé par les produits perdus de la combustion. Je ne puis ici que renvoyer au remarquable mémoire publié en 1874 par MM. Muller et Fichet, à la *Société des ingénieurs civils de Paris* et mis à la diposition de tous les ingénieurs français que cette question intéresse.

A côté des appareils très-simples de MM. Muller et Fichet, il convient de noter l'emploi spécial des régénérateurs ordinaires de la métallurgie, presque toujours avec de notables bénéfices. C'est ainsi que le système bien connu de M. Ponsard a donné, avec une chaudière à bouilleurs non tubulaire, chez MM. Tilloy-Delaune à Courrière (Pas-de-Calais), les remarquables résultats suivants :

	Vaporisation par kil. de houille
Foyer ordinaire.	5^k,45
— Ponsard.	9 ,12

La chaudière se trouve entre le générateur de gaz placé à l'arrière et une chambre de briques réfractaires chauffée par des produits perdus de la combustion. L'air qui doit brûler les gaz C^2H^4, CO, HO du générateur est préalablement chauffé par son passage à travers cette chambre; comme l'appareil précédent, le foyer Ponsard a l'avantage de brûler économiquement et sans fumer les combustibles médiocres. (Voir *Bulletin mensuel des anciens élèves des écoles nationales d'arts et métiers*, décembre 1873.)

Inflammation directe des gaz refroidis. Méthode de M. Cailletet. M. Cailletet, a qui l'on doit la liquéfaction des gaz permanents, a signalé le premier ce fait remarquable, qu'il se trouve, à l'intérieur des fours à réchauffer portés à une chaleur blanche, une quantité de carbone pulvérulent libre en présence d'un excès considérable d'oxygène qui ne s'y combine pas, parce que sa température est alors celle de la dissociation des gaz oxyde de carbone et acide carbonique. Au sortir du four, ces gaz, dans l'appareil expérimenté par M. Cailletet à ses forges de Saint-Marc, passaient sous une chaudière cylindrique à feu nu et de 10 mètres de long, et le refroidissement était tel qu'ils perdaient plus de la moitié de leur oxygène libre qui s'alliait au carbone en poussière pour former principalement de l'oxyde de carbone. Le courant gazeux ainsi formé renfermait, en quittant la chaudière, une proportion notable de produits combustibles, principalement de l'oxye de carbone et du carbone en fumée. En ralentisant convenablement sa vitesse, M. Cailletet a réussi à enflammer de nouveau ce courant gazeux, rien qu'en le faisant passer sur un petit foyer placé à l'entrée d'une chambre en briques réfractaires. Cette chambre atteint très-vite le rouge clair et peut servir de four à réchauffer, au sortir duquel les gaz échaufferont une seconde chaudière avant d'être aspirés dans la cheminée. (Voir *Bulletin de la Société d'encouragement*, mars 1878.) Ces phénomènes méritent d'attirer l'attention de tous les ingénieurs.

LES CHAUDIÈRES TUBULÉES.

NOTE 334. **Inconvénients des autres systèmes.** Je ne comparerai aux chaudières tubulées que celles à foyer intérieur et les générateurs tubulaires, imposées aujourd'hui partout où il faut marcher à haute pression en disposant d'un espace limité. Les inconvénients de ces chaudières, comme de toute espèce de générateur, peuvent se diviser en deux classes principales : défauts de résistance et d'usure, défauts d'utilisation du combustible.

Résistance. Les chaudières à foyer intérieur munies d'un retour de flammes à travers un système de tubes renversés sur le foyer, à corps cylindrique circulaire ou légèrement ovalisé (marine américaine), ont remplacé aujourd'hui, à bord des navires, les anciens appareils à formes quadrangulaires incapables de supporter les hautes pressions. Ces appareils ont jusqu'ici très-bien rempli leur but. On peut dire, qu'en restant dans leurs conditions de grands volumes d'eau et de vapeur, ce sont les meilleures chaudières connues. Mais, avec les accroissements de puissance, et surtout les augmentations de pression que l'on persiste à demander aux appareils marins, ce type de chaudière semble arrivé à un degré de perfection qu'il ne saurait dépasser suffisamment pour faire face aux nouvelles exigences.

On est arrivé aujourd'hui, avec des pressions de 4 à 5 kilogrammes par centimètre carré et des diamètres de 4 mètres à $4^m,50$ pour les corps cylindriques, à devoir employer des tôles de 30 millimètres, dont la fabrication ne saurait être assurée. A terre, on a déjà atteint $2^m,50$ et des épaisseurs de 16 millimètres. L'emploi de l'acier, toujours traître à la forge, n'a pas encore été largement essayé pour les grands appareils de la marine. Son emploi sur les locomotives donne à penser qu'il ne permettra pas de réduire beaucoup les épaisseurs reconnues nécessaires pour les tôles puddlées, assez du moins pour que la fabrication des chaudières ne rencontre pas bientôt des difficultés extrêmes.

Usure. Quoi qu'il en soit, aujourd'hui, les chiffres cités plus haut sont, à juste titre, considérés comme des limites. Si bien faits qu'ils soient, au moyen d'outillages spéciaux et puissants, ces appareils fatiguent énormément, surtout par les efforts de dilatation provenant principalement des inégalités entre les températures du haut et du bas de la chaudière; il se déclare aux rivures de nombreuses fuites, causes d'érosions dangereuses; enfin, par suite de l'absence d'une circulation énergique, il se produit presque toujours des effets d'incrustation et d'oxydation tels qu'il n'est pas rare de voir un magnifique appareil complétement hors de service au bout de deux ou trois ans. Souvent encore, bien avant leur ruine complète, on est obligé de baisser la pression, marchant à faible détente et forçant les feux, ou même de leur ajouter d'autres chaudières, perdant ainsi à la fois de la place et du charbon.

Utilisation du combustible. Les causes principales de la mauvaise utilisation du combustible sont, dans les chaudières à foyers intérieurs, la disposition défavorable de la grille et l'impossibilité de prolonger suffisamment les surfaces de chauffe, de façon à ne laisser aux gaz que la chaleur nécessaire à un bon tirage. A la mer, et, en général, partout où la question de l'encombrement est capitale, il ne faut pas songer à l'emploi d'un réchauffeur d'alimentation.

Grilles. Les grilles ont leurs dimensions limitées par celles du foyer. Leur largeur ne peut dépasser le diamètre des tubes qui ne dépasse guère 1 mètre; pour donner à ces grilles la surface nécessaire, on est par suite conduit à les allonger aux dépens d'une bonne utilisation, car il est difficile, même à un bon chauffeur, de couvrir une grille qui a plus de 2 mètres de long. En outre, il est rare que les chaudières marines aient une chambre de combustion offrant un espace suffisant pour mélanger convenablement l'air et les gaz provenant de la combustion des grandes masses qui s'étalent sur leurs grilles.

Position des surfaces de chauffe par rapport au courant des gaz chauds. La position des surfaces de chauffe par rapport aux gaz chauds du foyer est, en général, défavorable. Pour qu'une surface de chauffe donne la vaporisation la plus grande-possible, il faut, toutes choses égales d'ailleurs, qu'elle soit normale à la direction du courant des gaz chauds qui la frappent, et aussi au courant de la vapeur qui se dégage à son contact. D'après M. C. Williams, une surface frappée normalement par la flamme vaudrait, comme puissance d'évaporation, environ quatre fois cette même surface disposée parallèlement à la flamme, comme elle l'est en général dans les chaudières à grands volumes d'eau.

Insuffisance du brassage du courant gazeux. On sait qu'une des conditions d'une bonne combustion est un mélange énergique, aussi complet que possible, des gaz combustibles et de l'air qui les consume. C'est le seul moyen d'arriver à marcher avec une quantité d'air presque limitée au volume chimiquement nécessaire. Ce brassage énergique fait presque toujours défaut dans les grands appareils. Il faut remarquer que la nécessité d'un mélange complet des gaz de la combustion, évidente à un point de vue chimique, n'est pas moins importante à un point de vue physique. Dans un tube de chaudière de Cornouailles, par exemple, on peut considérer, un peu au delà de la grille, le courant gazeux comme formé d'une partie centrale très-chaude entourée d'une gaîne gazeuse refroidie par le contact de la chaudière. Cette gaîne, peu conductrice comme tous les gaz, ne transmet pas la chaleur du courant central, et suit les parois du tube, presque jusqu'au bout, sans se mêler naturellement au gaz central, parce que l'augmentation de densité produite par son refroidissement n'est pas assez considérable. Le courant central ne transmet ainsi que peu de chaleur à l'eau par les parois mêmes du tube. La perte de chaleur serait très-grande si l'on n'y remédiait au moyen d'obstacles tels que les tubes de Galloway, qui brisent le courant gazeux, mèlent toutes ses parties, et le reçoivent au droit de leurs surfaces. Le même phénomène a lieu dans les tubes des chaudières tubulaires, mais d'autant moins que ces tubes sont plus étroits. C'est ce qui explique en partie la supériorité des locomotives sur les chaudières marines : bien que la durée du contact des gaz avec les surfaces de chauffe y soit moindre à cause de l'intensité du tirage par la vapeur d'échappement, on a constaté que la différence des températures au foyer et dans la boîte à fumée est, en général, plus considérable dans les chaudières locomotives.

Vitesse du courant gazeux. La durée du contact des gaz chauds avec les surfaces de chauffe est en général insuffisante.

Avec un bon tirage naturel, on peut compter, pour la vitesse du courant gazeux, 1m,80 environ par seconde; ce qui, avec une chaudière de Cornouailles ou à feu nu de 9 mètres de long, offrant un parcours de 27 mètres, donne une durée de 15 secondes environ au contact des gaz chauds.

Dans une chaudière marine, la longueur parcourue par les gaz est beaucoup plus courte; pour une chaudière de 4 mètres de long, le contact ne dure que 5 secondes environ. Malgré la multiplication des surfaces, ce contact est assurément trop court. On ne peut pas songer à le prolonger; on ne peut pas, non plus, augmenter le nombre des tubes souvent déjà trop encombrants pour le dégagement de la vapeur et l'entretien. Il ne se présente en réalité que deux remèdes : augmenter la température du foyer au moyen du tirage forcé, de façon à accroître la différence de température de l'eau et des gaz de la combustion et à créer ainsi, du foyer à la sortie des gaz, une chute de température plus élevée, sans accroître proportionnellement la dépense du combustible : augmenter la puissance absorbante des surfaces de chauffe en les disposant, autant que possible, normalement au courant gazeux et de façon à lui faire subir un brassage énergique.

Le tirage forcé peut s'appliquer à tous les appareils : les chaudières tubulées satisfont seules presque complétement à la seconde condition, si importante toutes les fois que la question d'emplacement ne permet pas d'étendre suffisamment les surfaces de chauffe.

Sécurité. Enfin, les appareils à grands volumes d'eau présentent un dernier inconvénient, celui des explosions dangereuses. Le danger diminue sans doute chaque jour par suite des soins apportés au choix des matériaux et à la construction, et surtout par la mise en pratique d'une surveillance active et éclairée; mais il augmente d'autre part par l'accroissement de puissance des appareils qui rend chaque explosion de plus en plus désastreuse. L'importance de ces explosions tient à la nature même du type. Elles sont possibles, même avec les installations les mieux établies et les mieux surveillées. Il me suffira de rappeler à ce sujet les désastres récents du *Thunderer* et de la *Revanche*.

Avantages principaux du système tubulé. Les chaudières tubulées ont pour but les deux objets suivants : 1° marcher à très-haute pression avec une grande sécurité et un entretien moyen; 2° présenter, sous un faible volume, une surface de chauffe très-étendue et très-efficace.

Le premier de ces buts est atteint par le principe même de ces appareils, à savoir, la division de leur volume d'eau, relativement faible, en un grand nombre de compartiments suffisamment distincts pour que l'appareil ne puisse être sujet qu'à des explosions partielles, peu dangereuses quand on les compare à celles des chaudières à grande masse d'eau tout d'un bloc.

Le second but est atteint par une disposition convenable des compartiments ou tubes, arrangés de façon à présenter, aussi normalement que possible à la flamme, une surface de chauffe très-étendue et accidentée, de manière à briser et à mélanger le courant gazeux.

Une autre condition essentielle aux chaudières tubulées est que l'eau y soit animée d'un mouvement de circulation rapide et forcé. Cette circulation, utile seulement dans les autres appareils, est ici absolument indispensable, tant pour prévenir les explosions que pour économiser le combustible.

Une circulation rapide, non-seulement préserve la chaudière des coups de feu, mais, par la présence d'un courant d'eau sans cesse renouvelée, elle maintient les tubes à une basse température, et leur permet d'absorber rapidement la chaleur du foyer.

La circulation. *Son principe*. Pour que l'eau d'une chaudière soit animée d'un mouvement circulatoire continu, il faut créer une différence de densité permanente entre deux portions de la masse d'eau continuellement mises en rapport l'une avec l'autre; c'est-à-dire qu'il faut, de toute nécessité, avoir deux ou plusieurs capacités, les unes constamment plus froides que les autres, et réunies par des conduits, ordinairement des tubes, graduellement chauffés à partir du compartiment le plus chaud vers le plus froid. Le compartiment froid devra se trouver, autant que possible, au-dessous du compartiment chaud, et recevoir, à son point le plus bas, l'eau d'alimentation. On conçoit que l'on puisse, par une application convenable de ce principe, créer un courant continu de l'eau, de la partie froide vers la partie chaude de la chaudière.

Qualités d'une bonne circulation. Une bonne circulation doit être naturelle, c'est-à-dire commencer sans le secours d'aucun mécanisme extérieur à la chaudière, dès la mise en feu, et non pas seulement dès la mise en ébullition.

La circulation n'a pas besoin d'être violente ni trop rapide ; il suffit que la quantité d'eau passant sur la surface de chauffe soit bien proportionnée à la quantité de vapeur engendrée pendant son passage. Avec le passage rapide d'un faible volume d'eau accompagné d'un grand volume de vapeur, on risque de surchauffer les tubes par manque d'eau, et parce qu'un pareil courant est éminemment propre à déposer des incrustations tenaces, pourvu que l'eau soit, comme il arrive souvent, chargée de sels calcaires.

Rôle de la vapeur dans la circulation. La présence de la vapeur mêlée à l'eau ne doit pas être une condition nécessaire à la circulation : dans un tube étroit, la présence de la vapeur peut quelquefois, au contraire, empêcher complétement la circulation. Considérons par exemple le système formé par deux récipients réunis par un tube vertical étroit. La capacité inférieure seule est chauffée : tant qu'il ne s'y produira que peu de vapeur, il y aura dans le système une circulation régulière, l'eau froide du compartiment supérieur venant remplacer l'eau chaude et la vapeur du bas, à mesure de sa production. Qu'il se produise, au contraire, un grand volume de vapeur, le phénomène va changer du tout au tout. Ne pouvant trouver une issue suffisante, cette masse de vapeur, après s'être, dès les premiers instants, mélangée sous forme de mousse à l'eau du' tube, atteindra bientôt une pression suffisante pour chasser brusquement toute l'eau de ce tube, qui restera vide tant que ce torrent de vapeur ne sera pas écoulé, c'est-à-dire à peu près tant qu'il restera de l'eau dans le récipient inférieur ; puis l'eau de la capacité supérieure retombera brusquement dans le compartiment de bas, et le jeu recommencera. On se trouvera en présence d'une production de vapeur, non plus calme et régulière, mais tumultueuse et saccadée, qui amènera fatalement la ruine de l'appareil, par la surchauffe et les vibrations. Un courant de vapeur modéré partant du récipient inférieur aiderait à la circulation par la petite quantité d'eau qu'il entraînerait sans dépouiller entièrement le tube ; mais un pareil courant ne se présentera jamais sûrement dans la pratique ; il ne faut compter pour la circulation que sur la différence des températures de l'eau dans les deux compartiments. Pour cela, il est nécessaire que toutes les surfaces de la chaudière ne soient pas des surfaces de chauffe, il faut réserver franchement un certain volume d'eau froide, à l'abri du feu et aussi de la vapeur engendrée par le foyer.

Nécessité des hautes pressions pour l'établissement d'une circulation facile. On sait qu'une des raisons d'être fondamentales des chaudières tubulaires est la tendance actuelle des mécaniciens à exiger, peut-être à tort dans bien des cas, des pressions de plus en plus élevées. La condition capitale de ces chaudières, qui est d'avoir une circulation efficace et certaine, exige précisément, d'autre part, la formation de vapeur à une pression très-élevée, dès que l'on veut produire un travail considérable.

A égalité de combustible brûlé, évaporant sensiblement le même poids d'eau à toutes les pressions, le volume de vapeur produit sera en raison inverse de la pression : à 3 atmosphères, il sera cinq fois plus grand qu'à 15 ; de là, nécessité de marcher à des pressions très-élevées pour ne pas encombrer les tubes de vapeur et les brûler. Plus la pression est élevée, moins ce danger est à craindre. La haute pression dont on peut, en thèse générale, discuter l'économie, se présente comme une nécessité pour les chaudières tubulées.

Circulation de la vapeur dans les tubes. Dans ces appareils, la vapeur, avant de parvenir à son point de dégagement, doit cheminer longtemps en contact ou plutôt bruyamment mêlée avec son liquide. Le chemin qu'elle parcourt est tortueux, quelques inventeurs se sont même attachés, sous prétexte de sécher la vapeur, à augmenter, par des rétrécissements et des détours, la dificulté naturelle qu'elle rencontre pour se dégager. Pour sortir de la chaudière, une bulle de vapeur doit donc accomplir un double travail, un travail de désagrégation de l'eau qu'elle traverse et qui marche parfois en sens contraire de son ascension, et un travail de laminage et de frottement contre les parois des tubes ; de là deux résultats à peu près inévitables : 1° Toute variation, même faible, dans l'intensité du feu, doit être accompagnée d'une variation subite et considérable de la pression dans les tubes, surtout s'ils sont étroits ou mal disposés pour la circulation, et cela, quel que soit le volume du réservoir de vapeur ; cette variation de pression étant, en toute hypothèse, proportionnelle à la résistance que les tubes opposent à la circulation avant d'arriver au réservoir, augmente proportionnellement aux carrés des vitesses de la vapeur. 2° La vapeur n'arrive au réservoir que chargèe d'eau ; ce réservoir devra donc être très-grand par rapport au volume de la chaudière et présenter par suite, pour de très-hautes pressions, des difficultés de construction notables.

Diamètre des tubes au point de vue de la circulation. En thèse générale, plus les tubes seront gros et courts, plus la circulation sera paisible et assurée, car le volume des tubes augmente proportionnellement au carré de leur diamètre, tandis que la surface de chauffe ne croît que proportionnellement au diamètre. L'évaporation est ainsi d'autant plus calme que le diamètre des tubes est plus grand ; son tumulte, au contraire, augmente très-vite quand ce diamètre s'abaisse au-dessous d'une certaine limite pratique, qu'il ne faut pas dépasser, sous peine de n'avoir plus dans les tubes qu'un mélange dangereux de vapeur et d'eau. C'est le cas des chaudières du *Propontis*, dont les tubes. de 2^m,44 de long, n'avaient que 66 millimètres de diamètre (*). Le courant

---

(*) *The Engineer*, 1er mai 1874.

de la fabrication impose, d'autre part, au diamètre des tubes certaines restrictions dont il faut tenir compte. On en trouve facilement de 10 à 15 centimètres en fer étiré, bien soudés à la machine. Un diamètre de $0^m,30$ donne un tube trop étroit pour être rivé ou soudé à la main, trop grand pour être convenablement soudé à la machine. La maison Howard, qui les emploie couramment, possède des ressources de fabrication spéciales. A partir de $0^m,50$ de diamètre, la soudure la rivure et l'emboutissage se font avec une grande facilité, mais ce diamètre est rarement atteint dans les appareils tubulés, tandis qu'il ne convient guère de descendre au-dessous de $0^m,10$ environ.

Position des tubes la plus favorable à la circulation. La position la plus favorable qu'on puisse donner aux tubes au point de vue de la circulation est une position inclinée de l'avant du foyer vers l'arrière de la chaudière. Le bas du tube plonge alors dans le récipient froid, et la chaleur qu'il reçoit du foyer, par unité de surface, est d'autant plus intense que l'on s'avance plus vers son extrémité supérieure qui plonge dans le récipient chaud. Dans un appareil installé d'après ce principe et convenablement conduit, on peut admettre que la vapeur, se dégageant graduellement sur presque toute la longueur du tube, chemine, à sa partie supérieure, vers le récipient chaud, au-dessus de l'eau en circulation dans la partie inférieure du tube qui n'est pas alors exposé à la surchauffe. On verra plus haut que cette disposition est aussi très-avantageuse au point de vue de la puissance de vaporisation.

Avantages au point de vue de la sécurité. Le principe même des appareils tubulés rend leurs explosions toujours beaucoup moins désastreuses que celles des appareils à grande masse d'eau. Il ne peut, en effet, s'y produire que des explosions partielles des tubes; et ces derniers, grâce à leur faible diamètre, peuvent être fabriqués et assemblés avec une telle solidité que leurs explosions ne peuvent guère survenir que par une surchauffe assez prolongée. C'est ce que démontre l'histoire de la plupart des accidents arrivés à ces appareils depuis leur vogue récente.

Variations de la pression. Danger de surchauffe. Un des avantages, accessoires pour les grands appareils, que présentent les chaudières tubulées, c'est leur mise en pression rapide. Dans certains cas particuliers, pour de faibles forces, cette propriété seule décide de leur adoption. Mais cet avantage a pour contre-partie l'inconvénient d'exiger, dans l'activité du foyer, une constance difficile à maintenir, sous peine de variations de pression nuisibles au bon emploi des machines, et dangereuses comme pouvant provoquer la surchauffe.

Si l'explosion d'une chaudière tubulée est, par principe, moins dangereuse, moins destructive surtout, que celle d'une chaudière ordinaire, le faible volume et la subdivision de l'eau génératrice qui lui procurent ce précieux avantage ont, d'autre part, l'inconvénient de provoquer ces explosions partielles, d'autant plus que le principe de la subdivision est poussé plus loin : chaque tube devant répondre de sa propre circulation et évaporer son eau séparément, sans préjudice de la quantité d'eau et de vapeur renfermée dans les tubes voisins, il n'est pas étonnant qu'une variation du feu relativement faible, et qui passerait inaperçue dans un appareil à grande masse d'eau, détermine dans ces tubes de véritables spasmes d'ébullition doublement nuisibles par les secousses dont ils ébranlent toute la framure du système, et par le danger de la surchauffe à laquelle ils exposent les tubes. C'est ainsi que périssent, en effet, la plupart des chaudières tubulées, et c'est d'ailleurs presque la seule cause qui puisse les ruiner. On voit de suite que le seul moyen d'en atténuer les effets est de répartir les variations de chaleur du foyer, autant que possible, sur toute la masse d'eau en vaporisatien, au moyen d'une circulation régulière, inévitabie, et dans laquelle les courants de vapeur et d'eau soient séparés le mieux qu'on pourra.

Il faut en outre disposer les divers éléments de la chaudière, formés chacun d'un ou de plusieurs tubes parallèles reliés aux réservoir d'alimentation et de vapeur, de façon que la pression ne soit jamais beaucoup plus élevée dans l'un que dans l'autre. Il faut, dans ce but, que les divers éléments de la chaudière communiquent largement entre eux, et que chacun d'eux offre un dégagement facile au volume maximum de vapeur qu'il peut produire. Sans ces précautions, on s'expose à voir les tubes où la pression prend un accroissement subit, se vider d'eau dans les éléments voisins, et périr par surchauffe (*).

Avantages et dispositions principales au point de vue de l'utilisation du combustible.

Disposition des tubes au point de vue de l'efficacité de la surface de chauffe. La chaleur spécifique de la vapeur étant environ la moitié de celle de l'eau, une surface de chauffe complétement baignée par l'eau lui communiquera, toutes choses égales d'ailleurs, dans le même temps, une quantité de chaleur double de celle qu'elle transmettrait à sa vapeur si elle s'y trouvait plongée. On voit que l'on a, indépendamment du danger de surchauffe qui rend la chose absolument nécessaire, tout intérêt, au seul point de vue de la puissance de vaporisation, à maintenir les surfaces de chauffe le moins possible en contact avec la vapeur qu'elles engendrent. Il faut, dans ce but, donner au dégagement de la vapeur la plus grande facilité, c'est-à-dire faire qu'elle quitte aussitôt que formée la surface de chauffe qui la produit, et rencontre ensuite dans son ascension le moins d'obstacles possibles. Il est facile de voir, qu'au point de vue du départ immédiat de la vapeur, les parois d'égales dimensions d'un tube horizontal prismatique parcouru par les gaz du foyer peuvent se ranger dans l'ordre d'excellence 1, 2, 3, 4. C'est aussi l'ordre de leur puissance de vaporisation d'après les expériences bien connues de C. Williams. Les tubes de Galloway, si efficaces dans les chaudières à foyer intérieur, doivent leur puissance de vapori-

_____

(*) *Steamer Montana Nautical Magazine*, novembre 1873.

sation, non-seulement à leur rencontre presque normalement avec la flamme, mais aussi à leur disposition en tronc de cône renversé qui facilite beaucoup le dégagement de leur vapeur; s'ils étaient disposés la petite base en haut, la vapeur devrait parcourir toute leur surface avant de les quitter, leur puissance de vaporisation serait diminuée aux dépens de leur durée. Les tubes devront donc avoir leur axe légèrement incliné sur l'horizontale, 1/4 environ; il est facile de se convaincre, à l'aide d'un simple tube de verre, que cette disposition est, au point de vue de la libre sortie de la vapeur, bien préférable à la disposition verticale; elle est aussi la meilleure pour la circulation. Si l'on est conduit par d'autres considérations à l'emploi de tubes verticaux, il convient de leur donner une forme conique, disposée comme celle des tubes de Galloway. Cette disposition a de plus l'avantage d'offrir, de bas en haut, une section graduellement croissante, à mesure que la vapeur se présente en plus grande abondance par accumulation. On en a un exemple remarquable dans l'appareil de Shepherd (*).

Il est, en outre, presque évident qu'il faut disposer les surfaces de chauffe, non-seulement dans une direction perpendiculaire autant que possible à celle du courant gazeux, mais aussi de façon à contrarier la flamme et à mélanger complétement les gaz; dans ce but, il convient de disposer les tubes en quinconces.

Il convient aussi que la partie la plus vive de la flamme frappe sur la partie de l'appareil qui doit se trouver la plus chaude, ce qui conduit, ainsi que la considération des dépôts et de la circulation, à placer l'alimentation au point le plus froid et le plus bas de l'appareil.

L'exemple des locomotives, dont les surfaces de chauffe ont une activité sept à huit fois supérieure à celle des chaudières ordinaires, a démontré que l'on peut pratiquement donner à ces surfaces une puissance de vaporisation très-considérable, sans danger de surchauffe, pourvu que le dégagement de la vapeur soit rapide et la circulation facile. Dans certains appareils tubulés, la puissance de vaporisation est très-grande; ainsi, d'après des expériences de John Watt, dans une de ses chaudières, la flamme était aussi refroidie après un parcours de $0^m,90$ que dans une chaudière de Cornouailles après un trajet de 18 mètres (**).

Propreté des tubes. Fumée. Pour que les tubes conservent leur puissance de vaporisation, il faut les maintenir propres à l'intérieur et à l'extérieur.

A l'extérieur, la fumée dépose sur les tubes une couche de suie. On s'en débarrasse en grattant les tubes par des portes placées devant, ou en les lavant par un jet de vapeur.

Dépôts. On sait que, dans certains cas, un dépôt très-mince protége les tubes contre l'action corrosive des eaux; mais comme ce dépôt ne se

(*) *The Engineer*, 20 mars 1874.
(**) *Liverpool Polytechnic Society*, mars 1874.

présente que rarement sans grossir et arriver à produire des accidents de surchauffe, il est préférable de prévenir toute espèce d'incrustation par un lavage fréquent des tubes. Il convient ainsi de disposer l'appareil de façon que la circulation amène les dépôts dans un récipient à l'abri des flammes. Ce récipient doit être assez profond pour qu'une partie de son eau soit en dehors du courant de circulation, de façon que les dépôts que ce courant y amène s'y précipitent dans un milieu tranquille. On y placera le robinet de vidange.

D'après ces considérations, on voit que les tubes doivent être très-faciles à visiter et à nettoyer à l'intérieur et à l'extérieur. Ils ne doivent jamais être recourbés.

Assemblage des tubes. *Dilatation.* L'assemblage des tubes avec les compartiments où ils débouchent doit être tel qu'il ne s'y produise pas des efforts de dilatation et de contraction qui détruisent les joints. Les tubes près du foyer engendrent plus de vapeur et sont à une température plus élevée que les autres ; il y aura donc, dans les dilatations de ces tubes, une inégalité dont on ne peut combattre les effets que par une certaine flexibilité des assemblages.

Les joints. Pour être longtemps étanches, malgré leur grande fatigue, les joints des tubes doivent être, autant que possible, entièrement métalliques, à l'abri du feu et même en dehors de la chaudière, afin d'être parfaitement accessibles à la surveillance et à l'entretien. Ces joints sont une des parties les plus délicates des appareils tubulés. Il en existe quelques exemples remarquables, ceux de la chaudière Howard notamment.

Matière des tubes. La matière qui s'impose pour les tubes des appareils tubulés, d'une façon presque évidente, est le fer forgé, étiré ou soudé. Le cuivre, trop faible aux températures élevées, ne présente aucun avantage sérieux. Quant à la fonte, très-usitée en Amérique, elle n'a que la qualité du bon marché. Enfin, le coefficient de sécurité si élevé de ces tubes ôte tout avantage à l'acier plus cher, plus traître que le fer, et qui périrait peut-être plus vite que lui par la corrosion et la surchauffe, seules causes de ruine des appareils tubulés.

Résultats pratiques. Les chaudières tubulées n'ont pas donné jusqu'ici en pratique les résultats qu'on en attendait. Elles se sont en somme peu répandues : à la mer surtout, et pour de grandes forces, les tentatives dans ce sens, parmi lesquelles il faut citer au premier rang les essais entrepris sur les steamers *Montana* et *Propontis*, ont presque toujours complétement échoué. Mais il est juste d'ajouter qu'aucun des appareils qui se sont trouvés en défaut ne réunissait toutes les qualités reconnues précédemment nécessaires pour un succès complet. Pour le moment, on donne, pour les grands appareils de navire, la préférence à un type de chaudière *mixte*, c'est-à-dire intermédiaire entre le type à grande masse d'eau tout d'un bloc et le système tubulé proprement dit. On peut ranger parmi ces chaudières, les générateurs de Shepherd, de Davie (*), de Pollilt et Wigzell (**) ét le type marin de Howard (***). Ces appareils n'ont pas l'innocuité des chaudières tubulées, en ce sens que leurs explosions seraient bien plus désastreuses, mais en revanche, elles sont très-faciles à éviter. Ils pourraient alimenter facilement, c'est-à-dire avec une ébullition calme et sans danger de surchauffe, les plus grandes machines de la marine, à des pressions initiales de 10 à 12 atmosphères, que l'on est encore loin d'admettre dans l'état actuel de la construction. Il est probable que les mécaniciens qui s'attachent à perfectionner ce genre de chaudières mixtes sont, en tant qu'il s'agit de fournir de grandes masses de vapeur, dans la véritable voie du succès, et que les appareils tubulés proprement dits ne seront vraiment indispensables, d'ici à longtemps, que pour les machines de force moyenne, marchant à de très-hautes pressions, pour des raisons de poids et de volume n'ayant rien à voir avec l'économie d'entretien et de combustible.

Documents anglais à consulter.

Report of the Committee Appointed to test Steam Boilers at the American Institute Exhibition 1871 (chaudières Root et Allen). Idem, 1874 (chaudière Howard).

N. P. Burgh. Practical treatise on Steam Boilers and Boiler Making, Londres (Spon), 1874.

Nautical Magazine, novembre 1873. The water-tube Boilers of the Steamship Montana (Jordan).

Society of Engineers, 1867. [Transactions, vol. IV (Spon)]. On Water-tube Boilers by Vaughan Pendred et 1874 (Transactions, vol. XI). On Modern Systems of Generating Steam by N. J. Suckling.

Liverpool Polytechnic Society, mars 1874. On Water-tube Boilers by J. F. Watt.

Iron and Stell Institute (Journal, nᵒˢ 1 et 2, 1875. Spon), The Howard Boiler by David Joy.

Report of a Boiler and Engine test at M. Robert Craig and sons' paper mills Dalkirth, by M. Lavington E. Flechter, chief Engineer Manchester Steam Users Association, août 1874 (chaudière Sinclair).

Institution of Naval Architects, avril 1876. On Water-tube Boilers by J. N. Flannery.

Institution of Civil Engineers London, 7 mai 1878, The Construction of Steam Boilers adapted for very high Pressures by J. F. Flannery.

The Engineer, 1ᵉʳ vol., p. 351. Essai d'une chaudière Root.

Engineering, 1876, 1ᵉʳ vol. Boilers at the Philadelphia Centennial Exhibition (types de Firminish, Wiegand, Harrison et Kelly).

(*) Engineering, 1876, 1ᵉʳ vol., p. 176.
(**) Engineering, 1874, 1ᵉʳ vol., p. 59.
(***) The Engineer, 1875, 1ᵉʳ vol., p. 25.

NOTE 336. **Puissance des chaudières**. On a l'habitude, dans le commerce, d'estimer la valeur d'une chaudière par sa puissance en chevaux. Il existe à ce sujet plusieurs règles qui n'ont absolument aucune signification scientifique. Les plus usitées sont les suivantes :

Régle d'Armstrong pour les chaudières tubulaires :

$$N = 8,24 \sqrt{S \times G}.$$

S surface de chauffe ⎫
G —. de grille ⎬ en mètres carrés.

N puissance de la chaudière.
Pour les chaudières marines :

$$N = 3,20 \sqrt{S \times G}.$$

Chaudières à foyer extérieur dans lesquelles $\frac{S}{G}$ varie de 10 à 16 :

$$N = 1,20S.$$

Chaudières à bouts hémisphériques (feu actif) :

$$N = 5,20S.$$

Chaudières de Cornouailles $\frac{S}{G} = 15$ à 25 :

$$N = 1,50S.$$

Chaudières tubulaires $\frac{S}{G} = 30$ à 40 :

$$N = 2,4S.$$

Chaudières verticales :

$$N = S.$$

Locomotives $\frac{S}{G} = 60$ à 80 :

$$N = 3,6S.$$

Voir : *Annuaire des élèves de l'école de Liége,* juillet-août 1874 ; le mémoire de M. P. Havrez sur les chaudières, et *Nautical Magazine,* avril 1872, *On Nominal H. P. by Mac-Farlane Grey.*

NOTE 337. **Primage**. On désigne ainsi l'entraînement de l'eau aux cylindres par la vapeur des chaudières.

Dans les chaudières fixes bien établies, la proportion de l'eau entraînée ne s'élève pas à plus de 6 à 7 p. 100 du poids de la vapeur. Dans les locomotives, elle varie de 20 à 25 p. 100 environ, mais c'est avec les chaudières marines surtout qu'elle est très-variable et prend parfois des proportions qui rendent la marche presque impossible.

La principale cause de ce phénomène est l'insuffisance de la surface de dégagement de la vapeur et du volume de sa chambre; il peut tenir ainsi à l'état plus ou moins visqueux de l'eau.

On a essayé, généralement en vain, de séparer l'eau entraînée par la vapeur, soit en la chauffant, soit par des moyens mécaniques basés sur des changements de vitesses ou sur l'action de la force centrifuge.

Les moyens autres que l'agrandissement de la chambre de vapeur, proposés pour prévenir le primage, se sont aussi presque toujours montrés impuissants. La dissémination de la prise de vapeur au moyen de dispositions analogues au tube de Crampton n'a elle-même donné que des avantages douteux. Parmi les moyens chimiques récemment indiqués, il faut citer le pétrole (*Society of Engineers*, 9 avril 1877). On s'est souvent bien trouvé, en mer, de supprimer les deux rangées supérieures des tubes. La puissance de vaporisation n'était que très-peu diminuée et le primage presque supprimé par le dégagement plus facile offert à la vapeur. On se convaincra d'ailleurs facilement de la difficulté qu'il y a à sécher la vapeur d'une chaudière qui prime, si l'on réfléchit que l'eau ainsi entraînée est due, non-seulement à la violence de l'ébullition, mais aussi, quoiqu'en moindre quantité, à la détente de la vapeur aux environs de la prise à chaque coup de piston (Hirn) et que cette eau se trouve mêlée à la vapeur sous forme d'un *trouble* disséminé dans toute sa masse.

Quant aux effets antiéconomiques de cette eau entraînée, on peut dire que tant que sa proportion ne dépasse pas 20 p. 100 environ, ils sont théoriquement négligeables dans l'hypothèse d'une détente adiabatique (Combes, *Exposé de la théorie mécanique*, p. 159 et 161) et que, dans la pratique, leur influence disparaît devant celle des parois, ainsi que l'ont démontré les expériences de la Société industrielle de Mulhouse. On peut dire que, dans les machines fixes et même sur les locomotives, l'action de l'eau entraînée ne devient véritablement inquiétante qu'avec de l'eau impure, amenant aux organes de la distribution et aux cylindres des corps étrangers qui les usent rapidement. Quant aux machines marines, bien que l'ébullition y soit moins poussée que dans les locomotives, leurs cylindres sont quelquefois, mais rarement, défoncés malgré leurs soupapes par une rentrée d'eau subite; mais ces accidents arrivent pour la plupart à la mise en marche ou dans les gros temps, et ne sont pas alors dus au primage proprement dit.

Évaporation. Mesure de la quantité d'eau entraînée par la vapeur d'une chaudière. Un moyen simple, mais suffisamment exact, consiste à brancher sur le tuyau de vapeur une tubulure avec robinet et munie d'un tube en caoutchouc. Après avoir séché et chauffé ce tube en y faisant passer une certaine quantité de vapeur, on le plonge dans l'eau d'un tonneau en bois balancé par un poids connu, jusqu'à ce que l'équilibre soit rétabli. On ferme alors le robinet. Soient à cet instant :

Q la chaleur totale du kilogramme de vapeur;

q celle de l'eau de la chaudière;

u la chaleur transmise au calorimètre;

P le poids de vapeur et d'eau entraînée qu'il a reçu ;

x le poids de la vapeur seule.

On a

$$Qx + q(P - x) = u$$

d'où

$$x = \frac{u - P}{\frac{Q}{q} - 1}.$$

Appelons P' le poids de l'eau du calorimètre avant l'admission de la vapeur, t' sa température initiale, t'_2 la température finale.

On a

$$u = P'(t'_2 - t'_1),$$

d'où

$$x = \frac{\frac{P'}{q}(t'_1 - t'_2) - P}{\frac{Q}{q} - 1}.$$

$P - x$ est le poids d'eau entraînée. Si $P - x$ est négatif, il y a sur-chauffe.

On peut aussi doser approximativement l'eau entraînée en prenant la différence des vaporisations de la chaudière à la pression de marche et à l'air libre; mais il ne faut jamais prendre pour eau entraînée la différence entre le débit de la chaudière et le poids de vapeur présent à l'admission aux cylindres. L'influence des parois est telle qu'on serait amené ainsi à constater 30 à 40 p. 100 d'eau entraînée là où il ne s'en trouve en réalité que 2 à 3 p. 100 (Hirn, *Exposition analytique*, t. II, p. 77).

En Amérique, MM. Guzzi et Knight ont proposé de doser l'eau entraînée en prenant l'excès du poids d'un volume donné de la vapeur venant de la chaudière sur celui de ce même volume saturé sec d'après Regnault (*Engineering*, 28 décembre 1877).

MACHINES COMPOUND.

NOTE 353. **Considérations générales.** — On désigne aujourd'hui sous ce nom, francisé par l'usage, toute espèce de machine où la vapeur se détend successivement dans plusieurs cylindres. Elles se divisent en deux grandes classes : les Compound avec ou sans réservoir intermédiaire. Ce réservoir permet de marcher avec des manivelle à 90° l'une de l'autre, comme on le verra clairement d'après les diagrammes décrits plus bas.

« Tant qu'il s'agit de l'action théorique de la vapeur, il est indifférent
« qu'elle exerce sa détente dans un seul cylindre ou dans plusieurs
« successivement. Les avantages de la machine Compound proviennent

« de causes qui font que le travail actuel indiqué est inférieur au travail
« théorique de la vapeur, et aussi de la moindre fatigue de la machine
« et de son bâti, de la douceur de son action et du moindre frottement
« des pièces mobiles. » (Rankine, *Rapport à l'Amirauté*.)

Il est bien entendu qu'en parlant de l'action théorique de la vapeur,
on néglige la résistance qu'elle rencontre aux conduites et aux tiroirs;
ces résistances sont, en général, un peu plus considérables dans les
machines Compound.

Les expériences de M. Hirn ont démontré que l'influence des parois,
rès-puissante aussi dans les machines Compound, y agit tout autrement que dans les machines simples. Le rôle de l'enveloppe, très-efficace
aux cylindres détendeurs et surtout au dernier de la série, est ainsi
profondément modifié.

En général, cette influence des parois dans une Compound bien
construite est moindre, toutes choses égales, que dans une machine
simple de type cinématique semblable. On le conçoit aisément en remarquant que l'action condensante des parois est, *grosso modo*, proportionnelle à la grandeur de leur surface qui regarde le condenseur à chaque
coup de piston, et à la différence des températures de la vapeur à l'admission et vers la fin de l'échappement.

Il ne faudrait pas conclure de là qu'il y aurait avantage à multiplier
outre mesure le nombre des cylindres détendeurs ou à prolonger indéfiniment la détente. La règle à suivre, indiquée par Rankine, est que « la
« détente ne doit jamais être telle que, pendant une partie de sa course,
« l'un des pistons cesse d'être moteur et soit, au contraire, traîné par
« ceux des autres cylindres. » Il existe des diagrammes, très-rares, il est
vrai, indiquant que cette règle du sens commun est quelquefois violée.
On n'a guère jusqu'ici poussé la détente dans plus de quatre cylindres
consécutifs (*Adamson*).

La diminution des frottements et de la fatigue est évidente par elle-
même, surtout pour les Compound à trois cylindres, celui d'admission
au milieu, avec manivelle à 180° s'équilibrant autour de l'arbre. Ces
avantages ont été reconnus surtout par la pratique des machines
marines.

La régularité des efforts de rotation autour de l'arbre de couche est
aussi presque toujours plus accentuée avec les machines Compound;
je dis presque toujours, car il y a là, comme dans toutes les questions
pratiques, des exceptions qui ne prouvent rien contre les propriétés du
système en général. Les pièces mouvantes interviennent par leur inertie
et contribuent à la régularité de ces efforts.

L'*inertie des pièces mouvantes* en rapport avec le piston, diminue le
moment sur l'arbre moteur à l'origine de la course, par le travail
qu'absorbe leur accélération croissante jusqu'à son milieu; à partir de
ce point elle augmente, au contraire, le moment de torsion, en restituant
l'arbre ce travail. Le moment moyen reste le même que si ces pièces
n'avaient pas d'inertie, mais leur action en sens contraire des variations

de pression de la vapeur, tend à régulariser et à amoindrir celles du moment de torsion, d'autant plus que la vitesse du piston est plus rapide.

La comparaison des diagrammes fait ressortir principalement deux avantages en faveur de la machine Compound :

1° La régularité plus grande de ses efforts avec ou sans inertie ;

2° L'influence de l'inertie des pièces de connexion plus sensible pour la machine Compound que dans la machine simple (Sennet, *Institution of naval Architects*, 1875).

La nécessité d'un moment de torsion le plus uniforme possible, évidente pour les machines de terre et notamment pour celles des filatures où la régularité est essentielle, n'est pas moins indispensable à la mer, bien que n'ayant pas d'influence sensible sur la marche du navire dont la masse fait volant. Elle se traduit alors par une augmentation notable du *recul* de l'hélice : en somme, fatigue du mécanisme et perte de travail.

On reproche aux machines Compound d'être plus coûteuses, ce qui n'a pas d'importance vis-à-vis d'une économie même faible de combustible et d'entretien. On leur reproche aussi d'être plus encombrantes. Cette dernière accusation n'a pas de fondement ; l'augmentation de volume des cylindres est largement compensée par la diminution du volume des chaudières pouvant marcher à de plus hautes pressions et par le gain de fret en charbon. M. Mallet (*Machines Compound*, p. 89) a réfuté ces deux objections d'une manière générale, il me suffira d'ajouter l'exemple suivant, très-caractéristique, emprunté à la marine anglaise :

			Moorken. Machine simple.	*Mallqrd.* Machine Compound.
Chaudières.	Diamètre.		2^m,00	»
	Longueur.		4 ,57	»
	Foyers.	Diamètre.	0 ,76	»
		Longueur.	1 ,37	»
		Chauffe.	4 ,18	»
Tubes.		Diamètre.	65^{mm}	70^{mm}
		Longueur.	1^m,83	»
		Chauffe.	96^{m2}	95^{m2}
Cylindres. Diamètre.		Petit.	} 0^m,81	{ 0^m,79
		Grand.		{ 1 ,21
Course.			0 ,53	0 ,46
Condenseurs. Tubes.		Nombre	1102	1030
		Diamètre.	20^{mm}	»
		Longueur.	1^m,06	1^m,30
		Surface.	70^{m2}	80^{m2}
Arbre de couche. Diamètre.			185^{mm}	170^{mm}
Pression aux chaudières.			4^k,45	4^k,10
Vide au condenseur.			0^m,59	0^m,61
Vitesse du piston.			2^m,16	1^m,90
Puissance indiquée.			387 chev.	398 chev.
Eau par cheval-heure.			9^k,07	7^k,70
Poids.			77500^k	78000^k
Poids par cheval indiqué			200^k	196^k

(Sennet, *Institution of naval architects*, 1876.)

On peut dire qu'aujourd'hui l'emploi des machines Compound à la
mer est universel. L'Amérique seule fait exception. On verra, par les expériences de MM. Loring et Emery résumées plus bas, que cette exception
cessera probablement bientôt. La machine Compound a pourtant encore
beaucoup d'adversaires parmi des ingénieurs trop enclins à généraliser
des exceptions. Ces exceptions ont généralement pour causes, soit la
grande difficulté des expériences industrielles, soit des défauts de construction particuliers aux appareils en question, et dont on ne saurait
rendre responsable le principe lui-même. Je crois utile de citer ici trois
de ces exemples bien caractérisés. A l'origine des machines Compound,
toute une série de machines établies par un des constructeurs les plus
distingués de la Grande-Bretagne dut être mise au rebut à cause de l'insuffisance des dispositions prises pour empêcher les fuites de vapeur
par le stuffing-box commun aux cylindres placés bout à bout. En 1872,
une expérience faite par l'amirauté sur deux machines, l'une simple,
l'autre Compound (*Goshawk* et *Swinger*), donna, pour la machine simple,
un léger avantage comme économie de combustible : en examinant les
choses de près, on s'en rend parfaitement compte, erreurs d'évaluation à
part, par ce fait que le vide du condenseur, indépendant à coup sûr du
système, était meilleur avec la machine simple. Le troisième exemple,
emprunté à M. Hirn (*Exposition analytique*, II° vol., p. 85), est plus ca-
ractérisque encore. Une Compound, à deux cylindres et à vapeur surchauffée, donna des pertes de 3 à 4 p. 100, au lieu de 25 à 30 p. 100 d'économie. « La machine en question était, il est vrai, à deux cylindres ; mais
« au lieu d'être distincts et séparés par un intervalle plein d'air de près de
« 0^m,30, comme dans la première machine, ils étaient coulés en une même
« masse de fonte ; de plus, au lieu d'avoir deux tiroirs séparés aussi,
« l'un pour l'échappement, l'autre pour l'admission, ils n'avaient qu'un
« tiroir unique fort ingénieusement combiné d'ailleurs (au point de
« vue mécanique, s'entend). La vapeur était, par ce tiroir unique, dirigée
« alternativement, en haut et en bas du petit cylindre, au bas et au
« haut du grand, et enfin au condenseur. Il résultait de là deux faits
« défavorables des plus importants : 1° la chaleur amenée par la vapeur
« au petit cylindre pouvait traverser les parois communes pour aller au
« grand ; ce transport de chaleur tout en accroissant le travail de détente,
« ce qui eût été favorable, accroissait ainsi et uniformément la conden-
« sation dans le petit cylindre pendant l'admission ; en d'autres termes,
« accroissait la dépense de vapeur ; 2° la vapeur mêlée d'eau après
« détente dans le grand cylindre traversait, disons-nous, la boîte du
« tiroir d'admission chauffée à 240° par la vapeur arrivant de l'appareil
« de surchauffe ; toute l'eau condensée devait donc être évaporée instan-
« tanément pendant ce passage, et par conséquent, la chaleur apportée
« se rendait de fait en pure perte au condenseur. » Il est certain qu'en
présence de chacun de ces trois exemples, un esprit inattentif ou pré-
venu aurait pu attribuer au système Compound lui-même des accidents
qui ne dérivaient que de fautes de construction, et c'est, en effet, ce qui

est arrivé. J'ai dit plus haut que la marine américaine faisait encore exception dans l'emploi presque universel des machines Compound. Après un long voyage dans lequel il lui fut donné d'étudier en détail toutes les marines importantes de l'Europe, l'ingénieur en chef J. W. King, envoyé en mission par les États-Unis, termine ainsi son rapport sur la question des machines : « Jusqu'aujourd'hui le système « Compound a seul permis d'utiliser à la mer d'une manière satis- « faisante la grande détente et l'économie qui en résulte. En présence « des faits, il serait aussi inutile de discuter encore l'application du « système Compound aux navires de notre marine que de discuter pour « les vaisseaux de guerre les mérites relatifs des aubes et de l'hélice. » (*Washington Government Printing Office*, 1877.)

À terre, le système Compound s'est beaucoup répandu, moins pourtant qu'à la mer. Cela tient à ce que si, pour certains cas, comme, par exemple, pour les machines d'épuisement, portées récemment à un degré de per- fectionnement si remarquable, le système Compound est presque indis- pensable, il n'est pas, en général, comparativement aussi utile dans les machines fixes qu'avec les machines marines si fatiguées et pour les- quelles le prix du combustible est parfois plus que triplé. L'application du principe Compound est néanmoins prônée pour les machines de terre par presque toutes les autorités en mécanique appliquée; on va même jusqu'à la conseiller, avec la plus haute compétence, pour les lo- comotives qui doivent être si légères et si simples, et pour qui la dé- pense du combustible a moins d'importance que l'usure et l'entretien. La seule raison du progrès relativement lent du système Compound dans les machines fixes ne doit être cherché que dans ce fait que, tandis qu'à la mer il *s'impose* comme une conséquence des hautes pressions, à terre, il n'est que préférable à celui des bonnes machines simples.

ÉTUDE SOMMAIRE DES PRINCIPAUX CAS DE LA MACHINE COMPOUND EN PARTANT DE LA LOI DE MARIOTTE (*).

Dans le cours de cette note, on emploiera partout les notations géné- rales suivantes :

V volume du grand cylindre ;
v volume du petit cylindre ;
R volume du réservoir ;
Δ détente totale ;
δ détente au petit cylindre ;
δ' détente au grand cylindre ;
$\lambda = \dfrac{V}{v}$ rapport des cylindres, d'où $\Delta = \lambda \delta$;

(*) Consulter à ce sujet de nombreux articles, la plupart de Rankine, parus dans *The Engineer*, 1868, 1870, 1872 et 1873, 2ᵉ volume.

p_1 pression absolue initiale du petit cylindre.

D'après la loi de Mariotte, puisque le volume de vapeur $\frac{v}{\delta}$ entré au petit cylindre sous la pression p_1 sort du grand sous une pression $\frac{p_1}{\Delta}$. avec un volume V, on a toujours

$$\frac{V}{\Delta} = \frac{v}{\delta}.$$

Compound sans réservoir. Manivelles à 0° ou 180°.
Sur le diagramme de la *fig.* 1, ABCD représente le travail de la vapeur dans le petit cylinde, DC est la courbe de contre-pression sur son piston.

Fig. 1.

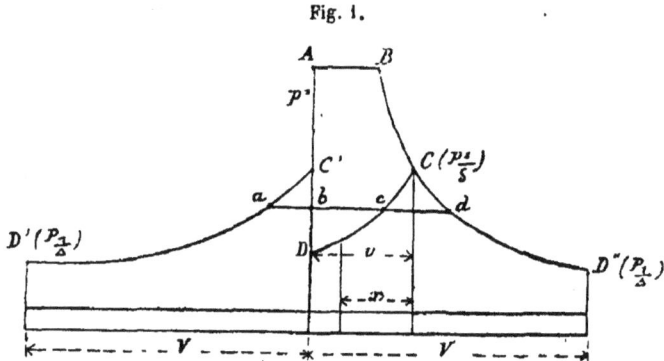

Le travail de la vapeur dans le grand cylindre est représenté par la courbe C'D'.

Il est facile de réunir en seul ces deux diagrammes. Si l'on prend sur une horizontale un poids d tel que

$$ab = cd,$$

d'où $ac = ba =$ volume total occupé par la vapeur au point a, il est facile de voir que a est le point (volume et pression) qui caractériserait la vapeur au même instant de la course, si elle travaillait dans le grand cylindre seulement, avec une même détente totale Δ que dans les deux.

En outre, le diagramme ABD''..., obtenu à l'aide d'une série de points d, est par construction égal à la somme des deux diagramme réels, d'où le théorème suivant :

Dans ce cas, *le travail de la vapeur est théoriquement le même que si elle se détendait de Δ dans le grand cylindre seulement*. Généralisant *l'énergie exercée par un fluide élastique pendant une série de variations de volume et de pression ne dépend que de ces variations ; elle est indépendante du nombre et de la disposition des cylindres dans lesquels s'opèrent ces changements* (art. 261).

Pour un point x de la course, le volume occupé par la vapeur est

$$v - x + x\frac{\text{V}}{v} = v + x\left(\frac{\text{V}}{v} - 1\right) = v + x\left(\frac{\Delta}{\delta} - 1\right);$$

d'où, pour la pression de la vapeur au point x de la course arrière du petit piston,

$$p_x = \frac{\dfrac{p_1}{\delta}v}{v + x\left(\dfrac{\Delta}{\delta} - 1\right)} = \frac{p_1 v}{v\delta + x(\Delta - \delta)};$$

pour $x = v$,

$$p_x = \frac{p_1}{\Delta}.$$

Le travail de ces machines se calcule comme celui d'une machine à un seul cylindre de volume V.

Compound à réservoir. Manivelles à 0° ou 180°. La va-

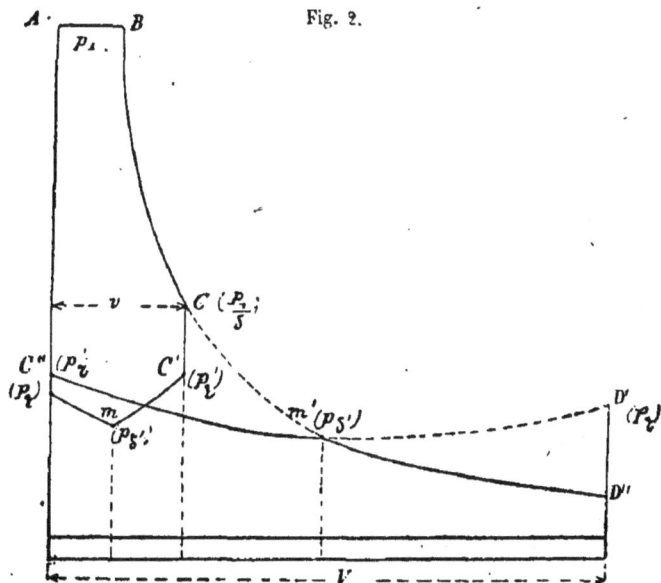

Fig. 2.

peur, après s'être détendue au petit cylindre jusqu'au fond de course en C, passe dans le réservoir du volume R; elle y trouve de la vapeur à la pression p_r du réservoir. Immédiatement avant l'admission au grand cylindre, ces deux vapeurs se mélangent et leur pression devient

$$p'_r = \frac{p_r \text{R} + \dfrac{p_1}{\delta}v}{v + \text{R}}.$$

Cette chute de pression est figurée en cc'.

L'admission s'ouvre alors au grand cylindre jusqu'à une fraction $\frac{1}{\delta'}$ de sa course. La vapeur se détend dans ce cylindre et dans le réservoir, suivant les courbes $c'm$ ou $c''m'$, selon qu'on considère les diagrammes réels ou combinés, elle passe du volume $v + R$ au volume

$$v + R + \frac{V}{\delta'} - \frac{v}{\delta'} = \frac{1}{\delta'}(V - v) + v + R,$$

et sa pression tombe de p'_r à

$$p_{\delta'} = \frac{v + p'_r R}{\frac{1}{\delta'}(V - v) + v + R} = \frac{p_r R + \frac{p_1}{\delta} v}{\frac{1}{\delta'}(V - v) + v + R}, \qquad (1)$$

en m et m'.

Cette vapeur, dès lors enfermée dans le grand cylindre, s'y détend jusqu'en D'' à la pression finale d'échappement

$$\frac{p_1}{\Delta}.$$

Elle occupe alors le volume V, ce qui donne, pour déterminer la pression initiale p_r au réservoir, l'équation

$$\frac{p_r R v + \frac{p_1}{\delta} v}{\frac{1}{\delta'}(V - v) + v + R} \times \frac{V}{\delta'} = \frac{p_1}{\Delta} V,$$

d'où, réduisant et remarquant que l'on a $\frac{v}{\delta} = \frac{V}{\Delta}$,

$$p_r = \frac{p_1}{\Delta}\left[(\delta' - 1)\frac{v}{R} + \delta'\right] = \frac{p_1}{\Delta}\left[\delta'\left(1 + \frac{v}{R}\right) - \frac{v}{R}\right]. \qquad (2)$$

Pendant que la vapeur du grand cylindre s'y détend de m' à D'', la vapeur du réservoir est comprimée de m' à $D' = p_r$ par le petit piston.

Pour éviter, théoriquement, la chute de pression cc', de $\frac{p_1}{\delta}$ à p'_r, il suffit d'égaler $\frac{p_1}{\delta}$ à p_r :

$$\frac{p_1}{\delta} = \frac{p_1}{\Delta}\left[\delta'\left(1 - \frac{v}{R}\right) - \frac{v}{R}\right], \qquad (3)$$

d'où, posant

$$\Delta = \lambda\delta,$$
$$R = nv,$$

on tire

$$\lambda = \frac{1}{n}(\delta' - 1) + \delta', \qquad (4)$$

$$\delta' = \frac{n\lambda + 1}{n + 1}. \qquad (5)$$

Pour $n = 1$, $R = v$

$$\delta' = \frac{\lambda + 1}{2}.$$

Dans ce cas, si λ est > 3, on a

$$\delta' > 2,$$

et l'on doit, pour éviter la chute de pression, détendre avant la moitié de la course au grand cylindre.

Pour $n = 0$

$$\delta' = 1,$$

on retombe sur le premier cas.

Le tableau suivant donne les valeurs de δ' correspondant à une chute de pression nulle pour les valeurs ordinaires de λ et de n :

$\lambda =$	1	2	3	4	5	6
δ' pour $\begin{cases} n = 1 \end{cases}$	1	1,5	2	$\frac{5}{2}$	3	3,5
$n = 2$	1	1,7	2,5	3	3,7	4,3
$n = 3$	1	1,8	2,6	3,2	4	4,8

Manivelles à 90°. Détente commençant après la demi-course dans le grand cylindre.

Équation des manivelles, *fig. 3*. OA étant la position de la manivelle de basse pression au commencement de la détente dans son cylindre, et la rotation se faisant dans le sens de la flèche, la manivelle de haute pression se trouve en OB de l'autre côté du diamètre, ce qui donne, pour déterminer leurs positions relatives, les équations suivantes :

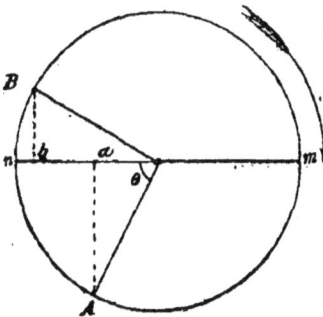

Fig. 3.

$$\frac{ma}{mn} = \frac{1}{\delta'} = \frac{1 + \cos\theta}{2},$$

d'où

$$\cos\theta = \frac{2 - \delta'}{\delta'},$$

$$\sin\theta = \sqrt{1 - \cos^2\theta} = \frac{2}{\delta'}\sqrt{\delta' - 1},$$

et en appelant m le rapport $\frac{nb}{nm}$,

$$m = \frac{1 - \sin\theta}{2} = \frac{\delta' - 2\sqrt{\delta' - 1}}{2\delta'}.$$

$1 - m$ est la fraction du volume du petit cylindre occupé par la vapeur qui agit sur le gros piston au commencement de la détente dans son cylindre :

$$1 - m = \frac{1}{2} + \frac{\sqrt{\delta' - 1}}{\delta'},$$

pour

$\frac{1}{\delta'} =$	0,5	0,55	0,6	0,65	0,7	0,75	0,8
$1 - m =$	1	0,998	0,990	0,977	0,958	0,933	0,9

Diagramme, fig. 4. La vapeur, après s'être détendue jusqu'au fond de course du petit piston en $c = \dfrac{p_1}{\delta}$, passe dans le réservoir et dans le

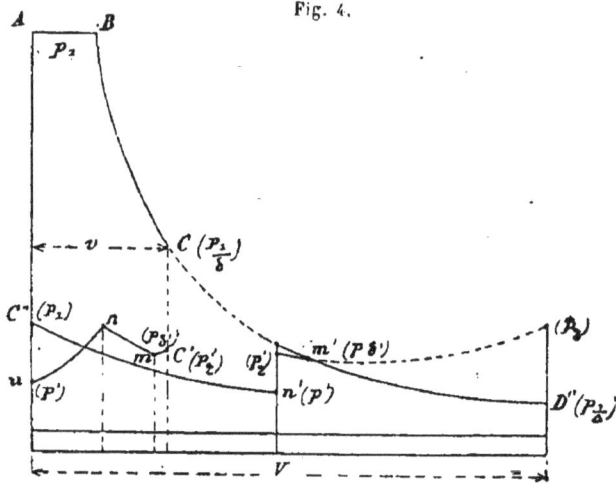

Fig. 4.

grand cylindre avec une chute de pression cc', et s'y détend jusqu'en m ou m'. Sa pression est

$$p_{\delta'} = \frac{p_1}{\Delta} \times \delta',$$

et son volume

$$R + v(1 - m).$$

La détente commence alors dans le grand cylindre de m' en D''.

Dans le réservoir, la vapeur emprisonnée est comprimée par le petit piston de m en n. Son volume au point n est devenu $R + \dfrac{v}{2}$; sa pression est la pression initiale dans le grand cylindre

$$P_1 = \frac{p_1 \delta'}{\Delta} \frac{R + v(1 - m)}{R + \dfrac{v}{2}}.$$

L'admission s'ouvre alors au grand cylindre; la vapeur, poussée par le petit piston, se détend, au réservoir suivant nu, au grand cylindre suivant $c''n'$ où sa pression est

$$p' = \frac{p_1 \delta'[R + v(1 - m)]}{\Delta\left(R + \dfrac{V}{2}\right)}.$$

En ce point n' milieu de la course du gros piston, la vapeur du petit cylindre s'échappe au réservoir et dans le grand cylindre; d'où une augmentation de pression de

$$p'_1 \text{ à } p'_r = \frac{p_1}{\Delta} \frac{\delta'R + \delta'v(1-m) + V}{v + R + \frac{V}{2}}$$

figurée par $n'p'_r$ sur le diagramme; et l'opération recommence.

On voit qu'avec cette disposition, il y a deux variations brusques de pression; une augmentation à la seconde admission au grand cylindre au milieu de la course de son piston; une chute à la fin de la course du petit piston. Pour éviter théoriquement cette chute, il suffit de disposer du volume R du réservoir de façon que l'on ait

$$\frac{p_1}{\delta} = \frac{p_1}{\Delta} \frac{\delta'[R + v(1-m)] + V}{v + R + \frac{V}{2}},$$

d'où, posant

$$\frac{V}{v} = \lambda,$$

$$R = nv,$$

on tire

$$\frac{\delta'}{\lambda} = \frac{1 + n + \frac{\lambda}{2}}{(1-m) + n + \frac{\lambda}{\delta'}},$$

d'où

$$\lambda = -n \pm \sqrt{2\delta'(1-m+n) + n^2}.$$

La racine positive, seule admissible, conduit au tableau suivant :

$\frac{1}{\delta'}$	0,5	0,55	0,6	0,65	0,7	0,75	0,8
λ pour $n = 1$	2	1,88	1,76	1,76	1,66	1,57	1,4
$n = 2$	2	1,86	1,86	1,86	1,64	1,53	1,36
$n = 3$	2	1,85	1,85	1,73	1,61	1,42	1,32

Manivelles à 90°. Fin de l'admission au grand cylindre avant la demi-course de son piston.

Équation des manivelles. La manivelle de basse pression se trouvant en OA (*fig.* 5) à la fin de l'admission au grand cylindre, celle de haute pression se trouve en OB du même côté du diamètre; d'où, avec les mêmes notations que précédemment et en suivant la même marche,

Fig. 5.

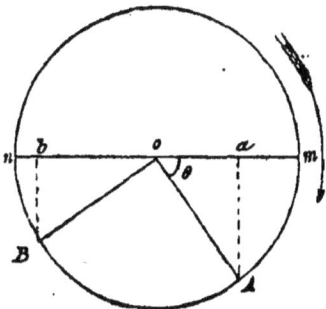

$$\frac{mb}{mn} = m = \frac{1 + \sin\theta}{2},$$

$$\frac{ma}{mn} = \frac{1}{\delta'} = \frac{1 - \cos\theta}{2},$$

$$1 - m = \frac{1}{2} - \frac{\sqrt{\delta' - 1}}{\delta'}.$$

pour $\dfrac{1}{\delta'} = 0,2$ 0,25 0,3 0,35 0,4 0,45

$1 - m = 0,1$ 0,067 0,043 0,023 0,088 0,003

Diagramme, fig. 6. La vapeur du petit cylidre passe, à la fin de sa course, dans le réservoir qui ne communique plus avec le grand cy-

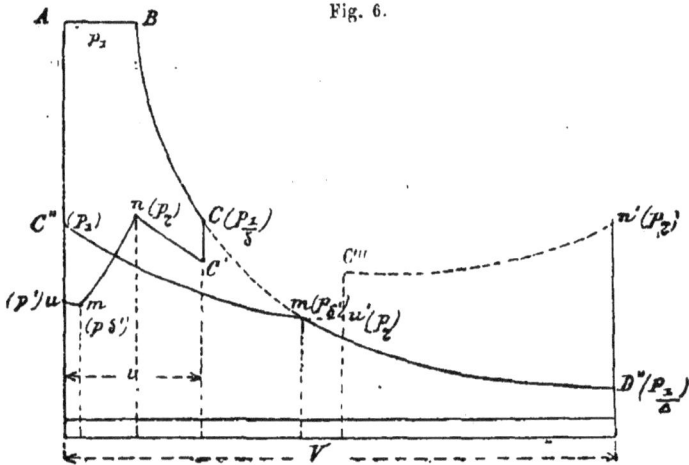

Fig. 6.

lindre, la pression tombe de $c = \dfrac{p_1}{\delta}$ à c', puis se relève de c' en n ou de c''' en n'. En ce point n, l'admission s'ouvre au grand cylindre jusqu'en $m = p_{\delta'}$, point où l'admission se ferme. Cette détente est représentée par les courbes nm ou $c''m'$. La vapeur du grand cylindre continue à s'y détendre de m' à $D'' = \dfrac{p_1}{\Delta}$; celle du réservoir, comprimée par le petit piston jusqu'à ce qu'il atteigne le fond de sa course, augmente sa pression suivant mu ou $m'u'$. En ce point $u.u'$, le petit cylindre laisse échapper sa vapeur à la pression $\dfrac{p_1}{\delta}$ dans le réservoir, dont la pression remonte brusquement de u à c ou de u' à c'''.

On voit que, dans ce cas aussi, la vapeur subit deux variations brusques de pression, une chute cc'; et un accroissement $u'c'''$; mais ce dernier est moins nuisible que l'accroissement $n'p'$, correspondant dans le diagramme précédent, parce qu'il n'a lieu qu'au commencement de la course du piston de basse pression; il n'influe pas sur la régularité de la détente au grand cylindre.

Il est facile de déterminer successivement chacun des points du diagramme :

En D'' Pression $\dfrac{p_1}{\Delta}$, $\Bigg\}$

Volume V; $\quad$ (1)

En m' Pression $\dfrac{p_1}{\Delta}\,\delta' = p_{\delta'}$,

Volume $R + v(1 - m)$;   (2)

Dans le réservoir :

En u' Volume R,

Pression $p'_r = \dfrac{p_1}{\Delta}\,\delta'\,\dfrac{R + v(1 - m)}{R}$;   (3)

En c''', petit cylindre et réservoir,

Volume $v + R$,

Pression $p'_r = \dfrac{\dfrac{p_1}{\Delta}\,\delta'[R + v(1 - m)] + v\,\dfrac{p_1}{\delta}}{v + R}$

$= \dfrac{p_1}{\Delta}\left[\dfrac{\delta'R + \delta'v(1 - m) + V}{v + R}\right];$ (4)

En c'' Volume $R + \dfrac{v}{2}$,

Pression $P_1 = p'_r\,\dfrac{v + R}{\dfrac{v}{2} + R}$

$= \dfrac{p_1}{\Delta}\,\dfrac{\delta'R + \delta'v(1 - m) + V}{\dfrac{v}{2} + R}.$ (5)

On éviterait théoriquement la chute de pression cc' en disposant du volume du réservoir de façon que l'on ait

$$p'_r = \frac{p_1}{\delta} = \frac{p_1}{\Delta}\,\frac{\delta'[R + v(1 - m)] + V}{v + u},$$

d'où, posant

$$V = \lambda v,$$
$$R = nv,$$

on tire

$$\lambda = \delta'\,\frac{(1 - m) + n}{n},$$

d'où le tableau suivant :

$\dfrac{1}{\delta'} =$	0,2	0,25	0,3	0,35	0,4	0,45
$n = 1$	5,5	4,27	3,48	2,92	2,52	2,228
λ pour $\quad n = 2$	5,25	4,13	3,41	2,89	2,51	2,225
$n = 3$	5,17	4,09	3,38	2,88	2,507	2,224

Condition que doivent remplir les rapports

$$\frac{V}{v} = \lambda \quad \text{et} \quad \frac{\log \delta}{\log \delta'} = \gamma'$$

pour que le travail du petit piston soit égal à celui du grand.

On suppose, pour simplifier, que la pression du réservoir reste constamment égale à $\frac{p_1}{\delta}$ pendant toute la course.

On a alors :

$$\text{Travail du petit piston} = \frac{v}{\delta}\, p_1(1 + \log \delta) - v\,\frac{p_1}{\delta} = vp_1 \log \delta.$$

$$\text{Travail du grand piston} = \frac{V}{\delta'}\,\frac{p_1}{\delta}\,(1 + \log \delta') - vP.$$

P étant la contre-pression.
Si l'on prend

$$P = \frac{p_1}{\Delta},$$

il vient pour ce travail

$$V\,\frac{p_1}{\Delta}\,(1 + \log \delta' - 1) = V\,\frac{p_1}{\Delta}\,\log \delta',$$

d'où

$$\frac{V}{v} = \frac{p_1}{\delta} \times \frac{\Delta}{p_1}\,\frac{\log \delta}{\log \delta'} = \delta'\,\frac{\log \delta}{\log \delta'} = \delta'\gamma'.$$

$$\text{Pour} \quad \delta = \delta', \quad \frac{V}{v} = \delta';$$

$$\text{pour} \quad \delta = 1, \quad V = \infty,$$

ce qui est évident d'après l'hypothèse

$$p_r = p_1.$$

Perte de travail par la chute de pression au réservoir quand on ouvre l'échappement du petit cylindre.
Lorsque l'admission se ferme au grand cylindre, il reste au réservoir un volume R de vapeur à la pression $p_{\delta'}$ qui se comprime derrière le petit piston jusqu'au milieu m' de la course du grand piston; puis se mélange à la vapeur du petit cylindre avec une variation $u'c'''$ (*fig.* 6) dans la pression [équation (4)]. La pression du mélange devient

$$p'_r = \frac{p_1}{\Delta}\left\{\frac{\delta'R + \delta'[v(1 - m)] + V}{v + R}\right\} = \frac{p_1}{\Delta}\,k.$$

On trouve facilement cette pression par le graphique. On voit en effet, d'après l'égalité des deux rectangles hachés en noir (*fig.* 7), que la construction suivante donne un point m' tel que

$$p'_r(v + R) = v\,\frac{p_1}{\delta} + Rp_1\delta'.$$

A partir de $c = \frac{p_1}{\delta}$, porter $cn = R$; puis, prenant $oo' = p_{\delta'}$, joindre *on*; le point m' où cette droite coupe l'ordonnée de c donne la pression p'_r.

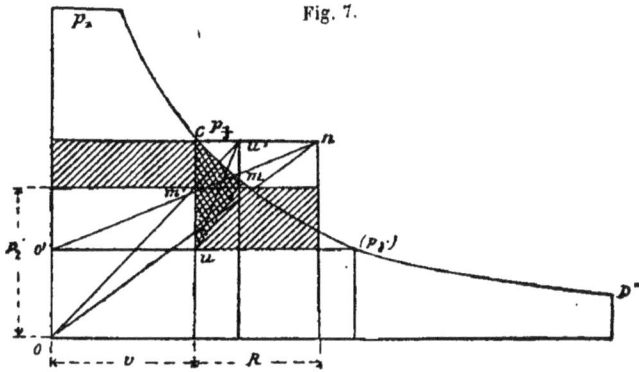

Fig. 7.

On peut imaginer que, pendant la variation de pression, les deux vapeurs restent distinctes : celle du réservoir se comprimant suivant *um*, celle du petit cylindre se détendant suivant *cm*. La différence de ces deux travaux est figurée par l'aire hachée en traits croisés: on peut la prendre comme sensiblement égale au triangle *cuu'*, dans lequel

$$uc = \frac{p_1}{\delta} - \frac{p_1}{\Delta} = p_1 \frac{\Delta - \delta}{\Delta\delta},$$

$$\frac{u'c}{2} = \frac{v}{2} \frac{\frac{p_1}{\delta} - p_1}{\delta} = \frac{v}{2}\left(\frac{\delta' - k}{\delta'}\right),$$

d'où

$$\text{triangle } cuu' = \frac{v}{2}\left(\frac{\delta' - k}{\delta'} \times \frac{\Delta - \delta}{\Delta}\right) p_1,$$

dans le cas particulier où $\delta' = 2$

$$1 - m = 0,$$

$$k = \frac{2R + V}{v + R},$$

$$\text{triangle} = \frac{v}{2}\left(\frac{1 + \frac{V}{2} - R}{v + R} \times \frac{\Delta - \delta}{\Delta}\right) p_1,$$

Ce triangle est considéré généralement comme un travail perdu, bien qu'une grande partie de l'énergie qu'il représente se retrouve en chaleur active dans la vapeur.

M. Mac-Farlane Gray indiqua le premier cette méthode en 1872. La *fig.* 8 en montre l'application à un diagramme réel.

Sur cette figure, on a

$$\frac{cu' \times cm}{2ol} = P.$$

Fig. 8.

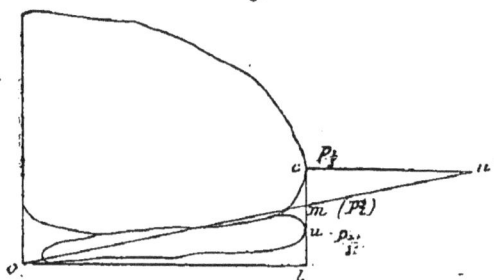

P étant la perte de pression par unité de surface sur le diagramme du petit cylindre.

Or

$$\frac{cu'}{ol} = \frac{cm}{ml},$$

d'où

$$P = \frac{cm \times cu}{2ml} \text{ sans tracé.}$$

Cette dépression est en réalité inévitable; on ne peut qu'essayer de l'amoindrir par le chauffage des parois et une bonne distribution. Il est également impossible de la calculer théoriquement avec exactitude.

p_1 étant la pression d'échappement au petit cylindre, p_2 la pression d'admission au grand cylindre, M. Ledieu donne, comme moyenne de résultats pratiques nombreux,

$$\frac{p_1 - p_2}{p_1} = 0,14 \text{ à } 0,17.$$

(*Les Nouvelles machines marines*, p. 314.)

Il faut remarquer que la théorie précédente, fondée sur la loi de Mariotte, ne donne ni la dépense de vapeur correspondante à un travail déterminé, ni le travail correspondant à une dépense de vapeur donnée aux cylindres, mais seulement une approximation grossière de la loi des pressions dans les cylindres.

Elle ne tient pas compte des variations de la compression et des effets de l'espace nuisible. Dans une Compound bien construite, l'influence de l'espace nuisible est, à détente égale et avec un même système de distribution, moins sensible que dans une machine simple, sans qu'on puisse formuler exactement dans quelles limites, à cause de l'influence complexe des parois. Il faut ici, comme dans les machines simples, chercher à réduire au minimum l'espace nuisible, en considérant comme tel le volume du réservoir en excès sur celui nécessaire pour annuler la chute de pression dans les conditions de détente moyenne de la machine.

Dans l'état actuel de la science, la théorie ne peut que guider vers de nouvelles améliorations, en expliquant les résultats d'expériences entreprises avec une méthode scientifique indiquée par elle, et qui seules

peuvent donner des chiffres absolus et certains. Ces sortes d'expérience s
ont été récemment exécutées avec un soin extrême par la *Société industrielle de Mulhouse*, sous la direction de M. Hirn, et doivent être aujourd'hui classiques parmi les mécaniciens français. Le gouvernemen t
américain a fait exécuter en 1874 et 1875 des expériences extrêment im-
pòrtantes sur les machines Compound et simples des navires *Bache,
Rush, Dexter* et *Gallatin,* par un bureau d'ingénieurs, sous la direction
de MM. *Loring* et *Emery.* Les résultats en sont encore peu connus chez
nous; j'ai cru intéressant de donner ici un résumé de ces expériences,
renvoyant pour les détails aux années 1875 et 1876 du *Journal of Franklin Institute.*

EXPÉRIENCES AMÉRICAINES.

Économie des hautes pressions. (Tableau, p. 728.)

Machines simples. Dexter. La comparaison des expériences 3 et 7
donne une économie d'eau de 20,7 p. 100 avec la marche à une pression initiale de $4^k,9$ sur la marche à une pression de 2^k8 avec un coefficient de détente peu différent. Dans une autre expérence à basse pression, mais avec un coefficient de détente réduit de façon à développer
la même puissance qu'avec la haute pression, l'économie en faveur de
la haute pression fut de 33,2 p. 100.

Machines Compound. Bache. Avec des pressions de $5^k,46$ et de $2^k,17$
l'économie en faveur de la haute pression s'éleva à 29,6 p. 100.

Rush. Les expériences 1, 2 et 3 ont donné pour la haute pression une
économie de 20 p. 100 environ.

Ces expériences sur des machines analogues, et sur la même machine
à des pressions différentes, donnent des résultats comparables. Le machine à basse pression du *Dallas* a donné des résultats toujours inférieurs à ceux des machines précédentes.

De ces expériences, M. Émery conclut que, pour les machines simples,
on ne gagne pas beaucoup à dépasser une pression initiale absolue de
$5^k,6$, et qu'on perdrait probablement, en frais d'entretien des machines
et des chaudières, l'économie de combustible qui résulterait de pressions
dépassant 7 kilog.

Pour les machines Compound, les organes fatiguent moins, mais il ne
serait pas non plus avantageux de dépasser à la mer la pression initiale
de 7 kilog. Les mécaniciens préfèrent, en général, marcher à basse
pression en diminuant la détente; les machines simples s'y prêtent bien,
mais il n'en est pas de même des Compound dont la puissance diminue
très-vite avec l'abaissement de la pression initiale et de la détente (expériences 1 et 3 du Rush). De là, obligation pour le mécanicien de marcher
à haute pression et d'en utiliser l'économie, quitte à peiner davantage
pour l'entretien de ses appareils. Cette considération expliquerait ce fait
qu'en pratique les machines Compound donnent sur les machines simples, toutes choses égales, une économie de 20 à 25 p. 100 en combustible, économie qu'on ne retrouve pas dans les expériences.

EXPÉRIENCES DE MM. LORING ET EMERY. *(Résultats principaux.)*

| | DIMENSIONS FONDAMENTALES DES APPAREILS (*). | | | | | | |
| | Bache | | Rush | | Dexter. | Dallas. | Galatin. |
	Petit cyl. d	Gr. cyl. D	Petit cyl. d	Gr. cyl. D			
Machines :	millim.	millim.	millim.	millim.	millim	millim.	millim.
Cylindre. Diamètre	405	630	610	964	662	912	890
Course l	610		687		912	760	760
Rapport $\frac{D^2}{d^2}$	2,40		2,50		»	»	»
Rapport des espaces nuisibles et des conduites au déplacement du piston.	0,048	0,040	0,06		0,054	0,08	0,066
Chaudières :							
Calorimètre t'	$0^{m^2},35$		$0^{m^2},72$		$0^{m^2},72$	$0^{m^2},73$	$0^{m^2},67$
Grille G	2 ,90		5 ,30		5 ,30	5 ,30	5 ,12
Chauffe S	88 ,25		146		146	157	168
$\frac{G}{t'}$	8 ,25		7 ,37		7 ,37	7 ,27	7 ,68
$\frac{S}{t'}$	252 ,02		203		203	215	251
$\frac{S}{G}$	30 ,5		27 ,58		27 ,58	29 ,63	32 ,6

| | Pression à la chaudière. | PRESSION moyenne aux cylindre. | | RAPPORT de détente. | | CONSOMMA-TION par cheval indiqué. | | PUISSANCE indiquée en chevaux de 75^{km}. | | Coefficients de comparaison. | Numéros des expériences. | Séries. |
		Petit.	Grand	Petit cyl.	To-tale.	Char-bon.	Eau.	Petit cyl.	Totale.			
***Bache* (Coumpond) :**	kil.	kil.	kil.			kil.	kil.	chev.	chev.			
Avec envel. (au g^d cyl.). .	5,60	2,97	1,01	2,86	6,97	1,007	9,2	54,6	99,2	1,105	6	I
Sans enveloppe	5,60	3,04	0,68	2,73	6,65	1,14	10,44	49,8	77	1,252	2	»
Grand cylindre seul :												
Avec enveloppe	5,67	»	2,59	»	5,11	1,13	10.5	»	116,05	1,260	16	»
Sans enveloppe	5,47	,»	2,26	»	5,32	1,30	11,92	»	89,14	1,430	13	»
***Rush* (Compound) :**												
Deux enveloppes	4,9	2,10	0,90	2,46	6,22	0,98	8,35	127,9	266,5	1,100	1	»
Id	2,8	0,33	0,86	»	4,03	1,15	10	63,7	168,5	1,200	3	»
***Galatin* (simple) :**												
Avec enveloppe	4,9	2,46		»	4,46	1,15	9,71	»	295,5	1,165	42	II
Sans enveloppe	4,9	2,26		»	4,46	1,30	11.04	»	268	1,342	33	»
Avec ennveloppe	2,8	1,40		»	6,08	1,22	10,43	»	123	1,252	14	»
Sans enveloppe	2,8	1,46		»	5,92	1,36	11,80	»	121,07	1,416	17	»
***Dexter* (simpe)**	4,9	2,41		»	4,46	1,28	10,9	»	186	1,308	3	I
Sans enveloppe	2,8	1,80		»	3,34	1,50	13,15	»	124,2	1,578	7	»
***Dallas* simple, sans envel.**	2,45	1,30		»	5,07	1,41	12,10	»	138	1,440	10	»

(*) Pour des dessins détaillés de ces machines, voir *Engineering* 1er, 15 et 29 juin et 20 juillet 1877.

Rôle de l'enveloppe.

1° *Machines simples.* L'enveloppe de vapeur a donné, avec de la vapeur prise aux chaudières, les résultats suivants :

Au grand cylindre de la Bache. — Exp. 16 et 13. — Économie 12 p. 100 environ.

Machines du Gallatin :

Avec une pression aux chaudières de 4ᵏ,9 (exp. 42 et 33). . .   8,6 p. 100
Avec une pression de 2ᵏ,8 (exp. 14 et 17). . . . .   11,6 —

2° *Machines Compound.* Au grand cylindre de la Compound de la Bache (expériences 6 et 2) l'enveloppe a donné une économie de 11 p. 100 environ.

On n'a pas mesuré directement l'économie de l'enveloppe au petit cylindre des machines Compound essayées, mais il est probable que pour des machines du type de la *Bache*, c'est-à-dire à cylindres superposés et isolés, l'économie que procure son emploi est très-faible. En effet, les auteurs des expériences ne l'estiment pas à plus de 0,5 p. 100. L'effet de cette enveloppe doit être plus considérable sur les machines dont les cylindres se touchent, parce qu'elle contribue à échauffer la vapeur de l'espace nuisible.

Mode d'action. D'après M. Emery, l'enveloppe agirait surtout en surchauffant la vapeur aux approches de ses parois et en la maintenant sèche même pendant l'échappement. La chaleur spécifique de cette vapeur est moitié environ de celle de l'eau. En outre, l'eau qui, après s'être déposée sur les parois du cylindre, s'évapore ensuite au condenseur, lui enlève, à poids égal, une quantité de chaleur près de deux mille fois supérieure à celle de la vapeur saturée sèche à cette pression. A ce point de vue, l'enveloppe agirait avec d'autant plus d'efficacité que sa surface serait plus considérable par rapport au volume du cylindre, c'est-à-dire qu'il faudrait donner aux cylindres enveloppés de longues courses, et à ceux qui ne le sont pas, de gros diamètres.

Détente la plus économique. Le chiffre qui dans un cas donné représente le degré de détente le plus économique dépend principalement de la pression initiale, mais aussi de circonstances particulières au mécanisme et du degré d'humidité de la vapeur. On ne peut donner à ce sujet aucune règle générale très-précise.

Des expériences en question, M. Emery a conclu que l'on pouvait, pour des machines analogues à celles qu'il a expérimentées, trouver ce degré de détente Δ par la formule empirique suivante

$$\Delta = (100p + 249)0,0065,$$

dans laquelle p est la pression absolue initiale en kilogrammes par centimètre carré, d'où le tableau suivant :

$p =$	1ᵏ	2	3	4	5	6	7	8	9
$\Delta =$	2,3	3	3,6	4,3	4,9	5,6	6,2	6,9	7,5

que l'on peut employer comme approximation grossière avec les restrictions suivantes : que ses chiffres, presque exacts pour des machines simples bien construites et de grandes dimensions, donnent des détentes trop prolongées pour de petites machines simples et un peu trop faibles pour des machines Compound de première classe. Cette règle donne des détentes trop faibles aux pressions initiales inférieures à 1 kilogramme.

De là résulte également ce fait, qu'en général, et dans les machines marines simples surtout, on pousse la détente trop loin, jusqu'à des pressions moyennes de $1^k,40$ et même moins. Les meilleurs résultats des expériences ont été obtenues avec des pressions moyennes de $2^k,10$ à $2^k,5$, partant de pressions initiales de 5 à $5^k,6$. On fait donc, en général, les cylindres des machines simples environ un tiers trop grands. En les réduisant, on arriverait probablement, avec une marche plus économique et moins fatigante, à n'y brûler que 15 p. 100 de charbon en plus que dans les meilleures Compound.

Avantages du système Compound. La Compound du *Rush*, à deux cylindres, a donné des résultats légèrement supérieurs à ceux de la machine Compound du steamer *Bache* plus petite et de construction différente. La colonne des coefficients de comparaison montre nettement son économie sur les machines à marche simple des autres navires.

La comparaison des expériences 1 et 16 indique, en faveur de la machine du steamer *Bache* en marche Compound, une économie de 12 p. 100 environ sur sa consommation d'eau en marche simple, avec la même pression initiale et une détente plus faible. Dans une autre expérience, avec une détente en marche simple de 8,57, sa consommation s'éleva jusqu'à $11^k,9$ d'eau par cheval indiqué et par heure; ce qui donne, pour la marche Compound précédente, une économie de 15,5 p. 100. L'expérience a confirmé ce fait, que la théorie indique, d'une augmentation dans l'économie du système Compound à mesure que l'on marche à plus grande détente.

La comparaison des expériences 6 et 13 donne une économie de 22,5 p. 100 en faveur de la marche en Compound avec enveloppe sur la marche simple sans enveloppe. Les expériences 1 et 3, avec la Compound du *Rush* et la machine simple du *Dexter* sans enveloppe, donnent à la Compound une supériorité de 22,9 p. 100, pratiquement la même que pour la Compound précédente.

Surchauffe. Aux grandes détentes les diagrammes de la *Bache* indiquent une liquéfaction sur les parois du cylindre telle qu'on peut affirmer que la surchauffe aurait permis d'y augmenter la détente; mais, en général, la surchauffe ne changerait rien au degré de détente le plus économique correspondant à une pression initiale donnée. Elle agirait économiquement à la manière d'une chemise de vapeur dont elle réduirait les avantages.

Diagrammes d'indicateur. La vapeur des machines des navires *Dexter* et *Dallas* légèrement surchauffée a fourni des diagrammes se rapprochant plus de la loi de Mariotte que ceux de la *Bache*.

Avec la machine de la *Bache* sans enveloppe, la courbe du diagramme au bas du grand cylindre, d'abord au-dessous de la loi de Mariotte, la surmontait ensuite par la réévaporation de l'eau condensée à l'admission. Dans les diagrammes pris en haut du cylindre, cette réévaporation dépassait la loi de Mariotte pendant toute la détente. Avec une enveloppe aux deux bouts du cylindre, les diagrammes dépassèrent presque toujours la loi de Mariotte; de même au petit cylindre qui n'avait pas d'enveloppe. On remarqua qu'au degré de détente qui fut reconnu le plus économique, les courbes du fond du grand cylindre coïncidèrent presque avec la loi de Mariotte.

Tableau du professeur J. H. Cotterill (p. 732).

A la fin de son remarquable *Traité de la machine à vapeur*, le professeur J. Cotterill a donné une analyse très-complète des expériences américaines. C'est à cet ouvrage que j'emprunte le tableau suivant dont les résultats sont du plus grand intérêt.

Si l'on appelle :

h_0 la chaleur du kilogramme d'eau à la température d'alimentation, en calories;

h_1 la chaleur du kilogramme d'eau à la pression de la chaudière;

P_m, p_m la pression moyenne effective

P_2, p_2 — à la fin de la détente $\Big\}$ par mètre P ou par centimètre carré p;

P_3, p_3 la contre-pression

v_2 le volume spécifique

τ_2 la température absolue $\Big\}$ de la vapeur à l'échappement;

L_2 la chaleur latente

x_2 l'humidité

$\tau_1 \Big\}$ les températures absolues de la vapeur aux pressions d'admission

$\tau_3 \Big\}$ et d'échappement;

Q_1 la chaleur totale du kilogramme de vapeur sèche à τ_1,

on aura, à très-peu près, pour les différentes données du tableau, en valeurs absolues par kilogramme de vapeur :

Perte à l'échappement :

$$Q_e = Q_1 - [(h_1 - h_0 + x_2 L_2 + P_m - P_2)v_2];$$

Perte par détente incomplète :

$$Q_\delta = \frac{\tau_2 - \tau_1}{\tau_3} x_2 L_2 - (P_2 - P_1)v_2;$$

Perte par échauffement de l'eau d'alimentation :

$$Q_a = \tau_1 \log \text{nép} \frac{\tau_1}{\tau_3} - \frac{\tau_3}{\tau_1}(\tau_1 - \tau_3);$$

Perte par l'excès de la contre-pression p_3 sur la pression p'_3 correspondante à τ_3 :

$$Q_{p_3} = \frac{p_3 - p'_3}{p_2} P_2 v_2.$$

DISTRIBUTION DE LA CHALEUR DANS LES MACHINES MARINES ESSAYÉES PAR LA COMMISSION AMÉRICAINE EN 1874-1875, D'APRÈS M. J. COTTERILL.

N°	MACHINES.	CARACTÉRISTIQUES principales.			CHALEUR UTILE dépensée en tant p. 100 de la chaleur totale.			PERTE DE CHALEUR en tant p. 100 de la chaleur totale.					DÉPENSE TOTALE par cheval indiqué	
		Pression de la chaudière en kilog. par centim. carré.	Vitesse au piston en mètres par seconde.	Rapport de détente r	Travail utile Q (Rendement absolu.)	Perte dans une machine parfaite.	Chaleur utilisée. (Rendement par rapport à une machine parfaite entre les mêmes tempér.)	Perte à l'échappement Q_σ	Perte par détente incomplète Q_ε	Perte par échauffement de l'eau d'alimentation Q_α	Perte par excès de contre-pression Q_{P_3}	Autres pertes.	Kilogrammes de vapeur par heure.	Calories par minute.
	Bache.	kil.	mèt.										kil.	calor.
1	Compound. Gros cylindre enveloppé, travaillant en marche simple sans enveloppe.	6,7	0,75	11 3/4	6,7	20,6	27,3	»	»	»	»	»	15,9	157
2		6,6	0,90	7 3/8	8	24,4	32,4	37,6	11,2	7,9	2,6	8,3	13,4	134
3		6,5	0,94	5 1/4	8,9	27,1	36	27,2	18	7,9	2,4	8,5	11,9	120
4	Marche simple sans enveloppe.	6,7	0,80	12 1/2	8,6	24,4	33	32	12,8	8	1,8	12,4	12,3	124
5		6,72	0,925	8 1/2	9,7	27,5	37,2	27,9	13,4	8,1	1,5	11,9	10,9	110
6		6,57	1,075	5	10,2	29,2	39,4	21,9	21,2	8,2	2,1	7,2	10,45	105
7		3,2	0,905	2 1/8	7,1	30,6	37,7	24,4	22,9	6,4	3,3	5,3	15,4	126
8	Marche Compound sans enveloppe.	6,74	0,775	17	9,2	24,3	33,5	15,4	13,6	7,6	»	23,9	11,4	116
9		6,72	0,965	9 1/4	11	28,2	39,2	13,5	18,5	8	2,5	18,3	10,5	98
10		6,65	1,065	7	11,3	28,8	40,1	16,4	19,1	8,2	2,5	13,7	10,4	95
11		6,65	1,125	5 3/5	11,2	28,4	39,6	15,6	19,6	8,2	2,5	14,5	9,25	96
12		6,57	1,210	4 1/4	11,1	30,8	41,9	15	19,9	8	1,9	13,3	9,60	97
	Dallas.													
13	Simple sans enveloppe.	3,5	1,215	5	9,4	33,1	42,5	20,4	18,1	6,8	3,2	9	12,1	114
14		3,5	1,425	3 7/8	9,4	33,1	42,5	16,3	20,8	6,8	3,6	10	12,2	114
15		3,25	1,540	3 1/8	9,4	35,8	45,2	17,8	21,1	6,2	4,3	4,4	12	114
16		3,4	1,610	2 7/8	8,9	33,5	42,4	19,6	21,9	6,7	3,8	5,7	13	120
17		2,95	1,585	2 3/8	8,3	33	41,3	19,4	23,9	6,4	4	5	14	124
18	Simple sans enveloppe (on a négligé les fuites).	5,8	1,70	4 1/2	10,4	29,7	40,1	21	19,1	8,2	3,9	7,7	10,2	103
19		5,75	1,83	3 7/8	10,4	30	40,4	20	21,1	8,2	3,9	6,4	10,3	103
20		5,7	2,185	2 5/8	10,3	30,6	40,9	13,7	25,2	8	5,2	7	10,5	104
21		3,9	1,525	3 1/4	8,6	27,1	35,7	24,9	20,2	7,4	4,5	7,3	12,5	125
22		4	1,820	2	7,8	26,4	34,2	26,4	21,7	7,3	4,4	6	13,7	137
	Rush.													
23	Compound. Enveloppe aux deux cylindres.	5,9	1,60	6 1/4	12,7	36,3	49	»	»	»	»	»	9,35	84
24		3,6	1,25	4	10,6	36,3	46,9	»	»	»	»	»	10	101
	Gallatin.													
25	Simple avec enveloppe.	6,	1,275	7,3	11,4	32,3	43,7	15,2	20,1	7,8	3,1	10,1	9,30	94
26		5,75	1,715	4,9	10,9	32,9	43,8	12,9	25,4	7,8	3,1	7	9,75	100
27		4,25	1,105	6,1	10,2	30,1	40,3	13,9	22,7	7,2	5,	10,9	10,4	105
28		4,06	1,150	5,1	9,8	30,1	40,9	20,3	17,8	6,7	3,7	10,6	10,9	109
29		3,9	1,230	3,7	10,2	33,8	44	18,3	23,7	7,1	3,9	4	10,5	105
30		3,65	1,453	2,2	9	32,8	41,8	13,8	27,1	6,7	3,5	7,1	12	119
31		2,1	1,030	2,0	7,2	31,9	39,1	16,9	26,6	5,8	4,3	7,3	15,1	123
32		2,0	1,060	1,5	6,4	30,4	36,8	17,7	25,6	5,4	4,7	9,8	16,9	166
33	Simple sans enveloppe.	5,9	1,305	7,8	9,4	26,6	36	22,8	19,5	8,5	3,4	9,8	11,6	114
34		5,8	1,50	5,	10,6	29,7	40,3	17,8	24,4	8,3	2	7,2	9,9	100
35		4,2	1,075	5,9	9,	26,9	35,9	24,5	14,7	7,7	3	14,2	11,5	119
36		4,06	1,27	3,7	9,8	30,3	40,1	17,7	24,9	7,5	2	7,8	10,9	109
37		3,7	1,39	3,2	8,6	35,4	44	16,	22	6,3	2	9,7	12,7	124
38		2,2	1,00	2,	5,9	25,8	31,7	31,5	21,9	5,9	4,1	4,9	18,3	180
39		1,9	1,02	1,5	5,4	25,8	31,2	28,7	24,8	5,4	4	5,9	20	197
40	Enveloppe avec vapeur, à une pression de 6^k.	2,05	1,025	1,8	6,9	27,5	34,4	15	31,9	5,8	4,1	8,8	15,4	154
41		2,1	1,055	1,5	7,1	29,5	36,6	13,6	33,7	5,7	4,4	6	15,9	151
42	Id., sans vide avec enveloppe.	5,9	1,235	4,1	9,9	64,1	74	4	1,8	4,7	»	15,5	11,4	108
43		5,75	1,330	3,5	9,4	61,7	71,1	6,7	2,7	4,5	»	15	12,4	114
44	Sans vide et sans enveloppe.	5,9	1,165	4,4	8,6	55,4	64	13,4	1,3	4,9	»	16,2	13,6	125
45		5,7	1,29	3,5	8,8	58,1	66,9	10,1	3,8	4,5	»	14,7	13,3	122
	Hele.													
46	Compound. Gros cyl. envel.	4,9	1,40	2,2	11,1	28	39,1	14	14,4	7,7	5,7	19,1	9,3	94

La quantité x_2 d'eau renfermée dans la vapeur à la fin de la course est, à très-peu près :

$$x_2 = \frac{C\left(1 - \frac{\varepsilon}{1+\varepsilon}\right)\frac{p_\varepsilon}{p_2}}{Wv_2}$$

W étant le poids de vapeur dépensé par course;
C le volume du cylindre, y compris les espaces nuisibles;
ε l'espace nuisible;
p_ε la compression.

Les autres pertes sont dues à l'espace nuisible, au laminage, et à l'action des parois fournissant de la chaleur pendant la détente.

On peut transformer les chiffres en tant pour cent du tableau en quantités absolues, soit en unités thermiques par cheval indiqué et par minute, en les multipliant par la dépense totale de calories donnée dans la dernière colonne à droite; soit en kilogrammes de vapeur par cheval indiqué et par heure en opérant de même avec les chiffres de l'avant-dernière colonne. [Voir Cotterill, *The Steam Engine*, Londres 1878, (Spon).]

Ouvrages à consulter, outre ceux déjà cités, au sujet des machines Compound :

Rankine, Barnes, Napier : *On Shipbuilding*, etc.; *Mémoire of John Elder* (Blackwood, 1872).

Perkins : *Institution of Mechanical Engineers*, 1877; *On Steam boilers and Engines for very high Pressures.*

O. Hallower : Influence de la compression et de l'espace nuisible sur la dépense de vapeur dans les machinee de Woolf (*Bulletin de la Société industrielle de Mulhouse*, avril 1875).

D. K. Clarck : *Rules Tables and data* (Blackie, London).

Mac Dougall : *Relative merits of the Simple and Compound Engines* (Spon), London.

Institution of naval architects. 1870; *On Compound marine Engines*, by A. Rigg. 1871; *On the improved Compound Engines as fitted on board H. M. J. Britton*, by G. B. Rennie. 1876; *On some trials of simple and Compound Engines*, by R. Sennet.

Institution of civil Engineers, 13 november 1877; *The Progress of steam shipping during the last quarter of century*, by J. A. Holt.

The New-York Society of practical Engineers, 1er mars 1870; *On Compound Engines*, by C. E. Emery.

Ueber Compound maschinen, von Carl Oertling. (Kiel, Lepsius und Fischer.)

Étude sur les machines Compound, par A. de Fréminville. (Paris, A. Bertrand.)

Les *Nouvelles méthodes de navigation*, par Ledieu. (Paris, Dunod.)

Note 364. **Vitesses. du piston.** La tendance à substituer aux grandes machines de petits moteurs à vitesses considérables n'est pas toujours justifiée. A force égale, la petite machine aura l'avantage en volume et en prix. Ses frottements seront, en général, un peu moindres, surtout à l'origine ; mais sa construction sera beaucoup plus difficile. Elle s'usera beaucoup plus vite ; son entretien sera très-dispendieux.

La vitesse du piston ne doit pas dépasser une limite qui ne peut se fixer, pour chaque type, que par la pratique, mais qui dépend de l'intensité des forces d'inertie mises en jeu. A puissance égale, ces forces d'inertie sont proportionnelles au produit $\omega^2 r_1$ de la vitesse linéaire maxima du piston par la vitesse angulaire du volant (Callon, *Cours de Machines*, n° 709).

C'est sur les locomotives qu'on rencontre les plus grandes vitesses de piston. Certaines machines atteignent 6 mètres par seconde avec des vitesses de 90 kilomètres à l'heure. Les machines marines, qui y sont forcées par des questions de poids et de volume, atteignent jusqu'à $3^m,50$; en moyenne, on n'y dépasse guère $2^m,50$. Pour les machines à balancier, la vitesse de 1 mètre environ fixée par Watt est presque partout conservée. Dans les machines industrielles, à moins de cas particuliers, on n'a pas intérêt à dépasser 2 mètres environ. Les locomobiles ne dépassent guère en moyenne $1^m,50$.

Avantages des longues courses. A l'avantage principal signalé par Rankine, on peut ajouter les trois suivants :

Réduction de l'espace nuisible en raison inverse de la surface du piston, pourvu que le cylindre soit muni de deux tiroirs, un à chaque bout, disposition qu'on devrait toujours prendre avec les longues courses pour réduire le volume des conduites.

Plus grande efficacité de la chemise de vapeur dont la surface augmente relativement au volume du cylindre.

Une plus grande précision dans la marche de la distribution à une détente donnée, correspondant à une course plus longue du piston.

Note 365. **Condenseurs d'injection.** On a proposé diverses modifications de ces condenseurs. Les plus intéressantes sont celles qui suppriment la pompe à air (*Letoret*, *Hollmann*, etc.), ou remplaçant son action par une condensation spéciale de vapeur venant directement de la chaudière (condenseur Mac Carter, *Institution of mechanical Engineers*, 1876) ; ce dernier condenseur a l'avantage de pouvoir s'appliquer facilement à plusieurs machines à la fois.

L'*éjecteur condenseur*, inventé par M. Morton, est une pompe à jet de vapeur, dont la vapeur, fournie par l'échappement, lui arrive par une ou deux entrées, suivant le nombre des cylindres. L'appareil est mis en train par un jet central de la chaudière. D'après une expérience de Rankine, cet appareil a donné sur la pompe à air une économie de 4 à 5

p. 100. Sa simplicité est très-grande, et il est probable qu'il se répandra de plus en plus dans l'industrie, surtout pour transformer une machine

Fig. 9. — Éjecteur-condenseur Morton.

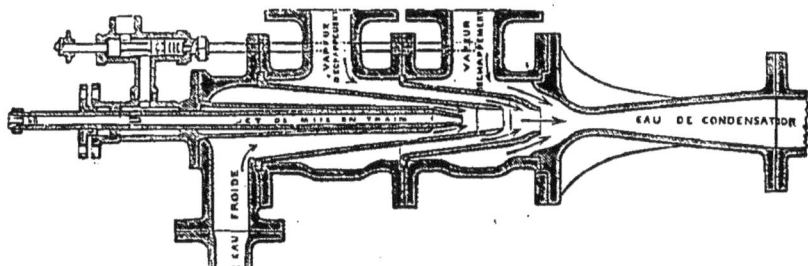

sans condensation. (Voir *Transactions of the institution of Engineers in Scotland*, 1868-69.) Un extrait du mémoire de Rankine a paru traduit chez Dunod, 1869.

Dans tout condenseur d'injection, il faut avoir soin de diviser le jet d'eau froide le plus possible, de le diffuser dans la vapeur, de façon que sa condensation soit instantanée.

Comme dimension des condenseurs, on peut prendre en moyenne *un hectolitre par kilogramme de vapeur dépensée par double course du piston*, avec une machine à double effet (Callon, *Cours de machines*, n° 689).

NOTE 367. **Pompe à air**. Cette pompe ne devrait pas avoir à pomper de vapeur non condensée (Zeuner), en réalité il en reste toujours un peu.

La pompe à double effet est préférable comme moins encombrante et parce qu'elle marche en concordance avec le piston de la machine.

Dans les condenseurs d'injection, il faut compter 25 à 30 kilog. d'eau à la température ordinaire par kilog. de vapeur dépensée, et une capacité de 140 à 150 litres pour la pompe à air à simple effet. Avec une pompe à double effet, ce volume est diminué de moitié.

Les clapets des pompes à air ont toujours une tendance à travailler brusquement à cause de l'air mélangé. Avec le condenseur d'injection, il convient que la vitesse de leur piston ne dépasse pas 1^m,50 à 2 mètres par seconde.

Avec le condenseur à surface, on pourrait réduire beaucoup le volume de la pompe à air parce qu'elle n'a plus à pomper que l'air de l'eau de condensation et des fuites. Néanmoins, dans la marine, on lui donne le même volume qu'avec l'injection pour parer à toutes les éventualités. La vitesse de leur piston atteint jusqu'à 3^m,37; en moyenne, il ne faudrait pas dépasser 2^m,50 environ. La pompe à air sert quelquefois de pompe de condensation (condenseur Jœssel), mais sans avantages sérieux. Rankine (*Rules and Tables*) indique comme volume de la pompe à air à simple effet, $\frac{1}{8}$ de celui du cylindre.

NOTE 368. **Condenseurs à surfaces.** Théoriquement, la condensation s'y produirait comme dans un condenseur d'injection (Zeuner *Théorie mécanique*, p. 380), mais les tubes n'ont pas une conductibilité parfaite et s'encrassent toujours malgré les lavages au jet de vapeur ou au carbonate de soude.

En réalité, il faut compter sur au moins 40 à 45 kilogrammes d'eau de circulation par kilogramme de vapeur condensée, 60 kilogrammes même dans les mers chaudes.

La surface condensante est en relation directe avec la surface de chauffe des chaudières (Callon, *Cours de machines*, n° 691). Elle varie de $0^{m2},90$ à $0^{m2},55$ par mètre carré de surface de chauffe : à terre, on peut prendre $0^{m2},80$ environ; à la mer on tend à diminuer ce rapport, on aime mieux augmenter la masse de l'eau de circulation que celle du condenseur.

Le condenseur à surfaces, indispensable à la mer, ne doit être employé à terre que si l'on n'a pas d'eau d'alimentation pure à sa disposition; c'est en réalité un appareil moins efficace et plus coûteux que le condenseur d'injection.

Les pompes de circulation sont parfois indépendantes de la machine; dans ce cas il vaut mieux employer des pompes centrifuges simples ou accouplées que des pompes à piston. Ce système tend à se généraliser dans la marine (Messageries maritimes; H. M. S. *Rover*, etc.). La pompe à air elle-même est quelquefois mise en mouvement par une Compound séparée greffée sur la grande machine (machine américaine). On trouvera des données complètes sur ces appareils dans les ouvrages récents de M. Ledieu, *les Nouvelles machines marines*, et de *N. P. Burgh, On Condensation of Steam*. La disposition, généralement préférée aujourd'hui, consiste à placer les tubes horizontalement (note 222) en plusieurs séries parcourues successivement en sens contraires par l'eau de circulation et la vapeur; c'est ordinairement l'eau qui circule dans les tubes. On peut prendre pour surface condensante par cheval indiqué $0^{m2},23$ à $0^{m2},46$ environ. (Rankine, *Rules and tables*, p. 298). Voir aussi *Revue maritime et coloniale*, mai 1874, le mémoire de M. Audenet.

NOTE 380 **Machines de Cornouailles.** A consulter : *Proceedings of Civil Engineers*, vol. XXIII ; *Duty of the Cornish pumping Engine by W. Worshead* et *The Cornish pumping Engine by Wickstead (Spon)*.

NOTE 385. **Résistance de la locomotive et des trains.**
Rankine a proposé (*Civil Engineering*, p. 646) la formule suivante :

$$R = 1,33(T + E)\,[0,002\,68\,(1 + 0,0003V^2) + i],$$

47

dans laquelle on a :

R résistance en tonnes du train et de la machine en alignement droit
de rampe i ;

T poids du train
E poids de la machine $\Big\}$ en tonnes ;

V vitesse en kilomètres à l'heure.

La résistance totale de la machine *seule* varie beaucoup suivant les
types et leur entretien ; on peut prendre en moyenne, comme approximation grossière :

	Résistance par tonne de la machine.
Machine à roues libres.	9 kil.
— à 4 roues couplées.	11
— à 6 —	15
— à 8 —	25

Cette résistance est presque toujours *plus des huit dixièmes* de celle du
train remorqué ; elle se décompose en deux parties : celle du *véhicule*
et celle du *mécanisme* (pistons, tiroirs, accouplement). La résistance du
véhicule est toujours, surtout avec les machines à petites roues, supérieure à celle du wagon de même poids ; celle des organes varie peu avec
la pression. Sa grandeur dépend surtout du frottement du tiroir qui
absorbe en moyenne 30 à 35 chevaux, et de l'usure inégale des bandages
réagissant sur l'accouplement. Ces résistances, par tonne de la machine,
se répartissent à peu près comme il suit :

	Véhicule.	Organes.
Machines à roues libres.	3^k,5	3^k,5
— à 4 roues couplées.	6	5
— à 6 —	6 ,5	8 ,5
— à 8 —	11	14

Le rendement du mécanisme :

$$\frac{\text{travail sur l'arbre}}{\text{travail sur les pistons}}$$

peut s'élever jusqu'à 0,90 pour les machines à roues libres ; il est prudent de ne compter en moyenne que sur 0,70 environ.

Quant à la puissance disponible sur les roues motrices par mètre
carré de chauffe totale dans les conditions ordinaires de la pratique, elle
est très-variable et toujours plus considérable dans les machines à
grandes vitesses, parce que leur mécanisme est plus simple, que la vapeur y est plus détendue, la chauffe plus puissante (grands foyers, tubes
courts) et surtout parce que l'usage est d'y activer davantage l'évaporation. On peut compter, en pratique, à peu près sur les chiffres suivants :

Express. . . . . 4 chevaux par mètre carré de chauffe.
6 roues couplées. 3   —   —
8   —   2   —   —

La contre-vapeur. Si l'on renverse brusquement la distribution d'une machine, elle continuera à marcher dans le même sens, son tiroir fonctionnant comme pour une distribution correspondante à la marche inverse. On dit alors que la machine marche à contre-vapeur.

Il est facile de voir que dans une locomotive lancée à contre-vapeur en marche avant, il se passe au cylindre, sur chacune des faces du piston, les phénomènes suivants, en partant du fond de course.

1° Sur la face avant :

a, admission très-courte de la vapeur pendant que le tiroir parcourt l'avance à l'admission;

d, détente de cette vapeur pendant que le tiroir parcourt la somme des recouvrements intérieurs et extérieurs;

e, communication avec l'atmosphère et aspiration des gaz de la boîte à fumée, à cause de la faible pression de la vapeur détendue.

2° Face arrière :

a', refoulement dans l'atmosphère pendant un temps très-court, jusqu'à ce que le tiroir soit revenu à sa position moyenne, du mélange de gaz et de vapeur à la pression atmosphérique formé pendant la période e;

d', compression de ce mélange pendant que le tiroir parcourt ses recouvrements;

e', refoulement de ce mélange dans la chaudière.

Le travail résistant, beaucoup plus considérable sur la face arrière, permet d'utiliser la contre-vapeur comme un frein. Malgré sa puissance, elle ne peut arrêter un train qu'après un temps assez long pour qu'il faille éviter à tout prix l'accroissement de température au cylindre, par suite de l'admission du gaz de la boîte à fumée et de la compression en d'. Il faut éviter ainsi les entrées d'air dans la chaudière, à cause de l'injecteur notamment.

On y arrive en injectant sous les tiroirs un mélange de vapeur et d'eau à proportions variables au gré du mécanicien et provenant de la chaudière. La vapeur crée dans le tuyau d'échappement une atmosphère artificielle sans impuretés solides pouvant rayer les organes de la machine, s'échauffant moins par la compression, et qui peut être refoulée sans danger dans la chaudière. L'eau absorbe la chaleur de la compression en e'; en se vaporisant, elle peut remplir en même temps le rôle du jet de vapeur, c'est pourquoi on l'emploie seule sur plusieurs réseaux, notamment sur celui d'Orléans.

La contre-vapeur est plus efficace aux vitesses moyennes qu'aux grandes vitesses du piston à l'origine de l'admission inverse e'. On ne peut jamais compter, pour la résistance de la contre-vapeur, sur plus de 10 p. 100 de l'effort de traction.

M. Harmignies a proposé de marcher à contre-vapeur avec le tuyau d'échappement fermé par un clapet à soupape s'ouvrant quand la pression intérieure dépasse notamment celle de l'atmosphère. L'injection de vapeur est remplacée par une injection d'eau froide, comme dans les machines à comprimer l'air. Cet appareil très-simple a donné de bons résultats.

M. Krauss, constructeur à Munich, est l'inventeur d'un frein à contre-vapeur dont le principe consiste dans le renversement du circuit parcouru par la vapeur : il fait arriver la vapeur motrice par la lumière d'échappement, celle de l'admission restant en communication avec la boîte du tiroir comme à l'ordinaire. Cet appareil, dont le principe est très-juste, ne s'est pas répandu dans la pratique (Couche, t. III, p. 485).

Tous ces appareils, dont le principal avantage est de n'exercer aucun frottement sur les bandages ou sur les rails, car on ne va jamais jusqu'au calage, tendent à disparaître pour les express, vis-à-vis des freins continus infiniment plus puissants. Ils restent très-utiles sur les machines à marchandises.

M. Combes a donné, dans ses *Études sur la machine à vapeur*, une théorie de la contre-vapeur fondée sur la thermodynamique.

———

NOTE 387. **Échappement des locomotives.** M. Zeuner a démontré le premier, par la théorie et par des expériences, que le quantité totale d'air A aspiré par un poids donné de vapeur v est indépendante de la pression sous laquelle cette vapeur s'écoule du tuyau d'échappement (*das Locomotiven Blas Rohr.*, 1863). On arrive, en suivant sa théorie, à une formule

$$\frac{A}{V} \cdot \sqrt{\frac{T^2 \left(\dfrac{c}{e} - 1\right)}{\dfrac{y_a}{y_v}\left(\dfrac{1+X}{2}\right)c + T}} \, ,$$

dans laquelle on a

T, section d'écoulement des gaz à travers les tubes ;

c, section minima de la cheminée ;

e, section minima de l'échappement ;

y_a, y_v, poids spécifique de l'air dans l'atmosphère et du mélange dans la cheminée ;

X est un coefficient empirique variable d'une machine à l'autre ; on peut prendre avec une certaine approximation $\dfrac{1+X}{2} = 1,3$, dans les conditions ordinaires. Le rapport $\dfrac{A}{v}$ ne s'élève guère au-dessus de 0,8. On peut compter sur une aspiration de 10 à 12 mètres cubes d'air par kilogramme de combustible. Il est probable que l'on améliorerait le rendement de l'appareil en réalisant entre la vapeur d'échappement et les gaz un contact d'entraînement plus étendu, comme par exemple dans le ventilateur de Siemens et l'échappement annulaire de Brown.

Tubes. La longueur efficace des tubes est très-limitée. D'après une expérience citée par Wilson (*On steam boilers*, 285), une chaudière tubulaire à tirage ordinaire divisé en six compartiments aurait donné les résultats suivants :

Numéro des compartiments.	Longueur de tube.	Évaporation après trois heures.
1	25 millim.	1^k,30
2	254 millim.	1 ,33
3		0 ,850
4	305 millim. chacun	0 ,625
5		0 ,505
6		0 ,480

A une distance de 1^m,50, l'évaporation était réduite au 1/3. Pour les chaudières locomotives où le tirage est beaucoup plus rapide, la longueur efficace des tubes peut aller jusqu'à 4 mètres (Couche, *Matériel roulant*, t. III, p. 34).

On peut aussi remarquer que dans les chaudières dont une grande partie de la surface de chauffe est formée par des tubes, on peut diminuer le calorimètre, c'est-à-dire la section totale des tubes, sans amoindrir leur surface de chauffe, qui n'est proportionnelle qu'au diamètre des tubes ; mais comme dans un tube de diamètre 2, il passe, à vitesse égale, une masse de gaz quatre fois plus considérable que dans un tube de diamètre 1, et que sa surface n'est que le double de celle du petit tube, on voit que, pour conserver la même efficacité au gros tube qu'au petit, il faudra doubler sa longueur, c'est-à-dire conserver constant le rapport de la longueur au diamètre : ce rapport est en général d'autant plus grand que le tirage est plus fort ; dans les locomotives, il atteint à 120 environ ; pour les chaudières à tirage naturel, il dépasse rarement 24.

La valeur du mètre carré de surface de chauffe est toujours très-inférieure à celle du mètre carré de foyer. Il résulte en outre d'expériences et de résultats pratiques, que l'on ne gagne que très-peu à bourrer de tubes le corps cylindrique d'une chaudière ; on gagne même, dans certains cas, à enlever une ou deux rangées supérieures de tubes : la vapeur trouvant un dégagement plus facile, prime beaucoup moins et sa pureté compense largement la surface de chauffe perdue. Le fait a été constaté sur des locomotives et aussi sur des chaudières marines (Couche, t. III, p. 31). On ne peut malheureusement donner que des indications vagues sur les proportions les plus convenables aux chaudières tubulaires, car ce sujet, malgré son importance, n'a pas encore été étudié d'une manière scientifique.

Règles de D. K. Clark. M. Clark a formulé, au sujet des locomotives, les trois règles générales suivantes, d'après sa longue expérience :

1° A égalité de surface de chauffe, la consommation par heure doit être en raison inverse de la surface de grille.

2° A égalité de surface de grille, la consommation par heure doit être proportionnelle au carré de la surface de chauffe.

3° A égalité de consommation par heure, la surface de grille doit être proportionnelle au carré de la surface de chauffe.

La première de ces règles s'applique à toutes les chaudières.

TABLES DE CONVERSION DES MESURES ANGLAISES.

MESURES DE LONGUEUR ET DE SURFACE.

	POUCES en millimètres.	MILLI-MÈTRES en pouces.	PIEDS en mètres	MÈTRES en pieds.	YARDS en mètres	MÈTRES en yards.	RODS en décamètres	DÉCA-MÈTRES en rods.	MILLES en kilomètres.	KILO-MÈTRES en milles.	FRACTIONS de pouce en millimètres.			
1	25,400	0,03937	0,3048	3,2809	0,9144	1,0936	0,5029	1,9884	1,6093	0,6214	$\frac{1}{32}$	0,79	$\frac{11}{32}$	8,70
2	50,800	0,07874	0,6096	6,5617	1,8288	2,1872	1,0058	3,9768	3,2186	1,2428	$\frac{1}{10}$	1,58	$\frac{3}{8}$	9,51
3	76,199	0,11811	0,9144	9,8426	2,7431	3,2809	1,5087	5,9652	4,8279	1,8641	$\frac{3}{32}$	2,37	$\frac{13}{32}$	10,27
4	101,599	0,15748	1,2192	13,1235	3,6575	4,3745	2,0116	7,9537	6,4373	2,4855	$\frac{1}{8}$	3,17	$\frac{7}{16}$	11,09
5	126,999	0,19685	1,5240	16,4043	4,5719	5,4681	2,5145	9,9421	8,0466	3,1069	$\frac{5}{32}$	3,95	$\frac{9}{16}$	14,26
6	152,399	0,23622	1,8288	19,6852	5,4863	6,5618	3,0174	11,9305	9,6560	3,7283	$\frac{3}{16}$	4,73	$\frac{5}{8}$	15,85
7	177,798	0,27559	2,1336	22,9661	6,4007	7,6554	3,5203	13,9189	11,2653	4,3496	$\frac{7}{32}$	5,53	$\frac{11}{16}$	17,43
8	203,198	0,31496	2,4384	26,2470	7,3150	8,7490	4,0233	15,9074	12,8747	4,9710	$\frac{1}{4}$	6,34	$\frac{3}{4}$	19,02
9	228,598	0,35433	2,7432	29,5278	8,2294	9,8427	4,5262	17,896	14,4840	5,5924	$\frac{9}{16}$	7,12	$\frac{13}{16}$	20,60
10	253,998	0,39370	3,0480	32,8087	9,1438	10,9363	5,0291	19,8842	16,0933	6,2138	$\frac{5}{16}$	7,92	$\frac{7}{8}$	22,19

	POUCES CARRÉS en millim. carrés.	MILLIMÈT. CARRÉS en pouces carrés.	PIEDS CARRÉS en mètres carrés.	MÈTRES CARRÉS en pieds carrés.	YARDS CARRÉS en mètres carrés.	MÈTRES CARRÉS en yards carrés.	RODS CARRÉS en arcs.	ARCS en rods carrés.	MILLES CARRÉS en kilom. carrés.	KILOM. CARRÉS en milles carrés.	ACRES en hectares	HEC-TARES en acres.
1	645,15	0,0015500	0,0929	10,764	0,8360	1,1960	0,2529	3,9538	2,5899	0,3861	0,4047	2,471
2	1290,30	0,0031001	0,1858	21,528	1,6722	2,3920	0,5058	7,9076	5,1798	0,7722	0,8094	4,942
3	1925,44	0,0046501	0,2787	32,292	2,5083	3,5881	0,7587	11,8615	7,7697	1,1583	1,2140	7,413
4	2580,59	0,0062001	0,3716	43,056	3,3444	4,7841	1,0116	15,8153	10,3596	1,5444	1,6187	9,884
5	3225,74	0,0077501	0,4645	53,821	4,1805	5,9801	1,2646	19,7691	12,9495	1,9306	2,0234	12,356
6	3870,89	0,0093002	0,5574	64,585	5,0164	7,1762	1,5175	23,7230	15,5394	2,3167	2,4281	14,827
7	4516,04	0,0108502	0,6503	75,349	5,8527	8,3722	1,7704	27,6768	18,1293	2,7028	2,8328	17,298
8	5161,18	0,0124002	0,7432	86,113	6,6888	9,5682	2,0233	31,6306	20,7191	3,0890	3,2375	19,769
9	5806,33	0,0139503	0,8631	96,877	7,5249	10,7643	2,2763	35,5844	23,3090	3,4750	3,6421	22,240
10	6451,48	0,0155003	0,9290	107,641	8,3607	11,9603	2,5292	39,5383	25,8989	3,8611	4,0468	24,711

MESURES DE CAPACITÉ.

	POUCES CUBES en centimèt. cubes.	CENTIMÈT. CUBES en pouces cubes.	PIEDS CUBES en mètres cubes.	MÈTRES CUBES on pieds cubes.	YARDS CUBES en mètres cubes.	MÈTRES CUBES en yards cubes.	GALLONS en litres.	LITRES en gallons.	
1	16,3862	0,0610	0.0283	35,3165	0,7645	1,3080	4,5434	0,2201	1
2	32,7724	0,1220	0,0566	70,6331	1,5290	2,6160	9,0869	0,4402	2
3	49,1585	0,1831	0,0849	105,9497	2,2935	3,9240	13,6304	0,6603	2
4	65 5447	0,2441	0,1132	141,2663	3,0580	5,2321	18,1738	0,8804	4
5	81,9309	0,3051	0,1416	176,5829	3,8225	6,5401	22,7173	1,1005	5
6	98,3170	0,3661	0,1699	211,8995	4,5870	7,8481	27,2607	1,3206	6
7	114,7032	0,4272	0,1982	247,2160	5,3516	9,1561	31,8042	1,5407	7
8	131,0894	0,4882	0,2265	282,5326	6,1161	10,4642	36,3476	1,7608	8
9	147,4755	0,5492	0,2548	317,8492	6,8806	11,7722	40,8911	1,9809	9
10	163,8617	0,6103	0,2831	353,1658	7,6451	13,0802	45,4346	2,2010	10

POIDS.

	OUNCE en grammes.	GRAMMES en ounce.	LIVRES en kilo- grammes.	KILO- GRAMMES en livres.	QUARTERS en kilo- grammes.	KILO- GRAMMES en quarters.	HUNDRED- WEIGHT en kilogr.	KILO- GRAMMES en hundred- weight.	
1	28,3495	0,0353	0,4536	2,2046	12,7006	0,0787	50,8024	0,1968	1
2	56,6991	0,0702	0,9072	4,4092	25,4012	0,1575	101,6048	0,3937	2
3	85,0486	0,1058	1,3607	6,6139	38,1018	0,2362	152,4071	0,5905	3
4	113,3981	0,1411	1,8144	8,8185	50,8024	0,3149	203,2095	0,7873	4
5	141,7477	0,1763	2,2679	10,0231	63,5030	0,3937	254,0119	0,9842	5
6	170,0974	0,2116	2,7215	13,2277	76,2035	0,4724	304,8142	1,1810	6
7	198,4468	0,2469	3,1751	15,4323	88,9041	0,5511	355,6166	1,3779	7
8	226,7963	0,2822	3,6287	17,6370	101,6047	0,6299	406,4190	1,5747	8
9	251,4586	0,3174	4,0823	19,8416	114,3053	0,7086	457,2214	1,7716	9
10	283,4954	0,3527	4,5359	22,0462	127,0059	0,7873	508,0237	1,9684	10

CONVERSION DES PRESSIONS ET DES HAUTEURS DE MERCURE.

ATMOSPHÈRES.	LIVRES par pouce carré.	LIVRES par pied carré.	KILOGR. par mètre carré.	MILLI- MÈTRE de mer- cure.	POUCES de mer- cure.	PIEDS d'eau.	LIVRES par pouces carrés en kilogr. par centimèt. carré.	CENTIMÈT. de mercure en livres par pouce carré.	LIVRES par pouce carré en centimèt. de mercure.	HAUTEUR de mercure en hauteur d'eau.	HAUTEUR d'eau en hauteur de mercure.	
1	14,7	2116	10333	760	29,922	33,9	0,0703	0,1937	5,1623	13,596	0,0735	1
2	29,4	4233	20666	1520	59,844	67,8	0,1406	0,3874	10,3247	27,192	0,1470	2
3	44,1	6349	30999	2280	89,765	101,9	0,2108	0,5811	15,4870	40,788	0,2206	3
4	58,8	8465	41332	3040	119,687	135,6	0,2811	0,7748	20,6494	54,384	0,2942	4
5	73,5	10581	51665	3800	149,609	169,5	0,3514	0,9685	25,8117	67,980	0,3677	5
6	88,2	12698	61998	4560	179,531	203,4	0,4217	1,1623	30,9741	81,576	0,4413	6
7	102,9	14814	72331	5320	209,453	237,3	0,4919	1,3560	36,1364	95,172	0.5148	7
8	117,6	16930	82664	6080	239,374	271,2	0,5622	1,5497	41,2988	108,768	0,5884	8
9	132,3	19047	92997	6840	269,296	203,1	0,6325	1,7434	46,4611	122,364	0,6619	9
10	147,0	21163	103330	7600	299,218	339,0	0,7027	1,9371	51,6235	135,960	0,7353	10

VITESSES.						MOMENTS.		UNITÉS DE CHALEUR		DENSITÉ (livres par pieds cubes) en kilogr. par mètre cube.	
Nœuds à l'heure en mètres par seconde.	Mètre par seconde en nœuds à l'heure	Tours par seconde en arcs.	Arcs en tours par seconde.			Pieds-livres en kilogram-mètres.	Kilo-grammèt. en pieds-livres.	Unités anglaises en calories.	Calories en unités anglaises.		
1	0,5144	1,944	6,28	0,159	1	1	0,1382	7,233	0,252	3,968	0,0624	1
2	1,0288	3,888	12,37	0,318	2	2	0,2765	14,466	0,504	7,936	0,1248	2
3	1,5432	5,832	18,85	0,477	3	3	0,4147	21,699	0,756	11,904	0,1872	3
4	2,0576	7,776	25,13	0,637	4	4	0,5530	28,932	1,008	15,872	0,2496	4
5	2,5720	9,720	31,42	0,796	5	5	0,6913	36,165	1,260	19,840	0,3120	5
6	3,0864	11,664	37,70	0,935	6	6	0,8295	43,398	1,512	23,808	0,3744	6
7	3,6008	13,608	43,98	1,114	7	7	0,9678	50,632	1,764	27,776	0,4368	7
8	4,1152	15,552	50,27	1,273	8	8	1,1060	57,865	2,016	31,744	0,4992	8
9	4,6296	17,496	56,55	1,432	9	9	1,2443	65,098	2,268	35,712	0,5616	9
10	5,1440	19,440	62,83	1,592	10	10	1,3825	72,331	2,519	39,683	0,6242	10

TABLE DE COMPARAISON DES MESURES ANGLAISES ET FRANÇAISES.

		Log.	Log.		
Grains dans un gramme...	15,43235	1,1188432	$\overline{2}$,811568	0,064799	Gramme dans un grain.
Livres avoirdupois dans un kilogramme........	2,20462	0,343334	$\overline{1}$,656066	0,453593	Kilog. dans une livre avoir-dupois.
Ton. en une tonne......	0.984206	$\overline{1}$,993086	0,006914	1,01605	Tonnes par ton.
Pieds dans un mètre.....	3,2808693	0,515899	$\overline{1}$,484011	0,30479721	Mètre dans un pied.
Pouce dans un millimètre..	0,03937043	$\overline{2}$,595170	1,404830	25,39977	Millim. dans un pouce.
Mille dans un kilomètre...	0,621377	$\overline{1}$,793355	0,206645	1,60933	Kilomètre dans un mille.
Pieds carrés dans un mètre carré...........	10,7641	1,0319978	$\overline{2}$,968022	0,0929013	Mètre carré dans un pied carré.
Pouce carré dans un millimètre carré.........	0,00155003	$\overline{3}$,190340	2,809660	0,645148	Millimètres carrés dans un pouce carré.
Pieds cubes dans un mètre cube...........	3,53156	1,547967	$\overline{2}$,452033	0,0283161	Mètre cube dans un pied cube.
Pieds-livres dans un kilo-grammètre........	7,23308	$\overline{0}$.859323	$\overline{1}$,140677	0,138254	Kilogrammètre en un pied-livre.
Livre par pied dans un kil. par mètre........	0,671963	$\overline{1}$,827345	0,172655	1,48818	Kil. par mètre en une livre par pied.
Livre par pied carré dans un kil. par mètre carré....	0,204813	$\overline{1}$,311356	0,688644	4,88252	Kil. par pied carré dans une livre par pied carré.
Livres par pouce carré dans un kil. par millimètre carré.	1422,31	3,152994	$\overline{4}$,847006	0,000703083	Kil. par millimèt. carré dans une livre par pouce carré.
Livre par pied cube dans un kil. par mètre cube.....	0,062426	$\overline{2}$,795367	1,204633	16,019	Kil. par mètre cube dans une livre par pied cube.
Degrés Farenheit dans un degré centigrade.......	1,8	0,255273	$\overline{1}$,744727	0,5555	Degré centigrade en un degré Farenheit.
Unités de chaleur anglaises dans une calorie.....	3,96832	0,598607	$\overline{1}$,401393	0,251996	Calorie dans une unité an-glaise.
Pouce cube dans un millimèt. cube...........	0,00061025	$\overline{5}$,785511	4,214489	16,387	Millimètres cubes dans un pouce cube.
Yards dans un mètre.....	1,0936231	0,038868	$\overline{1}$,961132	0,91439180	Mètre dans un yard.
Yards carrés dans un mètre carré...........	1,19601	0,077735	$\overline{1}$,922265	0,836112	Mètre carré dans un yard carré.
Yards cubes dans un mètre cube...........	1,30799	0,116603	$\overline{1}$,883397	0,764534	Mètre cube dans un yard cube.
Mille carré dans un kilomètre carré.........	0,386109	$\overline{1}$,586710	0,413290	2,589941	Kilomètres carrés dans un mille carré.
Acres dans un hectare...	2,4711	0,392889	$\overline{1}$,607111	0,4046782	Hectare dans un acre.

		Log.	Log.		
Mille géographique moyen dans un kilomètre.	0,54	$\overline{1}$,73236	0,26764	1,852	Kilomètre en un mille géographique moyen.
Gallon dans un litre.	0,220215	$\overline{1}$,342807	0,657153	4,54102	Litres dans un gallon.
Livre sterling dans un franc.	0,039051	$\overline{2}$,598255	1,401745	25,22	Francs dans une livre sterl.
Shilling dans un franc. . . .	0,79302	$\overline{1}$,899285	0,100715	1,261	Franc dans un shilling.
Penny dans un centime. . .	0,09516	$\overline{2}$,978466	1,021534	10,508	Centimes dans un penny.
Cheval-vapeur anglais dans un cheval français.	0,98633	$\overline{1}$,99402	0,00598	1,01386	Cheval français dans un cheval anglais.
Livre sterling par pied dans 1 franc par mètre. . . .	0,012086	$\overline{2}$,082266	1,917734	82,74	Francs par mètre en livres par pied.
— par pied carré dans 1 fr. par mètre carré.	0,0036836	$\overline{3}$,562277	2,433723	271,48	— par mètre carré dans une livre par pied carré.
— par pied cube dans 1 fr. par mètre cube.	0,00112276	$\overline{3}$,050288	2,949712	890,66	— par mètre cube dans une livre par pied cube.
— par livre avoirdupois dans 1 franc par kil.. .	0,017986	$\overline{2}$,254921	1,745079	55,61	— par kil. en une livre par livre avoirdupois.
— par acre dans 1 franc par hectare.	0,016046	$\overline{2}$,205365	1,794635	62,321	— par hectare dans une livre par acre.
— par gallon dans 1 franc par litre.	0,18006	$\overline{1}$,255408	0,744592	5,5538	— par litre dans une livre par gallon.

Cette table est extraite de *Machinery and Millwork*, par Rankine.

A ces quantités on peut ajouter les suivantes, souvent usitées dans l'art de l'ingénieur :

Poids uniformément répartis.

1 tonne par pouce carré. . . . . : . . . = 1^k,56 par millim. carré

1 livre par mille. . . . . = 0 ,28 par kilomètre

Vitesses.

1 pied par minute. . . . . = 5^{mm},07 par seconde

1 pied cube par minute. . . . . = 0^{lit},473   —

Densités.

1 pouce cube par livre. . . . . = 36^{c3},10 par kilog.

1 grain par gallon. . . . . = 14$^{millig.}$,25 par litre

Calories.

1 calorie anglaise par livre. . . . . = 0^{cal},555 par kilog.

    —   par 1° Fahrenheit. . . . . . . = 0 ,4536 par 1° centig.

    —   par pied carré. . . . . = 2^c,71 par mètre carré

Moments.

	kilogrammètre.
1 pouce-livre.	0,011521
1 pied-livre.	0,138254
1 pouce-hundredweight.	1,29037
1 pied-hundredweight.	15,4844
1 pouce-tonne.	25,8074
1 pied-tonne.	309,689
1 pied-tonne par pouce linéaire.	= 0$^{ton.-mèt.}$,12 par centimètre

Prix.

1^d par pied.	0^f,345	par mètre
1 par mille.	0 ,06	par kilomètre
1 par livre.	0 ,223	par kilogramme
1 par pied-livre.	0 ,35	par kilogrammmètre
1 par pied-cube.	3 ,71	par mètre cube
1 livre par mille.	15 ,66	par kilomètre
1 shilling par pied cube.	44 ,50	par mètre cube

Pour transformer la traction élémentaire anglaise $\left(\dfrac{d^2 l}{D}\right)$ donnée en livres par livre de pression effective par pouce carré des pistons, en traction française, c'est-à-dire en kilogrammes par kilogramme de pression effective par centimètre carré, il faut multiplier l'effort anglais par 6,44.

————————

TABLES.

I.

TABLEAU DES HAUTEURS DUES AUX VITESSES $v = \sqrt{2gh}$.
(D'après l'*Aide-Mémoire* de M. Claudel.)

HAUTEURS de chute.	VITESSES correspondantes.	HAUTEURS de chute.	VITESSES correspondantes.	HAUTEURS de chute.	VITESSES correspondantes.	HAUTEURS de chute.	VITESSES correspondantes.	HAUTEURS de chute.	VITESSES correspondantes.
m.	m.	m.	m.	m.	m.	m.	m.	m.	m.
0,001	0,140	0,45	2,971	0,98	4,384	1,51	5,443	2,04	6,326
0,002	0,198	0,46	3,004	0,99	4,407	1,52	5,461	2,05	6,341
0,003	0,243	0,47	3,037	1,00	4,429	1,53	5,479	2,06	6,357
0,004	0,280	0,48	3,069	1,01	4,451	1,54	5,496	2,07	6,372
0,005	0,313	0,49	3,100	1,02	4,473	1,55	5,514	2,08	6,388
0,006	0,343	0,50	3,132	1,03	4,495	1,56	5,532	2,09	6,403
0,007	0,370	0,51	3,163	1,04	4,517	1,57	5,550	2,10	6,418
0,008	0,395	0,52	3,194	1,05	4,539	1,58	5,567	2,11	6,434
0,009	0,420	0,53	3,224	1,06	4,560	1,59	5,585	2,12	6,449
0,01	0,443	0,54	3,253	1,07	4,582	1,60	5,603	2,13	6,464
0,02	0,626	0,55	3,285	1,08	4,603	1,61	5,620	2,14	6,479
0,03	0,767	0,56	3,314	1,09	4,624	1,62	5,637	2,15	6,494
0,04	0,886	0,57	3,344	1,10	4,645	1,63	5,655	2,16	6,510
0,05	0,990	0,58	3,373	1,11	4,666	1,64	5,672	2,17	6,525
0,06	1;085	0,59	3,402	1,12	4,687	1,65	5,690	2,18	6,540
0,07	1,172	0,60	3,431	1,13	4,708	1,66	5,707	2,19	6,555
0,08	1,253	0,61	3,459	1,14	4,729	1,67	5,724	2,20	6,570
0,09	1,329	0,62	3,488	1,15	4,750	1,68	5,741	2,21	6,584
0,10	1,401	0,63	3,516	1,16	4,770	1,69	5,758	2,22	6,599
0,11	1,468	0,64	3,543	1,17	4,790	1,70	5,775	2,23	6,614
0,12	1,534	0,65	3,571	1,18	4,811	1,71	5,792	2,24	6,629
0,13	1,597	0,66	3,598	1,19	4,831	1,72	5,809	2,25	6,644
0,14	1,657	0,67	3,625	1,20	4,852	1,73	5,826	2,26	6,658
0,15	1,715	0,68	3,652	1,21	4,872	1,74	5,842	2,27	6,673
0,16	1,772	0,69	3,679	1,22	4,892	1,75	5,859	2,28	6,688
0,17	1,826	0,70	3,706	1,23	4,913	1,76	5,876	2,29	6,703
0,18	1,879	0,71	3,732	1,24	4,933	1,77	5,893	2,30	6,717
0,19	1,931	0,72	3,758	1,25	4,953	1,78	5,909	2,31	6,732
0,20	1,981	0,73	3,784	1,26	4,972	1,79	5,926	2,32	6,746
0,21	2,030	0,74	3,810	1,27	4,991	1,80	5,942	2,33	6,761
0,22	2,078	0,75	3,836	1,28	5,011	1,81	5,959	2,34	6,775
0,23	2,124	0,76	3,861	1,29	5,031	1,82	5,975	2,35	6,790
0,24	2,170	0,77	3,886	1,30	5,050	1,83	5,992	2,36	6,804
0,25	2,215	0,78	3,911	1,31	5,069	1,84	6,008	2,37	6,819
0,26	2,259	0,79	3,936	1,32	5,089	1,85	6,024	2,38	6,833
0,27	2,301	0,80	3,961	1,33	5,108	1,86	6,041	2,39	6,847
0,28	2,344	0,81	3,986	1,34	5,127	1,87	6,057	2,40	6,862
0,29	2,385	0,82	4,011	1,35	5,146	1,88	6,073	2,41	6,876
0,30	2,426	0,83	4,035	1,36	5,165	1,89	6,089	2,42	6,890
0,31	2,466	0,84	4,059	1,37	5,184	1,90	6,105	2,43	6,904
0,32	2,506	0,85	4,083	1,38	5,203	1,91	6,122	2,44	6,919
0,33	2,544	0,86	4,107	1,39	5,222	1,92	6,138	2,45	6,933
0,34	2,582	0,87	4,131	1,40	5,241	1,93	6,154	2,46	6,947
0,35	2,620	0,88	4,155	1,41	5,259	1,94	6,170	2,47	6,961
0,36	2,658	0,89	4,178	1,42	5,278	1,95	6,186	2,48	6,975
0,37	2,694	0,90	4,202	1,43	5,297	1,96	6,202	2,49	6,989
0,38	2,730	0,91	4,225	1,44	5,315	1,97	6,217	2,50	7,003
0,39	2,766	0,92	4,248	1,45	5,333	1,98	6,232	2,51	7,017
0,40	2,801	0,93	4,271	1,46	5,351	1,99	6,248	2,52	7,031
0,41	2,836	0,94	4,294	1,47	5,370	2,00	6,264	2,53	7,045
0,42	2,870	0,95	4,317	1,48	5,388	2,01	6,279	2,54	7,059
0,43	2,904	0,96	4,340	1,49	5,406	2,02	6,295	2,55	7,073
0,44	2,938	0,97	4,362	1,50	5,425	2,03	6,311	2,56	7,087

HAUTEURS de chute.	VITESSES correspondantes.	HAUTEURS de chute.	VITESSES correspondantes.	HAUTEURS de chute.	VITESSES correspondantes.	HAUTEURS de chute.	VITESSES correspondantes.	HAUTEURS de chute.	VITESSES correspondantes.
m.	m.	m.	m.	m.	m.	m.	m.	m.	m.
2,57	7,101	3,14	7,849	3,71	8,531	4,28	9,163	4,85	9,754
2,58	7,114	3,15	7,861	3,72	8,543	4,29	9,174	4,86	9,764
2,59	7,128	3,16	7,873	3,73	8,554	4,30	9,185	4,87	9,774
2,60	7,142	3,17	7,886	3,74	8,566	4,31	9,195	4,88	9,784
2,61	7,156	3,18	7,898	3,75	8,577	4,32	9,206	4,89	9,794
2,62	7,169	3,19	7,911	3,76	8,588	4,33	9,217	4,90	9,804
2,63	7,183	3,20	7,923	3,77	8,600	4,34	9,227	4,91	9,814
2,64	7,197	3,21	7,936	3,78	8,611	4,35	9,238	4,92	9,824
2,65	7,210	3,22	7,948	3,79	8,623	4,36	9,248	4,93	9,834
2,66	7,224	3,23	7,960	3,80	8,634	4,37	9,259	4,94	9,844
2,67	7,237	3,24	7,973	3,81	8,645	4,38	9,270	4,95	9,854
2,68	7,251	3,25	7,985	3,82	8,657	4,39	9,280	4,96	9,864
2,69	7,265	3,26	7,997	3,83	8,668	4,40	9,291	4,97	9,874
2,70	7,278	3,27	8,009	3,84	8,679	4,41	9,301	4,98	9,884
2,71	7,291	3,28	8,022	3,85	8,691	4,42	9,312	4,99	9,894
2,72	7,305	3,29	8,034	3,86	8,702	4,43	9,322	5,00	9,904
2,73	7,318	3,30	8,046	3,87	8,713	4,44	9,333	5,25	10,149
2,74	7,332	3,31	8,058	3,88	8,725	4,45	9,343	5,50	10,387
2,75	7,345	3,32	8,070	3,89	8,736	4,46	9,354	5,75	10,621
2,76	7,358	3,33	8,082	3,90	8,747	4,47	9,364	6,00	10,849
2,77	7,372	3,34	8,095	3,91	8,758	4,48	9,375	6,25	11,073
2,78	7,385	3,35	8,107	3,92	8,769	4,49	9,385	6,50	11,292
2,79	7,398	3,36	8,119	3,93	8,780	4,50	9,396	6,75	11,507
2,80	7,411	3,37	8,131	3,94	8,792	4,51	9,406	7,00	11,718
2,81	7,425	3,38	8,143	3,95	8,803	4,52	9,417	7,25	11,926
2,82	7,437	3,39	8,155	3,96	8,814	4,53	9,427	7,50	12,130
2,83	7,451	3,40	8,167	3,97	8,825	4,54	9,437	7,75	12,330
2,84	7,464	3,41	8,179	3,98	8,836	4,55	9,448	8,00	12,528
2,85	7,477	3,42	8,191	3,99	8,847	4,56	9,458	8,25	12,722
2,86	7,490	3,43	8,203	4,00	8,858	4,57	9,468	8,50	12,913
2,87	7,503	3,44	8,215	4,01	8,869	4,58	9,479	8,75	13,102
2,88	7,517	3,45	8,227	4,02	8,880	4,59	9,489	9,00	13,288
2,89	7,530	3,46	8,239	4,03	8,892	4,60	9,500	9,25	13,471
2,90	7,543	3,47	8,251	4,04	8,903	4,61	9,510	9,50	13,652
2,91	7,556	3,48	8,263	4,05	8,914	4,62	9,520	9,75	13,830
2,92	7,569	3,49	8,274	4,06	8,925	4,63	9,530	10,00	14,006
2,93	7,582	3,50	8,286	4,07	8,936	4,64	9,541	11,00	14,690
2,94	7,594	3,51	8,298	4,08	8,946	4,65	9,551	12,00	15,343
2,95	7,607	3,52	8,310	4,09	8,957	4,66	9,561	13,00	15,970
2,96	7,620	3,53	8,322	4,10	8,968	4,67	9,572	14,00	16,572
2,97	7,633	3,54	8,333	4,11	8,979	4,68	9,582	15,00	17,154
2,98	7,646	3,55	8,345	4,12	8,990	4,69	9,509	16,00	17,717
2,99	7,659	3,56	8,357	4,13	9,001	4,70	9,602	17,00	18,257
3,00	7,672	3,57	8,369	4,14	9,012	4,71	9,612	18,00	18,791
3,01	7,684	3,58	8,380	4,15	9,023	4,72	9,623	19,00	19,308
3,02	7,697	3,59	8,392	4,16	9,034	4,73	9,633	20,00	19,808
3,03	7,710	3,60	8,404	4,17	9,045	4,74	9,643	21,00	20,297
3,04	7,722	3,61	8,415	4,18	9,055	4,75	9,653	22,00	20,775
3,05	7,735	3,62	8,427	4,19	9,066	4,76	9,663	23,00	21,242
3,06	7,748	3,63	8,439	4,20	9,077	4,77	9,673	24,00	21,698
3,07	7,760	3,64	8,450	4,21	9,088	4,78	9,684	25,00	22,146
3,08	7,773	3,65	8,462	4,22	9,099	4,79	9,694	26,00	22,584
3,09	7,786	3,66	8,474	4,23	9,109	4,80	9,704	27,00	23,015
3,10	7,798	3,67	8,485	4,24	9,120	4,81	9,714	28,00	23,437
3,11	7,811	3,68	8,497	4,25	9,131	4,82	9,724	29,00	23,852
3,12	7,823	3,69	8,508	4,26	9,142	4,83	9,734	30,00	24,260
3,13	7,836	3,70	8,520	4,27	9,152	4,84	9,744	31,00	24,661

HAUTEURS de chute.	VITESSES correspondantes.	HAUTEURS de chute.	VITESSES correspondantes.	HAUTEURS de chute.	VITESSES correspondantes.	HAUTEURS de chute.	VITESSES correspondantes.	HAUTEURS de chute.	VITESSES correspondantes.
m.	m.	m.	m.	m.	m.	m.	m.	m.	m.
32	25,055	54	32,548	76	38,613	98	43,847	200	62,638
33	25,444	55	32,848	77	38,866	99	44,070	205	63,416
34	25,826	56	33,145	78	39,117	100	44,292	210	64,185
35	26,203	57	33,440	79	39,367	105	45,386	215	64,944
36	26.575	58	33,732	80	39,616	110	46,454	220	65,695
37	26,942	59	34,021	81	39,863	115	47,498	225	66,438
38	27,303	60	34,308	82	40,108	120	48,519	230	67,171
39	27,660	61	34,593	83	40,352	125	49,520	235	67,898
40	28,013	62	34,875	84	40,594	130	50,500	240	68,616
41	28,361	63	35,155	85	40,835	135	51,462	245	69,328
42	28,704	64	35,433	86	41,074	140	52,407	250	70,031
43	29,044	65	35,709	87	41,313	145	53,334	255	70,728
44	29,380	66	35,983	88	41,549	150	54,246	260	71,418
45	29,712	67	36,254	89	41,785	155	55,143	265	72,102
46	30,040	68	36,524	90	42,019	160	56,025	270	72,780
47	30,365	69	36,791	91	42,252	165	56,894	275	73,450
48	30,686	70	37,057	92	42,483	170	57,749	280	74,114
49	31,004	71	37,321	93	42,713	175	58,592	285	74,773
50	31,329	72	37,583	94	42,942	180	59,424	290	75,426
51	31,631	73	37,843	95	43,170	185	60,243	295	76,074
52	31,939	74	38,101	96	43,397	190	61,052	300	76,716
53	32,245	75	38,358	97	43,622	195	61,850		

II.

TABLE DES POIDS DES VOLUMES ET DES CHALEURS SPÉCIFIQUES DE LA DÉTENTE ET DE L'ÉLASTICITÉ.

	D_0	V_0	P_0V_0	E	C_v	K_v	C_p	K_p
Gaz.	kil.	en mèt. cubes						
Air.............	1,29	0,775	8008	0,365	0,169	71,825	0,238	101,150
Oxygène.........	1,43	0,700	7233	0,367	0,156	66,300	0,214	92,650
Hydrogène........	0,0896	1,116	11532	0,366	0,410	1024,250	3,405	1447,125
Vapeur d'eau.......	0,806	1,24	12813	0,365	0,370	157,250	0,480	204
— d'éther........	3,35	0,299	3089	»	»	»	0,481	204,425
— de sulfure de carbone	3,420	0,293	3025	»	»	»	0,1575	66,937
Acide carbonique. Calculé.	1,971	0,507	5240	0,365	»	»	»	»
— Réel...	1,977	0,505	5218	0,370	»	»	0,217	92,225
Gaz oléfiant.......	1,254	0,800	8266	«	»	»	0,369	156,825
Azote...........	1,256	0,800	8266	»	0,173	73,425	0,244	103,700
Vapeur de mercure....	9	0,111	1147	»	»	»	»	»
Liquides et solides	kil.	en litres						
Eau pure à 4°.......	1000	1	»	0,04775	1	425	»	»
Eau de mer.........	1026	0,975	»	0,05	»	»	»	»
Alcool pur.........	791	1,264	»	0,1112	»	»	»	»
Alcool rectifié.......	916	1,092	»	»	»	»	»	»
Ether............	716	1,396	»	»	0,517	220	»	»
Mercure..........	13596	0,073	»	0,018153	0,033	14	»	»
Naphte..........	848	1,179	»	»	»	»	»	»
Huile de lin........	940	1,064	»	0,08	»	»	»	»
— d'olive........	915	1,093	»	0,08	»	»	»	»
— de baleine......	923	1,083	»	»	»	»	»	«
— de térébenthine...	870	1,149	»	0,07	»	»	»	»
Pétrole..........	878	1,139	»	»	»	»	»	»
Glace...........	920	1,089	»	»	0,504	214	»	»
Laiton..........	7800 à 8500	0,13	»	0,00216	»	»	»	»
Bronze..........	8400	0,19	»	0,00181	»	»	»	»
Cuivre..........	8600 à 8900	0,116 à 0,112	»	0,00184	0,0951	40,42	»	»
Or............	19000 à 19600	0,0526	«	0,0015	0,0298	12,76	»	»
Fonte..........	7110	0,140	»	0,0011	»	»	»	»
Fer forgé.........	7690	0,130	»	0,0012	0,1138	48,36	»	»
Plomb..........	11400	0,0877	»	0,0029	0,0293	12,35	»	»
Platine..........	21000 à 22000	0,047 à 0,045	»	0,0009	0,0314	13,03	»	»
Argent..........	10500	0,09	»	0,002	0,0577	24,52	»	»
Acier..........	7850	0,127	»	0,0012	0,119	50,57	»	»
Etain..........	7400	0,135	»	0,0099	0,0514	21,83	»	»
Zinc..........	7200	0,139	»	0,00294	0,0927	39,40	»	»

NOTATIONS.

P_0 pression atmosphérique moyenne en kilogrammes par mètre carré $= 10333$.

D_0 poids du mètre cube à la pression atmosphérique et à 0° (pour l'eau, à 4°).

V_0 volume du kilogramme en mètres cubes à 0° et à la pression atmosphérique.

E dilatation de l'unité de volume pour les fluides et de longueur pour les solides de 0° à 100°.

C chaleur spécifique par rapport à l'eau.

K chaleur spécifique en kilogrammètres par degré centigrade. Pour les gaz, les chaleurs spécifiques à volume et à pression constants sont distinguées par les symboles C_v C_p ou K_v K_p.

III.

TABLE DE L'ÉLASTICITÉ D'UN GAZ PARFAIT.

CENTIGRADE.		FAHRENHEIT.		$\dfrac{PV}{P_0V_0}$	CENTIGRADE.		FAHRENHEIT.		$\dfrac{PV}{P_0V_0}$
T	t	T	t		T	t	T	t	
−30°	244°	−22°	439°,2	0,8905	195°	469°	383°	844°,2	1,7117
−25	249	−13	448,2	0,9088	200	474	392	853,2	1,7299
−20	254	−4	457,2	0,9270	205	479	401	862,2	1,7481
−15	259	+5	466,2	0,9453	210	484	410	871,2	1,7664
−10	264	14	475,2	0,9635	215	489	419	880,2	1,7846
−5	269	23	484,2	0,9818	220	494	428	889,2	1,8029
0	274	32	493,2	1,0000	230	504	446	907,2	1,8394
+5	279	41	502,2	1,0182	240	514	464	925,2	1,8759
10	284	50	511,2	1,0365	250	524	482	943,2	1,9124
15	289	59	520,2	1,0547	260	534	500	961,2	1,9489
20	294	68	529,2	1,0730	270	544	518	979,2	1,9854
25	299	77	538,2	1,0912	280	554	536	997,2	2,0219
30	304	86	547,2	1,1095	290	564	554	1015,2	2,0584
35	309	95	556,2	1,1277	300	574	572	1033,2	2,0940
40	314	104	565,2	1,1460	310	584	590	1051,2	2,1314
45	319	113	574,2	1,1643	320	594	608	1069,2	2,1679
50	324	122	583,2	1,1825	330	604	626	1087,2	2,2044
55	329	131	592,2	1,2007	340	614	644	1005,2	2,2409
60	334	140	601,2	1,2190	350	624	662	1123,2	2,2774
65	339	149	610,2	1,2375	360	634	680	1141,2	2,3139
70	344	158	619,2	1,2555	370	644	698	1159,2	2,3504
75	349	167	628,2	1,2738	380	654	716	1177,2	2,3869
80	354	176	637,2	1,2920	390	664	734	1195,2	2,4234
85	359	185	646,2	1,3103	400	674	752	1213,2	2,4599
90	364	194	655,2	1,3285	410	684	770	1231,2	2,4964
95	369	203	664,2	1,3468	420	694	788	1249,2	2,5329
100	374	212	673,2	1,3650	430	704	806	1267,2	2,5693
105	379	221	682,2	1,3832	440	714	824	1285,2	2,6058
110	384	230	691,2	1,4015	450	724	842	1303,2	2,6423
115	389	239	700,2	1,4197	460	734	860	1321,2	2,6788
120	394	248	709,2	1,4380	470	744	878	1339,2	2,7153
125	499	257	718,2	1,4562	480	754	896	1357,2	2,7518
130	404	266	727,2	1,4744	490	764	914	1375,2	2,7883
135	409	275	736,2	1,4927	500	774	932	1393,2	2,8248
140	414	284	745,2	1,5109	520	794	968	1429,2	2,8978
145	419	293	754,2	1,5292	540	814	1004	1465,2	2,9708
150	424	302	763,2	1,5474	560	834	1040	1501,2	3,0438
155	429	311	772,2	1,5657	580	854	1076	1537,2	3,1168
160	434	320	781,2	1,5839	600	874	1112	1573,2	3,1898
165	439	329	790,2	1,6022	620	894	1148	1609,2	3,2628
170	444	338	799,2	1,6204	640	914	1184	1645,2	3,3358
175	449	347	808,2	1,6387	660	934	1220	1681,2	3,4088
180	454	356	817,2	1,6569	680	954	1256	1717,2	3,4818
185	459	365	826,2	1,6752	700	874	1292	1753,2	3,5547
190	464	374	835,2	1,6934	720	994	1328	1789,2	3,6277

TABLE DE L'ÉLASTICITÉ D'UN GAZ PARFAIT (*suite*).

CENTIGRADE.		FAHRENHEIT.		$\dfrac{PV}{P_0V_0}$	CENTIGRADE.		FAHRENHEIT.		$\dfrac{PV}{P_0V_0}$
T	t	T	t		T	t	T	t	
740°	1014°	1364°	1825°,2	3,7007	880°	1154°	1616°	2077°,2	4,2117
760	1034	1400	1861 ,2	3,7737	900	1174	1652	2113 ,2	4,2847
780	1054	1436	1897 ,2	3,8467	920	1194	1688	2149 ,2	4,3577
800	1074	1472	1933 ,2	3,9197	940	1214	1724	2185 ,2	4,4307
820	1094	1508	1969 ,2	3,9927	960	1234	1760	2221 ,2	4,5036
840	1114	1544	2005 .2	4,0657	980	1254	1796	2257 ,2	4,5766
860	1134	1580	2041 ,2	4,1387	1000	1274	1832	2293 ,2	4,6496

NOTATIONS.

T   température comptée à partir du zéro ordinaire.
t   température absolue.
P   pression d'un gaz parfait en kilogrammes par mètre carré.
V   volume d'un kilogramme en mètres cubes.
PV   produit de ces quantités à la température T.
P_0V_0 *idem.* à la température de la glace fondante.

V.

TABLE DES PROPRIÉTÉS DE LA VAPEUR D'ÉTHER AU MÈTRE CUBE.

T	P	Log P	Δ log P	L	Log L	Δ log L	D	Log D	Δ log D
0	2494	3,3969		31 827	4,5028		0,8089	$\overline{1}$,9079	
10	3904	3,5913	0,1944	47 634	4,6779	0,1751	1,2209	0,0867	0,1788
20	5900	3,7709	0,1796	69013	4,8389	0,1610	1,7840	0,2512	0,1645
30	8567	3,9373	0,1664	97556	4,9875	0,1486	2,5296	0,4032	0,1520
40	12361	4,0920	0,1547	133361	5,1250	0,1375	4,4976	0,5438	0,1406
50	17222	4,2361	0,1441	178862	5,2525	0,1275	4,7248	0,6743	0,1305
60	23487	4,3708	0,1347	235084	5,3712	0,1187	6,2480	0,7957	0,1214
70	31398	4,4969	0,1261	303278	5,4818	0,1106	9,1104	0,9090	0,1133
80	41092	4,6148	0,1179	383332	5,5848	0,1030	10,3408	1,0145	0,1055
90	53202	5,7259	0,1111	481197	5,6814	0,0966	12,9872	1,1135	0,0990
100	67676	5,0004	0,1045	591309	5,7718	0,0001	16,0668	1,2062	0,0927
95	10328	4,0140		113655	5,0556		2,9696	0,4727	

NOTATIONS.

T   température centigrade.
P   pression en kilogrammes par mètre carré.
L   chaleur latente d'évaporation par mètre cube de vapeur en kilogrammètres d'énergie ;
       pour la réduire en unités de chaleur, il faut diviser par l'équivalent mécanique 425.
D   poids probable du mètre cube de vapeur en kilogrammes.

IV.

TABLE DES PROPRIÉTÉS DE LA VAPEUR D'EAU DE DENSITÉ MAXIMA PAR MÈTRE CUBE.

T	P	Log P	Δ log P	L	Log L	Δ log L	D	Log D	Δ log D
0	59,88	1,7772		1213,2	3,0839		0,00473	$\bar{3}$,6745	
			0,1572			0,1464			0,1489
5	86	1,9344		1700	3,2303		0,00666	$\bar{3}$,8224	
			0,1507			0,1402			0,1427
10	121,6	2,0851		2347,3	3,3705		0,00923	$\bar{3}$,9655	
			0,1446			0,1343			0,1369
15	169,7	2,2296		3197,4	3,5048		0,01266	$\bar{2}$,1024	
			0,1388			0,1287			0,1311
20	233,5	2,3684		4301	3,6335		0,01712	$\bar{2}$,2335	
			0,1333			0,1234			0,1261
25	317,5	2,5017		5714,5	3,7569		0,02290	$\bar{2}$,3596	
			0,1282			0,1185			0,1209
30	426,5	2,6299		7505,5	3,8754		0,03024	$\bar{2}$,4805	
			0,1233			0,1138			0,1164
35	566,6	2,7532		9755	3,9892		0,03953	$\bar{2}$,5969	
			0,1187			0,1093			0,1120
40	744,7	2,8719		12546,5	4,0985		0,05115	$\bar{2}$,7089	
			0,1145			0,1053			0,1079
45	969,2	2,9864		15992	4,2038		0,06559	$\bar{2}$,8168	
			0,1102			0,1012			0,1039
50	1249,3	3,0966		20184	4,3050		0,08331	$\bar{2}$,9207	
			0,1064			0,0976			0,1003
55	1595,7	3,2030		25269	4,4026		0,10496	$\bar{1}$,0210	
			0,1027			0,0940			0,0966
60	2022	3,3057		31378	4,4966		0,1311	$\bar{1}$,1176	
			0,0992			0,0906			0,0933
65	2541	3,4049		38655	4,5872		0,1656	$\bar{1}$,2109	
			0,0958			0,0874			0,0902
70	3168	3,5007		47273	4,6746		0,2	$\bar{1}$,3011	
			0,0926			0,0843			0,0870
75	3920	3,5933		57390	4,7589		0,24448	$\bar{1}$,3881	
			0,0897			0,0816			0,0844
80	4819	3,6830		69313	4,8405		0,2968	$\bar{1}$,4725	
			0,0867			0,0787			0,0815
85	5886	3,7697		83009	4,9192		0,35808	$\bar{1}$,5540	
			0,0840			0,0762			0,0790
90	7319	3,8537		98966	4,9954		0,42960	$\bar{1}$,6330	
			0,0814			0,0736			0,0764
95	8613	3,9351		117218	5,0690		0,51216	$\bar{1}$,7094	
			0,0789			0,0713			0,0741
100	10323	4,0140		138153	5,1403		0,60752	$\bar{1}$,7835	
			0,0765			0,0690			0,0719
105	12317	4,0905		161918	5,2093		0,71680	$\bar{1}$,8554	
			0,0741			0,0668			0,0697
110	14611	4,1646		188856	5,2761		0,84160	$\bar{1}$,9251	
			0,0721			0,0648			0,0678
115	17246	4,2367		219258	5,3409		0,98984	$\bar{1}$,9929	
			0,0700			0,0628			0,0657
120	20262	4,3067		253370	5,4037		1,14448	$\bar{1}$,0586	
			0,0678			0,0608			0,0638
125	23687	4,3745		291433	5,4645		1,3256	0,1224	
			0,0661			0,0591			0,0621
130	27582	4,4406		333890	5,5236		1,5344	0,1845	
			0,0641			0,0572			0,0603

TABLE DES PROPRIÉTÉS DE LA VAPEUR D'EAU DE DENSITÉ MAXIMA POUR UN M. CUBE (*suite*).

T	P	Log P	Δ log P	L	Log L	Δ log L	D	Log D	Δ log D
135	31 969	4,5047		380 884	5,5808		1,7568	0,2448	
			0,0624			0,0557			0,0586
140	36 907	4,5671		432 951	5,6365		2,0114	0,3034	
			0,0607			0,0540			0,0572
145	42 446	4,6278		490 440	5,6905		2,2944	0,3606	
			0,0591			0,0525			0,0556
150	48 634	4,6869		553 392	5,7430		2,608	0,4162	
			0,0575			0,0510			0,0542
155	55 534	4,7444		622 200	5,7940		2,9536	0,4704	
			0,0560			0,0496			0,0526
160	63 147	4,8004		697 840	5,8436		3,3344	0,5230	
			0,0546			0,0483			0,0515
165	71 638	4,8550		780 864	5,8919		3,7536	0,5745	
			0,0531			0,0469			0,0503
170	80 910	4,9081		870 640	5,9388		4,216	0,6248	
			0,0519			0,0457			0,0489
175	91 207	4,9600		|964 376	5,9845		4,7168	0,6737	
			0,0505			0,0444			0,0477
180	102 431	5,0105		1 068 720	6,0289		5,2656	0,7214	
			0,0493			0,0433			0,0466
185	114 778	5,0598		1 180 960	6,0722		5,8624	0,7680	
			0,0480			0,0421			0,0455
190	128 198	5,1078		1 301 008	6,1143		6,5088	0,8135	
			0,0470			0,0411			0,0445
195	142 838	5,9548		1 430 228	6,1554		7,2112	0,8580	
			0,0458			0,0401			0,0435
200	158 698	6,2006		1 568 432	6,1955		7,9712	0,9015	
			0,0447			0,0390			0,0426
205	175 924	6,2453		1 715 808	6,2345		8,7920	0,9441	
			0,0438			0,0381			0,0416
210	194 566	6,2891		1 884 412	6,2726		9,6768	0,9857	
			0,0426			0,0371			0,0407
215	214 671	6,3317		2 040 328	6,3097		10,6272	1,0264	
			0,0418			0,0362			0,0397
220	236 634	6,3735		2 217 960	6,3459		11,6448	1,0661	

NOTATIONS.

T température centigrade.
P pression en kilogrammes par mètre carré.
L chaleur latente d'évaporation par mètre cube de vapeur en kilogrammètres d'énergie;
    pour la réduire en unités de chaleur, il faut diviser par l'équivalent mécanique 425,
D poids probable du mètre cube de vapeur en kilogrammes.

VI.

TABLE DES PROPRIÉTÉS DE LA VAPEUR D'EAU DE DENSITÉ MAXIMA, PAR KILOGRAMME.

T	P	Log P	Δ log P	p	V	Log V	−Δ log V	U	ΔU	H	h
0	59,88	1,7771		0,006	211,4	2,3254		0		257468	0
			0,1572				0,1489		4636		
5	86	1,9343		0,008	150,1	2,1765		4636		257552	2118
			0,1507				0,1427		4529		
10	121,6	2,0850		0,012	108,1	2,0338		9165		258197	4236
			0,1446				0,1369		4442		
15	169,7	2,2296		0,017	78,8	1,8969		13587		258842	6354
			0,1388				0,1311		4319		
20	233,5	2,3684		0,023	58,3	1,7658		17906		259487	8572
			0,1333				0,1261		4227		
25	317,5	2,5017		0,031	43,6	1,6397		22133		260132	10590
			0,1282				0,1209		4127		
30	426,5	2,6299		0,041	33,01	1,5188		26260		260777	12708
			0,1233				0,1164		4038		
35	566,6	2,7532		0,055	25,26	1,4024		30298		261422	14826
			0,1187				0,1120		3950		
40	744,7	2,8719		0,072	19,52	1,2904		34248		262067	16944
			0,1145				0,1079		3861		
45	969,2	2,9874		0,094	15,22	1,1825		38109		262712	19062
			0,1102				0,1039		3782		
50	1249,3	3,0966		0,125	12	1,0787		41891		263357	21180
			0,1064				0,1003		3697		
55	1595,7	3,2030		0,154	9,51	0,9784		45588		264002	23298
			0,1027				0,0966		3620		
60	2022	3,3057		0,196	7,62	0,8818		49208		264647	25416
			0,0992				0,0933		3544		
65	2541	3,4049		0,246	6,14	0,7885		52752		265291	27534
			0,0958				0,0900		3471		
70	3618	3,5007		0,306	4,99	0,6985		56223		265937	29652
			0,0926				0,0872		3401		
75	3920	3,5933		0,379	4,08	0,6113		59624		266582	31770
			0,0897				0,0843		3331		
80	4819	3,6830		0,466	3,36	0,5270		62955		267227	33888
			0,0867				0,0814		3263		
85	5886	3,7697		0,57	2,79	0,4456		66218		267872	36006
			0,0840				0,0791		3200		
90	7139	3,8537		0,69	2,33	0,3675		69418		268517	38124
			0,0814				0,0762		3132		
95	8613	3,9351		0,83	1,95	0,2913		72550		269162	42390
			0,0789				0,0741		3074		
100	10323	4,0140		1	1,65	0,2172		75624		269807	42500
			0,0765				0,0718		2998		
105	12317	4,0905		1,19	1,39	0,1454		78632		270452	44478
			0,0741				0,0697		2949		
110	14611	4,1646		1,41	1,19	0,0757		81580		271097	46596
			0,0721				0,0677		2897		
115	17246	4,2367		1,67	1,02	0,0080		84478		271742	48714
			0,0700				0,0656		2840		
120	20262	4,3067		1,96	0,87	$\overline{1},9424$		86318		272387	50832
			0,0678				0,0637		2782		
125	23687	4,3745		2,29	0,756	$\overline{1},8787$		90100		27032	52950
			0,0661				0,0620		2732		
130	27582	4,4406		2,67	0,655	$\overline{1},8167$		92832		273677	55068
			0,0641				0,0602		2681		

TABLE DES PROPRIÉTÉS DE LA VAPEUR D'EAU DE DENSITÉ MAXIMA PAR KILOGRAMME (*suite*).

T	P	Log P	Δ log P	p	V	Log V	−Δ log V	U	ΔU	H	h
135	31 969	4,5047		3,09	0,57	$\overline{1}$,7565		95 513		274 319	57 186
			0,0624				0,0586		2619		
140	36 907	4,5671		3,57	0,498	$\overline{1}$,6979		98 132		274 964	59 304
			0,0607				0,0570		2588		
145	42 446	4,6278		4,11	0,437	$\overline{1}$,6409		100 720		275 609	61 422
			0,0591				0,0555		2528		
150	48 634	4,6879		4,71	0,485	$\overline{1}$,5854		103 248		276 254	63 540
			0,0575				0,0541		2506		
155	55 534	4,7444		5,37	0,339	$\overline{1}$,5313		105 734		276 899	65 658
			0,0560				0,0523		2440		
160	63 147	4,8004		6,12	0,301	$\overline{1}$,4790		108 174		277 544	67 776
			0,0546				0,0513		2391		
165	71 638	4,8550		6,94	0,267	$\overline{1}$,4277		110 565		278 189	69 894
			0,0531				0,0500		2352		
170	80 910	4,9081		7,84	0,238	$\overline{1}$,3777		112 917		278 834	72 012
			0,0519				0,0486		2302		
175	91 207	4,9600		8,84	0,213	$\overline{1}$,3291		115 219		279 479	74 130
			0,0505				0,0475		2267		
180	102 431	5,0105		9,9	0,190	$\overline{1}$,2806		117 486		280 124	76 248
			0,0493				0,0463		2223		
185	114 778	5,0598		11,1	0,171	$\overline{1}$,2353		119 709		280 769	78 366
			0,0480				0,0452		2184		
190	128 198	5,1778		12,4	0,154	$\overline{1}$,1901		121 893		281 417	80 484
			0,0470				0,0443		2141		
195	142 838	5,9548		13,8	0,139	$\overline{1}$,1458		124 034		282 062	82 602
			0,0458				0,0431		2107		
200	158 698	6,2006		15,3	0,125	$\overline{1}$,1027		126 141		282 707	84 720
			0,0447				0,0421		2069		
205	175 924	6,2453		17	0,115	$\overline{1}$,0606		128 210		283 352	84 838
			0,0438				0,0411		2031		
210	194 566	6,2891		18,8	0,104	$\overline{1}$,0195		130 241		283 997	88 956
			0,0426				0,0399		1991		
215	214 671	6,3317		20,7	0,097	$\overline{2}$,9896		132 232		284 647	90 074
			0,0418				0,0393		1961		
220	236 634	6,3735		23	0,089	$\overline{2}$,9503		134 193		285 287	92 192

NOTATIONS.

T températures centigrades.
P pression en kilogrammes par mètre carré.
p pression en atmosphères.
V volume du kilogramme de vapeur en mètres cubes.
U travail en kilogrammètres par kilogramme de vapeur admise au cylindre à la température T° et détendue *sans liquéfaction* jusqu'à ce que la température tombe à 0°.
H *chaleur totale* en kilogrammètres d'énergie nécessaire pour élever un kilogramme d'eau de 0° à T° et l'évaporer à T°.
h chaleur, en kilogrammètres d'énergie, nécessaire pour élever la température du kilogramme d'eau de 0° à T°.
H − *h* = *chaleur latente* du kilogramme de vapeur à T°.

VII.

CYLINDRE NON CONDUCTEUR.

TABLE DES RAPPORTS APPROXIMATIFS.

r	$\dfrac{1}{r}$	$\dfrac{rP_m}{P_1}$	$\dfrac{P_1}{rP_m}$	$\dfrac{P_1}{P_m}$	$\dfrac{P_m}{P_1}$
20	0,05	3,55	0,282	5,64	0,177
13 ⅓	0,075	3,25	0,308	4,11	0,244
10	0,1	3,03	0,330	3,30	0,303
8	0,125	2,85	0,350	2,80	0,356
6 ⅔	0,15	2,71	0,369	2,46	0,407
5	0,2	2,48	0,404	2,02	0,496
4	0,25	2,29	0,437	1,75	0,572
3 ⅓	0,3	2,13	0,471	1,57	0,639
2 6/7	0,35	1,99	0,503	1,43	0,697
2 ½	0,4	1,87	0,534	1,33	0,748
2 2/9	0,45	1,77	0,567	1,26	0,797
2	0,5	1,67	0,600	1,20	0,833
1 9/11	0,55	1,58	0,635	1,15	0,869
1 ⅔	0,6	1,49	0,669	1,11	0,894
1 7/13	0,65	1,42	0,703	1,08	0,923
1 3/7	0,7	1,35	0,740	1,06	0,945
1 ⅓	0,75	1,28	0,781	1,04	0,960
1 ¼	0,8	1,22	0,821	1,03	0,976
1 3/17	0,85	1,16	0,861	1,013	0,986
1 1/9	0,9	1,11	0,903	1,003	0,997

VIII.

VAPEUR D'EAU SATURÉE SÈCHE.

TABLE DES RAPPORTS APPROXIMATIFS.

r	$\dfrac{1}{r}$	$\dfrac{rP_m}{P_1}$	$\dfrac{P_1}{rP_m}$	$\dfrac{P_1}{P_m}$	$\dfrac{P_m}{P_1}$
20	0,05	3,73	0,268	5,36	0,186
13 ⅓	0,075	3,39	0,295	3,93	0,254
10	0,1	3,14	0,318	3,18	0,314
8	0,125	2,97	0,337	2,70	0,370
6 ⅔	0,15	2,78	0,360	2,40	0,417
5	0,2	2,53	0,395	1,98	0,505
4	0,25	2,33	0,429	1,72	0,582
3 ⅓	0,3	2,16	0,463	1,54	0,648
2 6/7	0,35	2,02	0,496	1,42	0,707
2 ½	0,4	1,89	0,529	1,32	0,756
2 2/9	0,45	1,78	0,562	1,25	0,800
2	0,5	1,68	0,596	1,19	0,840
1 8/11	0,55	1,59	0,630	1,145	0,874
1 ⅔	0,6	1,50	0,666	1,110	0,900
1 7/13	0,65	1,43	0,700	1,077	0,929
1 3/7	0,7	1,35	0,740	1,057	0,945
1 ⅓	0,75	1,28	0,778	1,037	0,960
1 ¼	0,8	1,22	0,819	1,024	0,976
1 3/17	0,85	1,16	0,861	1,013	0,986
1 1/9	0,9	1,11	0,903	1,003	0,997

NOTATIONS.

r rapport de détente.

$\dfrac{1}{r}$ admission vraie.

P_1 pression absolue d'admission.

P_m pression absolue moyenne.

$\dfrac{rP_m}{P_1}$ rapport du travail total de la vapeur sur le piston à son travail pendant l'admission.

$\dfrac{P_1}{rP_m}$ rapport du travail d'admission au travail total.

FIN.

TABLE ALPHABÉTIQUE DES MATIÈRES.

FIN.

Paris. — Imprimerie Arnous de Rivière, rue Racine, 26.

www.ingramcontent.com/pod-product-compliance
Lightning Source LLC
Chambersburg PA
CBHW030008220326
41599CB00014B/1737